Produktionstheorie 5

Wilhelm Dangelmaier

Produktionstheorie 5

Technik entwerfen

Wilhelm Dangelmaier
Münster (Westfalen), Deutschland

ISBN 978-3-662-69037-6 ISBN 978-3-662-69038-3 (eBook)
https://doi.org/10.1007/978-3-662-69038-3

Die Deutsche Nationalbibliothek verzeichnet diese Publikation in der Deutschen Nationalbibliografie; detaillierte bibliografische Daten sind im Internet über http://dnb.d-nb.de abrufbar.

Ursprünglich in der Reihe VDI-Buch, Reihe wurde aber geschlossen.

Planung/Lektorat: Alexander Grün
Springer Vieweg ist ein Imprint der eingetragenen Gesellschaft Springer-Verlag GmbH, DE und ist ein Teil von Springer Nature.
Die Anschrift der Gesellschaft ist: Heidelberger Platz 3, 14197 Berlin, Germany

Prolog

Kaum war'n die Windeln trocken, hat sich die Erd' erschrocken,
War sie doch ganz allein.
Der Mond, der scheint nur selten, zur Sonne sind es Welten.
Das Dasein könnte heller sein.
Ringsum gibt's viel Gefunkel, ich selber bin ganz dunkel
Und habe kaum Gewicht.
Es fehlt mir die Beachtung, ich scheue die Verachtung
Und brauche dringend etwas Licht.
Das Ziel ist damit deutlich, Ideen gibt es reichlich,
Zu schaffen hellen Glanz.
Wie wär's mit etwas Feuer, ist nicht besonders teuer
Und gibt dezenten Strahlenkranz.
Versuchen wir's auf Java mit ganz besond'rer Lava;
Doch das macht zu viel Rauch.
Vulkane spucken Asche. Das nennt sich ihre Masche
Und furchtbar stinken tun sie auch.
So spielen wir Laterne und Sonne, Mond und Sterne,
Erhellen auch die Nacht.
Verfeuern Öl und Kohle, damit ein Jeder hole,
Was immer er sich hat erdacht.
Die Technik macht erträglich, zu liefern alles täglich,
So will's der Ökonom.
Der Ingenieur wirkt Wunder, macht alles noch viel bunter
Und auch in Lack und auch in Chrom.
Perpetuum mobile und Energie fossile
Führ'n zum Schlaraffenland.
Wir bessern auf das Leben, der Wohlstand soll sich heben
Mit guter Feen Zauberhand.
Schon träumen viele Kinder: Ich werde mal Erfinder,
Dann fliegen wir nach Rom.
Dort essen wir dann Trauben und füttern auch die Tauben.

Wir grüßen kurz den Petersdom.
Drum denk, die Welt sei eckig: Wär dann das Zebra scheckig,
Gehörnt und aggressiv?
Da fragen wir Herrn Einstein, der soll besonders schlau sein.
Die Antwort leider relativ.
So vieles was wir können und gern für uns gewönnen,
Das dürfen wir nicht mehr.
Und vieles was wir dürfen, das können wir nicht schürfen,
Sprengt unsre Mittel allzu sehr.
Die Welt ist voller Normen und menschgemachter Formen,
Bezwungen die Natur.
Der Rhein fließt nur noch spärlich, der Zustand gilt jetzt jährlich.
Wir brauchen alle eine Kur.

Melodie: Johann Abraham Peter Schulz 1790
Vierstimmiger Chorsatz: Max Reger 1899

Einführung: Technik. Entwerfen. Interpretieren

Ein erstes Verständnis von „Technik“ gibt die VDI-Richtlinie 3780: *Technik* umfasst

- die Menge der nutzenorientierten, künstlichen, gegenständlichen Artefakte oder Sachsysteme[1],
- die Menge menschlicher Handlungen und Einrichtungen, in denen Sachsysteme entstehen,
- die Menge menschlicher Handlungen, in denen Sachsysteme verwendet werden.

Hier greift der letzte Punkt möglicherweise zu weit: Nicht alles, was man mit einem teuren Sportwagen, zweifellos ein die Technik auf höchstem Niveau repräsentierendes Artefakt, zielgerichtet anstellen kann, hat etwas mit Technik zu tun. Daher greifen wir auf ein engeres Verständnis zurück[2]:

Technik umfasst alle künstlichen materiellen Dinge (Sachen, Artefakte), die der Mensch in zielstrebiger Tätigkeit zur von vornherein bezweckten Veränderung eines Gegenstands einsetzt, indem er die in ihnen zweckentsprechend kombinierten und in ihrer Wirkungsweise organisierten materiellen gesetzmäßigen Wirkungen als Verstärkung und qualitative Vervollkommnung der begrenzten Fähigkeiten seiner natürlichen Organe nutzt [KLBU85]. Die Technik ist die materielle Grundlage zur Steigerung der Arbeitsproduktivität, durch die die Menschen *„ihren Stoffwechsel mit der Natur rationell regeln, unter ihre gemeinschaftliche Kontrolle bringen, statt von ihm beherrscht zu werden, ihn mit dem geringsten Kraftaufwand und unter den ihrer menschlichen Natur würdigsten und adäquatesten Bedingungen vollziehen*“ [MAEN27]. Ihre wesentliche Bestimmung ist die als Arbeitsmittel. Entsprechend dieser funktionalen Bestimmung zählen technische Konsumgüter nicht zur Technik; sie besitzen künstlich-technische Natur lediglich nach Herkunft und Beschaffenheit, als Produkt, aber nicht als Arbeitsmittel[3].

Technik bezeichnet die von Menschen gemachten Gegenstände (real erfahrbare Dinge als Sachsysteme), aber auch die Entstehung und Verwendung der technischen Sachen und das dafür erforderliche Wissen und Können (Sachsysteme als Modelle und Beschrei-

[1] Siehe „Sachsystem“, Abschn. 2.2.3.

[2] Siehe Bd. 1, S. 49.

[3] Siehe auch die weniger am Arbeitsmittel ausgerichtete Definition von ROPOHL [ROPO09].

bungen von Dingen und Prozessen). Was die moderne Ingenieursarbeit von ihren historischen Vorläufern unterscheidet, ist, dass Ingenieure seit dem 18. Jahrhundert begonnen haben, ihre Tätigkeit zu verwissenschaftlichen und damit auf ein objektives, überprüfbares und verallgemeinerbares Fundament zu stellen. Darin stehen die Ingenieure nicht allein. Sie liefern neben Natur- und Geisteswissenschaftlern, Ökonomen, Verwaltern und Ärzten ihren originären Beitrag zur wissenschaftlichen Durchdringung der Welt, indem sie ihr eigenes Handeln wissenschaftlichen Kriterien unterwerfen und dadurch sowohl mehr Sicherheit als auch höhere Produktivität erreichen. Gemeinsame Frucht des disziplinübergreifenden Bemühens um ein wissenschaftliches Verständnis der Welt ist eine Erweiterung der Lebensräume und eine Verlängerung der Lebenserwartung von beispielloser Dynamik. Jedoch, es ist nicht das wissenschaftliche Verständnis als solches, das diese Dynamik ausgelöst hat, sondern seine potenzierende Wirkung auf das kreative technische Gestalten: Ingenieure vollziehen nicht einfach nur, was in der Natur angelegt ist, sondern schaffen etwas, was diese selbst nicht hervorbringt. Dass dies nur im Einklang mit den Naturgesetzen geschehen kann und dass viele Entwürfe von natürlichen Vorbildern und Problemlagen angeregt werden, mindert den autonomen Charakter technischer Gestaltung nicht. Wissenschaftliche Erkenntnis informiert über Möglichkeiten und Begrenzungen, nicht aber über gestalterische Ziele und die vielfältigen Wege zu ihrer Umsetzung.

Verfahren sind als reale Prozesse der materiellen Einwirkung auf das Tätigkeitsobjekt mit den Eigenschaften der entsprechenden Arbeitsinstrumente untrennbar verknüpft. Von dieser materiellen Technik sind die Theorien dieser Instrumente und Verfahren, also die Technikwissenschaften, als wissenschaftliche Disziplin zu unterscheiden. Das Wesen der Technik und ihre Rolle im Leben des Menschen ergibt sich aus ihrer Genese und Funktion im Arbeitsprozess. Um leben und sich entwickeln zu können, muss der Mensch Produkte hervorbringen. Jede Veränderung der Natur kann nur durch materielle Einwirkungen ausgelöst werden, die selbst nach den gegebenen naturgesetzlichen Gesetzmäßigkeiten ablaufen. Dem Arbeitsprozess liegen die produzierten (technischen) Arbeitsmittel zugrunde. Zwischen den Menschen und die zu bearbeitenden Gegenstände gestellt, ist die Technik so Transformator und Verstärker der Tätigkeit des Menschen.

In diesem Gestaltungsprozess arbeiten Ingenieure mit natürlichen Ressourcen und gesellschaftlichen Bedürfnissen, wobei erstere verletzlich und endlich, letztere umstritten und wechselhaft sind. Die sich wandelnde Ressourcenverfügbarkeit, vor allem aber deren wiederkehrende Neubewertung verlangen ständig nach technischen Neuerungen. Ebenso drängen veränderte und sich angesichts der wachsenden technischen Potenziale erweiternde gesellschaftliche Bedürfnisse auf einen unablässigen Strom neuer technischer Lösungen. Ingenieure entwickeln und gestalten neue Produkte und Prozesse in vielfachen Formen, die die mannigfaltigen Interessen und Werthaltungen in der Gesellschaft ebenso widerspiegeln wie deren Veränderungen in der Zeit oder die Unterschiede zwischen Kulturen.

Abstraktion und Modellbildung sind die wichtigsten verstandesmäßigen Werkzeuge, derer sich Ingenieure bedienen und die spezifisch für die Verwissenschaftlichung der Technik sind. Gerade weil das Ziel technischen Gestaltens äußerste Konkretion ist, bedarf es der Abstraktion und der Modellbildung. Nur wenn die Konkretion gedanklich so weit wie erforderlich durchdrungen ist, kann Technik verantwortet werden. Modellbildung erlaubt eine theoretisch und empirisch begründete Abschätzung des Verhaltens des Neuen in der Anwendung. Beide Werkzeuge, Abstraktion und Modellbildung, gehen jedoch der kreativen Gestaltung nicht voraus, sondern begleiten und inspirieren sie. Technische Gestaltung ist damit zugleich ein Abschätzen des Machbaren, das im Zuge eines Entwicklungsprozesses überprüft wird. Und im ständigen Dialog von Entwurf und Überprüfung entsteht das Produkt oder der Prozess.

Der Erfolg der technischen Gestaltung hängt ganz wesentlich davon ab, dass bei der Modellbildung keine relevanten Phänomene der Wirklichkeit ausgeblendet werden. Insofern drängen Entwurf und Entwicklung auf eine möglichst ganzheitliche Betrachtung der Technik in ihrem natürlichen und gesellschaftlichen Umfeld. Diese ganzheitliche Sicht wiederum verankert die Ingenieursarbeit wie die Technikwissenschaften in einem interdisziplinären Netz. Technische Produkte und Prozesse müssen sich in einem vielfältigen Umfeld bewähren. Daher führt eine Reduktion von Komplexität zur Steigerung der Aussagepräzision in der Technik nicht immer zum Ziel. Da Randbedingungen nicht reduziert, sondern miterfasst werden müssen, integrieren die Technikwissenschaften die Einsichten vieler Disziplinen, um sie in der Ingenieurspraxis zu einer ganzheitlichen, immer wieder in ihren Einzelschritten überprüften Problemlösungsstrategie bündeln zu können.

Die *Technikwissenschaften* [ACAT13, BAFR96] schaffen die kognitiven Voraussetzungen für Innovation in der Technik und Anwendung technischen Wissens und legen die Grundlagen für die Reflexion ihrer Implikationen und Folgen.

- Der Gegenstand der Technikwissenschaften ist die Technik, verstanden als künstliche, zweckgerichtete und materielle sowie immaterielle Elemente besitzende Objekte und Prozesse. Technikwissenschaften untersuchen die Technik hinsichtlich ihrer Struktur und Funktion. Dabei geht es um den gesamten Lebenszyklus der Technik, also um deren Konzeption, Herstellung, Verwendung und Entsorgung.
- Das Ziel der Technikwissenschaften besteht in der Erzeugung von Gesetzes-, Struktur- und Regelwissen über Technik – in der Absicht, dieses in technischen Anwendungen zu nutzen.
- Die Methoden der Technikwissenschaften zeichnen sich durch eine zielorientierte Vielfalt aus, die von rational-systematischen bis zu intuitiv-heuristischen Methoden reicht.

Damit können wir die Aufgaben der Technikwissenschaften wie folgt zusammenfassen:

- Die Technikwissenschaften erforschen die Prozesse und entwickeln die Methoden, die der Ingenieur anwenden und umsetzen soll. Nur mit diesen Methoden wird es möglich, über Modellbildungen und daraus abgeleiteten Simulationen die Funktionsfähigkeit komplexer Systeme im Voraus zu beurteilen und ihre Auswirkungen zu erfassen.

- Die Technikwissenschaften bewerten bestehende komplexe Systeme im Hinblick auf die Lösungsfähigkeit zu gesellschaftlich anerkannten Problemen und erforschen die zugehörigen wissenschaftlichen Grundlagen.
- Die Technikwissenschaften helfen dem praktisch tätigen Ingenieur bei der Auswahl der Komponenten eines Sachsystems und bei der Beurteilung der Lebensdauer und des Sicherheitsrisikos dieser Komponenten.

Im Mittelpunkt der Technikwissenschaften stehen Modelle. Verschiedenartige Modelle werden zur Beschreibung von Sachlagen und ihrer Umgebung, zur Formgebung sowie zur Darstellung, Vorhersage und Steuerung des Verhaltens von Objekten unter äußeren Einflüssen genutzt. Zweck der Modelle ist neben der geordneten Gewinnung, Speicherung und Präsentation von Information insbesondere die Beherrschung der Komplexität der Zusammenhänge in der Umwelt und im menschlichen Handeln.

Grundlage der Modellbildung ist die Konstruktion der Modelle aus generalisierten Bestandteilen nach allgemeinen Regeln[4]. Dazu gehören Konzepte wie das Selektieren, Klassifizieren, Abbilden, Transformieren und Vereinfachen. Mit diesen Konzepten wird das Wissen der Ingenieure über Lebensraum und Artefakte strukturiert und mathematisch formuliert. Es wird möglich, allgemeine Regeln aufzustellen, Abläufe zu gliedern und zu ordnen.

Entwerfen ist eine zielgerichtete geistige und schöpferische Leistung – also eine Handlung[5] – als Vorbereitung einer daraus noch zu entwickelnden konkreten Leistung oder eines körperlichen oder unkörperlichen Ergebnisses. Entwerfen gilt als Schlüsseltätigkeit in der Architektur, dem Städtebau, Design, den Technikwissenschaften, der Informationstechnik und spielt in vielen Aspekten des menschlichen Denkens und Handelns eine Rolle, bei denen Kreativität und Planung eng miteinander verknüpft sind. Der Entwurf kann eine rein gedankliche Idee bleiben. Außerdem wird unter diesem Begriff auch eine Darstellung und Präsentation in Form von Texten, Zeichnungen, Grafiken, Modellen und Berechnungen verstanden. Diese sind Mittel der Veranschaulichung zur Überprüfung und Kommunikation mit anderen Menschen, indem Qualität, Funktionsweise und Funktionstüchtigkeit, aber auch eventuelle Fehler eines Entwurfs überprüft, diskutiert und gegebenenfalls verbessert werden. In den Technikwissenschaften versteht man unter Entwerfen den Prozess des Erdenkens und Erfindens von Funktionen, Formen, Teilen und Details eines Systems zum Erzielen einer bestimmten Funktion. Dabei spielen ästhetische und ökonomische sowie wissenschaftliche Aspekte eine wichtige Rolle.

Ein *technisches System*[6] wird als Quadrupel aus einer Menge von Eigenschaften, einer Menge von Funktionen, einer Menge von Untersystemen/Elementen und einer Menge von Relationen definiert [HUBK84, ROPO79]. Das Schema[7], das mit dieser Definition eingeführt wird, ist gut geeignet, das Ergebnis zu beschreiben, das in einem Entwurfsprozess

[4] Siehe „Modellieren", Abschn. 4.2.6.
[5] Siehe „Handlungssystem", Abschn. 2.2.5.
[6] Siehe „Technisches System", Abschn. 2.2.4.
[7] Siehe „Schema", Abschn. 4.1.

erzielt wurde. Einiges Nachdenken führt aber zu der Erkenntnis, dass es dem Technikentwerfer bei seiner Arbeit keine große Hilfestellung bietet, um von den Eigenschaften und Funktionen eines technischen Systems „Personenkraftwagen“ auf ein Untersystem „Getriebe“, bei einer Handbohrmaschine auf das Bohrfutter, bei einem Computerprogramm „Bedarfsrechnung“ auf das Unterprogramm „Stücklistenverwaltung“ mit völlig anderen Eigenschaften und Funktionen schließen zu können; kein Getriebe dieser Welt leistet die Funktion „Personentransport“. Folglich haben wir von der Systemseite her gar keinen Zugang zu den vielen Katalogen, die Lösungsprinzipien und mögliche Aufgabenträger anbieten[8]. Lösungsprinzipien für was?

Möglicherweise muss aber schon hier die Ausgangsfrage anders gestellt werden. Vielleicht wird gar kein „Personenkraftwagen“ verlangt. Vielleicht will Herr Maier nur von Ort A nach Ort B kommen bzw. etwas transportieren. Und etwas weiteres Nachdenken zeigt, dass auch „Getriebe“ die falsche Vorstellung ist. „Getriebe“ ist durch die Charakteristik eines Verbrennungsmotors induziert, eine Dampflokomotive oder ein Elektromobil fährt ganz ohne Übersetzungsgetriebe und Kupplung. Und wenn auf jeder etwas größeren Straße eine Stromschiene/-versorgung vorhanden wäre, bräuchte das Elektroauto bei gleichzeitig unbegrenzter Reichweite für den letzten Kilometer bis in die Garage auch nur eine kleine Batterie. Innerbetriebliche fahrerlose Transportsysteme leisten das schon seit Jahren. Also muss die Frage anders gestellt werden … und dann verschwinden möglicherweise unlösbar erscheinende Probleme von selbst. In jedem Fall – und das macht dieses Beispiel deutlich – besteht „Entwerfen“ zu einem ganz wesentlichen Teil aus *Interpretieren*: Interpretieren der Anforderungen der Umwelt, der Auftraggeber, der späteren Nutzer usw.[9]

Im vorliegenden Bd. 5, „Technik entwerfen“ wollen wir eine Theorie des Entwerfens von Technik angehen und uns Gedanken über das Denken und Handeln des Ingenieurs machen. Dieses Denken und dieses Handeln sind immer rekursiv: Wir entwerfen ein Technisches System' zur Herstellung eines Technischen Systems'' zur Herstellung eines Technischen Systems'''. Das könnte bspw. das Entwerfen eines Produktionssystems zur Herstellung von Spritzgussmaschinen zur Herstellung von Haushaltföhnen sein, wenn dabei initial nur festliegt, welchen Föhn der Markt letztendlich verlangt. Natürlich gibt es hier eine riesige Bandbreite möglicher Lösungen; wir brauchen nur eine, die für uns beste. Den dafür notwendigen Entscheidungs- und Auswahlprozess soll dieses Buch vorbereiten und/oder begleiten, sinnvollerweise parallel zu instrumentell ausgerichteten Werken wie bspw. [Bürg21, NaKo18, PaBe21, EhMe95, GrOl22, Conr98].

[8] Siehe „Lösungsprinzip“, Abschn. 4.2.6

[9] Siehe „Interpretation“, Abschn. 4.1.3.

Literatur

[ACAT13] ACATECH (Hrsg.): Technikwissenschaften. Erkennen-Gestalten-Verantworten. Acatech – DEUTSCHE AKADEMIE DER TECHNIKWISSENSCHAFTEN. Berlin: Springer 2013.

[BAFR96] BANSE, G.; FRIEDRICH, K. (Hrsg.): Technik zwischen Erkenntnis und Gestaltung. Philosophische Sichten auf Technikwissenschaften und technisches Handeln. Berlin: Edition sigma 1996.

[BÜRG21] BÜRGER, M.; DAMBACHER, M.; HARTMANN, A.; HEINE, B.; KAUFMANN, H.; KÜMMERER, R.; RIMKUS, W.; SCHÄFER, W.; SCHMID, D.; ZANG, R.: Konstruktionslehre: Maschinenbau. 6.Aufl. Berlin: Europa-Lehrmittel 2021.

[CONR98] CONRAD, K.-J.: Grundlagen der Konstruktionslehre. Leipzig: Fachbuchverlag Leipzig 1998.

[EHME95] EHRLENSPIEL, K.; MEERKAMM, H.: Integrierte Produktentwicklung. 6. Aufl. München: Hanser 1995.

[GROL22] GRÄSSLER, I.; OLEFF, CH.: Systems Engineering. Verstehen und industriell umsetzen. Berlin: Springer 2022.

[HUBK84] HUBKA, V.: Theorie Technischer Systeme. Berlin: Springer 1984.

[KLBU85] KLAUS, G., BUHR, M. (Hrsg.): Philosophisches Wörterbuch. Bd. 1 A bis Kybernetik – 13. Aufl. als fotomechan. Nachdr. d. 12. durchges. Aufl. Berlin: Das Europ. Buch 1985.

[MAEN27] MARX, K.; ENGELS, F.: Marx-Engels-Archiv. Frankfurt a. M. 1925–1927. S. 828. Reprint 1969. Bonn: Dietz 1969.

[NAKO18] NAEFE, P.; KOTT, M.: Konstruktionslehre für Einsteiger. Berlin: Springer 2018.

[PABE21] BENDER, B.; GERICKE, K. (Hrsg.): Pahl/Beitz Konstruktionslehre. Methoden und Anwendung erfolgreicher Produktentwicklung. 9. Aufl. Berlin: Springer Vieweg 2021.

[ROPO79] ROPOHL, G.: Eine Systemtheorie der Technik. Zur Grundlegung der Allgemeinen Technologie. München: Hanser 1979.

[VDI3780] VDI-Richtlinie 3780: Technikbewertung Begriffe und Grundlage. Düsseldorf: VDI 2000–2009.

Inhaltsübersicht

Inhaltsverzeichnis

Aussagen. Mengen. Relationen 1

Inhaltsverzeichnis

Zusammenfassung

Eine Sache vollständig zu beschreiben, wird uns bei allem Bemühen nicht gelingen. Wir können immer zusätzliche Eigenschaften, zusätzliche Verhaltensformen unter neuen Umweltbedingungen, neue Einsatzgebiete Technischer Systeme, usw. generieren. Aber das, was wir über eine Sache aussagen, sollte verifizierbar, widerspruchsfrei und allgemein verständlich sein. Schlüsse müssen logisch korrekt sein, Aussagen und Definitionen aufeinander aufbauen, unabhängig davon, ob eine Sache bereits real existiert oder erst entworfen werden soll. Als kategorischer Imperativ sollte daher über jeder schöpferischen Ingenieurstätigkeit *Wer nicht sagen kann, was er meint, meint niemals, was er sagt* (Bernardo Bertolucci: Der letzte Kaiser; Film, 1987) stehen. Dabei können wir das „Sagen" weit fassen; das gesprochene Wort, eine technische Zeichnung, der Fließtext eines Pflichtenhefts, eine Berechnung der technischen Mechanik, ein Ausdruck der Prädikatenlogik usw. Daher soll dieses Kapitel die Grundlage dafür legen, dass wir in den späteren Kapiteln Technik und Sachsysteme anhand einer gemeinsamen Basis korrekt beschreiben können.

W. Dangelmaier, *Produktionstheorie 5*, https://doi.org/10.1007/978-3-662-69038-3_1

1.1 Sprachausdrücke

Zur gegenseitigen Verständigung verwenden wir die *Ausdrücke* einer Sprache. Funktion dieser Ausdrücke ist der Bezug auf bestimmte Gegenstände und Sachverhalte. Mit dieser Funktion sprachlicher Ausdrücke befasst sich die *Logik*. Sie bestimmt die *Beziehungen* zwischen Ausdruck und Bezugsgegenstand. Diese Beziehungen heißen *semantische Beziehungen*, die Eigenschaften, die einem Ausdruck zukommen, weil er Glied bestimmter semantischer Beziehungen ist, *semantische Eigenschaften*. Begriffe, die sich auf semantische Beziehungen und Eigenschaften beziehen, nennen wir *semantische Begriffe*. *Semantik* heißt schließlich der Teilbereich der Logik, der sich mit semantischen Beziehungen und semantischen Eigenschaften befasst. Die logische *Syntax* untersucht die Eigenschaften der Ausdrücke und die Beziehungen zwischen diesen Ausdrücken. Dabei finden die Beziehungen der Ausdrücke zu den Gegenständen, auf die sie sich beziehen, und die sie verwendenden Subjekte keine Berücksichtigung.

1.1.1 Syntaktische Kategorien

Jeder Ausdruck, der nach den Regeln der Syntax einer gegebenen Sprache aufgebaut ist, heißt sinnvoll, alle übrigen sinnlos. Beispielsweise ist der Ausdruck „Ein Windrad ist eine Maschine“ in der deutschen Sprache ein sinnvoller Ausdruck, während der Ausdruck „Eine ist eine Maschine“ sinnlos ist[1]. Wir erhalten wieder einen *Satz* – also einen sinnvollen Ausdruck, der wahr oder falsch sein kann – wenn wir in „Ein Windrad ist eine Maschine“ den Namen „Ein Windrad“ durch den Namen „Ein Lehrenbohrwerk“ ersetzen. Somit teilen wir zwei Ausdrücke in dieselbe Klasse dann und nur dann ein, wenn wir nach Ersetzen des einen durch den anderen aus jedem sinnvollen (zusammengesetzten) Ausdruck wieder einen sinnvollen (zusammengesetzten) Ausdruck erhalten. Dagegen ordnen wir zwei Ausdrücke verschiedenen Klassen dann und nur dann zu, wenn nach Ersetzen des einen Ausdrucks durch den anderen aus einem sinnvollen ein sinnloser Ausdruck entsteht. Es gilt: Der Ausdruck W_1 gehört dann und nur dann zu derselben syntaktischen Kategorie wie der Ausdruck W_2, wenn wir nach Ersetzen von W_1 durch W_2 aus jedem sinnvollen Ausdruck wieder einen sinnvollen Ausdruck erhalten. Derartige Klassen von Ausdrücken heißen *syntaktische Kategorien*. Die syntaktischen Kategorien der Ausdrücke teilt die Logik in Sätze, Namen, Funktoren und Operatoren ein [BORK76].

[1] Wir werden immer wieder ein Windrad als Beispiel für ein Technisches System verwenden. Zum Aufbau, zur Funktionsweise und zum Betrieb von Windrädern siehe die ausführliche Beschreibung in https://de.wikipedia.org/wiki/windkraftanlage.

1.1.2 Sätze

Wir unterscheiden die drei Satzarten Aussage-, Frage- und Befehlssatz. Jede davon bildet eine eigene syntaktische Kategorie. Das Interesse der Logik gilt sinnvollen Aussagesätzen. Solche *Sätze* nennen wir *Aussagen*; hier macht die Frage, ob sie wahr oder falsch sind, einen Sinn. „Ein Auto hat vier Räder", „Weihnachten ist 2032 am 15. Mai", „Ein Fahrrad der Phaeton-Werke hat immer fünf Bremsen" sind Beispiele für solche Sätze. Wenn wir im Weiteren von Sätzen sprechen, so meinen wir Sätze im logischen Sinne. Sätze im logischen Sinne formulieren wissenschaftliche Ergebnisse. Im speziellen wollen wir Sätze über Technik und Techniksysteme ermöglichen.

Gegenständliches Korrelat von Sätzen sind bestimmte Sachverhalte. Als Sachverhalt gilt, dass ein Gegenstand ein bestimmtes Merkmal besitzt, dass er einer bestimmten Menge von Gegenständen angehört, dass zwischen gegebenen Gegenständen eine bestimmte Relation besteht usw. Sätze stellen die Existenz (bzw. das Eintreten) eines bestimmten Sachverhalts fest. So stellt der Satz „Ein Windrad ist eine Maschine" fest, dass ein bestimmter Gegenstand zu einer bestimmten Klasse von Gegenständen gehört, nämlich zu der Klasse der Maschinen. Die Beziehung zwischen einem Satz und einem Sachverhalt, dessen Existenz der Satz feststellt, ist eine semantische Beziehung. Ein Satz ist dann und nur dann wahr, wenn der Sachverhalt besteht, dessen Existenz dieser Satz feststellt. Er ist falsch, wenn der Sachverhalt nicht existiert. Wahrheit und Falschheit heißen logische Werte eines Satzes. Aus dieser klassischen Definition der Wahrheit folgt das Prinzip der Zweiwertigkeit: Jeder Satz besitzt einen und nur einen der beiden logischen Werte „wahr" oder „falsch". Kein Satz ist zugleich wahr und falsch.

Beispiel 1.1

Sätze im logischen Sinne

a) Sätze im logischen Sinn – allgemein
   - Windkraft ist die energieeffizienteste Art der Energiegewinnung.
   - Ein Windrad ist vollkommen geräuschlos.
   - Ein Windrad lebt länger als ein Wasserrad.

b) Sätze im logischen Sinne – Mechanik
   - Jeder Körper beharrt im Zustand der Ruhe oder der gleichförmig geradlinigen Bewegung, wenn er nicht durch Kräfte gezwungen wird, diesen Zustand zu ändern (Newtonsches Trägheitsprinzip).
   - Die auf die Zeiteinheit bezogene Änderung der Bewegungsgröße ist der Einwirkung der bewegenden Kraft proportional und geschieht in der Richtung, in der diese Kraft angreift (Newtonsches Aktionsprinzip).
   - Die Kräfte, die zwei Körper aufeinander ausüben, sind gleich, aber entgegengesetzt gerichtet (Prinzip der Gleichheit von actio und reactio).

c) Sätze im logischen Sinne – Elektrizität
   - Gleichartige Ladungen stoßen sich ab, ungleichartige ziehen sich an.
   - In einem abgeschlossenen System bleibt die Summe der positiven und negativen Ladungen konstant.

d) Sätze im logischen Sinne – Wärmelehre
   - Die Summe von außen zugeführter Wärme und von außen zugeführter Arbeit ist in einem System gleich der Zunahme der inneren Energie (1. Hauptsatz der Wärmelehre).
   - Es gibt keine periodisch arbeitende Maschine, die nichts anderes als die Erzeugung mechanischer Arbeit und die Abkühlung eines Wärmebehälters bewirkt.
   - In einem abgeschlossenen System nimmt die Entropie bei einem irreversiblen Prozess stets zu. ◄

1.1.3 Namen

Namen sind alle Wörter und Ausdrücke, die Subjekt oder Prädikat eines sinnvollen Ausdrucks der Form „M ist N" sein können, also bspw. die Subjekte und Prädikate der Aussagen „Pustetreu ist ein Windrad", „Immerdreh ist ein guter Dynamo", „Karl ist ein vorlautes Kind", „Der Langenberg ist der windigste Ort des Rothaargebirges". „Ein guter Dynamo" oder „Der windigste Ort des Rothaargebirges" sind Namen, die aus mehreren Wörtern bestehen. Demnach gehören zur syntaktischen Kategorie der Namen Substantive, Adjektive, Pronomen und entsprechend zusammengesetzte Ausdrücke. Den Sinn eines Namens nennen wir *Begriff* im logischen Sinne: Der Name „N" bezeichnet den Gegenstand P dann und nur dann, wenn die Aussage „P ist N" wahr ist. Ein Name bezeichnet einen bestimmten Gegenstand demnach dann und nur dann, wenn man ihn über diesen Gegenstand wahrheitsgemäß aussagen kann. Der Name „Maschine" bezeichnet z. B. ein Windrad, weil die Aussage „Ein Windrad ist eine Maschine" wahr ist. Die Bezeichnungsbeziehung gehört zu den semantischen Beziehungen. Der durch einen Namen bezeichnete Gegenstand heißt *Designat* dieses Namens. Namen teilen wir nach der Zahl der Designate ein: 1. *allgemeine Namen*, die mehr als ein Designat haben, 2. *Eigennamen*, die genau ein Designat haben, 3. *leere Namen*, die kein Designat haben. Die Namen „Windrad", „Maschine" bspw. sind allgemeine Namen, die Namen „der gegenwärtige Präsident der acatech", „das größte Windrad des Rothaargebirges" sind Eigennamen, wogegen der Name „die gegenwärtige Präsidentin der acatech" ein leerer Name ist, weil es niemanden gibt, von dem wir dies wahrheitsgemäß aussagen können. Die Menge der Designate eines gegebenen Namens heißt der *Bereich* dieses Namens; ein Name denotiert einen Bereich. Der Name „Windrad" bezeichnet einzelne Windräder, denotiert aber die Menge aller Windräder. Die Denotationsbeziehung zwischen einem Namen und seinem Bereich ist eine weitere semantische Beziehung. Ein Name bezeichnet einen Gegenstand dann und nur dann, wenn dieser Gegenstand ein Element der Menge ist, die durch diesen Namen denotiert wird. Zur Bildung solcher Namen werden in der Logik Anführungszeichen verwendet: Wir bilden den Namen eines gegebenen Ausdrucks, indem wir ihn in Anführungszeichen setzen.

1.1.4 Funktoren

Aussagen und Namen können wir als selbständige sprachliche Ganzheiten verwenden. Es gibt aber Wörter und Ausdrücke, die wir nur im Kontext mit anderen Ausdrücken, insbesondere als Bestandteile von Aussagen oder Namen gebrauchen. Derartige Ausdrücke sind die *Funktoren* (und die Operatoren), die zusammen mit den Ausdrücken, die ihre Argumente heißen, sinnvolle zusammengesetzte Ausdrücke bilden. Funktoren teilen wir nach der syntaktischen Kategorie des Ausdrucks, den der Funktor mit seinen Argumenten bildet, nach der Zahl der Argumente oder nach den syntaktischen Kategorien der aufeinanderfolgenden Argumente in syntaktische Kategorien ein. Ein *aussagenbildender Funktor von einem Aussagenargument* ist das eine ganze Aussage verneinende Wort „nicht". Ein *aussagenbildender Funktor von zwei Aussagenargumenten* bildet aus zwei Aussagen eine zusammengesetzte Aussage. Die Konjunktion „und" ist ein solcher Funktor. Derartige Funktoren sind auch die Ausdrücke: „wenn ... so", „dann und nur dann, wenn". Ein *aussagenbildender Funktor von einem Namenargument* bildet zusammen mit einem Namen eine Aussage (Prädikat, Satzaussage; siehe Abschn. 1.5, Prädikatenlogik). In der Aussage „Das Windrad läuft" ist das Wort „läuft" ein solcher Funktor.[2] Ein *aussagenbildender Funktor von zwei Namenargumenten* bildet zusammen mit zwei Namen eine Aussage. Das Wort „gehört" in der Aussage „Das Windrad gehört der Stadt Olsberg" zählt zu dieser syntaktischen Kategorie. Das gilt auch für die Symbole „<", „=" in den Aussagen „$2 < 3$", „$4 = 2 + 2$". Ein *aussagenbildender Funktor von drei Namenargumenten* ist ein Ausdruck, der zusammen mit drei Namen eine Aussage bildet. Das Wort „schenkt" in der Aussage „Die Stadt Olsberg schenkt ihren Bürgern eine Kilowattstunde Strom" ist ein solcher Funktor. Offensichtlich sind die aussagenbildenden Funktoren von Namenargumenten finite Verbformen. Welches Argument des aussagenbildenden Funktors der betreffende Name darstellt, geben die Deklinationsendungen der in solchen Aussagen auftretenden Namenausdrücke an. Ein *namenbildender Funktor von einem Namenargument* bildet zusammen mit einem Namen einen Namen (Attribut; siehe Abschn. 1.5, Prädikatenlogik). Ein solcher Funktor ist z. B. das Wort „Bürgermeister" im Ausdruck „Bürgermeister von Olsberg" oder auch das Wort „Enkel" im Ausdruck „Enkel von Bürgermeister Luftig". Auch das Wort „teures" in dem Ausdruck „teures Windrad" und das Wort „zerstörend" im Ausdruck „zerstörende Prüfung" sind solche Funktoren. Ein *namenbildender Funktor von zwei Namenargumenten* bildet zusammen mit zwei Namen

[2] Selbstverständlich können wir „das Windrad" und „läuft" für sich isoliert auf ein Blatt Papier schreiben. Aber „Windrad" bezeichnet dann immer noch einen Gegenstand, den wir uns leicht vorstellen können, während „läuft" für sich alleine, ohne Windrad oder einen anderen Gegenstand, vergleichsweise abstrakt „das Laufen an sich" bezeichnet.

einen Namen. Ein solcher Funktor ist bspw. „und“ im Ausdruck „Siemens und Halske“. Zu dieser syntaktischen Kategorie gehören auch die Zeichen „+“, „–“, „·“, „:“, wie sie z. B. in den Namen „2 + 3“, „5 – 4“, „6 : 4“ usw. vorkommen. Zusätzlich zu aussagenbildenden und namenbildenden Funktoren existieren *funktorbildende Funktoren.* Derartige Ausdrücke bilden zusammen mit Teilfunktoren zusammengesetzte Funktoren. In der Aussage „Das Windrad dreht schnell“ ist der Ausdruck „dreht schnell“ ein zusammengesetzter aussagenbildender Funktor von einem Namenargument. Im Ausdruck „dreht schnell“ ist „dreht“ das Argument, das Wort „schnell“ ein funktorbildender Funktor. Dieser Funktor bildet zusammen mit dem Argument „dreht“, das ein aussagenbildender Funktor von einem Namenargument ist, den Funktor „dreht schnell“. Dieser Funktor ist wiederum ein aussagenbildender Funktor von einem Namenargument.

1.1.5 Konstanten und Variablen. Aussageform und Namenfunktion

Wir notieren das Kommutativgesetz anhand der Formel $a + b = b + a$. Hier sind die Buchstaben „a“ und „b“ keine Namen irgendwelcher Zahlen. Sie sind *Variablen*, für die wir die Namen beliebiger Zahlen einsetzen können. Durch solche Einsetzungen erhalten wir aus der allgemeinen Formel die Gleichungen: 6 + 3 = 3 + 6 oder 4 + 2 = 2 + 4. Im Gegensatz zu den Variablen heißen die Symbole „+“, „=“, „2“, „3“ *Konstanten.*

In den Theoremen einer Wissenschaftsdisziplin unterscheiden wir *konstante Termini* von zweierlei Art. Konstanten der ersten Art werden bei der Formulierung von Theoremen in jeder Wissenschaftsdisziplin verwendet. Zu diesen Konstanten gehören bspw. die Wörter und Ausdrücke: nicht; und; oder; weder … noch; wenn … so; dann und nur dann, wenn; jeder; keiner; manche; ist; ist identisch; ist ein Element der Menge; ist möglich; ist notwendig; ist Teil von usw. sowie die Ausdrücke, die sich ausschließlich mit Hilfe solcher Konstanten (und von Variablen) definieren lassen. Konstanten der zweiten Art treten dagegen nur in den Theoremen der betreffenden Wissenschaftsdisziplin auf. Dazu gehören die Namen von Gegenständen und die von den jeweiligen Einzelwissenschaften untersuchten Eigenschaften. In der Physik sind dies „Geschwindigkeit“, „Beschleunigung“ oder in der Biologie die Termini „Zelle“, „Mutation“, die Namen der verschiedenen Gattungen von Lebewesen. Konstanten der ersten Art nennen wir *logische Konstanten*, Konstanten der zweiten Art *außerlogische Konstanten.*

Bei Einführung von *Variablen* definieren wir die (Art von) Konstanten, die wir für die Variablen einsetzen dürfen. Diese Konstanten heißen *Werte dieser Variablen*; die Variablen repräsentieren ihre Werte. Eine solche Menge heißt der Wertebereich einer Variable. Die Variablen gehören zu derselben syntaktischen Kategorie wie die ihre Werte darstellenden Konstanten: Namenvariablen zur Kategorie der Namen, Aussagenvariablen zur Kategorie der Aussagen usw.

Die Menge der sinnvollen Ausdrücke wächst mit der Einführung von Variablen um Aussageformen und Namenfunktionen. Eine *Aussageform* ist ein Ausdruck mit Variablen; wir erhalten Aussagen, wenn wir in den Ausdruck für die Variablen ihre Werte einsetzen (siehe Abschn. 1.4; Aussagenkalkül/-logik). Die Aussageform zählt daher zur syntaktischen Kategorie der Aussagen. Aussageformen sind bspw. die Ausdrücke: Jedes S ist P, kein S ist P, manche S sind P, manche S sind nicht P, $a + b = b + a$, $x + 4 = 7$, $x + 5 > 4$ usw. Wir differenzieren:

1. Aussageformen, bei denen alle Einsetzungen zu wahren Aussagen führen,
2. Aussageformen, bei denen alle Einsetzungen zu falschen Aussagen führen,
3. Aussageformen, bei denen bestimmte Einsetzungen wahre Aussagen und andere Einsetzungen falsche Aussagen ergeben.

Ein Beispiel für eine Aussageform der ersten Art ist der Ausdruck „$a = a$", ein Beispiel für eine Aussageform der zweiten Art ist der Ausdruck „$a \neq a$" und Beispiele für Aussageformen der dritten Art sind die Ausdrücke: Jedes S ist P, $x + 4 = 7$, $x > 5$.

Wir sagen, dass der Gegenstand a die Aussageform $E(x)$ dann und nur dann erfüllt, wenn die Aussage $E(a)$ wahr ist, die aus der Aussageform $E(x)$ durch Einsetzung des Namens des Gegenstands a für die freie Variable „x" entstanden ist (siehe Abschn. 1.5; Prädikatenlogik). Beispielsweise erfüllt Olsberg die Aussageform „x ist eine Stadt in Westfalen", weil die Aussage „Olsberg ist eine Stadt in Westfalen" wahr ist. Die Zahl 3 erfüllt die Aussageform „$x + 4 = 7$", weil die Aussage „$3 + 4 = 7$" wahr ist.

Aussage und Aussageform bilden zusammen die *Aussagenausdrücke*. Eine *Namenfunktion* ist ein Ausdruck mit Variablen, der zu Namen führt, wenn wir die Werte der Variablen einsetzen. Damit gehört die Namenfunktion zur syntaktischen Kategorie der Namen. Beispiele für Namenfunktionen sind die Ausdrücke „$a + b$", „$4x$", „$5 - x$". Wenn wir von Namenfunktionen sprechen, verwenden wir den Terminus „Funktion" in einem besonderen Sinne. Namenfunktionen sind Ausdrücke einer bestimmten Art. Dagegen bezeichnet in der Mathematik der Terminus „Funktion" bestimmte Relationen. Von Funktionen im mathematischen Sinne sprechen wir im Relationenkalkül. Name und Namenfunktion bilden zusammen *Namenausdrücke*.

1.1.6 Operatoren

Die Aussageform „$x + 4 = 7$" führt auf zwei Wegen zu Aussagen:

1. Ersetzen wir in dieser Aussageform die Variable „x" durch Konstanten, die Namen von Zahlen sind (z. B. die Konstanten „3", „4" usw.), dann erhalten wir wahre oder falsche Aussagen.
2. Stellen wir dieser Aussageform die Ausdrücke „für jedes x" bzw. „für ein bestimmtes x" voran, dann erhalten wir wahre oder falsche Aussagen.

In Verbindung mit einer Aussageform heißt der Ausdruck „für jedes" *Allquantor* ($\forall$), der Ausdruck „für ein bestimmtes" oder „es gibt ein solches …, dass", *Existenzquantor* ($\exists$).

Ausdrücke mit Quantoren bestehen aus drei aufeinanderfolgenden Teilen: 1. dem Quantor, 2. einer Variable, 3. einer Aussageform, dem Quantorbereich. Der gesamte so gebildete Ausdruck ist im speziellen Fall eine Aussage. Die beim Quantor auftretende Variable legt für den Quantorbereich fest, zu welcher Variable dieser Quantor gehört. In der Aussage: Für jedes x gibt es ein y, sodass $y > x$, bezieht sich der Allquantor auf die in der Aussageform „$y > x$" auftretende Variable „x", der Existenzquantor dagegen auf die Variable „y". Die im Quantorbereich auftretende Variable ist demnach durch den Quantor, auf den sie sich bezieht, gebunden. Im Fall der Aussageform „$y > x$" ist die Variable „y" durch den Existenz-, die Variable „x" durch den Allquantor gebunden. Eine Variable ist frei, wenn sie in einem gegebenen Ausdruck weder unmittelbar nach einem Quantor noch im Bereich eines sie bindenden Quantors auftritt. Somit kann ein und dieselbe Variable an einer Stelle frei, an anderer Stelle in einem Ausdruck gebunden sein. Im Ausdruck „Wenn für jedes x, $x = x$, so $x + 3 = x + 3$" ist die Variable „x" im Vorderglied „$x = x$" gebunden und im Hinterglied „$x + 3 = x + 3$" frei. Für freie Variablen setzen wir eine Konstante ein, für gebundene Variablen dagegen nicht. Beispielsweise können wir im Ausdruck „Es gibt ein solches y, dass $y > x$" nur für die freie Variable „x" Namen bestimmter Zahlen einsetzen. Wir erhalten die aus diesem Ausdruck resultierende Aussage: „Es gibt ein solches y, dass $y > 2$". „Es gibt ein solches y, dass $y > 3$" usw.

Den Terminus „Aussage" verwenden wir, um Aussagenausdrücke zu bezeichnen, die keine freien Variablen enthalten. Ausdrücke, die die Variablen binden, heißen *Operatoren*. Quantoren sind Operatoren. Ausdrücke, die Operatoren enthalten, bestehen aus dem Operator selbst, der beim Operator auftretenden Variable und dem Bereich des Operators, der wieder ein Ausdruck oder eine Folge von Ausdrücken ist. Die Glieder des Bereichs heißen die *Argumente* des Operators. Wenn wir die beim Operator auftretende Variable, die angibt, welche Variable ein Operator in seinem Bereich bindet, durch eine Konstante ersetzen, erhalten wir einen sinnlosen Ausdruck. Deshalb müssen wir einschränken: Auch wenn sie der gleichen syntaktischen Kategorie angehört, entsteht mit der Einsetzung einer Konstanten für die beim Operator auftretende Variable aus einem sinnvollen Ausdruck nicht wieder ein sinnvoller. Analog zu den Funktoren teilen wir die Operatoren nach der syntaktischen Kategorie des zusammengesetzten Ausdrucks, den der betreffende Operator mit der Variable und seinem Bereich (seinen Argumenten) bildet, nach der Zahl der Argumente, nach den syntaktischen Kategorien der aufeinanderfolgenden Argumente und nach der syntaktischen Kategorie der durch den Operator gebundenen Variable in syntaktische Kategorien ein.

Existenz- und Allquantoren sind aussagenbildende Operatoren von einem Aussagenargument, deren syntaktische Kategorie von der syntaktischen Kategorie der durch diese Quantoren gebundenen Variablen unabhängig ist.

Weitere in der Logik verwendete Operatoren sind der deskriptive Operator und der Abstraktionsoperator. Beispielsweise tritt im Ausdruck „Dasjenige y, für das gilt, y ist das Originalteil von x" ein namenerzeugender Operator von einem Aussagenargument auf. Dieser Operator heißt *deskriptiver Operator*. Im Ausdruck „Die Menge solcher y, dass y ein Austauschteil von x ist" tritt ein Operator von einem Aussagenargument auf, der den Namen einer bestimmten Menge bildet, nämlich der Menge der Austauschteile des Originalteils x. Dieser Operator heißt *Abstraktionsoperator* (siehe Abschn. 1.5, Prädikatenlogik und 1.6, Mengen).

1.1.7 Funktorbildende Funktoren: Modalverben

Modalverben verwenden wir, um dispositive Größen wie Potenziale oder Angebote bzw. Anforderungen aus der Systemumgebung zu beschreiben. Wenn wir bspw. für eine Drehmaschine in einer zusammengesetzten Aussage alle Gegenstände auflisten, die diese Maschine herstellen *kann*, dann haben wir die qualitative Kapazität, das Potenzial dieser Maschine beschrieben. Und wenn wir eine Produktionsreihenfolge in ein „Soll" einbinden, dann sprechen wir über die Vorgabe eines Plans, der ausgeführt werden *soll*. Ein *Modalverb* ist demnach ein Verb, das in Verbindung mit einem reinen Infinitiv ein anderes Sein oder Geschehen modifiziert [FRIE89, DMSW96]. Die Modalverben der deutschen Sprache sind dürfen, sollen, können, mögen, müssen, wollen. Sie drücken in Verbindung mit einem Vollverb im Infinitiv aus, dass etwas möglich, notwendig, gewollt, erlaubt bzw. gefordert ist. Im Hinblick auf die Produktion drücken wir damit unterschiedliche Verbindlichkeitsgrade aus: Handelt es sich bei dem angesprochenen Verfahren um ein Potenzial, das möglicherweise niemals ausgeschöpft wird, oder um eine Maßgabe, die genau so vollzogen werden muss? Wir fassen daher ein Modalverb als funktorbildenden Funktor von einem Funktorargument auf: Ein Windrad kann Strom erzeugen. Beide zusammen – Modalverb und Infinitiv – bilden einen zusammengesetzten aussagenbildenden Funktor. Dabei bleibt die Wertigkeit des Funktors erhalten:

- mit einem Argument
  Die Rotorwelle bricht. ⟶ Die Rotorwelle kann brechen.
  Der Werker arbeitet. ⟶ Der Werker soll arbeiten.
- mit zwei Argumenten
  Herr Maier montiert Windräder. ⟶ Herr Maier muss Windräder montieren.
- mit drei Argumenten
  Die Windkraftwerke liefern der Stadt Olsberg sechs Windräder. ⟶ Die Windkraftwerke sollen der Stadt Olsberg sechs Windräder liefern.
  Die Windkraftwerke nehmen der Control GmbH zehn Steuerungen ab. ⟶ Die Windkraftwerke wollen der Control GmbH zehn Steuerungen abnehmen.

Potenziale: können

Das Potenzial eines Gegenstands resultiert aus der Menge der Transformationen, in denen dieser Gegenstand zulässig wirken kann. Im Falle eines Produktions-/Gebrauchsfaktors sprechen wir bspw. von der *Leistungsfähigkeit* eines Produktions-/Gebrauchsfaktors bzw. von der *qualitativen Kapazität*.

Beispiel 1.2

Potenzial

Die Windkraftwerke *können* Windräder produzieren.
Die Drehmaschine 4711 *kann* Drehteile bis zu einem Durchmesser von 480 mm herstellen.
Eine Drehmaschine *kann keine* Windräder herstellen.
Rundschleifmaschinen und Drehmaschinen *können* zylindrische Teile herstellen.
Maschine 4711 *kann* entweder (Ereignis 1 und Ereignis 2) oder (Ereignis 3) leisten. ◄

Die qualitative Kapazität wird entweder über eine summarische Klassifikation von Möglichkeiten bzw. Erfordernissen anhand einer strukturierten Merkmalshierarchie (bspw. bei der Arbeitsplatzbewertung) und/oder der Beschreibung eines Transformationsmittels über geometrische, physikalische, ausstattungsmäßige usw. Kenngrößen und/oder eine Auflistung einzelner geeignet beschriebener Transformationsklassen (z. B. bei der Arbeitsstückbewertung) definiert. Für die angesprochenen Transformationsklassen kann die Leistungsfähigkeit eines Produktionsfaktors eine Restriktion für den Beginn oder den Abschluss eines Bearbeitungsvorgangs sein. Im ersten Fall kann eine Transformation beginnen, wenn ein Faktor zur Verfügung steht, im zweiten Fall kann eine Transformation nur dann abgeschlossen werden, wenn ein Lagerplatz vorhanden ist, der das Produkt aufnehmen kann.

Eine solche Beschreibung ist prinzipiell nicht vollständig: Wenn wir die (Leistungs-) Fähigkeit vollständig beschreiben wollen, dann müssen wir alle Transformationsklassen aufzählen, in denen ein Produktionsfaktor verwendet werden kann. Dies wird zunächst eine Enumeration von bekannten Verwendungen sein: Es kann nicht erwartet werden, dass ad hoc vollständig beschrieben wird, was wir alles mit einem Hammer oder einer Büroklammer tun können … Ein Übergang zu dieser Vollständigkeit wird sich daher nur schrittweise vollziehen. Dazu sind aus den Verwendungen Vertreter einzelner Verwendungsklassen herauszuschälen und dann für diese generelle Aussagen im Sinne von „für alle Transformationsklassen mit diesem Attribut kann dieser Faktor eingesetzt werden" zu treffen. Damit sind aber auch alle möglichen Restriktionen für alle Transformationsklassen zu nennen.

Üblicherweise wird bei Verbrauchsfaktoren nicht von „Leistungsfähigkeit" gesprochen. Für eine Systematisierung, die Übereinstimmungen und Unterschiede deutlich machen soll, ist dieser Ansatz aber sehr zweckmäßig. Sowohl bei Gebrauchs- als auch bei Verbrauchsfaktoren ist die Frage: Welche Transformationen können wir durchführen? Eine Tischplatte ist dabei für die Montage eines Tisches bereits geleistete Arbeit. Ein bestimmter Rotor kann nicht für jedes Windrad, ein bestimmter Flügel bspw. nur für bestimmte Rotoren verwendet werden. Somit gilt: Die Leistungsfähigkeit eines Transformationsobjekts ergibt sich aus der Menge der Transformationen, in die dieses Transformationsobjekt unter Einhaltung der an den Output gestellten Anforderungen einfließen kann.

„Technisch machbar“ bedeutet dann: Wir verfügen über ein Verfahren, die notwendigen Gebrauchsfaktoren und die erforderlichen Verbrauchsfaktoren. Es gilt:

- Eine Drehmaschine *hat* ein kleineres Potenzial als die gesamte Fabrik.
- Die Fabrik *muss* mindestens das Potenzial einer Drehmaschine haben, sonst *ist* die Drehmaschine nicht Bestandteil/*kann* die Drehmaschine nicht Bestandteil dieser Fabrik *sein*.

Beispiel 1.3

Potenzial

Eine Drehmaschine *kann* drehen.
Die Drehmaschine 4711 *kann* Drehteil A in drei Minuten herstellen.
Eine Drehmaschine *kann* in einer Stunde 30 Teile 4711 drehen.
Eine Maschine *kann* in der Stunde drei Rotorflügel herstellen. ◄

Intentionen: wollen, sollen, müssen

Ein Kunde bestellt mit einem möglicherweise weit in der Zukunft liegenden Liefertermin. Dieser Wunschtermin wird nach einer Lieferzusage zu einem Solltermin, dessen Änderung schon erheblich mehr Aufwand bedeutet. Völlig alternativlos ist der „aktuelle Termin“ der begonnenen Endmontage.

Beispiel 1.4

Planung

Die Windkraftwerke *sollen* bis zum 31. Dezember sieben Windräder Pustetreu liefern.
Die Windkraftwerke *sollen* zwischen 15. Januar und 31. Januar 24 Stunden je Tag produzieren. ◄

Beispiel 1.5

Vorschrift der Umwelt

Eine Drehmaschine *muss* nach 1000 Betriebsstunden gewartet werden. ◄

Beispiel 1.6

Modalverb

Kunde Meier *will* fünf Windräder abholen. ◄

Beispiel 1.7

Anforderungen der Umwelt

Die Windkraftwerke *sollen* der Stadt Olsberg sechs Windräder Pustetreu liefern. ◀

1.2 Schlussschemata. Logische Gesetze. Logische Folgerungen

Unter *Logik* verstehen wir insbesondere die *formale Logik*, die sich mit der Struktur des richtigen Denkens und dessen extensionalen Aspekten beschäftigt. Sie erforscht die extensionalen Gesetze der Verknüpfung von Aussagen, der Bildung und Verknüpfung von Begriffen in Gestalt von einstelligen Prädikaten und zwei- oder mehrstelligen Prädikaten (Relationen), liefert die Grundlagen für die Lehre von den Schlüssen, der deduktiven Methode und der Definition und findet ihren Abschluss in der Axiomatik [BORK76]. Der elementare Teil der formalen Logik ist die Aussagenlogik. Sie ist die Theorie von den aussagenlogischen Konstanten (der Negation, der Konjunktion, der Disjunktion, der Implikation, der Äquivalenz). Auf ihr bauen die einfache einstellige und die mehrstellige Prädikatenlogik (Relationenlogik) auf. Damit folgt: Die *formale Logik* ist die Theorie der extensionalen logischen Konstanten und Prädikate beliebiger Stellenzahl und Stufe [KLBU85].

Keine der übrigen Einzelwissenschaften, außer der Logik, untersucht die Eigenschaften der Gegenstände, die durch die logischen Konstanten (*nicht*; *und*; *oder*; *weder … noch*; *wenn … so*; *dann und nur dann, wenn*; *jeder*; *keiner*; *manche*; *ist*; *ist identisch*; *ist ein Element der Menge*; *ist möglich*; *ist notwendig*; *ist Teil von* usw. sowie die Ausdrücke, die sich ausschließlich mit Hilfe solcher Konstanten und von Variablen definieren lassen; siehe Abschn. 1.1.5 und 1.4) denotiert werden, und präzisiert die Anwendungsweise dieser Konstanten. In jeder Wissenschaft machen wir z. B. von den Eigenschaften der Identitätsrelation Gebrauch und benutzen bestimmte, für die Identität geltende Gesetze, ohne sie deutlich zu formulieren und zu begründen. Da in fast jedem wissenschaftlichen Theorem irgendeine logische Konstante auftritt, kann das Fehlen der Präzisierung ihres Gebrauchs zu zahlreichen Missverständnissen und sogar zu Fehlern beim Schließen führen. Die formale Logik unternimmt diese wichtige Aufgabe der Präzisierung des Sinnes und der Anwendungsweise der logischen Konstanten, der allgemein verwendeten Termini. In den Systemen der formalen Logik verfügen wir über Mengen von logischen Gesetzen und logischen Schlussschemata, in denen logische Konstanten mit genau präzisiertem Sinn vorkommen [BORK76].

Systeme der formalen Logik sind Methoden zum Nachweis der Wahrheit von Ausdrücken, die ausschließlich aus logischen Konstanten und Variablen bestehen, bzw. zum Nachweis der Gültigkeit formaler Schemata. Wir unterscheiden Beweismethoden sowie Entscheidungs- bzw. Prüfverfahren. Wenn wir eine *Entscheidungsmethode* einführen (siehe Abschn. 1.4), geben wir ein systematisches Verfahren für den Nachweis der Wahrheit oder Falschheit von Ausdrücken an, die ausschließlich aus logischen Konstanten und Variablen gebildet sind, bzw. für den Nachweis der Gültigkeit oder Ungültigkeit formaler Schemata. Wenn wir über eine Entscheidungsmethode verfügen, können wir nicht nur nachweisen, dass ein bestimmter Ausdruck ein logisches Gesetz ist, dass ein bestimmtes Schema ein logisches Schema ist, sondern auch, dass ein bestimmter Ausdruck, der ausschließlich aus logischen Konstanten und Variablen besteht, falsch oder dass ein bestimmtes formales Schema ungültig ist. Allerdings gibt es nicht für jedes Teilgebiet der Logik ein allgemeines Entscheidungsverfahren, mit dessen Hilfe die Frage entschieden werden könnte, ob ein beliebiger Ausdruck aus diesem Teilgebiet wahr oder falsch oder ob ein beliebiges formales Schema aus diesem Teilgebiet gültig oder ungültig ist.

Wenn es kein solches allgemeines Entscheidungsverfahren gibt, müssen wir uns auf die *Beweismethode* beschränken und sie eventuell durch Entscheidungsverfahren ergänzen, die dann nicht mehr allgemein sein, sondern nur auf einige Arten von Ausdrücken des betreffenden Teilgebiets der Logik angewendet werden können. Beweismethoden beschränken sich auf die Angabe eines systematischen Beweisverfahrens für logische Gesetze bzw. Schemata. Beweismethoden unterscheiden wir in die axiomatische Methode und in die Annahmemethode. Wenn wir nach der *axiomatischen Methode* vorgehen, legen wir bestimmte logische Gesetze aus einem Teilgebiet der Logik ohne Beweis als Axiome/primäre Aussagen zugrunde. Dann geben wir Definitionen und Bestimmungen für andere Termini des betreffenden Teilgebiets der Logik an, die mit Hilfe der in den Axiomen auftretenden Termini formuliert sind. Zweckmäßigerweise wählen wir die primären Aussagen möglichst so, dass wir auf ihrer Grundlage sowie unter Verwendung der erarbeiteten Definitionen alle übrigen logischen Gesetze des betreffenden Teilgebiets der Logik beweisen können. Die Axiome und die anhand der Axiome und Definitionen bewiesenen Aussagen nennen wir die *Theoreme* des Systems (primäre und sekundäre Aussagen; siehe Abschn. 1.1.1 und 1.4). Beweise führen wir anhand von *Beweisregeln* (Schlussregeln). Das sind Aussagen, die feststellen: Wenn bestimmte Ausdrücke Theoreme dieses Systems sind, dann sind auch bestimmte andere Ausdrücke Theoreme dieses Systems. Eine solche Regel ist z. B. die *Einsetzungsregel* mit der Feststellung: Ist ein gegebener Ausdruck ein Theorem des Systems, dann ist auch der Ausdruck ein Theorem des Systems, der dadurch entsteht, dass man für eine Variable (an allen Stellen ihres Vorkommens im gegebenen Ausdruck) einen Ausdruck des Systems einsetzt, der zu der gleichen syntaktischen Kategorie gehört wie die Variable. Die *Abtrennungsregel* stellt für ein solches System fest: Wenn irgendeine Bedingungsaussage (Konditionalsatz) und ihr Vordersatz Theoreme dieses Systems sind, dann ist auch ihr Hintersatz ein Theorem dieses Systems. Eine solche Regel formulieren wir wie folgt: Wenn eine Bedingungsaussage mit dem Vordersatz E und dem Hintersatz F ein Theorem eines gegebenen Systems ist und der Ausdruck E ein Theorem dieses Systems ist, dann ist auch der Ausdruck F ein Theorem dieses Systems. Die Beweisregeln müssen wir von den Theoremen eines gegebenen Systems und auch von seinen logischen Schemata unterscheiden. Die Abtrennungsregel ist eine Aussage, in der wir etwas über die Ausdrücke eines gegebenen Systems aussagen. Die in ihr auftretenden Variablen „E" und „F" repräsentieren die *Namen* von Ausdrücken des betreffenden

Systems. Der Unterschied zwischen den logischen Schemata und den Beweisregeln wird schon am Beispiel des logischen Abtrennungsschemas und der Abtrennungsregel deutlich. In dem logischen Abtrennungsschema:

$$\frac{\begin{array}{l}\text{Wenn } p, \text{ so } q: \\ p\end{array}}{q}$$

sind die Variablen „p", „q" Aussagenvariablen, für die wir Aussagenausdrücke einsetzen können. In der Abtrennungsregel, die besagt: Wenn eine Bedingungsaussage der Form: Wenn E, so F ein Theorem ist und der Ausdruck E ein Theorem ist, so ist der Ausdruck F ein Theorem – sind die Variablen „E", „F" Variablen, für die wir Namen von Aussagenausdrücken des gegebenen Systems einsetzen können. Formale Schemata sind bestimmte *Folgen* von Ausdrücken, die ausschließlich mit Hilfe von logischen Konstanten und Variablen notiert sind. Die zugehörigen Beweisregeln (Schlussregeln) dagegen sind *Aussagen*, die feststellen, dass bestimmte formale Schemata gültig sind, dass aus Aussagen einer bestimmten Form logisch Aussagen einer bestimmten Form folgen, oder dass, wenn Ausdrücke einer bestimmten Form Theoreme sind, dann auch Ausdrücke einer bestimmten Form ebenfalls Theoreme sind. In axiomatischen logischen Systemen steht der Beweis der logischen Gesetze im Vordergrund. Wir können in ihnen aber leicht Regeln beweisen, die feststellen, dass bestimmte formale Schemata gültig sind und aus Aussagen einer bestimmten Form Aussagen einer bestimmten Form folgen. Wenn wir ein logisches System nach der *Annahmemethode* aufbauen, gibt es für jedes Theorem des Systems einen Annahmebeweis dieses Theorems. Die Beweisregeln eines solchen Systems sind Regeln, die bestimmen, wie die Annahmebeweise der Theoreme des Systems aufgebaut sind. Genauso können wir Beweisregeln formulieren, die bestimmen, wie die Annahmebeweise der logischen Schemata aufgebaut sind.

Beispiel 1.8

Logische Systeme

Im Aussagenkalkül lassen wir in den Ausdrücken des Kalküls als Variablen nur Aussagenvariablen und als Konstante nur aussagenbildende Funktoren von Aussagenargumenten zu. Als primäre Regeln verwenden wir die Einsetzungs- und die Abtrennungsregel sowie die Einführung bzw. Beseitigung dieser Funktoren. Als Beweisformen werden der direkte und der indirekte Annahmebeweis eingeführt. Und damit führen wir die Annahmebeweise für alle sekundären Gesetze/Aussagen. ◀

1.2.1 Schlussschemata

Das *Schließen* ist die Begründung eines Satzes, den wir als *Conclusio* bezeichnen, weil eine bestimmte logische Beziehung, ein logischer Zusammenhang zwischen den als Prämissen dienenden Sätzen und der Conclusio besteht. Wir beschränken uns auf solche Fälle des Schließens, bei denen diese Beziehung eine Beziehung der logischen Folgerung ist: Wenn die Conclusio logisch aus den Prämissen folgt und die Prämissen wahr sind, dann ist auch die Conclusio wahr. Dies verdeutlicht, wie wir mit Hilfe eines solchen Schließens, das von der Wahrheit anderer Sätze ausgeht, die Wahrheit bestimmter Sätze nachweisen können.

Unter Schließen verstehen wir, dass anhand bestimmter Sätze ein anderer Satz bewiesen wird. Wenn wir z. B. anhand der Sätze

(1) Julius Windmüller ist ein Unternehmer
(2) Julius Windmüller ist ein Techniker

den Satz

(3) Manche Unternehmer sind Techniker

beweisen, dann stellt dies einen Schluss dar. Die Sätze (1) und (2) sind die Prämissen, der Satz (3) bildet die Conclusio. Für einen derartigen indirekten Nachweis der Wahrheit eines Satzes müssen die Prämissen des Schlusses wahr sein. Diese Untersuchung obliegt der Wissensdisziplin, der diese Sätze angehören. Vom logischen Standpunkt aus ist lediglich festzustellen, ob zwischen den Prämissen und der Conclusio die für die vorliegende Art des Schlusses charakteristische logische Beziehung besteht: Folgt die Conclusio logisch aus den Prämissen? Der hier angeführte Schluss ist richtig, weil sich die Conclusio (3) logisch aus den Prämissen (1) und (2) ergibt. Auch der Schluss mit der Prämisse

(4) Manche Unternehmer sind Techniker

und der Conclusio

(5) Manche Techniker sind Unternehmer

ist richtig; die Conclusio (5) folgt logisch aus der Prämisse (4). Der Schluss mit der Prämisse

(6) Jeder Unternehmer ist ein Techniker

und der Conclusio

(7) Jeder Techniker ist ein Unternehmer

ist dagegen falsch; Conclusio (7) folgt nicht aus Prämisse (6).

Die Logik vermittelt demnach die Werkzeuge für ein richtiges Schließen. Im Folgenden wollen wir die Elemente logischer Systeme behandeln und dann auf logische Systeme selbst eingehen.

Wir schreiben die Prämissen eines Schlusses untereinander und unter die Prämissen die Conclusio, die wir von ihnen durch einen waagerechten Strich trennen. Zum Beispiel:

Julius Windmüller ist ein Unternehmer.
Julius Windmüller ist ein Techniker.
___
Manche Unternehmer sind Techniker.

Einen ähnlichen Schluss mit der Prämisse „Manche Unternehmer sind Techniker" und der Conclusio „Manche Techniker sind Unternehmer" schreiben wir in der Form:

Manche Unternehmer sind Techniker.
___
Manche Techniker sind Unternehmer.

Wir stellen die formale Richtigkeit dieses Schlusses fest, indem wir die außerlogischen Konstanten in seiner Prämisse und seiner Conclusio durch Namenvariablen ersetzen. Dabei setzen wir für gleiche Konstanten gleiche Variablen und für verschiedene Konstanten verschiedene Variablen ein. Als Ergebnis dieser Einsetzung erhalten wir ein Schlussschema, das nicht mehr aus Aussagen, sondern aus Aussageformen aufgebaut ist:

Manche S sind P.
___
Manche P sind S.

Ein *Schlussschema*, in dessen Prämissen und dessen Conclusio nur logische Konstanten und Variablen auftreten, heißen wir *formal*. Das obige Schlussschema ist ein solches formales Schema. Wenn wir in diesem Schema für die Namenvariablen „S" und „P" bestimmte Namen einsetzen, erhalten wir wahre oder falsche Aussagen. Sooft wir aus der Prämisse dieses Schema durch eine solche Einsetzung eine wahre Aussage erhalten, folgt auch aus der Conclusio dieses Schemas eine wahre Aussage.

Gültig heißt ein Schlussschema, das von wahren Prämissen immer zu einer wahren Conclusio führt, wenn die Einsetzungen für die gleichen Variablen in den Prämissen und in der Conclusio gleich vorgenommen werden. Das von uns untersuchte Schlussschema ist ein gültiges Schema. Ein *logisches* Schlussschema nennen wir ein solches Schlussschema, das sowohl formal als auch gültig ist. Ein Schluss ist *formal richtig*, wenn das durch Ersetzung der außerlogischen Konstanten durch Variablen erhaltene formale Schlussschema gültig ist. Ist dagegen das durch eine solche Ersetzung erhaltene formale Schlussschema ungültig, dann ist der Schluss *formal unrichtig*. Der oben betrachtete Schluss ist formal richtig, während der Schluss:

Jedes Windrad ist eine Maschine.
___
Jede Maschine ist ein Windrad.

formal unrichtig ist, weil das durch Ersetzung der außerlogischen Konstanten durch Variablen erhaltene formale Schlussschema der Form

$$\frac{\text{Jedes } S \text{ ist } P.}{\text{Jedes } P \text{ ist } S.}$$

ungültig ist. Wir erhalten bspw. nach der Einsetzung des Namens „Windrad“ für die Variable „S“ und des Namens „Maschine“ für die Variable „P“ einen Schluss mit der wahren Prämisse „Jedes Windrad ist eine Maschine“ und der falschen Conclusio „Jede Maschine ist ein Windrad“. Bei den weiteren Betrachtungen verwenden wir den Terminus „Schluss“ zur Bezeichnung eines Systems von Aussagenausdrücken, das aus Prämissen und einer Conclusio besteht. Ein gegebener Schluss fällt dann und nur dann unter ein gegebenes Schlussschema, wenn man ihn aus diesem Schema durch Einsetzung erhalten kann. Entsprechend dieser Bestimmung kann ein gegebener Schluss unter verschiedene formale Schemata fallen. Beispielsweise fällt der Schluss:

Wenn dieses Windrad Pustetreu heißt oder dieses Windrad Wolkenquirl heißt,
dann ist dieses Windrad von den Windkraftwerken.
Dieses Windrad heißt Pustetreu oder dieses Windrad heißt Wolkenquirl
———
Dieses Windrad ist von den Windkraftwerken.

unter folgende formale Schemata:

(1) Wenn x ist S oder x ist P, so x ist M
x ist S oder x ist P
———
x ist M

(2) Wenn p oder q, so r
p oder q
———
r

(3) Wenn p, so q
p
———
q

In Schema (1) treten Namenvariablen auf, in Schema (2) oder (3) dagegen Aussagenvariablen. Aus Schema (2) können wir durch Einsetzen Schema (1) und aus Schema (3) durch Einsetzen sowohl Schema (2) als auch Schema (1) erhalten. Deshalb ist Schema (2) allgemeiner als Schema (1) und Schema (3) allgemeiner als Schema (2). Ist ein Schema allgemeiner als ein zweites, so heißt das zweite Schema „gegenüber dem ersten ausführlicher“. Das aus einem gegebenen Schluss durch Ersetzen der außerlogischen Konstanten erhaltene Schema ist das ausführlichste formale Schema, unter das dieser Schluss fällt.

Wenn ein formales Schema gültig ist, dann ist auch jedes aus ihm durch Einsetzen erhaltene Schema gültig. Die Gültigkeit des allgemeineren Schemas bedingt demnach die Gültigkeit des ausführlicheren Schemas. Fällt also ein Schluss unter irgendein formales Schema, ist damit auch das aus ihm durch Ersetzen der außerlogischen Konstanten durch Variablen erhaltene Schema gültig. Daraus erkennen wir, dass ein Schluss dann und nur dann formal richtig ist, wenn er unter ein formales und gültiges Schema, ein logisches Schema, fällt.

Vom Schließen unterscheiden wir die Ableitung von Aussagen aus anderen Aussagen. Eine Ableitung liegt dann vor, wenn wir auf die Beantwortung der Frage zielen, welche Aussagen aus einer Aussage folgen, die bisher von uns nicht bewiesen wurde, insbesondere aus irgendeiner Hypothese. Die Untersuchung der Richtigkeit der Ableitung beschränkt sich auf ihre formale Richtigkeit. Diese formale Richtigkeit untersuchen wir genauso wie die formale Richtigkeit des Schlusses. Die logischen Schlussschemata sind also gleichzeitig logische Schemata für die Ableitung von Aussagen aus anderen Aussagen als ihre Folgen.

1.2.2 Logische Gesetze

Logische Gesetze sind Ausdrücke aus logischen Konstanten und Variablen, die für alle Werte der Variablen zutreffen („Tautologie“). Diese Variablen können Aussagenvariablen, Individuenvariablen, Variablen, die sich auf Mengen oder Relationen beziehen, usw. sein. Wir betrachten drei Beispiele für logische Gesetze:

(1) x ist identisch mit x.
(2) Wenn x mit y identisch ist, so ist y mit x identisch.
(3) p oder nicht p.

Im ersten und zweiten Beispiel treten Individuenvariablen auf, für die wir die Namen beliebiger Gegenstände einsetzen können. Alle Einsetzungen ergeben wahre Aussagen. Diese Gesetze sind allgemeine Aussagen über Gegenstände, die bestimmte Eigenschaften der Identitätsrelation feststellen. Im dritten Gesetz ist die Variable „p“ eine Aussagenvariable. Welche Aussage wir auch für diese Variable einsetzen mögen, wir erhalten aus diesem Gesetz eine wahre Aussage, z. B. die Aussage: Julius Windmüller ist ein Lebewesen oder Julius Windmüller ist kein Lebewesen. Die Aussage „Julius Windmüller ist ein Lebewesen“ stellt das Vorhandensein eines bestimmten Sachverhalts fest; die Aussage „Julius Windmüller ist kein Lebewesen“ stellt einen Sachverhalt fest, der zum ersten im Widerspruch steht. Die Aussage „Julius Windmüller ist ein Lebewesen oder Julius Windmüller ist kein Lebewesen“ stellt also fest, dass von diesen zwei sich widersprechenden Sachverhalten einer besteht. Ähnlich stellt das allgemeine Gesetz (3) fest, dass von zwei beliebigen, sich widersprechenden Sachverhalten einer besteht. Analog sind logische Gesetze, in denen Variablen auftreten, die sich auf Mengen, Relationen usw. beziehen, allgemeine Behauptungen über beliebige Mengen, Relationen usw. Das Gesetz (3) formuliert das *Prinzip vom ausgeschlossenen Dritten.* Auf der Grundlage der klassischen Definition der Wahrheit lässt sich anhand Gesetz (3) beweisen: Von zwei sich widersprechenden Aussagen ist eine wahr. Dieses Gesetz nennen wir metalogisches Gesetz vom *ausgeschlossenen Dritten.* Darin treten die Termini „Aussage" und „wahr" auf. Termini dieser Art treten in Gesetzen nicht auf, die zu den Systemen der formalen Logik gehören. Dem logischen Schema

$$\frac{\text{Manche } S \text{ sind } P}{\text{Manche } P \text{ sind } S}$$

entspricht das logische Gesetz:

$$\text{Wenn manche } S\ P \text{ sind, so sind manche } P\ S.$$

Dem logischen Schema

$$\begin{array}{l} \text{Jedes } S \text{ ist } M \\ \text{Jedes } M \text{ ist } P \\ \hline \text{Jedes } S \text{ ist } P \end{array}$$

entspricht das logische Gesetz:

$$\text{Wenn: Jedes } S \text{ ist } M \text{ und jedes } M \text{ ist } P\text{, so: Jedes } S \text{ ist } P.$$

Allgemein: Dem logischen Schema

$$\begin{array}{c} (S) \\ W_1 \\ W_2 \\ W_3 \\ \vdots \\ W_n \\ \hline W \end{array}$$

entspricht das logische Gesetz der Form (P)

$$\text{Wenn } W_1 \text{ und } W_2 \text{ und } \ldots W_n, \text{ so } W.$$

Diese Entsprechung verstehen wir so, dass ein formales Schema der Form (S) dann und nur dann gültig und damit ein logisches Schema ist, wenn ein Ausdruck der Form (P), der ausschließlich mit Hilfe logischer Konstanten und Variablen notiert wurde, ein wahrer Ausdruck und damit ein logisches Gesetz ist. Um nachzuweisen, dass ein formales Schema der Form (S) ein logisches Schema ist, genügt es nachzuweisen, dass der ihm entsprechende Ausdruck der Form (P) ein logisches Gesetz ist.

1.2.3 Logische Folgerungen

Den Begriff *logische Folgerung* definieren wir anhand des Begriffes des logischen Schemas wie folgt: Aus den Aussagen $Z_1, Z_2, \ldots, Z_n$ *folgt logisch* die Aussage Z dann und nur dann, wenn die Aussagen $Z_1, Z_2 \ldots, Z_n$ als Prämissen und die Aussage Z als Conclusio unter irgendein logisches Schema fallen, und wir bei Einsetzen gleicher Konstanten für gleiche Variablen in einem formalen und gültigen Schema aus seinen Prämissen die Aussagen $Z_1, Z_2, \ldots, Z_n$ und aus seiner Conclusio die Aussage Z erhalten. Das schließt auch den Spezialfall mit ein, dass $n = 1$ ist, und aus der Aussage Z_1 logisch die Aussage Z folgt. Wenn wir den Zusammenhang zwischen einem logischen Schema und dem ihm entsprechenden logischen Gesetz herstellen, gelangen wir zu einer Bestimmung des logischen Schlusses mit Hilfe des Begriffs des logischen Gesetzes: Aus den Aussagen $Z_1, Z_2, \ldots, Z_n$ *folgt logisch* die Aussage Z dann und nur dann, wenn der Ausdruck: Wenn Z_1 und Z_2 und $\ldots$ und Z_n, so Z eine Einsetzung in irgendein logisches Gesetz ist. Ein Schluss, bei dem die Conclusio logisch aus den Prämissen folgt, wird *deduktiver Schluss* genannt. Die formale Logik beschränkt sich auf die Untersuchung von deduktiven Schlüssen. Unter Berücksichtigung der Bestimmung der logischen Folgerung mit Hilfe des Begriffs des logischen Schemas sowie der angegebenen Bestimmung der formalen Richtigkeit eines Schlusses können wir sagen, dass ein solcher Schluss dann und nur dann formal richtig ist, wenn seine Conclusio logisch aus seinen Prämissen folgt. Die Bestimmung der logischen Folgerung mit Hilfe des Begriffs des logischen Schemas führt zu folgender Schlussfolgerung: Wenn aus den Aussagen $Z_1, Z_2, \ldots, Z_n$ logisch die Aussage Z folgt und die Aussagen $Z_1, Z_2, \ldots, Z_n$ wahr sind, so ist auch die Aussage Z wahr. Im Fall einer logischen Folgerung fallen diese Aussagen unter ein gültiges Schema, das immer von wahren Aussagen zu wahren Aussagen führt. Die Wahrheit der Prämissen eines deduktiven Schlusses garantiert die Wahrheit seiner Conclusio.

1.3 Definitionen

Wenn wir Begriffs-, Wort- und Zeichenbedeutungen festlegen und dabei logische Verfahrensregeln beachten, dann geben wir eine *Definition*. Definitionen setzen sich als *logische Gleichungen* aus dem zu Definierenden (Definiendum) und dem Definierenden (Definiens) zusammen: Definiendum = Definiens, sodass in jedem Zusammenhang das Definiendum geeignet ist, das Definiens und umgekehrt zu ersetzen. Wir teilen in die folgenden Arten von Definitionen ein (siehe [KLBU85]):

1.3.1 Realdefinition

Die *Realdefinition* zielt auf Gegenstände, Eigenschaften, Klassen von Gegenständen oder Klassen von Eigenschaften. Mit einer Realdefinition sagen wir aus, was ein Ding usw. ist, indem wir feststellen, in welcher Beziehung es zu anderen Dingen steht und welche besonderen Eigenschaften es in Abgrenzung zu diesen Dingen besitzt. Für die Aufstellung einer Realdefinition verwendet die Logik die Regel: Begriff = Gattungsbegriff + artbildender Unterschied.

Beispiel 1.9

Realdefinition

Ein Quadrat ist ein Rechteck mit vier gleich langen Seiten.
Eine Fräsmaschine ist eine Maschine, mit der man prismatische Werkstücke spanabhebend herstellen kann.
Eine Kuckucksuhr ist ein Instrument für das Messen der Zeit in den Vereinigten Staaten. ◄

Umgangssprachliche Definitionen haben in der Regel diese Struktur. Das Definiens besteht aus einem Oberbegriff (genus proximum), der das Definiendum umfasst und einer spezifischen Eigenschaft (differentia specifica), die das Definiendum von allen anderen Begriffen auszeichnet, die unter denselben Oberbegriff fallen:

Parallelogramm = Viereck + zwei Paar parallele Gegenseiten
Junggeselle = Mann + unverheiratet
Mensch = Lebewesen + vernunftbegabt

Grundsätzlich wird diese Form der Definition auf die Bildung des Durchschnitts ($D = G \cap H$) oder die Vereinigung zweier Klassen zu einer neuen Klasse ($D = G \cup H$) zurückgeführt. Liegen nicht die Klassen, sondern die ihnen entsprechenden Prädikate zugrunde, dann folgt für die beiden wichtigsten Formen der Realdefinition: a) $Q(x) \longleftrightarrow G(x) \wedge H(x)$, b) $Q(x) \longleftrightarrow G(x) \vee H(x)$. Die Regeln für den richtigen Aufbau einer Realdefinition sind: Die beiden Grundbestandteile der Definition müssen umfangsgleich sein, der zu bestimmende Begriff ist dem nächsthöheren Gattungsbegriff unterzuordnen und darf nicht als Bestandteil des zu bestimmenden Begriffs erscheinen, eine Definition darf keine negativen Bestimmungen enthalten und sie darf nur wesentliche Merkmale erfassen (siehe bspw. [GABR72]). Sie stellen sicher, dass die Gesetze der formalen Logik beachtet und keine außerlogischen Momente in die Definition hineingenommen werden.

Die *genetische Definition* als eine spezielle Form der Realdefinition sagt aus, wie ein Ding usw. entsteht oder produziert wird. Eine derartige Definition der Kugel lautet: „Eine Kugel entsteht, wenn in einem dreidimensionalen Raum ein Punkt in gleichbleibendem Abstand um einen festen Punkt bewegt wird." Genetische Definitionen heißen deshalb auch operationale Definitionen: Physikalische Begriffe können wir anhand eines geeigneten Messverfahrens (vgl. Abschn. 3.4.1, Messen) definieren. So lassen sich Dispositionsprädikate wie „wasserlöslich", „elastisch", „magnetisch" usw. gar nicht explizit, sondern nur operational durch die Angabe einer Handlungsvorschrift definieren. Beispielsweise ist ein Stück Zucker wasserlöslich, wenn man unter gewissen Bedingungen („Wir werfen den Zucker ins Wasser") bestimmte Beobachtungen („Der Zucker löst sich auf") machen kann. Psychologie und Soziologie verwenden ebenfalls operationale Definitionen. „Intelligenz ist, was durch einen Intelligenztest gemessen wird" wäre ein Beispiel für eine solche, möglicherweise zirkuläre Definition.

1.3.2 Nominaldefinition

Eine *Nominaldefinition* stellt eine Aussage über sprachliche Zeichen (Symbole einer symbolisierten Sprache, Wörter, Sätze usw.) oder über die in Form dieser Zeichen existierenden gedanklichen Abbilder (Begriffe, Aussagen usw.) dar. Die Nominaldefinition bezieht sich also auf Bezeichnungen, nicht auf Dinge und deren Eigenschaften. Es werden *syntaktische und semantische* Definitionen unterschieden. Die *syntaktische Definition* ersetzt ein Zeichen oder eine Zeichengruppe durch ein anderes Zeichen. Beispielsweise bringen wir die Aussagenlogik in die Form eines abstrakten Kalküls. Dann sprechen wir nicht mehr von Aussagen und Aussagenverbindungen, sondern nur noch von Zeichen und von Regeln über deren Verknüpfung. Wenn wir darüber hinaus bereits auf die Zeichen für die Disjunktion und für die Negation zurückgreifen können, dann lässt sich die Implikation durch die folgende syntaktische Definition einführen: $p \longrightarrow q := \neg p \vee q$ (siehe Abschn. 1.1.2, Sätze). Im Unterschied dazu erläutert die *semantische Definition* die Bedeutung eines Wortes oder Zeichens. Sie umfasst das, was üblicherweise als *Begriffsdefinition* bezeichnet wird. Danach ist die Aussage der Gleichung $p \longrightarrow q := \neg p \vee q$, dass die in der Aussagenlogik benutzte Implikation dasselbe bedeutet wie die aus der Negation des Vordersatzes und dem Hintersatz der Implikation gebildete einschließende Disjunktion (siehe Abschn. 1.4, Aussagenlogik). Eine spezielle semantische Definition als Resultat einer semantischen Analyse ist die *Feststellungsdefinition*. Sie stellt die Bedeutung eines Wortes in einem bestimmten Wissenschaftsbereich fest. Eine solche Feststellungsdefinition lautet bspw.: „Unter einem Lager versteht man in der Fertigungstechnik das und das ..." oder „Ein Faktor ist etwas, was in einem bestimmten Zusammenhang bestimmte Auswirkungen hat". Semantische Definitionen gliedern sich in *analytische* und *synthetische Definitionen. Analytische Definitionen* drücken den implizit in einem Wort enthaltenen Sinn explizit aus. Eine *synthetische Definition* bildet entweder aus schon bekannten Begriffen einen neuen (z. B. „Der Widerstand R eines elektrischen Leiters ist definiert als der Quotient aus Spannung U und Stromstärke I. Ein Draht hat den Widerstand 1 Ω, wenn bei einer Spannung von 1 Volt durch ihn ein Strom von 1 Ampere fließt.") oder es wird für wissenschaftliche Zwecke auf einem in der Umgangssprache umgrenzten Begriff aufbauend ein scharf abgegrenzter Begriff gebildet, der mit dem ursprünglichen Begriff ggf. nur noch lose zusammenhängt. Nominaldefinitionen sind Konventionen. Sie können daher weder wahr noch falsch sein. Wenn die Definition an einen gewohnten Sprachgebrauch anknüpft (bspw. Schimmel = weißes Pferd), so sprechen wir von einer deskriptiven Definition. Führt die Definition dagegen einen neuen Sprachgebrauch ein, so sprechen wir von einer stipulativen Definition. Dagegen will eine Realdefinition dem Wesen eines Dings, Prozesses usw. auf den Grund gehen. So versuchte bspw. Platon das Wesen der Tugend zu definieren. Auch Aristoteles fasste die Definition stets als eine Realdefinition auf. Wenn wir bspw. den Begriff des Lebens adäquat definieren wollen, dann kann dies sicher nicht mit einer Nominaldefinition gelingen. Das müsste zwingend in einer Realdefinition geschehen.

1.3.3 Zuordnungsdefinition

Die *Zuordnungsdefinition* stellt durch Festsetzungen Relationen zwischen bestimmten Zusammenhängen her. Eine Zuordnungsdefinition, die die Temperaturskala festgelegt, ist bspw. die Vereinbarung, dass die Temperatur, bei der Wasser gefriert, 0 °C und die Temperatur, bei der Wasser siedet, 100 °C beträgt. Die Aussage „Wasser siedet unter Normalbedingungen bei 100 °C" ist daher keine wissenschaftliche Erkenntnis, sondern eine Zuordnung – eine Konvention (Werkstatt 1 besteht aus den Kostenstellen 17 und 19; Herr Maier, Frau Müller und Frau Marx bilden die Arbeitsgruppe von Herrn Schmitt). Dagegen ist die darauf aufbauende Aussage, dass 120 °C die für die Lackierung von Fahrradrahmen fehlerminimierende Temperatur ist, eine bescheidene, auf Beobachtung beruhende und nachprüfbare wissenschaftliche Erkenntnis. Auch die Definition der Gleichheit von räumlich voneinander getrennten Strecken ist eine auf einer Festsetzung beruhende Zuordnungsdefinition (siehe Abschn. 3.4.1, Messen). Analoges gilt für die Gleichzeitigkeit von Ereignissen, die räumlich voneinander getrennt sind (und daher nicht unmittelbar verglichen werden können).

1.3.4 Formalisierte Aussagenlogik

Eine formalisierte Aussagenlogik (siehe Abschn. 1.4) muss genau feststellen, ob eine gegebene Zusammenstellung von Zeichen sinnlos oder sinnvoll ist. Von den folgenden beiden Zeichenreihen, die sich beide aus Zeichen zusammensetzen, die in der Aussagenlogik verwendet werden, ist die erste in der gegebenen Zusammenstellung sinnlos: $\longrightarrow p \wedge \neg q \vee \longrightarrow \neg p$, $(p \wedge (\neg q \vee r))$. Im Gegensatz zu einer sinnlosen Zeichenreihe wird ein logischer Ausdruck der Aussagenlogik durch *induktive Definition* folgendermaßen festgelegt:

a) $p_1, p_2, p_3, \ldots, p_n$ sind Ausdrücke,
b) mit H ist auch $\neg H$ ein Ausdruck,
c) mit H_1, H_2 sind auch $H_1 \wedge H_2$, $H_1 \vee H_2$, $H_1 \longrightarrow H_2$, $H_1 \longleftrightarrow H_2$ Ausdrücke,
d) nichts ist ein Ausdruck, es sei denn vermöge a) bis c).

Beispiel 1.10

Induktive Definition

1. Die Windkraftwerke können eine Menge von Windrädern herstellen.
2. Ein Produktionsprogramm der Windkraftwerke ist eine Teilmenge dieser Menge.
3. Die Elemente dieser Teilmenge sind in einem Produktionsprogramm nach den Regeln der Mengenlehre verknüpft.
4. Nichts ist ein Produktionsprogramm, außer mittels 1) bis 3). ◀

1.3.5 Definition über Axiome

In einer *Definition über Axiome* ist ein Zeichen dadurch definiert, dass es in einer bestimmten Weise in einem *Axiomensystem* auftritt. Nehmen wir als Beispiel ein aussagenlogisches Axiomensystem (wie in Bd. 1, Kap. 2, Axiomatische Systeme des Aussagenkalküls, beschrieben). Dann ist die Bedeutung der Implikation durch die Art und Weise des Auftretens des Implikationszeichens in einem bestimmten aussagenlogischen System axiomatisch definiert. Selbstverständlich darf der Sinn eines Zeichens, das in einem bestimmten Axiomensystem auftritt, definitorisch nicht geändert werden.

1.3.6 Explizite/implizite Definition

Während die *explizite Definition* den zu definierenden Begriff isoliert, tritt er bei der *impliziten Definition* auf der linken Seite zusammen mit anderen Begriffen auf. Beispielsweise setzen wir die Verwendung des Additionszeichens als bekannt voraus; davon ausgehend definieren wir die Subtraktion durch eine implizite Definition: $(c - b = a)$ dann und nur dann, wenn $(a + b = c)$. Im Folgenden sei analog der Begriff der Multiplikation bereits bekannt. Wir könnten dann definieren: $(c : b = a)$ dann und nur dann, wenn $(a \cdot b = c)$. Das führt zu den Schwierigkeiten dieser Art der Definition: Wenn wir nämlich in die rechte Seite für a und c „0" einsetzen, so bleibt diese Gleichung für beliebige Werte von b richtig, während die linke Seite für $b = 0$ zu einem unbestimmten Ausdruck und das Ganze daher falsch wird.

Beispiel 1.11

Implizite Definition

Die bisher behandelten Beispiele vereinbaren die zu definierenden Begriffe *explizit* durch eine logische Äquivalenz. Dagegen werden in der axiomatischen Geometrie die Grundbegriffe Punkt und Gerade nicht explizit definiert. Diese Grundbegriffe erhalten ihre Bedeutung erst durch die geometrischen Axiome, in denen die Beziehungen zwischen den Begriffen erklärt werden. Daher werden die Begriffe Punkt und Gerade durch die Axiome *implizit* oder kontextuell definiert. ◀

1.3.7 Definition durch Abstraktion

Eine *Definition durch Abstraktion* vereinbart Teilklassen einer gegebenen Klasse bzw. invariante Merkmale anhand einer Äquivalenzrelation: Wir gehen von einer Klasse K von Individuen sowie einer Äquivalenzrelation R über dieser Klasse aus und greifen eines dieser Individuen, bspw. x, heraus (siehe bspw. [ENGE71]). Alle anderen Elemente von K, die in der Relation R zu x stehen, bilden dann gemeinsam mit x eine Klasse $K(x)$. $K(x)$ ist eine Abstraktionsklasse (siehe Abschn. 1.6, Mengen) und durch das Element x in Bezug auf die Relation R eindeutig bestimmt (siehe Abschn. 1.7, Relationen). Entsprechend bestimmt jedes (weitere) Element von K eindeutig eine Abstraktionsklasse. Zwei Elemente von K, die in der Relation R zueinander stehen, bestimmen jetzt ein und dieselbe Abstraktionsklasse, zwei Elemente von K, die das nicht tun, disjunkte Klassen. Auf diesem Weg werden alle im Hinblick auf die zugrundegelegte Äquivalenzrelation R in K enthaltenen Abstraktionsklassen und mit ihnen die invarianten Merkmale definiert (siehe Abschn. 1.7, Relationen). Beispielsweise seien die Klasse der Windräder und die Relation der Wertäquivalenz gegeben; Wertäquivalenz bestehe zwischen Windrädern, zu deren Herstellung dieselbe Arbeitszeit erforderlich ist. Die Relation der Wertäquivalenz $W(x, y)$ ist dann eine Äquivalenzrelation, weil gilt:

1. $\forall(x)W(x, x)$: Jedes Windrad ist sich selbst wertäquivalent (reflexiv);
2. $\forall(x)\forall(y)[W(x, y) \longrightarrow W(y, x)]$: Wenn ein Windrad x einem Windrad y wertäquivalent ist, gilt auch die Umkehrung dieser Aussage (symmetrisch);
3. $\forall(x)\forall(y)\forall(z)\{[W(x, y) \wedge W(y, z)] \longrightarrow W(x, z)\}$: Wenn ein Windrad x zu einem Windrad y und dieses einem Windrad z wertäquivalent ist, so ist x auch z wertäquivalent (transitiv).

Das erlaubt die folgenden Aussagen:

1. Die Klasse $K(a)$ von Windrädern ist die Klasse aller Windräder, deren Element dem Windrad a wertäquivalent sind.
2. Der Wert der Windräder einer Klasse $K(a)$ ist die invariante Eigenschaft in der Klasse der Windräder, deren Elemente dem Windrad a wertäquivalent sind.
3. Der Wert eines Windrads ist die invariante Eigenschaft aller Klassen von Windrädern, zwischen deren Elementen Wertäquivalenz besteht.

Die erste Definition bestimmt eine Abstraktionsklasse und die zweite eine in dieser Abstraktionsklasse invariante Eigenschaft. Die dritte Definition bestimmt den Wert eines Windrads ganz allgemein, unabhängig von einer bestimmten Abstraktionsklasse. Definitionen durch Abstraktion genügen zum einen der Forderung nach Eliminierbarkeit des Definiendums. Zum anderen sind sie ohne Zirkel, da die zugrundegelegte Äquivalenzrelation immer ohne Rückgriff auf das jeweilige Definiendum definiert werden kann.

1.4 Aussagenkalkül/-logik

Drei Merkmale prägen das *Aussagenkalkül*:

1. Die einzige Variablenart in den Ausdrücken dieses Kalküls stellen Aussagenvariablen dar. Aussagenvariablen bezeichnen wir mit den Buchstaben $p, q, r, s, t, p_1, q_1, r_1, \ldots$ Für sie können wir beliebige Aussagen einsetzen (vgl. Abschn. 1.2.1).
2. Die logischen Konstanten, die in den Ausdrücken dieses Kalküls auftreten, sind aussagenbildende Funktoren von Aussagenargumenten (vgl. Abschn. 1.2.1).
3. Für diese Konstanten führen wir Symbole sowie Regeln für die Durchführung von Operationen mit diesen Symbolen ein.

Wir behandeln zuerst die wichtigsten *konstanten Symbole* dieses Kalküls und deren Bedeutungen:

Das Zeichen der *Negation,* das Symbol „$\neg$", ist ein aussagenbildender Funktor von *einem* Aussagenargument. Ein aus dem Negationszeichen und einem darauffolgenden Aussagenausdruck W bestehender Ausdruck heißt die *Negation* oder die *Verneinung* des Ausdrucks W. Den Ausdruck „$\neg p$" lesen wir auf eine der folgenden Arten: nicht p; es ist nicht so, dass p; es ist nicht wahr, dass p. Aussagenbildende Funktoren von *zwei* Aussagenargumenten sind die folgenden Konstanten des Aussagenkalküls: Das Symbol „$\wedge$" ist das Zeichen der *Konjunktion.* Ein Aussagenausdruck mit zwei durch das Konjunktionszeichen verbundenen Aussagenausdrücken heißt die *Konjunktion* dieser Ausdrücke oder ihr *logisches Produkt*, die Glieder der Konjunktion heißen die *Faktoren der Konjunktion.* Den Ausdruck „$p \wedge q$" lesen wir: p und q. Das Symbol „$\vee$" ist das Zeichen der *Disjunktion.* Ein aus zwei Aussagenausdrücken mittels des Oder-Zeichens gebildeter Aussagenausdruck ist die *Disjunktion* dieser Ausdrücke oder ihre *logische Summe.* Die Glieder dieser Disjunktion heißen ihre *Summanden.* Den Ausdruck „$p \vee q$" lesen wir: p oder q. Wir verwenden dabei eine bestimmte Sinnentsprechung des Wortes „oder". Das Symbol „$\longrightarrow$" ist das Zeichen der *Implikation.* Ein mit Hilfe des Implikationszeichens gebildeter Aussagenausdruck aus zwei Ausdrücken heißt *Implikation* oder *Bedingungsaussage.* Das erste Glied einer Implikation ist ihr *Vordersatz*, das zweite ihr *Hintersatz.* Den Ausdruck „$p \longrightarrow q$" lesen wir: wenn p, so q und verwenden dabei eine der Sinnentsprechungen des Ausdrucks „wenn ..., dann". Um diese Sinnentsprechung von anderen Entsprechungen des Ausdrucks „wenn p, dann q" zu unterscheiden, nennen wir die mit Hilfe des Zeichens „$\longrightarrow$" gebildete Implikation die *materiale Implikation.* Das Symbol „$\longleftrightarrow$" ist das Zeichen der *Äquivalenz.* Ein aus zwei Aussagenausdrücken mit Hilfe des Äquivalenzzeichens gebildeter Aussagenausdruck heißt *Äquivalenz.* Ihr erstes Glied ist die *linke* Seite der Äquivalenz, das zweite ihre *rechte*. Den Ausdruck „$p \longleftrightarrow q$" lesen wir: p dann und nur dann, wenn q. Die Äquivalenz „$p \longleftrightarrow q$" lässt sich als Konjunktion der zwei materialen Implikationen „$p \longrightarrow q$" sowie „$q \longrightarrow p$" auffassen (*materiale Äquivalenz*).

Beispiel 1.12

Konjunktion

Wir betrachten den Satz: „Bücherlesen ist anregend und unterhaltsam". Zur Formalisierung führen wir zwei Abkürzungen ein: p = Bücherlesen ist anregend. q = Bücherlesen ist unterhaltsam. Damit ist $p \wedge q$ = Bücherlesen ist anregend und unterhaltsam. Im Satz „Eine Schraube und die passende Mutter sind ein Wirkpaar" liegt dagegen keine Konjunktion zweier Aussagen vor; die Aussage lässt sich nicht in eine Konjunktion von zwei Teilaussagen zerlegen. In diesem Fall ist „Wirkpaar sein" eine zweistellige Relation. Wir betrachten den Satz „Julius isst und trinkt nicht" und verwenden die Abkürzungen r: „Julius isst" und t: „Julius trinkt". Wir geben zwei Interpretationen dieser Aussage:

a) $r \wedge \neg t$ = (Julius isst) und (Julius trinkt nicht).
b) $\neg r \wedge \neg t$ = Julius isst nicht und er trinkt nicht.

Gegeben seien die beiden Aussagen: p = Julius geht schwimmen. q = Julia geht schwimmen. Damit können wir die folgenden Sätze bilden:

c) $p \wedge q$ = Julius und Julia gehen schwimmen = Sowohl Julius als auch Julia gehen schwimmen.
d) $\neg p \wedge \neg q$ = Julius geht nicht schwimmen und Julia geht nicht schwimmen = Julius und Julia gehen beide nicht schwimmen = Weder Julius noch Julia gehen schwimmen. ◀

Beispiel 1.13

Implikation

Implikation mit falschem Vordersatz: „Wenn ein Windrad stillsteht und sich immer dreht, dann erhält Julius einen Gutschein." Auch wenn der Vordersatz falsch ist, ist die ganze Aussage immer wahr: $(p \wedge \neg p) \longrightarrow q$.

Implikation mit wahrem Hintersatz: „Wenn ein Schwabe kein Windrad hat, dann investiert er in ein Windrad oder er benutzt Kerzen." Diese Regel hat die Struktur: $p \longrightarrow (q \vee \neg q)$. Weil der Hintersatz $(q \vee \neg q)$ immer wahr ist, ist auch die ganze Aussage immer wahr. ◀

Die *Aussagenausdrücke* des Aussagenkalküls sind Aussagenvariablen und sinnvolle Ausdrücke, die sich aus Aussagenvariablen und Funktoren des Aussagenkalküls zusammensetzen. Es gilt:

1. Die Aussagenvariablen sind Aussagenausdrücke.
2. Die Negation eines Aussagenausdrucks ist wie die Konjunktion, die Disjunktion, die Implikation und die Äquivalenz zweier Aussagenausdrücke ein Aussagenausdruck.
3. Jeder Aussagenausdruck ist eine Aussagenvariable oder er wird aus Aussagenvariablen über eine einmalige oder mehrmalige Verbindung einfacherer Ausdrücke mit Hilfe von Funktoren des Aussagenkalküls hergestellt.

Wenn wir für die Funktoren des Aussagenkalküls Symbole einführen und diese zwischen ihren Argumenten anordnen, dann werden zur Sicherung der Eindeutigkeit der Zerlegung des Ausdrucks in Funktoren und Argumente Klammern notwendig. Beispielsweise unterscheiden wir durch die Einführung von Klammern den Ausdruck „$p \longrightarrow (q \longrightarrow r)$“ vom Ausdruck „$(p \longrightarrow q) \longrightarrow r$“. Wir legen fest:

1. Die Negation von Variablen, die Negation solcher Negationen usw., also die Ausdrücke: $\neg p, \neg\neg p$ usw., schreiben wir ohne Klammern.
2. Das Negationszeichen bindet stärker als das Konjunktionszeichen. Der Ausdruck „$\neg p \wedge q$“ hat die gleiche syntaktische Zerlegung wie der Ausdruck „$(\neg p) \wedge q$“.
3. Das Konjunktionszeichen bindet stärker als das Disjunktionszeichen. Der Ausdruck „$p \wedge q \vee r$“ hat die gleiche syntaktische Zerlegung wie der Ausdruck „$(p \wedge q) \vee r$“.
4. Das Disjunktionszeichen bindet stärker als das Implikationszeichen. Der Ausdruck „$p \vee q \longrightarrow r$“ hat die gleiche syntaktische Zerlegung wie der Ausdruck „$(p \vee q) \longrightarrow r$“.
5. Das Implikationszeichen bindet stärker als das Äquivalenzzeichen. Der Ausdruck „$p \longrightarrow q \longleftrightarrow r$“ hat die gleiche syntaktische Zerlegung wie der Ausdruck „$(p \longrightarrow q) \longleftrightarrow r$“.

Beispiel 1.14

Konjunktion, Disjunktion, Negation, Implikation, Äquivalenz

Aussage p_1: „Tisch 4711 enthält Tischplatte 4712“, „Windrad Pustetreu erhält Rotor Sputnik“

Aussage p_2: „Tischplatte 4712 hat eine rote Oberfläche“, „Rotor Sputnik hat eine Rotlackierung“

Aussage p_3: „Tisch 4711 enthält Tischbein 4713“, „Rotor Sputnik hat große Blätter“

Aussage p_4: „Tischbein 4713 enthält Rolle 4719“, „Getriebe Planeta hat Zahnräder mit Bohrung“.

Aussage p_5: „Tisch 4711 enthält 24 Schrauben 4714“, „Windrad Pustetreu hat keinen Regler“

Aussage p_6: „Tisch 4711 enthält 24 Schrauben 4715“, „Windrad Pustetreu hat einen PID-Regler“
Aussage p_7: „Tisch 4711 enthält Tischplatte 4716“, „Windrad Pustetreu erhält Regler Futur“
Aussage p_8: „Tisch 4711 wird bei Verwendung der Schrauben 4714 nur am Arbeitsplatz A montiert“, „Windrad Pustetreu ohne Regler wird nur ins Ausland geliefert“
Negation $\neg p$: $\neg p_7$
Konjunktion $p \wedge q$: Auf einen Gegenstand treffen mehrere Aussagen zu, bspw. $p_1 \wedge p_3$.
Disjunktion $p \vee q$: Gewisse Aussagen schließen sich gegenseitig aus, bspw. $p_5 \vee p_6$.
Implikation $p \longrightarrow q$: $p_5 \longrightarrow p_8$.

Damit lassen sich bspw. die folgenden Aussagen treffen: Für den Tisch 4711 gilt $p_1 \wedge p_2 \wedge p_3 \wedge p_4 \wedge p_8 \wedge \neg p_6 \wedge \neg p_7$, und für das Windrad Pustetreu gilt $p_3 \wedge p_6 \wedge p_7$. ◄

Auch Aussagen, die inhaltlich nichts miteinander verbindet, können miteinander verknüpft werden.

Beispiel 1.15

Verknüpfung beliebiger Aussagen

„Igel haben kurze Beine und Windräder laufen mit Dampf.“ Diese Aussage ist falsch, weil Windräder nicht mit Dampf laufen. „Lastwagen sind Verkehrsmittel oder $2 + 3 = 6$.“ Diese Aussage ist wahr, obwohl $2 + 3$ nicht 6 ist. „Olsberg ist größer als Köln *und* ein Sack ist ein Ladungsspeicher“. Diese Aussage ist falsch, weil Olsberg nicht größer als Köln ist. „Wasser läuft bergab *oder* $2 + 3 = 7$.“ Das ist wieder wahr. ◄

1.4.1 Primäre Aussagen der Annahmesysteme und Beweisformen

Die Regeln des Annahmesystems legen den Aufbau der Annahmebeweise fest. Wir verwenden als Beispiel den Beweis des Satzes „Wenn jetzt Freitag ist, dann ist der übernächste Tag der Sonntag“ anhand der Prämissen

(1) „Wenn jetzt Freitag ist, dann ist der nächste Tag der Samstag“,
(2) „Wenn der nächste Tag der Samstag ist, dann ist der übernächste Tag der Sonntag“.

Diesen Beweis führen wir folgendermaßen:

Nehmen wir an, jetzt ist der Freitag. Daraus folgt aufgrund von (1), dass der nächste Tag der Samstag ist. Daraus wiederum erfolgt aufgrund von (2), dass der übernächste Tag der Sonntag ist. Demnach gilt: Wenn jetzt Freitag ist, dann ist der übernächste Tag der Sonntag. Diesen Beweis schreiben wir formal wie folgt:

(1) Wenn jetzt Freitag ist, dann ist der Samstag der nächste Tag.
(2) Wenn der nächste Tag der Samstag ist, dann ist der übernächste Tag der Sonntag.
(3) Jetzt ist Freitag.
(4) Der Samstag ist der nächste Tag (aufgrund von (1) und (3)).
(5) Der Sonntag ist der übernächste Tag (aufgrund von (2) und (4)).

Die Prämissen (1) und (2) und der Vordersatz der zu beweisenden Implikation (3) sind die Annahmen (*Annahmesystem*). Aus diesen Annahmen leiten wir die weiteren Zeilen des Beweises ab. Wir legen dabei die Regel zugrunde, dass sich aus einer Implikation und ihrem Vordersatz ihr Hintersatz ergibt; (4) und (5). Wenn wir auf diese Weise den Hintersatz des zu beweisenden Theorems erhalten haben, sehen wir den Beweis als beendet an.

Dieses Beispiel zeigt: Die Regeln des Annahmesystems bestimmen den Aufbau der Annahmebeweise. Hier wird bspw. von zwei Implikationen ausgegangen. Unter den Regeln, die die Annahmebeweise festlegen, können wir zwei Arten von Regeln unterscheiden:

1. Regeln des Hinzufügens neuer Zeilen zu einem Beweis,
2. Regeln des Bildens von Beweisen.

Die Regeln des Hinzufügens neuer Zeilen zu einem Beweis stellen fest, dass aus Ausdrücken einer bestimmten Form andere Ausdrücke einer bestimmten Form logisch folgen, die wir aufgrund der bisherigen Zeilen dem Beweis hinzufügen können. Von dieser Art sind bspw. die Zeilen (4) und (5) unseres Beispiels. Einige solcher Regeln nehmen wir ohne Beweis als Primärregeln (*primäre Aussagen/Axiome*) an. Diese primären Regeln des Hinzufügens neuer Zeilen zu einem Beweis sind die Abtrennungsregel sowie die Regeln der Einführung und der Beseitigung der Konjunktion, der Disjunktion und der Äquivalenz. Alle anderen Regeln dieser Art sind darauf aufbauend bewiesene, sekundäre Regeln (*sekundäre Aussagen*).

Abtrennungsregel (AR) (modus ponens) Aus einer Bedingungsaussage (einer Implikation) und ihrem Vordersatz folgt ihr Hintersatz. Nach dieser Regel ist das Abtrennungsschema

$$\begin{array}{l} p \longrightarrow q \\ \underline{p \qquad\qquad} \\ q \end{array}$$

ein logisches Schema. Wenn also zu einem Beweis als bisherige Zeilen des Beweises eine Implikation und ihr Vordersatz gehören, dann können wir ihren Hintersatz als neue Zeile des Beweises in den Beweis einführen, weil diese Zeile aus den bisherigen Zeilen des Beweises folgt. Natürlicherweise sind die Zeilen des Beweises Aussagenausdrücke.

Beispiel 1.16

Abtrennungsregel

(1) Wenn Olsberg der Standort der Windkraftwerke ist,
dann arbeitet Julius in Olsberg.
(2) Olsberg ist der Standort der Windkraftwerke.

---

(3) Julius arbeitet in Olsberg. ◄

Einführen der Konjunktion (EK) Aus zwei Aussagenausdrücken folgt ihre Konjunktion. Nach dieser Regel ist das Schema

$$\frac{\begin{array}{c} p \\ q \end{array}}{p \wedge q}$$

ein logisches Schema.

Beispiel 1.17

Einführen der Konjunktion

(1) Julius ist der Besitzer von Windrad Pustetreu.
(2) Julius ist der Besitzer von Windrad Rotafix.

---

(3) Julius ist der Besitzer von Windrad Pustetreu
und Julius ist der Besitzer von Windrad Rotafix. ◄

Beseitigen der Konjunktion (BK) Aus einer Konjunktion folgt jedes ihrer Glieder. Nach dieser Regel sind die beiden Schemata

$$\frac{p \wedge q}{p} \qquad \frac{q \wedge p}{q}$$

logische Schemata.

Beispiel 1.18

Beseitigen der Konjunktion

(1) Julius ist der Besitzer von Windrad Pustetreu
und Julius ist der Besitzer von Windrad Rotafix.
(2) Julius ist der Besitzer von Windrad Pustetreu.

---

(3) Julius ist der Besitzer von Windrad Rotafix. ◄

Einführen der Disjunktion (ED) Aus einer beliebigen Aussage folgt die Disjunktion, deren erstes oder zweites Glied diese Aussage ist. Nach dieser Regel sind die beiden Schemata

$$\frac{p}{p \vee q} \qquad \frac{q}{q \vee p}$$

logische Schemata.

Beispiel 1.19

Einführen der Disjunktion

(1) Julius besitzt das Windrad Pustetreu.

---

(2) Julius besitzt das Windrad Pustetreu
oder Julius besitzt das Windrad Rotafix. ◄

Beseitigen der Disjunktion (BD) Aus einer Disjunktion und der Negation eines ihrer Glieder folgt ihr zweites Glied. Nach dieser Regel sind die beiden Schemata

$$\frac{p \vee q \neg p}{q} \qquad \frac{q \vee p \neg q}{p}$$

logische Schemata.

Beispiel 1.20

Beseitigen der Disjunktion

(1) Der Rotor ist beschädigt oder das Getriebe ist beschädigt.
(2) Der Rotor ist nicht beschädigt.

---

(3) Das Getriebe ist beschädigt.

(1) Das Frühstück fällt aus oder das Abendessen fällt aus.
(2) Das Frühstück fällt nicht aus.

---

(3) Das Abendessen fällt aus. ◄

Einführen der Äquivalenz (EÄ) Aus einer gegebenen Implikation und der umgekehrten Implikation folgt die dieser Implikation entsprechende Äquivalenz. Nach dieser Regel ist das Schema

$$\begin{array}{c} p \longrightarrow q \\ q \longrightarrow p \\ \hline p \longleftrightarrow q \end{array}$$

ein logisches Schema: p und q bezeichnen denselben Sachverhalt. Die *Implikation* $H \longrightarrow F$ heißen wir die umgekehrte Implikation in Bezug auf die Implikation $F \longrightarrow H$. Die Äquivalenz $F \longleftrightarrow H$ heißen wir die der Implikation $F \longrightarrow H$ entsprechende Äquivalenz; analog nennen wir die Implikation $F \longrightarrow H$ die der Äquivalenz $F \longleftrightarrow H$ entsprechende Implikation. $H \longrightarrow F$ ist die der Äquivalenz $F \longleftrightarrow H$ entsprechende umgekehrte Implikation.

Beispiel 1.21

Einführen der Äquivalenz

(1) Wenn der Ölsumpf leer ist, dann ist der Ölstand weniger als ein Fingerbreit hoch.
(2) Wenn der Ölstand weniger als ein Fingerbreit hoch ist, dann ist der Ölsumpf leer.

---

(3) Der Ölsumpf ist leer dann und nur dann, wenn der Ölstand weniger als ein Fingerbreit hoch ist. ◄

Beseitigen der Äquivalenz (BÄ) Aus einer gegebenen Äquivalenz folgen die ihr entsprechende Implikation sowie die umgekehrte Implikation. Nach dieser Regel sind die beiden Schemata

$$\frac{p \longleftrightarrow q}{p \longrightarrow q} \qquad \frac{q \longleftrightarrow p}{q \longrightarrow p}$$

logische Schemata.

Beispiel 1.22

Beseitigen der Äquivalenz

(1) Der Ölsumpf ist leer dann und nur dann, wenn der Ölstand weniger als ein Fingerbreit hoch ist.
(2) Wenn der Ölstand weniger als ein Fingerbreit hoch ist, dann ist der Ölsumpf leer.

---

(3) Wenn der Ölsumpf leer ist, dann ist der Ölstand weniger als ein Fingerbreit hoch. ◀

Zur Formulierung der Bildungsregeln für Annahmebeweise verwenden wir im Folgenden eine zweckmäßige Terminologie. Die Ausdrücke $W_1, W_2, \ldots, W_{n-1}$, die in dem Ausdruck (W) $W_1 \longrightarrow (W_2 \longrightarrow (W_3 \longrightarrow \ldots \longrightarrow (W_{n-1} \longrightarrow W_n) \ldots))$ auftreten, nennen wir die Vordersätze des Ausdrucks (W). Beispielsweise sind die Ausdrücke $p \longrightarrow q, q \longrightarrow r, p$ die Vordersätze des Ausdrucks $(p \longrightarrow q) \longrightarrow ((q \longrightarrow r) \longrightarrow (p \longrightarrow r))$. Es seien $W_1, W_2, \ldots, W_i$ aufeinanderfolgende Vordersätze des Ausdrucks (W). Dann heißen wir den verbleibenden Teil des Ausdrucks (W) $W_{i+1} \longrightarrow (\ldots \longrightarrow (W_{n-1} \longrightarrow W_n))$ den diesen Vordersätzen entsprechenden Hintersatz des Ausdrucks (W). Beispielsweise ist im Ausdruck $(p \longrightarrow q) \longrightarrow ((q \longrightarrow r) \longrightarrow (p \longrightarrow r))$ der Ausdruck „$(q \longrightarrow r) \longrightarrow (p \longrightarrow r)$“ der Hintersatz, der dem Vordersatz „$p \longrightarrow q$“ entspricht, der Ausdruck „$p \longrightarrow r$“ der Hintersatz, der den Vordersätzen „$p \longrightarrow q$“ und „$q \longrightarrow r$“ entspricht, der Ausdruck „r“ der Hintersatz, der den Vordersätzen $p \longrightarrow q, q \longrightarrow r, p$ entspricht.

Für den *Annahmebeweis einer Regel*, die die Gültigkeit eines gegebenen logischen Schemas feststellen soll, notieren wir zuerst als *Beweisannahmen* die Prämissen dieses Schemas und die Vordersätze seiner Conclusio. Aus diesen Annahmen leiten wir gemäß der (primären) Regel des Hinzufügens neuer Zeilen zu einem Beweis neue Zeilen ab. Neue Zeilen können auch vorher bewiesene Theoreme sein.

Den *Annahmebeweis eines Theorems* beginnen wir mit dem Aufschreiben der Vordersätze des Theorems als *Annahmen des Beweises*. Gemäß der (primären) Regel des Hinzufügens neuer Zeilen zu einem Beweis fügen wir dem Beweis neue Zeilen bzw. vorher bewiesene Theoreme hinzu.

Direkter Annahmebeweis

Der *direkte Annahmebeweis* ist beendet, wenn wir einen Hintersatz erhalten, der den Vordersätzen der Conclusio, die als Beweisannahmen notiert wurden, entspricht. Ein Beispiel für einen solchen Beweis ist der Beweis der *Regel des bedingten Syllogismus*. Diese stellt die Gültigkeit des folgenden Schemas fest:

$$p \longrightarrow q, q \longrightarrow r, p \longrightarrow r$$

Beweis:

(1)	$p \longrightarrow q$	Annahme
(2)	$q \longrightarrow r$	Annahme
(3)	p	Annahme
(4)	q	Abtrennungsregel: (1, 3)
	r	Abtrennungsregel: (2, 4)

Die rechte Seite der einzelnen Zeilen gibt an, aus welchen Regeln und Zeilen sie folgen. Die letzte Zeile wird nicht nummeriert. Wir zeigen damit an, dass der Beweis beendet ist.

Beispiel 1.23

Direkter Annahmebeweis einer Regel

(1)	Wenn der Ölstand weniger als ein Fingerbreit hoch ist, dann ist der Ölsumpf leer.	Annahme
(2)	Wenn der Ölsumpf leer ist, dann wird das Getriebe heiß.	Annahme
(3)	Der Ölstand ist weniger als ein Fingerbreit hoch.	Annahme
(4)	Der Ölsumpf ist leer.	Abtrennungsregel: (1, 3)
	Das Getriebe wird heiß.	Abtrennungsregel: (2, 4) ◀

Sobald wir aus den Vordersätzen des Theorems, die als Beweisannahme geschrieben wurden, den entsprechenden Hintersatz des Theorems erhalten, ist der *direkte Annahmebeweis* eines gegebenen Theorems beendet.

Der direkte Annahmebeweis des Gesetzes: $(p \longrightarrow q \longrightarrow ((q \longrightarrow r) \wedge (p \longrightarrow r)))$ entspricht dem oben angegebenen Beweis der Regel des bedingten Syllogismus.

Der direkte Annahmebeweis des Gesetzes: $(p \longrightarrow q) \wedge (q \longrightarrow r) \longrightarrow (p \longrightarrow r)$ hat die Form

(1)	$(p \longrightarrow q) \wedge (q \longrightarrow r)$	Annahme
(2)	p	Annahme
(3)	$p \longrightarrow q$	Beseitigen der Konjunktion: (1)
(4)	$q \longrightarrow r$	Beseitigen der Konjunktion: (1)
(5)	q	Abtrennungsregel: (3, 2)
	r	Abtrennungsregel: (4, 5)

Dieses Beispiel eines Beweises macht für den Fall, dass eine Annahme eine Konjunktion ist, deutlich, dass wir daraus mit Hilfe der Regel BK beide Glieder dieser Konjunktion als besondere Zeilen des Beweises ableiten können. Um abzukürzen, können wir statt der Annahme, die eine Konjunktion darstellt, als Annahmen die einzelnen Glieder dieser Konjunktion aufschreiben. Dann deckt sich der so abgekürzte Beweis des Gesetzes $(p \longrightarrow q) \wedge (q \longrightarrow r) \longrightarrow (p \longrightarrow r)$ mit dem vorher angegebenen Beweis der Regel des bedingten Syllogismus.

Beispiel 1.24

Annahmebeweis einer sekundären Aussage

(1) (Wenn der Ölstand weniger als ein Fingerbreit hoch ist, dann ist der Ölsumpf leer) und (Wenn der Ölsumpf leer ist, dann wird das Getriebe heiß).
(2) Der Ölstand ist weniger als ein Fingerbreit hoch.
(3) Der Ölstand ist weniger als ein Fingerbreit hoch. Der Ölsumpf ist leer.
(4) Der Ölsumpf ist leer. Das Getriebe wird heiß.
Das Getriebe wird heiß. ◄

Üblicher direkter Beweis

Wir unterscheiden den direkten Annahmebeweis einer sekundären Aussage von einem üblichen direkten Beweis. Einen *üblichen direkten Beweis* einer sekundären Aussage beginnen wir mit vorher bewiesenen sekundären Aussagen. Aus diesen leiten wir mittels der Regeln des Hinzufügens neuer Zeilen zu einem Beweis die zu beweisende sekundäre Aussage ab. Bei einem üblichen direkten Beweis ist jede Zeile des Beweises eine sekundäre Aussage, also eine bewiesene Aussage, während die Zeilen eines Annahmebeweises, insbesondere die Annahmen des Beweises, keine sekundären Aussagen zu sein brauchen und es oft auch nicht sind. Der Beweis des folgenden Gesetzes ist ein Beispiel für einen üblichen direkten Beweis:

$$p \wedge q \longleftrightarrow q \wedge p$$

Beweis:

(1) $p \wedge q \longrightarrow q \wedge p$
(2) $q \wedge p \longrightarrow p \wedge q$
$p \wedge q \longleftrightarrow q \wedge p$ Beseitigen der Konjunktion: (1)

Die Zeilen (1) und (2) seien hier vorher bewiesene sekundäre Aussagen.

Beispiel 1.25

Direkter Beweis (siehe Definition der Äquivalenz)

(1) Wenn (Julius ist ein Techniker und Julius ist ein Unternehmer), dann (Julius ist ein Unternehmer und Julius ist ein Techniker).
(2) Wenn (Julius ist ein Unternehmer und Julius ist ein Techniker), dann (Julius ist ein Techniker und Julius ist ein Unternehmer).

Die Aussagen „Julius ist ein Unternehmer und Julius ist ein Techniker" und „Julius ist ein Techniker und Julius ist ein Unternehmer" sind äquivalent; aus (1) folgt (2) und aus (2) folgt (1). ◀

Indirekter Annahmebeweis
Der *indirekte Annahmebeweis* einer Regel, die die Gültigkeit eines gegebenen logischen Schemas feststellt, beginnt mit dem Notieren der Annahmen des Beweises. Diese Annahmen sind die Prämissen des Schemas sowie die Vordersätze seiner Conclusio. Als *Annahme des indirekten Beweises* notieren wir denjenigen Ausdruck, der mit dem entsprechenden Hintersatz dieser Conclusio einen Widerspruch bildet. Sich widersprechende Ausdrücke sind dabei der Ausdruck W und seine Negation $\neg W$. Als Annahme des indirekten Beweises schreiben wir entweder das Negationszeichen vor den gegebenen Hintersatz oder wir streichen im Hintersatz das anfängliche Negationszeichen. Dem Beweis fügen wir nach den (primären oder vorher bewiesenen) Regeln des Hinzufügens neuer Zeilen zu einem Beweis neue Zeilen oder vorher bewiesene sekundäre Regeln hinzu. Der indirekte Annahmebeweis ist beendet, wenn wir in ihm zwei sich widersprechende Zeilen erhalten.

Zum *indirekten Annahmebeweis einer sekundären Aussage* besteht der Unterschied darin, dass die Vordersätze dieser sekundären Aussage die Annahmen des Beweises sind.

Wir geben im Folgenden zwei Beispiele für indirekte Annahmebeweise. Das erste Beispiel sei:

$$\frac{\neg p \longrightarrow q}{\neg q \longrightarrow p}$$

Beweis:

(1) $\neg p \longrightarrow q$ Annahme
(2) $\neg q$ Annahme

Wir schreiben als Annahme des indirekten Beweises vor dem Hintersatz der Conclusio das Negationszeichen.

(3) $\neg p$ Annahme des indirekten Beweises
(4) q Abtrennungsregel: (1, 3)
Widerspruch: (2, 4)

Beispiel 1.26

Indirekter Annahmebeweis

(1) Der Ölstand ist weniger als ein Fingerbreit hoch, daher ist der Ölsumpf leer.
(2) Der Ölsumpf ist nicht leer.
(3) Der Ölstand ist weniger als ein Fingerbreit hoch.
(4) Der Ölsumpf ist leer.
Widerspruch (2, 4) ◄

Als zweites Beispiel wählen wir:

$$p \longrightarrow q$$
$$\neg q \longrightarrow \neg p$$

Beweis:

(1) $p \longrightarrow q$ Annahme
(2) $\neg q$ Annahme

Wir schreiben als Annahme des indirekten Beweises „p“, indem wir im Hintersatz „$\neg p$“ der Conclusio das anfängliche Negationszeichen streichen.

(3) p Annahme des indirekten Beweises
(4) q Abtrennungsregel: (1, 3)
Widerspruch: (2, 4)

Beispiel 1.27

Indirekter Annahmebeweis

(1) Der Ölstand ist weniger als ein Fingerbreit hoch, daher ist der Ölsumpf leer.
(2) Der Ölsumpf ist nicht leer.
(3) Der Ölstand ist weniger als ein Fingerbreit hoch.
(4) Der Ölsumpf ist leer.
Widerspruch (2, 4) ◄

Üblicher indirekter Beweis

Der *übliche indirekte Beweis* einer sekundären Aussage unterscheidet sich von einem indirekten Annahmebeweis dadurch, dass in ihm außer der Annahme des indirekten Beweises keine weiteren Annahmen auftreten. In einem solchen Beweis ist die Annahme des indirekten Beweises der mit der zu beweisenden sekundären Aussage im Widerspruch stehende Ausdruck.

Als Beispiel verwenden wir:

$$\neg((p \longrightarrow q) \wedge (p \wedge \neg q))$$

Beweis:

(1)	$(p \longrightarrow q) \wedge (p \wedge \neg q)$	Annahme des indirekten Beweises
(2)	$p \longrightarrow q$	Beseitigen der Konjunktion (1)
(3)	$p \wedge \neg q$	Beseitigen der Konjunktion (1)
(4)	p	Beseitigen der Konjunktion (3)
(5)	$\neg q$	Beseitigen der Konjunktion (3)
(6)	p	Abtrennungsregel (2, 4)
		Widerspruch (5, 6)

Wir zeigen den Abschluss eines indirekten Annahmebeweises bzw. eines indirekten üblichen Beweises an, indem wir am Ende „Widerspruch" schreiben und rechts die Nummern der beiden widersprüchlichen Zeilen angeben.

Beispiel 1.28

Indirekter Beweis

Wir wollen zeigen, dass die Aussage

((Der Ölstand ist weniger als ein Fingerbreit hoch, daher ist der Ölsumpf leer) und (Der Ölstand ist weniger als ein Fingerbreit hoch, und der Ölsumpf ist nicht leer)) nicht gilt. Dazu ist zu zeigen:

(1) (Der Ölstand ist weniger als ein Fingerbreit hoch, daher ist der Ölsumpf leer) und (Der Ölstand ist weniger als ein Fingerbreit hoch, und der Ölsumpf ist nicht leer).
(2) Der Ölstand ist weniger als ein Fingerbreit hoch, daher ist der Ölsumpf leer.
(3) Der Ölstand ist weniger als ein Fingerbreit hoch, und der Ölsumpf ist nicht leer.
(4) Der Ölstand ist weniger als ein Fingerbreit hoch.
(5) Der Ölsumpf ist nicht leer.
(6) Der Ölsumpf ist leer.
Widerspruch (5, 6) ◄

Jeder direkte Annahmebeweis einer Regel bzw. einer sekundären Aussage lässt sich in einen indirekten Annahmebeweis umwandeln; dazu notieren wir als Annahme des indirekten Beweises nach den Annahmen denjenigen Ausdruck, der mit dem entsprechenden Hintersatz der Conclusio bzw. dem entsprechenden Hintersatz der zu beweisenden sekundären Aussage im Widerspruch steht. Genauso können wir jeden üblichen direkten Beweis in einen üblichen indirekten Beweis transformieren, indem wir den mit der zu beweisenden sekundären Aussage im Widerspruch stehenden Ausdruck als die Annahme des indirekten Beweises an den Anfang des Beweises stellen. Daher gilt: Wenn es einen direkten Annahmebeweis bzw. einen direkten üblichen Beweis für eine Regel oder eine sekundäre Aussage gibt, dann gibt es auch einen indirekten Annahmebeweis bzw. einen indirekten üblichen Beweis. Daher ist die Bildungsregel des direkten Beweises in Bezug auf die Bildungsregel des indirekten Annahmebeweises bzw. indirekten üblichen Beweises nachgeordnet. Es reicht aus, als primäre Regel der Beweisbildung die Bildungsregel des indirekten Annahmebeweises und des indirekten üblichen Beweises anzunehmen.

1.4.2 Sekundäre Aussagen

Im Folgenden geben wir die gängigen sekundären Aussagen der Aussagenlogik an. Die Annahmebeweise finden sich vollständig in Bd. 1, Kap. 2.

Bedingter Syllogismus (Syl) Diese Regel stellt die Gültigkeit des Kettenschlusses fest:

$$\begin{array}{l} p \longrightarrow q \\ q \longrightarrow r \\ \hline p \longrightarrow r \end{array}$$

Beispiel 1.29

Bedingter Syllogismus

(1) Wenn Julius viele Aufträge hat, dann sind die Werker ausgelastet.
(2) Wenn die Werker ausgelastet sind, dann verdienen die Windkraftwerke gut.

---

(3) Wenn Julius viele Aufträge hat, dann verdienen die Windkraftwerke gut. ◄

Modus tollens (Tol) Aus einer Implikation und dem mit ihrem Hintersatz im Widerspruch stehenden Ausdruck folgt ein Ausdruck, der mit ihrem Vordersatz im Widerspruch steht. Es gilt:

$$\begin{array}{l} p \longrightarrow q \\ \neg q \\ \hline \neg p \end{array} \qquad \begin{array}{l} \neg p \longrightarrow q \\ \neg q \\ \hline p \end{array} \qquad \begin{array}{l} p \longrightarrow \neg q \\ q \\ \hline \neg p \end{array} \qquad \begin{array}{l} \neg p \longrightarrow \neg q \\ q \\ \hline p \end{array}$$

Beispiel 1.30

Modus tollens

a) (1) Der Ölstand ist weniger als einen Fingerbreit hoch, daher ist der Ölsumpf leer.
(2) Der Ölsumpf ist nicht leer.

(3) Der Ölstand ist weniger als einen Fingerbreit hoch.
(4) Der Ölsumpf ist leer.
Widerspruch

b) (1) (Es gilt nicht: Der Ölstand ist über einen Fingerbreit hoch), daher ist der Ölsumpf leer.
(2) Der Ölsumpf ist nicht leer.
(3) Der Ölstand ist nicht über einen Fingerbreit hoch.
(4) Der Ölsumpf ist leer.
Widerspruch

c) (1) Der Ölstand ist weniger als einen Fingerbreit hoch, (daher gilt nicht: Der Ölsumpf ist nicht leer.)
(2) Der Ölsumpf ist nicht leer.
(3) Der Ölstand ist weniger als einen Fingerbreit hoch.
(4) Der Ölsumpf ist leer.
Widerspruch

d) (1) (Es gilt nicht: Der Ölstand ist über einen Fingerbreit hoch) (daher gilt nicht: Der Ölsumpf ist nicht leer)
(2) Der Ölsumpf ist nicht leer.
(3) Der Ölstand ist über einen Fingerbreit hoch.
(4) Der Ölsumpf ist leer.
Widerspruch ◄

Transposition einer gegebenen Implikation heißt eine Implikation, deren Vordersatz mit dem Hintersatz und deren Hintersatz mit dem Vordersatz der gegebenen Implikation im Widerspruch steht. Wir erhalten die Transposition einer gegebenen Implikation, wenn wir in dieser Implikation den Vordersatz mit dem Hintersatz vertauschen und beide Ausdrücke negieren. Aus einer Implikation folgt ihre Transposition. Im Transpositionsschema sind die Prämisse und die Conclusio eine Implikation. In den Schemata des modus tollens ist von den beiden Prämissen die erste eine Implikation, die zweite aber nicht. Die Conclusio ist keine Implikation. Es gilt:

$$\frac{p \longrightarrow q}{\neg q \longrightarrow \neg p} \qquad \frac{\neg p \longrightarrow q}{\neg q \longrightarrow p} \qquad \frac{p \longrightarrow \neg q}{q \longrightarrow \neg p} \qquad \frac{\neg p \longrightarrow \neg q}{q \longrightarrow p}$$

Beispiel 1.31

Schließen nach der Transpositionsregel

(1) Wenn wir viele Windräder bauen, dann sind die Werker ausgelastet.
(2) Die Werker sind nicht ausgelastet, daher bauen wir nicht viele Windräder. ◄

Zusammengesetzte Transposition

$$\frac{r \wedge p \longrightarrow q}{r \wedge \neg q \longrightarrow \neg p} \quad \frac{r \wedge \neg p \longrightarrow q}{r \wedge \neg q \longrightarrow p} \quad \frac{r \wedge p \longrightarrow \neg q}{r \wedge q \longrightarrow \neg p} \quad \frac{r \wedge \neg p \longrightarrow \neg q}{r \wedge q \longrightarrow p}$$

Beispiel 1.32

Schließen nach der Regel der zusammengesetzten Transposition

(1) Wenn das Windrad aus Olsberg ist und die Gebrauchsanleitung farbig ist, dann werden beide zusammen verkauft.

---

(2) Wenn das Windrad aus Olsberg ist und nicht mit der Gebrauchsanweisung zusammen verkauft wird, dann ist die Gebrauchsanweisung nicht farbig.

(1) Starkstrom-Windräder ab einem Verkaufspreis von 1 Mio. € werden grün lackiert.

---

(2) Wenn ein Windrad mit einem Verkaufspreis von 1 Mio. € nicht grün lackiert wird, dann ist es kein Starkstrom-Windrad. ◄

Negation der Disjunktion (ND) Aus der Negation einer Disjunktion folgt die Negation jedes ihrer Glieder und die Konjunktion der Negation ihrer Glieder:

$$\frac{\neg(p \vee q)}{\neg p} \quad \frac{\neg(p \vee q)}{\neg q} \quad \frac{\neg(p \vee q)}{\neg p \wedge \neg q}$$

Beispiel 1.33

Negation der Disjunktion

Nach dieser Regel folgen aus der Aussage:

(1) Es ist nicht wahr, dass Pustetreu ein Windrad für Starkwindgebiete ist oder Wolkenquirl ein Windrad für Schwachwindgebiete ist.

die Aussagen:

(2) Pustetreu ist nicht ein Windrad für Starkwindgebiete.
(3) Wolkenquirl ist nicht ein Windrad für Schwachwindgebiete.

und ihre Konjunktion. ◄

Negation der Konjunktion (NK) $\neg(p \wedge q) \longleftrightarrow \neg p \vee \neg q$

Beispiel 1.34

Negation der Konjunktion

Aus jeder der folgenden Aussagen

(1) Es ist nicht wahr, dass Pustetreu ein Windrad für Starkwindgebiete ist und Wolkenquirl ein Windrad für Schwachwindgebiete ist.
(2) Pustetreu ist nicht ein Windrad für Starkwindgebiete oder Wolkenquirl ist nicht ein Windrad für Schwachwindgebiete.

folgt die jeweils andere. ◄

Reflexivität der Implikation $p \longrightarrow p$.

Beispiel 1.35

Reflexivität der Implikation

Mit der Aussage: „Wenn Pustetreu ein Windrad für Starkwindgebiete ist, dann ist Pustetreu ein Windrad für Starkwindgebiete" führt die Aussage „Pustetreu ist nicht ein Windrad für Starkwindgebiete" zu einem Widerspruch. ◄

Reflexivität der Äquivalenz $p \longleftrightarrow p$ (*Identitätsgesetz*).

Beispiel 1.36

Reflexivität der Äquivalenz

(1) Dann und nur dann, wenn wir ein schnelles Windrad besitzen, besitzen wir ein schnelles Windrad.
(2) (Wenn wir ein schnelles Windrad besitzen)
$\longrightarrow$ (Wir besitzen ein schnelles Windrad)
(3) (Wir besitzen ein schnelles Windrad)
$\longrightarrow$ (Wenn wir ein schnelles Windrad besitzen)
(4) (Wenn wir ein schnelles Windrad besitzen)
$\longleftrightarrow$ (Wir besitzen ein schnelles Windrad)

---

(5) Es gilt nicht: (Wenn wir ein schnelles Windrad besitzen)
$\longrightarrow$ (Wir besitzen ein schnelles Windrad)
Widerspruch ◄

Multiplikation der Implikation

$$\begin{array}{rcl} p & \longrightarrow & q \\ r & \longrightarrow & s \\ \hline p \wedge r & \longrightarrow & q \wedge s \end{array}$$

Beispiel 1.37

Multiplikation der Implikation

(1) Wenn wir ein schnelles Windrad wollen, dann brauchen wir viel Geld.
(2) Wenn wir ein zuverlässiges Windrad wollen, dann brauchen wir eine gute Wartung.

Wenn wir ein schnelles und zuverlässiges Windrad haben wollen, dann brauchen wir viel Geld und eine gute Wartung. ◀

Neuer Faktor

$$\begin{array}{rcl} p & \longrightarrow & q \\ \hline p \wedge r & \longrightarrow & q \wedge r \end{array} \qquad \begin{array}{rcl} p & \longrightarrow & q \\ \hline r \wedge p & \longrightarrow & r \wedge q \end{array}$$

Beispiel 1.38

Einführen eines neuen Faktors

(1) Wenn das Windrad eine Panne hat, dann müssen wir das Windrad reparieren.

---

(2) Wenn das Windrad eine Panne hat und wir einen Schraubenschlüssel verwenden, dann müssen wir das Windrad reparieren und wir verwenden einen Schraubenschlüssel. ◀

Addition der Implikationen

$$\begin{array}{rcl} p & \longrightarrow & q \\ r & \longrightarrow & s \\ \hline p \vee r & \longrightarrow & q \vee s \end{array}$$

Beispiel 1.39

Schließen nach der Additionsregel für Implikationen

(1) Wenn das Windrad eine Panne hat, dann müssen wir das Windrad reparieren.
(2) Wenn das Windrad quietscht, dann müssen wir das Windrad ölen.

Wenn das Windrad eine Panne hat oder das Windrad quietscht, dann müssen wir das Windrad reparieren oder wir müssen das Windrad ölen. ◄

Zusammengesetztes konstruktives Dilemma Aus zwei Implikationen und der Disjunktion ihrer Vordersätze folgt die Disjunktion ihrer Hintersätze:

$$\begin{array}{l} p \longrightarrow q \\ r \longrightarrow s \\ \underline{p \vee r} \\ q \vee s \end{array}$$

Beispiel 1.40

Schließen nach dem zusammengesetzten konstruktiven Dilemma

(1) Wenn wir ein Windrad Pustetreu kaufen, sind wir in einem Monat einsatzfähig.
(2) Wenn wir ein Windrad Wolkenquirl kaufen, sind wir in zwei Monaten einsatzfähig.
(3) Wir kaufen ein Windrad Pustetreu oder wir kaufen ein Windrad Wolkenquirl.

---

(4) Wir sind in einem Monat einsatzfähig oder wir sind in zwei Monaten einsatzfähig. ◄

Neuer Summand

$$\frac{p \longrightarrow q}{p \vee r \longrightarrow q \vee r} \qquad \frac{p \longrightarrow q}{r \vee p \longrightarrow r \vee q}$$

Beispiel 1.41

Schließen nach der Regel des neuen Summanden

(1) Wenn dies der Rotor ist, der an das Windrad montiert wird, dann hat das Windrad einen Rotor aus Stahlblech.

---

(2) Wenn dies der Rotor ist, der an das Windrad montiert wird, oder dieses Windrad verkauft wird, dann hat das Windrad einen Rotor aus Stahlblech oder dieses Windrad wird verkauft. ◄

Abtrennung der Äquivalenz Aus einer Äquivalenz und einem ihrer Glieder folgt das zweite Glied:

$$\frac{p \longleftrightarrow q \quad p}{q} \qquad \frac{p \longleftrightarrow q \quad q}{p}$$

Beispiel 1.42

Abtrennungsregel für die Äquivalenz

(1) Das Windrad kommt dann und nur dann aus Olsberg, wenn es ein Planetengetriebe hat.
(2) Das Windrad hat ein Planetengetriebe.

---

(3) Das Windrad kommt aus Olsberg.

(1) Das Windrad kommt dann und nur dann aus Olsberg, wenn es ein Planetengetriebe hat.
(2) Das Windrad kommt aus Olsberg.

---

(3) Das Windrad hat ein Planetengetriebe. ◄

Kommutativität der Äquivalenz Aus einer gegebenen Äquivalenz folgt durch die Umstellung ihrer Glieder eine weitere Äquivalenz:

$$\frac{p \longleftrightarrow q}{q \longleftrightarrow p}$$

Beispiel 1.43

Kommutativität der Äquivalenz

(1) Das Windrad kommt dann und nur dann aus Olsberg, wenn es ein Planetengetriebe hat.

---

(2) Dann und nur dann, wenn das Windrad ein Planetengetriebe hat, kommt das Windrad aus Olsberg. ◄

Transitivität der Äquivalenz

$$\frac{\begin{array}{c} p \longleftrightarrow q \\ q \longleftrightarrow r \end{array}}{p \longleftrightarrow r}$$

Das Schema der Regel der Transitivität der Äquivalenz und das Schema der Regel des bedingten Syllogismus für die Implikation sind analoge Schemata.

Beispiel 1.44

Transitivität der Äquivalenz

(1) Das Windrad kommt dann und nur dann aus Olsberg, wenn es ein Planetengetriebe hat.
(2) Das Windrad hat dann und nur dann ein Planetengetriebe, wenn es von den Windkraftwerken kommt.

---

(3) Das Windrad kommt dann und nur dann aus Olsberg, wenn es von den Windkraftwerken kommt. ◄

Negation der Äquivalenzglieder Aus einer aus zwei Ausdrücken gebildeten Äquivalenz folgt eine Äquivalenz, die aus den Negationen dieser Ausdrücke gebildet ist. Es gilt:

$$\frac{p \longleftrightarrow q}{\neg p \longleftrightarrow \neg q}$$

Beispiel 1.45

Negation der Äquivalenzglieder

(1) Das Windrad kommt dann und nur dann aus Olsberg, wenn es ein Planetengetriebe hat.

---

(2) Das Windrad kommt dann und nur dann nicht aus Olsberg, wenn es kein Planetengetriebe hat. ◄

Multiplikation der Äquivalenzen

$$\frac{\begin{array}{c} p \longleftrightarrow q \\ r \longleftrightarrow s \end{array}}{p \wedge r \longleftrightarrow q \wedge s}$$

Beispiel 1.46

Multiplikation der Äquivalenzen

(1) Wir reisen von Arnsberg nach Olsberg mit dem Fahrrad dann und nur dann, wenn die Sonne scheint.
(2) Wir reisen von Arnsberg nach Schmallenberg mit dem Traktor dann und nur dann, wenn es keinen Sturm gibt.

---

(3) Wir reisen von Arnsberg nach Olsberg mit dem Fahrrad und reisen von Arnsberg nach Schmallenberg mit dem Traktor dann und nur dann, wenn die Sonne scheint und es keinen Sturm gibt. ◄

Neuer Faktor für die Äquivalenz Mit der Regel von der Reflexivität der Äquivalenz und der Regel von der Multiplikation der Äquivalenzen gilt:

$$\frac{p \longleftrightarrow q}{p \wedge r \longleftrightarrow q \wedge r} \qquad \frac{p \longleftrightarrow q}{r \wedge p \longleftrightarrow r \wedge q}$$

Beispiel 1.47

Neuer Faktor für die Äquivalenz

(1) Wir reisen von Arnsberg nach Olsberg mit dem Fahrrad dann und nur dann, wenn die Sonne scheint.

---

(2) Wir reisen von Arnsberg nach Olsberg mit dem Fahrrad und das Gepäck ist leicht, dann und nur dann, wenn die Sonne scheint und das Gepäck leicht ist. ◄

Addition der Äquivalenzen Mit der Regel der Beseitigung der Äquivalenz, der Additionsregel der Implikationen und der Regel der Einführung der Äquivalenz gilt:

$$\begin{array}{c} p \longleftrightarrow q \\ r \longleftrightarrow s \\ \hline p \vee r \longleftrightarrow q \vee s \end{array}$$

Beispiel 1.48

Addition der Äquivalenz

(1) Wir reisen von Arnsberg nach Olsberg mit dem Fahrrad
dann und nur dann, wenn die Sonne scheint.
(2) Wir reisen von Arnsberg nach Olsberg mit dem Traktor
dann und nur dann, wenn es regnet.

---

(3) Wir reisen von Arnsberg nach Olsberg mit dem Fahrrad oder wir reisen
von Arnsberg nach Olsberg mit dem Traktor dann und nur dann,
wenn die Sonne scheint oder wenn es regnet. ◄

Neuer Summand für die Äquivalenz Mit der Regel von der Reflexivität der Äquivalenz und der Additionsregel der Äquivalenzen gilt:

$$\frac{p \longleftrightarrow q}{p \vee r \longleftrightarrow q \vee r} \qquad \frac{p \longleftrightarrow q}{r \vee p \longleftrightarrow r \vee q}$$

Beispiel 1.49

Neuer Summand für die Äquivalenz

(1) Wir reisen von Arnsberg nach Olsberg mit dem Fahrrad
dann und nur dann, wenn die Sonne scheint.

---

(2) Wir reisen von Arnsberg nach Olsberg mit dem Fahrrad
oder wir bleiben zu Hause dann und nur dann,
wenn die Sonne scheint oder wir zu Hause bleiben. ◄

Nach der Negationsregel der Äquivalenzglieder und der Multiplikations- und Additionsregel der Äquivalenzen folgen aus Äquivalenzen, die aus bestimmten Ausdrücken gebildet sind, Äquivalenzen, die aus der Negation, der Konjunktion und der Disjunktion dieser Ausdrücke gebildet sind. Wir zeigen:

(1)	$p \longleftrightarrow q$	Annahme
(2)	$r \longleftrightarrow s$	Annahme
(3)	$\neg p \longleftrightarrow \neg q$	Negation der Äquivalenzglieder
(4)	$\neg p \vee r \longleftrightarrow \neg q \vee s$	Addition der Äquivalenz: (1, 3)
(5)	$\neg p \wedge r \longleftrightarrow \neg q \wedge s$	Multiplikation der Äquivalenz: (1, 3)

Regeln, die sich für die Implikation und die Äquivalenz beweisen lassen, stellen analog die Gültigkeit der Schemata mit den Prämissen: $p \longleftrightarrow q, r \longleftrightarrow s$ und der Conclusio, die einer der Ausdrücke: $p \longrightarrow r \longleftrightarrow q \longrightarrow s, (p \longleftrightarrow r) \longleftrightarrow (q \longleftrightarrow s)$ ist, fest.

Beispiel 1.50

Addition der Äquivalenzen

(1) Wenn es regnet, dann und nur dann reisen wir nach Olsberg.
(2) Wenn die Sonne scheint, dann und nur dann reisen wir nach Arnsberg.

---

(3) (Wenn es regnet, dann scheint die Sonne), dann und nur dann
(wenn wir nach Olsberg reisen, dann reisen wir nach Arnsberg). ◀

Extensionalität der Äquivalenz Aus der Äquivalenz der Glieder zusammengesetzter Ausdrücke, die mit Hilfe der untersuchten Funktoren des Aussagenkalküls gebildet sind, folgen die Äquivalenzen der entsprechenden zusammengesetzten Ausdrücke. Anhand dieser Regeln sowie der Abtrennungsregel für die Äquivalenz können wir die Ersetzungsregel bezüglich der Glieder einer Äquivalenz beweisen. Dazu führen wir folgende Bezeichnung ein: Der Ausdruck $W(F//G)$ ist ein Ausdruck, der aus dem Ausdruck W dadurch entsteht, dass in W der Ausdruck F durch den Ausdruck G ersetzt wird. Wir geben dazu ein Beispiel: Wenn W = „$\neg p$“, F = „p“, G = „q“, dann $W(F//G)$ = „$\neg q$“. Kommt F in W an mehreren Stellen vor, dann bezeichnet das Symbol $W(F//G)$ mehrere Ausdrücke: Wenn W = „$p \wedge r \longrightarrow p$“, F = „p“, G = „q“, dann bezeichnet das Symbol $W(F//G)$ jeden der Ausdrücke: $p \wedge r \longrightarrow q, q \wedge r \longrightarrow p, q \wedge r \longrightarrow q$. Kommt der Ausdruck F nicht im Ausdruck W vor, dann gilt: $W(F//G) = W$.

Die Ersetzungsregel bezüglich der Glieder einer Äquivalenz, also die Regel der *Extensionalität der Äquivalenz*, stellt fest, dass aus der Äquivalenz $F \longleftrightarrow G$ und dem Ausdruck W die Ausdrücke $W(F//G)$ und $W(G//F)$ folgen. Wenn der Ausdruck $F \longleftrightarrow G$ und der Ausdruck W sekundäre Aussagen sind, dann sind auch die Ausdrücke $W(F//G)$ und $W(G//F)$ sekundäre Aussagen. Die Regel der Extensionalität der Äquivalenz erlaubt es daher, in einer beliebigen Aussage ein Glied einer eine sekundäre Aussage darstellenden Äquivalenz durch das andere Glied dieser Äquivalenz zu ersetzen. Wir machen von der Negationsregel der Äquivalenzglieder, der Muliplikations- und Additionsregel der Äquivalenzen usw. Gebrauch:

Gegeben sei F = „p“, G = „q“, W = „$\neg p \wedge r \longrightarrow s \longleftrightarrow t$“. Wir wenden auf dieses Beispiel die Regel der Extensionalität der Äquivalenz an. Dann folgt aus den Ausdrücken:

(1) $p \longleftrightarrow q$
(2) $\neg p \wedge r \longrightarrow s \longleftrightarrow t$

der Ausdruck: $\neg q \wedge r \longrightarrow s \longleftrightarrow t$.

Mit der Negationsregel der Äquivalenzglieder folgt aus (1):

(3) $\neg p \longleftrightarrow \neg q$.

Mit der Multiplikation der Äquivalenzen und dem Gesetz der Reflexivität der Äquivalenz folgt aus (3):

(4) $\neg p \wedge r \longleftrightarrow \neg q \wedge r$.

Weil die Äquivalenz der Glieder einer Implikation die Äquivalenz der gesamten Implikation bedingt, folgt aus (4):

(5) $\neg p \wedge r \longrightarrow s \longleftrightarrow \neg q \wedge r \longrightarrow s$.

Weil die Äquivalenz der Glieder einer Äquivalenz die Äquivalenz der gesamten Äquivalenz bedingt, folgt aus (5):

(6) $(\neg p \wedge r \longrightarrow s \longleftrightarrow t) \longleftrightarrow (\neg q \wedge r \longrightarrow s \longleftrightarrow t)$

Mit (2) und (6) sowie der Abtrennungsregel der Äquivalenz folgt:

(7) $\neg q \wedge r \longrightarrow s \longleftrightarrow t$.

Analog leiten wir aus (1) und (7) den Ausdruck (2) ab. Auf ähnliche Weise lässt sich jeder einzelne Fall der Anwendung der Extensionalitätsregel der Äquivalenz beweisen. Die Ausdrücke F und G sind dann und nur dann logisch äquivalent, wenn aus F logisch G folgt und aus G logisch F folgt: So, wie wir die logische Folgerung definiert haben, sind die Ausdrücke F und G dann und nur dann äquivalent, wenn die Äquivalenz $F \longleftrightarrow G$ durch Einsetzung aus irgendeinem logischen Gesetz hervorgeht. Für die Äquivalenz von F und G genügt es demnach nicht, wenn die Äquivalenz $F \longleftrightarrow G$ wahr ist, sondern diese Äquivalenz muss ein logisches Gesetz oder eine Einsetzung in ein logisches Gesetz sein.

Aus der Extensionalitätsregel der Äquivalenz folgt: Wenn die Ausdrücke F und G äquivalent sind, dann sind auch die Ausdrücke W, $W(F//G)$ und $W(G//F)$ äquivalent. Sind nämlich die Ausdrücke F und G äquivalent, ist also die Äquivalenz $F \longleftrightarrow G$ ein logisches Gesetz (bzw. eine Einsetzung in ein logisches Gesetz), dann erhalten wir aufgrund des Gesetzes: $p \longleftrightarrow p$, dass $W \longleftrightarrow W$. Mit der Extensionalitätsregel der Äquivalenz erhalten wir dann: $W \longleftrightarrow W(F//G)$ und $W \longleftrightarrow W(G//F)$. Die Ausdrücke W, $W(F//G)$ und $W(G//F)$ sind also äquivalent.

Beispiel 1.51

Extensionalität der Äquivalenz

Karbonrotor dann und nur dann, wenn Windrad Wolkenquirl
Stahlrotor dann und nur dann, wenn Windrad Pustetreu
¬(Karbonrotor) dann und nur dann, wenn ¬(Windrad Wolkenquirl)

[¬(Karbonrotor) ∨ Stahlrotor] dann und nur dann,
wenn [¬(Windrad Wolkenquirl) ∨ Windrad Pustetreu] ◄

Diese Folgerung zeigt die wichtige Rolle von logischen Gesetzen in Äquivalenz-Form. Einem solchen Gesetz entsprechen zwei logische Regeln mit der Feststellung, dass aus einem Glied einer solchen Äquivalenz ihr zweites Glied folgt. Außerdem ist ein beliebiger Ausdruck einem Ausdruck äquivalent, der aus ihm durch Ersetzen eines Gliedes einer solchen Äquivalenz durch ihr zweites Glied entsteht. Falls wir also eine sekundäre Aussage in Äquivalenzform bewiesen haben, dann können wir in einem beliebigen Ausdruck eine Seite dieser Äquivalenz durch die zweite ersetzen, und erhalten aus dem betreffenden Ausdruck einen mit ihm äquivalenten Ausdruck. Wir notieren jetzt solche sekundären Aussagen des Aussagenkalküls.

Kommutativgesetz der Konjunktion und der Disjunktion Mit den Kommutativgesetzen der Konjunktion und der Disjunktion können wir in jedem Ausdruck die Glieder einer Konjunktion/einer Disjunktion, die ein Teil dieses Ausdrucks ist, vertauschen, und erhalten aus dem gegebenen einen äquivalenten Ausdruck.

Für die Konjunktion gilt: $p \wedge q \longleftrightarrow q \wedge p.$
Für die Disjunktion gilt: $p \vee q \longleftrightarrow q \vee p.$

Beispiel 1.52

Kommutativität der Konjunktion/der Disjunktion

(Wir benutzen einen Karbonrotor und der Wind ist leicht.)
$\longleftrightarrow$ (Der Wind ist leicht und wir benutzen einen Karbonrotor.)
(Wir benutzen einen Karbonrotor oder der Wind ist stark.)
$\longleftrightarrow$ (Der Wind ist stark oder wir benutzen einen Karbonrotor.) ◄

Assoziativgesetz der Konjunktion und der Disjunktion In mehrgliedrigen Konjunktionen und Disjunktionen können wir aufgrund der Assoziativgesetze der Konjunktion und der Disjunktion die Klammern weglassen; die eine wie die andere Verteilung dieser Klammern ergibt äquivalente Ausdrücke. Demnach können wir einer mehrgliedrigen Konjunktion bzw. Disjunktion aufgrund der Kommutativ- und Assoziativgesetze die Glieder beliebig umstellen; wir erhalten äquivalente Ausdrücke.

Für die Konjunktion gilt: $(p \wedge q) \wedge r \longleftrightarrow p \wedge (q \wedge r)$.
Für die Disjunktion gilt: $(p \vee q) \vee r \longleftrightarrow p \vee (q \vee r)$.

Beispiel 1.53

Assoziativgesetz der Konjunktion/der Disjunktion

(Wir bauen ein Windrad Pustefix $\wedge$ wir reparieren ein Windrad Wolkenquirl)
$\wedge$ Wir warten ein Windrad Sausebraus.
$\longleftrightarrow$
Wir bauen ein Windrad Pustefix
$\wedge$ (Wir reparieren ein Windrad Wolkenquirl
$\wedge$ wir warten ein Windrad Sausebraus).

(Wir bauen ein Windrad Pustefix $\vee$ wir reparieren ein Windrad Wolkenquirl)
$\vee$ Wir warten ein Windrad Sausebraus.
$\longleftrightarrow$
Wir bauen ein Windrad Pustefix
$\vee$ (Wir reparieren ein Windrad Wolkenquirl
$\vee$ wir warten ein Windrad Sausebraus). ◄

Idempotenzgesetz der Konjunktion und der Disjunktion Wenn wir die sich wiederholenden Glieder einer Konjunktion/einer Disjunktion streichen, dann führt dies nach den Idempotenzgesetzen zu äquivalenten Ausdrücken. Mit der Möglichkeit, die Glieder einer Konjunktion und einer Disjunktion beliebig umzustellen, können wir in einer mehrgliedrigen Konjunktion oder Disjunktion sich wiederholende Glieder streichen, auch wenn sie nicht nebeneinanderstehen. Natürlich ist dieses Streichen im Sinne der Idempotenzgesetze so zu verstehen, dass wir in einer gegebenen Konjunktion/Disjunktion lediglich die Redundanzen eliminieren.

Für die Konjunktion gilt: $p \wedge p \longleftrightarrow p$.
Für die Disjunktion gilt: $p \vee p \longleftrightarrow p$.

Beispiel 1.54

Idempotenzgesetz der Konjunktion/Disjunktion

Wir bauen ein Windrad Pustetreu und wir bauen ein Windrad Pustetreu.
___
Wir bauen ein Windrad Pustetreu.

Wir bauen ein Windrad Pustetreu.
___
Wir bauen ein Windrad Pustetreu und wir bauen ein Windrad Pustetreu.

Wir reparieren ein Windrad Wolkenquirl oder wir reparieren ein Windrad Wolkenquirl.
___
Wir reparieren ein Windrad Wolkenquirl.

Wir reparieren ein Windrad Wolkenquirl.
___
Wir reparieren ein Windrad Wolkenquirl oder wir reparieren ein Windrad Wolkenquirl. ◄

Kommutativgesetz Disjunktion und Konjunktion

Für die Konjunktion gilt: $p \wedge q \longleftrightarrow q \wedge p$.
Für die Disjunktion gilt: $p \vee q \longleftrightarrow q \vee p$.

Beispiel 1.55

Kommutativgesetz Disjunktion und Konjunktion

Nach der Regel der Kommutativität der Disjunktion folgt aus jeder der beiden Aussagen die jeweils andere:

Wir verwenden ein Windrad Pustetreu oder wir reparieren ein Windrad Wolkenquirl.
___
Wir reparieren ein Windrad Wolkenquirl oder wir verwenden ein Windrad Pustetreu.

Nach der Regel der Kommutativität der Konjunktion folgt aus jeder der beiden folgenden Aussagen die jeweils andere:

Wir verwenden ein Windrad Pustetreu und wir reparieren ein Windrad Wolkenquirl.
___
Wir reparieren ein Windrad Wolkenquirl und wir verwenden ein Windrad Pustetreu. ◄

Implikation/Disjunktion $(p \longrightarrow q) \longleftrightarrow (\neg p \vee q)$

Beispiel 1.56

Implikation/Disjunktion

Nach dieser Regel folgt aus jeder der beiden folgenden Aussagen die jeweils andere.

Wenn wir das Windrad reparieren, dann verwenden wir ein Ersatzteil.

Wir reparieren nicht das Windrad oder wir verwenden ein Ersatzteil. ◄

Kommutativgesetz der Prämissen Das Kommutativgesetz der Prämissen erlaubt, den Vordersatz einer Implikation mit dem Vordersatz ihres Hintersatzes zu vertauschen. Beide Aussagen lassen sich auf denselben Ausdruck umformen, also liegt Äquivalenz vor:

$$p \longrightarrow (q \longrightarrow r) \longleftrightarrow q \longrightarrow (p \longrightarrow r)$$

Beispiel 1.57

Kommutativität der Prämissen

Wenn das Windrad repariert werden muss, dann (wenn das Windrad eine Panne hat, dann brauchen wir ein Werkzeug) $\longleftrightarrow$ Wenn das Windrad eine Panne hat, dann (wenn das Windrad repariert werden muss, dann brauchen wir ein Werkzeug). ◄

Export-/Importgesetz der Prämissen Die diesem Gesetz entsprechende Implikation: $(p \wedge q \longrightarrow r) \longrightarrow (p \longrightarrow (q \longrightarrow r))$ erlaubt, ein Glied der Konjunktion, die der Vordersatz der Implikation ist, in ihren Hintersatz als Vordersatz dieses Hintersatzes einzuführen (Exportgesetz). Die umgekehrte Implikation: $(p \longrightarrow (q \longrightarrow r)) \longrightarrow (p \wedge q \longrightarrow r)$ ermöglicht die Einbeziehung des Vordersatzes des Hintersatzes der Implikation in den Vordersatz der Implikation (Importgesetz):

$$p \wedge q \longrightarrow r \longleftrightarrow p \longrightarrow (q \longrightarrow r)$$

Beispiel 1.58

Exportgesetz/Importgesetz

(Wenn das Windrad alt ist und quietscht), dann müssen wir das Windrad warten

$\longrightarrow$

Wenn das Windrad alt ist, dann (wenn das Windrad quietscht, dann müssen wir das Windrad warten).

Wenn das Windrad alt ist, dann (wenn das Windrad quietscht, dann müssen wir das Windrad warten)

$\longrightarrow$

(Das Windrad ist alt und quietscht), dann müssen wir das Windrad warten. ◄

Multiplikationsgesetz für die Hintersätze Die Konjunktion zweier Implikationen mit dem gleichen Vordersatz ist einer Implikation mit eben diesem Vordersatz und einem Hintersatz, der die Konjunktion der Hintersätze dieser beiden Implikationen ist, äquivalent. Nach diesem Gesetz ist die Aussage: (Wenn wir ein Schiff bauen, dann werden wir sägen und wenn wir ein Schiff bauen, dann werden wir bohren.) äquivalent der Aussage: (Wenn wir ein Schiff bauen, dann werden wir sägen und werden wir bohren.):

$$(p \longrightarrow q) \wedge (p \longrightarrow r) \longleftrightarrow p \longrightarrow q \wedge r$$

Beispiel 1.59

Multiplikationsgesetz für die Hintersätze

Wenn das Windrad quietscht, dann müssen wir das Windrad warten.

$\wedge$ Wenn das Windrad quietscht, dann müssen wir das Windrad ölen.

$\longleftrightarrow$

Wenn das Windrad quietscht (dann müssen wir das Windrad warten und müssen wir das Windrad ölen).

Wenn der Öltank ein Loch hat, müssen wir dieses flicken und wenn der Öltank ein Loch hat, müssen wir ihn wieder füllen

$\longleftrightarrow$

Wenn der Öltank ein Loch hat, müssen wir das Loch flicken und wir ihn wieder füllen. ◄

Additionsgesetz für die Vordersätze Nach diesem Gesetz sind die beiden Aussagen: „Wenn ich ein Windrad Pustetreu verwende, dann erhalte ich Ökostrom und wenn ich ein

Windrad Wolkenquirl verwende, dann erhalte ich Ökostrom." und: „Wenn ich ein Windrad Pustetreu verwende oder wenn ich ein Windrad Wolkenquirl verwende, dann erhalte ich Ökostrom." äquivalent:

$$(p \longrightarrow r) \wedge (q \longrightarrow r) \longleftrightarrow p \vee q \longrightarrow r$$

Beispiel 1.60

Additionsgesetz der Vorderglieder

Wenn das Windrad quietscht, dann müssen wir das Windrad warten und wenn das Windrad Stromschwankungen hat, dann müssen wir das Windrad warten $\longrightarrow$ Wenn das Windrad quietscht oder wenn das Windrad Stromschwankungen hat, dann müssen wir das Windrad warten. ◄

Regel des einfachen konstruktiven Dilemmas Aus zwei Implikationen mit dem gleichen Hintersatz und der Disjunktion der Vordersätze dieser Implikationen folgt ihr Hintersatz:

$$\begin{array}{l} p \longrightarrow r \\ q \longrightarrow r \\ p \vee q \\ \hline r \end{array}$$

Beispiel 1.61

Schließen nach dem einfachen konstruktiven Dilemma

Wenn der Öltank ein Loch hat, dann müssen wir den Öltank auffüllen.
Wenn der Öltank neu ist, dann müssen wir den Öltank auffüllen.
Der Öltank hat ein Loch oder der Öltank ist neu.
―――
Wir müssen den Öltank auffüllen.

Wenn es regnet, dann ist die Straße glatt.
Wenn es schneit, dann ist die Straße glatt.
Es regnet in Olsberg oder es schneit in Olsberg.
―――
In Olsberg ist die Straße glatt. ◄

Distributivgesetz der Konjunktion bezüglich der Disjunktion Nach dem Distributivgesetz der Konjunktion bezüglich der Disjunktion ist die Aussage: ((Der Öltank hat ein Loch oder der Öltank ist neu) und der Öltank ist aus Edelstahl) äquivalent der Aussage: ((Der Öltank hat ein Loch und der Öltank ist aus Edelstahl) oder (Der Öltank ist neu und der Öltank ist aus Edelstahl)):

$$(p \vee q) \wedge r \longleftrightarrow p \wedge r \vee q \wedge r$$
$$r \wedge (p \vee q) \longleftrightarrow r \wedge p \vee r \wedge q$$

Beispiel 1.62

Distributionsgesetz der Konjunktion bzgl. der Disjunktion

(Wir verwenden einen Rotor aus Karbon oder wir verwenden einen Rotor aus Stahlblech) und wir erhalten viel Drehmoment $\longleftrightarrow$ (Wir verwenden einen Rotor aus Karbon und wir erhalten viel Drehmoment) oder (Wir verwenden einen Rotor aus Stahlblech und wir erhalten viel Drehmoment). ◄

Gesetz vom ausgeschlossenen Dritten Dieses Gesetz benutzen wir in verzweigten Beweisen, wenn wir zwei sich widersprechende Ausdrücke W und $\neg W$ als zusätzliche Annahmen einführen, um mit der Disjunktion dieser Annahmen ein Einsetzen in das Gesetz vom ausgeschlossenen Dritten im Beweis zu ermöglichen:

$$p \vee \neg p$$

Beispiel 1.63

Gesetz vom ausgeschlossenen Dritten

Das Windrad dreht sich oder das Windrad dreht sich nicht.
Der Öltank hat ein Loch oder der Öltank hat kein Loch. ◄

Distributivgesetze der Disjunktion bezüglich der Konjunktion

$$p \wedge q \vee r \longleftrightarrow (p \vee r) \wedge (q \vee r),$$
$$r \vee p \wedge q \longleftrightarrow (r \vee p) \wedge (r \vee q)$$

Beispiel 1.64

Distributivgesetz der Disjunktion bezüglich der Konjunktion

Die Aussage: ((Wir kaufen ein Windrad Pustetreu oder wir kaufen ein Windrad Wolkenquirl) und (Wir kaufen ein Windrad Jetstream oder wir kaufen ein Windrad Wolkenquirl)) ist äquivalent der Aussage: ((Wir kaufen ein Windrad Pustetreu und wir kaufen ein Windrad Jetstream) oder wir kaufen ein Windrad Wolkenquirl). ◄

Gesetz von der doppelten Negation $\neg\neg p \longleftrightarrow p$

Beispiel 1.65

Doppelte Negation

(Es gilt nicht: Das Windrad quietscht nicht) $\longleftrightarrow$ Das Windrad quietscht.

(Es gilt nicht: Der Öltank hat kein Loch) $\longleftrightarrow$ Der Öltank hat ein Loch. ◄

Wenn wir eine gerade Anzahl von aufeinanderfolgenden Negationszeichen streichen, dann erhalten wir einen zu einem gegebenen Ausdruck äquivalenten Ausdruck. Mit diesem Gesetz können wir die Regel des Beseitigens der Disjunktion verallgemeinern. In dieser allgemeineren Form stellt die Regel des *Beseitigens der Disjunktion* fest, dass aus einer Disjunktion und einem mit einem ihrer Glieder im Widerspruch stehenden Ausdruck das zweite Glied dieser Disjunktion folgt. Nach dieser Regel sind zusätzlich zu den bei der Formulierung der primären Regel BD angegebenen die folgenden beiden Schemata gültig:

$$\begin{array}{l} \neg p \vee q \\ \underline{p \qquad\quad} \\ q \end{array} \qquad \begin{array}{l} p \vee \neg q \\ \underline{q \qquad\quad} \\ p \end{array}$$

Im Folgenden bezeichnen wir mit der Abkürzung BD die Beseitigungsregel der Disjunktion in dieser allgemeinen Form.

Gesetz der Negation der Disjunktion Die diesem Gesetz entsprechende Implikation ist ein Gesetz, das dem dritten Schema der Negation der Disjunktion („ND“) entspricht. Nach diesem Gesetz ist die Negation einer Disjunktion der Konjunktion ihrer negierten Glieder äquivalent:

$$\neg(p \vee q) \longleftrightarrow \neg p \wedge \neg q$$

Beispiel 1.66

Negation der Disjunktion

Es gilt nicht, (dass der Öltank ein Loch hat oder dass der Öltank leer ist) $\longleftrightarrow$ Es gilt nicht, dass der Öltank ein Loch hat und es gilt nicht, dass der Öltank leer ist. ◄

Das Gesetz von der doppelten Negation und das Gesetz der Negation der Disjunktion führen zu weiteren Gesetzen der Negation der Disjunktion:

$$\neg(\neg p \vee \neg q) \longleftrightarrow p \wedge q \quad \neg(\neg p \vee q) \longleftrightarrow p \wedge \neg q \quad \neg(p \vee \neg q) \longleftrightarrow \neg p \wedge q$$

In diesen drei Negationsgesetzen ist die Negation einer Disjunktion äquivalent der Konjunktion von Ausdrücken, die mit den Gliedern dieser Disjunktion im Widerspruch stehen. Nach dem Negationsgesetz der Disjunktion ist die Aussage: „Es ist nicht wahr, dass der Öltank ein Loch hat oder der Öltank aus Sperrholz ist" äquivalent mit der Aussage: „Dieser Öltank hat kein Loch und dieser Öltank ist nicht aus Sperrholz".

Beispiel 1.67

Gesetze der Negation der Disjunktion

a) Es gilt nicht, (dass das Windrad Pustetreu einen Blechrotor hat oder dass das Windrad Pustetreu einen Papierrotor hat) $\longleftrightarrow$ Es gilt nicht, dass das Windrad Pustetreu einen Blechrotor hat und es gilt nicht, dass das Windrad Pustetreu einen Papierrotor hat.
b) Es gilt nicht, (dass das Windrad Pustetreu nicht einen Rotor hat oder nicht ein Getriebe hat) $\longleftrightarrow$ Das Windrad Pustetreu hat einen Rotor und hat ein Getriebe.
c) Es gilt nicht, (dass das Windrad Pustetreu nicht Rotor Rotafix hat oder Getriebe Planeto hat) $\longleftrightarrow$ Das Windrad Pustetreu hat Rotor Rotafix und hat nicht Getriebe Planeto.
d) Es gilt nicht, (dass das Windrad Pustetreu Rotor Rotapro hat oder nicht Getriebe Schrägzahn hat) $\longleftrightarrow$ Das Windrad Pustetreu hat nicht Rotor Rotapro und hat Getriebe Schrägzahn. ◀

Ersetzen der Konjunktion durch die Disjunktion und die Negation Die Konjunktion von zwei Aussagen ist einem Ausdruck äquivalent, der aus diesen Aussagen mit Hilfe der Zeichen der Disjunktion und der Negation gebildet wurde. Dieses Gesetz erhalten wir anhand der Kommutativregel der Äquivalenz aus dem zweiten der Negationsgesetze der Disjunktion:

$$p \wedge q \longleftrightarrow \neg(\neg p \vee \neg q)$$

Beispiel 1.68

Ersetzen der Konjunktion durch die Disjunktion und die Negation

Das Windrad Pustetreu hat Rotor Rotafix und hat Getriebe Planeto $\longleftrightarrow$ Es gilt nicht, (dass das Windrad Pustetreu nicht Rotor Rotafix hat oder nicht Getriebe Planeto hat). ◀

Gesetze der Negation der Konjunktion Diese Gesetze postulieren die Äquivalenzen

$$\neg(p\wedge q)\longleftrightarrow\neg p\vee\neg q \quad \neg(\neg p\wedge\neg q)\longleftrightarrow p\vee q$$
$$\neg(\neg p\wedge q)\longleftrightarrow p\vee\neg q \quad \neg(p\wedge\neg q)\longleftrightarrow\neg p\vee q$$

Beispiel 1.69

Gesetze der Negation der Konjunktion

Es ist nicht wahr, dass (Pustetreu ist ein Windrad und Wolkenquirl ist ein Rotor)
$\longleftrightarrow$ Es ist nicht wahr, dass Pustetreu ist ein Windrad oder es ist nicht wahr, dass Wolkenquirl ist ein Rotor.

Es ist nicht wahr, dass (Es ist nicht wahr, dass Pustetreu ist ein Windrad und es ist nicht wahr, dass Wolkenquirl ist ein Rotor)
$\longleftrightarrow$ Pustetreu ist ein Windrad oder Wolkenquirl ist ein Rotor.

Es ist nicht wahr, dass (Es ist nicht wahr, dass Pustetreu ist ein Windrad und Wolkenquirl ist ein Rotor)
$\longleftrightarrow$ Pustetreu ist ein Windrad oder es ist nicht wahr, dass Wolkenquirl ist ein Rotor.

Es ist nicht wahr, dass (Pustetreu ist ein Windrad und es ist nicht wahr, dass Wolkenquirl ist ein Rotor)
$\longleftrightarrow$ Es ist nicht wahr, dass Pustetreu ist ein Windrad oder Wolkenquirl ist ein Rotor. ◄

Ersetzen der Disjunktion durch die Konjunktion und die Negation Die Disjunktion von zwei Aussagen ist einem Ausdruck äquivalent, den diese Aussagen mittels der Zeichen der Konjunktion und der Negation bilden. Dieses Gesetz erhalten wir aus dem zweiten Negationsgesetz der Konjunktion unter Anwendung der Kommutativregel der Äquivalenz:

$$p \vee q \longleftrightarrow \neg(\neg p \wedge \neg q)$$

Beispiel 1.70

Ersetzen der Disjunktion durch die Konjunktion und die Negation

Windrad Pustetreu hat Rotor Rotafix oder Windrad Wolkenquirl hat Rotor Rotafix $\longleftrightarrow$ Es gilt nicht, dass (Windrad Pustetreu hat keinen Rotor Rotafix und Windrad Pustetreu hat keinen Rotor Rotafix). ◄

Gesetze des Ersetzens der Implikation Nach den Gesetzen des Ersetzens der Implikation ist eine aus zwei Aussagen gebildete Implikation einem Ausdruck äquivalent, der aus diesen Aussagen mit Hilfe der Zeichen der Konjunktion und der Negation oder mit Hilfe der Zeichen der Disjunktion und der Negation gebildet wurde:

$$p \longrightarrow q \longleftrightarrow \neg(p \wedge \neg q)$$

Beispiel 1.71

Ersetzen der Implikation durch die Konjunktion und die Negation

Wenn der Öltank ein Loch hat, dann suchen wir das Loch $\longleftrightarrow$ Es gilt nicht, dass der Öltank ein Loch hat und wir das Loch nicht suchen.

$$p \longrightarrow q \longleftrightarrow \neg p \vee q \quad \blacktriangleleft$$

Beispiel 1.72

Ersetzen der Implikation durch die Disjunktion und die Negation

Wenn der Öltank ein Loch hat, dann suchen wir das Loch $\longleftrightarrow$ Der Öltank hat kein Loch oder wir suchen das Loch. ◀

Gesetz des Ersetzens der Äquivalenz Dieses Gesetz macht es möglich, eine Äquivalenz durch die Konjunktion von zwei Implikationen, nämlich der Implikation, die dieser Äquivalenz entspricht, und der umgekehrten Implikation, zu ersetzen:

$$(p \longleftrightarrow q) \longleftrightarrow (p \longrightarrow q) \wedge (q \longrightarrow p)$$

Beispiel 1.73

Ersetzen der Äquivalenz

Wenn der Öltank ein Loch hat, dann und nur dann flicken wir den Öltank $\longleftrightarrow$ Wenn der Öltank ein Loch hat, dann flicken wir ihn und wenn wir den Öltank flicken, dann hat er ein Loch. ◀

Gesetz der Negation der Implikation Dieses Gesetz erhalten wir aus dem Gesetz des Ersetzens der Implikation durch die Konjunktion und die Negation anhand der Negationsregel der Äquivalenzglieder und des Gesetzes der doppelten Negation:

$$\neg(p \longrightarrow q) \longleftrightarrow p \wedge \neg q$$

Beispiel 1.74

Negation der Implikation

Es gilt nicht, dass wenn wir ein Windrad kaufen, dieses stilllegen $\longleftrightarrow$ Wir kaufen ein Windrad und legen dieses nicht still. ◀

Gesetz der Negation der Äquivalenz Dieses Gesetz erhalten wir über das Gesetz des Ersetzens der Äquivalenz, das Negationsgesetz der Konjunktion und das Negationsgesetz der Implikation:

$$\neg(p \longleftrightarrow q) \longleftrightarrow p \wedge \neg q \vee q \wedge \neg p$$

Beispiel 1.75

Negation der Äquivalenz

Es gilt nicht, dass wir dann und nur dann, wenn wir das Windrad ölen, das Windrad warten $\longleftrightarrow$ Wir ölen das Windrad und warten das Windrad nicht oder wir warten das Windrad und ölen das Windrad nicht. ◀

Regel des zusammengesetzten destruktiven Dilemmas Aus zwei Implikationen und der Disjunktion der Negation ihrer Hintersätze folgt die Disjunktion der Negation ihrer Vordersätze:

$$\begin{array}{c} p \longrightarrow q \\ r \longrightarrow s \\ \neg q \vee \neg r \\ \hline \neg p \vee \neg r \end{array}$$

Beispiel 1.76

Zusammengesetztes destruktives Dilemma

Wenn wir Klempner gelernt haben, dann können wir den Tank reparieren.
Wenn wir Kaufmann gelernt haben, dann können wir eine Rechnung schreiben.
Wir können nicht den Tank reparieren oder wir können nicht
eine Rechnung schreiben.

Wir haben nicht Klempner gelernt oder wir haben nicht Kaufmann gelernt. ◀

Regel des einfachen destruktiven Dilemmas Aus zwei Implikationen mit dem gleichen Vordersatz und der Disjunktion der Negation ihrer Hintersätze folgt die Negation ihres Vordersatzes:

$$\begin{array}{l} p \longrightarrow q \\ p \longrightarrow r \\ \neg q \vee \neg r \\ \hline \neg p \end{array}$$

Beispiel 1.77

Einfaches destruktives Dilemma

Wenn dieses Windrad gut läuft, dann ist es frisch gewartet.
Wenn dieses Windrad gut läuft, dann ist es frisch geölt.
Dieses Windrad ist nicht frisch gewartet oder das Windrad ist nicht frisch geölt.
———
Das Windrad läuft nicht gut. ◀

Gesetz vom ausgeschlossenen Widerspruch Nach diesem Gesetz kann einer von zwei sich widersprechenden Sachverhalten nicht existieren:

$$\neg(p \wedge \neg p)$$

Beispiel 1.78

Ausgeschlossener Widerspruch

Es gilt nicht, dass (der Öltank hat ein Loch und der Öltank hat kein Loch). ◀

Gegensatzregel Aus zwei sich widersprechenden Aussagen folgt eine beliebige Aussage. Würde jemand zwei sich widersprechende Aussagen, also irgendeine Aussage und ihre Negation, beweisen (können), könnte er jede Aussage, also auch jede falsche Aussage beweisen:

$$\begin{array}{l} p \\ \neg p \\ \hline q \end{array}$$

Beispiel 1.79

Gegensatzregel/Einführung der Disjunktion

(1) Ewiges Leben ist möglich und ewiges Leben ist nicht möglich: $p \wedge \neg p$ (Annahme)
(2) Ewiges Leben ist möglich. (Beseitigen der Konjunktion)
(3) Ewiges Leben ist möglich oder es gibt keine Schwerkraft. (Einführen der Disjunktion)
(4) Ewiges Leben ist nicht möglich. (Beseitigen der Konjunktion)
(5) Es gibt keine Schwerkraft. (Beseitigen der Disjunktion) ◀

Regel Reductio ad absurdum (Widerspruchsregel)

$$\frac{p \longrightarrow \neg p}{\neg p} \qquad \frac{\neg p \longrightarrow p}{p} \qquad \frac{\begin{array}{l} p \longrightarrow q \\ p \longrightarrow \neg q \end{array}}{\neg p} \qquad \frac{\begin{array}{l} \neg p \longrightarrow q \\ \neg p \longrightarrow \neg q \end{array}}{p}$$

Beispiel 1.80

Reductio ad absurdum

Wenn aus einer Annahme ein Widerspruch ($p \wedge \neg p$) abgeleitet werden kann, dann muss die Annahme falsch sein:

Wenn der Öltank ein Loch hat, dann hat der Öltank kein Loch.
___
Der Öltank hat kein Loch.

Wenn der Öltank ein Loch hat, dann müssen wir ihn flicken.

Wenn der Öltank ein Loch hat, dann gilt nicht, dass wir ihn flicken müssen.
___
(Es gilt nicht, dass wir den Öltank flicken müssen.)

Der Öltank hat kein Loch. ◀

Regel der Umkehrung der Implikationen Aus zwei Implikationen, der Disjunktion ihrer Vordersätze und der Negation der Konjunktion ihrer Hintersätze folgen die beiden umgekehrten Implikationen:

$$\frac{\begin{array}{l} p \longrightarrow q \\ r \longrightarrow s \\ p \vee r \\ \neg(q \wedge s) \end{array}}{\begin{array}{l} q \longrightarrow p \\ s \longrightarrow r \end{array}}$$

Beispiel 1.81

Umkehrung der Implikation

Wenn dies ein Windrad Pustetreu ist, dann hat es einen Rotor aus Stahlblech.
Wenn dies ein Windrad Wolkenquirl ist, dann hat es einen Rotor aus Karbon.
Dieses Windrad ist ein Windrad Pustetreu oder ein Windrad Wolkenquirl.
Es ist nicht wahr, dass (das Windrad einen Rotor aus Stahlblech hat
und das Windrad einen Rotor aus Karbon hat).

Wenn dieses Windrad einen Rotor aus Stahlblech hat, dann ist dies
ein Windrad Pustetreu.
Wenn dieses Windrad einen Rotor aus Karbon hat, dann ist dies
ein Windrad Wolkenquirl. ◀

Die Regel der Umkehrung der Implikationen können wir auf eine größere Anzahl von Implikationen erweitern. So erhalten wir bspw. das Schema dieser Regel für drei Implikationen:

$$\begin{array}{l} p1 \longrightarrow q1 \\ p2 \longrightarrow q2 \\ p3 \longrightarrow q3 \\ p1 \vee p2 \vee p3 \\ \neg(q1 \wedge q2) \\ \neg(q1 \wedge q3) \\ \neg(q2 \wedge q3) \\ \hline q1 \longrightarrow p1 \\ q2 \longrightarrow p2 \\ q3 \longrightarrow p3 \end{array}$$

Nach diesem Schema folgt aus den Implikationen: Wenn A und B dieselbe Ausstattung haben, dann werden A und B zu demselben Preis verkauft. Wenn A eine bessere Ausstattung als B hat, so wird A zu einem höheren Preis als B verkauft. Wenn A eine schlechtere Ausstattung als B hat, so wird A zu einem niedrigeren Preis als B verkauft. Aus der Disjunktion der Vordersätze dieser Implikationen und daraus, dass die Hintersätze der 1. und 2. Implikation, der 1. und 3. Implikation sowie der 2. und 3. Implikation nicht zugleich wahr sind, folgen die umgekehrten Implikationen zu diesen drei Implikationen.

Beispiel 1.82

Umkehrung der Implikation

Wenn dies ein Windrad für Starkwind ist, dann ist der Rotor klein.
Wenn dies ein Windrad für normalen Wind ist, dann ist der Rotor mittelgroß.
Wenn dies ein Windrad für Schwachwind ist, dann ist der Rotor groß.
Dies ist ein Windrad für Starkwind oder normalen Wind oder Schwachwind.
Es gilt nicht, dass der Rotor klein und mittelgroß ist.
Es gilt nicht, dass der Rotor klein und groß ist.
Es gilt nicht, dass der Rotor mittelgroß und groß ist.

Wenn der Rotor klein ist, dann ist dies ein Windrad für Starkwind.
Wenn der Rotor mittelgroß ist, dann ist dies ein Windrad für normalen Wind.
Wenn der Rotor groß ist, dann ist dies ein Windrad für Schwachwind. ◄

1.5 Prädikatenkalkül/-logik

1.5.1 Symbole und Ausdrücke

Im Aussagenkalkül sind p und q beliebig gegebene, aber unveränderliche Aussagen. Die Regeln und Symbole, die Aussagen verknüpfen, konstruieren wieder vollständige Aussagesätze, deren Form bereits gegeben ist. In der Prädikatenlogik untersuchen wir dagegen den inneren Aufbau, die syntaktische Struktur von (sinnvollen) Aussagesätzen: Wir konstruieren p und q. Als Bausteine derartiger Aussagesätze gibt bspw. die Produktion für die Menge der Namen Produkte/Produktionsfaktoren bzw. deren Eigenschaften, für die Prädikate Produktionsverfahren vor. Also konstruieren wir Aussagesätze als Arbeitsvorgang eines Arbeitsplans oder als Satz eines NC-Programms und definieren auf dieser Basis ein Produktionsereignis. Für die kontextabhängige Modifikation von Aussagesätzen, bspw. über eine konkrete Produktion, geben wir Regeln an.

Als Ausdrücke verwendet das Prädikatenkalkül

1. alle Symbole des Aussagenkalküls: $\neg$, $\wedge$, $\vee$, $\longrightarrow$, $\longleftrightarrow$.
2. die Symbole des *All-* und des *Existenzquantors*. Als Symbol des Allquantors verwenden wir das Zeichen „$\forall$“, das wir lesen: „für jedes“. Als Symbol des Existenzquantors verwenden wir das Zeichen „$\exists$“, das wir lesen „für mindestens ein … gilt, dass“; „es gibt ein solches …, dass“.
3. Variablen, die Eigennamen repräsentieren und *Individuen-* oder *Namenvariablen* heißen: x, y, z, x_1, y_1, z_1.

4. die *Individuenkonstanten* a, b, c, a_1, b_1, c_1, die nur in Ausdrücken auftreten, die Zeilen in Annahmebeweisen der Theoreme des Prädikatenkalküls sind; sie treten nicht in den Theoremen dieses Kalküls auf.
5. Variablen, die aussagenbildende Funktoren von Namenargumenten repräsentieren. Solche Funktoren heißen *Prädikate der ersten Stufe*. Als Variablen, die Prädikate der ersten Stufe von einem Argument repräsentieren, verwenden wir die Buchstaben A, $B, C, A_1, B_1, C_1, \ldots$, als Variablen, die Prädikate der ersten Stufe von zwei und mehreren Argumenten repräsentieren, die Buchstaben: P, R, P_1, R_1. Der Kontext weist hier auf die Anzahl der Argumente hin.
6. Variablen, die Prädikate höherer Stufen repräsentieren.

Die einfachsten Aussagenausdrücke dieses Kalküls sind Aussagenvariablen bzw. Ausdrücke, die wir aus einer Variable, die Prädikate der ersten Stufe repräsentiert, und ihren Argumenten bilden. Sie sind die *atomaren Ausdrücke* des Prädikatenkalküls der ersten Stufe; dazu gehören Ausdrücke wie bspw. $A(x)$, $B(x)$, $P(x, y)$, $P(x_1, \ldots, x_n)$. Die Prädikate erster Stufe von einem Argument denotieren Eigenschaften von Gegenständen, Prädikate erster Stufe von zwei und mehreren Argumenten zwischen diesen Gegenständen bestehende zwei- und mehrgliedrige Relationen (Beziehungen). Wir lesen den Ausdruck

- $A(x)$: x hat die Eigenschaft A bzw. Eigenschaft A kommt x zu,
- $P(x, y)$: x steht in der Relation P zu y,
- $P(x_1, \ldots, x_n)$: die Relation P besteht zwischen den Gegenständen $x_1, \ldots, x_n$.

Entsprechend denotieren die Prädikate der höheren Stufe Eigenschaften der Eigenschaften bzw. Relationen oder Beziehungen, die zwischen den Eigenschaften oder Relationen bestehen.

Derjenige Teil des Prädikatenkalküls, in dessen Ausdrücken nur Prädikate der ersten Stufe auftreten und in dem die Quantoren nur Individuenvariablen binden, heißt *Prädikatenkalkül erster Stufe* bzw. *engerer Prädikatenkalkül*. Wir verwenden die Funktoren des Aussagenkalküls und die Quantoren, um aus den atomaren Ausdrücken des Prädikatenkalküls die zusammengesetzten Ausdrücke des engeren Prädikatenkalküls zu bilden. Demnach erhalten wir als Aussagenausdrücke des engeren Prädikatenkalküls:

1. Die atomaren Ausdrücke dieses Kalküls.
2. Die Konjunktion, die Disjunktion, die Implikation und die Äquivalenz zweier Aussagenausdrücke sind Aussagenausdrücke. Die Negation eines Aussagenausdrucks ist ein Aussagenausdruck.
3. Ein Ausdruck, der aus einem All- bzw. einem Existenzquantor, einer unter ihm stehenden Individuenvariable und einem ihm folgenden Aussagenausdruck (dem Quantorenbereich) gebildet ist, ist ein Aussagenausdruck.
4. Jeder Aussagenausdruck dieses Kalküls ist ein atomarer Ausdruck dieses Kalküls oder ist aus solchen Ausdrücken durch einfache oder mehrfache Verbindung mit Hilfe von

Funktoren des Aussagenkalküls bzw. durch Voranstellung von Individuenvariablen bindenden Quantoren gebildet [HERM76].

Die dritte Möglichkeit verlangt nicht, dass im Quantorenbereich eine freie Variable auftritt, die durch diesen Quantor gebunden wird. Sinnvolle Aussagenausdrücke des engeren Prädikatenkalküls sind demnach bspw. Ausdrücke wie $\underset{x}{\forall}\, p$, $\underset{x}{\exists}\, p$, $\underset{y}{\forall}\, A(y)$ usw. Ausdrücke dieser Art lassen wir zur Menge der sinnvollen Ausdrücke zu, weil im Aussagenkalkül Ausdrücke, die eine gegebene Variable nicht enthalten, bestimmten Ausdrücken äquivalent sind, die die gegebene Variable als freie Variable enthalten. Aus der sekundären Aussage: $p \longleftrightarrow p \wedge (q \vee \neg q)$ erhalten wir bspw. durch Einsetzen von „$A(x)$" für die Variable „q" das Theorem: $p \longleftrightarrow p \wedge (A(x) \vee \neg A(x))$. Aufgrund dieses Theorems und der Extensionalitätsregel für die Äquivalenz erhalten wir aus dem Ausdruck „$\underset{z}{\forall}\, p \wedge [(A(x) \vee \neg A(x))]$" den äquivalenten Ausdruck „$\underset{z}{\forall}\, p$". Würden wir also den Ausdruck „$\underset{z}{\forall}\, p$" aus der Klasse der sinnvollen Ausdrücke ausschließen, müssten wir annehmen, falls wir in sinnvollen Ausdrücken bestimmte ihrer Teile durch äquivalente Ausdrücke ersetzen, Ausdrücke erhalten zu können, die keine sinnvollen Ausdrücke sind.

Wir befassen uns mit Aussagesätzen, die entweder wahr oder falsch sind. Solche Sätze stellen die Existenz (*das Eintreten*) eines bestimmten Sachverhalts fest. Sie bestehen in ihrer elementaren Form aus einem aussagenbildenden Funktor von einem oder mehreren Namenargumenten (Prädikate der ersten Stufe). Namen generieren wir über namenbildende Funktoren von Namenargumenten (Attribute) und entsprechende Argumente: „Ein Gerät zur Stromerzeugung mittels Windkraft" wird zu „Windrad". Funktoren erhalten wir über funktorbildende Funktoren von Funktorargumenten (Adverbien) und entsprechende Argumente: „Wandeln (von elektrischer Energie zur Erzeugung eines Luftstroms zum Trocknen von Haaren)" wird zu „Föhnen".[3] Aussagenbildende Funktoren differenzieren wir nach den folgenden Klassen:

$A, A(x)$	Zustandsverb (haben, sein, finite Verbformen)
$B, B(x, y)$	Transformationsverb (wandeln, speichern, transportieren)
$C, C(x, y, z)$	Translationsverb (bringen, holen)

[3] In diesem namenorientierten Denken wird – vergleichbar dem objektorientierten Ansatz in der Informatik – vom Namen ausgegangen und diesem über Funktoren alles Mögliche angeheftet (siehe Abschn. 1.1.4). In der Informatik ist ein Objekt eine Einheit, die durch einen Bezeichner benannt werden kann. Insbesondere bei den objektorientierten Programmiersprachen ist ein Objekt eine Informationsstruktur, die Daten zusammenfasst (Datentypen und -strukturen), die einen Zustand besitzt und für die definiert ist, wie sie auf bestimmte Nachrichten (Messages) mittels vorgesehener Methoden zu reagieren hat. Durch den Empfang von Nachrichten können Objekte ihren Zustand verändern oder Informationen über ihren Zustand an den Sender zurückgeben [GABL97].

Wir zielen mit diesen Aussagen auf die Technik ab. Deshalb bezeichnen die Namen insbesondere Sachen/technische Gegenstände und die aussagenbildenden Funktoren technische Vorgänge in einem bestimmten Raum zu einer bestimmten Zeit.[4]

[4] Wir verweisen hier auf den Physikalismus, eine These, die von der Reduzierbarkeit beliebiger wissenschaftlicher Begriffe auf Begriffe der *physikalischen* Sprache bzw. der Übersetzbarkeit beliebiger wissenschaftlicher Aussagen in Aussagen der *physikalistischen Einheitssprache* ausgeht (siehe bspw. [CARN31, CARN34, CARN59, CARN60, GESC09]). Mit den Thesen vom atomaren Charakter des sinnlichen Erkenntnismaterials und der Isomorphie zwischen Protokoll- und Einheitssprache, mit dem positivistischen Verifikationsprinzip und bestimmten Elementen des Behaviorismus sowie des Mechanizismus verbunden, wurde der Physikalismus zu einem geschlossenen theoretischen System ausgearbeitet. Im Einzelnen vertritt der Physikalismus folgende Thesen:

1. Die Forschungsobjekte aller Einzelwissenschaften – Mathematik und Logik ausgenommen – sind qualitativ von gleicher Art und nach einer Methode erkennbar: Es handelt sich immer um beobachtbare Sachverhalte bzw. Vorgänge im Raum-Zeit-Kontinuum.
2. Die einzelnen Sachverhalte sind als diskrete Empfindungen unmittelbar gegeben und werden in Protokollsätzen [GESC09] ausgedrückt. Protokollsätze sind in der Protokollsprache formuliert. Jedes erkennbare Subjekt benutzt eine eigene Protokollsprache.
3. Aus Protokollsätzen werden wissenschaftliche Sätze abgeleitet, die in einer der Systemsprachen (einzelwissenschaftliche Fachsprachen) formuliert sind. Umgekehrt lassen sich aus hinreichenden Mengen wissenschaftlicher Sätze nach den Ableitungsregeln der betreffenden Systemsprache unter Mitverwendung von Gesetzesaussagen Protokollsätze ableiten. Kommen die abgeleiteten Protokollsätze in einem ursprünglichen Protokoll vor, so gelten die wissenschaftlichen Sätze als verifiziert.
4. Die natürliche Einheit der Wissenschaft ist aufgrund von 1. gesichert. Die Tatsache, dass jede Einzelwissenschaft eine spezielle Systemsprache benutzt, hat jedoch zu einer künstlichen Aufsplitterung mit allen daraus entstehenden Nachteilen für den Wissenschaftsbetrieb geführt.
5. Unter allen Systemsprachen nimmt die zur physikalistischen Einheitssprache erweiterte Fachsprache der Physik eine Vorzugsstellung ein: Sie ist intersubjektiv und universal. Ihre Universalität gründet sich auf folgende Tatsachen: a) Es besteht Isomorphie zwischen Protokoll- und physikalischer Sprache; b) jeder einzelwissenschaftliche Begriff lässt sich auf Begriffe der *physikalischen Sprache* reduzieren, jeder in einer einzelwissenschaftlichen Systemsprache formulierte Satz ist in Sätze der physikalistischen Einheitssprache übersetzbar.
6. Die wissenschaftlichen Sätze, in physikalistische Sätze umformuliert, sind der Verifikation zugänglich. Sie bilden in ihre Gesamtheit das System der „weltanschaulich neutralen" Einheitswissenschaft, in dem jegliche Trennlinien und Unterschiede zwischen den verschiedenen „Fachbereichen" aufgehoben sind. Aussagen, Hypothesen, Theorien usw., die sich nicht in das System der Einheitssprache bzw. -wissenschaft eingliedern lassen, sind entweder falsch oder sinnlos.

Dieser Ansatz wird heute in dieser Absolutheit nicht mehr weiterverfolgt.

Beispiel 1.83

Aussagenausdrücke des engeren Prädikatenkalküls[5]

- Atomare Ausdrücke $A(x), B(x), P(x, y), P(x_1, \ldots, x_n)$
  Maschine x ist ein Windrad. Mitarbeiter x ist ein Facharbeiter. Maschine x verwendet ein Planetengetriebe. Werker x bringt Werker z ein Bauteil y.
- Negation, Konjunktion, Disjunktion, Implikation, Äquivalenz atomarer Ausdrücke
  $\neg A(x), A(x) \wedge B(y), P_1(x', y') \vee P_2(x'', y'')$
  Es gilt nicht (Maschine x ist ein Windrad). Mitarbeiter x ist ein Elektromechaniker und Maschine y ist ein Windrad. Bauteil x verwendet Bauteil y oder Bauteil y verwendet Bauteil x. Bauteil x verwendet Bauteil y oder Bauteil y verwendet Bauteil x $\longleftrightarrow$ es gilt nicht (Es gilt nicht: Bauteil x verwendet Bauteil y und es gilt nicht: Bauteil y verwendet Bauteil x).
- Allquantor/Individuenvariable
  $\underset{x}{\forall}$ (x ist ein Windrad) $\longrightarrow$ alle x sind Windräder
- Existenzquantor/Individuenvariable
  $\underset{x}{\exists}$ (x ist ein Windrad) $\longrightarrow$ es gibt mindestens ein Windrad
- Zusammengesetzte Ausdrücke
  $\underset{x}{\forall}\,\underset{y}{\forall}$ (Bauteil x verwendet Bauteil y) $\vee$ (Bauteil y verwendet Bauteil x)
  $\underset{x}{\forall}\,\underset{y}{\forall}$ (Maschine x ist ein Windrad) $\wedge$ (Maschine y ist ein Windrad) ◀

Wir erweitern die Menge der Aussagenausdrücke des engeren Prädikatenkalküls, indem wir Quantoren mit begrenztem Bereich einführen. Diese Quantoren sind Operatoren mit zwei Argumenten (aussagenbildende Operatoren von zwei Aussagenargumenten). Zusammen mit zwei Aussagenausdrücken bilden sie einen zusammengesetzten Aussagenausdruck:

- Das Symbol „$\forall$“ im Ausdruck $\underset{A(x)}{\forall} B(x)$, der dem Ausdruck $\underset{x}{\forall} [A(x) \longrightarrow B(x)]$ äquivalent ist, heißt *Allquantor mit begrenztem Bereich.*
- Das Symbol „$\exists$“ im Ausdruck $\underset{A(x)}{\exists} B(x)$, der dem Ausdruck $\underset{x}{\exists} [A(x) \wedge B(x)]$ äquivalent ist, heißt *Existenzquantor mit begrenztem Bereich* [ESSL69].

Demnach definieren wir die Quantoren mit begrenztem Bereich mit Hilfe der üblichen Quantoren und der Funktoren des Aussagenkalküls. Wenn ein Aussagenausdruck, der unter dem Zeichen eines Quantors mit begrenztem Bereich auftritt, nur eine freie Variable

[5] Es soll hier keine (neue oder zusätzliche) technische Sprache angedeutet oder eingeführt werden. Was aber deutlich gemacht werden soll, ist der systematische Rahmen, welchen die formale Logik bietet, um Aussagen über Technik/technische Sachverhalte zu Modellen zusammenzuführen. Wir verweisen bspw. auf [LADE08, KÖST06, LEPR06, RYCH05].

enthält, dann nehmen wir an, dass dieser Quantor gerade diese freie Variable bindet. Außerdem nehmen wir an, dass der Quantor mit begrenztem Bereich in einem unter diesem Quantor auftretenden Ausdruck die erste freie Namenvariable von links bindet. Wenn wir Quantoren mit begrenztem Bereich einführen, zählen wir zu den Aussagenausdrücken des engeren Quantorenkalküls Ausdrücke, die aus zwei Aussagenausdrücken dieses Kalküls mit Hilfe solcher Quantoren gebildet wurden. Wenn in einem Ausdruck, der sich unter dem Zeichen eines Quantors mit begrenztem Bereich befindet, keine freie Variable vorkommt, nehmen wir an, dass dieser Quantor eine beliebig festlegbare Variable – z. B. die Variable „x“ – bindet.

Wir fassen die Lesarten für die Ausdrücke, in denen übliche Quantoren oder Quantoren mit begrenztem Bereich enthalten sind, zusammen. Wir lesen den Ausdruck

- $\underset{x}{\forall} A(x)$: „für jedes x, $A(x)$“ oder „jedes x hat die Eigenschaft A“.
- $\underset{x}{\exists} A(x)$: „es gibt ein solches x, dass $A(x)$“ oder „für mindestens ein x, $A(x)$“ oder auch „es gibt ein x, das die Eigenschaft A besitzt“.
- $\underset{A(x)}{\forall} B(x)$: „jedes x, das die Eigenschaft A hat, hat die Eigenschaft B“.
- $\underset{A(x)}{\exists} B(x)$: „es gibt ein solches x mit der Eigenschaft A, das die Eigenschaft B hat“ oder „mindestens ein x mit der Eigenschaft A hat die Eigenschaft B“.

Beispiel 1.84

Quantoren mit begrenztem Bereich

$\underset{A(x)}{\forall} B(x)$ Für alle x gilt: Wenn x hat Eigenschaft (Windrad), dann x hat Eigenschaft (Hersteller Windkraftwerke)
Umgangssprache: Alle Windräder sind von den Windkraftwerken.

$\underset{A(x)}{\exists} B(x)$ Es existiert ein x, für das gilt: x hat die Eigenschaft (Windrad) und x hat die Eigenschaft (Hersteller Windkraftwerke)
Umgangssprache: Mindestens ein Windrad ist von den Windkraftwerken. ◀

Beispiel 1.85

Bestellen eines Lkw

In diesem Fall ist es nicht sinnvoll, in einer Enumeration alle möglichen Lkw aufzulisten und dann den Kunden auswählen zu lassen. Dies gilt grundsätzlich dann, wenn eine Menge nicht endlich ist; dann ist es unmöglich, die Symbole für alle Elemente der Menge tatsächlich niederzuschreiben. In diesem Fall geben wir nicht die Elemente selbst, sondern Eigenschaften an, die diese eindeutig charakterisieren: Der Besteller eines Lkw kreuzt in einer Tabelle die gewünschten Eigenschaften A an.

$A(x)$ Der Lkw von Julius Windmüller hat die Eigenschaft (Anhängerkupplung)
$B(x)$ Der Lkw von Julius Windmüller hat die Eigenschaft (Elektrikanschluss)

Das Merkmal (Elektrikanschluss) ist hier die Folge des Merkmals (Anhängerkupplung) und wird daher nicht angekreuzt. ◀

Prädikate 1. Ordnung: Atomare Ausdrücke
Die atomaren Ausdrücke des Prädikatenkalküls der ersten Stufe sind Aussagenvariablen bzw. Ausdrücke, die aus einer Variable, die Prädikate der ersten Stufe repräsentiert, und ihren Argumenten bestehen.

Prädikate von einem Argument Wir betrachten ein Individuum x und wollen darüber eine Aussage machen,

- ohne auf einen inneren Aufbau einzugehen, also ohne seine Untersysteme, Bestandteile, usw. und deren Zusammenwirken zu betrachten;
- ohne auf den Austausch mit der Umwelt einzugehen,

also ohne dass wir auf einen gleich- oder untergeordneten Gegenstand/Sachverhalt in einem Akkusativ- oder Dativobjekt referenzieren. Dann betrachten wir in unserer Aussage nur die „Black Box" mit ihren Eigenschaften, ohne

- das Windrad über seine Bestandteile,
- den Hebel über Hebelarm und Drehpunkt,
- den Föhn über seine Stückliste,
- ein Lager über die ein- und ausgehenden Teile und deren Lieferanten/Abnehmer

zu beschreiben. Wenn wir also nicht auf derselben Ebene und auf untergeordneten (Diskurs-)Ebenen auf andere Namen zeigen können, dann bleibt nur noch übrig: Wir zeigen in der Hierarchie nach oben – „gehört zu" (siehe Abschn. 1.3, Definitionen). Individuen werden so als Gesamtheit Universalien, also bestimmten Klassen, nämlich Eigenschaften, die auch anderen Gegenständen zukommen, zugeordnet; das Prädikat ist ein allgemeiner Term, ein Begriff, und bezeichnet eine Eigenschaft.[6] Diese Transformation

[6] Siehe auch Abschn. 1.1.3, Namen. Prädikate bezeichnen *Begriffe*, also bestimmte Vorstellungen unseres Geistes; sie bilden die Grundlage jeden Denkens: *„Alle unsere Begriffe sind demnach Merkmale und alles Denken ist nichts anderes als ein Vorstellen durch Merkmale"* [KANT83]. Wir unterscheiden zwischen der *Intension* (Inhalt) und der *Extension* (Umfang) eines Begriffs. Den Inhalt eines Begriffs geben wir über Merkmale an. Die Gesamtheit aller Merkmale, die dem Begriff zukommen, heißt *Begriffsinhalt (Intension)*. Unter dem *Umfang (Extension)* eines Begriffs verstehen wir die Gesamtheit aller Einzeldinge, die sämtliche Merkmale des Begriffs besitzen. Zwei Begriffe heißen umfangsgleich oder *äquipollent*, wenn ihre Extensionen identisch sind. Je nachdem, wie viele Gegenstände der Extensionsbereich enthält, unterscheiden wir leere Begriffe, Individualbegriffe und Allgemeinbegriffe (Gattungen, Arten).

vom Speziellen zum Allgemeinen vollzieht sich auch dann, wenn wir Aussagen wie „Julius arbeitet", wo „arbeitet" lediglich auf Julius Windmüller und niemanden sonst abzielt, in „Julius Windmüller ist ein Arbeiter" oder „Julius Windmüller ist einer, der arbeitet" wandeln[7], um für die weiteren Betrachtungen eine gewisse Einheitlichkeit zu erhalten.

Aussageformen wie $A(x)$ adressieren demnach einen aussagenbildenden Funktor, der ein Individuum mit einer bestimmten, mit einem allgemeinen Namen benannten Eigen-

[7] Subjekte können in Prädikate umgewandelt, Dinge als Eigenschaften beschrieben werden. Zum Beispiel tritt der Begriff Mensch, der in dem Satz „Der Mensch ist sterblich" als Subjekt verwendet wird, in anderen Sätzen auch als Prädikat auf: „Julius Windmüller ist ein Mensch". Genauso können wir umgekehrt Prädikate in Subjekte überführen. Solche abstrahierenden Sprechweisen verwenden wir bspw., wenn wir vom „Wahren, Guten und Schönen" sprechen. In der platonischen Ideenlehre wird solchen Universalien eine eigenständige Existenz zugesprochen. Hier gilt: Wenn wir Prädikate in Subjekte umwandeln, dann erhalten wir stets generelle (Universalien), aber nie singuläre Terme (Einzeldinge).

- Singuläre Terme bezeichnen räumlich und zeitlich lokalisierbare Objekte der realen Welt, während generelle Terme in kein Raum-Zeit-Schema passen. Universalien „leben" nicht in dieser Welt.
- Singuläre Terme repräsentieren Einzeldinge (Individuen, die in Raum und Zeit existieren): „Dies ist ein …".
- Einzeldinge sind sinnlich erfahrbar. Dagegen können wir Universalien nur denkend mit dem Verstand erfassen.

In diesem Zusammenhang stellt sich die Frage, ob jedes Subjekt in ein Prädikat umgewandelt werden kann oder ob es Subjekte gibt, die niemals prädikativ gebraucht werden. Diese Frage beantwortet Aristoteles mit einem ja. Er spricht von Substanz als demjenigen, vom dem alles andere ausgesagt wird, das selbst aber nicht wieder von etwas anderem ausgesagt wird. Substanz ist das, was immer nur Subjekt und niemals Prädikat ist. Substanz ist das Wesen der Dinge, das Beharrende in der Veränderung. Die Prädikate dagegen bezeichnen nur kontingente, akzidentielle Eigenschaften der zugrundeliegenden Substanz. Heute wird die obige Frage eher mit nein beantwortet: Jedes Ding, jeder Gegenstand ist durch die Aufzählung all seiner Eigenschaften bereits vollständig bestimmt. Es gibt nichts Substantielles und keine „realen" Dinge hinter den Erscheinungen. Wir nehmen nur Eigenschaften wahr. Dann sind zwei Dinge genau dann identisch, wenn sie die gleichen Prädikate besitzen und sich durch kein Merkmal unterscheiden (Indiszernibilienprinzip von Leibniz). In der Technik müssen wir uns möglicherweise gar nicht für die eine oder die andere Sichtweise entscheiden: In der einen Situation sagen wir: Es gibt Klassen. Dann ist das die auf der technischen Zeichnung oder in einer Norm definierte Flachkopfschraube, die in der Realität ganz genau so natürlich nicht existiert. In der anderen Situation betrachten wir nur Individuen, bspw. die Kotflügel, die wir auf dem Schrottplatz für unseren alten Golf mit „Als Ersatzteil verwendbar" charakterisiert haben. Und schon haben wir wieder eine Klasse definiert, deren Elemente wir von allen anderen Kotflügeln auf dem Schrottplatz abgrenzen können. Ob ein Hammer deswegen eine Substanz hat, weil wir keinen Nagel in die Wand hämmern, sondern schlagen, ist möglicherweise nur der deutschen Sprache geschuldet, unser Puls hämmert nämlich sehr wohl. Und wenn wir festlegen wollen, wo ein Hammer aufhört und ein Beil anfängt, dann brauchen wir sicher einzelne Merkmale. Trotzdem ist es sehr praktisch, von einem Hammer zu reden, wenn die Dinge klar sind, also mit Muskelkraft ein bestimmter Impuls aufgebracht und einem Nagel zugeführt werden muss. Das geht auch mit einem Beil.

schaft – bspw. „Julius Windmüller ist kräftig" – verknüpft[8]: Gegeben sei ein Name. Ausgehend von diesem Namen müssen wir über den Funktor zu einer Aussage kommen; wir bilden mit einem Namenargument eine Aussage. Der Name steht dann im Nominativ (siehe Abschn. 1.1.2, Satz):

- (Das Getriebe) lärmt.
- (Das Windrad) steht. (= produziert keinen Strom).
- (Rotor 4711) ist rot.
- (Julius Windmüller) ist krank.

Attribut $E(x)$: E spricht bspw. die Eigenschaft „Farbe rot" und x ein bestimmtes Individuum, bspw. ein bestimmtes Windrad, an. Damit überführt der Funktor ein Namenargument in eine(n) Aussage(satz).

Den Verweis auf übergeordnete Klassen (siehe Abschn. 1.3, Definitionen) können wir auf vier Arten leisten[9]:

[8] Siehe Abschn. 1.1.4, Sprachausdrücke, Logik, Schlüsse, Abschnitt Namen, Aussagenbildender Funktor von einem Namenargument.

[9] In Abschn. 1.4, Aussagenlogik stehen in jedem logischen Schema über dem Strich die Annahmen, also die Prämissen. Und darunter steht der Schluss, also eine Aussage, dass etwas „so oder so" ist, also ein Sachverhalt gilt bzw. bestimmte Eigenschaften vorliegen: Wenn das Rindfleisch in der Brühe mindestens 1 kg wiegt, dann gibt es eine gute Suppe. Das Rindfleisch wiegt mehr als 1 kg. Wir erhalten eine gute Suppe.

- Wenn wir hier gezielt das Attribut abfragen, steht da zwangsläufig „ist" oder „hat":
  Die Suppe ist gut.
  oder
  Der Kontakt ist defekt oder die Glühbirne ist durchgebrannt. Die Glühbirne ist nicht durchgebrannt. Der Kontakt ist defekt.

Es gelten hier folgende Sachverhalte:

- Das „durchgebrannt" ist ein Nomen, das zusammen mit dem Funktor „ist" und dem Nomen „Glühbirne" eine Aussage bildet.
- Wir könnten genauso sagen (das wäre natürlich ein anderer Sachverhalt): „Die Glühbirne brennt durch". Dann haben wir aber das „ist" eliminiert.
- „Defekt" als Attribut müssen wir ja nur als Partizip Perfekt begreifen (wollen): „Ist defekt geworden und ist es jetzt immer noch".
- Dasselbe gilt für das zweifellos als Adjektiv zu wertende Wort „gut". Die Eigenschaft „gut" werten wir einfach als „Das Gutwerden ist abgeschlossen worden". Die Suppe ist jetzt „gut" geworden.

Also ist das wie so häufig in den Beispielen nur die Folge davon, wie wir unsere Annahmen und Fragestellungen formulieren. Wenn wir bspw. sagen „Heute ist Dienstag ...", dann muss „ist" rauskommen. Oder der Satz aus [BORK76]: „Wenn während der Blütezeit eines Baumes Frost ist". Wir tilgen das „ist" durch entsprechende Prämissenformulierung: Wenn Julius singt, wird die Milch sauer. Julius singt. Die Milch wird sauer. Hier haben wir ein Hilfsverb gegen ein anderes getauscht. Wenn die Prämissen aber nur Vollverben enthalten, dann hat auch die Conclusio Vollverben:

Wenn Julius singt, weinen die Vögel. Wenn die Vögel weinen, freut sich die Katze.
Wenn Julius singt, freut sich die Katze. Julius singt. Die Katze freut sich.

(1) Wir benennen diese Klasse über die finite Form eines (Zustands-Voll-)Verbs, bspw. glühen, laufen, arbeiten.[10]
(2) Wir benennen diese Klasse über „ist“ als finite Form von „sein“[11] und ein Adjektiv, bspw. voll, leer, rund, schwer.[12] Die spannende Aussage ist bei [BORK76, S. 16], versteckt: „*Solche Funktoren sind auch* ‚<‘, ‚=‘, ‚:‘“ (Schwungmasse Rotor 1) ist größer als (Schwungmasse Rotor 2), (Leistung Windrad Pustetreu) > (Leistung Windrad Wolkenquirl). Das heißt dann: Ein Komparativ(satz) hat zwei (gleichberechtigte) Nominative, auf jeden Fall kein Akkusativ-Objekt. In „Hans ist größer als Maria“ ist „größer als Maria“ das Attribut.
(3) Wir benennen diese Klasse über „ist“ und ein Partizip, bspw. getaktet, blockiert, gehärtet.
(4) Wir benennen diese Klasse über „ist“ und ein Substantiv, bspw. Unternehmer.[13]

Prädikate von zwei Argumenten Mit Aussageformen von der Art $P(x, y)$ bezeichnen wir aussagenbildende Funktoren, die als Prädikate 1. Stufe von zwei Argumenten die zwischen zwei Namen bestehenden Relationen (Beziehungen) denotieren[14]. Die Relation, die uns hier interessiert, ist die „Technik“. Unter „Technik“ verstehen wir: Wir stellen Sachen (siehe Abschn. 2.2.3) als Faktoren bereit/setzen Sachen als Arbeitsmittel ein (siehe Abschn. 4.2.6).

Prädikate von zwei Argumenten führen uns im Zusammenhang mit der Technik zu einem (handelnden) Subjekt sowie im Akkusativ stehenden Produkten und Faktoren (bspw. „Die Windkraftwerke setzen elektromechanische Komponenten und technische Hilfsmit-

[10] Ein *Hilfsverb* ist ein Verb, das zur Bildung der zusammengesetzten Formen eines Verbs dient [DMSW96]. Laut [DMSW96] sind das in der deutschen Sprache haben, sein, werden. In der von der Definition angesprochenen ursprünglichen Bedeutung verwenden wir Hilfsverben, um Sachverhalte in der Zeit zu verorten: „Haben“ und „sein“ verwenden wir für Perfekt und Plusquamperfekt, „werden“ zur Bildung des Futurs. Ein *Vollverb* ist ein Verb, das in einem Satz alleine das Prädikat bilden kann.

[11] Als Bedeutung von „sein“ wird in [DMSW96] angegeben:
- *sich in einem bestimmten Zustand, einer Lage befinden* (Adjektiv, Partizip): „Das Lager ist leer“.
- *drückt in Verbindung mit einem Gleichsetzungsnominativ die Identität, eine Klassifizierung oder eine Zuordnung aus* (Substantiv). Dies ist insbesondere bei der Zuordnung zu einer Menge bzw. einer Klasse der Fall: „Das vorliegende Teil ist eine Kurbelwelle 4711“.

[12] Wenn wir ein Individuum über Attribute beschreiben, dann stellt sich die Frage, ob wir das Individuum über die Eigenschaften zur Klasse, also zum Prädikat machen können. Wenn wir endlich viele Attribute/Eigenschaften verwenden, dann ist diese Frage auf jeden Fall zu bejahen: Das gilt für alle Äquivalenzklassen! Also: Alles, was dieselben Eigenschaften, dieselben „Werte“ wie x hat, gehört zur Äquivalenzklasse $[x]$ (siehe Abschn. 1.7, Relationen).

[13] Im einen Fall benennen wir eine Klasse über die Menge der konstituierenden Eigenschaften, im anderen Fall direkt über eine Identifikation. Dabei ist offensichtlich, dass die klassifizierende Eigenschaft ihrerseits mit einem (identifizierenden) Eigennamen versehen werden muss.

[14] Aussagenbildender Funktor von zwei Namenargumenten: Wir verbinden Nominativ und Akkusativ.

tel ein, um Windräder zu produzieren und zu warten"): Wir verbinden zwei Namenargumente über einen Funktor zu einer Aussage/zu einem Aussagesatz wie bspw. „(Julius Windmüller) besitzt (ein Windrad)" oder „(Schweißroboter Zisch) schweißt (Getriebegondeln)". Jedes Vollverb, das wir dabei verwenden, um Aussagen über eine Technik/über einen Technikbereich zu treffen, muss sich über eine Menge von funktorbildenden Funktoren, die für den betrachteten Technikbereich gültig sind (siehe „Extensionalität") aus dem originären Vollverb „arbeiten" ableiten und definieren lassen. Und damit kann es in einer detaillierteren, inhaltsreicheren Form als aussagenbildender Funktor verwendet werden:

- Wir setzen Arbeitsmittel ein und bringen Produkte hervor.
- Die Windkraftwerke stellen ein Windrad her.
- Ernst Maier bohrt am Dienstag in Halle 3 mit einer Bohrmaschine ein Sackloch in einen Winkel.
- Wir montieren ein Hochleistungs-Windrad $\wedge$ verbauen dazu die Produktionsfaktoren Rotor und Getriebe.

Prädikate von drei Argumenten Prädikate von einem Argument klassifizieren einen Gegenstand, treffen also Aussagen zu einem Gegenstand, während Prädikate von zwei Argumenten die Stellung dieser Gegenstände zueinander, insbesondere in einer Transformation unter Beibehaltung nur eines Subjekts, behandeln. Prädikate von drei Argumenten[15] betrachten jetzt den Übergang eines Gegenstands von einem Subjekt zum anderen: „Die Windkraftwerke liefern dem einmillionsten Kunden ein goldenes Windrad" sagt aus, dass nach diesem Ereignis die Windkraftwerke dieses Windrad nicht mehr „haben". Dasselbe gilt fur „Die Windkraftwerke nehmen dem Lieferanten Planetarius 100 Getriebe ab". Also sind hier Übergänge in einem Energie-, Informations- und Materialfluss zu betrachten – wir nehmen „den Dativ beim Wort".[16]

Prädikate höherer Ordnung *Prädikate der zweiten Stufe* sind aussagenbildende Funktoren von Argumenten, die zur syntaktischen Kategorie der Individuennamen bzw. der Prädikate der ersten Stufe gehören. Dabei ist mindestens eines der Argumente der letzteren Kategorie zuzuordnen. Ein Beispiel für ein Prädikat zweiter Stufe ist das Prädikat *exkl*, das wir durch die Definition: $exkl(A, B) \longleftrightarrow \neg\exists[A(x) \wedge B(x)]$ einführen. Wir lesen den Ausdruck $exkl(A, B)$: „A und B schließen sich aus". Das Prädikat *exkl* denotiert die Relation des Ausschließens von Merkmalen, die zwischen zwei Merkmalen dann und nur dann besteht, wenn es keinen Gegenstand gibt, der diese beiden Merkmale gleichzeitig besitzt. Ähnlich denotiert z. B. das Prädikat *sym*, das wir durch die Definition:

[15] Aussagenbildender Funktor von drei Namenargumenten: Wir verbinden Nominativ und Akkusativ mit einem Dativ.

[16] Wir nehmen als Beispiel: Julius Windmüller verkauft der Stadt Olsberg ein Windrad. Dann ist „verkaufen" ein Funktor mit den syntaktischen Kategorien Nominativ, Akkusativ und Dativ – und dafür können wir beliebige Namen einsetzen.

$sym(R) \longleftrightarrow \underset{x}{\forall}\underset{y}{\forall} xRy \longrightarrow yRx$ einführen, ein bestimmtes Merkmal einer zweigliedrigen Relation. Dieses Merkmal heißt die Symmetrie einer solchen Relation.

Ein *Prädikat der n-ten Stufe* ist ein aussagenbildender Funktor von Argumenten, die zur syntaktischen Kategorie der Prädikate der Stufe $n-1$ und niedriger bzw. im Falle $n=1$ zur syntaktischen Kategorie der Individuennamen gehören. Beispielsweise ist ein Prädikat der dritten Stufe ein aussagenbildender Funktor von Argumenten, die zur syntaktischen Kategorie der Individuennamen bzw. der Prädikate der ersten oder zweiten Stufe gehören. Dabei ist mindestens eines dieser Argumente ein Prädikat der zweiten Stufe. Die atomaren Ausdrücke des Prädikatenkalküls n-ter Stufe sind Aussagenvariablen oder sind Variablen, die die Prädikate der Stufen 1 bis n und ihre Argumente repräsentieren. Im Prädikatenkalkül n-ter Stufe treten Prädikate der Stufen 1 bis n auf; die Quantoren binden in ihm Individuenvariablen und Variablen, die Prädikate niedrigerer Stufe als n (d. h. der Stufen von 1 bis $n-1$) repräsentieren.

Prädikatenkalküle einer höheren Stufe können wir nach der Annahme- oder nach der axiomatischen Methode aufbauen. Bei beiden Herangehensweisen formulieren wir für die Quantoren, die Variablen einer gegebenen syntaktischen Kategorie binden, die Regeln oder die Axiome und die Regeln genauso wie die, die wir im engeren Prädikatenkalkül für Individuenvariablen bindende Quantoren angenommen haben.

Wenn wir uns bei einem Prädikatenkalkül n-ter Stufe für die Annahmemethode entscheiden, dann nehmen wir für die Quantoren die Regeln $B\forall$, $E\forall$, $B\exists$ und $E\exists$ an, die wir so verstehen, dass die durch diese Quantoren gebundenen Variablen Individuenvariablen oder Prädikatenvariablen der Stufen von 1 bis $n-1$, also niedrigerer Stufen als n sind. Alle derartigen Variablen treten entsprechend als Indizes bei den nach dem zweiten Schema der Regel $B\exists$ eingeführten Konstanten auf.

Wenn wir axiomatisch vorgehen und die Einsetzungsregel für Ausdrücke formulieren, die aus einer Prädikatenvariable und ihren Argumenten bestehen, dann dürfen wir eine solche Einsetzung nur an den Stellen vornehmen, an denen die gegebene Prädikatenvariable nicht gebunden ist, und nur unter dem Vorbehalt, dass in dem Ausdruck, in den wir einsetzen, dieses Prädikat nicht in Form einer freien Variable und ohne Argumente (d. h. als Argument irgendeines Prädikats höherer Stufe oder des Identitätszeichens) auftritt.

Im Prädikatenkalkül zweiter Stufe können wir das Identitätszeichen von Individuenargumenten wie folgt definieren: $x = y \longleftrightarrow \underset{A}{\forall}[A(x) \longleftrightarrow A(y)]$.

Nach dieser Definition ist x mit y dann und nur dann identisch, wenn jede Eigenschaft von x auch Eigenschaft von y ist und umgekehrt. Analog können wir im Prädikatenkalkül n-ter Stufe das Identitätszeichen von Argumenten, die Prädikate der Stufen von 1 bis $n-2$ sind, definieren. Dagegen ist es nicht möglich, in einem solchen Kalkül auf diese Weise ein Identitätszeichen von Argumenten, die Prädikate der Stufe $n-1$ oder der Stufe n sind, zu definieren, weil wir sonst in der Definition einen Quantor verwenden müssten, der eine Prädikatenvariable der Stufe n oder $n+1$ bindet; das führt aber schon über den Rahmen des Prädikatenkalküls n-ter Stufe hinaus. Also können wir im Prädikatenkalkül der zweiten Stufe auf diese Weise kein Identitätszeichen von Argumenten, die Prädikate der ersten Stufe sind, definieren. In diesem System müssen wir dieses Zeichen ähnlich wie das Identitätszeichen im engeren Prädikatenkalkül einführen. Anzunehmen ist dann das Axiom: $A = A$ und eine entsprechend formulierte Extensionalitätsregel für die Identität.

Im Prädikatenkalkül n-ter Stufe können wir deskriptive Operatoren und Epsilonoperatoren höherer Stufe einführen. Ein mit Hilfe eines solchen Operators gebildeter Ausdruck gehört zu derjenigen syntaktischen Kategorie, der die durch diesen Operator gebundene Variable angehört.

Neben Regeln bzw. Axiomen und Regeln für Quantoren müssen wir im Prädikatenkalkül n-ter Stufe $(n > 1)$ das Extensionalitätsaxiom und das Definitionsaxiom annehmen.

Das *Extensionalitätsaxiom* hat für Prädikate der ersten Stufe die Form: $\underset{x}{\forall}[A(x) \longleftrightarrow B(x)] \longrightarrow A = B$; $\underset{x_1,\ldots,x_n}{\forall}[P(x_1,\ldots,x_n) \longleftrightarrow R(x_1,\ldots,x_n)] \longrightarrow P = R.$

Wenn wir den Ausdruck $A(x)$ lesen: „x hat die Eigenschaft A“, dann lesen wir das erste dieser Axiome als eine Aussage, die feststellt, dass die den gleichen Gegenständen zukommenden Merkmale identisch sind. Den Ausdruck $A(x)$ lesen wir dann auch als: „x ist Element der Menge A“. Mit dieser Interpretation stellt das erste der Extensionalitätsaxiome fest, dass Mengen, die aus denselben Elementen bestehen, identisch sind. Das zweite Extensionalitätsaxiom lesen wir als eine Aussage, die feststellt, dass Relationen, die zwischen gleichen Gegenständen bestehen, identisch sind.

Mit dem *Definitionsaxiom* stellen wir fest, dass Theoreme des Systems alle Ausdrücke der folgenden Form sind: $\underset{A}{\exists}\underset{x}{\forall}[A(x) \longleftrightarrow E(x)]$; $\underset{P}{\exists}\underset{x_1,\ldots,x_n}{\forall}[P(x_1,\ldots,x_n) \longleftrightarrow E(x_1,\ldots,x_n)]$, in denen $E(x)$ eine Aussageform mit einer freien Variable x, $E(x_1,\ldots,x_n)$ aber eine Aussageform mit n freien Variablen $x_1,\ldots,x_n$ ist (siehe Abschn. 1.3). Anstelle dieses Axioms können wir eine Regel verwenden, mit der wir Definitionen folgender Form in das System einführen können: $A_i(x) \longleftrightarrow E(x)$; $P_i(x_1,\ldots,x_n) \longleftrightarrow E(x_1,\ldots,x_n)$.

In diesen Definitionen sind A_i und P_i Prädikatenkonstanten.

Wenn wir die zweite der oben genannten Interpretationen des Ausdrucks $A(x)$ annehmen, dann können wir das erste der Definitionsaxiome als die Feststellung lesen, dass es für jede Aussageform mit einer freien Variable eine Menge gibt, die aus den und nur den Gegenständen besteht, die diese Aussageform erfüllen. In der analogen Interpretation des zweiten Axioms sprechen wir dann anstatt von einer Menge von einer Relation.

Für Prädikate höherer Stufen formulieren wir die genannten Axiome analog.

1.5.2 Primäre Annahmeregeln für Quantoren

Wir gelangen zum klassischen Prädikatenkalkül, wenn wir mit Hilfe von Quantoren formulierte Axiome oder Regeln, die Quantoren betreffen, in den klassischen Aussagenkalkül einführen. Um ein Annahmesystem des engeren Prädikatenkalküls zu erhalten, nehmen wir hier zweckmäßigerweise die primären Regeln des Annahmesystems des Aussagenkalküls in entsprechend erweiterter Interpretation an und ergänzen sie durch primäre Regeln für Quantoren. In dieser erweiterten Interpretation verstehen wir den in der Formulierung dieser Regeln auftretenden Terminus „(Aussagen-)Ausdruck“ jetzt als einen Terminus, der einen beliebigen Aussagenausdruck des engeren Prädikatenkalküls bezeichnet. Demnach wird die gleiche Interpretation auf die sekundären Regeln des Aussagenkalküls und die Theoreme des Prädikatenkalküls übertragen, in denen wir jetzt für die Aussagenvariablen beliebige Ausdrücke des engeren Prädikatenkalküls einsetzen.

Die zusätzlichen primären Regeln für Quantoren, um die wir die so verstandenen primären Regeln des Annahmesystems ergänzen, sind die Einführungs- und die Beseitigungsregel von All- und Existenzquantor. Vorab haben wir den Begriff des Einsetzens für einen Ausdruck des Quantorenkalküls zu bestimmen. Diesen Begriff wollen wir so verstehen, dass ein Einsetzen in einen wahren Ausdruck wieder einen wahren Ausdruck ergibt. Damit diese Bedingung auch dann, wenn Quantoren auftreten, erfüllt ist, sind beim Einsetzen bestimmte Regeln einzuhalten. Der Ausdruck „$\underset{y}{\exists}\ y$ ist verschieden von x“, in dem die Variablen eine aus mindestens zwei Elementen bestehende Menge durchlaufen, z. B. die Menge der gegenwärtig lebenden Menschen, ist ein wahrer Ausdruck.[17] Es ist aber nicht zulässig, in diesem Ausdruck für die Variable „x“ die Variable „y“ einzusetzen, weil wir dann den falschen Ausdruck erhalten würden: „$\underset{y}{\exists}\ y$ ist verschieden von y“. Genauso können wir im Ausdruck „$\underset{y}{\exists}\ y$ ist der Vorgesetzte von x“ für die freie Variable „x“ weder die Variable „y“ noch z. B. den Ausdruck „Vorgesetzter von y“ einsetzen, weil wir sonst falsche Aussagen erhalten würden: „$\underset{y}{\exists}\ y$ ist der Vorgesetzte von y“, „$\underset{y}{\exists}\ y$ ist der Vorgesetzte des Vorgesetzten von y“. Verstanden als ordnungsgemäßes Einsetzen, das immer von wahren Ausdrücken zu wahren Ausdrücken führt, müssen beim Einsetzen demnach folgende Bedingungen erfüllt sein:

1. Wir setzen nur für *freie* Variablen ein.
2. An jeder Stelle, an der die Variable, für die wir einsetzen, als freie Variable auftritt, setzen wir für sie *denselben* Ausdruck ein.
3. Der eingesetzte Ausdruck muss *derselben syntaktischen Kategorie* angehören wie die Variable, für die wir diesen Ausdruck einsetzen.
4. Im Ausdruck E können wir für die freie Variable v nicht den die freie Variable w enthaltenden Ausdruck W einsetzen, wenn der Ausdruck E den Ausdruck $\underset{w}{\forall}\ H$ oder den Ausdruck $\underset{w}{\exists}\ H$ enthält und v eine freie Variable in H ist: Keine freie Variable des eingesetzten Ausdrucks darf im Ergebnis des Einsetzens gebunden sein.

Die letzte Bedingung schließt die oben angeführten Beispiele des nicht ordnungsgemäßen Einsetzens aus. Alle diese Bedingungen werden erfasst, wenn wir den Begriff des Einsetzens wie folgt bestimmen: Der Aussagenausdruck F entsteht aus dem Aussagenausdruck E durch Einsetzen des Ausdrucks W für die freie Variable $v \longleftrightarrow F$ entsteht aus

[17] Genau so ist eine Menge definiert: Zwei Elemente einer Menge sind nicht identisch, also verschieden (siehe Abschn. 1.6, Mengen). Also ist die Aussage, dass ein y existiert, das von einem gegebenen x verschieden ist, für eine Menge mit mindestens zwei Elementen wahr.

E durch Einsetzen des gleichen Ausdrucks W an jeder Stelle, an der v in E als freie Variable auftritt (wobei W der gleichen syntaktischen Kategorie wie v angehört), unter dem Vorbehalt, dass die Variable v nicht als freie Variable im Ausdruck E im Bereich eines Quantors auftritt, der irgendeine Variable bindet, die als freie Variable im Ausdruck W enthalten ist.

Wir bezeichnen mit dem Symbol „$E(v/W)$“:

1. den Aussagenausdruck E, wenn die Variable v in E nicht frei vorkommt;
2. den aus dem Aussagenausdruck E im Ergebnis des Einsetzens des Ausdrucks W für die freie Variable v entstandenen Ausdruck, wenn ein solches Einsetzen ordnungsgemäß ist und insbesondere nicht Bedingung 4. verletzt wird. Falls ein gegebenes Einsetzen Bedingung 4. verletzt, hat das Symbol „$E(v/W)$“ keinen Sinn. Es bezeichnet keinen Ausdruck.

Beispiel 1.86

$\boldsymbol{E(v/W)}$

$p(x/y) = p$: Hier ist x keine freie Variable (p hat keine Variablen); also folgt als Ergebnis „p“ der Aussagenausdruck selbst.

$(\underset{x}{\forall} A(x))(x/y) = \underset{x}{\forall} A(x)$

Hier ist $(\underset{x}{\forall} A(x))$ der Aussagenausdruck: Für jedes x, $A(x)$. In diesem Ausdruck ist x gebunden; also kommt die erste Möglichkeit zum Tragen.

$(\underset{x}{\forall} A(x) \longrightarrow A(y))(y/x) = (\underset{x}{\forall} A(x) \longrightarrow A(x))$:

Hier soll für y x eingesetzt werden. y ist in $\underset{x}{\forall} A(x) \longrightarrow A(y)$ eine freie Variable. Bedingung 4. ist erfüllt. Demnach dürfen wir einsetzen: $\underset{x}{\forall} A(x) \longrightarrow A(x)$.

$(\underset{y}{\exists} xRy)(x/y)$: Die Zusammensetzung der Symbole „$(\underset{y}{\exists} xRy)(x/y)$“ hat keinen Sinn und bezeichnet keinen Ausdruck, da wir im Ausdruck „$\underset{y}{\exists} xRy$“ für die gebundene Variable „y“ aufgrund der Bedingung 4. die freie Variable „x“ nicht einsetzen dürfen. ◄

Wir formulieren mittels des oben eingeführten Einsetzungssymbols die Regeln für den Umgang mit Quantoren für den engeren Prädikatenkalkül. Dabei nehmen wir an, dass die Variable E einen beliebigen Aussagenausdruck des engeren Prädikatenkalküls und die Variable v beliebige Individuenvariablen bezeichnet. Der Ausdruck W sei ein Ausdruck der Namenkategorie (eine Variable, eine Konstante oder ein aus Konstanten und Variablen aufgebauter Ausdruck).

Beseitigen des Allquantors ($B\forall$) Aus dem Ausdruck $\underset{v}{\forall} E$ folgt der Ausdruck $E(v/W)$.[18] Nach der Regel des Beseitigens des Allquantors folgt daraus, dass jeder Gegenstand (x) eine bestimmte Eigenschaft besitzt, auch ein beliebiger (y) oder ein ganz bestimmter (a).[19] Es gilt:

$$\frac{\underset{v}{\forall} E}{E(v/W)}$$

Beispiel 1.87

Beseitigen des Allquantors

$$\frac{\underset{x}{\forall} A(x) \quad \text{Jeder Gegenstand } x \text{ hat die Eigenschaft } A.}{A(y) \quad \text{Ein beliebiger Gegenstand } y \text{ hat die Eigenschaft} A.}$$

$$\frac{\underset{x}{\forall} A(x) \quad \text{Jeder Gegenstand } x \text{ hat die Eigenschaft } A.}{A(a) \quad \text{Ein bestimmter Gegenstand } a \text{ hat die Eigenschaft } A.}$$

$$\frac{\text{Jedes Windrad } x \text{ hat einen Rotor.}}{\text{Das Windrad von Julius Windmüller hat einen Rotor.}}$$

$$\frac{\underset{x}{\forall} xPy \quad \text{Jeder Gegenstand } x \text{ steht in Relation } P \text{ zu Gegenstand } y.}{aPy \quad \text{Ein Gegenstand } a \text{ steht in Relation } P \text{ zu Gegenstand } y.}$$ ◄

Einführen des Allquantors ($E\forall$) Wenn aus den Ausdrücken Z, die v nicht als freie Variable enthalten, die Aussageform $E(v)$ folgt, in der v eine freie Variable ist, dann folgt aus den Ausdrücken Z der Ausdruck $\underset{v}{\forall} E(v)$:

$$\frac{\begin{array}{l} Z \ (v \text{ ist in } Z \text{ keine freie Variable}) \\ E(v) \end{array}}{\underset{v}{\forall} E(v)}$$

[18] Wir haben im vorhergehenden Absatz v als Bezeichnung beliebiger Individuenvariablen angenommen. Also ist W eine Spezifikation, eine Einschränkung von v. Dann gelten alle Aussagen, die für v gelten, auch für W: Alle Quader v haben die Eigenschaft: sechs Seiten. Dann gilt das auch für alle Würfel W. Wenn aber ein Würfel eine variable Anzahl von Seiten hat, dann dürfen wir Würfel nicht für Quader einsetzen, auch wenn dann manche Würfel Quader sind.

[19] Für jeden Esel x gilt: x hat ein graues Fell. Dann können wir das Prädikat „hat ein graues Fell" oder „ist grau" nutzen und sagen: Auch Esel a hat ein graues Fell. Oder irgendein Esel y hat graues Fell: $A(y)$. Aber wir können keine gebundene Variable durch eine freie Variable ersetzen: Jeder Esel frisst Gras. „Esel Oskar frisst Esel Oskar" ist nicht erlaubt.

Wenn aus den Ausdrücken Z, die die freie Variable v nicht enthalten, der Ausdruck $E(v)$ folgt, und wenn die Ausdrücke Z wahr sind, dann ist auch der Ausdruck $E(v)$ wahr, und zwar für einen beliebigen Wert seiner freien Variable v. Dann ist auch der Ausdruck $\underset{v}{\forall} E(v)$ wahr. Wenn dagegen aus den Ausdrücken Z, die die freie Variable v enthalten, der Ausdruck $E(v)$ folgt, dann ist daraus zu schließen, dass $E(v)$ für die Werte der freien Variable v wahr ist, für die die Ausdrücke Z wahr sind. Dies müssen aber nicht alle Werte dieser Variable sein, also muss der Ausdruck $E(v)$ dann nicht für einen beliebigen Wert der Variable v wahr sein. Der Ausdruck $\underset{v}{\forall} E(v)$ kann dann falsch sein.

Nach der Regel $E\forall$ können wir im Annahmebeweis den Allquantor in irgendeine Zeile des Beweises nur dann einführen, wenn die durch diesen Quantor gebundene Variable keine freie Variable in den Annahmen ist, also weder in den Beweisannahmen noch in den in dem gegebenen Beweis eingeführten zusätzlichen Annahmen eine freie Variable ist.

Beispiel 1.88

Einführen des Allquantors[20]

$\underset{x}{\forall} A(x)$	x hat eine Windkraftwerke-Personalnummer
$\underset{x}{\forall} B(x)$	x hat eine Rentenversicherungsnummer
$\underset{x}{\forall} C(x)$	x ist älter als 15 Jahre
$\underset{x}{\forall} A(x) \wedge B(x) \wedge C(x) \longrightarrow E(x)$	x ist ein Mitarbeiter der Windkraftwerke
$E(x)$	x ist ein Mitarbeiter der Windkraftwerke
$\underset{x}{\forall} E(x)$	Für jedes x gilt: x ist ein Mitarbeiter der Windkraftwerke ◄

Einführen des Existenzquantors ($E\exists$) Aus dem Ausdruck $E(v/W)$ folgt der Ausdruck $\underset{v}{\exists} E$[21]. Nach der Einführungsregel des Existenzquantors schließen wir daraus, dass ein beliebiger (y) oder ein ganz bestimmter Gegenstand (a) eine gegebene Eigenschaft besitzt, dass es einen Gegenstand x mit dieser Eigenschaft gibt[22]:

$$\frac{\begin{array}{c} E(v/W) \\ E(v/W) \end{array}}{\underset{v}{\exists} E}$$

[20] Die 4. Zeile ist eine wahre Aussage, die jemand macht. Damit ist das, was angenommen wurde, verifiziert. Dann gilt auch: Wenn einer dieser x ein Mitarbeiter der Windkraftwerke ist, dann sind es alle anderen, die die ersten drei Bedingungen erfüllen, auch.

[21] Aus „Hat sechs Seiten (Quader/Würfel, den Julius Windmüller als Lehrlingsarbeit gefeilt hat)" folgt: Es existiert ein Quader, der die Eigenschaft (Hat sechs Seiten) besitzt.

[22] Wir haben oben (Abschnitt Symbole und Ausdrücke) geschrieben: „Wenn wir annehmen, dass die Prädikate erster Stufe von einem Argument Eigenschaften von Gegenständen denotieren ...".

Beispiel 1.89

Einführen des Existenzquantors

$A(x)$	Ein beliebiges/bestimmtes Windrad x der Windkraftwerke ist 100 m hoch.
$\underset{x}{\exists} A(x)$	Es gibt ein Windrad x, das die Eigenschaft hat 100 m hoch.

$A(y)$	Ein beliebiges Windrad y der Windkraftwerke ist 100 m hoch.
$\underset{x}{\exists} A(x)$	Es gibt ein Windrad x, das die Eigenschaft hat 100 m hoch.

yPz	Ein beliebiges Windrad y steht in Relation P zu Windrad z.
$\underset{x}{\exists} xPz$	Es gibt ein Windrad x, das in Relation P zu Windrad z steht. ◄

Beseitigen des Existenzquantors ($B\exists$) Wir stellen der allgemeinen Formulierung der Beseitigungsregel des Existenzquantors einige Beispiele voran. Weil der Satz „$\underset{x}{\exists}$ x ist Ersatzteil von Pustetreu" wahr ist, ist auch der singuläre Satz „N ist Ersatzteil von Pustetreu" wahr, in dem „N" der Name eines ganz bestimmten Teils ist, für das die Aussageform „x ist Ersatzteil von Pustetreu" wahr ist. Genauso verhält es sich mit der Aussage „$\underset{x}{\exists}$ x ist Ersatzteil von Wolkenquirl". Da sie wahr ist, ist auch die Aussage „M ist Ersatzteil von Wolkenquirl" wahr, wenn „M" der Name eines ganz bestimmten Ersatzteils von Wolkenquirl ist. Wenn v die einzige freie Variable im Ausdruck $E(v)$ ist, dann gilt nach der Beseitigungsregel des Existenzquantors: Wenn die Aussage $\underset{v}{\exists} E(v)$ wahr ist, dann ist auch die Aussage $E(v/t)$ wahr, in der t eine Konstante ist, die einen ganz bestimmten Gegenstand bezeichnet, für den die Aussageform $E(v)$ wahr ist. Da in den Theoremen des engeren Prädikatenkalküls keine Individuenkonstanten auftreten, sind die Ausdrücke, die wir mit Hilfe der Beseitigungsregel des Existenzquantors erhalten, keine Theoreme dieses Systems. Sie können nur Zeilen in Annahmebeweisen solcher Theoreme sein.

Wenn wir die Beseitigungsregel des Existenzquantifikators in Annahmebeweisen verwenden, dann müssen wir gewisse Sachverhalte beachten, um nicht von wahren zu falschen Ausdrücken zu gelangen. Angenommen, wir stützen uns auf die beiden Prämissen:

(1) $\underset{x}{\exists}$ x ist Ersatzteil von Pustetreu.
(2) $\underset{x}{\exists}$ x ist Ersatzteil von Wolkenquirl.

Aus dem Ausdruck (1) leiten wir dann mit Hilfe der Beseitigungsregel des Existenzquantors den Ausdruck:

(3) k ist Ersatzteil von Pustetreu

ab.

Wenn wir danach die Beseitigungsregel des Existenzquantors auf den Ausdruck (2) anwenden, dürfen wir nicht wieder dieselbe Konstante „k“ einführen, weil die Aussage „k ist Ersatzteil von Wolkenquirl“ falsch sein kann. Wir müssen eine bisher nicht verwendete neue Konstante einführen, z. B. die Konstante „m“, und erhalten:

(4) m ist Ersatzteil von Wolkenquirl.

Mit diesem Beispiel erklären wir die folgende Beschränkung für die Beseitigungsregel des Existenzquantors: Immer, wenn wir die Beseitigungsregel des Existenzquantors in demselben Beweis anwenden, müssen wir eine neue Konstante einführen, die von allen Konstanten in den Annahmen und von den vorher in diesem Beweis mit Hilfe dieser Regel eingeführten Konstanten verschieden ist.

Wir wenden diese Regel auf Ausdrücke mit einem Existenzquantor und Aussageformen mit mehr als einer freien Variable an. Würden wir aus dem Ausdruck:

(1) $\underset{x}{\exists}\, x$ ist Ersatzteil des Windrads y

durch Beseitigen des Existenzquantors den Ausdruck:

(2) k ist Ersatzteil des Windrads y

ableiten, dann erhielten wir aus der wahren Aussage (1), die feststellt, dass es für jedes beliebige Windrad y ein solches x gibt, dass x Ersatzteil des Windrads y ist, die falsche Aussage (2), die feststellt, dass ein bestimmtes Teil k Ersatzteil eines beliebigen Windrads y sei. Daher beseitigen wir den Existenzquantor in solchen Fällen wie folgt:

Aus (1) leiten wir den Ausdruck:

(2’) k_y ist Ersatzteil des Windrads y

ab.

Der Ausdruck „k_y“ gehört zu der syntaktischen Kategorie der Individuennamen, die Konstante „k“ ist hier demnach ein namenbildender Funktor von einem Namenargument. Wenn wir für die freie Variable y in (2’) die Konstanten $m_1, m_2, \ldots$ einsetzen, erhalten wir aus (2’) die Aussagen: $k[m_1]$ ist Ersatzteil von m_1, $k[m_2]$ ist Ersatzteil von $m_2, \ldots$ Wir erhalten als Formulierung der Beseitigungsregel des Existenzquantors: $E(v)$ sei eine beliebige Aussageform des engeren Prädikatenkalküls mit einer freien Individuenvariable v, $\exists E(v, v_1, \ldots, v_n)$ dagegen eine beliebige Aussageform dieses Kalküls, in der die vorkommenden freien Individuenvariablen $v, v_1, \ldots, v_n$ sind, und t eine Individuenkonstante oder ein konstanter namenbildender Funktor von n Namenargumenten. Die Regel des *Beseitigens des Existenzquantors* ($B\exists$), stellt fest:

1. Wenn der Ausdruck $\underset{x}{\exists}\, E(v)$ wahr ist, dann ist der Ausdruck $E(v/t)$ wahr.
2. Wenn der Ausdruck $\underset{v}{\exists}\, E(v, v_1, v_2, \ldots, v_n)$ wahr ist, dann ist der Ausdruck $E(v/t[v_1], \ldots, t[v_n], v_1, \ldots, v_n)$ wahr.

Wir schreiben diese Regel in Form der Schemata:

$$\frac{\exists[v]E(v)}{E(v/t)} \quad \text{bzw.} \quad \frac{\exists[v]E(v, v_1, v_2, \ldots, v_n)}{E(v/t[v_1], \ldots, t[v_n], v_1, \ldots, v_n)}$$

1.5.3 Sekundäre Aussagen[23]

Negation des Allquantors $\neg \underset{v}{\forall}\, E \longleftrightarrow \underset{v}{\exists} \neg E.$

Der Ausdruck E kann jeder beliebige Aussagenausdruck des engeren Prädikatenkalküls sein. Wenn wir $E =$ „$A(x)$" annehmen, erhalten wir das folgende, mit Hilfe von Prädikaten von einem Argument geschriebene Gesetz: $\neg \underset{x}{\forall}\, A(x) \longleftrightarrow \underset{x}{\exists} \neg A(x)$. Dieses Gesetz lesen wir wie folgt: Nicht jeder Gegenstand hat die Eigenschaft A dann und nur dann, wenn es Gegenstände gibt, die die Eigenschaft A nicht haben. Wenn wir $E =$ „xPy" annehmen, erhalten wir: $\neg \underset{x}{\forall}\, xPy \longleftrightarrow \underset{x}{\exists} \neg xPy$. Dieses Gesetz lesen wir wie folgt: Nicht jeder Gegenstand x steht in Relation P zu Gegenstand y dann und nur dann, wenn es Gegenstände x gibt, die diese Relation nicht besitzen. Wenn wir $E =$ „$A(x) \longrightarrow B(x)$" annehmen, erhalten wir: $\neg \underset{x}{\forall}\, [A(x) \longrightarrow B(x)] \longleftrightarrow \underset{x}{\exists} \neg [A(x) \longrightarrow B(x)]$. Dieses Gesetz lesen wir wie folgt: (Nicht jeder Gegenstand folgt der Implikation: Wenn der Gegenstand die Eigenschaft A hat, dann hat er auch Eigenschaft B) dann und nur dann, wenn ein Gegenstand existiert, für den diese Implikation nicht gilt. Alle diese Fälle sind Theoreme aufgrund des allgemeinen Gesetzes, mit dem wir feststellen, dass jeder Ausdruck von der durch dieses Gesetz bestimmten Form eine sekundäre Aussage ist.

Beispiel 1.90

Negation des Allquantors

$A(x)$: Nicht jeder Rotor ist farbig dann und nur dann, wenn es Rotoren gibt, die nicht farbig sind.

xPy: Nicht jedes Teil ist Ersatzteil von Regler 4711, dann und nur dann, wenn es Teile gibt, die nicht Ersatzteil von Regler 4711 sind.

[23] Das heißt: Wir beweisen die Annahmen der sekundären Gesetze und Regeln, indem wir zeigen, dass man sie auf die primären zurückführen kann bzw. mittels der primären Annahmeregeln zeigen kann, dass die linke Seite mit der rechten übereinstimmt.

$A(x) \longrightarrow B(x)$: Nicht für jeden Gegenstand gilt: Wenn der Gegenstand ein Originalteil ist, dann ist er auch Ersatzteil dann und nur dann, wenn es einen Gegenstand gibt, der zwar Originalteil, aber nicht Ersatzteil ist. ◄

Negation des Existenzquantors $\neg \underset{v}{\exists} E \longleftrightarrow \underset{v}{\forall} \neg E.$

Das Gesetz von der Negation des Existenzquantors lesen wir wie folgt: Es gibt keine Gegenstände mit der Eigenschaft A dann und nur dann, wenn jeder Gegenstand die Eigenschaft A nicht besitzt. Ein Beispiel wäre: Es gibt dann und nur dann keinen Gegenstand, der in Olsberg hergestellt wurde, wenn alle Gegenstände nicht in Olsberg hergestellt wurden.

Beispiel 1.91

Negation des Existenzquantors

Es gibt dann und nur dann kein Windrad mit einem Generator, wenn jedes Windrad keinen Generator hat.
Es gibt dann und nur dann kein Teil x, das in Teil y verwendet wird, wenn jedes Teil x nicht in Teil y verwendet wird. ◄

Ersetzen des Allquantors/Ersetzen des Existenzquantors Aus den Gesetzen von der Negation der Quantoren erhalten wir aufgrund des Gesetzes von der Negation der Glieder einer Äquivalenz und des Gesetzes von der doppelten Negation die beiden folgenden Gesetze.

Das Gesetz vom Ersetzen des Allquantors durch den Existenzquantor und die Negation stellt fest:

$$\underset{v}{\forall} E \longleftrightarrow \neg \underset{v}{\exists} \neg E\,.$$

Das Gesetz vom Ersetzen des Existenzquantors durch den Allquantor und die Negation stellt fest:

$$\underset{v}{\exists} E \longleftrightarrow \neg \underset{v}{\forall} \neg E\,.$$

Jeden der Quantoren können wir demnach mit Hilfe des anderen und des Negationszeichens definieren.

Beispiel 1.92

Ersetzen des Allquantors durch den Existenzquantor und die Negation

Jeder Rotor ist rot dann und nur dann, wenn kein Rotor existiert, der nicht rot ist. ◄

Beispiel 1.93

Ersetzen des Existenzquantors durch den Allquantor und die Negation

Es existiert ein Windrad mit einer roten Warnlampe dann und nur dann, wenn nicht alle Windräder keine rote Warnlampe haben. ◄

Verteilen des Allquantors auf eine Implikation Die erste dieser Regeln stellt fest:

$$\frac{\forall[v](E \longrightarrow F)}{\forall[v]E \longrightarrow \forall[v]F}$$

Die zweite dieser Regeln stellt fest:

$$\frac{\forall[v](E \longrightarrow F)}{\exists[v]E \longrightarrow \exists[v]F}$$

Beispiel 1.94

Verteilen des Allquantors auf eine Implikation

Für jedes x, wenn x als Ersatzteil verwendet wird, so ist x ein Ersatzteil.

Wenn es ein x gibt, das als Ersatzteil verwendet wird, so gibt es ein x, das Ersatzteil ist.

Für jedes x, wenn x nicht aus Aluminium ist, so kann x rosten.

Wenn es ein x gibt, sodass x nicht aus Aluminium ist, so gibt es ein x, sodass x rosten kann. ◄

1.6 Mengenkalkül

Allgemein ist eine Menge eine Zusammenfassung von bestimmten, wohlunterschiedenen Objekten unserer Anschauung oder unseres Denkens – welche die Elemente der Menge genannt werden – zu einem Ganzen [KLBU85]. Im Mengenkalkül verwenden wir die Termini „Menge“ und „Element einer Menge“ im „mengentheoretischen“ Sinne. In einem anderen, zweiten Sinn bezeichnet der Terminus „Menge“ Gegenstände, die aus Teilen bestehen, Kollektive oder Konglomerate verschiedener Art. Unter den Elementen einer solchen Menge versteht man beliebige Teile von ihr. Ein Haufen verrosteter Blechteile ist in diesem Sinn eine Menge dieser Blechteile. Element dieser Menge sind sowohl einzelne Blechteile als auch verschiedene Teile dieser Blechteile, beispielsweise die Moleküle oder Atome, aus welchen sich diese Blechteile zusammensetzen. Dieser Auffassung nach ist die Menge der gegebenen Blechteile bspw. identisch mit der Menge aller Atome, aus welchen diese Blechteile bestehen. Wenn wir den Terminus „Menge" in diesem Sinne verwenden, so sprechen wir davon, dass wir ihn im kollektiven Sinne verwenden. Den „mengentheoretischen" Sinn verwenden wir auch in der Systemtheorie (siehe Kap. 2, Systeme). Auf einer gegebenen Diskursebene mit einer bestimmten Detaillierung der Betrachtung wird ein „Element" nicht mehr weiter zerlegt und nur über seine Attribute und Funktionen beschrieben.

1.6.1 Abstraktionsoperator. Extensionalitätsaxiom

Die „*Menge der* x, *für die gilt* $W(x)$", wobei „$W(x)$" eine Aussageform mit der freien Variable „x" ist, bezeichnen wir mit dem Symbol „$\{x\colon W(x)\}$". Den Ausdruck „$y \in \{x\colon W(x)\}$" lesen wir „y ist Element der Klasse der x, für die $W(x)$ gilt", oder: „y ist Element der Klasse der x, für die $W(x)$ gilt". Das Symbol „$\{:\}$" ist ein Operator, der die Variable „x" bindet.[24] Dieser Operator heißt *Abstraktionsoperator*. Er ist ein namenbildender Operator von einem Aussagenargument, der zusammen mit der durch ihn gebundenen Variable und mit diesem Argument den Namen einer Menge oder eine Namenfunktion von gleicher syntaktischer Kategorie wie der Name der Menge bildet. Anstatt von der Menge der x, für die $W(x)$ gilt, zu sprechen, sprechen wir auch von der *Klasse der* x, *für die gilt* $W(x)$.[25]

Den Sinn des Abstraktionsoperators und des Symbols „$\in$" legen wir durch das Gesetz von der *Elimination des Abstraktionsoperators* fest:

$$y \in \{x\colon W(x)\} \longleftrightarrow W(y). \tag{1.1}$$

Nach dieser Äquivalenz ist ein Gegenstand y Element der Menge der x, die die Eigenschaft W haben, dann und nur dann, wenn der Gegenstand y die Eigenschaft W hat.[26]

Wir verwenden die Buchstaben: $A, B, C, \ldots$ als Mengenvariablen. Den Ausdruck „$x \in A$" lesen wir „x ist Element der Menge A". Ausgehend von den Sätzen und Regeln für die Identität und unter Verwendung von Mengen repräsentierenden Variablen sind zwei Mengen identisch, wenn gilt: $A = B \longrightarrow \underset{x}{\forall}(x \in A \longleftrightarrow x \in B)$. Identische Mengen setzen sich nach diesem Theorem aus denselben Elementen zusammen.

[24] In der Literatur wird anstelle von „:" auch „|" verwendet (siehe bspw. [TeTe06, S. 11]).

[25] Siehe bspw. [MonJ63, FraE59].

[26] Wenn wir in dieser Äquivalenz das Symbol „$\{x\colon W(x)\}$" als Menge im kollektiven Sinn und das Symbol „$\in$" als Ausdruck „ist ein Teil" interpretieren, dann erhalten wir einen falschen Ausdruck: Natürlich hat ein Getriebe nicht die Eigenschaften eines Pkw. Also meinen wir mit „Element" eine bestimmte Diskurs-/Detaillierungsebene.

Beispiel 1.95

Wir betrachten drei Mengen von Windrädern: $A :=$ {Pustetreu, Pusterecht, Wolkenquirl}; $B :=$ {Pusterecht, Pustetreu, Wolkenquirl}; $C :=$ {Pustestets, Pusterecht, Pustetreu}. Menge A und Menge B haben dieselben Elemente, also sind A und B identisch.

Weil sich die Umkehrung dieser Aussage nicht beweisen lässt, fassen wir sie als ein Axiom auf, das als *Extensionalitätsaxiom* bezeichnet wird: $\underset{x}{\forall}(x \in A \longleftrightarrow x \in B) \longrightarrow A = B$. Mit dem Extensionalitätsaxiom stellen wir fest: Mengen, die aus denselben Elementen zusammengesetzt sind, sind identisch.[27] Aufgrund des Extensionalitätsaxioms genügt es, zum Beweis der Identität der Mengen A und B nachzuweisen, dass die Mengen A und B dieselben Elemente haben; ein beliebiger Gegenstand x ist Element der Menge A dann und nur dann, wenn er Element der Menge B ist. Aus dem oben bewiesenen Theorem und aus dem Extensionalitätsaxiom erhalten wir eine zweite Äquivalenz:

$$A = B \longleftrightarrow \underset{x}{\forall}(x \in A \longleftrightarrow x \in B). \tag{1.2}$$

Das Gesetz der Elimination des Abstraktionsoperators (1.1) und die Äquivalenz (1.2) führen zu einer dritten Äquivalenz:

$$A = \{x\colon W(x)\} \longleftrightarrow \underset{x}{\forall}\,[x \in A \longleftrightarrow W(x)]. \tag{1.3}$$

Hier gilt für alle x (x ist Element der Menge A dann und nur dann, wenn x die Eigenschaft W besitzt). Dann ist A identisch mit der Menge der x, für die gilt $W(x)$.

Beispiel 1.96

Es liegen die folgenden Aussagen vor: Pustetreu ist ein Starkwind-Windrad. Wolkenquirl ist ein Windrad, das nur in Europa verkauft wird. Pusterecht ist ein Starkwind-Windrad für das Wattenmeer. Sirtaki ist ein Windrad für den griechischen Starkwind-Windrad-Markt. Dann besteht die Menge A der Starkwind-Windräder aus Pustetreu, Pusterecht und Sirtaki: $A :=$ {Pustetreu, Pusterecht, Sirtaki}. ◄

[27] Die Menge ist als eine Gesamtheit von verschiedenen Objekten mit gemeinsamen Eigenschaften erklärt: Eine Menge ist eine Zusammenfassung von bestimmten und wohlunterschiedenen Objekten unserer Anschauung oder unseres Denkens (Symbolen) zu einem Ganzen [KLBU85, S. 76]. Endliche Mengen können durch Aufzählung ihrer Elemente in einer Mengenklammer erklärt sein, unendliche Mengen werden durch die Eigenschaften ihrer Elemente gekennzeichnet [BEGR97] A3.

1.6.2 Operationen mit Mengen. Allmenge. Leere Menge. Enthaltensein von Mengen

Die *Vereinigungsmenge der Mengen A und B* bezeichnen wir durch das Symbol „$A \cup B$“. Wir definieren sie wie folgt: $x \in A \cup B \longleftrightarrow x \in A \vee x \in B$. Auf diese Definition können wir wie auf jedes Theorem die Regel des Einführens des Allquantors anwenden. Dadurch erhalten wir: $\underset{x}{\forall}(x \in A \cup B \longleftrightarrow x \in A \vee x \in B$. Dieser Ausdruck ist aufgrund von (1.3) äquivalent dem Ausdruck: $A \cup B = \{x : x \in A \vee x \in B\}$, den wir genauso als Definition der Vereinigung von Mengen auffassen können. Nach dieser Definition ist die Vereinigung zweier Mengen A und B eine Menge, die aus den und nur den Gegenständen besteht, die der Menge A oder der Menge B angehören.

Beispiel 1.97

Vereinigungsmenge

Wir betrachten zwei Lieferungen an Windrädern. Die erste Lieferung umfasst die Menge $A = \{$Pustetreu, Pusterecht, Wolkenquirl, Wolkenrüttler$\}$. Die zweite Lieferung umfasst die Menge $B = \{$Pustetreu, Wolkenquirl, Föhn, Sirtaki$\}$. Die Vereinigungsmenge $A \cup B$ ist dann $A \cup B = \{$Pustetreu, Pusterecht, Wolkenquirl, Wolkenrüttler, Föhn, Sirtaki$\}$. ◄

Die *Durchschnittsmenge der Mengen A und B* bezeichnen wir durch das Symbol „$A \cap B$“. Wir definieren sie wie folgt: $x \in A \cap B \longleftrightarrow x \in A \wedge x \in B$ oder $A \cap B = \{x : x \in A \wedge x \in B\}$. Nach dieser Definition ist der Durchschnitt zweier Mengen A und B eine Menge, die aus den und nur den Gegenständen besteht, die der Menge A und der Menge B angehören.

Beispiel 1.98

Durchschnittsmenge

Wir betrachten die beiden Lieferungen aus Beispiel 1.97. Die Durchschnittsmenge ist dann $A \cap B = \{$Pustetreu, Wolkenquirl$\}$. ◄

Beispiel 1.99

Boundary Representation (B-rep)

Hier werden Körper über begrenzende Seitenflächen und senkrecht auf den Flächen stehende Vektoren beschrieben: Das Volumen eines Würfels bspw. wird als Durchschnittsmenge von sechs unendlichen Halbräumen beschrieben, von denen sich jeweils zwei um die Kantenlänge überlappen. ◄

Anstelle des Ausdrucks „$\neg x \in A$“ schreiben wir „$x \notin A$“.

Die *Differenz der Mengen A und B* bezeichnen wir durch das Symbol „$A - B$“. Wir definieren sie wie folgt: $x \in A - B \longleftrightarrow x \in A \wedge x \notin B$ oder $A - B = \{x : x \in A \wedge x \notin B\}$. Die Differenz der Mengen A und B ist demnach die Menge der und nur der Elemente der Menge A, die nicht Elemente der Menge B sind.

Beispiel 1.100

Differenz von Mengen

Wir betrachten die beiden Lieferungen aus Beispiel 1.97 und ziehen B von A ab. Wir erhalten {Pustetreu, Pusterecht, Wolkenquirl, Wolkenrüttler} − {Pustetreu, Wolkenquirl, Föhn, Sirtaki} = {Pusterecht, Wolkenrüttler}. ◄

Die *Allmenge* ist die Menge aller Gegenstände. Wir verwenden das Symbol „V“ und definieren wie folgt: $x \in V \longleftrightarrow x = x$, oder: $V = \{x : x = x\}$.[28] Aus dieser Definition folgt unter Verwendung der Regeln für die Quantoren die Äquivalenz: $\underset{x}{\forall}(x \in V) \longleftrightarrow \underset{x}{\forall}(x = x)$. Mittels der sekundären Aussagen des engeren Prädikatenkalküls mit Identität: $\underset{x}{\forall}\, x = x$ erhalten wir daraus die sekundäre Aussage $\underset{x}{\forall}\, x \in V$, die besagt: Jeder Gegenstand ist Element der Allmenge.[29]

Ausgehend von (1.2) erhalten wir:

$$\underset{x}{\forall}(x \in A) \longleftrightarrow A = V. \tag{1.4}$$

Nach diesem Theorem ist eine Menge mit der Allmenge dann und nur dann identisch, wenn jeder Gegenstand ihr Element ist.[30] Aus dieser sekundären Aussage ergibt sich:

$$\underset{x}{\forall}(x \in A) \wedge \underset{x}{\forall}(x \in B) \longrightarrow A = B\,.$$

[28] Im Sinne der Systemtheorie (siehe Kap. 2, Systeme) ist die Allmenge der Bereich, den wir innerhalb der Systemgrenze betrachten. Außerhalb liegt die nicht betrachtete Umwelt.

[29] Jeder Gegenstand, den wir innerhalb der Systemgrenze identifizieren können. Und jetzt zerlegen wir die Allmenge nach den einzelnen Mengen.

[30] Diese Definition heißt: Die Allmenge enthält alle Gegenstände. Jetzt haben wir „Menge“ ja so vereinbart: Alle x, die eine bestimmte Eigenschaft haben. Also haben alle Gegenstände (einer Theorie, eines Unternehmens, der Automobilindustrie) dieselbe Eigenschaft oder vorstellungsmäßig besser: Alle haben dieselben Eigenschaften. Alle haben alle Eigenschaften – oder keine. Das ist aber dasselbe, weil alle Elemente nicht hinsichtlich ihrer Eigenschaften unterschieden werden (können).

Beispiel 1.101

Allmenge

Das sind alle Gegenstände im Besitz der Windkraftwerke und alle gehören genau zu der Klasse: Gegenstände im Besitz der Windkraftwerke. Und sonst gibt es keine differenzierenden Merkmale. ◀

Beispiel 1.102

Allmenge

In der Allmenge seien alle Gegenstände auf dem Gelände der Windkraftwerke enthalten. Wir bilden mehrere Klassen/Klassifikationen, bspw. Verbrauchsfaktoren/Gebrauchsfaktoren, mobile/ortsfeste Elemente und ordnen die Gegenstände der Reihe nach diesen Klassen zu. Zum Schluss bleiben ein paar Gegenstände übrig, die keiner dieser Klassen zugeordnet werden konnten. Die Gründe könnten sein: Nach der letzten Inventur ausgeschieden, nicht im Besitz der Windkraftwerke, unklarer Status (Ausschuss, gesperrt), … Aber sie erfüllen das Kriterium der Allmenge: Alle Gegenstände, die sich am 31.12. auf dem Gelände der Windkraftwerke befinden. ◀

Für die *leere Menge* verwenden wir das Symbol „$\emptyset$“. Sie ist bestimmt durch die Äquivalenz: $x \in \emptyset \longleftrightarrow x \neq x$ oder durch die Gleichung: $\emptyset = \{x : x \neq x\}$. Aus der Äquivalenz, die die leere Menge definiert, erhalten wir die Äquivalenz: $\neg \underset{x}{\exists}(x \in \emptyset) \longleftrightarrow \neg \underset{x}{\exists} x \neq x$. Daraus und aus dem Theorem des engeren Prädikatenkalküls mit Identität: $\neg \underset{x}{\exists} x \neq x$ erhalten wir das Theorem: $\neg \underset{x}{\exists} x \in \emptyset$ oder das äquivalente Theorem: $\underset{x}{\forall} x \notin \emptyset$. Es besagt, dass kein Gegenstand Element der leeren Menge ist.

Anhand von (1.2) erhalten wir:

$$\neg \underset{x}{\exists}(x \in A) \longleftrightarrow A \neq \emptyset. \tag{1.5}$$

Nach diesem Theorem ist eine Menge mit der leeren Menge dann und nur dann identisch, wenn kein Gegenstand ihr Element ist. Daher folgt:[31]

$$\neg \underset{x}{\exists}(x \in A) \wedge \neg \underset{x}{\exists}(x \in B) \longrightarrow A = B.$$

Der Terminus „leere Menge“ macht nur Sinn, wenn wir den mengentheoretischen Begriff der Menge gebrauchen und von der Menge der Gegenstände mit der Eigenschaft W sprechen. So ist es möglich, dass es Gegenstände mit der Eigenschaft W gibt oder dass es keine Gegenstände mit der Eigenschaft W gibt. Im ersten Falle ist die Menge $\{x : W(x)\}$

[31] Sowohl die Menge A als auch die Menge B sind hier leere Mengen.

nichtleer, im zweiten Falle ist diese Menge leer. Wenn wir Schlüsse in Bezug auf Mengen mit einer gegebenen Eigenschaft ziehen, ist möglicherweise (noch) nicht bekannt, ob Gegenstände mit der gegebenen Eigenschaft existieren oder nicht, ob also die Menge der Gegenstände mit dieser Eigenschaft nichtleer oder leer ist. Bei der allgemeinsten Formulierung der Prinzipien eines solchen Schlusses klammern wir demnach den Fall der Leerheit gewisser Mengen, auf die sich unsere Schlüsse beziehen, nicht aus. Die Einführung des Begriffes der leeren Menge ermöglicht daher die allgemeine Formulierung von Sätzen in Bezug auf Mengen im mengentheoretischen Sinne.[32]

Beispiel 1.103

Koordinatensystem

Wir starten mit der Allmenge: alle Punkte einer bestimmten Ebene. Irgendwohin legen wir ein rechtwinkliges Koordinatensystem. Dann ziehen wir links von $x = -1$ alles ab. Dasselbe rechts von $x = +1$. Schließlich ziehen wir unterhalb von $y = -1$ und oberhalb von $y = +1$ alles ab. Übrig bleibt ein „weißes“ Quadrat, das wir so vereinbart haben.

Zwei Mengen A und B sind dann und nur dann *disjunkt*, wenn ihr Durchschnitt die leere Menge ist, sie also kein gemeinsames Element haben.

Beispiel 1.104

Disjunkte Mengen

Das sind in Beispiel 1.103 die Punkte links von $x = -1$ und rechts von $x = 1$. ◄

Das *Komplement einer Menge A* bezeichnen wir durch das Symbol „A^*“. Wir definieren wie folgt $x \in A^* \longleftrightarrow x \notin A$ oder durch die Gleichung: $A^* = \{x\colon x \notin A\}$. Das Komplement

[32] Wenn wir die Definitionen von Allmenge und leerer Menge einander gegenüberstellen, dann können wir das linke x der Identität in beiden Fällen als eine Referenz, bildlich als eine Schablone verstehen, an die wir einen bestimmten Gegenstand hinhalten und seine Eigenschaften messen. Für die Aufnahme in die Klasse muss die geforderte Eigenschaft erfüllt sein. Im Normalfall ist diese Anforderung ausgehend von der Allmenge manchmal erfüllt, manchmal nicht erfüllt. Die leere Menge ist deshalb leer, weil kein Gegenstand die geforderte Eigenschaft hat. Also fordert die leere Menge immer eine Eigenschaft mehr, als ein konkreter Gegenstand hat. Das ist dann die flugfähige eierlegende Wollmilchsau, die mindestens drei Wunder gewirkt und zwei Tote auferweckt hat – keiner erfüllt die Anforderungen. Und deshalb ist die Menge eine leere. Die Allmenge verwendet eine Schablone, die alle betrachteten Gegenstände erfüllen (können). Also sagt ein Gegenstand, der gemessen wird: „Ich habe das Potenzial, ein Element der Allmenge zu sein, für was du die Schablone bist“ – genau das ist das Kriterium der Schablone. Wenn in den Kindergarten nur Drei-, Vier-, Fünf- und Sechsjährige zur Türe hineindürfen, dann ist ggf. die Menge der unter 10-Jährigen die Allmenge.

einer Menge A ist folglich die Menge der und nur der Gegenstände, die nicht Elemente der Menge A sind. Aus der Definition des Komplements, der sekundären Aussage: $x \in V$ und aus der Definition der Differenz von Mengen erhalten wir die Äquivalenzen: $x \in A^* \longleftrightarrow x \in V \wedge x \notin A \longleftrightarrow x \in V - A$.

Beispiel 1.105

Komplement

Die Äquivalenzen $x \in A^* \longleftrightarrow x \in V \wedge x \notin A \longleftrightarrow x \in V - A$ geben das Verständnis an: Wir gehen von der Allmenge aus. Also: alle Gegenstände, die heute von den Windkraftwerken verbaut werden. Wenn das zu eingeschränkt sein sollte: alle Gegenstände, die jemals in einer technischen Zeichnung der Windkraftwerke aufgetaucht sind. Wenn das immer noch zu beschränkt ist: alle Teile aller Windräder weltweit zuzüglich aller Teile in irgendwelchen technischen Katalogen. Davon ziehen wir die Menge der Teile aus allen bereits wieder abgerissenen Windrädern, die in dieser Allmenge enthalten sind, ab. Und dann kommen wir zum Komplement: der „Rest". Diese Beispiele zeigen die empirische Begrenzung der Allmenge: alles das, was wir auf einer bestimmten Ebene eines bestimmten Diskurses betrachten. Darüber geht unsere Betrachtung (derzeit) nicht hinaus. Also ist die Allmenge unser Weltall – bis zu den Grenzen unseres Horizonts. ◄

Das *Enthaltensein von Mengen* bezeichnen wir mit Hilfe des Symbols „$\subset$". Wir definieren wie folgt: $A \subset B \longleftrightarrow \underset{x}{\forall}(x \in A \longrightarrow X \in B)$. Den Ausdruck „$A \subset B$" lesen wir: „Die Menge A ist in der Menge B enthalten", „die Menge A ist Untermenge der Menge B" oder „die Menge A ist Teil der Menge B".

Beispiel 1.106

Enthaltensein von Mengen

Nach dieser Definition ist eine Menge A dann und nur dann in einer Menge B enthalten, wenn jedes Element der Menge A Element der Menge B ist. Beispielsweise ist die Menge der Windräder in der Menge der technischen Anlagen enthalten, denn jedes Windrad ist eine technische Anlage. Um also zu beweisen, dass eine Menge A in einer Menge B enthalten ist, genügt der Nachweis, dass ein beliebiges Element (ein beliebiges Windrad) der Menge A (Menge der Windräder) auch Element der Menge B ist: Wenn ein Element die geforderte Eigenschaft besitzt, aufgrund derer es Element der Menge B ist, dann haben auch alle anderen Elemente von A diese Eigenschaft. ◄

Mittels der Gesetze des Ersetzens des Allquantors durch den Existenzquantor und die Negation sowie des Gesetzes der Negation der Implikation erhalten wir aus der Definition des Enthaltenseins von Mengen die Äquivalenz: $A \subset B \longleftrightarrow \neg \underset{x}{\exists}(x \in A \wedge x \notin B)$. Daraus erhalten wir über die Definition der Differenz von Mengen und das Theorem (1.5) die Äquivalenzen: $A \subset B \longleftrightarrow \neg \underset{x}{\exists}(x \notin A - B) \longleftrightarrow A - B = \emptyset$. Demnach ist eine Menge A in einer Menge B dann und nur dann enthalten, wenn die Differenz der Menge A und der Menge B die leere Menge ist. Mit dem Gesetz vom *Ersetzen der Identität von Mengen durch ihr gegenseitiges Enthaltensein* stellen wir fest: $A = B \longleftrightarrow A \subset B \wedge B \subset A$.

Beispiel 1.107

Ersetzen der Identität von Mengen durch ihr gegenseitiges Enthaltensein

Die Menge der Karbonrotoren ist eine Untermenge der Menge (Rotoren, die die Windkraftwerke in Windräder einbauen).
Die Menge der Rotoren, die die Windkraftwerke in Windräder einbauen, ist eine Untermenge der Menge (Karbonrotoren).
In beiden Aussagen gibt jeweils der Hintersatz die Obermenge an. Beide Mengen können sowohl Unter- als auch Obermenge sein. ◀

Mit dem Gesetz von der *Reflexivität des Enthaltenseins von Mengen* stellen wir fest: $A \subset A$.

Beispiel 1.108

Reflexivität des Enthaltenseins von Mengen

Wir stellen fest: Die (Menge der Karbonrotoren) ist identisch mit der (Menge der von den Windkraftwerken eingebauten Rotoren). Also sind das nur zwei verschiedene Namen für ein und dieselbe Menge. Wir könnten genauso den Namen „Windmüllers Rotoren“ verwenden.

Bei der Reflexivität des Enthaltenseins von Mengen verwenden wir – aus welchem Grund auch immer – zweimal denselben Namen. Ein plausibler Grund könnte die jährliche Inventur oder die Überprüfung des Sortiments sein: Der Lieferant für die Rotoren schickt den neuen Katalog für das kommende Jahr (A). Die EDV führt zum Abgleich die von den Windkraftwerken verwendeten Sachnummern dagegen (A'). Es hat sich nichts geändert: $A \subset A' \wedge A' \subset A$. ◀

Nach dem oben bewiesenen Gesetz ist jede Menge ihre eigene Untermenge. Dagegen bezeichnen wir Untermengen einer bestimmten Menge, die von dieser Menge verschieden sind, als echte Untermengen dieser Menge. Eine *echte Untermenge* definieren wir wie folgt: $A \not\subseteq B \longleftrightarrow A \subset B \wedge A \neq B$. Den Ausdruck „$A \not\subseteq B$“ lesen wir: „die Menge A ist eine echte Untermenge der Menge B“ oder „die Klasse A ist eine echte Unterklasse der Klasse B“ oder „die Menge (Klasse) A ist ein echter Teil der Menge (Klasse) B“. Dieser Definition folgend ist eine Menge A echte Untermenge einer Menge B dann und nur dann, wenn die Menge A Untermenge der Menge B ist und die Menge A von der Menge B verschieden ist.

Aus $p \wedge \neg(p \wedge q) \longleftrightarrow p \wedge \neg q$ erhalten wir die Äquivalenz $A \subset B \wedge \neg(A \subset B \wedge B \subset A) \longleftrightarrow A \subset B \wedge \neg(B \subset A)$, aus der wir anhand des Gesetzes vom Ersetzen der Identität von Mengen durch ihr gegenseitiges Enthaltensein die folgende Äquivalenz erhalten: $A \subset B \wedge A \neq B \longleftrightarrow A \subset B \wedge \neg(B \subset A)$. Aus dieser Äquivalenz und der Definition der echten Untermenge folgt die Äquivalenz $A \not\subseteq B \longleftrightarrow A \subset B \wedge \neg(B \subset A)$. Demnach ist eine Menge A dann und nur dann echte Untermenge einer Menge B, wenn die Menge A Untermenge der Menge B, die Menge B aber nicht Untermenge der Menge A ist.

Beispiel 1.109

Untermenge, echt

Die Menge der Karbonrotoren ist eine Untermenge der Menge der Rotoren, die die Windkraftwerke in Windräder einbauen. Es ist nicht wahr: Die Menge der Rotoren, die die Windkraftwerke in Windräder für den Starkwindbereich einbauen, ist eine Untermenge der Menge (Karbonrotoren). Also verwenden die Windkraftwerke neben Karbonrotoren noch andere Rotoren für den Starkwindbereich. ◄

1.6.3 Sekundäre Aussagen: Transitivität, Kommutativität, Assoziativität, Distributivität

Mit Hilfe der definierten Termini geben wir im Folgenden weitere Gesetze des Mengenkalküls an. Als *Inklusionen* bezeichnen wir dabei *Ausdrücke, die das Enthaltensein von Mengen betreffen.*

Transitivität des Enthaltenseins von Mengen $A \subset B \wedge B \subset C \longrightarrow A \subset C.$

Beispiel 1.110

Transitivität des Enthaltenseins von Mengen

Die Menge der rot gestrichenen Karbonrotoren ist eine Untermenge der Menge (Karbonrotoren für den Starkwindbereich).
Die Menge (Karbonrotoren für den Starkwindbereich) ist eine Untermenge der Menge (Karbonrotoren) $\longrightarrow$ Die Menge der rot gestrichenen Karbonrotoren ist eine Untermenge der Menge (Karbonrotoren). ◄

Kommutativität des Vereinigens von Mengen $A \cup B = B \cup A.$

Assoziativität des Vereinigens von Mengen $(A \cup B) \cup C = A \cup (B \cup C).$

Verbot der Mehrfachheit $A \cup A = A$.

Enthaltensein der Vereinigung in einer Menge $A \cup B \subset C \longleftrightarrow A \subset C \wedge B \subset C$.

Seitenweise Addition von Inklusionen[33] $A \subset B \wedge C \subset D \longrightarrow A \cup C \subset B \cup D$.

Kommutativität des Mengendurchschnitts $A \cap B = B \cap A$.

Assoziativität des Mengendurchschnitts $(A \cap B) \cap C = A \cap (B \cap C)$.

Enthaltensein des Mengendurchschnitts $A \cap B \subset A, A \cap B \subset B$.

Unmöglichkeit von Exponenten $A \cap A = A$.

Enthaltensein im Durchschnitt zweier Mengen $C \subset A \cap B \longleftrightarrow C \subset A \wedge C \subset B$.

Seitenweise Multiplikation von Inklusionen $A \subset B \wedge C \subset D \longrightarrow A \cap C \subset B \cap D$.

Distributivität des Durchschnitts bezüglich der Vereinigung $(A \cup B) \cap C = (A \cap C) \cup (B \cap C)$.

Distributivität der Vereinigung bezüglich des Durchschnitts $(A \cap B) \cup C = (A \cup C) \cap (B \cup C)$.

Multiplikation der Vereinigung von Mengen $(A \cup B) \cap (C \cup D) = (A \cap C) \cup (A \cap D) \cup (B \cap C) \cup (B \cap D)$.

Addition von Mengendurchschnitten $(A \cap B) \cup (C \cap D) = (A \cup C) \cap (A \cup D) \cap (B \cup C) \cap (B \cup D)$.

Beispiel 1.111

Addition von Durchschnitten von Mengen

({Pustetreu, Pusterecht, Wolkenquirl} ∩ {Pustetreu, Föhn}) ∪ ({Pusterecht, Wolkenrüttler} ∩ {Wolkenquirl, Sirtaki}) = {Pustetreu, Pusterecht, Wolkenquirl, Wolkenrüttler} ∩ {Pustetreu, Pusterecht, Wolkenquirl, Sirtaki} ∩ {Pustetreu, Pusterecht, Föhn, Wolkenrüttler} ∩ {Pustetreu, Föhn, Wolkenquirl, Sirtaki} = {Pustetreu} ◄

Komplement des Komplements $A^{**} = A$.

Enthaltensein der Komplemente $A \subset B \longleftrightarrow B^* \subset A^*$.

[33] Im Sinne von: linke Seite, rechte Seite der Implikation.

Die Menge A ist dann und nur dann in der Menge B enthalten, wenn das Komplement der Menge B im Komplement der Menge A enthalten ist. Diese sekundäre Aussage und das durch Einsetzen aus ihr gewonnene Theorem: $B \subset A \longleftrightarrow A^* \subset B^*$ führt mit Hilfe der Regel der Multiplikation von Äquivalenzen zur Äquivalenz: $A \subset B \wedge B \subset A \longleftrightarrow B^* \subset A^* \wedge A^* \subset B^*$. Aus dieser Äquivalenz erhalten wir aufgrund des Gesetzes von der Kommutativität der Konjunktion und des Gesetzes vom Ersetzen der Identität von Mengen durch ihr gegenseitiges Enthaltensein das Gesetz von der Identität der Komplemente.

Identität der Komplemente $A = B \longleftrightarrow A^* = B^*$.

Beispiel 1.112

Komplemente Enthaltensein/Komplemente-Identität

$V = \{$Pustetreu, Pusterecht, Wolkenquirl$\}$, $A = B = \{$Pustetreu$\}$, $A^* = B^* = \{$Pusterecht, Wolkenquirl$\}$ ◄

Gesetze von de Morgan $(A \cup B)^* = A^* \cap B^*; (A \cap B)^* = A^* \cup B^*$.

Nach dem ersten Gesetz von de Morgan sind das Komplement der Vereinigung zweier Mengen und der Durchschnitt der Komplemente dieser Mengen identisch. Nach dem zweiten Gesetz ist das Komplement des Durchschnitts zweier Mengen und der Vereinigung der Komplemente dieser Mengen identisch.

Ersetzen des Enthaltenseins von Mengen durch die Identität und den Durchschnitt
$A \subset B \longleftrightarrow A \cap B = A$.

Ersetzen des Enthaltenseins von Mengen durch die Identität und die Vereinigung
$A \subset B \longleftrightarrow A \cup B = B$.

Beispiel 1.113

Enthaltensein von Mengen

Die Allmenge sei die Menge aller Gegenstände der Windkraftwerke, A die Menge der Werkzeuge und B die Menge der Gegenstände, die (wenigstens zum Teil) aus Werkzeugstahl hergestellt wurden. ◄

Beispiel 1.114

Komplement des Komplements von A: $A^{**} = A$

Komplement von A sind alle Gegenstände, die kein Werkzeug sind. Komplement dieser Menge sind alle Gegenstände, die zur Menge der Werkzeuge gehören. ◄

Beispiel 1.115

Enthaltensein der Komplemente: $A \subset B \longleftrightarrow B^* \subset A^*$

Wir gehen davon aus, dass alle Werkzeuge aus Werkzeugstahl hergestellt wurden. Dann sind die Werkzeuge eine Untermenge der aus Werkzeugstahl hergestellten Gegenstände. Das Komplement der Werkzeuge sind alle Gegenstände, die kein Werkzeug sind. In diesem Komplement sind aber noch Gegenstände aus Werkzeugstahl. Das ist im Komplement der Menge B nicht der Fall. ◄

Beispiel 1.116

Gesetze von de Morgan $(A \cup B)^* = A^* \cap B^*, (A \cap B)^* = A^* \cup B^*$

Wir gehen davon aus, dass auch Werkzeuge existieren, die nicht aus Werkzeugstahl sind. Dann ist $A \cup B$ die Vereinigungsmenge aller Gegenstände, die entweder Werkzeuge sind und/oder aus Werkzeugstahl hergestellt wurden. Das Komplement sind die restlichen Gegenstände der Allmenge. A^* ist dann das Komplement aller Werkzeuge, B^* das Komplement aller Gegenstände aus Werkzeugstahl. Der Durchschnitt dieser beiden Mengen ist das Ergebnis. ◄

Beispiel 1.117

Ersetzen des Enthaltenseins: $A \subset B \longleftrightarrow A \cap B = A; A \subset B \longleftrightarrow A \cup B = B$

Wenn alle Werkzeuge aus Werkzeugstahl sind, dann gilt $A \subset B$. Dann ist der Durchschnitt aus der Menge der Werkzeuge und der Gegenstände aus Werkzeugstahl genau die Menge der Werkzeuge. Genauso ist die Vereinigung der Werkzeuge mit der Menge der Gegenstände aus Werkzeugstahl die Menge der Gegenstände aus Werkzeugstahl. ◄

Vereinigen mit dem Komplement $A \cup A^* = V$.

Jede Menge der Vereinigung zweier Mengen ist in dieser Vereinigung enthalten. Deshalb gilt die Formel: $A \subset A \cup A^*$. Aus ihr und dem Gesetz: $A \cup A^* = V$ erhalten wir das folgende Gesetz.

Enthaltensein in der Allmenge $A \subset V$.

Beispiel 1.118

Wir verstehen als Allmenge alle Gegenstände der Windkraftwerke. In dieser Allmenge enthalten sind bspw. die Untermengen „Rotoren“, „Getriebe“ und „Ersatzteile“. Aber wir können für ein Windrad, das nicht in der Allmenge enthalten ist, also nicht im ERP-System der Windkraftwerke erfasst ist, keine Rechnung schreiben. ◄

Durchschnitt mit der Allmenge $A \cap V = A.$

Die Allmenge spielt bei der Durchschnittsbildung von Mengen eine analoge Rolle wie die Zahl 1 bei der Multiplikation von Zahlen, bei der $a \cdot 1 = a$ gilt.

Durchschnitt mit dem Komplement einer Menge $A \cap A^* = \emptyset.$

Beispiel 1.119

Wir verstehen als Allmenge wieder die Menge aller Gegenstände der Windkraftwerke. Wir bilden die Menge der Werkzeuge und das Komplement dieser Menge, das dann kein Werkzeug der Windkraftwerke enthält. Selbstverständlich haben dann die Menge der Werkzeuge und die Menge aller Gegenstände ausschließlich der Werkzeuge kein gemeinsames Element. ◄

Leere Menge als Untermenge $\emptyset \subset A.$

Beispiel 1.120

Leere Menge als Untermenge

Wir nehmen an, dass in der Menge aller Gegenstände der Windkraftwerke die Untermenge „Schweißroboter“ nur ein Element, den Schweißroboter „reisser2000“ enthält. Dieser „Schweißroboter“ wird jetzt verkauft. Also ist die Menge „Schweißroboter“ jetzt eine leere Menge. Obwohl diese Menge jetzt eine leere Menge ist, können wir sie ansprechen und danach fragen: Wie viele Schweißroboter setzen die Windkraftwerke ein? Dann kann diese Klasse durchaus zu einem späteren Zeitpunkt wieder ein Element enthalten. ◄

Vereinigen mit der leeren Menge $A \cup \emptyset = A.$

Die leere Menge spielt beim Vereinigen von Mengen eine analoge Rolle wie die Zahl 0 bei der Addition von Zahlen, bei der $a + 0 = a$ gilt.

Komplement der Allmenge $V^* = \emptyset.$

Gleichheit mit dem Komplement einer Menge $A = B^* \longleftrightarrow B = A^*.$

Beispiel 1.121

A sei die Menge der Werkzeuge der Windkraftwerke. Sie ist mit dem Komplement B^* identisch. Also ist B die Allmenge abzüglich der Werkzeuge. B ist wieder mit A^* identisch: A^* ist die Allmenge bezüglich der Werkzeuge. A und B ergeben als Vereinigungsmenge die Allmenge. ◄

Komplement der leeren Menge $\emptyset^* = V$.

Demnach gilt das folgende Theorem:

$$A \cap B \cup A \cap B^* \cup A^* \cap B \cup A^* \cap B^* = V\,.$$
$$V \neq \emptyset$$

1.6.4 Vereinigung und Durchschnitt eines Mengensystems

Mengen von Mengen, also Mengen, deren sämtliche Elemente Mengen sind, heißen Mengensysteme. Wir verallgemeinern den Begriff der Vereinigung und des Durchschnitts zweier Mengen auf derartige Mengensysteme. Den verallgemeinerten Begriff des *Vereinigens von Mengen* definieren wir wie folgt: $x \in \bigcup\limits_{A \in K} h(A) \longleftrightarrow \underset{A \in K}{\exists}\, x \in h(A)$. Der Buchstabe „$h$" ist eine Variable, die Funktoren repräsentiert. Diese Funktoren von einem Argument A bilden Ausdrücke derselben syntaktischen Kategorie wie die Variable A, die Namen von Mengen repräsentiert. Diese Mengen sind Elemente eines Mengensystems K. Das Symbol „$\bigcup\limits_{A \in K} h(A)$" bezeichnet mit $A \in K$ die Vereinigung aller Mengen $h(A)$. Definitionsgemäß ist diese Vereinigung eine Menge, die aus den und nur den Gegenständen besteht, die mit $A \in K$ wenigstens einer Menge $h(A)$ angehören. Wenn wir für die Variable „h" das Zeichen des Komplements einer Menge einsetzen, so erhalten wir als Spezialfall dieser Definition die Äquivalenz: $x \in \bigcup\limits_{A \in K} A^* \longleftrightarrow \underset{A \in K}{\exists}\, x \in A^*$. Diese Äquivalenz besagt, dass die Vereinigung der Komplemente der Elemente einer Familie K eine Menge ist, die aus den und nur den Gegenständen besteht, die dem Komplement wenigstens eines Elements des Mengensystems K angehören.

Beispiel 1.122

Faktoren der Windkraftwerke

Wir bezeichnen mit K die Menge der Gegenstände der Windkraftwerke, die sich in mehrere Mengen A_i unterteilt. A_1 seien die Gebrauchsfaktoren, A_2 die Verbrauchsfaktoren, A_3 die Menge der Zimmerpflanzen in den Büros. h bezeichne die Eigenschaft, eine Faktormenge zu sein. Demnach vereinigen wir hier die Mengen A_1 und A_2 zur

Menge der Faktoren der Windkraftwerke. Andere Werte von h vereinigen andere Elemente A_i miteinander. Ein Beispiel wäre eine Menge K, die alle Gegenstände älter als zehn Jahre enthält. Die Elemente A_i könnten hier jahresweise zusammenfassen. ◀

Wir definieren: $I(A) = A$ und setzen in der verallgemeinerten Vereinigungsdefinition die Konstante „I" für die Variable „h" ein. Außerdem ersetzen wir „$I(A)$" durch „A". Dann erhalten wir die Äquivalenz: $x \in \bigcup_{A \in K} A \longleftrightarrow \underset{A \in K}{\exists}\ x \in A$. Nach dieser Äquivalenz ist die Menge $\bigcup_{A \in K} A$ oder die Vereinigung der Elemente eines Mengensystems K eine Menge, die aus den und nur den Gegenständen besteht, die wenigstens einem Element des Mengensystems K angehören. Anstelle der Vereinigung der Elemente eines Mengensystems K sprechen wir auch von der Vereinigung eines Mengensystems K.

Den verallgemeinerten Begriff des *Mengendurchschnitts* definieren wir wie folgt: $x \in \bigcap_{A \in K} h(A) \longleftrightarrow \underset{A \in K}{\forall}\ x \in h(A)$.

Nach dieser Definition ist die Vereinigung aller solcher Mengen $h(A)$, mit $A \in K$, eine Menge, die aus den und nur den Gegenständen besteht, die einer jeden dieser Mengen $h(A)$ angehören. Wie im Falle der Vereinigung erhalten wir aus der Definition des verallgemeinerten Begriffs des Mengendurchschnitts die folgenden Äquivalenzen als Spezialfälle: $x \in \bigcap_{A \in K} A^* \longleftrightarrow \underset{A \in K}{\forall}\ x \in A^*$ und $x \in \bigcap_{A \in K} A \longleftrightarrow \underset{A \in K}{\forall}\ x \in A$. Die erste dieser Äquivalenzen besagt, dass der Durchschnitt der Komplemente der Elemente eines Mengensystems K eine Menge ist, die aus den und nur den Gegenständen besteht, die dem Komplement eines jeden Elements des Mengensystems K angehören. Nach der zweiten Äquivalenz ist der Durchschnitt der Elemente eines Mengensystems K oder einfach der Durchschnitt eines Mengensystems K eine Menge, die aus den und nur den Gegenständen besteht, die jedem Element des Mengensystems K, also jeder Menge dieses Mengensystems angehören.

Beispiel 1.123

Faktoren der Windkraftwerke

Wir betrachten wieder die Menge der Gegenstände der Windkraftwerke. Dann ist der Mengendurchschnitt mit h, h bezeichnet die Eigenschaft eine Faktormenge zu sein, wieder auf die Mengen A_1 und A_2 begrenzt. Es werden diesmal nur Elemente selektiert, die in beiden Mengen, sowohl in A_1 als auch in A_2 enthalten sind. ◀

Die Vereinigung der Mengen A und B ist nach den eingeführten Definitionen die Vereinigung des Mengensystems, das aus den Mengen A und B besteht, also einer Klasse von Mengen, deren Elemente die Mengen A und B und nur diese Mengen sind. Ebenso ist der Durchschnitt der Mengen A und B der Durchschnitt des Mengensystems, das nur aus diesen Mengen gebildet wird. Für die verallgemeinerten Vereinigungen und Durchschnitte von Mengen können wir bestimmte Gesetze beweisen, die Verallgemeinerungen entsprechender Gesetze für die Vereinigung und den Durchschnitt zweier Mengen sind.

Wir verallgemeinern das Gesetz, nach dem jede Menge der *Vereinigung zweier Mengen* in dieser Vereinigung enthalten ist, wie folgt: $\forall_{A \in K} A \subset \bigcup_{A \in K} A$. Demnach ist jede Menge des Mengensystems K in der Vereinigung der Mengen dieses Systems enthalten.

Das Gesetz vom *Enthaltensein der Vereinigung von Mengen* stellt fest: $\bigcup_{A \in K} A \subset B \longleftrightarrow \forall_{A \in K} A \subset B$. Die Vereinigung der Mengen eines Mengensystems K ist in einer gegebenen Menge dann und nur dann enthalten, wenn jede Menge des Mengensystems K in dieser Menge enthalten ist. Dieses Gesetz ist eine Verallgemeinerung des analogen Gesetzes bezüglich der Vereinigung zweier Mengen.

Wir verallgemeinern das Gesetz, nach dem der Durchschnitt zweier Mengen in jeder dieser Mengen enthalten ist, und erhalten das Gesetz vom *Enthaltensein des Durchschnitts*. Dieses Gesetz stellt fest: $\forall_{A \in K} \bigcap_{A \in K} A \subset A$. Der Durchschnitt der Mengen eines Mengensystems K ist in jeder Menge dieses Systems enthalten.

Das Gesetz vom *Enthaltensein im Durchschnitt eines Mengensystems* stellt fest: $B \subset \bigcap_{A \in K} A \longleftrightarrow \forall_{A \in K} B \subset A$. Eine Menge ist im Durchschnitt eines gegebenen Mengensystems dann und nur dann enthalten, wenn sie in jeder Menge dieses Systems enthalten ist. Das Gesetz verallgemeinert das analoge Gesetz für den Durchschnitt zweier Mengen.

Entsprechend gelten die *Gesetze von de Morgan für die Vereinigung und den Durchschnitt eines Mengensystems*. Das Komplement der Vereinigung der Mengen des Mengensystems K ist mit dem Durchschnitt der Komplemente der Mengen des Mengensystems K identisch: $(\bigcup_{A \in K} A)^* = \bigcap_{A \in K} A^*$. Das Komplement des Durchschnitts der Mengen des Mengensystems K ist mit der Vereinigung der Komplemente der Mengen des Mengensystems K identisch: $(\bigcap_{A \in K} A)^* = \bigcup_{A \in K} A^*$.

Verallgemeinerungen der Distributivsätze sind die Gesetze von der *Distributivität des Durchschnitts bezüglich der Vereinigung eines Mengensystems* bzw. von der *Distributivität der Vereinigung bezüglich des Durchschnitts eines Mengensystems*. Es gilt: $A \cap \bigcup_{B \in K} B = \bigcup_{B \in K} (A \cap B)$ und $A \bigcup \bigcap_{B \in K} B = \bigcap_{B \in K} (A \cup B)$.

Wir verwenden den Begriff der Vereinigung eines Mengensystems, um den Begriff der *Zerlegung einer Menge* wie folgt zu definieren: $K \in part(A) \longleftrightarrow \forall_{B \in K} B \neq \emptyset \wedge \forall_{B \in K \wedge C \in K} (B \neq C \longrightarrow B \cap C = \emptyset) \wedge \bigcup_{B \in K} B = A$. Den Ausdruck „$K \in part(A)$" lesen wir „das Mengensystem K ist eine Zerlegung der Menge A". Eine Zerlegung einer Menge A ist nach dieser Definition das System der nichtleeren und disjunkten Mengen, deren Vereinigung die Menge A ergibt.

Beispiel 1.124

Die Menge A sei durch die Menge aller von den Windkraftwerken produzierten Windräder gegeben. Wir zerlegen in das Mengensystem $K = \{$Windräder für starken Wind,

Windräder für normalen Wind, Windräder für schwachen Wind$\}$. Die Elemente des Mengensystems K sind disjunkt: Ein bestimmtes Windrad ist nur in einer der drei Mengen enthalten. ◄

1.6.5 Mengen mit einem Element und mit zwei Elementen

Einermenge heißt eine Menge, deren einziges Element der Gegenstand x ist, und die wir mit dem Symbol „$\{x\}$" bezeichnen. Wir definieren eine *Einermenge* wie folgt: $y \in \{x\} \longleftrightarrow y = x$.

Wenn wir in dieser Definition „x" für „y" einsetzen und das Theorem: $y = x$ nutzen, dann gelangen wir zu folgendem Theorem: $(\{x\} = \{y\}) \longleftrightarrow x = x$. Dieses Theorem stellt fest, dass Mengen mit einem Element genau dann identisch sind, wenn ihre einzigen Elemente identisch sind.

Beispiel 1.125

Für die Klasse „Geschäftsführer der Windkraftwerke" existiert nur das Element „Julius Windmüller". Für die Klasse „Besitzer der Windkraftwerke" existiert nur das Element „Julius Windmüller". Für die Klasse „Ehrenamtlicher Bürgermeister der Stadt Olsberg" existiert nur das Element „Julius Windmüller". Also sind diese drei Mengen identisch; Sachverhalte, die auf das einzige Element der Menge „Geschäftsführer der Windkraftwerke" zutreffen, gelten auch für das einzige Element der Klasse „Ehrenamtlicher Bürgermeister der Stadt Olsberg". ◄

Wir bezeichnen die Menge, deren Elemente die Gegenstände x, y und nur diese Gegenstände sind, mit dem Symbol „$\{x, y\}$". Wir definieren eine Zweiermenge wie folgt: $z \in \{x, y\} \longleftrightarrow z = x \vee z = y$. Diese Definition führt zu den Theoremen: $\{x, y\} = \{y, x\}, x \in \{x, y\}$ und $y \in \{x, y\}$. Wir erhalten

- das erste dieser Theoreme aufgrund des Gesetzes von der Kommutativität der Disjunktion und des Theorems 2),
- das zweite Theorem aufgrund des Theorems: $x = x$ und der Regel des Einführens der Disjunktion,
- das dritte Theorem aufgrund des Theorems: $y = y$ und der Regel des Einführens der Disjunktion.

Nur wenn $x \neq y$ gilt, ist die Menge $\{x, y\}$ eine Menge mit zwei Elementen. Gilt dagegen $x = y$, dann ist die Menge $\{x, y\}$ identisch mit der Menge $\{x\}$.

Identität von Zweiermengen bei einem gegebenen Element $\{x, y\} = \{z, u\} \wedge x = z \longrightarrow y = u$.

Beispiel 1.126

Zur Montage eines Windrads stellen wir immer einen Rotor und ein Getriebe bereit. Werker Meier montiert gerade ein Getriebe. Dann muss das zweite Teil ein Rotor sein. ◄

Identität von Zweiermengen, kein Element gegeben $\{x, y\} = \{z, u\} \longleftrightarrow x = z \wedge y = u \vee x = u \vee y = z.$

Beispiel 1.127

Zur Montage eines Windrads stellen wir immer einen Rotor und ein Getriebe bereit. Wenn Werker Meier zuerst ein Getriebe montiert, dann ist das zweite ein Rotor. Wenn Werker Meier zuerst einen Rotor montiert, dann ist das zweite ein Getriebe. ◄

Analog können wir Mengen bestimmen, die aus den Elementen x, y, z usw. gebildet werden. Wenn „$\{x_1, x_2, \ldots, x_n\}$" eine aus den Elementen $x_1, \ldots, x_n$ bestehende Menge bezeichnet, dann können wir allgemein definieren: $z \in \{x_1, x_2, \ldots, x_n\} \longleftrightarrow z = x_1 \vee z = x_2 \vee \ldots \vee z = x_n$. Wenn die Gegenstände $x_1, x_2, \ldots, x_n$ voneinander verschieden sind, dann ist die Menge $\{x_1, x_2, \ldots, x_n\}$ eine Menge mit n Elementen.

1.7 Relationenkalkül

Kein Gegenstand steht für sich alleine in einer eigenen Welt. Wenn wir die einfachsten Gesetze der Physik nehmen, dann hat jeder Gegenstand zu jedem beliebigen anderen eine Entfernung, eine Geschwindigkeit, mit der er sich auf den anderen zu bewegt, eine Kraft, mit der er den anderen anzieht, eine Strahlung, die er an ihn abgibt, usw. In der Produktion verwenden wir derartige Relationen bzw. deren Abbildungen, um vergangene, gegenwärtige oder zukünftige Transformationen und Zustände zu beschreiben; so legt eine der grundlegendsten Relationen fest, welcher Gegenstand in einer bestimmten Transformation Arbeitsgegenstand und welcher andere Gegenstand Arbeitsmittel ist. Sind zwei andere Gegenstände äquivalent, so können sie sich als Bauteil gegenseitig ersetzen. Andererseits sind diese Relationen Gegenstand einer intentionalen Festlegung: Wir erproben mögliche Zuordnungen und Beziehungen, um die hinsichtlich einer gegebenen Zielsetzung bestmögliche Sequenz von Zuständen einer Produktion als gewollte Abfolge von Zuordnungen, als Plan, vorgeben zu können.

1.7.1 Geordnete Mengen. Relationen im Mengenkalkül. Kartesisches Produkt

Den Begriff des geordneten Paares mit einem ersten Element x und einem zweiten Element y definieren wir über die Termini des Mengenkalküls. Wir bezeichnen ein *geordnetes Paar* mit Hilfe des Symbols „$\langle x, y\rangle$“, das wir wie folgt definieren: $\langle x, y\rangle = \{\{x\}, \{x, y\}\}$. Mit dem folgenden Theorem drücken wir die Bedingung für die *Identität geordneter Paare* aus: $\langle x, y\rangle = \langle z, u\rangle \longleftrightarrow x = z \wedge y = u$. Geordnete Paare sind demnach genau dann identisch, wenn ihre ersten Elemente miteinander identisch sind und ihre zweiten Elemente miteinander identisch sind.

Beispiel 1.128

Geordnete Paare

Wir geben zu jedem Windrad die Identnummer und die Kundennummer an: $\langle 4711, 5812\rangle$. Es liegen zwei Listen vor. In der einen werden Identnummer und Kundennummer mit $\langle x, y\rangle$, in der anderen mit $\langle z, u\rangle$ bezeichnet. Auf beiden Listen steht: $\langle 4711, 5812\rangle$. Dann sind diese geordneten Paare identisch. ◄

Wir leiten aus diesem Theorem anhand der Regel der Negation der Glieder einer Äquivalenz und des Gesetzes der Negation der Konjunktion das Theorem von der *Verschiedenheit geordneter Paare* ab: $\langle x, y\rangle \neq \langle z, u\rangle \longleftrightarrow x \neq z \vee y \neq u$. Zwei geordnete Paare sind demnach genau dann verschieden, wenn ihre ersten Elemente voneinander verschieden sind oder wenn ihre zweiten Elemente voneinander verschieden sind.

Analog definieren wir den Ausdruck „geordnetes Tripel mit einem ersten Element x, einem zweiten Element y und einem dritten Element z“: $\langle x, y, z\rangle = \{\{x\}, \{x, y\}, \{x, y, z\}\}$. *Geordnete Tripel* sind dann und nur dann identisch, wenn ihre ersten Elemente miteinander identisch sind, wenn ihre zweiten Elemente miteinander identisch sind und wenn ihre dritten Elemente miteinander identisch sind [BORK76].

Ganz allgemein verwenden wir zur Bezeichnung *geordneter n-Tupel* das Symbol „$\langle x_1, x_2, \ldots, x_n\rangle$“. Solche geordneten n-Tupel sind genau dann identisch, wenn das i-te Elemente eines geordneten n-Tupels mit dem i-ten Element des zweiten n-Tupels (für jedes i von 1 bis n) identisch ist. Geordnete n-Tupel sind verschieden, wenn sie sich wenigstens in einem einander entsprechenden Element unterscheiden.

Beispiel 1.129

Geordnete Paare/geordnete Tripel

Für geordnete Paare oder geordnete Tripel können wir in den Windkraftwerken zahlreiche Beispiele angeben: Wir führen bspw. für jeden Werker den Familienstand, für jedes Kaufteil den Lieferanten, für jedes Windrad die Rotorgröße. Ein Tripel erhalten wir, wenn wir neben Windrad und Rotorgröße noch die Höhe einführen: $\langle$Pustetreu, 60, 185$\rangle$. ◀

Einen der grundlegenden logischen Begriffe, den Relationsbegriff, definieren wir mittels des Begriffes des geordneten n-Tupels: Eine *n-gliedrige Relation* ist eine Klasse bestimmter geordneter n-Tupel. Im Speziellen gilt: Eine *zweigliedrige Relation* ist eine Klasse bestimmter geordneter Paare. Weil zweigliedrige Relationen bestimmte Mengen sind, lassen sich alle Termini des Mengenkalküls, im Besonderen die Termini der Booleschen Algebra, auf Relationen anwenden. Als Variablen, die Relationen repräsentieren, nutzen wir die Buchstaben: R, S, T usw. Der Kontext zeigt, wie viele Glieder die Relation hat.

Mit dem Ausdruck „$\langle x, y\rangle \in R$" äquivalent ist der Ausdruck „xRy":

$$xRy \longleftrightarrow \langle x, y\rangle \in R. \tag{1.6}$$

Den Ausdruck „xRy" lesen wir: x steht in der Relation R zu y. Nach dieser Äquivalenz steht x in der Relation R zu y dann und nur dann, wenn das geordnete Paar $\langle x, y\rangle$ Element der Relation R und damit einer bestimmten Klasse geordneter Paare ist. Mit der Schreibweise „xRy" betrachten wir die aussagenbildenden Funktoren von zwei Namenargumenten als Ausdrücke, die zweigliedrige Relationen bezeichnen. Nach der Relationsdefinition ist bspw. die Relation, eine Baugruppe eines Produkts zu sein, eine bestimmte Klasse geordneter Paare von Sachen, und zwar solcher Paare, dass die erste dieser Sachen eine Baugruppe der zweiten Sache ist.

Analog gilt bei n-gliedrigen Relationen die Äquivalenz:

$$R(x_1, x_2, \ldots, x_n) \longleftrightarrow \langle x_1, x_2, \ldots, x_n\rangle \in R. \tag{1.7}$$

Den Ausdruck „$R(x_1, x_2, \ldots, x_n)$" lesen wir: „Zwischen den Gegenständen $x_1, x_2, \ldots, x_n$ besteht die Relation R". Nach dieser Äquivalenz besteht die Relation R zwischen den Gegenständen $x_1, x_2, \ldots, x_n$ dann und nur dann, wenn das geordnete Tupel $\langle x_1, x_2, \ldots, x_n\rangle$ Element der Klasse R ist, die ihrerseits eine bestimmte Klasse geordneter Tupel von n Elementen ist. Wenn wir die aussagenbildenden Funktoren von n Namenargumenten als Ausdrücke betrachten, die n-gliedrige Relationen bezeichnen, dann sagen wir bspw., dass der Ausdruck „Olsberg liegt zwischen Frankfurt und Bremen" feststellt, dass eine bestimmte dreigliedrige Relation zwischen diesen drei Städten besteht. Der Ausdruck stellt ja fest, dass das geordnete Tripel, dessen erstes Element Olsberg, dessen zweites Element Frankfurt und dessen drittes Element Bremen ist, Element einer bestimmten Klasse geordneter Tripel von Orten ist, derart, dass der erste dieser Orte zwischen dem zweiten und dritten liegt.

Mit der Äquivalenz 1.6 sowie der Definition der Vereinigung, des Durchschnitts und des Komplements einer Menge erhalten wir für zweigliedrige Relationen die folgenden

Äquivalenzen:

$$xR \cup Sy \longleftrightarrow xRy \vee xSy, \tag{1.8}$$
$$xR \cap Sy \longleftrightarrow xRy \wedge xSy, \tag{1.9}$$
$$xR^{*}y \longleftrightarrow \neg xRy. \tag{1.10}$$

Der Äquivalenz 1.7 folgend ist die Relation $R \cup S$, die *Vereinigung der Relationen R und S* eine Relation, die dann und nur dann zwischen zwei Gegenständen besteht, wenn zwischen diesen die Relation R oder die Relation S besteht. Beispielsweise ist die Relation „Montagestruktur“ die Vereinigung der Relation „wird verwendet in“ und der Relation „ist zusammengesetzt aus“, denn für jedes x sowie y gilt: x ist mit y genau dann in einer Montagestruktur verknüpft, wenn x eine Baugruppe von y ist oder x (unter anderem) aus y zusammengesetzt wird. Nach der Äquivalenz 1.9 ist die Relation $R \cap S$, der *Durchschnitt der Relation R und der Relation S* eine Relation, die dann und nur dann zwischen zwei Gegenständen besteht, wenn zwischen diesen Gegenständen sowohl die Relation R als auch die Relation S besteht. Beispielsweise ist die Relation „Kostenbestimmendes Bauteil sein von und tragendes Bauteil sein von“ der Durchschnitt der Relation „Kostenbestimmendes Bauteil sein von“ und der Relation „tragendes Bauteil sein von“, denn für jedes x und y gilt: x ist genau dann kostenbestimmendes Bauteil von y und tragendes Bauteil von y, wenn x kostenbestimmendes Bauteil von y und x ein tragendes Bauteil von y ist. Nach 1.10 ist die Relation R^{*}, das *Komplement der Relation R*, eine Relation, die dann und nur dann zwischen zwei Gegenständen besteht, wenn die Relation R zwischen diesen Gegenständen nicht besteht. Beispielsweise ist die Relation „Nicht kostenbestimmendes Bauteil sein von“ das Komplement der Relation „kostenbestimmendes Bauteil sein von“, denn für jedes x und y gilt: x ist genau dann nicht kostenbestimmendes Bauteil von y, wenn x kein kostenbestimmendes Bauteil von y ist.

Beispiel 1.130

Äquivalenz/Vereinigung/Durchschnitt von Relationen

Baugruppe A3 ist Rotor ∪ Getriebe von Windrad Pustetreu ⟷ Baugruppe A3 ist Rotor von Windrad Pustetreu oder Baugruppe A3 ist Getriebe von Windrad Pustetreu.
Teil XYZ ist Originalteil ∩ Ersatzteil von Windrad Pustetreu ⟷ Teil XYZ ist Originalteil und Teil XYZ ist Ersatzteil von Windrad Pustetreu.
Teil 1234 wird in Windrad Pustetreu nicht verwendet ⟷ Nicht Teil 1234 wird in Windrad Pustetreu verwendet.
Baugruppe A3 ist Rotor ∪ Getriebe von Windrad Pustetreu ⟷ ⟨Baugruppe A3, Windrad Pustetreu⟩ ∈ Rotor ∪ Getriebe ⟷ ⟨Baugruppe A3, Windrad Pustetreu⟩ ∈ Rotor ∨ ⟨Baugruppe A3, Windrad Pustetreu⟩ ∈ Getriebe ⟷ Baugruppe A3 ist Rotor von Windrad Pustetreu oder Baugruppe A3 ist Getriebe von Windrad Pustetreu. ◂

Von der Äquivalenz 1.6 und der Definition des Enthaltenseins von Mengen ausgehend gelangen wir zu den Äquivalenzen: $R \subset S \longleftrightarrow \underset{\langle x,y\rangle}{\forall} (\langle x, y\rangle \in R \longrightarrow \langle x, y\rangle \in S) \longleftrightarrow \underset{x,y}{\forall} (xRy \longrightarrow xSy)$, aus denen Äquivalenz 1.11 folgt:

$$R \subset S \longleftrightarrow \underset{x,y}{\forall} (xRy \longrightarrow xSy). \tag{1.11}$$

Den Ausdruck „$R \subset S$“ lesen wir „die Relation R ist *in der Relation S enthalten*“, oder: „die Relation R ist *Unterrelation* der Relation S“. Dieser Äquivalenz zu Folge ist die Relation R in der Relation S dann und nur dann enthalten, wenn im Falle, dass die Relation R zwischen irgendwelchen Gegenständen besteht, auch die Relation S zwischen diesen Gegenständen besteht. Beispielsweise ist die Relation „wird verwendet in“ in der Relation „Montagestruktur“ enthalten, denn für jedes x und y gilt: Wenn x für y verwendet wird, dann ist x in der Montagestruktur von y enthalten.

Den Sachverhalt, dass R eine zweigliedrige Relation ist, schreiben wir in folgender Form:

$$u \in R \longrightarrow \underset{x,y}{\exists}\, u = \langle x, y\rangle\,.$$

Aus dem Extensionalitätsaxiom für Mengen leiten wir als Sonderfall das Extensionalitätsaxiom für zweigliedrige Relationen ab: $\underset{u}{\forall}(u \in R \longleftrightarrow u \in S) \longrightarrow R = S$. Ausgehend von der Annahme $u \in R \longrightarrow \underset{x,y}{\exists}\, u = \langle x, y\rangle$ lässt sich die folgende Äquivalenz beweisen: $\underset{u}{\forall}(u \in R \longleftrightarrow u \in S) \longleftrightarrow \underset{x,y}{\forall} (\langle x, y\rangle \in R \longleftrightarrow \langle x, y\rangle \in S)$. Nach diesem Theorem ist das Extensionalitätsaxiom für zweigliedrige Relationen mit dem folgenden Theorem äquivalent: $\underset{x,y}{\forall} (\langle x, y\rangle \in R \longleftrightarrow \langle x, y\rangle \in S) \longrightarrow R = S$. Aufgrund von 1.6 ist dieses Gesetz äquivalent mit dem Gesetz: $\underset{x,y}{\forall} (xRy \longleftrightarrow xSy) \longrightarrow R = S$. Die Umkehrung beweisen wir über die Regel der Ersetzung der Identitätsglieder. Als Spezialfall der Äquivalenz 1.2, Abschn. 1.6.1 erhalten wir folglich die Äquivalenz:

$$R = S \longleftrightarrow \underset{x,y}{\forall} (xRy \longleftrightarrow xSy). \tag{1.12}$$

Nach dieser Äquivalenz ist eine Relation R mit einer Relation S genau dann identisch, wenn die Relation R zwischen den und nur den Gegenständen besteht, zwischen denen die Relation S besteht. Dann sind beide Relationen als Mengen derselben Paare identisch; also sind Relationen, die zwischen denselben Gegenständen bestehen, identisch.

Beispiel 1.131

Enthaltensein

x ist identisch mit x, weil x dieselben Eigenschaften besitzt wie x. Also ist das Tupel der Eigenschaften in beiden Fällen identisch, oder besser: immer dasselbe. Sonst ist x nicht identisch mit x. Aber dann hat x auch immer dieselben Relationen, ausgehend von immer denselben Eigenschaften.

Wenn wir nur die gegenseitige Lage betrachten und alle anderen Merkmale vernachlässigen, dann hat x auch nur die Lageeigenschaft. Alle Gegenstände mit denselben Ortskoordinaten sind dann identische Orte. ◄

Beispiel 1.132

Enthaltensein/Lagebeziehung

In der Dreherei der Windkraftwerke stehen fünf Drehmaschinen. Gegeben seien die gegenseitigen Entfernungen in der Relation „Maschinenabstände in der Dreherei". Diese Maschinen sind mitsamt den Abständen in der Relation „Maschinenabstände in den Windkraftwerken" enthalten. ◄

Die *zweigliedrige Allrelation* ist die Klasse aller geordneten Paare, also die Klasse der Paare $\langle x, y \rangle$ mit $\langle x, y \rangle = \langle x, y \rangle$. Die *zweigliedrige leere Relation* ist das Komplement der zweigliedrigen Allrelation, also die Klasse der Paare $\langle x, y \rangle$ mit $\langle x, y \rangle \neq \langle x, y \rangle$.

Beispiel 1.133

Allrelation

Wir betrachten alle Maschinen der Windkraftwerke mit ihren gegenseitigen Abständen. Das sind die Maschinen unseres „Universums". Maschinen in anderen Fabriken sind in anderen Universen und selbst wenn wir davon irgendwelche Abstandsangaben haben sollten, können wir die in unsere Welt nicht einordnen. Also gehören diese Angaben zum Komplement unserer zweigliedrigen Allrelation. ◄

Für die Vereinigung, den Durchschnitt, das Komplement, das Enthaltensein und die Identität von zweigliedrigen Relationen sowie für die zweigliedrige Allrelation und die leere Relation gelten alle Gesetze des Systems der Booleschen Algebra. Ein analoges Theorem gilt allgemein für n-gliedrige Relationen.

Beispiel 1.134

Boolesche Algebra

$V \neq \emptyset$: Die Allrelation ist nicht leer, es existiert mindestens ein geordnetes Element.

$R \cup \emptyset$: Eine Relation, die um kein Element erweitert wird, bleibt dieselbe Relation.

$R \cup R^*$: Das ist die Allrelation. R sei bspw. die Verwendungsstruktur. Dann ist R^* die Erzeugnisstruktur (bzw. die Menge aller anderen Strukturen) und die Vereinigung die Montagestruktur (bzw. die Menge aller Strukturen).

$R \cap V = R$: R hat mit der Allrelation sich selbst gemeinsam. ◀

Im Mengenkalkül definieren wir mittels des Terminus des geordneten Paares das kartesische Produkt zweier Mengen. Wir bezeichnen das *kartesische Produkt* der Mengen A und B mit Hilfe des Symbols „$A \times B$" und definieren wie folgt: $\langle x, y\rangle \in A \times B \longleftrightarrow x \in A \wedge y \in B$. Demnach ist das kartesische Produkt der Mengen A und B die Menge der geordneten Paare, deren erste Elemente der Menge A und deren zweite Elemente der Menge B angehören.

Beispiel 1.135

Kartesisches Produkt

a) $\{1, 2\} \times \{A, B\} = \{\langle 1, A\rangle, \langle 1, B\rangle, \langle 2, A\rangle, \langle 2, B\rangle\}$
b) $\{5\} \times \{4, 9\} = \{\langle 5, 4\rangle, \langle 5, 9\rangle\}$
c) Die Elemente von $\mathbb{N} \times \mathbb{N}$ sind alle geordneten natürlichen Zahlenpaare.
d) Das kartesische Produkt der Menge der Windräder Pustetreu, Pustefix, Wolkenquirl und der Menge der verfügbaren Rotoren {Stahl, Karbon, Holz} ergibt sich zu {Pustetreu, Pustefix, Wolkenquirl} × {Stahl, Karbon, Holz} = {⟨Pustetreu, Stahl⟩, ⟨Pustetreu, Karbon⟩, ⟨Pustetreu, Holz⟩, ⟨Pustefix, Stahl⟩, ⟨Pustefix, Karbon⟩, ⟨Pustefix, Holz⟩, ⟨Wolkenquirl, Stahl⟩, ⟨Wolkenquirl, Karbon⟩, ⟨Wolkenquirl, Holz⟩}
e) Als Menge A wird die Menge aller herstellbaren Rotoren definiert. Die Menge B sei die Menge der Farben. Die Menge aller geordneten Paare ergibt sich zu

		Menge B der Farben			
		Rot	Gelb	Grün	Grau
Menge A	171	171, rot	171, gelb	171, grün	171, grau
der herstellbaren	271	271, rot	171, gelb	271, grün	271, grau
Rotoren	371	371, rot	371, gelb	371, grün	371, grau
	471	471, rot	471, gelb	471, grün	471, grau
	571	571, rot	571, gelb	571, grün	571, grau

◀

Entsprechend definieren wir das kartesische Produkt von n Mengen $A_1, A_2, \ldots, A_n$ als die Menge der geordneten n-Tupel $\langle x_1, x_2, \ldots, x_n \rangle$ mit $x_1 \in A_1, x_2 \in A_2, \ldots, x_n \in A_n$. Für das kartesische Produkt von Mengen gelten die folgenden Gesetze:

Distributivität bezüglich der Vereinigung $(A \cup B) \times C = (A \times C) \cup (B \times C), C \times (A \cup B) = (C \times A) \cup (C \times B)$,

Distributivität bezüglich des Durchschnitts $(A \cap B) \times C = (A \times C) \cap (B \times C), C \times (A \cap B) = (C \times A) \cap (C \times B)$,

Distributivität bezüglich der Differenz $(A - B) \times C = (A \times C) - (B \times C), C \times (A - B) = (C \times A) - (C \times B)$.

Weitere wichtige Gesetze, die für das kartesische Produkt gelten, sind $A \cap B = \emptyset \longrightarrow (A \times C) \cap (B \times C) = \emptyset$, $C \neq \emptyset \longrightarrow (A \subset B \longleftrightarrow A \times C \subset B \times C \longleftrightarrow C \times A \subset C \times B)$, $\{a_1, \ldots, a_n\} \times A = \{a_1\} \times A \cup \ldots \cup \{a_n\} \times A$.

Beispiel 1.136

Durchschnitt, Enthaltensein, Vereinigung

$$
\begin{aligned}
&\{\text{Windrad Pustetreu, Getriebe Planeto}\} \\
&\quad \cap \{\text{Windrad Pustefix, Getriebe Schrägzahn}\} = \emptyset \\
&\longrightarrow \{\text{Windrad Pustetreu, Getriebe Planeto}\} \times \{\text{Starkwind, Schwachwind}\} \\
&\quad \cap \{\text{Windrad Pustefix, Getriebe Schrägzahn}\} \times \{\text{Starkwind, Schwachwind}\} = \emptyset
\end{aligned}
$$

$$
\begin{aligned}
&C := \{\text{Starkwind, Schwachwind}\} \neq \emptyset \\
&\longrightarrow (\{\text{Windrad Pustetreu, Getriebe Planeto}\} \\
&\quad \subset \{\text{Windrad Pustetreu, Getriebe Planeto, Generator Calypso}\} \\
&\longleftrightarrow \{\text{Windrad Pustetreu, Getriebe Planeto}\} \times \{\text{Starkwind, Schwachwind}\} \\
&\quad \subset \{\text{Windrad Pustetreu, Getriebe Planeto, Generator Calypso}\} \\
&\qquad \times \{\text{Starkwind, Schwachwind}\} \\
&\longleftrightarrow \{\text{Starkwind, Schwachwind}\} \times \{\text{Windrad Pustetreu, Getriebe Planeto}\} \\
&\quad \subset \{\text{Starkwind, Schwachwind}\} \\
&\qquad \times \{\text{Windrad Pustetreu, Getriebe Planeto, Generator Calypso}\})
\end{aligned}
$$ ◀

1.7.2 Reflexivität, Symmetrie, Transitivität

Wir bezeichnen die Menge der *in einer Menge A reflexiven Relationen* mit dem Symbol „$refl(A)$": $R \in refl(A) \longleftrightarrow \underset{x \in A}{\forall} xRx$. Eine Relation R ist genau dann in einer Menge A reflexiv, wenn jedes Element der Menge A in der Relation R zu sich selbst steht.

Beispiel 1.137

Reflexivität

Die Eigenschaft „reflexiv" einer Relation bedeutet den Vergleich mit, die Anwendung der Relation auf sich selbst. Das heißt ja nicht: Windrad mit Identnummer 47114711 wird mit einem anderen Windrad mit derselben Identnummer verglichen. Das wäre ja ein Widerspruch. Aber mit einem Muster für ein Bündel von Eigenschaften, die dieses Windrad erfüllen muss. Gegebenenfalls ist das dann wirklich eine Identnummer, die als Barcode dargestellt wird. Oder ein Musterwindrad oder eine Prüflehre, mit der der Durchmesser einer Welle geprüft wird. Immer wird auf „Gleichheit" geprüft. Weitere Beispiele für reflexive Relationen im täglichen Leben:

- Die Relation, die zwischen Menschen genau dann besteht, wenn sie dasselbe Alter haben, ist eine reflexive Relation in der Menge der Menschen; jeder Mensch ist gleichaltrig mit sich selbst.
- Die Relation, die zwischen Windrädern genau dann besteht, wenn sie gleich groß, gleich schwer, gleich teuer usw. sind, ist eine reflexive Relation in der Menge der Windräder. Jedes Windrad ist gleich groß mit sich selbst (Ordnungsrelationen). ◄

Eine Relation R ist in einer Menge A genau dann *nichtreflexiv*, wenn es mindestens ein Element der Menge A gibt, das nicht zu sich selbst in der Relation R steht: Wir stehen in Relation zu einem Gegenstand und betrachten einen Sachverhalt, den ein einzelnes Element allein nicht erfüllen kann. Das gilt grundsätzlich für jeden Komparativ. Wir bezeichnen die Menge der *in einer Menge A irreflexiven* Relationen mit dem Symbol „$irr(A)$": $R \in irr(A) \longleftrightarrow \underset{x \in A}{\forall} \neg xRx$. Eine Relation R ist genau dann in einer Menge A irreflexiv, wenn kein Element der Menge A in der Relation R zu sich selbst steht.

Beispiel 1.138

Irreflexivität

Hier gilt die ausschließliche Relation zu anderen Gegenständen generell:

- Die Relation „Vorgesetzter sein von" in der Menge der Mitarbeiter der Windkraftwerke. Niemand ist sein eigener Vorgesetzter.
- Die Relation „Kollege sein von" in der Menge der Mitarbeiter der Windkraftwerke.

- Die Relation „Wechselschichter sein von".
- Die Relation „Lieferwerk sein von" in der Menge der Werke der Windkraftwerke.
- Die Relation, die zwischen zwei Ereignissen besteht, wenn eines von diesen zeitlich als das zweite erfolgt, ist eine irreflexive Relation, denn kein Ereignis geht sich selbst zeitlich voraus. ◀

Neben diesen relativierten Begriffen der reflexiven, nichtreflexiven und irreflexiven Relation in einer Menge A verwenden wir die entsprechenden nichtrelativierten Begriffe einer reflexiven, nichtreflexiven und irreflexiven Relation. Die Definitionen dieser Begriffe leiten wir aus den vorangegangenen Definitionen ab, indem wir annehmen, dass die Menge A der Bereich[34] der Relation R ist.

Eine Relation R ist genau dann *reflexiv*, wenn jedes Element des Bereichs der Relation R zu sich selbst in der Relation R steht: $R \in \mathit{refl} \longleftrightarrow \underset{x \in C(R)}{\forall} xRx$.[35]

Eine Relation R ist genau dann *nichtreflexiv*, wenn es Elemente des Bereichs der Relation R gibt, die nicht zu sich selbst in der Relation R stehen.

Eine Relation R ist genau dann *irreflexiv*, wenn kein Element des Bereichs der Relation R zu sich selbst in der Relation R steht:

$$R \in \mathit{irr} \longleftrightarrow \underset{x \in C(R)}{\forall} \neg xRx .$$

Eine reflexive Relation in der Allmenge heißt eine *total reflexive Relation*; wir bezeichnen sie mit dem Symbol „*reflex*". Aufgrund des Theorems: $x \in V$ ist der Ausdruck „$\underset{x \in V}{\forall} xRx$" äquivalent mit dem Ausdruck „$\underset{x}{\forall} xRx$". Daher gilt: $R \in \mathit{reflex} \longleftrightarrow \underset{x}{\forall} xRx$. Eine Relation R ist genau dann total reflexiv, wenn jeder Gegenstand in dieser Relation zu sich selbst steht.

Beispiel 1.139

Reflexivität

Eine reflexive Relation

- ist die Relation der Gleichzeitigkeit, deren Bereich die Menge aller Ereignisse ist. Jedes Ereignis ist mit sich selbst gleichzeitig.
- ist die Relation „Ersatzteil sein von", deren Bereich die Menge aller in den Windkraftwerken eingesetzten Teile ist, wenn jedes Teil sein eigenes Ersatzteil ist und nicht (nur) auf spezielle Ersatzteile verwiesen wird.

Eine total reflexive Relation ist die

- Identitätsrelation, denn jeder Gegenstand ist mit sich selbst identisch. ◀

---

[34] Zum *Bereich* (R) einer Relation R siehe Bd. 1, Kap. 5, Relationen.

[35] C bezeichnet den Bereich einer Relation R.

Eine Relation R ist genau dann in einer Menge A symmetrisch, wenn sie, falls sie zwischen beliebigen Elementen der Menge A in einer Richtung besteht, zwischen ihnen auch in der umgekehrten Richtung besteht. Die Menge der *symmetrischen Relationen in einer Menge A* bezeichnen wir mit dem Symbol „$sym(A)$". Wir definieren wie folgt: $R \in sym(A) \longleftrightarrow \underset{x,y \in A}{\forall} (xRy \longrightarrow yRx)$.

Wenn wir wieder als Menge A den Bereich der Relation R annehmen und die Äquivalenz: $x, y \in C(R) \wedge xRy \longleftrightarrow xRy$ verwenden, erhalten wir die folgende Äquivalenz, die den nichtrelativierten Begriff der symmetrischen Relation bestimmt: Eine Relation ist genau dann *symmetrisch*, wenn sie, falls sie zwischen zwei Gegenständen in einer Richtung besteht, zwischen ihnen auch in umgekehrter Richtung besteht: $R \in sym \longleftrightarrow \underset{x,y}{\forall} (xRy \longrightarrow yRx)$.

Beispiel 1.140

Symmetrische Relationen

„Symmetrie" einer Relation heißt: Wir vergleichen zwei Gegenstände oder messen irgendeine Beziehung zwischen diesen beiden Gegenständen. Es ist bei Symmetrie gleichgültig, wo wir anfangen zu messen. Unabhängig davon, ob wir bei dem einen oder anderen beginnen, das Ergebnis der Messung ist dasselbe: Die Relation besteht richtungsunabhängig bzw. in beide Richtungen. Also reden wir hier nicht von: „Lieferant a liefert an Empfänger b zwei Pakete", sondern von „zwischen Unternehmen a und Unternehmen b herrscht ein Materialfluss von zwei Paketen/Woche".

Beispiele für die Symmetrie von Relationen sind

- die Relation „erfolgt gleichzeitig mit". Die Relation der Gleichzeitigkeit ist symmetrisch, denn für jedes x und y gilt: Wenn ein Ereignis x gleichzeitig mit einem Ereignis y erfolgt, dann erfolgt das Ereignis y gleichzeitig mit dem Ereignis x.
- die Relation „verwandt sein mit". Diese Relation ist eine symmetrische Relation in der Menge der Menschen, denn für jedes x und y gilt: Wenn x verwandt ist mit y, dann ist y verwandt mit x. Das gilt genauso für Produkte, Werkzeuge usw.
- die Relation „Luftlinienabstand haben zu". Diese Relation ist symmetrisch in der Menge der Windkraftwerke. Dasselbe gilt für den rechtwinkligen Abstand.
- die Relation „auf derselbe Hierarchiestufe stehen wie". Diese Relation ist symmetrisch in der Menge der Windkraftwerke-Mitarbeiter. Wenn gilt „Meister Eder steht auf derselben Ebene wie Meister Müller", dann gilt auch „Meister Müller steht auf derselben Ebene wie Meister Eder". ◄

Eine Relation R ist genau dann *in einer Menge A nicht symmetrisch*, wenn es solche Elemente der Menge A gibt, zwischen denen die Relation R in einer Richtung, nicht aber in der umgekehrten Richtung besteht. Eine Relation R ist genau dann *nicht symmetrisch*, wenn es solche Elemente des Bereichs dieser Relation gibt, zwischen denen die Relation R in einer Richtung, nicht aber in der umgekehrten Richtung besteht.

Beispiel 1.141

Nicht symmetrische Relationen

Wenn wir hier zwei Gegenstände hinsichtlich einer Relation betrachten, dann ist es bei einigen Gegenständen nicht egal, wo wir mit diesem Vergleich beginnen, bei anderen schon. Bei den ersteren gilt: Wir messen von x nach y und stellen fest: a. Wir messen von y nach x und stellen fest: b. Das gilt für Entfernungen entlang den Verkehrswegen bei Einbahnverkehr oder bei einem gerichteten Materialfluss.

- Die Relation „Schwester sein von" ist nicht symmetrisch in der Menge der Menschen, denn es gibt solche Menschen, sodass ein Mensch die Schwester eines zweiten ist, aber der zweite Mensch nicht die Schwester des ersten (sondern der Bruder).
- Die Relation „Ersatzteil sein von" ist nicht symmetrisch in der Menge der Teile der Windkraftwerke, weil es Teile gibt, die Ersatzteil für ein zweites Teil sind, aber nicht umgekehrt das zweite Teil Ersatzteil für das erste Teil.
- Die Relation des Enthaltenseins von Mengen ist nicht symmetrisch, denn es gibt Mengen, von denen die erste in der zweiten enthalten ist, nicht aber die zweite in der ersten. ◄

Eine Relation R heißt genau dann *in einer Menge A asymmetrisch*, wenn diese Relation, falls sie zwischen zwei beliebigen Elementen der Menge A in einer Richtung besteht, zwischen ihnen nicht in der umgekehrten Richtung besteht. Wir bezeichnen die Menge der asymmetrischen Relationen in einer Menge A mit dem Symbol „$as(A)$". Wir definieren wie folgt: $R \in as(A) \longleftrightarrow \underset{x,y \in A}{\forall} (xRy \longrightarrow \neg yRx)$.

Wenn wir als Menge A den Bereich der Relation R annehmen und die Äquivalenz: $x, y \in C(R) \wedge xRy \longleftrightarrow xRy$ verwenden, dann erhalten wir die folgende Definition einer asymmetrischen Relation: Eine Relation heißt genau dann asymmetrisch, wenn sie, falls sie zwischen zwei beliebigen Gegenständen in einer Richtung besteht, zwischen ihnen nicht in der umgekehrten Richtung besteht: $R \in as \longleftrightarrow \underset{x,y}{\forall} (xRy \longrightarrow \neg yRx)$.

Beispiel 1.142

Asymmetrische Relationen

„Asymmetrie" heißt: Eine Beziehung zwischen zwei beliebigen Elementen, wenn sie denn besteht, geht nur in eine Richtung. Das gilt auch, wenn wir zwei gleiche Elemente a betrachten. Weil das in aller Regel Unsinn ist, schließen wir die Betrachtung zweier Elemente a bei Asymmetrie über die Relation aus – sie besteht nicht zwischen x und x.

Ein formales Beispiel ist das Umladetransportproblem. Zwischen zwei Orten A und B darf nur in einer Richtung transportiert werden. Von einem Ort A zu einem Ort A kann eine fiktive Menge transportiert werden, um das Problem auf ein bestimmtes Niveau zu heben, auf dem keine negativen Transporte auftreten. Aber dann haben wir genau diesen Fall: Eine Relation zwischen zwei beliebigen Elementen besteht nur in einer Richtung.

- Die Relation „Vater sein von“ in der Menge der Menschen ist asymmetrisch, denn wenn eine Person der Vater einer zweiten ist, dann ist die zweite nicht der Vater der ersten. Und niemand ist sein eigener Vater.
- In einer gerichteten Produktion („Flow Shop“) ist eine Maschine x, die Nachfolger einer Maschine y ist, nicht zugleich auch Vorgänger dieser Maschine.
- In einer Montage ist ein Teil, das in einer Baugruppe verwendet wird, nicht zugleich Verwender dieser Baugruppe. ◀

Eine Relation heißt *schwach asymmetrisch in einer Menge A* genau dann, wenn diese Relation, falls sie zwischen zwei beliebigen *unterschiedlichen* Elementen der Menge A in einer Richtung besteht, zwischen ihnen nicht in der umgekehrten Richtung besteht. Wir bezeichnen die Menge dieser Relationen mit dem Symbol „$as^*(A)$“: $R \in as^*(A) \longleftrightarrow \underset{x,y \in A}{\forall} (xRy \wedge x \neq y \longrightarrow \neg yRx)$.

Eine Relation heißt genau dann *schwach asymmetrisch*, wenn sie, falls sie zwischen zwei beliebigen *unterschiedlichen* Gegenständen in einer Richtung besteht, zwischen ihnen nicht in der umgekehrten Richtung besteht:

$$R \in as^*(A) \longleftrightarrow \underset{x,y}{\forall} (xRy \wedge x \neq y \longrightarrow \neg yRx) .$$

Beispiel 1.143

Schwach asymmetrisch

- In einer beliebigen Menge von Zahlen ist die Relation $\leq$ schwach asymmetrisch, denn für alle Zahlen x und y einer solchen Menge gilt: $x \leq y \wedge x \neq y \longrightarrow \neg y \leq x$. Das gilt für alle Vergleiche hinsichtlich des Gewichts, der Größe, des Umsatzes usw.
- Die Relation des Enthaltenseins von Mengen ist schwach asymmetrisch, denn: $\underset{A,B}{\forall} (A \subset B \wedge A \neq B \longrightarrow \neg B \subset A)$. Hier sei A bspw. die Menge der Starkwind-Windräder, B die Menge aller Windradtypen, die die Windkraftwerke herstellen. ◀

Wenn eine Relation, falls sie zwischen einem Gegenstand und einem zweiten Gegenstand, sowie zwischen diesem zweiten und einem dritten Gegenstand besteht, auch zwischen dem ersten und dem dritten Gegenstand besteht, dann heißt diese Relation transitiv. Die

Menge der *transitiven Relationen in einer Menge A* bezeichnen wir mit dem Symbol „$trans(A)$“: $R \in trans(A) \longleftrightarrow \underset{x,y,z \in A}{\forall} (xRy \wedge yRz \longrightarrow xRz)$.

Wenn wir zum Feld einer Relation R übergehen, dann erhalten wir aus dieser Definition die folgende, transitive Relationen definierende Äquivalenz: $R \in trans \longleftrightarrow \underset{x,y,z}{\forall} (xRy \wedge yRz \longrightarrow xRz)$.

Beispiel 1.144

Transitivität

„Transitiv“ sind Relationen, die beliebig aneinandergereiht werden können.

- Die Relation $>$ ist in einer beliebigen Menge von Zahlen transitiv, denn für die beliebigen Zahlen x, y, z gilt: $x > y \wedge y > z \longrightarrow x > z$.
- Die Relation $\geq$ ist in einer beliebigen Menge von Zahlen transitiv.
- Die Relation des Enthaltenseins von Mengen ist transitiv, denn: $\underset{A,B,C}{\forall} (A \subset B \wedge B \subset C \longrightarrow A \subset C)$.
- Die Identitätsrelation ist eine transitive Relation. ◄

Wir vergleichen demnach Attribute, die entweder in eine Ordnung gebracht werden können oder identisch sind. Nach diesen Definitionen ist eine Relation R genau dann nichttransitiv (in einer Menge A), wenn es solche Gegenstände x, y, z (die Elemente der Menge A sind) gibt, für die gilt: $xRy \wedge yRz \wedge \neg xRz$.

Beispiel 1.145

Nichttransitive Relationen

„Nichttransitiv“ sind Relationen, die nicht unbeschränkt mehrstufig vereinbart werden können.

- Die Relation „Ersatzteil sein von“ ist in der Menge aller Teile/Baugruppen usw. der Windkraftwerke eine nichttransitive Relation, wenn gilt: x ist Ersatzteil von y, y ist Ersatzteil von z, aber x ist nicht Ersatzteil von z.
- Auch die Relation „Stellvertreter sein von“ ist nur einstufig angelegt: Wenn Herr Maier der Stellvertreter von Herrn Müller ist und Herr Müller der Stellvertreter von Herrn Schulz, dann ist Herr Maier deswegen kein Stellvertreter von Herrn Schulz. Falls Herr Müller der Stellvertreter von Herrn Maier ist, dann ist Herr Maier nicht der Stellvertreter von sich selbst. ◄

Vergleichbar mit „asymmetrisch/schwach asymmetrisch (as/as^*)“ ist eine Relation genau dann *schwach transitiv*, wenn sie, falls sie zwischen einem Gegenstand und einem zweiten

Gegenstand sowie zwischen diesem zweiten und einem dritten Gegenstand besteht, auch zwischen dem ersten und dem dritten Gegenstand besteht, sofern der erste Gegenstand vom dritten Gegenstand verschieden ist. Die Menge der *schwach transitiven Relationen in einer Menge A* bezeichnen wir mit dem Symbol „*trans*$^*(A)$": $R \in trans^*(A) \longleftrightarrow \underset{x,y,z \in A}{\forall} (xRy \wedge yRz \longrightarrow x = z \vee xRz)$.

Wenn wir als Menge A den Bereich der Relation R annehmen, dann erhalten wir die folgende Definition einer schwach transitiven Relation: $R \in trans^* \longleftrightarrow \underset{x,y,z}{\forall} (xRy \wedge yRz \longrightarrow x = z \vee xRz)$.

Aufgrund der Gesetze des Aussagenkalküls folgt daraus die Äquivalenz: $R \in trans^* \longleftrightarrow \underset{x,y,z}{\forall} (xRy \wedge yRz \wedge x \neq z \longrightarrow xRz)$.

Beispiel 1.146

schwach transitiv

Die Relation „Ersatzteil sein von" sei in der Menge aller Teile/Baugruppen usw. der Windkraftwerke eine schwach transitive Relation. Dann gilt: Wenn x ist Ersatzteil von y, y ist Ersatzteil von z, dann ist auch x Ersatzteil von z.

Wir betrachten drei Fälle:

x, y und z sind auf einer Ebene/Produktionsstufe. x, y, z seien Getriebewellen. Die höherwertige Getriebewelle x ist Ersatzteil der Getriebewelle y, die höherwertige Getriebewelle y ist Ersatzteil der Getriebewelle z. Die Getriebewelle x kann die Getriebewelle z ersetzen.

Im zweiten Fall ist y eine Baugruppe, x ein Ersatzteil, das in der Familie von Baugruppen verwendet wird, der y angehört. y selbst ist wieder „Ersatzteil" in höher aggregierten Baugruppen (bspw. Getriebewelle x, Getriebewelle komplett y, Getriebe z). Normalerweise wird in Getriebe z die komplette Getriebewelle ausgetauscht und Getriebewelle y eingebaut. Erfahrene Monteure können aber auch Teile wie das Teil x bestellen und die Getriebewelle selbst montieren.

Im dritten Fall können die Getriebewellen x, y, z die Getriebewelle a ersetzen. Getriebewelle a ist zusammen mit den Getriebewellen b, c und d Ersatzteil für Getriebewelle x. Aber Getriebewelle a ist deswegen kein Ersatzteil für Getriebewelle a. Wenn man ein Ersatzteil für a bestellt, kann man hier nur unter Getriebewellen $\neq a$ wählen. ◄

Wenn eine Relation zwischen einem Gegenstand und einem weiteren Gegenstand sowie zwischen dem letzteren und einem dritten Gegenstand besteht, aber nicht zwischen dem ersten Gegenstand und dem dritten Gegenstand besteht, dann heißt diese Relation *intransitiv*. Wir bezeichnen sie mit dem Symbol „*intr*": $R \in intr \longleftrightarrow \underset{x,y,z}{\forall} (xRy \wedge yRz \longrightarrow \neg xRz)$, $R \in intr(A) \longleftrightarrow \underset{x,y,z \in A}{\forall} (xRy \wedge yRz \longrightarrow \neg xRz)$.

Im Gegensatz zu nichttransitiven Relationen sind intransitive Relationen generell so angelegt, dass sie nicht zwischen dem ersten und dem dritten Element existieren (können).

Beispiel 1.147

intransitiv

Wir betrachten die Relation „x ist Gebrauchsfaktor für die Herstellung von y". Beispielsweise ist die „Schleifmaschine Fortuna" Gebrauchsfaktor für die Herstellung von „Welle abc". „Fabrik Pleidelsheim" ist Gebrauchsfaktor für die Herstellung der „Schleifmaschine Fortuna". Dann ist „Fabrik Pleidelsheim" nicht Gebrauchsfaktor für die Herstellung von „Welle abc". ◄

Die folgenden Theoreme können mit Hilfe der definierten Termini formuliert werden. Dabei beschränken wir uns auf nichtrelativierte Relationen:

$R \in \mathit{refl} \wedge S \in \mathit{refl} \longrightarrow R \cup S \in \mathit{refl}$ Die Vereinigung zweier reflexiver Relationen ist wieder eine reflexive Relation.

Beispiel 1.148

Vereinigung/reflexiv

Wir betrachten die Menge aller Windräder der Windkraftwerke. Wir wählen die Relationen „Windrad x ist gleich stark wie Windrad y" und „Windrad x ist gleich teuer wie Windrad y". Dann beziehen sich diese Aussagen in der Regel auf unterschiedliche y. Aber wir betrachten ja hier nur ein x, und für jedes x der Vereinigungsmenge gilt: Windrad x ist gleich stark wie Windrad x oder Windrad x ist gleich teuer wie Windrad $x \longrightarrow$ Windrad x ist gleich schwer oder gleich teuer wie Windrad x. ◄

$R \in \mathit{refl} \wedge S \in \mathit{refl} \longrightarrow R \cap S \in \mathit{refl}$ Der Durchschnitt zweier reflexiver Relationen ist wieder eine reflexive Relation.

Beispiel 1.149

Durchschnitt/reflexiv

Wir betrachten die Menge aller Werker der Windkraftwerke. Wir wählen die Relation „Werker x hat die gleiche Qualifikation wie Werker y" und „Werker x hat dasselbe Gehalt wie Werker y" und bilden den Durchschnitt: „Werker x hat die gleiche Qualifikation und dasselbe Gehalt wie Werker y". Auch diese Aussage trifft auf den Vergleich von Werker x mit sich selbst zu. ◄

$R \in \mathit{refl} \longleftrightarrow R^* \in \mathit{irr}$ Eine Relation ist dann und nur dann reflexiv, wenn ihr Komplement irreflexiv ist.

Beispiel 1.150

Komplement/reflexiv

Gegeben sei der Werkskalender der Windkraftwerke. Wir betrachten die Reihenfolge von Zeitpunkten. Solange wir nur den Kalender ohne Plan- und Isttermine betrachten, liegt keine Gleichzeitigkeit vor: Im Kalender sind die (möglichen) Zeitpunkte mit der Relation „$<$“ eindeutig geordnet. Sobald Plantermine ermittelt werden, sind diese den Zeitpunkten des Kalenders zuzuordnen bzw. dazu in Relation zu setzen. Dann ist ein Zeitpunkt beim Vergleich gleichzeitig mit sich selbst. Die Ordnung findet nach „$\leq$“ statt. Dasselbe trifft auf die rückgemeldeten Isttermine zu: Isttermine müssen einem Zeitpunkt im Kalender zugeordnet und darüber hinaus mit den Plan- und anderen Istwerten verglichen werden. ◄

$R \in sym \longleftrightarrow R \subset R^{-1} \longleftrightarrow R = R^{-1}$ Eine Relation R ist dann und nur dann symmetrisch, wenn die Konversion der Relation R mit der Relation R identisch ist.

Beispiel 1.151

Konversion/symmetrisch

Die obige Aussage folgt unmittelbar aus der Definition der Symmetrie: $xRy \longrightarrow yRx$. Also bestehen alle Relationen ausgehend von x auch ausgehend von y. Wenn bspw. gilt: Alle Elemente x haben zu einem beliebigen Element y einen bestimmten Abstand, dann gilt auch: Ein Element y hat zu einem beliebigen Element x einen bestimmten Abstand. ◄

$R \in sym \wedge S \in sym \longrightarrow R \cup S \in sym$ Wenn zwei Relationen symmetrisch sind, dann ist ihre Vereinigung symmetrisch.

$R \in sym \wedge S \in sym \longrightarrow R \cap S \in sym$ Wenn zwei Relationen symmetrisch sind, dann ist ihr Durchschnitt symmetrisch.

$R \in sym \longleftrightarrow R^* \in sym$ Das Komplement einer Relation R ist genau dann eine symmetrische Relation, wenn die Relation R symmetrisch ist.

$R \in as \longleftrightarrow R \subset (R^*)^{-1}$ Wenn die Relation R asymmetrisch ist, dann ist R Untermenge der Konversion des Komplements.

Beispiel 1.152

Komplement/asymmetrisch

Wir betrachten eine gerichtete Materialfluss-Matrix. Damit existiert bspw. ein Fluss von a nach b, aber nicht von b nach a. In der Darstellung als „Dreiecksmatrix" wird das Komplement deutlich: die jeweils andere Hälfte der Matrix, das andere Dreieck. Und dieses andere Dreieck wird durch die Konversion auf das erste Dreieck an der Diagonale gespiegelt. ◄

$R \in as \longleftrightarrow R^{-1} \in as$ Eine Relation ist asymmetrisch genau dann, wenn ihre Konversion asymmetrisch ist.

$R \in trans \wedge S \in trans \longrightarrow R \cap S \in trans$ Der Durchschnitt von zwei transitiven Relationen ist eine transitive Relation. Wie Reflexivität und Symmetrie bleibt auch diese Eigenschaft bei der Bildung des Durchschnitts unverändert.

$R \in trans \longleftrightarrow R \bigcirc R \subset R$ Das Produkt von zwei transitiven Relationen ist eine transitive Relation.

Beispiel 1.153

Wir wählen als Relation „>" und die Zahlen 1, 2, 3. Es folgt: $3 > 2, 3 > 1, 2 > 1$. Damit können wir als relatives Produkt $(3 > 2) \bigcirc (2 > 1)$ bilden und erhalten $(3 > 1)$. ◄

$R \in trans \longleftrightarrow R^{-1} \in trans$ Die Konversion einer transitiven Relation ist eine transitive Relation.

Beispiel 1.154

Konversion/transitiv

Wir verwenden die Relation „>" und ordnen die Windräder der Windkraftwerke nach dem Preis. Dann gelten hier Sequenzen $x > y > z$. Für die Konversion gilt: $z < y < x$.

$R \in intr \longleftrightarrow R \bigcirc R \subset R^*$ Eine Relation R ist intransitiv genau dann, wenn das relative Produkt $R \bigcirc R$ Teilmenge des Komplements ist.

Beispiel 1.155

Produkt/intransitiv

Wir verwenden die Relation „Gebrauchsfaktor zur Herstellung von sein" und die Faktoren 1, 2, 3 und 4. Mit Faktor 1 stellen wir Faktor 2, mit Faktor 2 Faktor 3, mit Faktor 3

Faktor 4 her. Wir verknüpfen bspw. $(1,2) \circ (2,3)$ und erhalten $(1,3)$. Das liegt im Komplement von R und ist damit keine zulässige Faktorkombination. ◀

$R \in intr \longleftrightarrow R^{-1} \in intr$ Eine Relation R ist intransitiv genau dann, wenn ihre Konversion intransitiv ist.

Beispiel 1.156

Konversion/intransitiv

Wir verwenden die Relation „Gebrauchsfaktor zur Herstellung von sein", die Faktoren 1, 2, 3 und 4 sowie die Konversion „Herstellung von x verwendet Gebrauchsfaktor y". Mit Faktor 1 stellen wir Faktor 2, mit Faktor 2 Faktor 3, mit Faktor 3 Faktor 4 her. Wir können zur Herstellung von Faktor 4 nicht Gebrauchsfaktor 1 verwenden. ◀

$R \in sym \wedge R \in trans \longrightarrow R \in refl$ Eine Relation R, die symmetrisch und transitiv ist, ist auch reflexiv.

Die analoge Aussage bei Verwendung von Begriffen, die auf eine Menge A relativiert sind, ist nicht wahr. Wahr ist dagegen:

$A \subset_1 R \longrightarrow (R \in sym(A) \wedge R \in trans(A) \longrightarrow R \in refl(A))$ Eine symmetrische und transitive Relation in einer Menge A ist reflexiv in der Menge A, wenn die Menge A im Vorbereich dieser Relation enthalten ist.

Beispiel 1.157

Reflexivität

Wir betrachten die Relation „x hat räumlichen Abstand y". Diese Relation sei symmetrisch: x hat von y einen Abstand und y hat von x einen Abstand. Diese Relation sei transitiv: Von 1 nach 2 gibt es einen Abstand und von 2 nach 3, dann gibt es auch von 1 nach 3 einen Abstand. Jetzt bedeutet „transitiv" aber auch: Wir können die Symmetrie ausnutzen und 1 nach 2 mit 2 nach 1 verknüpfen. Dann haben wir 1 nach 1 und damit die behauptete Reflexivität. ◀

Beispiel 1.158

Balkenwaage/Eigenschaft: Gewicht $\leq$

Wir legen die Massen von Rotoren fest. Wir verfügen über eine Balkenwaage, können Massen also nur vergleichen. Außerdem haben wir für Rotor 4711 ein Referenzteil, auf das wir alle Aussagen beziehen können.

- Rotor 4711 reflexiv
  Ein Rotor 4711 hat dasselbe Gewicht wie der Referenzrotor der Klasse „Rotor 4711" (oder mehr oder weniger): Wir vergleichen 4711 mit 4711. Jetzt machen wir uns klar: Wir sprechen von einer Menge A. Also sprechen wir nicht nur von einer, sondern von mehreren Klassen von Rotoren, bspw. den Klassen $4711, 4712, \ldots, 4720$. Für jede dieser Klassen haben wir einen Referenzrotor, können also 4718 auf 4718 abbilden.
- Rotor 4711/Rotor 4712 symmetrisch
  Wir legen links Rotor 4711 auf die Balkenwaage und rechts Rotor 4712. Dann wechseln wir: Rotor 4711 rechts und Rotor 4712 links. Die Aussage bleibt dieselbe: Rotor 4712 ist der schwerere. Vergleichbares gilt auf dem Gemüsemarkt: links die Gewichtssteine (die Referenz!) und rechts die Kartoffeln oder links die Kartoffeln und rechts die Referenz.
- Rotor 4711/Rotor 4712/Rotor 4713 transitiv
  Wir vergleichen Rotor 4711/Rotor 4712/Rotor 4713 paarweise. Dann gilt bei: Rotor 4712 ist schwerer als Rotor 4711 und Rotor 4713 ist schwerer als Rotor 4712: Rotor 4713 ist schwerer als Rotor 4711. ◀

Wir verwenden das Symbol „I" zur Bezeichnung der *Relation der Identität*: $xIy \longleftrightarrow x = y$. In Verbindung mit der Definition einer schwach transitiven Relation erhalten wir die Äquivalenzen:

$$R \in trans^* \longleftrightarrow R \bigcirc R \subset R \cup I, R \in trans^* \longleftrightarrow (R \bigcirc R) \cap I^* \subset R.$$

Mit der ersten dieser beiden Äquivalenzen erhalten wir das folgende Gesetz: $R \in trans^* \longrightarrow R \cup I \in trans$. Die Vereinigung einer schwach transitiven Relation und der Identitätsrelation ist eine transitive Relation.

Beispiel 1.159

Die Relation „Komponente sein von" ist eine schwach transitive Relation. Wenn nämlich x eine Komponente von y und y eine Komponente von z ist, dann ist x eine Komponente von z oder x ist mit z identisch. Aufgrund des bewiesenen Theorems folgt daraus, dass die Relation: x ist eine Komponente von y oder x ist mit y identisch, eine transitive Relation ist. ◀

Für die transitive Hülle, die reflexive Hülle und die symmetrische Hülle betrachten wir eine beliebige Relation R in der Menge A. Eine derartige Relation können wir solange um Elemente aus $R \bigcirc R, R \bigcirc R \bigcirc R, \ldots$ erweitern, bis die entstehende Relation $[R]^{\text{trans}} = R \cup (R \bigcirc R) \cup (R \bigcirc R \bigcirc R) \cup \ldots$ transitiv ist. Wenn A endlich ist, können wir $[R]^{\text{trans}}$ in endlich vielen Schritten erzeugen. Es gilt: Die Relation $[R]^{\text{trans}}$ ist nach ihrer Konstruktion die kleinste transitive Relation, die R enthält. Wir bezeichnen sie als *transitive Hülle* von R [TeTe06].

Analog definieren wir die *reflexive Hülle* $[R]^{\text{refl}} := R \cup I_A$ und die *symmetrische Hülle* $[R]^{\text{sym}} := R \cup R^{-1}$ als die kleinste Relation, die R enthält und reflexiv bzw. symmetrisch ist.

Beispiel 1.160

Transitive, reflexive und symmetrische Hülle (siehe [TeTe06])

Wir konstruieren zur Relation $R = \{\langle a,b\rangle, \langle b,c\rangle, \langle c,d\rangle, \langle d,e\rangle\}$ auf A die transitive, reflexive und symmetrische Hülle.

Für die transitive Hülle bilden wir solange Verkettungen $R \bigcirc R$, $R \bigcirc (R \bigcirc R)$, $R \bigcirc (R \bigcirc R \bigcirc R), \ldots$, bis kein neues Paar mehr entsteht. Das ist dann der Fall, wenn die leere Menge erreicht wird oder wenn eine Verknüpfung erreicht wird, die keine neuen Paare mehr enthält:

$$\begin{aligned} R \bigcirc R &= \{\langle a,c\rangle, \langle b,d\rangle, \langle c,e\rangle, R \bigcirc (R \bigcirc R) = \{\langle a,d\rangle, \langle b,e\rangle, R \bigcirc (R \bigcirc R \bigcirc R) \\ &= \{\langle a,e\rangle\}, R \bigcirc (R \bigcirc R \bigcirc R \bigcirc R) = \{\}\,. \end{aligned}$$

Würden wir die leere Menge nochmal mit R verknüpfen, so käme kein neues Paar hinzu. Also können wir abbrechen und die gebildeten Mengen vereinigen:

$$\begin{aligned} [R]^{\text{trans}} &= R \cup (R \bigcirc R) \cup (R \bigcirc R \bigcirc R) \cup (R \bigcirc R \bigcirc R \bigcirc R) \\ &= \{\langle a,b\rangle, \langle b,c\rangle, \langle c,d\rangle, \langle d,e\rangle, \langle a,c\rangle, \langle b,d\rangle, \langle c,e\rangle, \langle a,d\rangle, \langle b,e\rangle, \langle a,e\rangle\}\,. \end{aligned}$$

Für die reflexive Hülle fügen wir alle Paare (x,x) mit $x \in A$ hinzu:

$$[R]^{\text{refl}} = \{\langle a,a\rangle, \langle a,b\rangle, \langle b,b\rangle, \langle b,c\rangle, \langle c,c\rangle, \langle c,d\rangle, \langle d,d\rangle, \langle d,e\rangle, \langle e,e\rangle\}\,.$$

Analog kommt für die symmetrische Hülle zu einem vorhandenen $\langle x,y\rangle \in R$ jeweils $\langle y,x\rangle$ hinzu:

$$[R]^{\text{sym}} = \{\langle a,b\rangle, \langle b,a\rangle, \langle b,c\rangle, \langle c,b\rangle, \langle c,d\rangle, \langle d,c\rangle, \langle d,e\rangle, \langle e,d\rangle\}. \quad ◀$$

1.7.3 Äquivalenzrelationen. Abstraktionsprinzip. Definition durch Abstraktion

Relationen, die sich durch Reflexivität, Symmetrie und Transitivität (in einer Menge A) auszeichnen, heißen *Äquivalenzrelationen* (in der Menge A). Wir bezeichnen sie mit dem Symbol „aeq“ bzw. „$aeq(A)$“ und definieren wie folgt:

$$\begin{aligned} &R \in aeq \longleftrightarrow R \in \mathit{refl} \wedge R \in \mathit{sym} \wedge R \in \mathit{trans}, \\ &R \in aeq(A) \longleftrightarrow R \in \mathit{refl}(A) \wedge R \in \mathit{sym}(A) \wedge R \in \mathit{trans}(A)\,. \end{aligned}$$

Gegenstände, zwischen denen eine der beiden Äquivalenzrelationen besteht, besitzen eine gemeinsame Eigenschaft, die zwar ihnen, aber nicht Gegenständen zukommt, die zu ihnen nicht in dieser Relation stehen.

Beispiel 1.161

Äquivalenzrelation

Die Äquivalenzrelation drückt aus, welche Gegenstände in einem bestimmten Kontext als zueinander gleichwertig anzusehen sind. Das ist bspw. die Schraube „SHGF16/2", die von vier unterschiedlichen Lieferanten geliefert wird. Zwar ist auf jeder Schraube ein Kennzeichen für den Lieferanten und deshalb sind auch die Sachnummern verschieden (SHGF16/2/1, SHGF16/2/2, SHGF16/2/3, SHGF16/2/4), aber aus dem Wareneingangslager kommen sie alle in einer Kiste, aus der die Montage ohne Unterscheidung entnimmt. Daraus leitet sich ab:

- Transitivität: Wenn SHGF16/2/1 durch SHGF16/2/2 und SHGF16/2/2 durch SHGF16/2/3 ersetzt werden kann, dann kann SHGF16/2/1 auch durch SHGF16/2/3 ersetzt werden.
- Reflexivität: Die Reflexivität leitet sich unmittelbar aus der Transitivität ab: Wenn SHGF16/2/1 durch SHGF16/2/2 und SHGF16/2/2 durch SHGF16/2/1 ersetzt werden kann, dann ist SHGF16/2/1 mit SHGF16/2/1 identisch. Jede Schraube aus der Klasse SHGF16/2/1 kann durch eine Schraube aus der Klasse SHGF16/2/1 ersetzt werden.
- Symmetrie: Wenn SHGF16/2/1 durch SHGF16/2/4 ersetzt werden kann, dann können wir auch eine SHGF16/2/4 abmontieren und eine SHGF16/2/1 einbauen. ◄

Im Abschnitt Mengenkalkül, Abstraktionsoperator. Extensionalitätsaxiom haben wir die Äquivalenz $y \in \{x\colon W(x)\} \longleftrightarrow W(y)$ als Gesetz von der Elimination des Abstraktionsoperators bezeichnet. Dieses Gesetz formuliert: Eine Aussage, die feststellt, dass ein gegebener Gegenstand eine bestimmte Eigenschaft besitzt, ist äquivalent der Aussage, die feststellt, dass der gegebene Gegenstand Element der Klasse der Gegenstände ist, die diese Eigenschaft besitzen. Es ist nicht notwendig, die Eigenschaften von SHGF16/2/1 aufzulisten. Dazu reicht auch die Aussage: SHGF16/2/1 gehört zur Klasse SHGF16/2. Dort stehen die Eigenschaften.

Beispiel 1.162

Ähnlichkeit von Dreiecken/Kongruenz von Strecken/Parallelität von Geraden

Die Aussage, mit der wir feststellen, dass ein gegebenes Dreieck eine bestimmte Form besitzt, ist äquivalent zu der Feststellung, dass dieses Dreieck zu der Klasse von Dreiecken gehört, zu der alle und nur die Dreiecke gehören, die ihm ähnlich sind. Demnach gilt: Die Form eines gegebenen Dreiecks ist die Klasse aller und nur der Dreiecke, die ihm ähnlich sind. Die Richtung einer Geraden ist die Klasse aller und nur der zu ihr parallelen Geraden. Die Länge einer Strecke ist die Klasse aller und nur der Strecken, die zu ihr kongruent sind. ◄

Diese Beispiele zeigen, dass wir mit dem Begriff der Ähnlichkeit von Dreiecken den Begriff der Form eines Dreiecks, mit dem Begriff der Kongruenz von Strecken den Begriff der Länge einer Strecke und mit Hilfe des Begriffs der Parallelität von Geraden den Begriff der Richtung einer Geraden definieren können. Eine Definition dieser Art heißt eine *Definition durch Abstraktion*[36].

Beispiel 1.163

Äquivalenzrelationen

Die Relation $R, \langle a, b\rangle \in R$ mit

- „a liegt in der gleichen Preisklasse wie b“ oder
- „a hat dieselbe Leistung wie b“

ist eine Äquivalenzrelation auf der Menge der Windräder der Windkraftwerke, denn sie ist symmetrisch, reflexiv und transitiv. ◄

Im Folgenden führen wir die erforderlichen Bezeichnungen ein und beweisen Theoreme, die mit dieser Art der Formulierung einer Definition durch Abstraktion verbunden sind. Nach der Definition: $y \in [x]_{R,A} \longleftrightarrow y, x \in A \wedge yRx$, ist y Element in einer mit „$[x]_{R,A}$“ bezeichneten Menge genau dann, wenn y Element der Menge A ist und in der Relation R zu dem Element x aus A steht. $[x]_{R,A}$ heißt *Abstraktions-* oder auch *Äquivalenzklasse* von x bezüglich der Relation R in der Menge A. Im Fall der Schraube SHGF16/2 erhalten wir mit SHGF16/2/1, SHGF16/2/2, SHGF16/2/3 und SHGF16/2/4 jeweils eine Äquivalenzklasse, die jeweils dieselben Elemente ([SHGF16/2/1], [SHGF16/2/2], [SHGF16/273], [SHGF16/2/4]) umfasst. Wir greifen SHGF16/2/1 heraus und erklären diese Schraube zum Repräsentanten/Prototypen einer Klasse. Wir können diese Klasse beliebig bezeichnen: Wir greifen einen Continental-Reifen heraus und bestimmen auf dieser Basis die für eine Klasse relevanten Eigenschaften. Manche der Continental-Reifen-Eigenschaften lassen wir weg. Die ausgewählten Eigenschaften haben auch die Pirelli- und Firestone-Reifen in dieser Klasse. Das ist natürlich das Problem jeder Klassenbildung: Je nachdem, welches Element wir als Repräsentant für die Klassenbildung wählen, sehen wir unterschiedliche Eigenschaften, die wir dann der Klassenbildung zugrundelegen.

[36] Siehe Abschn. 1.3.7, Definition durch Abstraktion: Indem wir auf alles verzichten (abstrahieren), was nicht zur Klasse gehört, erhalten wir die Klasse als bestimmte Menge. Damit erhalten wir das, was die Klasse ausmacht. Und damit haben wir die diskriminierende Eigenschaft definiert: Gehört zur Klasse, gehört nicht zur Klasse.

Aus der Definition $B \in Abs(R, A) \longleftrightarrow \underset{x \in A}{\exists}\ B = [x]_{R,A}$ folgt: Eine Menge B ist dann und nur dann ein Element aus der Familie der *Äquivalenzklassen einer Relation R in einer Menge A*, wenn B die Menge aller und nur der Elemente der Menge A ist, die in der Relation R zu einem bestimmten Element x der Menge A stehen. Mit $\{[x] : x \in A\}$ induziert jedes $x \in A$ eine Äquivalenzklasse $[x]$: Wir nehmen ein bestimmtes Windrad, um eine Klasse „Pustetreu" zu definieren. Ein anderes (oder dieses) Windrad der Klasse Pustetreu ist dann identisch mit sich.[37]

Die *Mengenfamilie/das Mengensystem* A/R, die/das gegeben ist durch $A/R := \{[a] : a \in A\}$, heißt die *Quotientenmenge von A bezüglich R*, jedes *Element* $b \in [a]$ Vertreter oder *Repräsentant* der Abstraktionsklasse $[a]$. Eine *Menge* $V \subseteqq A$ heißt Vertreter- oder *Repräsentantensystem* bezüglich R genau dann, wenn V aus jeder Äquivalenzklasse genau ein Element enthält und damit gilt:

$$\underset{a \in A}{\forall}\ \underset{v \in V}{\exists} : a \in [v] \quad \text{und} \quad \underset{w,v \in V}{\forall} : (v \neq w \longrightarrow [v] \neq [w]) .$$

Beispiel 1.164

Äquivalente Produktcodes

Zwei vierstellige Produktcodes sollen als äquivalent betrachtet werden, wenn sie in den linken ersten beiden Stellen übereinstimmen. Wir erhalten als Abstraktionsklassen:

$$\begin{aligned}
&[0000] = \{0000, 0001, 0010, 0011\} \qquad && [1000] = \{1000, 1001, 1010, 1011\} \\
&[0001] = \{0000, 0001, 0010, 0011\} && [1001] = \{1000, 1001, 1010, 1011\} \\
&[0010] = \{0000, 0001, 0010, 0011\} && [1010] = \{1000, 1001, 1010, 1011\} \\
&[0011] = \{0000, 0001, 0010, 0011\} && [1011] = \{1000, 1001, 1010, 1011\} \\
&[0100] = \{0100, 0101, 0110, 0111\} && [1100] = \{1100, 1101, 1110, 1111\} \\
&[0101] = \{0100, 0101, 0110, 0111\} && [1101] = \{1100, 1101, 1110, 1111\} \\
&[0110] = \{0100, 0101, 0110, 0111\} && [1110] = \{1100, 1101, 1110, 1111\} \\
&[0111] = \{0100, 0101, 0110, 0111\} && [1111] = \{1100, 1101, 1110, 1111\}
\end{aligned}$$ ◀

Das bezüglich der Abstraktionsklassen grundlegende Theorem lautet: *Die Familie der Abstraktionsklassen einer Äquivalenzrelation R in einer Menge A ist eine Zerlegung der Menge A*[38]: Die Quotientenmenge A/R stellt eine Partitionierung von A dar. *Die Familie*

[37] Ein hervorragendes Beispiel ist: „Die Golf-Klasse". Hier wird ein bestimmtes Fahrzeug verwendet, um eine Klasse äquivalenter Fahrzeuge aller möglichen Hersteller wie Opel, Ford, Nissan, usw. zu bezeichnen. Genauso hätte man auch „Kadett-Klasse" sagen können.

[38] Wir betrachten als Menge A die Menge aller Blinkleuchten (aller Lieferanten), die ein Windradhersteller verbaut. Die Äquivalenzrelation R sei: „Diese Blinkleuchte kann gegen eine andere

der Abstraktionsklassen einer Äquivalenzrelation R in einer Menge A ist eine Zerlegung der Menge A, also einer Familie nichtleerer und disjunkter Mengen, deren Vereinigung gleich der Menge A ist.[39]

Das Theorem *Klassenzugehörigkeit durch Äquivalenz*

$$K \in part(A) \wedge \underset{x,y \in A}{\forall} (xRy \longleftrightarrow \underset{B \in K}{\exists} x, y \in B) \longrightarrow R \in aeq(A)$$

stellt fest: Eine Relation, die zwischen zwei Elementen einer Menge A genau dann besteht, wenn diese Elemente derselben Klasse einer Zerlegung der Menge A angehören, ist eine Äquivalenzrelation in der Menge A. Demnach kennzeichnet jede Zerlegung einer Menge A eine bestimmte Äquivalenzrelation in der Menge A, die genau zwischen den zu derselben Menge dieser Zerlegung gehörenden Elementen besteht.

Beispiel 1.165

Wenn SHGF16/2/1 und SHGF16/2/2, aber nicht SHGF16/2/1 und SHDA16/2/1 äquivalent sind, also derselben Abstraktionsklasse in der Zerlegung der Menge A angehören, dann müssen SHGF16/2/1 und SHGF16/2/2 bestimmte ausgezeichnete Eigenschaften gemeinsam besitzen. ◄

Mit der Definition der Menge $Abs(R, A)$ folgern wir:

$$R \in aeq(A) \longrightarrow \underset{x,y \in A}{\forall} (xRy \longleftrightarrow \underset{B \in Abs(R,A)}{\exists} x, y \in B).$$

Dieses Theorem (*Äquivalenz durch Klassenzugehörigkeit*) stellt fest: Zwischen den Elementen x und y einer Menge A besteht eine Äquivalenzrelation R dann und nur dann, wenn x und y jeweils Elemente derselben Abstraktionsklasse der Relation R in der Menge A sind. Die drei sekundären Aussagen

$$R \in aeq(A) \longrightarrow Abs(R, A) \in part(A),$$
$$K \in part(A) \wedge \underset{x,y \in A}{\forall} (xRy \longleftrightarrow \underset{B \in K}{\exists} x, y \in B) \longrightarrow R \in aeq(A) \quad \text{und}$$
$$R \in aeq(A) \longrightarrow \underset{x,y \in A}{\forall} (xRy \longleftrightarrow \underset{B \in Abs(R,A)}{\exists} x, y \in B)$$

fassen wir unter dem Begriff „*Abstraktionsprinzip*" zusammen.

(eines anderen Lieferanten) ausgetauscht werden". Dann sind die Schwachwind- und die Starkwind-Blinkleuchten jeweils in ihrer Klasse untereinander austauschbar. Für die Gipfelleuchte gibt es nur einen Lieferanten. Also besteht die Äquivalenzklasse aus genau einer Blinkleuchte.

[39] Die Bezeichnung einer Familie von Abstraktionsklassen einer Äquivalenzrelation R in einer Menge A als „Quotientenmenge" trifft den angesprochenen Sachverhalt sehr anschaulich: Die Abstraktionsklassen [Pustefix] und [Pustetreu] partitionieren, also „teilen" die Menge der Windräder in die beiden Teiler, also Quotienten Pustefix und Pustetreu. Das ist mit dem Teilen von „12" mit den Teilern „3" und „4" absolut vergleichbar: Wir zerlegen „12" in „3" und „4". Und bei der Modulo-Addition fassen wir die Zahlen als „Quotient" zusammen, die bei Modulo-7-Addition denselben Rest haben; also die Gesamtmenge mit den anderen Quotienten teilen. Siehe auch Partition [https://de.wikipedia.org/wiki/Partition_(Mengenlehre)].

Wenn wir den nichtrelativierten Begriff der Äquivalenzrelation gebrauchen und für die Menge A das Feld der Relation R annehmen, führt dies zu den folgenden Definitionen. Aus der Definition einer Abstraktionsklasse erhalten wir mit $y, x \in C(R) \wedge yRx \longleftrightarrow yRx$ die Definition $y \in [x]_R \longleftrightarrow yRx$ sowie die Definition $B \in Abs(R) \longleftrightarrow \underset{x \in C(R)}{\exists} B = [x]_R$.

Die Menge $[x]_R$ ist mit der Menge $R(\{x\})$ identisch, also mit der Menge der und nur der Gegenstände, die in der Relation R zu x stehen. Diese Menge ist die Abstraktionsklasse der Relation R, die durch das Element x gekennzeichnet ist. Als Beispiel wählen wir „Flachrundschraube Vierkantansatz SHR-FLRDKPF-DIN 603-A4-M10x120". Die Schraube der Fa. Würth ist der Repräsentant all der Flachrundschrauben nach DIN 603, die mit ihr identisch/äquivalent sind.

Wenn wir „$C(R)$" für die Variable „A" einsetzen, erhalten wir zu den obigen Theoremen analoge Theoreme, die mit Hilfe der nichtrelativierten Begriffe einer reflexiven, symmetrischen und transitiven (Äquivalenz-)Relation formuliert sind. Insbesondere erhalten wir auf diese Weise die beiden Theoreme:

- $R \in aeq \longrightarrow Abs(R) \in part(C(R))$: Die Familie der Abstraktionsklassen einer Äquivalenzrelation ist eine Zerlegung des Bereichs dieser Relation.
- $R \in aeq \longrightarrow \underset{x,y \in C(R)}{\forall} (xRy \longleftrightarrow \underset{B \in Abs(R)}{\exists} x, y \in B)$: Eine Äquivalenzrelation besteht genau dann zwischen den Elementen ihres Bereichs, wenn diese jeweils derselben Abstraktionsklasse dieser Relation angehören.

Definitionen durch Abstraktion sind also Definitionen von Begriffen als Äquivalenzklassen einer Äquivalenzrelation (in einer Menge A).

1.7.4 Gleichmächtigkeit von Mengen. Kardinalzahlen

Die *Kardinalzahl* gibt die Anzahl der Elemente einer Menge an. Für eine Definition durch Abstraktion benutzen wir den Begriff der *Gleichmächtigkeit von Mengen*. Als Zeichen für die Gleichmächtigkeit von Mengen verwenden wir das Symbol „$\approx$". Den Ausdruck „$A \approx B$" lesen wir: Die Menge A ist gleichmächtig der Menge B. Wir definieren die Relation der *Gleichmächtigkeit von Mengen* wie folgt:

$$A \approx B \longleftrightarrow \underset{R \in 1C1}{\exists} ({}_1R = A \wedge_2 R = B)\,.$$

Die Mengen A und B sind dann und nur dann *gleichmächtig*, wenn eine eineindeutige Relation R existiert, deren Vorbereich die Menge A und deren Nachbereich die Menge B ist. Die Mengen A und B sind also nur dann gleichmächtig, wenn eine bestimmte Relation R jedem Element der Menge A genau ein Element der Menge B und umgekehrt jedem Element der Menge B genau ein Element der Menge A zuordnet. Beispielsweise ist die

Menge der sich in einer Fabrikhalle befindlichen Personen mit der Menge der in dieser Fabrikhalle angeordneten Arbeitsplätze genau dann gleichmächtig, wenn eine eineindeutige Funktion existiert, deren Vorbereich die erste und deren Nachbereich die zweite dieser Mengen ist. Diese Relation kann z. B. zwischen der Person und dem Arbeitsplatz, an dem sie steht, bestehen. Beide Mengen sind gleichmächtig, wenn jede Person, die sich in der gegebenen Fabrikhalle befindet, genau einem Arbeitsplatz zugeordnet ist und umgekehrt an jedem Arbeitsplatz in dieser Fabrikhalle genau eine Person steht.[40] Die Menge der Werkzeugmaschinen und die Menge der Antriebsmotoren von Werkzeugmaschinen in der betrachteten Fabrikhalle sind nur dann gleichmächtig, wenn wir diese Werkzeugmaschinen und Antriebsmotoren so in Paare einteilen können, dass jede Werkzeugmaschine einen Motor hat und jeder Antriebsmotor einer Werkzeugmaschine zugeordnet ist. Wir sehen an diesen beiden Beispielen, dass wir zur Feststellung der Gleichmächtigkeit von Mengen nicht die Anzahl der Elemente kennen müssen. Folglich definieren wir die Gleichmächtigkeit ausschließlich über logische Konstanten und Variablen. Wenn wir von „genau einem" Gegenstand (Werkzeugmaschine, Antriebsmotor) sprechen, dann verwenden wir den Einsquantor und benutzen auch hier keine undefinierten arithmetischen Termini.

Ausgehend von der gegebenen Definition der Gleichmächtigkeit von Mengen lässt sich beweisen: Zwei Mengen A und B sind dann und nur dann gleichmächtig, wenn eine solche eineindeutige Relation R existiert, dass die Menge A das R-Bild der Menge B ist. Damit gilt die folgende Äquivalenz:

$$A \approx B \longleftrightarrow \underset{R \in 1C1}{\exists} A = R(B)\,.$$

Beispiel 1.166

Jeder Mitarbeiter der Windkraftwerke hat einen Betriebsausweis. Auf dem Betriebsausweis steht die identifizierende Personalnummer.

Mitarbeiter i hat eineindeutige Personalnummer j $\longrightarrow$ Personalnummer j kennzeichnet eineindeutig Mitarbeiter i. ◀

Den Ausdruck „$A \approx_R B$" lesen wir so: Die Relation R legt die Gleichmächtigkeit der Mengen A und B fest. Also gilt:

$$A \approx_R B \longleftrightarrow R \in 1C1 \wedge_1 R = A \wedge_2 R = B\,.$$

Es gilt die Äquivalenz $A \approx B \longleftrightarrow \underset{R}{\exists} A \approx_R B$: Zwei Mengen A und B sind dann und nur dann gleichmächtig, wenn eine Relation R existiert, die ihre Gleichmächtigkeit festlegt.[41]

Für die Gleichmächtigkeit von beliebigen Mengen A, B und C gelten die folgenden drei sekundären Aussagen:

[40] Vgl. das „Heiratsproblem" des Operations Research (siehe bspw. [DuBl73]).

[41] Es existiert also eine eineindeutige Relation, deren Vorbereich eine dieser Mengen ist und deren Nachbereich die andere Menge ist.

- $A \approx A$: Eine Menge ist gleichmächtig mit sich selbst. Die Relation der Gleichmächtigkeit zweier Mengen ist somit eine *reflexive* Relation.
- $A \approx B \longrightarrow B \approx A$: Wenn eine Menge A gleichmächtig ist der Menge B, dann ist die Menge B gleichmächtig der Menge A. Somit ist die Relation der Gleichmächtigkeit eine *symmetrische* Relation.
- $A \approx B \wedge B \approx C \longrightarrow A \approx C$: Wenn eine Menge A gleichmächtig ist der Menge B und die Menge B gleichmächtig ist der Menge C, dann ist die Menge A gleichmächtig der Menge C. Die Gleichmächtigkeit von Mengen ist somit eine *transitive* Relation.

Reflexivität, Symmetrie und Transitivität sind genau die Eigenschaften von Äquivalenzrelationen. Also ist diesen drei Theoremen zu Folge die Relation der Gleichmächtigkeit von Mengen eine Äquivalenzrelation. Daher gilt: Die *Kardinalzahlen sind Abstraktionsklassen der Relation der Gleichmächtigkeit von Mengen.*[42] Die Klasse der Kardinalzahlen bezeichnen wir mit dem Symbol „*Nc*" (numerus cardinalis): $Nc = Abs(\approx)$. Die Kardinalzahl einer gegebenen Menge ist die durch diese Menge bestimmte Abstraktionsklasse der Gleichmächtigkeitsrelation. Also ist die Kardinalzahl die Menge aller und nur der Mengen, welche mit der gegebenen Menge gleichmächtig sind. Die Kardinalzahl einer Menge A bezeichnen wir mir Hilfe des Symbols „$card A$". Wir erhalten die Äquivalenz: $card A = card B \longleftrightarrow A \approx B$. Demnach sind die Kardinalzahlen zweier Mengen A und B dann und nur dann identisch, wenn die Mengen A und B gleichmächtig sind. Somit haben alle und nur die Mengen, die mit einer gegebenen Menge gleichmächtig sind, dieselbe Anzahl der Elemente und damit dieselbe Kardinalzahl, weil sie zu derselben Äquivalenzklasse der Gleichmächtigkeitsrelation, die diese Kardinalzahl ist, gehören.

1.7.5 Ordnungsrelationen und Halbordnungsrelationen

Die Äquivalenzrelationen stellen die Gleichwertigkeit von Gegenständen fest. Dagegen bringt die Ordnungsrelation unterschiedliche Gegenstände in eine Reihenfolge. Zur Definition einer *Ordnungsrelation* führen wir den Begriff der konnexen Relation in einer Menge A ein: Eine *konnexe Relation R in einer Menge A* ist eine Relation, die zwischen beliebigen *verschiedenen* Elementen der Menge A in der einen oder der anderen Richtung besteht. Die Menge der *konnexen Relationen in einer Menge A* bezeichnen wir mit dem

[42] Wir sagen hier Folgendes: Gegeben seien bspw. drei Mengen A, B und C mit $A := \{$Müller, Meier, Schulze$\}$, $B := \{$Hüller-Hille, Maho, Deckel$\}$ und $C := \{$Pustetreu, Pustefix, Wolkenquirl$\}$. Dann gehören bzgl. der Relation der Gleichmächtigkeit die Mengen A und C zur selben Abstraktionsklasse. Diese Klasse umfasst genau die Mengen, die drei Elemente besitzen. Damit ist die Kardinalzahl nicht als „Zahl" definiert, sondern als Abstraktionsklasse: Wir nehmen als Kardinalzahl eine Menge mit drei Elementen, bspw. die Menge A, und bilden auf diese Menge mit der Gleichmächtigkeitsrelation anderen Mengen ab. Also haben alle Mengen in dieser Äquivalenzklasse drei Elemente.

Symbol „$con(A)$“. Wir definieren wie folgt:

$$R \in con(A) \longleftrightarrow \underset{x,y \in A}{\forall} ((x \neq y) \longrightarrow xRy \vee yRx).$$

Beispiel 1.167

Attributsausprägungen

Wir betrachten die Relation „<“. Sie ist konnex in einer beliebigen nichtleeren Menge von reellen Zahlen, da für jede reelle Zahl x und y gilt: Wenn $x \neq y$, so $x < y$ oder $y < x$: Wenn Stahlrohr a eine andere Länge als Stahlrohr b hat, dann gilt entweder Länge a < Länge b oder Länge b < Länge a. ◄

Aus der Definition einer konnexen Relation und der Definition der Konversion einer Relation R erhalten wir die folgende sekundäre Aussage: $R \in con(A) \longleftrightarrow R^{-1} \in con(A)$.

Eine Relation R ist eine konnexe Relation in einer Menge A genau dann, wenn die Konversion der Relation R wieder konnex in der Menge A ist.

Beispiel 1.168

Konversion der Ordnung

Wir ordnen im Turnunterricht nach der Größe. Die Reihe beginnt mit dem größten und endet mit dem kleinsten Schüler. Dann stellt auch die umgekehrte Richtung eine Ordnung dar (keine zwei Schüler sind hier gleich groß). Wir ordnen die Windräder der Windkraftwerke nach absteigenden Preisen. Dann ist auch die umgekehrte Reihung eine Ordnung (alle Preise unterschiedlich). ◄

Ordnungsrelationen in einer Menge A bezeichnen wir mit dem Symbol „$ord(A)$“.

Wir benutzen den Terminus „*Ordnungsrelation in einer Menge A*“ auf zweierlei Art. Zum einen sagen wir: Eine Relation R ordnet eine Menge A dann und nur dann, wenn R eine *asymmetrische*, transitive und konnexe Relation in der Menge A ist.[43] Eine Ordnungsrelation in diesem Sinne ist die Relation „<“ oder auch die Relation „>“ in einer beliebigen, nichtleeren Menge reeller Zahlen. Machen wir uns klar, dass in diesem Beispiel die gewählte Menge A für das Einhalten der Bedingungen der Konnexität sorgt: Zwei Zahlen sind nicht gleich, alle stehen zueinander in >- oder <-Beziehungen.

[43] Auch „strikte Ordnung“ (siehe bspw. [TETE06]).

Beispiel 1.169

Konnexe Relation/asymmetrisch

Wir verwenden die Relation „>“ und betrachten die Bedingungen der Ordnungsrelation.

- Konnex: Konnexität verlangt bei allen unterschiedlichen Elementen eine Relation in die eine oder andere Richtung; also alle mit allen anderen. Eine zweite Richtung wird nicht ausgeschlossen, über die Diagonale wird nichts ausgesagt.
- Asymmetrisch: Asymmetrie verlangt, dass eine Beziehung zwischen zwei Elementen, wenn sie denn besteht, in nur eine Richtung geht.
- Transitiv: Transitivität verlangt eine einheitliche Richtung der Betrachtung, Zyklen (Z_5) werden ausgeschlossen.

Nun erfüllt „>“ diese Bedingungen; „>“ schließt Reflexivität und Zyklizität aus. ◄

Ein zweites Verständnis des Terminus „Ordnungsrelation in einer Menge A“ liegt jetzt vor: Eine Relation R ordnet eine Menge A dann und nur dann, wenn R eine *reflexive, schwach asymmetrische*, transitive und konnexe Relation in der Menge A ist. Beispielsweise sind die Relationen „$\leq$“ oder auch „$\geq$“ in einer beliebigen nichtleeren Menge reeller Zahlen Ordnungsrelationen in diesem Sinne.[44]

Beispiel 1.170

Konnexe Relation/schwach asymmetrisch

Wir verwenden die Relation „$\geq$“ und betrachten die Bedingungen der Ordnungsrelation. Konnexität und Transitivität gelten wie oben.

- Schwach asymmetrisch: Wenn eine Beziehung besteht, dann geht sie zwischen unterschiedlichen Elementen in nur eine Richtung. Zwischen den gleichen Elementen darf eine Beziehung in beide Richtungen bestehen.
- Reflexiv: Die gewählte Relation muss auch zwischen zwei Elementen a, a bestehen.

Die Relation „$\geq$“ erfüllt diese Bedingungen: Ein Element kann jetzt mit sich selbst verglichen werden. Aber es gilt auch: Die gewählte Menge A kann jetzt Elemente enthalten, die hinsichtlich der Relation gleich sind.

[44] Anstatt von „strikter Ordnung“ spricht [TETE06] hier lediglich von „Ordnung“. Siehe auch [https://de.wikipedia.org/wiki/Ordnungsrelation]. In [CARN74] wird diese Ordnung als „Quasi-Ordnung“ bezeichnet.

Wir ordnen die Mitarbeiter der Windkraftwerke nach aufsteigendem Alter in Jahren:

$$\text{Mayer} > \text{Müller} = \text{Schmid} > \text{Schmidt} > \text{Carstensen}. \blacktriangleleft$$

Beispiel 1.171

Ordnung

a) Gegebenenfalls kann ein Rotor aus Holz durch einen Rotor aus Stahl, ein Rotor aus Stahl durch einen Rotor aus Karbon oder ein Rotor aus Holz durch einen Rotor aus Karbon ersetzt werden.
   - reflexiv: Jeder Rotor kann durch sich selbst ersetzt werden (durch einen Rotor derselben Klasse).
   - asymmetrisch: Ein Rotor kann nicht durch einen billigeren Rotor ersetzt werden.
   - transitiv: Wenn Holz durch Stahl, Stahl durch Karbon ersetzt werden kann, dann kann Holz durch Karbon ersetzt werden.

b) Vergleichbar können die Windräder nach aufsteigendem Preis, nach der Anzahl der Ausstattungsvarianten oder der Masthöhe geordnet werden. ◀

Bei jeder dieser beiden Auffassungen lässt sich beweisen, dass die Konversion einer Ordnungsrelation in einer Menge A wiederum eine Ordnungsrelation in der Menge A ist.

Zusätzlich zum Begriff der Ordnungsrelation in einer gegebenen Menge A[45] verwenden wir den Begriff der *Halbordnungsrelation* in einer gegebenen Menge.[46] Hier betrachten wir Mengen, bei denen wir von der Bedingung der Konnexität $\underset{x,y\in A}{\forall}((x \neq y) \longrightarrow xRy \vee yRx)$ absehen. Den Terminus „Halbordnung" verwenden wir in beiden Versionen analog. Halbordnungsrelationen in einer Menge A sind in der ersten Version dieses Terminus *asymmetrische* und transitive Relationen in einer Menge A. Jede Ordnungsrelation in einer Menge A in der ersten Version des Wortes ist auch eine Halbordnungsrelation in der Menge A in der ersten Version dieses Wortes. Es gibt jedoch Relationen, die Halbordnungsrelationen in einer Menge A, aber keine Ordnungsrelationen in dieser Menge A sind.

Beispiel 1.172

Halbordnung asymmetrisch

a) Die Relation zwischen zwei Mitarbeitern der Windkraftwerke derart, dass der eine Vorgesetzte des anderen ist, ist eine Halbordnungsrelation in der Menge der Mitarbeiter der Windkraftwerke. Sie ist aber keine Ordnungsrelation in dieser Menge, weil sie in dieser Menge nicht konnex ist: Für zwei verschiedene Mitarbeiter muss

---

[45] „Totale Ordnung" bzw. „strikte Totalordnung" [TETE06] oder „vollständige Ordnung" [PICH75].

[46] Auch „partielle Ordnung" [TETE06].

nicht unbedingt gelten, dass der eine Mitarbeiter Vorgesetzter des anderen ist; sie können ja Kollegen auf derselben Stufe oder Mitarbeiter unterschiedlicher Vorgesetzter sein. Die Relation „Komponente sein von" ist im genannten Sinne ebenfalls eine Halbordnungsrelation in der Menge der Teile und Baugruppen eines gegebenen Erzeugnisses. Die Relation „$\nsubseteq$" (echtes Enthaltensein) ist eine Halbordnungsrelation in einer beliebigen Mengenfamilie.

b) Die Menge $J = \{1, 2, 3, 4\}$ bezeichne die vier Jobs eines Kundenauftrags. Wir geben die Reihenfolge der Jobs über die Relation „a muss vor b erledigt werden" an. Dazu verwenden wir eine strikte Ordnungsrelation: $H = \{\langle 1, 2\rangle, \langle 1, 3\rangle, \langle 1, 4\rangle, \langle 2, 3\rangle, \langle 2, 4\rangle\} \subset J^2$. Diese strikte Ordnung ist nicht vollständig, weil zwischen Job 3 und Job 4 diese Relation nicht besteht (Halbordnung).

Wir können auch wieder die Relation „>" betrachten. Wenn in einer Menge unterschiedliche Elemente gleich teuer, groß, schwer, usw. sein können, dann besteht die Relation „>" zwischen diesen Elementen eben nicht.

Also haben wir keine vollständige Ordnung; wieder ist die Kombination von Relation und Menge entscheidend. ◄

In der zweiten Version sind Halbordnungsrelationen in einer Menge A *reflexive, schwach asymmetrische* und transitive Relationen in einer Menge A. Jede Ordnungsrelation in einer Menge A in der zweiten Version des Wortes ist auch eine Halbordnungsrelation in der zweiten Version des Wortes, aber nicht umgekehrt. Die Relation „x ist mit y identisch oder x ist eine Komponente von y" ist z. B. eine solche Halbordnungsrelation in der Menge der Teile und Baugruppen eines gegebenen Erzeugnisses, desgleichen die Relation „$\subseteq$" in einer beliebigen Mengenfamilie.

1.7.6 Isomorphismus. Homomorphismus

Wir besprechen den Begriff des Isomorphismus einer Relation R mit einer Relation S (symbolisiert durch „$RismS$"):

$$RismS \longleftrightarrow \underset{T \in 1C1}{\exists} [{}_1T = C(R) \wedge {}_2T = C(S) \wedge \underset{x,y}{\forall} (T'xRT'y \longleftrightarrow xSy)] \,.$$

Zwei Relationen R und S sind *isomorph* genau dann, wenn eine eineindeutige Relation T existiert, die die Elemente des Bereichs der Relation R denjenigen des Bereichs der Relation S so zuordnet, dass die Relation R genau dann zwischen beliebigen Elementen besteht, wenn die Relation S zwischen den Entsprechungen dieser Elemente besteht. Eine derartige Relation T legt einen Isomorphismus einer Relation R mit einer Relation S fest (symbolisiert durch „$Rism_T S$"). Aus dieser Definition folgt: Wenn zwei Relationen isomorph sind, sind ihre Bereiche gleichmächtig. Die Relation T, die den Isomorphismus festlegt, legt zugleich die Gleichmächtigkeit der Bereiche dieser Relationen fest. Es ergeben sich demnach die Äquivalenzen: $Rism_T S \longleftrightarrow C(R) \approx_T C(S) \wedge \underset{x,y}{\forall} (T'xRT'y \longleftrightarrow xSy)$, $RismS \longleftrightarrow \underset{T}{\exists} Rism_T S$.

Aus der ersten Äquivalenz folgt mit dem Theorem $A \approx_T B \longleftrightarrow T \in 1C1 \wedge A = T''(B)$ die Äquivalenz:

$$Rism_T S \longleftrightarrow T \in 1C1 \wedge C(R) = T''C(S) \wedge \underset{x,y}{\forall} (T'xRT'y \longleftrightarrow xSy)\,.$$

Wir sagen: Wenn T eine eineindeutige Relation ist und $A = T''(B)$, dann bildet die Relation T die Menge B auf die Menge A ab; die Menge A ist das durch die Relation T bestimmte Bild der Menge B. Oder: Wenn eine Relation T einen Isomorphismus einer Relation R mit einer Relation S festlegt, dann bildet eine Relation T eine Relation S auf eine Relation R *isomorph* ab.

Es gelten die folgenden Theoreme zum Isomorphismus einer Relation mit einer Relation:

- Identität: $RismR$.
- Kommutativität: $RismS \longrightarrow SismR$.
- Transitivität: $RismS \wedge SismT \longrightarrow RismT$. Mit diesen Theoremen ist die Isomorphie von Relationen eine Äquivalenzrelation.

Beispiel 1.173

Isomorphismus (Identität, Kommutativität, Transitivität)

- Identität: $RismR$. Eine Relation R lässt sich isomorph auf sich selbst abbilden.
  R: (⟨Windrad Pustetreu, Rotor Rotax⟩, ⟨Windrad Pustefix, Rotor Rotex⟩, ⟨Windrad Pustestets, Rotor Rotix⟩)
  T: (⟨Windrad Pustetreu, Windrad Pustetreu⟩, ⟨Windrad Pustefix, Windrad Pustefix⟩, ⟨Windrad Pustestets, Windrad Pustestets⟩, ⟨Rotor Rotax, Rotor Rotax⟩, ⟨Rotor Rotex, Rotor Rotex⟩, ⟨Rotor Rotix, Rotor Rotix⟩).
- Kommutativität: $RismS \longrightarrow SismR$. Wenn sich eine Relation isomorph auf eine Relation S abbilden lässt, dann lässt sich auch die Relation S isomorph auf Relation R abbilden.
  R: (⟨Windrad Pustetreu, Rotor Rotax⟩, ⟨Windrad Pustefix, Rotor Rotex⟩, ⟨Windrad Pustestets, Rotor Rotix⟩)
  S: (⟨Mechaniker Maier, Kundenbetreuer Schulz⟩, ⟨Mechaniker Mayer, Kundenbetreuer Schultz⟩, ⟨Mechaniker Meier, Kundenbetreuer Schulze⟩)
  T: (⟨Windrad Pustetreu, Mechaniker Maier⟩, ⟨Windrad Pustefix, Mechaniker Mayer⟩, ⟨Windrad Pustestets, Mechaniker Meier⟩, ⟨Rotor Rotax, Kundenbetreuer Schulz⟩, ⟨Rotor Rotex, Kundenbetreuer Schultz⟩, ⟨Rotor Rotix, Kundenbetreuer Schulze⟩)

T^{-1}: (⟨Mechaniker Maier, Windrad Pustetreu⟩, ⟨Mechaniker Mayer, Windrad Pustefix⟩, ⟨Mechaniker Meier, Windrad Pustestets⟩, ⟨Kundenbetreuer Schulz, Rotor Rotax⟩, ⟨Kundenbetreuer Schultz, Rotor Rotex⟩, ⟨Kundenbetreuer Schulze, Rotor Rotix⟩)

- Transitivität: $RismS \wedge SismX \longrightarrow RismX$. Wenn sich Relation R isomorph auf Relation S und Relation S isomorph auf Relation X abbilden lässt, dann lässt sich auch Relation R auf Relation X isomorph abbilden.

  R: (⟨Windrad Pustetreu, Rotor Rotax⟩, ⟨Windrad Pustefix, Rotor Rotex⟩, ⟨Windrad Pustestets, Rotor Rotix⟩)

  S: (⟨Mechaniker Maier, Kundenbetreuer Schulz⟩, ⟨Mechaniker Mayer, Kundenbetreuer Schultz⟩, ⟨Mechaniker Meier, Kundenbetreuer Schulze⟩)

  X: (⟨Wartung März, Rechnung Mai⟩, ⟨Wartung April, Rechnung Juni⟩, ⟨Wartung Mai, Rechnung Juli⟩)

  T_{RS}: (⟨Windrad Pustetreu, Mechaniker Maier⟩, ⟨Windrad Pustefix, Mechaniker Mayer⟩, ⟨Windrad Pustestets, Mechaniker Meier⟩, ⟨Rotor Rotax, Kundenbetreuer Schulz⟩, ⟨Rotor Rotex, Kundenbetreuer Schultz⟩, ⟨Rotor Rotix, Kundenbetreuer Schulze⟩)

  T_{SX}: (⟨Mechaniker Maier, Wartung März⟩, ⟨Mechaniker Mayer, Wartung April⟩, ⟨Mechaniker Meier, Wartung Mai⟩, ⟨Kundenbetreuer Schulz, Rechnung Mai⟩, ⟨Kundenbetreuer Schultz, Rechnung Juni⟩, ⟨Kundenbetreuer Schulze, Rechnung Juli⟩)

  T_{RX}: (⟨Windrad Pustetreu, Wartung März⟩, ⟨Windrad Pustefix, Wartung April⟩, ⟨Windrad Pustestets, Wartung Mai⟩, ⟨Rotor Rotax, Rechnung Mai⟩, ⟨Rotor Rotex, Rechnung Juni⟩, ⟨Rotor Rotix, Rechnung Juli⟩) ◄

Sind zwei Relationen isomorph, dann besitzen sie dieselben formalen Eigenschaften (*Isomorphietheorem*): *Formale Eigenschaften* (Klassen) von Relationen heißen Eigenschaften (Klassen) von Relationen, die sich ausschließlich mit Hilfe der Variablen, der Wahrheitsfunktoren, der Quantoren, des Identitäts- und des Elementzeichens definieren lassen. Eigenschaften wie die Reflexivität, die Symmetrie und die Eindeutigkeit sind solche formalen Eigenschaften von Relationen:

$$\begin{aligned} &RismS \wedge S \in sym \longrightarrow R \in sym, \\ &RismS \wedge S \in 1C \longrightarrow R \in 1C, \\ &RismS \wedge S \in aeq \longrightarrow R \in aeq\,. \end{aligned}$$

Wir unterscheiden vom Isomorphismus den *Homomorphismus* von Relationen (symbolisiert durch „$Rhom_T S$“). Eine Relation, die eine Relation S auf eine Relation R *homomorph* abbildet, ist eine voreindeutige Relation, die keine eineindeutige Relation sein muss:

$$Rhom_T S \longleftrightarrow T \in 1C \wedge_1 T = C(R) \wedge_2 T = C(S) \wedge \forall_{x,y} (T'xRT'y \longleftrightarrow xSy),$$

$$RhomS \longleftrightarrow \exists_T Rhom_T S\,.$$

Beispiel 1.174

Homomorphismus

Eine Relation, die Zahlen, die Maße für die Durchmesser von Rotoren sind, bestimmten Rotoren zuordnet, ist eine eindeutige, aber keine eineindeutige Relation, weil dieselbe Zahl zwei verschiedenen Rotoren, die denselben Durchmesser haben, zugeordnet wird. Diese Relation bildet die Größerrelation zwischen den diesen Rotoren zugeordneten Zahlen homomorph auf die zwischen zwei Rotoren bestehende Relation derart, dass der erste größer als der zweite ist, ab. ◄

Wie den Begriff des Isomorphismus können wir den Begriff des Homomorphismus auf geordnete Relationssysteme, die aus irgendeiner Menge und gewissen Relationen bestehen, deren Bereiche in der jeweiligen Menge enthalten sind, ausdehnen. Damit ist diese Definition analog der Definition des Isomorphismus solcher Relationssysteme.

1.7.7 Vorgängerrelationen

Eine Menge A ist *in Bezug auf eine Relation* R dann und nur dann *abgeschlossen*, wenn alle Gegenstände, die in der Relation R zu den Elementen der Menge A stehen, wieder Elemente der Menge A sind.[47] Demnach gilt:

$\forall_{x,y} (y \in A \wedge xRy \longrightarrow x \in A) \longleftrightarrow A$ ist abgeschlossen in Bezug auf R.

Dann gelten die folgenden Äquivalenzen:

$$R(A) \subset A \longleftrightarrow \forall_x (x \in R(A) \longrightarrow x \in A) \longleftrightarrow \forall_x (\exists_{y \in A} xRy \longrightarrow x \in A)$$
$$\longleftrightarrow \forall_x [\exists_y (y \in A \wedge xRy) \longrightarrow x \in A] \longleftrightarrow \forall_x \forall_y (y \in A \wedge xRy \longrightarrow x \in A)\,.$$

Diese Äquivalenzen führen zusammen mit der Definition einer abgeschlossenen Menge in Bezug auf eine Relation R zur Äquivalenz: $R(A) \subset A \longleftrightarrow A$ ist abgeschlossen in Bezug

[47] In [HNBB92] wird deshalb auch von Relationen zwischen Elementen der gleichen Klasse gesprochen.

auf R. Also lesen wir den Ausdruck „$R(A) \subset A$" als einen Ausdruck, der besagt, dass die Menge A in Bezug auf die Relation R abgeschlossen ist.[48]

Beispiel 1.175

Abgeschlossene Menge „Austauschteile Rotoren"

Wir betrachten die Menge $A := \{\text{Rotax, Rotex, Rotix, Rotox}\}$ und die Relation R „ist Austauschteil von". Dann gilt für jedes beliebige $y \in A$, dass jedes x, das in der Relation „ist Austauschteil von" zu y steht, wieder Element der Menge A ist: Rotax kann gegen Rotex, Rotix oder Rotox ausgetauscht werden. Analoges gilt für Rotex, Rotix und Rotox. Damit kann jedes Element von A, das in einer Betrachtung als x fungiert, in einer zweiten Betrachtung als y verwendet werden: Zwischen allen Elementen besteht die betrachtete Relation, die ihrerseits auf die Menge A beschränkt ist. ◄

Eine Eigenschaft W ist *erblich in Bezug auf eine Relation* R dann und nur dann, wenn diese Eigenschaft allen Gegenständen zukommt, die zu den Gegenständen, die die Eigenschaft W haben, in der Relation R stehen:

$$\underset{x,y}{\forall}\,(W(y) \wedge xRy \longrightarrow W(x)) \longleftrightarrow W \text{ ist erblich in Bezug auf } R\,.$$

Davon ausgehend erhalten wir die Äquivalenz:

$$\underset{x,y}{\forall}\,(W(y) \wedge xRy \longrightarrow W(x)) \longleftrightarrow \underset{x,y}{\forall}\,(y \in \{z : W(z)\} \wedge xRy \longrightarrow x \in \{z : W(z)\})\,.$$

Demnach ist eine Eigenschaft W erblich bezüglich einer Relation R genau dann, wenn die Menge der Gegenstände mit der Eigenschaft W in Bezug auf die Relation R abgeschlossen ist. Genauso ist eine Menge A genau dann in Bezug auf eine Relation R abgeschlossen, wenn die diese Menge A charakterisierende Eigenschaft, die allen und nur den Gegenständen zukommt, die zu der Menge A gehören, bezüglich der Relation R erblich ist. Den Ausdruck „$R(A) \subset A$" lesen wir daher als einen Ausdruck, der besagt, dass die die Menge A charakterisierende Eigenschaft bezüglich der Relation R erblich ist.[49]

[48] siehe Definition des R-Bildes: „Die Menge aller und nur der Gegenstände, die zu irgendeinem Element einer Menge A in einer Relation R stehen, heißt R-Bild der Menge A".

[49] Also hat die Relation R mit den Eigenschaften zu tun, die die Menge A instantiieren: Es ist nicht möglich, mit R zu Elementen zu gelangen, die nicht Element von A sind. Also fassen wir zusammen: Es gibt eine Menge A. Alle Elemente der Menge A haben dieselbe(n) Eigenschaft(en). Es gibt eine Beziehung R zwischen den Elementen. Diese besteht nur, wenn die Elemente bestimmte Eigenschaften haben. Und: Diese Beziehung sorgt dafür, dass die Elemente bestimmte zusätzliche Eigenschaften erhalten.

Beispiel 1.176

Erbliche Eigenschaft

Wir betrachten wieder die Menge $A := \{\text{Rotax, Rotex, Rotix, Rotox}\}$ und die Relation R „ist Austauschteil von“. Jedes Element $y \in A$ hat die Eigenschaft „ist in Windrad Pustetreu als Rotor einbaubar“. Wenn irgendein Element $x \in A$ in der Relation „ist Austauschteil von“ zu y steht, dann folgt: x hat die Eigenschaft „ist in Windrad Pustetreu als Rotor einbaubar“. Und jeder Rotor ist gegen jeden anderen, einschließlich sich selbst, austauschbar. ◄

Beispiel 1.177

Knoten eines Netzplans/einer Erzeugnisstruktur

Wir betrachten als Elemente einer Menge A die Knoten eines Netzplans (Vorgangsknotentechnik). Die Eigenschaften, die diese Klasse von Knoten ausmacht, ist „jeder Knoten verbraucht Zeit“, die Relation „ist Nachfolger-Knoten von“ bzw. „Knoten x erbt Endtermin“.

Wir betrachten als Elemente einer Menge A die Knoten einer Erzeugnisstruktur. Die Eigenschaften, die diese Klasse von Knoten ausmachen, sind „jeder Knoten verbraucht Zeit“, „jeder Knoten benötigt Nettobedarf“ und „jeder Knoten befriedigt Bruttobedarf“.[50] ◄

Den Begriff der abgeschlossenen Menge bzw. der erblichen Eigenschaft in Bezug auf eine Relation R verwenden wir zur Definition des Begriffes der Vorgängerrelation: x steht in der *Vorgängerrelation* R_* zu y genau dann, wenn x jede Eigenschaft besitzt, die y besitzt und die in Bezug auf eine Relation R erblich ist; damit gehört x zu jeder Klasse, zu der y gehört und die in Bezug auf eine Relation R abgeschlossen ist. Wir definieren wie folgt:

$$xR_*y \longleftrightarrow \underset{A}{\forall}(y \in A \wedge R(A) \subset A \longrightarrow x \in A)\,.$$

Die Relation R_* heißt *Vorgängerrelation der Relation* R (ggf. auch Nachfolgerrelation). Den Ausdruck „xR_*y“ lesen wir ggf. auch: x ist R-Nachfolger von y. Die Relation R_* vererbt ausgehend von y Eigenschaften von y. Also gehören x und y derselben Klasse, derselben Menge A an. Und aufgrund der Definition gilt: Die Menge A ist auch bei einer mehrfach hintereinander ausgeführten Anwendung von R bezüglich dieser Relation abgeschlossen.

[50] siehe Bd. 3, Dynamische Konstruktionen, Kap. 6, Dynamische Kopplung von Produktionspunkten, Abschnitt Reguläre, unlimitierte Ergebnisfunktionen.

Beispiel 1.178

Vererbung von Klassenattributen

Die Windkraftwerke konstruieren eine neue Getriebewelle. Jede Getriebewelle hat die folgenden Eigenschaften: Sie hat eine Identnummer, einen Namen, eine Klassifikation, einen Einkaufspreis, ein Gewicht, eine Länge, einen Durchmesser, einen Lagerplatz, einen Bereitstellplatz an der Montagelinie u. v. m. Diese Eigenschaften werden für die gesamte Klasse der Getriebewellen vererbt. Beispielsweise handelt es sich hier um eine Getriebewelle für das Windrad Pustetreu; genau dafür wird die Klassifikation 4711 vererbt. In den anderen Fällen wird nur das Attribut als solches, nicht die Attributsausprägung vererbt. ◄

Wenn xRy gilt, dann sagen wir, dass sich x aus y in einem R-Schritt gewinnen lässt; wenn $xR_\circ Ry$ gilt, dann lässt sich x aus y in zwei R-Schritten gewinnen; wenn $x = y$ gilt, dann lässt sich x aus y in null R-Schritten gewinnen. Wenn wir den arithmetischen Begriff der endlichen Zahl als natürliche Zahl $(0, 1, 2, \ldots)$ benutzen, dann lässt sich x aus y in einer endlichen Anzahl von R-Schritten (zu denen wir auch die Identität als Nullschritt zählen) gewinnen. Das erläutert die folgende Äquivalenz:

x besitzt jede Eigenschaft von y, die bezüglich einer Relation erblich ist (x besitzt jede R-erbliche Eigenschaft von y) $\longleftrightarrow$ x lässt sich aus y in einer endlichen Anzahl von R-Schritten gewinnen (einschließlich der Identität als Nullschritt).

Wie immer steht die entscheidende Aussage bereits in der Definition: „x besitzt alle Eigenschaften, die y besitzt und die in Bezug auf eine Relation R erblich sind". Also betrachten wir eine Sequenz von wiederholten Vererbungen, in der auf jeder Vererbungsstufe die Menge der ererbten Eigenschaften, also das, was man ererbt hat, weitervererbt wird. Daher ist das weder eine Erzeugnisstruktur, wenn dort die Eigenschaften von Ebene zu Ebene wechseln, noch eine Struktur ebenenweise weiterdifferenzierter Klassenmerkmale. Und weil die Relation in sich rekursiv aufgebaut ist, kann das über beliebig viele Stufen fortgesetzt werden. Wenn wir eine solche Vererbungssequenz zugrundelegen, dann ist diese nicht symmetrisch, sondern asymmetrisch, nichtreflexiv und transitiv.

Wir verwenden anstelle des Begriffes der endlichen Anzahl von R-Schritten den Begriff der endlichen Folge: Eine *endliche Folge von n Ausdrücken* ist eine voreindeutige Relation R, mit der Menge der natürlichen Zahlen $1, \ldots, n$ als Nachbereich. Die Elemente des Vorbereichs einer solchen Relation R nennen wir die Glieder der Folge. Die Relation R ordnet jede der natürlichen Zahlen von 1 bis n genau einem Glied der Folge R zu. Dann gilt die folgende Äquivalenz:

x besitzt jede R-erbliche Eigenschaft, die y besitzt $\longleftrightarrow$ $x = y$ oder es existiert eine endliche Folge von Gegenständen $y, z_1, z_2, \ldots, z_n, x$ derart, dass jedes folgende Glied dieser Folge zu dem vorangegangenen Glied dieser Folge in der Relation R steht.

Beispiel 1.179

Vorgängerrelation

Wir betrachten das Planetenrad 114711 Lieferant Müller und die Relation „Austauschteil von“. Diese Planetenrad gehört zur Klasse

- der Austauschplanetenräder mit der Eigenschaft „Austauschteil von Planetenrad 114711“,
- aller Teile mit einer Windkraftwerke-Sachnummer,
- der schrägverzahnten Bauteile.

Wenn jetzt das Planetenrad 114711 Lieferant Schulze zum Planetenrad 114711 Lieferant Müller in einer Vorgängerrelation R_* steht, dann bedeutet das:

- Planetenrad 114711 Lieferant Schulze hat dieselben Eigenschaften wie Planetenrad 114711 Lieferant Müller.
- Planetenrad 114711 Lieferant Schulze gehört zu denselben Klassen wie Planetenrad 114711 Lieferant Müller.

Die drei betrachteten Klassen sind im ersten Fall auf die Planetenräder des Windrads Pustetreu, im zweiten Fall auf die Sachnummern der Windkraftwerke, im dritten Fall auf Teile mit einer Schrägverzahnung eingegrenzt; alle drei Klassen sind hinsichtlich der betrachteten Relation abgeschlossen.

In diesem Beispiel stehen zwei Planetenräder von zwei unterschiedlichen Lieferanten in einer Vorgängerrelation. x lässt sich aus y in einem R-Schritt gewinnen. Diese Vorgängerrelation würde auch dann zum Tragen kommen, wenn ein Planetenrad 114711 von einem Lieferanten Grosche zusätzlich in das Einkaufs-/Beschaffungsprogramm aufgenommen wird: Wir verwenden eines der bisherigen Planetenräder und vererben alle Eigenschaften, die bspw. in die Anforderungsliste kopiert werden, die dem Lieferanten Grosche übergeben wird. Wir können aber genauso für die Klasse „Planetenrad 114711, Lieferant *xyz*“ einen fiktiven Repräsentanten y definieren, der die Eigenschaften Planetenrad für das Windrad Pustetreu, Sachnummer der Windkraftwerke, Schrägverzahnung besitzt und gleichzeitig über die Angabe „Lieferant *xyz*“ signalisiert, dass mehrere Lieferanten denkbar sind bzw. in Frage kommen. ◄

Jetzt führen wir den Begriff der echten Vorgängerrelation ein, für die wir das Symbol „$R_\circ$“ verwenden: x steht in einer *echten Vorgängerrelation* R $R_\circ$ zu y dann und nur dann, wenn x jede R-erbliche Eigenschaft besitzt, die jedem R-Vorgänger von y zukommt, also jedem Gegenstand, der in der Relation R zu y steht (aber nicht y selbst); x ist Element jeder abgeschlossenen Menge in Bezug auf R, zu deren Elementen jeder R-Vorgänger von

y gehört. Wir definieren wie folgt:

$$xR_\circ y \longleftrightarrow \underset{A}{\forall} \left[\underset{z}{\forall}(zRy \longrightarrow z \in A) \wedge R(A) \subset A \longrightarrow x \in A \right].$$

Damit lassen sich für $R_\circ$ (bzw. R_*) Begriffe wie

- Kind/Eltern von/Vorfahre/Nachfahre in der Familienwelt
- Komponente von/Bestandteil als Resultat einer Mehrfachvererbung der Relation „Komponente sein von“
- übergeordnete Baugruppe/Verwendungsprodukt als Resultat einer Mehrfachvererbung der Relation „übergeordnete Baugruppe sein von“ (Planetenrad im Verwendungsprodukt Pustetreu).

einführen. Wir müssen festlegen, ob wir im Kontext

- Familie R_* oder $R_\circ$ als Geschlecht, Stamm, Familie o. ä.
- Technik R_* oder $R_\circ$ als Teilespektrum, Gozintograph, Primär- oder Sekundärbedarf usw.

bezeichnen.

Beispiel 1.180

Echte Vorgängerrelation/Erzeugnisstruktur

Wir betrachten eine Menge B, deren Elemente „Erzeugnisse“ sind. Die zu betrachtende Eigenschaft ist „wird verkauft“. Die geltende einstufige Relation R sei „Komponente sein von“. Die Menge A, deren Elemente a in Erzeugnisse eingehen, bildet die Klasse mit der Eigenschaft „Material“ bzw. „Sekundärbedarf“. Die Produktionstechnik unterscheidet hier Komponenten- (Erzeugnisstruktur) und Verwendungskette (Teileverwendung). In beiden Fällen gehört „Pustetreu“ nicht zu den Gegenständen mit der Eigenschaft „Material“. Alle anderen Gegenstände sind in irgendeiner Form „Material“. Dieser Sachverhalt könnte Auswirkungen auf die Bezeichnung eines Gegenstands mit einer Sachnummer haben: Die Nummer von Produkten wie Pustetreu stammt aus einem anderen Nummernkreis als bspw. die Nummern von Planetenrädern stammen: „Nummern für Kaufteile, Herstell-Einzelteile und Baugruppen“. $\{z : W(z)\}$ umfasst alle Gegenstände mit einer derartigen Windkraftwerke-Sachnummer.

Gegeben sei die Erzeugnisstruktur von Windrad Pustetreu. Dann repräsentiert jede Kante die Relation „Komponente sein von“. Jeder Gegenstand in der Erzeugnisstruktur kann in mehreren Gegenständen („mehrfach“) verwendet werden, jeder Gegenstand aus mehreren Gegenständen bestehen. Um hier jeden Gegenstand nur einmal (dispositiv) zu betrachten, wird nach Ebenen geordnet und in einem „Gozintographen“

nach Gegenständen zusammengefasst. Wenn wir R_* zugrundelegen, betrachten wir alle Gegenstände einschließlich „Pustetreu". Also sind die betrachteten Eigenschaften alle von der Art „Eigenschaft hat etwas mit Windrad zu tun". Wenn wir $R_\circ$ zugrundelegen, betrachten wir alle Gegenstände mit Ausnahme von „Pustetreu" (bzw. mit Ausnahme der Erzeugnisse). Folglich sind die betrachteten Eigenschaften alle von der Art „Eigenschaft hat etwas mit Komponenten/Bestandteilen von Windrädern" zu tun. ◄

Sowohl im Fall der Vorgängerrelation R_* als auch im Fall der echten Vorgängerrelation $R_\circ$ betrachten wir eine Relation R, die in irgendeiner Form ein Nachgeordnet- oder Vorgeschaltet-Sein ausdrückt. Gleichermaßen betrachten wir eine bestimmte Eigenschaft, die eine bestimmte Menge A definiert. Diese Menge ist hinsichtlich der betrachteten Relation abgeschlossen. Dann besteht aber ein wesentlicher Unterschied:

- Im Fall R_* schließt diese Menge A auch die initialen Elemente y ein.
- Im Fall $R_\circ$ schließt diese Menge A alle Elemente außer den initialen y ein.

Die Wandlung von den y-Eigenschaften zu den x-Eigenschaften bewirkt die Vererbungsrelation R: Zwischen Vorgängerrelation und echter Vorgängerrelation liegt eine einmalige Anwendung der Vererbungsrelation; danach haben alle Gegenstände die Eigenschaft „Kind" bzw. „Erbe". y – also „Adam und Eva" – hat diese Eigenschaft nicht. Daher gilt: Die echte Vorgängerrelation startet zwar mit der Wurzel „y", schließt aber y aus der Vererbungskette der Eigenschaften aus. Die Vererbung beginnt dort, wo tatsächlich etwas geerbt wird: mit den „Kindern" von y. Das bewirken wir mit $\underset{z}{\forall}(zRy \longrightarrow z \in A)$; hier wird A über z vereinbart. Das ist bei xR_*y nicht der Fall: x und y haben dieselben Eigenschaften.

Damit gelten zwischen Vorgängerrelation R_* und echter Vorgängerrelation $R_\circ$ die folgenden Zusammenhänge:

1. $R_\circ = R \bigcirc R_* = R_* \bigcirc R$: Die Relation $R_\circ$ lässt sich als das relative Produkt der Relation R_* und der Relation R definieren.
2. $R_* = I \cup R_\circ$: Die Relation R_* lässt sich als die Vereinigung der Relation $R_\circ$ und der Identitätsrelation definieren.
3. $R_\circ \subset R_*$: $R_\circ$ enthält nur Elemente aus R_*, keine Elemente aus anderen Mengen.
4. $R_\circ \bigcirc R = R \bigcirc R_\circ$: Kommutativität
5. $R_* \in trans$, $R_\circ \in trans$: R_* und $R_\circ$ sind transitiv
6. $R \in trans \longrightarrow R_* = I \cup R$.

Beispiel 1.181

Beispiele für die Zusammenhänge 1 bis 6

1. $R_\circ = R \bigcirc R^* = R^* \bigcirc R$

Das relative Produkt ist wie folgt definiert:

$$xR \bigcirc Sy \longleftrightarrow \underset{z}{\exists}(xRz \wedge zSy)\,.$$

Hier betrachten wir speziell:

$$xR \bigcirc R^*y \longleftrightarrow \underset{z}{\exists}(xRz \wedge zR^*y) \longleftrightarrow \underset{z}{\exists}(xR^*z \wedge zRy)\,.$$

Zur Verdeutlichung des hier vorliegenden relativen Produkts der für die Vererbung/Vorgängerrelation maßgeblichen Größen wählen wir als Beispiel die Produktionsstruktur der Windkraftwerke. Dann gilt nach dieser sekundären Aussage:
x ist ein (echtes) Bauteil eines Erzeugnisses y dann und nur dann,

- wenn gilt: (x ist unmittelbare Komponente von z) und (z ist Bauteil des Erzeugnisses y oder y selbst),
- wenn gilt: (x ist Bauteil von z oder z selbst) und (z ist unmittelbare Komponente des Erzeugnisses y).

Die Relation R, also „unmittelbare Komponente sein von", hat als Vorbereich alle unmittelbaren Komponenten x, als Nachbereich alle (verwendenden) Bauteile z dieser unmittelbaren Komponenten x. Der Vorbereich kann unmittelbare Komponenten enthalten, die keine (verwendenden) Bauteile sind, aber keine Bauteile, die nicht unmittelbare Komponente sind. Alle unmittelbaren Komponenten haben die Eigenschaften einer unmittelbaren Komponente. Der Nachbereich kann (verwendende) Bauteile z enthalten, die keine unmittelbaren Komponenten sind, aber keine Gegenstände, die nicht (verwendende) Bauteile sind. Die Relation R^*, also „Bauteil sein von y oder y selbst sein" hat als Vorbereich alle Bauteile z, die in einer mehrstufigen „unmittelbare Komponente sein von"-Relation unmittelbare Komponente sind (aber mit den Eigenschaften des Erzeugnisses) und zusätzlich das Erzeugnis, das nicht die Eigenschaft „unmittelbare Komponente von" hat. Der Nachbereich von R^* ist nur das Erzeugnis. Jetzt verbinden wir mit $R_\circ R^*$ das Erzeugnis in R mit Bauteilen aus R^*; den Vorbereich von R bilden unmittelbare Komponenten mit Eigenschaften von unmittelbaren Komponenten, den Nachbereich von R^* bildet das Erzeugnis mit den Eigenschaften von (verwendenden) Bauteilen. Bei $R^* \bigcirc R$ verbinden wir ((verwendende) Bauteile von Bauteilen z aus R^*) mit (unmittelbaren Komponenten aus R) und vererben mehrstufig die Eigenschaften von unmittelbaren Komponenten.

$xRzzR_*y$: Wenn R_* im Hintersatz steht, erhalten wir als zR^*-Vorgänger mit y-Eigenschaften. Dann folgt der Vordersatz mit R: Wir vererben Eigenschaften unmittelbarer Komponenten an unmittelbare Komponenten. Also erhalten wir als Ergebnis eine unmittelbare Komponente x: $xR_\circ y$. Damit liegt eine mögliche Vorschrift vor, um $R_\circ$ zu konstruieren.

xR_*zzRy: Wenn wir im Hintersatz y und R verwenden, dann erhalten wir als z alle unmittelbaren Komponenten von y mit Eigenschaften von unmittelbaren Komponenten. Dann folgt der Vordersatz mit R^*: Alle R^*-Vorgänger mit den Eigenschaften unmittelbarer Komponenten der z.

Wir wollen Primärbedarf und mehrstufigen Sekundärbedarf unterscheiden und treffen dazu die Vorbereitungen. Mit „Erzeugnis" soll das Ergebnis, also der Primärbedarf, mit „unmittelbarer Komponente" der Startpunkt eines einstufigen Montagevorgangs/eines einstufigen Verwendungszusammenhangs auf jeder Erzeugnisstrukturebene, also der mehrstufige Sekundärbedarf an (verwendenden) Bauteilen, bezeichnet werden. Damit kann eine Komponente auf der nächsten Ebene wieder in unmittelbare Komponenten aufgelöst werden.

- Wenn R die Relation „unmittelbare Komponente sein von" ist, gilt:
  $xR_\circ y \longleftrightarrow$ ist ein Bauteil des Erzeugnisses $y \longleftrightarrow \longleftrightarrow x$ gehört zu jeder Menge, zu der die unmittelbaren Komponenten des Erzeugnisses y gehören und zu der zusammen mit den resultierenden Bauteilen die unmittelbaren Komponenten dieser Bauteile gehören.[51]
- Wenn R die Relation „unmittelbar verwendende Baugruppe sein von" ist, gilt:
  $xR_\circ y \longleftrightarrow x$ ist ein Verwender des Kaufteils $y \longleftrightarrow \longleftrightarrow x$ gehört zu jeder Menge, zu der die unmittelbar verwendenden Baugruppen des Kaufteils y gehören und zu der zusammen mit den resultierenden verwendenden Baugruppen die verwendenden Baugruppen dieser Baugruppen gehören.[52]

Mit der echten Vorgängerrelation können wir demnach unter Verwendung der Relation „unmittelbare Komponente sein von" die gesamte Erzeugnisstruktur, unter Verwendung der Relation „unmittelbar verwendende Baugruppe sein von" die gesamte Verwendungsstruktur bzw. mehrstufig alle „Bau-/Bestandteile" und alle „Verwender" definieren. Wir betrachten die Erzeugnisstruktur von Windrad Pustetreu: Pustetreu besteht unmittelbar aus 2, 5, A, B; A besteht unmittelbar aus 2, 8, C; B besteht unmittelbar aus 4, D; C besteht aus unmittelbar D, E; D besteht unmittelbar aus 6, 7; E besteht unmittelbar aus 2, 8, 9. Die hier beispielhaft gegebene Bauteil-/Kaufteil-Menge $\{A, B, C, D, E, 2, 4, 5, 6, 7, 8, 9\}$ ist hinsichtlich der Relation „unmittelbare Komponente sein von" abgeschlossen. Alle erben die Eigenschaft: Bestand-

[51] Wir durchlaufen also alle Ebenen der Auflösung der Erzeugnisstruktur, eliminieren aber die Ebene der Produkte.

[52] Wir durchlaufen alle Ebenen der Verwendungsstruktur, eliminieren aber die Ebene der Rohstoffe/Kaufteile.

teil von Pustetreu ($\{A, B, C, D, E, 2, 4, 5, 6, 7, 8, 9\}$) und alle erhalten im Gegensatz zum Erzeugnis Sekundärbedarf über eine Relation R, die Stücklistenauflösung. Bauteil/Baugruppe D hat die Eigenschaft „Verwendung in Baugruppe B/Baugruppe C". Dann kommt diese Eigenschaft auch den Gegenständen zu, die zu Bauteil D in der Relation „Komponente sein von" stehen. Also „erben" die Kauf-/Bauteile 6 und 7 die Eigenschaft: „Verwendung in Baugruppe B/Baugruppe C".

- Wenn R die Relation „unmittelbare Komponente sein von" ist, gilt: $xR^*y \longleftrightarrow x$ ist identisch mit y oder x ist Bestandteil des Produkts $y \longleftrightarrow$ $\longleftrightarrow x$ gehört zu jeder Menge, zu der y gehört und zu der zusammen mit den resultierenden Komponenten alle Komponenten dieser Komponenten gehören.

2. $R^* = I \cup R_\circ$:

Oben haben wir $R_\circ$ aus R_* über eine „Unmittelbare-Komponente-Relation" erzeugt, die die Ebene der y, also der „Erzeugnisse", in einem relativen Produkt eliminiert. Jetzt konstruieren wir R_* aus $R_\circ$, indem wir $R_\circ$ um y, also um die „Erzeugnisse", ergänzen. Dazu transportieren wir y aus dem Hintersatz über die Identitätsrelation in den Vordersatz. Damit gilt: Wenn wir von einer Menge A ausgehen, dann erhalten wir über R_* eine bestimmte Menge an x: $\{x\}$. Diese Menge $\{x\}$ stimmt mit der Menge an x überein, die wir erhalten, wenn wir auf dieselbe Menge A $R_\circ$ anwenden, und diese zusätzlich um die y-Elemente ergänzen. Wir übertragen das wieder in eine „Unmittelbare Komponente sein von"- und „Bauteil sein von"-Welt: R_* betrachtet als Elemente die Welt einschließlich der Erzeugnisse, $R_\circ$ liefert nur deren Nachkommen. Auch $R_\circ$ kennt die Erzeugnisse, allerdings nur im Nachbereich; sie sind der Startpunkt der Vererbung. Also brauchen wir eine Abbildung, die die Erzeugnisse im Vorbereich führt. Das leistet die Identitätsrelation. Anschließend fassen wir die Ergebnisse der Relation I und der Relation $R_\circ$ zum Ergebnis R_* zusammen: Eine „Familie" besteht aus den Stammeltern (Erzeugnisse) selbst und allen Nachkommen der Stammeltern (Komponenten/Bauteile).

In der Vorgängerrelation R_* sind die y-Werte explizit in der Menge A enthalten: $xR_*y \longleftrightarrow \underset{A}{\forall}(y \in A \wedge R(A) \subset A \longrightarrow x \in A)$. Die Menge A besteht a priori, sie wird nicht über eine Vererbung (wie bei $R_\circ$) aufgebaut. Erst dann erfolgt die Auflösung über $R(A) \subset A$ und die Komplettierung der Betrachtung von A. In $R_\circ$ ist dies genau nicht der Fall: $zRy \longrightarrow z \in A$. Also müssen wir zu den Elementen, die Ergebnis einer Vererbung sind, noch die Elemente liefern, die nicht Ergebnis einer Vererbung sind. Daher liefern wir für die Menge A über die Identitätsrelation $x|y \longleftrightarrow x$ die „fehlenden" Elemente.

Aus dem Theorem: $R^* = I \cup R_\circ$ leiten wir die Gesetze 3, 4, 5 und 6 ab:

3. $R_\circ \subset R^*$: $R_\circ$ enthält nur Elemente aus R^*, keine Elemente aus anderen Mengen.

$R_\circ$ enthält alle Elemente, denen etwas vererbt wird. $R_\circ$ enthält keine Elemente, die nur vererben und denen nichts vererbt wird. R^* enthält alle Elemente, die nur vererben und nichts erben, die sowohl erben als auch vererben, sowie Elemente, die nur erben und nichts vererben. $R_\circ$ enthält nur die zweite und die dritte Teilmenge, keine Elemente darüber hinaus.

4. $R_\circ \bigcirc R = R \bigcirc R_\circ$: Kommutativität

So wie wir in R_* über R eine Vererbungsebene abschneiden, um $R_\circ$ zu erhalten, schneiden wir jetzt eine Ebene in $R_\circ$ ab.

In Erzeugniskategorien heißt das: x ist ein Bauteil einer unmittelbaren Komponente eines Erzeugnisses y dann und nur dann, wenn x eine unmittelbare Komponente eines Bauteils des Erzeugnisses y ist. Auf der rechten Seite der Äquivalenz gehen wir in $R_\circ$ von den Erzeugnissen aus und erhalten alle (echten Komponenten/)Bauteile. Über R erhalten wir aus den Bauteilen alle Bauteile, die unmittelbare Komponenten von Bauteilen sind, also Kaufteile, Rohstoffe, Materialien, Baugruppen usw. Auf der linken Seite gehen wir von allen Gegenständen aus, die in irgendeiner Form unmittelbare Komponente von irgendetwas sind. Und von diesen Gegenständen ausgehend betrachten wir in $R_\circ$ deren (echte) Bauteile, also unmittelbare Komponenten von unmittelbaren Komponenten, unmittelbare Komponenten von unmittelbaren Komponenten von unmittelbaren Komponenten usw. – wir erhalten die komplette Erzeugnisstruktur. Diese Erzeugnisstruktur können wir nach R-Schritten ordnen: Das Erzeugnis gewinnen wir in einem Nullschritt, dessen unmittelbare Komponenten in einem R-Schritt usw. Wir ändern den Sprachgebrauch und sagen: Bedarfsermittlungsebene 0, 1, 2 usw. und setzen einen Rangstufenalgorithmus (vgl. Bd. 2, Statische Konstruktionen, Abschnitt Verbrauchsfaktor-Strukturen) ein. Umgekehrt erhalten wir Auflösungsstufen, wenn wir vom Kaufteil ausgehend die Stufen mit 0, 1, 2 usw. bezeichnen.

Wir betrachten die Modellfolge der Produktfamilie „Pustetreu". Pustetreu ist der Ausgangspunkt, dem nichts vererbt wird. Damit ist Pustetreu eine Neukonstruktion, alle Nachfolgemodelle dieser Produktfamilie sind Anpassungskonstruktionen: Pustetreu$^+$, Pustetreu^{++}, Super-Pustetreu, Super-Pustetreu Plus, Super-Pustetreu Mega, Mega-Pustetreu^{++}. Alle diese Modelle haben die Eigenschaften: „Gehört zur Produktfamilie ‚Pustetreu'", „ist ein Starkwind-Windrad", „hat ein Planetengetriebe" und „unterliegt der Relation R: Jedes Windrad hat gegenüber seinem unmittelbaren Modellvorgänger eine um den Faktor 1,1 größere Höhe und einen um den Faktor 1,1 größeren Rotordurchmesser". Also gilt für die Windradhöhe Pustetreu : Pustetreu$^+$: Pustetreu^{++} : Super-Pustetreu : Super-Pustetreu plus : Super-Pustetreu Mega : Mega-Pustetreu^{++} = (1,0) : (1,1) : (1,21) : (1,33) : (1,46) : (1,61) : (1,77) – aufgrund der R-Relation lässt sich eine Ordnung, eine endliche Folge herstellen.

5. $R^* \in trans$, $R_\circ \in trans$

Aus der „unmittelbarer Vorgänger-/Nachfolger"-Relation R werden mit R^* und $R_\circ$ transitive Strukturen abgeleitet:

Ein Nachfolger x eines Nachfolgers z eines Gegenstands y ist ein Nachfolger des Gegenstands y; ein Vorgänger x eines Vorgängers z des Gegenstands y ist ein Vorgänger des Gegenstands y. Demnach ist ein Bauteil/Bestandteil x eines Bauteils z des Erzeugnisses y ein Bauteil des Erzeugnisses y; ein Verwender eines Verwenders des Kaufteils Rollenlager 17/3 ist ein Verwender des Kaufteils Rollenlager 17/3. Bei einer Vorgängerrelation R^* ist noch jeweils der Gegenstand y selbst in die Betrachtung mit aufzunehmen: Ein Nachfolger eines Gegenstands z oder der Gegenstand z selbst, der seinerseits Nachfolger eines Gegenstands y oder der Gegenstand y selbst ist, ist Nachfolger des Gegenstands y oder der Gegenstand y selbst. Wir weisen nochmals darauf hin: Wir betrachten bei R^* Eigenschaften von y, bei $R_\circ$ Eigenschaften von „unmittelbaren Vorgängern/Nachfolgern/Komponenten/Verwendern" z (vgl. Bd. 1, Methodische Grundlagen, Kap. 6, Algebra, Abschnitt: Verbände: Herstellen einer Ordnung).

6. $R \in trans \longrightarrow R^* = I \cup R.$

Wenn wir die Relation „unmittelbarer Vorgänger sein von" betrachten, dann ist diese Relation nichttransitiv: x ist ein unmittelbarer Vorgänger von z und z ist ein unmittelbarer Vorgänger von y, dann ist x ein Vorgänger, also bspw. ein Bauteil, aber kein unmittelbarer Vorgänger, keine unmittelbare Komponente von y. Wenn wir als „unmittelbare Komponente" etwas bezeichnen, was in einem einstufigen Montageschritt zu einer Baugruppe y zusammengefügt werden kann, dann müssen wir – so wie bei den Menschen die Relation „Vorfahr/Nachfahr sein von" – die nicht einstufige Relation „Bestandteil/Verwender sein von" wählen. Weil diese Relation R transitiv angelegt ist, gilt $R^* = I \cup R$. Damit haben wir aber auch gezeigt: Zwischen einem transitiven R und $R_\circ$ gibt es keinen Unterschied: $R^* = I \cup R = I \cup R_\circ$.

Wir bezeichnen mit R die einstufige Relation „unmittelbare Komponente sein von" in einer Erzeugnisstruktur: Rotor 114711 ist Komponente von Windrad Pustetreu. R vererbt die Eigenschaft: Am Montageort $\bigcirc(y)$ montiert werden. Die Relation S ist die mehrstufige Relation „Bestandteil sein von" und S vererbt die Eigenschaft: Am Montageort $\bigcirc(y)$ montiert werden. Damit haben wir hier die beiden Konzepte einer Erzeugnisstruktur: R setzt lauter einstufige Stücklisten zu einer Gesamtstruktur zusammen, S referenziert von jeder Bedarfsermittlungsebene einstufig auf den Primärbedarf.

Wir betrachten eine beliebige Vorgängerrelation R^*. Als Nachbereich legen wir den Gegenstand y fest. Wir erhalten als Vorbereich Gegenstände $x \in A$. Dann sagen wir mit xR^*x Folgendes: Wenn wir ein x aus dem Vorbereich von xR^*y herausgreifen und darauf die Vorgängerrelation R^* wieder anwenden, dann ist das genauso zulässig:

- Jedes x in einer Vererbungshierarchie kann wieder als Ausgangspunkt einer Vererbung verstanden werden.
- Ein x gehört zu der Familie, die x induziert (wenn x über R^* angesprochen wird).
- Selbstverständlich vererben wir jetzt die Eigenschaften von x.

Beispielsweise geben wir die Endmontage an ein anderes Werk; damit werden Gegenstände, die bisher auf der Bauteilebene angesiedelt waren, Primärbedarf. Dann ist die Relation nicht mehr „geht ein in das Windrad Pustetreu", sondern „geht ein in den Rotor Rotax". Beispielsweise organisieren wir unsere Produktfamilien neu. Dann ist jetzt möglicherweise Super-Pustetreu der neue „Stammvater", von dem alles oder nur eine bestimmte Eigenschaft, die andere von Pustetreu ausgehende Pfade nicht haben, abgeleitet wird. ◄

Literatur

[BeGr97] Beitz, W.; Grote, K.-H. (Hrsg.): DUBBEL. Taschenbuch für den Maschinenbau. 19. Aufl. Berlin: Springer 1997.
[Bork76] Borkowski, L.: Formale Logik. Logische Systeme. Einführung in die Metalogik. Berlin: Akademie-Verlag 1976.
[Carn31] Carnap, R.: Die physikalische Sprache als Universalsprache der Wissenschaft. In: Zs Erkenntnis. Bd. 2. S. 219–241. Berlin: Springer 1931.
[Carn34] Carnap, R.: Logische Syntax der Sprache. Berlin: Springer 1934.
[Carn59] Carnap, R.: Beobachtungssprache und theoretische Sprache. In: Logica, Studia Paul Bernays dedicata. Neuchâtel: Griffon 1959.
[Carn60] Carnap, R.: Einführung in die symbolische Logik. 2. Auflage. Wien: Springer 1960, S. 147 ff.
[Carn74] Carnap, R.: Einführung in die Philosophie der Naturwissenschaften. 2. Aufl., München: Nymphenburger Verlagsbuchhandlung 1974.
[DMSW96] Drosdowski, G.; Müller, W.; Scholze-Stubenrecht, W.; Wermke, M. (Hrsg.): Duden Deutsches Universalwörterbuch. 3. Auflage. Mannheim: DUDEN Verlag 1996.
[DuBl73] Dück, W.; Bliefernich, M. (Hrsg.): Operationsforschung Bd. III. Mathematische Grundlagen, Methoden und Modelle. Berlin: Verlag der Wissenschaften 1973.
[Enge71] Engelien, G.: Der Begriff der Klassifikation. Hamburg: Buske 1971.
[Essl69] Essler, W. K.: Einführung in die Logik. 2., überarb. und erw. Aufl. Stuttgart: Kröner 1969.
[Frae59] Fraenkel, A.: Mengenlehre und Logik. Berlin: Duncker & Humblot 1959.
[Frie89] Friedrichsdorf, U.: Einführung in die Logik. Unter besond. Berücks. der Modallogik. Universität Konstanz, Fachgruppe Sprachwsch. Arbeitspapier 7. Konstanz: 1989.
[Gabl97] Gabler Wirtschaftslexikon, 14. Aufl., Wiesbaden: Gabler 1997.
[Gabr72] Gabriel, G.: Definitionen und Interessen. Über die praktischen Grundlagen der Definitionslehre. Stuttgart: Frommann-Holzboog 1972.
[GeSc09] Gessmann, M.; Schmidt, H. (Hrsg.): Philosophisches Wörterbuch. 23. Aufl. Stuttgart: Kröner 2009.
[Herm76] Hermes, H.: Einführung in die mathematische Logik. Klass. Prädikatenlogik. 4. Aufl. Stuttgart: Teubner 1976.
[HNBB92] Haberfellner, R.; Nagel, P.; Becker, M.; Büchel, A.; Von Massow, H.: Systems Engineering: Methodik und Praxis. Hrsg.: Daenzer, W. F.; Huber, F., 8. Aufl. Zürich: Industrielle Organisation 1992.

[KANT83] KANT, I.: Werke (Hrsg. W. Weischedel; Darmstadt: Wissenschaftl. Buchgesellschaft 1983. Nachdr. d. 12. durchges. Aufl.) Berlin: Verlag Das Europ. Buch 1985.

[KLBU85] KLAUS, G.; BUHR, M. (Hrsg.): Philosophisches Wörterbuch. Bd. 1 A bis Kybernetik. 13. Aufl. als fotomechan. Nachdr. d. 12. durchges. Aufl. Berlin: Verlag Das Europ. Buch 1985.

[KÖST06] KÖSTERS, CH.: Ein ontologiebasiertes Modell zur Beschreibung der Abläufe in einem Produktionssystem unter besonderer Berücksichtigung einer diskreten Produktion. Diss. Univ. Paderborn 2008.

[LADE08] LASTRA, J. L. M.; DELAMER, I. M.: Ontologies for Production Automation. In: Dillon, T. S. et al (Hrsg.): Advances in Web Semantics. IFIP International Federation for Information Processing 2008. S. 276–289.

[LEPR06] LEPRATTI, R.: Advanced human-machine system for intelligent manufacturing. Some issues in employing ontologies for natural language processing. Journ. Intell. Manuf. 17 (2006), S. 653–666.

[MONJ63] MONJALLON, A.: Introduction aux mathématiques modernes. Paris: Librairie Vuibert 1963.

[PICH75] PICHLER, F.: Mathematische Systemtheorie: dynamische Konstruktionen. Berlin: de Gruyter 1975.

[RYCH05] RYCHTYCKYI, N.: Intelligent Manufacturing Applications at Ford Motor Company. NAFIPS 2005 – Annual Meeting of the North American Fuzzy Information Processing Society. 2005 IEEE. S. 298–302.

[TETE06] TESCHL, G.; TESCHL, S.: Mathematik für Informatiker. Bd. I: Diskrete Mathematik und Lineare Algebra. Korrigierter Nachdruck. Berlin: Springer 2006.

Systeme

2

Inhaltsverzeichnis

Zusammenfassung

Ein System ist eine Menge (im mathematischen Sinn) von Elementen, zwischen denen Wechselbeziehungen bestehen [VBER72]. Eine zweite Stelle betont noch als zusätzlichen Aspekt die Abgeschlossenheit: *Ein System ist eine Gesamtheit von aufeinander bezogenen Elementen, die nach außen hin abgegrenzt als Struktur organisiert ist* [MSBI21]. Beide Definitionen vereinbaren ein System als eine mathematische Menge von Elementen mit gegenseitigen Relationen, ohne jeden Bezug zur Realität. Der Bezug zur Realität entsteht erst, wenn wir diese Menge von Elementen und Relationen bspw. als Elemente eines Atoms und deren Beziehungen untereinander interpretieren. Damit ist ein so definiertes System keine Realität, kein Atom, noch nicht einmal eine Beschreibung eines Atoms, es ist lediglich ein formales Schema, das wir strukturierend nutzen, um eine Beschreibung eines Atoms in einer gewissen Ordnung, nach einem bestimmten Vorbild, nach einem Muster zu erhalten. Ein „Produktionssystem" ist ein Formalismus, den wir nutzen können, um diese modellhafte Beschreibung interpretierend zu „systematisieren". Und wenn wir diese Beschreibung als Modell verstehen, dann haben wir die gegenseitige Stellung von System und Modell in ihren Grundzügen bereits angesprochen: Ein System ist der Repräsentant einer Klasse von Modellen, die wir uns anhand dieses Systems gestaltend aneignen, operationalisieren; am Ende des Entwerfens steht immer ein Modell, kein System. Damit gilt: Wir reden beim Entwerfen immer über ein Bild, über ein Modell einer Realität. Wir reden nicht über einen Windpark, sondern über die Vorstellung, die wir von einem Windpark haben. Wir systematisieren unsere Modelle anhand eines Systems; das Modell ist ein Abbild

W. Dangelmaier, *Produktionstheorie 5*, https://doi.org/10.1007/978-3-662-69038-3_2

der Wirklichkeit oder ein Modell von einem Modell der Wirklichkeit, wenn es diese Wirklichkeit noch gar nicht gibt.

Wir teilen dieses Kapitel nach dem Bezug zur Realität ein, nach unserer Sicht, die wir beim Interpretieren einnehmen wollen: Wir beginnen völlig abstrakt, ohne jede Einschränkung, um am Ende Handlungssysteme mit dem Menschen im Mittelpunkt zu besprechen. Jeglicher Interpretation sind dann durch die Fähigkeiten des Menschen Grenzen gesetzt.

Wir folgen einem der Begründer der Systemtheorie und definieren: *Ein System ist eine Menge (im mathematischen Sinn) von Elementen, zwischen denen Wechselbeziehungen bestehen. Beispiele sind ein Atom als System physikalischer Elementarpartikel, eine lebende Zelle als System sehr zahlreicher organischer Verbindungen, eine menschliche Gesellschaft als System vieler Individuen, die in den verschiedensten Beziehungen zueinanderstehen* [VBER72]. Eine zweite Stelle betont noch als zusätzlichen Aspekt die Abgeschlossenheit: *Ein System ist eine Gesamtheit von aufeinander bezogenen Elementen, die nach außen hin abgegrenzt als Struktur organisiert ist* [MSBI21]. Beide Definitionen vereinbaren ein System als eine mathematische Menge von Elementen mit gegenseitigen Relationen, zunächst ohne jeden Bezug zur Realität. Damit stehen sie für eine Vielzahl ähnlicher Aussagen. Der Bezug zur Realität entsteht erst, wenn wir – wie das in [VBER72] im zweiten Satz geschieht – diese Menge von Elementen und Relationen bspw. als Elemente eines Atoms und deren Beziehungen untereinander interpretieren (siehe Abschn. 2.2). Damit ist offensichtlich: Ein so definiertes System ist keine Realität, kein Atom, noch nicht einmal eine Beschreibung eines Atoms, es ist lediglich ein formales Schema, das wir strukturierend nutzen, um eine Beschreibung eines Atoms in einer gewissen Ordnung, nach einem bestimmten Vorbild, nach einem Muster zu erhalten. Ein „Produktionssystem" ist nicht das reale Lehrenbohrwerk samt der umgebenden Infrastruktur, auch nicht dessen Beschreibung, sondern ein Formalismus, den wir nutzen können, um diese modellhafte Beschreibung interpretierend zu „systematisieren". Und wenn wir diese Beschreibung als Modell verstehen, dann haben wir die gegenseitige Stellung von System und Modell in ihren Grundzügen bereits angesprochen: Ein System ist der Repräsentant einer Klasse von Modellen, die wir uns anhand dieses Systems gestaltend aneignen, operationalisieren; am Ende des Entwerfens steht immer ein Modell, bspw. eine technische Zeichnung, kein System.

Damit gilt: Wir reden beim Entwerfen immer über ein Bild, über ein Modell einer Realität. Wir reden nicht über das Klima, sondern über die Vorstellung, die wir zurzeit von Klima haben; wir reden nicht über einen Windpark, sondern über die Vorstellung, die wir von einem Windpark haben. Wir systematisieren unsere Modelle anhand eines Systems; das Modell ist ein Abbild der Wirklichkeit oder ein Modell von einem Modell der Wirklichkeit, weil es diese Wirklichkeit noch gar nicht gibt.

Wenn wir nach den Konzeptionen fragen, die den Modellen zugrundeliegen, dann können wir der Meinung sein, dass diese durch unsere Fähigkeiten, logisch richtig zu denken und die so entstehenden Gedankenprodukte in sprachlicher oder schriftlicher Form zur Weitervermittlung festzulegen, bereits in vollständiger Weise gegeben sind. Vielleicht wollen wir die noch „höher" einzuschätzenden Fähigkeiten, mathematische und formal logische Denkspiele entwickeln und durchführen zu können, hier zusätzlich berücksichtigen. Aber diese „klassischen" Werkzeuge für den Modellbau reichen allein nicht aus. Sie bedürfen der Ergänzung durch weitere Konzeptionen, die angesprochenen *Systeme*. Diese in geeigneter Form bereitzustellen, ist die Aufgabe der *Systemwissenschaft* (siehe bspw. [PICH75]). Sie soll den einzelnen Wissenschaften/Fachdisziplinen geeignete Werkzeuge für die Analyse und Synthese ihrer fachspezifischen Modelle in Form der Systeme – also Wissen über die gemachten Modelle bzw. deren Machbarkeit – bereitstellen. Unter „Werkzeuge" verstehen wir hier allgemein Mittel, die zur Auffindung von Lösungen der an das Modell herangetragenen Probleme mit Vorteil verwendet werden können (z. B. sprachliche oder zeichnerische Darstellungsmittel und zugehörige Kalküle). Das Teilgebiet der Systemforschung, dem die Aufgabe der eigentlichen Werkzeugerstellung zufällt, also die Aufgabe, Systeme zu konstruieren und eine zugehörige Theorie aufzustellen, heißt *Systemtheorie*. Im speziellen Fall, wenn es sich bei den Systemen um mathematische Objekte handelt, sprechen wir von der *mathematischen Systemtheorie*. Die Aufgabe der *Systemtechnik* ist die Erprobung der Systeme an Modellen sowie die Schaffung des nötigen Wissens um die Anwendbarkeit der Systeme in den einzelnen wissenschaftlichen Disziplinen und bei interdisziplinären Problemstellungen. Wir beschränken uns hier auf Systeme, die auf Dinge zielen, die vom Menschen geschaffen werden (Sachen, Sachverhalte; siehe Abschn. 2.2).

Die Theorie, die sich mit den verschiedenen Verhaltensweisen befasst, heißt *Verhaltenstheorie*. Zu ihr gehören vor allem das Input-Output-Verhalten, des Weiteren das Stabilitätsverhalten, das Lernverhalten u. ä. Mit der Erfassung der Struktur eines gegebenen mathematischen Systems setzt sich die *Strukturtheorie* auseinander. Sie untersucht die einzelnen Teilstrukturen eines Systems und zeigt deren Beziehung zum Systemganzen auf. Bei Vorliegen mehrerer Systeme ist die Frage interessant, welche Kombinationsmöglichkeiten vorhandener Systeme zur Entstehung eines neuen Systems führen. Die Theorie, die sich mit diesen oder ähnlichen Problemen beschäftigt, heißt *Schaltungstheorie*.

Nachdem wir die Aufgaben der Systemwissenschaft und ihre Einteilung in Systemtheorie und Systemtechnik umrissen haben, wollen wir einige grundsätzliche Problemstellungen der Systemtheorie ansprechen. Wir gehen davon aus, dass ein Modell M, also eine wissenschaftliche Beschreibung (Skizze, Zeichnung, technische Beschreibung, Pflichtenheft, mathematisches Modell, Simulationsmodell, ...) eines realen Geschehens, vorliegt und wir uns über die Aussagekraft, über die Grenzen des Modells (Prozess oder Objekt, bspw. eine Windrad- oder eine Motorenmontage), im Klaren sind. Eine Aufgabe der Systemtheorie kann dann in dem Versuch liegen, formale Konstruktionen zu entwerfen, die in der Lage sind, zusammen mit der zugehörigen Theorie das Verhalten des Modells in abstrakter Weise zu simulieren. Im Allgemeinen werden wir zu dem vorgegebenen Modell M eine ganze Anzahl von verschieden reich strukturierten Konstruktionen zu betrachten haben. Den einfacheren Verhaltensweisen des Modells werden Konstruktionen mit ärmerer Struktur, den komplizierteren Verhaltensweisen Konstruktionen mit reicherer Struktur entsprechen. Bei dieser Aufgabenstellung orientiert sich die Systemtheorie passiv an den jeweils vorhandenen Modellen, also am Stand der Technik der jeweiligen Wissenschaften. Ihr gegenüberzustellen ist eine aktiv orientierte Systemtheorie, die formalwissenschaftliche Konstruktionen und zugehörige Theorien entwickelt, die sie als Denkgrundlagen für den Bau von Modellen den Wissenschaften vorschlägt. Hier geht es also darum, möglichst „vernünftige“ Konstruktionen auszuführen und zugehörige „vernünftige“ Theorien aufzustellen, für deren Anwendung bei der Konstruktion von Objekten und Prozessen bzw. deren Modellen substantiell begründete Aussichten bestehen.

Durch diese beiden hier angeführten Aufgabenstellungen ist die ganze Thematik der Systemtheorie bereits charakterisiert. Wenn dann zur Lösung dieser Aufgaben die Mathematik als Formalwissenschaft herangezogen wird, sprechen wir von der Thematik der mathematischen Systemtheorie. Mit dieser Charakterisierung bietet sich der Begriff des Systems von selbst an: *Jede formalwissenschaftliche Konstruktion, die aufgrund einer der beiden genannten Aufgabenstellungen der Systemtheorie gewonnen wurde, nennen wir in Ergänzung der obigen Definition ein System.* Im ersteren Fall ist also ein System eine Konstruktion, die imstande ist, ein bestimmtes Modellverhalten in abstrakter Weise zu simulieren; im zweiten Fall ist ein System eine Konstruktion, die zusammen mit einer zugehörigen Theorie einer Wissenschaft als Denkgrundlage zum Bau von Modellen in konkreter Weise vorgeschlagen wird. Handelt es sich dabei um eine mathematische Konstruktion, so sprechen wir von einem mathematischen System. Anstelle von „System“ könnten wir auch „Lösungsprinzip“, „Wirkmuster“, „Konstrukt“ o. ä. verwenden (siehe Abschn. 2.2.1 und 4.2.5). Und wenn wir „System“ als ein Schema verstehen, das wir einem Modell oder einem realen Geschehen überstülpen, um gewisse Erkenntnisse zu erhalten, dann ist das System das „(Sach-)System“, das wir zur Durchdringung und „Normierung“ des Modells eines Föhns, eines Windrads oder einer Montagelinie verwenden.

Bei der (Modell-)*Synthese* (siehe Abschn. 4.2.6) besteht die Hilfestellung der Systemtheorie dann darin, einen möglichst vollständigen Katalog von Lösungsprinzipien zusammen mit einer für die Problemstellung relevanten Theorie aufzubereiten und Syntheseverfahren zu entwickeln, wobei alle Nebenbedingungen zu berücksichtigen sind, die für die Realisierung der Modelle wesentlich sein können. Es geht darum, zu vorgegebenen gewünschten Eigenschaften eines zu erstellenden Modells, also zu einem vorgegebenen Schema von Problemstellungen und zugehörigen Lösungen, das Modell festzulegen, das diese Eigenschaften besitzt. Und wenn dies geschehen ist, dann kann die Einrichtung einer Wirklichkeit entsprechend dem gewonnenen Modell vorgenommen werden.

$$\begin{array}{ccccc} X(M) & \rightarrow M & \rightarrow Y(M) & & \\ \downarrow & & \downarrow & & \text{Synthese} \\ X(S) & \rightarrow S \rightarrow & Y(S) & & \end{array}$$

Gegeben seien bspw. die Anforderungen an eine Fabrik zur Herstellung von Windrädern in Form eines Lastenhefts. Es ist ein Modell – der Satz der Entwurfsunterlagen – für diese Fabrik zu „synthetisieren“ und dazu das Angebot der Systemtheorie an Lösungsprinzipien und Verfahren zu nutzen. Dazu sind das vorgegebene Schema von Problemstellungen $X(M)$ aus der Modellfragenmenge des Lastenhefts und die zugehörigen gewünschten Lösungen aus der Menge $Y(M)$ der Modellantworten, bspw. „Jährliche Herstellung von 200 Windrädern“ von der „Modellsprache“ in die „Systemsprache“ zu übersetzen. Beispielsweise wird diesem Schema ein Schema von Systeminputs und zugehörigen Systemoutputs – eine Input-Output-Relation – zugeordnet. In unserem Beispiel werden die Fragestellungen des Lastenhefts und die unterschiedlichen Organisationskonzepte zur Verknüpfung von Puffern und Bearbeitungseinrichtungen in Fragestellungen an ein Wartesystem/Bedienungssystem transformiert. Danach ist eine Kombination von Lösungsprinzipien, eine Systemkonstruktion, zu finden, die einerseits genau dieses Schema von Inputs und Outputs erzeugt, andererseits aber noch Eigenschaften hat, die sie für den späteren Modellbau als geeignet erscheinen lassen (Berücksichtigung der Realisierungsbedingungen des Modells; bspw. die Eigenschaften und Randbedingungen der bestehenden Bearbeitungseinrichtungen oder spezielle Anforderungen an die Puffer in einer Bearbeitungseinrichtung). Die Durchführung einer solchen Konstruktion bezeichnen wir als Systemsynthese. Auf der Grundlage des so entwickelten Systems wird dann das Modell erstellt. Diese Vorgehensweise ist dann gegeben, wenn für die Systemsynthese ausgearbeitete Methoden zur Verfügung stehen. Diese Umsetzung aus der Modell- in die Systemwelt und zurück ist hier nicht als Selbstzweck zu verstehen. Vielmehr sind mit dieser Transformation der Vorstellungs-/Konkretisierungswelten ganz praktische Erwartungen verbunden:

- Die modelltheoretischen Begriffe erhalten durch die Zuordnung zu systemtheoretischen Begriffen eine weitere Präzisierung. Zwangsläufig werden auch die Modellaussagen präziser.
- In den allermeisten Fällen wird ein zu einem vorliegenden Modell gehöriges System zu weiteren Modellen in Korrespondenz treten können, auch wenn diese aus anderen wissenschaftlichen Disziplinen stammen.
- Die Systemtheorie bemüht sich, Lösungsprinzipien mit den verschiedensten strukturellen Eigenschaften zu betrachten. Das eröffnet die Möglichkeit, zu jedem Modell ein für die gerade vorliegenden Fragestellungen maßgeschneidertes Wirkmuster anzugeben. Dementsprechend ist dann auch die zugehörige Theorie den Fragestellungen angepasst. Überflüssige Strukturen können dann nicht auftreten.
- Schließlich erleichtert die Benutzung systemtheoretischer Methoden die Programmierung der Modellprobleme.

Bei der *Modellanalyse* (siehe Abschn. 4.2.3 und 4.2.4) besteht die Hilfestellung der Systemtheorie darin, einen möglichst vollständigen Katalog von Lösungsprinzipien/Wirkmustern (siehe Abschn. 4.2.5) zusammen mit einer für die Problemstellung relevanten Theorie aufzubereiten und zu diesen Wirkmustern die Korrespondenzregeln anzugeben, die den Bezug zwischen Lösungsprinzip und Modell herstellen.

Situation 1 Gegeben sei ein Modell M (bspw. die Entwurfsunterlagen einer Fabrik zur Herstellung von Windrädern) und eine Menge von darauf bezogenen Problemstellungen (Modellfragenmenge $X(M)$; bspw. Herstellkosten, Stückzahlen, Personalbedarf, Lieferzeit). Gesucht seien die Lösungen, die das Modell zu den einzelnen Problemstellungen zu liefern imstande ist (Modellantwortenmenge $Y(M)$; bspw. Puffergröße, Schichtmodell, ...). Ein für das Modell M geeignetes System S (bspw. ein spezieller Herstellprozess mit horizontaler und vertikaler Teilung) kann hier wesentlich zur Auffindung der Lösungen beitragen, die zu den gegebenen Problemstellungen gehören. Jede Problemstellung (Modellfrage, Modellinput) aus der Menge der Modellfragen $X(M)$ wird zunächst in einen Systeminput (Systemfrage) aus der beim System S (spezieller Herstellprozess mit horizontaler und vertikaler Teilung) in Betracht gezogenen Inputmenge $X(S)$ (Zusammensetzung der Einzelprozesse) transformiert. Mit Hilfe der für das System S existierenden Theorie $T(S)$ (bspw. Modelle zur Abtaktung) kann für jeden Systeminput der zugehörige Systemoutput (Systemantwort) in der Outputmenge $Y(S)$ (bspw. Wirkungsgrad) des Systems berechnet werden. Dieser wird dann in die zugehörige Lösung (Modellantwort, Modelloutput) rückkodiert. Die Konstruktion des Systems S muss dabei so ausgelegt werden, dass jede auf diese Weise über das System S erhaltene Lösung mit der Lösung übereinstimmt, die das Modell alleine liefern würde. Wir sagen dann auch, dass das System S das Modell M simuliert. Speziell wollen wir bei dieser Situation von einer Modell-Input-Output-Analyse mittels System-Input-Output-Analyse sprechen.

$$\begin{array}{ccc} X(M) \rightarrow M \rightarrow Y(M) & & \\ \downarrow \qquad\qquad \uparrow & & \text{Input-Output-Analyse} \\ X(S) \rightarrow S \rightarrow Y(S) & & \end{array}$$

Der Vorteil einer solchen Vorgehensweise ist dann gegeben, wenn uns mit dem System eine leistungsfähige Theorie mitgeliefert wird und daraus Methoden resultieren, die den zum Modell gehörigen Methoden überlegen sind.

Wir wollen hier noch auf den Begriff des Analogiemodells eingehen. Zu einem gegebenen Paar (M, S), bestehend aus einem Modell M und einem zugehörigen System S, existieren oft weitere Modelle, denen das System S ebenfalls zugeordnet werden kann. Bezeichnet nun M' ein solches Modell, so können wir uns Folgendes vorstellen: Zwischen dem Modell M und dem Modell M' wird eine derartige Korrespondenz hergestellt, dass das Modell M' das Modell M in Fragen der Modellanalyse und Modellsynthese simuliert. Das Modell M' nimmt dann in Fragen der Problemlösung den Platz des Systems S ein. Wir nennen ein solches Modell M' ein Simulationsmodell oder auch ein Analogiemodell von M.

Beispiel 2.1

Lager

Wir designen ein Lager. Die Lagerplaner haben ihre aus der Praxis abgeleiteten Faustformeln und möglicherweise sogar ein Simulationswerkzeug. Wir nehmen ein dynamisches, parametrisiertes Input-Output-System und kommen so leicht zu einer Lagersteuerung. ◄

Situation 2 Gegeben sei wieder ein Modell M (bspw. die Entwurfsunterlagen einer Fabrik zur Herstellung von Windrädern), jetzt aber zusammen mit einer Menge $Y(M)$ von gewünschten Lösungen (Modellantworten, Modelloutputs). Gesucht ist die Menge $X(M)$ von Problemstellungen (Modellfragen, Modellinputs), die genau diese Lösungen erzeugen. Diese Situation tritt immer dann auf, wenn bei bekannten Wirkungen nach deren Ursachen gefragt wird, z. B. bei Steuerungs-/Regelungsproblemen. Auch hier kann ein zum Modell M gehöriges System eine Hilfe darstellen.

$$\begin{array}{ccc} X(M) \longrightarrow M \longrightarrow Y(M) & & \\ \uparrow \qquad\qquad \downarrow & & \text{Output – Input - Analyse} \\ X(S) \longrightarrow S \longrightarrow Y(S) & & \end{array}$$

Jede Lösung aus $Y(M)$ wird in einen entsprechenden Systemoutput aus $Y(S)$ kodiert. Mit Hilfe der zum System S gehörigen Theorie werden dann die Systeminputs berechnet, die genau die gewünschten Systemoutputs erzeugen. Durch Rückübersetzung der erhaltenen Inputs gewinnen wir die gesuchten Problemstellungen (Modellinputs). Auch hier sagen wir, dass das System S das Modell M simuliert, genauer sprechen wir aber in diesem Fall von einer Modell-Output-Input-Analyse mittels einer System-Output-Input-Analyse.

Beispiel 2.2

Wir benötigen aus der Motorenmontage einen bestimmten Output in einer bestimmten Sequenz. Wir haben auch ein Simulationsmodell M auf der Basis von Simple++, welches in einer Vorwärtseinlastung dann die Modellauslastung berechnet. S kann aber anders als M den Input korrekt ermitteln; S verfügt über den tatsächlichen Steuerungsalgorithmus. ◄

Damit wird deutlich: Die Systemtheorie bietet den einzelnen Wissenschaften für die Arbeit mit den dort bestehenden Modellen eine Hilfestellung an,

- bei der Modellanalyse (Abschn. 4.2.3), indem sie einen möglichst vollständigen Katalog von Systemen zusammen mit einer für die Problemstellungen relevanten Theorie aufstellt und zu diesen Systemen die Korrespondenzregeln angibt, die den Bezug zu den Modellen herstellen;

- bei der Modellsynthese (Abschn. 4.2.6), indem sie Syntheseverfahren für Systeme entwickelt, wobei gewisse Nebenbedingungen berücksichtigt werden, die für die Realisierung der Modelle in der Wirklichkeit wesentlich sind.

2.1 Formalsysteme

2.1.1 Typographische Systeme

In einem *formalen typographischen System* sind SÄTZE lediglich *Zeichenketten*, die nach vorgegebenen/gewählten syntaktischen/typographischen Regeln erzeugt werden, aber nicht als Aussagen betrachtet werden (müssen) [HOFS92]. Wenn „Satz" in normalen Buchstaben wiedergegeben wird, hat das Wort seine alltägliche Bedeutung – ein Satz ist eine Aussage in der gewöhnlichen Sprache, die wir durch logische Argumentation als wahr beweisen können (siehe Abschn. 1.1.2). Wenn in Großbuchstaben, soll „SATZ" seine technische Bedeutung haben: eine in einem formalen typographischen System erzeugbare Zeichenkette – wir verhalten uns wie ein Computer. Eine der Bedeutungen von „Kette" ist die, dass die Buchstaben in einer feststehenden Ordnung sind. Wenn die Zeichenkette in der gleichen Schriftart ist wie der Text, wird sie in Anführungszeichen eingeschlossen. Interpunktionen, die zum Satz und nicht zur Kette gehören, stehen naturgemäß außerhalb der Anführungszeichen: Beispielsweise ist der erste Buchstabe dieses Satzes „B", während der erste Buchstabe von „diesem Satz" „d" ist. Wenn die Kette in der Schriftart **fett** gesetzt ist, lassen wir die Anführungszeichen weg, sofern sie nicht der Klarheit wegen nötig sind. Natürlich ist der erste Buchstabe von „fett" „f".

Das abc-System

Das erste exemplarisch betrachtete formale typographische System, das **abc**-*System*, verwendet die drei Buchstaben **a**, **b** und **c**. Die einzigen Ketten des **abc**-Systems sind demnach solche, die sich aus diesen drei Buchstaben zusammensetzen. Beispielsweise sind **ab** und **ba** zwei verschiedene Ketten. Die einzige Kette, über die das **abc**-System initial verfügt, sei **ab**.

Mit den folgenden Regeln – den Regeln des **abc**-Systems – können wir diese Sammlung – die Menge zulässiger Ketten – erweitern:

Regel I: Wenn wir eine Kette besitzen, deren letzter Buchstabe **b** ist, dann dürfen wir am Schluss ein **c** anfügen.

Regel II: Angenommen, wir verfügen über **a**x. Dann können wir unserer Sammlung **a**xx hinzufügen.
Beispielsweise erhalten wir aus **abc** dann **abcbc**. Demnach steht der Buchstabe „x" für irgendeine Kette; wenn wir uns aber einmal entschieden haben, für welche, dann müssen wir bei dieser Entscheidung bleiben, bis wir wieder Regel

II anwenden; wir verwenden „x“, um eine Möglichkeit zu haben, allgemein, symbolisch über die Ketten des Systems sprechen zu können.

Regel III: Wenn in einer Kette unserer Sammlung **bbb** vorkommt, können wir eine neue Kette mit **c** anstatt von **bbb** bilden.
Beispielsweise können wir **cabbbc** zu **cacc**, **abbbb** zu **abc** oder **acb**, **abbb** zu **ac** umformen. Eine Regel dürfen wir nicht rückwärts anwenden: Aus **ac** ergibt sich **abbb**. Aus **abcb** ergibt sich **abbbbb**. Das ist beides falsch.

Regel IV: Wenn in einer Kette **cc** vorkommt, können wir **cc** streichen.
Aus **ccc** ergibt sich **c**, aus **acccbb** ergibt sich **acbb**.

Zu Beginn ist der SATZ **ab** gegeben. Ein derartiger SATZ, den wir a priori erhalten, heißt *primäre Aussage* oder *Axiom* (siehe Abschn. 1.2 und 1.4). Ein formales System kann keine, eine, mehrere oder unendlich viele Axiome besitzen (vgl. Abschn. 1.4.1). Jedes formale System hat Regeln für das Manipulieren von Symbolen wie etwa die vier Regeln des **abc**-Systems. Diese Regeln heißen Erzeugungs- oder *Schlussregeln* (vgl. Abschn. 1.2.1). Der letzte Begriff ist der der *Ableitung*. Wir geben eine Ableitung des SATZES **acbbc**:

1)	**ab**	primäre Aussage
2)	**abb**	aus 1) durch Regel II
3)	**abbbb**	aus 2) durch Regel II
4)	**abbbbc**	aus 3) durch Regel I
5)	**acbc**	aus 4) durch Regel III
6)	**acbccbc**	aus 5) durch Regel II
7)	**acbbc**	aus 6) durch Regel IV

Einen SATZ abzuleiten bedeutet, explizit schrittweise zu zeigen, wie sich dieser SATZ nach den Regeln des formalen Systems erzeugen lässt. Wir können sagen, dass wir den SATZ **acbbc** abgeleitet haben. Jetzt wollen wir versuchen, anhand der Regeln **ac** zu erzeugen. Also ist die Frage: Hat **ac** SATZ-Natur oder nicht? Die Antwort auf diese Frage ist ein „Nein“. Um das zu zeigen, beginnen wir mit einer Zusammenstellung des **abc**-Systems:

Symbole:	**a, b, c**
Primäre Aussage:	**ab**
Regeln	I: Wenn x**b** ein SATZ ist, dann auch x**bc**.
	II: Wenn **a**x ein SATZ ist, dann auch **a**xx.
	III: In jedem SATZ kann **bbb** durch **c** ersetzt werden.
	IV: **cc** kann aus jedem SATZ weggelassen werden.

Wir nennen die Anzahl der **b** in einer Kette ihren **b**-Gehalt. Dann ist zum einen der **b**-Gehalt der primären Aussage **ab** gleich 1 und zum anderen der **b**-Gehalt niemals 0. Außerdem können wir zeigen, dass der **b**-Gehalt niemals ein Vielfaches von 3 sein kann.

Dazu stellen wir fest, dass die Regeln I und IV den **b**-Gehalt völlig unverändert lassen. Regel III vermindert den **b**-Gehalt genau um 3. Nach einer Anwendung dieser Regel könnte der **b**-Gehalt des Ergebnisses ein Vielfaches von 3 sein, aber nur dann, wenn der **b**-Gehalt der primären Aussage es ebenfalls war; Regel III kann nur dann ein Vielfaches von 3 erzeugen, wenn sie mit einem solchen beginnt. Dasselbe gilt für Regel II, die den **b**-Gehalt verdoppelt. Der Grund dafür ist, dass, wenn 3 ein Teiler von $2n$ ist, es – da 3 kein Teiler von 2 ist – ein Teiler von n sein muss. Weder Regel II noch Regel III kann ein Vielfaches von 3 aus dem Nichts erzeugen. Daher ist **ac** kein SATZ des **abc**-Systems.

Entscheidungsmethode

Das **abc**-System verwendet Regeln mit zwei gegensätzlichen Tendenzen, Verlängerungs- und Verkürzungsregeln. Die Regeln I und II verlängern, die zwei anderen verkürzen die Kette. Für die Reihenfolge, in der die Regeln angewandt werden können, gibt es keine Einschränkungen. Allerdings können wir gewisse Ketten wie **c** oder **ac** nicht herstellen. Doch sind der Fall **c** und der Fall **ac** ganz unterschiedlich. Wir erkennen die Unmöglichkeit, **c** herzustellen, an einer offensichtlichen Eigenschaft. Es beginnt nicht mit **a**, und das müssen alle SÄTZE tun. Dieser Test deckt aber nicht alle Nicht-SÄTZE auf. Es muss SÄTZE geben, die mit **a** beginnen, die aber nicht erzeugbar sind. **ac** ist einer davon.

Wir stellen wir uns ein Verfahren vor, das unendlich viel Zeit hat, SÄTZE des **abc**-Systems zu produzieren. Dieses Verfahren könnte zum Beispiel so vorgehen:

Schritt 1: Wende jede anwendbare Regel auf die primäre Aussage **ab** an.
Wir erhalten zwei neue SÄTZE: **abc, abb**.
Schritt 2: Wende jede anwendbare Regel auf die in Schritt 1 erzeugten SÄTZE an.
Wir erhalten drei neue SÄTZE: **abbc**, **abcbc**, **abbbb**.
Schritt 3: Wende jede anwendbare Regel auf die in Schritt 2 erzeugten SÄTZE an.
Wir erhalten fünf neue SÄTZE: **abbbbc**, **abbcbbc, abcbcbcbc**, **abbbbbbbb**, **acb**

Früher oder später erzeugt dieses Vorgehen jeden einzelnen SATZ, weil die Regeln in jeder möglichen Reihenfolge angewandt wurden; irgendwann einmal werden alle möglichen Verlängerungen und Verkürzungen ausgeführt sein. Aber wir wissen nicht, wie lange wir warten müssen, bis eine bestimmte Kette in dieser Liste erscheint, weil die SÄTZE gemäß der Kürze ihrer Ableitung, nicht nach der Länge des SATZES ausgeführt werden. Wenn wir an einer besonderen Kette, wie z. B. **ac**, interessiert sind und nicht einmal wissen, ob sie überhaupt abgeleitet werden kann, und noch viel weniger, wie lange diese Ableitung sein könnte, ist das keine sinnvolle Vorgehensweise.

Von entscheidender Wichtigkeit ist demnach eine Garantie, dass wir die Antwort in einer endlichen Zeitspanne erhalten. Und wenn es einen Test für „SATZheit" gibt, der immer in einer endlichen Zeitspanne ein Ende findet, dann heißt dieser Test eine *Entscheidungsmethode* (vgl. Abschn. 1.2) für das vorliegende formale System. Wenn wir über eine solche Entscheidungsmethode verfügen, dann haben wir eine sehr konkrete Charakterisierung aller SÄTZE des formalen Systems. Auf den ersten Blick könnten wir meinen, dass die Regeln und primären Aussagen des formalen Systems eine nicht weniger vollständige Charakterisierung der SÄTZE des Systems liefern als eine Entscheidungsmethode. Natürlich „charakterisieren" die Schlussregeln und primären Aussagen implizit diejenigen Ketten, die SÄTZE sind. Und noch impliziter charakterisieren sie die Ketten, die keine SÄTZE sind. Aber eine implizite Charakterisierung ist für viele Zwecke nicht hinreichend. Wenn jemand behauptet, dass er eine Charakterisierung aller SÄTZE besitze, aber eine unendlich lange Zeit zu dem Schluss braucht, dass eine bestimmte Kette kein SATZ ist, dann ist diese Charakterisierung ungeeignet. Und aus diesem Grund ist es wichtig, herauszufinden, ob es eine Entscheidungsmethode gibt. Übrigens ist es eine Bedingung für formale Systeme, dass das Bündel von primären Aussagen durch eine Entscheidungsmethode gekennzeichnet ist – es muss einen Test geben, mit dem wir die Eigenschaft „primäre Aussage" nachweisen können [HOFS92]. Dann ist gewährleistet, dass wir zumindest am Anfang ohne Weiteres in Gang kommen können. Das ist ein Unterschied zwischen der Menge der primären Aussagen und der Menge der SÄTZE (sekundäre Aussagen des typographischen Systems); die erste hat immer eine Entscheidungsmethode, die zweite Menge muss keine Entscheidungsmethode besitzen.

Manipulation von Symbolen

Wir beschränken uns auf die Mathematik als unsere „wirkliche Welt" (vgl. Abschn. 2.1.2). Hier stellt sich eine wichtige Frage: Wie können wir sicher sein, dass wir die Aufgabe der Systembildung exakt erfüllt haben, wenn wir ein formales System, das einem Teilbereich der Mathematik entspricht, aufgestellt haben – zumal, wenn wir mit diesem Teilbereich nicht bereits vollständig vertraut sind? Angenommen, Zweck des formalen Systems sei, uns neue Einsichten in diesem Bereich zu vermitteln. Wie können wir wissen, dass die Interpretation[1] jedes SATZES richtig ist, wenn wir nicht nachgewiesen haben, dass vollkommene Isomorphie (vgl. Abschn. 1.7.6) vorliegt? Und wie können wir nachweisen, dass die Isomorphie vollkommen ist, wenn wir nicht von vornherein die gesamte Wahrheit in diesem Teilbereich kennen? Wie können wir wissen, dass alle so interpretierten SÄTZE Wahrheiten ausdrücken, wenn wir nicht alles wissen, was wir sowohl über das formale System wie auch über den entsprechenden Interpretationsbereich wissen können?

In dieser Situation befinden wir uns, wenn wir versuchen, die Wirklichkeit der natürlichen Zahlen, also der nichtnegativen ganzen Zahlen 0, 1, 2, ... auf die typographischen Symbole eines formalen Systems abzubilden. Wir versuchen, die Beziehung zwischen dem, was wir in der Mathematik „Wahrheit" nennen, und dem, was wir durch Symbolmanipulation gewinnen, zu verstehen. Betrachten wir dazu die Grundlage, auf der wir gewisse SÄTZE der Mathematik als wahr und andere als falsch bezeichnen. Wie viel ist 123 vervielfacht mit 123? Jeder kann es ausrechnen: 15.129. Aber wie viele von uns haben tatsächlich einmal ein Quadrat von Seitenlange 123 gezeichnet und dann die kleinen

[1] Zu „Interpretation" siehe Abschn. 3.3.

Quadrate gezählt? Den meisten Menschen kämen die Zeichnung und das Zählen unnötig vor. Sie würden stattdessen als Beweis ein paar Striche auf einem Blatt Papier vorlegen:

```
123 · 123
123
 246
  369
15129
```

Und das wäre der „Beweis". Jeder glaubt, dass wir 15.129 erhalten, wenn wir die Quadrate zählen. Der Konflikt zwischen den beiden Gesichtspunkten wird deutlicher, wenn wir das Problem der Berechnung von 987.654.321 · 123.456.789 betrachten: Zunächst ist es praktisch unmöglich, das entsprechende Rechteck zu zeichnen, und, was noch schlimmer ist, sogar wenn es gezeichnet wäre und wenn wir jahrhundertelang die kleinen Quadrate zählten, würde nur ein sehr leichtgläubiger Mensch der Antwort Glauben schenken: Irgendjemand hat irgendwo irgendwie ein klein wenig gepfuscht. Würde man aber jemals die Antwort wissen können? Wenn wir dem symbolischen Verfahren vertrauen, das die Manipulation von Ziffern nach gewissen einfachen Regeln erfordert, dann ja. Dieses Verfahren wird als ein Mechanismus vorgelegt, der die richtige Antwort liefert; was dabei verloren geht, ist der Grund, warum er das tut. Die Gesetze der Vervielfachung für die Verschiebung von Ziffern basieren zum größten Teil auf einigen wenigen Eigenschaften des Addierens und des Multiplizierens, von denen wir annehmen, dass sie für alle Zahlen gültig sind [BRSE79, KISC91].

Die Grundgesetze der Arithmetik

Wir legen ein paar Steine auf den Boden:

o oo ooo o o oooo ooo oo

Jetzt zählen wir sie. Zur gleichen Zeit zählt sie jemand anderes, aber er beginnt am anderen Ende. Das Ergebnis des Zählprozesses ist unabhängig von der Art und Weise, wie gezählt wird (vgl. Abschn. 1.7.4). In Wirklichkeit ist das eine Annahme darüber, was Zählen ist. Aus Annahmen dieser Art ergeben sich die Kommutativität und die Assoziativität des Addierens/Vermehrens (erstens, dass immer gilt: b vermehrt um c ist gleich wie c vermehrt um b, und zweitens: b vermehrt um (c vermehrt um d) ist gleich wie (b vermehrt um c) vermehrt um d). Dieselbe Annahme kann auch zu der Kommutativität und Assoziativität des Multiplizierens/Vervielfachens führen; wir denken einfach an viele Würfel, die so zusammengeführt sind, dass sie einen großen Quader ergeben. Kommutativität und Assoziativität des Multiplizierens folgen aus der Annahme, dass – wenn wir einen Quader auf verschiedene Weise drehen – sich die Anzahl der Würfel nicht verändert. Nun können wir diese Annahmen nicht immer verifizieren, weil die Anzahl solcher Fälle unendlich ist. Der Geldbetrag in unserer Börse ändert sich nicht, wenn wir die Straße hinuntergehen und damit herumspielen; die Anzahl der Bücher, die wir besitzen, ändert sich nicht, wenn wir sie in eine Kiste packen, diese auf unseren Wagen laden, nach Olsberg fahren, die Kiste abladen, sie auspacken und die Bücher neu aufstellen. All das ist ein Teil von dem, was wir unter *Zählen* und *natürlichen Zahlen* („Zählzahlen“) verstehen. Beim Übergang von der natürlichen Zahl als einem Ding der Praxis zu der Zahl als einem formalen Gebilde stellt sich eine Frage: Wenn wir uns einmal entschlossen haben, das gesamte Arbeiten mit Zahlen in ein ideales System zu fassen, ist es wirklich möglich, diese Aufgabe vollständig zu erledigen? Wenn wir von den Eigenschaften der natürlichen Zahlen sprechen, dann sind das nicht einfach Eigenschaften wie die Summe eines bestimmten Zahlenpaars. Diese kann durch Zählen ausfindig gemacht werden, und niemand zweifelt daran, dass Prozesse wie Zählen, Addieren, Multiplizieren usw. sich mechanisieren lassen. Gemeint sind vielmehr die Eigenschaften, die Probleme, zu deren Lösung kein Zählprozess – nicht einmal theoretisch – genügt. Nehmen wir als Beispiel einer solchen Eigenschaft der natürlichen Zahlen den Satz des Euklids: „Es gibt unendlich viele Primzahlen“. Zunächst einmal gibt es keinen Zählprozess, vermittels dessen sich diese Behauptung jemals bestätigen oder widerlegen ließe. Das Beste, was wir tun könnten, wäre, die Primzahlen eine Zeitlang zu zählen und einzuräumen, dass es „viele“ sind. Doch würde alles Zählen die Frage, ob die Anzahl der Primzahlen endlich oder unendlich ist, niemals lösen. Es könnte immer noch weitere geben. Also liegt Euklids Satz keinesfalls auf der Hand. Und doch haben ihn die Mathematiker seit Euklid immer für wahr gehalten. Der Grund dafür ist, dass sie sich durch folgerichtiges Denken davon überzeugt haben. Gehen wir diesem Denken nach. Wir analysieren Euklids Beweis und zeigen: Es gibt für jede beliebige Zahl eine noch größere Primzahl. Nehmen wir also eine Zahl N. Jetzt multiplizieren wir alle natürlichen Zahlen von 1 bis N einschließlich. Das Ergebnis ist durch jede Zahl bis N einschließlich teilbar. Wenn wir dieses Ergebnis um 1 vermehren, kann das Ergebnis

- kein Vielfaches von 2 sein; es bleibt 1 übrig, wenn wir durch 2 teilen.
- kein Vielfaches von 3 sein; es bleibt 1 übrig, wenn wir durch 3 teilen.
- kein Vielfaches von 4 sein; es bleibt 1 übrig, wenn wir durch 4 teilen.
- kein Vielfaches von N sein; es bleibt 1 übrig, wenn wir durch N teilen.

Mit anderen Worten: Wenn $1 \cdot 2 \cdot 3 \cdot 4 \cdot \ldots \cdot N + 1$ nur durch sich selbst und durch 1 teilbar ist, dann ist es eine Primzahl oder seine Primteiler sind größer als N. Dieses Vorgehen ist für alle N gültig; wie groß N auch sein mag – es gibt eine Primzahl, die größer als N ist. Und damit sind wir am Ende des Beweises.

Dieser letzte Schritt heißt *Generalisierung*. Die Generalisierung besteht darin, dass wir eine Behauptung für eine einzelne Zahl (N) aufstellen und dann feststellen, dass N unspezifiziert und somit die Behauptung allgemeingültig ist. Euklids Beweis zeigt, dass wir uns durch vergleichsweise kleine Schritte vergleichsweise weit vom Ausgangspunkt entfernen können. Im vorliegenden Fall bilden grundlegende Vorstellungen über Vervielfachen, Teilen usw. den Ausgangspunkt. Die kurzen Schritte sind die Schritte des folgerichtigen Denkens. Und obgleich jeder einzelne Schritt auf der Hand liegt, tut es das Endergebnis nicht. Ob die Aussage wahr oder falsch ist, können wir niemals direkt nachprüfen; dennoch glauben wir daran, weil wir an folgerichtiges Denken glauben.

Das ABT-System

Das zweite System, das **ABT**-System, besitzt als Symbole die Buchstaben **A**, **B** und **T** und eine unendliche Anzahl primärer Aussagen, die wir nicht alle niederschreiben können. Also brauchen wir eine andere Methode, um sie zu beschreiben. Tatsächlich suchen wir ja mehr als nur eine Beschreibung der primären Aussagen; wir wollen eine Methode, die uns erlaubt, festzustellen, ob eine bestimmte Kette eine primäre Aussage ist. Eine bloße Beschreibung der primären Aussagen könnte sie vielleicht vollständig, aber eben doch nur schwach charakterisieren. Deshalb werden wir die primären Aussagen so definieren, dass ein Entscheidungsverfahren dafür existiert, ob eine aus **A**s, **B**s und **T**s bestehende Kette eine primäre Aussage ist oder nicht. Dazu dient die folgende

Definition: *x* **A T B** *x***T** ist eine primäre Aussage, wenn *x* nur aus **T**s besteht.

Wieder muss „*x*" in beiden Fällen für die gleiche Kette von **T**s stehen. Beispielsweise ist **TT A T B TTT** eine primäre Aussage, der Ausdruck *x* **A T B** *x***T** dagegen keine primäre Aussage, weil „*x*" nicht zum **ABT**-System gehört. *x* **A T B** *x***T** ist nur die Form, in die alle primären Aussagen gegossen werden; sie heißt *Schema der primären Aussagen* (vgl. Abschn. 1.2.1).

Das **ABT**-System besitzt eine einzige *Erzeugungsregel* (vgl. Abschn. 1.2):

Regel: Angenommen, *x*, *y* und *z* stehen alle für einzelne Ketten, die nur **T**s enthalten, und angenommen, wir wissen, dass *x* **A** *y* **B** *z* ein SATZ ist. Dann ist auch *x* **A** *y***T B** *z***T** ein SATZ. Nehmen wir bspw. *x* als **TT**, *y* als **TTT** und *z* als **T**. Die Regel sagt uns dann: Wenn **TT A TTT B T** sich als SATZ erweist, dann auch **TT A TTTT B TT**.

Wie für die Erzeugungsregeln typisch, bedeutet diese Aussage eine Kausalverknüpfung zwischen zwei Ketten in ihrer Eigenschaft als SÄTZE, ohne aber zu behaupten, dass jede einzelne von ihnen allein ein SATZ ist. Weil jeder SATZ des **ABT**-Systems drei verschiedene Gruppen von **T**s enthält und die trennenden Elemente ein **A** und ein **B** – in dieser Reihenfolge – sind, müssen wir aus formalen Gründen eine Kette wie **TT A TT A TT A TT B TTTTTTTT** ausschließen. Daher nennen wir jede Kette, die mit einer Gruppe von **T**s beginnt, auf die dann ein **A**, dann eine zweite Gruppe von **T**s sowie ein **B** folgt und die dann mit einer letzten Gruppe von **T**s aufhört, eine *wohlgeformte Kette*. Das Kriterium dafür, dass mit einer wohlgeformten Kette ein SATZ vorliegt, ist, dass die Anzahl der **T**s in den ersten beiden Gruppen zusammen gleich groß wie in der dritten ist. Beispielsweise ist **TT A TT B TTTT** ein SATZ, weil zwei vermehrt um zwei vier ergibt, während **TT A TT B T** keiner ist, weil zwei um zwei vermehrt nicht eins ist. Um zu erkennen, dass das wirklich ein Kriterium ist, betrachten wir zuerst das Schema der primären Aussagen. Tatsächlich erzeugt es nur primäre Aussagen, die diesem Kriterium des Zusammenzählens genügen. Dann betrachten wir die Erzeugungsregel: Wenn die erste Kette dem Zusammenzählkriterium genügt, dann muss es auch die zweite tun – und umgekehrt, wenn die erste Kette ihm nicht genügt, tut es auch die zweite nicht. Die Erzeugungsregel macht das

Zusammenzählkriterium zu einer vererbbaren Eigenschaft der SÄTZE: Jeder SATZ gibt die Eigenschaft an seinen Nachfolger weiter. Das macht deutlich, warum das Zusammenzählkriterium korrekt ist. Es gibt eine Tatsache im **ABT**-System, die uns ermöglicht, zu sagen, dass es ein Entscheidungsverfahren besitzt: Das **ABT**-System besitzt nur Verlängerungsregeln. Jedes formale System, das uns sagt, wie wir längere aus kürzeren SÄTZEN machen können, niemals aber das Gegenteil, muss für seine SÄTZE ein Entscheidungsverfahren besitzen. Nehmen wir an, man lege uns eine Kette vor. Prüfen wir zuerst, ob es sich um eine primäre Aussage handelt oder nicht. Wenn es sich um eine primäre Aussage handelt, dann ist es definitionsgemäß ein SATZ, und der Test ist zu Ende. Nehmen wir aber an, es handle sich um keine primäre Aussage. Um ein SATZ zu sein, muss es gemäß einer der Regeln von einer kürzeren Kette abstammen. Indem wir nacheinander die verschiedenen Regeln prüfen, können wir nicht nur die Regeln identifizieren, die möglicherweise diese Kette hervorbringen konnten, sondern auch feststellen, welche kürzeren Ketten ihre Vorläufer im „Stammbaum“ sein könnten. Auf diese Weise „reduzieren“ wir das Problem auf die Feststellung, ob eine von irgendwelchen neuen, aber kürzeren Ketten einen SATZ darstellt. Jede von ihnen kann ihrerseits demselben Test unterzogen werden. Während wir auf diese Weise unseren Weg nach rückwärts gehen, müssen wir der Quelle aller SÄTZE – den Schemata der primären Aussagen – näher kommen. Aber die Ketten können nicht ad infinitum kürzer und kürzer werden; deshalb werden wir schließlich finden, dass eine unserer kurzen Ketten eine primäre Aussage ist, oder wir kommen an einen Punkt, an dem es nicht mehr weiter geht, weil keine unserer kurzen Ketten eine primäre Aussage ist und keine weiter verkürzt werden kann, wenn wir die eine oder die andere Regel rückläufig anwenden.

Diese *„Von-oben-nach-unten“-Entscheidungsmethode* steht im Gegensatz zu der *„Von-unten-nach-oben“-Entscheidungsmethode* (siehe Abschn. 4.2.6). Wir bilden einen Speicher, in den wir die SÄTZE so stellen, wie sie anfallen:

1a) Stelle die einfachste primäre Regel (**T A T B TT**) in den Speicher.
1b) Wende die Schlussregel auf den SATZ im Speicher an, und stelle das Ergebnis in den Speicher.
2a) Stelle die zweiteinfachste primäre Aussage in den Speicher.
2b) Wende die Schlussregel auf jede Kette im Speicher an, und stelle alle Ergebnisse in den Speicher.
3a) Stelle die dritteinfachste primäre Aussage in den Speicher.
3b) Wende die Schlussregel auf jede Kette im Speicher an, und stelle alle Ergebnisse in den Eimer

usw.

Auf diese Weise erhalten wir jeden SATZ des **ABT**-Systems. Außerdem wird der Speicher mit immer längeren SÄTZEN gefüllt. Das wiederum ist eine Folge davon, dass es keine Verkürzungsregel gibt. Wenn wir also eine bestimmte Kette besitzen, bspw. **TT A TTT B TTTTT**, von der wir herausfinden wollen, ob sie ein SATZ ist, dann folgen wir einfach den nummerierten Schritten und halten dabei immer Ausschau nach der in Frage stehenden Kette. Wenn sie auftaucht – SATZ! Wenn an einem bestimmten Punkt alles, was in den Speicher gestellt wird, länger ist als die betrachtete Kette, dann ist sie kein SATZ. Diese Entscheidungsmethode läuft „von unten nach oben“, weil sie sich von den Grundvoraussetzungen, den primären Aussagen, nach oben bewegt.

Wir stellen fest, dass sich die **ABT**-SÄTZE wie das *Zusammenzählen verhalten.* Die Kette **TT A TTT B TTTTT** ist ein SATZ, weil zwei vermehrt um drei gleich fünf ist. Möglicherweise ist **TT A TTT B TTTTT** eine in etwas seltsamer Notation niedergeschriebene Aussage, deren Bedeutung die ist, dass zwei um drei vermehrt gleich fünf ist. Ist das eine vernünftige Betrachtungsweise? Bedeutet die Kette **TT A TTT B TTTTT** tatsächlich zwei vermehrt um drei gleich fünf? Die Antwort ist die, dass wir zwischen **ABT**-SÄTZEN und dem Addieren eine Isomorphie entdeckt haben und „Isomorphie“ als eine *informationsbewahrende Transformation* definieren (vgl. Abschn. 1.7.6). Das Wort „Isomorphie“ ist anwendbar, wenn zwei komplexe Strukturen aufeinander abgebildet werden können, und zwar so, dass es für jeden Teil der einen Struktur einen entsprechenden Teil der anderen Struktur gibt, wobei „entsprechend“ bedeutet, dass die beiden Teile in ihren jeweiligen Strukturen eine ähnliche Rolle spielen. In unserem Fall liegt ein gutes Beispiel für den Begriff der Isomorphie vor; eine Abbildung der Teile der Strukturen aufeinander: **A** $\longrightarrow$ vermehrt um (+), **B** $\longrightarrow$ ist gleich (=), **T** $\longrightarrow$ eins (1), **TT** $\longrightarrow$ zwei (2), **TTT** $\longrightarrow$ drei (3) usw.

Diese Entsprechung von Symbolen und Wörtern heißt *Interpretation* (vgl. Abschn. 3.3). Außerdem liegt eine Entsprechung zwischen wahren Aussagen und SÄTZEN vor. Sorgfältig zu beachten ist aber, dass diese Entsprechung ohne die vorhergehende Wahl einer Interpretation der Symbolik nicht festzustellen wäre. Es wäre also genauer, sie als *eine Entsprechung zwischen wahren Aussagen und interpretierten* SÄTZEN zu beschreiben. Auf jeden Fall haben wir eine zweistufige Entsprechung dargestellt, und das ist für jede Isomorphie kennzeichnend.

Bedeutungsleere und bedeutungstragende Interpretationen. Aktive und passive Bedeutungen. Doppelbedeutungen

Wir nehmen eine Unterscheidung zwischen zwei Interpretationstypen eines formalen Systems vor. Zunächst kann es eine *bedeutungsleere* Interpretation geben, bei der wir keine isomorphe Beziehung zwischen den SÄTZEN des Systems und der Wirklichkeit erkennen können [HEMP65, LENK93]. Solche Interpretationen sind bspw. **A** $\longleftrightarrow$ Flügel, **B** $\longleftrightarrow$ Windrad, **T** $\longleftrightarrow$ Rotor. Dann erhält **T A T B TT** eine neue Interpretation: Rotor Flügel Rotor Windrad Rotor Rotor. Die andere Art der Interpretation heißt *bedeutungstragend.* Bei einer solchen korrespondieren SÄTZE und Wahrheiten – zwischen SÄTZEN und einem Ausschnitt der Wirklichkeit besteht eine Isomorphie. Deshalb unterscheiden wir zwischen *Interpretation* und *Bedeutung*. Irgendein x-beliebiges Wort kann als Interpretation von „**A**“ verwendet werden, aber „vermehrt um“ („+“) ist die einzige bedeutungstragende Wahl, auf die wir bisher gestoßen sind. Kurz, die Bedeutung von „**A**“ ist anscheinend „vermehrt um“, auch wenn unzählige andere Interpretationen möglich sind.

Damit zwingt uns das **ABT**-System zu der Erkenntnis, dass Symbole eines formalen Systems, obgleich ursprünglich ohne Bedeutung, notgedrungen so etwas wie eine „Bedeutung" annehmen, zumindest wenn eine Isomorphie festgestellt wurde (vgl. Abschn. 3.3.1). Der Unterschied zwischen der Bedeutung innerhalb eines formalen Systems und der innerhalb einer Sprache ist aber wichtig: Wenn wir die Bedeutung eines Wortes in einer Sprache gelernt haben, machen wir neue, auf der Bedeutung dieses Wortes beruhende Aussagen. Die Bedeutung wird gewissermaßen aktiv, da sie eine neue Regel für die Erzeugung von SÄTZEN schafft. Das heißt, dass unsere Beherrschung einer Sprache nicht einem Fertigprodukt vergleichbar ist: Die Erzeugungsregeln nehmen zu, wenn wir neue Bedeutungen lernen (vgl. Abschn. 4.2.6). In einem formalen System sind die SÄTZE dagegen durch die Erzeugungsregeln vordefiniert. Wir können „Bedeutungen" wählen, die auf einer Isomorphie (falls wir eine finden können) zwischen SÄTZEN und wahren Aussagen beruhen. Das gibt uns aber nicht die Freiheit, den gefundenen SÄTZEN neue hinzuzufügen. Beispielsweise können wir uns durch die neugefundene „Bedeutung" jedes Symbols im **ABT**-System dazu verleiten lassen, die Kette **TT A TT A TTT B TTTTTTT** als SATZ aufzufassen, was sie nicht ist; diese Kette ist nicht wohlgeformt.

In einem formalen System muss die Bedeutung passiv bleiben; wir können jede Kette gemäß der Bedeutung der sie konstituierenden Symbole lesen, aber keine neuen SÄTZE ausschließlich auf der Grundlage der ihren Symbolen zugeschriebenen Bedeutung aufstellen. Interpretierte formale Systeme stehen auf der Grenze zwischen Systemen ohne Bedeutung und Systemen mit Bedeutung. Die Ketten können wir so auffassen, dass sie Dinge „ausdrücken", aber das darf nur als Folge der formalen Eigenschaften des Systems geschehen.

Jetzt ändern wir die Bedeutungen für die Symbolik des **ABT**-Systems mit folgender Zuordnung:

$$\begin{array}{lcl} \mathbf{A} & \longleftrightarrow & \text{gleich} \\ \mathbf{B} & \longleftrightarrow & \text{weggenommen von} \\ \mathbf{T} & \longleftrightarrow & \text{eins} \\ \mathbf{TT} & \longleftrightarrow & \text{zwei} \\ \mathbf{TTT} & \longleftrightarrow & \text{drei} \end{array}$$

usw.

Damit hat **TT A TTT B TTTTT** eine neue Interpretation: „Zwei ist gleich drei weggenommen von fünf". Selbstverständlich ist das eine wahre Aussage; alle SÄTZE sind bei dieser neuen Interpretation wahr. Sie ist genauso bedeutungstragend wie die alte. Und damit ist die Frage: „Was ist die Bedeutung der Kette?" nicht wirklich sinnvoll. Eine Interpretation ist bedeutungstragend in dem Grade, in dem sie eine Isomorphie mit der wirklichen Welt präzis widerspiegelt. Sind verschiedene Aspekte der wirklichen Welt – wie in diesem Fall Vermehren (Addition) und Vermindern (Subtraktion) – isomorph, kann ein einziges formales System zu beiden isomorph sein und somit zwei passive Bedeutungen haben. Bei jeder der beiden bedeutungstragenden Interpretationen, die wir gegeben haben, hat jede wohlgeformte Kette als Entsprechung eine grammatikalische

Behauptung – einige dieser Behauptungen sind wahr, andere falsch. Der Begriff der wohlgeformten Kette in einem formalen System besagt, dass es sich um diejenigen Ketten handelt, die, wenn wir ein Symbol nach dem anderen interpretieren, grammatikalisch richtige Ausdrücke ergeben. Unter den wohlgeformten Ketten gibt es solche, die SÄTZE sind. Diese sind durch ein Schema der primären Aussagen und eine Erzeugungsregel definiert. Die Absicht des **ABT**-Systems ist, Addieren und Subtrahieren zu imitieren. Jeder SATZ, wenn interpretiert, drückt ein richtiges Vermehren aus; umgekehrt lässt sich jedes richtige Vermehren von genau zwei natürlichen Zahlen in eine Kette übersetzen, die dann ein SATZ ist. Jedes unrichtige Vermehren, z. B. 2 vermehrt um 3 gleich 6, wird auf Ketten abgebildet, die wohlgeformt, aber keine SÄTZE sind.

Das **ABT**-System ist ein erstes Beispiel dafür, dass ein formales System auf einem Teil der Wirklichkeit beruht und sie perfekt nachzuahmen scheint, da die SÄTZE den Wahrheiten über diesen Ausschnitt aus der Wirklichkeit isomorph sind. Doch sind Wirklichkeit und formales System voneinander unabhängig. Beide stehen für sich – eins vermehrt um eins ist gleich zwei, gleichgültig ob wir wissen, dass **T A T B TT** ein SATZ ist; und **T A T B TT** ist immer noch ein SATZ, ob wir es mit dem Zusammenzählen in Zusammenhang bringen oder nicht.

Um den Zusammenhang zwischen Bedeutung und Form, also formalem System, näher zu untersuchen, stellen wir ein weiteres formales System her, in dem wir das **ABT**-System ein wenig ändern. Wir erweitern um ein zusätzliches (Schema einer primären Aussage), behalten aber das ursprüngliche sowie die Schlussregel bei:

SCHEMA DER PRIMÄREN AUSSAGE II: Wenn x eine **T**-Kette ist, dann ist x **A T B** x eine primäre Aussage.

Offensichtlich ist dann **TT A T B TT** eine primäre Aussage des neuen formalen Systems und genauso **TT A TT B TTT**. Und doch lautet ihre Interpretation „2 vermehrt um 1 ist gleich 2“, bzw. „2 vermehrt um 2 ist gleich 3“. Also enthält das neue System, wenn wir Ketten als Aussagen auffassen, eine große Zahl falscher Aussagen. Unser neues System steht demnach zur äußeren Welt im Widerspruch; zudem existieren innere Widersprüche. Der entscheidende Fehler ist der, dass wir für die Interpretation im neuen formalen System die gleichen Ausdrücke wie im alten gebrauchen. Wenn wir aber die das System definierenden Regeln modifizieren, dann beschädigen wir notwendigerweise die Isomorphie. Alle die Probleme können wir zum Verschwinden bringen, indem wir einige – nicht alle – Symbole des veränderten Systems auf passende Weise neu interpretieren. Angenommen, wir interpretieren das Symbol **B** neu und lassen alle anderen unverändert; in diesem Fall interpretieren wir **B** durch die Wörter „ist größer als oder gleich“. Dann werden unseren „kontradiktorischen“ Sätze **T A T B T** und **T A T B TT** zu „1 vermehrt um 1 ist größer als oder gleich 1“, und „1 vermehrt um 1 ist größer als oder gleich 2“. Wir eliminieren gleichzeitig

1. die Widersprüche mit der äußeren Welt und
2. die inneren Widersprüche.

Die neue Interpretation ist bedeutungstragend; die ursprüngliche jetzt bedeutungsleer. Sie hat in dem neuen System keine Bedeutung; nur für das ursprüngliche **ABT**-System ist sie zulässig/korrekt.

Das MBT-System. Zeichenketten zusammengesetzter Zahlen

Euklids Beweis zeigt, dass alle natürlichen Zahlen eine bestimmte Eigenschaft haben, vermeidet aber, jeden der unendlich vielen Fälle getrennt zu behandeln. Er umschifft diese Klippe, indem er Wendungen wie „was immer *N* sein mag" oder „ungeachtet dessen, was die Zahl *N* ist" benutzt. Wenn wir den richtigen Zusammenhang und die korrekte Art und Weise, in der solche Wendungen zu gebrauchen sind, kennen, werden wir es nie mit unendlich vielen Aussagen zu tun haben, sondern mit zwei oder drei Begriffen, wie etwa – „alle" – die, obgleich endlich, eine Unendlichkeit verkörpern; und indem wir sie gebrauchen, umgehen wir das Problem, dass eine unendliche Anzahl von Tatsachen vorliegt, die wir beweisen wollen. Angenommen, unser Ziel wäre, ein formales System mit SÄTZEN der Form ***P****x* zu schaffen, wobei „*x*" eine Kette von **T**s bedeutet, und in dem die einzigen derartigen SÄTZE diejenigen wären, in denen die Anzahl der **T**s in der Kette eine Primzahl ist, so wäre ***P*****TTT** ein SATZ, nicht aber ***P*****TTTT**. Wie könnten wir das typographisch bewerkstelligen? Zunächst wird es wichtig sein, klar zu spezifizieren, was unter typographischen Operationen zu verstehen ist. Weil wir das gesamte Repertoire im **abc**-System und im **ABT**-System vorgestellt haben, müssen wir nur eine Liste der Dinge aufzustellen, die statthaft sind:

1) jedes Symbol einer endlichen Kollektion lesen und erkennen;
2) jedes zu dieser Kollektion gehörende Symbol niederschreiben;
3) jedes dieser Symbole von einer Stelle auf eine andere kopieren;
4) jedes dieser Symbole auslöschen;
5) nachprüfen, ob eines dieser Symbole das gleiche ist wie ein anderes;
6) eine Liste von früher erzeugten SÄTZEN anlegen und benutzen.

Wir wollen diese Operationen so verknüpfen, dass ein formales System entsteht, in dem Primzahlen von zusammengesetzten Zahlen unterschieden werden können. Als einen ersten Schritt dazu versuchen wir, ein einfacheres, aber dem **ABT**-System ähnliches zu errichten, nur dass es anstatt dem Zusammenzählen (Addieren) das Vervielfachen (Multiplizieren) darstellt; im „**MBT**-System" steht „**M**" für „Vervielfachen" anstatt „**A**" für „Zusammenzählen". Angenommen, *X*, *Y* und *Z* seien die jeweilige Anzahl von **T**s in den Ketten *x*, *y* und *z*. Sodann soll die Kette *x* **M** *y* **B** *z* ein SATZ sein dann und nur dann, wenn *X* vervielfacht mit *Y* gleich *Z* ist. Zum Beispiel ist **TT M TTT B TTTTTT** ein SATZ, weil zwei vervielfacht mit drei gleich sechs ist, nicht aber **TT M TT B TTT**. Das **MBT**-System kann ebenso leicht wie das **ABT**-System mit einem einzigen Schema für die primären Aussagen und einer Schlussregel charakterisiert werden:

Schema der primären Aussagen: x **M T B** x ist eine primäre Aussage, wenn x eine Kette von **T**s ist.

Schlussregel: Angenommen, x, y, z sind Ketten von **T**s, und angenommen,

x **M** y **B** z ist schon ein SATZ. Dann ist x **M** y**T B** zx ein neuer SATZ.

Nachstehend die Ableitung des SATZES **TT M TTT B TTTTTT**:

1)	**TT M T B TT**	(primäre Regel)
2)	**TT M TT B TTTT**	(Schlussregel mit Zeile 1 als AusgangsSATZ)
3)	**TT M TTT B TTTTTT**	(Schlussregel mit Zeile 2 als AusgangsSATZ)

Wir sehen, wie die mittlere Kette von **T**s jedes Mal um ein **T** anwächst, sobald wir die Schlussregel anwenden. Demnach müssen wir die Schlussregel neunmal anwenden, um einen SATZ mit zehn **T**s in der Mitte zu erhalten.

Damit haben wir das Vervielfachen typographisch „eingefangen". Kommen wir zurück zu den Eigenschaften der Primzahlen. Wir greifen auf das **MBT**-System zurück und definieren eine neue Kollektion von SÄTZEN der Form ***Z*** x, mit der wir durch Multiplikation zusammengesetzte Zahlen charakterisieren.

Regel: Angenommen, x, y und z sind **T**-Ketten. Wenn x**TM** y**TB** z ein SATZ ist, dann ist es auch ***Z*** z.

Das heißt, dass die Anzahl der **T**s in z zusammengesetzt ist, wenn z aus der Vervielfachung einer Zahl x mit einer Zahl y entsteht, wobei x und y beide größer als 1 sind; nämlich x vermehrt um 1 (die Anzahl der **T**s in x**T**) sowie y vermehrt um 1 (die Anzahl der **T**s in y). Es ist naheliegend, mit einer Regel der folgenden Art von den SÄTZEN vom ***Z***-Typus direkt zu solchen vom ***P***-Typus überzugehen:

Regel: Angenommen, x ist eine **T**-Kette. Wenn ***Z*** x kein SATZ ist, dann ist ***P*** x ein SATZ.

Der entscheidende Defekt dieser Regel liegt darin, dass die Nachprüfung, ob ***Z*** x kein SATZ ist, keine explizite typographische Operation ist. Um mit Sicherheit festzustellen, dass **ac** kein SATZ des **abc**-Systems ist, müssen wir in der Argumentationskette genau dieses **abc**-System verlassen – und das gleiche gilt für die jetzt vorgeschlagene Regel. Es handelt sich um eine Regel, die unsere Vorstellung von einem formalen System – und damit dessen Definition – verletzt, weil sie uns zwingt, „informal", d. h. außerhalb des formalen Systems, zu operieren. Die typographische Operation 6 gestattet es uns, den Vorrat früher gefundener SÄTZE zu prüfen; die vorgeschlagene Regel jedoch fordert uns auf, eine hypothetische „Tabelle der Nicht-SÄTZE" zu prüfen. Um aber eine solche Tabelle herzustellen, müssten wir außerhalb des Systems argumentieren – eine Argumentation, die zeigen würde, warum bestimmte Ketten nicht innerhalb des Systems erzeugt werden können. Also ist die vorgeschlagene keine typographische Regel; wir müssen sie fallen lassen.

Wie steht es jetzt mit einem formalen System zur Erzeugung von Primzahlen? Wir überspringen dazu die Vervielfachung und gehen direkt zur Nichtteilbarkeit als der positiv zu repräsentierenden Eigenschaft. Im Folgenden geben wir ein Schema der Primären Aussagen und ein Schema zur Erzeugung von SÄTZEN an, die die folgende Eigenschaft ausdrücken: Eine Zahl ist kein Teiler (***IKT***) einer anderen (ohne Rest).

Schema der primären Aussagen: xy ***IKT*** x, wobei x und y **T**-Ketten sind.

Dazu ein Beispiel: **TTTTT** ***IKT*** **TT**, wobei x durch „**TT**" und y durch „**TTT**" ersetzt worden sind.

Regel: Wenn x ***IKT*** y ein SATZ ist, dann auch x ***IKT*** xy.

Wir wenden diese Regel zweimal an und erhalten einen SATZ, den wir als „5 ist kein Teiler von 12" interpretieren[2]. Aber **TTT** ***IKT*** **TTTTTT** ist kein SATZ. Was geht schief, wenn wir ihn erzeugen wollen? Wenn wir feststellen wollen, ob eine bestimmte Zahl eine Primzahl ist, müssen wir wissen, dass sie nicht durch 2, 3, 4 usw. bis zu einer unmittelbar vorhergehenden Zahl teilbar ist. Also suchen wir eine Methode, mit der wir in der Sprache des formalen Systems ausdrücken können, dass die Zahl z bis zur Zahl x teilerfrei ist, was bedeutet, dass keine Zahl zwischen 2 und x ein Teiler von z ist. Hier die Lösung:

Regel: Wenn **TT** ***IKT*** z ein SATZ ist, dann auch z ***TF*** **TT**.
Regel: Wenn z ***TF*** x ein SATZ ist, und ebenso x**T** ***IKT*** z, dann ist z ***TF*** x**T** ein SATZ.

Diese beiden Regeln halten den Begriff der Teilerfreiheit fest. Wir sagen dazu lediglich, dass Primzahlen Zahlen sind, die bis zu der unmittelbar vorhergehenden Zahl teilerfrei sind.

Regel: Wenn z**T** ***TF*** z ein SATZ ist, dann ist ***P***z**T** ein SATZ.

Zusätzlich müssen wir festhalten, dass 2 eine Primzahl ist.

Primäre Aussage: ***P*****TT**.

Also nutzen wir als Prinzip für die formale Repräsentation der Primzahleigenschaft, dass es einen Test für Teilbarkeit gibt, der angewandt werden kann, ohne zurückgehen zu müssen. Wir bewegen uns nach oben und prüfen nacheinander die Teilbarkeit durch 2, 3, 4 usw. Diese "Gleichförmigkeit", dieses Fehlen des Wechselspiels zwischen Verlängerung und Verkürzung, zwischen Vermehrung und Verminderung gestattet, die Primzahleigenschaft einzufangen.

[2] Wir gehen aus von $x = 5$, $y = 2$. Dann gilt 5***IKT***2, 5***IKT***7, 5***IKT***12, 5***IKT***17, … mit Schrittweite 5.

Wörter und Symbole. Alphabet und Regeln der Aussagenlogik

Wir errichten ein viertes formales typographisches System. Eines der Symbole in diesem System soll genau das tun, was das Wort „und" tun würde; und ein anderes Symbol sich wie die Wörter „wenn ... dann ... " verhalten. Zudem verwenden wir die Wörter „oder" und „nicht" [BORK76, ZOGL99]. Folgerichtiges Denken, das auf der korrekten Verwendung dieser vier Wörter beruht, nennen wir *Aussagenlogik* (mit den allgemein üblichen Symbolen $\wedge$, $\vee$, $\neg$, $\longrightarrow$ für die genannten logischen Konstanten, für die wir hier aber eigene Symbole vereinbaren; vgl. Abschn. 1.4). Das Symbol „**E**" soll dem normalen umgangssprachlichen „Und" isomorph sein. Das Symbol „**N**" repräsentiert das Wort „nicht" – es ist eine formale Art der Verneinung. Die eckigen Klammern „$\langle$" und „$\rangle$" haben gruppierende Funktion. Nach Belieben Klammern einzufügen oder wegzulassen ist – wie in jedem formalen System- nicht erlaubt. Das Symbol „**V**" repräsentiert „oder". Das hier gemeinte ist das sogenannte inklusive „Oder". Damit lautet die Interpretation von $\langle x\ \mathbf{V}\ y\rangle$ „entweder x oder y oder beides". Die beabsichtigte Interpretation von $\langle p\ \mathbf{I}\ q\rangle$ ist „wenn p, dann q" oder „p impliziert q". Ein *Atom* besitzt keine spezielle Interpretation. Es kann durch irgendeine, muss aber stets durch die gleiche Aussage interpretiert werden, wenn es in einer Kette oder Ableitung mehrfach vorkommt. Die Menge aller wohlgeformten Ketten formulieren wir rekursiv als Teilmenge aller Ketten. Wir beginnen mit dem

Atom: p, q und r heißen *Atome* (vgl. Abschn. 1.4, Aussagenvariable). Neue Atome werden gebildet, indem man rechts von den alten Atomen Striche beifügt – also p', q'', r''' usw. Das ergibt einen beliebig großen Vorrat an Atomen. Alle Atome sind wohlgeformt.

Die erste Regel dieses Systems ist die

Verbindungsregel: Wenn p und q SÄTZE des Systems sind, dann ist auch die Kette $\langle p\ \mathbf{E}\ q\rangle$ ein SATZ. Diese Regel nimmt zwei SÄTZE und verbindet sie zu einem (vgl. Abschn. 1.4.2, Einführen der Konjunktion). So könnte zum Beispiel die wohlgeformte Kette $\langle p\ \mathbf{EN}\ p\rangle$ durch den zusammengesetzten Satz interpretiert werden: Dieses Windrad ist ein Energiewandler, und dieses Windrad ist kein Energiewandler.

Regel der Doppeltilde: Die Kette „**NN**" kann aus jedem SATZ getilgt werden. Sie kann auch in jeden SATZ eingefügt werden, vorausgesetzt, dass die so entstandene Kette selbst wohlgeformt ist (vgl. Abschn. 1.4.2, doppelte Negation).

Dann nutzen wir vier rekursive Bildungsregeln: Wenn p und q wohlgeformt sind, dann sind auch die folgenden vier Ketten wohlgeformt (vgl. Abschn. 1.4.1):

Bildungsregel 1: **N** p
Bildungsregel 2: $\langle p\ \mathbf{E}\ q\rangle$

Bildungsregel 3: ⟨*p* **V** *q*⟩
Bildungsregel 4: ⟨*p* **I** *q*⟩

Beispielsweise sind die folgenden Ketten wohlgeformt:

p	Atom
N *p*	Regel 1
NN *p*	Regel 1
q	Atom
N *q*	Regel 1
⟨*p* **EN** *q*⟩	Regel 2
N ⟨*p* **EN** *q*⟩	Regel 1
⟨**NN** *p* **I** *q*⟩	Regel 4
⟨**N** ⟨*p* **EN** *q*⟩ **V** ⟨**NN** *p* **I** *q*⟩⟩	Regel 3

Die letzte Kette setzt sich aus zwei Komponenten zusammen, nämlich den zwei vorhergehenden Zeilen. Und jede von diesen ist ihrerseits aus den vorhergehenden Zeilen aufgebaut. Jede wohlgeformte Kette kann solchermaßen auf ihre elementaren Bestandteile, die Atome, zurückgeführt werden. Dazu wenden wir die Bildungsregeln in umgekehrtem Sinne an, bis keine Fortsetzung mehr möglich ist. Dieses Vorgehen findet mit Sicherheit ein Ende; weil jede Bildungsregel, wenn nach vorwärts angewandt, eine verlängernde Regel ist, muss die Anwendung in umgekehrtem Sinn immer auf die Atome zusteuern.

Dieses Verfahren der Zerlegung von Ketten dient also zur Prüfung, ob eine beliebige Kette wohlgeformt ist. Es ist ein Von-oben-nach-unten-Entscheidungsverfahren für Wohlgeformtheit. Und jeder kann prüfen, welche der folgenden Ketten wohlgeformt ist:

1) ⟨*p*⟩
2) ⟨ **N** *p*⟩
3) ⟨*p* **E** *q* **E** *r*⟩
4) ⟨*p* **E** *q*⟩
5) ⟨⟨*p* **E** *q*⟩ **E** ⟨*q* **NE** *p*⟩⟩
6) ⟨*p* **EN** *p*⟩
7) ⟨⟨*p* **V** ⟨*q* **I** *r*⟩⟩ **E** ⟨ **N** *p* **VN** *r*⟩⟩
8) ⟨*p* **E** *q*⟩ **E** ⟨*q* **E** *p*⟩

Wir kommen nun zu den übrigen Regeln, nach denen sich SÄTZE dieses Systems konstruieren lassen (vgl. Abschn. 1.4.1). Bei allen wird vorausgesetzt, dass sich die Symbole „*p*“ und „*q*“ auf wohlgeformte Ketten beschränken.

Trennungsregel: Wenn ⟨*p* **E** *q*⟩ ein SATZ ist, dann sind sowohl *p* als auch *q* SÄTZE.

Die nächste Regel gestattet, auf den Hintersatz einer „**I**“-Kette zu schließen, vorausgesetzt, dass die „**I**“-Kette selbst ein SATZ ist und desgleichen der Vordersatz.

Abtrennungsregel: Wenn sowohl p als auch $\langle p\ \mathbf{I}\ q\rangle$ SÄTZE sind, dann ist auch q ein SATZ.

Kontrapositionsregel: $\langle p\ \mathbf{I}\ q\rangle$ und $\langle \mathbf{N}q\ \mathbf{IN}\ p\rangle$ sind austauschbar (vgl. Beispiel 1.31).

Negation der Disjunktionsregel: $\langle \mathbf{N}\ p\ \mathbf{EN}\ q\rangle$ und $\mathbf{N}\langle p\ \mathbf{V}\ q\rangle$ sind austauschbar (vgl. Beispiel 1.33).

Negation der Implikationsregel: $\langle p\ \mathbf{V}\ q\rangle$ und $\langle\ \mathbf{N}\ p\ \mathbf{I}\ q\rangle$ sind austauschbar (vgl. Beispiel 1.56).

Mit „austauschbar" ist in den vorhergehenden Regeln das Folgende gemeint: Wenn eine Aussage der einen Form entweder als SATZ oder als Teil eines SATZES auftritt, dann kann die andere Form substituiert werden, und die sich so ergebende Kette ist ebenfalls ein SATZ. Dabei stehen die Symbole „p" und „q" immer für wohlgeformte Ketten des Systems. Die Kontrapositionsregel gibt eine explizite Methode zur Umkehrung von Bedingungen an. Beispielsweise bedeutet „Wenn du die Windenergie studierst, dann bist du weit entfernt von der Windenergie" dasselbe wie „Wenn du der Windenergie nahe bist, dann studierst du sie nicht". Die Negation der Disjunktionsregel lässt sich durch den Satz „Das Windrad bewegt sich nicht, und Julius Windmüller bewegt sich nicht" illustrieren. Wenn p bedeutet: „Das Windrad bewegt sich", und q „Julius Windmüller bewegt sich", dann wird der zusammengesetzte Satz durch $\langle \mathbf{N}\ p\ \mathbf{EN}\ q\rangle$ symbolisiert, und das ist mit $\mathbf{N}\langle p\ \mathbf{V}\ q\rangle$ austauschbar; die Interpretation wird lauten: „Es ist nicht wahr, dass das Windrad oder Julius Windmüller sich bewegt". Was die Negation der Implikationsregel betrifft, so betrachten wir den Satz: „Eine Wolke hängt am Himmel, oder der Sonnenschein durchdringt die Fenster des Hauses". Die Negation der Implikationsregel sagt uns, dass das mit dem Gedanken auswechselbar ist: „Wenn keine Wolke am Himmel hängt, dann durchdringt der Sonnenschein die Fenster des Hauses".

Wenden wir nun diese Regeln auf einen früheren SATZ an; wir nehmen bspw. den SATZ $\langle p\ \mathbf{I}\ \mathbf{NN}\ p\rangle$:

$\langle p\ \mathbf{INN}\ p\rangle$	alter Satz
$\langle \mathbf{NNN}\ p\ \mathbf{IN}\ p\rangle$	Kontrapositionsregel (vgl. Transposition, Abschn. 1.4.2)
$\langle \mathbf{N}\ p\ \mathbf{IN}\ p\rangle$	Regel der Doppeltilde
$\langle p\ \mathbf{VN}\ p\rangle$	Negation der Implikationsregel (vgl. Abschn. 1.4.2)

Wenn interpretiert, sagt dieser neue SATZ aus: Entweder ist dieses Windrad neu, oder dieses Windrad ist nicht neu. Wieder ist der interpretierte SATZ wahr.

Deduktion

Das formale System zur Aussagenlogik besitzt keine primären Aussagen, also keine Axiome, nur Regeln. Um damit überhaupt SÄTZE bilden zu können, gibt es in diesem System eine Regel, die Sätze bildet und dafür keinen „alten SATZ" als Eingabe benötigt. Diese spezielle Regel heißt *Deduktionsregel* (siehe Abschn. 1.2). Um die Deduktionsregel zu verwenden, also eine Deduktion, eine Ableitung durchzuführen, schreiben wir zunächst eine beliebige wohlgeformte Kette x nieder. Dann führen wir die Deduktion durch, indem wir uns fragen: „Was, wenn diese Kette x eine primäre Aussage oder ein SATZ wäre?“ Und dann führen wir die Ableitung durch mit x auf der ersten Zeile; y nehmen wir als die letzte Zeile an.

Deduktionsregel: Wenn y abgeleitet werden kann, wobei x angenommen wird, dann ist $\langle x\ \mathbf{I}\ y\rangle$ ein SATZ.

Natürlich muss sich die Ableitung streng an die Regeln des Systems halten. Alles von x bis einschließlich y ist die Deduktion, der Beweis: x ist die Voraussetzung, y das Ergebnis der Ableitung. Der nächste Schritt ist der, die Deduktion zu verlassen, und wir haben gelernt: Wenn x ein SATZ wäre, dann wäre auch y ein SATZ. Der wirkliche SATZ ist in diesem Fall die Kette $\langle x\ \mathbf{I}\ y\rangle$.

Zu beachten ist die Ähnlichkeit dieser Kette mit dem oben wiedergegebenen Satz. Um den Eintritt in die Deduktion und den Austritt aus ihr anzuzeigen, verwenden wir die eckigen Klammern „[“ und „]“. Wann immer wir also eine rechts offene Klammer sehen, wissen wir, dass wir in eine Deduktion hineinspringen und die nächste Zeile die Voraussetzung der Deduktion enthält. Wann immer wir eine links offene Klammer sehen, wissen wir, dass wir aus der Deduktion hinausspringen und die vorhergehende Zeile das Ergebnis war.

Um die Deduktionsregel zu illustrieren, führen wir die folgende Deduktion aus, in der die Kette p als Voraussetzung genommen wird.

[	in die Deduktion eintreten
p	Voraussetzung
$\mathbf{NN}\ p$	Ergebnis; Regel der Doppeltilde
]	Deduktion verlassen

Die Deduktion zeigt: Wenn p ein SATZ wäre, dann auch $\mathbf{NN}\ p$. Nun kleiden wir diesen Satz in der „Metasprache“ (Schlussschema, logisches Schema) in die formale Notation der Objektsprache (logisches Gesetz): $\langle p\ \mathbf{INN}\ p\rangle$. Nachstehend eine weitere Ableitung unter Verwendung der Deduktionsregel:

[	Eintreten
$\langle p\ \mathbf{E}\ q\rangle$	Voraussetzung
p	Trennungsregel
q	Trennungsregel
$\langle q\ \mathbf{E}\ p\rangle$	Verbindungsregel
]	Verlassen
$\langle\langle p\ \mathbf{E}\ q\rangle\ \mathbf{I}\ \langle q\ \mathbf{E}\ p\rangle\rangle$	Deduktion

Das Wichtige ist das Verständnis, dass nur die letzte Zeile ein wirklicher SATZ ist; alles andere ist in der Deduktion. Mit anderen Worten: Das sind die Annahmebeweise der sekundären Aussagen/Gesetze und Regeln der Aussagenlogik (siehe Abschn. 1.2).

Wir verwenden die Deduktionsregel rekursiv; es kann also Deduktionen in Deduktionen geben, dreifach verschachtelte Deduktionen usw. Das bedeutet, dass es alle möglichen „Wirklichkeitsebenen" gibt. Wenn wir in ähnlicher Weise aus einer Deduktion-in-einer-Deduktion herausspringen, dann sind wir in einer wirklicheren Welt als der, in der wir uns befunden haben, aber immer noch eine Ebene von der obersten entfernt. Das formulieren wir in der folgenden Regel:

Übernahmeregel: Innerhalb einer Deduktion kann jeder SATZ aus der um eine Stufe höheren „Wirklichkeit" eingebracht und verwendet werden.

Es gibt aber keine Übernahme in umgekehrter Richtung: Die Sätze innerhalb von Deduktionen können nicht nach außen exportiert werden. Andernfalls könnten wir irgendetwas, auch den größten Unsinn, als erste Zeile einer Deduktion niederschreiben und das dann als SATZ in die wirkliche Welt übernehmen. Um zu zeigen, wie die Übernahme funktioniert und dass die Deduktionsregel rekursiv verwendet werden kann, legen wir die folgende Ableitung vor:

[	Eintreten
p	Voraussetzung der äußeren Deduktion
[	(nochmaliges) Eintreten
q	Voraussetzung der inneren Deduktion
p	Übernahme von p in die innere Deduktion
$\langle p\ \mathbf{E}\ q\rangle$	Verbindungsregel
]	Die innere Deduktion in Richtung äußerer Deduktion verlassen
$\langle q\ \mathbf{I}\ \langle p\ \mathbf{E}\ q\rangle\rangle$	Deduktionsregel
]	Die äußere Deduktion in Richtung wirklicher Welt verlassen
$\langle p\ \mathbf{I}\ \langle q\ \mathbf{I}\ \langle p\ \mathbf{E}\ q\rangle\rangle\rangle$	Deduktionsregel

Wir können die Deduktionsregel so verstehen, dass wir sagen, eine Beobachtung über das System wird in dieses System eingefügt. Besonders der hier erzeugte SATZ $\langle x\ \mathbf{I}\ y\rangle$ kann als eine Repräsentation der Aussage über das System innerhalb des Systems aufgefasst werden: „Wenn x ein SATZ ist, dann auch y." Es liegt auf der Hand, alles außer den Atomen zu interpretieren. Wir können das eine Halbinterpretation nennen. Zum Beispiel wäre die Halbinterpretation von $\langle p\ \mathbf{VN}\ p\rangle$: p oder nicht p.

Wir betrachten die bisher abgeleiteten SÄTZE und interpretieren sie. Der erste war $\langle p\ \mathbf{INN}\ p\rangle$. Wenn wir diese Interpretation von p beibehalten, kommen wir zu den folgenden Interpretationen: Wenn dieses Windrad ein Energiewandler ist, dann ist es nicht der Fall, dass dieses Windrad kein Energiewandler ist. Der zweite abgeleitete SATZ lautet $\langle\langle p\ \mathbf{E}\ q\rangle\ \mathbf{I}\ \langle q\ \mathbf{E}\ p\rangle\rangle$. Interpretieren wir q durch den Satz: „Dieser Rotor wiegt drei

Tonnen“, lautet unser SATZ wie folgt: Wenn dieses Windrad ein Energiewandler ist und dieser Rotor drei Tonnen wiegt, dann wiegt dieser Rotor drei Tonnen, und dieses Windrad ist ein Energiewandler. Der dritte SATZ war $\langle p\ \mathbf{I}\ \langle q\ \mathbf{I}\ \langle p\ \mathbf{E}\ q\rangle\rangle\rangle$. Dieser SATZ gibt den folgenden Wenn-dann-Satz: Wenn dieses Windrad ein Energiewandler ist, dann gilt: Wenn dieser Rotor drei Tonnen wiegt, dann ist dieses Windrad ein Energiewandler und wiegt dieser Rotor drei Tonnen. Jeder SATZ, wenn interpretiert, sagt etwas absolut Selbstverständliches aus. Aber: Es gibt genügend Unwahrheiten, die man hätte erzeugen können – die aber nicht erzeugt werden. Dieses System, die Aussagenlogik, schreitet von Wahrheit zu Wahrheit und vermeidet dabei sorgfältig alle Unrichtigkeiten. Bedeutsam ist jedoch, dass das in der Aussagenlogik rein typographisch geschieht. Niemand denkt über die Bedeutung der Kette nach. Alles geschieht mechanisch, gedankenlos, starr. Die Form eines halbinterpretierten SATZES gibt uns die Gewähr, dass die sich so ergebende Aussage wahr sein wird, welche Wahl man immer auch trifft. Das ist die Grundidee der Aussagenlogik: Sie erzeugt SÄTZE, die sich, wenn halbinterpretiert, als „allgemein wahre Halbaussagen“ erweisen, und das bedeutet, dass ihre Interpretation, wie immer man sie vervollständigt, im Endergebnis immer wahr sein wird.

Beispiel 2.3

Julius Windmüller sagte zur Bürgerinitiative: „Wenn ihr zustimmt, werde ich das Windrad in Betrieb nehmen, und wenn ihr nicht zustimmt, werde ich das Windrad ebenfalls in Betrieb nehmen.“ Stellen wir „ihr stimmt zu“ durch p dar und „ich werde das Windrad in Betrieb nehmen“ durch q, dann ist die Aussage von Julius Windmüller durch die Kette $\langle\langle p\ \mathbf{I}\ q\rangle\ \mathbf{E}\ \langle\ \mathbf{N}\ p\ \mathbf{I}\ q\rangle\rangle$ dargestellt. Was, wenn diese Aussage eine primäre Aussage wäre? Wir beantworten diese Frage mit einer Deduktion:

1)	[	in Deduktion eintreten
2)	$\langle p\ \mathbf{I}\ q\rangle\ \mathbf{E}\ \langle\ \mathbf{N}\ p\ \mathbf{I}\ q\rangle$	Primäre Aussage
3)	$\langle p\ \mathbf{I}\ q\rangle$	Trennungsregel
4)	$\langle\ \mathbf{N}\ q\ \mathbf{I}\ \mathbf{N}\ p\rangle$	Kontrapositionsregel
5)	$\langle\ \mathbf{N}\ p\ \mathbf{I}\ q\rangle$	Trennungsregel
6)	$\langle\ \mathbf{N}\ q\ \mathbf{I}\ \mathbf{NN}\ p\rangle$	Kontrapositionsregel
7)	[	in Deduktion eintreten
8)	$\mathbf{N}\ q$	Voraussetzung
9)	$\langle\ \mathbf{N}\ q\ \mathbf{I}\ \mathbf{N}\ p\rangle$	Übernahme von Zeile 4
10)	$\mathbf{N}\ p$	Abtrennungsregel
11)	$\langle\ \mathbf{N}\ q\ \mathbf{INN}\ p\rangle$	Übernahme von Zeile 6
12)	$\mathbf{NN}\ p$	Abtrennungsregel; Zeilen 8 und 11
13)	$\langle\ \mathbf{N}\ p\ \mathbf{ENN}\ p\rangle$	Verbindungsregel
14)	$\mathbf{N}\langle p\ \mathbf{VN}\ p\rangle$	Negation der Disjunktion
15)	]	aus Deduktion austreten
16)	$\langle\ \mathbf{N}\ q\ \mathbf{IN}\ \langle p\ \mathbf{VN}\ p\rangle\rangle$	Deduktionsregel
17)	$\langle\langle p\ \mathbf{VN}\ p\rangle\ \mathbf{I}\ q\rangle$	Kontrapositionsregel

18)	[	in Deduktion eintreten
19)	**N** p	Voraussetzung; zugleich Ergebnis
20)	]	aus Deduktion austreten
21)	⟨ **N** p **IN** p⟩	Deduktionsregel
22)	⟨p **VN** p⟩	Negation der Implikation
23)	q	Abtrennungsregel; Zeilen 22 und 17
24)	]	aus Deduktion austreten ◄

Wir haben in 24 Schritten abgeleitet: Das Windrad wird in Betrieb genommen. Die Theorie über die Aussagenlogik ist eine „Metatheorie", und die Ergebnisse in ihr können wir „Meta-SÄTZE" nennen: Sätze über SÄTZE. Meta-SÄTZE sind Sätze (bewiesene Ergebnisse, Theoreme), die SÄTZE (ableitbare Ketten, Beweise) betreffen (siehe Abschn. 1.4). Um die Schwierigkeiten deutlich zu machen, die in der Menge der Meta-SÄTZE/Theoreme versteckt sein können, geben wir ein weiteres Beispiel; wir führen eine Ableitung durch, in der die folgende Kette als Voraussetzung in einer Deduktion verwendet wird: ⟨p **EN** p⟩. Die Aussagenlogik manipuliert einfach Ketten typographisch – und typographisch ist an dieser Kette nichts Besonderes. Hier die Ableitung mit dieser Kette als Voraussetzung:

1)	[	in Deduktion eintreten
2)	⟨p **EN** p⟩	Voraussetzung
3)	p	Trennungsregel
4)	**N** p	Trennungsregel
5)	[	in Deduktion eintreten
6)	**N** q	Voraussetzung
7)	p	Übernahmeregel von Zeile 3
8)	**NN** p	Regel der Doppeltilde
9)	]	aus Deduktion austreten
10)	**N** q **INN** p	Deduktionsregel
11)	**N** p **I** q	Kontrapositionsregel
12)	q	Abtrennungsregel Zeilen 4 und 11
13)	]	aus Deduktion austreten
14)	⟨⟨p **EN** p⟩ **I** q⟩	Deduktionsregel

Dieser Satz hat als Halbinterpretation: p und nicht p zusammen implizieren q (Gegensatzregel, Abschn. 1.4.2). Da q durch jede Aussage interpretierbar ist, können wir sagen, dass es ungefähr bedeutet: „Aus einem Widerspruch folgt Beliebiges". Deshalb können in Systemen, die auf der Aussagenlogik beruhen, Kontradiktionen nicht sicher beherrscht werden.

Natürliche Zahlen

In diesem Abschnitt wollen wir die Syntax der natürlichen Zahlen, eine typographische formale *Zahlennotation/-theorie* definieren. Was wir mit dieser Theorie ausdrücken wollen, das beginnen wir damit, dass wir einige für natürliche Zahlen typische Aussagen anführen; dann wollen wir versuchen, eine Anzahl grundlegender Begriffe zu finden, mittels derer alle unsere Aussagen gefasst werden können. Diese Begriffe erhalten dann ihre individuellen Symbole. Von Anfang an sei festgehalten, dass der Ausdruck „Zahlennotation" sich nur auf die Eigenschaften der positiven ganzen Zahlen und der Null sowie Mengen solcher ganzen Zahlen bezieht [MonJ71, KiSc89]. Diese Zahlen heißen *natürliche Zahlen* (oder Zählzahlen). Negative Zahlen spielen hier keine Rolle. So bedeutet das Wort „Zahl" hier – zunächst einmal – ausschließlich eine natürliche Zahl.

Einige typische Aussagen im Zusammenhang mit natürlichen Zahlen sind:

1) 5 ist eine Primzahl.
2) 2 ist keine Quadratzahl.
3) 1729 ist die Summe zweier Kubikzahlen.
4) Die Summe zweier positiven Kubikzahlen ist selbst keine Kubikzahl.
5) Es gibt unendlich viele Primzahlen.
6) 6 ist gerade.

Wir formulieren die Aussagen in elementareren Ausdrücken neu:

1') Es gibt keine Zahlen a und b, die beide größer sind als 1, sodass 5 **B** a **M** b ist.
2') Es gibt keine Zahl b, sodass b **M** b **B** 2 ist.
3') Es gibt Zahlen b und c, sodass b **M** b **M** b **A** c **M** c **M** c **B** 1729 ist.
4') Für alle Zahlen b und c mit b **G** 0 und c **G** 0 gibt es keine Zahl a, sodass a **M** a **M** a **B** b **M** b **M** b **A** c **M** c **M** c gilt.
5') Für jede Zahl a existiert eine Zahl b, für die gilt b **G** a und die die Eigenschaft besitzt, dass es keine Zahlen c und d mit c **G** 1 und b **G** 1 gibt, sodass b **B** c **M** d gilt.
6') Es gibt eine Zahl e, sodass 2 **M** e **B** 6 ist

Diese Analyse zeigt, dass einige Wendungen immer wieder auftreten:

- für alle Zahlen b (**O**)
- es gibt eine Zahl b, sodass … (**F**)
- größer als (**G**)
- gleich (**B**)
- vervielfacht (**M**)
- vermehrt (**A**)

Dabei können wir „a ist größer als b" noch elementarer ausdrücken:

Es gibt eine Zahl c, die nicht gleich 0 ist, sodass a gleich b vermehrt um c ist. Wir erhalten: **F** c, c **NB** 0 **E** a **B** b **A** c.

Zahlzeichen. Variablen. Ausdrücke

Anstatt jeder natürlichen Zahl ein eigenes Symbol zuzuordnen, verwenden wir in unserem typographischen System eine einheitliche Methode und geben jeder natürlichen Zahl ein zusammengesetztes Symbol.

Null: 0
Eins: **f**0
Zwei: **ff**0
Drei: **fff**0
Vier: **ffff**0

Das Symbol **f** hat eine Interpretation – „der Nachfolger von". Deshalb ist die wörtliche Interpretation von **ff**0 „der Nachfolger des Nachfolgers von Null". Ketten dieser Form heißen *Zahlzeichen*. Es ist offensichtlich, dass wir eine Methode zur Bezeichnung unspezifizierter oder variabler natürlichen Zahlen benötigen. Dafür nutzen wir die Buchstaben a, b, c, d, e. Aber fünf sind nicht genug. Wir brauchen einen unerschöpflichen Vorrat, so wie wir in der Aussagenlogik einen unerschöpflichen Vorrat an Atomen brauchen. Also sind a', b'', c''' und d'''' alles Variablen. Für die Vermehrung (Addition) und die Vervielfachung (Multiplikation) haben wir schon die Symbole **A** und **M** verwendet. Außerdem verwenden wir Klammern. Um bspw. „*b* vermehrt um *c*" und „*b* vervielfacht mit *c*" zu schreiben, verwenden wir die Ketten (*b* **A** *c*) und (*b* **M** *c*). Klammersetzungen dürfen nicht die Konvention verletzen, denn sonst erzeugen wir eine nicht wohlgeformte Formel: Eine *Formel* ist eine Kette der Zahlennotation. Vermehrungen und Vervielfachungen sind immer als binäre Operationen zu verstehen; sie verknüpfen immer genau zwei Zahlen. Um also „1 vermehrt um 2 vermehrt um 3" auszudrücken, müssen wir uns für einen der beiden Ausdrücke (**f**0 **A** (**ff**0 **A** **fff**0)) oder ((**f**0 **A** **ff**0) **A** **fff**0) entscheiden. Der nächste Begriff, für den wir ein Symbol benötigen, ist „gleich". Wir verwenden „**B**".

Die Wahl dieser Symbole und Zahlzeichen mag befremden, aber auch die arabischen Zahlzeichen und die Symbole, die wir heute verwenden, sowie die römischen Zahlzeichen, die wir jahrhundertelang benutzt haben, sind nur eine Festlegung und bei weitem nicht so logisch konstruiert.

Atome. Aussagenlogische Symbole. Freie Variable und Spezifikatoren

Wir verwenden alle Symbole der Aussagenlogik mit Ausnahme der Buchstaben, die für Atome verwendet werden (p, q, r); wir behalten ihre Interpretation bei. Die Rolle der Atome spielen die Ketten, die, wenn interpretiert, Gleichaussagen sind, etwa **ff**0 **B** **ff**0 oder (**f**0 **M** **f**0) **B** **f**0. Wir sind nun im Besitz der Ausrüstung zur Übersetzung einer ganzen Anzahl von einfachen Aussagen in die Zahlennotation:

2 vermehrt um 3 gleich 4: (**ff**0 **A** **fff**0) **B** **ffff**0
2 vermehrt um 2 ist nicht gleich 3: **N** (**ff**0 **A** **ff**0) **B** **fff**0
Wenn 1 gleich 0, dann 0 gleich 1: (**f**0 **B** 0 **I** 0 **B** **f**0)

Die erste dieser Ketten ist ein Atom, das übrige sind zusammengesetzte Formeln. Das „und“ im Ausdruck „1 und 1 gleich 2“ ist einfach ein anderes Wort für „vermehrt um“ und muss durch „**A**“ (und die nötigen Klammern) dargestellt werden. Alle die obigen wohlgeformten Formeln haben die Eigenschaft, dass sie Interpretationen von Aussagen sind, die entweder wahr oder falsch sind. Es gibt aber auch wohlgeformte Formeln ohne diese Eigenschaft, wie (**b A f**0) **B ff**0. Die Interpretation lautet „*b* vermehrt um 1 gleich 2“. Weil *b* unspezifiziert ist, gibt es keine Methode, dieser Behauptung einen Wahrheitswert zuzuschreiben. Es ist wie bei einer kontextfreien Behauptung mit einem Pronomen, wie etwa „er ist hungrig“. Das ist weder falsch noch wahr, sondern wartet darauf, dass wir es in einen Kontext einführen. Da sie weder falsch noch wahr ist, nennen wir eine solche Formel offen; die Variable *b* nennen wir *freie Variable*. Eine Methode, eine offene Formel in eine geschlossene Formel oder Aussage zu verwandeln, ist, ihr einen *Spezifikator* (*Quantor*) voranzustellen – entweder die Wendung „für alle Zahlen *b*“ oder die Wendung „es existiert eine Zahl *b*, sodass ...“. Im zweiten Fall erhalten wir: Es existiert eine Zahl *b*, sodass *b* vermehrt um 1 gleich 2. Das ist offensichtlich wahr. Im ersten Fall erhalten wir: Für alle Zahlen *b* ist *b* vermehrt um 1 gleich 2. Das ist offensichtlich falsch.

Wir führen nun Symbole für die beiden Spezifikatoren (vgl. Abschn. 1.5, Prädikatenkalkül) ein. Die beiden Aussagen (All bzw. Existenzaussage) werden wie folgt in die Zahlennotation übersetzt:

F *b*: (*b* **A f**0) **B ff**0 („**F**“ steht für „es existiert“.)

O *b*: (*b* **A f**0) **B ff**0 („**O**“ steht für „für alle“.)

Diese Aussagen beziehen sich nicht mehr auf unspezifizierte Zahlen; die erste ist eine *Existenzbehauptung*, die andere eine *Allbehauptung*. Sie würde dasselbe bedeuten, auch wenn wir sie mit *c* anstatt *b* schreiben würden:

F *c*: (*c* **A f**0) **B ff**0; **O** *c*: (*c* **A f**0) **Bff**0.

Eine von einem Spezifikator beherrschte Variable heißt *spezifizierte Variable* (*gebundene Variable*). Die beiden folgenden Formeln illustrieren den Unterschied zwischen freien und spezifizierten Variablen:

	(*b* **M** *b*) **B ff**0	(offen);
NF *b*:	(*b* **M** *b*) **B ff**0	(geschlossen, eine Aussage der Zahlennotation).

Die erste Formel drückt eine Eigenschaft aus, die eine natürliche Zahl besitzen müsste. Selbstverständlich besitzt keine natürliche Zahl diese Eigenschaft. Und genau das stellt die zweite Formel fest. Die Übersetzung einer Formel mit mindestens einer freien Variable – einer offenen Formel – lautet „*Prädikat*“. Es ist eine Aussage ohne Subjekt oder eine Aussage, deren Subjekt ein kontextfreies Pronomen ist. Zum Beispiel sind „ist eine Aussage ohne Subjekt“, „wäre eine Anomalie“ oder „läuft gleichzeitig vorwärts und rückwärts“ nichtarithmetische Prädikate. Sie drücken Eigenschaften aus, die spezifische Subjekte haben – oder auch nicht. Wir könnten genauso gut ein „Pro-Forma-Subjekt“, wie „So-und-so“, nehmen. Eine Kette mit freien Variablen ist wie ein Prädikat mit „So-und-so“ als Subjekt. Zum Beispiel: (**f0 A f0**) **B** *b* ist dasselbe wie „1 vermehrt um 1 gleich So-und-so“. Das ist ein Prädikat mit der Variable *b*. Es drückt eine Eigenschaft aus, die die Zahl *b* haben könnte. Ersetzen wir *b* durch verschiedene Zahlzeichen, erhielten wir eine Folge von Formeln, von denen die meisten eine Unwahrheit ausdrückten. Ein weiteres Beispiel für den Unterschied zwischen offenen Formeln und Aussagen ist: **O** *b*: **O** *c*: (*b* **A** *c*) **B** (*c* **A** *b*). Diese Formel ist eine Aussage, die die Kommutativität der Vermehrung/Addition darstellt. Dagegen ist **O** *c*: (*b* **A** *c*) **B** (*c* **A** *b*) eine offene Formel, weil *b* frei ist. Sie drückt eine Eigenschaft aus, die die unspezifizierte Zahl *b* haben könnte oder auch nicht, nämlich sich zu allen Zahlen *c* kommutativ zu verhalten.

Damit ist unser Vokabular, mit dem wir alle Aussagen in Zahlennotation ausdrücken werden, vollständig. Wir kehren zu den zu Beginn gegebenen sechs Beispielsätzen zurück, und arbeiten ihre Übersetzung in Zahlennotation heraus. Dabei sind die nachstehenden Übersetzungen keineswegs die einzig möglichen. Es gibt unendlich viele Arten, jeden einzelnen Satz auszudrücken. Beginnen wir mit dem letzten: „6 ist gerade“. Das formulieren wir neu in primitiven Begriffen: „Es gibt eine Zahl *e*, sodass 2 vervielfacht mit *e* gleich 6 ist“: **F** *e*: (**ff0 M** *e*) **B ffffff0**. Hier ist ein Spezifikator/Quantor notwendig; es ginge schlechterdings nicht an, einfach (**ff0 M** *e*) **B ffffff0** zu schreiben. Die Interpretation dieser Kette ist natürlich weder richtig noch falsch; sie drückt einfach eine Eigenschaft aus, die die Zahl *e* haben könnte. Weil die Vervielfachung/Multiplikation kommutativ ist, hätten wir ohne Weiteres **F** *e*: (*e* **M ff0**) **B ffffff0** schreiben können. Oder – weil die Gleichheit eine symmetrische Beziehung ist – wir hätten die Wahl gehabt, die beiden Seiten der Gleichung in umgekehrter Reihenfolge zu schreiben: **F** *e*: **ffffff0 B** (**ff0 M** *e*). Jetzt sind diese drei Übersetzungen von „6 ist gerade“ ganz verschiedene Ketten, und es liegt keinesfalls auf der Hand, dass, wenn die eine ein SATZ ist, die anderen ebenfalls SÄTZE sein müssen. In ähnlicher Weise hatte die Tatsache, dass **TT A T B TTT** ein SATZ war, sehr wenig mit der Tatsache zu tun, dass die „gleichwertige“ Kette **T A TT B TTT** ein SATZ war. Die Aussage 2 – „2 ist keine Quadratzahl“ – können wir folgendermaßen erledigen: **NF** *b*: (*b* **M** *b*) **B ff0**. Aber auch hier stoßen wir auf eine Doppeldeutigkeit: Wir hätten auch **O** *b*: **N** (*b* **M** *b*) **B ff0** schreiben können. Der erste Ausdruck besagt: „Es ist nicht der Fall, dass es eine Zahl *b* gibt mit der Eigenschaft, dass das Quadrat von *b* gleich 2 ist“, während der zweite besagt: „Für alle Zahlen *b* ist es nicht der Fall, dass das Quadrat von *b* gleich 2 ist“. Wieder sind die begrifflichen Inhalte für uns gleichwertig, aber in Zahlennotation sind es verschiedene Ketten. Aussage 3 lautet: „1729 ist die Summe zweier Kubikzahlen“. Dafür setzen wir hintereinander zwei Existenzspezifikatoren ein: **F** *b*: **F** *c*: **fffff** … (1729 Stück **f**) … **ffff0 B** (((*b* **M** *b*) **M** *b*) **A** ((*c* **M** *c*) **M** *c*)). Alternativen gibt es genug: Umkehrung der Reihenfolge der Spezifikatoren, Umstellung der beiden Seiten der Gleichung, Umänderung der Variablen in *d* und *e*, Umkehrung der Vermehrung, andere Darstellung der Vervielfachung usw. Zu bevorzugen sind aber die folgenden zwei

Übersetzungen, die *b* und *c* spezifizieren:

F *b*: **F** *c*: (((**ffffffffff**0 **M** **ffffffffff**0) **M** **ffffffffff**0)
A ((**fffffffff**0 **Mfffffffff**0) **M** **fffffffff**0))
B (((*b* **M** *b*) **M** *b*) **A** ((*c* **M** *c*) **M** *c*)) und

F *b*: **F** *c*: (((**ffffffffffff**0 **M** **ffffffffffff**0) **M** **ffffffffffff**0) A ((**f**0 **M** **f**0) **M** **f**0))
B (((*b* **M** *b*) **M** *b*) **A**((*c* **M** *c*) **M** *c*)).

Betrachten wir jetzt die Aussage 4: „Die Summe zweier positiven Kubikzahlen ist selbst keine Kubikzahl". Nehmen wir an, dass wir einfach sagen wollten, dass 7 nicht die Summe zweier positiver Kubikzahlen ist. Am einfachsten ist das, wenn wir die Formel, die behauptet, 7 sei die Summe zweier positiven Kubikzahlen, verneinen. Das ist genau wie bei der vorausgegangenen Aussage, die mit 1729 zu tun hatte, nur dass wir noch die Bedingung hineinnehmen müssen, dass die Kubikzahlen positiv sein müssen. Hier können wir einen Kniff anwenden und den Variablen das Symbol **f** voranstellen: **F** *b*: **F** *c*: **fffffff**0 **B** (((**f***b* **M** **f***b*) **M** **f***b*) **A** ((**f***c* **M** **f***c*) **Mf***c*)). Wir erheben demnach nicht *b* und *c* in die dritte Potenz, sondern deren Nachfolger, die positiv sein müssen, weil der kleinste Wert, den entweder *b* oder *c* annehmen können, null ist. Somit stellt die rechte Seite die Summe von zwei positiven Kubikzahlen dar. Zu beachten ist noch, dass die Wendung „Es gibt Zahlen *b* und *c*, sodass …", wenn übersetzt, vom Symbol „**E**", das für „und" steht, keinen Gebrauch macht. Dieses Symbol dient zur Verknüpfung zweier wohlgeformten Ketten, nicht zur Verknüpfung zweier Spezifikatoren/Quantoren. Nachdem wir „7 ist die Summe zweier positiver Kubikzahlen" übersetzt haben, wollen wir es verneinen. Dazu müssen wir dem Ganzen lediglich eine Verneinung voranstellen. Wir erhalten **NF** *b*: **F** *c*: **fffffff**0 **B** (((**f***b* **M** **f***b*) **M** **f***b*) **A** ((**f***c* **M** **f***c*) **M** **f***c*)). Jetzt war das ursprüngliche Ziel, diese Eigenschaft nicht für die Zahl 7, sondern für alle Kubikzahlen zu behaupten. Wir ersetzen deshalb das Zahlwort **fffffff**0 durch die Kette ((*a* **M** *a*) **M** *a*):

NF *b*: **F** *c*: ((*a* **M** *a*) **M** *a*) **B** (((**f***b* **M** **f***b*) **M** **f***b*) **A** ((**f***c* **Mf***c*) **M** **f***c*)).

In dieser Phase befinden wir uns im Besitz einer offenen Formel, weil *a* noch frei ist. Diese Formel drückt eine Eigenschaft aus, die die Zahl *a* haben oder auch nicht haben könnte – und unsere Absicht ist es, zu behaupten, dass alle Zahlen diese Eigenschaft haben. Dazu stellen wir dem Ganzen einen Allspezifikator voran: **O** *a*: **NF** *b*: **F** *c*: ((*a* **M** *a*) **M** *a*) **B** (((**f***b* **M** **f***b*) **M** **f***b*) **A** ((**f***c* **M** **f***c*) **M** **f***c*)). Eine genauso gute Übersetzung wäre: **NF** *a*: **F** *b*: **F** *c*: ((*a* **M** *a*) **M** *a*) **B** (((**f***b* **M** **f***b*) **M** **f***b*) **A** ((**f***c* **M** **f***c*) **M** **f***c*)). Wir könnten noch a' anstatt *b* und a'' anstatt *c* verwenden. Dann würde die Formel lauten: **NF** *a*: **F** a': **F** a'': ((*a* **M** *a*) **M** *a*) **B** (((**f**a' **M** **f**a') **M** **f**a') **A** ((**f**a'' **Mf**a'') **M** **f**a'')). Aussage 1: „5 ist eine Primzahl" hatten wir wie folgt umformuliert: „Es gibt keine Zahlen *a* und *b*, sodass 5 gleich *a* vervielfacht mit *b* ist." Wir können das geeignet modifizieren: „Es gibt keine Zahlen *a* und *b*, sodass 5 gleich *a* vermehrt um 2 **M** *b* vermehrt um 2 ist." Das ist ein weiterer

Kniff – weil a und b auf die Werte von natürlichen Zahlen beschränkt sind, ist das eine angemessene Methode, um das Gleiche zu sagen. Nun könnte man „b vermehrt um 2" als $\langle b$ **A ff**0$\rangle$ übersetzen, aber es gibt eine kürzere Schreibweise, nämlich **ff**b. Jetzt ist unsere Übersetzung äußerst konzis: **NF** b: **F** c: **fffff**0 **B** $\langle$**ff**b **M ff**$c\rangle$.

Ohne die Verneinung zu Beginn wäre das eine Behauptung, dass zwei Zählzahlen existieren, die, wenn um 2 vermehrt, ein Produkt besitzen, das gleich 5 ist. Die Verneinung führt zur Behauptung, 5 sei eine Primzahl. Wollten wir behaupten, dass d vermehrt um e vermehrt um 1 anstelle von 5 eine Primzahl ist, dann ist die geschickteste Methode die, die Ziffer 5 durch die Kette (d **A f**e) zu ersetzen: **NF** b: **F** c: (d **A f**e) **B** (**ff**b **M ff**c). Das ist wieder eine offene Formel, deren Interpretation weder eine wahre noch eine falsche Aussage ist, sondern einfach eine Behauptung über zwei unspezifizierte Zahlen d und e. Zu beachten ist, dass die durch die Kette (d **A f**e) repräsentierte Zahl notwendigerweise größer als d ist, weil wir zu d einen unspezifizierten, aber zweifellos positiven Beitrag addiert haben. Wenn wir also die Variable e existentiell spezifizieren, erhalten wir eine Formel, die „Es gibt eine Zahl, die größer als d und eine Primzahl ist" behauptet: **F** e: **NF** b: **F** c: (d **A f**e) **B** (**ff**b **M ff**c). Alles, was jetzt noch zu tun bleibt, ist zu behaupten, dass diese Eigenschaft besteht, was immer d auch sein mag. Wir erreichen das durch die Allspezifizierung der Variablen d: **O** d: **F** e: **NF** e: **F** c: (d **A f**e) **B** (**ff**b **M ff**c).

Die Aufgabe, alle sechs für die Zahlennotation typischen Aussagen zu übersetzen, ist damit erfüllt. Mit den folgenden sechs wohlgeformten Formeln können wir unser Verständnis der Zahlennotation prüfen. Welche von ihnen sind, wenn interpretiert, wahr und welche sind falsch?

NO c: **F** b: (**ff**0 **M f**b) **B** c

O c: **NF** b: (**ff**0 **M** b) **B** c

O c: **F** b: **N**(**ff**0 **M** b) **B** c

NF b: **O** c: (**ff**0 **M** b) **B** c

F b: **NO** c: (**ff**0 **M** b) **B** c

F b: **O** c: **N**(**ff**0 **M** b) **B** c

Entweder sind vier wahr und zwei falsch oder vier falsch und zwei wahr.

Die Regeln des Wohlgeformtseins

Wir stellen die Regeln für das Wohlgeformtsein zusammen. Vorstadium für die Regeln zur Bildung wohlgeformter Formeln ist die Definition von Zahlzeichen, Variablen und Termen. Diese drei Klassen von Ketten sind Bestandteile von wohlgeformten Formeln, aber selbst nicht wohlgeformt. Die kleinsten wohlgeformten Formeln sind die Atome, und dann gibt es Möglichkeiten, Atome zusammenzusetzen. Viele dieser Regeln sind rekursive Verlängerungsregeln, indem sie als Eingabe ein Element einer gegebenen Klasse annehmen und ein längeres Element der gleichen Klasse erzeugen. Im Folgenden gebrauchen wir „x“ und „y“ für wohlgeformte Formeln und „s“, „t“ und „u“ für andere Arten von Ketten in Zahlennotation.

Zahlzeichen: 0 ist ein Zahlzeichen. Ein Zahlzeichen, dem ein „**f**“ vorausgeht, ist ebenfalls ein Zahlzeichen.

Variablen: a ist eine Variable; wenn wir nicht streng sein wollen, sind es auch b, c, d und e. Eine Variable, der mehrere Striche folgen, ist ebenfalls eine Variable.

Terme: Alle Zahlzeichen und Variablen sind Terme. Ein Term, vor dem ein **f** steht, ist ebenfalls ein Term. Wenn s und t Terme sind, dann auch (s **A** t) und (s **M** t).

Beispiel 2.4

$$0, \mathbf{f}0, \mathbf{ff}0, \mathbf{fff}0, \mathbf{ffff}0.$$
$$a, b', c'', d''', e''''.$$
$$0, b, \mathbf{ff}a', (\mathbf{f}0\ M\ (\mathbf{ff}0\ \mathbf{A}\ c)), \mathbf{f}(\mathbf{f}a\ \mathbf{M}\ (\mathbf{f}b\ \mathbf{M}\ \mathbf{f}c)).$$ ◄

TERME können in zwei Kategorien aufgeteilt werden:

1. Definite Terme enthalten keine Variablen.

Beispiel 2.5

0, (**f**0 **A** **f**0), **ff** ((**ff**0 **M** **ff**0) **A** (**f**0 **M** **f**0)). ◄

2. Indefinite Terme enthalten Variablen.

Beispiel 2.6

b, **f**a, (b **A** **f**0), (((**f**0 **A** **f**0) **A** **f**0) **A** e). ◄

Die bisher genannten Regeln sagen uns, wie wir Teile wohlgeformter Formeln, die folgenden, wie wir vollständige wohlgeformte Formeln erzeugen können:

Atome: Wenn s und t Terme sind, dann ist s **B** t ein Atom.

Beispiel 2.7

f0 **B** 0, (**ff**0 **A** **ff**0) **B** **ffff**0, **f**(b **A** c) **B** ((c **M** d) **M** e). ◄

Wenn ein Atom eine Variable u enthält, dann ist u in ihm frei. So gibt es im letzten Beispiel vier freie Variablen.

Verneinungen: Eine wohlgeformte Formel, der eine Verneinung vorangestellt wird, ist wohlgeformt.

Beispiel 2.8

$\mathbf{N}\,\mathbf{f}0\,\mathbf{B}\,0,\ \mathbf{NF}\,b\!:(b\,\mathbf{A}\,b)\,\mathbf{B}\,\mathbf{f}0,\ \mathbf{N}\,\langle 0\,\mathbf{B}\,0\,\mathbf{I}\,\mathbf{f}0\,\mathbf{B}\,0\rangle.$ ◄

Der Spezifizierungsstatus einer Variablen, der uns sagt, ob sie frei oder spezifiziert ist, ändert sich bei einer Verneinung nicht.

Zusammensetzungen: Sind x und y wohlgeformte Formeln, und vorausgesetzt, dass keine Variable in der einen frei, in der anderen spezifiziert ist, dann sind alle folgenden Ausdrücke wohlgeformte Formeln: $\langle x\ \mathbf{E}\ y\rangle$, $\langle x\ \mathbf{V}\ y\rangle$, $\langle x\ \mathbf{I}\ y\rangle$.

Beispiel 2.9

$\langle\, 0\,\mathbf{B}\,0\,\mathbf{E}\,\mathbf{N}\,0\,\mathbf{B}\,0\rangle,\ \langle b\,\mathbf{B}\,b\,\mathbf{V}\,\mathbf{NF}\,c\!:c\,\mathbf{B}\,b\rangle,\ \langle \mathrm{s}0\,\mathbf{B}\,0\,\mathbf{I}\,\mathbf{O}\,c\!:\mathbf{NF}\,b\!:(b\,\mathbf{A}\,b)\,\mathbf{B}\,c\rangle.$ ◄

Der Spezifizierungsstatus einer Variablen ändert sich hier nicht.

Spezifizierungen: Wenn u eine Variable ist und x eine wohlgeformte Formel, in der u frei ist, dann sind die folgenden Ketten wohlgeformte Formeln: $\mathbf{F}\,u\!:x$, $\mathbf{O}\,u\!:x$.

Beispiel 2.10

$\mathbf{O}\,b\!:\langle b\,\mathbf{B}\,b\,\mathbf{V}\,\mathbf{NF}\,c\!:c\,\mathbf{B}\,b\rangle,\ \mathbf{O}\,c\!:\mathbf{NF}\,b\!:(b\,\mathbf{A}\,b)\,\mathbf{B}\,c,\ \mathbf{NF}\,c\!:\mathbf{f}c\,\mathbf{B}\,d.$ ◄

OFFENE FORMELN enthalten mindestens eine freie Variable.

Beispiel 2.11

$\mathbf{N}\,c\,\mathbf{B}\,c,\ b\,\mathbf{B}\,b,\ \langle\mathbf{O}\,b\!:b\,\mathbf{B}\,b\,\mathbf{E}\,\mathbf{N}\,c\,\mathbf{B}\,c\rangle.$ ◄

GESCHLOSSENE FORMELN (AUSSAGEN) enthalte keine freien Variablen.

Beispiel 2.12

$\mathbf{f}0\,\mathbf{B}\,0,\ \mathbf{O}\,d\!:d\,\mathbf{B}\,0,\ \mathbf{F}\,c\!:\langle\mathbf{O}\,b\!:b\,\mathbf{B}\,b\,\mathbf{E}\,\mathbf{N}\,c\,\mathbf{B}\,c\rangle.$ ◄

Damit ist die Auflistung der Erzeugungsregeln für die wohlgeformten Formeln der Zahlennotation vollständig. Jetzt können wir versuchen, die vier ersten der folgenden Aussagen in Formeln der Zahlennotation zu übersetzen, die letzte dagegen in eine offene wohlgeformte Formel.

- Alle natürlichen Zahlen sind gleich 4.
- Es gibt keine natürliche Zahl, die gleich ihrem eigenen Quadrat ist.
- Verschiedene natürliche Zahlen haben verschiedene Nachfolger.
- Wenn 1 gleich 0 ist, dann ist jede Zahl ungerade.
- b ist eine Potenz von 2.

Wie wir vorausgesetzt haben, werden alle Regeln der Aussagenlogik in die Zahlennotation übernommen. Deshalb wird ein SATZ der Zahlennotation lauten: ⟨**f**0 **B** 0 **V N f**0 **B** 0⟩. Dieser SATZ kann auf die gleiche Weise abgeleitet werden, wie ⟨p **V N** p⟩ abgeleitet wurde. Dazu geben wir die fünf primären Aussagen/Axiome der Zahlennotation an:

Primäre Aussage 1: **O** a: **N f**a **B** 0.
Primäre Aussage 2: **O** a: (a **A** 0) **B** a.
Primäre Aussage 3: **O** a: **O** b: (a **A f**b) **B f**(a **A** b)
Primäre Aussage 4: **O** a: (a **M** 0) **B** 0.
Primäre Aussage 5: **O** a: **O** b: (a **M f**b) **B** ((a **M** b) **A** a).

Die primäre Aussage 1 stellt eine besondere, die Zahl Null betreffende Tatsache fest. Wenn interpretiert, lautet sie: „Null ist nicht der Nachfolger irgendeiner natürlichen Zahl". Die primären Aussagen 2 und 3 betreffen die Vermehrung/Addition, die primären Aussagen 4 und 5 die Vervielfachung/Multiplikation, insbesondere ihren Zusammenhang mit der Vermehrung.

Spezialisierung und Generalisierung

Die Regeln der Zahlennotation erlauben uns, in die innere Struktur der Atome der Zahlennotation einzugreifen und diese zu verändern. In diesem Sinne haben sie mehr mit „mikroskopischen" Eigenschaften von Ketten zu tun als die Regeln der Aussagenlogik, die die Atome als unteilbare Einheiten auffassen. Zum Beispiel käme es uns gelegen, wenn wir die Kette **N f**0 **B** 0 aus der ersten primären Aussage ableiten könnten. Dazu brauchen wir eine Regel, mit der wir einen Allspezifikator fallen lassen und zur gleichen Zeit die innere Struktur der verbleibenden Kette verändern. Eine solche ist die

Spezialisierungsregel: Angenommen, u sei eine im Innern der Kette x vorkommende Variable. Wenn die Kette **O** u: x ein Satz ist, dann auch x, desgleichen jede beliebige Kette, die aus x entsteht, wenn man u, wo immer es vorkommt, durch ein und denselben Term ersetzt. Es gilt die Einschränkung: Der Term, der u enthält, darf keine in x spezifizierten Variablen enthalten.

Die Spezialisierungsregel erlaubt uns, die gewünschte Kette aus der primären Aussage 1 zu gewinnen. Es ist eine Ableitung in einem Schritt:

O a:	**N f**a **B** 0	primäre Aussage 1
	N f0 **B** 0	Spezialisierungsregel

Wichtig ist, dass es die Spezialisierungsregel ermöglicht, gewisse Formeln, die freie Variablen enthalten – also offene Formeln –, zu SÄTZEN werden zu lassen. Zum Beispiel können auch die folgenden Ketten durch Spezialisierung der primären Aussage 1 abgeleitet werden: **N f***a* **B** 0; **N f(***c* **A ff**0) **B** 0.

Die Generalisierungsregel gestattet uns, den Allspezifikator in SÄTZE zurückzubringen, die Variablen enthalten, die infolge der Anwendung der Spezialisierung frei wurden. Die Generalisierung, angewandt auf die untere Kette, ergäbe bspw.: **O** *c*: **N f(***c* **A ff**0) **B** 0. Die Generalisierung hebt die Spezialisierung auf und umgekehrt. Üblicherweise wird die Generalisierung angewandt, nachdem verschiedene Zwischenschritte die offene Formel auf verschiedene Arten transformiert haben.

Generalisierungsregel: Angenommen, *x* ist ein SATZ, in dem *u*, eine Variable, frei vorkommt. Dann ist **O** *u*: *x* ein SATZ.

Es gilt die Einschränkung: In einer Deduktion, in der eine Variable in der Voraussetzung der Deduktion frei vorkommt, ist keine Generalisierung für diese Variable zulässig.

Die beiden nächsten Regeln sagen uns, wie Existenzspezifikatoren zu behandeln sind.

Austauschregel: Angenommen, *u* sei eine Variable. Dann sind die Ketten **O** *u*: **N** und **NF** *u*: irgendwo innerhalb von jedem SATZ austauschbar. Wenden wir bspw. diese Regel auf die primäre Aussage 1 an:

O *a*: **N f***a* **B** 0 primäre Aussage 1
NF *a*: **f***a* **B** 0 Austauschregel

Diese beiden Ketten sind natürliche Wiedergaben der Aussage „Null ist nicht der Nachfolger irgendeiner natürlichen Zahl" in Zahlennotation, die sich leicht ineinander umwandeln lassen.

Die nächste Regel ist noch anschaulicher. Sie entspricht der einfachen Art logischen Schließens, wenn wir von „2 ist eine Primzahl" zu „Es gibt eine Primzahl" übergehen.

Existenzregel: Angenommen, ein Term – der Variablen enthalten kann, vorausgesetzt, dass sie frei sind – tritt ein oder mehrere Male in einem SATZ auf. Dann kann jeder einzelne Auftritt des Terms oder können einige oder alle Auftritte durch eine Variable ersetzt werden, die sonst in dem SATZ nicht auftritt, und der entsprechende Existenzspezifikator muss vorangestellt werden. Wir wenden diese Regel auf die primäre Aussage 1 an:

O *a*: **N f***a* **B** 0 primäre Aussage
F *b*: **O** *a*: **N f***a* **B** *b* Existenzregel

Jetzt können wir versuchen, mit den bisher abgeleiteten Regeln den folgenden SATZ zu erzeugen: **NO** *b*: **F** *a*: **f***a* **B** *b*.

In den folgenden beiden Ableitungen wird jeweils eine der gemachten Einschränkungen nicht beachtet:

1) [	in Deduktion eintreten
2) *a* **B** 0	Voraussetzung
3) **O** *a*: *a* **B** 0	Generalisierungsregel; falsch, da *a* **B** 0 Voraussetzung
4) **f***a* **B** 0	Spezialisierungsregel
5)]	Deduktion verlassen
6) ⟨*a* **B** 0 **I** **f***a* **B** 0⟩	Deduktionsregel
7) **O** *a*: ⟨*a* **B** 0 **I** **f***a* **B** 0⟩	Generalisierungsregel
8) ⟨0 **B** 0 **I** **f**0 **B** 0⟩	Spezialisierungsregel
9) 0 **B** 0	vorhergehender SATZ
10) **f**0 **B** 0	Abtrennung (Zeilen 9, 8)
	Das ist die Folge von Zeile 3). Jetzt zeigen wir die Folge einer fehlerhaften Anwendung der Spezialisierungsregel:
1) **O** *a*: *a* **B** *a*	vorhergehender SATZ
2) **f***a* **B** **f***a*	Spezialisierungsregel
3) **F** *b*: *b* **B** **f***a*	Existenzregel
4) **O** *a*: **F** *b*: *b* **B** **f***a*	Generalisierungsregel
5) **F** *b*: *b* **Bf***b*	Spezialisierungsregel; falsch, *b* darf nicht für *a* eingesetzt werden

Regeln für Gleichheit und Nachfolger

Wir geben Regeln für die Symbole „**B**“ und „**f**“ an. Im Folgenden stehen *r*, *s* und *t* alle für beliebige Terme.

- Gleichheitsregeln
  Symmetrie: Wenn *r* **B** *s* ein SATZ ist, dann auch *s* **B** *r*.
  Transitivität: Wenn *r* **B** *s* und *s* **B** *t* SÄTZE sind, dann auch *r* **B** *t*.
- Regeln für den Nachfolger
  Anfügen von **f**: Wenn *r* **B** *t* ein SATZ ist, dann auch **f***r* **B** **f***t*.
  Weglassen von **f**: Wenn **f***r* **B** **f***t* ein SATZ ist, dann auch *r* **B** *t*.

Damit sind wir mit Regeln ausgestattet, die uns eine Vielfalt von SÄTZEN liefern können. Zum Beispiel ergibt die folgende Ableitung einen grundlegenden SATZ:

1) **O** *a*: **O** *b*: (*a* **A** **f***b*) **B** **f**(*a* **A** *b*)	primäre Regel 3
2) **O** *b* : (**f**0 **A** **f***b*) **B** **f**(**f**0 **A** *b*)	Spezialisierungsregel (**f**0 für *a*)
3) (**f**0 **A** **f**0) **B** **f**(**f**0 **A** 0)	Spezialisierungsregel (0 für *b*)
4) **O** *a*: (*a* **A** 0) **B** *a*	primäre Regel 2

5) (**f**0 **A** 0) **B** **f**0	Spezialisierungsregel (**s**0 für *a*)
6) **f**(**f**0 **A** 0) **B** **ff**0	**f** anfügen
7) (**f**0 **A** **f**0) **B** **ff**0	Transitivität (Zeilen 3, 6)

Desgleichen diese Ableitung:

1) **O** *a*: **O** *b*: (*a* **M** **f***b*) **B** ((*a* **M** *b*) **A** *a*)	primäre Regel 5
2) **O** *b* : (**f**0 **M** **f***b*) **B** ((**f**0 **M** *b*) **A** **f**0)	Spezialisierungsregel (**f**0 für *a*)
3) (**f**0 **M** **f**0) **B** ((**f**0 **M** 0) **A** **f**0)	Spezialisierungsregel (0 für *b*)
4) **O** *a*: **O** *b*: (*a* **A** **f***b*) **B** **f**(*a* **A** *b*)	primäre Regel 3
5) **O** *b* : ((**f**0 **M** 0) **A** **f***b*) **B** **f**((**f**0 **M** 0) **A** *b*)	Spezialisierungsregel ((**f**0 **M** 0) für *a*)
6) ((**f**0 **M** 0) **A** **f**0) **B** **f**((**f**0 **M** 0) **A** 0)	Spezialisierungsregel (0 für *b*)
7) **O** *a*: (*a* **A** 0) **B** *a*	primäre Regel 2
8) ((**f**0 **M** 0) **A** 0) **B** (**f**0 **M** 0)	Spezialisierungsregel ((**f**0 **M** 0) für *a*)
9) **O** *a*: (*a* **M** 0) **B** 0	primäre Regel 4
10) (**f**0 **M** 0) **B** 0	Spezialisierungsregel (**f**0 für *a*)
11) ((**f**0 **M** 0) **A** 0) **B** 0	Transitivität (Zeilen 8, 10)
12) **f**((**f**0 **M** 0) **A** 0) **B** **f**0	**f** anfügen
13) ((**f**0 **M** 0) **A** **f**0) **B** **f**0	Transitivität (Zeilen 6, 12)
14) (**f**0 **M** **f**0) **B** **f**0	Transitivität (Zeilen 3, 13)

Wir führen eine längere Ableitung in Zahlennotation durch:

1)	**O** *a*: **O** *b*: (*a* **A** **f***b*) **B** **f**(*a* **A** *b*)	primäre Regel 3
2)	**O** *b*: (*d* **A** **f***b*) **B** **f**(*d* **A** *b*)	Spezialisierungsregel
3)	(*d* **A** **ff***c*) **B** **f**(*d* **A** **f***c*)	Spezialisierungsregel
4)	**O** *b* : (**f***d* **A** **f***b*) **B** **f**(**f***d* **A** *b*)	Spezialisierungsregel (Zeile 1)
5)	(**f***d* **A** **f***c*) **B** **f**(**f***d* *A* *c*)	Spezialisierungsregel
6)	**f**(**f***d* **A** *c*) **B** (**f***d* **A** **f***c*)	Symmetrie
7)	[	in Deduktion eintreten
8)	**O** *d*: (*d* **A** **f***c*) **B** (**f***d* **A** *c*)	Voraussetzung
9)	(*d* **A** **f***c*) **B** (**f***d* **A** *c*)	Spezialisierungsregel
10)	**f**(*d* **A** **f***c*) **B** **f**(**f***d* **A** *c*)	**f** anfügen
11)	(*d* **A** **ff***c*) **B** **f**(*d* **A** **f***c*)	Übernahme von 3
12)	(*d* **A** **ff***c*) **B** **f**(**f***d* **A** *c*)	Transitivität
13)	**f**(**f***d* **A** *c*) **B** (**f***d* **A** **f***c*)	Übernahme von 6
14)	(*d* **A** **ff***c*) **B** (**f***d* **A** **f***c*)	Transitivität
15)	**O** *d*: (*d* **A** **ff***c*) **B** (**f***d* **A** **f***c*)	Generalisierungsregel
16)	]	Deduktion verlassen
17)	⟨**O** *d*: (*d* **A** **f***c*) **B** (**f***d* **A** *c*) **I** **O** *d*: (*d* **A** **ff***c*) **B** (**f***d* **A** **f***c*)⟩	Deduktionsregel

18)	$\mathbf{O}\,c\colon \langle \mathbf{O}\,d\colon (d\ \mathbf{A}\ \mathbf{f}c)\ \mathbf{B}\ (\mathbf{f}d\ \mathbf{A}\ c)\ \mathbf{I}\ \mathbf{O}\,d\colon (d\ \mathbf{A}\ \mathbf{ff}c)\ \mathbf{B}\ (\mathbf{f}d\ \mathbf{A}\ \mathbf{f}c)\rangle$	Generalisierungsregel
19)	$(d\ \mathbf{A}\ \mathbf{f}0)\ \mathbf{B}\ \mathbf{f}(d\ \mathbf{A}\ 0)$	Spezialisierungsregel (Zeile 2)
20)	$\mathbf{O}\,a\colon (a\ \mathbf{A}\ 0)\ \mathbf{B}\ a$	primäre Regel 1
21)	$(d\ \mathbf{A}\ 0)\ \mathbf{B}\ d$	Spezialisierungsregel
22)	$\mathbf{f}(d\ \mathbf{A}\ 0)\ \mathbf{B}\ \mathbf{f}d$	anfügen
23)	$(d\ \mathbf{A}\ \mathbf{f}0)\ B\ \mathbf{f}d$	Transitivität (Zeilen 19, 22)
24)	$(\mathbf{f}d\ A\ 0)\ \mathbf{B}\ \mathbf{f}d$	Spezialisierungsregel (Zeile 20)
25)	$\mathbf{f}d\ \mathbf{B}\ (\mathbf{f}d\ \mathbf{A}\ 0)$	Symmetrie
26)	$(d\ \mathbf{A}\ \mathbf{f}0)\ \mathbf{B}\ (\mathbf{f}d\ \mathbf{A}\ 0)$	Transitivität (Zeilen 23, 25)
27)	$\mathbf{O}\,d\colon (d\ \mathbf{A}\ \mathbf{f}0)\ \mathbf{B}\ (\mathbf{f}d\ \mathbf{A}\ 0)$	Generalisierungsregel
28)	$\mathbf{O}\,c\colon \mathbf{O}\,d\colon (d\ A\ \mathbf{f}c)\ \mathbf{B}\ (\mathbf{f}d\ \mathbf{A}\ c)$	Induktionsregel (Zeilen 18, 27) [**f** kann in einer Vermehrung hin- und hergeschoben werden]
29)	$\mathbf{O}\,b\colon (c\ \mathbf{A}\ \mathbf{f}b)\ \mathbf{B}\ \mathbf{f}(c\ \mathbf{A}\ b)$	Spezialisierungsregel (Zeile 1)
30)	$(c\ \mathbf{A}\ \mathbf{f}d)\ \mathbf{B}\ \mathbf{f}(c\ \mathbf{A}\ d)$	Spezialisierungsregel
31)	$\mathbf{O}\,b\colon (d\ \mathbf{A}\ \mathbf{f}b)\ \mathbf{B}\ \mathbf{f}(d\ \mathbf{A}\ b)$	Spezialisierungsregel (Zeile 1)
32)	$(d\ \mathbf{A}\ \mathbf{f}c)\ \mathbf{B}\ \mathbf{f}(d\ \mathbf{A}\ c)$	Spezialisierungsregel
33)	$\mathbf{f}(d\ \mathbf{A}\ c)\ \mathbf{B}\ (d\ \mathbf{A}\ \mathbf{f}c)$	Symmetrie
34)	$\mathbf{O}\,d\colon (d\ \mathbf{A}\ \mathbf{f}c)\ \mathbf{B}\ (\mathbf{f}d\ \mathbf{A}\ c)$	Spezialisierungsregel (Zeile 28)
35)	$(d\ \mathbf{A}\ \mathbf{f}c)\ \mathbf{B}\ (\mathbf{f}d\ \mathbf{A}\ c)$	Spezialisierungsregel
36)	[	in Deduktion eintreten
37)	$\mathbf{O}\,c\colon (c\ \mathbf{A}\ d)\ \mathbf{B}\ (d\ \mathbf{A}\ c)$	Voraussetzung
38)	$(c\ \mathbf{A}\ d)\ \mathbf{B}\ (d\ \mathbf{A}\ c)$	Spezialisierungsregel
39)	$\mathbf{f}(c\ \mathbf{A}\ d)\ \mathbf{B}\ \mathbf{f}(d\ \mathbf{A}\ c)$	**f** hinzufügen
40)	$(c\ \mathbf{A}\ \mathbf{f}d)\ \mathbf{B}\ \mathbf{f}(c\ \mathbf{A}\ d)$	Übernahme von 30
41)	$(c\ \mathbf{A}\ \mathbf{f}d)\ \mathbf{B}\ \mathbf{f}(d\ \mathbf{A}\ c)$	Transitivität
42)	$\mathbf{f}(d\ \mathbf{A}\ c)\ \mathbf{B}\ (d\ \mathbf{A}\ \mathbf{f}c)$	Übernahme von 33
43)	$(c\ \mathbf{A}\ \mathbf{f}d)\ \mathbf{B}\ (d\ \mathbf{A}\ \mathbf{f}c)$	Transitivität
44)	$(d\ \mathbf{A}\ \mathbf{f}c)\ \mathbf{B}\ (\mathbf{f}d\ \mathbf{A}\ c)$	Übernahme von 35
45)	$(c\ \mathbf{A}\ \mathbf{f}d)\ \mathbf{B}\ (\mathbf{f}d\ \mathbf{A}\ c)$	Transitivität
46)	$\mathbf{O}\,c\colon (c\ \mathbf{A}\ \mathbf{f}d)\ \mathbf{B}\ (\mathbf{f}d\ \mathbf{A}\ c)$	Generalisierungsregel
47)	]	Deduktion verlassen
48)	$\langle \mathbf{O}\,c\colon (c\ \mathbf{A}\ d)\ \mathbf{B}\ (d\ \mathbf{A}\ c)\ \mathbf{I}\ \mathbf{O}\,c\colon (c\ \mathbf{A}\ \mathbf{f}d)\ \mathbf{B}\ (\mathbf{f}d\ \mathbf{A}\ c)\rangle$	Deduktionsregel
49)	$\mathbf{O}\,d\colon \langle \mathbf{O}\,c\colon (c\ \mathbf{A}\ d)\ \mathbf{B}\ (d\ \mathbf{A}\ c)\ \mathbf{I}\ \mathbf{O}\,c\colon (c\ \mathbf{A}\ \mathbf{f}d)\ \mathbf{B}\ (\mathbf{f}d\ \mathbf{A}\ c)\rangle$	Generalisierungsregel [Wenn d mit jedem c kommutativ ist, dann ist dies auch $\mathbf{f}d$.]
50)	$(c\ \mathbf{A}\ 0)\ \mathbf{B}\ c$	Spezialisierungsregel (Zeile 20)
51)	$\mathbf{O}\,a\colon (0\ \mathbf{A}\ a)\ \mathbf{B}\ a$	vorhergehender SATZ

52)	(0 **A** c) **B** c	Spezialisierungsregel
53)	c **B** (0 **A** c)	Symmetrie
54)	(c **A** 0) **B** (0 **A** c)	Transitivität (Zeilen 50, 53)
55)	**O** c: (c **A** 0) (0 **A** c)	Generalisierungsregel [0 kommutiert mit jedem c]
56)	**O** d: **O** c: (c **A** d) **B** (d **A** c)	Induktionsregel (Zeilen 49, 55) [Deshalb kommutiert jedes d mit jedem c.]

Kommutativität gilt für Vermehren/Addieren und Vervielfachen/Multiplizieren, nicht aber für Vermindern und (Auf-)Teilen. Dort gelten zusätzliche Annahmen: Beim Vermindern ist die Zahl, von der weggenommen wird, immer die Größte im SATZ; beim Teilen darf die Zahl, die geteilt wird, keine Primzahl sein. Darüber hinaus muss sie ein Vielfaches des Teilers sein.

Die All-Aussage

Mit den bisher vorgelegten Regeln und primären Aussagen der Zahlennotation können wir die folgende pyramidale Familie von SÄTZEN erzeugen – eine Anzahl von Ketten, alle in dieselbe Form gegossen, die sich voneinander nur dadurch unterscheiden, dass die Zahlzeichen 0, **f**0, **ff**0, **fff**0 usw. eingesetzt wurden: (0 **A** 0) **B** 0; (0 **A** **f**0) **B** **f**0; (0 **A** **ff**0) **B** **ff**0; (0 **A** **fff**0) **B** **fff**0; (0 **A** **ffff**0) **B** **ffff**0 usw. Tatsächlich lässt sich jeder SATZ in dieser Familie aus dem unmittelbar vorhergehenden ableiten. Es handelt sich demnach um eine Art „SATZ-Kaskade", bei der jeder SATZ den folgenden auslöst. Jetzt gibt es eine Kette, die wir leicht aufschreiben können und die die passive Bedeutung aller dieser SÄTZE zusammenfasst. Diese allspezifizierte zusammenfassende Kette lautet: **O** a: (0 **A** a) **B** a. Mit den bisher angegebenen Regeln lässt sich diese Kette aber nicht erzeugen. Wir versuchen, diese Situation mit der folgenden Regel richtigzustellen:

(Vorgeschlagene) All-Regel: Wenn alle Ketten in einer pyramidalen Familie SÄTZE sind, dann ist es auch die allspezifizierte Kette, die sie zusammenfasst.

Diese Regel ist aber wieder kein Teil der Zahlennotation. Nur jemand, der über das System nachdenkt, kann jemals wissen, dass alle Ketten einer unendlichen Menge SÄTZE sind. Daher ist das keine Regel, die sich in ein beliebiges formales System einführen lässt. Auch die Verneinung der obigen zusammenfassenden Kette **NO** a: (0 **A** a) **B** a ist kein SATZ der Zahlennotation. Also ist mit dieser Allregel als Ansatz die ursprüngliche Kette innerhalb des Systems unentscheidbar. Das Problem bei der „Allregel" ist, dass sie das Wissen erfordert, dass alle Zeilen einer unendlichen pyramidalen Familie SÄTZE sind – zu viel für ein endliches Wesen. Aber nehmen wir an, dass jede Zeile der Pyramide von ihrem Vorgänger nach einem gewissen Schema abgeleitet werden kann. Dann hätten sie eine endliche Ursache, die der Tatsache Rechnung trüge, dass alle Ketten der Pyramide

SÄTZE sind. Der Ansatz besteht also darin, das Schema aufzustellen, das die Kaskade verursacht, und zu zeigen, dass dieses Schema selbst ein SATZ ist. Dann bleibt noch zu zeigen, dass die erste Zeile der Pyramide ein SATZ ist. In der speziellen Pyramide, die wir betrachten, gibt es ein Schema, das in den Zeilen 4–9 der folgenden Ableitung niedergelegt ist:

1) **O** *a*: **O** *b*: (*a* **A** **f***b*) **B** **f**(*a* **A** *b*)	primäre Aussage 3
2) **O** *b*: (0 **A** **f***b*) **B** **f**(0 **A** *b*)	Spezialisierungsregel
3) (0 **A** **f***b*) **B** **f**(0 **A** *b*)	Spezialisierungsregel
4) [	in Deduktion eintreten
5) (0 **A** *b*) **B** *b*	Voraussetzung
6) **f**(0 **A** *b*) **B** **f***b*	**f** hinzufügen
7) (0 **A** **f***b*) **B** **f**(0 **A** *b*)	Übernahme von Zeile 3
8) (0 **A** **f***b*) **B** **f***b*	Transitivität
9)]	Deduktion verlassen

Die Voraussetzung ist (0 **A** *b*) **B** *b*, das Ergebnis (0 **A** **f***b*) **B** **f***b*. Auch die erste Zeile der Pyramide ist ein SATZ; er ergibt sich direkt aus der primären Aussage 2. Alles was jetzt noch fehlt, ist eine Regel, die uns den Schluss erlaubt, dass die Kette, die die ganze Pyramide zusammenfasst, selbst ein SATZ ist. Um diese Regel auszudrücken, brauchen wir weitere Zeichen. Dazu kürzen wir eine wohlgeformte Formel, in der die Variable *a* frei ist, durch die folgende Notation ab: $X\{a\}$. Dann wird die Notation $X\{\mathbf{f}a/a\}$ dieselbe Kette repräsentieren, nur dass *a* überall, wo es vorkommt, durch **f***a* ersetzt wird. Genauso steht $X\{0/a\}$ für die gleiche Kette, wobei *a* jeweils durch 0 ersetzt wird. Ein spezielles Beispiel wäre, $X\{a\}$ für die in Frage stehende Kette (0 **A** *a*) **B** *a* stehen zu lassen. Dann würde $X\{\mathbf{f}a/a\}$ die Kette (0 **A** **f***a*) **B** **f***a* repräsentieren, und $X\{0/a\}$ die Kette (0 **A** 0) **B** 0. Allerdings stellt diese Notation keinen Bestandteil der Zahlennotation dar; sie ermöglicht uns aber, über die Zahlennotation bequemer sprechen zu können. Mit dieser Notation können wir jetzt die letzte Regel der Zahlennotation präzise ausdrücken:

Induktionsregel: *u* sei eine Variable, und $X\{u\}$ eine wohlgeformte Formel, in der *u* frei vorkommt. Wenn sowohl **O** *u* : ⟨$X\{u\}$ **I** $X\{\mathbf{f}u/u\}$⟩ als auch $X\{0/u\}$ SÄTZE sind, dann ist es auch **O** *u* : $X\{u\}$.

Wir wollen die Induktionsregel dazu verwenden, zu zeigen, dass **O** *a* : (0 **A** *a*) **B** *a* tatsächlich ein SATZ ist. Ausgehend von der obigen Deduktion können wir dazu die Deduktionsregel anwenden, und erhalten:

10) ⟨(0 **A** *b*) **B** *b* **I** (0 **A** **f***b*) **B** **f***b*⟩	Deduktionsregel
11) **O** *b*: ⟨(0 **A** *b*) **B** *b* **I** (0 **A** **f***b*) **B** **f***b*⟩	Generalisierungsregel

Das ist der erste der beiden Input-SÄTZE, die die Induktionsregel benötigt. Der zweite ist die erste Zeile der Pyramide, und die besitzen wir. Um abzuleiten, was wir brauchen, verwenden wir die Induktionsregel:

O b: (0 **A** b) **B** b Spezialisierung und Generalisierung erlauben uns, die Variable b in a umzuwandeln; damit ist **O** a: (0 **A** a) **B** a nicht länger eine unentscheidbare Kette der Zahlennotation.

2.1.2 Algebraische Systeme. Abgeleitete Zahlen

In Abschn. 2.1.1 haben wir uns zur Erläuterung typographischer Systeme exemplarisch auf die Addition und Multiplikation natürlicher Zahlen beschränkt (siehe die primären Aussagen 1–5). Wir geben jetzt diese Beschränkung auf und legen die in der Algebra/in der Logik allgemein üblichen Symbole zugrunde.

Wir geben für die Elemente einer Menge A Vorschriften an, um damit zu *„rechnen"*. Dazu definieren wir ein algebraisches System wie folgt: Gegeben sei eine Menge A und $R \in A \times A$. Jede Funktion $i: R \longrightarrow A$ heißt eine *innere Verknüpfung* in A [MONJ71]. Im Falle $R = A \times A$ ist eine innere Verknüpfung vollständig, sonst unvollständig. Für jede Menge M heißt eine Abbildung $x: S \longrightarrow A$ eine *äußere Verknüpfung* in A. M heißt der dazugehörige Operatorenbereich. Für $S = M \times A$ heißt die äußere Verknüpfung vollständig, sonst unvollständig. Die Menge A zusammen mit einer Menge I von inneren Verknüpfungen und einer Menge O von äußeren Verknüpfungen heißt ein *algebraisches System*. Wir schreiben dafür (A, I, O). Sowohl für innere als auch für äußere Verknüpfungen gilt: Das Ergebnis wird wieder auf die vorgegebene Menge A abgebildet $i: R \longrightarrow A$ bzw. $x: S \longrightarrow A$. Wenn wir hier den Anspruch erheben, algebraische Systeme zu beleuchten, dann kann dies nicht bedeuten, dass sowohl bei einer inneren als auch bei einer äußeren Verknüpfung – insbesondere bei der Multiplikation – die physikalische Dimension der einzelnen Elemente aus A unveränderlich bleibt. Als Beispiel verweisen wir auf die Addition (Vermehrung) und die Multiplikation (Vervielfachung): Addition und Multiplikation sind Vorschriften, die jedem Paar $\langle a, b\rangle$ die Summe $a + b$ bzw. das Produkt $a \cdot b$ zuordnen. Diese Vorschriften verstehen wir als Funktionen, die der Verknüpfung von zwei natürlichen/reellen Zahlen wieder eine natürliche/reelle Zahl zuordnen: $\mathbb{N} \times \mathbb{N} \longrightarrow \mathbb{N}$ bzw. $\mathbb{R} \times \mathbb{R} \longrightarrow \mathbb{R}$. Die Addition/Vermehrung verwendet die Verknüpfung $+: Z \times Z \longrightarrow Z$ mit $\langle a, b\rangle \longrightarrow +(a, b) := a + b$, die Multiplikation/Vervielfachung die Verknüpfung $\cdot: Z \times Z \longrightarrow Z$ mit $\langle a, b\rangle \longrightarrow \cdot\,(a, b) := a \cdot b$. Z nennen wir zusammen mit den Verknüpfungen $+$ und $\cdot$ ein algebraisches System und schreiben dafür $(Z, +, \cdot)$. Es gilt: „Anzahl Umdrehungen je Windrad und Tag", vervielfacht mit der „Anzahl der Windräder" und der „Anzahl der Tage" ergibt „Umdrehungen".

Beispiel 2.13

Innere Verknüpfung $A \times A \longrightarrow A$

- Strecke a + Strecke b = Strecke c; $a, b, c \in A$.
- Dauer 1 + Dauer 2 = Dauer 3; Dauer 1, Dauer 2, Dauer 3 $\in A$. ◄

Beispiel 2.14

Äußere Verknüpfung $M \times A \longrightarrow A$

- Die Multiplikation einer Dauer je Umdrehung mit einer Anzahl der Umdrehungen ergibt eine Dauer.
- Von außen gegeben seien Dauern (M), die zu bestimmten Dauern (A) addiert und als neue Dauern (A) behandelt werden. ◄

Ein algebraisches System (A, I, O) mit $I = \{\bigcirc\}$ und $O = \emptyset$, in dem $\bigcirc$ vollständig und assoziativ ist und deshalb stets $\bigcirc(\bigcirc(a, b), c) = \bigcirc(a, \bigcirc(b, c))$ gilt, heißt ein *algebraisches System vom Typ Halbgruppe*. Wir schreiben dafür $(A, \bigcirc)$. Die Verknüpfung gewährleistet die Abbildung auf A; der Definitionsbereich von A wird nicht überschritten.

Beispiel 2.15

$(\mathcal{P}(A), \cap), (\mathcal{P}(A), \cup)$

Dieses Beispiel betrachtet die Potenzmenge einer Menge A, die gewählte erste Verknüpfung ist der Durchschnitt. Die Potenzmenge enthält als mögliche Menge die leere Menge. Daher lässt sich eine Durchschnittsbildung mit der leeren Menge nicht umgehen; das Endergebnis ist immer die leere Menge. Zum Beispiel bestellt jeder Kunde Teilmengen aus der Menge der Erzeugnisse A – bspw. eine bestimmte Auswahl aus dem Sortiment A, das hergestellt werden kann. Die Potenzmenge beschreibt dann die Menge aller möglichen Kundenbestellungen als $\mathcal{P}(A)$, deren Elemente selbstverständlich alle voneinander verschieden sind. Betrachten wir die Erzeugnisse (Windräder) 1712, 2712 und 3712, so gilt für das Sortiment $A = \{1712, 2712, 3712\}$ und die Menge der möglichen Kundenbestellungen $\mathcal{P}(A) = \{\{\}, \{1712\}, \{2712\}, \{3712\}, \{1712, 2712\}, \{1712, 3712\}, \{2712, 3712\}, \{1712, 2712, 3712\}\}$, $(\mathcal{P}(A), \cap) = \{\{\} \cap \{1712\} \cap \{2712\} \cap \ldots \cap \{1712, 2712, 3712\}\} = \{\}$. Die Verknüpfung „$\cup$" führt zum Ergebnis A; über die Teilmengen der Potenzmenge $\mathcal{P}(A)$ werden in der Vereinigungsmenge alle Elemente von A abgedeckt: $(\mathcal{P}(A), \cup) = \{\}, \{1712\} \cup \{2712\} \cup \{3712\} \cup \ldots \cup \{1712, 2712, 3712\} \cup \{1712, 2712, 3712\}$. In den Windkraftwerken könnte $(\mathcal{P}(A), \cup)$ bspw. am Endpunkt der Versandhalle verwendet werden, um mit jeder Teilmenge der Potenzmenge zu protokollieren, welche Typen von Windrädern an einem bestimmten Tag auf Lkw geladen wurden. Hier ist völlig unerheblich, in welcher Reihenfolge „addiert" wird. ◄

Beispiel 2.16

Bilden von Wörtern

Für eine Menge A (bspw. die Buchstaben des griechischen Alphabets) bezeichne A^* die Menge aller endlichen „Wörter", die wir aus den Elementen von A bilden können (für $a, b, c, d, e \in A$ ist z. B. $ab \in A^*$, $cabd \in A^*$ usw.). Die innere Verknüpfung $\bigcirc$ in A^* wird durch das Aneinandersetzen (Konkatenation)[3] von Wörtern erklärt: $(\bigcirc(ab, cabd) = abcabd)$. Dann ist $(A^*, \bigcirc)$ ein System vom Typ Halbgruppe. ◄

Beispiel 2.17

Assoziativ-Gesetz (Bildungsgesetz nach Beispiel 2.16)

- Beladen von Lastwagen: Ob zuerst Lastwagen 4712 beladen wird und dann die Lastwagen 5712 und 1712 oder zuerst 4712 und 5712 und dann 1712, das „Wort" bleibt dasselbe.
- Rundreise: Drei Orte sind zu besuchen; die vorgegebene Reihenfolge sei Ort 1, Ort 2, Ort 3. Ob man zuerst Ort 1 mit Ort 2 und dann Ort 2 mit Ort 3 verbindet oder zuerst Ort 2 mit Ort 3 und dann Ort 1 mit Ort 2, die Reihenfolge bleibt Ort 1, Ort 2, Ort 3.
- Bearbeitungsfolge: Gegeben seien fünf Arbeitsvorgänge a, b, c, d, e. Ob wir vorwärts a mit b mit c mit d verbinden oder rückwärts c mit d mit e, die Folge ist a, b, c, d, e. ◄

Beispiel 2.18

$(\mathcal{P}(A \times A), \bigcirc)$

Die Elemente der Menge aller möglichen (Teil-)Relationen aus $A \times A$ werden miteinander multipliziert. Ergebnis sind wieder Relationen $A' \times A'$. Gegeben sei bspw. die Menge $A = \{a, b, c, d\}$. Zwei Teilrelationen von $A \times A$ sind $R_1 = \{\langle a, b\rangle, \langle a, c\rangle\}$ und $R_2 = \{\langle b, d\rangle, \langle c, a\rangle\}$. Das Ergebnis $R_1 \bigcirc R_2$ lautet $\{\langle a, d\rangle, \langle a, a\rangle\}$; $R_2 \bigcirc R_1$ ergibt $\{\langle c, b\rangle, \langle c, c\rangle\}$. In welcher Reihenfolge $\langle a, b\rangle$ mit $\langle b, d\rangle$, $\langle c, a\rangle$ verknüpft wird, spielt keine Rolle; die Abbildung erfolgt wieder auf Teilrelationen von $A \times A$. Hier führt die Verknüpfung von a nach b und von b nach d; mit c gibt es keinen Anschluss. Wir nehmen das einfachste Beispiel $A = \{a, b\}$ und erhalten die Teilrelationen $\{\langle a, a\rangle\}$, $\{\langle b, b\rangle\}$, $\{\langle a, b\rangle\}$, $\{\langle b, a\rangle\}$, $\{\langle a, a\rangle, \langle a, b\rangle\}$, $\{\langle a, a\rangle, \langle b, a\rangle\}$, $\{\langle a, a\rangle, \langle b, b\rangle\}$, $\{\langle a, b\rangle, \langle a, a\rangle\}$, $\{\langle a, b\rangle, \langle b, a\rangle\}$, $\{\langle a, b\rangle, \langle b, b\rangle\}$, $\{\langle b, a\rangle, \langle a, a\rangle\}$, $\{\langle b, a\rangle, \langle a, b\rangle\}$, $\{\langle b, a\rangle, \langle b, b\rangle\}$, $\{\langle b, b\rangle, \langle a, a\rangle\}$, $\{\langle b, b\rangle, \langle a, b\rangle\}$, $\{\langle b, b\rangle, \langle b, a\rangle\}$, $\{\langle a, a\rangle, \langle a, b\rangle, \langle b, a\rangle\}$, $\{\langle a, a\rangle, \langle a, b\rangle, \langle b, b\rangle\}$, $\{\langle a, a\rangle, \langle b, a\rangle, \langle b, b\rangle\}$, $\{\langle a, b\rangle, \langle b, b\rangle, \langle b, a\rangle\}$, $\{\langle a, a\rangle, \langle a, b\rangle, \langle b, a\rangle, \langle b, b\rangle\}$. Das sind alle möglichen Kombinationen, die wir mit zwei Merkmalen mit

[3] Vgl. die Vermehrung/Addition in Abschn. 2.1.1, Typographische Systeme, Natürliche Zahlen.

jeweils zwei Ausprägungen zusammenstellen können: Rotoren aus Olsberg und Rotoren aus Willingen, Getriebe von Getrag und Getriebe von ZF. Wenn wir diese Mengen miteinander multiplizieren, bspw. $\{\langle a,a\rangle,\langle a,b\rangle,\langle b,a\rangle\}\bigcirc\{\langle a,a\rangle,\langle a,b\rangle,\langle b,b\rangle\} = \{\langle a,a\rangle,\langle a,b\rangle,\langle b,a\rangle,\langle b,b\rangle\}$, wird das Ergebnis wieder eine (Teil-)Relation bzw. eine Menge geordneter Paare sein. Das könnten dann bspw. die Kombinationen von Rotor und Getriebe sein, wenn wir die beiden Versandumfänge auf dem vorderen und dem hinteren Ladehof zusammenfassen. ◄

Ein *System vom Typ Monoid* ist ein System vom Typ Halbgruppe $(A,\bigcirc)$, für das gilt $\underset{e\in A}{\exists}\ \underset{a\in A}{\forall}\ \bigcirc(e,a) = \bigcirc(a,e) = a;\ e\in A,\ a\in A$. Ein Element $e\in A$ mit dieser Eigenschaft heißt ein *neutrales Element*. Mit dem neutralen Element bleibt die gewählte Verknüpfung ohne Auswirkung; es ist von dieser Verknüpfung abhängig. Beispielsweise ist bei der Vermehrung das neutrale Element 0, bei der Vervielfachung ist das neutrale Element **f**0, zu einer Bestellung „Windrad 4712" kann beliebig die leere Menge addiert werden. Es gilt das Gesetz: Ein System vom Typ Monoid enthält nur ein neutrales Element. Zum Beweis zeigen wir: Wären $e\in A$ und $e'\in A$ neutrale Elemente und $e\neq e'$, so folgt $e' = \bigcirc(e,e') = \bigcirc(e',e) = e$; ein Widerspruch.

Beispiel 2.19

System vom Typ Monoid

Wir vermehren eine bestimmte Länge um die Länge null oder wir vervielfachen diese Länge mit dem Faktor eins. Wir kommen aber bei einer Vermehrung niemals wieder dem Ursprung näher: **ffff**0 + 0 = **ffff**0, **ffff**0 · **f**0 = **ffff**0. Ein fortlaufender Entfernungsmesser (Kilometerzähler) oder Sekundenzähler (bspw. eine Digitaluhr, die irgendwann in Gang gesetzt wurde und jetzt immer weiterläuft) ist vom Typ Monoid. ◄

Ein algebraisches System $(A,\bigcirc)$ heißt ein *System vom Typ Gruppe*, wenn gilt:

(1) $(A,\bigcirc)$ ist ein System vom Typ Monoid mit dem neutralen Element e.
(2) $\underset{a\in A}{\forall}\ \underset{b\in A}{\exists}\ \bigcirc(a,b) = \bigcirc(b,a) = e;\ a\in A,\ b\in A.$

Ein System vom Typ Monoid verlangt eine vollständige assoziative innere Verknüpfung: Die Verknüpfung bildet auf die Menge der zu verknüpfenden Elemente ab (Abgeschlossenheit von $\bigcirc$ in A). Die Reihenfolge der Verknüpfung der Elemente ist beliebig, nicht aber die Reihenfolge der zu verknüpfenden Elemente. Die Definition als System vom Typ Monoid impliziert, dass jede Verknüpfung mit dem neutralen Element ohne Wirkung ist. Die zweite Bedingung verlangt für ein System vom Typ Gruppe darüber hinaus, dass zu jedem Element a ein Element b existiert, das mit a verknüpft das neutrale Element e ergibt. Die Reihenfolge der Elemente ist ohne Belang.

In einem System vom Typ Gruppe ist es gebräuchlich, für $\bigcirc(a, b)$ einfach $a \bigcirc b$ oder $a + b$ (Schreibweise für die Vermehrung) oder ab (Schreibweise für die Vervielfachung)[4] zu verwenden. Jedes Element $b \in A$ mit $\bigcirc(a, b) = \bigcirc(b, a) = e$ ist eindeutig. Da für $a \in A$ mit $b \in A$ auch $b' \in A$ diese Eigenschaft besitzt, gilt auch $b' = \bigcirc(b', e) = \bigcirc(b', \bigcirc(a, b)) = \bigcirc(o(b', a), b) = \bigcirc(e, b) = b$. Somit ist jedem $a \in A$ eindeutig ein solches Element $b \in A$ zugeordnet; wir schreiben dafür $-a$ (Vermehren) oder a^{-1} (Vervielfachen). $-a$ bzw. a^{-1} nennen wir das *inverse Element* von a. Statt $a + (-b)$ schreiben wir einfacher $(a - b)$.[5] Das neutrale Element beim Vervielfachen ist die „**f**0". Dann gilt $a \cdot b = \mathbf{f}0 = b \cdot a$ mit $b = a^{-1}$. Das neutrale Element beim Vermehren ist die „0". Dann gilt $a + b = 0 = b + a$ mit $b = -a$. Eine Größe a ohne Vorzeichen wird als $+a$ interpretiert.

Ein System vom Typ Gruppe ist ein algebraisches System, bei dem bestimmte Verknüpfungen der Mengenlehre ausgeschlossen sind: Die Vereinigungsmenge kann keine zwei Elemente auf ein neutrales Element reduzieren, auch wenn die leere Menge beliebig hinzugefügt werden kann. Damit wird ein System vom Typ Gruppe vor allem bei Attributen vorliegen bzw. Anwendung finden, die in irgendeiner Form gemessen werden können: Im Falle der Addition muss eine Größe entsprechend ihres Wertes in beiden Richtungen abgetragen werden können. Wir sprechen dann von *gerichteten Zahlen* (*ganze Zahlen* $\mathbb{Z}$). Im Falle der Vervielfachung muss sowohl die Vervielfachung als auch das (Unter-)Teilen, im einfachsten Fall ein Rückgängigmachen einer Vervielfachung, möglich sein. Hier sprechen wir von *gebrochenen Zahlen* (*rationale Zahlen* $\mathbb{Q}$).

Beispiel 2.20

Gerichtete/ganze Zahlen ($\mathbb{Z}$, +); $e = 0$

Zu jeder (positiven) ganzen Zahl existiert eine (negative) entgegengesetzt gerichtete, sodass die Summe „0" ergibt. Wir betrachten bspw. die Strecke von Olsberg nach Winterberg und wieder zurück; im Endeffekt haben wir uns nicht von der Stelle bewegt: **fff**0 + (−**fff**0) = 0. **fff**0 + (−**ffffffffff**0) = −**fffffff**0; dann sind wir auf dem Rückweg noch über Winterberg hinausgegangen. Damit haben wir in die ganzen Zahlen eine Richtung eingeführt. Wir zählen nicht mehr richtungslos die Anzahl der Elemente, die Kardinalität einer Menge: Wir können einen Bestand vermehren, wir können ihn aber auch vermindern. ◄

Beispiel 2.21

Endliche Menge gerichteter Zahlen (Z_n, +); $e = 0$

Eine *endliche Menge gerichteter Zahlen* (Z_n, +) beschreibt bspw. den Einrichter, der mit seiner Werkzeugkiste n Maschinen zyklisch rüstet und dabei immer im Kreis läuft. Wann ist der Einrichter wieder am Anfang, wenn wir den Kreis in vier Stationen

[4] Multiplikation, keine Konkatenation!

[5] Wir setzen die Addition mit einer negativen Zahl der Subtraktion einer positiven Zahl gleich.

0, **f**0, **ff**0, **fff**0 einteilen und der Einrichter keine Station überspringen darf? Oder: In einer Garage stehen fünf Lastwagen. Sie werden der Reihe nach eingesetzt. Nach dem fünften Lastwagen ist wieder der erste an der Reihe. Wie viele Lastwagen muss der Berufskraftfahrer Müller abwarten, damit er wieder seinen Lieblingslastwagen bekommt?

$Z_4 := \{0, \mathbf{f}0, \mathbf{ff}0, \mathbf{fff}0\}$
Das neutrale Element ist hier „0“. Die Forderung $\underset{a\in A}{\forall}\ \underset{b\in A}{\exists}\ \bigcirc(a,b) = \bigcirc(b,a) = e$ ist erfüllt: $\mathbf{f}0 + \mathbf{fff}0 = 0 = \mathbf{fff}0 + \mathbf{f}0$, $\mathbf{ff}0 + \mathbf{ff}0 = 0 = \mathbf{ff}0 + \mathbf{ff}0$, $0 + 0 = 0 = 0 + 0$. Wir drehen mit einer zweiten Drehung in derselben Richtung wieder auf das neutrale Element.

$Z_5 := \{0, \mathbf{f}0, \mathbf{ff}0, \mathbf{fff}0, \mathbf{ffff}0\}$: $\mathbf{ff}0 + \mathbf{fff}0 = 0$
Gilt anstelle einer begrenzten Menge derartig gerichteter Zahlen („*zyklisches algebraisches System*“) eine unendliche Zahlenmenge, dann schließt sich der Kreis im Unendlichen.

Z_{720} Das ist die Wanduhr, die nach 12 Uhr wieder mit 1 Uhr beginnt: 10:14 + 1:48 = 0:02. ◄

Beispiel 2.22

Farbreihenfolge in der Lackiererei

Die Sequenz der Farben in einer Lackiererei sei ⟨rot, gelb, grün, blau⟩. An jedem Tag wird die Farbe gewechselt (rot = 0, gelb = **f**0, grün = **ff**0, blau = **fff**0). Derzeit steht der Zeiger auf „**f**0“. Dann ist die Frage: Wie viele Tage müssen wir warten, bis wieder „rot“ an der Reihe ist? Analog lässt sich die Frage beantworten, wann wir wieder in den Ausgangszustand gelangen. ◄

Beispiel 2.23

Gebrochene Zahlen $(\mathbb{Q}, \cdot)$; $e = \mathbf{f}0$

Hier gilt: $a \cdot b = \mathbf{f}0 = b \cdot a$ mit $b = a^{-1}$. Ein Windrad erhält normalerweise eine Wartung je Jahr, zehn Windräder benötigen entsprechend mehr: $\mathbf{f}0 \cdot \mathbf{ffffffffff}0 = \mathbf{ffffffffff}0$. Wenn wir diese Anzahl auf fünf Windräder verteilen, gilt: $\mathbf{ffffffffff}0 \cdot (\mathbf{fffff}0)^{-1} = \mathbf{ff}0$. Und wenn wir diese Anzahl auf zwanzig Windräder aufteilen, dann gilt:

$$\mathbf{ffffffffff}0 \cdot (\mathbf{ffffffffffffffffffff}0)^{-1} = (\mathbf{ff}0)^{-1}.$$

Es wird deutlich: So wie wir beim Vermehren bspw. an einen Stab immer weitere Stäbe angefügt und diese ggf. wieder weggenommen haben, so können wir beim Vervielfachen ein Maß um ein beliebiges Quantum vergrößern, dieses vergrößerte Maß mit den gebrochenen Zahlen aber auch wieder beliebig aufteilen. Ein Kuchen ist auf sieben Kraftfahrer aufzuteilen: $\mathbf{f}0 \cdot (\mathbf{fffffff}0)^{-1} = (\mathbf{fffffff}0)^{-1}$. ◄

Eine algebraisches System vom Typ Gruppe $(A, \bigcirc)$ heißt *algebraisches System vom Typ abelsch*, wenn $\bigcirc$ kommutativ ist und deshalb $\underset{a,b\in A}{\forall}\ a \bigcirc b = b \bigcirc a$ gilt (*kommutative Gruppe*). Damit sind a und b in der Reihenfolge gegeneinander austauschbar; a und b haben dieselbe Maßeinheit. Wir fassen die für uns wichtigsten Gesetze eines algebraischen Systems vom Typ kommutative Gruppe $(A, \bigcirc)$ zusammen: Gegeben seien eine Menge A und eine binäre Operation in A, die wir mit $\bigcirc$ bezeichnen (Vermehren und Vervielfachen). Wir wählen als primäre Aussagen/Axiome:

Primäre Aussage 1: $\underset{x}{\forall}\underset{y}{\forall}\underset{z}{\exists}(z = x \bigcirc y)$	Abgeschlossenheit
Primäre Aussage 2: $\underset{x}{\forall}\underset{y}{\forall}\underset{z}{\forall}((x \bigcirc y) \bigcirc z = x \bigcirc (y \bigcirc z))$	Assoziativität
Primäre Aussage 3: $\underset{x}{\forall}\underset{y}{\forall}(x \bigcirc y = y \bigcirc x)$	Kommutativität
Primäre Aussage 4: $\underset{y}{\exists}\underset{x}{\forall}(y \bigcirc x = x)$	Neutrales Element

Daraus folgt **1**: Wir sagen $y = e$ dann und nur dann, wenn $\underset{x}{\forall}(y \bigcirc x = x)$:

Primäre Aussage 5: $\underset{x}{\forall}\underset{y}{\exists}(y \bigcirc x = e)$	Inverses Element

Für jedes x gibt es ein und nur ein y mit $y \bigcirc x = e$.

Daraus folgt **2**: Wir sagen $y = x^{-1}$ bzw. $y = -x$ dann und nur dann, wenn $y \bigcirc x = e$.

Wir leiten die folgenden Sätze als sekundäre Aussagen ab.

I: $\underset{x}{\forall}(e \bigcirc x = x)$.

Die sekundäre Aussage **I** ist eine unmittelbare Konsequenz aus der primären Aussage 4 und **1**.

Wenn wir im Folgenden „x^{-1}" schreiben, drücken wir damit ohne Einschränkung der Allgemeingültigkeit sowohl x^{-1} als auch $-x$ aus.

II: $\underset{x}{\forall}(x^{-1} \bigcirc x = e)$.

Die sekundäre Aussage **II** folgt aus den primären Aussagen 5 und 2. Außerdem gilt:

Ia: $\underset{x}{\forall}(x \bigcirc e = x)$.

Wir führen den Beweis wie folgt: x sei ein Element von A. Wegen der Kommutativität gilt für $y = e$ die Gleichung $x \bigcirc e = e \bigcirc x$. Nach der sekundären Aussage **I** ist $e \bigcirc x = x$. Ersetzen wir demnach auf der rechten Seite $e \bigcirc x$ durch x, so erhalten wir die zu beweisende Aussage.

IIa: $\underset{x}{\forall}(x \bigcirc x^{-1} = e)$.

Der Beweis erfolgt analog.

III: $\underset{x}{\forall}\underset{y}{\forall}\underset{a}{\forall}((x = y) \longrightarrow (a \bigcirc x = a \bigcirc y))$.

Wir führen den Beweis wie folgt: x, y, a seien beliebige Elemente von A und es gelte $x = y$. Dann ist nach der vorausgesetzten Abgeschlossenheit $a \bigcirc x$ ein eindeutig bestimmtes Element von A. Wegen der Reflexivität der Gleichheitsrelation gilt $a \bigcirc x = a \bigcirc x$. Ersetzen wir auf der zweiten Seite dieser Gleichung x durch y (nach Annahme gilt $x = y$), dann ergibt sich das gewünschte Resultat $a \bigcirc x = a \bigcirc y$.

IIIa: $\underset{x}{\forall}\underset{y}{\forall}\underset{a}{\forall}((x = y) \longrightarrow (x \bigcirc a = y \bigcirc a))$.

Der Beweis erfolgt analog. Die sekundäre Aussage **IV** ist die Umkehrung der Implikation in der sekundären Aussage **III**.

IV: $\underset{x}{\forall}\underset{y}{\forall}\underset{a}{\forall}((a \bigcirc x = a \bigcirc y) \longrightarrow (x = y))$. Kürzungsregel

Den Beweis führen wir wie folgt: x, y, a seien Elemente von A, sodass gilt $a \bigcirc x = a \bigcirc y$. a^{-1} sei das zu a inverse Element. Die individuellen Elemente $a \bigcirc x$ und $a \bigcirc y$ sind gleich. Also gilt $a^{-1} \bigcirc (a \bigcirc x) = a^{-1}(a \bigcirc y)$. Wenn wir die primäre Aussage 2 (Assoziativität) auf jede der beiden Gleichungsseiten anwenden, dann geht die Gleichung über in $(a^{-1} \bigcirc a) \bigcirc x = (a^{-1} \bigcirc a) \bigcirc y$. Nach der sekundären Aussage **II** gilt aber $(a^{-1} \bigcirc a) = e$. Die letzte Gleichung lautet also $e \bigcirc x = e \bigcirc y$. Wegen der sekundären Aussage **I** folgt daraus $x = y$. Die sekundäre Aussage **IV** heißt Kürzungsregel, weil sie gestattet, ein in einer Gleichung auf beiden Seiten links vom Zeichen $\bigcirc$ auftretendes Element a zu streichen. Im speziellen Modell $(\mathbb{Z}, +)$ dürfen wir bspw. für $-\mathbf{fff0} + (\mathbf{ff0} \cdot m) = -\mathbf{fff0} + (\mathbf{fffff0} \cdot n)$ schreiben: $(\mathbf{ff0} \cdot m) = (\mathbf{fffff0} \cdot n)$.

IVa: $\underset{x}{\forall}\underset{y}{\forall}\underset{a}{\forall}((x \bigcirc a = y \bigcirc a) \longrightarrow (x = y))$.

Der Beweis erfolgt analog.

IVb: $\underset{x}{\forall}\underset{y}{\forall}\underset{a}{\forall}((x \neq y) \longrightarrow (a \bigcirc x \neq a \bigcirc y))$.

Die sekundäre Aussage **IVb** ist die Kontraposition der sekundären Aussage **IV**. Für den indirekten Beweis nehmen wir an: $\underset{x}{\exists}\underset{y}{\exists}\underset{a}{\exists}((x \neq y) \wedge (a \bigcirc x = a \bigcirc y))$. Jetzt wenden wir auf den Hintersatz die Kürzungsregel an und erhalten $x = y$. Das ist ein Widerspruch zur Annahme $x \neq y$.

IVc: $\underset{x}{\forall}\underset{y}{\forall}\underset{a}{\forall}((x \neq y) \longleftrightarrow (a \bigcirc x \neq a \bigcirc y))$.

Der Beweis erfolgt analog.

Wir verzichten in der Folge auf den Allspezifikator. Mit dieser Vereinbarung gilt für die primäre Aussage 3 (Kommutativität) $x \bigcirc y = y \bigcirc x$ und für die primäre Aussage 2 (Assoziativität) $(x \bigcirc y) \bigcirc z = x \bigcirc (y \bigcirc z)$. Wir erhalten die sekundäre Aussage **V** als ohne Allspezifikator formulierten Satz:

V: $x = y \longrightarrow x^{-1} = y^{-1}$.

Wenn zwei Elemente von A gleich sind, so sind auch ihre Inversen gleich. Den Beweis führen wir wie folgt: Wir nehmen $x = y$ an. Nach der sekundären Aussage **II** ist $x^{-1} \bigcirc x = e$ und $y^{-1} \bigcirc y = e$, also $x^{-1} \bigcirc x = y^{-1} \bigcirc y$. Aufgrund von $x = y$ ersetzen wir links x durch y und erhalten $x^{-1} \bigcirc y = y^{-1} \bigcirc y$. Mit der sekundären Aussage **IVa** folgt $x^{-1} = y^{-1}$.

VI: $e^{-1} = e$.

Das neutrale Element ist zu sich selbst invers. Zum Beweis der sekundären Aussage ersetzen wir die absolute Variable x in der sekundären Aussage **II** durch den Buchstaben e. Damit erhalten wir $e^{-1} \bigcirc e = e$. Ersetzen wir in der sekundären Aussage **Ia** x durch e, dann erhalten wir $e \bigcirc e = e$. Beide Ausdrücke stellen jeweils e dar. Die Kürzungsregel der sekundären Aussage **IVa** liefert dann $e^{-1} = e$.

VII: $((x^{-1})^{-1}) = x$.

Das inverse Element des inversen Elements von x ist x selbst. Wir zeigen zum Beweis: Das Element $((x^{-1})^{-1})$ ist invers zu x^{-1}. Nach der sekundären Aussage **IIa** gilt $x \bigcirc x^{-1} = e$. Wegen der sekundären Aussage **II** gilt $((x^{-1})^{-1}) \bigcirc x^{-1} = e$. Also ist $((x^{-1})^{-1}) \bigcirc x^{-1} = x \bigcirc x^{-1}$. Daraus folgt $((x^{-1})^{-1}) = x$.

VIIa: $y = x^{-1} \longleftrightarrow x = y^{-1}$.

Wir zeigen zuerst die Implikation $(y = x^{-1}) \longrightarrow (x = y^{-1})$. Nach der sekundären Aussage **V** gilt mit $y = x^{-1}$ auch $y^{-1} = (x^{-1})^{-1}$. Aber $(x^{-1})^{-1} = x$. Also gilt $x = y^{-1}$. Der Beweis der umgekehrten Implikation erfolgt analog. Mit dem Beweis von $(x = y^{-1}) \longrightarrow (y = x^{-1})$ ist der Beweis der Äquivalenz vollständig.

VIII: $x^{-1} = y^{-1} \longrightarrow x = y$.

Wenn zwei Elemente dasselbe inverse Element haben, dann sind sie gleich. Zum Beweis gehen wir von der Annahme $x^{-1} = y^{-1}$ aus. Nach der sekundären Aussage **V** ist dann $(x^{-1})^{-1} = (y^{-1})^{-1}$ und nach der sekundären Aussage **VII** $(x^{-1})^{-1} = x$ und $(y^{-1})^{-1} = y$. Wir erhalten also $x = y$.

VIIIa: $x = y \longleftrightarrow x^{-1} = y^{-1}$.

Der Beweis ergibt sich aus der sekundären Aussage **V** und der sekundären Aussage **VIII**.

Gegeben seien zwei beliebige Elemente x und y von A. Durch die Operation $\bigcirc$ entsteht aus diesen Elementen das Element $x \bigcirc y$. Wir drücken das zu diesem Element inverse Element $(x \bigcirc y)^{-1}$ durch die zu x und y inversen Elemente x^{-1} und y^{-1} aus:

IX: $(x \bigcirc y)^{-1} = x^{-1} \bigcirc y^{-1}$.

Nach der sekundären Aussage **II** gilt $(x \bigcirc y)^{-1} \bigcirc (x \bigcirc y) = e$. Falls wir beweisen können, dass auch $(x^{-1} \bigcirc y^{-1}) \bigcirc (x \bigcirc y) = e$, dann können wir die beiden Vordersätze gleichsetzen und den Faktor $(x \bigcirc y)$ kürzen. Die sekundäre Aussage **IX** ist dann bewiesen. Wir schreiben also $(x^{-1} \bigcirc y^{-1}) \bigcirc (x \bigcirc y) = (x^{-1} \bigcirc y^{-1}) \bigcirc (y \bigcirc x) = x^{-1} \bigcirc (y^{-1} \bigcirc (y \bigcirc x)) = x^{-1} \bigcirc (y^{-1} \bigcirc y) \bigcirc x = x^{-1} \bigcirc (e \bigcirc x) = x^{-1} \bigcirc x = e$. Also ist $(x \bigcirc y)^{-1} \bigcirc (x \bigcirc y) = (x^{-1} \bigcirc y^{-1}) \bigcirc (x \bigcirc y)$. Die sekundäre Aussage **IVa** liefert den endgültigen Beweis von $(x \bigcirc y)^{-1} = (x^{-1} \bigcirc y^{-1})$.

Wir betrachten nun die Lösung einer Gleichung in einem algebraischen System vom Typ kommutative Gruppe $(A, \bigcirc)$. Gegeben seien die Elemente a und b. Die Unbekannte x ist so zu bestimmen, dass $a \bigcirc x = b$. Dazu betrachten wir für das Vermehren das algebraische System $(\mathbb{Z}, +)$. In diesem System fügen wir, um bspw. aus der Gleichung $x +$ **fff**0 $=$ **fffff**0 die Größe von x zu bestimmen, auf beiden Seiten ($-$**fff**0) hinzu und erhalten $x =$ **fffff**0 $+$ ($-$**fff**0) $=$ **ff**0. Ebenso verfahren wir bei ($-$**ff**0) $+ x =$ **ffffffffff**0. Wir vermehren auf beiden Seiten um die zu ($-$**ff**0) entgegengesetzte Zahl und erhalten $x =$ **ffffffffff**0 $+$ **ff**0 $=$ **ffffffffffff**0. Für **fff**0 $\cdot x =$ **ff**0 vervielfachen wir im System $(\mathbb{Q}, \cdot)$ beide Gleichungsseiten mit der zu **fff**0 inversen Zahl (**f**0 : **fff**0) $=$ **fff**0^{-1} und erhalten $x =$ (**f**0 : **fff**0) $\cdot$ **ff**0 $=$ (**ff**0 : **fff**0). Ebenso verfahren wir bei (**ffff**0 : **fffff**0) $\cdot x =$ (**f**0 : **ff**0) und vervielfachen auf beiden Seiten mit der zu (**ffff**0 : **fffff**0) inversen Zahl (**fffff**0 : **ffff**0). Wir erhalten $x =$ (**f**0 : **ff**0) $\cdot$ (**fffff**0 : **ffff**0) $=$ (**fffff**0 : **ffffffff**0). Deuten wir „entgegengesetzt" und „vermehren" (oder invers und vervielfachen) als „invers" und $\bigcirc$, so gelangen wir zu

X: $a \bigcirc x = b \longleftrightarrow x = a^{-1} \bigcirc b$.

Wir beweisen die sekundäre Aussage **X** direkt und beginnen dazu mit dem Vordersatz $a \bigcirc x = b$. Nach der sekundären Aussage **III** gilt $a^{-1} \bigcirc (a \bigcirc x) = a^{-1} \bigcirc b$. Es ist aber $a^{-1} \bigcirc (a \bigcirc x) = a^{-1} \bigcirc (a \bigcirc x) = (a^{-1} \bigcirc a) \bigcirc x = e \bigcirc x = x$. Diese Gleichheit ist die Folge der Assoziativität (primäre Aussage 2) der sekundären Aussage **I** und der sekundären Aussage **II**. Die Substitution ergibt schließlich $x = a^{-1} \bigcirc b$.

Den Beweis der umgekehrten Implikation beginnen wir mit $x = a^{-1} \bigcirc b$. Mit der sekundären Aussage **III** folgt daraus $a \bigcirc x = a \bigcirc (a^{-1} \bigcirc b)$. Es ist aber $a \bigcirc (a^{-1} \bigcirc b) = (a \bigcirc a^{-1}) \bigcirc b = e \bigcirc b = b$, und zwar nach der Regel der Assoziativität (primäre Aussage 2), der sekundären Aussage **I** und der sekundären Aussage **IIa**. Nach Substitution des Ergebnisses erhalten wir $a \bigcirc x = b$. Die sekundäre Aussage ist damit bewiesen.

Die sekundäre Aussage **X** sagt auch aus, dass $a^{-1} \bigcirc b$ die einzige Lösung ist: Die Gleichung $a \bigcirc x = b$ hat genau eine Lösung, nämlich $x = a^{-1} \bigcirc b$.

Xa: $x \bigcirc a = b \longleftrightarrow x = b \bigcirc a^{-1}$.

Hier gilt das Kommutativgesetz.

Nach der sekundären Aussage **X** sind die Aussagen $a \bigcirc x = b$ und $x = a^{-1} \bigcirc b$ äquivalent. Wenn wir eine Gleichung in x vor uns haben, in der a und b als Koeffizienten aufgefasst werden dürfen, so betrachten wir diese Gleichung mit Hilfe von a und b nach x aufgelöst, wenn es eine Gleichung gibt, auf deren einen Seite nur x, und auf der anderen Seite nur a und b ohne x auftreten. Gerade das liefert die sekundäre Aussage **X**. Die Bedeutung der Tatsache, dass $a^{-1} \bigcirc b$ die Lösung der Gleichung $a \bigcirc x = b$ darstellt, liegt darin: Wenn wir x in dieser Gleichung durch $a^{-1} \bigcirc b$ ersetzen, so wird daraus ein wahrer Satz.

Wir führen durch Definition eine neue binäre Operation als Verallgemeinerung der Verminderung in $(\mathbb{Z}, +)$ und des Teilens in $(\mathbb{Q}, \cdot)$ ein. Das *Vermindern* in $\mathbb{Z}$ führen wir auf das Vermehren zurück. $m - n$ ist die Summe von m und $-n$. Das Symbol $-n$ bedeutet dabei die zu n entgegengesetzte Zahl: $-\mathbf{fff0} = 0 - \mathbf{fff0}$. Auf ähnliche Weise führen wir in $(\mathbb{Q}, \cdot)$ mit Hilfe der Vervielfachung und dem Begriff der inversen Zahl das *Teilen* ein. Wir fassen das Teilen einer gebrochenen Zahl, eines „Bruches“, durch einen zweiten Bruch als Vervielfachen mit einer geteilten Zahl auf und kleiden diese Tatsachen in formale Aussagen. u und v seien beliebige Elemente von $\mathbb{Q}$. Für die zu v inverse Zahl schreiben wir $v^{-1} = \mathbf{f0} : v$. Daher gilt: $u : v = u \cdot (\mathbf{f0} : v)$. Damit ist umrissen, welcher Art die neue Operation $\bullet$ in algebraischen Systemen einnimmt, die wir mit Hilfe der Ausdrücke „$\bigcirc$“ und „invers“ vereinbaren wollen.

Zur Definition der Operation „$\bullet$“ setzen wir

3: $z = x \bullet y$ dann und nur dann, wenn $z = x \bigcirc y^{-1}$.

Aus der Abgeschlossenheit von A und der Eindeutigkeit des Inversen eines Elements von A folgt:

XI: $\underset{x}{\forall}\, \underset{y}{\forall}\, \underset{z}{\exists}(z = x \bullet y)$.

Theorem **XI** stellt sicher, dass die Operation $\bullet$ eine binäre Operation in A und $x \bullet y$ ein eindeutig bestimmtes Element von A ist. Außerdem besagt es, dass A bezüglich der Operation $\bullet$ abgeschlossen ist.

XIa: $x \bullet x = e$.

Das ist unmittelbar aus $x \bullet x = x \bigcirc x^{-1} = e$ ersichtlich.

Im speziellen System $(\mathbb{Z}, +)$ ist die Operation $\bullet$ die Verminderung. Die Gleichung $x \bullet x = e$ lautet dort $m - m = 0$. Im speziellen System $(\mathbb{Q}, :)$ ist $\bullet$ das Teilen. $x \bullet x = e$ heißt dort $u : u = \mathbf{f}0$.

Falls die Operation $\bullet$ assoziativ ist, dann muss gelten $(x \bullet y) \bullet z = x \bullet (y \bullet z)$. Wir übersetzen diesen Ausdruck in das System $(\mathbb{Z}, +)$ und nehmen für x, y, z die Zahlen **fffff**0, **fff**0, **f**0 an. Dann sehen wir unmittelbar, dass die Operation $\bullet$ nicht assoziativ in A ist, denn das Ergebnis ist $(\mathbf{fffff}0 - \mathbf{fff}0) - \mathbf{f}0 \neq \mathbf{fffff}0 - (\mathbf{fff}0 - \mathbf{f}0)$. Wenn $\bullet$ kommutativ ist, dann müsste gelten $x \bullet y = y \bullet x$. Betrachten wir nochmals dieselbe Relation in $(\mathbb{Z}, +)$, diesmal mit $x = \mathbf{fff}0$ und $y = \mathbf{fffff}0$. Das Ergebnis ist $\mathbf{fff}0 - \mathbf{fffff}0 \neq \mathbf{fffff}0 - \mathbf{fff}0$. Die Operation $\bullet$ ist nicht kommutativ. Es gilt $\mathbf{fff}0 - \mathbf{fffff}0 \neq \mathbf{fffff}0 - \mathbf{fff}0$, aber andererseits $\mathbf{fff}0 + (-\mathbf{fffff}0) = (-\mathbf{fffff}0) + \mathbf{fff}0$. Also haben wir hier zwei verschiedene algebraische Systeme. Ähnliches stellen wir mit dem Teilen in $\mathbb{Q}$ fest.

XII: $x \bullet e = x$ und $e \bullet x = x^{-1}$.

Wir beweisen zuerst den ersten Teil. Nach der Definition ist $x \bullet e = x \bigcirc e^{-1}$. Aber nach der sekundären Aussage **VI** gilt $e^{-1} = e$. Also ist $x \bullet e = x \bigcirc e$. Aus der sekundären Aussage **Ia** folgt $x \bigcirc e = x$, also $x \bullet e = x$. Für den Beweis des zweiten Teils schreiben wir $e \bullet x = e \bigcirc x^{-1}$ und wenden darauf die sekundäre Aussage **I** an.

Wir geben nun eine sekundäre Aussage an, die analog zu Theorem **IIIa** ist.

XIII: $x = y \longrightarrow x \bullet a = y \bullet a$.

Wenn $x = y$, so gilt nach der sekundären Aussage **III** $x \bigcirc a^{-1} = y \bigcirc a^{-1}$. Das ist gerade die Folgerung der sekundären Aussage. Die sekundäre Aussage **III** und die sekundäre Aussage **IIIa** sind durch die Kommutativität von $\bigcirc$ auf einfache Weise verbunden. Das gilt jedoch nicht für die analogen Aussagen bezüglich $\bullet$.

XIIIa: $x = y \longrightarrow a \bullet x = a \bullet y$.

Es gilt $a \bullet x = a \bullet y$. Dann folgt $a \bigcirc x^{-1} = a \bigcirc y^{-1}$. Aufgrund $x = y$ folgt $a \bigcirc x^{-1} = a \bigcirc x^{-1}$. Mit der sekundären Aussage **V** setzen wir $x \bigcirc (a \bigcirc x^{-1}) = y \bigcirc (a \bigcirc x^{-1})$ und erhalten $x = y$. Analog können wir für $\bullet$ eine „Kürzungsregel" ableiten, wie sie durch die sekundäre Aussage **IV** und die sekundäre Aussage **IVa** geboten wird. Die folgende sekundäre Aussage ist weniger natürlich:

XIV: $x \bullet y^{-1} = x \bigcirc y$.

In $x \bigcirc y$ ersetzen wir y durch $y_1 = y^{-1}$ und erhalten $x \bigcirc y_1^{-1}$. Dann folgt aus der Definition $x \bullet y_1 = x \bigcirc y_1^{-1}$. Wir ersetzen y_1 durch y_1^{-1} und erhalten $x \bullet y_1^{-1} = x \bigcirc (y_1^{-1})^{-1}$. Es folgt: $x \bullet y^{-1} = x \bigcirc y$.

Die sekundäre Aussage **XV** gibt an, wie wir das zu $x \bullet y$ inverse Element finden.

XV: $(x \bullet y)^{-1} = y \bigcirc x.$

Zum Beweis zeigen wir: Nach Definition gilt $x \bullet y = x \bigcirc y^{-1}$. Nach der sekundären Aussage **V** haben wir $(x \bullet y)^{-1} = (x \bigcirc y^{-1})^{-1}$. Wir berechnen das zweite Glied schrittweise: $(x \bigcirc y^{-1})^{-1} = x^{-1} \bigcirc (y^{-1})^{-1} = x^{-1} \bigcirc y = y \bigcirc x^{-1} = y \bullet x$.

Wir halten fest: $\bullet$ erfüllt nicht die Voraussetzungen für ein algebraisches System vom Typ kommutative Gruppe und die darauf aufbauenden Systeme.

$\mathbb{Q}_0$ sei die Menge der von Null verschiedenen gebrochenen Zahlen – also sind alle Zähler und alle Nenner dieser Menge natürliche Zahlen größer 0. Wir interpretieren das allgemeine System $(A, \bigcirc)$ durch $(\mathbb{Q} \setminus \{0\}, \cdot)$. p und q seien zwei Variable mit dem Bereich $\mathbb{Q} \setminus \{0\}$. Den primären Regeln der Abgeschlossenheit, der Assoziativität und der Kommutativität entsprechen hier die bekannten Eigenschaften der gebrochenen Zahlen. Das neutrale Element ist **f0**. Die primäre Aussage des inversen Elements gilt ebenso: Zu jeder Zahl p gehört die inverse Zahl $(\mathbf{f0} : p)$. Die sekundäre Aussage **I** und die sekundäre Aussage **Ia** werden zu $\mathbf{f0} \cdot p = p \cdot \mathbf{f0} = p$. Die sekundäre Aussage **IX** ergibt $\mathbf{f0} : (p \cdot q) = (\mathbf{f0} : p) \cdot (\mathbf{f0} : q)$ und die sekundäre Aussage **X** liefert $p \cdot x = q \longrightarrow x = (\mathbf{f0} : p) \cdot q$. $p \bullet q$ bedeutet $p : q = p \cdot (\mathbf{f0} : q)$. Die sekundäre Aussage **XV** wird zu $\mathbf{f0} : (p : q) = q : p$. Die Gleichung $x \bigcirc x = e$ geht über in $x \cdot x = \mathbf{f0}$. Diese Gleichung hat genau zwei Lösungen: **f0** und $-$**f0**. Die Gleichung $x \bigcirc x = p$ wird zu $x \cdot x = p$. Wenn p die Inverse einer natürlichen Zahl ist, so existiert keine Lösung in $\mathbb{Q}_0$. Wenn p das Quadrat einer gebrochenen Zahl ist, also $p = q \cdot q$, so gibt es die beiden Lösungen $x = q$ und $x = (0 - q)$. Wenn p kein solches Quadrat ist, so gibt es keine Lösung.

Auch $(Z_p \setminus \{0\}, \cdot)$ (wobei p Primzahlen) ist ein algebraisches System vom Typ kommutative Gruppe. Dasselbe gilt für $(\mathbb{Q}, +)$ und $(\mathbb{Z}, +)$. Dagegen sind $(\mathbb{N}, +)$ und $(\mathbb{Z} \setminus \{0\}, \cdot)$ nur algebraische Systeme vom Typ Monoid. Das Assoziativgesetz gilt, das neutrale Element existiert, aber es scheitert am Inversen: In $\mathbb{Z} \setminus \{0\}$ gibt es nicht für jedes a ein multiplikatives Inverses. Beispielsweise gibt es keine ganze Zahl a, sodass $\mathbf{fff0} \cdot a = \mathbf{f0}$.

Beispiel 2.24

Rechnen mit gebrochenen Zahlen

Wir schreiben eine gebrochene Zahl als geordnetes Zahlenpaar. Dann gilt für das

- Vermehren $\langle a, b \rangle + \langle c, d \rangle = \langle (a \cdot d + b \cdot c), b \cdot d \rangle$

$$\langle \mathbf{fff0}, \mathbf{ffff0} \rangle + \langle \mathbf{ff0}, \mathbf{fff0} \rangle = \langle (\mathbf{fffffffff0} + \mathbf{ffffffff0}), (\mathbf{fff0} \cdot \mathbf{ffff0}) \rangle$$

- Vermindern $\langle a, b \rangle - \langle c, d \rangle = \langle (a \cdot d - b \cdot c), b \cdot d \rangle$

$$\langle \mathbf{fff0}, \mathbf{ffff0} \rangle - \langle \mathbf{ff0}, \mathbf{fff0} \rangle = \langle (\mathbf{fffffffff0} - \mathbf{ffffffff0}), (\mathbf{fff0} \cdot \mathbf{ffff0}) \rangle$$

- Vervielfachen $\langle a, b\rangle \cdot \langle c, d\rangle = \langle a \cdot c, b \cdot d\rangle$

$$\langle \mathbf{fff0}, \mathbf{ffff0}\rangle \cdot \langle \mathbf{ff0}, \mathbf{fff0}\rangle = \langle \mathbf{fff0} \cdot \mathbf{ff0}, \mathbf{fff0} \cdot \mathbf{ffff0}\rangle$$

- Teilen $\langle a, b\rangle : \langle c, d\rangle = \langle a \cdot d, b \cdot c\rangle$

$$\langle \mathbf{fff0}, \mathbf{ffff0}\rangle : \langle \mathbf{ff0}, \mathbf{fff0}\rangle = \langle \mathbf{fff0} \cdot \mathbf{fff0}, \mathbf{ffff0} \cdot \mathbf{ff0}\rangle$$

- und die Äquivalenz $\langle a, b\rangle \longleftrightarrow \langle a \cdot k, b \cdot k\rangle$

Auch hier gilt: $\mathbf{fffffffffff0} : (\mathbf{ffff0} : \mathbf{fff0}) = \mathbf{ffffffff0} \neq (\mathbf{fffffffffff0} : \mathbf{ffff0}) : \mathbf{fff0} = \mathbf{f0}$. Aber: $(\mathbf{fffffffffff0} \cdot \mathbf{ffff0}^{-1}) \cdot \mathbf{fff0}^{-1} = \mathbf{f0} = \mathbf{fffffffffff0} \cdot (\mathbf{ffff0}^{-1} \cdot \mathbf{fff0}^{-1})$. ◄

Beispiel 2.25

Endliches kommutatives System

Anstelle einer unendlichen Menge nehmen wir für A eine endliche Menge an. $\bigcirc$ definieren wir hier auf eine andere Art. Wir nehmen für A die Menge der vier Elemente a, b, c und d. Anstatt ein Verfahren anzugeben, das zu gegebenen x und y das Element $x \bigcirc y$ liefert, stellen wir hier die Operation $\bigcirc$ mit Hilfe einer Tabelle dar.

$\bigcirc$	a	b	c	d
a	a	b	c	d
b	b	c	d	a
c	c	d	a	b
d	d	a	b	c

Das Element $b \bigcirc c$ finden wir im Schnitt der mit b bezeichneten Spalte mit der mit c bezeichneten Zeile. $b \bigcirc c$ ist also gleich d. Jedem Paar $\langle x, y\rangle$ von Elementen aus A entspricht eindeutig ein Element $x \bigcirc y$ von A. Wir überzeugen uns davon, dass in diesem System die primären Aussagen eines algebraischen Systems von Typ kommutative Gruppe gelten. Offensichtlich gilt die primäre Aussage der Abgeschlossenheit. Um die Kommutativität nachzuweisen, können wir uns anhand der 16 Paare von Elementen $\langle x, y\rangle$ überzeugen, dass gilt $x \bigcirc y = y \bigcirc x$. Aber: Die Kommutativität verlangt, dass die Tafel bezüglich der Diagonalen $acac$ symmetrisch ist. Das ist der Fall. Zum Nachweis der primären Aussage der Assoziativität $x \bigcirc (y \bigcirc z) = (x \bigcirc y) \bigcirc z$ sind 64 Tripel $\langle x, y, z\rangle$ zu untersuchen. Beispielsweise ist $b \bigcirc (d \bigcirc c) = a \bigcirc b = c$ und $(b \bigcirc d) \bigcirc c = a \bigcirc c = c$. Das neutrale Element ist a (siehe die mit a bezeichnete Spalte). Die primäre Aussage des inversen Elements ist daher ebenfalls gültig. Die inversen Elemente sind durch die folgende Tabelle gegeben:

x	a	b	c	d
inv	a	d	c	b

Tatsächlich gilt $a^{-1} = a$, $b^{-1} = d$, $c^{-1} = c$, $d^{-1} = b$. Wir betrachten bspw. $b^{-1} = d$.

Da a das neutrale Element ist, bestimmen wir y so, dass $y \bigcirc b = a$. Wir finden $y = d$. Außerdem enthält die Zeile b nur einmal a. Das zeigt die Eindeutigkeit von b^{-1}. Wir geben noch einige Beispiele zu den hergeleiteten sekundären Aussagen. Sekundäre Aussage **VII** angewandt auf $x = b$ liefert $(b^{-1})^{-1} = b$. Tatsächlich gilt $b^{-1} = d$ und $(b^{-1})^{-1} = d^{-1} = b$. Wir untersuchen nun die primäre Aussage **X** mit $a = b, b = c$. Die Aussage **X** behauptet $b \bigcirc x = c \longrightarrow x = b^{-1} \bigcirc c$. Wir haben $x = b^{-1} \bigcirc c = d \bigcirc c = b$. Daraus folgt $b \bigcirc b = c$, was aufgrund der Tabelle stimmt. Wir betrachten die Gleichung $x \bigcirc x = a$, die $x \bigcirc x = e$ entspricht und suchen a in der von links oben nach rechts unten verlaufenden Diagonalen. Wir finden zwei Lösungen: a und c. Zur Betrachtung der allgemeineren Gleichung $x \bigcirc x = y$ verwenden wir die vier Gleichungen $x \bigcirc x = a$, $x \bigcirc x = b$, $x \bigcirc x = c$ und $x \bigcirc x = d$. Die vier Elemente $a \bigcirc a$, $b \bigcirc b$, $c \bigcirc c$ und $d \bigcirc d$ haben die Werte a, c, a, c. Also haben nur die erste und die dritte Gleichung eine Lösung: Die erste hat die Lösungen a und c, die dritte die Lösungen b und d.

Auch für die Operation $\bullet$ lässt sich eine Tabelle angeben, die wir mit Hilfe der Tabellen für $\bigcirc$ und für die inversen Elemente finden. Wir verwenden $x \bullet y = x \bigcirc y^{-1}$. Zum Beispiel gilt $b \bullet c = b \bigcirc c^{-1} = b \bigcirc c = d$. Das führt zu

$\bullet$	a	b	c	d
a	a	b	c	d
b	b	c	d	a
c	c	d	a	b
d	d	a	b	c

Wir überprüfen die Tafel mit Hilfe der sekundären Aussage **XII**: $e \bullet x = x^{-1}$, hier also $a \bullet x = x^{-1}$. Diese Gleichung besagt, dass wir von der Spalte a aufsteigend der Reihe nach die zu a, b, c und d inversen Elemente finden müssen, was mit unserer Anordnung und der Tabelle für die inversen Elemente übereinstimmt. Wir interpretieren die vier Buchstaben als natürliche Zahlen 0, **f**0, **ff**0, **fff**0 und bestimmen $b \bigcirc c$, indem wir für die Buchstaben natürliche Zahlen und für $\bigcirc$ die Vermehrung verwenden. $b \bigcirc c$ geht damit in **f**0 + **ff**0 über. Da **f**0 + **ff**0 = **fff**0 und d gleich **fff**0 ist, definieren wir $b \bigcirc c$ als d. Diese Methode ist aber nicht auf alle Paare von Buchstaben anwendbar, da die zu bildenden Summen **ffff**0 und mehr erreichen können. Wir teilen daher diese Summen durch **ffff**0 und verwenden den Rest. Somit liefert $d \bigcirc d$ die Gleichung **fff**0 + **fff**0 = **ffffff**0 und den Rest **ff**0. Also muss $d \bigcirc d = c$ gelten. Mit dieser Beschreibung können wir dem endlichen Modell mit **ffff**0 Elementen zum einen eine Deutung als $(Z_4, +)$ und zum anderen eine geometrische Deutung geben. Betrachten wir das Quadrat einer Figur mit dem Zentrum M und den Ecken a, b, c und d, die gegen den Uhrzeigersinn angeordnet sind. Wir wollen die Rotationen beschreiben, die das Quadrat in sich selbst überführen. Betrachten wir eine Rotation um M um das Viertel eines Kreises. Sie überführt a, b, c, d in b, c, d, a. Die Rotation um einen Halbkreis im selben Sinn überführt a, b, c, d in c, d, a, b. Die Ergebnisse lassen sich so fassen:

Rotation $(M, 0)$	$abcd \longrightarrow abcd$
Rotation $(M$, Viertelkreis$)$	$abcd \longrightarrow bcda$
Rotation $(M$, Halbkreis$)$	$abcd \longrightarrow cdab$
Rotation $(M$, Dreiviertelkreis$)$	$abcd \longrightarrow dabc$

Jede andere Rotation um k Viertelkreise führt zu einer der Anordnungen von a, b, c, d. Auch die Rotationen im Uhrzeigersinn um k Viertelkreise lassen sich auf ähnliche Weise beschreiben.

Wir wollen die betrachteten Rotationen mit dem algebraischen System vom Typ kommutative Gruppe und vier Elementen in Verbindung bringen. Es genügt, wenn wir die Elemente a, b, c, d von A als die Rotationen um (k) Kreise, $(\mathbf{ffff}0^{-1} + k)$ Kreise, $(\mathbf{ff}0^{-1} + k)$ Kreise, $((\mathbf{fff}0 : \mathbf{ffff}0) + k)$ Kreise interpretieren, wobei k eine natürliche Zahl ist, deren Inverse $-k$ oder null sein kann. Wenn x und y zwei solche Rotationen sind, so ist $x \bigcirc y$ eine weitere Rotation, die das Quadrat in sich selbst überführt. ◄

Beispiel 2.26

Mengen und ihre symmetrische Differenz

A sei die Menge aller Untermengen einer Allmenge U (Potenzmenge von U). Wir verwenden die Variablen $X, Y, \ldots$ und W, um Untermengen von U, also Elemente von A zu bezeichnen. Beispielsweise sei U die Menge aller derzeit installierten Windräder. Dann bilden die einzelnen Baureihen, die Zusammenfassung nach Städten, nach Landkreisen, nach Windrädern, die länger als zehn Jahre im Betrieb sind, usw. Elemente der Menge A. Für die binären Operationen Durchschnitts- und Vereinigungsbildung sind zwar die ersten vier primären Aussagen gültig, aber die primäre Aussage des inversen Elements gilt nicht. Daher verwenden wir hier eine Kombination von Durchschnitt und Vereinigung, die alle gewünschten Eigenschaften hat.

Wir definieren das Element $X \bigcirc Y$ durch $(X \cup Y^*) \cap (X^* \cup Y)$. Dieser Ausdruck heißt *symmetrische Differenz* von X und Y. Es handelt sich um die Vereinigung zweier Mengen: den Teil von X, der außerhalb von Y, und den Teil von Y, der außerhalb von X liegt. Die Diagramme zeigen das Ergebnis dieser Operation in jedem der drei folgenden Fälle: 1. X und Y bedecken sich teilweise; 2. X und Y sind disjunkt; 3. X enthält Y. Es seien X und Y die Windräder in zwei verschiedenen Landkreisen. Dann haben im ersten Fall die beiden Landkreise mindestens ein gemeinsames Windrad, im zweiten Fall kein gemeinsames Windrad und im dritten Fall ist Y ein Teil der Windräder im Landkreis X, bspw.: alle Windräder der Windräder im Landkreis X der Baureihe Pustetreu.

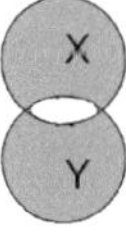

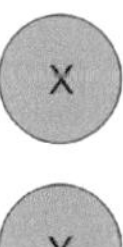

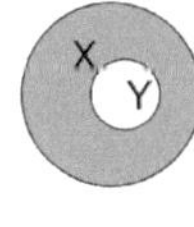

Den zur Definition von $X \bigcirc Y$ verwendeten Ausdruck können wir in der Form $X \bigcirc Y = (X \cup Y) \cap (X \cap Y)^*$ schreiben: $(X \cup Y) \cap (X \cap Y)^* = (X \cup Y) \cap (X^* \cup Y^*) = (X \cap X^*) \cup (X \cap Y^*) \cup (Y \cap X^*) \cup (Y \cap X^*) = (X \cap Y^*) \cup (Y \cap X^*)$. Dann ist $X \bigcirc Y$ der Durchschnitt der beiden folgenden Mengen: die Vereinigung von X und Y und das Komplement des Durchschnitts von X und Y. Die primäre Aussage der Abgeschlossenheit ist erfüllt. Um zu zeigen, dass auch die Kommutativität erfüllt ist, vertauschen wir X und Y in der Operation $Y \bigcirc X = (Y \cap X^*) \cup (Y^* \cap X)$. Wir nutzen die Kommutativität der Durchschnitts- und Vereinigungsbildung und schreiben $(Y \cap X^*) \cup (Y^* \cap X) = (Y^* \cap X) \cup (Y \cap X^*) = (X \cap Y^*) \cup (X^* \cap Y)$. Der letzte Ausdruck ist aber gemäß Definition $X \bigcirc Y$, also gilt $Y \bigcirc X = X \bigcirc Y$. Die Eigenschaft der Assoziativität illustrieren wir an dem folgenden Diagramm. Dazu betrachten wir die Mengen X, Y und W. Wir bestimmen zuerst $X \bigcirc (Y \bigcirc W)$, dann $(X \bigcirc Y) \bigcirc W$ und zeigen, dass die Ergebnisse gleich sind. Die drei Mengen X, Y und W unterteilen wir in sieben Untermengen, die wir mit a, b, c, d, e, f, g bezeichnen. Wir lassen vorerst X unberücksichtigt und schraffieren in Skizze 1) $Y \bigcirc W$. Dazu beachten wir, dass der Teil von Y, der nicht in W liegt, aus a und d gebildet wird, während der Teil von W, der nicht in Y liegt, aus b und f besteht. Damit ist $Y \bigcirc W$ die Vereinigung von a, b, d und f. Um nun $X \bigcirc (Y \bigcirc W)$ zu bilden, finden wir in Skizze 2) den Teil von $Y \bigcirc W$, der nicht in X liegt, und den Teil von X, der nicht in $Y \bigcirc W$ liegt. Es handelt sich um die Vereinigung von a, b, c und g. Diese ist in Skizze 2) schraffiert. Um $(X \bigcirc Y) \bigcirc W$ zu bilden, schraffieren wir zuerst $X \bigcirc Y$ in Skizze 3), dann $(X \bigcirc Y) \bigcirc W$ in Skizze 4). Wir erkennen die Identität der Figuren in Skizze 2) und in Skizze 4), wodurch $(X \bigcirc Y) \bigcirc W = X \bigcirc (Y \bigcirc W)$ gezeigt und die Assoziativität verifiziert ist.

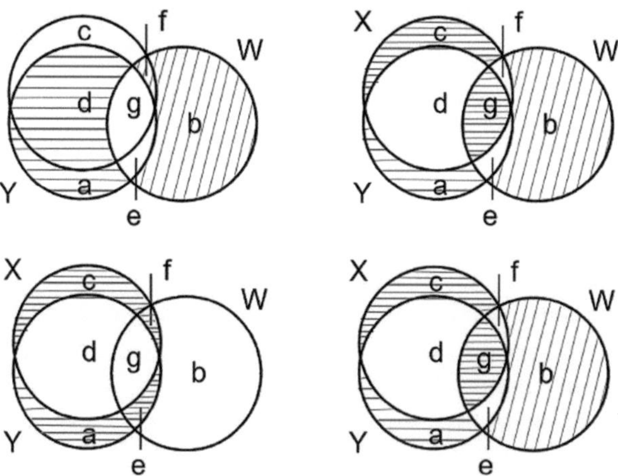

Die Menge $X \bigcirc (Y \bigcirc W) = (X \bigcirc Y) \bigcirc W$ ist die Vereinigung von vier Mengen: jener Teil der einzelnen Mengen, der nicht in den übrigen liegt, und der Durchschnitt der drei gegebenen Mengen. Wir zeigen, dass diese Beschreibung für je drei Mengen gilt, unabhängig von ihren gegenseitigen Beziehungen. Das neutrale Element ist die leere Menge. Es gilt: $\{\} \bigcirc X = (\{\} \cap X^*) \cup (U \cap X) = \{\} \cup (U \cap X) = \{\} \cup X = X$.

Für einen vollständigen Beweis müsste noch die Eindeutigkeit gezeigt und nachgewiesen werden, dass $A = \{\}$ die einzige Menge mit der Eigenschaft $A \bigcirc X = X$ für jede Menge X ist. Hinsichtlich der primären Aussage des inversen Elements gilt: $X \bigcirc X = (X \cap X^*) \cup (X^* \cap X) = \{\} \cap \{\} = \{\}$. Das zu einem Element x inverse Element x^{-1} ist also x selbst. In diesem Modell haben wir mit der Gleichung $X \bigcirc X = \{\}$, die analog zu $x \bigcirc x = e$ ist, ein Beispiel, in dem im Gegensatz zu anderen Fällen jedes Element eine Lösung der Gleichung ist. Weil jede Menge zu sich selbst invers ist, werden mehrere sekundäre Aussagen zu einem System vom Typ kommutative Gruppe in diesem Modell trivial. Die sekundären Aussagen **XV** und **VIII** reduzieren sich zum Beispiel auf $X = Y \longrightarrow X = Y$. Die sekundäre Aussage **IX** wird zu $X \bigcirc Y = X \bigcirc Y$. Die sekundäre Aussage **X** führt zu folgendem Resultat: $A \bigcirc X = B \longleftrightarrow X = A^{-1} \bigcirc B = A \bigcirc B$. Zum Beweis ersetzen wir X im ersten Glied durch $A \bigcirc B$: $A \bigcirc (A \bigcirc B) = (A \bigcirc A) \bigcirc B = \{\} \bigcirc B = B$.

Die Operation $\bullet$ ist in diesem Modell mit der Operation $\bigcirc$ identisch. Tatsächlich gilt: $X \bullet Y = X \bigcirc Y^* = X \bigcirc Y$. ◄

Beispiel 2.27

Direkte Summe

Das Modell der *direkten Summe* bauen wir ausgehend vom System $(\mathbb{Z}, +)$ auf. Die Menge A sei das kartesische Produkt $\mathbb{Z} \times \mathbb{Z}$, das aus allen Paaren $\langle m, n\rangle$ besteht. Wir verwenden x, y, z als Variable mit dem Bereich $\mathbb{Z}$. Zwei Elemente $x_1 = \langle m_1, n_1\rangle$ und $x_2 = \langle m_2, n_2\rangle$ heißen dann und nur dann gleich, wenn $m_2 = m_1$ und $n_2 = n_1$. Wir definieren die Operation $\bigcirc$ durch $x_1 \bigcirc x_2$:= das Element $\langle m_1 + m_2, n_1 + n_2\rangle$ von $\mathbb{Z} \times \mathbb{Z}$. Die Abgeschlossenheit ist offensichtlich gegeben. Assoziativität und Kommutativität sind unmittelbare Folgerungen aus der Assoziativität und der Kommutativität von $+$ in $\mathbb{Z}$. Zum Beispiel gilt $(x_1 \bigcirc x_2) = \langle m_1 + m_2, n_1 + n_2\rangle = \langle m_2 + m_1, n_2 + n_1\rangle = (x_2 \bigcirc x_1)$.

Das neutrale Element ist $(0, 0)$. Beispielsweise gilt $(\mathbf{ff0}, \mathbf{fff0}^{-1}) \bigcirc (0, 0) + (\mathbf{ff0} + 0, \mathbf{fff0}^{-1} + 0) = (\mathbf{ff0}, \mathbf{fff0}^{-1})$. Das inverse Element x^{-1} von x ist $\langle m^{-1}, n^{-1}\rangle$. Beispielsweise sei $x = (\mathbf{ff0}, \mathbf{fff0}^{-1})$, dann ist $x^{-1} = (\mathbf{ff0}^{-1}, \mathbf{fff0})$ und $x^{-1} \bigcirc x = (\langle \mathbf{ff0}^{-1}, \mathbf{fff0}\rangle \bigcirc \langle \mathbf{ff0}, \mathbf{fff0}^{-1}\rangle) = (\mathbf{ff0}^{-1} + \mathbf{ff0}, \mathbf{fff0} + \mathbf{fff0}^{-1}) = (0, 0)$.

Die sekundäre Aussage **VII** verifizieren wir wie folgt: Wenn $x = \langle m, n\rangle$, so ist $x^{-1} = \langle m^{-1}, n^{-1}\rangle$ und daher $(x^{-1})^{-1} = \langle (m^{-1})^{-1}, (n^{-1})^{-1}\rangle = \langle m, n\rangle$.

Wir interpretieren noch die Operation $\bullet$. Mit $x_1 = \langle m_1, n_1\rangle$ und $x_2 = \langle m_2, n_2\rangle$ gilt nach Definition $x_1 \bullet x_2 = x_1 \bigcirc x_2^{-1} = \langle m_1, n_1\rangle \bigcirc \langle m_2^{-1}, n_2^{-1}\rangle = \langle m_1 - m_2, n_1 - n_2\rangle$. Die Operation besteht also in der Bildung der Differenzen entsprechender Koordinaten.

Zur Betrachtung der sekundären Aussage **XV** setzen wir für x und y die Elemente x_1 und x_2 ein, berechnen beide Gleichungsseiten und zeigen, dass das Ergebnis dasselbe ist. Mit $x_1 \bullet x_2 = \langle m_1 - m_2, n_1 - n_2\rangle$ ist $(x_1 \bullet x_2)^{-1} = -\langle m_1 - m_2\rangle, -\langle n_1 - n_2\rangle =$

$\langle m_2 - m_1, n_2 - n_1\rangle$. Weil $x_2 \bullet x_1 = \langle m_2, n_2\rangle \bullet \langle m_1, n_1\rangle = \langle m_2 - m_1, n_2 - n_1\rangle$ dasselbe Element ergibt, ist das Theorem verifiziert.

Das Verfahren der Konstruktion des Modells der direkten Summe ausgehend von $(\mathbb{Z}, +)$ lässt sich auf beliebige kommutative Gruppen $(A, \bigcirc)$ verallgemeinern. Wir verwenden als Grundmenge $A \times A$, also die Menge der geordneten Paare $\langle x, y\rangle$ aus A, und führen eine binäre Operation $\bigcirc$ auf die folgende Art ein: $\langle x_1, y_1\rangle \bigcirc \langle x_2, y_2\rangle = \langle x_1 \bigcirc x_2, y_1 \bigcirc y_2\rangle$. Die Menge $A \times A$ ist bezüglich $\bigcirc$ abgeschlossen. Die Eigenschaften der Assoziativität und der Kommutativität können wir leicht verifizieren. Das neutrale Element ist $\langle e, e\rangle$, wenn e das neutrale Element von A ist. Das zu $\langle x, y\rangle$ inverse Element ist $\langle x^{-1}, y^{-1}\rangle$, wenn x^{-1} und y^{-1} die zu x und y inversen Elemente in $(A, \bigcirc)$ sind. Das algebraische System vom Typ kommutative Gruppe $(A \times A, \bigcirc)$ heißt direkte Summe der beiden algebraischen Systeme $(A, \bigcirc)$ und $(A, \bigcirc)$. Auf analoge Weise konstruieren wir die direkte Summe der beiden verschiedenen algebraischen Systeme $(A_1, \bigcirc)$ und $(A_2, \bigcirc)$. Auch $(Z_m, +)$ für beliebiges m ist vom Typ kommutative Gruppe, nicht dagegen $(\mathbb{N}_0, +)$ und $(\mathbb{Q}, +)$, es sei denn, wir legen $(\mathbb{Q}, +)$ die Menge $\mathbb{Z}$ der gerichteten Zahlen zugrunde. Das Assoziativgesetz gilt, das neutrale Element existiert, aber nicht für jede natürliche Zahl a existiert ein additives Inverses. Beispielsweise gibt es keine natürliche Zahl a, sodass **fff**0 $+ a = 0$. ◄

Beispiel 2.28

Fortschrittszahlen als Anwendung von $(\mathbb{N}, +)$

Die Windkraftwerke in Olsberg müssen im Mittel täglich zwei Windräder verkaufen, um alle Ausgaben bestreiten zu können. Also definieren wir zur Kontrolle eine „Sollfortschrittszahl“: Die Zählzahl des laufenden Arbeitstags im Jahr, vervielfacht mit zwei. Gegebenenfalls wurden von Jahresbeginn bis zu einem bestimmten Tag kumuliert genau so viele, möglicherweise mehr, möglicherweise weniger Windräder verkauft. In den beiden letzten Fällen sprechen wir von „Vorlauf“ und „Rückstand“, gleichbedeutend mit einer Kostenüber- bzw. -unterdeckung. Jeder Vorlauf kann mit einer entsprechenden Minderleistung und jeder Rückstand mit einer entsprechenden Mehrleistung so kompensiert werden, dass Rückstand/Vorlauf „0“ resultiert. Dann wird jeder Vorlauf/jeder Rückstand gemessen als Abstand von einem Nullpunkt; aber eben auch die Fortschrittszahl selbst ist eine Differenz auf einem Zählwerk, das zum Jahresbeginn auf „0“ gestanden hat. „Rückstand“ heißt auf dem Zählwerk nach links, „Vorlauf“ auf der Skala nach rechts. Damit gilt Sollfortschrittszahl = (Istfortschrittszahl + Rückstand bzw. + (−Vorlauf)) = (Rückstand + bzw. (−Vorlauf) + Istfortschrittszahl), aber nicht (Istfortschrittszahl **fff**0 + Rückstand **f**0) $\longleftrightarrow$ (Istfortschrittszahl **f**0 + Rückstand **fff**0), denn dann sprechen wir von zwei verschiedenen Tagen, sondern nur **fff**0 + (−**f**0) = **ff**0 = (−**f**0) + **fff**0. Oberflächlich betrachtet könnten wir also beim Vermehren folgendem Missverständnis unterliegen: Wir machen den Fehler „Äpfel + Birnen = Äpfel“ und noch viel beeindruckender: **fff**0 Äpfel + **ff**0 Birnen = **fffff**0 Äpfel;

ff0 Äpfel + **fff**0 Birnen = **fffff**0 Äpfel. Aber: Tatsächlich rechnen wir in allen Fällen, in denen diese Rechnung Sinn macht, mit einer einzigen Größe. Wir tragen Istfortschrittszahl und Sollfortschrittszahl auf derselben Skala mit demselben Maßstab ab! Soll- und Istfortschrittszahl, also die „Stellungen auf der Skala", sind die Entfernungen zum Nullpunkt am Jahresanfang, gemessen in „Anzahl Windräder ab Jahresanfang". Und der Rückstand hat wie der Vorlauf dieselbe Dimension: Anzahl Windräder ab Jahresanfang in die eine oder die andere Richtung, mit der Sollfortschrittszahl als Nullpunkt! ◄

Ein algebraisches System $(A, +, \cdot)$ mit zwei inneren Verknüpfungen $+$ und $\cdot$ heißt ein *algebraisches System vom Typ Ring*, wenn gilt:

(1) $(A, +)$ ist ein algebraisches System vom Typ kommutative Gruppe.
(2) $(A, \cdot)$ ist ein algebraisches System vom Typ Monoid.
(3) Die Vervielfachung mit der Summe entspricht der Vervielfachung der einzelnen Glieder: $\underset{a,b,c}{\forall}\ (a \cdot (b + c) = a \cdot b + a \cdot c) \wedge ((a + b) \cdot c = a \cdot c + b \cdot c)$.

Ein System vom Typ Ring heißt *kommutativ*, wenn die Verknüptung $A \times A \longrightarrow A$ kommutativ ist, also stets $ab = ba$ gilt.

Beispiel 2.29

Fünfer-System

Wir rechnen im Fünfer-System der ganzen Zahlen und schauen die Zahleneinstellung auf nur einer Stelle an. Bei einem Nulldurchgang muss der Übertrag auf der zweiten Stelle verrechnet werden – das wird in Z_5 nicht dargestellt. Vermehrung bedeutet dann das Vermehren von zwei Distanzen zum Nullpunkt (zwei Vektoren in dieselbe Richtung; Vektoraddition). Die Dimension der beiden Summanden ist identisch (bspw. Länge(ndifferenz) oder Temperatur(differenz)); die Summe hat dieselbe Dimension. Multiplikation wäre dann bildlich die Fläche, die zwei Vektoren derselben Dimension, die senkrecht aufeinander stehen, aufspannen. Die Faktoren haben identische Dimensionen, das Vielfache hat in jedem Fall eine andere (bspw. Länge · Länge = Fläche). Anders als beim Vermehren ist aber beim Vervielfachen auch der Fall denkbar, dass zwei Werte mit unterschiedlicher Dimension miteinander verknüpft werden: **fff**0 Werker · **ff**0 Schichten = **ffffff**0 Werker · Schicht. Damit wird deutlich, dass die beiden Tabellen nur das formale Rechenschema bereitstellen. Die Bedeutung liegt außerhalb der Rechenvorschrift.

+	0	f0	ff0	fff0	ffff0
0	0	f0	ff0	fff0	ffff0
f0	f0	ff0	fff0	ffff0	0
ff0	ff0	fff0	ffff0	0	f0
fff0	fff0	ffff0	0	f0	ff0
ffff0	ffff0	0	f0	ff0	fff0

·	0	f0	ff0	fff0	ffff0
0	0	0	0	0	0
f0	0	f0	ff0	fff0	ffff0
ff0	0	ff0	ffff0	f0	fff0
fff0	0	fff0	f0	ffff0	ff0
ffff0	0	ffff0	fff0	ff0	f0 ◄

2.2 Realsysteme

2.2.1 Strukturales, funktionales und hierarchisches Systemkonzept

Ein Modell durchdringen und ordnen wir anhand eines Systems[6]; auf die Modellierung folgt die Systematisierung: Ein zusammengesetztes, geordnetes Ganzes[7], das ein regelhaft erklärbares Verhalten aufweist[8], heißt ein *System S* (siehe Beginn dieses Kapitels). Diese informale Definition enthält drei Komponenten, die ihrerseits begrifflicher Festlegung bedürfen: das funktionale, das strukturale und das hierarchische Systemkonzept.[9] Das *strukturale* Systemkonzept versteht ein System als eine Ganzheit miteinander verknüpfter Elemente. Hier geht es um die Vielfalt möglicher Beziehungsgeflechte, die in einer gegebenen Menge von Elementen bestehen können, den daraus resultierenden Systemeigenschaften sowie um die Beschaffenheit der Elemente, die erforderlich ist, diese für eine Integration in ein System zu qualifizieren [KLBU85, S. 529 ff.]. Diese Betrachtungsweise hebt darauf ab, dass das Ganze mehr als die Summe seiner Teile ist. Dieses Mehr machen die Relationen zwischen den Elementen aus. Daher können Elemente nicht losgelöst von ihrem Konnex betrachtet werden; sie sind in ihrer Interdependenz mit anderen Elementen innerhalb eines umfassenderen Systems zu sehen. Im *funktionalen* Konzept stellt das System einen „schwarzen Kasten“ dar, der durch bestimmte Zusammenhänge zwischen seinen äußeren Eigenschaften (Input-, Output- und Zustandsgrößen) charakterisiert wird.[10] Von der materiellen Konkretisierung und vom inneren Aufbau eines Systems sieht die funktionale Betrachtungsweise ausdrücklich ab; sie beschränkt sich auf das Ver-

[6] Die Systematisierung erfolgt nach unserem Verständnis in erster Linie am Modell, also bspw. anhand des maßstäblichen/dreidimensionalen usw. Plans einer Fabrik oder des mathematischen Modells einer Fertigungslinie, das zum Zwecke der Abtaktung aufgestellt wird (System als geordnete Menge von Modellaussagen, siehe bspw. [PICH75, KORN06]).

[7] systema (griech.): aus mehreren Teilen zusammengesetztes und gegliedertes Ganzes.

[8] Zur Systemdefinition siehe bspw. [KLBU85]: *„Nach Ordnungsprinzipien gegliederte Mannigfaltigkeit von materialen Dingen, Prozessen usw. (materielles System) oder von Begriffen, Aussagen usw. (ideelles System) …“* oder bspw. [VBER72, KLIR69, ASBE92, ROPO79]; zu „Verhalten“ siehe bspw. [KLBU85, MORR46].

[9] Ein System ist ein formales Konzept, das inhaltlicher Interpretation bedarf, wenn es mit empirischem Gehalt gefüllt werden soll (siehe bspw. [LENK93]).

[10] Der funktionale Systemaspekt *„behandelt nicht Dinge, sondern Verhaltensweisen“* und *„fragt nicht: Was ist dieses Ding?, sondern: Was tut es?“* [ASH74, S. 15].

halten einer Ganzheit in ihrer Umgebung. Im Vordergrund des *hierarchischen* Konzepts steht die Auffassung, dass die Elemente eines Systems wieder als Systeme angesehen werden können. Das System selbst wird seinerseits als Element eines umfassenderen Systems verstanden. In jedem Systemdiskurs gibt es daher mehrere Stufen von Ganzheiten und Teilen, wobei jede Ganzheit ein Teil der nächsthöheren Stufe, ein Teil indessen eine Ganzheit der nächstniederen Stufe darstellt. Eine Systembetrachtung wird so auf verschiedenen Stufen einer solchen Systemhierarchie möglich.

Im Folgenden führen wir eine Systemdefinition ein, die die genannten drei Systemkonzepte und damit die strukturale, funktionale und hierarchische Sichtweise auf eine gemeinsame Wurzel zurückführt (siehe [ROPO79]). Ausgangspunkt dieser Definitionen ist der Relationenkalkül ([STAC73, S. 244 f.] und Abschn. 1.7), der durch eine Menge und eine Folge von Relationen über dieser Menge bestimmt ist. Vor allem im Hinblick auf das hierarchische Systemkonzept definieren wir die „Relationen" nicht über einer Menge, sondern zwischen mehreren Mengen, die wir ihrerseits als Elemente einer Menge höherer Ordnung auffassen (hierarchische Mengen). Zudem konkretisieren wir dieses allgemeine Konzept nach [ROPO79] durch eine zweifache partielle Interpretation (zu „Interpretation" siehe bspw. [LENK93] und Abschn. 3.3): Zum einen fassen wir die Mengen als „äußere" Eigenschaften des Systems und die Relationen als Beziehungen zwischen diesen Eigenschaften auf, zum anderen interpretieren wir die Mengen als „innere" Bestandteile des Systems und die Relationen als Beziehungen zwischen diesen Bestandteilen. Mit diesem Vorgehen formalisieren wir durch ein und denselben Kalkül[11] gleichermaßen das funktionale und das strukturale Systemkonzept. Die hier angegebene allgemeine Systemdefinition ergibt sich dann als vierstelliger Ausdruck; die ersten beiden Stellen betreffen die erste, die funktionale, die beiden folgenden Stellen die zweite, strukturale Aussage. Von einem „echten" System sprechen wir dann und nur dann, wenn beide Interpretationen erfüllbar sind.

Ein 4-Tupel (A, F, P, S)[12] heißt ein *System*, wenn gilt:

- A, F, P, S sind Mengen: $A := \{a\}$; $F := \{f\}$; $P := \{p'\}$; $S := \{s\}$.
- A, F, P, S sind nicht leer: $A, F, P, S \neq \emptyset$.

Ist (A, F, P, S) ein System,

- so legen wir fest: $p := (A, F, P, S)$
- so heißt
  A die *Menge der Attribute*, jedes Element a daraus ein *Attribut*,
  F die *Menge der Funktionen*, jedes Element f daraus eine *Funktion*,
  P die *Menge der Subsysteme*, jedes Element p' daraus ein *Subsystem*,
  S die *Menge der Relationen*, jedes Element s daraus eine *Relation*.

[11] [SMU61, S. 3 f.]. Vgl. auch: „*Einen interpretierten Kalkül nennt man auch einen gedeuteten Kalkül oder eine formalisierte Sprache.*" in [DEPP77, S. 154], [KLBU85, S. 412, S. 1162].

[12] oder „Quadrupel".

Beispiel 2.30

System „Mensch“

Wir fassen einen Menschen, bspw. Julius Windmüller, als System auf. Attribute („äußere“ Eigenschaften des Systems): Gewicht, Körpertemperatur, Herzschlag, Gesichtsfarbe, Farbe des Anzugs, Hutgröße, ... Funktionen: Aufnahme und Ausscheiden von Nahrung, Flüssigkeit, Medikamenten, Luft; Hören/Sprechen. Subsysteme: Kopf, Rumpf, Extremitäten. Relationen: Gegenseitiger Zusammenhalt der Körperteile, Blutaustausch, Nervenbahnen/-reize. ◄

Unter einem Attribut verstehen wir eine Eigenschaft, die sich einem System ohne Berücksichtigung seines inneren Aufbaus zusprechen lässt (siehe [KLBU85]). Mit der folgenden Definition drücken wir aus, dass eine solche Eigenschaft mindestens eine, in der Regel aber mehrere Ausprägungen aufweist; diese Ausprägungen können diskrete Qualitäten, aber genauso auch kontinuierliche Quantitäten darstellen. Die Verortung in Raum und Zeit wollen wir als wichtige (wesentliche) Attribute eines Systems betrachten.

Ein *Attribut a* ist eine nichtleere Menge von Eigenschaftsausprägungen α: $a := \{\alpha\}$; $a \neq \emptyset$. Beispiele für Attribute des Systems „Julius Windmüller“ sind der Wohnort, das Geburtsdatum, das Datum der Heirat, der Aufenthaltsort am 27. Mai 1999. Die Eigenschaftsausprägungen sind durch den allgemeinen Kalender UTC und den Erdglobus beschränkt bzw. vorgegeben.

Die folgende Definition leitet zum strukturalen Systemaspekt über; dazu führen wir für die Bestandteile eines Systems den Begriff des Subsystems ein. Wenn wir Subsysteme in analoger Weise definieren wie das Gesamtsystem, so tragen wir damit nicht nur dem hierarchischen Aspekt Rechnung. Vor allem wollen wir das Grundaxiom der Systemtheorie nutzbringend anwenden, demzufolge jeder beliebige Gegenstand des Denkens oder der Anschauung als System interpretiert werden kann (siehe [ROPO75]). Dann gilt dieses Axiom notwendigerweise auch für die Bestandteile eines Systems. Damit nun aber eine bestimmte Systembetrachtung nicht in einen infiniten Regress ausartet, lassen wir auch unechte Systeme zu, für die lediglich Attribute und Funktionen definiert sind. Andererseits bleibt die Möglichkeit offen, in einem weiteren Schritt auch für diese Subsysteme eine Menge von Bestandteilen und eine Struktur zu vereinbaren.

Ein *Subsystem* p' ist ein System nach obiger Definition: $p' := (A', F', P', S')$; $A', F' \neq \emptyset$. Beispiele für Subsysteme sind der Kopf, der Rumpf und die Extremitäten von Julius Windmüller oder der Rotor, der Generator und das Getriebe eines Windrads. Beispiele für eine Subsystem-Hierarchie könnten Julius Windmüller – Verdauungssystem – Darm – Dünndarm – ... – Zelle – Zellkern – ... oder Windrad – Rotor – Nabe – Kugellager – Kugel – ... sein.

Zusammen mit dem anschließend eingeführten Umgebungsbegriff können wir Inputs und Outputs als Eigenschaften definieren, die mit Attributen in der Umgebung des Systems in Beziehung stehen, und zwar so, dass diese Beziehungen bei Inputs auf das System und bei Outputs vom System auf die Umgebung gerichtet sind. Wir lassen Systeme zu, bei denen die Teilmengen der Inputs und Outputs leer sind, sodass nur noch Zustände vorliegen, also Attribute, die das System ohne Bezug auf die Umgebung kennzeichnen.

Es seien $X \subset A, Y \subset A$ und $Z \subset A$ paarweise disjunkte Teilmengen der Attributmenge A, und es sei G eine beliebige Attributmenge, die nicht dem System p zugehört: $X \cap Y = \emptyset; Y \cap Z = \emptyset; Z \cap X = \emptyset; X \cup Y \cup Z = A; G \notin p$. Dann heißt ein Attribut $x \in X$, welches in Relationen des Typs $G \times X$ als Nachglied auftritt, ein *Input*, ein Attribut $y \in Y$, welches in Relationen des Typs $Y \times G$ als Vorderglied auftritt, ein *Output*, und ein Attribut $z \in Z$, welches in keiner derartigen Relation auftritt, ein *Zustand* des Systems p.[13]

Wir nehmen als Beispiel Julius Windmüller: Nahrung, Wasser, Luft, Gerüche, Geräusche usw. gehören zum Input, zum Zustand gehören bspw. Gewicht, Temperatur, Blutdruck, Cholesterinspiegel und zum Output können wir Ausscheidungen, Geräusche, Blutprobe usw. zählen.

Diese Definitionen setzen eine bestimmte Denkweise voraus:

1. Input-, Zustands- und Outputattribute sind disjunkt. Damit kann „Gewicht" nicht gleichzeitig als Input-, Zustands- und Outputattribut auftreten. Dieses Problem lösen wir auf einfache Art und Weise dadurch, dass wir jedes Attribut im Rahmen einer vollständigen Verortung in Raum und Zeit betrachten.
2. Das System „Mensch" wird durch eine Menge von Attributen mit Eigenschaftsausprägungen, bspw. durch die Eigenschaftsausprägungen der Attribute „hat ein Bewusstsein", „hat ein Gewicht", „hat einen Stoffwechsel" usw., gebildet. Das System „Julius Windmüller" bspw. hat die Eigenschaftsausprägungen „schütterer Haarwuchs", „Unternehmer", „verheiratet" der Attribute „Haare", „berufliche Stellung" und „Familienstand". Da die Definitionen nicht mehr festlegen, als dass ein Attribut aus Eigenschaftsausprägungen besteht, kann jedem Ding oder jedem Lebewesen, das als Input oder Output auftritt, auch sein „Name" als (ggf. identifizierendes) Attribut zugeordnet werden.[14]
3. Attribut a mit einer Menge von Eigenschaftsausprägungen α wird über $\{\alpha\}$ eindeutig identifiziert. Mehr wird nicht verlangt und auch nicht ausgesagt. Der Mensch „Julius Windmüller" hat die obigen Eigenschaftsausprägungen, während das System Siegfried Windmüller = {Parfum Hugo Boss, Gewicht 67 kg, Konfession katholisch, Anzugsfarbe grau, Konfektionsgröße 48, Gesichtsfarbe fahl, Geburt 31.07.1937, Heirat 22.06.1975, Sprache Plattdeutsch} völlig andere Eigenschaftsausprägungen besitzt: Julius Windmüller und Siegfried Windmüller haben nichts gemein; es wird (zunächst) keine Klasse „Mensch" und keine Vererbung von Eigenschaftsausprägungen, kein Klassenkonzept vorausgesetzt (siehe bspw. [BRSE79]). „Hat ein Gewicht", „Gewicht

[13] Input, Output und Zustand werden über Attributmengen, also Namen, beschrieben. Eine Eisenstange hat dann eine Form, eine Härte, ein Gewicht, eine Länge, eine Zugfestigkeit usw., über die sie sich als Gegenstand manifestiert.

[14] Dies ermöglicht ein Attribut wie „Eisenstange a" mit der Ausprägung „60 cm Länge".

67 kg“ und „schwerer Mensch“ sind hier noch völlig isolierte und individualisierte Attribute bzw. Eigenschaftsausprägungen.

4. Die Definition betrachtet alle Inputs x als Elemente der Menge X und entsprechend alle Outputs y als Elemente der Menge Y. Wie in jeder Menge treten in X bzw. Y die Elemente nur einmal auf; X bzw. Y bezeichnen die Gesamtheit der Inputs und der Outputs als Menge von Attributen. Damit können wir bspw. auf der Inputseite der Windkraftwerke für das Attribut „materieller Zugang“ die Attributsausprägung „vereinnahmen täglich 40 t Karbonfasern von asiatischen Lieferanten“ formulieren. Wenn wir uns hier mit der Produktion näher befassen wollen, dann werden wir örtlich und zeitlich differenziert materielle, energetische und informationelle Inputs/Outputs beobachten, kurz: Wir können nicht von einem kontinuierlichen Input-/Outputstrom ausgehen, der immer und überall alle Attribute aufweist. Wir müssen also von Strukturierungen des Inputs und des Outputs in Teilmengen von Attributen, bspw. x' und x'' ausgehen, deren Durchschnitt $x' \cap x''$ selbstverständlich nicht die leere Menge ist, auch wenn wir dies der Übersichtlichkeit halber, vor allem wenn dies aus dem Zusammenhang heraus eindeutig ist, nicht immer so darstellen. Das gilt auch für den Zustand.

Ein Zustand ist eine innere Größe eines Systems, die dieses System durch die Abbildung von Input und/oder Output auf den Zustand intern verwaltet.

Beispiel 2.31

Druckkessel

Der Druck (oder der Füllstand ...) wird bspw. an einem Schauglas (mit einem Druckmesser) gezeigt; an dieser Anzeige kann die Umwelt nicht manipulieren: „Dies ist das Resultat dessen, was ihr über Input und Output mit mir gemacht habt“. Ist der „Druck im Kessel“ ein Zustand, der mit dem Input „Zugang Wasserdampf“ verändert wird, dann besteht zwischen diesen beiden Größen eine Relation. Der „Druck im Kessel“ lässt sich umweltbasiert skalieren (siehe Abschn. 3.4.1, Messen). ◄

Eine Beziehung zwischen den Attributen eines Systems bestimmen wir als *Funktion* (siehe Abschn. 1.7, Relationen). Beschränken wir uns hier zur Verdeutlichung auf nur zwei Attribute a_1 und a_2, dann besteht die Funktion darin, jeder Ausprägung α_1 aus a_1 eine Ausprägung α_2 aus a_2 zuzuordnen; bei Funktionen zwischen mehr als zwei Attributen erscheinen anstelle geordneter Paare (siehe Abschn. 1.7, Relationen) n-Tupel.

Eine *Funktion* f ist eine echte Teilmenge des kartesischen Produkts zwischen Attributen:

$$\underset{a_1,a_2\in A}{\forall} f\colon\subset a_1 \times a_2 = \{(\alpha_1,\alpha_2)\colon (\alpha_1,\alpha_2) \in a_1 \times a_2 \wedge \alpha_1 \in a_1 \wedge \alpha_2 \in a_2\}.$$

Beispielsweise folgt aus dem Input „50 kg Wasserdampf“ der Zustand „Hochdruck“.

Diese Funktionen bezeichnen wir näher mit den folgenden Definitionen: Eine Funktion zwischen Inputs x heißt *Inputfunktion* f_x, zwischen Outputs y *Outputfunktion* f_y und zwischen Zuständen z *Zustandsfunktion* f_z:

$$\underset{x_1,x_2\in X}{\forall} f_x :\subset x_1 \times x_2; \qquad \underset{y_1,y_2\in Y}{\forall} f_y :\subset y_1 \times y_2; \qquad \underset{z_1,z_2\in Z}{\forall} f_z :\subset z_1 \times z_2.$$

Ein Beispiel für eine Inputfunktion könnte „Input Wasserdampf nur mit Input Druckluft", für eine Outputfunktion „Abgabe von Waren nur mit Rechnungsbeleg" und für eine Zustandsfunktion „Hochdruck verbunden mit Dampfablass" sein.

Eine Funktion zwischen Inputs und Zuständen heißt *Überführungsfunktion*[15] $f_{\text{ü}}$, zwischen Inputs und Outputs *Ergebnisfunktion* f_{e} und zwischen Zuständen und Outputs *Markierungsfunktion* f_{m}. Es gilt:

$$f_{\text{ü}}: z \times x \longrightarrow z; \qquad f_{\text{e}}: z \times x \longrightarrow y; \qquad f_{\text{m}}: z \times z \longrightarrow y.$$

„Der Input 50 kg Wasserdampf führt zum Zustand Hochdruck" ist ein Beispiel für eine Überführungsfunktion. Entsprechend ist die folgende Relation ein Beispiel für eine Ergebnisfunktion: „Der Input Wind führt zum Ergebnis Drehmoment". Und schließlich ist der folgende Satz ein Beispiel für eine Markierungsfunktion: „Der Zustand Hochdruck führt zum Output Dampfablass".

Eine Funktion eines Systems haben wir als Beziehung zwischen Attributen definiert. Ein formal entsprechendes Vorgehen ist bei Subsystemen nicht möglich, weil wir jetzt keine einfachen Mengen, sondern (wieder) Quadrupel verknüpfen. Wir lösen diese Schwierigkeit, indem wir ein bestimmtes Subsystem in einer Relation durch eines seiner Attribute repräsentieren [LAN65, S. 17 ff.]. Die Definition der Systemstruktur erhält auf diese Weise zwar große Ähnlichkeit mit einer Systemfunktion, der Unterschied besteht aber darin, dass eine Funktion Beziehungen zwischen mehreren Attributen ein- und desselben Systems bzw. Subsystems beschreibt, während hier eine Relation zwischen jeweils einem Attribut verschiedener Subsysteme definiert ist. Ausdrücklich weisen wir darauf hin, dass wir eine Relation als eine einzelne Subsystemverknüpfung definiert haben (siehe bspw. [ROPO79]). Dies zeigt sich besonders deutlich, wenn wir den Begriff der Kopplung, wie in der Systemtheorie üblich, als besondere Form einer zweistelligen Relation einführen.

Es sei $a \in A$ ein Attribut des Subsystems p'. Dann heißt eine echte Teilmenge des kartesischen Produkts zwischen k Attributen von k Subsystemen eine *k-stellige Relation* $s: s \subset a' \times a''$; $a', a'' \in A$ mit je einem Attribut für jedes der k Subsysteme[16]. Die Menge S der Relationen heißt die *Struktur* des Systems: $S := \{s: s \subset a' \times a''; a', a'' \in A$ mit je einem Attribut für jedes der k Subsysteme $\wedge\ p \in P\}$.

[15] Ergebnis-, Überführungs- und Markierungsfunktion beschreiben wir über eine Menge von Funktoren. Sie verwenden wir, um später Sachverhalte wie Wandlung, Transport und Speicherung (siehe Sachsystem), Produktionsfunktion, Produktionsverfahren, Aktivität usw. zu formalisieren.

[16] Damit ist nur ausgesagt: Zwischen zwei Subsystemen besteht eine beliebige Relation.

Beispiele für derartige Relationen sind der Datenfluss zwischen zwei Prozessoren oder der Kraftaustausch zwischen Rotor und Getriebe. Aber genauso kann es sich um ein beliebiges Attribut des Subsystems „Rotor“ handeln, an das eine Relation zum Subsystem „Generator“ angehängt wurde.

Es seien y' der Output eines Subsystems p' und x'' der Input eines Subsystems p''. Dann heißt die zweistellige Identitätsrelation zwischen y' und x'' *Kopplung* $s_{p'p''}$[17]: $s_{p'p''} \subset y' \times x'' \wedge \underset{a \in A}{\forall} \alpha_{y'} = \alpha_{x''}$. Ein Beispiel für eine derartige Kopplung ist der Blutkreislauf an der Schnittstelle zwischen Rumpf und Oberarm. Entsprechendes gilt für das Skelett (insbesondere, wenn der Knochen in der Mitte durchgesägt wird) oder die Nervenbahnen.[18]

Es sei W eine nichtleere Menge, welche die Menge $P \subseteq W$ der Subsysteme als Teilmenge enthält. Dann heißt die Differenzmenge zwischen dieser Menge W und der Menge P der Subsysteme *Umgebung* V: $V = W \setminus P$. Damit definieren wir die Umgebung als eine Menge von Subsystemen, die außerhalb des betrachteten Systems liegen. Die Beziehungen zu diesen Subsystemen sind vom selben Charakter wie die Beziehungen zwischen den Subsystemen des betrachteten Systems. Beispiele für die Umgebung des Systems Julius Windmüller sind die Einrichtungsgegenstände seiner Wohnung und seines Büros oder die Mitglieder der Familie Windmüller.

Ein System p heißt *echtes System* p_{echt}, wenn die Attributmenge A, die Subsystemmenge P und die Umgebung V nichtleere Mengen darstellen: $p = p_{\text{echt}} \longleftrightarrow (A \neq \emptyset) \wedge (P \neq \emptyset) \wedge (V \neq \emptyset)$.

Ein System identifizieren wir dadurch, dass wir jene Gegebenheiten, die wir zum System zusammenfassen, von anderen Gegebenheiten der *Umgebung* abgrenzen.[19] Wir können einen solchen Schritt prinzipiell innerhalb des funktionalen Systemkonzepts vollziehen, indem wir etwa Attribute ausgrenzen, die dem System nicht zukommen. Meistens jedoch wird die Systemumgebung innerhalb des strukturalen Aspekts bestimmt. Die letz-

[17] Die Kopplung ist als Teilmenge definiert. Damit sind nicht alle Attribute von p' und nicht alle Attribute von p'' gefragt. Damit kann p' noch mit anderen Subsystemen ($\neq p', p''$) gekoppelt sein.

[18] Die geforderte Identität zwischen dem Input eines Subsystems und dem Output eines anderen Subsystems ist zu diskutieren. Es ist nicht anzunehmen, dass der Orthopäde, der den Bandscheibenvorfall von Julius Windmüller behandelt, die aus der Wirbelsäule austretenden Nervenstränge genauso beschreibt wie der Neurologe, der sie als Input/den Beginn seines Nervensystems versteht, solange die beiden unabhängig voneinander die Attribute bzw. Attributsausprägungen ihrer „Subsysteme“ festlegen. Dies wird nur funktionieren, wenn für das Gesamtsystem „Julius Windmüller“ ein Beschreibungsschema (siehe Abschn. 1.5, Prädikate) vorgegeben wird, das festlegt, welche Attribute/Eigenschaftsausprägungen die beiden Ärzte verwenden müssen. Sind Zeit und Raum ein Teil der Attributsbeschreibung, dann muss auch bzgl. dieser Dimensionen Identität gefordert werden.

[19] Die Diskurswelt ist der relevante und zweckorientiert abgegrenzte Ausschnitt der Realität, den das zu betrachtende System ausfüllen soll [FESI93]. Eine Systemgrenze ist eine „*mehr oder weniger willkürliche Abgrenzung zwischen dem System und seiner Umwelt bzw. Umgebung, in die es eingebettet ist*“ [HNBB92]. Diese Abgrenzung braucht nicht mit irgendwelchen vorhandenen Grenzen übereinzustimmen. „*Die Umwelt eines Systems ist die Gesamtheit aller von diesem System verschiedenen Systeme, die auf das betreffende System einwirken oder Einwirkung durch dieses System erfahren können*“ [KLBU85].

te Definition verlangt, dass jedes echte System eine Umgebung besitzt; Systeme, deren Umgebung „leer“ ist, lassen wir als Grenzfall zu.[20]

Die Definitionen zur Funktion eines Systems zielen auf eine durchgängige Betrachtung eines Systems als „Black Box“ ab. Input- und Outputattribute sind die nach außen sichtbaren Eigenschaften. Über das, was im System selbst geschieht, wird keine bzw. erst auf der Ebene der Subsysteme eine Aussage gemacht. Diese Subsysteme sind aber ihrerseits Systeme, die wieder über äußere Eigenschaften – also ihr Verhalten – beschrieben werden. Erst auf der Ebene der Subsysteme kann für ein System eine Sequenz von Funktionen über geeignete Kopplungen beschrieben werden; auf Systemebene werden die Funktionen eines Systems als parallel geschaltet und einstufig angelegt betrachtet – es gibt keine Kopplung der Funktionen eines Systems. Auf der Ebene der Subsysteme muss der Input aus der Umgebung und der Output an die Umgebung in den Attributen der Subsysteme definiert werden; als eine Transformationsfunktion, die die Attribute des Systems in die Attribute des Subsystems „übersetzt“, kann die Input- bzw. Output- und Zustandsfunktion verwendet werden – zwingend ist dies nicht. Damit ist die Ebene der Subsysteme eine eigenständige Betrachtungsebene, die nur über die Systemdefinition einem System zugeordnet ist.

Die Definition eines Subsystems p' führt eine Hierarchie „nach unten“ ein. Die folgende Definition fixiert die Sicht „nach oben“. Damit kann das System gemeinsam mit anderen Systemen ein Supersystem bilden. Diese Operationen können beliebig oft wiederholt werden. Daher ist die Systemhierarchie eine „nach unten“ wie „nach oben“ unendliche Folge; in der praktischen Anwendung jedoch ist der Abbruch jederzeit möglich, da die Subsysteme einerseits rein funktional betrachtet werden können, andererseits die Vereinbarung eines Supersystems lediglich möglich, keineswegs aber zwingend gefordert ist. Zum Zwecke der Übersichtlichkeit haben wir den Rang eines Systems innerhalb einer Hierarchie als Ordnungszahl definiert.

Es sei P^+ eine Systemmenge, die das System $p \in P^+$ als Element enthält. Dann heißt das gemäß der Definition eines allgemeinen Systems p gebildete Quadrupel, das P^+ enthält, *Supersystem* p^+: $p^+ = (A^+, F^+, P^+, S^+)$ mit $p \in P^+$. Ein Beispiel für ein Supersystem zum System Julius Windmüller ist die Familie Windmüller, wenn die Bedingungen der Definition eines Supersystems erfüllt sind.

[20] Hier werden Systeme struktural über Subsysteme definiert. Die Subsysteme sind dabei Elemente einer Menge. Diese System-Element-Beziehung wird hier einstufig angegeben. In der Literatur (bspw. [HÄJE74, RAPO88, CHUR74]) wird diese System-Element-Beziehung auch über mehrere Stufen einer Systemhierarchie gesehen und dazu eine Diskursebene definiert: Die *Diskursebene* ist eine für eine bestimmte Systembetrachtung zweckmäßig gewählte Zerlegung eines Systems in Subsysteme, um z. B. das beobachtete Systemverhalten anhand der Funktionsweise und des Zusammenwirkens dieser Subsysteme erörtern zu können. Die Diskursebene bestimmt damit maßgeblich die Komplexität der Systembetrachtung [FESI93]. Auf der gewählten Diskursebene werden die Subsysteme als Elemente behandelt. Ein *Element* ist ein „*Subsystem in einem System von Subsystemen, das innerhalb dieses Systems selbst nicht mehr in kleinere bzw. einfachere Elemente zerlegt werden kann bzw. – auf der gewählten Diskursebene – als innerhalb dieses Systems unzerlegbar angesehen wird*“ [KLBU85].

Die Folge, die neben dem System p die Subsysteme p', p'' usw. sowie die Supersysteme p^+, p^{++} usw. enthält, heißt *Systemhierarchie* H: $H = (\ldots, p'', p', p, p^+, p^{++}, \ldots)$. Diese Systemhierarchie könnte für unser Beispiel Julius Windmüller so aussehen: „... – Bevölkerung des Wohnorts – Familie Windmüller – Julius Windmüller – Nervensystem – Ischiasnerv – ...“.

Beispiel 2.32

Spanende Fertigung

Wir betrachten die spanende Fertigung einer Steckhülse (y_1) und eines Gehäuses (y_2). Wir setzen die Gebrauchsfaktoren Kaltkreissäge (x_1), Drehmaschine (x_2), Schrägbettdrehmaschine (x_3), Doppelspindeldrehmaschine (x_4), Drehmaschine mit angetriebenen Werkzeugen (x_5), Doppelspindeldrehmaschine mit angetriebenen Werkzeugen (x_6), Univeralfräsmaschine (x_7), Innenschleifmaschine (x_8), Säulenbohrmaschine (x_9), Nutenfräsmaschine (x_{10}), Innen-Außen-Schleifmaschine (x_{11}) sowie als Verbrauchsfaktoren Rohmaterial Steckhülse (x_{12}) und Rohmaterial Gehäuse (x_{13}) ein. Die Steckhülse kann auf sechs, das Gehäuse auf zwei unterschiedlichen Wegen (Basisaktivitäten, siehe Bd. 2, Kap. 2, Bild 2-6) produziert werden. Eine Inputfunktion ist dann das Mengenverhältnis der einzelnen Inputfaktoren zur Herstellung einer Steckhülse mittels einer bestimmten Basisaktivität z_i. Beispielsweise gilt für z_1: (0,5, 0, 7, 0, 0, 0, 0, 2, 0,4, 0,8, 4,5, 1, 0). Entsprechend ist dann das Stückzahlverhältnis (1, 0) bei der Herstellung einer Steckhülse eine Outputfunktion. Wir betrachten die sechs unterschiedlichen Herstellmöglichkeiten der Steckhülse als sechs unterschiedliche Zustände. Dann ist die Reihenfolge dieser Zustände eine Zustandsfunktion. Eine Markierungsfunktion erhalten wir bspw. für den Lagerbestand der Steckhülse: Abgang = Lagerbestandsverminderung. Die Überführungsfunktion ergibt sich zu Zugang = Lagerbestandserhöhung. Eine mögliche Ergebnisfunktion erhalten wir für die Bestandsbilanz: Abgang $\leq$ Lagerbestand + Zugang. Zur Umgebung gehört bspw. die anschließende Montagelinie, Supersystem ist bspw. die gesamte Getriebefertigung. ◄

Was genau ein Mensch betrachtet, der sich mit einem System beschäftigt, hängt von seiner *subjektiven Entscheidung* ab. Diese Subjektivität lässt sich nicht ausschalten, sie kann lediglich transparent gemacht werden; System und Umgebung werden vom Subjekt interpretiert. Ausgehend von der Systemdefinition, in der ein System als ein aus mehreren Subsystemen zusammengesetztes geordnetes Ganzes verstanden wird, das ein aufgrund seiner Funktion(en) regelhaft erklärbares Verhalten aufweist, bedeutet dies: Die Menge der Subsysteme (d. h. das “Ganze”) und ihr Verhalten sind als feste Größen gegeben.[21] Ob

[21] Dies gilt nur, soweit es um die Betrachtung vorhandener und nicht um die Generierung neuer Systeme geht. Diese Frage haben wir aber damit beantwortet, dass wir auf einem wie auch immer gestalteten Modell aufsetzen wollen.

aber eine Ordnung in einer Menge von Subsystemen erkannt wird, hängt ebenso wie die Menge der wahrgenommenen und dem betrachteten System zugeschriebenen Eigenschaften vom jeweiligen Subjekt ab: Unterschiedliche Subjekte können hinsichtlich derselben Menge von Subsystemen durchaus zu unterschiedlichen Aussagen gelangen.[22] Was der eine Mensch als System ansieht, ist für den anderen, der andere Eigenschaften (als wesentlich) ansieht, ggf. eine ungeordnete Menge von Subsystemen und daher kein System.[23]

Diese Subjektivität könnte nur dann ausgeschaltet werden, wenn die unendlich vielen Merkmale einer Menge von Subsystemen vollständig und für alle Subjekte nach denselben Kriterien in Eigenschaften gegliedert betrachtet werden könnten. Dies ist allein schon deswegen unmöglich, weil man zu der Menge der Eigenschaften auch die Eignung für eine bestimmte Aufgabe zählen kann. Diese Menge lässt sich aber nie abschließend angeben: Ein Thermostat kann auch als Briefbeschwerer, Wurfgeschoss, Wasserhahn usw. verwandt werden. Damit ist die Menge der Eigenschaften, die für ein System angegeben wird, niemals vollständig. Alle mit dem Systembegriff verbundenen Abgrenzungen, Unterteilungen und Verknüpfungen – also die Akquisition der Elemente, der Umwelt und der Relationen – haben abstrahierenden und damit modellbildenden Charakter. Alle angegebenen Eigenschaften sind lediglich eine Abkürzung aller möglichen Eigenschaften. Der Übergang von der Realität zum Modell und zum System ist fließend und jeder Beschreibungsversuch verkürzt die Realität zumindest zu Beginn der Aufzählung (unzulässig). Es ist aber gerade der Sinn der Systembildung, ein (Untersuchungs-)Objekt aus der realen Umgebung herauszulösen. Bereits mit der Absichtserklärung, etwas als System verstehen zu wollen, beginnt dieser Prozess. Wenn wir bspw. den Blutkreislauf eines Menschen betrachten, so gibt es keinen Menschen, der nur aus Herz und Adern besteht. Darüber hinaus macht diese Darstellung eine subjektive und in diesem Fall nichttriviale Abgrenzung erforderlich, wo dieser Blutkreislauf beginnt und endet. Im Zweifelsfall gehört doch wieder der ganze Mensch mit allen Zellen dazu, und nicht nur die Adern und das Herz.

Die Betrachtung einer Menge von Subsystemen als System ist somit immer eine abstrahierende Interpretation. Die von einem Subjekt vorgenommene Schwerpunktsetzung, die Auswahl und die Betonung bestimmter Eigenschaften hängt wesentlich von den je-

[22] Was durchaus kein Phänomen ist, das nur dem Systemdenken anhängt. Die berühmte Frage Berkeleys, ob ein System erst dann zum System (oder ein Problem erst dadurch zum Problem) wird, wenn es von einem Subjekt als solches erkannt wird, kann für unsere (Untersuchungs-)Zwecke als irrelevant angesehen werden: Die Menge der Objekte (und bzgl. des Problems der Sachverhalt an sich) kann unabhängig vom Subjekt existieren (siehe auch [KLBU85], Stichwort „Eigenschaft“ und [LENI47]); was das Subjekt erkennt, ist eine andere Frage. Wir entscheiden uns hier zweckmäßigerweise für den Kompromiss.

[23] Es gibt hier auch durchaus pessimistische Ansichten: „... *Nichts ist einfacher, als an Stelle von Gedanken, die man nicht hat, ein System zu begründen. Aber selbst ein guter Gedanke ist wenig wert, wenn er von einem Flachkopf ausgesprochen wird* ...“ [SPEN23, S. 55]. Wir wollen hier diesen Standpunkt konstruktiv formulieren: Auch ein guter Gedanke geht verloren und ist daher wertlos, wenn er nicht in einem wissenschaftlich/theoretisch begründeten System zum Tragen kommt.

weiligen Zielen des Subjekts ab.[24] Ziele verstehen wir in der Regel als anzustrebende Zustände des Systems, nicht als Vorschriften, aus welchen Subsystemen und Relationen diese Systeme aufzubauen sind. Ziele sind demnach immer subjektiv. Wird in einem Unternehmen z. B. ein neues Windrad entwickelt, so ist das Sachziel ein spezifiziertes Windrad, das produziert werden kann. Ein mögliches Formalziel ist z. B. die Zeit, die der Entwicklungsprozess in Anspruch nehmen darf. Die Projekt- bzw. Geschäftsleitung hat den Wunsch, diese Entwicklungszeit möglichst klein zu halten, und die Produktentwickler möchten den Zeitraum möglichst groß definieren. Man kann diesen Spielraum für die subjektive Betonung gewisser Systemeigenschaften konstruktiv in der Gestaltung von Systemen nutzen. Hier kann man sich durchaus auf die für eine gewisse Zielsetzung wesentlichen Eigenschaften konzentrieren, diese definieren und die restlichen offenlassen; nur dadurch bekommt die Unterscheidung von Sach- und Formalzielen einen Sinn. Die Sachziele sind die explizit geforderten Eigenschaften; alle anderen Eigenschaften haben sich den Formalzielen unterzuordnen.

Beispiel 2.33

Windrad Pustefix

Statische Systeme sind dadurch gekennzeichnet, dass Elemente, Relationen und alle charakterisierenden Parameter zeitlich konstant sind: Windrad Pustefix bei andauernder Windstille.

Dynamische Systeme lassen eine Reihe weiterer Differenzierungen zu:

- *Determinierter Ablauf*: Windrad Pustefix bei gleichmäßigem Schönwetterwind.
- *Zeitlich variabler Ablauf*: Windrad Pustefix bei wechselhaftem Wind.
- *Zeitlich variables Verhalten*: Bei hoher Stromnachfrage dreht Windrad Pustefix mit doppelter Drehzahl.
- *Zeitlich variable Struktur*: Bei hoher Stromnachfrage dreht Windrad Pustefix mit doppelter Drehzahl und verändert die Generatorschaltung.

Geschlossene Systeme besitzen keine Relation zu ihrer Umwelt: Windrad Pustefix ohne Input und ohne Output und ohne Relationen zu anderen Systemen; bspw. bei einer modellhaften, isolierten Betrachtung des Systementwurfs.

Offene Systeme tauschen Informationen und Leistungen mit der Umwelt aus: Windrad Pustefix wird von einer Leitwarte aus überwacht.

[24] Ein *Ziel* ist ein „*gedanklich vorweggenommener zukünftiger Zustand bzw. relativer Endpunkt einer Entwicklung, der aus einem Feld von (objektiven) Möglichkeiten von einem Subjekt aufgrund einer Entscheidung bewusst ausgewählt (qualitative Bestimmung) und festgelegt (quantitative Bestimmung) wird und nur durch aktives Handeln des Subjekts verwirklicht werden kann und den Wünschen und Absichten des Subjekts entspricht*“ (siehe [KLBU85]). Es werden Sach- und Formalziele unterschieden, wobei die Formalziele Vorgaben für das aktive Handeln und Sachziele das gewünschte Ergebnis des aktiven Handelns beschreiben (siehe z. B. [FESI93]).

Deterministische Systeme zeigen ein vorhersagbares Verhalten der Elemente, der Relationen sowie der daraus resultierenden Veränderungen des Systemzustands (also der Funktion): Windrad Pustefix als störungsfreie Maschine mit vorhersagbarem Verhalten bei wechselndem Wind.

Probabilistische Systeme (auch als stochastische Systeme bezeichnet) lassen bezüglich der Vorhersagbarkeit die Anwendung der Regeln und Gesetze der Stochastik zu. ◄

2.2.2 Input-Output-Systeme

Unter einem *Input-Output-System* wollen wir ein mathematisches System verstehen, bei dem gewisse Ausdrücke als Inputgrößen bzw. als Outputgrößen gekennzeichnet sind; wir beschäftigen uns mit möglichen Ausprägungen der Ergebnisfunktion (vgl. Abschn. 2.2.1).

Wir haben bereits oben festgestellt, dass wir jede Problemstellung an einem Modell mit der Vorstellung einer Input-Output-Situation verknüpfen können (Probleme als Input, Lösungen als Output). Oft wird jedoch der Input im Modell tatsächlich eine Größe zu beschreiben haben, die „hineingeht", und der Output eine Größe, die „herauskommt". Häufig finden wir dann die Bezeichnung „offenes System" in der Bedeutung unseres Input-Output-Systems und „geschlossenes System" für ein System, bei dessen Beschreibung die Begriffe Input und Output keine Rolle spielen (siehe Beispiel 2.32). Bei allen Input-Output-Systemen interessieren die Problemstellungen, wie sie zu Beginn dieses Kapitels beschrieben wurden. In der ersten Situation soll bei bekanntem System und bei bekanntem Systeminput mit Hilfe der für das System bekannten Theorie der Systemoutput bestimmt werden. In ihrer theoretischen Behandlung läuft diese Situation auf das Problem hinaus, den Systemoperator zu bestimmen, der den Einfluss der Inputgrößen auf die Outputgrößen beschreibt. Die Schwierigkeit der Aufgabe ist von der Art der Systemkonstruktion abhängig. Die zweite Situation kann bezüglich des zugrundeliegenden Systems als das Umkehrproblem der ersten Situation gesehen werden. Kennt man den „Input-Output-Operator" des Systems, so verlangt sie die Bestimmung des dazu „inversen Operators" (des Output-Input-Operators), anders ausgedrückt, die Lösung der zugehörigen Urbildprobleme. Sowohl die erste Situation als auch die zweite sind Situationen der Analyse: Bei grundsätzlich bekanntem System soll mit Hilfe der zugehörigen Theorie seine Funktionsweise analysiert werden. Bei der dritten Situation geht es darum, bei Kenntnis der zugehörigen Input- und Outputgrößen eine Konstruktion (eine abstrakte Maschine) zu entwickeln, die zusammen mit der zugehörigen Theorie die vorgegebenen Input-Output-Schemata erzeugt. Es ist die Situation der Synthese eines Systems (Black-Box-Situation).

Im Folgenden behandeln wir beide Fragestellungen, Analyse und Synthese. Als Erstes fassen wir für Input-Output-Systeme mathematische Konstruktionen ins Auge, die im Wesentlichen zu ihrer Formulierung die Mittel der Mengenlehre benützen. Solche Konstruktionen haben mit ihrem vergleichsweise unspezifischen Charakter einen sehr weit gestreuten Anwendungsbereich. In der Systemtheorie hat sich daher für Systeme dieser

Art die Bezeichnung *allgemeine Systeme* eingebürgert. Allgemeine Systeme finden in vielen Fällen Anwendung im Zusammenhang mit noch wenig formalisierten Modellen. Daneben stellen sie das Grundskelett für reicher strukturierte Systeme.

Allgemeine statische Input-Output-Systeme
Ein Tripel (X, Y, S) heißt ein *allgemeines Input-Output-System*, wenn gilt:

- X und Y sind Mengen.
- S ist eine nichtleere Relation $S \subset X \times Y$.

Ist (X, Y, S) ein allgemeines (Input-Output-)System, so heißt X die *Inputmenge*, jedes Element daraus ein *Input*, Y heißt die *Outputmenge*, jedes Element daraus ein *Output*. S heißt die zu (X, Y, S) gehörige *Input-Output-Relation*. Ein Paar $(x, y) \in X \times Y$, für das auch gilt $(x, y) \in S$ heißt ein *Input-Output-Paar* von (X, Y, S). Bei einem Input-Output-Paar (x, y) sagen wir „y wird in (X, Y, S) von x aus erreicht" und „x ist in (X, Y, S) ein für y möglicher Input". Für ein beliebiges $x \in X$ sei mit xS die Menge $xS := \{y : y \in Y \wedge xSy\}$ bezeichnet. Wir heißen xS die von x aus *erreichbare Menge* von Outputs. In ähnlicher Weise sei für ein beliebiges $y \in Y$ mit Sy die Menge $Sy := \{x : x \in X \wedge xSy\}$ bezeichnet. Sy nennen wir die für y *mögliche Menge* von Inputs. Das Konzept der „erreichbaren Menge" und der „möglichen Menge" legt die Einführung der Abbildungen $(.)S$ und $S(.)$ nahe: $(.)S : {}_1S \longrightarrow \mathcal{P}(Y) : x \longrightarrow (.)S(x) := xS$. $S(.) : {}_2S \longrightarrow \mathcal{P}(X) : y \longrightarrow S(.)(y) := Sy$. $(.)S$ heißt die zu (X, Y, S) gehörige *Vorwärtsabbildung*; $S(.)$ heißt die zu (X, Y, S) gehörige *Rückwärtsabbildung*. Das zu einem allgemeinen Input-Output-System (X, Y, S) *inverse System* $(X, Y, S)^{-1}$ ist definiert durch das allgemeine Input-Output-System, (Y, X, S^{-1}). Für eine beliebige Menge $M \subset X \times Y$ sei die *Einschränkung* von (X, Y, S) auf M durch das allgemeine System $(X, Y, S \cap M)$ definiert.

Wir nennen ein allgemeines Input-Output-System:

- *Funktional*: $\longleftrightarrow$ S ist eine funktionale Relation.
  Einem Input wird genau ein Output(element) zugeordnet.
- *Zerlegend*: $\longleftrightarrow \underset{x,x' \in {}_1S}{\forall} \; x \neq x' \longrightarrow xS \cap x'S = \emptyset$.
  Je zwei Mengen an Outputs, die mit je zwei verschiedenen x, x' erreicht werden, haben keine gemeinsamen Elemente;
  x, x' führen zu zwei erreichbaren Mengen ohne gemeinsames Element.
- *Alternativ*: $\longleftrightarrow \underset{x \in {}_1S}{\forall} \; \underset{x' \in {}_1S}{\exists} \; x \neq x' \wedge xS \cap x'S \neq \emptyset$.
  Jedes xS muss mit mindestens einem $x'S$ mindestens ein y gemeinsam haben.
- *Schachtelnd*: $\longleftrightarrow \underset{x,x' \in X}{\forall} \; xS \subset x'S \vee x'S \subset xS$.
  Der Output kann so geordnet werden, dass ausgehend von einer minimalen Outputmenge jede Outputmenge
  Teilmenge der Outputmenge mit der nächstgrößeren Kardinalität ist.

- *Teilmengenleer*: $\longleftrightarrow \underset{x,x' \in_1 S}{\forall} xS \subset x'S \longrightarrow xS = x'S$.
  Ein Input, dessen Output eine Teilmenge des Outputs eines anderen Inputs ist, wird wie dieser Input behandelt:
  Beide Outputs sind identisch.
- *Konstant:* $\longleftrightarrow \underset{x,x' \in_1 S}{\forall} xS = x'S$.
  Jede Art von Input führt zum selben Output.
- *Inputfrei*: $\longleftrightarrow card_1 S = 1$.
  Es gibt nur einen Input x.
- *Outputfrei*: $\longleftrightarrow card_2 S = 1$.
  Es gibt nur einen Output y.

Beispiel 2.34

Türme Starkwind-Windräder

Wir betrachten betrachten die Türme für Starkwind-Windräder. Diese Türme werden aus vorbearbeiteten Segmenten zu der geforderten Höhe zusammengesetzt. Insgesamt gibt es fünf Segmente S1, S2, S3, S4 und S5, die zu acht unterschiedlichen Turmhöhen T1–T8 kombiniert werden können.

- funktional: $X := \{(S1, S2), (S2, S3), (S1, S4), (S1, S2, S4), (S3, S5), (S1, S3, S5), (S2, S4, S5), (S2, S3, S4, S5)\}$; $S := \{\langle(S1, S2), T1\rangle, \langle(S2, S3), T2\rangle, \langle(S1, S4), T3\rangle, \langle(S1, S2, S4), T4\rangle, \langle(S3, S5), T5\rangle, \langle(S1, S3, S5), T6\rangle, \langle(S2, S4, S5), T7\rangle, \langle(S2, S3, S4, S5), T8\rangle\}$
- zerlegend: $X := \{(S1, S2), S4, S5\}$; $S := \{\langle S4, T6\rangle, \langle S5, T7\rangle, \langle(S1, S2), T8\rangle\}$
- alternativ: $X := \{S4, S5\}$; $S := \{\langle S4, T6\rangle, \langle S5, T7\rangle, \langle S4, T8\rangle, \langle S5, T8\rangle\}$
- schachtelnd: $X := \{(S1, S2, S3), (S1, S2, S3, S4), (S1, S2, S3, S4, S5)\}$;
  $S := \{\langle(S1, S2, S3), T1\rangle, \langle(S1, S2, S3, S4), (T1, T2)\rangle, \langle(S1, S2, S3, S4, S5), (T1, T2, T3)\rangle\}$
- teilmengenleer: $x := S1, S2, S3, S4, S5$; $S := \{\langle(S1, S4, S5), T5\rangle, \langle(S1, S2, S4, S5), T5\rangle, \langle S5, T5\rangle, \langle S3, T3\rangle\}$
- konstant: Es wird unabhängig vom Input T1, T2 und T3 produziert.
- inputfrei: Wir verwenden für jeden beliebigen Turm (S1, S4, S5) als Input.
- outputfrei: Es wird unabhängig vom Input T1 produziert. ◄

Es seien (X, Y, S) und (X', Y', S') zwei gegebene Input-Output-Systeme. Dann heißt ein Paar $\langle\alpha, \beta\rangle$ von Abbildungen $\alpha: X \longrightarrow X'$ und $\beta: Y' \longrightarrow Y$ eine *Simulationszuordnung* von (X, Y, S) zu (X', Y', S'), wenn dafür gilt: $\underset{x \in X}{\forall} \underset{y \in Y}{\forall} xSy \longrightarrow \underset{y' \subset Y'}{\exists} \alpha(x)S'y' \wedge \beta(y') = y$. Existiert von (X, Y, S) zu (X', Y', S') eine Simulationszuordnung, dann wird (X, Y, S) von (X', Y', S') simuliert. In diesem Fall heißt (X', Y', S') ein *Simulationssystem* von (X, Y, S). Von einer Simulationszuordnung $\langle\alpha, \beta\rangle$ wird demnach verlangt, dass für ein beliebiges $x \in X$ die davon in (X, Y, S) erreichten Outputs $y \in xS$ auch im Umweg über das System (X', Y', S') erreicht werden können. Für eine Simulationszuordnung $\langle \alpha, \beta \rangle$ muss gelten: $\underset{x \in X}{\forall}\; xS \subset \{y : y \in Y \wedge \underset{y' \in Y'}{\exists}\; y' \in \alpha(x)S' \wedge y = \beta(y')\}$.

(X_1, Y_1, S_1) und (X_2, Y_2, S_2) bezeichnen zwei gegebene Input-Output-Systeme. Wir definieren zwischen ihnen die folgenden *Schaltungen*:

- Die *Parallelschaltung*/das *kartesische Produkt* $(X_1, Y_1, S_1) \otimes (X_2, Y_2, S_2)$ ist definiert als das Input-Output-System

  (X, Y, S) mit $X := X_1 \times X_2, Y := Y_1 \times Y_2, S := \{((x_1, x_2), (y_1, y_2)) : x_1 S_1 y_1 \wedge x_2 S_2 y_2\}$.

- Die *Serienschaltung* $(X_1, Y_1, S_1) \ominus (X_2, Y_2, S_2)$ ist definiert als das Input-Output-System (X, Y, S) mit

  $$X := X_1; \quad Y := Y_2; \quad S := S_1 \bigcirc S_2.$$

  $S_1 \bigcirc S_2$ bedeutet die Transformation von X_1 nach Y_2; der Output der beiden Systeme S_1 und S_2 wird auf das Gemeinsame der beiden Systeme eingeschränkt.
- Der *Input-Durchschnitt* $(X_1, Y_1, S_1) \mathbin{\mathrm{I\!I}\!\!\!\bigcirc}_1 (X_2, Y_2, S_2)$ ist definiert als das Input-Output-System (X, Y, S) mit

  $$X := X_1 \cap X_2; \quad Y := Y_1 \times Y_2; \quad S := \{(x, (y_1, y_2)) : xS_1 y_1 \wedge xS_2 y_2\}.$$

- Der *Output-Durchschnitt* $(X_1, Y_1, S_1) \mathbin{\mathrm{I\!I}\!\!\!\bigcirc}_2 (X_2, Y_2, S_2)$ ist definiert als das Input-Output-System (X, Y, S) mit

  $$X := X_1 \times X_2; \quad Y := Y_1 \cap Y_2; \quad S := \{((x_1, x_2), y) : x_1 S_1 y \wedge x_2 S_2 y\}.$$

- Der *(Input-Output-)Durchschnitt* $(X_1, Y_1, S_1) \mathbin{\mathrm{I\!I}\!\!\!\bigcirc} (X_2, Y_2, S_2)$ ist definiert als das Input-Output-System X, Y, S mit

  $$X := X_1 \cap X_2; \quad Y := Y_1 \cap Y_2; \quad S := S_1 \cap S_2.$$

  Hier stehen bei S_1 und S_2 dieselben Signale an; S_1 und S_2 produzieren denselben Output.
- Die *(Input-Output-)Vereinigung* $(X_1, Y_1, S_1) \circledast (X_2, Y_2, S_2)$ ist definiert als das Input-Output-System (X, Y, S) mit

  $$X := X_1 \cup X_2; \quad Y := Y_1 \cup Y_2; \quad S := S_1 \cup S_2.$$

- Die *Rückkopplungsschaltung* $(X^*, Y^*, S^*) \circledcirc (X_R, Y_R, S_R)$ eines Output-Durchschnitts mit einem „Regler" (X_R, Y_R, S_R) ist definiert als das allgemeine System (X, Y, S) mit

  $$X := X_1; \quad Y := Y_1 \cap Y_2; \quad S := \{(x, y) : xS_1 y \wedge yS_R \bigcirc S_2 y\}.$$

- Es sei (X, Y, S) ein Input-Output-System, dessen Outputmenge Y ein kartesisches Produkt $Y = Y_1 \times Y_2$ ist. Wir erklären dann die *Projektionen* (X, Y_1, S_1) und (X, Y_2, S_2) durch

$$S_1 := \{(x, y_1): x \in X \wedge y_1 \in Y_1 \wedge \underset{y_2 \in Y_2}{\exists} xS(y_1, y_2)\} \quad \text{und}$$
$$S_2 := \{(x, y_2): x \in X \wedge y_2 \in Y_2 \wedge \underset{y_1 \in Y_1}{\exists} xS(y_1, y_2)\}.$$

Demnach gilt für die Projektionen (X, Y_1, S_1) und (X, Y_2, S_2) von (X, Y, S) die Beziehung $(X, Y_1, S_1) \oplus_1 (X, Y_2, S_2) = (X, Y, S)$ (Input-Durchschnitt).
Zulässig ist in diesem Fall ein Input x dann, wenn es dazu einen Output y_1 gibt und ein Output y_2 existiert, der in S_2 aus x entsteht, bzw. es dazu einen Output y_2 gibt und ein Output y_1 existiert, der in S_1 aus x entsteht.

Beispiel 2.35

Einstufige Verwendungsstruktur

Wir produzieren drei Getriebe a, e und o. Mit den Komponenten von Getriebe e können wir auch die Getriebe a und o herstellen. Wenn genügend Material zur Verfügung steht, können daher die folgenden Input-Output-Kombinationen entstehen: $(a, a), (e, e), (o, o), (e, a), (e, o), (e, ae), (e, ao), (e, eo), (e, aeo)$.

$$X := \{a, e, o\}, \quad Y := \{a, e, o, ae, ao, eo, aeo\}$$
$$S := \{(a, a), (e, e), (o, o), (e, a), (e, o), (e, ae), (e, ao), (e, eo), (e, aeo)\}$$

xS, Sy

- funktional: a, e, o; a, e, o; $(a, a), (e, e), (o, o)$
- zerlegend: a, e, o; a, e, o, ae, eo; $(a, a), (e, e), (e, ae), (e, eo), (o, o)$
- alternativ: a, e, o; a, o; $(a, a), (e, a), (o, o), (e, o)$
- schachtelnd: a, e; a, e; $(a, a), (e, ae), (e, aeo)$
- teilmengenleer: a, o; a, o; $(a, a), (o, o)$
- Parallelschaltung: $a, o/e$ führt zum Output a, e und o, e.
- Serienschaltung: $a, o/a, e$ führt zum Output a.
- Input-Durchschnitt: $X_1 : a, e/X_2 : o, e$ führt zum Input e und der eine macht aus e e, a oder o und der andere e, a oder o.
- Output-Durchschnitt: $X_1 : e, o//X_2 : e, a$ führt zum Output $Y_1 : a, e, o//Y_2 : a, e, o$ mit dem resultierenden Output $Y : a, e, o$.
- Input-Output-Durchschnitt: $X_1 : a, e//X_2 : o, e$ führt zum Input e mit a, e, o als Output.
- Input-Output-Vereinigung: a, o als Input führt zu a, o als Output. ◄

Lineare Input-Output-Systeme
Ein Input-Output-System (X, Y, S) heißt linear, wenn dafür gilt:

(1) X ist ein linearer Raum über K.
(2) Y ist ein linearer Raum über K.
(3) $\underset{x,x'\in X}{\forall}\ \underset{y,y'\in Y}{\forall}\ xSy \wedge x'Sy' \longrightarrow (x + x')S(y + y')$.
(4) $\underset{x\in X}{\forall}\ \underset{y\in Y}{\forall}\ \underset{k\in K}{\forall}\ xSy \longrightarrow kxSky$.

Ein lineares allgemeines System (X, Y, S) stellt also einen Teilraum von $X \times Y$ dar (die lineare Struktur in $X \times Y$ sei wie üblich von X und Y induziert). Die Bedingungen (3) und (4) verlangen, dass die betrachtete Konstruktion unbegrenzt „immer weiter geht". Ein begrenzter Definitions- oder Wertebereich wird mit diesen Bedingungen immer überschritten.

Eine Teilmenge U der Relation S eines linearen allgemeinen Systems heißt linear, wenn sie gegenüber Vektoraddition und Skalarmultiplikation abgeschlossen ist, wenn also gilt

(1) $\underset{x,x'\in X}{\forall}\ \underset{y,y'\in Y}{\forall}\ xUy \wedge x'Uy' \longrightarrow (x + x')U(y + y')$,
(2) $\underset{x\in X}{\forall}\ \underset{y\in Y}{\forall}\ \underset{\alpha\in K}{\forall}\ \longrightarrow \alpha xU\alpha y$.

Diese beiden Bedingungen können wir durch

(1') $U + U \subset U$ und
(2') $\underset{\alpha\in K}{\forall}\ \alpha U \subset U$

abkürzen. Mit jeder linearen Teilmenge U kann das zugehörige lineare Input-Output-System (X, Y, U) betrachtet werden. Ein jedes solches System heißt ein lineares Teilsystem von (X, Y, S). Für ein lineares Input-Output-System (X, Y, S) und ein zugehöriges Teilsystem (X, Y, U) erklären wir die Äquivalenzrelation $\sim$ auf S durch

$$(x, y) \sim (x', y') \longleftrightarrow (x, y) + U = (x', y') + U$$

und den Quotientenraum $(S/U, \oplus, \odot)$ als das algebraische System, das gegeben ist durch

(1) S/U ist die Quotientenmenge von S bezüglich $\sim$.
(2) $\oplus: S/U \times S/U \longrightarrow S/U$ mit $[(x, y)] \oplus [(x', y')] := [(x + x', y + y')]$
(3) $\odot: K \times S/U \longrightarrow S/U$ mit $\alpha[(x, y)] := [(\alpha x, \alpha y)]$.

Wir erkennen, dass die Operationen $\oplus$ und $\odot$ in der üblichen Weise einen linearen Raum definieren. Es gilt damit: Der Quotientenraum $(S/U, \oplus, \odot)$ ist ein linearer Raum über K.

Mit jedem Quotientenraum S/U eines linearen allgemeinen Systems (X, Y, S) liegt so eine Partition desselben in Teilsysteme vor.

Beispiel 2.36

Wasserleitung

Wir betrachten ein Wasserleitungssystem, in dem Wasser mit einer Pumpe in beide Richtungen gefördert werden kann. Die je Zeiteinheit geförderte Menge y' hängt linear vom Druck ab; die insgesamt geförderte Menge vom Druck und von der Laufzeit. ◄

Zustandsparametrisierung

Ein Quadrupel (X, Y, Z, p) heißt eine *Zustandsparametrisierung* des allgemeinen Input-Output-Systems (X, Y, S), wenn p eine Parametrisierungsabbildung $p: Z \longrightarrow \mathcal{P}(X \times Y)$ von S ist und wenn gilt: $\underset{z \in Z}{\forall}\ p(z)$ ist funktional und $\bigcup_{z \in Z} p(z) = S$.[25]

$\mathcal{P}(X \times Y)$ bezeichnet die Potenzmenge von $X \times Y$. Ist (X, Y, Z, p) eine Zustandsparametrisierung von (X, Y, Z), so heißt Z die zugehörige *Zustandsmenge* und p die *Zustandsparametrisierungsabbildung*. Damit wird S in eine Schar von funktionalen Relationen (Parameterlinien) zerlegt, die in ihrer Gesamtheit genau S überdecken. Falls $xp(z)y$ gilt, so gibt die Zustandsparametrisierung (X, Y, Z, p) im Zustand z als Antwort zum Input x den Output y ab. Gilt die Beziehung $xp(z) = \emptyset$, so wird im Zustand z zum Input x kein Output abgegeben.

Zu einer gegebenen Zustandsparametrisierung (X, Y, Z, p) wird die zugehörige *Outputrelation* λ von $Z \times X$ in Y durch $\lambda \subset (Z \times X) \times Y: (z, x)\lambda y \longleftrightarrow xp(z)y$ definiert. Die Outputrelation λ ist eine funktionale Relation von $Z \times X$ in Y: „Für $\lambda = (z_1, x_1)$ gilt y_1. Wir sprechen dann von der *Outputform* der Zustandsparametrisierung (X, Y, Z, p) und verwenden das Symbol $(X, Y, Z; \lambda)$. Zusätzlich verwenden wir neben dem Symbol (X, Y, Z, p) für eine Zustandsparametrisierung eines allgemeinen Input-Output-Systems (X, Y, S) das Symbol $parS$.

Eine Zustandsparametrisierung *parS* heißt

- *vollständig:* $\longleftrightarrow \underset{x \in {}_1S}{\forall}\ \underset{z \in Z}{\forall}\ x \in {}_1p(z)$.
  Jedes $x \in X$ aus dem Vorbereich hat eine Zuordnung zu jedem Zustand $z \in Z$. In diesem Falle gilt also ${}_1\lambda = Z \times {}_1S$.
- *diskret*: $\longleftrightarrow \underset{z \in Z}{\forall}\ card(p(z)) \in \{0, 1\}$.
  Für jeden Zustand $z \in Z$ ist die p zugeordnete funktionale Relation $p(z)$ entweder leer oder aber sie besteht nur aus einem einzigen Paar $\langle x, y\rangle \in S$. Es gibt demnach zu jedem Zustand $z \in Z$ von $parS$ höchstens einen Input $x \in X$, bei dem Output abgegeben wird.

[25] Wir geben keine Überführungs- und keine Markierungsfunktion an: Bestimmte Zustände sind möglich; sie parametrisieren die Ergebnisfunktion.

- *nichtabschaltend*: $\longleftrightarrow \underset{z\in Z}{\forall}\ p(z) \neq \emptyset$.
  In jedem Zustand gibt es mindestens eine Durchschaltung von x nach y.
- *zerlegend*: $\longleftrightarrow \underset{z,z'\in Z}{\forall}\ z \neq z' \longrightarrow p(z) \cap p(z') = \emptyset$.
  Zwei unterschiedliche Zustände z, z' haben keine gemeinsame Relation.
- *alternativ*: $\longleftrightarrow \underset{z\in Z}{\forall}\ \underset{z'\in Z}{\exists}\ z \neq z' \wedge p(z) \cap p(z') \neq \emptyset$.
  Für jeden Zustand z gibt es mindestens einen Zustand z', mit dem mindestens eine Relation gemeinsam ist.
- *teilmengenleer*: $\longleftrightarrow \underset{z,z'\in Z}{\forall}\ p(z) \subset p(z') \longrightarrow p(z) = p(z')$.
  Relationen bei einem bestimmten Zustand, die eine Teilmenge der Relationen bei einem anderen Zustand sind, werden zu dieser vollständigen Menge ergänzt.
- *parallel*: $\underset{x,x'\in X}{\forall}\ \underset{y,y'\in Y}{\forall}\ \underset{z\in Z}{\forall}\ xp(z)y \wedge x'p(z)y' \longrightarrow y = y'$.
  Für einen bestimmten Parameter/Zustand z haben alle Inputs x denselben Output y/ein Zustand hat nur einen Output.
- *invertierbar*: $\longleftrightarrow \underset{z\in Z}{\forall}\ p(z)^{-1}$ ist funktional.
  Ein Output hat (bei einem bestimmten Zustand) nur einen Input. Die Relationenmatrix ist in beiden Richtungen eindeutig.

Beispiel 2.37

Zusammensetzen der Türme

Abhängig von den drei Standorten O1, O2, O3 der Windkraftwerke entstehen aus den Segmenten S1–S5 unterschiedliche Türme.

vollständig:	O1: (S1, S2, S3, S4, S5) $\longrightarrow$ T1	O2: (S1, S2, S3, S4, S5) $\longrightarrow$ T2	O3: (S1, S2, S3, S4, S5) $\longrightarrow$ T3
diskret:	O1: (S2, S3, S4, S5) $\longrightarrow$ T4	O2: (S1, S2, S4, S5) $\longrightarrow$ T5	O3: (S1, S2, S3, S4) $\longrightarrow$ T6
nichtabschaltend:	O1: (S1, S2, S3) $\longrightarrow$ T7	O2: (S1, S4, S5) $\longrightarrow$ T8	O3: (S2, S3, S4, S5) $\longrightarrow$ T1
zerlegend:	O1: (S1, S2, S3, S4) $\longrightarrow$ T1	O2: (S1, S2, S3, S5) $\longrightarrow$ T2	O3: (S1, S3, S4, S5) $\longrightarrow$ T3
alternativ:	O1: (S1, S2, S3, S4, S5) $\longrightarrow$ T1	O2: (S1, S2, S3, S4, S5) $\longrightarrow$ T1	O3: (S1, S2, S3, S4, S5) $\longrightarrow$ T1

teilmengenleer:	O1: (S1, S2, S3) $\longrightarrow$ T7	O2: (S1, S2, S3) $\longrightarrow$ T7	O3: (S1, S2, S3) $\longrightarrow$ T7
		O2: (S1, S2, S4) $\longrightarrow$ T5	O3: (S1, S2, S4) $\longrightarrow$ T5
			O3: (S3, S4, S5) $\longrightarrow$ T2
wird zu	O1: (S1, S2, S3) $\longrightarrow$ T7	O2: (S1, S2, S3) $\longrightarrow$ T7	O3: (S1, S2, S3) $\longrightarrow$ T7
	O1: (S1, S2, S4) $\longrightarrow$ T5	O2: (S1, S2, S4) $\longrightarrow$ T5	O3: (S1, S2, S4) $\longrightarrow$ T5
	O1: (S3, S4, S5) $\longrightarrow$ T2	O2: (S3, S4, S5) $\longrightarrow$ T2	O3: (S3, S4, S5) $\longrightarrow$ T2
ergänzt.			
parallel:	O1: (S1, S2, S3, S4, S5) $\longrightarrow$ T1	O2: (S1, S2, S3, S4, S5) $\longrightarrow$ T2	O3: (S1, S2, S3, S4, S5) $\longrightarrow$ T3
	O1: (S2, S3, S4, S5) $\longrightarrow$ T1	O2: (S1, S2, S4, S5) $\longrightarrow$ T2	O3: (S1, S2, S3, S4) $\longrightarrow$ T3
invertierbar:	O1: (S1, S2, S3, S4) $\longrightarrow$ T1	O2: (S1, S2, S3, S5) $\longrightarrow$ T2	O3: (S1, S3, S4, S5) $\longrightarrow$ T3 ◀

Es bezeichnen $parS = (X, Y, Z, p)$ und $parS' = (X', Y', Z', p')$ zwei gegebene Zustandsparametrisierungen der Input-Output-Systeme (X, Y, S) beziehungsweise (X', Y', S'). Wir nennen nun einen Tripel (α, β, γ) von Abbildungen $\alpha: X \longrightarrow X'$, $\beta: Y' \longrightarrow Y$ und $\gamma: Z \longrightarrow Z'$ eine Simulationszuordnung von $parS$ zu $parS'$, wenn dafür gilt: $\underset{x\in X}{\forall}\ \underset{y\in Y}{\forall}\ \underset{z\in Z}{\forall}\ xp(z)y \longrightarrow \underset{y'\in Y'}{\forall}\ \alpha(x)p'(\gamma(z))y' \wedge \beta(y')$. Existiert eine Simulationszuordnung (α, β, γ) von $parS$ zu $parS'$, so sagen wir, $parS$ wird von $parS'$ *simuliert*. Wir nennen dann $parS'$ eine *Simulation-Zustands-Parametrisierung* von $parS$.

Eine Zustandsparametrisierung wird hinsichtlich der Zustände und hinsichtlich der Inputmenge durch Beobachtung des Systemverhaltens eine schrittweise Vervollständigung erfahren. Daher werden sich u. U. in den Zustandsparametrisierungen Redundanzen einstellen. Natürlich sind wir daran interessiert, derartige Redundanzen zu erkennen und zu beseitigen.

Eine Zustandsparametrisierung $parS$ heißt

- *zustandsminimal*: $\longleftrightarrow \underset{z\in Z}{\forall} (X, Y, Z \setminus \{z\}, p|Z \setminus \{z\})$ ist keine Zustandsparametrisierung von (X, Y, Z).
  Über die Menge $\{z\}$ hinaus enthält Z keine Zustände. Wenn man einen Zustand z aus Z wegnimmt, ist das System S nicht mehr vollständig.
- *zustandsreduziert*: $\underset{z,z'\in Z}{\forall} p(z) = p(z') \longrightarrow z = z'$.
  Für zwei Zustände mit identischem Output gilt: Wir fassen zu einem gesamthaften Zustand, der nicht weiter differenziert werden muss, zusammen. Für eine gegebene

Zustandsparametrisierung $parS = (X, Y, Z, p)$ von (X, Y, S) definieren wir auf der Zustandsmenge dazu die Relation $\sim: \sim \subset Z \times Z: z \sim z' \longleftrightarrow p(z) = p(z')$. Die Relation $\sim$ ist eine spezielle Äquivalenzrelation, die *Reduktionsäquivalenz* von $parS$. Durch den Übergang zum „Quotienten" von $parS$ bezüglich der Reduktionsäquivalenz erhalten wir die *Quotientenzustandsparametrisierung* $parS\sim$, die definiert ist durch $(parS)\sim := (X, Y, Z/\sim, p/\sim)$, wobei $Z/\sim$ die Quotientenmenge von Z bezüglich $\sim$ bedeutet und $p/\sim$ die „Quotientenabbildung" ist, die definiert ist durch $p/\sim: Z/\sim \longrightarrow \mathcal{P}(X \times Y): [z] \longrightarrow p/\sim([z]) := p(z)$. Dabei ist $p/\sim([z])$ die reduzierte Zustandsrelation $p/\sim$ als Funktion von $([z])$, also den reduzierten Zuständen, definiert über die Elemente der Äquivalenzklasse $[z]$: $p/\sim([z]) = p(z)$.

Beispiel 2.38

Zustandsreduktion

Wir stellen fest: Standort O1 und Standort O2 haben genau dieselben Input-Output-Relationen. Dann können wir diese beiden Standorte zu einem Parameter O1/O2 zusammenfassen. ◄

Eine Zustandsparametrisierung (X, Y, Z, p) eines allgemeinen Systems (X, Y, S) heißt linear, wenn dafür gilt:

(1) (X, Y, S) ist linear über K.
(2) Z ist ein linearer Raum über K.
(3) Für $p: Z \longrightarrow \mathcal{P}(X \times Y)$ gilt:
   (3a) $p(0)$ ist ein Teilraum von S.
   (3b) $\{p(z): z \in Z\} = S/p(0)$
   (3c) $\forall_{z,z' \in Z}\ p(z + z') = p(z) \oplus p(z')$
   (3d) $\forall_{z \in Z}\ \forall_{\alpha \in K}\ p(\alpha z) = \alpha \odot p(z)$

Die Bilder der Parametrisierungsabbildung p sind also bei einer linearen Zustandsparametrisierung gleich den Nebenklassen der Zerlegung von S nach dem Teilraum $p(0)$, dem Bild des Nullzustands.

Beispiel 2.39

Parallele Windräder

Wir betrachten einen Windpark mit zahlreichen identischen Windrädern. Die Leistung der Windräder sei linear mit der Windstärke. Als lineare Parametrisierung betrachten wir die Leistung, abhängig von der Anzahl der angeschalteten Windräder. ◄

Allgemeine dynamische Input-Output-Systeme
Eine Liste $(A, B, X, Y, S, time)$ heißt ein *allgemeines Zeitsystem*, wenn gilt:

- (X, Y, S) ist ein allgemeines Input-Output-System.
- *time* ist eine Zeitmenge $time = (T, \leq, t_0)$ mit einer Menge T, einer vollständigen Ordnungsrelation $\leq$ auf T und einem minimalem Element t_0 in $(T, \leq)$.
- A und B bezeichnen eine Menge,
- X ist ein Prozess über *time* mit Wertebereich A,
- Y ist ein Prozess über *time* mit Wertebereich B.

Für ein allgemeines Zeitsystem $(A, B, X, Y, S, time)$ verwenden wir das Symbol *timeS*. Die Inputmenge X von (X, Y, S) heißt der *Inputprozess*, die Outputmenge Y der *Outputprozess* von *timeS*, die Menge A der *Inputbereich* und die Menge B der *Outputbereich* von *timeS*.

Beispiel 2.40

Tageskalender

Abhängig vom Wochentag entstehen am Standort O1 der Windkraftwerke aus den Segmenten S1–S5 unterschiedliche Türme.

Montag	(S1, S2, S3, S4, S5) ⟶ T1	(S1, S2, S3, S4) ⟶ T2	(S2, S3, S4, S5) ⟶ T3
Dienstag	(S1, S2, S3, S4, S5) ⟶ T4	(S1, S2, S3, S4) ⟶ T5	(S2, S3, S4, S5) ⟶ T6
Mittwoch	(S1, S2, S3, S4, S5) ⟶ T7	(S1, S2, S3, S4) ⟶ T8	
Donnerstag	(S1, S2, S3, S4, S5) ⟶ T2		(S2, S3, S4, S5) ⟶ T5
Freitag	(S1, S2, S3, S4, S5) ⟶ T6	(S1, S2, S3, S4) ⟶ T1	◄

Eine Liste $(A, B, X, Y, Z, p, T, \leq, t_0)$ heißt eine *Zustandsparametrisierung* eines allgemeinen Zeitsystems $(A, B, X, Y, S, T, \leq, t_0)$, wenn gilt: (X, Y, Z, p) ist eine Zustandsparametrisierung des allgemeinen Systems (X, Y, S).

Für eine Zustandsparametrisierung eines allgemeinen Zeitsystems *timeS* verwenden wir auch das Symbol *partimeS*.

Beispiel 2.41

Standortabhängiger Tageskalender

Abhängig vom Wochentag und vom Standort entstehen bei den Windkraftwerken aus den Segmenten S1 S5 unterschiedliche Türme.

Standort O1			
Montag	(S1, S2, S3, S4, S5) $\longrightarrow$ T1	(S1, S2, S3, S4, S5) $\longrightarrow$ T2	(S2, S3, S4, S5) $\longrightarrow$ T3
Dienstag	(S1, S2, S3, S4, S5) $\longrightarrow$ T1	(S2, S3, S4, S5) $\longrightarrow$ T1	(S2, S3, S4, S5) $\longrightarrow$ T3
Mittwoch	(S1, S2, S3, S4, S5) $\longrightarrow$ T1	(S1, S2, S3, S4, S5) $\longrightarrow$ T2	(S1, S2, S3, S4) $\longrightarrow$ T1
Donnerstag	(S1, S2, S3, S4, S5) $\longrightarrow$ T1	(S2, S3, S4, S5) $\longrightarrow$ T1	(S1, S2, S3, S4) $\longrightarrow$ T1
Freitag	(S1, S2, S3, S4) $\longrightarrow$ T3	(S2, S3, S4, S5) $\longrightarrow$ T1	(S1, S2, S3, S4) $\longrightarrow$ T2
Standort O2			
Montag			
Dienstag	(S1, S2, S3, S4, S5) $\longrightarrow$ T1	(S2, S3, S4, S5) $\longrightarrow$ T2	(S2, S3, S4, S5) $\longrightarrow$ T3
Mittwoch	(S1, S2, S3, S4, S5) $\longrightarrow$ T1	(S1, S2, S3, S4, S5) $\longrightarrow$ T1	(S1, S2, S3, S4) $\longrightarrow$ T2
Donnerstag	(S1, S2, S3, S4, S5) $\longrightarrow$ T1	(S2, S3, S4, S5) $\longrightarrow$ T2	(S1, S2, S3, S4) $\longrightarrow$ T2
Freitag	(S1, S2, S3, S4) $\longrightarrow$ T1	(S2, S3, S4, S5) $\longrightarrow$ T2	(S1, S2, S3, S4) $\longrightarrow$ T2
Standort O3			
Montag			
Dienstag			
Mittwoch			
Donnerstag			
Freitag	(S1, S2, S3, S4) $\longrightarrow$ T3	(S2, S3, S4, S5) $\longrightarrow$ T1	(S1, S2, S3, S4) $\longrightarrow$ T2

◀

Bei einer Zustandsparametrisierung mit der Eigenschaft *zukunftsunabhängig* zu sein, ist für beliebige Zeitpunkte $t \in T$ der Wert $y(t)$ einer Outputzeitfunktion $y \in Y$ von allen zukünftigen Werten $x(t')$, $t < t'$, einer zugehörigen Inputzeitfunktion $x \in X$ unabhängig: Eine Zustandsparametrisierung $partimeS = (A, B, X, Y, Z, p, time)$ eines allgemeinen Zeitsystems $timeS$ heißt *zukunftsunabhängig*, wenn gilt

$$\underset{z\in Z}{\forall}\ \underset{x,x'\in X}{\forall}\ \underset{y,y'\in Y}{\forall}\ \underset{t\in T}{\forall}\ x^t = x'^t \wedge x(t) = x'(t) \wedge xp(z)y \wedge x'p(z)y' \longrightarrow y(t) = y'(t).$$

Bei einer zukunftsunabhängigen Zustandsparametrisierung kann die Vergangenheit x^t, der augenblickliche Inputwert $x(t)$ und die Parametrisierung p einen Einfluss auf den Output ausüben. Sind die Vergangenheit x^t, die augenblickliche Parametrisierung z und der augenblickliche Inputwert $x(t)$ identisch, dann sind auch die Outputwerte identisch, ohne dass weitere Annahmen über die Zukunft getroffen werden müssen.

Bei einer Zustandsparametrisierung mit der Eigenschaft, *zeitunabhängig* zu sein, hängt für beliebige $t \in T$ der Wert $y(t)$ einer Outputzeitfunktion y nur vom Zustand $z \in Z$ und vom Wert $x(t)$ der Inputzeitfunktion ab: Eine Zustandsparametrisierung $partimeS =$

$(A, B, X, Y, Z, p, time)$ heißt *zeitunabhängig*, wenn gilt

$$\underset{z \in Z}{\forall} \ \underset{x,x' \in X}{\forall} \ \underset{y,y' \in Y}{\forall} \ \underset{t \in T}{\forall} \ x(t) = x'(t) \wedge xp(z)y \wedge x'p(z)y' \longrightarrow y(t) = y'(t).$$

Hier ist es für einen beliebigen vergangenen/zukünftigen Zeitpunkt ausreichend, dass die Inputwerte und die Parametrisierung identisch sind; dann sind auch die Outputwerte identisch. Die Vergangenheit kann unterschiedlich sein, über die Zukunft müssen keine Annahmen getroffen werden. Die Eigenschaft einer Zustandsparametrisierung, zeitunabhängig zu sein, ist stärker als die Eigenschaft, zukunftsunabhängig zu sein. Deshalb ist jede zeitunabhängige Zustandsparametrisierung zukunftsunabhängig.

Beispiel 2.42

Zukunfts-/Zeitunabhängigkeit

Als Zeitmenge betrachten wir jeden Tag drei Schichten.

Standort O1

Montag	(S1, S2, S3, S4, S5) $\longrightarrow$ T1	(S1, S2, S3, S4, S5) $\longrightarrow$ T2	(S2, S3, S4, S5) $\longrightarrow$ T3
Dienstag	(S1, S2, S3, S4, S5) $\longrightarrow$ T1	(S2, S3, S4, S5) $\longrightarrow$ T2	(S2, S3, S4, S5) $\longrightarrow$ T3
Mittwoch	(S1, S2, S3, S4, S5) $\longrightarrow$ T1	(S1, S2, S3, S4, S5) $\longrightarrow$ T2	(S1, S2, S3, S4) $\longrightarrow$ T1
Donnerstag	(S1, S2, S3, S4, S5) $\longrightarrow$ T1	(S2, S3, S4, S5) $\longrightarrow$ T2	(S1, S2, S3, S4) $\longrightarrow$ T2
Freitag	(S1, S2, S3, S4) $\longrightarrow$ T3	(S2, S3, S4, S5) $\longrightarrow$ T1	(S1, S2, S3, S4) $\longrightarrow$ T2

Standort O2

Montag			
Dienstag	(S1, S2, S3, S4, S5) $\longrightarrow$ T1	(S2, S3, S4, S5) $\longrightarrow$ T1	(S2, S3, S4, S5) $\longrightarrow$ T3
Mittwoch	(S1, S2, S3, S4, S5) $\longrightarrow$ T1	(S1, S2, S3, S4, S5) $\longrightarrow$ T1	(S1, S2, S3, S4) $\longrightarrow$ T2
Donnerstag	(S1, S2, S3, S4, S5) $\longrightarrow$ T1	(S2, S3, S4, S5) $\longrightarrow$ T1	(S1, S2, S3, S4) $\longrightarrow$ T1
Freitag	(S1, S2, S3, S4) $\longrightarrow$ T1	(S2, S3, S4, S5) $\longrightarrow$ T2	(S1, S2, S3, S4) $\longrightarrow$ T2

Diese Zustandsparametrisierung ist nicht zeitunabhängig, weil am Standort O1 aus der Sequenz (S2, S3, S4, S5) am Donnerstag und am Freitag trotz identischer Zukunft einmal T2 und einmal T1 entsteht. Also spielt hier die unterschiedliche Vergangenheit eine Rolle. Wir verändern den Plan, um Zeitunabhängigkeit zu erreichen.

Standort O1			
Montag	(S1, S2, S3, S4, S5) $\longrightarrow$ T1	(S1, S2, S3, S4, S5) $\longrightarrow$ T2	(S2, S3, S4, S5) $\longrightarrow$ T3
Dienstag	(S1, S2, S3, S4, S5) $\longrightarrow$ T1	(S2, S3, S4, S5) $\longrightarrow$ T1	(S2, S3, S4, S5) $\longrightarrow$ T3
Mittwoch	(S1, S2, S3, S4, S5) $\longrightarrow$ T1	(S1, S2, S3, S4, S5) $\longrightarrow$ T2	(S1, S2, S3, S4) $\longrightarrow$ T1
Donnerstag	(S1, S2, S3, S4, S5) $\longrightarrow$ T1	(S2, S3, S4, S5) $\longrightarrow$ T1	(S1, S2, S3, S4) $\longrightarrow$ T1
Freitag	(S1, S2, S3, S4) $\longrightarrow$ T3	(S2, S3, S4, S5) $\longrightarrow$ T1	(S1, S2, S3, S4) $\longrightarrow$ T2
Standort O2			
Montag			
Dienstag	(S1, S2, S3, S4, S5) $\longrightarrow$ T1	(S2, S3, S4, S5) $\longrightarrow$ T2	(S2, S3, S4, S5) $\longrightarrow$ T3
Mittwoch	(S1, S2, S3, S4, S5) $\longrightarrow$ T1	(S1, S2, S3, S4, S5) $\longrightarrow$ T1	(S1, S2, S3, S4) $\longrightarrow$ T2
Donnerstag	(S1, S2, S3, S4, S5) $\longrightarrow$ T1	(S2, S3, S4, S5) $\longrightarrow$ T2	(S1, S2, S3, S4) $\longrightarrow$ T2
Freitag	(S1, S2, S3, S4) $\longrightarrow$ T1	(S2, S3, S4, S5) $\longrightarrow$ T2	(S1, S2, S3, S4) $\longrightarrow$ T2
Standort O3			
Montag			
Dienstag			
Mittwoch			
Donnerstag			
Freitag	(S1, S2, S3, S4) $\longrightarrow$ T3	(S2, S3, S4, S5) $\longrightarrow$ T1	(S1, S2, S3, S4) $\longrightarrow$ T2

◄

Es sei $partimeS = (A, B, X, Y, Z, p, time)$ eine zum allgemeinen Zeitsystem $timeS = (A, B, X, Y, S, time)$ gehörige Zustandsparametrisierung. Wir untersuchen dann, in welcher natürlichen Weise die gegebene Zustandsparametrisierung für die Zeiteinschränkungen $(timeS)_t = (A, B, X_t, Y_t, S_t, timeT_t)$, $t \in T$, von $timeS$ Zustandsparametrisierungen induziert:

Für beliebiges $t \in T$ definieren wir die zur Zustandsparametrisierung $partimeS = (A, B, X, Y, Z, p, time)$ gehörige Zustandsparametrisierung $(partimeS)_t = (A, B, X_t, Y_t, Z_t, p_t, time \setminus T_t)$, der Zeiteinschränkung $(timeS)_t$ von $timeS$ durch

(1) $Z_t := \{Z$ für $t_0 = t; \{(z, x^t): z \in Z \wedge x \in X \wedge x \in {}_1p(z)\}$ für $t_0 < t\}$;
(2) $p_t := \{p$ für $t_0 = t; p_t: Z_t \longrightarrow \mathcal{P}(X^t \times Y^t) : (z, x^t) \longrightarrow p_t((z, x^t)) := \{(u_t, y_t): u \in X \wedge y \in Y \wedge x^t u_t p(z) y\}$ für $t_0 < t\}$.

$(partimeS)_t$ heißt auch t-Einschränkung von $partimeS$; zum Zeitpunkt t_0 haben wir noch alle Wahlmöglichkeiten. Aber wenn wir uns zum Zeitpunkt t_0 für einen bestimmten Input entscheiden, kann das zum Zeitpunkt $t = 1$ nicht mehr rückgängig gemacht werden: $x \in {}_1p(z)$. Entsprechendes gilt für die folgenden Zeitpunkte.

Beispiel 2.43

Zeiteinschränkung

Wir verwenden Beispiel 2.42, erster Teil. Wir entscheiden uns für den Standort O1 und in der ersten Schicht für den Input (S2, S3, S4, S5). Mit diesem Input haben wir uns für den Freitag entschieden. Damit liegt die weitere Folge mit (S2, S3, S4, S5) $\longrightarrow$ T1; (S1, S2, S3, S4) $\longrightarrow$ T2 fest. ◀

Ein allgemeines Zeitsystem $timeS = (A, B, X, Y, S, T, \leq, t_0)$ heißt *linear*, wenn dafür gilt:

(1) A ist ein linearer Raum über K,
(2) B ist ein linearer Raum über K,
(3) X ist ein linearer Raum über K mit
  (3a) $\underset{x,x' \in X}{\forall} \; \underset{t \in T}{\forall} \; (x + x')t := x(t) + x'(t)$.
  (3b) $\underset{x \in X}{\forall} \; \underset{\alpha \in K}{\forall} \; \underset{t \in T}{\forall} \; (\alpha x)(t) := \alpha \cdot x(t)$.
(4) Y ist ein linearer Raum über K mit
  (4a) $\underset{y,y' \in Y}{\forall} \; \underset{t \in T}{\forall} \; (y + y')(t) := y(t) + y'(t)$,
  (4b) $\underset{y \in Y}{\forall} \; \underset{\alpha \in K}{\forall} \; \underset{t \in T}{\forall} \; (\alpha y)(t) := \alpha \cdot y(t)$.
(5) (X, Y, S) ist ein lineares allgemeines System.

Beispiel 2.44

Schichtbetrieb mit variablem Kapazitätseinsatz

Wir vereinbaren einen Leistungsgrad über eine Zustandsparametrisierung und geben für die Montage der drei Windräder Pustetreu, Pustefix und Wolkenquirl ein Stückzahlverhältnis an. Damit bekommen wir einen Basisvektor, den wir beliebig vervielfachen können. Genau diesen Faktor fassen wir als Parameter auf und stimmen darüber Input und Output quantitativ aufeinander ab. Wir arbeiten bspw. am Tag zwischen 0 und 16 Stunden, Additionen und Multiplikationen über die 16 hinaus lassen wir nicht zu. ◀

Beispiel 2.45

Spanende Fertigung

Wir setzen auf Beispiel 2.32 auf. Wir betrachten jetzt alle acht Input-Output-Vektoren

(0,5; 0,0; 7,0; 0,0; 0,0; 0,0; 0,0; 2,0; 0,4; 0,8; 4,5; 1,0; 0,0),
(0,5; 0,0; 7,0; 0,0; 0,0; 0,0; 0,0; 2,0; 0,0; 1,2; 4,5; 1,0; 0,0),
(0,5; 0,0; 7,0; 0,0; 0,0; 0,0; 1,0; 2,0; 0,0; 0,0; 4,5; 1,0; 0,0),
(0,5; 0,0; 1,5; 0,0; 6,8; 0,0; 0,0; 2,0; 0,0; 0,0; 4,5; 1,0; 0,0),
(0,5; 0,0; 0,0; 4,9; 0,0; 0,0; 1,0; 2,0; 0,0; 0,0; 4,5; 1,0; 0,0),
(0,5; 0,0; 0,0; 0,0; 0,0; 6,2; 0,0; 2,0; 0,0; 0,0; 4,5; 1,0; 0,0),
(0,0; 8,5; 5,0; 0,0; 0,0; 0,0; 0,0; 0,0; 0,0; 0,0; 0,0; 0,0; 1,0),
(0,0; 0,0; 0,0; 8,0; 0,0; 0,0; 0,0; 0,0; 0,0; 0,0; 0,0; 0,0; 1,0)

und verstehen die Input-Anteile der Vektoren als einzelne Inputs im Sinne eines Input-Output-Systems. Dann treffen folgende Attribute auf diese Relation zu: allgemein, vorvollständig, nachvollständig, nichtvoreindeutig, nacheindeutig, funktional, surjektiv, nichtbijektiv, nichtzerlegend, alternativ, nichtschachtelnd, teilmengenleer, nichtkonstant, nichtinputfrei.

Wir machen die Durchführung jeweils einem der acht Input-Output-Vektoren von einem Schalter abhängig, der auf acht Parameterwerte eingestellt werden kann. Dann ist diese Parametrisierung nichtvollständig, diskret, nichtabschaltend, nichtzerlegend, nichtalternativ, teilmengenleer, nichtparallel, invertierbar, zustandsminimal und zustandsreduziert. ◄

2.2.3 Sachsysteme

Vom Menschen mit einer bestimmten Intention hergestellte und genutzte gegenständliche Gebilde resultieren in Sachsystemen. Mit dem Systembegriff, der die formalen Merkmale des verwendeten Modells impliziert, verbinden wir bei diesem Terminus den Begriff der Sache: „*Als Sachen bezeichnen wir … im Unterschied zu naturgegebenen Dingen*[26] …

[26] Ein Ding ist ein relativ stabiles materielles oder ideelles System von Qualitäten. Mittels der ihm zukommenden Eigenschaften steht ein Ding in bestimmten Relationen zu anderen Dingen. Der Begriff „Ding“ hat im Verlauf der Geschichte einen Bedeutungswandel erfahren. Der mechanische Materialismus verwendet den Begriff „Ding“ in der Bedeutung von „Körper“. Ein Körper wird als materieller Gegenstand verstanden, dem die Merkmale der Einzelheit und der Individualität zukommen, der eine bestimmte geometrische Gestalt hat und innerhalb gewisser räumlicher Grenzen existiert. Zwei Dinge sind demnach verschieden, wenn sie sich in ihren räumlichen Grenzen bzw. Abmessungen voneinander unterscheiden. Diese als traditionelle Dingkonzeption bekannte Auffassung birgt eine Reihe von Schwierigkeiten und Widersprüchen in sich. Insbesondere vermag die mechanisch-materialistische Dingkonzeption nicht mit dem Problem der Identität der Dinge fertig

alle Gegenstände, die Produkte menschlicher Absicht und Arbeit sind" (siehe [LIN72, S. 11 f.]; zur „Sache" siehe auch § 90 BGB und [BAU63, S. 10]). Das Windrad Pustetreu, der Fotoapparat Quax, das Telefongerät Susaphon, ein Füllfederhalter und ein Regelventil sind Beispiele für Sachen, die wir als Sachsysteme auffassen können.[27]

Es sei A_S eine Menge von Attributen a, F_S eine Menge von naturgesetzlich realisierbaren Funktionen f, P_S eine Menge von künstlichen konkreten Subsystemen p' und S eine Menge von Relationen s (bzw. eine Struktur), dann heißt das Quadrupel dieser Mengen ein *Sachsystem*[28]: $p_S := (A_S, F_S, P_S, S_S)$ mit $A_S := \{a\}$; $F_S := \{f\}$; $P_S := \{p'\}$; $S_S := \{s\}$.

Diese Definition unterscheidet sich formal nicht von der Definition eines allgemeinen Systems: p_S ist ein System, für das alle bisherigen Definitionen gelten. Inhaltlich sind aber zwei Einschränkungen zu beachten: Erstens besteht ein Sachsystem aus Subsystemen, die künstliche konkrete Gebilde repräsentieren. Ein Sachsystem enthält mindestens eine Sache nach obiger Definition. Sachen sind als Ganzes künstlich und konkret, vom Menschen gemacht und in der empirischen Realität als greifbarer Gegenstand existent; daraus folgt sogleich die zweite Einschränkung, in der wir festhalten, dass die in einem Sachsystem abgebildeten Funktionen eine naturgesetzlich realisierbare empirische Entsprechung haben, dass sie also nach physikalischen, chemischen oder biologischen Gesetzmäßigkeiten ablaufen.

---

zu werden. Sie gerät unweigerlich in Widersprüche, sobald sie eine Antwort auf eine Frage sucht, wann ein Ding, dessen Eigenschaften sich allmählich ändern, aufhört, dasselbe Ding zu sein. Auf diese Schwierigkeit machte bereits Hobbes aufmerksam. Die mechanisch-materialistische Dingkonzeption erwies sich jedoch besonders angesichts der Entwicklung der modernen Wissenschaft – und hier speziell der Physik – als unhaltbar. Die Klasse der materiellen Dinge hat sich als viel umfassender erwiesen, als es die Klasse der Körper ist. So ist z. B. ein elektromagnetisches Feld im Sinne der gegebenen Definition durchaus ein materielles Ding. Doch kommt ihm keine geometrische Individualität im Sinne des Körperbegriffs zu. Der Dingbegriff ist schließlich auch deshalb weiter als der des Körpers, weil es zwar nur materielle Körper, aber sowohl materielle als auch ideelle Dinge gibt. So sind z. B. Individuenvariable, wie sie in der formalen Logik vorkommen, ideelle Dinge. Die moderne Wissenschaft betrachtet die Klasse der Körper als Teilklasse der Klasse der Dinge. Es ist zwar jeder Körper ein Ding, aber nicht jedes Ding ein Körper. Im Unterschied zur traditionellen Dingkonzeption, die „Ding" wesentlich quantitativ (durch geometrische Gestalt, Masse, usw.) bestimmt, ist dieser Dingbegriff vor allem qualitativ bestimmt. Bei einer rein quantitativen Festlegung des Dingbegriffs müsste jede quantitative Änderung seiner Bestimmungsstücke von diesem Ding zu einem anderen führen, womit der Dingbegriff für die wissenschaftliche und praktische Tätigkeit unbrauchbar wird. Als System von Qualitäten aufgefasst, wird ein Ding jedoch nur dann ein anderes, wenn die quantitativen Änderungen seiner Bestimmungsstücke, die Qualitäten des Dings ändern: Ein Ding wird vermöge der ihm zukommenden Eigenschaften und der zwischen ihm und anderen Dingen bestehenden Relationen erkannt.

[27] Siehe bspw. [LENK93].

[28] Damit werden auch natürliche Sachverhalte wie Abkühlprozesse, das Biegeverhalten, Schliffbilder usw., die in Produktionssystemen auftreten, als Sachsystemen zugehörig angesehen.

Beispiel 2.46

Windrad Pustetreu

- Attribute: Farbe, Gewicht, Notlaufeigenschaften, Schwingungsanfälligkeit, Preis
- Funktionen: Umsetzung der Windbewegung in eine Drehbewegung, Umsetzung der Drehbewegung in elektrischen Strom
- Subsysteme: Rotor, Gondel, Getriebe, Generator, Turm
- Struktur: Wirkstruktur der Subsysteme, Fügestrukturen, Schaltung des Generators ◄

Seien X eine Inputmenge, Y eine Outputmenge und Z eine Zustandsmenge gemäß obiger Definition, die als Attribute a die materiellen Attribute m, die energetischen Attribute e, die informationellen Attribute i, Raumkoordinaten R und Zeitmengen T umfassen. Die *Attributmenge eines Sachsystems* ist eine Teilmenge daraus:[29]

$$A_S \subset \{m_x \times e_x \times i_x \times R_x \times T_x\} \cup \{m_y \times e_y \times i_y \times R_y \times T_y\} \\ \cup \{m_z \times e_z \times i_z \times R_z \times T_z\}.$$

Während die Funktionen eines Sachsystems nach Physik, Chemie und Biologie (und weiteren(?) naturwissenschaftlichen Disziplinen) untergliedert werden können, lassen sich Input-, Output- und Zustandsmenge in Materie, Energie und Information einteilen, also das, was in diesen Funktionen verarbeitet und erzeugt werden kann.[30] Die naturgesetzliche Basis der vereinbarten Funktionen bedingt, dass auch die Attribute, über denen sie definiert wurden, physikalisch, chemisch oder biologisch beobachtbar und messbar sind (siehe zu dieser Einteilung [RoPo79]).

Input und Output unterliegen natürlicherweise Begrenzungen. Damit sind in erster Linie Begrenzungen gemeint, die den Beginn oder das Ende einer Transformation zu einem bestimmten Zeitpunkt und/oder an einem bestimmten Ort ausschließen. Begrenzungen gelten aber auch für Zustände, die sich bspw. im Zusammenhang mit der Speicherung von Inputs ergeben und sich innerhalb gegebener Grenzen bewegen müssen.

Hinsichtlich der Input-Output-Transformationen (Ergebnisfunktion) unterscheiden wir die Funktionsklassen der Wandlung, des Transports und der Speicherung. Von Wandlung[31] sprechen wir, wenn die Outputs des Sachsystems von den Inputs qualitativ und/oder

[29] Attributs- sowie Raum- und Zeitmengen diskutieren wir ausführlich in Bd. 3, Dynamische Konstruktionen.

[30] Während wir bei Energie in der Regel Attribute mit kontinuierlichem Charakter („Leistungsaufnahme 6 kW“) betrachten werden, sind die materiellen Inputattribute durchaus diskret: „10 km Draht“ werden dann zu „25 Gebinde 10-mm-Draht“.

[31] Wandlung: Materielle oder immaterielle Güter (z. B. Blechteile als materielle Güter und Wissen als immaterielles Gut) werden genutzt, um Güter anderer Qualität zu erzeugen (z. B. Automobil oder Verfahrensvorschrift). Hierzu gehören auch Transformationen, die den Status oder die gegenseitigen Beziehungen von Gütern ändern (z. B. auch ein Kommissionier- oder Prüfvorgang).

quantitativ verschieden sind. Transport[32] liegt vor, wenn sich zwischen Input und Output lediglich die Orts- und Zeitkoordinaten ändern, während die materiellen, energetischen und informationellen Attribute nach Qualität und Quantität konstant bleiben. Unterscheiden sich schließlich nur die Zeitkoordinaten des Outputs von denen des Inputs, während alle anderen Attribute keine Änderung erfahren, so handelt es sich um die Funktionsklasse der Speicherung.[33]

$F_{\mathrm{NW}} := \{f_{\mathrm{W}}, f_{\mathrm{T}}, f_{\mathrm{S}}, f_{\mathrm{Ä}}, f_{\mathrm{E}}\}$ sei eine Menge naturwissenschaftlich realisierbarer Funktionen[34]. Die *Funktionsmenge* F_{S} *eines Sachsystems* enthält mindestens eine der Funktionen aus F_{NW}: $F_{\mathrm{S}} \cap F_{\mathrm{NW}} \neq \emptyset$.

Es seien a ein materielles, energetisches oder informationelles Attribut, wie für die Attributmenge eines Sachsystems definiert, R eine Raummenge und T eine Zeitmenge. Dann heißt eine Ergebnisfunktion *Wandlung* f_{W}, wenn in

$$f_{\mathrm{W}}: x \times R_x \times T_x \longrightarrow y \times R_y \times T_y \text{ gilt: } a = x = y, \alpha_x \neq \alpha_y, t_x \neq t_y.$$

Für materielle, energetische oder informationelle Attribute heißt eine Ergebnisfunktion *Transport* f_{T}, wenn in

$$f_{\mathrm{T}}: x \times R_x \times T_x \longrightarrow y \times R_y \times T_y \text{ gilt: } a = x = y, \alpha_x = \alpha_y, r_x \neq r_y, t_x \neq t_y.$$

Für materielle, energetische oder informationelle Attribute heißt eine Ergebnisfunktion *Speicherung* f_{S}, wenn in

$$f_{\mathrm{S}}: x \times R_x \times T_x \longrightarrow y \times R_y \times T_y \text{ gilt: } a = x = y, \alpha_x = \alpha_y, r_x = r_y, t_x \neq t_y.$$

Beispiel 2.47

Windrad Pustetreu

Wenn wir keinen materiellen, energetischen oder informationellen Input zulassen, wird sich wie bei jedem System auch bei Pustetreu auf der funktionalen bzw. Outputseite kein Ereignis einstellen.[35] Also stecken wir über die Windbewegung Energie und

[32] Transport: Der Ort lässt sich als Attribut eines Faktors auffassen. Somit ist eine Ortstransformation eine spezielle Zustandstransformation. Eine Ortstransformation wird durch jeden Transport- oder Fördervorgang bewirkt.

[33] Speicherung: Der Output ist anderen Zeitpunkten zugeordnet als der Input, ohne dass dabei eine Zustandstransformation stattfindet. Die Realisierung sind Lager- oder Warteprozesse. Eine Zeittransformation ist immer dann notwendig, wenn eine Zustands- und/oder Ortstransformation mit einer anderen Zustands- und/oder Ortstransformation verknüpft werden soll und dabei der Beginn der folgenden Transformation nicht lückenlos an das Ende der vorhergehenden Transformation anschließt. Eine Zeittransformation kann im Gegensatz zu Zustands- und Ortstransformationen nicht auf Vorrat durchgeführt werden – das ist ja der Sinn der Zeittransformation.

[34] Die im Folgenden definiert werden.

[35] Damit ist ein auf dem Boden liegendes Windrad eine Sache, aber möglicherweise kein richtiges Sachsystem (siehe Funktionsbegriff).

über die Regelung Information in das Sachsystem Pustetreu, um eine Transformation in Gang zu setzen. Dann ist offensichtlich, dass das Windrad Pustetreu kein Teil des Inputs ist; es wird über die Zustandsattribute abgebildet. Also wandelt das Sachsystem Windrad Pustetreu den energetischen Input Wind in elektrische Energie. Der materielle Output elektrische Energie verändert als Ergebnis der Funktion „Transport" den Standort (über das Stromkabel). Von der Vorstellung her entspricht „Transport" also eher dem Transport eines Inputs über eine Förderstrecke, einem ortsfesten Fördergerät wie einem Förderband usw. Analog ist die Speicherung zu behandeln: Wir speichern elektrische Ladung aus dem Generator in einer Batterie. ◄

Bei den Überführungsfunktionen, also den Input-Zustands-Transformationen, unterscheiden wir Zustandserhaltung und Zustandsveränderung. Zustandserhaltung besteht darin, mit Hilfe bestimmter Inputs gewisse Zustandsattribute konstant zu halten, deren Ausprägungen sich sonst aufgrund irgendwelcher anderer Faktoren verändern würden (siehe Abschn. 2.2.3.3, Regelung). Zustandsveränderung dagegen verstehen wir so, dass Zustandsattribute infolge bestimmter Inputs ihre Ausprägungen verändern (siehe Abschn. 2.2.3.3, Steuerung).

Für materielle, energetische oder informationelle Attribute heißt eine Überführungsfunktion *Zustandserhaltung* f_{E}[36], wenn in $f_{\mathrm{E}}: z \times x \times T_z \longrightarrow z \times T_z$ für beliebige α_x gilt: $\alpha_z = \text{const.}$ Ein Sachsystem mit $f_{\mathrm{E}} \in F_{\mathrm{S}}$ heißt *stationär.*

Es seien a ein materielles, energetisches oder informationelles Attribut oder Raumkoordinaten und T Zeitmengen, dann heißt eine Überführungsfunktion *Zustandsveränderung*[37] $f_{\mathrm{Ä}}$, wenn in $f_{\mathrm{Ä}}: z \times x \times T_z \longrightarrow z \times T_z$ gilt: $\alpha_z \neq \text{const.}$ Ein Sachsystem mit $f_{\mathrm{Ä}} \in F_{\mathrm{S}}$ heißt *instationär.*

Analog kann ein Zustand über einen Output erhalten oder gezielt verändert werden:

$$\textit{Zustandserhaltung:}\; f'_{\mathrm{E}}: z \times y \times T_z \longrightarrow z \times T_z; \quad \alpha_z = \text{const.};$$
$$\textit{Zustandsveränderung:}\; f'_{\mathrm{Ä}}: z \times y \times T_z \longrightarrow z \times T_z; \quad \alpha \neq \text{const.}$$

Erfolgt die Veränderung eines Systemzustands über entsprechende Informationen/Befehle, dann ist das System steuerbar: Ein instationäres Sachsystem, dessen Input Befehlsinformation i_{B} repräsentiert, $x = i_{\mathrm{B}}$, heißt *steuerbar.*[38]

Beispiel 2.48

Drehzahlregler

Der aktuelle Zustand eines Drehzahlreglers kann z. B. „Stellung auf Volllast, Drehmoment maximal" lauten. Zur Veränderung des Zustands auf „Stellung auf Teillast,

[36] Beispielsweise Instandhaltung.
[37] Beispielsweise Rüsten, Handhaben, Instandsetzen.
[38] Wir kommen auf dieses Attribut in Abschn. 2.2.4.2 zurück.

Drehmoment 50 % von maximal“ ist eine Zustandsveränderung „Verstellen der Führungsgröße“ erforderlich. Auf einer detaillierten Diskursebene kann dieser Zustand über den aktuellen Zustand der einzelnen Subsysteme beschrieben werden. ◀

Wir gehen hier anhand der gegebenen Definitionen vor: Attribute (und Funktionen) werden klassifiziert, ein bestimmtes Attribut des Sachsystems Windrad Pustetreu muss in eine der drei Kategorien Materie, Energie, Information eingeordnet werden, es bleibt keine vierte Möglichkeit offen. Dasselbe gilt für Speicherung, Transport und Wandlung im Verhältnis von Output zu Input. Wenn wir uns jetzt noch vor Augen führen, dass die Attributsausprägungen in den gängigen physikalischen Maßeinheiten beschrieben sind, dann haben sich die Probleme bei der Beschreibung einer Kopplung/bei der Erfüllung der Identitätsbedingung erheblich relativiert.

Beispiel 2.49

Drehzahlregler

Der Drehzahlregler ist durch die drei Zustände (z_1: Drehzahl < Einstellung), (z_2: Drehzahl = Einstellung) sowie (z_3: Drehzahl > Einstellung) gekennzeichnet. Mögliche elementare Zustandsfolgen sind: $\{z_1 \longrightarrow z_2\}$, $\{z_2 \longrightarrow (z_1 \text{ oder } z_3)\}$ sowie $\{z_3 \longrightarrow z_2\}$. Damit ist das System beschrieben durch die Folge $\{z_2 \longrightarrow (z_1 \text{ oder } z_3) \longrightarrow z_2 \longrightarrow (z_1 \text{ oder } z_3) \ldots\}$. Das Verhalten des Drehzahlreglers kann nicht als Aufzählung von möglichen Zustandskombinationen beschrieben werden, da die Zustände kontinuierlich sind. Wohl aber lassen sich Teile des Verhaltens als Kennlinie oder folgendermaßen wiedergeben: „Ist die Drehzahl größer als der eingestellte Wert, so wird die Leistung größer und umgekehrt.“ Diese Beschreibung ist aber nur qualitativ und vor allem nicht vollständig, denn zu dem Zustand des Drehzahlreglers gehören alle Eigenschaften, also z. B. auch die Ausprägungen der Merkmale Eigenverhalten, Abmessungen, Farbe, Gewicht usw. Streng genommen kann das Verhalten eines technischen Systems (siehe Abschn. 2.2.4, Technische Systeme) aus Unkenntnis der Eigenschaften nie vollständig beschrieben werden. ◀

Dem hier verwendeten Funktionsbegriff[39] stellen wir das allgemein übliche Verständnis einer „Aufgabe“ gegenüber: Die *Aufgabe* formuliert, wozu eine Sache taugen soll; diese Aufgabe kann erfüllt oder nicht erfüllt werden. Die *Funktion* ist dagegen die deskriptive Kennzeichnung des tatsächlichen Verhaltens; sie liegt vor oder sie liegt nicht vor. Die

[39] Gerade bei Sachsystemen wird, nicht zuletzt in der technischen Umgangssprache, der teleologische Funktionsbegriff verwendet. Will man die telelogische Bestimmung von Sachsystemen zum Ausdruck bringen, so mag man von deren Zweck sprechen, soweit man lediglich auf die Wirkungen der Outputs abhebt, oder ihnen die Aufgabe zusprechen, das intendierte Ziel mit Hilfe bestimmter Inputs und unter bestimmten Randbedingungen zu erreichen. Auch das beste Fahrrad, das zu Dekorationszwecken im Wohnzimmer steht, ist damit kein Sachsystem „Fahrrad“ mehr; streng genommen hat es den Namen „Fahrrad“ nicht mehr verdient (siehe bspw. [Ropo79]).

Aufgabe beschreibt also ein „Soll“, die Funktion dagegen ein „Ist“. Die Aufgabe wird dadurch erfüllt, dass die reale Umsetzung eines Sachsystems die entsprechende Funktion verwirklicht.[40]

Beispiel 2.50

Drehzahlregelung

Die *Aufgabe* ist die Drehzahlregelung. Die *Funktion* des Drehzahlreglers ist die folgende: Ein Drehzahlpendel steuert über ein Gestänge einen ggf. mehrstufigen Verstärker, der seinerseits über ein weiteres Gestänge die Rotorblätter so verstellt, dass sich das Drehzahlpendel über ein verändertes Rotordrehmoment/Generatordrehmoment auf die vorgegebene Solldrehzahl einstellt. Eine der (Sub-)*Funktionen* der Windradregelung ist die Bewegung des Fliehkraftpendels der Messeinrichtung in Abhängigkeit von der Veränderung der Drehzahl. Steigt die Drehzahl, vergrößert sich auch die Fliehkraft, was in einer Bewegung des Gestänges in eine bestimmte Richtung resultiert. Umgekehrt führt eine niedrigere Drehzahl zu einer Gestängebewegung in die andere Richtung. Dieser Zusammenhang kann für die relevanten Drehzahlen/Drehmomente beschrieben werden. Die *Funktionsstruktur* des Windrads wird mit der Funktionsbeschreibung erläutert. Sie drückt das Zusammenwirken der Elementarfunktionen aus: „Die Drehzahl wirkt über ein Drehzahlpendel auf die Position eines Gestänges ein, dieses Gestänge auf einen Verstärker, der wiederum über ein weiteres Gestänge/Getriebe auf die Stellung der Rotorblätter einwirkt.“ Im Supersystem „Stromversorgung“ hat ein Windrad die Aufgabe, eine bestimmte, zeitlich variable Menge an elektrischer Energie in ein Stromnetz einzuspeisen. Das *Funktionsprinzip* ist das eines Regelkreises. Die *Funktionsträger* sind die Elemente des Windrads/der Regelung, welche die o. a. Funktionsstruktur realisieren, also das Fliehkraftpendel, das Messgestänge usw. *Elementarfunktionsträger* sind diejenigen Funktionsträger des Systems Windrad/Drehzahlregelung, deren Funktionsstruktur nicht betrachtet wird, sondern bei denen nur das Verhalten interessiert. Es sind dies bspw. das Fliehkraftpendel, der Verstärker oder die Rotorverstellung. ◄

In [FESI93] wird die Aufgabe nach dem Standpunkt des Beobachters differenziert:

- Außensicht einer Aufgabe
  „Die Außensicht einer Aufgabe definiert das Aufgabenobjekt, die Ziele der Aufgabe, die Vorereignisse, die eine Aufgabendurchführung auslösen, und die Nachereignisse, die aus der Aufgabendurchführung resultieren.“

[40] Siehe auch das Schema von [FESI93, S. 56], die diesen Sachverhalt nur geringfügig modifiziert darstellen. Eine Aufgabe wird durchgeführt als Vorgang. Ein Vorgang wiederum fasst eine Menge von Funktionen (oder Aktionen) zusammen.

- Innensicht einer Aufgabe
  „Die Innensicht einer Aufgabe definiert das Lösungsverfahren …[41] *und nimmt dabei Bezug auf einen Aufgabenträgertyp … Ein Lösungsprinzip ist eine Vorgehensweise zur Lösung einer Klasse von Aufgaben …* “(siehe Abschn. 4.2.5).

Beispiel 2.51

Drehzahlregelung

In der Außensicht beschriebener Drehzahlregler: „Drehzahlregler wirken auf ein gegebenes Sachsystem so ein, dass eine vorgegebene Solldrehzahl eingehalten wird. Vorereignisse sind Abweichungen der Drehzahl vom Sollwert. Nachereignis ist die Einstellung der Drehzahl auf den Sollwert.“

In der Innensicht beschriebener Drehzahlregler: „Drehzahlregler bestehen aus einem Messwerk und Einrichtungen, die auf die Regelstrecke im Sinne der Drehzahlregelung einwirken. Bei mechanischen Reglern sind dies Gestänge und Verstärker unterschiedlichster Ausprägung.“ ◀

Wir definieren die Subsysteme eines Sachsystems in Analogie zur Definition eines allgemeinen Subsystems als Sachsysteme. Sie weisen Input-, Output- und Zustandsattribute der Kategorien Materie, Energie, Information, Raum und Zeit auf und verknüpfen diese in Funktionen der Wandlung, des Transports, der Speicherung, der Zustandsveränderung und der Zustandserhaltung.

Ein *Subsystem* p'_S eines Sachsystems p_S ist ein Sachsystem $p'_S = (A'_S, F'_S, P'_S, S'_S)$.[42]

Beispiel 2.52

Subsysteme

- Beispiel Fahrrad Nirwana: Subsystem Beleuchtungsanlage (funktional), Subsystem Vorderrad (struktural).
- Beispiel Thermostatventil: Subsysteme einer strukturalen Gliederung sind Ventil, Rückstellfeder, Übertragsstift, Überwurfmutter, Ausdehnungselement, Einstellknopf.

[41] Ein Verfahren enthält neben einer Methode die zu ihrer Anwendung erforderlichen Aufgabenträger (Mensch) und Hilfsmittel (Rechner, Programme, Karteien, Plantafeln) [GRA77]. Als „Methode“ wird ein System von Vorschriften zur Erfüllung von Informations-/Verarbeitungsaufgaben bezeichnet [GRME74], siehe auch [KLBU85]. Diese Vorschriften geben für eine Aufgabe an, welche Daten einzugeben sind, wie diese Daten zu verarbeiten sind, welche Daten auszugeben sind. Ein Lösungsverfahren ist ein System von Aktionen, das die Ziele einer Klasse von Aufgaben erfüllt. Ein Lösungsprinzip ist ein in der Vergangenheit erprobtes Lösungsverfahren, das ein gefordertes und ggf. standardisiertes funkionales Verhalten hervorbringt.

[42] Die Zugehörigkeit zu einem System ist in der einstufigen „Stückliste“ P des Systems geregelt.

- Beispiel Heizungsanlage: Eine objektorientierte Gliederung einer Heizungsanlage ist die in ihre Komponenten mit (Sub-)Systemen wie Rohren, Ventilen, Brennern, Wasser, Heizkörpern, Pumpen usw.
- Beispiel Gebäude: Eine funktionale Gliederung ist die eines Gebäudes in die Elemente Essen, Kochen, Schlafen, Hobby, Lesen usw.
- Beispiel Windrad: Subsystem Stromerzeugung (funktional), Subsystem Rotor (objektorientiert). ◄

Die *Struktur eines Sachsystems* besteht aus materiellen, energetischen und informationellen Kopplungen sowie räumlichen und zeitlichen Relationen: $S_S = \{s_{mp'p''}\} \cup \{s_{ep'p''}\} \cup \{s_{ip'p''}\} \cup \{s_R\} \cup \{s_T\}$.

Die Teilmenge $S_{SR} := \{s_R\} \subset S_S$ heißt *Gebildestruktur*. Die Teilmenge $S_{ST} := \{s_T\} \subset S_S$ heißt *Prozessstruktur*.[43]

Treten zwischen den Sachsubsystemen andere als Identitätsrelationen auf, dann sorgen zwischengekoppelte Subsysteme für eine angleichende Umwandlung[44]. Hinzu kommen bei konkreten Realisationen die räumlichen und zeitlichen Relationen, die die Gebilde- und die Prozessstruktur des Sachsystems ausmachen.

Gebilde- und Prozessstruktur betrachten mit Raum und Zeit jeweils nur ein ausgezeichnetes Attribut. Vergleichbar können wir uns bei der Kopplung auf eine spezielle Klasse oder ein spezielles Attribut konzentrieren. Dafür übliche Beispiele sind Material-, Energie- oder Informationsfluss $S_{Sm} = \{s_m\}$; $S_{Se} = \{s_e\}$; $S_{Si} = \{s_i\}$. Genauso ist aber die Fokussierung auf ein spezielles Attribut oder eine spezielle Funktion über alle Subsysteme möglich. Diese isolierte Betrachtung ist unter der Bezeichnung „Aspektdenken" bzw. „Denken in Teilsystemen" ein wirksames Mittel (siehe bspw. [HNBB92]), um die Zerlegung in Untersysteme an den Kopplungen schrittweise zu überprüfen.[45]

Ein *Teilsystem* $p_a := \{a, F_a, P_a, s_a\}$ wird bestimmt durch ein strukturbildendes Attribut a und die von a induzierte k-stellige Relation s_a.

Diese Definition eines Teilsystems gibt die Sicht des Systems Engineering wieder [HNBB92]: Wir gehen davon aus, dass das System a priori gesamthaft mit einer Untergliederung in Subsysteme gegeben ist. Und dann schauen wir für ein und dieselbe Subsystemgliederung unterschiedliche (interne) Attribute und/oder Funktionen an. Wir können

---

[43] Das Zusammenspiel von unterschiedlichen Befehlsinformationen, von unterschiedlichen Werkzeugen, die als Input oder als Zustand interpretiert werden, wird damit auf der Ebene des Systems als Input-, Überführungs- usw. -funktion beschrieben. Zwischen Systemen bestehen derartige Relationen dann (in der Regel) nicht mehr; über die Systemgrenze in die Umwelt werden nur Input- und Outputrelationen definiert.

[44] Siehe bspw. Handhabung und Rüsten in Bd. 2, Statische Konstruktionen, Abschnitt Schließen von Attributsabständen.

[45] Siehe Bd. 2, Statische Konstruktionen, Abschnitt Zustandsparametrisierung. Ein einfaches Beispiel macht das Aspektdenken deutlich: Eine Schwarzwälder Kirschtorte wird mit dem Tortenteiler in 20 Stücke, also 20 Subsysteme, zerteilt. Jede einzelne Schicht, beginnend oben mit Sahne und unten endend mit Biskuit, repräsentiere jetzt ein bestimmtes Attribut. Eine Schicht, bspw. Biskuit, ist dann ein Teilsystem – nur ein Attribut, gekoppelt über alle Subsysteme des gesamten Systems.

aber auch den Fall annehmen, dass unterschiedliche Beobachter ein und denselben realen Gegenstand/Sachverhalt aus unterschiedlichen Blickwinkeln/Gesichtspunkten anschauen und dann zu völlig unterschiedlichen Systemen/Systemgrenzen/-gliederungen kommen – und trotzdem können wir Materie, Information und Energie unterscheiden: Der Werker wird sein Arbeitssystem anders auffassen als sein Vorgesetzter und der wieder anders als der Investor und der wieder anders als der Vertriebsmitarbeiter (siehe Abschn. 2.2.5, Handlungssysteme und 3.2).

Für die im engeren Sinne technische Umgebung eines Sachsystems geben wir eine formale Definition: Es sei W_S eine nichtleere Menge von künstlichen konkreten Gegebenheiten, die die Menge $P_S \subseteq W_S$ der Subsysteme als Teilmenge enthält. Dann heißt die Differenzmenge zwischen der Menge W_S und der Subsystemmenge P_S *Sachumgebung* V_S: $V_S = W_S \setminus P_S$ (siehe [RoPo79]).

Beispiel 2.53

Thermostatventil

Zu der Umwelt des Systems Thermostatventil gehören die Systeme *Heizungsrohre, Heizkörper, Umgebungsluft, Bediener, Monteur* etc. Diese Liste ist selbstverständlich nicht vollständig, vermutlich kann sie auch gar nicht vollständig angelegt werden, da sich nicht alle einwirkenden Systeme aufzählen lassen. Das liegt vor allem an der Vielzahl der möglichen Diskurswelten. So kann z. B. jedes Molekül als eigenes System betrachtet oder die gesamte Umwelt nur anhand des Merkmals Temperatur beschrieben werden. Beides macht aus der Sicht der Systemgestaltung keinen Sinn. Zur Klärung der Funktion des Systems Thermostatventil reicht die Kenntnis der Lufttemperatur nicht aus, da auch die durchströmende Flüssigkeit einen Einfluss auf die Lufttemperatur hat. Eine Beschreibung der Umwelt sollte also die Systeme *Raum* und *Zentralheizung* ausreichend genau erfassen. Andererseits aber nicht zu detailliert, da eine Betrachtung auf der Diskursebene *Moleküle im Haus* nicht mehr handhabbar ist. ◄

Die Folge von Sachsystemen $H_S = (p_S^{(1)}, p_S^{(2)}, \ldots, p_S^{(n)})$ heißt *Sachsystemhierarchie*. Das Sachsystem $p_S^{(1)} = (A_S^{(1)}, F_S^{(1)})$ mit $P_S^{(1)} = \emptyset$ heißt *Sachelement*.

2.2.3.1 Überführungs-/Ergebnisfunktion: Lineare Differenzialgleichung

Der Zusammenhang zwischen dem Input/der Eingangsgröße x und dem Output/der Ausgangsgröße y eines Sachelements, also die Ergebnisfunktion, wird oft als Differenzialgleichung angegeben und aus der Konstruktion des Elements oder aus Versuchen abgeleitet. Um möglichst einfache Gleichungen zu erhalten und die Rechnung zu erleichtern, werden in der Technik die Zusammenhänge zwischen den einzelnen Größen vielfach linearisiert. Es ergeben sich lineare Differenzialgleichungen mit reellen, konstanten Beiwerten.

Die lineare Differenzialgleichung n-ter Ordnung mit reellen, konstanten Beiwerten lautet:

$$a_n y^{(n)} + a_{n-1} y^{(n-1)} + \ldots + a_2 y'' + a_1 y' + a_0 y = x(t). \qquad (2.1)$$

Lösung der linearen Differenzialgleichung
Die Lösung gibt den Zusammenhang zwischen der Eingangsgröße x und der Ausgangsgröße y an. Um Gl. (2.1) lösen zu können, muss die Eingangsgröße als Funktion der Zeit, also $x = x(t)$, gegeben sein. Weil wir nicht alle möglichen $x(t)$ untersuchen bzw. die Lösungen gar nicht alle ermitteln können, sind die folgenden Fälle für die Charakterisierung von Sachelementen von besonderem Interesse:

$x(t) = 0$: Eigenvorgang Gl. (2.1) lautet hier

$$a_n y^{(n)} + a_{n-1} y^{(n-1)} + \ldots + a_2 y'' + a_1 y' + a_0 y = 0 \tag{2.2}$$

Die Lösung $y(t)$ dieser verkürzten Differenzialgleichung stellt den sogenannten *Eigenvorgang* dar, d. h. einen Vorgang, der sich abspielt, wenn das Element nach einer Auslenkung aus dem Beharrungszustand wieder sich selbst überlassen wird. Es gibt keine Eingangsgröße, die sich (im Weiteren) auf die Ausgangsgröße auswirkt.

Beispiel 2.54

Eigenvorgang Kühlschrank

Wir haben einen Kühlschrank, der wegen seiner konstanten Kühlleistung und der konstanten Außentemperatur auf 8 Grad Innentemperatur eingeschwungen ist. Wir stellen einen Topf mit heißem Wasser in den Kühlschrank und erwärmen im Außenbereich auf 38 Grad. Es gibt keine Regelung und damit keine Führungsgröße „8 Grad“. Wie stellt sich die Temperatur im Kühlschrank ein? Fällt sie wieder auf 8 Grad? Bleibt sie auf 8 Grad, stellt sie sich auf Raumtemperatur ein oder stellt sie sich – mit möglicherweise niedrigerem Stromverbrauch – auf einen Beharrungszustand mit einem anderen Temperaturwert ein? ◄

Mit dem Ansatz $y = \mathrm{e}^{\mathrm{pt}}$ folgt aus Gl. (2.2) die algebraische, charakteristische Gleichung n-ten Grades

$$a_n p^n + a_{n-1} p^{n-1} + \ldots + a_2 p^2 + a_1 p + a_0 = 0 \tag{2.3}$$

mit den Wurzeln $p_n, p_{n-1}, \ldots, p_2, p_1$. Weil alle Beiwerte reell sind, können diese Wurzeln nur entweder reell oder paarweise konjugiert komplex sein, was aus der anderen Form von Gl. (2.3), nämlich aus

$$a_n(p - p_n)(p - p_{n-1})\ldots(p - p_2)(p - p_1) = 0$$

zu erkennen ist. Oft wird $p = j\omega$ gesetzt, also der Ansatz $y = \mathrm{e}^{j\omega t}$ einer harmonischen Schwingung mit der konstanten Amplitude 1 gemacht; die charakteristische Gleichung lautet dann

$$a_n(j\omega)^n + a_{n-1}(j\omega)^{n-1} + \ldots + a_2(j\omega)^2 + a_1 j\omega + a_0 = 0. \tag{2.4}$$

Die allgemeine Lösung von Gl. (2.2) bei r gleichen Wurzeln $p_n = p_{n-1} = \ldots = p_{n-(r-1)} = \rho$ und $m = (n-r)$ verschiedenen Wurzeln $p_m, p_{m-1}, \ldots, p_2, p_1$ lautet:

$$y(t) = C_n e^{\rho t} + C_{n-1} t e^{\rho t} + C_{n-2} t^2 e^{\rho t} + \ldots + C_{n-(r-1)} t^{r-1} e^{\rho t} + C_m e^{p_m t} + C_{m-1} e^{p_{m-1} t} + \ldots + C_2 e^{p_2 t} + C_1 e^{p_1 t}. \quad (2.5)$$

a) Ein Glied der Gl. (2.5) mit einer reellen Wurzel p_g: $y_g = C_g e^{p_g t}$ stellt einen aperiodischen Vorgang dar; ist

- $p_g < 0$, so nimmt $y_g(t)$ mit t ab,
- $p_g = 0$, so bleibt $y_g(t)$ konstant,
- $p_g > 0$, so nimmt $y_g(t)$ zu.

b) Zwei Glieder der Gl. (2.5) mit konjugiert komplexen Wurzeln: $p_h = \delta_h + j\omega_h$ und $p_{h+1} = \delta_h - j\omega_h$ können zu einem Glied y_h zusammengefasst werden:

$$y_h = C_h e^{(\delta_h + j\omega_h)t} + C_{h+1} e^{(\delta_h - j\omega_h)t} = e^{\delta_h t}(C_h e^{+j\omega_h t} + C_{h+1} e^{-j\omega_h t}). \quad (2.6)$$

Aus dem Ansatz $C_h = K_h e^{+j\varphi_h}$; $C_{h+1} = K_h e^{-j\varphi_h}$ folgen $C_h C_{h+1} = (K_h)^2$ oder $K_h = (C_h C_{h+1})^{\frac{1}{2}}$ und $C_h - C_{h+1} = K_h(e^{+j\varphi_h} - e^{-j\varphi_h}) = K_h 2j \sin\varphi_h$ sowie $C_h + C_{h+1} = K_h(e^{+j\varphi_h} + e^{-j\varphi_h}) = K_h 2j \cos\varphi_h$ oder $\tan\varphi_h = -j(C_h - C_{h+1})/(C_h + C_{h+1})$.

Gl. (2.6) kann dann geschrieben werden: $y_h = e^{\delta_h t} K_h (e^{+j(\omega_h t + \varphi_h)} + e^{-j(\omega_h t + \varphi_h)} = 2(C_h C_{h+1})^{\frac{1}{2}} e^{\delta_h t} \cos(\omega_h t + \varphi_h)$ oder

$$y_h = A_h e^{\delta_h t} \sin(\omega_h t + \psi_h), \quad (2.7)$$

wenn wir setzen $A_h = 2(C_h + C_{h+1})^{\frac{1}{2}}$; $\psi_h = \varphi_h + \pi/2 = \arctan(-j(C_h - C_{h+1})/(C_h + C_{h+1})) + \pi/2$.

Gl. (2.7) und Gl. (2.6) stellen eine harmonische, um den Phasenwinkel φ_h vorauseilende Schwingung mit der Amplitude $A_h e^{\delta_h t} = 2(C_h C_{h+1})^{\frac{1}{2}} e^{\delta_h t}$ dar. Ist

- $\delta_h < 0$, so ist $y_h(t)$ eine abklingende Schwingung,
- $\delta_h = 0$, so ist $y_h(t)$ eine gleichbleibende Schwingung,
- $\delta_h > 0$, so ist $y_h(t)$ eine anschwellende Schwingung.

$x(t) = 1$: Übergangsfunktion Hier gibt es im Gegensatz zum vorhergehenden Fall ausgehend von $x(t) = 0$ eine von null verschiedene Eingangsgröße $x(t) = 1$. Gl. (2.1) lautet dann $a_n y^{(n)} + a_{n-1} y^{(n-1)} + \ldots + a_2 y'' + a_1 y' + a_0 y = 1$.

Die Lösung $y_ü(t)$ heißt Übergangsfunktion oder Sprungantwort; sie stellt die Änderung der Ausgangsgröße bei einer sprunghaften Änderung der Eingangsgröße, z. B. von $x = 0$ auf $x = 1$ (Stoßfunktion $x(t)$), über der Zeit dar. Mit der Substitution

$$z = y - \frac{1}{a_0} \quad (2.8)$$

bzw. allgemein, wenn $a_0 = a_1 = a_2 = \ldots = a_{k-1} = 0$ und $a_k \neq 0$ sind, mit

$$z = y - \frac{t^k}{k!a_k}, \tag{2.9}$$

ergibt sich die verkürzte Differenzialgleichung für z: $a_n z^{(n)} + a_{n-1} z^{(n-1)} + \ldots + a_2 z'' + a_1 z' + a_0 z = 0$, die wie oben ($x(t) = 0$) gelöst wird. Mit der Lösung $z(t)$ folgt aus Gl. (2.8) die Übergangsfunktion oder Sprungantwort:

$$y_{\ddot{u}}(t) = z(t) + \frac{1}{a_0} = \frac{1}{a_0} + C_n \mathrm{e}^{p_n t} + C_{n-1} \mathrm{e}^{p_{n-1} t} + \ldots$$

bzw. aus Gl. (2.9) allgemein $y_{\ddot{u}}(t) = z(t) + t^k/(k!a_k) = t^k/(k!a_k) + C_n \mathrm{e}^{p_n t} + C_{n-1} \mathrm{e}^{p_{n-1} t} + \ldots$

Wie der Eigenvorgang lässt sich die Übergangsfunktion nur für Differenzialgleichungen erster und zweiter Ordnung rechnerisch leicht ermitteln.

$x(t) = x_0 \mathrm{e}^{j\omega t}$: Harmonische Schwingung Die Eingangsgröße ist eine *harmonische Schwingung* mit der Frequenz ω und der konstanten Amplitude x_0. Wir betrachten hier eine einfache veränderliche Größe; eine Größe, die stetig zunimmt, würden wir auf den Fall $x(t) = \text{const.}$ zurückführen.

Gl. (2.1) lautet dann

$$a_n y^{(n)} + a_{n-1} y^{(n-1)} + \ldots + a_2 y'' + a_1 y' + a_0 y = x_0 \mathrm{e}^{j\omega t} \tag{2.10}$$

Eine Lösung dieser Gleichung lautet

$$y(t) = y_0 \mathrm{e}^{j(\omega t + \alpha)}. \tag{2.11}$$

Also ist auch die Ausgangsgröße y eine harmonische Schwingung mit der gleichen Frequenz ω und der Amplitude y_0; gegenüber der Eingangsschwingung ist sie um den Phasenwinkel α verschoben. Aus den Gleichungen (2.10) und (2.11) folgt

$$y_0 \mathrm{e}^{j(\omega t + \alpha)} (a_n (j\omega)^n + \ldots + a_2 (j\omega)^2 + a_1 (j\omega) + a_0) = x_0 \mathrm{e}^{j\omega t}. \tag{2.12}$$

Das Verhältnis y/x der Ausgangsgröße zur Eingangsgröße heißt *Frequenzgang* $F(j\omega)$. $F(j\omega)$ ist eine Funktion von ω; sie berechnet sich nach Gl. (2.11) zu $F(j\omega) = y/x = (y_0 \mathrm{e}^{j(\omega t + \alpha)})/(x_0 \mathrm{e}^{j\omega t})) = y_0 \mathrm{e}^{j\alpha}/x_0 \mathrm{e}^{j\omega t}$ bzw. aus Gl. (2.12) zu:

$$\begin{aligned} F(j\omega) &= \frac{1}{a_n (j\omega)^n + a_{n-1} (j\omega)^{n-1} + \ldots + a_2 (j\omega)^2 + a_1 (j\omega) + a_0} \\ &= \frac{1}{\text{charakteristische Gl. (2.4)}} \end{aligned}$$

Der Frequenzgang einer Differenzialgleichung von der allgemeinen Form

$$a_n y^{(n)} + \ldots + a_2 y'' + a_1 y' + a_0 y = b_0 x + \ldots b_k x^{(k)} \tag{2.13}$$

ermittelt sich mit $x = x_0 \mathrm{e}^{j\omega t}$ und $y = y_0 \mathrm{e}^{j(\omega t + \alpha)}$ zu

$$F(j\omega) = \frac{b_0 + b_1 j\omega + b_2 (j\omega)^2 + \ldots + b_k (j\omega)^k}{a_n (j\omega)^n + a_{n-1} (j\omega)^{n-1} + \ldots + a_2 (j\omega)^2 + a_1 j\omega + a_0}. \tag{2.14}$$

Daraus leiten wir folgende beiden Regeln ab:

- Der Frequenzgang ergibt sich aus der Differenzialgleichung als Bruch mit den Gliedern der Eingangsgröße im Zähler und den Gliedern der Ausgangsgröße im Nenner, wobei zu schreiben ist: statt x und y der Wert $(j\omega)^0 = 1$, statt x' und y' der Wert $(j\omega)^1 = j\omega$, statt x'' und y'' der Wert $(j\omega)^2, \ldots$, statt $x^{(n)}$ und $y^{(n)}$ der Wert $(j\omega)^{(n)}$.
- Die Differenzialgleichung ergibt sich aus dem Frequenzgang, indem der im Nenner von $F(j\omega)$ stehende Ausdruck als linke, die Ausgangsgröße y enthaltende Seite, der im Zähler stehende Ausdruck als rechte, die Eingangsgröße x enthaltende Seite der Gleichung geschrieben werden und gleichzeitig gesetzt wird: statt $(j\omega)^0 = 1$ der Wert y bzw. x, statt $(j\omega)^1 = j\omega$ der Wert y' bzw. x', statt $(j\omega)^2$ der Wert y'' bzw. $x'', \ldots$, statt $(j\omega)^n$ der Wert $y^{(n)}$ bzw. $x^{(n)}$.

Der Frequenzgang gibt an, in welcher Weise eine aufgezwungene, harmonische Schwingung im betrachteten Regelkreisglied umgeformt wird. Bei einem linearen Zusammenhang zwischen Eingangsgröße und Ausgangsgröße führt auch die Ausgangsgröße eine harmonische Schwingung mit einer gleichbleibenden Amplitude y_0 aus; allerdings eilt die Ausgangsschwingung der Eingangsschwingung infolge von Trägheitskräften in der Regel nach.

Beharrungszustände

Aus der Differenzialgleichung

$$a_n y^{(n)} + \ldots + a_2 y'' + a_1 y' + a_0 y = b_0 x + b_1 x' + \ldots + b_k x^{(k)} \tag{2.13}$$

wie auch aus dem Frequenzgang

$$F(j\omega) = \frac{b_0 + b_1 (j\omega) + \ldots + b_k (j\omega)^k}{a_n (j\omega) + \ldots + a_2 (j\omega)^2 + a_1 j\omega + a_0} \tag{2.14}$$

eines Sachelements kann auf sein Verhalten in einem *Beharrungszustand* geschlossen werden. Ein Beharrungszustand ist dadurch gekennzeichnet, dass sich sowohl die Eingangsgröße x wie auch die Ausgangsgröße y nicht mehr ändern. Es sind dann alle Glieder mit zeitlichen Ableitungen von x und y, also

$$a_n y^{(n)} = \ldots = a_2 y'' + a_1 y' = b_1 x' = \ldots = b_k x^{(k)} = 0,$$

und die Differenzialgleichung (2.13) lautet:

$$a_0 y = b_0 x. \tag{2.15}$$

Im Beharrungszustand ist auch die Frequenz $\omega = 0$, und die Frequenzgang-Gl. (2.14) lautet

$$F(j\omega) = \frac{b_0}{a_0}. \tag{2.16}$$

Wir erhalten drei verschiedene Arten von Sachelementen.

***P*-Sachelement: $a_0 = 0, b_0 = 0$** Aus Gl. (2.15) oder (2.16) folgt: Einer bleibenden Abweichung $x_{1,2}$ entspricht im neuen Beharrungszustand eine ganz bestimmte Abweichung $y_{1,2} = (b_0/a_0)x_{1,2}$.

Die Beiwerte a_0 und b_0 sind Konstanten; deshalb ändert sich $y_{1,2}$ proportional mit $x_{1,2}$. Ein solches Sachelement heißt ein *proportional wirkendes Glied* (P-Glied). Die größte Abweichung x_P der Eingangsgröße, der die größte Abweichung y_{max} der Ausgangsgröße entspricht, ist der P-Bereich; der Faktor $a_0/b_0 = b_p$ ist der P-Grad des Sachelements. Die Übergangsfunktion (Sprungantwort) für das einfache P-Glied ergibt sich aus der Gleichung:

$$\frac{a_0}{b_0} y = b_p y = x. \tag{2.17}$$

Der Frequenzgang ist für $\omega = 0$ ein Punkt auf der positiven reellen Koordinatenachse mit dem Wert: $F(j\omega = 0) = 1/b_p$.

***I*-Sachelement: $a_0 = 0, b_0 \neq 0$** Eine noch so kleine bleibende Abweichung $x_{1,2}$ bewirkt eine unendlich große Abweichung y_1; ein Beharrungszustand ist daher nur für $x_{1,2} = 0$ möglich. Dabei kann die Ausgangsgröße $y_{1,2}$ jeden beliebigen, zwischen ihren Endwerten liegenden Wert haben. Ein solches Sachelement heißt *integral wirkendes Glied* (I-Glied). Es kann als Sonderfall eines P-Gliedes mit $b_p \longrightarrow 0$ aufgefasst werden. Die Übergangsfunktion (Sprungantwort) für das einfache I-Glied ergibt sich aus der Gleichung: $a_1 y' = b_0 x$

$$y = \frac{b_0}{a_1} \int x \mathrm{d}t = \frac{1}{T_y} \int x \mathrm{d}t \tag{2.18}$$

Der Frequenzgang nimmt für $\omega = 0$ den Wert an: $F(j\omega = 0) = -j\infty$. Er stellt den Punkt $(0, -\infty)$ auf der negativen, imaginären Koordinatenachse dar.

***D*-Sachelement: $a_0 \neq 0, b_0 = 0$** Eine noch so große bleibende Abweichung $x_{1,2}$ führt zu keiner bleibenden Abweichung $y_{1,2}$; in einem Beharrungszustand gilt immer $y_{1,2} = 0$. Dabei kann die Eingangsabweichung $x_{1,2}$ jeden beliebigen, zwischen ihren Endwerten liegenden Wert haben. Das Sachelement heißt ein *differenzial wirkendes Glied* (D-Glied).

Es kann als Sonderfall eines P-Gliedes mit $b_p \longrightarrow \infty$ aufgefasst werden. Die Anstiegsantwort für das einfache D-Glied ergibt sich aus der Gleichung:

$$\begin{aligned} a_0 &= b_1 x' \\ y &= \frac{b_1}{a_0} x' = T_x x' \end{aligned} \tag{2.19}$$

Der Frequenzgang nimmt für $\omega = 0$ den Wert an: $F(j\omega = 0) = 0$. Er fällt mit dem Koordinatenursprung zusammen.

***PI*-Sachelement** Beim *PI-Sachelement* ergibt sich die Ausgangsgröße y als Summe der Ausgangsgrößen eines P-Gliedes nach Gl. (2.17) und eines I-Gliedes nach Gl. (2.18): $y = (1/b_p)x + (1/T_y) \int x \mathrm{d}t$.

Die Zeitkonstante $T_n = (1/b_p)T_y$ heißt Nachstellzeit; sie gibt anschaulich die Zeitstrecke wieder, die ein reines I-Glied früher starten müsste, um den zusätzlichen Beitrag des P-Gliedes auszugleichen. Der Frequenzgang lautet:

$$F(j\omega) = \frac{1 + T_n j\omega}{T_y j\omega}.$$

Die Ortskurve ist eine Parallele zur negativen, imaginären Koordinatenachse; sie beginnt für $\omega = 0$ im Punkt $(1/b_0, -\infty)$ und endet für $\omega = \infty$ auf der positiven, reellen Koordinatenachse im Punkt $(1/b_p, 0)$.

***PD*-Sachelement** Beim *PD-Sachelement* ergibt sich die Ausgangsgröße y als Summe der Ausgangsgrößen eines P-Gliedes nach Gl. (2.17) und eines D-Gliedes nach Gl. (2.19): $y = (1/b_p)x + T_x x'$.

Die Zeitkonstante $T_v = b_p T_x$ heißt Vorhaltezeit; sie gibt anschaulich die Zeitstrecke wieder, die ein reines D-Glied früher starten müsste, um den zusätzlichen Beitrag des P-Gliedes auszugleichen. Der Frequenzgang lautet:

$$F(j\omega) = \frac{1 + T_v j\omega}{b_p}.$$

Die Ortskurve ist eine Parallele zur positiven, imaginären Koordinatenachse; sie beginnt für $\omega = 0$ auf der positiven, reellen Koordinatenachse im Punkt $(+1/b_p, 0)$ und endet für $\omega = \infty$ im Punkt $(+1/b_p, +\infty)$.

***PID*-Sachelement** Beim *PID-Sachelement* ergibt sich die Ausgangsgröße y als Summe der Ausgangsgrößen eines P-Gliedes nach Gl. (2.17), eines I-Gliedes nach Gl. (2.18) und eines D-Gliedes nach Gl. (2.19): $y = (1/b_p)x + (1/T_y) \int x \mathrm{d}t + T_x x'$

Der Frequenzgang lautet: $F(j\omega) = (1 + t_n j\omega + T_x T_y (j\omega)^2)/(T_y j\omega)$.

Die Ortskurve ist eine Parallele zur imaginären Koordinatenachse; sie beginnt für $\omega = 0$ im Punkt $(+(T_n/T_y), -\infty)$ und endet für $\omega = \infty$ im Punkt $(+(T_n/T_y), +\infty)$.

2.2.3.2 Ergebnisfunktion: Mechanik

Wir beschäftigen uns mit dem *Verhalten* eines Sachsystems, also der Reaktion eines Körpers auf einen eindeutig bestimmten Input mit Ergebnis- und Überführungsfunktion, mit einem Output und/oder einer Zustandsänderung. So verstanden, umreißt „Verhalten" ein praktisch unbegrenztes Feld. Daher nehmen wir eine Eingrenzung vor: Gegenstand dieses Abschnitts ist die *Mechanik* als Wissenschaft von der Bewegung. Auch hier ist eine Beschränkung unumgänglich. Aber die Art und Weise, wie wir dieses Gebiet aus den Grundannahmen heraus entwickeln (und immer weiter entwickeln könnten; siehe bspw. [WILL03]), soll stellvertretend stehen für alle anderen Wissensgebiete der Physik, wie der Thermodynamik, der Elektrotechnik, der Optik usw., aber auch für die Wissenschaftsgebiete der Chemie und der Biologie. Immer steht die Entwurfssituation mit den getroffenen Annahmen und Voraussetzungen im Vordergrund. Ausgehend von Materie, Raum und Zeit leiten wir die physikalischen Größen wie Masse, Kraft, Moment, Trägheitsmoment, Impuls, Leistung, Arbeit usw. ab. Und damit erhalten wir die elementaren Wirkprinzipien/Wirkpaare der Mechanik[46].

Als Aufgabe der Mechanik bezeichnen wir, die in der Natur vor sich gehenden Bewegungen *vollständig* und *auf die einfachste Weise* zu beschreiben. Bewegung ist Änderung des Ortes mit der Zeit; was sich bewegt, ist die Materie. Zur Auffassung einer Bewegung sind die Vorstellungen von Raum, Zeit und Materie notwendig, aber auch hinreichend. Mit diesen Mitteln muss die Mechanik darauf trachten, ihr Ziel zu erreichen, und mit ihnen muss sie die Hilfsbegriffe konstruieren, die sie dabei benötigt, bspw. die Begriffe der Kraft und der Masse [KIRC97].

Die Beschreibung der Bewegungen soll vollständig sein. Die Bedeutung dieser Forderung ist vollkommen klar: Es soll keine Frage, die bezüglich der Bewegungen gestellt

---

[46] Mit Materie, Raum und Zeit erhalten wir das mks-System (Meter, Kilogramm, Sekunde); alle abgeleiteten Größen in diesem System werden aus Materie, Raum und Zeit entwickelt, die Dimensionen dieser Größen aus Meter (m), Kilogramm (kg) und Sekunde (s) aggregiert.

- Masse nicht bzw. als Konstante enthalten (kg^0-Ebene)
  Zeit: s, Geschwindigkeit: m/s, Weg: m, Fläche: m^2, Volumen: m^3, Volumenstrom: m^3/s, Beschleunigung: m/s^2
- Masse linear enthalten (kg^1-Ebene)
  Energie: $kg\,m^2/s^2$, Leistung: $kg\,m^2/s^3$, Kraft: $kg\,m/s^2$, Impuls: kg m/s, Dichte: kg/m^3, Druck: $kg\,m/(s^2\,m^2)$
  Energie/Arbeit = Kraft · Weg = Leistung · Zeit = Kraft · Geschwindigkeit · Zeit: $kg\,m^2/s^2 = kg\,m/s^2 \cdot m = kg\,m^2/s^3 \cdot s = kg\,m/s^2 \cdot m/s \cdot s$
  Leistung = Kraft · Geschwindigkeit: $kg\,m^2/s^3 = kg\,m/s^2 \cdot m/s$
  Impuls = Kraft · Zeit = Masse · Geschwindigkeit: $kg\,m/s = kg\,m/s^2 \cdot s = kg \cdot m/s$
  Kraft = Masse · Beschleunigung: $kg\,m/s^2 = kg \cdot m/s^2$

Analog können wir nach dem Raum (m^2-, m^1-, m^0-, m^{-1}-, m^{-2}-, m^{-3}-Ebene) und nach der Zeit (s^1-, s^0-, s^{-1}-, s^{-2}-, s^{-3}-Ebene) einteilen. Mit anderen Worten: Wir können nach der Masse, dem Weg oder der Zeit (partiell) differenzieren und integrieren. Ebenso können wir nach nur einer Größe (m, kg, s), zwei Größen, drei Größen untergliedern.

werden kann, unbeantwortet bleiben. Weniger klar ist die Bedeutung der zweiten Forderung, dass die Beschreibung die einfachste sei. Es ist von vornherein sehr wohl denkbar, dass Zweifel darüber bestehen können, ob die eine oder die andere Beschreibung gewisser Erscheinungen die einfachere ist; es ist auch denkbar, dass eine Beschreibung gewisser Erscheinungen, die heute unzweifelhaft die einfachste ist, die gegeben werden kann, mit der Entwicklung der Wissenschaften durch eine noch einfachere ersetzt wird.

Materieller Punkt

Definition eines materiellen Punktes

Die Bewegung eines Körpers (siehe Abschn. 2.2.3, Fußnote 68), d. h. eines Teils der Materie, ist – wenn wir sie genauer betrachten – immer eine komplizierte Erscheinung. Ein fester Stab, bspw. ein Speer, der fortgeschleudert wird, dreht sich während seines Fluges bald in diesem, bald in jenem Sinn; eine Flüssigkeit, die aus einem Gefäß ausgegossen wird, ändert während ihres Falls in der verwickeltsten Art ihre Gestalt. Solche Drehungen und Gestaltsänderungen kommen in weniger auffallender Weise bei jeder Bewegung eines Körpers vor. Wir werden – mit dem einfacheren beginnend – zunächst den Fall betrachten, dass alle Dimensionen des Körpers *unendlich klein* sind; einen solchen Punkt nennen wir einen *materiellen Punkt*. Auch ein materieller Punkt wird sich im Allgemeinen bei seiner Bewegung drehen und seine Gestalt ändern; dabei wird aber, eben weil er unendlich klein ist, sein Ort in jedem Augenblick durch einen geometrischen Punkt angegeben werden können. Wir werden uns darauf beschränken, die Änderungen seines Ortes zu untersuchen und nicht in Betracht ziehen, wie er sich dreht und/oder seine Gestalt ändert.

Wir nennen x, y, z die Koordinaten des materiellen Punktes, um dessen Bewegung es sich handelt, in Bezug auf ein beliebiges, festes, rechtwinkliges Koordinatensystem zum Zeitpunkt t. Dann sind x, y, z Funktionen von t, und zwar Funktionen, die für das ganze Zeitintervall, das der Dauer der Bewegung entspricht, einwertig und stetig sind. Werden sie angegeben, so wird dadurch die Bewegung, so weit wir sie in Betracht ziehen wollen, vollständig beschrieben. Sie sind abhängig vom gewählten Koordinatensystem. Führen wir ein anderes, gleichfalls rechtwinkliges und festes Koordinatensystem ein und nennen in ihm x', y', z' die Koordinaten des Punktes, dessen Koordinaten im früheren x, y, z sind, so ist

$$\begin{aligned} x' &= a + \alpha_1 x + \alpha_2 y + \alpha_3 z; \\ y' &= b + \beta_1 x + \beta_2 y + \beta_3 z; \\ z' &= c + \gamma_1 x + \gamma_2 y + \gamma_3 z, \end{aligned} \tag{2.20}$$

wobei a, b, c und die Größen α, β, γ Konstanten sind, die von der relativen Lage der beiden Koordinatensysteme abhängen; es sind a, b, c die Werte, die x', y', z' für $x = 0$, $y = 0$,

$z = 0$ haben und es ist

$$\begin{aligned}
\alpha_1 &= \cos(x'x), & \alpha_2 &= \cos(x'y), & \alpha_3 &= \cos(x'z);\\
\beta_1 &= \cos(y'x), & \beta_2 &= \cos(y'y), & \beta_3 &= \cos(y'z);\\
\gamma 1 &= \cos(z'x), & \gamma_2 &= \cos(z'y), & \gamma_3 &= \cos(z'z).
\end{aligned} \tag{2.21}$$

Dabei ist $(x'x)$ ein beliebiger von den beiden sich zu 2π ergänzenden Winkeln, die die Richtungen der x-Achse und x'-Achse miteinander bilden, und die Bedeutung der ähnlichen eingeführten Zeichen die analoge.

Geschwindigkeit

Die Bewegung eines Punktes lässt sich auch auf andere Weisen beschreiben, die weniger direkt, aber oft einfacher sind, als die besprochene. Der Zweck ist erreicht, wenn die Werte angegeben sind, die x, y, z für einen Wert von t, bspw. für $t = 0$, besitzen, und die Werte, die $\mathrm{d}x/\mathrm{d}t$, $\mathrm{d}y/\mathrm{d}t$, $\mathrm{d}z/\mathrm{d}t$ für alle Werte von t haben. Dabei können diese Differenzialquotienten als Funktionen von t, oder als Funktionen von x, y, z oder im allgemeinsten Fall als Funktionen von x, y, z und t gegeben sein; jedenfalls müssen sie aber einwertig sein für alle Wertsysteme ihrer Argumente, die bei der Bewegung vorkommen. Ist für $t = 0$: $x = x_0$, $y = y_0$, $z = z_0$ und allgemein

$$\frac{\mathrm{d}x}{\mathrm{d}t} = u, \quad \frac{\mathrm{d}y}{\mathrm{d}t} = v, \quad \frac{\mathrm{d}z}{\mathrm{d}t} = w, \tag{2.22}$$

wobei x_0, y_0, z_0 gegebene Konstanten, u, v, w gegebene Funktionen der bezeichneten Art von x, y, z und t bedeuten, dann sind x, y, z für jeden Wert von t im Allgemeinen eindeutig bestimmt, wie aus der Theorie der Differenzialgleichungen folgt (siehe Abschn. 2.2.3.1): Um x, y, z zu finden, müssen wir die Differenzialgleichungen (2.22) integrieren und die dabei auftretenden drei willkürlichen Konstanten aus den für $t = 0$ geltenden Bedingungen bestimmen.

Die durch die Gleichungen (2.22) definierten Größen u, v, w heißen die *Komponenten der Geschwindigkeit* des Punktes zum Zeitpunkt t nach den x-, y-, z-Achsen. Der Geschwindigkeit selbst kommen eine gewisse Größe und eine gewisse Richtung zu. Um diese zu finden, betrachten wir u, v, w als die rechtwinkligen Koordinaten eines Punktes in Bezug auf ein Koordinatensystem, dessen Anfangspunkt beliebig ist, dessen Achsen aber zu den x-, y-, z-Achsen parallel sind; die Richtung der Geschwindigkeit ist die Richtung der geraden Linie, die von dem Anfangspunkt der u, v, w nach dem Punkt (u, v, w) geht, die Größe der Geschwindigkeit ist die Länge dieser Linie. Diese Definitionen sind gleichbedeutend mit den folgenden: Die Größe der Geschwindigkeit ist die positiv zu nehmende Wurzel $(u^2 + v^2 + w^2)^{\frac{1}{2}}$, ihre Richtung die Richtung einer Linie, die mit den Koordinatenachsen Winkel bildet, deren Cosinus

$$\frac{u}{\sqrt{u^2 + v^2 + w^2}}, \quad \frac{v}{\sqrt{u^2 + v^2 + w^2}}, \quad \frac{w}{\sqrt{u^2 + v^2 + w^2}} \tag{2.23}$$

sind.

Es ist offensichtlich, dass damit die Geschwindigkeit eines Punktes allein von seiner Bewegung abhängt und nicht vom Koordinatensystem, das wir zur Untersuchung dieser Bewegung gewählt haben. Wir erkennen die Richtigkeit dieser Behauptung, wenn wir dieselbe Bewegung auf zwei verschiedene Koordinatensysteme beziehen und beide Male nach der aufgestellten Definition die Geschwindigkeit bestimmen. Es seien wieder x', y', z' die Koordinaten in einem neuen System des Punktes, dessen Koordinaten in dem alten x, y, z sind; es bestehen zwischen diesen Größen dann die Gleichungen (2.20). Differenzieren wir diese Gleichungen und benutzen die Gleichungen (2.22), sowie die diesen entsprechenden: $\mathrm{d}x'/\mathrm{d}t = u', \mathrm{d}y'/\mathrm{d}t = v', \mathrm{d}z'/\mathrm{d}t = w'$, in denen u', v', w' die Komponenten der Geschwindigkeit des Punktes zur Zeit t nach den x'-, y'-, z'-Achsen bedeuten, dann erhalten wir: $u' = \alpha_1 u + \alpha_2 v + \alpha_3 w$; $v' = \beta_1 u + \beta_2 v + \beta_3 w$; $w' = \gamma_1 u + \gamma_2 v + \gamma_3 w$.

In Folge der in den Gleichungen (2.21) angegebenen Bedeutung der Größen α, β, γ drücken diese Gleichungen aus, dass u, v, w und u', v', w' die Koordinaten nur eines Punktes in zwei Systemen sind, die einen gemeinschaftlichen Anfangspunkt haben und von denen die Achsen des einen den x-, y-, z-Achsen, die Achsen des anderen den x'-, y'-, z'-Achsen parallel sind. Die gerade Linie, die nach diesem Punkt vom gemeinsamen Anfangspunkt gezogen wird, bestimmt nach Größe und Richtung die Geschwindigkeit, um die es sich handelt, unabhängig davon, ob wir das Koordinatensystem der x, y, z oder dasjenige der x', y', z' benutzen.

Wir nennen $\mathrm{d}s$ die unendlich kleine Strecke, die der Punkt im Zeitelement $\mathrm{d}t$ zurücklegt. Dann ist $(\mathrm{d}x^2 + \mathrm{d}y^2 + \mathrm{d}z^2)^{\frac{1}{2}} = \mathrm{d}s$ und daher $(u^2 + v^2 + w^2)^{\frac{1}{2}} = \mathrm{d}s/\mathrm{d}t$; d. h., die Größe der Geschwindigkeit ist gleich der unendlich kleinen Strecke, die der Punkt in einem Zeitelement zurücklegt, dividiert durch dieses Zeitelement. Die in (2.23) angegebenen Cosinus der Winkel, die die Richtung der Geschwindigkeit mit den Koordinatenachsen bildet, werden durch Einführung von $\mathrm{d}s$ zu $\mathrm{d}x/\mathrm{d}s, \mathrm{d}y/\mathrm{d}s, \mathrm{d}z/\mathrm{d}s$; es sind das die Cosinus der Winkel, die mit den Achsen die Tangente bilden, die im Punkt (x, y, z) im Sinne der Bewegung des Punktes an die Bahn desselben gelegt werden kann. Die Richtung dieser Tangente ist demnach die Richtung der Geschwindigkeit.

Der einfachste Fall der Bewegung ist derjenige, in dem u, v, w Konstanten sind. Hier ergibt die Integration der Differenzialgleichungen (2.22): $x = x_0 + u_t$, $y = y_0 + v_t$, $z = z_0 + w_t$.

Die Bahn ist danach die gerade Linie, deren Gleichungen $(x - x_0)/u = (y - y_0)/v = (z - z_0)/w$ sind; d. h. die gerade Linie, die in der Richtung der konstant bleibenden Geschwindigkeit durch den Punkt (x_0, y_0, z_0) führt. Eine solche Bewegung eines Punktes heißt eine *gleichförmige*.

Beschleunigung und beschleunigende Kraft

Genauso ist die Bewegung des materiellen Punktes im Allgemeinen vollkommen bestimmt, wenn für $t = 0$ Ort und Geschwindigkeit und für jeden Wert von t die Werte von $\mathrm{d}^2x/\mathrm{d}t^2, \mathrm{d}^2y/\mathrm{d}t^2, \mathrm{d}^2z/\mathrm{d}t^2$ gegeben sind. Es sei für $t = 0$: $x = x_0$, $y = y_0$, $z = z_0$,

$\mathrm{d}x/\mathrm{d}t = u_0, \mathrm{d}y/\mathrm{d}t = v_0, \mathrm{d}z/\mathrm{d}t = w_0$ und allgemein

$$\frac{\mathrm{d}^2x}{\mathrm{d}t^2} = X, \quad \frac{\mathrm{d}^2y}{\mathrm{d}t^2} = Y, \quad \frac{\mathrm{d}^2z}{\mathrm{d}t^2} = Z, \tag{2.24}$$

wobei die mit dem Index $_0$ versehenen Zeichen gegebene Konstanten, X, Y, Z gegebene Funktionen von x, y, z, $\mathrm{d}x/\mathrm{d}t$, $\mathrm{d}y/\mathrm{d}t$, $\mathrm{d}z/\mathrm{d}t$, t bedeuten, die für alle vorkommenden Wertsysteme ihrer Argumente einwertig sind. Integrieren wir die Differenzialgleichungen (2.24) und verfügen über die sechs dabei auftretenden willkürlichen Konstanten so, dass den für $t = 0$ geltenden Bedingungen genügt wird, dann bestimmen wir x, y, z als Funktionen von t.

Die durch die Gleichungen (2.24) definierten Größen X, Y, Z heißen die *Komponenten* nach den Koordinatenachsen der *Beschleunigung*, die der Punkt hat, oder der *beschleunigenden Kraft*, die auf den Punkt wirkt. Die Ausdrücke: Beschleunigung und beschleunigende Kraft werden wir zunächst als völlig gleichbedeutend ansehen und nach Willkür bald den einen, bald den anderen gebrauchen. Der Kürze wegen wollen wir dabei das Beiwort beschleunigend fortlassen, aber stets hinzudenken, bis wir zur Einführung der sogenannten bewegenden Kräfte kommen. Der Beschleunigung kommt eine gewisse Größe und eine gewisse Richtung zu; ihre Größe ist $(X^2 + Y^2 + Z^2)^{\frac{1}{2}}$, ihre Richtung diejenige, die mit den Koordinatenachsen Winkel bildet, deren Cosinus $X/(X^2 + Y^2 + Z^2)^{\frac{1}{2}}, Y/(X^2 + Y^2 + Z^2)^{\frac{1}{2}}, Z/(X^2 + Y^2 + Z^2)^{\frac{1}{2}}$ sind. Mit anderen Worten: Betrachten wir X, Y, Z als die rechtwinkligen Koordinaten eines Punktes in einem Koordinatensystem, dessen Achsen den x-, y-, z-Achsen parallel sind, dann ist die Länge der vom Anfangspunkt nach diesem Punkt gezogenen Linie die Größe und ihre Richtung die Richtung der Beschleunigung.

Diese Definition der Beschleunigung entspricht ganz derjenigen, die wir zuvor von der Geschwindigkeit gegeben haben; an sie lassen sich ganz ähnliche Betrachtungen knüpfen, wie sie dort entwickelt wurden. Führen wir, wie es dort geschehen ist, neben dem x, y, z-Koordinatensystem ein zweites ein, auf das wir die gestrichenen Buchstaben beziehen und differenzieren die Gleichungen (2.20), die dann wieder gelten, zweimal, so erhalten wir

$$\begin{aligned} \frac{\mathrm{d}^2x'}{\mathrm{d}t^2} &= \alpha_1\frac{\mathrm{d}^2x}{\mathrm{d}t^2} + \alpha_2\frac{\mathrm{d}^2y}{\mathrm{d}t^2} + \alpha_3\frac{\mathrm{d}^2z}{\mathrm{d}t^2}; \\ \frac{\mathrm{d}^2y'}{\mathrm{d}t^2} &= \beta_1\frac{\mathrm{d}^2x}{\mathrm{d}t^2} + \beta_2\frac{\mathrm{d}^2y}{\mathrm{d}t^2} + \beta_3\frac{\mathrm{d}^2z}{\mathrm{d}t^2}; \\ \frac{\mathrm{d}^2z'}{\mathrm{d}t^2} &= \gamma_1\frac{\mathrm{d}^2x}{\mathrm{d}t^2} + \gamma^2\frac{\mathrm{d}^2y}{\mathrm{d}t^2} + \gamma_3\frac{\mathrm{d}^2z}{\mathrm{d}t^2} \end{aligned} \tag{2.25}$$

oder bei Rücksicht auf die Gleichungen (2.24) und die diesen entsprechenden mit den gestrichenen Buchstaben:

$$\begin{aligned} X' &= \alpha_1 X + \alpha_2 Y + \alpha_3 Z; \\ Y' &= \beta_1 X + \beta_2 Y + \beta_3 Z; \\ Z' &= \gamma_1 X + \gamma_2 Y + \gamma_3 Z. \end{aligned} \tag{2.26}$$

Und daraus folgt, dass die Größe und Richtung der Beschleunigung ebenso wie die Größe und Richtung der Geschwindigkeit unabhängig sind vom Koordinatensystem, auf das wir die Bewegung beziehen.

Wie oben die ersten und zweiten Differenzialquotienten der Koordinaten des bewegten Punktes eingeführt wurden, so könnten auch die dritten und noch höheren eingeführt werden. Die in der Natur vorkommenden Bewegungen sind aber erfahrungsgemäß der Art, dass dadurch die Einfachheit ihrer Darstellung nicht gewinnen, sondern im Gegenteil verlieren würde. Der Grund liegt darin, dass die zweiten Differenzialquotienten der Koordinaten der materiellen Punkte nach der Zeit Funktionen der Koordinaten selbst sind.

Bewegung eines schweren Punktes

Mit den gegebenen Definitionen können wir jetzt eine Klasse von natürlichen Bewegungserscheinungen in sehr einfacher Weise und mit einem hohen Grad an Genauigkeit beschreiben: Die Bewegung geworfener und fallender Körper insoweit, als diese als materielle Punkte angesehen werden können, die Dimensionen ihrer Bahnen unendlich klein gegen die Dimensionen der Erde sind und der Einfluss der Luft, so wie der Bewegung der Erde unmerklich ist (bzw. sein soll). Unter diesen Voraussetzungen ist die genannte Bewegung beschrieben durch die Aussage, dass auf die Körper in vertikal abwärtsgekehrter Richtung eine konstante Kraft wirkt, eine Kraft, die die *Schwere* (Schwerkraft; Erdbeschleunigung) heißt.

Wenn wir die z-Achse vertikal abwärtsgerichtet annehmen und die Schwere mit g bezeichnen, dann ist diese Aussage gleichbedeutend mit den Differenzialgleichungen

$$\frac{\mathrm{d}^2x}{\mathrm{d}t^2} = 0, \quad \frac{\mathrm{d}^2y}{\mathrm{d}t^2} = 0, \quad \frac{\mathrm{d}^2z}{\mathrm{d}t^2} = g$$

und den Integralen

$$x = a + a't, \quad y = b + b't, \quad z = c + c't + \frac{g}{2} \cdot t^2,$$

mit a, b, c und a', b', c' als sechs willkürlichen Konstanten, von denen die drei ersten die Koordinaten des Ortes, die drei letzten die Komponenten der Geschwindigkeit zum Zeitpunkt $t = 0$ angeben.

Zwischen x und y können wir durch Elimination von t eine lineare Gleichung bilden; der Körper bewegt sich in einer vertikalen Ebene. Nehmen wir diese als y-z-Ebene, so wird $x = 0$, und, eliminieren wir aus den Gleichungen für y und z die Zeit, dann erhalten wir zwischen y und z eine Gleichung, die y in den beiden ersten Potenzen, z in der ersten Potenz enthält. Demnach ist die Bahn eine Parabel, deren Achse der z-Achse parallel, also vertikal ist. Ist zusätzlich noch $b' = 0$, dann geht die Parabel in eine vertikale gerade Linie über (gleichförmig veränderte Bewegung).

Beispiel 2.55

Freier Fall

Ein Stein fällt in einen tiefen Schacht. Nach t Sekunden hören wir ihn aufschlagen. Wie tief ist der Schacht? Die Schallgeschwindigkeit sei c. Der Luftwiderstand ist zu vernachlässigen. Die Tiefe des Schachtes sei h. Um diese Tiefe zu durchfallen, braucht der Stein $t_1 = (2h/g)^{\frac{1}{2}}$ Sekunden. Dann braucht der Schall, um den Weg h zurückzulegen, die Zeit $t_2 = h/c$ Sekunden. Daher gilt: $t = t_1 + t_2 = (2h/g)^{\frac{1}{2}} + h/c$. Aus dieser Gleichung können wir h bestimmen. ◄

Beispiel 2.56

Senkrechter Wurf

Ein Körper (materieller Punkt) wird mit der Geschwindigkeit v_0 vertikal aufwärts geworfen; es ist die Höhe zu bestimmen, bis zu der er steigt, die Zeit, die er zum Aufsteigen braucht, und die Geschwindigkeit, die er erlangt hat, nachdem er im Ausgangspunkt wieder eingetroffen ist (Ursprung: Ausgangspunkt A_0; $+s$-Richtung: vertikal aufwärts; t_0: Beginn der Aufwärtsbewegung).

Zur Zeit t befindet sich der materielle Punkt in A im Abstand s vom Ausgangspunkt A_0. Wir erhalten dann:

$$m \cdot \frac{\mathrm{d}v}{\mathrm{d}t} = -mg; \quad \mathrm{d}v = -g\mathrm{d}t.$$

Daraus folgt: $v = -gt + C$. Für $t = 0$ ist $v = v_0$; damit $v_0 = C$ und damit

$$v = v_0 - gt \quad \text{oder} \quad \frac{\mathrm{d}s}{\mathrm{d}t} = v_0 - gt; \quad \mathrm{d}s = v_0\mathrm{d}t - gt \cdot \mathrm{d}t; \quad s = v_0 t - \frac{gt^2}{2} + C.$$

Für $t = 0$ ist $s = 0$. Das gibt $0 = C$ und $s = v_0 t - gt^2/2$.

Zum Zeitpunkt t' hat der materielle Punkt den höchsten Punkt A' seiner Bahn, die größte Steighöhe h erreicht; zu dieser Zeit ist $v = 0$. Daher liefert die Gleichung für v: $0 = v_0 - gt'$; $t' = v_0^2/g$. Für $t = t'$ ist aber $s = h$ und damit

$$h = v_0 \cdot \frac{v_0}{g} - \frac{g}{2} \cdot \frac{v_0^2}{g^2} = \frac{v_0^2}{2}g.$$

$v_0^2/2g$ heißt die zu v_0 gehörige Geschwindigkeitshöhe. Von dieser Höhe fällt der materielle Punkt in derselben Vertikalen zurück. Dann ist die Geschwindigkeit u in einem Punkt der Bahn im Abstand s vom Ursprung nach Beispiel 2.55 $u = (2g(h - s))^{\frac{1}{2}}$, damit $u^2 = 2gh - 2gs$. Es ist aber $v_0^2 = 2gh$; damit $u^2 = v_0^2 - 2gs$ und daher $u = v$.

Ein und derselbe Punkt der Bahnlinie wird beim Aufsteigen und beim Zurückfallen stets mit der gleichen Geschwindigkeit durchlaufen. Um die größte Höhe h zu erreichen, braucht der materielle Punkt die Zeit $t' = v_0/g = (2v_0^2/2g^2)^{\frac{1}{2}} = (2h/g)^{\frac{1}{2}}$. Das ist genau die Zeit, die der materielle Punkt braucht, um die Höhe h zu durchfallen.

Also gilt für einen materiellen Punkt, der vertikal nach oben geworfen wird und nach t Sekunden wieder aufschlägt: $t = t' + t' = 2(2h/g)^{\frac{1}{2}}$ und daraus $h = gt^2/8$. ◄

Bewegung eines Planeten um die Sonne

Ein anderes Beispiel, das die Vereinfachung der Beschreibung natürlicher Bewegungen durch die Einführung des Begriffs der Kraft zeigt, ist die Bewegung der Planeten um die Sonne. Diese ist mit einer gewissen Genauigkeit durch die Keplerschen Gesetze beschrieben; diese Gesetze können zu einem Satz von großer Einfachheit zusammengefasst werden. Nach dem ersten Keplerschen Gesetz bewegt sich ein Planet so, dass sein von der Sonne gezogener Radiusvektor in gleichen Zeiten gleiche Flächen beschreibt; nach dem zweiten ist die Bahn eines Planeten eine Ellipse, in deren einem Brennpunkt die Sonne steht. Wir nehmen die Ebene der Bahn als x-y-Ebene; dann ist $z = 0$ und daher, wenn wir X, Y, Z die Komponenten der auf den Planeten wirkenden Kraft nennen, $Z = 0$; diese Kraft ist der Ebene der Bahn parallel. Wir legen zudem den Ausgangspunkt der Koordinaten in die Sonne und setzen

$$x = r\cos\varphi, \qquad y = r\sin\varphi, \tag{2.27}$$

mit der näheren Bestimmung, dass r positiv ist. Dann ist r die Länge des von der Sonne nach dem Planeten zum Zeitpunkt t gezogenen Radiusvektors. φ ist der Winkel, den dieser mit der x-Achse bildet und den er beschreibt, wenn er aus der Lage, bei der er mit der x-Achse zusammenfällt, in die Lage, die er zur Zeit t hat, in dem Sinne gedreht wird, in dem die x-Achse gedreht werden muss, um nach einer Drehung von einem rechten Winkel in die y-Achse zu fallen. Die Achsen der x und y denken wir uns so gewählt, dass φ mit der Zeit wächst.

Die doppelte Fläche eines Dreiecks ist gleich dem Produkt zweier Seiten und des Sinus des eingeschlossenen Winkels. Ist dieser Winkel unendlich klein, so kann er selbst für seinen Sinus gesetzt werden, vorausgesetzt, dass die Einheit des Winkels der Winkel von $180°/\pi$ ist. Diese Einheit führen wir ein für alle Mal ein. Die doppelte Fläche des Dreiecks, das der Radiusvektor des Planeten in dem Zeitelement $\mathrm{d}t$ beschreibt, ist dann $r^2\mathrm{d}\varphi$; wir setzen

$$r^2\mathrm{d}\varphi = c\,\mathrm{d}t; \tag{2.28}$$

nach dem ersten Keplerschen Gesetz ist dann c eine Konstante, und nach der Annahme, die wir über die Lage der Koordinatenachsen gemacht haben, positiv. Differenzieren wir die Gleichungen (2.27), so erhalten wir $\mathrm{d}x = \cos\varphi\mathrm{d}r - r\sin\varphi\mathrm{d}\varphi$, $\mathrm{d}y = \sin\varphi\mathrm{d}r + r\cos\varphi\mathrm{d}\varphi$; multiplizieren wir diese in geeigneter Weise mit den Gleichungen (2.27) und subtrahieren sie voneinander, so ergibt sich $x\mathrm{d}\,y - y\mathrm{d}\,x = r^2\mathrm{d}\,\varphi$. Nach (2.28) ist daher:

$$x\frac{\mathrm{d}\,y}{\mathrm{d}\,t} - y\frac{\mathrm{d}\,x}{\mathrm{d}\,t} = c. \tag{2.29}$$

Durch Differentiation dieser Gleichung erhalten wir $x\mathrm{d}^2y/\mathrm{d}\,t^2 - y\mathrm{d}^2x/\mathrm{d}\,t^2 = 0$. Unter Verwendung der Gleichungen (2.24) gilt dann: $X : Y = x : y$. Diese Proportion spricht aus, dass die auf den Planeten wirkende Kraft nach der Sonne gerichtet ist oder die entgegengesetzte Richtung hat, dass die Kraft eine von der Sonne ausgehende Anziehungs- oder Abstoßungskraft ist. Ihr zufolge können wir $X = -R \cdot x/r$, $Y = -R \cdot y/r$ setzen; dabei ist dann der absolute Wert von R die Größe der Kraft. Sie ist eine anziehende, wenn R positiv, eine abstoßende, wenn R negativ ist. Multiplizieren wir diese Gleichungen mit $\mathrm{d}\,x$, $\mathrm{d}\,y$ und addieren sie, so ergibt sich bei Rücksicht darauf, dass $x^2 + y^2 = r^2$, also $x\mathrm{d}\,x + y\mathrm{d}\,y = r\mathrm{d}\,r$ gilt:

$$X\mathrm{d}\,x + Y\mathrm{d}\,y = -R\mathrm{d}\,r. \tag{2.30}$$

Die linke Seite dieser Gleichung ist aber nach (2.24) $\frac{1}{2}\mathrm{d}\,((\mathrm{d}\,x/\mathrm{d}\,t)^2 + (\mathrm{d}\,y/\mathrm{d}\,t)^2)$ oder $\frac{1}{2}\mathrm{d}\,(v^2)$, wenn v die Geschwindigkeit des Planeten ist. Ferner erhalten wir aus den Gleichungen (2.29) und (2.30), wenn wir die erste mit $\mathrm{d}\,t$ multiplizieren, dann (2.29) und (2.30) quadrieren und addieren, $v^2 = (\mathrm{d}\,r/\mathrm{d}\,t)^2 + c^2/r^2$. Daraus folgt:

$$\frac{\mathrm{d}^2r}{\mathrm{d}\,t^2} = \frac{c^2}{r^3} - R. \tag{2.31}$$

Diese Gleichung verbinden wir mit einer weiteren, die sich aus dem zweiten Keplerschen Gesetz ergibt: Es sei a die Hälfte der großen Achse, e die Exzentrizität der elliptischen Bahn, wobei dann a und e positive Größen sind und e kleiner als 1 ist. Die x-Achse sei die große Achse und nach dem Perihel gerichtet, dem Punkt der Bahn, der der Sonne am nächsten ist. Die Gleichung der Bahn ist dann: $(x + ea)^2 + y^2/(1 - e^2) = a^2$ oder $(x + ea)^2 + (r^2 - x^2)/(1 - e^2) = a^2$ oder $r^2 = (a(1 - e^2) - ex)^2$. Wenn wir die Wurzel ziehen und berücksichtigen, dass r stets positiv ist, dann erhalten wir

$$r = a(1 - e^2) - ex. \tag{2.32}$$

Daraus folgt $\mathrm{d}^2r/\mathrm{d}\,t^2 = -e\mathrm{d}^2x/\mathrm{d}\,t^2 = -eX = Rex/r$, oder nach (2.32) $\mathrm{d}^2r/\mathrm{d}\,t^2 = R((a(1 - e^2))/r - 1)$ und mit Hilfe von (2.31)

$$R = \frac{c^2}{a(1 - e^2)} \cdot \frac{1}{r^2}. \tag{2.33}$$

Dieser Ausdruck von R ist positiv. Daher ist die auf den Planeten wirkende Kraft eine von der Sonne ausgehende Anziehungskraft; sie ist dem Quadrat der Entfernung von der Sonne umgekehrt proportional.

Wir wollen den für diese Kraft gefundenen Ausdruck dadurch umformen, dass wir in ihn die Umlaufzeit des Planeten einführen. Wir bezeichnen dieselbe mit T. Weil $c\,\mathrm{d}t$ nach (2.28) das Doppelte der Fläche ist, welche der Radiusvektor des Planeten in dem Zeitelement $\mathrm{d}t$ beschreibt, so ist cT das Doppelte der Fläche, die von der elliptischen Bahn begrenzt wird; d. h., es ist $cT = a^2(1-e^2)^{\frac{1}{2}} \cdot 2\pi$ und daher nach (2.33) $R = 4\pi^2(a^3/T^2) \cdot (1/r^2)$.

Nach dem dritten Keplerschen Gesetz hat aber das Verhältnis a^3/T^2 für alle Planeten denselben Wert; daraus folgt, dass für irgendeinen Planeten $R = M/r^2$ ist, wo M für alle Planeten denselben konstanten Wert hat, oder nach Newton: Die Sonne zieht alle Planeten mit Kräften an, die den Quadraten der Entfernungen von ihr umgekehrt proportional sind. Von diesem Satz ausgehend können wir durch eine Rechnung, die den umgekehrten Weg nimmt als diejenige, die wir durchgeführt haben, die Keplerschen Gesetze ableiten. Es ist daher nur ein anderer Ausdruck für dieselbe Sache, aber ein einfacherer. Die größere Einfachheit bildet indessen nicht den einzigen und auch nicht den wichtigsten Vorzug, den der Newtonsche Satz den Keplerschen Gesetzen voraus hat; dieser liegt vielmehr darin, dass der Newtonsche Satz seinen Entdecker zu einem Gesetz leiten konnte, das allgemeiner und genauer ist als dieser Satz selbst und die Keplerschen Gesetze; einem Gesetz, das die Bewegung aller Himmelskörper insoweit, als diese als materielle Punkte angesehen werden können und unsere Kenntnisse reichen, genau darstellt.

Satz vom Parallelogramm der Kräfte

Um dieses Newtonsche Gesetz ausdrücken zu können, müssen wir den Begriff der Kraft allgemeiner fassen, als wir es bis jetzt getan haben. Die Ausdrücke Kraft und Beschleunigung haben wir bis jetzt als gleichbedeutend gebraucht; nach der Verallgemeinerung des Begriffs der Kraft, die wir nun eintreten lassen wollen, dürfen wir das nicht mehr. Bis jetzt mussten wir sagen: Es wirkt auf einen Punkt immer *eine* Kraft; jetzt werden wir uns des Ausdrucks bedienen: Es wirken auf einen Punkt gleichzeitig *mehrere* Kräfte, oder es wirkt auf ihn ein *System* von Kräften. Wir werden dabei eine jede Kraft, gerade wie bisher, durch ihre Komponenten nach den Koordinatenachsen bestimmen; sodass, wenn $X_1, Y_1, Z_1, X_2, Y_2, Z_2, \ldots$ die Komponenten von Kräften sind, die zusammen auf den Punkt (x, y, z) wirken, diese Kräfte der Größe und Richtung nach übereinstimmen mit den Linien, die vom Anfangspunkt der Koordinaten nach den Punkten gezogen sind, die die Koordinaten $X_1, Y_1, Z_1, X_2, Y_2, Z_2, \ldots$ haben. Die Feststellung, dass das bezeichnete System von Kräften auf den genannten Punkt wirkt, soll gleichbedeutend mit der Feststellung sein, dass die Bewegung des letzteren den Gleichungen

$$\frac{\mathrm{d}^2x}{\mathrm{d}t^2} = X_1 + X_2 + \ldots; \quad \frac{\mathrm{d}^2y}{\mathrm{d}t^2} = Y_1 + Y_2 + \ldots; \quad \frac{\mathrm{d}^2z}{\mathrm{d}t^2} = Z_1 + Z_2 + \ldots \tag{2.34}$$

gemäß geschieht.

Ein System von Kräften, die auf einen Punkt wirken, ist immer gleichwertig mit einer einfachen Kraft, die die *Resultierende* des Systems heißt. Sind X, Y, Z die Komponenten nach den Koordinatenachsen der Resultierenden des bezeichneten Systems, so erhalten wir nach (2.34) und (2.24):

$$X = X_1 + X_2 + \ldots; \quad Y = Y_1 + Y_2 + \ldots; \quad Z = Z_1 + Z_2 + \ldots$$

Wenn das System nur aus zwei Kräften besteht, dann sind das die Gleichungen, die den analytischen Ausdruck des *Satzes vom Parallelogramm der Kräfte* bilden: Die Resultierende R zweier einen und denselben Punkt A nach verschiedenen Richtungen angreifenden Kräfte P_1 und P_2 ist sowohl nach Richtung als auch nach Größe ausgedrückt durch die von A ausgehende Diagonale des über den Kraftstrecken P_1 und P_2 beschriebenen Parallelogramms.

Wenn wir eine bestimmte Bewegung eines Punktes als bedingt durch mehrere Kräfte ansehen, dann leuchtet ein, dass diese nicht einzeln bestimmt sind; nur die Resultierende ist bestimmt; alle Einzelkräfte bis auf *eine* können beliebig angenommen und diese eine kann dann immer so gewählt werden, dass die Resultierende der Beschleunigung gleich wird. Aus der Bewegung allein kann die Mechanik die Definitionen der Begriffe schöpfen, mit denen sie es zu tun hat. Es folgt daraus, dass nach Einführung von Kräftesystemen anstelle einfacher Kräfte die Mechanik außerstande ist, eine vollständige Definition des Begriffs der Kraft zu geben. Trotzdem ist diese Einführung von höchster Wichtigkeit. Das beruht darauf, dass sich bei den natürlichen Bewegungen immer solche Systeme finden lassen, deren Einzelkräfte leichter angegeben werden können als ihre Resultierenden.

Differenzialgleichungen des Problems der drei Körper

Ein Beispiel dafür bietet die Bewegung der Himmelskörper. Es seien $1, 2, 3, \ldots$ die in Betracht kommenden Körper, $m_1, m_2, m_3, \ldots$ Konstanten, die sich auf dieselben beziehen, $r_{12}, r_{13}, r_{14}, \ldots$ die Entfernung je zweier zur Zeit t; ihre Bewegungen sind dann so, dass sie als bedingt durch Kräfte angesehen werden können, mit denen jeder auf alle übrigen wirkt, derart, dass der Körper 1 den Körper 2 mit einer Kraft m_1/r_{12}^2 anzieht. Dieser Satz ist als *Newtonsches Gesetz* bekannt. Wären nur drei Himmelskörper vorhanden und kennzeichneten wir die Koordinaten derselben durch die Indizes 1, 2, 3, dann würden wir die Differenzialgleichungen ihrer Bewegung wie folgt erhalten:

$$\frac{d^2x_1}{dt^2} = \frac{m_2(x_2 - x_1)}{r_{12}^3} + \frac{m_3(x_3 - x_1)}{r_{13}^3}; \quad \frac{d^2y_1}{dt^2} = \frac{m_2(y_2 - y_1)}{r_{12}^3} + \frac{m_3(y_3 - y_1)}{r_{13}^3};$$
$$\frac{d^2z_1}{dt^2} = \frac{m_2(z_2 - z_1)}{r_{12}^3} + \frac{m_3(z_3 - z_1)}{r_{13}^3}.$$

$$\frac{d^2x_2}{dt^2} = \frac{m_3(x_3 - x_2)}{r_{23}^3} + \frac{m_1(x_1 - x_2)}{r_{21}^3}; \quad \frac{d^2y_2}{dt^2} = \frac{m_3(y_3 - y_2)}{r_{23}^3} + \frac{m_1(y_1 - y_2)}{r_{21}^3};$$
$$\frac{d^2z_2}{dt^2} = \frac{m_3(z_3 - z_2)}{r_{23}^3} + \frac{m_1(z_1 - z_2)}{r_{21}^3}.$$

$$\frac{\mathrm{d}^2 x_3}{\mathrm{d}t^2} = \frac{m_1(x_1 - x_3)}{r_{31}^3} + \frac{m_2(x_2 - x_3)}{r_{32}^3}; \quad \frac{\mathrm{d}^2 y_3}{\mathrm{d}t^2} = \frac{m_1(y_1 - y_3)}{r_{31}^3} + \frac{m_2(y_2 - y_3)}{r_{32}^3};$$

$$\frac{\mathrm{d}^2 z_3}{\mathrm{d}t^2} = \frac{m_1(z_1 - z_3)}{r_{31}^3} + \frac{m_2(z_2 - z_3)}{r_{32}^3}.$$

Die Aufgabe, diese Differenzialgleichungen zu integrieren, heißt das Problem der drei Körper. Unser Planetensystem bildet ein noch schwierigeres Problem, weil wir uns dort mit mehr als drei Körpern beschäftigen müssen.

Beispiel 2.57

Anziehungskraft des Mondes

Wir ziehen eine Gerade durch den Mittelpunkt der Erde und den des Mondes. Ein Mensch (100 kg) steht auf dieser Geraden auf der Oberfläche der Erde, einmal auf der dem Mond zugewandten, einmal auf der dem Mond abgewandten Seite. Mit welcher Kraft wird er von der Erdoberfläche abgehoben bzw. auf die Erdoberfläche gedrückt?

Erdradius: $6{,}371 \cdot 10^6$ m; Mondmasse: $7{,}346 \cdot 10^{22}$ kg; Mondabstand: $3{,}844 \cdot 10^8$ m;
Gravitationskonstante: $6{,}674 \cdot 10^{-11}\,\mathrm{m}^3/(\mathrm{kg\,s}^2)$
Dem Mond zugewandte Seite:
$6{,}674 \cdot 10^{-11}(7{,}346 \cdot 10^{22} \cdot 10^2)/(3{,}844 \cdot 10^8 - 6{,}371 \cdot 10^6)^2 = 0{,}00342\,\mathrm{kg\,m/s}^2$
Dem Mond abgewandte Seite:
$6{,}674 \cdot 10^{-11}(7{,}346 \cdot 10^{22} \cdot 10^2)/(3{,}844 \cdot 10^8 + 6{,}371 \cdot 10^6)^2 = 0{,}003211\,\mathrm{kg\,m/s}^2$ ◄

Geführte Bewegung. Masse. Bewegende Kraft

Bewegung eines Punktes, der nicht frei ist

Die Einführung eines *Systems* von Kräften, die auf einen materiellen Punkt wirken, anstelle nur *einer* Kraft leistet auch in dem Fall einen wesentlichen Nutzen, dass wir von vornherein eine Gleichung zwischen den Koordinaten des Punktes oder eine zwischen diesen und der Zeit kennen. Das ist bspw. der Fall, wenn der Punkt in eine Schale von bekannter Gestalt gelegt wird und in ihr sich so bewegt, dass er mit ihr in Berührung bleibt. Ruht die Schale, so ist die Gleichung ihrer Oberfläche eine Gleichung zwischen den Koordinaten des Punktes; wird die Schale in bekannter Weise bewegt, so erhalten wir eine Gleichung zwischen diesen Koordinaten und der Zeit. Wir schreiben die gedachte Gleichung

$$\varphi(x, y, z, t) = c, \tag{2.35}$$

oder kürzer $\varphi = c$, indem wir durch c eine Konstante bezeichnen. Dem Sprachgebrauch folgend, heißen wir sie eine *Bedingungsgleichung* und sagen: Der Punkt ist *nicht frei*, sondern *gezwungen*, sich dieser Bedingung gemäß zu bewegen; wir verbinden mit diesen Ausdrücken aber keine andere Vorstellung als die, dass die Gl. (2.35) *tatsächlich* besteht.

Im betrachteten Fall stellen wir die Bewegung des Punktes als durch zwei Kräfte bedingt dar; wir setzen dazu

$$\frac{\mathrm{d}^2x}{\mathrm{d}t^2} = X + X_1, \quad \frac{\mathrm{d}^2y}{\mathrm{d}t^2} = Y + Y_1, \quad \frac{\mathrm{d}^2z}{\mathrm{d}t^2} = Z + Z_1. \tag{2.36}$$

Die Komponenten der ersten Kraft, X, Y, Z, sollen vollständig angegeben, für die Komponenten der zweiten, X_1, Y_1, Z_1, aber nur Ausdrücke aufgestellt werden, die noch eine unbekannte Größe, die wir λ nennen wollen, enthalten. Durch die Bedingungsgleichung lässt sich diese bestimmen. Aus dieser folgt nämlich, dass für jeden Wert von t gilt: $\mathrm{d}\varphi/\mathrm{d}t = 0$, und daher $\partial\varphi/\partial x \cdot \mathrm{d}x/\mathrm{d}t + \partial\varphi/\partial y \cdot \mathrm{d}y/\mathrm{d}t + \partial\varphi/\partial z \cdot \mathrm{d}z/\mathrm{d}t + \partial\varphi/\partial t = 0$ und

$$\begin{aligned}
&\frac{\mathrm{d}^2\varphi}{\mathrm{d}t^2} = 0,\\
&\frac{\partial\varphi}{\partial x}\cdot\frac{\mathrm{d}^2x}{\mathrm{d}t^2} + \frac{\partial\varphi}{\partial y}\cdot\frac{\mathrm{d}^2y}{\mathrm{d}t^2} + \frac{\partial\varphi}{\partial z}\cdot\frac{\mathrm{d}^2z}{\mathrm{d}t^2} + \frac{\partial^2\varphi}{\partial x^2}\left(\frac{\mathrm{d}x}{\mathrm{d}t}\right)^2 + \frac{\partial^2\varphi}{\partial y^2}\left(\frac{\mathrm{d}y}{\mathrm{d}t}\right)^2 + \frac{\partial^2\varphi}{\partial z^2}\left(\frac{\mathrm{d}z}{\mathrm{d}t}\right)^2\\
&\quad + \frac{\partial^2\varphi}{\partial t^2} + 2\frac{\partial^2\varphi}{\partial x}\partial y\cdot\frac{\mathrm{d}x}{\mathrm{d}t}\cdot\frac{\mathrm{d}y}{\mathrm{d}t} + 2\frac{\partial^2\varphi}{\partial y}\partial z\cdot\frac{\mathrm{d}y}{\mathrm{d}t}\cdot\frac{\mathrm{d}z}{\mathrm{d}t} + 2\frac{\partial^2\varphi}{\partial z}\partial x\cdot\frac{\mathrm{d}z}{\mathrm{d}t}\cdot\frac{\mathrm{d}x}{\mathrm{d}t}\\
&\quad + 2\frac{\partial^2\varphi}{\partial x}\partial t\cdot\frac{\mathrm{d}x}{\mathrm{d}t} + 2\frac{\partial^2\varphi}{\partial y}\partial t\cdot\frac{\mathrm{d}y}{\mathrm{d}t} + 2\frac{\partial^2\varphi}{\partial z}\partial t\cdot\frac{\mathrm{d}z}{\mathrm{d}t} = 0.
\end{aligned} \tag{2.37}$$

Substituieren wir in die letzte Gleichung für $\mathrm{d}^2x/\mathrm{d}t^2, \mathrm{d}^2y/\mathrm{d}t^2, \mathrm{d}^2z/\mathrm{d}t^2$ ihre Werte aus (2.36), dann erhalten wir eine Gleichung, die λ durch $x, y, z, \mathrm{d}x/\mathrm{d}t, \mathrm{d}y/\mathrm{d}t, \mathrm{d}z/\mathrm{d}t$ und t auszudrücken erlaubt. Jede der Komponenten X_1, Y_1, Z_1 setzen wir gleich λ, multipliziert mit einem von λ unabhängigen Faktor; die Gleichung für λ wird dann linear, es wird λ und es werden X_1, Y_1, Z_1, also auch $\mathrm{d}^2x/\mathrm{d}t^2, \mathrm{d}^2y/\mathrm{d}t^2, \mathrm{d}^2z/\mathrm{d}t^2$, eindeutig und als endliche Größen bestimmt, vorausgesetzt, dass der Koeffizient von λ in der genannten Gleichung nicht verschwindet. Die ganze Bewegung ist daher vollständig bestimmt, wenn noch die Anfangswerte der Koordinaten und Geschwindigkeitskomponenten angegeben sind. Diesen Schlüssen liegt die Voraussetzung mit zugrunde, die in Gl. (2.23) über die Komponenten einer Kraft ausgesprochen und ausnahmslos beibehalten wird, die Voraussetzung, dass diese Komponenten im allgemeinsten Fall eindeutige Funktionen von $x, y, z, \mathrm{d}x/\mathrm{d}t, \mathrm{d}y/\mathrm{d}t, \mathrm{d}z/\mathrm{d}t, t$ sind. Als solche Funktionen sollen X, Y, Z und die Faktoren von λ in X_1, Y_1, Z_1 angegeben werden.

Im Übrigen können die zuletzt genannten Faktoren beliebig gewählt werden; immer ist die Beschreibung der Bewegung vollständig: Die Komponenten X_1, Y_1, Z_1 unterliegen der Beschränkung, dass sie – falls sie von den Geschwindigkeiten unabhängig sind – eine Resultierende ergeben müssen, die senkrecht auf der Fläche $\varphi = c$ steht, weil sonst auch eine Bewegung des Punktes eintreten könnte, wenn X, Y, Z gleich null wären[47] (zum

[47] Damit ist klar, von welchen Kräften wir hier reden. Die erste Kraft sorgt für die Bewegung in Tangentialrichtung (bspw. parallel zur Oberfläche der Schale) und die zweite Kraft ist diejenige, die

einen betrachten wir einen materiellen Punkt, keine rollende Kugel, und zum anderen ist die Bewegungsrichtung beschränkt: In die Schale hinein können wir nicht und uns von der Schale fortbewegen wollen wir nicht). Wenn X_1, Y_1, Z_1 die Geschwindigkeit als Faktoren enthalten, dann muss die Komponente parallel der Fläche $\varphi = c$ derjenigen der Kräfte X, Y, Z entgegenwirken, wie bspw. bei der Reibung. Wir wollen aber eine ganz spezielle Wahl treffen und $X_1 = \lambda \partial\varphi/\partial x, Y_1 = \lambda\partial\varphi/\partial y, Z_1 = \lambda\partial\varphi/\partial z$ setzen. Dadurch werden die Gleichungen (2.36) zu

$$\frac{\mathrm{d}^2 x}{\mathrm{d}t^2} = X + \lambda\frac{\partial\varphi}{\partial x}, \quad \frac{\mathrm{d}^2 y}{\mathrm{d}t^2} = Y + \lambda\frac{\partial\varphi}{\partial y}, \quad \frac{\mathrm{d}^2 z}{\mathrm{d}t^2} = Z + \lambda\frac{\partial\varphi}{\partial z}$$

$$\text{(Lagrangesche Gleichungen 1. Art).} \tag{2.38}$$

Die Zweckmäßigkeit dieser Wahl beruht auf zwei Eigenschaften, die die Gleichungen (2.38) besitzen. Die erste von diesen ist die, dass die Gleichungen ihre Form behalten, wenn das Koordinatensystem geändert wird. Um das einzusehen, bezeichnen wir durch φ' die Funktion von x', y', z', t, in die φ übergeht, wenn wir hier x, y, z mit Hilfe der Gleichungen (2.20) durch x', y', z' ausdrücken, sodass $\varphi = \varphi'$ eine mit Rücksicht auf diese Gleichungen identische Gleichung ist. Weil sich aus der Auflösung dieser Gleichungen $\partial x/\partial x' = \alpha_1$, $\partial y/\partial x' = \alpha_2$, $\partial z/\partial x' = \alpha_3$; $\partial x/\partial y' = \beta_1$, $\partial y/\partial y' = \beta_2$, $\partial z/\partial z' = \beta_3$; $\partial x/\partial z' = \gamma_1$, $\partial y/\partial z' = \gamma_2$, $\partial z/\partial z' = \gamma_3$ (siehe Gl. (2.20)) ergibt, folgt daraus

$$\begin{aligned}
\frac{\partial\varphi'}{\partial x'} &= \frac{\partial\varphi}{\partial x}\cdot\alpha_1 + \frac{\partial\varphi}{\partial y}\cdot\alpha_2 + \frac{\partial\varphi}{\partial z}\cdot\alpha_3;\\
\frac{\partial\varphi'}{\partial y'} &= \frac{\partial\varphi}{\partial x}\cdot\beta_1 + \frac{\partial\varphi}{\partial y}\cdot\beta_2 + \frac{\partial\varphi}{\partial z}\cdot\beta_3;\\
\frac{\partial\varphi'}{\partial z'} &= \frac{\partial\varphi}{\partial x}\cdot\gamma_1 + \frac{\partial\varphi}{\partial y}\cdot\gamma_2 + \frac{\partial\varphi}{\partial z}\cdot\gamma_3.
\end{aligned} \tag{2.39}$$

Multiplizieren wir die Gleichungen (2.38) mit $\alpha_1, \alpha_2, \alpha_3$ oder $\beta_1, \beta_2, \beta_3$ oder $\gamma_1, \gamma_2, \gamma_3$ und addieren sie jedes Mal, so erhalten wir daher und weil bei den gemachten Festsetzungen die Gleichungen (2.25) und 7) gelten:

$$\frac{\mathrm{d}^2 x'}{\mathrm{d}t^2} = X' + \lambda\frac{\partial\varphi'}{\partial x'}, \quad \frac{\mathrm{d}^2 y'}{\mathrm{d}t^2} = Y' + \lambda\frac{\partial\varphi'}{\partial y'}, \quad \frac{\mathrm{d}^2 z'}{\mathrm{d}t^2} = Z' + \lambda\frac{\partial\varphi'}{\partial z'}.$$

Die zweite Eigenschaft, die die Gleichungen (2.38) auszeichnet, ist die, dass sie ihre Gültigkeit behalten, wenn wir die *Form* der Bedingungsgleichung beliebig ändern, d. h. wenn wir die Gleichung $\varphi = c$ durch die Gleichung $F = C$ ersetzen, wo F eine beliebige Funktion von φ ist und C den Wert bedeutet, den diese für $\varphi = c$ annimmt. Statt der

der materielle Punkt auf die Schale und umgekehrt die Schale auf den materiellen Punkt ausübt. Mit anderen Worten: Die erste Kraft treibt den materiellen Punkt an, die zweite von der Bahn ausgeübte Kraft ändert die Richtung der Bewegung.

Gleichungen (2.38) erhalten wir dann

$$\frac{\mathrm{d}^2x}{\mathrm{d}t^2} = X + L \cdot \frac{\partial F}{\partial x}, \quad \frac{\mathrm{d}^2y}{\mathrm{d}t^2} = Y + L \cdot \frac{\partial F}{\partial y}, \quad \frac{\mathrm{d}^2z}{\mathrm{d}t^2} = Z + L \cdot \frac{\partial F}{\partial z}, \tag{2.40}$$

wo L eine neue unbekannte Größe bedeutet, die aus der Gleichung $F = C$ oder, was dasselbe ist, aus der Gleichung $\varphi = c$ zu bestimmen ist. Weil aber $\partial F/\partial x = \mathrm{d}\,F/\mathrm{d}\varphi \cdot \partial\varphi/\partial x, \partial F/\partial y = \mathrm{d}\,F/\mathrm{d}\varphi \cdot \partial\varphi/\partial y, \partial F/\delta z = \mathrm{d}\,F/\mathrm{d}\varphi \cdot \partial\varphi/\partial z$ gilt, werden die Gleichungen (2.40) identisch mit den Gleichungen (2.38), wenn wir $L \cdot \mathrm{d}\,F/\mathrm{d}\varphi = \lambda$ setzen. Um die Gleichungen (2.38) und die Gleichung $\varphi = c$ in Worte zu übersetzen, sagen wir: Auf den betrachteten materiellen Punkt wirkt die Kraft, deren Komponenten X, Y, Z sind, während seine Bewegung der Bedingung $\varphi = c$ unterworfen ist.

Die Kraft, deren Komponenten $\lambda\partial\varphi/\partial x, \lambda\partial\varphi/\partial y, \lambda\partial\varphi/\partial z$ sind, bezeichnen wir dem Sprachgebrauch gemäß als eine Folge davon, dass der Punkt gezwungen ist, sich der Bedingung $\varphi = c$ entsprechend zu bewegen. Ihre Richtung ist senkrecht auf der Fläche, die bei *dem* Wert, den t in dem betrachteten Augenblick hat, durch die Gleichung $\varphi = c$ dargestellt ist; denn, wenn n eine Normale dieser Fläche bezeichnet, die durch den Punkt (x, y, z) geht, so ist $\partial\varphi/\partial x : \partial\varphi/\partial y : \partial\varphi/\partial z = \cos(nx) : \cos(ny) : \cos(nz)$; ihre Größe ist der absolute Wert von $\lambda((\partial\varphi/\partial x)^2 + (\partial\varphi/\partial y)^2 + (\partial\varphi/\partial z)^2)^{\frac{1}{2}}$. Zu erwähnen ist, dass die Gleichungen (2.38) nicht die einzigen sind, die die beiden Eigenschaften haben, die für sie nachgewiesen sind: dass sie für jedes Koordinatensystem und für jede Form der Bedingungsgleichung gelten. Dieselben Eigenschaften haben die Gleichungen

$$\begin{aligned}
\frac{\mathrm{d}^2x}{\mathrm{d}t^2} &= X + \lambda\left(\frac{\partial\varphi}{\partial x} + h \cdot \frac{\mathrm{d}x}{\mathrm{d}t} \cdot \sqrt{\left(\frac{\partial\varphi}{\partial x}\right)^2 + \left(\frac{\partial\varphi}{\partial y}\right)^2 + \left(\frac{\partial\varphi}{\partial z}\right)^2}\right) \\
\frac{\mathrm{d}^2y}{\mathrm{d}t^2} &= Y + \lambda\left(\frac{\partial\varphi}{\partial y} + h \cdot \frac{\mathrm{d}y}{\mathrm{d}t} \cdot \sqrt{\left(\frac{\partial\varphi}{\partial x}\right)^2 + \left(\frac{\partial\varphi}{\partial y}\right)^2 + \left(\frac{\partial\varphi}{\partial z}\right)^2}\right) \\
\frac{\mathrm{d}^2z}{\mathrm{d}t^2} &= Z + \lambda\left(\frac{\partial\varphi}{\partial z} + h \cdot \frac{\mathrm{d}z}{\mathrm{d}t} \cdot \sqrt{\left(\frac{\partial\varphi}{\partial x}\right)^2 + \left(\frac{\partial\varphi}{\partial y}\right)^2 + \left(\frac{\partial\varphi}{\partial z}\right)^2}\right),
\end{aligned} \tag{2.41}$$

wenn h eine Konstante oder eine beliebig gegebene Funktion von $((\mathrm{d}\,x/\mathrm{d}\,t)^2 + (\mathrm{d}\,y/\mathrm{d}\,t)^2 + (\mathrm{d}\,z/\mathrm{d}\,t)^2)^{\frac{1}{2}}$ bedeutet. Diese Gleichungen sind – wenn wir sie anstelle der Gleichungen (2.38) setzen – zur Beschreibung von Bewegungen geeignet, bei denen sich eine *Reibung* bemerkbar macht. Wenn wir indessen an den Gleichungen (2.38) festhalten, dann wegen ihrer größeren Einfachheit.

Beispiel 2.58

Bewegung in einer sinusförmigen Bahn

Wir betrachten eine Sinusschwingung. Zum Phasenwinkel φ gehört die Elongation s; damit gilt für das Weg-Zeit-Gesetz der Sinusschwingung: $s(t) = sm \cdot \sin\varphi = sm \cdot \sin\omega t$. Wir erhalten das Geschwindigkeits-Zeit-Gesetz durch Differentiation: $v(t) = \dot{s}(t) = sm \cdot \omega \cdot \cos\omega t$. Eine weitere Differentiation führt zum Beschleunigungs-Zeit-Gesetz: $a(t) = \ddot{s}(t) = -sm \cdot \omega 2 \cdot \sin\omega t$. ◀

Einfaches Pendel

Die im vorigen Abschnitt[48] besprochene Methode wollen wir für die Beschreibung der Bewegung eines *einfachen Pendels* nutzen. Ein solches besteht aus einem Körper, den wir als materiellen Punkt betrachten, der an einem festen Punkt mit Hilfe eines Fadens aufgehängt ist. Der Faden wird als nicht dehnbar angenommen, sein Einfluss im Übrigen vernachlässigt. Wird der Körper in geeigneter Weise in Bewegung gesetzt, so bewegt er sich so, dass er auf der Kugelfläche bleibt, die mit der Länge des Fadens um den Aufhängungspunkt beschrieben ist. Eine solche Bewegung wird vorausgesetzt. Sind ferner noch die Annahmen erfüllt, die wir bei der Untersuchung eines freien, geworfenen Körpers[49] postuliert haben, dann ist die Bewegung des Pendelkörpers durch die Aussage beschrieben, dass auf ihn die Schwere wirkt, während er gezwungen ist, auf der genannten Kugelfläche zu bleiben.

Wenn wir ein Koordinatensystem einführen, dessen Anfangspunkt der Aufhängungspunkt ist, dessen z-Achse vertikal abwärtsgerichtet ist, und l die Länge des Fadens bezeichnet, dann ist diese Behauptung durch die folgenden Gleichungen ausgesprochen:

$$\frac{\mathrm{d}^2 x}{\mathrm{d}t^2} = \lambda x, \quad \frac{\mathrm{d}^2 y}{\mathrm{d}t^2} = \lambda y, \quad \frac{\mathrm{d}^2 z}{\mathrm{d}t^2} = g + \lambda z, \quad x^2 + y^2 + z^2 = l^2. \tag{2.42}$$

Aus der letzten von diesen folgt $x\mathrm{d}x + y\mathrm{d}y + z\mathrm{d}z = 0$, und damit aus den drei ersten, indem wir sie mit $\mathrm{d}x, \mathrm{d}y, \mathrm{d}z$ multiplizieren, addieren und integrieren:

$$\mathrm{d}x^2 + \mathrm{d}y^2 + \mathrm{d}z^2 = (2gz + h)\mathrm{d}t^2, \tag{2.43}$$

mit h als willkürlicher Konstante. Wenn wir die beiden ersten der Gleichungen (2.42) mit $-y$ und $+x$ addieren, addieren und integrieren, dann erhalten wir

$$x\mathrm{d}y - y\mathrm{d}x = c\mathrm{d}t. \tag{2.44}$$

Dabei ist c eine zweite willkürliche Konstante. Nun führen wir anstelle der rechtwinkligen Koordinaten Polarkoordinaten ein und setzen:

$$x = l\sin\vartheta\cos w, \quad y = l\sin\vartheta\sin w, \quad z = l\cos\vartheta. \tag{2.45}$$

[48] Abschnitt „Bewegung eines Punktes, der nicht frei ist".

[49] Abschnitt „Materieller Punkt".

Daraus folgt

$$\mathrm{d}x = l\cos\vartheta\cos w\mathrm{d}\vartheta - l\sin\vartheta\sin w\mathrm{d}w, \quad \mathrm{d}y = l\cos\vartheta\sin w\mathrm{d}\vartheta + l\sin\vartheta\cos w\mathrm{d}w,$$
$$\mathrm{d}z = -l\sin\vartheta\mathrm{d}\vartheta.$$

Wir erhalten daher $\mathrm{d}x^2+\mathrm{d}y^2+\mathrm{d}z^2 = l^2(\mathrm{d}\vartheta^2+\sin^2\vartheta\mathrm{d}w^2)$, $x\mathrm{d}y - y\mathrm{d}x = l^2\sin^2\vartheta\mathrm{d}w$, und die Gleichungen (2.43) und (2.44) werden:

$$l^2(\mathrm{d}\vartheta^2+\sin^2\vartheta\mathrm{d}w^2) = (2gl\cos\vartheta + h)\mathrm{d}t^2, \quad l^2\sin^2\vartheta\mathrm{d}w = c\mathrm{d}t. \tag{2.46}$$

Daraus folgt

$$\left(\frac{\mathrm{d}\vartheta}{\mathrm{d}t}\right)^2 = 2\cdot\frac{g}{l}\cdot\cos\vartheta + \frac{h}{l^2}. \tag{2.47}$$

Je nach dem Wert von h ist die durch diese Gleichung dargestellte Bewegung der Art, dass der absolute Wert von ϑ mit der Zeit unbegrenzt wächst, oder der Art, dass ϑ zwischen einem Minimum und einem Maximum hin und her geht. Wir wollen nur den zweiten Fall verfolgen, den Fall, dass das Pendel *Schwingungen* ausführt. Bezeichnen wir die *Amplitude* der Schwingungen, d. h. den größten Wert von ϑ, durch α, so ist $\mathrm{d}\vartheta/\mathrm{d}t = 0$ für $\vartheta = \alpha$, also nach (2.47): $0 = 2\cdot g/l\cdot\cos\alpha + h/l^2$.

Ziehen wir diese Gleichung von (2.47) ab, so erhalten wir $(\mathrm{d}\vartheta/\mathrm{d}t)^2 = 2\cdot g/l(\cos\vartheta - \cos\alpha) = 4\cdot g/l(\sin^2(\alpha/2) - \sin^2(\vartheta/2))$.

Setzen wir $\sin(\vartheta/2) = \sin(\alpha/2)\cdot\sin\psi$, dann ergibt sich daraus $\mathrm{d}t = (l/g)^{\frac{1}{2}}\cdot\mathrm{d}\psi\cdot(1-\sin^2(\alpha/2)\cdot\sin^2\psi)^{-1/2}$.

Ist T die Dauer einer einfachen Schwingung, dann finden wir T, indem wir diese Gleichung von $\vartheta = -\alpha$ bis $\vartheta = +\alpha$, d. h. von $\psi = -\pi/2$ bis $\psi = +\pi/2$ integrieren; es ist also $T = (l/g)^{\frac{1}{2}}\cdot 2\cdot\int_0^{\pi/2}\mathrm{d}\psi/(1-\sin^2(\alpha/2)\cdot\sin^2\psi)^{\frac{1}{2}}$. Ist α nur klein, dann ist bei Vernachlässigung seiner vierten Potenz $1/(1-\sin^2(\alpha/2)\cdot\sin^2\psi))^{\frac{1}{2}} = 1 + \frac{1}{2}\cdot\sin^2(\alpha/2)\sin^2\psi$; weil außerdem $\int_0^{\pi/2}\sin^2\psi\mathrm{d}\psi = \pi/4$, wird dann $T = \pi\cdot(l/g)^{\frac{1}{2}}\cdot(1 + 1/4\cdot\sin^2(\alpha/2))$ oder auch $T = \pi\cdot(l/g)^{\frac{1}{2}}\cdot(1+\alpha^2/16)$. Ist α unendlich klein, dann wird $T = \pi\cdot(l/g)^{\frac{1}{2}}$.

Der Fall unendlich kleiner Schwingungen lässt sich auch ohne die Voraussetzung, dass sie eben sind, leicht vollständig behandeln. Wenn die Schwingungen, d. h. x und y, unendlich klein sind, dann ist es auch $l - z$; und zwar ist dieses von der zweiten Ordnung, wenn x und y von der ersten Ordnung unendlich klein sind, wie aus der vierten der Gleichungen (2.42) folgt. Die dritte dieser Gleichungen spricht daher aus, dass bis auf Größen der zweiten Ordnung $\lambda = -g/l$ ist, und die beiden ersten geben: $\mathrm{d}^2x/\mathrm{d}t^2 = -g/l\cdot x$, $\mathrm{d}^2y/\mathrm{d}t^2 = -g/l\cdot y$. Die allgemeinen Integrale dieser Differenzialgleichungen sind:

$$x = a\sin\sqrt{\frac{g}{l}}\cdot t + a'\cos\sqrt{\frac{g}{l}}\cdot t, \quad y = b\sin\sqrt{\frac{g}{l}}\cdot t + b'\cos\sqrt{\frac{g}{l}}\cdot t,$$

mit a, b, a', b' als willkürlichen Konstanten. Wir eliminieren aus diesen beiden Gleichungen t, indem wir die in ihnen vorkommenden Sinus und Cosinus berechnen und die

Summe der Quadrate der gefundenen Werte $= 1$ setzen. Dann finden wir als Gleichung der Bahn des schweren Punktes die Gleichung einer Ellipse. Die Dauer eines Umlaufs ist, wie sich aus den Ausdrücken von x und y ergibt, $= 2\pi(l/g)^{\frac{1}{2}}$.

Beispiel 2.59

Sekundenpendel

Wir verwenden die Schwingungsdauer $\pi(l/g)^{\frac{1}{2}}$ und setzen diese gleich 1. Wir erhalten $l = g/\pi^2 = 0{,}994\,\text{m}$. ◄

Bewegung eines Systems von Punkten. Masse eines materiellen Punktes. Bewegende Kraft. Lagranges Grundgleichungen der Mechanik

Wir fassen jetzt den allgemeinsten Fall ins Auge, der in der Mechanik materieller Punkte zu betrachten ist. Es handle sich um ein System materieller Punkte, die wir $1, 2, \ldots$ nennen wollen. Die Buchstaben x, y, z mit den Indizes $1, 2, \ldots$ sollen ihre Koordinaten zum Zeitpunkt t bezeichnen. Zwischen diesen und der Zeit sollen a priori n voneinander unabhängige Gleichungen bekannt sein, die wir

$$\varphi = c, \quad \psi = e, \quad \ldots \tag{2.48}$$

nennen, indem wir unter $\varphi, \psi, \ldots$ Funktionen der sämtlichen Koordinaten und der Zeit, unter $c, e, \ldots$ Konstanten verstehen. Den Differenzialgleichungen der Bewegung der Punkte wollen wir eine Form geben, die der Form entspricht, in der wir oben[50] die Differenzialgleichungen der Bewegung eines Punktes, der einer Bedingung unterworfen ist, aufgestellt haben. Die Bewegung eines jeden Punktes stellen wir als durch $n + 1$ Kräfte bedingt vor; von den sämtlichen in Betracht kommenden Kräfte soll für jeden Punkt eine vollständig angegeben, für die übrigen sollen Ausdrücke aufgestellt werden, die zusammen n unbekannte Größen enthalten. Wir setzen daher

$$\begin{aligned}
\frac{\mathrm{d}^2 x_1}{\mathrm{d}t^2} &= X_1 + \frac{\lambda}{m_1} \cdot \frac{\partial \varphi}{\partial x_1} + \frac{\mu}{m_1} \cdot \frac{\partial \psi}{\partial x_1} + \ldots \\
\frac{\mathrm{d}^2 y_1}{\mathrm{d}t^2} &= Y_1 + \frac{\lambda}{m_1} \cdot \frac{\partial \varphi}{\partial y_1} + \frac{\mu}{m_1} \cdot \frac{\partial \psi}{\partial y_1} + \ldots \\
\frac{\mathrm{d}^2 z_1}{\mathrm{d}t^2} &= Z_1 + \frac{\lambda}{m_1} \cdot \frac{\partial \varphi}{\partial z_1} + \frac{\mu}{m_1} \cdot \frac{\partial \psi}{\partial z_1} + \ldots \\
\frac{\mathrm{d}^2 x_2}{\mathrm{d}t^2} &= X_2 + \frac{\lambda}{m_2} \cdot \frac{\partial \varphi}{\partial x_2} + \frac{\mu}{m_2} \cdot \frac{\partial \psi}{\partial y_2} + \ldots \\
\frac{\mathrm{d}^2 y_2}{\mathrm{d}t^2} &= Y_2 + \frac{\lambda}{m_2} \cdot \frac{\partial \varphi}{\partial y_2} + \frac{\mu}{m_2} \cdot \frac{\partial \psi}{\partial y_2} + \ldots \\
&\ldots
\end{aligned} \tag{2.49}$$

[50] In Abschnitt „Bewegung eines Punktes, der nicht frei ist“.

$X_1, Y_1, Z_1, X_2, Y_2, \ldots$ sind hier die Komponenten der Kräfte, die in jedem Fall, auf den die Gleichungen angewandt werden, vollständig als Funktionen der Koordinaten und Geschwindigkeitskomponenten der Punkte und der Zeit angegeben werden sollen; $m_1, m_2, \ldots$ positive Konstanten, die gleichfalls angegeben werden sollen; $\lambda, \mu, \ldots$ die n Unbekannten, die ihre eindeutige Bestimmung finden durch die n in Bezug auf sie linearen Gleichungen $\mathrm{d}^2\varphi/\mathrm{d}t^2 = 0, \mathrm{d}^2\psi/\mathrm{d}t^2 = 0, \ldots$, die nach dem Muster der Gl. (2.37) zu entwickeln sind.

Die Gleichungen (2.49) gelten für jedes rechtwinklige Koordinatensystem. Der Beweis dafür ist in derselben Weise zu führen, wie die entsprechende Tatsache oben[51] bewiesen wird, dadurch, dass die Gleichungen, die auf jeden Punkt des Systems sich beziehen, mit $\alpha_1, \alpha_2, \alpha_3$ oder $\beta_1, \beta_2, \beta_3$ oder $\gamma_1, \gamma_2, \gamma_3$ multipliziert und jedes Mal addiert werden.

Die Gleichungen (2.49) gelten auch für jede Form der Bedingungsgleichungen, mit welchem Namen wir wieder die Gleichungen (2.48) belegen; d. h., sie gelten auch, wenn wir diese durch die Gleichungen $F = C; G = E, \ldots$ ersetzen, wo $F, G, \ldots$ n voneinander unabhängige Funktionen von $\varphi, \psi, \ldots$ sind und $C, E, \ldots$ die konstanten Werte bedeuten, die sie für $\varphi = c, \psi = e, \ldots$ annehmen. Für die Größen $\lambda, \mu, \ldots$ haben wir dann nur andere zu setzen, die $L, M, \ldots$ genannt werden sollen und aus den Gleichungen

$$\lambda = L\frac{\partial F}{\partial \varphi} + M\frac{\partial G}{\partial \varphi} + \ldots, \qquad \mu = L\frac{\partial F}{\partial \psi} + M\frac{\partial G}{\partial \psi} + \ldots \tag{2.50}$$

zu bestimmen sind. Die Richtigkeit dieser Behauptung leuchtet ein, wenn wir erwägen, dass, wenn x irgendeine der Größen $x_1, y_1, z_1, x_2, y_2, \ldots$ bedeutet,

$$\frac{\partial F}{\partial x} = \frac{\partial F}{\partial \varphi} \cdot \frac{\partial \varphi}{\partial x} + \frac{\partial F}{\partial \psi} \cdot \frac{\partial \psi}{\partial x} + \ldots, \qquad \frac{\partial G}{\partial x} = \frac{\partial G}{\partial \varphi} \cdot \frac{\partial \varphi}{\partial x} + \frac{\partial G}{\partial \psi} \cdot \frac{\partial \psi}{\partial x} + \ldots, \qquad \ldots$$

ist, wenn also die Gleichungen (2.50) erfüllt sind: $L\partial F/\partial x + M\partial G/\partial x + \ldots = \lambda\partial\varphi/\partial x + \mu\partial\psi/\partial x + \ldots$. Anzumerken ist, dass die Gültigkeit der Gleichungen (2.49) für jedes Koordinatensystem oder für jede Form der Bedingungsgleichungen aufhören würde, wenn statt des gleichen Faktors $1/m_1$, der in den auf den ersten Punkt bezüglichen Gleichungen vorkommt, verschiedene Faktoren in einer Vertikal- oder Horizontalreihe gewählt wären. Auf der Hand liegt übrigens, dass die Gleichungen (2.49) nicht die einzigen sind, die die eben bewiesenen Eigenschaften besitzen; nach dem Muster der Gleichungen (2.41) können wir leicht solche bilden, die sie auch haben; und die Gleichungen (2.49) verlieren sie auch nicht, wenn wir die Größen $m_1, m_2, \ldots$ nicht als konstant, sondern als beliebig veränderlich annehmen. Durch eine solche Verallgemeinerung der angesprochenen Gleichungen würden wir aber für die Einfachheit der Beschreibung der natürlichen Bewegungen nichts gewinnen.

Die Größen $m_1, m_2, m_3, \ldots$ heißen die *Massen* der materiellen Punkte $1, 2, 3, \ldots$

Mit der Form der Gleichungen (2.49) und der Bezeichnung nehmen wir noch eine Veränderung vor. Durch Multiplikation mit $m_1, m_2, \ldots$ beseitigen wir die in ihnen vor-

[51] In Abschnitt „Bewegung eines Punktes, der nicht frei ist“.

kommenden Nenner; es treten dann die Produkte $m_1X_1, m_1Y_1, m_1Z_1, m_2X_2, m_2Y_2, \ldots$ auf; diese Produkte sollen nun durch $X_1, Y_1, Z_1, X_2, Y_2, \ldots$ selbst bezeichnet und die Komponenten nach den Koordinatenachsen der *bewegenden Kräfte* genannt werden, die auf die Massen $m_1, m_2, \ldots$ oder die materiellen Punkte $1, 2, \ldots$ wirken. Über den Begriff einer bewegenden Kraft können wir Folgendes sagen: Eine bewegende Kraft entspricht immer einer beschleunigenden; ihr kommt wie dieser eine gewisse Größe und eine gewisse Richtung zu; die Richtungen beider stimmen überein; die Größe der bewegenden Kraft ist gleich der Größe der beschleunigenden, multipliziert mit der Masse, auf die sie wirkt; bewegende Kräfte, die gleichzeitig auf einen Punkt wirken, setzen sich gerade so zusammen, wie die beschleunigende. Es ist bisher ausschließlich von beschleunigenden Kräften die Rede gewesen; es wird von jetzt an ausschließlich von bewegenden Kräften die Rede sein und der Kürze wegen das Beiwort *bewegend* fortgelassen werden.

Wenn wir sagen, *dass auf ein System von Punkten, deren Massen $m_1, m_2, \ldots$ sind, und für die die Bedingungen $\varphi = c, \psi = e, \ldots$ bestehen, Kräfte wirken, deren Komponenten $X_1, Y_1, Z_1, X_2, Y_2, \ldots$ sind*, dann soll dadurch ausgedrückt werden, dass die Bewegung der Punkte nach den folgenden Gleichungen geschieht:

$$\begin{aligned}
m_1 \cdot \frac{\mathrm{d}^2 x_1}{\mathrm{d}t^2} &= X_1 + \lambda \cdot \frac{\partial\varphi}{\partial x_1} + \mu \cdot \frac{\partial\psi}{\partial x_1} + \ldots \\
m_1 \cdot \frac{\mathrm{d}^2 y_1}{\mathrm{d}t^2} &= Y_1 + \lambda \cdot \frac{\partial\varphi}{\partial y_1} + \mu \cdot \frac{\partial\psi}{\partial y_1} + \ldots \\
m_1 \cdot \frac{\mathrm{d}^2 z_1}{\mathrm{d}t^2} &= Z_1 + \lambda \cdot \frac{\partial\varphi}{\partial z_1} + \mu \cdot \frac{\partial\psi}{\partial z_1} + \ldots \\
m_2 \cdot \frac{\mathrm{d}^2 x_2}{\mathrm{d}t^2} &= X_2 + \lambda \cdot \frac{\partial\varphi}{\partial x_2} + \mu \cdot \frac{\partial\psi}{\partial x_2} + \ldots \\
m_2 \cdot \frac{\mathrm{d}^2 y_2}{\mathrm{d}t^2} &= Y_2 + \lambda \cdot \frac{\partial\varphi}{\partial y_2} + \mu \cdot \frac{\partial\psi}{\partial y_2} + \ldots \\
&\ldots \\
\varphi = c, &\quad \psi = e, \ldots
\end{aligned} \tag{2.51}$$

Diese Gleichungen heißen die *Grundgleichungen der Mechanik* materieller Punkte; sie wurden zuerst von *Lagrange* aufgestellt [LAGR11].

Die Größen $\lambda\partial\varphi/\partial x_1, \lambda\partial\varphi/\partial y_1, \lambda\partial\varphi/\partial z_1$ sind die Komponenten einer Kraft, die auf den Punkt 1 wirkt; wir bezeichnen sie als eine Folge davon, dass der Punkt 1 gezwungen ist, sich der Bedingung $\varphi = c$ gemäß zu bewegen. Es sei, um ein naheliegendes Beispiel zu betrachten, $\varphi = 1/2((x_1 - x_2)^2 + (y_1 - y_2)^2 + (z_1 - z_2)^2)$, wodurch ausgedrückt ist, dass die Punkte 1 und 2 miteinander fest verbunden sind. In Folge dieser Verbindung wirken dann auf die Punkte 1 und 2 Kräfte, deren Komponenten $\lambda(x_1 - x_2), \lambda(y_1 - y_2), \lambda(z_1 - z_2)$ und $\lambda(x_2 - x_1), \lambda(y_2 - y_1), \lambda(z_2 - z_1)$ sind, Kräfte also, die dieselbe Größe haben, und deren Richtungen die beiden Richtungen der Verbindungslinie von 1 und 2 sind.

Arbeit, Potenzial, Virtuelle Verrückung

Das d'Alembertsche Prinzip

Die für die Bewegungen eines Systems materieller Punkte aufgestellten Differenzialgleichungen (2.51) setzen die Einführung eines beliebig gewählten rechtwinkligen Koordinatensystems voraus. Wie wir jetzt zeigen, lassen sie sich auf eine Form bringen, bei der eine Beziehung auf ein Koordinatensystem überhaupt nicht vorkommt.

Wir betrachten die Lage der Punkte, die einem bestimmten Wert von t entspricht, und denken uns die Punkte aus dieser Lage unendlich wenig verschoben. Dabei sollen die Koordinaten um $x_1, y_1, z_1, x_2, y_2, \ldots$ bzw. um $\partial x_1, \partial y_1, \partial z_1, \partial x_2, \partial y_2, \ldots$ wachsen. Diese *Komponenten der Verrückungen* (oder Verschiebungen) sollen, außer dass sie unendlich klein sind, nur *der* Bedingung genügen, dass sie mit den Bedingungsgleichungen $\varphi = c, \psi = e, \ldots$ vereinbar sind; damit ist gemeint, dass sie den Gleichungen

$$\sum \frac{\partial \varphi}{\partial x} \cdot \delta x = 0, \quad \sum \frac{\partial \psi}{\partial x} \cdot \delta x = 0, \quad \ldots \tag{2.52}$$

genügen, und das Zeichen $\sum$ anzeigt, dass die Summe in Bezug auf alle diese zu nehmen ist. Solche Verrückungen heißen wir *virtuelle* im Gegensatz zu den wirklichen, aktuellen, die in einem Zeitelement $\mathrm{d}t$ stattfinden[52]. Hervorzuheben ist, dass dabei keineswegs der Fall ausgeschlossen ist, dass die Zeit in den Bedingungsgleichungen $\varphi = c, \psi = e, \ldots$ vorkommt. In diesem Fall hat der Ausdruck *die Verrückungen sollen mit diesen Gleichungen vereinbar sein* an sich keine bestimmte Bedeutung; seine Bedeutung wird dann erst festgesetzt durch die Gleichungen (2.52). Virtuelle Verrückungen sind dann solche, die den Bedingungsgleichungen gemäß sind, wenn die Zeit in diesen als konstant betrachtet wird. Wird z. B. ein Punkt gezwungen, auf einer Kugelfläche zu bleiben, die mit gegebener Geschwindigkeit fortschreitet, so ist eine virtuelle Verrückung des Punktes eine solche, die ihn auf der *ruhenden* Kugel fortführen würde.

Multiplizieren wir die Differenzialgleichungen (2.51) mit $\delta x_1, \delta y_1, \delta z_1, \delta x_2, \delta y_2, \ldots$ und addieren sie, dann erhalten wir unter Berücksichtigung der Gleichungen (2.52):

$$0 = \sum \left(m \cdot \frac{\mathrm{d}^2 x}{\mathrm{d}t^2} - X\right)\delta x + \left(m \cdot \frac{\mathrm{d}^2 y}{\mathrm{d}t^2} - Y\right)\delta y + \left(m \cdot \frac{\mathrm{d}^2 z}{\mathrm{d}t^2} - Z\right)\delta z. \tag{2.53}$$

Dabei ist die Summe in Bezug auf alle Punkte zu nehmen. Diese Gleichung ist, wenn wir hinzufügen, dass sie für *alle* virtuellen Verrückungen gelten soll, völlig gleichbedeutend mit den Differenzialgleichungen (2.51). Wir haben sie aus jenen hergeleitet, es lassen sich auch jene aus ihr herleiten und es lässt sich durch eine Betrachtung, die der Theorie der linearen Funktionen angehört, zeigen, dass es Größen $\lambda, \mu, \ldots$ gibt, die die Gleichungen (2.51) erfüllen, wenn die Gl. (2.53) für alle Werte der δx besteht, die den Gleichungen (2.52) genügen [KIRC97].

[52] Zum Prinzip der virtuellen Verrückung siehe auch www.klub.tu-darmstadt.de: Das Prinzip der virtuellen Verrückungen.

Der durch die Gl. (2.53) ausgesprochene Satz heißt das *d'Alembertsche Prinzip* [DADA13].

Arbeit

Wir formen Gl. (2.53) um.

Der Wert von $X\delta x + Y\delta y + Z\delta z$ heißt die *Arbeit* der Kraft (X, Y, Z) für die Verrückung $(\delta x, \delta y, \delta z)$ ihres Angriffspunkts; wenn wir die Größe der Kraft und die Größe der Verrückung einführen, ist die Arbeit gleich dem Produkt dieser beiden und des Cosinus des Winkels, den die Richtungen beider miteinander bilden. Sie ist unabhängig vom Koordinatensystem und ist positiv oder negativ, je nach dem Vorzeichen des genannten Cosinus. Betrachten wir ein System von Kräften, die auf verschiedene Punkte wirken oder denselben Angriffspunkt haben, so heißt die in Bezug auf sie genommene Summe $\sum(X\delta x + Y\delta y + Z\delta z)$ die *Arbeit des Systems* für die gedachten Verrückungen. Haben die Kräfte denselben Angriffspunkt, so ist ihre Arbeit gleich ihrer Resultierenden, da die Komponenten nach den Koordinatenachsen der Resultierenden gleich den Summen der entsprechenden Komponenten der Einzelkräfte sind.

Das Hamiltonsche Prinzip

In Gl. (2.53) setzen wir

$$\sum(X\delta x + Y\delta y + Z\delta z) = U', \tag{2.54}$$

bezeichnen also mit U' die Arbeit der Kräfte (X, Y, Z) für die gedachten Verrückungen.

Die Größen x, y, z sind Funktionen der Zeit; auch die Größen $\delta x, \delta y, \delta z$ können wir als Funktionen der Zeit ansehen, die nur unendlich klein sein und den Bedingungen (2.52) genügen müssen. Wir erhalten dann

$$\frac{\mathrm{d}^2 x}{\mathrm{d}t^2} \cdot \delta x = \frac{\mathrm{d}}{\mathrm{d}t}\left(\frac{\mathrm{d}x}{\mathrm{d}t} \cdot \delta x\right) - \frac{\mathrm{d}x}{\mathrm{d}t} \cdot \frac{\mathrm{d}\delta x}{\mathrm{d}t}. \tag{2.55}$$

Wenn bei gleichbleibendem Wert von t sich x um δx ändert, so ändert sich auch $\mathrm{d}x/\mathrm{d}t$; wir werden den Zuwachs, den es erfährt, durch $\delta \mathrm{d}x/\mathrm{d}t$ bezeichnen. Aus dieser Definition folgt $\delta \mathrm{d}x/\mathrm{d}t = (\mathrm{d}(x + \delta x))/\mathrm{d}t - \mathrm{d}x/\mathrm{d}t = \mathrm{d}\delta x/\mathrm{d}t$. Daher ist $(\mathrm{d}x/\mathrm{d}t) \cdot (\mathrm{d}\delta x/\mathrm{d}t) = \mathrm{d}x/\mathrm{d}t \cdot \delta \cdot \mathrm{d}x/\mathrm{d}t$ oder auch $= \frac{1}{2}\delta(\mathrm{d}x/\mathrm{d}t)^2$, wenn allgemein durch Vorsetzen des Zeichens δ die Änderung bezeichnet wird, die der dahinterstehende Ausdruck dadurch erleidet, dass x, y, z um $\delta x, \delta y, \delta z$ geändert werden. Die Gl. (2.55) wird demnach zu: $\mathrm{d}^2x/\mathrm{d}t^2 \cdot \delta x = \mathrm{d}/\mathrm{d}t(\mathrm{d}x/\mathrm{d}t \cdot \delta x) - \frac{1}{2}\delta(\mathrm{d}x/\mathrm{d}t)^2$.

Für x kann hier auch y oder z gesetzt werden. Wenn wir die durch das Zeichen δ bezeichneten Änderungen *Variationen* nennen und die Variation einer Summe gleich der

Summe der Variationen ihrer Teile ist, dann folgt:

$$\begin{aligned}&\sum m\left(\frac{\mathrm{d}^2x}{\mathrm{d}t^2}\cdot\delta x+\frac{\mathrm{d}^2y}{\mathrm{d}t^2}\cdot\delta y+\frac{\mathrm{d}^2z}{\mathrm{d}t^2}\cdot\delta z\right)\\&=\frac{\mathrm{d}}{\mathrm{d}t}\cdot\sum m\left(\frac{\mathrm{d}x}{\mathrm{d}t}\cdot\delta x+\frac{\mathrm{d}y}{\mathrm{d}t}\cdot\delta y+\frac{\mathrm{d}z}{\mathrm{d}t}\cdot\delta z\right)\\&\quad-\delta\cdot\sum\left(\frac{m}{2}\right)\left(\left(\frac{\mathrm{d}x}{\mathrm{d}t}\right)^2+\left(\frac{\mathrm{d}y}{\mathrm{d}t}\right)^2+\left(\frac{\mathrm{d}z}{\mathrm{d}t}\right)^2\right).\end{aligned}\tag{2.56}$$

Die im letzten Glied dieser Gleichung vorkommende Summe heißen wir die *Bewegungsenergie* (kinetische Energie) des Systems und bezeichnen sie mit T; es ist dann

$$T=\frac{1}{2}\sum mv^2,\tag{2.57}$$

wenn v die Geschwindigkeit bedeutet. Danach und nach Gl. (2.54) wird Gl. (2.53) zu:

$$\frac{\mathrm{d}}{\mathrm{d}t}\sum m\left(\frac{\mathrm{d}x}{\mathrm{d}t}\cdot\delta x+\frac{\mathrm{d}y}{\mathrm{d}t}\cdot\delta y+\frac{\mathrm{d}z}{\mathrm{d}t}\cdot\delta z\right)=\delta T+U'.\tag{2.58}$$

Die rechte Seite dieser Gleichung enthält keinen Bezug auf ein Koordinatensystem und auch die linke enthält einen solchen nur scheinbar, weil $\mathrm{d}x/\mathrm{d}t\cdot\delta x+\mathrm{d}y/\mathrm{d}t\cdot\delta y+\mathrm{d}z/\mathrm{d}t\cdot\delta z$ das Produkt aus der Geschwindigkeit v in die Verrückung $(\delta x,\delta y,\delta z)$ und dem Cosinus des Winkels ist, den die Richtungen beider miteinander bilden.

Schließlich nehmen wir in Gl. (2.58) noch eine Änderung vor: Wir multiplizieren sie mit $\mathrm{d}t$ und integrieren zwischen zwei beliebig zu wählenden Werten von t, die wir t_0 und t_1 nennen wollen. Wir erhalten dann

$$\left[\sum m\left(\frac{\mathrm{d}x}{\mathrm{d}t}\cdot\delta x+\frac{\mathrm{d}y}{\mathrm{d}t}\cdot\delta y+\frac{\mathrm{d}z}{\mathrm{d}t}\cdot\delta z\right)\right]_{t_0}^{t_1}=\int_{t_0}^{t_1}\mathrm{d}t\big(\delta T+U'\big),\tag{2.59}$$

wobei das Zeichen auf der linken Seite des Gleichheitszeichens die Differenz der Werte ist, die der in den eckigen Klammern stehende Ausdruck für $t=t_1$ und $t=t_2$ annimmt. Jetzt wollen wir den Variationen $\delta x,\delta y,\delta z$ die neue Beschränkung auflegen, dass sie sämtlich für $t=t_1$ und $t=t_0$ verschwinden; dann wird

$$0=\int_{t_0}^{t_1}\mathrm{d}t(\delta T+U').\tag{2.60}$$

Der Satz, dass diese Gleichung gelten muss für alle unendlich kleinen Variationen der Orte der Punkte, die mit den Bedingungen verträglich sind, denen die Bewegung unterworfen ist, und welche für $t=t_0$ und $t=t_1$ verschwinden, heißt das *Hamiltonsche Prinzip*

[LALI07].[53] Wir haben es aus dem d'Alembertschen Prinzip, d. h. aus der Gl. (2.53) abgeleitet; wir überzeugen uns nun, dass auch das Umgekehrte möglich ist.

Bei Benutzung der in (2.54) und (2.57) gegebenen Definitionen und der identischen Gl. (2.56) wird die Gl. (2.53) zu:

$$0 = \int_{t_0}^{t_1} \mathrm{d}\,t \sum \left(m \cdot \frac{\mathrm{d}^2 x}{\mathrm{d}\,t^2} - X \right) \delta x + \left(m \cdot \frac{\mathrm{d}^2 y}{\mathrm{d}\,t^2} - Y \right) \delta y + \left(m \cdot \frac{\mathrm{d}^2 z}{\mathrm{d}\,t^2} - Z \right) \delta z.$$

Bedenken wir nun, dass die Werte der $\delta x, \delta y, \delta z$ für alle Zeitelemente bis auf eines, die in dem Intervall $t = t_0$ bis $t = t_1$ liegen, = 0 angenommen, in diesem einen aber beliebigen virtuellen Verrückungen gleichgesetzt werden können, so sehen wir ein, dass für dieses eine Zeitelement die Gl. (2.53) bestehen muss; sie muss immer bestehen, weil dieses eine Zeitelement beliebig gewählt werden kann.

Das Hamiltonsche Prinzip (Gleichungen (2.60)), das d'Alembertsche Prinzip (Gleichungen (2.53)) und die Lagrangeschen Differenzialgleichungen (Gleichungen (2.51)) sind daher vollkommen gleichbedeutend.

Transformation der Differenzialgleichung der Bewegung

Der große Nutzen des Hamiltonschen Prinzips beruht darauf, dass wir mit seiner Hilfe in die Differenzialgleichungen der Bewegung eines Systems materieller Punkte statt der rechtwinkligen Koordinaten andere Variable vergleichsweise einfach einführen können.

Es seien $p_1, p_2, \ldots$ irgendwelche Größen, die die Orte der Punkte bestimmen; durch welche, mit anderen Worten, sämtliche x, y, z ohne Hinzuziehung anderer Variablen ausdrückbar sind. Ist x eine der rechtwinkligen Koordinaten eines der Punkte, so ist dann $\mathrm{d}\,x/\mathrm{d}\,t = \partial x/\partial p_1 \cdot \mathrm{d}\,p_1/\mathrm{d}\,t + \partial x/\partial p_2 \cdot \mathrm{d}\,p_2/\mathrm{d}\,t + \ldots$ und $\delta x = \partial x/\partial p_1 \cdot \delta p_1 + \partial x/\partial p_2 \cdot \delta p_2 + \ldots$, wobei die Differenzialquotienten $\partial x/\partial p_1, \partial x/\partial p_2, \ldots$ als Funktionen von $p_1, p_2, \ldots$ anzunehmen sind. Die Kraftkomponenten X, Y, Z, die in dem in (2.54) für U' gegebenen Ausdruck vorkommen und im Allgemeinen Funktionen der Größen $x, \mathrm{d}\,x/\mathrm{d}\,t$ und t sind, werden daher, bei Einführung der p, Funktionen der Größen $p, \mathrm{d}\,p/\mathrm{d}\,t$ und t; U' selbst also eine lineare homogene Funktion der δp, deren Koeffizienten von den $p, \mathrm{d}\,p/\mathrm{d}\,t$ und t abhängen. Außerdem wird T eine homogene Funktion zweiten Grades der $\mathrm{d}\,p/\mathrm{d}\,t$, deren Koeffizienten von den p abhängen; δT also eine homogene lineare Funktion der Größen δp und $\delta \cdot \mathrm{d}\,p/\mathrm{d}\,t$ (oder, was dasselbe ist, $\mathrm{d}\,\delta p/\mathrm{d}\,t$), deren Koeffizienten die Größen p und $\mathrm{d}\,p/\mathrm{d}\,t$ enthalten. Es ist demnach $\delta T + U'$ von der Form

$$\sum \left(P \delta p + Q \left(\frac{\mathrm{d}\,\delta p}{\mathrm{d}\,t} \right) \right), \tag{2.61}$$

wobei die Summe in Bezug auf alle δp zu nehmen ist und P und Q abhangig sind von den Größen $p, \mathrm{d}\,p/\mathrm{d}\,t$ und t.

[53] Das Hamiltonsche Prinzip ist ein Extremalprinzip („Prinzip der stationären Wirkung" [WILL03]).

Die Größen p brauchen nicht unabhängig voneinander zu sein; es können zwischen ihnen und der Zeit Bedingungsgleichungen bestehen. Die Gl. (2.60) soll dann nur erfüllt werden für virtuelle Variationen δp, d. h. für solche, die diesen Bedingungsgleichungen entsprechen, wenn in ihnen die Zeit als konstant betrachtet wird. Diese δp lassen sich als lineare homogene Funktionen von voneinander unabhängigen, unendlich kleinen Größen darstellen, die $\varepsilon_1, \varepsilon_2, \ldots$ genannt werden mögen, und deren Anzahl gleich ist der Differenz der Anzahl der Größen p und der Anzahl der zwischen diesen bestehenden Bedingungsgleichungen; die Koeffizienten der Größen ε in diesen Funktionen hängen ab von den Größen p und der Zeit. Differenzieren wir die Gleichungen, die die Größen δp in der gedachten Weise darstellen, nach t, dann erhalten wir für die Größen $\mathrm{d}\,\delta p/\mathrm{d}\,t$ lineare homogene Funktionen der Größen ε und $\mathrm{d}\,\varepsilon/\mathrm{d}\,t$, deren Koeffizienten die p, $\mathrm{d}\,p/\mathrm{d}\,t$ und t enthalten. Die Folge davon ist, dass der in (2.61) für $\delta T + U'$ aufgestellte Ausdruck $= \sum(R\varepsilon + S \cdot \mathrm{d}\,\varepsilon/\mathrm{d}\,t)$ wird, wo die Summe in Bezug auf alle ε zu nehmen ist und die Größen R und S von den $p, \mathrm{d}\,p/\mathrm{d}\,t$ und von t abhängen. Nach (2.60) muss daher

$$0 = \int\limits_{t_0}^{t_1} \mathrm{d}\,t \sum \left(R\varepsilon + S \cdot \frac{\mathrm{d}\,\varepsilon}{\mathrm{d}\,t} \right) \tag{2.62}$$

für beliebige unendlich kleine ε sein, die nur der Bedingung genügen, für $t = t_0$ und $t = t_1$ zu verschwinden. Es ist aber $S \cdot \mathrm{d}\,\varepsilon/\mathrm{d}\,t = \mathrm{d}\,/\mathrm{d}\,t(S\varepsilon) - \mathrm{d}\,S/\mathrm{d}\,t \cdot \varepsilon$ und daher die Gl. (2.62) $0 = \int_{t_0}^{t_1} \mathrm{d}\,t \sum(R - \mathrm{d}\,S/\mathrm{d}\,t)\varepsilon$.

Weil die Größen ε ganz beliebig gewählt werden können, abgesehen davon, dass sie für die Grenzen des Integrals verschwinden sollen, so folgt daraus durch eine Schlussweise, wie wir sie bei der Ableitung des d'Alembertschen Prinzips aus dem Hamiltonschen angewandt haben, dass der Koeffizient eines jeden ε verschwinden muss, dass also die Differenzialgleichungen der Bewegung die Gleichungen $\mathrm{d}\,S/\mathrm{d}\,t = R$ sind.

Potenzial

In einem häufig betrachteten Fall lässt sich die Gl. (2.60), die das Hamiltonsche Prinzip formuliert, auf eine etwas einfachere Form bringen. Der Fall ist der, dass die durch die Gl. (2.54) definierte Arbeit U' gleich der der gedachten Verrückung entsprechenden Variation einer Funktion der Größen, die die Lagen der Punkte bestimmen, und der Zeit ist. Eine solche Funktion, wenn sie existiert, heißt *Potenzial* der Kräfte oder auch die *Kräftefunktion*. Bezeichnen wir sie mit U, dann ist

$$U' = \delta U \quad \text{(die Arbeit entspricht der Potenzialänderung)} \tag{2.63}$$

und die Gl. (2.60) lässt sich schreiben

$$0 = \delta \int\limits_{t_0}^{t_1} \mathrm{d}\,t(T + U). \tag{2.64}$$

Bezeichnen wir das Integral, dessen Variation demnach verschwinden soll, mit Ω, dann ist diese Gleichung eine notwendige Bedingung dafür, dass Ω ein Maximum oder ein Minimum ist. Ist x eine der rechtwinkligen Koordinaten eines der Punkte, und wäre $\delta\Omega$ nicht null für ein System virtueller Variationen δx, dann erhielten wir aus diesem durch Umkehrung aller Vorzeichen ein zweites System virtueller Variationen, und zwar eines, für das $\delta\Omega$ den dem früheren entgegengesetzten Wert hätte. Durch Variation der Größen x könnte daher Ω sowohl vergrößert als auch verkleinert werden, wäre also weder ein Maximum noch ein Minimum. Es ist aber die Gl. (2.64) nicht die hinreichende Bedingung dafür, dass Ω ein Maximum oder ein Minimum ist.

Ist wiederum x eine der Koordinaten eines der Punkte, und X die entsprechende Komponente der auf diesen Punkt wirkenden Kraft, so ist nach (2.63) und (2.54)

$$X = \frac{\partial U}{\partial x}. \tag{2.65}$$

Daraus ist ersichtlich, dass, wenn ein Potenzial existiert, die Kräfte nur von den Koordinaten und der Zeit, wie das Potenzial selbst, abhängen können, nicht aber von den Geschwindigkeiten. Aus (2.65) folgt auch, dass, wenn zwei Systeme von Kräften, von denen einem jeden ein Potenzial zukommt, zusammenwirken, auch ein Potenzial existiert, und zwar eines, welches die Summe der Potenziale ist, die den einzelnen Systemen entsprechen. Sind die Kräfte vollständig und als einwertige Funktionen der Koordinaten und der Zeit gegeben, so finden wir das Potenzial, wenn ein solches existiert, durch Integration nach den Koordinaten; dabei tritt eine willkürliche, additive Konstante auf; es wird das Potenzial also nur bis auf eine additive, von den Koordinaten unabhängige Größe, die aber willkürlich gewählt werden kann, bekannt. Dabei kann auch der Fall auftreten, dass sich das Potenzial als eine mehrwertige Funktion ergibt.

Beispiele, in denen ein Potenzial vorhanden ist, haben wir schon betrachtet:

- Bei einem Punkt, auf den die Schwere g wirkt, und dessen Masse m ist, ist, wenn die z-Achse vertikal abwärtsgekehrt ist, $X = 0, Y = 0, Z = mg$. Diese Gleichungen lassen sich zusammenfassen: $U = mgz$.
- Bei einem Planeten ist für die Kraft, mit der ihn die Sonne anzieht, $X = -mM(x/r^3)$, $Y = -mM(y/r^3)$, $Z = -mM(z/r^3)$, wenn $r^2 = x^2 + y^2 + z^2$ ist, m die Masse des Planeten, M die Masse der Sonne bei passend gewählter Einheit der Masse (!) bedeutet und der Anfangspunkt der Koordinaten in der als ruhend gedachten Sonne liegt. Hier können wir setzen:
$$U = m\frac{M}{r}.$$
- Bei einer beliebigen Anzahl von Himmelskörpern, die nach dem Newtonschen Gesetz aufeinander wirken, gilt bei einer Bezeichnungsweise, wie wir sie schon oben benutzt haben, die Gleichung $U = \sum(m_1 m_2)/r_{12}$. Dabei ist die Summe in Bezug auf alle Kombinationen zu je zwei der Massen $m_1, \ldots, m_2$ zu nehmen.

Das Prinzip der virtuellen Verrückungen

Die Ruhe ist ein spezieller Fall der Bewegung. Der Teil der Mechanik, der sich mit ihm beschäftigt, heißt *Statik*, der andere *Dynamik*. Um auf den Fall der Ruhe zu kommen, müssen wir annehmen, dass die Anfangsgeschwindigkeiten null sind, dass in den Bedingungen $\varphi = c$, $\psi = e, \ldots$ die Zeit nicht vorkommt, und dass die wirkenden Kräfte von der Art sind, dass die Beschleunigungen, die sie ergeben, verschwinden. Von Kräften dieser Art sagen wir, dass sie miteinander im *Gleichgewicht* stehen. Als Bedingung des Gleichgewichts folgen aus den Lagrangeschen Gleichungen (2.51) die Gleichungen

$$\begin{aligned}
&0 = X_1 + \lambda\frac{\partial\varphi}{\partial x_1} + \mu\frac{\partial\psi}{\partial x_1} + \ldots; \quad 0 = Y_1 + \lambda\frac{\partial\varphi}{\partial y_1} + \mu\frac{\partial\varphi}{\partial y_1} + \ldots;\\
&0 = Z_1 + \lambda\frac{\partial\varphi}{\partial z_1} + \mu\frac{\partial\varphi}{\partial z_1} + \ldots\\
&0 = X_2 + \lambda\frac{\partial\varphi}{\partial x_2} + \mu\frac{\partial\psi}{\partial x_2} + \ldots; \quad 0 = Y_2 + \lambda\frac{\partial\varphi}{\partial y_2} + \mu\frac{\partial\varphi}{\partial y_2} + \ldots;\\
&0 = Z_2 + \lambda\frac{\partial\varphi}{\partial z_2} + \mu\frac{\partial\varphi}{\partial z_2} + \ldots\\
&\ldots\\
&\varphi = c, \quad \psi = e, \quad \ldots
\end{aligned}$$

Nach dem d'Alembertschen Prinzip, also der Gl. (2.53), ist dieselbe Bedingung die, dass für alle virtuellen Verrückungen $0 = \sum(X\delta x + Y\delta y + Z\delta z)$ ist, d. h. die Arbeit der sämtlichen Kräfte verschwindet. Der Satz, dass dieses die Bedingung für das Gleichgewicht ist, führt den Namen *des Prinzips der virtuellen Verrückungen* (oder auch *Geschwindigkeiten*). Haben die Kräfte ein Potenzial U, dann ist die Bedingung für ihr Gleichgewicht die, dass für jede virtuelle Verrückung der Punkte $0 = \delta U$ ist; eine Gleichung, die erfüllt sein muss, wenn U ein Maximum oder ein Minimum ist, die aber nicht immer ein solches Maximum oder Minimum zur Folge hat [LALI07].

Bewegungsenergie

Satz von der Bewegungsenergie

Aus den allgemeinen Gleichungen für die Bewegung eines Systems materieller Punkte[54] wollen wir nun unter gewissen Voraussetzungen, die die Bedingung betreffen, denen die Bewegung unterworfen ist, einige Schlüsse ziehen.

Die erste Voraussetzung, die wir verfolgen, ist die, dass die Bedingungen die Zeit nicht enthalten. Dann sind die Verrückungen, die die Punkte bei ihrer Bewegung in einem Zeitelement $\mathrm{d}t$ erleiden, virtuelle Verrückungen von der Art, wie sie aus deren Definition hervorgehen (Gleichungen (2.52)). In den dort ausgeführten Betrachtungen können wir

[54] Siehe die Abschnitte „Geführte Bewegung. Masse. Bewegende Kraft“ und „Arbeit. Potenzial. Virtuelle Verrückung“.

daher überall statt des Zeichens δ das Zeichen d setzen, das sich auf die Veränderungen bezieht, die bei der betrachteten Bewegung im Zeitelement $\mathrm{d}t$ stattfinden. Führen wir das in Gl. (2.53) durch und integrieren dieselbe, so erhalten wir

$$T_1 - T_0 = \int_{t_0}^{t_1} \sum (X\,\mathrm{d}x + Y\,\mathrm{d}y + Z\,\mathrm{d}z), \tag{2.66}$$

wenn T_0 und T_1 die Werte der kinetischen Energie zu den beliebig gewählten Zeitpunkten t_0 und t_1 bedeuten.

Der Begriff der Arbeit ist durch die Gl. (2.54) bisher nur für unendlich kleine Verrückungen definiert; wir verallgemeinern diesen Begriff jetzt. Wir wollen von der Arbeit von Kräften für endliche Verschiebungen ihrer Angriffspunkte sprechen und darunter die Summe der Werte verstehen, die die Arbeit für die unendlich kleinen Verschiebungen hat, aus welchen die endlichen zusammengesetzt werden können. Die Gl. (2.66) lässt sich dann dahingehend interpretieren, dass der Zuwachs, den die Bewegungs-/kinetische Energie des Systems in irgendeinem Zeitintervall erfährt, gleich der Arbeit der wirkenden Kräfte für die Verschiebungen ist, die die Punkte in diesem Zeitintervall erfahren. Diesen Satz heißen wir den *Satz von der Bewegungsenergie*.

Haben die wirkenden Kräfte ein Potenzial U, und enthält dieses die Zeit nicht, dann ist die rechte Seite der Gl. (2.20) die Differenz der Werte, die U für $t = t_1$ und $t = t_0$ hat; die Gleichung lässt sich daher schreiben

$$T = U + h, \tag{2.67}$$

wobei h eine Konstante ist. Ist U eine einwertige Funktion, so folgt daraus, dass, wenn alle Punkte des Systems in Lagen zurückgekehrt sind, die sie früher schon einmal hatten, auch die Bewegungsenergie den Wert wieder angenommen hat, den sie damals besaß. Dieser Satz ist unter dem Namen des Satzes *von der Erhaltung der Bewegungsenergie* bekannt.

Wirken keine Kräfte oder stehen die wirkenden Kräfte immer im Gleichgewicht, so ist die Bewegungsenergie konstant.

Stabilität eines Gleichgewichts

Gl. (2.67) wollen wir nun nach [DIRI46] auf die Lehre vom Gleichgewicht anwenden. Bei der oben[55] gegebenen Definition des Gleichgewichts ist bereits angeführt, dass von einem solchen nur die Rede ist, wenn die Bedingungen von der Zeit unabhängig sind, die Voraussetzung also erfüllt ist, die den Betrachtungen vom vorigen Abschnitt zugrundeliegt. Um Gl. (2.67) anwenden zu können, nehmen wir außerdem an, dass die wirkenden Kräfte ein Potenzial U haben, das die Zeit nicht enthält. Nach einer oben gemachten Bemerkung[56] findet dann ein Gleichgewicht zwischen den Kräften für eine Lage des Systems

[55] Abschnitt „Das Prinzip der virtuellen Verrückungen".
[56] Am Ende des Abschnitts „Das Prinzip der virtuellen Verrückungen".

statt, für welche U ein Maximum ist. Für eine solche Lage hat das Gleichgewicht eine ausgezeichnete Eigenschaft, die ihm fehlt, wenn U statt eines Maximums ein Minimum oder weder das eine noch das andere ist, eine Eigenschaft, in deren Folge es ein *stabiles Gleichgewicht* heißt. Um diese Eigenschaft zu erkennen, denken wir uns das System zum Zeitpunkt $t = 0$ in einer Lage, die unendlich wenig von der gedachten Gleichgewichtslage abweicht, und nehmen an, dass alle Punkte unendlich kleine Geschwindigkeiten besitzen. Es sei U_m der Maximalwert von U, der also der Gleichgewichtslage entspricht. Nach der Gl. (2.67) ist dann $T + (U_m - U)$ eine Konstante, und zwar eine unendlich kleine Konstante, da für $t = 0$ sowohl T als $U_m - U$ unendlich klein sind. Beachten wir nun, dass T eine positive Größe ist, so können wir daraus schließen, dass $U_m - U$ im Laufe der Zeit nie einen positiven endlichen Wert annehmen kann. Führen wir aber das System aus der Gleichgewichtslage, oder einer dieser unendlich nahen, über in irgendeine um etwas Endliches verschiedene Lage, so durchläuft, wie sich aus dem Begriff des Maximums ergibt, $U_m - U$ endliche positive Werte. Daraus folgt, dass bei den gemachten Annahmen sich das System nur unendlich wenig von der Gleichgewichtslage entfernt. Dabei bleibt auch T und damit die Geschwindigkeit eines jeden Punktes unendlich klein.

Die Schwerpunktsätze

Wir wollen annehmen, dass die Bedingungen, denen die Bewegung der Punkte unterworfen ist, von der Art sind, dass sie eine Verschiebung dieser in Richtung der x-Achse ohne Veränderung ihrer relativen Lage gestatten. Auf eine solche Verschiebung, deren Größe u' genannt werden soll, wollen wir Gl. (2.53) anwenden. Wir haben dann in dieser $\delta x = u', \delta y = 0, \delta z = 0$ zu setzen; dadurch erhalten wir bei Weglassung des Faktors u':

$$\sum m \cdot \frac{\mathrm{d}^2 x}{\mathrm{d}t^2} = \sum X. \tag{2.68}$$

Anzumerken ist, dass die Arbeit der wirkenden Kräfte für die gedachte Verrückung

$$= u' \sum X \tag{2.69}$$

beträgt. Ist eine Verschiebung des Systems ohne Änderung der relativen Lage der Punkte auch in Richtung der y-Achse und der z-Achse möglich, dann finden wir ebenso:

$$\sum m \cdot \frac{\mathrm{d}^2 y}{\mathrm{d}t^2} = \sum Y \quad \text{und} \quad \sum m \cdot \frac{\mathrm{d}^2 z}{\mathrm{d}t^2} = \sum Z. \tag{2.70}$$

Wir nehmen mit diesen Gleichungen noch eine Veränderung durch die Einführung einiger neuen Zeichen vor. Wir setzen:

$$M = \sum m; \quad M\xi = \sum mx, \quad M\eta = \sum my, \quad M\zeta = \sum mz. \tag{2.71}$$

Wir nennen dann M die *Masse* des Systems, ξ, η, ζ die Koordinaten seines *Schwerpunkts*. Es ist einleuchtend, dass nach dieser Definition der Schwerpunkt eines Systems unabhängig von dem Koordinatensystem ist, das wir zu seiner Bestimmung benutzen; denn führt man neben dem System der x, y, z ein zweites, das der x', y', z', ein, wie wir es schon mehrfach getan haben, multipliziert die Gleichungen (2.66), die dann gelten, mit m, summiert in Bezug auf alle Punkte des Systems und setzt dann, entsprechend den Gleichungen (2.71): $M\xi' = \sum mx', M\eta' = \sum my', M\zeta' = \sum mz'$, dann erhalten wir durch Division mit M:

$$\xi' = a + \alpha_1\xi + \alpha_2\eta + \alpha_3\zeta; \quad \eta' = b + \beta_1\xi + \beta_2\eta + \beta_3\zeta; \quad \zeta' = c + \gamma_1\xi + \gamma_2\eta + \gamma_3\zeta,$$

also diejenigen Gleichungen, die ausdrücken, dass ξ', η', ζ' und ξ, η, ζ die Koordinaten desselben Punktes in den beiden benutzten Systemen sind.

Weil die Massen positive Größen sind, ist der Schwerpunkt eines Systems von Punkten ein gewisser *mittlerer* Punkt; d. h., jede Koordinate desselben liegt zwischen der kleinsten und der größten der entsprechenden Koordinaten der einzelnen Punkte. Es ist nützlich zu bemerken, dass bei der Berechnung der Lage des Schwerpunkts gegebener Massen beliebige Gruppen dieser in ihren Schwerpunkten konzentriert gedacht werden können und dass der Schwerpunkt von Massen, die auf einer Geraden liegen, sich auf derselben Geraden befindet. Die Richtigkeit der Behauptung folgt unmittelbar aus der in den Gleichungen (2.71) enthaltenen Definition; die der zweiten ergibt sich, wenn wir hinzunehmen, dass die Gerade, auf der die Massen liegen sollen, als x-Achse genommen werden kann, wobei dann $y = 0, z = 0$, also auch $\eta = 0$ und $\zeta = 0$ wird.

Bei Nutzung der nun definierten Zeichen werden die Gleichungen (2.68) und (2.70):

$$M\frac{d^2\xi}{dt^2} = \sum X, \quad M\frac{d^2\eta}{dt^2} = \sum Y, \quad M\frac{d^2\zeta}{dt^2} = \sum Z. \tag{2.72}$$

Damit sind die *Sätze von der Bewegung des Schwerpunkts* formuliert. Wir können diese in dem einen Satz zusammenfassen, dass sich der Schwerpunkt eines Systems von Massen so bewegt, als ob in ihm alle Massen vereinigt wären und auf ihn alle Kräfte wirkten. Dabei kann die Bewegung des Systems beliebigen Bedingungen unterworfen sein; nur müssen sie Verschiebungen in drei aufeinander senkrechten Richtungen ohne Änderung der relativen Lage der Punkte gestatten.

Sind die wirkenden Kräfte der Art, dass ihre Arbeit für eine der x-Achse parallele Verschiebung gleich null ist, dann ist nach (2.69) $\sum X = 0$; diese Gleichung und die beiden entsprechenden, die sich auf die y-Achse und die z-Achse beziehen, sind erfüllt, wenn die Kräfte ein Potenzial haben, das nur von der relativen Lage der Punkte abhängt; in der Tat ändert sich das Potenzial dann nicht, wenn alle entsprechenden Koordinaten der Punkte um dieselbe Größe verändert werden. Es ist z. B. der Fall bei unserem Planetensystem, wenn wir von der Einwirkung anderer Sonnensysteme absehen. Die Gleichungen (2.72) geben dann $d^2\xi/dt^2 = 0, d^2\eta/dt^2 = 0, d^2\zeta/dt^2 = 0$; d. h., der Schwerpunkt bewegt sich in gerader Linie mit gleichbleibender Geschwindigkeit. Dieser Satz heißt *der Satz von der Erhaltung der Bewegung des Schwerpunkts*.

Wirkt auf die Punkte des Systems die Schwere und keine andere Kraft, so werden die Gleichungen (2.72), wenn wir die z-Achse vertikal abwärtsgerichtet annehmen,

$$\frac{\mathrm{d}^2\xi}{\mathrm{d}t^2} = 0, \quad \frac{\mathrm{d}^2\eta}{\mathrm{d}t^2} = 0, \quad \frac{\mathrm{d}^2\zeta}{\mathrm{d}t^2} = g, \tag{2.73}$$

d. h., der Schwerpunkt bewegt sich auf einer Parabel wie ein einzelner schwerer materieller Punkt. Ein Beispiel dafür ist ein starrer, schwerer Körper, der als ein System fest miteinander verbundener materieller Punkte angesehen werden kann; dass deren Zahl unendlich groß ist, ist nicht wesentlich.

Bewegung eines Systems um seinen Schwerpunkt

Die angeführten Beispiele zeigen, dass sich die Bewegung des Schwerpunkts eines Systems materieller Punkte bisweilen in besonders einfacher Weise angeben lässt. Es empfiehlt sich dann, die Bewegung der Punkte nicht auf ein raumfestes Koordinatensystem zu beziehen, sondern auf eines, dessen Anfangspunkt der bewegte Schwerpunkt ist, und dessen Achsen unveränderliche Richtungen haben. Auf ein solches Koordinatensystem sind aber die allgemeinen Gleichungen, die wir für ein festes aufgestellt haben, nicht unmittelbar anwendbar.

Wir führen neben dem im Raum festen Koordinatensystem der x, y, z ein zweites bewegtes, das der x', y', z', ein in der Art, dass für jeden Punkt $x = \xi + x', y = \eta + y', z = \zeta + z'$ gilt, wobei ξ, η, ζ gegebene Funktionen der Zeit sind. In den neuen Koordinaten lautet dann die Gleichung, die das d'Alembertsche Prinzip ausdrückt:

$$0 = \sum \left(m\frac{\mathrm{d}^2x'}{\mathrm{d}t^2} + m\frac{\mathrm{d}^2\xi}{\mathrm{d}t^2} - X \right)\delta x' + \left(m\frac{\mathrm{d}^2y'}{\mathrm{d}t^2} + m\frac{\mathrm{d}^2\eta}{\mathrm{d}t^2} - Y \right)\delta y' \\ + \left(m\frac{\mathrm{d}^2z'}{\mathrm{d}t^2} + m\frac{\mathrm{d}^2\zeta}{\mathrm{d}t^2} - Z \right)\delta z',$$

und diese Gleichung muss für alle virtuellen Variationen $\delta x', \delta y', \delta z'$ bestehen; d. h., wir können das d'Alembertsche Prinzip in derselben Form auf das bewegte wie auf das ruhende Koordinatensystem anwenden, falls wir zu jeder Kraft (X, Y, Z) die Kraft hinzufügen, deren Komponenten $-m\mathrm{d}^2\xi/\mathrm{d}t^2, -m\mathrm{d}^2\eta/\mathrm{d}t^2, -m\mathrm{d}^2\zeta/\mathrm{d}t^2$ sind.

Ist der Punkt (ξ, η, ζ) der Schwerpunkt eines Systems von Massen, für die der Satz von der Erhaltung der Bewegung des Schwerpunkts gilt, z. B. der Schwerpunkt unseres Planetensystems, dann sind die bezeichneten Zusatzkräfte gleich null; um den Schwerpunkt bewegen sich die Massen also gerade so, als ob dieser ruhte.

Ist (ξ, η, ζ) der Schwerpunkt eines Systems materieller Punkte, auf die die Schwere und keine andere Kraft wirkt und die so miteinander verbunden sind, dass in den Richtungen den Koordinatenachsen Verschiebungen ohne Änderung ihrer relativen Lage möglich sind, dann gelten, wenn die z-Achse wieder vertikal abwärtsgerichtet angenommen wird, die Gleichungen (2.73); zugleich ist aber $X = 0, Y = 0, Z = mg$; daraus folgt dann, dass sich die Punkte um ihren Schwerpunkt so bewegen, als ob gar keine Kräfte auf sie wirkten und ihr Schwerpunkt in Ruhe wäre.

Einen speziellen, hierher gehörenden Fall bildet die Bewegung des starren schweren Körpers.

Die Flächensätze

Wir nehmen an, dass die Verbindungen der Punkte des Systems so beschaffen sind, dass sie eine Drehung um die z-Achse ohne Änderung der relativen Lage der Punkte gestatten. Setzen wir $x = \rho \cos \vartheta$, $y = \rho \sin \vartheta$, dann entspricht einer unendlich kleinen Drehung um die z-Achse eine Vergrößerung sämtlicher auf die einzelnen Punkte des Systems bezogenen Winkel ϑ um dieselbe unendlich kleine Größe, die r' genannt werden soll. Für eine solche Drehung ist daher $\delta x = -\rho \sin \vartheta \cdot r' = -yr'$; $\delta y = \rho \cos \vartheta \cdot r' = xr'$; $\delta z = 0$; diese Werte können demnach bei der gemachten Annahme als virtuelle Variationen in die Gleichungen (2.53) eingesetzt werden. Unter Weglassung des Faktors r' erhalten wir dann

$$\sum m\left(x\left(\frac{\mathrm{d}^2 y}{\mathrm{d}t^2}\right) - y\left(\frac{\mathrm{d}^2 x}{\mathrm{d}t^2}\right)\right) = \sum (xY - yX). \tag{2.74}$$

Anzumerken ist, dass die Arbeit der wirkenden Kräfte für die gedachte Drehung

$$= r' \sum (xY - yX) \tag{2.75}$$

beträgt; der Faktor r' in diesem Ausdruck, also die rechte Seite der Gl. (2.74), heißt das *Drehmoment* der wirkenden Kräfte in Bezug auf die z-Achse. Nun ist, wie wir schon bei der Bewegung eines Planeten um die Sonne gesehen haben, $x(\mathrm{d}^2 y/\mathrm{d}t^2) - y(\mathrm{d}^2 x/\mathrm{d}t^2) = \mathrm{d}/\mathrm{d}t(x(\mathrm{d}y/\mathrm{d}t) - y(\mathrm{d}x/\mathrm{d}t)) = \mathrm{d}/\mathrm{d}t(\rho^2(\mathrm{d}\vartheta/\mathrm{d}t))$, und $\rho^2 \mathrm{d}\vartheta$ ist das Doppelte der Fläche, die der Radiusvektor ρ in dem Sinne, in dem ϑ wächst, während des Zeitelements $\mathrm{d}t$ beschreibt. Es lässt sich demnach Gl. (2.74) in die Form bringen:

$$\frac{\mathrm{d}}{\mathrm{d}t} \sum m\rho^2 \left(\frac{\mathrm{d}\vartheta}{\mathrm{d}t}\right) = \sum (xY - yX). \tag{2.76}$$

Sie drückt den *Flächensatz* für die x-y-Ebene aus. Ist das Drehmoment der Kräfte in Bezug auf die z-Achse $= 0$, so wird die Gl. (2.76) integrabel und es folgt: $\sum m\rho^2(\mathrm{d}\vartheta/\mathrm{d}t) =$ const.

Der dadurch ausgedrückte Satz ist der auf die x-y-Ebene bezogene *Satz von der Erhaltung der Flächen.*

Die Betrachtungen, die wir für die z-Achse durchgeführt haben, gelten auch für die x- und die y-Achse, wenn wir die Zeichen passend vertauschen.

Haben die Kräfte ein Potenzial, das nur von der relativen Lage der Punkte abhängt, dann ändert sich dieses nicht bei einer Drehung des Systems um irgendeine der Koordinatenachsen; das Drehmoment der Kräfte in Bezug auf jede der Koordinatenachsen ist daher $= 0$; gestatten die Verbindungen der Punkte eine Drehung um jede Koordinatenachse, dann gilt daher der Satz von der Erhaltung der Flächen für jede Koordinatenebene. Ein Beispiel dafür bietet unser Planetensystem.

Drehmoment

Bestimmen der Lage eines starren Körpers

Um aus dem d'Alembertschen Prinzip Folgerungen zu ziehen, haben wir gewisse unendlich kleine Verrückungen betrachtet, die ein System fest miteinander verbundener materieller Punkte erfahren kann; nämlich eine Verschiebung in einer gewissen Richtung und eine Drehung um eine gewisse Achse. Wir wollen jetzt die allgemeinste unendlich kleine Verrückung ins Auge fassen, die bei einem solchen System möglich ist.

Wir führen zwei rechtwinklige Koordinatensysteme ein, von denen das eine mit dem gedachten System oder mit dem *Körper*, wie wir dieses nennen wollen, fest verbunden, das andere im Raum fest ist; x, y, z seien die Koordinaten eines Punktes des Körpers im ersten, ξ, η, ζ die desselben Punktes im zweiten System. Dann ist

$$\xi = \alpha + \alpha_1 x + \alpha_2 y + \alpha_3 z; \quad \eta = \beta + \beta_1 x + \beta_2 y + \beta_3 z;$$
$$\zeta = \gamma + \gamma_1 x + \gamma_2 y + \gamma_3 z, \tag{2.77}$$

wobei die zwölf Größen α, β, γ von der relativen Lage der Koordinatensysteme, also von der Lage des beweglichen Körpers abhängen. Die Größen α, β, γ ohne Index sind die Werte, die ξ, η, ζ für $x = 0, y = 0, z = 0$ haben; die übrigen neun sind die Cosinus der Winkel, die die Achsen der x, y, z mit den Achsen der ξ, η, ζ bilden. Aus dieser geometrischen Bedeutung der genannten Größen folgt, dass umgekehrt

$$x = \alpha_1(\xi - \alpha) + \beta_1(\eta - \beta) + \gamma_1(\zeta - \gamma); \quad y = \alpha_2(\xi - \alpha) + \beta_2(\eta - \beta) + \gamma_2(\zeta - \gamma);$$
$$z = \alpha_3(\xi - \alpha) + \beta_3(\eta - \beta) + \gamma_3(\zeta - \gamma) \tag{2.78}$$

gilt. Sowohl durch die Gleichungen (2.77) als auch durch die Gleichungen (2.78) muss die Gleichung $(\xi - \alpha)^2 + (\eta - \beta)^2 + (\zeta - \gamma)^2 = x^2 + y^2 + z^2$ zu einer identischen werden. Daraus ergibt sich

$$\begin{aligned} \alpha_1^2 + \beta_1^2 + \gamma_1^2 = 1; \quad \alpha_2\alpha_3 + \beta_2\beta_3 + \gamma_2\gamma_3 = 0 \\ \alpha_2^2 + \beta_2^2 + \gamma_2^2 = 1; \quad \alpha_3\alpha_1 + \beta_3\beta_1 + \gamma_3\gamma_1 = 0 \\ \alpha_3^2 + \beta_3^2 + \gamma_3^2 = 1; \quad \alpha_1\alpha_2 + \beta_1\beta_2 + \gamma_1\gamma_2 = 0 \end{aligned} \tag{2.79}$$

und

$$\begin{aligned} \alpha_1^2 + \alpha_2^2 + \alpha_3^2 = 1; \quad \beta_1\gamma_1 + \beta_2\gamma_2 + \beta_3\gamma_3 = 0 \\ \beta_1^2 + \beta_2^2 + \beta_3^2 = 1; \quad \gamma_1\alpha_1 + \gamma_2\alpha_2 + \gamma_3\alpha_3 = 0 \\ \gamma_1^2 + \gamma_2^2 + \gamma_3^2 = 1; \quad \alpha_1\beta_1 + \alpha_2\beta_2 + \gamma_3\alpha_3 = 0. \end{aligned} \tag{2.80}$$

Es sind dies sechs voneinander unabhängige Relationen zwischen den neun genannten Cosinus in zwei verschiedenen Formen. Aus ihnen resultieren noch andere, die wir gebrauchen werden. Lösen wir die Gleichungen (2.77) nach x, y, z auf, dann erhalten wir

Gleichungen, die mit den Gleichungen (2.78) identisch sein müssen. Daraus folgt, wenn wir $\Delta = \alpha_1(\beta_2\gamma_3 - \beta_3\gamma_2) + \beta_1(\gamma_2\alpha_3 - \gamma_3\alpha_2) + \gamma_1(\alpha_2\beta_3 - \alpha_3\beta_2)$ setzen,

$$\alpha_1 = \frac{\beta_2\gamma_3 - \beta_3\gamma_2}{\Delta}, \quad \beta_1 = \frac{\gamma_2\alpha_3 - \gamma_3\alpha_2}{\Delta}, \quad \gamma_1 = \frac{\alpha_2\beta_3 - \alpha_3\beta_2}{\Delta}. \tag{2.81}$$

Quadrieren und addieren wir diese Gleichungen, dann erhalten wir unter Berücksichtigung der Gleichungen (2.79) $\Delta^2 = 1$, da nach diesen $(\alpha_2^2 + \beta_2^2 + \gamma_2^2)(\alpha_3^2 + \beta_3^2 + \gamma_3^2) - (\alpha_2\alpha_3 + \beta_2\beta_3 + \gamma_2\gamma_3)^2 = 1$, d. h. $(\beta_2\gamma_3 - \beta_3\gamma_2)^2 + (\gamma_2\alpha_3 - \gamma_3\alpha_2)^2 + (\alpha_2\beta_3 - \alpha_3\beta_2)^2 = 1$ ist. Der Wert von Δ kann $+1$ oder -1 sein, kann sich aber bei der Bewegung des Körpers nicht sprungweise ändern. Wir denken uns den Körper in der Lage, bei der die x-Achse mit der ξ-Achse, die y-Achse mit der η-Achse dieselbe Richtung hat; dann ist $\alpha_1 = 1, \beta_2 = 1, \gamma_3 = +1$ oder -1, während die anderen sechs Cosinus verschwinden, was aus den Gleichungen (2.79) und (2.80) leicht abzuleiten ist. Damit hat die z-Achse dieselbe oder die entgegengesetzte Richtung wie die ζ-Achse. Im ersten Fall ist, wie (2.81) zeigt, $\Delta = +1$, im zweiten $= -1$. Es sollen die Koordinatensysteme der x, y, z und der ξ, η, ζ so gewählt werden, dass der erste Fall vorliegt, dass sie also *kongruent* sind, wenn die x-Achse der ξ-Achse, die y-Achse der η-Achse, die z-Achse der ζ-Achse entsprechend angenommen wird. Dann ist demnach

$$\alpha_1 = \beta_2\gamma_3 - \beta_3\gamma_2, \quad \beta_1 = \gamma_2\alpha_3 - \gamma_3\alpha_2, \quad \gamma_1 = \alpha_2\beta_3 - \alpha_3\beta_2. \tag{2.82}$$

Die Gleichungen (2.77) bleiben unverändert, wenn wir in ihnen die Indizes $1, 2, 3$ und gleichzeitig die Buchstaben x, y, z zyklisch vertauschen; bei einer solchen Vertauschung bleibt auch Δ unverändert, wie die Gl. (2.81) zeigt; wir dürfen sie daher auch in den Gleichungen (2.82) vornehmen und erhalten dadurch:

$$\begin{aligned} \alpha_2 &= \beta_3\gamma_1 - \beta_1\gamma_3, & \alpha_3 &= \beta_1\gamma_2 - \beta_2\gamma_1; \\ \beta_2 &= \gamma_3\alpha_1 - \gamma_1\alpha_3, & \beta_3 &= \gamma_1\alpha_2 - \gamma_2\alpha_1; \\ \gamma_2 &= \alpha_3\beta_1 - \alpha_1\beta_3, & \gamma_3 &= \alpha_1\beta_2 - \alpha_2\beta_1. \end{aligned} \tag{2.83}$$

Zwischen den neun Cosinus α, β, γ bestehen sechs voneinander unabhängige Relationen; sie müssen sich also durch drei voneinander unabhängige Größen ausdrücken lassen. Wir wollen sie jetzt so ausdrücken: Zwischen $\alpha_3, \beta_3, \gamma_3$ besteht die eine Gleichung $\alpha_3^2 + \beta_3^2 + \gamma_3^2 = 1$; wir können diese Größen durch zwei voneinander unabhängige Größen ϑ und φ ausdrücken, indem wir setzen: $\alpha_3 = \cos\varphi \sin\vartheta$, $\beta_3 = \sin\varphi \sin\vartheta$, $\gamma_3 = \cos\vartheta$, wodurch jene Gleichung erfüllt wird. Durch ϑ und φ sind $\alpha_3, \beta_3, \gamma_3$ eindeutig bestimmt, das Umgekehrte findet aber nicht statt. Außer, dass ϑ und φ um beliebige Vielfache von 2π vermehrt werden können, kann das Vorzeichen von ϑ beliebig gewählt werden, wenn $\alpha_3, \beta_3, \gamma_3$ gegeben sind. Wechseln wir das Vorzeichen von ϑ, dann müssen wir φ um π vermehren. Bei einer speziellen Lage des Körpers sollen, so weit nach dem eben Ausgeführten gestattet, die Werte von ϑ und φ willkürlich gewählt werden; für jede Lage, die stetig aus jener hervorgeht, wird dann jede Unbestimmtheit in den Werten von ϑ und φ durch die Festsetzung aufgehoben, dass diese sich stetig mit der Lage des Körpers ändern, vorausgesetzt, dass diejenigen Lagen vermieden werden, in denen ϑ null oder ein Vielfaches von π und daher φ unbestimmt ist. Es haben ϑ und φ einfache geometrische Bedeutungen; ϑ ist ein Winkel, den die z-Achse und die ζ-Achse miteinander bilden; φ ein Winkel, den eine durch die ζ-Achse gehende Ebene beschreibt, wenn sie aus einer Lage, bei der sie der ξ-Achse parallel ist, in eine Lage, bei der sie der z-Achse parallel ist, in *dem* Sinn gedreht wird, in dem sie um einen rechten Winkel gedreht werden muss, um der η-Achse parallel zu werden. Es sind ϑ und φ Polarkoordinaten auf einer Kugelfläche des Punktes, der der Richtung der z-Achse entspricht, deren Pol der Richtung der ζ-Achse entsprechend ist; der Winkel φ wird ab dem größten Kreis, der die ζ-ξ-Ebene darstellt, gezählt.

Zwischen den Cosinus $\gamma_1, \gamma_2, \gamma_3$ besteht die Relation $\gamma_1^2 + \gamma_2^2 + \gamma_3^2 = 1$; wir erfüllen sie, wenn wir setzen:

$$\gamma_1 = \cos f \sin\vartheta, \quad \gamma_2 = \sin f \sin\vartheta, \quad \gamma_3 = \cos\vartheta.$$

Sind $\gamma_1, \gamma_2, \gamma_3$ gegeben, dann ist dadurch f bis auf ein hinzuzufügendes Vielfaches von 2π bestimmt, weil ϑ bereits bestimmt ist. Eine ähnliche geometrische Bedeutung wie φ hat f; es ist ein Winkel, den eine durch die z-Achse gehende Ebene beschreibt, wenn sie aus einer Lage, bei der sie der x-Achse parallel ist, in eine Lage, bei der sie der ζ-Achse parallel ist, in *dem* Sinn gedreht wird, in dem sie um einen rechten Winkel gedreht werden muss, um der y-Achse parallel zu werden. Es sind ϑ und f Polarkoordinaten auf einer Kugelfläche des Punktes, der die Richtung der ζ-Achse angibt, deren Pol durch die Richtung der z-Achse bestimmt ist, während der größte Kreis, von dem aus der Winkel f zu bestimmen ist, der z-x-Ebene parallel ist.

Aus den fünf Größen $\alpha_3, \beta_3, \gamma_3, \gamma_1, \gamma_2$ lassen sich nun die vier anderen $\alpha_1, \alpha_2, \beta_1, \beta_2$ mit Hilfe der Gleichungen (2.82) und (2.83) eindeutig berechnen; diejenigen von diesen Gleichungen, die α_1 und β_2 ausdrücken, geben

$$\alpha_1(1-\gamma_3^2) = -\alpha_3\gamma_1\gamma_3 - \beta_3\gamma_2 \quad \text{und} \quad \beta_2(1-\gamma_3^2) = -\alpha_3\gamma_1 - \beta_3\gamma_2\gamma_3\,;$$

diejenigen, die α_2 und β_1 ausdrücken,

$$\alpha_2(1-\gamma_3^2) = -\alpha_3\gamma_2\gamma_3 - \beta_3\gamma_1 \quad \text{und} \quad \beta_1(1-\gamma_3^2) = -\alpha_3\gamma_2 - \beta_3\gamma_1\gamma_3.$$

Substituieren wir hier für $\alpha_3, \beta_3, \gamma_3, \gamma_1, \gamma_2$ ihre Werte, so hebt sich der Faktor $1 - \gamma_3^2$, d. h. $\sin^2 \vartheta$, auf; wir erhalten daher:

$$
\begin{aligned}
\alpha_1 &= -\cos\varphi \cos f \cos\vartheta - \sin\varphi \sin f ;\\
\beta_1 &= -\sin\varphi \cos f \cos\vartheta + \cos\varphi \sin f ;\\
\gamma_1 &= \cos f \sin\vartheta,\\
\alpha_2 &= -\cos\varphi \sin f \cos\vartheta + \sin\varphi \cos f ;\\
\beta_2 &= -\sin\varphi \sin f \cos\vartheta - \cos\varphi \cos f ;\\
\gamma_2 &= \sin f \sin\vartheta,\\
\alpha_3 &= \cos\varphi \sin\vartheta;\\
\beta_3 &= \sin\varphi \sin\vartheta;\\
\gamma_3 &= \cos\vartheta.
\end{aligned}
\tag{2.84}
$$

Unendlich kleine Verrückung eines Körpers

Wir untersuchen jetzt eine unendlich kleine Verrückung, die der Körper und mit ihm das x, y, z-Koordinatensystem erfährt. Die Veränderung, die irgendeine der in Betracht kommenden Größen dabei erfährt, bezeichnen wir durch ein vorgesetztes δ. Nach den Gleichungen (2.77) ist dann:

$$
\begin{aligned}
\delta\xi = \delta\alpha + x\delta\alpha_1 + y\delta\alpha_2 + z\delta\alpha_3; \quad \delta\eta = \delta\beta + x\delta\beta_1 + y\delta\beta_2 + z\delta\beta_3;\\
\delta\zeta = \delta\gamma + x\delta\gamma_1 + y\delta\gamma_2 + z\delta\gamma_3.
\end{aligned}
\tag{2.85}
$$

Die drei Größen $\delta\alpha, \delta\beta, \delta\gamma$ können beliebig gewählt werden, nicht aber die neun Größen $\delta\alpha_1, \delta\beta_1, \ldots$

Diese sind durch drei unabhängige Größen, etwa durch $\delta\vartheta, \delta\varphi, \delta f$ mit Hilfe der Gleichungen (2.84) ausdrückbar. Statt $\delta\vartheta, \delta\varphi, \delta f$ wählen wir aber, um die Symmetrie der Formeln zu wahren, drei andere unendlich kleine Größen, die wir π', χ', ρ' nennen und durch die folgenden Gleichungen definieren:

$$
\begin{aligned}
\pi' = \beta_1\delta\gamma_1 + \beta_2\delta\gamma_2 + \beta_3\delta\gamma_3; \quad \chi' = \gamma_1\delta\alpha_1 + \gamma_2\delta\alpha_2 + \gamma_3\delta\alpha_3;\\
\rho' = \alpha_1\delta\beta_1 + \alpha_2\delta\beta_2 + \alpha_3\delta\beta_3
\end{aligned}
\tag{2.86}
$$

Verbinden wir diese Gleichungen mit denen, die sich durch Variation der Gleichungen (2.80) ergeben, nämlich mit

$$
\begin{aligned}
0 &= \alpha_1\delta\alpha_1 + \alpha_2\delta\alpha_2 + \alpha_3\delta\alpha_3; \quad 0 = \beta_1\delta\beta_1 + \beta_2\delta\beta_2 + \beta_3\delta\beta_3;\\
0 &= \gamma_1\delta\gamma_1 + \gamma_2\delta\gamma_2 + \gamma_3\delta\gamma_3\\
-\pi' &= \gamma_1\delta\beta_1 + \gamma_2\delta\beta_2 + \gamma_3\delta\beta_3; \quad -\chi' = \alpha_1\delta\gamma_1 + \alpha_2\delta\gamma_2 + \alpha_3\delta\gamma_3;\\
-\rho' &= \beta_1\delta\alpha_1 + \beta_2\delta\alpha_2 + \beta_3\delta\alpha_3,
\end{aligned}
$$

dann können wir die neun Größen $\delta\alpha_1, \delta\beta_1, \ldots$ durch π', χ', ρ' ausdrücken. Wir erhalten unter Berücksichtigung der Gleichungen (2.79):

$$\begin{aligned}
\delta\alpha_1 &= \gamma_1\chi' - \beta_1\rho'; \quad \delta\beta_1 = \alpha_1\rho' - \gamma_1\pi'; \quad \delta\gamma_1 = \beta_1\pi' - \alpha_1\chi' \\
\delta\alpha_2 &= \gamma_2\chi' - \beta_2\rho'; \quad \delta\beta_2 = \alpha_2\rho' - \gamma_2\pi'; \quad \delta\gamma_2 = \beta_2\pi' - \alpha_2\chi' \\
\delta\alpha_3 &= \gamma_3\chi' - \beta_3\rho'; \quad \delta\beta_3 = \alpha_3\rho' - \gamma_3\pi'; \quad \delta\gamma_3 = \beta_3\pi' - \alpha_3\chi'.
\end{aligned} \tag{2.87}$$

Die Gleichungen (2.85) werden damit unter Verwendung der Gleichungen (2.77):

$$\begin{aligned}
\delta\xi = \delta\alpha + (\zeta-\gamma)\chi' - (\eta-\beta)\rho'; \quad \delta\eta = \delta\beta + (\xi-\alpha)\rho' - (\zeta-\gamma)\pi; \\
\delta\zeta = \delta\gamma + (\eta-\beta)\pi' - (\xi-\alpha)\chi'
\end{aligned} \tag{2.88}$$

oder auch

$$\begin{aligned}
\delta\xi = \delta\alpha - \gamma\chi' + \beta\rho' + \zeta\chi' - \eta\rho; \quad \delta\eta = \delta\beta - \alpha\rho' + \gamma\pi' + \xi\rho' - \zeta\pi'; \\
\delta\zeta = \delta\gamma - \beta\pi' + \alpha\chi' + \eta\pi' - \xi\chi.
\end{aligned} \tag{2.89}$$

Wir definieren nun: Wir nennen eine unendlich kleine Verrückung irgendeines Systems materieller Punkte *zusammengesetzt* aus mehreren unendlich kleinen Verrückungen des Systems, wenn die Änderungen der Koordinaten eines jeden Punktes bei jener gleich sind den Summen der Änderungen der entsprechenden Koordinaten bei diesen. Diese Definition bezieht sich auf ein rechtwinkliges Koordinatensystem, das eingeführt sein muss; aber die Formeln der Verwandlung rechtwinkliger Koordinaten, von denen wir schon mehrfach Gebrauch gemacht haben, zeigen unmittelbar, dass eine Verrückung, die mit Bezug auf *ein* Koordinatensystem aus mehreren anderen zusammengesetzt werden kann, auch so genannt werden kann mit Bezug auf jedes andere. Sie zeigen auch leicht, dass zwei Verrückungen eines Punktes sich gerade so zusammensetzen, wie zwei Kräfte, die auf einen Punkt wirken, nämlich nach dem Satz vom Parallelogramm.

Die durch die Gleichungen (2.88) dargestellte Verrückung unseres Körpers können wir demnach als aus sechs Verrückungen zusammengesetzt betrachten, nämlich aus denjenigen, die stattfinden, wenn nur je eine der sechs Größen $\delta\alpha, \delta\beta, \delta\gamma, \pi', \chi', \rho'$ von null verschieden ist.

Ist nur $\delta\gamma$ von null verschieden, dann ist $\delta\xi = 0, \delta\eta = 0, \delta\zeta = \delta\gamma$; d. h., der Körper erleidet in Richtung der ζ-Achse eine Verschiebung, bei der alle seine Linien sich selbst parallel bleiben, und die gleich $\delta\gamma$ ist. Ist nur $\delta\alpha$ oder nur $\delta\beta$ von null verschieden, so erfährt der Körper eine eben solche Verschiebung in der Richtung der ξ-Achse um $\delta\alpha$ oder in der Richtung der η-Achse um $\delta\beta$. Ist $\pi' = 0, \chi' = 0, \rho' = 0$, dann erfährt der Körper eine ähnliche Verschiebung in der Richtung und um die Länge der Linie, deren Projektionen auf die Achsen der ξ, η, ζ sind: $\delta\alpha, \delta\beta, \delta\gamma$.

Ist nur ρ' von null verschieden, dann werden die Gleichungen (2.88) $\delta\xi = -(\eta - \beta)\rho', \delta\eta = (\xi-\alpha)\rho, \delta\zeta = 0$.

Bei der dadurch bestimmten Bewegung bleiben die Punkte der Linie $\xi = \alpha, \eta = \beta$ an ihren Orten; eine solche Bewegung heißt eine *Drehung* um die genannte Linie als Achse. Ein Punkt außerhalb der Achse beschreibt bei ihr eine Strecke, die $= (\delta\xi^2 + \delta\eta^2)^{\frac{1}{2}}$, d. h. $= \rho'((\xi-\alpha)^2 + (\eta-\beta)^2)^{\frac{1}{2}}$ oder vielmehr gleich dem absoluten Wert dieses Ausdrucks ist. Dieselbe wird gleich dem absoluten Wert von ρ', wenn $(\xi - \alpha)^2 + (\eta - \beta)^2 = 1$ ist; es ist daher der absolute Wert von ρ' der *Drehwinkel*. Wenn ρ' positiv ist, dann ist für Punkte des Körpers, für die $\xi - \alpha$ positiv ist, $\delta\eta$ positiv; d. h., es hat die Drehung des Körpers dann in *dem* Sinn stattgefunden, in dem eine Linie um einen rechten Winkel gedreht werden muss, damit sie aus einer Lage, in der sie der ξ-Achse parallel ist, in eine kommt, in der sie parallel der η-Achse ist. Ist ρ' negativ, so hat die Drehung im entgegengesetzten Sinn stattgefunden.

Ist nur π' oder χ' von null verschieden, dann ist der Körper um die Linie $\eta = \beta, \zeta = \gamma$ oder die Linie $\zeta = \gamma, \xi = \alpha$ um den absoluten Wert von π' oder χ' gedreht; den Sinn der Drehung ermitteln wir aus dem eben ausgesprochenen Satz, wenn wir in ihm die Buchstaben ξ, η, ζ, und zugleich π', χ', ρ' zyklisch vertauschen.

Wir behandeln jetzt, wie sich die drei eben besprochenen Drehungen zusammensetzen, wenn sie zusammen bestehen. Die Gleichungen (2.88) geben dann

$$\delta\xi = (\zeta - \gamma)\chi' - (\eta - \beta)\rho'; \quad \delta\eta = (\xi - \alpha)\rho' - (\zeta - \gamma)\pi';$$
$$\delta\zeta = (\eta - \beta)\pi' - (\xi - \alpha)\chi'.$$

Betrachten wir die Punkte des Körpers, für die

$$(\xi - \alpha) : (\eta - \beta) : (\zeta - \gamma) = \pi' : \chi' : \rho' \tag{2.90}$$

gilt, dann ist danach für diese $\delta\xi = 0, \delta\eta = 0, \delta\zeta = 0$; d. h., die betrachtete Bewegung ist eine Drehung, deren Achse die Gleichungen (2.90) hat. Das Quadrat der Strecke, die irgendein Punkt durchlaufen hat, d. h. $\delta\xi^2 + \delta\eta^2 + \delta\zeta^2$, lässt sich leicht auf die Form

$$\left(\pi'^2 + \chi'^2 + \rho'^2\right)\left((\xi - \alpha)^2 + (\eta - \beta)^2 + (\zeta - \gamma)^2\right)$$
$$- \left(\pi'(\xi - \alpha) + \chi'(\eta - \beta) + \rho'(\zeta - \gamma)\right)^2$$

bringen. Wählen wir den Punkt (ξ, η, ζ) nun so, dass

$$(\xi - \alpha)^2 + (\eta - \beta)^2 + (\zeta - \gamma)^2 = 1 \quad \text{und} \quad \pi'(\xi - \alpha) + \chi'(\eta - \beta) + \rho'(\zeta - \gamma) = 0$$

gilt, d. h. so, dass die Linie, die ihn mit dem Punkt $\xi = \alpha, \eta = \beta, \zeta = \gamma$ verbindet, die Länge 1 hat und auf der (durch diesen Punkt gehenden) Drehachse senkrecht steht; die durchlaufene Strecke ergibt sich dann zu

$$= \sqrt{\pi'^2 + \chi'^2 + \rho'^2};$$

dieser Ausdruck gibt den Drehwinkel an.

Es bleibt noch, den *Sinn* der Drehung zu bestimmen. Zu diesem Zweck schreiben wir der Drehachse eine bestimmte Richtung zu, eine von den beiden entgegengesetzten, die wir nach den Gleichungen (2.90) zuweisen können; und zwar setzen wir die Cosinus der Winkel, die sie mit den Koordinatenachsen bildet, gleich

$$\frac{\pi'}{\sqrt{\pi'^2 + \chi'^2 + \rho'^2}}, \quad \frac{\chi'}{\sqrt{\pi'^2 + \chi'^2 + \rho'^2}}, \quad \frac{\rho'}{\sqrt{\pi'^2 + \chi'^2 + \rho'^2}}, \tag{2.91}$$

wobei die Wurzelgröße mit dem *positiven* Zeichen zu nehmen ist. Wir wollen zudem eine Drehung um eine bestimmte Achse als positiv oder negativ rechnen, je nachdem sie in dem einen oder entgegengesetzten Sinn geschieht, und festsetzen, dass das Vorzeichen der Drehung nicht in das entgegengesetzte überspringt, wenn die Drehachse dadurch eine andere wird, und dass π', χ', ρ' sich stetig ändern, ohne gleichzeitig zu verschwinden. Wir wollen dann die durch irgendwelche Werte von π', χ', ρ' bestimmte Drehung um die durch die Ausdrücke (2.91) bestimmte Achse als eine *positive* bezeichnen. Ist $\pi' = 0$ und $\chi' = 0$, dann findet eine positive Drehung um die der ζ-Achse gleichgerichtete oder entgegengesetzt gerichtete Achse statt, je nachdem $\rho'/(\rho'^2)^{\frac{1}{2}}$ positiv oder negativ, d. h. je nachdem ρ' positiv oder negativ ist. Eine positive Drehung um die ζ-Achse findet daher in *dem* Sinn statt, in dem eine Linie um einen rechten Winkel gedreht werden muss, damit sie aus einer Lage, in der sie der ξ-Achse parallel ist, in eine kommt, in der sie parallel der η-Achse ist[57].

Nach den angestellten Betrachtungen können wir sagen: Wir betrachten π', χ', ρ' als die Koordinaten eines Punktes im ξ, η, ζ-Koordinatensystem; dann gibt die Richtung der vom Anfangspunkt nach diesem Punkt gezogenen Linie die Richtung der Drehachse an, um die eine positive Drehung stattgefunden hat, und ihre Länge deren Größe. Wir beurteilen danach leicht, wie die Werte von π', χ', ρ', die einer bestimmten Drehung entsprechen, sich mit dem Koordinatensystem ändern; sie ändern sich so, wie die Komponenten einer Geschwindigkeit oder einer Kraft; wir nennen sie die *Komponenten der Drehung* nach den Koordinatenachsen.

Wir sehen ferner, dass jede unendlich kleine Verrückung des Körpers (die durch die Gleichungen (2.88) dargestellt ist) sich als aus einer Drehung um eine gewisse, durch den willkürlich gewählten Punkt $\xi = \alpha, \eta = \beta, \zeta = \gamma$ gehende Achse und einer Verschiebung, bei der alle Linien des Körpers sich selbst parallel bleiben, zusammengesetzt auffassen lässt.

---

[57] Um die Vorstellung von einer positiven Drehung um irgendeine Achse zu erleichtern, bemerken wir Folgendes: Gesetzt, das Koordinatensystem sei derart, dass, wenn eine menschliche Figur so gestellt ist, dass die von den Füßen zum Kopf gehende Linie der ζ-Achse parallel ist, und die Figur in der Richtung der η-Achse schaut, die ξ-Achse nach ihrer *Rechten* gewendet ist. Eine positive Drehung der Figur bringt dann ihre rechte Seite nach vorn; jede positive Drehung um irgendeine Achse bringt die rechte Seite der Figur nach vorn, wenn sie so gestellt ist, dass die Drehachse von den Füßen zum Kopfe geht.

Ganz ähnliche Betrachtungen, wie wir sie über die Gleichungen (2.88) angestellt haben, hätten wir an die Gleichungen (2.89) knüpfen können. Setzen wir

$$\delta\alpha - \gamma\chi' + \beta\rho' = \lambda'; \quad \delta\beta - \alpha\rho' + \gamma\pi' = \mu'; \quad \delta\gamma - \beta\pi' + \alpha\chi' = \nu', \tag{2.92}$$

so werden diese

$$\delta\xi = \lambda' + \zeta\chi' - \eta\rho'; \quad \delta\eta = \mu' + \xi\rho' - \zeta\pi'; \quad \delta\zeta = \nu' + \eta\pi' - \xi\chi'. \tag{2.93}$$

Daraus ist zu schließen, dass die gedachte Verrückung des Körpers als aus einer Drehung um eine durch den Anfangspunkt der ξ, η, ζ gehenden Achse, deren Komponenten π', χ', ρ' sind, und einer Verschiebung, deren Komponenten λ', μ', ν' sind, zusammengesetzt angesehen werden kann. Die Komponenten der Drehung sind dieselben, wie wenn die Drehachse durch den Punkt $\xi = \alpha, \eta = \beta, \zeta = \gamma$ gehend angenommen wird, die Komponenten der Verschiebung aber andere, wie die Gleichungen (2.92) zeigen.

Die Gleichungen (2.93) gelten für jedes Koordinatensystem; wählen wir dieses passend nach der zu betrachtenden Verrückung, dann lassen sie eine erhebliche Vereinfachung zu. Wir legen die ζ-Achse parallel zur Achse der Drehung, die sich als der eine Teil der Verrückung bei Benutzung irgendeines Koordinatensystems ergibt; dann wird $\pi' = 0, \chi' = 0$ und die Gleichungen (2.93) werden $\delta\xi = \lambda' - \eta\rho'; \delta\eta = \mu' + \xi\rho'; \delta\zeta = \nu$. Daraus entnehmen wir, dass es eine gerade Linie gibt, und zwar eine der ξ-Achse parallele, für deren Punkte $\delta\xi = 0$ und $\delta\eta = 0$ ist, die Linie nämlich, deren Gleichungen $\lambda' - \eta\rho' = 0, \mu' + \xi\rho = 0$ sind. In diese Linie verlegen wir die ζ-Achse; dann wird $\lambda' = 0$ und $\mu' = 0$, also: $\delta\xi = -\eta\rho'; \delta\eta = \xi\rho'; \delta\zeta = \nu'$.

Die durch diese Gleichungen dargestellte Bewegung heißt eine *Schraubenbewegung*, die ζ-Achse die *Achse* derselben; eine Schraubenbewegung ist zusammengesetzt aus einer Drehung um ihre Achse und einer Verschiebung in deren Richtung. Die allgemeinste unendlich kleine Bewegung eines Systems fest miteinander verbundener Punkte ist eine Schraubenbewegung.

Schraubenbewegung

Durch die Gleichungen (2.93) haben wir die Verrückungen aller Punkte des betrachteten Systems oder Körpers durch die sechs voneinander unabhängigen, unendlich kleinen Größen $\lambda', \mu', \nu', \pi', \chi', \rho'$ ausgedrückt, die sich auf das ξ, η, ζ-Koordinatensystem beziehen. In ihnen ist die Verrückung des Körpers als aus einer Drehung um eine durch den Punkt $\xi = 0, \eta = 0, \zeta = 0$ gehende Achse und einer Verschiebung zusammengesetzt dargestellt; λ', μ', ν' sind die Komponenten der Verschiebung, π', χ', ρ' die Komponenten der Drehung nach den ξ, η, ζ-Achsen. In ähnlicher Weise lassen sich die Verrückungen aller Punkte durch sechs andere voneinander unabhängige Größen ausdrücken, die sich auf das x, y, z-Koordinatensystem bei der Lage, die dieses vor der Verrückung des Körpers hat, beziehen. Wir nennen diese sechs Größen $u', v', w', p', q'r'$ und definieren sie durch die folgenden Gleichungen:

$$u' = \alpha_1\delta\alpha + \beta_1\delta\beta + \gamma_1\delta\gamma; \quad v' = \alpha_2\delta\alpha + \beta_2\delta\beta + \gamma_2\delta\gamma;$$
$$w' = \alpha_3\delta\alpha + \beta_3\delta\beta + \gamma_3\delta\gamma \tag{2.94}$$

und

$$p' = \alpha_3\delta\alpha_2 + \beta_3\delta\beta_2 + \gamma_3\delta\gamma_2; \quad q' = \alpha_1\delta\alpha_3 + \beta_1\delta\beta_3 + \gamma_1\delta\gamma_3;$$
$$r' = \alpha_2\delta\alpha_1 + \beta_2\delta\beta_1 + \gamma_2\delta\gamma_1. \tag{2.95}$$

Verbinden wir die drei letzten Gleichungen mit denen, die sich durch Variation der Gleichungen (2.79) ergeben, nämlich mit

$$\begin{aligned}
0 &= \alpha_1\delta\alpha_1 + \beta_1\delta\beta_1 + \gamma_1\delta\gamma_1; \quad 0 = \alpha_2\delta\alpha_2 + \beta_2\delta\beta_2 + \gamma_2\delta\gamma_2;\\
0 &= \alpha_3\delta\alpha_3 + \beta_3\delta\beta_3 + \gamma_3\delta\gamma_3\\
-p &= \alpha_2\delta\alpha_3 + \beta_2\delta\beta_3 + \gamma_2\delta\gamma_3; \quad -q = \alpha_3\delta\alpha_1 + \beta_3\delta\beta_1 + \gamma_3\delta\gamma_1;\\
-r &= \alpha_1\delta\alpha_2 + \beta_1\delta\beta_2 + \gamma_1\delta\gamma_2,
\end{aligned}$$

dann erhalten wir unter Berücksichtigung der Gleichungen (2.80)

$$\begin{aligned}
\delta\alpha_1 &= \alpha_2 r' - \alpha_3 q'; \quad \delta\alpha_2 = \alpha_3 p' - \alpha_1 r'; \quad \delta\alpha_3 = \alpha_1 q' - \alpha_2 p'\\
\delta\beta_1 &= \beta_2 r' - \beta_3 q'; \quad \delta\beta_2 = \beta_3 p' - \beta_1 r'; \quad \delta\beta_3 = \beta_1 q' - \beta_2 p'\\
\delta\gamma_1 &= \gamma_2 r' - \gamma_3 q'; \quad \delta\gamma_2 = \gamma_3 p' - \gamma_1 r'; \quad \delta\gamma_3 = \gamma_1 q' - \gamma_2 p'.
\end{aligned} \tag{2.96}$$

Bilden wir nun die Komponenten der Verrückung des Punktes (x, y, z) oder, was dasselbe ist, des Punktes (ξ, η, ζ) nach den x, y, z -Achsen, d. h. die Werte von

$$\alpha_1\delta\xi + \beta_1\delta\eta + \gamma_1\delta\zeta; \quad \alpha_2\delta\xi + \beta_2\delta\eta + \gamma_2\delta\zeta; \quad \alpha_3\delta\xi + \beta_3\delta\eta + \gamma_3\delta\zeta,$$

dann erhalten wir dafür aus den Gleichungen (2.85) mit Hilfe von (2.94) und (2.96)

$$u' + zq' - yr'; \quad v' + xr' - zp'; \quad w' + yp' - xq'. \tag{2.97}$$

Diese Ausdrücke haben dieselbe Form wie diejenigen, die wir in (2.93) für $\delta\xi, \delta\eta, \delta\zeta$ angegeben haben; aus ihnen geht hervor, dass die betrachtete Verrückung als aus einer Drehung um eine durch den Punkt $x = 0$, $y = 0$, $z = 0$ gehende Achse und einer Verschiebung, deren Komponenten nach den x-, y-, z-Achsen p', q', r' und u', v', w' sind, zusammengesetzt angesehen werden kann. Weil p', q', r' und π', χ', ρ' die Komponenten derselben Drehung nach den x-, y-, z-Achsen und den ξ-, η-, ζ-Achsen sind, muss nach dem oben Gesagten

$$p' = \alpha_1\pi' + \beta_1\chi' + \gamma_1\rho'; \quad q' = \alpha_2\pi' + \beta_2\chi' + \gamma_2\rho'; \quad r' = \alpha_3\pi' + \beta_3\chi' + \gamma_3\rho' \tag{2.98}$$

sein; es ergeben sich diese Gleichungen aus (2.95) und (2.87) unter Berücksichtigung von (2.82) und (2.83).

Verwickelter sind die Gleichungen, die u', v', w' durch $\lambda', \mu', \nu', \pi', \chi', \rho'$ ausdrücken; sie ergeben sich aus (2.94) und (2.92):

$$\begin{aligned}
u' &= \alpha_1\lambda' + \beta_1\mu' + \gamma_1\nu' + (\gamma_1\beta - \beta_1\gamma)\pi' + (\alpha_1\gamma - \gamma_1\alpha)\chi' + (\beta_1\alpha - \alpha_1\beta)\rho',\\
v' &= \alpha_2\lambda' + \beta_2\mu' + \gamma_2\nu' + (\gamma_2\beta - \beta_2\gamma)\pi' + (\alpha_2\gamma - \gamma_2\alpha)\chi' + (\beta_2\alpha - \alpha_2\beta)\rho',\\
w' &= \alpha_3\lambda' + \beta_3\mu' + \gamma_3\nu' + (\gamma_3\beta - \beta_3\gamma)\pi' + (\alpha_3\gamma - \gamma_3\alpha)\chi' + (\beta_3\alpha - \alpha_3\beta)\rho'. \quad (2.99)
\end{aligned}$$

Abhängigkeit der Drehmomente von den Achsen

Nach den Definitionen, die wir von der Arbeit und von der Zusammensetzung unendlich kleiner Verrückungen gegeben haben, ist die Arbeit von Kräften, die auf ein System materieller Punkte wirken, für irgendeine unendlich kleine Verrückung des Systems, die als aus mehreren zusammengesetzt betrachtet werden kann, gleich der Summe der Arbeiten derselben Kräfte für *diese* Einzelverrückungen. Nun sei die Verrückung eine solche, bei der die relative Lage der Punkte ungeändert bleibt; die Arbeit für dieselbe kann dann gesetzt werden

$$= Xu' + Yv' + Zw' + M_x p' + M_y q' + M_z r' \quad (2.100)$$

oder auch

$$= \Xi\lambda' + H\mu' + Z\nu' + M_\xi\pi' + M_\eta\chi' + M_\zeta\rho', \quad (2.101)$$

wobei X, Y, Z, Ξ, H, Z die Summen der Komponenten der Kräfte nach den x-, y-, z-Achsen und ξ, η, ζ; $M_x, M_y, M_z, M_\xi, M_\eta, M_\zeta$ die Drehmomente der Kräfte in Bezug auf die x-, y-, z- und ξ-, η-, ζ-Achsen bedeuten; das folgt aus den Bemerkungen, die wir im vorigen Abschnitt über die Summen der Komponenten und die Drehmomente eines Kräftesystems gemacht haben. Die beiden für die Arbeit aufgestellten Ausdrücke müssen einander gleich sein, sobald die Gleichungen (2.96) und (2.99) bestehen. Wenn wir aus diesen die Werte von u', v', w', p', q', r' substituieren und die Koeffizienten von $\lambda', \mu', \nu', \pi', \chi', \rho'$ einander gleichsetzen, dann erhalten wir

$$\begin{aligned}
\Xi &= \alpha_1 X + \alpha_2 Y + \alpha_3 Z\\
H &= \beta_1 X + \beta_2 Y + \beta_3 Z\\
Z &= \gamma_1 X + \gamma_2 Y + \gamma_3 Z\\
M_\xi &= (\gamma_1\beta - \beta_1\gamma)X + (\gamma_2\beta - \beta_2\gamma)Y + (\gamma_3\beta - \beta_3\gamma)Z + \alpha_1 M_x + \alpha_2 M_y + \alpha_3 M_z\\
M_\eta &= (\alpha_1\gamma - \gamma_1\alpha)X + (\alpha_2\gamma - \gamma_2\alpha)Y + (\alpha_3\gamma - \gamma_3\alpha)Z + \beta_1 M_x + \beta_2 M_y + \beta_3 M_z\\
M_\zeta &= (\beta_1\alpha - \alpha_1\beta)X + (\beta_2\alpha - \alpha_2\beta)Y + (\beta_3\alpha - \alpha_3\beta)Z + \gamma_1 M_x + \gamma_2 M_y + \gamma_3 M_z.
\end{aligned}$$

Diese Gleichungen zeigen, wie sich die Summen der Komponenten und die Drehmomente eines Kräftesystems ändern, wenn wir von einem rechtwinkligen Koordinatensystem zu einem anderen übergehen. Die drei letzten von ihnen vereinfachen sich wesentlich, wenn die beiden Koordinatensysteme denselben Anfangspunkt haben, d. h. $\alpha = 0, \beta = 0, \gamma = 0$ ist; sie werden dann

$$M_\xi = \alpha_1 M_x + \alpha_2 M_y + \alpha_3 M_z; \quad M_\eta = \beta_1 M_x + \beta_2 M_y + \beta_3 M_z;$$
$$M_\zeta = \gamma_1 M_x + \gamma_2 M_y + \gamma_3 M_z$$

oder auch

$$M_x = \alpha_1 M_\xi + \beta_1 M_\eta + \gamma_1 M_\zeta; \quad M_y = \alpha_2 M_\xi + \beta_2 M_\eta + \gamma_2 M_\zeta;$$
$$M_z = \alpha_3 M_\xi + \beta_3 M_\eta + \gamma_3 M_\zeta$$

und zeigen, dass, wenn M_x, M_y, M_z als die rechtwinkligen Koordinaten im x, y, z-System eines Punktes angesehen werden, die Lage dieses Punktes von den Richtungen der Koordinatenachsen unabhängig ist. Das Drehmoment in Bezug auf *die* Achse, die durch diesen Punkt und den Anfangspunkt der Koordinaten geht, heißt das *Hauptdrehmoment.*

Ist statt des Kräftesystems eine einzige Kraft vorhanden, deren Komponenten X, Y, Z sind, und deren Angriffspunkt die Koordinaten x, y, z hat, dann ist nach der im Ausdruck (2.75) gegebenen Definition der Drehmomente $M_x = yZ - zY, M_y = zX - xZ, M_z = xY - yX$.

Die Achse des Hauptdrehmoments ist dann senkrecht auf der Richtung der Kraft und senkrecht auf der Linie, die vom Anfangspunkt nach dem Punkt (x, y, z) gezogen wird; denn es ist $XM_x + YM_y + ZM_z = 0$ und $xM_x + yM_y + zM_z = 0$.

Das Hauptdrehmoment ist $= (M_x^2 + M_y^2 + M_z^2)^{\frac{1}{2}}$ oder $= ((x^2 + y^2 + z^2)(X^2 + Y^2 + Z^2) - (xX + yY + zZ)^2)^{\frac{1}{2}}$, d. h. gleich dem absoluten Wert des Produkts aus dem Abstand des Punktes (x, y, z) vom Anfangspunkt, der Größe der Kraft und dem Sinus des Winkels, den die Richtung der Kraft mit der Linie bildet, die den Anfangspunkt mit dem Punkt (x, y, z) verbindet.

Bewegung eines starren Körpers

Bewegungsenergie (Kinetische Energie) eines bewegten starren Körpers

Wenn sich ein System fest verbundener materieller Punkte bewegt, dann ist die Verrückung, die dasselbe in einem Zeitelement $\mathrm{d}t$ erfährt, von der Art, wie wir sie in den vorigen Abschnitten erörtert haben. Wir können daher in allen dort abgeleiteten Formeln für das Zeichen δ das Zeichen d setzen, das die Veränderung anzeigen soll, die die durch den darauffolgenden Buchstaben bezeichnete Größe im Zeitelement $\mathrm{d}t$ erfährt. Sämtliche mit gestrichenen Buchstaben bezeichneten, unendlich kleinen Größen müssen dann mit $\mathrm{d}t$ proportional sein; wir setzen eine jede von ihnen gleich $\mathrm{d}t$, multipliziert mit einer Größe, die wir mit demselben, ungestrichenen Buchstaben bezeichnen. Ein Buchstabe, der mit einem Strich versehen eine Komponente einer Verschiebung oder Drehung bedeutet, bedeutet dann ohne Strich die entsprechende Komponente einer Geschwindigkeit oder einer Rotationsgeschwindigkeit zum Zeitpunkt t.

Den Ausdrücken (2.97) zufolge sind dann

$$u + zq - yr; \quad v + xr - zp; \quad w + yp - xq \tag{2.102}$$

die Komponenten der Geschwindigkeit eines der Punkte nach den Achsen der x, y, z bei *der* Lage, die diese zum Zeitpunkt t haben; die Bewegung kann angesehen werden als zusammengesetzt aus einer Drehung um eine durch den Punkt $x = 0, y = 0, z = 0$ gehende Achse und einer Verschiebung; p, q, r sind die Komponenten der Rotationsgeschwindigkeit, u, v, w die Komponenten der Geschwindigkeit der Verschiebung nach den x-, y-, z-Achsen.

Aus den Ausdrücken (2.102) finden wir durch Quadrieren und Addieren das Quadrat der Geschwindigkeit des Punktes (x, y, z); wir nennen m die Masse dieses und T die Bewegungsenergie des Systems. Demzufolge ist

$$2T = \sum m\big((u + zq - yr)^2 + (v + xr - zp)^2 + (w + yp - xq)^2\big),$$

wobei die Summe in Bezug auf alle materiellen Punkte des Systems zu nehmen ist. Entwickelt ergibt diese Gleichung

$$\begin{aligned} 2T &= (u^2 + v^2 + w^2) \sum m + 2(vr - wq) \sum mx + 2(wp - ur) \sum my \\ &\quad + 2(uq - vp) \sum mz + p^2 \sum m(y^2 + z^2) + q^2 \sum m(z^2 + x^2) \\ &\quad + r^2 \sum m(x^2 + y^2) - 2qr \sum myz - 2rp \sum mzx - 2pq \sum mxy; \end{aligned} \tag{2.103}$$

sie zeigt, dass T eine homogene Funktion zweiten Grades der sechs Argumente u, v, w, p, q, r ist, deren Koeffizienten von den Massen der Punkte, ihrer relativen Lage und der Lage der Achsen der x, y, z abhängen. Die allgemeinste homogene Funktion zweiten Grades von sechs Argumenten enthält 21 voneinander unabhängige Koeffizienten; T enthält deren nur zehn, und diese Zahl kann durch passende Wahl des Achsensystems auf vier herabgesetzt werden.

Um diese Behauptung zu beweisen, betrachten wir zunächst eine Bewegung, bei der $u = 0, v = 0, w = 0$ ist, bei der also der Körper – um unser System wieder so zu nennen – sich um den Punkt $x = 0, y = 0, z = 0$ dreht. Dann ist $2T = p^2 \sum m(y^2 + z^2) + q^2 \sum m(z^2 + x^2) + r^2 \sum m(x^2 + y^2) - 2qr \sum myz - 2rp \sum mzx - 2pq \sum mxy$ und der Körper dreht sich um die Achse, die mit der Linie zusammenfällt, die vom Punkt $x = 0, y = 0, z = 0$ nach dem Punkt $x = p, y = q, z = r$ gezogen werden kann, mit einer Rotationsgeschwindigkeit, die der Länge dieser Linie gleich ist. Setzen wir fest, dass $T = \frac{1}{2}$ sei, dann liegt der Punkt (p, q, r) auf der Fläche

$$\begin{aligned} 1 &= p^2 \sum m(y^2 + z^2) + q^2 \sum m(z^2 + x^2) + r^2 \sum m(x^2 + y^2) \\ &\quad - 2qr \sum myz - 2rp \sum mzx - 2pq \sum mxy, \end{aligned} \tag{2.104}$$

also auf einer Fläche zweiten Grades, deren Mittelpunkt der Anfangspunkt der x, y, z ist. Jeder von diesem Punkt ausgehende Radiusvektor der Fläche ist der Rotationsgeschwindigkeit gleich, die der Körper haben muss, wenn er um ihn drehen und die Bewegungsenergie $\frac{1}{2}$ besitzen soll. Aus dieser Bedeutung der Fläche folgt, dass sie von den Richtungen der x-, y-, z-Achsen unabhängig ist; legen wir diese in die Hauptachsen der Fläche, so müssen die mit qr, rp, pq behafteten Glieder verschwinden, es muss dann also $\sum myz = 0, \sum mzx = 0, \sum mxy = 0$ und $1 = p^2 \sum m(y^2 + z^2) + q^2 \sum m(z^2 + x^2) + r^2 \sum m(x^2 + y^2)$ die Gleichung der Fläche sein. Aus dem Umstand, dass die Koeffizienten von p^2, q^2, r^2 in dieser Gleichung positiv sind, ist zu schließen, dass die Fläche ein Ellipsoid ist. Die Hauptachsen desselben heißen wir die Hauptachsen des Körpers für den Anfangspunkt der x, y, z.

Bei beliebigen Richtungen heißen wir $\sum m(x^2 + y^2)$ das *Trägheitsmoment* des Körpers in Bezug auf die z-Achse. Es ist gleich dem reziproken Quadrat *des* Radiusvektors des Ellipsoids (2.104), der mit der z-Achse zusammenfällt; denn setzen wir $p = 0$ und $q = 0$, so wird r gleich der Länge dieses Radiusvektors und die Gl. (2.104) gibt $\sum m(x^2 + y^2) = 1/r^2$.

Die Trägheitsmomente in Bezug auf die Hauptachsen des Ellipsoids (2.104) heißen wir die *Hauptträgheitsmomente* des Körpers für den Anfangspunkt der x, y, z; sie sind die reziproken Quadrate seiner Halbachsen.

Das Trägheitsmoment eines Körpers in Bezug auf eine Achse von gegebener Richtung ändert sich, wenn diese Achse zu sich selbst parallel verschoben wird. Welches diese Änderung ist, sieht man leicht ein, wenn man neben dem x, y, z-Koordinatensystem ein Zweites, das x_1, y_1, z_1-Koordinatensystem einführt. Beziehen sich die Zeichen x, y, z und x_1, y_1, z_1 auf denselben Punkt, so soll $x_1 = a + x, y_1 = b + y, z_1 = c + z$ sein, wobei a, b, c Konstanten sind; dann ist $\sum m(x_1^2 + y_1^2) = \sum m(x^2 + y^2) + (a^2 + b^2) \sum m + 2a \sum mx + 2b \sum my$.

Die hier auftretenden Summen $\sum mx$ und $\sum my$ sind die mit der Masse des Körpers multiplizierten x- und y-Ordinaten seines Schwerpunkts; legen wir den Anfangspunkt der x, y, z in den Schwerpunkt, dann verschwinden sie und wir erhalten

$$\sum m(x_1^2 + y_1^2) = \sum m(x^2 + y^2) + (a^2 + b^2) \sum m.$$

Weil die z-Achse jede beliebige Richtung haben kann, drückt diese Gleichung den Satz aus, dass das Trägheitsmoment eines Körpers in Bezug auf eine beliebige Achse gleich ist dem Trägheitsmoment desselben in Bezug auf eine Achse, die der gegebenen parallel durch den Schwerpunkt gelegt ist, vermehrt um das Produkt aus der Masse des Körpers und dem Quadrat der Entfernung des Schwerpunkts von der gegebenen Achse.

Nach den gemachten Feststellungen erkennen wir leicht die Lage, in die wir das x, y, z-Koordinatensystem bringen müssen, um den in der Gl. (2.103) für die Bewegungsenergie T gegebenen Ausdruck auf die einfachste Form zu bringen. Zu diesem Zweck haben wir als Anfangspunkt der x, y, z den Schwerpunkt des Körpers zu wählen und als Achsen der

x, y, z die Hauptachsen für den Schwerpunkt. Die Gl. (2.103) wird dann

$$2T = (u^2+v^2+w^2)\sum m + p^2\sum m(y^2+z^2) + q^2\sum m(z^2+x^2) + r^2\sum m(x^2+y^2).$$

Differenzialgleichungen der Bewegung eines starren Körpers für den Fall, dass dieser frei ist

Wir wollen nun die Differenzialgleichungen der Bewegung eines freien, starren Körpers aus dem Hamiltonschen Prinzip, also der Gl. (2.60) ableiten. Nach den an der angeführten Stelle gemachten Betrachtungen haben wir zu diesem Zweck die Variation der Bewegungsenergie δT und die Arbeit der wirkenden Kräfte U' für irgendeine Variation der Lage des Körpers zu bilden und die Summe $\delta T + U'$ auf die Form $\sum(R\varepsilon + S\,\mathrm{d}\,\varepsilon/\mathrm{d}\,t)$ zu bringen, wobei die Größen ε unendlich kleine, voneinander unabhängige Größen sind, die die Variation der Lage des Körpers bedingen. Die Differenzialgleichungen der Bewegung sind dann die Gleichungen

$$\frac{\mathrm{d}\,S}{\mathrm{d}\,t} = R. \tag{2.105}$$

Wir nehmen die Bezeichnungen aus Abschnitt *Drehmoment* wieder auf; für die Größen ε können wir dann entweder u', v', w', p', q', r' oder $\lambda', \mu', \nu', \pi', \chi', \rho'$ wählen; wir erhalten die gesuchten Differenzialgleichungen dadurch in zwei Formen, von denen eine jede charakteristische Vorzüge besitzt. Die Arbeit U' wird im ersten Fall durch den Ausdruck (2.100), im zweiten Fall durch den Ausdruck (2.101) unmittelbar in der verlangten Form angegeben. Einen gewissen Aufwand aber erfordert die Bildung des Ausdrucks für δT.

Weil wir bewiesen haben, dass T ausschließlich eine Funktion von u, v, w, p, q, r und Konstanten ist, erhalten wir

$$\delta T = \frac{\partial T}{\partial u}\delta u + \frac{\partial T}{\partial v}\delta v + \frac{\partial T}{\partial w}\delta w + \frac{\partial T}{\partial p}\delta p + \frac{\partial T}{\partial q}\delta q + \frac{\partial T}{\partial r}\delta r; \tag{2.106}$$

wir versuchen die sechs Variationen $\delta u, \delta v, \delta w, \delta p, \delta q, \delta r$ zunächst durch u', v', w', p', q', r' auszudrücken. Dazu benutzen wir, dass die Variation des Differenzialquotienten einer Funktion gleich dem Differenzialquotienten der Funktion ist.

Nach den Gleichungen (2.94) ist $\delta\alpha = \alpha_1 u' + \alpha_2 v' + \alpha_3 w'$ und nach der Bemerkung, die den Ausgangspunkt dieses Abschnitts bildete, daher auch $\mathrm{d}\,\alpha/\mathrm{d}\,t = \alpha_1 u + \alpha_2 v + \alpha_3 w$.

Bilden wir nun die Gleichung $\mathrm{d}\,\delta\alpha/\mathrm{d}\,t = \delta\mathrm{d}\,\alpha/\mathrm{d}\,t$ und benutzen, dass nach Gl. (2.96)

$$\delta\alpha_1 = \alpha_2 r' - \alpha_3 q', \quad \delta\alpha_2 = \alpha_3 p' - \alpha_1 r', \quad \delta\alpha_3 = \alpha_1 q' - \alpha_2 p', \tag{2.107}$$

also auch

$$\frac{\mathrm{d}\,\alpha_1}{\mathrm{d}\,t} = \alpha_2 r - \alpha_3 q, \quad \frac{\mathrm{d}\,\alpha_2}{\mathrm{d}\,t} = \alpha_3 p - \alpha_1 r, \quad \frac{\mathrm{d}\,\alpha_3}{\mathrm{d}\,t} = \alpha_1 p - \alpha_2 p \tag{2.108}$$

ist, dann ergibt sich

$$\begin{aligned}0 = \alpha_1\left(\frac{\mathrm{d}u'}{\mathrm{d}t} - \delta u + vr' - v'r + w'q - wq'\right)\\ + \alpha_2\left(\frac{\mathrm{d}v'}{\mathrm{d}t} - \delta v + wp' - w'p + u'r - ur'\right)\\ + \alpha_3\left(\frac{\mathrm{d}w'}{\mathrm{d}t} - \delta w + uq' - u'q + v'p - vp'\right).\end{aligned}$$

Die Rechnung, die uns zu diesem Resultat geführt hat, gilt auch, wenn wir, ohne sonst etwas zu ändern, den Buchstaben α durch den Buchstaben β oder γ ersetzen. Also bleibt auch die gefundene Gleichung bei einer solchen Veränderung richtig. Deshalb folgt unter Berücksichtigung der Gleichungen (2.79):

$$\begin{aligned}\delta u = \frac{\mathrm{d}u'}{\mathrm{d}t} + vr' - v'r + w'q - wq'; \quad \delta v = \frac{\mathrm{d}v'}{\mathrm{d}t} + wp' - w'p + u'r - ur';\\ \delta w = \frac{\mathrm{d}\,'}{w}\mathrm{d}t + uq' - u'q + v'p - vp'.\end{aligned} \tag{2.109}$$

Um $\delta p, \delta q, \delta r$ zu finden, entwickeln wir die Gleichung $\mathrm{d}\,\delta\alpha_1/\mathrm{d}t = \delta\mathrm{d}\,\alpha_1/\mathrm{d}t$, indem wir die Gleichungen (2.107) und (2.108) benutzen; dadurch ergibt sich $0 = \alpha_2(\mathrm{d}\,r'/\mathrm{d}t - \delta r + pq' - p'q) - \alpha_3(\mathrm{d}q'/\mathrm{d}t - \delta q + rp' - r'p)$.

Diese Gleichung bleibt richtig, wenn anstelle des Buchstabens α der Buchstabe β oder γ gesetzt wird, und auch, wenn wir die Indizes $1, 2, 3$ und zugleich die Buchstaben p, q, r zyklisch vertauschen. Daher folgt aus ihr mit Hilfe der Gleichungen (2.79):

$$\delta p = \frac{\mathrm{d}p'}{\mathrm{d}t} + qr' - q'r; \quad \delta q = \frac{\mathrm{d}q'}{\mathrm{d}t} + rp' - r'p; \quad \delta r = \frac{\mathrm{d}r'}{\mathrm{d}t} + pq' - p'q. \tag{2.110}$$

Wir drücken nun $\delta u, \delta v, \delta w, \delta p, \delta q, \delta r$ durch $\lambda', \mu', \nu', \pi', \chi', \rho'$ aus; zu diesem Zweck benutzen wir die Gleichungen $\delta\alpha/\mathrm{d}t = \alpha_1 u + \alpha_2 v + \alpha_3 w, \delta\alpha = \lambda' + \gamma\chi' - \beta\rho'$, von denen sich die zweite unter den Gleichungen (2.92) befindet. Nach den Gleichungen (2.87) ist $\delta\alpha_1 = \gamma_1\chi' - \beta_1\rho', \delta\alpha_2 = \gamma_2\chi' - \beta_2\rho', \delta\alpha_3 = \gamma_3\chi' - \beta_3\rho'$, und außerdem ist $\mathrm{d}\,\beta/\mathrm{d}t = \beta_1 u + \beta_2 v + \beta_3 w, \mathrm{d}\gamma/\mathrm{d}t = \gamma_1 u + \gamma_2 v + \gamma_3 w$. Demnach wird die Gleichung $\delta\mathrm{d}\,\alpha/\mathrm{d}t = \mathrm{d}\,\delta\alpha/\mathrm{d}t : \alpha_1\delta u + \alpha_2\delta v + \alpha_3\delta w = \mathrm{d}\,\lambda'/\mathrm{d}t + \gamma\mathrm{d}\,\chi'/\mathrm{d}t - \beta\mathrm{d}\,\rho'/\mathrm{d}t$.

Nun dürfen wir die Buchstaben $\alpha, \beta, \gamma; \lambda, \mu, \nu; \pi, \chi, \rho$ gleichzeitig zyklisch vertauschen; daher ist auch

$$\begin{aligned}\beta_1\delta u + \beta_2\delta v + \beta_3\delta w = \frac{\mathrm{d}\,\mu'}{\mathrm{d}t} + \alpha\frac{\mathrm{d}\,\rho'}{\mathrm{d}t} - \gamma\frac{\mathrm{d}\,\pi'}{\mathrm{d}t};\\ \gamma_1\delta u + \gamma_2\delta v + \gamma_3\delta w = \frac{\mathrm{d}\,\nu'}{\mathrm{d}t} + \beta\frac{\mathrm{d}\,\pi'}{\mathrm{d}t} + \alpha\frac{\mathrm{d}\,\chi'}{\mathrm{d}t},\end{aligned}$$

woraus unter Berücksichtigung der Gleichungen (2.104) folgt:

$$\begin{aligned}
\delta u &= \alpha_1 \frac{\mathrm{d}\lambda'}{\mathrm{d}t} + \beta_1 \frac{\mathrm{d}\mu'}{\mathrm{d}t} + \gamma_1 \frac{\mathrm{d}\nu}{\mathrm{d}t} + (\gamma_1\beta - \beta_1\gamma)\frac{\mathrm{d}\pi'}{\mathrm{d}t} + (\alpha_1\gamma - \gamma_1\alpha)\frac{\mathrm{d}\chi'}{\mathrm{d}t} \\
&\quad + (\beta_1\alpha - \alpha_1\beta)\frac{\mathrm{d}\rho'}{\mathrm{d}t}, \\
\delta v &= \alpha_2 \frac{\mathrm{d}\lambda'}{\mathrm{d}t} + \beta_2 \frac{\mathrm{d}\mu'}{\mathrm{d}t} + \gamma_2 \frac{\mathrm{d}\nu}{\mathrm{d}t} + (\gamma_2\beta - \beta_2\gamma)\frac{\mathrm{d}\pi'}{\mathrm{d}t} + (\alpha_2\gamma - \gamma_2\alpha)\frac{\mathrm{d}\chi'}{\mathrm{d}t} \\
&\quad + (\beta_2\alpha - \alpha_2\beta)\frac{\mathrm{d}\rho'}{\mathrm{d}t}, \\
\delta w &= \alpha_3 \frac{\mathrm{d}\lambda'}{\mathrm{d}t} + \beta_3 \frac{\mathrm{d}\mu'}{\mathrm{d}t} + \gamma_3 \frac{\mathrm{d}\nu}{\mathrm{d}t} + (\gamma_3\beta - \beta_3\gamma)\frac{\mathrm{d}\pi'}{\mathrm{d}t} + (\alpha_3\gamma - \gamma_3\alpha)\frac{\mathrm{d}\chi'}{\mathrm{d}t} \\
&\quad + (\beta_3\alpha - \alpha_3\beta)\frac{\mathrm{d}\rho'}{\mathrm{d}t}.
\end{aligned} \tag{2.111}$$

Um $\delta p, \delta q, \delta r$ zu bestimmen, entwickeln wir die Gleichung $\delta \mathrm{d}\alpha_1/\mathrm{d}t = \mathrm{d}\,\delta\alpha_1/\mathrm{d}t$, indem wir setzen

$$\frac{\mathrm{d}\alpha_1}{\mathrm{d}t} = \alpha_2 r - \alpha_3 q, \quad \delta a_1 = \gamma_1\chi' - \beta_1\rho'$$

und benutzen, dass $\delta\alpha_2 = \gamma_2\chi' - \beta_2\rho'$, $\mathrm{d}\beta_1/\mathrm{d}t = \beta_2 r - \beta_3 q$; $\delta\alpha_3 = \gamma_3\chi' - \beta_3\rho'$, $\mathrm{d}\gamma_1/\mathrm{d}t = \gamma_2 r - \gamma_3 q$ ist; es ergibt sich $\alpha_2\delta r - \alpha_3\delta q = \gamma_1 d\chi'/\mathrm{d}t - \beta_1 d\rho'/\mathrm{d}t$.

Daraus ergibt sich durch zyklische Vertauschung der Buchstaben α, β, γ und π, χ, ρ:

$$\beta_2\delta r - \beta_3\delta q = \alpha_1 \frac{\mathrm{d}\rho'}{\mathrm{d}t} - \gamma_1 \frac{\mathrm{d}\pi'}{\mathrm{d}t}, \quad \gamma_2\delta r - \gamma_3\delta q = \beta_1 \frac{\mathrm{d}\pi'}{\mathrm{d}t} - \alpha_1 \frac{\mathrm{d}\chi'}{\mathrm{d}t}.$$

Diese drei Gleichungen geben unter Berücksichtigung der Gleichungen (2.82) und (2.83):

$$\begin{aligned}
\delta q &= \alpha_2 \frac{\mathrm{d}\pi'}{\mathrm{d}t} + \beta_2 \frac{\mathrm{d}\chi'}{\mathrm{d}t} + \gamma_2 \frac{\mathrm{d}\rho'}{\mathrm{d}t}, \\
\delta r &= \alpha_3 \frac{\mathrm{d}\pi'}{\mathrm{d}t} + \beta_3 \frac{\mathrm{d}\chi'}{\mathrm{d}t} + \gamma_3 \frac{\mathrm{d}\rho'}{\mathrm{d}t},
\end{aligned} \tag{2.112a}$$

woraus durch Vertauschung der Indizes 1, 2, 3 und der Buchstaben p, q, r auch folgt:

$$\delta p = \alpha_1 \frac{\mathrm{d}\pi'}{\mathrm{d}t} + \beta_1 \frac{\mathrm{d}\chi'}{\mathrm{d}t} + \gamma_1 \frac{\mathrm{d}\rho'}{\mathrm{d}t}. \tag{2.112b}$$

Nun setzen wir zunächst die in (2.109) und (2.110) für $\delta u, \delta v, \delta w, \delta p, \delta q, \delta r$ gegebenen Ausdrücke in die Gl. (2.106) für δT, setzen für U' den Ausdruck (2.100) des vorigen Abschnitts und bilden die Gl. (2.105), indem wir für ε der Reihe nach u', v', w', p', q', r'

wählen. Dann erhalten wir

$$\begin{aligned}\frac{\mathrm{d}}{\mathrm{d}t}\frac{\partial T}{\partial u}&=r\frac{\partial T}{\partial v}-q\frac{\partial T}{\partial w}+X;\\ \frac{\mathrm{d}}{\mathrm{d}t}\frac{\partial T}{\partial v}&=p\frac{\partial T}{\partial w}-r\frac{\partial T}{\partial u}+Y;\\ \frac{\mathrm{d}}{\mathrm{d}t}\frac{\partial T}{\partial w}&=q\frac{\partial T}{\partial u}-p\frac{\partial T}{\partial v}+Z\end{aligned}\tag{2.113}$$

und

$$\begin{aligned}\frac{\mathrm{d}}{\mathrm{d}t}\frac{\partial T}{\partial p}&=w\frac{\partial T}{\partial v}-v\frac{\partial T}{\partial w}+r\frac{\partial T}{\partial q}-q\frac{\partial T}{\partial r}+M_x;\\ \frac{\mathrm{d}}{\mathrm{d}t}\frac{\partial T}{\partial q}&=u\frac{\partial T}{\partial w}-w\frac{\partial T}{\partial u}+p\frac{\partial T}{\partial r}-r\frac{\partial T}{\partial p}+M_y;\\ \frac{\mathrm{d}}{\mathrm{d}t}\frac{\partial T}{\partial r}&=v\frac{\partial T}{\partial u}-u\frac{\partial T}{\partial v}+q\frac{\partial T}{\partial p}-p\frac{\partial T}{\partial q}+M_z.\end{aligned}\tag{2.114}$$

Wenden wir aber die in (2.111) und (2.112) gegebenen Ausdrücke von $\delta u, \delta v, \delta w, \delta p, \delta q, \delta r$ an, für U' den Ausdruck (2.100) und bilden die Gl. (2.105), indem wir für ε der Reihe nach $\lambda', \mu', \nu', \pi', \chi', \rho'$ setzen, dann erhalten wir

$$\begin{aligned}\Xi&=\frac{\mathrm{d}}{\mathrm{d}t}\left(\alpha_1\frac{\partial T}{\partial u}+\alpha_2\frac{\partial T}{\partial v}+\alpha_3\frac{\partial T}{\partial w}\right);\\ H&=\frac{\mathrm{d}}{\mathrm{d}t}\left(\alpha_1\frac{\partial T}{\partial u}+\alpha_2\frac{\partial T}{\partial v}+\alpha_3\frac{\partial T}{\partial w}\right);\\ Z&=\frac{\mathrm{d}}{\mathrm{d}t}\left(\alpha_1\frac{\partial T}{\partial u}+\alpha_2\frac{\partial T}{\partial v}+\alpha_3\frac{\partial T}{\partial w}\right)\end{aligned}\tag{2.115}$$

und

$$\begin{aligned}M_\xi=\frac{\mathrm{d}}{\mathrm{d}t}\Bigg(&(\gamma_1\beta-\beta_1\gamma)\frac{\partial T}{\partial u}+(\gamma_2\beta-\beta_2\gamma)\frac{\partial T}{\partial v}+(\gamma_3\beta-\beta_3\gamma)\frac{\partial T}{\partial w}\\ &+\alpha_1\frac{\partial T}{\partial p}+\alpha_2\frac{\partial T}{\partial q}+\alpha_3\frac{\partial T}{\partial r}\Bigg),\\ M_\eta=\frac{\mathrm{d}}{\mathrm{d}t}\Bigg(&(\alpha_1\gamma-\gamma_1\alpha)\frac{\partial T}{\partial u}+(\alpha_2\gamma-\gamma_2\alpha)\frac{\partial T}{\partial v}+(\alpha_3\gamma-\gamma_3\alpha)\frac{\partial T}{\partial w}\\ &+\beta_1\frac{\partial T}{\partial p}+\beta_2\frac{\partial T}{\partial q}+\beta_3\frac{\partial T}{\partial r}\Bigg),\\ M_\zeta=\frac{\mathrm{d}}{\mathrm{d}t}\Bigg(&(\beta_1\alpha-\alpha_1\beta)\frac{\partial T}{\partial u}+(\beta_2\alpha-\alpha_2\beta)\frac{\partial T}{\partial v}+(\beta_3\alpha-\alpha_3\beta)\frac{\partial T}{\partial w}\\ &+\gamma_1\frac{\partial T}{\partial p}+\gamma_2\frac{\partial T}{\partial q}+\gamma_3\frac{\partial T}{\partial r}\Bigg).\end{aligned}\tag{2.116}$$

Wirken keine Kräfte, dann haben die Gleichungen (2.113) und (2.114) die Eigenschaft, keine anderen unbekannten Funktionen zu enthalten als $u, v, w,\ p, q, r$; die Gleichungen (2.115) und (2.116) die Eigenschaft, dass eine jede von ihnen unmittelbar integrierbar ist. Die Gleichungen (2.115) drücken die Sätze von der Bewegung des Schwerpunkts, die Gleichungen (2.116) die Flächensätze für den betrachteten Fall aus.

Differenzialgleichungen der Bewegung eines starren Körpers, für den Fall, dass ein Punkt desselben fest ist

Die entwickelten Formeln setzen voraus, dass der Körper *frei* ist; jetzt nehmen wir an, dass ein Punkt desselben fest sei, und wählen diesen zum Anfangspunkt sowohl der x, y, z als der ξ, η, ζ. Es ist dann $u = 0, v = 0, w = 0$, aber es verschwinden auch u', v', w' und λ', μ', ν'. Daher fallen die Gleichungen (2.113) und (2.115) fort, die wir aus dem Hamiltonschen Prinzip erhalten hatten, indem wir die Koeffizienten dieser Größen $= 0$ setzten. Die Gleichungen (2.114) werden

$$\begin{aligned}
\frac{\mathrm{d}}{\mathrm{d}t}\frac{\partial T}{\partial p} &= r\frac{\partial T}{\partial q} - q\frac{\partial T}{\partial r} + M_x;\\
\frac{\mathrm{d}}{\mathrm{d}t}\frac{\partial T}{\partial q} &= p\frac{\partial T}{\partial r} - r\frac{\partial T}{\partial p} + M_y;\\
\frac{\mathrm{d}}{\mathrm{d}t}\frac{\partial T}{\partial r} &= q\frac{\partial T}{\partial p} - p\frac{\partial T}{\partial q} + M_z
\end{aligned} \tag{2.117}$$

und die Gleichungen (2.116) mit den gemachten Festsetzungen $\alpha = 0, \beta = 0, \gamma = 0$

$$\begin{aligned}
M_\xi &= \frac{\mathrm{d}}{\mathrm{d}t}\left(\alpha_1\frac{\partial T}{\partial p} + \alpha_2\frac{\partial T}{\partial q} + \alpha_3\frac{\partial T}{\partial r}\right),\\
M_\eta &= \frac{\mathrm{d}}{\mathrm{d}t}\left(\beta_1\frac{\partial T}{\partial p} + \beta_2\frac{\partial T}{\partial q} + \beta_3\frac{\partial T}{\partial r}\right),\\
M_\zeta &= \frac{\mathrm{d}}{\mathrm{d}t}\left(\gamma_1\frac{\partial T}{\partial p} + \gamma_2\frac{\partial T}{\partial q} + \gamma_3\frac{\partial T}{\partial r}\right).
\end{aligned} \tag{2.118}$$

Rotation eines Körpers

Rotation eines Körpers, auf den keine Kräfte wirken, um einen festen Punkt

Die Differenzialgleichungen der Bewegung eines starren Körpers um einen festen Punkt, die als Gleichungen (2.117) und (2.118) abgeleitet wurden, sollen nun in speziellen Fällen entwickelt werden. Der erste dieser Fälle sei der, dass keine Kräfte wirken. Die Gleichungen sind dann

$$\begin{aligned}
\frac{\mathrm{d}}{\mathrm{d}t}\frac{\partial T}{\partial p} &= r\frac{\partial T}{\partial q} - q\frac{\partial T}{\partial r};\\
\frac{\mathrm{d}}{\mathrm{d}t}\frac{\partial T}{\partial q} &= p\frac{\partial T}{\partial r} - r\frac{\partial T}{\partial p};
\end{aligned} \tag{2.119}$$

und

$$\begin{aligned}
\frac{\mathrm{d}}{\mathrm{d}t}\left(\alpha_1\frac{\partial T}{\partial p}+\alpha_2\frac{\partial T}{\partial q}+\alpha_3\frac{\partial T}{\partial r}\right)&=0,\\
\frac{\mathrm{d}}{\mathrm{d}t}\left(\beta_1\frac{\partial T}{\partial p}+\beta_2\frac{\partial T}{\partial q}+\beta_3\frac{\partial T}{\partial r}\right)&=0,\\
\frac{\mathrm{d}}{\mathrm{d}t}\left(\gamma_1\frac{\partial T}{\partial p}+\gamma_2\frac{\partial T}{\partial q}+\gamma_3\frac{\partial T}{\partial r}\right)&=0.
\end{aligned}\tag{2.120}$$

Sie gelten nach einer Bemerkung am Ende von Abschnitt *Bewegung eines Systems um seinen Schwerpunkt* auch für die Bewegung um den Schwerpunkt eines freien, schweren Körpers.

Nach den im vorigen Abschnitt gemachten Ausführungen ist T eine homogene Funktion zweiten Grades von p, q, r; lassen wir die Achsen der x, y, z in die Hauptachsen des Körpers für den Anfangspunkt der x, y, z fallen und bezeichnen durch P, Q, R die Trägheitsmomente des Körpers in Bezug auf dieselben, dann ist

$$2T = Pp^2 + Qq^2 + Rr^2, \tag{2.121}$$

also $\partial T/\partial p = Pp, \partial T/\partial q = Qq, \partial T/\partial r = Rr$.

Die Gleichungen (2.119) werden dann

$$P\frac{\mathrm{d}p}{\mathrm{d}t} = (Q-R)qr;\quad Q\frac{\mathrm{d}q}{\mathrm{d}t} = (R-P)rp;\quad R\frac{\mathrm{d}r}{\mathrm{d}t} = (P-Q)pq. \tag{2.122}$$

Um ihre Integrale zu finden, vergleichen wir sie mit gewissen anderen Differenzialgleichungen, die wir ableiten wollen. Wir bezeichnen durch u und ψ zwei reelle Variable, die durch die Gleichung $\int_0^\psi \mathrm{d}\psi/(1-\kappa^2\sin^2\psi)^{\frac{1}{2}}$ zusammenhängen, in der κ einen reellen, echten Bruch bezeichnet und die Wurzelgröße positiv zu nehmen ist. Dann ist u eine eindeutige, stetige Funktion von ψ und umgekehrt, weil der Differenzialquotient $\mathrm{d}u/\mathrm{d}\psi$ immer einen endlichen positiven Wert besitzt. Ferner durchläuft u alle Werte von $-\infty$ bis $+\infty$, wenn ψ diese durchläuft, und umgekehrt. Wir nennen ψ die Amplitude von u modulo κ und schreiben $\psi = \mathrm{am}\, u$. Der Kürze wegen setzen wir ferner $(1-\kappa^2\sin^2\psi)^{\frac{1}{2}} = \Delta\psi$, wo dann $\Delta\psi$ eine stets positive Größe und $\mathrm{d}\psi/\mathrm{d}u = \Delta\psi$ ist. Bei dieser Bezeichnungsweise haben wir die identischen Gleichungen

$$\mathrm{d}\cos\psi/\mathrm{d}u = -\sin\psi\Delta\psi;\quad \mathrm{d}\sin\psi/\mathrm{d}u = \cos\psi\Delta\psi;\quad \mathrm{d}\Delta\psi/\mathrm{d}u = -\kappa^2\sin\psi\cos\psi.$$

In diese setzen wir

$$u = \lambda t + u;\quad p = a\cos\psi,\quad q = b\sin\psi,\quad r = c\Delta\psi, \tag{2.123}$$

indem wir unter λ, μ, a, b, c reelle Konstanten verstehen. Dadurch erhalten wir

$$\frac{\mathrm{d}p}{\mathrm{d}t} = -\frac{a\lambda}{bc}qr;\quad \frac{\mathrm{d}q}{\mathrm{d}t} = \frac{b\lambda}{ca}rp;\quad \frac{\mathrm{d}r}{\mathrm{d}t} = -\frac{c\lambda}{ab}\kappa^2 pq.$$

Diese Gleichungen sind von derselben Form, wie die Gleichungen (2.122); sie werden mit diesen identisch, wenn

$$\frac{Q-R}{P}=-\frac{a\lambda}{bc};\quad \frac{R-P}{Q}=\frac{b\lambda}{ca};\quad \frac{P-Q}{R}=-\kappa^2\frac{c\lambda}{ab} \tag{2.124}$$

gilt. Lassen sich die sechs Konstanten $\kappa, \lambda, \mu, a, b, c$ diesen Gleichungen gemäß und so bestimmen, dass sie alle reell sind und κ^2 kleiner als 1 ist, dann haben wir in (2.123) Integrale der Gleichungen (2.122), und zwar die allgemeinen Integrale, weil von den genannten sechs Konstanten nur drei durch die Gleichungen (2.124) ihre Bestimmung finden, die anderen drei willkürlich gewählt werden können. Es sind diese aus den Werten, die p, q, r für $t = 0$ haben, und die wir p_0, q_0, r_0 nennen wollen, zu bestimmen.

Um die Werte zu bestimmen, die demnach den Konstanten $\kappa, \lambda, \mu, a, b, c$ zuzuordnen sind, gehen wir von zwei Integralen der Gleichungen (2.122) aus. Multiplizieren wir diese Gleichungen mit p, q, r oder mit Pp, Qq, Rr, und addieren sie jedes Mal, so können wir integrieren; wir erhalten dann

$$Pp^2+Qq^2+Rr^2=\text{const.}\quad \text{und}\quad P^2p^2+Q^2q^2+R^2r^2=\text{const.}$$

In einem Augenblick, in dem ψ, d. h. $\operatorname{am}(\lambda t+\mu)$, einem Vielfachen von 2π gleich ist, ist $\cos\psi = 1, \sin\psi = 0, \Delta\psi = 1$; daher folgt aus diesen Gleichungen

$$\begin{aligned} Pa^2+Rc^2&=Pp_0^2+Qq_0^2+Rr_0^2;\\ P^2a^2+R^2c^2&=P^2p_0^2+Q^2q_0^2+R^2r_0^2 \quad \text{oder}\\ P(P-R)a^2&=P(P-R)p_0^2+Q(Q-R)q_0^2;\\ R(P-R)c^2&=Q(P-Q)q_0^2+R(P-R)r_0^2. \end{aligned} \tag{2.125}$$

Diese Gleichungen ergeben a^2 und c^2, und zwar als positive Größen, wenn, wie wir nun annehmen wollen, Q seiner Größe nach das *mittlere* von den drei Trägheitsmomenten P, Q, R ist. Die Gleichungen (2.124) führen dann zu b^2, λ^2 und κ^2; durch Division und Multiplikation der beiden ersten und durch Division der ersten und dritten erhalten wir nämlich

$$b^2=a^2\frac{P}{Q}\frac{P-R}{Q-R};\quad \lambda^2=c^2(P-R)\frac{Q-R}{PQ};\quad \kappa^2=\frac{a^2}{c^2}\frac{P}{R}\frac{P-Q}{Q-R}. \tag{2.126}$$

Bei der über das Trägheitsmoment Q gemachten Festsetzung sind demnach b^2, λ^2, κ^2 positive Größen; aber nicht immer ist κ^2 kleiner als 1. Wenn die letztere Bedingung nicht erfüllt ist, dann genügt es, um sie zu erfüllen, die x-Achse mit der z-Achse zu vertauschen oder, wenn wir das neue Koordinatensystem mit dem alten kongruent erhalten wollen, die neue x-Achse der alten z-Achse gleichgerichtet, die neue z-Achse der alten x-Achse entgegengesetzt gerichtet anzunehmen. Dabei vertauschen sich die Werte von P und R

und gleichzeitig die von p_0^2 und t_0^2, daher nach den Gleichungen (2.125) auch die von a^2 und c^2, und der in (2.126) gegebene Wert von κ^2 geht demnach in sein Reziprokes über.

Die Gleichungen (2.126) ersetzen nicht vollständig die Gleichungen (2.124), aus denen sie hergeleitet sind. Sind jene erfüllt, so müssen wir *eine*, etwa die erste, von diesen noch in Betracht ziehen und die Vorzeichen ihrer beiden Seiten gleich machen. Durch diese Gleichung wird das Vorzeichen einer der Größen a, b, c, λ bestimmt, wenn die der anderen festgesetzt sind. Wir wollen λ als positiv annehmen; die erste der Gleichungen (2.124) bestimmt dann das Vorzeichen von b, wenn die Vorzeichen von a und c bekannt sind. Von diesen muss das Vorzeichen von c auf eine bestimmte Weise gewählt werden wegen der Gleichungen

$$p_0 = a \cos \operatorname{am} \mu, \quad q_0 = b \sin \operatorname{am} \mu, \quad r_0 = c \Delta \operatorname{am} \mu, \tag{2.127}$$

die der Gleichungen (2.123) wegen bestehen müssen, und die die letzten sind, denen wir noch genügen müssen. Aus der dritten von ihnen folgt, dass, wenn μ, wie es sein soll, reell ist, c dasselbe Vorzeichen wie r_0 haben muss, weil dann $\Delta \operatorname{am} \mu$ positiv ist. Das Vorzeichen von a können wir beliebig wählen, wir wollen es dem von p_0 gleich annehmen; das Vorzeichen von b ist dann durch die erste der Gleichungen (2.124) bestimmt.

Die Gleichungen (2.127) dienen zur Bestimmung der letzten der eingeführten sechs Konstanten, der Größe μ. Aus der ersten dieser Gleichungen finden wir zwei Werte von $\operatorname{am} \mu$, wenn wir festsetzen, dass diese Größe zwischen $-\pi/2$ und $+\pi/2$ liegt, weil den Gleichungen (2.125) zufolge a^2 größer als p_0^2 ist. Die zweite hebt die dabei übrigbleibende Zweideutigkeit, indem sie zeigt, dass $\operatorname{am} \mu$ zwischen $-\pi/2$ und 0 oder zwischen 0 und $\pi/2$ liegt, je nachdem die Vorzeichen von q_0 und b entgegengesetzt sind oder übereinstimmen. Aus dem gefundenen, reellen Wert von $\operatorname{am} \mu$ oder ψ folgt dann, einer vorausgeschickten Bemerkung nach, *ein* reeller Wert von μ. Damit ist bewiesen, dass die Gleichungen (2.123) die Integrale der Gleichungen (2.122) sind, und die in jenen vorkommenden Konstanten sind eindeutig bestimmt.

Die Werte von p, q, r sollen jetzt benutzt werden, um die Winkel ϑ, f, φ zu ermitteln, die in den Gleichungen (2.84) definiert sind und die Lage des Körpers in jedem Augenblick bedingen. Es könnten dazu die Gleichungen dienen, die zwischen den Differenzialquotienten von ϑ, f, φ nach der Zeit und den Größen p, q, r bestehen und sich aus den folgenden Betrachtungen ergeben.

Eine der *Gleichungen*, die aus den Gleichungen (2.96) durch die Bemerkung abzuleiten sind, die den Beginn des Abschnitts *Bewegung eines starren Körpers* bildet, ist $\mathrm{d}\gamma_3/\mathrm{d}t = \gamma_1 q - \gamma_2 p$, woraus folgt

$$\frac{\mathrm{d}\vartheta}{\mathrm{d}t} = p \sin f - q \cos f. \tag{2.128}$$

Es ist ferner $\tan f = \gamma_2/\gamma_1, \cos^2 f = \gamma_1^2/(1-\gamma_3^2)$,

$$\begin{aligned} \mathrm{d}f &= \frac{\gamma_1 \mathrm{d}\gamma_2 - \gamma_2 \mathrm{d}\gamma_1}{1-\gamma_3^2} = \frac{\gamma_1(\gamma_3 p - \gamma_1 r) - \gamma_2(\gamma_2 r - \gamma_3 q)}{1-\gamma_3^2}\mathrm{d}t \\ &= \left(\gamma_3 \frac{\gamma_1 p + \gamma_2 q}{1-\gamma_3^2} - r\right)\mathrm{d}t \quad \text{oder} \\ \frac{\mathrm{d}f}{\mathrm{d}t} &= \frac{p\cos f + q\sin f}{\tan\vartheta} - r. \end{aligned} \tag{2.129}$$

Schließlich erhalten wir

$$\begin{aligned} \tan\varphi &= \frac{\beta_3}{\alpha_3}, \quad \cos^2\varphi = \frac{\alpha_3^2}{1-\gamma_3^2} \\ \mathrm{d}\varphi &= \frac{\alpha_3 \mathrm{d}\beta_3 - \beta_3 \mathrm{d}\alpha_3}{1-\gamma_3^2} = \left(\frac{\alpha_3(\beta_1 q - \beta_2 p) - \beta_3(\alpha_1 q - \alpha_2 p)}{1-\gamma_3^2}\right)\mathrm{d}t, \end{aligned}$$

also nach den Gleichungen (2.82) und (2.83)

$$\mathrm{d}\varphi = \left(\frac{\gamma_1 p + \gamma_2 q}{1-\gamma_3^2}\right)\mathrm{d}t \quad \text{oder} \quad \frac{\mathrm{d}\varphi}{\mathrm{d}t} = \frac{p\cos f + q\sin f}{\sin\vartheta}. \tag{2.130}$$

Wir merken an, dass aus den Gleichungen (2.129) und (2.130)

$$\mathrm{d}f = \cos\vartheta \mathrm{d}\varphi - r\mathrm{d}t \tag{2.131}$$

und aus (2.128) und (2.130)

$$(p^2 + q^2)\mathrm{d}t^2 = \mathrm{d}\vartheta^2 + \sin^2\vartheta \mathrm{d}\varphi^2 \tag{2.132}$$

folgt. Bei der Bestimmung von ϑ, f, φ sind wir aber nicht ausschließlich auf die Gleichungen (2.128), (2.129), (2.130) angewiesen; es können dabei auch die Gleichungen (2.120) benutzt werden. Durch deren Integration und bei Benutzung des in (2.121) angegebenen Wertes von T ergibt sich

$$\begin{aligned} \alpha_1 Pp + \alpha_2 Qq + \alpha_3 Rr = A; \quad \beta_1 Pp + \beta_2 Qq + \beta_3 Rr = B; \\ \gamma_1 Pp + \gamma_2 Qq + \gamma_3 Rr = C, \end{aligned} \tag{2.133}$$

mit A, B, C als Konstanten. Zwischen diesen und früher eingeführten Konstanten besteht eine Relation; quadrieren und addieren wir nämlich die Gleichungen (2.133), dann erhalten wir $P^2p^2 + Q^2q^2 + R^2r^2 = A^2 + B^2 + C^2$.

Daraus folgt

$$A^2 + B^2 + C^2 = P^2a^2 + R^2c^2. \tag{2.134}$$

Betrachten wir Pp, Qq, Rr als die rechtwinkligen Koordinaten eines Punktes im x, y, z-System, dann drücken die Gleichungen (2.133) aus, dass A, B, C die Koordinaten desselben Punktes in Bezug auf die ξ-, η-, ζ-Achsen sind. Dieser Punkt ändert sich mit der Zeit nicht, weil A, B, C Konstanten sind; wir können daher die vom Anfangspunkt der Koordinaten nach ihm gezogene Linie zur ζ -Achse nehmen. Dann ist $A = 0$; $B = 0$ und nach (2.134) $C = (P^2a^2 + R^2c^2)^{\frac{1}{2}}$, wobei die Wurzelgröße positiv zu nehmen ist. Danach erhalten wir aus den Gleichungen (2.133), wenn wir sie mit $\alpha_1, \beta_1, \gamma_1$ oder $\alpha_2, \beta_2, \gamma_2$ oder $\alpha_3, \beta_3, \gamma_3$ multiplizieren und jedes Mal addieren:

$$\gamma_1 = P\frac{p}{\sqrt{P^2a^2 + R^2c^2}}, \quad \gamma_2 = Q\frac{q}{\sqrt{P^2a^2 + R^2c^2}}, \\ \gamma_3 = R\frac{r}{\sqrt{P^2a^2 + R^2c^2}}. \tag{2.135}$$

Daraus bestimmen wir die Winkel ϑ und f. Zuerst ist ϑ aus der Gleichung $\gamma_3 = \cos\vartheta$ zu ermitteln; für *eine* Lage des Körpers kann dabei ϑ zwischen $-\pi$ und $+\pi$ gewählt werden, oder, weil nach einer am angeführten Ort gemachten Bemerkung über das Vorzeichen von ϑ nach Willkür verfügt werden kann, zwischen 0 und π. Die letzte der Gleichungen (2.123) zeigt, dass r^2 nicht größer als c^2 werden kann; nach der letzten der Gleichungen (2.129) erreicht daher γ_3^2 oder $\cos^2\vartheta$ nicht den Wert 1; demnach überschreitet ϑ die Grenzen 0 und π nicht. Anzumerken ist, dass ϑ auch den Wert $\pi/2$ nicht überschreitet, weil r nicht verschwinden kann.

Zur Bestimmung von f nutzen wir $\gamma_1 = \cos f \sin\vartheta, \gamma_2 = \sin f \sin\vartheta$ und die beiden ersten der Gleichungen (2.135). Für *eine* Lage des Körpers ist dadurch f eindeutig bestimmt, wenn wir noch festsetzen, dass für sie f zwischen 0 und 2π liegt; die Festsetzung, dass f sich stetig mit der Lage des Körpers ändert, bestimmt es dann eindeutig auch für jede andere Lage, die der Körper bei seiner Bewegung annimmt. Es bleibt noch übrig, φ zu ermitteln. Dabei müssen wir auf Gl. (2.130) zurückgehen. In Verbindung mit den Gleichungen (2.135) gibt diese

$$\mathrm{d}\varphi = \left(\sqrt{P^2a^2 + R^2c^2} \cdot \frac{Pp^2 + Qq^2}{P^2p^2 + Q^2q^2}\right)\mathrm{d}t.$$

Die Integrale der Gleichungen (2.123), aus denen die Gleichungen (2.125) hergeleitet sind, können wir auch schreiben als $\mathrm{d}\varphi = ((P^2a^2 + R^2c^2)^{\frac{1}{2}} \cdot (Pa^2 + Rc^2 - Rr^2)/(P^2a^2 + R^2c^2 - R^2r^2))\mathrm{d}t$, oder, wenn wir für r seinen Wert aus (2.123) setzen:

$$\mathrm{d}\varphi = \sqrt{P^2a^2 + R^2c^2} \cdot \frac{Pa^2 + Rc^2\kappa^2 \sin^2 \mathrm{am}(\lambda t + \mu)}{P^2a^2 + R^2c^2\kappa^2 \sin^2 \mathrm{am}(\lambda t + \mu)}\mathrm{d}t. \tag{2.136}$$

Die Integration dieser Gleichung führt zu einem elliptischen Integral dritter Ordnung.

Rotation um eine Hauptachse

Die jetzt gefundenen Integralgleichungen des Problems der Rotation eines Körpers, auf den keine Kräfte wirken, um einen festen Punkt wollen wir auf den Fall anwenden, dass der Modul der elliptischen Funktionen, die in diesen Gleichungen auftreten, also κ, null oder unendlich klein ist. Dann reduzieren sich die elliptischen Funktionen auf trigonometrische.

Der in (2.126) für κ^2 angegebene Ausdruck zeigt, dass κ unendlich klein ist, wenn a unendlich klein ist, c endlich ist und P, Q, R irgendwelche, nur nicht solche Werte besitzen, für welche der Faktor von a^2/c^2 in dem Ausdruck von κ^2 unendlich groß wird. Nach der ersten der Gleichungen (2.126) wird dann auch b unendlich klein. Die Gleichungen (2.125) zeigen, dass a unendlich klein ist, wenn es p_0 und q_0 sind, was wir annehmen wollen. Die Gleichungen (2.123) geben dann bei Vernachlässigung unendlich kleiner Größen höherer Ordnung:

$$p = a\cos(\lambda t + \mu), \quad q = b\sin(\lambda t + \mu), \quad r = c\sqrt{1 - \kappa^2 \sin^2(\lambda t + \mu)}.$$

Was die Werte von ϑ, f, φ anbelangt, so folgt aus den beiden ersten dieser Gleichungen in Verbindung mit den beiden ersten der Gleichungen (2.135), wenn wir für b^2 seinen Wert aus (2.126) setzen und unendlich kleine Größen höherer Ordnung vernachlässigen,

$$\sin^2\vartheta = Pa^2 \frac{\frac{P}{R} + \frac{P-Q}{Q-R} \cdot \sin^2(\lambda t + \mu)}{Rc^2}.$$

Danach ist $\sin\vartheta$ unendlich klein. Ist, wie wir annehmen wollen, die z-Achse so gewählt, dass r oder, was dasselbe ist, c positiv ist, dass also $\cos\vartheta$ positiv ist, dann ist demnach und nach den allgemeinen über ϑ gemachten Festsetzungen ϑ selbst unendlich klein und dabei positiv, die Gleichung bestimmt dann ϑ eindeutig. Ferner erhalten wir $\tan f = (Qb/Pa)\tan(\lambda t + \mu)$. Endlich ergibt sich aus (2.131), weil ϑ unendlich klein und r unendlich wenig von c verschieden ist, bei Vernachlässigung unendlich kleiner Größen $\varphi = f + ct + \text{const.}$, wobei wir die Konstante der Integration aus dem Anfangswert von φ zu bestimmen haben.

Einer Festsetzung zufolge, die wir bei der Aufstellung der Gleichungen (2.126) machen mussten, kann die z-Achse die Achse des größten oder die des kleinsten, nicht aber die des mittleren Hauptträgheitsmoments sein. Die durchgeführte Rechnung zeigt daher, dass, wenn die augenblickliche Drehachse zum Zeitpunkt $t = 0$ unendlich wenig von der Achse des größten oder des kleinsten Hauptträgheitsmoments abweicht, sie dieser unendlich nahe bleibt. Dann sprechen wir davon, dass die Rotation des Körpers um die Achse des größten und um die Achse des kleinsten Hauptträgheitsmoments eine *stabile* ist. Es kann der Körper auch um die Achse des mittleren Trägheitsmoments rotieren, denn wir genügen den Gleichungen (2.122) durch die Annahme $p = 0, r = 0, q = \text{const.}$ Aber diese Rotation ist keine stabile; weicht die augenblickliche Drehachse für $t = 0$ unendlich wenig von der genannten Hauptachse ab, dann wird diese Abweichung mit der Zeit (freilich erst nach Ablauf einer unendlich großen Zeit) eine endliche. Sind nämlich p_0 und r_0 unendlich klein, so ist den Gleichungen (2.125) und (2.126) zufolge κ^2 unendlich wenig von 1 verschieden. Die elliptischen Funktionen von t, die in den Gleichungen (2.123) vorkommen, verwandeln sich dann in Exponentialfunktionen, und die Diskussion dieser führt zu dem ausgesprochenen Satz, was wir indessen hier nicht zeigen wollen.

Zwei gleiche Hauptträgheitsmomente

Die letzte der Gleichungen (2.126) zeigt, dass κ verschwindet, wenn $P = Q$ wird; diesen Fall, also den Fall, dass zwei von den drei Hauptträgheitsmomenten einander gleich sind, wollen wir jetzt betrachten. Die Gleichungen (2.125) geben dann $a^2 = p_0^2 + q_0^2, c = r_0$; den Gleichungen (2.124), die dasselbe aussprechen wie die Gleichungen (2.126), aber eine gewisse Unbestimmtheit in Betreff der Vorzeichen heben, die diese übrig lassen, genügen wir durch $b = a, \lambda = r_0(R - P)/P$; die Gleichungen (2.123) werden dabei $p = (p_0^2 + q_0^2)^{\frac{1}{2}} \cos(\lambda t + \mu), q = (p_0^2 + q_0^2)^{\frac{1}{2}} \sin(\lambda t + \mu), r = r_0$. Die Gleichungen (2.135) ergeben $\cos\vartheta = Rr_0/(P^2(p_0^2 + q_0^2) + R^2r_0^2)^{\frac{1}{2}}$, also $=$ const., und $\tan f = \tan(\lambda t + \mu)$, d. h. $f = \lambda t + \mu + n\pi$, wobei n eine ganze Zahl ist. Aus der Gl. (2.136) folgt schließlich $\varphi = ((P^2(p_0^2 + q_0^2) + R^2r_0^2)^{\frac{1}{2}}/P)t + \text{const.}$

Rotation eines schweren Körpers

Wir untersuchen jetzt die Rotation eines schweren, starren Körpers um einen festen Punkt. Die Betrachtungen im Abschnitt *Bewegungsenergie* führen zwei Integrale der für diese gültigen Differenzialgleichungen ein; der Satz von der Bewegungsenergie liefert das eine, der Satz von der Erhaltung der Flächen in Bezug auf eine horizontale Ebene das zweite Integral. Wir nehmen die ζ-Achse vertikal abwärtsgerichtet an, beziehen ξ, η, ζ auf den Schwerpunkt des Körpers, nennen m die Masse desselben und g die Schwere; bei den in den Gleichungen (2.117) und (2.118) gebrauchten Bezeichnungen ist dann nach den am Ende des Abschnitts *Drehmoment* für die Drehmomente aufgestellten Formeln $M_\xi = mg\eta, M_\eta = -mg\xi, M_\zeta = 0$ und, wenn wir die z-Achse durch den Schwerpunkt legen und s dessen Abstand von dem festen Punkt nennen, wobei $\xi = \alpha_3 s, \eta = \beta_3 s, \zeta = \gamma_3 s$ wird: $M_x = -mgs\gamma_2, M_y = mgs\gamma_1, M_z = 0$.

Demnach ergibt die letzte der Gleichungen (2.118)

$$\gamma_1 \frac{\partial T}{\partial p} + \gamma_2 \frac{\partial T}{\partial q} + \gamma_3 \frac{\partial T}{\partial r} = C, \tag{2.137}$$

mit C als Konstante. Diese Gleichung drückt den Satz von der Erhaltung der Flächen in Bezug auf die ξ-η-Ebene aus. Die Gleichungen (2.117) werden

$$\frac{\mathrm{d}}{\mathrm{d}t}\frac{\partial T}{\partial p} = r\frac{\partial T}{\partial q} - q\frac{\partial T}{\partial r} - mgs\gamma_2; \quad \frac{\mathrm{d}}{\mathrm{d}t}\frac{\partial T}{\partial q} = p\frac{\partial T}{\partial r} - r\frac{\partial T}{\partial p} + mgs\gamma_1;$$
$$\frac{\mathrm{d}}{\mathrm{d}t}\frac{\partial T}{\partial r} = q\frac{\partial T}{\partial p} - p\frac{\partial T}{\partial q}. \tag{2.138}$$

Diese sind mit p, q, r zu multiplizieren und zu addieren, um durch Integration die Gleichung zu erhalten, die den Satz von der Bewegungsenergie ausdrückt. Weil T eine homogene Funktion zweiten Grades von p, q, r ist, erhalten wir $2T = p\partial T/\partial p + q\partial T/\partial q +$

$r\partial T/\partial r$; überdies ist $\mathrm{d}T/\mathrm{d}t = \partial T/\partial p\, \mathrm{d}p/\mathrm{d}t + \partial T/\partial q\, \mathrm{d}q/\mathrm{d}t + \partial T/\partial r\, \mathrm{d}r/\mathrm{d}t$. Daraus folgt $\mathrm{d}T/\mathrm{d}t = p\mathrm{d}/\mathrm{d}t\, \partial T/\partial p + q\mathrm{d}/\mathrm{d}t\, \partial T/\partial q + r\mathrm{d}/\mathrm{d}t\, \partial T/\partial r$. Nehmen wir dazu, dass $\gamma_1 q - \gamma_2 p = \mathrm{d}\gamma_3/\mathrm{d}t$ ist, dann ergibt sich auf dem angegebenen Weg

$$T = mgs\gamma_3 + H, \tag{2.139}$$

mit H als Konstante.

Ein drittes allgemeines Integral der hier zu behandelnden Differenzialgleichungen zu finden, ist nicht gelungen [KIRC97]. Wir spezialisieren unser Problem zunächst durch *die* Annahme, dass die z-Achse, also die durch den festen Punkt und den Schwerpunkt des Körpers gelegte Linie, eine der Hauptachsen für den festen Punkt ist. Die Achsen der x und der y können dann so gewählt werden, dass sie die beiden anderen Hauptachsen sind, dass also für T der in der Gl. (2.121) angegebene Ausdruck gilt. Nun nehmen wir ferner an, dass $P = Q$ ist; die letzte der Gleichungen (2.138) wird dann integrierbar und gibt $r = \text{const}$. Zugleich werden die Gleichungen (2.137) und (2.139):

$$P(p\gamma_1 + q\gamma_2) + Rr\gamma_3 = C; \quad P(p^2 + q^2) + Rr^2 = 2mgs\gamma_3 + 2H.$$

Nun führen wir wieder die durch die Gleichungen (2.84) definierten Winkel ϑ, φ, f ein. Nach (2.130) und (2.132) werden dann diese Gleichungen

$$\begin{aligned} P\sin^2\vartheta \mathrm{d}\varphi &= (C - Rr\cos\vartheta)\mathrm{d}t; \\ P(\mathrm{d}\vartheta^2 + \sin^2\vartheta \mathrm{d}\varphi^2) &= (2mgs\cos\vartheta + 2H - Rr^2)\mathrm{d}t^2. \end{aligned} \tag{2.140}$$

Weil in ihnen φ und t nicht vorkommen, sondern nur ihre Differenziale, können wir aus ihnen durch Integration φ und t als Funktionen von ϑ, also auch ϑ und φ als Funktionen von t darstellen; ist das geschehen, dann erlaubt die Gl. (2.131), auch f als Funktion von t zu berechnen. Wir erhalten auf diese Weise elliptische Funktionen.

Rotation eines schweren Rotationskörpers (1)

Wir wollen die eben angesprochene Rechnung für einige spezielle Fälle durchführen. Zuerst nehmen wir an, dass p und q für $t = 0$ verschwinden; zum Zeitpunkt $t = 0$ ist die augenblickliche Drehachse die z-Achse. Die Gleichungen (2.128) und (2.130) zeigen, dass dann auch $\mathrm{d}\vartheta/\mathrm{d}t$ und $\mathrm{d}\varphi/\mathrm{d}t$ für $t = 0$ verschwinden; ist ϑ_0 der Wert von ϑ für $t = 0$, dann ist daher nach den Gleichungen (2.140) $0 = C - Rr\cos\vartheta_0$ und $0 = 2mgs\cos\vartheta_0 + 2H - Rr^2$; dieselben Gleichungen werden also:

$$\begin{aligned} P\sin^2\vartheta \mathrm{d}\varphi &= Rr(\cos\vartheta_0 - \cos\vartheta)\mathrm{d}t; \\ P(\mathrm{d}\vartheta^2 + \sin^2\vartheta \mathrm{d}\varphi^2) &= 2mgs(\cos\vartheta - \cos\vartheta_0)\mathrm{d}t^2. \end{aligned} \tag{2.141}$$

Wenn wir aus ihnen $\mathrm{d}\varphi$ eliminieren und statt ϑ und ϑ_0 die Hälfte dieser Winkel einführen, dann erhalten wir

$$\begin{aligned} &P^2 \sin^2\frac{\vartheta}{2}\cos^2\frac{\vartheta}{2}\mathrm{d}\,\vartheta^2 \\ &= \left(\sin^2\frac{\vartheta_0}{2} - \sin^2\frac{\vartheta}{2}\right)\left(4mgsP\sin^2\frac{\vartheta}{2}\cos^2\frac{\vartheta}{2} - R^2r^2\left(\sin^2\frac{\vartheta_0}{2} - \sin^2\frac{\vartheta}{2}\right)\right)\mathrm{d}\,t^2. \end{aligned} \tag{2.142}$$

Jetzt setzen wir

$$\sin^2\frac{\vartheta}{2} = \sin^2\frac{\vartheta_0}{2} - M^2\cos^2\psi, \tag{2.143}$$

mit M als Konstante, über die wir frei verfügen können. Dabei wird $\sin\vartheta/2\cos\vartheta/2\mathrm{d}\,\vartheta = 2M^2\sin\psi\cos\psi\mathrm{d}\,\psi$.

Die Gl. (2.142) erhält daher den Faktor $M^2\cos^2\psi$ und ergibt bei dessen Weglassen

$$\begin{aligned} &4P^2M^2\sin^2\psi\mathrm{d}\,\psi^2 \\ &= \left(4mgsP\left(\sin^2\frac{\vartheta_0}{2} - M^2\cos^2\psi\right)\left(\cos^2\frac{\vartheta_0}{2} + M^2\cos^2\psi\right) - R^2r^2M^2\cos^2\psi\right)\mathrm{d}\,t^2. \end{aligned}$$

Der Faktor von $\mathrm{d}\,t^2$ ist eine Funktion zweiten Grades von $\cos^2\psi$, also auch eine solche von $\sin^2\psi$; bestimmen wir die Größe M so, dass das von $\sin^2\psi$ unabhängige Glied in ihm verschwindet, dann lässt sich die Gleichung auch durch $\sin^2\psi$ dividieren und auf die Form

$$\mathrm{d}\,\psi^2 = \lambda^2(1-\kappa^2\sin^2\psi)\mathrm{d}\,t^2 \tag{2.144}$$

bringen, wobei λ und κ gewisse Konstanten bedeuten. Dann ist M^2 aus der quadratischen Gleichung

$$4mgsP\left(\sin^2\frac{\vartheta_0}{2} - M^2\right)\left(\cos^2\frac{\vartheta_0}{2} + M^2\right) - R^2r^2M^2 = 0$$

zu bestimmen und es wird

$$\lambda^2 = \frac{4mgsP(2M^2+\cos\vartheta_0) + R^2r^2}{4P^2}; \quad \kappa^2 = \frac{4mgsPM^2}{4mgsP(2M^2+\cos\vartheta_0)+R^2r^2}.$$

Die quadratische Gleichung für M^2 lässt sich schreiben $M^4 + M^2((R^2r^2)/(4mgsP) + \cos\vartheta_0) - \frac{1}{4}\sin^2\vartheta_0 = 0$; Die eine ihrer Wurzeln ist positiv, die andere negativ; wir wählen die positive und setzen

$$M^2 = \frac{1}{2}\left(-\frac{R^2r^2}{4mgsP} - \cos\vartheta_0 + \sqrt{\left(\frac{R^2r^2}{4mgsP} + \cos\vartheta_0\right)^2 + \sin^2\vartheta_0}\right),$$

wobei wir die Wurzelgröße positiv nehmen. Dadurch wird

$$\lambda^2 = \frac{mgs}{P}\sqrt{\left(\frac{R^2r^2}{4mgsP} + \cos\vartheta_0\right)^2 + \sin^2\vartheta_0};$$

$$1 - 2\kappa^2 = \frac{\frac{R^2r^2}{4mgsP} + \cos\vartheta_0}{\sqrt{\left(\frac{R^2r^2}{4mgsP} + \cos\vartheta_0\right)^2 + \sin\vartheta_0}}.$$

Der für $1 - 2\kappa^2$ aufgestellte Ausdruck liegt zwischen -1 und $+1$, und daher κ^2 zwischen 0 und 1; λ^2 ist positiv. Demnach können wir das Integral der Gl. (2.144) schreiben $\psi = \mathrm{am}(\lambda t + \mu)$, mod. κ, wo μ die Konstante der Integration bedeutet.

Wir wollen den Fall weiterverfolgen, dass r als unendlich groß angesehen werden kann. Dann wird $\kappa = 0$, also

$$\psi = \lambda t + \mu \tag{2.145}$$

und nach (2.143)

$$\sin^2\frac{\vartheta}{2} = \sin^2\frac{\vartheta_0}{2} - M^2\cos^2(\lambda t + \mu); \quad \text{ferner wird}$$
$$M^2 = mgs\frac{P}{R^2r^2}\sin^2\vartheta_0; \quad \lambda = \frac{Rr}{2P}.$$

Danach schwankt ϑ zwischen zwei unendlich nahen Grenzen in unendlich kurzen Perioden. Die Integration der ersten der Gleichungen (2.141) wird dadurch leicht, dass auf ihrer linken Seite ϑ_0 statt ϑ gesetzt werden kann; sie wird dadurch unter Berücksichtigung der Gleichungen (2.143) und (2.145) $P\sin^2\vartheta_0 \mathrm{d}\varphi = -2RrM^2/\lambda\cos^2\psi \mathrm{d}\psi$, oder bei dem Wert, den M^2 hat, $\mathrm{d}\varphi = -(2mgs)/(Rr\lambda)\cos^2\psi \mathrm{d}\psi$. Weil $\int\cos^2\psi \mathrm{d}\psi = \psi/2 + (\sin 2\psi)/4$ gilt, folgt daraus bei Benutzung von (2.145) $\varphi = -(mgs)/(Rr)t + \text{const.}$ oder, weil λ unendlich groß von der Ordnung von r ist, bei Vernachlässigung unendlich kleiner Größen: $\varphi = -(mgs)/(Rr)t + \text{const.}$

Der Winkel f ergibt sich schließlich aus (2.131), wenn wir hier ϑ_0 für ϑ setzen; wir erhalten $f = \varphi\cos\vartheta_0 - rt + \text{const.}$ oder $f = -(r + (mgs)/(Rr)\cos\vartheta_0)t + \text{const.}$

Rotation eines schweren Rotationskörpers (2)

Statt der oben verfolgten Annahme, dass p und q für $t = 0$ verschwinden, wollen wir nun die Annahme machen, dass für $t \geq 0$, also immer, $r = 0$ ist. Die Gleichungen (2.145) werden dann

$$P\sin^2\vartheta \mathrm{d}\varphi = C\mathrm{d}t; \quad P(\mathrm{d}\vartheta^2 + \sin^2\vartheta \mathrm{d}\varphi^2) - 2(mgs\cos\vartheta + H)\mathrm{d}t^2. \tag{2.146}$$

Sie sind, abgesehen von einem Unterschied in der Bezeichnung, identisch mit den Gleichungen (2.46), woraus folgt, dass in dem hier betrachteten Fall die durch den festen Punkt und den Schwerpunkt des Körpers gehende gerade Linie gerade so sich bewegt wie ein einfaches Pendel von gewisser Länge. Diese Länge l ist bestimmt durch die Gleichung $l = P/(ms)$. Ist die Konstante C in den Gleichungen (2.140) oder, was dasselbe ist, in den Gleichungen (2.46) für das Pendel die Konstante $c = 0$, so ist $\varphi = \text{const.}$ und

$$\left(\frac{\mathrm{d}\,\frac{\vartheta}{2}}{\mathrm{d}t}\right)^2 = \frac{g}{l}\left(h - \sin^2\frac{\vartheta}{2}\right), \tag{2.147}$$

mit h als willkürlich festzulegender Konstante. Dieselbe muss positiv sein, weil die linke Seite der Gl. (2.147) positiv ist, kann aber jeden Wert zwischen 0 und $+\infty$ haben. Ist $h < 1$, dann können wir $h = \sin^2\alpha/2$ mit der näheren Bestimmung setzen, dass α zwischen 0 und π liegt. Dann ist α die Amplitude der ebenen Schwingungen, die der Körper oder das Pendel ausführen. Setzen wir $\sin(\vartheta/2) = \sin(\alpha/2)\sin\psi$, dann wird dabei nach Abschnitt *Einfaches Pendel* $(g/l)^{\frac{1}{2}}\mathrm{d}t = \mathrm{d}\psi/(1 - \sin^2(\alpha/2)\sin^2\psi)^{\frac{1}{2}}$, also $\psi = \mathrm{am}(t(g/l)^{\frac{1}{2}} + \mu)$, mod. $\sin(\alpha/2)$, mit μ als willkürlicher Konstante, oder $\sin(\vartheta/2) = \sin(\alpha/2)\sin\mathrm{am}(t(g/l)^{\frac{1}{2}} + \mu), mod.\sin(\alpha/2)$.

Ist aber in Gl. (2.147) $h > 1$, dann können wir $h = 1/\kappa^2$ setzen, wobei κ einen reellen echten Bruch bedeutet; wir erhalten dadurch $(\mathrm{d}(\vartheta/2)/\mathrm{d}t)^2 = g/(l\kappa^2)(1 - \kappa^2\sin^2\vartheta/2)$ oder $\vartheta/2 = \mathrm{am}(t/\kappa(g/l)^{\frac{1}{2}} + \mu)$, mod. κ, wobei μ eine willkürliche Konstante und κ positiv oder negativ zu nehmen ist, je nachdem, ob ϑ bei wachsendem t zu- oder abnimmt.

Bewegung eines Körpers

Relative Verschiebungen der Teile eines Körpers

Unsere bisherigen Betrachtungen beziehen sich auf materielle Punkte und starre Körper. Die letzteren dachten wir uns als Systeme von unveränderlich miteinander verbundenen materiellen Punkten; die Frage, ob diese sich stetig aneinander schließen, brauchten wir nicht zu erwägen, und dass ihre Zahl unendlich groß ist, nicht zu beachten. Wir wenden uns jetzt zur Untersuchung der Bewegung von Körpern, die *nicht* starr sind und deren Teile relative Verschiebungen erfahren. Strenggenommen findet das bei *allen* Körpern der Natur statt. Den Ausgangspunkt dieser Untersuchung soll die Annahme bilden, dass die Körper *stetig* ausgedehnte Materie sind, und dass die Bewegung in ihnen sich *stetig* mit dem Ort ändert. Es seien a, b, c die Koordinaten eines materiellen Punktes eines Körpers zur Zeit t_0, und x, y, z die Koordinaten desselben Punktes zur Zeit t; x, y, z sind dann stetige Funktionen der vier stetig veränderlichen Argumente a, b, c, t; ein materieller Punkt des Körpers, dessen Koordinaten zur Zeit t_0 $a + \mathrm{d}a, b + \mathrm{d}b, c + \mathrm{d}c$ sind, hat zur Zeit t die Koordinaten $x + \mathrm{d}x, y + \mathrm{d}y, z + \mathrm{d}z$, wobei für $\mathrm{d}x = \partial x/\partial a\,\mathrm{d}a + \partial x/\partial b\,\mathrm{d}b + \partial x/\partial c\,\mathrm{d}c$; $\mathrm{d}y = \partial y/\partial a\,\mathrm{d}a + \partial y/\partial b\,\mathrm{d}b + \partial y/\partial c\,\mathrm{d}c$; $\mathrm{d}z = \partial z/\partial a\,\mathrm{d}a + \partial z/\partial b\,\mathrm{d}b + \partial z/\partial c\,\mathrm{d}c$ gilt.

Diese Gleichungen bilden die Basis der weiteren Betrachtungen.

Wir können $\mathrm{d}a, \mathrm{d}b, \mathrm{d}c$ als die Koordinaten zur Zeit t_0 eines Punktes des Körpers in Bezug auf ein Koordinatensystem betrachten, dessen Achsen denen des bisher benutzten parallel sind, dessen Anfangspunkt aber der Punkt ist, dessen Koordinaten bis jetzt a, b, c genannt wurden; die Koordinaten desselben materiellen Punktes zur Zeit t in Bezug auf dasselbe Koordinatensystem sind dann

$$x - a + \frac{\partial x}{\partial a}\mathrm{d}a + \frac{\partial x}{\partial b}\mathrm{d}b + \frac{\partial x}{\partial c}\mathrm{d}c; \quad y - b + \frac{\partial y}{\partial a}\mathrm{d}a + \frac{\partial y}{\partial b}\mathrm{d}b + \frac{\partial y}{\partial c}\mathrm{d}c;$$
$$z - c + \frac{\partial z}{\partial a}\mathrm{d}a + \frac{\partial z}{\partial b}\mathrm{d}b + \frac{\partial z}{\partial c}\mathrm{d}c. \tag{2.148}$$

Weil $\mathrm{d}a, \mathrm{d}b, \mathrm{d}c$, abgesehen davon, dass sie unendlich klein sein müssen, willkürlich sind, erlauben diese Ausdrücke die Beurteilung der Veränderung, die ein unendlich kleiner Teil des Körpers im Zeitraum von t_0 bis t erfährt. Charakteristisch für diese Ausdrücke ist, dass sie linear in Bezug auf $\mathrm{d}a, \mathrm{d}b, \mathrm{d}c$ sind. Bei der Entwicklung der daraus resultierenden Folgerungen wollen wir uns einer neuen Bezeichnung bedienen, später aber zu der bis jetzt gebrauchten zurückkehren.

Lineare Veränderung eines Körpers

ξ, η, ζ seien die Koordinaten eines materiellen Punktes eines Körpers; dieser Körper erleide eine Veränderung der Art, dass, wenn ξ'', η'', ζ'' die Koordinaten desselben Punktes nach dieser bezeichnen,

$$\xi'' = a_1 + a_{11}\xi + a_{12}\eta + a_{13}\zeta; \quad \eta'' = a_2 + a_{21}\xi + a_{22}\eta + a_{23}\zeta;$$
$$\zeta'' = a_3 + a_{31}\xi + a_{32}\eta + a_{33}\zeta \tag{2.149}$$

ist, mit den Größen a als Konstanten. Wenn wir diese Veränderung untersuchen, dann setzen wir dabei voraus, dass diese Größen nicht unendlich sind, und dass, wenn

$$\begin{aligned}\xi &= b_{11}(\xi'' - a_1) + b_{21}(\eta'' - a_2) + b_{31}(\zeta'' - a_3)\\ \eta &= b_{12}(\xi'' - a_1) + b_{22}(\eta'' - a_2) + b_{32}(\zeta'' - a_3)\\ \zeta &= b_{13}(\xi'' - a_1) + b_{32}(\eta'' - a_2) + b_{33}(\zeta'' - a_3)\end{aligned} \tag{2.150}$$

die Auflösungen der Gleichungen (2.149) sind, auch die Größen b bestimmte, nicht unendliche Werte haben. Dann darf, wenn

$$D = \begin{vmatrix} a_{11} & a_{12} & a_{13} \\ a_{21} & a_{22} & a_{23} \\ a_{31} & a_{32} & a_{33} \end{vmatrix} \tag{2.151}$$

ist, d. h. wenn D die Determinante der Größen $a_{11}, a_{12}, \ldots$ bedeutet, D nicht verschwinden. Wir wollen uns vorstellen, dass der Zustand des Körpers stetig geändert wird, ohne dass D verschwindet; dann ist D immer positiv. Es ist positiv, nämlich $= 1$, wenn die Gleichungen (2.149) $\xi'' = \xi, \eta'' = \eta, \zeta'' = \zeta$ sind.

Zunächst ist ersichtlich, dass Punkte des Körpers, die ursprünglich in einer Ebene lagen, in einer Ebene geblieben sind; denn einer linearen Relation zwischen ξ'', η'', ζ'' entspricht eine lineare Relation zwischen ξ, η, ζ und umgekehrt. Geraden sind daher gerade und Parallelen parallel geblieben, weil ξ'', η'', ζ'' unendlich werden, wenn ξ, η, ζ es sind, und umgekehrt.

Die weiteren Überlegungen erleichtern wir uns durch die folgende Bemerkung: Die durch die Gleichungen (2.149) dargestellte Veränderung des Körpers können wir ansehen als zusammengesetzt aus zweien, die nacheinander bewirkt werden. Außer den beiden bisher betrachteten Zuständen denken wir uns einen dritten, einen Zwischenzustand, und bezeichnen bei ihm durch ξ', η', ζ' die Koordinaten des Punktes, auf den sich ξ, η, ζ und ξ'', η'', ζ'' beziehen. Die Gleichungen (2.149) können wir dann durch

$$\xi'' = a_1 + \xi', \quad \eta'' = a_2 + \eta', \quad \zeta'' = a_3 + \zeta' \tag{2.152}$$

und

$$\xi' = a_{11}\xi + a_{12}\eta + a_{13}\zeta; \quad \eta' = a_{21}\xi + a_{22}\eta + a_{23}\zeta; \quad \zeta' = a_{31}\xi + a_{32}\eta + a_{33}\zeta \tag{2.153}$$

ersetzen. Die durch die Gleichungen (2.152) dargestellte Veränderung des Körpers ist eine Verschiebung ohne Änderung der relativen Lage seiner Punkte und ohne Drehung, eine Verschiebung um eine Strecke, deren Projektionen auf die Koordinatenachsen a_1, a_2, a_3 sind. Noch zu untersuchen ist die durch die Gleichungen (2.153) dargestellte Veränderung, die einen speziellen Fall derjenigen bildet, auf die sich die Gleichungen (2.149) beziehen.

Denken wir uns eine vom Anfangspunkt der Koordinaten ausgehende gerade Linie des Körpers; α, β, γ seien die Cosinus der Winkel, die sie mit den Achsen bildet, r ihre Länge vor der Veränderung, $\alpha', \beta', \gamma', r'$ die entsprechenden Größen nach der Veränderung; dann ist $\xi = r\alpha, \eta = r\beta, \zeta = r\gamma; \xi' = r'\alpha', \eta' = r'\beta', \zeta' = r'\gamma'$, also nach (2.153)

$$\begin{aligned} r'\alpha' &= r(a_{11}\alpha + a_{12}\beta + a_{13}\gamma), \quad r'\beta' = r(a_{21}\alpha + a_{22}\beta + a_{23}\gamma), \\ r'\gamma' &= r(a_{31}\alpha + a_{32}\beta + a_{33}\gamma). \end{aligned} \tag{2.154}$$

Die gedachte Linie hat eine Änderung ihrer Richtung und ihrer Länge erfahren; den Wert von $r'/r - 1$ heißen wir ihre *Dilatation*; diese lässt sich wie die Änderung ihrer Richtung durch (2.154) in Verbindung mit $\alpha'^2 + \beta'^2 + \gamma'^2 = 1$ aus α, β, γ berechnen. Parallele Linien erfahren gleiche Dilatation und gleiche Richtungsänderungen; ebenso folgt daraus, dass ein Parallelogramm ein Parallelogramm bleibt.

Bestimmen wir jetzt die Änderungen der Größe und der Richtung, die eine ebene Fläche erfährt. Wir wählen als solche ein Dreieck, dessen Ecken im ursprünglichen Zustand des Körpers die Koordinaten $0, 0, 0; \xi_1, \eta_1, \zeta_1; \xi_2, \eta_2, \zeta_2$ und nach der Veränderung die Koordinaten $0, 0, 0; \xi_1', \eta_1', \zeta_1'; \xi_2', \eta_2', \zeta_2'$ haben. Neben dem benutzten Koordinatensystem führen wir ein zweites, das der x, y, z, ein, von dem wir voraussetzen, dass es durch Drehung in eine Lage gebracht werden könnte, bei der die x-, y-, z-Achsen mit den

ξ-, η-, ζ-Achsen zusammenfallen würden, und setzen allgemein $\xi = \alpha_1 x + \alpha_2 y + \alpha_3 z$; $\eta = \beta_1 x + \beta_2 y + \beta_3 z$; $\zeta = \gamma_1 x + \gamma_2 y + \gamma_3 z$.

Die x-y-Ebene soll die Ebene des genannten Dreiecks im ursprünglichen Zustand des Körpers sein. Es ist dann

$$\xi_1 = \alpha_1 x_1 + \alpha_2 y_1, \xi_2 = \alpha_1 x_2 + \alpha_2 y_2; \quad \eta_1 = \beta_1 x_1 + \beta_2 y_1, \eta_2 = \beta_1 x_2 + \beta_2 y_2;$$
$$\zeta_1 = \gamma_1 x_1 + \gamma_2 y_1, \zeta_2 = \gamma_1 x_2 + \gamma_2 y_2;$$

daraus folgt unter Berücksichtigung der Gleichungen (2.82) und (2.83)

$$\eta_1\zeta_2 - \eta_2\zeta_1 = \alpha_3(x_1 y_2 - x_2 y_1); \quad \zeta_1\xi_2 - \zeta_2\xi_1 = \beta_3(x_1 y_2 - x_2 y_1);$$
$$\xi_1\eta_2 - \xi_2\eta_1 = \gamma_3(x_1 y_2 - x_2 y_1).$$

Bezeichnen wir mit s die Fläche des genannten Dreiecks beim ursprünglichen Zustand des Körpers, dann ist $\pm 2s = x_1 y_2 - x_2 y_1$, wobei das Vorzeichen der linken Seite dadurch bestimmt wird, dass s positiv ist. Nennen wir ferner α, β, γ die Cosinus der Winkel, die eine der beiden Normalen der Ebene des Dreiecks, also die z-Achse oder die dieser entgegengesetzte Richtung, mit den ξ-, η-, ζ-Achsen bildet, dann ist daher

$$\pm\, 2s\alpha = \eta_1\zeta_2 - \eta_2\zeta_1; \quad \pm 2s\beta = \zeta_1\xi_2 - \zeta_2\xi_1; \quad \pm 2s\gamma = \xi_1\eta_2 - \xi_2\eta_1, \tag{2.155}$$

wobei entweder die drei oberen oder die drei unteren Zeichen gelten. Eine ähnliche Betrachtung in Bezug auf das Dreieck *nach* der Veränderung des Körpers führt bei analoger Bezeichnung zu den Gleichungen

$$\pm\, 2s'\alpha' = \eta'_1\zeta'_2 - \eta'_2\zeta'_1; \quad \pm 2s'\beta' = \zeta'_1\xi'_2 - \zeta'_2\xi'_1; \quad \pm 2s'\gamma' = \xi'_1\eta'_2 - \xi'_2\eta'_1, \tag{2.156}$$

wobei s' die Fläche, α', β', γ' die Cosinus der Winkel, die eine ihrer Normalen mit den ξ-, η-, ζ-Achsen bildet, nach der Veränderung bedeuten, und wo gleichfalls die drei oberen oder die drei unteren Zeichen gelten. Aus (2.153) ergibt sich nun

$$\eta'_1\zeta'_2 - \eta'_2\zeta'_1 = (a_{22}a_{33} - a_{23}a_{32})(\eta_1\zeta_2 - \eta_2\zeta_1) + (a_{23}a_{31} - a_{21}a_{33})(\zeta_1\xi_2 - \zeta_2\xi_1)$$
$$+ (a_{21}a_{32} - a_{22}a_{31})(\xi_1\eta_2 - \xi_2\eta_1). \tag{2.157}$$

Die Gleichung nimmt eine einfachere Gestalt an, wenn wir die durch die Gleichungen (2.150) definierten Größen b einführen. Denn es gilt $b_{11} = 1/D(a_{22}a_{33} - a_{23}a_{32})$; $b_{12} = 1/D(a_{23}a_{31} - a_{21}a_{33})$; $b_{13} = 1/D(a_{21}a_{32} - a_{22}a_{31})$, mit D als Determinante der Größen a. Transformieren wir mit Hilfe dieser Definition die Gl. (2.157) und fügen die zwei Gleichungen hinzu, die sich auf analogem Wege bilden lassen, dann erhalten wir

$$\pm s'\alpha' = sD(b_{11}\alpha + b_{12}\beta + b_{13}\gamma); \quad \pm s'\beta' = sD(b_{21}\alpha + b_{22}\beta + b_{23}\gamma);$$
$$\pm s'\gamma' = sD(b_{31}\alpha + b_{32}\beta + b_{33}\gamma), \tag{2.158}$$

wobei auf den linken Seiten gleichzeitig das positive oder das negative Vorzeichen gilt. Wir haben bereits angenommen, dass der Zustand des Körpers sich stetig ändert und so, dass dabei D nicht verschwindet; setzen wir noch fest, dass dabei die Normale, auf die sich die Zeichen α, β, γ beziehen, nicht gewechselt wird, dann gilt das positive Zeichen, denn dieses gilt am Anfang der Veränderung, und es kann nicht wechseln, weil die linken Seiten der Gleichungen (2.158) nicht gleichzeitig verschwinden können. Wenn dies geschehen würde, dann müsste $s' = 0$ sein, während s von null verschieden ist; d. h., es müssten drei Punkte des Körpers, die ursprünglich nicht auf einer geraden Linie lagen, sich nach der Veränderung auf einer Geraden befinden. Wir erhalten daher

$$s'\alpha' = sD(b_{11}\alpha + b_{12}\beta + b_{13}\gamma); \quad s'\beta' = sD(b_{21}\alpha + b_{22}\beta + b_{23}\gamma);$$
$$s'\gamma' = sD(b_{31}\alpha + b_{32}\beta + b_{33}\gamma). \tag{2.159}$$

Aus diesen Gleichungen sind die Richtungsänderung und die *Dilatation* der gedachten Fläche zu berechnen; mit diesem Namen belegen wir den Wert $s'/s - 1$. Sie gelten übrigens nicht allein für ein Dreieck, wie wir es betrachtet haben, sondern für jeden Teil seiner Ebene, weil dieser sich durch Addition und Subtraktion aus solchen Dreiecken zusammensetzen lässt. Sie gelten auch für parallele Flächen, weil parallele und gleich lange Linien parallel und von gleicher Länge bleiben.

Schließlich bestimmen wir die räumliche Dilatation, die der durch die Gleichungen (2.153) dargestellten Veränderung des Körpers entspricht. Zu diesem Zweck denken wir uns in dem Körper in seinem ursprünglichen Zustand einen durch zwei senkrechte Querschnitte begrenzten Zylinder; s sei die Grundfläche, r die Länge der Achse, α, β, γ die Cosinus der Winkel, die eine der beiden Richtungen der Achse mit den Koordinatenachsen bildet. Nach der Veränderung ist der Zylinder ein schiefer geworden; es sei nun s' die Grundfläche, r' die Länge der Achse; es sollen ferner α', β', γ' sich auf die Normale der Grundfläche, $\alpha'', \beta'', \gamma''$ sich auf die Richtung der Achse beziehen. Es gelten dann die Gleichungen (2.159), und nach (2.154) folgt $r'\alpha'' = r(a_{11}\alpha + a_{12}\beta + a_{13}\gamma); r'\beta'' = r(a_{21}\alpha + a_{22}\beta + a_{23}\gamma); r'\gamma' = r(a_{31}\alpha + a_{32}\beta + a_{33}\gamma)$.

Diese Gleichungen multiplizieren wir der Reihe nach mit den Gleichungen (2.159) und addieren die Produkte. Bezeichnen wir das Volumen des Zylinders vor der Änderung mit τ, nach derselben mit τ', dann erhalten wir

$$\tau = rs; \quad \tau' = r's'(\alpha'\alpha'' + \beta'\beta'' + \gamma'\gamma'').$$

Wir haben ferner zu beachten, dass nach der bei (2.150) gegebenen Definition der Größen b die Gleichungen (2.150) identische werden müssen, wenn wir in sie die Werte von ξ'', η'', ζ'' aus (2.149) substituieren; daraus ergeben sich neun Relationen zwischen den Größen a und b, in deren Folge die auf dem angegebenen Weg gebildete Gleichung

$$\tau' = \tau D \tag{2.160}$$

wird. Für die räumliche Dilatation gilt $(\tau'/\tau - 1) = D - 1$; und das gilt nicht allein für einen Zylinder, sondern für jeden Teil des Körpers, weil jeder Teil desselben sich aus Zylindern zusammensetzen lässt.

Wir knüpfen hier eine Bemerkung an, auf die wir uns später beziehen wollen. Es seien $\xi_1, \eta_1, \zeta_1; \xi_2, \eta_2, \zeta_2; \xi_3, \eta_3, \zeta_3$ die Koordinaten dreier Punkte des Körpers vor der Veränderung und $\xi_1', \eta_1', \zeta_1'; \xi_2', \eta_2', \zeta_2'; \xi_3', \eta_3', \zeta_3'$ die Koordinaten derselben Punkte nach der Veränderung; es gelten dann die Gleichungen, die aus (2.153) entstehen, wenn wir den Zeichen $\xi, \eta, \zeta, \xi', \eta', \zeta'$ den Index 1 oder 2 oder 3 geben. Der sechsfache Inhalt des Tetraeders, das diese drei Punkte und den Anfangspunkt der Koordinaten zu Eckpunkten hat, vor oder nach der Veränderung ist gleich dem absoluten Wert der Determinante jener oder dieser neun Koordinaten. Nach (2.160) ist das Verhältnis der beiden Determinanten daher $= \pm D$; es ist $= +D$, da es mit D der Einheit gleich wird, wenn die Veränderung verschwindet. Setzen wir für D seinen Wert aus (2.151), dann erhalten wir daher

$$\begin{vmatrix} \xi_1' & \eta_1' & \zeta_1' \\ \xi_2' & \eta_2' & \zeta_2' \\ \xi_3' & \eta_3' & \zeta_3' \end{vmatrix} = \begin{vmatrix} \xi_1 & \eta_1 & \zeta_1 \\ \xi_2 & \eta_2 & \zeta_2 \\ \xi_3 & \eta_3 & \zeta_3 \end{vmatrix} \cdot \begin{vmatrix} a_{11} & a_{12} & a_{13} \\ a_{21} & a_{22} & a_{23} \\ a_{31} & a_{32} & a_{33} \end{vmatrix}.$$

Die Gleichung, die von der Bedeutung unabhängig ist, die wir den Zeichen $\xi, \eta, \zeta, \xi', \eta', \zeta'$ gegeben haben, und nur erfordert, dass zwischen diesen die Gleichungen bestehen, die nach dem Muster der Gleichungen (2.153) zu bilden sind, drückt einen bekannten Satz der Determinantentheorie [KOWA20] aus.

Hauptdilatationen

Wir haben die durch die Gleichungen (2.149) dargestellte Veränderung eines Körpers angesehen als zusammengesetzt aus zweien, die durch die Gleichungen (2.152) und (2.153) dargestellt sind, und von denen die erste aus einer Verschiebung besteht. Wir werden nun zeigen, dass auch die zweite zerlegt werden kann, und zwar in eine *Drehung* des Körpers um den Anfangspunkt der Koordinaten und in eine Veränderung, die wir eine *Ausdehnung in drei aufeinander senkrechten Richtungen* nennen wollen. Wir führen neben dem Koordinatensystem der ξ, η, ζ ein zweites mit demselben Anfangspunkt ein und nennen x, y, z die Koordinaten eines materiellen Punktes des Körpers in seinem ursprünglichen Zustand in Bezug auf dieses. Wir denken uns den Zustand desselben nun so geändert, dass, wenn x', y', z' die neuen Koordinaten des nämlichen materiellen Punktes in Bezug auf dasselbe Koordinatensystem sind,

$$x' = \mu_1 x, \quad y' = \mu_2 y, \quad z' = \mu_3 z \tag{2.161}$$

gilt, mit μ_1, μ_2, μ_3 als positiven Konstanten. Diese Veränderung belegen wir mit dem Namen einer Ausdehnung in den Richtungen der x, y, z. Sie hat die Eigenschaft, dass die Teilchen, die ursprünglich auf einer Achse lagen, auf derselben geblieben sind. Die Dilatationen, die in den Richtungen der Achsen stattgefunden haben, nennen wir die

Hauptdilatationen; ihre Größen sind $\mu_1 - 1, \mu_2 - 1, \mu_3 - 1$. Nachdem diese Ausdehnung stattgefunden hat, denken wir uns den Körper um den Anfangspunkt der Koordinaten gedreht und stellen uns vor, dass die x-, y-, z-Achsen diese Drehung mitmachen. Die Koordinaten in Bezug auf sie des betrachteten materiellen Punktes ändern sich durch diese Drehung dann nicht, sondern bleiben x', y', z'. Nun seien die Koordinaten desselben materiellen Punktes in Bezug auf das ξ, η, ζ-System im ursprünglichen Zustand des Körpers ξ, η, ζ und nach der Ausdehnung und Drehung ξ', η', ζ'; es seien ferner die Cosinus der Winkel, die die x-, y-, z-Achsen mit den ξ-, η-, ζ-Achsen bilden, vor der Drehung $\alpha_1, \beta_1, \gamma_1; \alpha_2, \beta_2, \gamma_2; \alpha_3, \beta_3, \gamma_3$, nach der Drehung $\alpha'_1, \beta'_1, \gamma'_1; \alpha'_2, \beta'_2, \gamma'_2; \alpha'_3, \beta'_3, \gamma'_3$, sodass nach der früher gebrauchten Bezeichnungsweise die Buchstaben α, β, γ den Zeichen ξ, η, ζ, die Indizes $1, 2, 3$ den Zeichen x, y, z entsprechen. Dann ist

$$x = \alpha_1\xi + \beta_1\eta + \gamma_1\zeta, \quad y = \alpha_2\xi + \beta_2\eta + \gamma_2\zeta, \quad z = \alpha_3\xi + \beta_3\eta + \gamma_3\zeta \tag{2.162}$$

und

$$\xi' = \alpha'_1 x' + a'_2 y' + a'_3 z', \eta' = \beta'_1 x' + \beta'_2 y' + \beta'_3 z'; \zeta' = \gamma'_1 x' + \gamma'_2 y' + \gamma'_3 z'. \tag{2.163}$$

Substituieren wir in (2.163) die Werte von x', y', z' aus (2.161) und dann für x, y, z ihre Werte aus (2.162), dann erhalten wir

$$\begin{aligned}
\xi' &= \xi(\alpha_1\alpha'_1\mu_1 + \alpha_2\alpha'_2\mu_2 + \alpha_3\alpha'_3\mu_3) + \eta(\beta_1\alpha'_1\mu_1 + \beta_2\alpha'_2\mu_2 + \beta_3\alpha'_3\mu_3)\\
&\quad + \zeta(\gamma_1\alpha'_1\mu_1 + \gamma_2\alpha'_2\mu_2 + \gamma_3\alpha'_3\mu_3)\\
\eta' &= \xi(\alpha_1\beta'_1\mu_1 + \alpha_2\beta'_2\mu_2 + \alpha_3\beta'_3\mu_3) + \eta(\beta_1\beta'_1\mu_1 + \beta_2\beta'_2\mu_2 + \beta_3\beta'_3\mu_3)\\
&\quad + \zeta(\gamma_1\beta'_1\mu_1 + \gamma_2\beta'_2\mu_2 + \gamma_3\beta'_3\mu_3)\\
\zeta' &= \xi(\alpha_1\gamma'_1\mu_1 + \alpha_2\gamma'_2\mu_2 + \alpha_3\gamma'_3\mu_3) + \eta(\beta_1\gamma'_1\mu_1 + \beta_2\gamma'_2\mu_2 + \beta_3\gamma'_3\mu_3)\\
&\quad + \zeta(\gamma_1\gamma'_1\mu_1 + \gamma_2\gamma'_2\mu_2 + \gamma_3\gamma'_3\mu_3)
\end{aligned} \tag{2.164}$$

Diese Gleichungen sind von derselben Form wie die Gleichungen (2.153); sie lassen sich mit diesen identisch machen durch passende Bestimmung der 18 Größen α, β, γ und der drei Größen μ; wir haben dazu die neun Gleichungen, die die Gleichheit der Koeffizienten in den Gleichungen (2.153) und (2.164) aussprechen, und die zwölf Relationen, die zwischen den Größen α, β, γ bestehen. Daraus folgt dann, dass, wie behauptet, eine jede durch die Gleichungen (2.153) dargestellte Veränderung des Körpers als zusammengesetzt aus einer Drehung und einer Ausdehnung, wie sie in (2.161) dargestellt ist, angesehen werden kann.

Wie die Größen $\alpha, \beta, \gamma, \mu$ berechnet werden können, zeigen wir mit folgender Betrachtung. Nehmen wir an, dass zwischen ξ, η, ζ die Relation

$$\xi^2 + \eta^2 + \zeta^2 = 1 \tag{2.165}$$

besteht, d. h., wir betrachten materielle Punkte des Körpers, die ursprünglich auf einer mit dem Radius 1 um den Anfangspunkt der Koordinaten beschriebenen Kugel liegen; die

Gleichungen (2.153) ergeben dann, wenn wir die Zeichen b in der bei (2.150) angegebenen Bedeutung gebrauchen, zwischen ξ', η', ζ' die Relation

$$(b_{11}\xi' + b_{21}\eta' + b_{31}\zeta')^2 + (b_{12}\xi' + b_{22}\eta' + b_{32}\zeta')^2 + (b_{13}\xi' + b_{23}\eta' + b_{33}\zeta')^2 = 1. \quad (2.166)$$

Das ist die Gleichung einer Oberfläche zweiten Grades, und zwar eines Ellipsoids, weil – wenn wir $\xi' = r'\alpha', \eta' = r'\beta', \zeta' = r'\gamma'$ setzen – sie bei allen Werten von α', β', γ' reelle, endliche Werte von r' ergibt. Auf diesem Ellipsoid liegen die Teilchen nach der durch (2.151) dargestellten Veränderung. Aus der Gl. (2.164) folgt jetzt wegen (2.161) $x^2 + y^2 + z^2 = 1$ und weiter unter Verwendung von (2.160) $x'^2/\mu_2^2 + y'^2/\mu_2^2 + z'^2/\mu_2^2 = 1$.

Bei der Lage, die die x-, y-, z-Achsen nach der Drehung haben, die wir als einen Teil der in Rede stehenden Veränderung betrachten, stellt diese Gleichung demnach dasselbe Ellipsoid wie die Gl. (2.166) dar. Suchen wir mit Hilfe der letzteren die Hauptachsen desselben, dann haben wir in ihren halben Längen die Werte von μ_1, μ_2, μ_3, in den Cosinus der Winkel, die sie mit den Achsen der ξ, η, ζ bilden, die Werte der α', β', γ'. Nehmen wir $\xi'^2 + \eta'^2 + \zeta'^2 = 1$ an, dann finden wir in ähnlicher Weise

$$(a_{11}\xi + a_{12}\eta + a_{13}\zeta)^2 + (a_{21}\xi + a_{22}\eta + a_{23}\zeta)^2 + (a_{31}\xi + a_{32}\eta + a_{33}\zeta)^2 = 1 \quad \text{und}$$
$$\mu_1^2 x^2 + \mu_2^2 y^2 + \mu_3^2 z^2 = 1$$

als Gleichungen eines zweiten Ellipsoids, falls die x-, y-, z-Achsen *die* Lage haben, die sie *vor* jener Drehung besitzen. Die Halbachsen desselben haben die Längen $1/\mu_1, 1/\mu_2, 1/\mu_3$; die Cosinus der Winkel, die sie mit den ξ, η, ζ-Achsen bilden, lassen die Ermittlung der Werte der α, β, γ zu.

Unendlich kleine lineare Veränderung eines Körpers

Wir wollen die Drehung und die Größen und Richtungen der Hauptdilatationen, die den Gleichungen (2.153) entsprechen, nur in dem Fall berechnen, dass die ganze Veränderung unendlich klein ist. Es müssen die Hauptdilatationen $\mu_1 - 1, \mu_2 - 1, \mu_3 - 1$, die wir nun $\lambda_1, \lambda_2, \lambda_3$ nennen wollen, dann unendlich klein sein und ebenso die Differenzen $\alpha' - \alpha, \beta' - \beta, \gamma' - \gamma$, die wir durch $\vartheta\alpha, \vartheta\beta, \vartheta\gamma$ bezeichnen wollen, für die Indizes $1, 2, 3$. Nach den Relationen, die zwischen den Größen α, β, γ bestehen, werden daher die Gleichungen (2.163) bei Vernachlässigung unendlich kleiner Größen höherer Ordnung

$$\begin{aligned}
\xi' - \xi = {} & \xi(\alpha_1^2\lambda_1 + \alpha_2^2\lambda_2 + \alpha_3^2\lambda_3 + \alpha_1\vartheta\alpha_1 + \alpha_2\vartheta\alpha_2 + \alpha_3\vartheta a_3) \\
& + \eta(\alpha_1\beta_1\lambda_1 + \alpha_2\beta_2\lambda_2 + \alpha_3\beta_3\lambda_3 + \beta_1\vartheta\alpha_1 + \beta_2\vartheta\alpha_2 + \beta_3\vartheta\alpha_3) \\
& + \zeta(\alpha_1\gamma_1\lambda_1 + \alpha_2\gamma_2\lambda_2 + \alpha_3\gamma_3\lambda_3 + \gamma_1\vartheta\alpha_1 + \gamma_2\vartheta\alpha_2 + \gamma_3\vartheta\alpha_3) \\
\eta' - \eta = {} & \xi(\beta_1\alpha_1\lambda_1 + \beta_2\alpha_2\lambda_2 + \beta_3\alpha_3\lambda_3 + \alpha_1\vartheta\beta_1 + \alpha_2\vartheta\beta_2 + \alpha_3\vartheta\beta_3) \\
& + \eta(\beta_1^2\lambda_1 + \beta_2^2\lambda_2 + \beta_3^2\lambda_3 + \beta_1\vartheta\beta_1 + \beta_2\vartheta\beta_2 + \beta_3\vartheta\beta_3) \\
& + \zeta(\beta_1\gamma_1\lambda_1 + \beta_2\gamma_2\lambda_2 + \beta_3\gamma_3\lambda_3 + \gamma_1\vartheta\beta_1 + \gamma_2\vartheta\beta_2 + \gamma_3\vartheta\beta_3)
\end{aligned}$$

$$
\begin{aligned}
\zeta' - \zeta = \xi(&\gamma_1\alpha_1\lambda_1 + \gamma_2\alpha_2\lambda_2 + \gamma_3\alpha_3\lambda_3 + \alpha_1\vartheta\gamma_1 + \alpha_2\vartheta\gamma_2 + \alpha_3\vartheta\gamma_3)\\
&+ \eta(\gamma_1\beta_1\lambda_1 + \gamma_2\beta_2\lambda_2 + \gamma_3\beta_3\lambda_3 + \beta_1\vartheta\gamma_1 + \beta_2\vartheta\gamma_2 + \beta_3\vartheta\gamma_3)\\
&+ \zeta(\gamma_1^2\lambda_1 + \gamma_2^2\lambda_2 + \gamma_3^2\lambda_3 + \gamma_1\vartheta\gamma_1 + \gamma_2\vartheta\gamma_2 + \gamma_3\vartheta\gamma_3).
\end{aligned}
\tag{2.167}
$$

Durch Variation der Relationen zwischen den Größen α, β, γ erhalten wir sechs Relationen zwischen den Größen $\alpha, \beta, \gamma, \vartheta\alpha, \vartheta\beta, \vartheta\gamma$, die im Abschnitt *Unendlich kleine Verrückung eines Körpers* nach Aufstellung der Gleichungen (2.86) angegeben sind. In Folge derselben gibt der Vergleich der Gleichungen (2.167) mit den Gleichungen (2.153)

$$
\begin{aligned}
a_{11} - 1 &= \alpha_1^2\lambda_1 + \alpha_2^2\lambda_2 + \alpha_3^2\lambda_3;\\
a_{22} - 1 &= \beta_1^2\lambda_1 + \beta_2^2\lambda_2 + \beta_3^2\lambda_3;\\
\alpha_3^3 - 1 &= \gamma_1^2\lambda_1 + \gamma_2^2\lambda_2 + \gamma_3^2\lambda_3;\\
\frac{a_{23} + a_{32}}{2} &= \beta_1\gamma_1\lambda_1 + \beta_2\gamma_2\lambda_2 + \beta_3\gamma_3\lambda_3;\\
\frac{a_{31} + a_{13}}{2} &= \gamma_1\alpha_1\lambda_1 + \gamma_2\alpha_2\lambda_2 + \gamma_3\alpha_3\lambda_3;\\
\frac{a_{12} + a_{21}}{2} &= \alpha_1\beta_1\lambda_1 + \alpha_2\beta_2\lambda_2 + \alpha_3\beta_3\lambda_3.
\end{aligned}
\tag{2.168}
$$

An dem angeführten Ort wird gezeigt, dass die Größen $\beta_1\vartheta\gamma_1 + \beta_2\vartheta\gamma_3 + \beta_3\vartheta\gamma_3, \gamma_1\vartheta\alpha_1 + \gamma_2\vartheta a_2 + \gamma_3\vartheta\alpha_3, \alpha_1\vartheta\beta_1 + \alpha_2\vartheta\beta_2 + \alpha_3\vartheta\beta_3$, die dort mit π', χ', ρ' bezeichnet wurden, die Komponenten der Drehung nach den ξ-, η-, ζ-Achsen sind. Durch Vergleich der Gleichungen (2.167) und (2.153) erhalten wir daher als die Werte dieser Komponenten

$$
\frac{a_{32} - a_{23}}{2}, \quad \frac{a_{12} - a_{31}}{2}, \quad \frac{a_{21} - a_{12}}{2}.
\tag{2.169}
$$

Die Werte der Größen $\alpha, \beta, \gamma, \lambda$ ergeben sich durch die folgende Betrachtung. Aus den Gleichungen (2.168) finden wir unter Bezug auf die Relationen zwischen α, β, γ

$$
\begin{aligned}
&(a_{11} - 1 - \lambda_1)\alpha_1 + \left(\frac{a_{12} + a_{21}}{2}\right)\beta_1 + \left(\frac{a_{13} + a_{31}}{2}\right)\gamma_1 = 0\\
&\left(\frac{a_{21} + a_{12}}{2}\right)\alpha_1 + (a_{22} - 1 - \lambda_1)\beta_1 + \left(\frac{a_{23} + a_{32}}{2}\right)\gamma_1 = 0\\
&\left(\frac{a_{31} + a_{13}}{2}\right)\alpha_1 + \left(\frac{a_{32} + a_{23}}{2}\right)\beta_1 + (a_{33} - 1 - \lambda_1)\gamma_1 = 0.
\end{aligned}
\tag{2.170}
$$

Weil nun $\alpha_1, \beta_1, \gamma_1$ nicht gleichzeitig verschwinden können, weil die Summe ihrer Quadrate $= 1$ ist, dann muss die Determinante dieser Gleichungen verschwinden; d. h., λ_1

muss eine Wurzel der kubischen Gleichung

$$\begin{vmatrix} a_{11}-1-\lambda & \dfrac{a_{12}+a_{21}}{2} & \dfrac{a_{13}+a_{31}}{2} \\ \dfrac{a_{21}+a_{12}}{2} & a_{22}-1-\lambda & \dfrac{a_{23}+a_{32}}{2} \\ \dfrac{a_{31}+a_{13}}{2} & \dfrac{a_{32}+a_{23}}{2} & a_{33}-1-\lambda \end{vmatrix} = 0 \tag{2.171}$$

sein. Die Gleichungen (2.170) bleiben auch gültig, wenn wir den Index 1 mit dem Index 2 oder 3 bei den Zeichen $\alpha, \beta, \gamma, \lambda$ vertauschen. Daraus folgt, dass $\lambda_1, \lambda_2, \lambda_3$ die drei Wurzeln der Gl. (2.171) sind. Haben wir eine derselben für λ_1 gewählt, dann bestimmen die Gleichungen (2.170) die Verhältnisse von $\alpha_1, \beta_1, \gamma_1$; wir erhalten diese Größen selbst bis auf das Vorzeichen *einer*, das wir durch Hinzuziehung der Gleichung $\alpha_1^2 + \beta_1^2 + \gamma_1^2 = 1$ bestimmen.

Auf ähnliche Weise ergeben sich die Werte von $\alpha_2, \beta_2, \gamma_2$ und $\alpha_3, \beta_3, \gamma_3$. Auch die Vorzeichen einer der Größen $\alpha_2, \beta_2, \gamma_2$ und einer der Größen $\alpha_3, \beta_3, \gamma_3$ können noch willkürlich gewählt werden.

Anzumerken ist, dass die räumliche Dilatation $= \mu_1\mu_2\mu_3 - 1 = (1+\lambda_1)(1+\lambda_2)(1+\lambda_3) - 1 = \lambda_1 + \lambda_2 + \lambda_3$, also nach den drei ersten der Gleichungen (2.168) =

$$a_{11} - 1 + a_{22} - 1 + a_{33} - 1 \tag{2.172}$$

ist.

Geschwindigkeit der Dilatation

Wir kehren nun zu der am Anfang dieses Abschnitts entwickelten Vorstellung und den dort gebrauchten Bezeichnungen zurück. Aus den gewonnenen Resultaten ist zu schließen, dass die Veränderung, die irgendein Teil des Körpers, dessen sämtliche Dimensionen unendlich klein sind, bei seiner Bewegung in irgendeinem Zeitraum erfährt, als zusammengesetzt aus einer Verschiebung, einer Drehung und einer Ausdehnung, wie sie die Gleichungen (2.161) charakterisieren, angesehen werden kann. Die Komponenten der Verschiebung sind $x - a, y - b, z - c$; der materielle Punkt, der bei der Drehung und der Ausdehnung keine Verrückung erfährt, ist derjenige, dessen ursprüngliche Koordinaten a, b, c, dessen Koordinaten nach der Veränderung also x, y, z sind. Die Komponenten der Drehung, die Größen und Richtungen der Hauptdilatationen, wie alle Dilatationen, die stattgefunden haben, erhalten wir aus den dafür aufgestellten Formeln, wenn wir in ihnen

$$\begin{aligned} a_{11} &= \frac{\partial x}{\partial a}, \quad a_{12} = \frac{\partial x}{\partial b}, \quad a_{13} = \frac{\partial x}{\partial c}; \\ a_{21} &= \frac{\partial y}{\partial a}, \quad a_{22} = \frac{\partial y}{\partial b}, \quad a_{23} = \frac{\partial y}{\partial c}; \\ a_{31} &= \frac{\partial z}{\partial a}, \quad a_{32} = \frac{\partial z}{\partial b}, \quad a_{33} = \frac{\partial z}{\partial c} \end{aligned} \tag{2.173}$$

setzen. Die Veränderung, die der betrachtete Teil des Körpers in einem Zeitelement $\mathrm{d}t$ erfährt, ist unendlich klein; auf sie können daher die Formeln eine Anwendung finden, die oben entwickelt wurden. Um diese Anwendung zu machen, nennen wir x, y, z, was wir bisher a, b, c nannten, und schreiben $x + \mathrm{d}x$, $y + \mathrm{d}y$, $z + \mathrm{d}z$ für x, y, z; zugleich setzen wir $\mathrm{d}x = u\mathrm{d}t$, $\mathrm{d}y = v\mathrm{d}t$, $\mathrm{d}z = w\mathrm{d}t$, d. h., wir bezeichnen durch u, v, w die Komponenten der Geschwindigkeit, die zur Zeit t im Punkt (x, y, z) herrscht; die Gleichungen (2.173) werden dann

$$\begin{aligned} a_{11} - 1 &= \frac{\partial u}{\partial x}\mathrm{d}t, \quad a_{12} = \frac{\partial u}{\partial y}\mathrm{d}t, \quad a_{13} = \frac{\partial u}{\partial z}\mathrm{d}t; \\ a_{21} &= \frac{\partial v}{\partial x}\mathrm{d}t, \quad a_{22} - 1 = \frac{\partial v}{\partial y}\mathrm{d}t, \quad a_{23} = \frac{\partial v}{\partial z}\mathrm{d}t; \\ a_{31} &= \frac{\partial w}{\partial x}\mathrm{d}t, \quad a_{32} = \frac{\partial w}{\partial z}\mathrm{d}t, \quad a_{33} - 1 = \frac{\partial w}{\partial z}\mathrm{d}t. \end{aligned} \tag{2.174}$$

Den Ausdrücken (2.169) zufolge sind daher die Komponenten der Drehgeschwindigkeit im Punkt x, y, z zum Zeitpunkt t

$$\frac{1}{2}\left(\frac{\partial w}{\partial y} - \frac{\partial v}{\partial z}\right), \quad \frac{1}{2}\left(\frac{\partial u}{\partial z} - \frac{\partial w}{\partial x}\right), \quad \frac{1}{2}\left(\frac{\partial v}{\partial x} - \frac{\partial u}{\partial y}\right), \tag{2.175}$$

und nach (2.172) ist die Dilatation, die im Zeitelement $\mathrm{d}t$ vor sich geht,

$$\left(\frac{\partial u}{\partial x} + \frac{\partial v}{\partial y} + \frac{\partial w}{\partial z}\right)\mathrm{d}t. \tag{2.176}$$

Bewegungen an der Oberfläche

Wir wollen nun die Oberfläche des bewegten Körpers betrachten und beweisen, dass (unter der Voraussetzung der Stetigkeit der Bewegung) diese immer von denselben materiellen Punkten gebildet wird. Dazu nehmen wir einen materiellen Punkt P an, der in einem Augenblick nicht in der Oberfläche liegt, und betrachten einen Teil des Körpers, der in diesem Augenblick eine um P beschriebene, unendlich kleine Kugel ist. Nach unseren Betrachtungen ist dieser Teil in jedem anderen Augenblick ein Ellipsoid, dessen Mittelpunkt P ist. Daraus geht hervor, dass ein materieller Punkt, der einmal nicht in der Oberfläche liegt, sich nie in dieser befindet, und dadurch ist jene Behauptung mit anderen Worten ausgesprochen. Um diese analytisch auszudrücken, schreiben wir die Gleichung der Oberfläche zum Zeitpunkt t

$$f(x, y, z, t) = 0 \tag{2.177}$$

und betrachten einen materiellen Punkt, der zum Zeitpunkt t in der Oberfläche liegt. Derselbe liegt dann auch zum Zeitpunkt $t + \mathrm{d}t$ in ihr; d. h., wenn $f = 0$ ist, dann ist auch die Änderung $= 0$, die f erfährt, wenn t um $\mathrm{d}t$ wächst und gleichzeitig x, y, z um $u\mathrm{d}t, v\mathrm{d}t, w\mathrm{d}t$ wachsen. Dann gilt also

$$\frac{\partial f}{\partial t} + u\frac{\partial f}{\partial x} + v\frac{\partial f}{\partial y} + w\frac{\partial f}{\partial z} = 0. \tag{2.178}$$

Die Oberfläche eines Körpers besteht aus Flächen, in denen er andere Körper berührt. Es sei (2.177) die Gleichung einer solchen Fläche und es seien u_1, v_1, w_1 und u_2, v_2, w_2 die Komponenten der Geschwindigkeit am Ort (x, y, z) im ersten und im zweiten Körper; die Gl. (2.178) gibt dann

$$\frac{\partial f}{\partial t} + u_1 \frac{\partial f}{\partial x} + v_1 \frac{\partial f}{\partial y} + w_1 \frac{\partial f}{\partial z} = 0 \quad \text{und} \quad \frac{\partial f}{\partial t} + u_2 \frac{\partial f}{\partial x} + v_2 \frac{\partial f}{\partial y} + w_2 \frac{\partial f}{\partial z} = 0.$$

Ziehen wir diese Gleichungen voneinander ab, bezeichnen durch n eine von den beiden Richtungen der Normale der Fläche im Punkt (x, y, z) und benutzen, dass dann $\partial f/\partial x : \partial f/\partial y : \partial f/\partial z = \cos(nx) : \cos(ny) : \cos(nz)$ ist, so erhalten wir

$$u_1 \cos(nx) + v_1 \cos(ny) + w_1 \cos(nz) = u_2 \cos(nx) + v_2 \cos(nx) + w_2 \cos(nz); \quad (2.179)$$

eine Gleichung, die ausdrückt, dass die Komponenten der Geschwindigkeit nach der Normale der Grenzfläche für beide Körper denselben Wert haben.

Wir können es als möglich annehmen, dass auch in *einem* Körper eine Fläche vorhanden ist, an der sich die Geschwindigkeit sprungweise ändert; wir haben dann die beiden Teile, in welche die Fläche – die, wenn sie nicht geschlossen ist, in beliebiger Weise zu einer geschlossenen ergänzt werden kann – den Körper teilt, wie *zwei* Körper zu betrachten. Auch dann muss die Gl. (2.178) gelten.

Druck

Druckkräfte

Für die Einfachheit der Darstellung der Bewegungen der Körper ist es zweckmäßig neben den Kräften, die wir bisher allein betrachtet haben und die auf die Teile eines Körpers wirken, andere einzuführen, die auf die Teile seiner Oberfläche ausgeübt werden. Wir heißen diese *Drücke* oder *Druckkräfte*. Der Druck, der auf ein Element der Oberfläche eines Körpers wirkt, ist gleichartig mit der bewegenden Kraft, die auf einen materiellen Punkt ausgeübt wird; ihm kommt eine gewisse Größe und eine gewisse Richtung zu. Wir werden bei einem Druck von seiner Komponente nach einer gewissen Richtung, seinem Drehmoment in Bezug auf eine gewisse Achse, seiner Arbeit für eine gewisse Verrückung seines Angriffspunkts in demselben Sinn sprechen, wie bei einer Kraft von der Art, die wir bisher allein betrachtet haben. Mit der Größe des Flächenelements, auf das der Druck bezogen ist, ist derselbe proportional.

Den so verallgemeinerten Begriff der Kraft versuchen wir ebensowenig vollständig zu definieren, wie wir es früher mit dem spezielleren getan haben; wir wollen allein feststellen, was wir über die Bewegung eines Körpers aussagen, wenn wir die Kräfte angeben, die auf seine Teile, und die Druckkräfte, die auf die Teile seiner Oberfläche wirken.

Für ein System materieller Punkte, die irgendwie so miteinander verbunden sind, dass eine Verschiebung in jeder Richtung und eine Drehung um jede Achse ohne Änderung der relativen Lage möglich sind, gelten die oben entwickelten Sätze von der Bewegung des

Schwerpunkts und die Flächensätze[58]. Einen Körper betrachten wir als ein solches System materieller Punkte. Die Aussage, dass auf die Teile eines Körpers gewisse Kräfte, auf die Teile seiner Oberfläche gewisse Druckkräfte wirken, soll gleichbedeutend mit den sechs Gleichungen sein, die die Sätze von der Bewegung des Schwerpunkts und die Flächensätze ausdrücken, wenn wir jene Kräfte und Druckkräfte als die einzigen wirkenden Kräfte in Ansatz bringen.

Es sei $\mathrm{d}\,\tau$ ein Volumenelement des *Körpers*, μ die Dichte dieses Elements, $\mu X \mathrm{d}\,\tau$, $\mu Y \mathrm{d}\,\tau$, $\mu Z \mathrm{d}\,\tau$ seien die Komponenten der darauf wirkenden Kraft, $\mathrm{d}\,s$ ein Element der Oberfläche, n die nach dem Innern des Körpers gerichtete Normale desselben, $X_n \mathrm{d}\,s$, $Y_n \mathrm{d}\,s$, $Z_n \mathrm{d}\,s$ die Komponenten des darauf wirkenden Druckes, x, y, z die Koordinaten eines Punktes von $\mathrm{d}\,\tau$ oder von $\mathrm{d}\,s$ und schließlich $\mathrm{d}^2 x/\mathrm{d}\,t^2, \mathrm{d}^2 y/\mathrm{d}\,t^2, \mathrm{d}^2 z/\mathrm{d}\,t^2$ die Komponenten der Beschleunigung dieses Punktes. Nach der eben gegebenen Definition und nach den Gleichungen (2.68) und (2.74) ist dann

$$\begin{aligned}
\int \mu \frac{\mathrm{d}^2 x}{\mathrm{d}\,t^2} \mathrm{d}\,\tau &= \int \mu X \mathrm{d}\,\tau + \int X_n \mathrm{d}\,s;\\
\int \mu \frac{\mathrm{d}^2 y}{\mathrm{d}\,t^2} \mathrm{d}\,\tau &= \int \mu Y \mathrm{d}\,\tau + \int Y_n \mathrm{d}\,s;\\
\int \mu \frac{\mathrm{d}^2 z}{\mathrm{d}\,t^2} \mathrm{d}\,\tau &= \int \mu Z \mathrm{d}\,\tau + \int Z_n \mathrm{d}\,s
\end{aligned} \tag{2.180}$$

und

$$\begin{aligned}
\int \mu \left(y \frac{\mathrm{d}^2 z}{\mathrm{d}\,t^2} - z \frac{\mathrm{d}^2 y}{\mathrm{d}\,t^2} \right) \mathrm{d}\,\tau &= \int \mu (yZ - zY) \mathrm{d}\,\tau + \int (yZ_n - zY_n) \mathrm{d}\,s\\
\int \mu \left(z \frac{\mathrm{d}^2 x}{\mathrm{d}\,t^2} - x \frac{\mathrm{d}^2 z}{\mathrm{d}\,t^2} \right) \mathrm{d}\,\tau &= \int \mu (zX - xZ) \mathrm{d}\,\tau + \int (zX_n - xZ_n) \mathrm{d}\,s\\
\int \mu \left(x \frac{\mathrm{d}^2 y}{\mathrm{d}\,t^2} - y \frac{\mathrm{d}^2 x}{\mathrm{d}\,t^2} \right) \mathrm{d}\,\tau &= \int \mu (xY - yX) \mathrm{d}\,\tau + \int (xY_n - yX_n) \mathrm{d}\,s.
\end{aligned} \tag{2.181}$$

Drücke im Innern eines Körpers

Ein jeder Teil eines Körpers ist selbst ein Körper, auf den wir die Gleichungen (2.180) und (2.181) anwenden können. Daraus folgt, dass die Zeichen X_n, Y_n, Z_n auch für jedes Flächenelement im *Innern* eines Körpers eine Bedeutung haben müssen. Ihre Werte werden vom Ort des Flächenelements und von der Richtung seiner Normale n abhängig sein. Die Abhängigkeit von der letzteren finden wir, wenn wir die Gleichungen (2.180) für einen Teil des Körpers bilden, dessen sämtliche Dimensionen unendlich klein sind. Gesetzt, diese seien unendlich klein von der ersten Ordnung; dann sind die Integrale $\int \mu \mathrm{d}^2 x/\mathrm{d}\,t^2 \mathrm{d}\,\tau$ und $\int \mu X \mathrm{d}\,\tau$ – die Endlichkeit der Kräfte wie der Beschleunigung vor-

[58] In den Abschnitten *Die Schwerpunktsätze* und *Bewegung eines Systems um seinen Schwerpunkt*.

ausgesetzt – unendlich klein von der dritten Ordnung; das Integral

$$\int X_n \mathrm{d}\, s \tag{2.182}$$

ist also auch unendlich klein von der dritten Ordnung. Wir wenden diesen Schluss zunächst auf ein rechtwinkliges Parallelepipedon an, dessen Kanten die Längen a, b, c und beliebige Richtungen haben; das in Bezug auf dieses Parallelepipedon genommenen Integral (2.182) können wir schreiben $bc(X_a + X'_a) + ca(X_b + X'_b) + ab(X_c + X'_c)$, indem wir die Zeichen X_a, X_b, X_c auf die drei Seitenflächen beziehen, die durch einen beliebig gewählten Eckpunkt gehen, die Zeichen X'_a, X'_b, X'_c auf die diesen gegenüberliegenden Seitenflächen. Daraus, dass die aufgestellte Summe unendlich klein von der dritten Ordnung sein muss, wenn a, b, c es von der ersten Ordnung sind, was auch die Verhältnisse $a : b : c$ sein sollen, folgt, dass $X_a + X'_a, X_b + X'_b, X_c + X'_c$ verschwinden, also dass allgemein X_n denselben absoluten Wert behält, aber sein Vorzeichen ändert, wenn wir die Richtung der Normale n in die entgegengesetzte verwandeln. Indem wir dieses Resultat benutzen, wollen wir nun zeigen, wie X_n sich ausdrücken lässt durch die Werte, die es hat, wenn die Normale n parallel der x-Achse, der y-Achse oder der z-Achse ist. Diese Werte sollen mit X_x, X_y, X_z bezeichnet werden. Unendlich nahe an dem Flächenelement, für das X_n ermittelt werden soll, auf *der* Seite, nach der die Normale n gerichtet ist, nehmen wir einen Punkt an und legen durch ihn drei Ebenen parallel zu den Koordinatenebenen. Wir erhalten so ein Tetraeder; für dieses bilden wir das Integral (2.182). Es sei s die Größe *der* Seitenfläche des Tetraeders, auf die sich X_n bezieht; der dieser entsprechende Teil des Integrals ist dann sX_n. Um *den* Teil desselben zu finden, der sich auf die zur x-Achse senkrechte Seitenfläche bezieht, sind die beiden Fälle zu unterscheiden, dass die nach außen gerichtete Normale dieser Fläche der x-Achse parallel oder ihr entgegengesetzt ist; im ersten Fall ist die Größe der Fläche $s\cos(nx)$ und das entsprechende X ist $-X_x$; im zweiten sind diese beiden Größen $-s\cos(nx)$ und X_x; in beiden Fällen ist also der betreffende Teil des Integrals (2.182) $-X_x s\cos(nx)$.

Weil ähnliche Schlüsse in Bezug auf die beiden letzten Seitenflächen des Tetraeders gelten, ist das ganze Integral (2.182)

$$s(X_n - X_x\cos(nx) - X_y\cos(ny) - X_z\cos(nz)).$$

Weil dieser Ausdruck unendlich klein von höherer Ordnung als s sein soll, muss

$$X_n = X_x\cos(nx) + X_y\cos(ny) + X_z\cos(nz) \tag{2.183}$$

sein. In der Folge dieser Relation wird das Integral (2.182) von einer höheren als der zweiten Ordnung unendlich klein für *jeden* Teil des Körpers, dessen Dimensionen unendlich klein von der ersten Ordnung sind, weil

$$\int \mathrm{d}\, s\cos(nx) = 0, \quad \int \mathrm{d}\, s\cos(ny) = 0, \quad \int \mathrm{d}\, s\cos(nz) = 0 \tag{2.184}$$

gilt. Diese Gleichungen ergeben sich aus dem folgenden Satz, den wir mehrfach anwenden werden:

Ist V eine eindeutige, stetige Funktion der Koordinaten x, y, z eines Punktes eines begrenzten Raumes, $\mathrm{d}\,\tau$ ein Element dieses Raumes, $\mathrm{d}\,s$ ein Element seiner Oberfläche und n die nach dem Innern des Raumes gerichtete Normale von $\mathrm{d}\,s$, dann gilt

$$\int \frac{\partial V}{\partial x}\mathrm{d}\,\tau = -\int V\cos(nx)\mathrm{d}\,s; \quad \int \frac{\partial V}{\partial y}\mathrm{d}\,\tau = -\int V\cos(ny)\mathrm{d}\,s;$$
$$\int \frac{\partial V}{\partial z}\mathrm{d}\,\tau = -\int V\cos(nz)\mathrm{d}\,s. \tag{2.185}$$

Die Richtigkeit dieser Gleichungen leuchtet unmittelbar ein, wenn wir in ihren linken Teilen $\mathrm{d}\,x\mathrm{d}\,y\mathrm{d}\,z$ für $\mathrm{d}\,\tau$ setzen und die Integration nach x, y, z ausführen. Wir müssen in ihnen nur $V = 1$ setzen, um die Gleichungen (2.184) zu erhalten.

Der Gl. (2.183) können wir zwei ähnliche, auf demselben Weg abzuleitende, hinzufügen; dann erhalten wir

$$\begin{aligned} X_n &= X_x\cos(nx) + X_y\cos(ny) + X_z\cos(nz); \\ Y_n &= Y_x\cos(nx) + Y_y\cos(ny) + Y_z\cos(nz); \\ Z_n &= Z_x\cos(nx) + Z_y\cos(ny) + Z_z\cos(nz). \end{aligned} \tag{2.186}$$

Die neun Größen $X_x, X_y, \ldots$, die hier auftreten, sind Funktionen von x, y, z, die wir im Allgemeinen als einwertig und stetig annehmen; nur in einzelnen Flächen, in den Berührungsflächen verschiedener Körper, sollen sprungweise Änderungen derselben eintreten können. Für irgendeinen Teil *eines* Körpers gilt dann nach den Gleichungen (2.183) und (2.185)

$$\int X_n\mathrm{d}\,s = -\int\left(\frac{\partial X_x}{\partial x} + \frac{\partial X_y}{\partial y} + \frac{\partial X_z}{\partial z}\right)\mathrm{d}\,\tau$$

und daher wegen der ersten der Gleichungen (2.180)

$$\int\left\{\mu\frac{\mathrm{d}^2x}{\mathrm{d}\,t^2} - \mu X + \frac{\partial X_x}{\partial x} + \frac{\partial X_y}{\partial y} + \frac{\partial X_z}{\partial z}\right\}\mathrm{d}\,\tau = 0.$$

Weil diese Gleichung für jeden Teil des Körpers gelten soll, muss der Faktor von $\mathrm{d}\,\tau$ unter dem Integralzeichen verschwinden. Zu der Gleichung, die sich so ergibt, lassen sich wiederum zwei ähnliche hinzufügen, sodass wir erhalten

$$\begin{aligned} \mu\frac{\mathrm{d}^2x}{\mathrm{d}\,t^2} &= \mu X - \frac{\partial X_x}{\partial x} - \frac{\partial X_y}{\partial y} - \frac{\partial X_z}{\partial z}, \\ \mu\frac{\mathrm{d}^2y}{\mathrm{d}\,t^2} &= \mu Y - \frac{\partial Y_x}{\partial x} - \frac{\partial Y_y}{\partial y} - \frac{\partial Y_z}{\partial z}, \\ \mu\frac{\mathrm{d}^2z}{\mathrm{d}\,t^2} &= \mu Z - \frac{\partial Z_x}{\partial x} - \frac{\partial Z_y}{\partial y} - \frac{\partial Z_z}{\partial z}. \end{aligned} \tag{2.187}$$

Setzen wir die dadurch gegebenen Werte von $\mu \mathrm{d}^2 y/\mathrm{d}t^2$ und $\mu \mathrm{d}^2 z/\mathrm{d}t^2$ in die erste der Gleichungen (2.181) ein, benutzen, dass in Folge von (2.185)

$$
\begin{aligned}
-\int z\frac{\partial Y_x}{\partial x}\mathrm{d}\tau &= \int zY_x\cos(nx)\mathrm{d}s,\\
-\int z\frac{\partial Y_y}{\partial y}\mathrm{d}\tau &= \int zY_y\cos(ny)\mathrm{d}s,\\
-\int z\frac{\partial Y_z}{\partial z}\mathrm{d}\tau &= \int zY_z\cos(nz)\mathrm{d}s + \int Y_z\mathrm{d}\tau\\
-\int y\frac{\partial Z_x}{\partial x}\mathrm{d}\tau &= \int yZ_x\cos(nx)\mathrm{d}s,\\
-\int y\frac{\partial Z_y}{\partial y}\mathrm{d}\tau &= \int yZ_y\cos(ny)\mathrm{d}s + \int Z_y\mathrm{d}\tau,\\
-\int y\frac{\partial Z_z}{\partial Z_z}\mathrm{d}\tau &= \int yZ_z\cos(nz)\mathrm{d}s
\end{aligned}
$$

gilt und berücksichtigen die beiden letzten der Gleichungen (2.186), dann erhalten wir $\int(Y_z - Z_y)\mathrm{d}\tau = 0$.

Daraus folgt $Y_z = Z_y$. Dieser Gleichung lassen sich zwei ähnliche hinzufügen; wir erhalten

$$Y_z = Z_y, \quad Z_x = X_z, \quad X_y = Y_x. \tag{2.188}$$

Hauptdrücke

Der Druck, der auf ein Flächenelement wirkt, ist im Allgemeinen schief gegen dieses gerichtet; es gibt aber für jeden Ort drei aufeinander senkrechte Flächenelemente, die *senkrechte* Drücke erfahren. Zu diesem Resultat führt die folgende Betrachtung.

Es sei n die Normale eines Flächenelements, auf das ein senkrechter Druck wirkt, und p die Größe dieses Druckes; dann ist $X_n = p\cos(nx)$, $Y_n = p\cos(ny)$, $Z_n = p\cos(nz)$; also nach (2.186)

$$
\begin{aligned}
(X_x - p)\cos(nx) + X_y\cos(ny) + X_z\cos(nz) &= 0;\\
Y_x\cos(nx) + (Y_y - p)\cos(ny) + Y_z\cos(nz) &= 0;\\
Z_x\cos(nx) + Z_y\cos(ny) + (Z_x - p)\cos(nz) &= 0.
\end{aligned}
\tag{2.189}
$$

Diese Gleichungen bestimmen in Verbindung mit $\cos^2(nx) + \cos^2(ny) + \cos^2(nz) = 1$ die vier Unbekannten $p, \cos(nx), \cos(ny), \cos(nz)$. Sie sind wegen der Relationen (2.188) dieselben wie diejenigen, auf die wir geführt werden, wenn wir Länge und Richtung einer Halbachse der Fläche zweiten Grades suchen, deren Gleichung

$$X_x\xi^2 + Y_y\eta^2 + Z_z\zeta^2 + 2Y_z\eta\zeta + 2Z_x\zeta\xi + 2X_y\xi\eta = 1 \tag{2.190}$$

ist, wobei ξ, η, ζ die Koordinaten eines Punktes sind. Bezeichnen wir nämlich durch ρ die Länge des Radiusvektors, der mit den Koordinatenachsen Winkel bildet, deren Cosinus

α, β, γ sind, sodass $\xi = \rho\alpha, \eta = \rho\beta, \zeta = \rho\gamma$ ist, dann wird die Gl. (2.190)

$$\frac{1}{\rho^2} = X_x\alpha^2 + Y_y\eta^2 + Z_z\gamma^2 + 2Y_z\beta\gamma + 2Z_x\gamma\alpha + 2X_y\alpha\gamma. \tag{2.191}$$

Wir erhalten die Halbachsen der Fläche, indem wir die Maxima und Minima des Ausdrucks von $1/\rho^2$ unter der Bedingung $\alpha^2 + \beta^2 + \gamma^2 - 1 = 0$ bestimmen. Dazu dienen die Gleichungen

$$\begin{aligned}(X_x - \lambda)\alpha + X_y\beta + X_z\gamma = 0; \quad Y_x\alpha + (Y_y - \lambda)\beta + Y_z\gamma = 0;\\ Z_x + Z_y\beta + (Z_z - \lambda)\gamma = 0,\end{aligned} \tag{2.192}$$

die für λ die kubische Gleichung

$$\begin{vmatrix} X_x - \lambda & X_y & X_z \\ Y_x & Y_y - \lambda & Y_z \\ Z_x & Z_y & Z_z - \lambda \end{vmatrix} = 0$$

ergeben. Die drei Wurzeln dieser Gleichung entsprechen den drei Halbachsen und sind den reziproken Quadraten dieser gleich, was ersichtlich wird, wenn wir die Gleichungen (2.192) mit α, β, γ multiplizieren, addieren und das Resultat mit (2.191) vergleichen. Die Gleichungen (2.189) werden aber identisch mit den Gleichungen (2.192), wenn wir $p = \lambda, \cos(nx) = \alpha, \cos(ny) = \beta, \cos(nz) = \gamma$ setzen. Daraus folgt, dass die Hauptachsen der Fläche (2.190) die Normalen von Flächenelementen sind, die senkrechte Drücke erfahren. Die Größen dieser Drücke sind den reziproken Quadraten der Halbachsen dieser Fläche gleich. Sie heißen die *Hauptdrücke*; ihre Richtungen die *Hauptdruckachsen*.

Bezeichnen wir die Hauptdrücke durch p_1, p_2, p_3 und die Cosinus der Winkel, die die Hauptdruckachsen mit den Koordinatenachsen bilden, durch α, β, γ mit den Indizes $1, 2, 3$, dann ist, wie aus den Gleichungen (2.192) in Verbindung mit den Relationen folgt, die feststellen, dass die Hauptachsen einer Fläche zweiten Grades senkrecht aufeinander stehen:

$$\begin{aligned} X_x &= p_1\alpha_1^2 + p_2\alpha_2^2 + p_3\alpha_3^2;\\ Y_y &= p_1\beta_1^2 + p_2\beta_2^2 + p_3\beta_3^2;\\ Z_z &= p_1\gamma_1^2 + p_2\gamma_2^2 + p_3\gamma_3^2\\ Y_z = Z_y &= p_1\beta_1\gamma_1 + p_2\beta_2\gamma_2 + p_3\beta_3\gamma_3;\\ Z_x = X_z &= p_1\gamma_1\alpha_1 + p_2\gamma_2\alpha_2 + p_3\gamma_3\alpha_3;\\ X_y = Y_x &= p_1\alpha_1\beta_1 + p_2\alpha_2\beta_2 + p_3\alpha_3\beta_3. \end{aligned} \tag{2.193}$$

Gleichheit des Druckes auf beiden Seiten der Berührungsfläche zweier Körper

An der Berührungsfläche zweier Körper können die Druckkomponenten $X_x, X_y, \ldots$ Sprünge machen. Wenn n eine Normale der Berührungsfläche bedeutet, dann sind aber

X_n, Y_n, Z_n stetig, vorausgesetzt, dass auf die Teile der Körper an der Berührungsfläche nicht unendlich große Kräfte wirken. Um diese Behauptung zu beweisen, betrachten wir einen beliebigen, endlichen Teil der Berührungsfläche, denken uns in allen Punkten dieses die Normalen nach beiden Seiten hingezogen und auf ihnen Strecken von der unendlich kleinen Länge ε abgetragen. Auf den Raum, den diese Strecken erfüllen, wenden wir die Gleichungen (2.180) an. Die hier vorkommenden, nach $\mathrm{d}\,\tau$ zu nehmenden Integrale sind unendlich klein von der Ordnung von ε; die nach $\mathrm{d}\,s$ zu nehmenden Integrale müssen nach derselben Ordnung unendlich klein sein; dazu ist erforderlich, dass die Werte von X_n, Y_n, Z_n auf beiden Seiten keine endlichen Unterschiede haben. Bei diesem Schluss ist zu beachten, dass, während in den Gleichungen (2.180) unter n die nach dem Innern des betrachteten Raumes gerichtete Normale von $\mathrm{d}\,s$ verstanden wurde, wir hier n als eine der beiden Normalen eines Elements der Berührungsfläche definiert haben; die Folge davon ist, dass n auf der einen Seite der Berührungsfläche hier und dort dieselbe Bedeutung hat, auf der anderen aber entgegengesetzte Richtungen bezeichnet.

Das Hamiltonsche Prinzip

Aus der dritten der Lagrangeschen Differenzialgleichungen der Bewegung für ein System diskreter materieller Punkte leiteten wir das d'Alembertsche und daraus das Hamiltonsche Prinzip ab. Mit den Differenzialgleichungen, die wir für die Bewegung eines Körpers angegeben haben, wollen wir jetzt Operationen vornehmen, die denen entsprechen, die uns dort zum Hamiltonschen Prinzip geführt haben. Wie bisher bezeichnen wir mit x, y, z die Koordinaten eines gewissen materiellen Punktes zum Zeitpunkt t und nennen $\delta x, \delta y, \delta z$ die Komponenten einer unendlich kleinen virtuellen Verrückung dieses Punktes. Virtuelle Verrückungen sind hier ganz beliebige, die sich nur stetig mit dem Ort ändern müssen. Wir multiplizieren die Gleichungen (2.187) mit $\delta x, \delta y, \delta z$, addieren sie, multiplizieren sie dann mit dem Element des Raumes, den der Körper zur Zeit t einnimmt, $\mathrm{d}\,\tau$, und integrieren über diesen Raum. Wir beziehen dabei $\mathrm{d}\,\tau$ auf einen gewissen Komplex von materiellen Punkten, dessen Masse wir $\mathrm{d}\,m$ nennen, sodass

$$\mu \mathrm{d}\,\tau = \mathrm{d}\,m \tag{2.194}$$

ist. Wir benutzen, dass $\partial X_x/\partial x \delta x = \partial(X_x \delta x)/\delta x - X_x \partial \delta X/\partial x$ gilt, und transformieren in entsprechender Weise die acht ähnlichen Glieder. Dann tritt bei Benutzung der Gleichungen (2.185) und (2.186) die Summe

$$\int \mathrm{d}\,m(X\delta x + Y\delta y + Z\delta z) + \int \mathrm{d}\,s(X_n\delta x + Y_n\delta y + Z_n\delta z) \tag{2.195}$$

auf, wobei $\mathrm{d}\,s$ ein Element der Oberfläche des Körpers bedeutet; diese Summe ist die Arbeit, die die Kräfte und Druckkräfte, die auf die Teile und die Oberfläche des Körpers wirken, bei der gedachten Verrückung leisten; wir bezeichnen sie durch U'. Wir erhalten dann unter Verwendung der Gleichungen (2.188)

$$0 = \int \mathrm{d}m\left(\frac{\mathrm{d}^2x}{\mathrm{d}t^2}\delta x + \frac{\mathrm{d}^2y}{\mathrm{d}t^2}\delta y + \frac{\mathrm{d}^2z}{\mathrm{d}t^2}\delta z\right) - U' - F', \tag{2.196}$$

wenn

$$\begin{aligned} F' = \int \mathrm{d}\tau\Bigg(& X_x\frac{\partial\delta x}{\partial x} + Y_y\frac{\partial\delta y}{\partial y} + Z_z\frac{\partial\delta z}{\partial z} \\ & + Y_z\left(\frac{\partial\delta y}{\partial z} + \frac{\partial\delta z}{\partial y}\right) + Z_x\left(\frac{\partial\delta z}{\partial x} + \frac{\partial\delta x}{\partial z}\right) + X_y\left(\frac{\partial\delta x}{\partial y} + \frac{\partial\delta y}{\partial x}\right)\Bigg) \end{aligned} \tag{2.197}$$

gesetzt wird. Die Gl. (2.196) drückt das d'Alembertsche Prinzip für unseren Körper aus. Für den Fall des Gleichgewichts gibt sie die Bedingung

$$0 = U' + F', \tag{2.198}$$

die das Prinzip der virtuellen Verrückungen ausdrückt.

Wesentlich bei dieser Rechnung ist die Voraussetzung, dass sich im betrachteten Körper die Druckkomponenten $X_x, Y_y, \ldots$ und die Verrückungen $\delta x, \delta y, \delta z$ überall stetig mit dem Ort ändern; ohne diese Voraussetzung wäre die Anwendung der Gleichungen (2.185) nicht gerechtfertigt. Denken wir uns nun ein System von Körpern, von denen für jeden einzelnen diese Voraussetzung erfüllt ist; an der Berührungsfläche je zweier sollen aber jene Druckkomponenten und Verrückungen Sprünge erfahren können, wie wir sie in den Abschnitten *Bewegungen an der Oberfläche* und *Gleichheit des Druckes auf den beiden Seiten der Berührungsflächen zweier Körper* betrachtet haben. Das Charakteristische dieser Sprünge ist, dass X_n, Y_n, Z_n, wenn n für jeden der beiden Körper die nach seinem Innern gerichtete Normale bedeutet, für beide entgegengesetzte Werte haben, und dass die Komponenten der Verrückungen $(\delta x, \delta y, \delta z)$ nach der einen Normale einander gleich sind. Wir denken uns die Gl. (2.196), nachdem für U' und F' aus (2.195) und (2.197) ihre Werte substituiert sind, für jeden der Körper gebildet und dann von ihr die Summe in Bezug auf alle Körper genommen. Die Summe entsprechender Integrale, unter deren Zeichen $\mathrm{d}m$ oder $\mathrm{d}\tau$ vorkommt, lässt sich darstellen als *ein* Integral, das über die Masse oder das Volumen des ganzen Systems auszudehnen ist. Die Summe der Integrale, unter deren Zeichen $\mathrm{d}s$ steht, setzt sich zusammen aus einem Integral (von derselben Form), das über die Oberfläche des ganzen Systems auszudehnen ist, und Integralen, die sich auf die Berührungsflächen je zweier Körper beziehen. Jedes Element $\mathrm{d}s$ einer solchen kommt im entsprechenden Integral zweimal vor, weil es zur Oberfläche zweier Körper gehört. Betrachten wir nur solche Verrückungen $\delta x, \delta y, \delta z$, die auch in den Berührungsflächen keine Sprünge erfahren, dann hat der Faktor von $\mathrm{d}s$,

$$X_n\delta x + Y_n\delta y + Z_n\delta z, \tag{2.199}$$

diese beiden Male entgegengesetzte Werte; es verschwinden in Folge davon die auf die Berührungsflächen bezogenen Integrale, und es gilt die Gl. (2.196), mithin auch die Gl. (2.198) bei den in (2.195) und (2.197) angegebenen Werten von U' und F' auch für ein System von Körpern, an deren Berührungsflächen die Druckkomponenten Sprünge erleiden. Das findet im Allgemeinen nicht statt für Verrückungen, deren Stetigkeit in diesen Flächen unterbrochen ist; es findet aber auch für diese in dem Fall statt, in dem der Druck, dessen Komponenten X_n, Y_n, Z_n sind, immer ein senkrechter ist. In diesem Fall hat der Ausdruck (2.199) in den beiden Bedeutungen, in denen er auftritt, entgegengesetzte Werte; er ist gleich dem Produkt aus der Größe der Resultierenden der Druckkomponenten X_n, Y_n, Z_n in die Komponente der Verrückung $(\delta x, \delta y, \delta z)$ nach der einen oder andern der beiden Normalen von $\mathrm{d}s$; diese Komponenten müssen entgegengesetzte Werte haben.

Multiplizieren wir die Gl. (2.196) mit $\mathrm{d}t$ und integrieren sie über einen beliebigen Zeitraum, dann erhalten wir durch Schlüsse und bei einer Bezeichnungsweise, wie wir sie bei der Betrachtung eines Systems von diversen materiellen Punkten benutzt haben,

$$\left[\int_{t_0}^{t_1} \mathrm{d}m\left(\frac{\mathrm{d}x}{\mathrm{d}t}\delta x + \frac{\mathrm{d}y}{\mathrm{d}t}\delta y + \frac{\mathrm{d}z}{\mathrm{d}t}\delta z\right)\right] = \int_{t_0}^{t_1} \mathrm{d}t(\delta T + U' + F'), \tag{2.200}$$

wobei T die Bewegungsenergie bezeichnet, also $T = \frac{1}{2}\int \mathrm{d}m((\mathrm{d}x/\mathrm{d}t)^2 + (\mathrm{d}y/\mathrm{d}t)^2 + (\mathrm{d}z/\mathrm{d}t)^2)$ gilt.

Setzen wir über die Variationen $\delta x, \delta y, \delta z$ noch voraus, dass sie alle für t_0 und t_1 verschwinden, dann wird die Gl. (2.200) zu

$$0 = \int_{t_0}^{t_1} \mathrm{d}t(\delta T = U' + F'). \tag{2.201}$$

Damit ist das Hamiltonsche Prinzip für die jetzt betrachteten Fälle formuliert.

Wenn wir das d'Alembertsche Prinzip, das Prinzip der virtuellen Verrückungen oder das Hamiltonsche Prinzip auf Körper anwenden wollen, deren Teile relative Verschiebungen erfahren, dann sehen wir also, dass wir zur Arbeit U' der Kräfte X, Y, Z und der Druckkräfte, die auf die Oberfläche wirken, die durch die Gl. (2.197) definierte Größe F' hinzufügen müssen. Es kann diese auch als die Arbeit gewisser Kräfte für die gedachte Verrückung angesehen werden. Bisweilen heißen diese Kräfte *innere*, und im Gegensatz dazu die Kräfte, deren Arbeit durch U' bezeichnet wird, *äußere*.

Bewegung der Flüssigkeiten

Um zu einer einfachen Beschreibung der Bewegung der Körper zu gelangen, dürfen wir erfahrungsgemäß annehmen, dass die Druckkomponenten $X_x, X_y, \ldots$ für jeden unendlich kleinen Teil eines Körpers nur vom Zustand und der Zustandsänderung *dieses* Teils abhängig sind. Die Ausdrücke, die wir für die Druckkomponenten aufstellen können, sind verschieden für die verschiedenen Klassen der Körper. Wir betrachten zuerst die *Flüssigkeiten.* Wenn wir absehen von den Erscheinungen, die wir als eine Folge der Reibung bezeichnen, dann können wir hier $Y_z, Z_x, X_y = 0$; $X_x = Y_y = Z_z$ setzen. Den gemeinsamen Wert von X_x, Y_y, Z_z bezeichnen wir mit p und nennen ihn den Druck im betrachteten Punkt zum Zeitpunkt t. Die Gleichungen (2.186) zeigen, dass ein Flächenelement von beliebiger Richtung denselben senkrechten Druck p erfährt. Das ist derjenige, auf den bei der Diskussion des Ausdrucks (2.199) hingewiesen wurde. Die Gleichungen (2.187) werden zu

$$\mu \frac{\mathrm{d}^2 x}{\mathrm{d}t^2} = \mu X - \frac{\partial p}{\partial x}; \quad \mu \frac{\mathrm{d}^2 y}{\mathrm{d}t^2} = \mu Y - \frac{\partial p}{\partial y}; \quad \mu \frac{\mathrm{d}^2 z}{\mathrm{d}t^2} = \mu Z - \frac{\partial p}{\partial z}. \tag{2.202}$$

Diesen drei Gleichungen zwischen den fünf Unbekannten x, y, z, μ, p ist als vierte eine Relation zwischen dem Druck p und der Dichte μ, die durch die Natur der Flüssigkeit bedingt ist, hinzuzufügen und als fünfte eine, die die folgende Betrachtung ergibt. Ist $\mathrm{d}\tau$ das Volumen eines gewissen Komplexes von materiellen Punkten zum Zeitpunkt t, so ist $\mu \mathrm{d}\tau$ die Masse dieses Komplexes (wie schon in (2.194) festgehalten), also unabhängig von der Zeit. Bezeichnen wir die Änderungen, die μ und $\mathrm{d}\tau$ in dem Zeitelement $\mathrm{d}t$ erfahren, durch ein vorgesetztes d, so ist danach $\mathrm{d}\mu/\mu + \mathrm{d}\,\mathrm{d}\tau/\mathrm{d}\tau = 0$. Das zweite Glied auf der linken Seite dieser Gleichung ist aber die räumliche Dilatation, die in der Zeit $\mathrm{d}t$ vor sich geht, also nach (2.176) $(\partial u/\partial x + \partial v/\partial y + \partial w/\partial z)\mathrm{d}t$, wenn u, v, w die Komponenten der Geschwindigkeit zum Zeitpunkt t im Punkt x, y, z bedeuten, wenn also $u = \mathrm{d}x/\mathrm{d}t, v = \mathrm{d}y/\mathrm{d}t, w = \mathrm{d}z/\mathrm{d}t$ gilt. Daraus folgt

$$\frac{\mathrm{d}\mu}{\mathrm{d}t} + \mu\left(\frac{\partial u}{\partial x} + \frac{\partial v}{\partial y} + \frac{\partial w}{\partial z}\right) = 0. \tag{2.203}$$

Für die durch die Gl. (2.197) bestimmte Größe F' erhalten wir

$$F' = \int \mathrm{d}\tau\, p\left(\frac{\partial \delta x}{\partial x} + \frac{\partial \delta y}{\partial y} + \frac{\partial \delta z}{\partial z}\right). \tag{2.204}$$

Durch eine Betrachtung, die derjenigen ganz ähnlich ist, durch die wir Gl. (2.203) abgeleitet haben, finden wir aber $\delta\mu/\mu + \partial\delta x/\partial x + \partial\delta y/\partial y + \partial\delta z/\partial z = 0$; wir haben daher auch $F' = -\int \mathrm{d}\tau p \delta\mu/\mu = -\int \mathrm{d}m p \delta\mu/\mu^2$.

Denken wir uns mit Hilfe der zwischen p und μ bestehenden Relation $f = \int p \mathrm{d}\mu/\mu^2$ gebildet, wobei der unteren Grenze des Integrals irgendein fester Wert gegeben sein möge, dann erhalten wir $\delta f = p\delta\mu/\mu^2$, demnach $F' = -\delta \int f \mathrm{d}m$. Weil F' die Arbeit der inneren Kräfte bedeutet, so ist daraus zu schließen, dass für unsere Flüssigkeit die inneren Kräfte ein Potenzial haben, das $= -\int f \mathrm{d}m$ ist. In vielen Fällen sind die Änderungen der Dichte aber so unbedeutend, dass wir sie vernachlässigen, die Flüssigkeit als *inkompressibel* betrachten dürfen. In den Gleichungen (2.202) ist dann μ eine Konstante und die Gl. (2.203) wird

$$\frac{\partial u}{\partial x} + \frac{\partial v}{\partial y} + \frac{\partial w}{\partial z} = 0. \tag{2.205}$$

Nach dem in (2.204) für F' gegebenen Ausdruck ist $F' = 0$, wenn $\partial\delta x/\partial x + \partial\delta y/\partial y + \partial\delta z/\partial z = 0$ ist, wenn also die Variation der Dichte $= 0$ ist. Verstehen wir unter virtuellen Verrückungen bei einer inkompressiblen Flüssigkeit nur solche, die die Dichte nicht ändern, dann ist also für eine inkompressible Flüssigkeit für alle Verrückungen $F' = 0$, und es gilt das d'Alembertsche Prinzip, das Prinzip der virtuellen Verrückungen und das Hamiltonsche Prinzip in derselben Form, wie für ein System diskreter materieller Punkte.

Bewegung elastischer fester Körper

Wir betrachten jetzt einen elastischen festen Körper unter der Voraussetzung, dass alle Punkte desselben nur unendlich kleine Verrückungen aus Lagen erhalten, bei denen sämtliche Druckkomponenten gleich null sind. Wir wollen ferner voraussetzen, dass der Körper sich nach verschiedenen Richtungen gleich verhält, also *isotrop* ist. Für einen solchen Körper nehmen wir an, dass die Hauptdrücke dieselben Richtungen haben wie die Hauptdilatationen, und lineare homogene Funktionen dieser sind. Wir bezeichnen die Hauptdrücke durch p_1, p_2, p_3, die entsprechenden Hauptdilatationen durch $\lambda_1, \lambda_2, \lambda_3$ und setzen

$$p_1 = -2K(\lambda_1 + \theta[\lambda_1 + \lambda_2 + \lambda_3]), \quad p_2 = -2K(\lambda_2 + \theta[\lambda_1 + \lambda_2 + \lambda_3]),$$
$$p_3 = -2K(\lambda_3 + \theta[\lambda_1 + \lambda_2 + \lambda_3]), \tag{2.206}$$

indem wir unter K und θ zwei von der Natur des Körpers abhängige Konstanten verstehen. Diese Gleichungen sind so gebildet, dass sie ineinander übergehen, wenn wir die Indizes $1, 2, 3$ irgendwie miteinander vertauschen. Sind $\alpha_1, \beta_1, \partial\gamma_1, \alpha_2, \beta_2, \gamma_2, \alpha_3, \beta_3, \gamma_3$ die Cosinus der Winkel, die die Richtungen der Hauptdrücke und Hauptdilatationen mit den Koordinatenachsen bilden, dann gelten die Gleichungen (2.193), und es gelten auch die Gleichungen (2.168), wenn wir hier für $a_{11}, a_{12}, \ldots$ gewisse Werte setzen. Diese Werte sind mit Hilfe der Gleichungen (2.173) zu bilden. Die dort gebrauchten Bezeichnungen wollen wir ändern; es sollen x, y, z die Koordinaten eines materiellen Punktes des Körpers bei dem von uns vorausgesetzten Zustand desselben sein, bei dem sämtliche Druckkomponenten gleich null sind. Zudem sind $x + \xi, y + \eta, z + \zeta$ die Koordinaten desselben materiellen Punktes zum Zeitpunkt t, also ξ, η, ζ die als unendlich klein angenommenen Verrückungen des Punktes zum Zeitpunkt t. Die genannten Gleichungen ergeben dann:

$$\begin{aligned} a_{11} - 1 &= \frac{\partial\xi}{\partial x}, \quad a_{12} = \frac{\partial\xi}{\partial y}, \quad a_{13} = \frac{\partial\xi}{\partial z} \\ a_{21} &= \frac{\partial\eta}{\partial x}, \quad a_{22} - 1 = \frac{\partial\eta}{\partial y}, \quad a_{23} = \frac{\partial\eta}{\partial z} \\ a_{31} &= \frac{\partial\zeta}{\partial x}, \quad a_{32} = \frac{\partial\zeta}{\partial y}, \quad a_{33} - 1 = \frac{\partial\xi}{\partial z} \end{aligned} \tag{2.206a}$$

Verbinden wir die Gleichungen, in die dadurch die Gleichungen (2.168) übergehen, mit den Gleichungen (2.193) und (2.206), dann ergibt sich

$$X_x = -2K\left(\frac{\partial\xi}{\partial x} + \theta\left(\frac{\partial\xi}{\partial x} + \frac{\partial\eta}{\partial y} + \frac{\partial\zeta}{\partial z}\right)\right), \quad Y_y = -2K\left(\frac{\partial\eta}{\partial y} + \theta\left(\frac{\partial\xi}{\partial x} + \frac{\partial\eta}{\partial y} + \frac{\partial\zeta}{\partial z}\right)\right)$$

$$Z_z = -2K\left(\frac{\partial\zeta}{\partial z} + \theta\left(\frac{\partial\xi}{\partial x} + \frac{\partial\eta}{\partial y} + \frac{\partial\zeta}{\partial z}\right)\right)$$

$$Y_z = -K\left(\frac{\partial\eta}{\partial z} + \frac{\partial\zeta}{\partial y}\right), \quad Z_x = -K\left(\frac{\partial\zeta}{\partial x} + \frac{\partial\xi}{\partial z}\right), \quad X_y = -K\left(\frac{\partial\xi}{\partial y} + \frac{\partial\eta}{\partial x}\right). \tag{2.207}$$

Wie die Ableitung dieser Gleichungen zeigt, gelten sie ungeändert für jedes Koordinatensystem.

Die Gleichungen (2.187) werden bei der veränderten Bezeichnung

$$\mu\frac{\mathrm{d}^2\xi}{\mathrm{d}t^2} = \mu X - \frac{\partial X_x}{\partial x} - \frac{\partial X_y}{\partial y} - \frac{\partial X_z}{\partial z},$$
$$\frac{\mathrm{d}^2\eta}{\mathrm{d}t^2} = \mu Y - \frac{\partial Y_x}{\partial x} - \frac{\partial Y_y}{\partial y} - \frac{\partial Y_z}{\partial z},$$
$$\mu\frac{\mathrm{d}^2\zeta}{\mathrm{d}t^2} = \mu Z - \frac{\partial Z_x}{\partial x} - \frac{\partial Z_y}{\partial y} - \frac{\partial Z_z}{\partial z}. \tag{2.208}$$

Hätten wir die Annahme nicht gemacht, dass ξ, η, ζ unendlich klein seien (die erfordert, dass es auch X, Y, Z sind), dann hätten wir auf den rechten Seiten dieser Gleichungen überall für x, y, z gesetzt zu denken $x + \xi, y + \eta, z + \xi$; die erwähnte Annahme macht das unnötig; sie berechtigt auch dazu, μ in diesen Gleichungen als konstant zu betrachten.

Berechnen wir noch die durch die Gl. (2.197) definierte Größe F. Setzen wir der Kürze wegen

$$x_x = \frac{\partial\xi}{\partial x}, \quad y_z = z_y = \frac{\partial\eta}{\partial z} + \frac{\partial\zeta}{\partial y}, \quad y_y = \frac{\partial\eta}{\partial y}, \quad z_x = x_z = \frac{\partial\zeta}{\partial x} + \frac{\partial\xi}{\partial z},$$
$$z_z = \frac{\partial\zeta}{\partial z}, \quad x_y = y_x = \frac{\partial\xi}{\partial y} + \frac{\partial\eta}{\partial x},$$

dann wird diese Gleichung $F' = \int \mathrm{d}\tau(X_x\delta x_x + Y_y\delta y_y + Z_z\delta z_z + Y_z\delta y_z + Z_x\delta z_x + X_y\delta x_y)$. Setzen wir

$$f = -K\left(x_x^2 + y_y^2 + z_z^2 + \frac{1}{2}y_z^2 + \frac{1}{2}z_x^2 + \frac{1}{2}x_y^2 + \theta[x_x + y_y + z_z]^2\right), \tag{2.209}$$

oder, was dasselbe ist, $f = -K(\lambda_1^2 + \lambda_2^2 + \lambda_3^2 + \theta[\lambda_1 + \lambda_2 + \lambda_3]^2)$, dann erhalten wir

$$X_x = \frac{\partial f}{\partial x_x}, \quad Y_y = \frac{\partial f}{\partial y_y}, \quad Z_z = \frac{\partial f}{\partial z_z}, \quad Y_z = \frac{\partial f}{\partial y_z}, \quad Z_x = \frac{\partial f}{\partial z_x}, \quad X_y = \frac{\partial f}{\partial x_y}. \tag{2.210}$$

Daraus folgt $F' = \int \mathrm{d}\,\tau \delta f$, oder, weil bei Vernachlässigung unendlich kleiner Größen höherer Ordnung $\mathrm{d}\,\tau$ als unveränderlich anzusehen ist, $F' = \delta \int f \,\mathrm{d}\,\tau$.

Es folgt daraus, dass auch hier die inneren Kräfte ein Potenzial haben, nämlich das Potenzial $\int f \,\mathrm{d}\,\tau$.

Dasselbe gilt auch für Körper, die nicht isotrop sind; auch für solche bestehen die Gleichungen (2.210), in denen f eine homogene Funktion zweiten Grades der sechs Argumente $x_x, y_y, z_z, y_z, z_x, x_y$ bezeichnet, die aber dann eine andere Form als der in (2.209) angegebene Ausdruck besitzt.

Reibung der Flüssigkeiten

Wir kommen zur Betrachtung einer Flüssigkeit zurück und stellen die Ausdrücke der Druckkomponenten $X_x, Y_y, \ldots$ für den Fall auf, dass die *Reibung* der Flüssigkeit berücksichtigt wird. Bezeichnen wir durch u, v, w die Komponenten der Geschwindigkeit im Punkt (x, y, z) zum Zeitpunkt t, dann hängen nach den Diskussionen im Abschnitt *Bewegung eines Körpers* die relativen Bewegungen innerhalb eines unendlich kleinen Teils der Flüssigkeit zum Zeitpunkt t von den sechs Größen

$$\frac{\partial u}{\partial x}, \quad \frac{\partial v}{\partial y}, \quad \frac{\partial w}{\partial z}, \quad \frac{\partial v}{\partial z} + \frac{\partial w}{\partial y}, \quad \frac{\partial w}{\partial x} + \frac{\partial u}{\partial z}, \quad \frac{\partial u}{\partial y} + \frac{\partial v}{\partial x} \tag{2.211}$$

ab; es findet hier keine relative Bewegung, sondern nur eine Verschiebung und eine Drehung des Teils statt, wenn diese verschwinden. Wir nehmen an, dass dann auch keine Reibung vorhanden ist, dass dann also die Größen

$$X_x - p, \quad Y_y - p, \quad Z_z - p, \quad Y_z, \quad Z_x, \quad X_y \tag{2.212}$$

bei passender Bestimmung von p verschwinden, die Größen, von denen wir oben bei Vernachlässigung der Reibung angenommen haben, dass sie immer $= 0$ sind. Wir nehmen weiter an, dass die Größen (2.212) lineare Funktionen der Größen (2.211) sind, und setzen

$$X_x = p - 2k\frac{\partial u}{\partial x}, \quad Y_z = -k\left(\frac{\partial v}{\partial z} + \frac{\partial w}{\partial y}\right), \quad Y_y = p - 2k\frac{\partial v}{\partial y},$$
$$Z_x = -k\left(\frac{\partial w}{\partial x} + \frac{\partial u}{\partial z}\right), \quad Z_z = p - 2k\frac{\partial w}{\partial z}, \quad X_y = -k\left(\frac{\partial u}{\partial y} + \frac{\partial v}{\partial x}\right),$$

wobei k eine Konstante der Flüssigkeit ist. Diese Gleichungen haben, wie die ähnlich gebildeten Gleichungen (2.207), die Eigenschaft, unverändert zu gelten, wenn das Koordinatensystem beliebig verlegt wird.

Die drei Gleichungen, die wir erhalten, wenn wir diese Werte der Druckkomponenten in (2.187) substituieren, enthalten, wenn die Flüssigkeit als inkompressibel anzusehen ist, vier unbekannte Funktionen, nämlich x, y, z, p, weil u, v, w die Differenzialquotienten von x, y, z nach t sind. Ihnen hinzuzufügen ist die Bedingung der Inkompressibilität

$$\frac{\partial u}{\partial x} + \frac{\partial v}{\partial y} + \frac{\partial w}{\partial z} = 0.$$

Elastische Körper

Elastizitätskonstanten kristalliner Körper

Wir betrachten das Gleichgewicht und die Bewegung *elastischer fester* Körper. Die allgemeinen Differenzialgleichungen dazu haben wir bereits im vorigen Abschnitt unter gewissen Voraussetzungen aufgestellt. Diese Gleichungen werden wir beibehalten und aus jenen Gleichungen Folgerungen ziehen; die dort gebrauchten Bezeichnungen werden wir auch hier anwenden, nur die Verrückungen, die dort ξ, η, ζ genannt sind, sollen hier u, v, w heißen. Wir denken uns also einen Körper, dessen Punkte in eine solche relative Lage gebracht werden können, dass sämtliche Druckkomponenten in ihm gleich null sind. Den Zustand, in dem sich der Körper dann befindet, wollen wir seinen *natürlichen* nennen. x, y, z sind die Koordinaten eines Punktes des Körpers, wenn dieser in seinem natürlichen Zustand in irgendeiner Lage ist, $x + u, y + v, z + w$ die Koordinaten desselben Punktes zum Zeitpunkt t; u, v, w sind unendlich klein. Wir setzen

$$x_x = \frac{\partial u}{\partial x}, \quad y_z = z_y = \frac{\partial v}{\partial z} + \frac{\partial w}{\partial y}, \quad y_y = \frac{\partial v}{\partial y}, \quad z_x = x_z = \frac{\partial w}{\partial x} + \frac{\partial u}{\partial z},$$
$$z_z = \frac{\partial w}{\partial z}, \quad x_y = y_x = \frac{\partial u}{\partial y} + \frac{\partial v}{\partial x} \tag{2.213}$$

und bezeichnen durch f eine gewisse homogene Funktion zweiten Grades der sechs Argumente $x_x, y_y, \ldots$ mit konstanten Koeffizienten; es ist dann

$$X_x = \frac{\partial f}{\partial x_x}, \quad Y_y = \frac{\partial f}{\partial y_y}, \quad Z_z = \frac{\partial f}{\partial z_z},$$
$$Y_z = Z_y = \frac{\partial f}{\partial y_z}, \quad Z_x = X_z = \frac{\partial f}{\partial z_x}, \quad X_y = Y_x = \frac{\partial f}{\partial x_y} \tag{2.214}$$

und

$$\mu \frac{\partial^2 u}{\partial t^2} = \mu X - \frac{\partial X_x}{\partial x} - \frac{\partial X_y}{\partial y} - \frac{\partial X_z}{\partial z}$$
$$\mu \frac{\partial^2 v}{\partial t^2} = \mu Y - \frac{\partial Y_x}{\partial x} - \frac{\partial Y_y}{\partial y} - \frac{\partial Y_z}{\partial z}$$
$$\mu \frac{\partial^2 w}{\partial t^2} = \mu Z - \frac{\partial Z_x}{\partial x} - \frac{\partial Z_y}{\partial y} - \frac{\partial Z_z}{\partial z}, \tag{2.215}$$

wobei μ die Dichte und X, Y, Z die Komponenten der beschleunigenden Kraft, die im Punkt (x, y, z) wirkt, sind. Die Funktion f hat dabei die Eigenschaft, dass $\int f \, \mathrm{d}\tau$, wo $\mathrm{d}\tau$ ein Element des Volumens des Körpers bedeutet, das Potenzial der Kräfte ist, die durch die relativen Verschiebungen der Teile des Körpers erzeugt werden, also der Kräfte, die wir im vorigen Abschnitt *innere* genannt haben. Aus dieser Bemerkung folgt, dass der Wert von f für irgendeinen Zustand eines unendlich kleinen, den Punkt (x, y, z) enthaltenden Teils des Körpers unabhängig vom Koordinatensystem ist, das wir benutzen; die in f vorkommenden Koeffizienten, die die *Elastizitätskonstanten* des Körpers heißen, sind aber durch die Richtungen der Koordinatenachsen bedingt. Die Zahl dieser Konstanten ist im Allgemeinen 21; bietet die Substanz des Körpers aber Symmetrien an und wählen wir die Richtungen der Koordinatenachsen passend, dann wird sie erheblich verringert.

Wir setzen

$$
\begin{aligned}
f = a_{11}x_x^2 &+ 2a_{12}x_x y_y + 2a_{13}x_x z_z + 2a_{14}x_x y_z + 2a_{15}x_x z_x + 2a_{16}x_x x_y \\
&+ a_{22}y_y^2 + 2a_{23}y_y z_z + 2a_{24}y_y y_z + 2a_{25}y_y z_x + 2a_{26}y_y x_y \\
&+ a_{33}z_z + \ldots
\end{aligned} \tag{2.216}
$$

und sagen: In Bezug auf die Elastizität des Körpers ist die x-y-Ebene eine *Symmetrieebene*, falls dieser Ausdruck für f gültig bleibt, wenn wir die Richtung der z-Achse in die entgegengesetzte verkehren. Wenn die Richtung der z-Achse in die entgegengesetzte verwandelt wird, während der Anfangspunkt der Koordinaten derselbe bleibt, dann nehmen z und w die entgegengesetzten Werte an und x, y, u, v werden nicht geändert; den Gleichungen (2.213) zufolge behalten dabei x_x, y_y, z_z, x_y ihre ursprünglichen Werte, y_z und z_x aber erhalten die entgegengesetzten Werte. Soll dabei der in (2.216) für f angegebene Ausdruck ungeändert bleiben, welches auch die Werte seiner Argumente sind, dann müssen $a_{14}, a_{24}, a_{34}, a_{46}, a_{15}, a_{25}, a_{35}, a_{56}$ verschwinden. Ist die xy- Ebene eine Symmetrieebene, dann ist deshalb

$$
\begin{aligned}
f = a_{11}x_x^2 &+ 2a_{12}x_x y_y + 2a_{13}x_x z_z + 2a_{16}x_x x_y \\
&+ a_{22}y_y^2 + 2a_{23}y_y z_z + 2a_{26}y_y x_y \\
&+ a_{33}z_z + 2a_{36}z_z x_y \\
&+ a_{66}x_y^2 \\
&+ a_{44}y_z^2 + 2a_{45}y_z z_x + a_{55}z_x^2 .
\end{aligned} \tag{2.217}
$$

Sind die x-y-Ebene und die y-z-Ebene Symmetrieebenen, dann ist demnach

$$
\begin{aligned}
f &= a_{11}x_x^2 + 2a_{13}x_x z_z + 2a_{12}x_x y_y + a_{22}y_y^2 + 2a_{23}y_y z_z + a_{33}z_z \\
&+ a_{66}x_y^2 + a_{44}y_z^2 + a_{55}z_x^2 ,
\end{aligned} \tag{2.218}
$$

woraus hervorgeht, dass dann auch die z-x-Ebene eine Symmetrieebene ist.

Sind die drei Koordinatenebenen Symmetrieebenen, gilt also die Gl. (2.218), und behält diese Gleichung Gültigkeit, wenn wir die x-Achse und die y-Achse miteinander vertauschen, dann sollen die y-x-Ebene und die x-z-Ebene *gleichwertige* Symmetrieebenen heißen. Bei der Vertauschung von x-Achse und y-Achse gehen x_x und y_y, sowie z_x und y_x ineinander über, während z_z und x_y ungeändert bleiben; soll sich dabei der in (2.25) für f gegebene Ausdruck nicht ändern, so muss $a_{11} = a_{22}, a_{44} = a_{55}, a_{13} = a_{23}$ sein. Wenn die drei Koordinatenebenen gleichwertige Symmetrieebenen sind, dann folgt daraus, dass für

$$
f = a_{11}(x_x^2 + y_y^2 + z_z^2) + 2a_{23}(y_y z_z + z_z x_x + x_x y_y) + a_{44}(y_z^2 + z_x^2 + x_y^2) \tag{2.219}
$$

gilt.

Ein Körper heißt isotrop, wenn derselbe Ausdruck von f für jedes Koordinatensystem gilt. Um diesen Ausdruck für einen solchen Körper zu finden, können wir von dem in (2.219) angegebenen ausgehen, der den gesuchten als speziellen Fall in sich enthalten muss. Wir schreiben Gl. (2.219), indem wir anstelle der Konstanten a_{11}, a_{23}, a_{44} andere, nämlich K, θ, L einführen:

$$f = -K\left(x_x^2 + y_y^2 + z_z^2 + \frac{y_z^2}{2} + \frac{z_x^2}{2} + \frac{x_y^2}{2} + \theta(x_x + y_y + z_z)^2\right) + L(x_x^2 + y_y^2 + z_z^2), \tag{2.220}$$

und bemerken, dass $x_x + y_y + z_z$ und $x_x^2 + y_y^2 + z_z^2 + y_z^2/2 + z_x^2/2 + x_y^2/2$ ungeändert bleiben, wenn das Koordinatensystem geändert wird. Um diese Behauptung zu beweisen, führen wir die Hauptdilatationen ein und nennen $\lambda_1, \lambda_2, \lambda_3$ die Größen dieser, $\alpha_1, \beta_1, \gamma_1, \alpha_2, \beta_2, \gamma_2, \alpha_3, \beta_3, \gamma_3$ die Cosinus der Winkel, die ihre Richtungen mit den Koordinatenachsen bilden; nach den Gleichungen (2.200) und (2.206a) ist dann

$$x_x = \alpha_1^2\lambda_1 + \alpha_2^2\lambda_2 + \alpha_3^2\lambda_3, \quad y_y = \beta_1^2\lambda_1 + \beta_2^2\lambda_2 + \beta_3^2\lambda_3,$$
$$z_z = \gamma_1^2\lambda_1 + \gamma_2^2\lambda_2 + \gamma_3^2\lambda_3,$$
$$\frac{y_z}{2} = \beta_1\gamma_1\lambda_1 + \beta_2\gamma_2\lambda_2 + \beta_3\gamma_3\lambda_3, \quad \frac{z_x}{2} = \gamma_1\alpha_1\lambda_1 + \gamma_2\alpha_2\lambda_2 + \gamma_3\alpha_3\lambda_3,$$
$$\frac{x_y}{2} = \alpha_1\beta_1\lambda_1 + \alpha_2\beta_2\lambda_2 + \alpha_3\beta_3\lambda_3,$$

woraus unter Berücksichtigung der Relationen, die zwischen den Größen α, β, γ bestehen, die Richtigkeit der Behauptung resultiert. Zugleich sehen wir, dass der mit L multiplizierte Ausdruck in der Gl. (2.219) von der Richtung der Koordinatenachsen abhängig ist. Soll diese Gleichung für jedes Koordinatensystem bestehen, dann muss also $L = 0$ sein. Damit sind wir für einen isotropen Körper zu demselben Ausdruck von f gelangt, der schon in Gl. (2.209) aufgestellt wurde.

Eindeutigkeit des Gleichgewichtsproblems

Für den Fall des Gleichgewichts gehen die Gleichungen (2.215) in

$$\mu X = \frac{\partial X_x}{\partial x} + \frac{\partial X_y}{\partial y} + \frac{\partial X_z}{\partial z}, \quad \mu Y = \frac{\partial Y_x}{\partial x} + \frac{\partial Y_y}{\partial y} + \frac{\partial Y_z}{\partial z},$$
$$\mu Z = \frac{\partial Z_x}{\partial x} + \frac{\partial Z_y}{\partial y} + \frac{\partial Z_z}{\partial z} \tag{2.221}$$

über. Dazu kommt, wenn die Druckkräfte gegeben sind, die auf die Elemente der Oberfläche wirken, die Bedingung, dass für diese X_n, Y_n, Z_n, wobei n wieder die nach dem Innern des Körpers gerichtete Normale bedeutet, gegebene Werte erhalten. Diese Werte und die Werte von X, Y, Z müssen dabei sechs bestimmte Relationen erfüllen; es müssen nämlich die Summen ihrer Komponenten und ihre Drehmomente in Bezug auf die Koordinatenachsen verschwinden, wie aus den Gleichungen (2.180) und (2.181) resultiert.

Durch die angegebenen Bedingungen sind die Größen u, v, w noch nicht völlig bestimmt; sie kommen sowohl in den Gleichungen (2.221), als auch in den Grenzbedingungen nur in den Verbindungen $x_x, y_y, z_z, y_z, z_x, x_y$ vor. Wenn wir voraussetzen, dass die letzteren bestimmt seien, dann sind u, v, w aus den Differenzialgleichungen (2.213) zu ermitteln. Haben wir Ausdrücke für u, v, w gefunden, die diesen genügen, dann können wir zu ihnen u', v', w' hinzufügen, wenn

$$0 = \frac{\partial u'}{\partial x}, \quad 0 = \frac{\partial v'}{\partial z} + \frac{\partial w'}{\partial y}; \quad 0 = \frac{\partial v'}{\partial y}, \quad 0 = \frac{\partial w'}{\partial x} + \frac{\partial u'}{\partial z};$$
$$0 = \frac{\partial w'}{\partial z}, \quad 0 = \frac{\partial u'}{\partial y} + \frac{\partial v'}{\partial x} \tag{2.222}$$

gilt. Um die allgemeinsten Lösungen dieser Gleichungen zu finden, differenzieren wir jede von ihnen noch einmal nach x, y und z. Dann verschwinden sämtliche zweiten Differenzialquotienten von u', v', w' nach x, y, z; also sind u', v', w' lineare Funktionen von x, y, z mit konstanten Koeffizienten. Substituieren wir diese Funktionen in (2.222), dann finden wir zwischen den Koeffizienten solche Relationen, dass

$$u' = a_0 + bz - cy; \quad v' = b_0 + cx - az; \quad w' = c_0 + ay - bx$$

wird, mit a_0, b_0, c_0, a, b, c als willkürlichen Konstanten. Die Veränderung des Körpers, die der Hinzufügung dieser Ausdrücke zu u, v, w entspricht, besteht nach den in Abschnitt *Drehmoment* gemachten Ausführungen in einer Verschiebung und einer Drehung um den Anfangspunkt, deren Komponenten a_0, b_0, c_0 und a, b, c sind. Stattdessen können wir auch sagen: Eine Veränderung der Größen a_0, b_0, c_0, a, b, c entspricht einer Veränderung der Lage des Körpers in seinem natürlichen Zustand, von der aus die Verrückungen u, v, w gerechnet werden. Sollen u, v, w vollständig bestimmt sein, wenn $x_x, y_y, \ldots$ es sind, dann müssen noch Bedingungen festgesetzt werden, die zur Bestimmung der sechs Konstanten a_0, b_0, c_0, a, b, c genügen; solche Bedingungen sind z. B. die, dass für

$$x = 0, \quad y = 0, \quad z = 0, \quad u = 0, \quad v = 0, \quad w = 0,$$
$$\frac{\partial u}{\partial z} = 0, \quad \frac{\partial v}{\partial z} = 0, \quad \frac{\partial v}{\partial x} = 0 \tag{2.223}$$

gilt. Die drei ersten Gleichungen sprechen aus, dass der Anfangspunkt der Koordinaten keine Verrückung erlitten hat; die Bedeutung der drei letzten erkennen wir leicht mit Hilfe der Gleichungen (2.154). Bei der dort gebrauchten Bezeichnung sind die drei letzten Gleichungen (2.223), wie die Gleichungen (2.206a) zeigen, $a_{13} = 0, a_{23} = 0, a_{21} = 0$; die Gleichungen (2.154) werden dadurch $r'\alpha' = r(a_{11}\alpha + a_{12}\beta); r'\beta' = ra_{22}\beta; r'\gamma' = r(a_{31}\alpha + a_{32}\beta + a_{33}\gamma)$. Daraus folgt erstens: Wenn $\alpha = 0$ und $\beta = 0$ ist, dann ist auch $\alpha' = 0$ und $\beta' = 0$, d. h., ein der z-Achse paralleles, durch den Anfangspunkt gehendes

Linienelement erleidet keine Drehung. Zweitens folgt: Wenn $\beta = 0$ ist, dann ist auch $\beta' = 0$, d. h., ein der z-x-Ebene paralleles, durch den Anfangspunkt gehendes Flächenelement bleibt sich selbst parallel.

Wollten wir in den Gleichungen (2.213) $x_x, y_y, \ldots$ als willkürliche Funktionen von x, y, z annehmen, dann würden diese, weil sie nur drei zu bestimmende Funktionen u, v, w, enthalten, sich im Allgemeinen widersprechen; wir bemerken, dass sie immer miteinander vereinbar sind, wenn $x_x, y_y, \ldots$ von x, y, z unabhängig sind, aber beliebige Werte haben. Setzen wir nämlich u, v, w linearen Funktionen von x, y, z gleich, dann können wir die zwölf Koeffizienten dieser so bestimmen, dass $x_x, y_y, \ldots$ beliebig gegebene konstante Werte erhalten und zugleich den Bedingungen (2.223) genügt wird.

Diese Bemerkung benutzen wir, um eine bisher nicht erwähnte/benutzte Eigenschaft der Funktion f abzuleiten. Wir setzen vom Körper voraus, dass er, wenn auf seine Teile keine Kräfte und auf seine Oberfläche keine Druckkräfte wirken und er außerdem den Bedingungen (2.223) unterworfen ist, sich in stabilem Gleichgewicht befindet, wenn überall $u = 0, v = 0, w = 0$ ist. Nach der Bedeutung von f, an die wir erinnert haben, und nach Abschnitt *Stabilität eines Gleichgewichts* muss dann unter den Bedingungen (2.223) $\int f \,\mathrm{d}\tau$ ein *Maximum* sein, wenn überall $u = 0$, $v = 0$, $w = 0$ gilt, wenn also alle $x_x, y_y, \ldots$ verschwinden. Dieses Maximum muss auch stattfinden, wenn den Größen $x_x, y_y, \ldots$ die Beschränkung aufgelegt wird, dass sie von x, y, z unabhängig sind, ihre Werte aber willkürlich bleiben. Es muss also f ein Maximum sein für $x_x = 0$, $y_y = 0, \ldots$, wenn $x_x, y_y, \ldots$ als unabhängige Variablen angesehen werden. Weil jetzt f eine homogene Funktion zweiten Grades der genannten Argumente ist, ist diese Aussage gleichbedeutend mit der, dass *f nie positiv ist und nur verschwindet, wenn jedes seiner Argumente verschwindet*. Die letztere Eigenschaft hat f nicht, wenn der Körper eine kompressible, nicht reibende Flüssigkeit ist. Wir können eine solche als einen isotropen Körper ansehen, bei dem die Konstanten K und θ, die wir in Bezug auf einen isotropen Körper eingeführt haben, solche Werte besitzen, dass $K = 0$ und $K\theta$ endlich ist (mit $L = 0$; siehe Gl. (2.220)); in diesem Fall verschwindet f immer, sobald $x_x + y_y + z_z = 0$ ist.

Aus dem Umstand, dass für einen festen Körper, wie wir ihn hier betrachten, f nie positiv ist und nur verschwindet, wenn jedes seiner Argumente gleich null ist, lässt sich weiter beweisen, dass u, v, w eindeutig bestimmt sind durch die Gleichungen (2.221), die Bedingung, dass an der Oberfläche X_n, Y_n, Z_n gegebene Werte erhalten, und die Gleichungen (2.223). Dazu brauchen wir nur zu zeigen, dass diese Bedingungen $u = 0$, $v = 0$, $w = 0$ ergeben, wenn X, Y, Z, X_n, Y_n, Z_n überall verschwinden. Zu diesem Zweck addieren wir die Gleichungen (2.221), nachdem sie mit $u \,\mathrm{d}\tau$, $v \,\mathrm{d}\tau$, $w \,\mathrm{d}\tau$ multipliziert wurden, und integrieren über das Volumen des Körpers; mit der resultierenden Gleichung nehmen wir eine Umformung vor, ähnlich derjenigen, die uns zur Gl. (2.187) geführt hat. Benutzen wir, dass $2f = X_x x_x + Y_y y_y + Z_z z_z + Y_z y_z + Z_x z_x + X_y x_y$ ist, dann erhalten wir für den genannten Fall $\int f \,\mathrm{d}\tau = 0$. Daraus folgt aber unter Berücksichtigung der Eigenschaften, die f besitzt, dass $x_x, y_y, \ldots$ überall verschwinden, und dann weiter aus (2.223), dass auch u, v, w überall gleich 0 sind.

Lassen wir die Bedingungen (2.223) fallen, dann bestimmen die Gleichungen (2.221) und die Werte von X_n, Y_n, Z_n den *Zustand* des Körpers, nämlich die relativen Verschiebungen seiner Teile, während die Lage des Körpers unbekannt bleibt.

Zusammendrückbarkeit und Elastizitätskoeffizienten

Verschwinden die Kräfte X, Y, Z, dann werden die Gleichungen (2.221)

$$0 = \frac{\partial X_x}{\partial x} + \frac{\partial X_y}{\partial y} + \frac{\partial X_z}{\partial z}; \quad 0 = \frac{\partial Y_x}{\partial x} + \frac{\partial Y_y}{\partial y} + \frac{\partial Y_z}{\partial z};$$
$$0 = \frac{\partial Z_x}{\partial x} + \frac{\partial Z_y}{\partial y} + \frac{\partial Z_z}{\partial z}. \tag{2.224}$$

Von diesen Gleichungen wollen wir nun partikuläre Lösungen bilden, die mit den Bedingungen (2.216) verträglich sind.

Wir erhalten eine solche, wenn wir die sechs Druckkomponenten $X_x, Y_y, \ldots$ beliebigen Konstanten gleichsetzen; dann werden auch die Größen $x_x, y_y, \ldots$ Konstanten; wir haben bereits in (2.217) gesehen, dass in diesem Fall die Gleichungen (2.216) dadurch erfüllt werden können, dass wir u, v, w linearen Funktionen von x, y, z gleichsetzen. Der letzte Umstand bewirkt, dass bei der genannten Annahme die Veränderung, die der Körper aus seinem natürlichen Zustand erfahren hat, derart ist, dass die neuen Koordinaten eines jeden seiner Punkte lineare Funktionen der alten sind, dass also eine Ebene eine Ebene, eine jede Kugel ein Ellipsoid geblieben ist.

Ist $X_x = Y_y = Z_z = p; Y_z = Z_x = X_y = 0$, wobei p eine Konstante ist, dann erfährt ein jedes Flächenelement im Innern des Körpers und ein jedes Element seiner Oberfläche einen senkrechten Druck, der gleich p ist. Bei einer beliebigen Gestalt des Körpers lässt sich dieser Fall verwirklichen, wenn der Körper in eine Flüssigkeit gebracht und der Druck in dieser vergrößert wird; die Wirkung der Schwerkraft ist dabei unmerklich. Im Allgemeinen bleibt der Körper dabei nicht sich selbst ähnlich; das findet aber statt, wenn er isotrop ist, oder, wenn es drei gleichwertige, aufeinander senkrechte Symmetrieebenen für seine Substanz gibt. Unter der *Zusammendrückbarkeit* des Körpers verstehen wir den negativ genommenen Wert, den die räumliche Dilatation für $p = 1$ besitzt; für einen isotropen Körper ergibt sich aus den Gleichungen (2.207) die Zusammendrückbarkeit

$$= \frac{3}{2K(1+3\theta)}.$$

Wenn X_x, Y_y, X_y, Y_z, Z_x verschwinden und Z_z einen konstanten Wert hat, dann erfährt irgendein Flächenelement, das der z-Achse parallel ist, keinen Druck und ein Flächenelement, das senkrecht zu dieser Achse ist, den senkrechten Druck Z_z. Dieser Fall lässt sich verwirklichen, wenn der Körper die Gestalt eines geraden, der z-Achse parallelen Zylinders von beliebigem Querschnitt hat, indem wir die Mantelfläche frei lassen und an jedem Element der Grundflächen einen senkrechten, konstanten Druck anbringen. Den Wert, den $-Z_z/z_z$ dann hat, nennen wir den *Elastizitätskoeffizienten* für die Richtung der z-Achse;

dieser ist immer von der Richtung der z-Achse abhängig, außer wenn der Körper isotrop ist. Für einen isotropen Körper ist der Elastizitätskoeffizient den Gleichungen (2.207) zufolge $2K(1+3\theta)/(1+2\theta)$.

Allgemeine Beziehungen zwischen den Druckkomponenten

Wenn der Körper isotrop ist, dann lässt sich ohne Schwierigkeit eine allgemeinere Lösung der Gl. (2.224), die mit den Bedingungen (2.216) verträglich ist, finden, bei der $X_x = 0, Y_y = 0, X_y = 0$ ist; ist der Körper überdies durch eine der z-Achse parallele Zylinderfläche und zwei Querschnitte dieser begrenzt, dann lässt sich diese Lösung dem Fall anpassen, dass die Zylinderfläche frei ist und auf die Elemente eines der Querschnitte Druckkräfte wirken, deren Komponentensummen und Drehmomente beliebig gegeben sind. Die so bestimmte Lösung ist deshalb von besonderer Wichtigkeit, weil sie die Formänderungen eines zylindrischen Stabes, auf dessen Enden beliebige Druckkräfte wirken, im Allgemeinen mit großer Genauigkeit darstellt, falls die Länge des Stabes groß gegen die Dimensionen des Querschnitts ist.

Um die bezeichnete Lösung abzuleiten, untersuchen wir zuerst, welche Beziehungen zwischen den sechs Größen $x_x, y_y, \ldots$ stattfinden müssen, damit die Gleichungen (2.216) erfüllbar sind. Wir erhalten dieselben, indem wir die Gleichungen aufstellen, durch welche die Funktionen u, v, w, wenn sie existieren, aus $x_x, y_y, \ldots$ zu berechnen sind. Vom Punkt $x = 0, y = 0, z = 0$, den wir im Innern des Körpers annehmen, denken wir uns in diesem eine beliebige Linie nach dem Punkt (x, y, z) gezogen und bezeichnen durch $\mathrm{d}x, \mathrm{d}y, \mathrm{d}z$ die Projektionen eines Elements derselben auf die Koordinatenachsen. Ist $(u)_0$ der Wert von u für $x = 0, y = 0, z = 0$, dann erhalten wir $u = (u)_0 + \int(\partial u/\partial x \mathrm{d}x + \partial u/\partial y \mathrm{d}y + \partial u/\partial z \mathrm{d}z)$. $\partial u/\partial x$ ist hier als unmittelbar gegeben zu betrachten, denn es ist gleich x_x; $\partial u/\partial y$ und $\partial u/\partial z$ aber sind erst zu berechnen. Aus den Gleichungen (2.216) folgt

$$\frac{\partial^2 u}{\partial x \partial y} = \frac{\partial x_x}{\partial y}; \quad \frac{\partial^2 u}{\partial y^2} = \frac{\partial y_x}{\partial y} - \frac{\partial y_y}{\partial x}; \quad \frac{\partial^2 u}{\partial y \partial z} = \frac{-\frac{\partial y_z}{\partial x} + \frac{\partial z_x}{\partial y} + \frac{\partial x_y}{\partial z}}{2}$$

und

$$\frac{\partial^2 u}{\partial x \partial z} = \frac{\partial x_x}{\partial z}; \quad \frac{\partial^2 u}{\partial y \partial z} = \frac{-\frac{\partial y_z}{\partial x} + \frac{\partial z_x}{\partial y} + \frac{\partial x_y}{\partial z}}{2}; \quad \frac{\partial^2 u}{\partial z^2} = \frac{\partial z_x}{\partial z} - \frac{\partial z_z}{\partial x}.$$

Diese Werte setzen wir in die Gleichungen

$$\frac{\partial u}{\partial y} = \left(\frac{\partial u}{\partial y}\right)_0 + \int \left(\frac{\partial^2 u}{\partial x \partial y} \mathrm{d}x + \frac{\partial^2 u}{\partial y^2} \mathrm{d}y + \frac{\partial^2 u}{\partial y \partial z} \mathrm{d}z\right)$$

und

$$\frac{\partial u}{\partial z} = \left(\frac{\partial u}{\partial z}\right)_0 + \int \left(\frac{\partial^2 u}{\partial x \partial z} \mathrm{d}x + \frac{\partial^2 u}{\partial y \partial z} \mathrm{d}y + \frac{\partial^2 u}{\partial z^2} \mathrm{d}z\right),$$

ein, in denen der Index 0 dieselbe Bedeutung wie eben hat.

Der für $\partial u/\partial x$ angenommene Ausdruck, nämlich x_x, ist eine Funktion von x, y, z. Auch die für $\partial u/\partial y$ und $\frac{\partial u}{\partial z}$ aufgestellten Ausdrücke müssen solche Funktionen, also unabhängig vom Integrationsweg und die in ihnen unter dem Integralzeichen stehenden Größen vollständige Differenziale sein. Die Bedingungen dafür sind die folgenden fünf Gleichungen:

$$\begin{aligned}
\frac{\partial^2 x_x}{\partial y^2} + \frac{\partial^2 y_y}{\partial x^2} &= \frac{\partial^2 x_y}{\partial x \partial y}, \\
\frac{\partial^2 z_z}{\partial x^2} + \frac{\partial^2 x_x}{\partial z^2} &= \frac{\partial^2 z_x}{\partial z \partial x}, \\
2\frac{\partial^2 x_x}{\partial y \partial z} + \frac{\partial^2 y_z}{\partial x^2} &= \frac{\partial^2 y_x}{\partial z \partial x} + \frac{\partial^2 z_x}{\partial y \partial x}, \\
2\frac{\partial^2 y_y}{\partial z \partial x} + \frac{\partial^2 z_x}{\partial y^2} &= \frac{\partial^2 z_y}{\partial x \partial y} + \frac{\partial^2 x_y}{\partial z \partial y}, \\
2\frac{\partial^2 z_z}{\partial x \partial y} + \frac{\partial^2 x_y}{\partial z^2} &= \frac{\partial^2 x_x}{\partial y \partial z} + \frac{\partial^2 y_z}{\partial x \partial z}.
\end{aligned} \tag{2.225}$$

Dass die Ausdrücke, die wir dann für $\partial u/\partial x, \partial u/\partial y, \partial u/\partial z$ erhalten, die partiellen Differenzialquotienten *einer* Funktion sind, führt zu keiner zusätzlichen Funktion.

Ersetzen wir in den durchgeführten Betrachtungen u durch v oder w, dann erhalten wir nur eine neue Gleichung

$$\frac{\partial^2 y_y}{\partial z^2} + \frac{\partial^2 z_z}{\partial y^2} = \frac{\partial^2 y_z}{\partial y \partial z}, \tag{2.226}$$

die den Gleichungen (2.225) hinzuzufügen ist.

Substituieren wir die für die ersten Differenzialquotienten von u aufgestellten Ausdrücke und die entsprechenden der ersten Differenzialquotienten von v und w in die Gleichungen (2.213), dann werden diese für alle Werte von x, y, z erfüllt, wenn nur $(\partial u/\partial y)_0, (\partial u/\partial z)_0, (\partial v/\partial z)_0, (\partial v/\partial x)_0, (\partial w/\partial x)_0, (\partial w/\partial y)_0$ so gewählt werden, dass sie für den Punkt $x = 0, y = 0, z = 0$ erfüllt sind.

Resultat dieser Betrachtungen ist, dass die Gleichungen (2.225) und (2.226) die vollständigen Bedingungen dafür sind, dass u, v, w den Gleichungen (2.213) gemäß sich als Funktionen von x, y, z bestimmen lassen. Um die Beziehungen zu finden, die dabei zwischen den Druckkomponenten $X_x, Y_y, \ldots$ stattfinden müssen, ist nur noch zu erwägen, dass $x_x, y_y, \ldots$ lineare homogene Funktionen dieser Druckkomponenten sind, deren Koeffizienten von den Konstanten der Elastizität in gewisser Weise abhängen.

Wir haben bereits bemerkt, dass die Gleichungen (2.213) mit der Annahme verträglich sind, dass $X_x, Y_y, \ldots$ beliebige konstante Werte besitzen; wir sehen jetzt, dass sie auch gestatten, $X_x, Y_y, \ldots$ beliebigen linearen Funktionen von x, y, z gleichzusetzen, weil die Gleichungen (2.225) und (2.226) nur zweite Differenzialquotienten nach x, y, z enthalten.

Ist der Körper, wie wir nun annehmen wollen, isotrop, dann erhalten wir nach den Gleichungen (2.207)

$$\begin{aligned}
x_x &= -\frac{1}{2K}\left(X_x - \frac{\theta}{1+3\theta}(X_x + Y_y + Z_z)\right)\\
y_y &= -\frac{1}{2K}\left(Y_y - \frac{\theta}{1+3\theta}(X_x + Y_y + Z_z)\right)\\
z_z &= -\frac{1}{2K}\left(Z_z - \frac{\theta}{1+3\theta}(X_x + Y_y + Z_z)\right)\\
y_z &= -\frac{Y_z}{K}\\
z_x &= -\frac{Z_x}{K}\\
x_y &= -\frac{X_y}{K}.
\end{aligned}$$

Führen wir außerdem die Voraussetzung

$$X_x = 0, \quad X_y = 0, \quad Y_y = 0 \tag{2.227}$$

ein, dann erhalten wir daraus

$$\begin{aligned}
x_x &= \frac{1}{2K}\frac{\theta}{1+3\theta}Z_z, \quad & y_z &= -\frac{Y_z}{K}\\
y_y &= \frac{1}{2K}\frac{\theta}{1+3\theta}Z_z, \quad & z_x &= -\frac{Z_x}{K}\\
z_z &= \frac{1}{2K}\frac{1+2\theta}{1+3\theta}Z_z, \quad & x_y &= 0.
\end{aligned} \tag{2.228}$$

Die Gleichungen (2.224) werden dabei

$$\frac{\partial X_z}{\partial z} = 0, \quad \frac{\partial Y_z}{\partial z} = 0, \quad \frac{\partial Z_z}{\partial z} = -\frac{\partial X_z}{\partial x} - \frac{\partial Y_z}{\partial y}. \tag{2.229}$$

Die Gleichungen (2.225) und (2.226) ergeben dann

$$\frac{\partial^2 Z_z}{\partial x^2} = 0; \quad \frac{\partial^2 Z_z}{\partial y^2} = 0; \quad \frac{\partial^2 Z_z}{\partial z^2} = 0; \quad \frac{\partial^2 Z_z}{\partial x \partial y} = 0$$

und

$$\frac{\theta}{1+3\theta}\frac{\partial^2 Z_z}{\partial y \partial z} = \frac{\partial^2 Y_z}{\partial x^2} - \frac{\partial^2 X_z}{\partial x \partial y}, \quad \frac{\theta}{1+3\theta}\frac{\partial^2 Z_z}{\partial x \partial z} = \frac{\partial^2 X_z}{\partial y^2} - \frac{\partial^2 Y_z}{\partial x \partial y}.$$

Die ersten vier dieser sechs Gleichungen sagen aus, dass Z_z linear ist in Bezug auf jede der Größen x, y, z und auch das Produkt xy nicht enthält; es ist deshalb

$$Z_z = a + a_1 x + a_2 y + z(b + b_1 x + b_2 y), \tag{2.230}$$

mit a, a_1, a_2, b, b_1, b_2 als willkürlichen Konstanten; die beiden letzten werden dadurch $\partial/\partial x(\partial Y_z/\partial x - \partial X_z/\partial y) = \theta/(1+3\theta)b_2$ und $\partial/\partial y(\partial Y_z/\partial x - \partial X_z/\partial y) = -\theta/(1+3\theta)b_1$.

Daraus folgt

$$\frac{\partial Y_z}{\partial x} - \frac{\partial X_z}{\partial y} = c + \frac{\theta}{1+3\theta}(b_2 x - b_1 y), \tag{2.231}$$

wobei c eine willkürliche Größe ist, die von x, y und wegen (2.229) auch von z unabhängig ist. Diese Gleichung verbinden wir mit der Gleichung

$$\frac{\partial X_z}{\partial x} + \frac{\partial Y_z}{\partial y} = -(b + b_1 x + b_2 y), \tag{2.232}$$

die aus (2.229) und (2.230) folgt. Gesetzt, es seien X_z' und Y_z' die Differenzen der Werte von X_z und Y_z in zwei verschiedenen Lösungen der Gleichungen (2.231) und (2.232), dann ist $\partial Y_z'/\partial x - \partial X_z'/\partial y = 0$; $\partial X_z'/\partial x + \partial Y_z'/\partial y = 0$; also

$$X_z' = \frac{\partial \Omega}{\partial \boldsymbol{x}}, \quad Y_z' = \frac{\partial \Omega}{\partial \boldsymbol{y}}, \quad \frac{\partial^2 \Omega}{\partial x^2} + \frac{\partial^2 \Omega}{\partial y^2} = 0. \tag{2.233}$$

Danach können wir die allgemeine Lösung der Gleichungen (2.231) und (2.232) angeben, sobald wir eine partikuläre gefunden haben; eine solche finden wir aber, indem wir für X_z und Y_z Ausdrücke zweiten Grades in x und y annehmen und die Koeffizienten derselben passend bestimmen, wobei der Willkür noch einiger Spielraum bleibt. So erhalten wir als allgemeine Lösung der Gleichungen (2.231) und (2.232)

$$\begin{aligned} X_z &= -\frac{b}{2}x - \frac{c}{2}y - \frac{b_1}{4}\frac{1+2\theta}{1+3\theta}(x^2 + y^2) - \frac{b_2}{2}\frac{1+4\theta}{1+3\theta}xy + \frac{\partial \Omega}{\partial x}, \\ Y_z &= \frac{c}{2}x - \frac{b}{2}y - \frac{b_2}{4}\frac{1+2\theta}{1+3\theta}(x^2 + y^2) - \frac{b_1}{2}\frac{1+4\theta}{1+3\theta}xy + \frac{\partial \Omega}{\partial y}, \end{aligned} \tag{2.234}$$

wobei Ω der Gl. (2.233) gemäß zu wählen ist.

Wir wollen jetzt annehmen, dass der Körper, um den es sich handelt, durch eine der z-Achse parallele Zylinderfläche und zwei senkrechte Querschnitte begrenzt ist, und die aufgestellten Formeln dem Fall anpassen, dass die Zylinderfläche frei von jedem Druck ist. Es sei $\mathrm{d}\,l$ ein Element des Umfangs eines zur z-Achse senkrechten Querschnitts, n die nach dem Innern dieses gerichtete Normale von $\mathrm{d}\,l$; es muss dann

$$\begin{aligned} 0 &= X_x \cos(nx) + X_y \cos(ny) + X_z \cos(nz); \\ 0 &= Y_x \cos(nx) + Y_y \cos(ny) + Y_z \cos(nz); \\ 0 &= Z_x \cos(nx) + Z_y \cos(ny) + Z_z \cos(nz) \end{aligned}$$

gelten. In Folge der Gleichungen (2.227) und des Umstands, dass $\cos(nz) = 0$ ist, sind die beiden ersten dieser Gleichungen erfüllt; die dritte wird

$$0 = X_z \cos(nx) + Y_z \cos(ny). \tag{2.235}$$

Substituieren wir hier für X_z und Y_z ihre Werte aus (2.234), dann erhalten wir einen Ausdruck für $\partial\Omega/\partial x \cos(nx) + \partial\Omega/\partial y \cos(ny)$, d. h. für $\partial\Omega/\partial n$, der die bis jetzt nur durch (2.233) definierte Funktion Ω bis auf eine additive Konstante von beliebigem Wert bestimmt. Damit es eine Funktion geben kann, die den für Ω aufgestellten Bedingungen genügt, muss

$$\int \frac{\partial\Omega}{\partial n} \mathrm{d}\,l = 0 \tag{2.236}$$

sein. Bilden wir diese Gleichung mit Hilfe von (2.234) und (2.235), dann drückt sie aus, dass eine Summe von Gliedern verschwindet, die von der Form $\int V \cos(nx)\mathrm{d}\,l$ oder $\int V \cos(ny)\mathrm{d}\,l$ sind, wobei V eine im Querschnitt des zylindrischen Körpers stetige Funktion von x und y bedeutet. Ist $\mathrm{d}\,f$ ein Element dieses Querschnitts, dann erhalten wir aber den Gleichungen (2.185) entsprechend

$$\int V \cos(nx)\mathrm{d}\,l = -\int \frac{\partial V}{\partial x}\mathrm{d}\,f; \quad \int V \cos(ny)\mathrm{d}\,l = -\int \frac{\partial V}{\partial y}\mathrm{d}\,f.$$

Wir wollen die z-Achse so legen, dass $\int x\mathrm{d}\,f = 0$ und $\int y\mathrm{d}\,f = 0$ ist, d. h. die Linie, auf der die Schwerpunkte der Querschnitte liegen, zur z-Achse wählen; ein Blick auf die Gleichungen (2.234) zeigt dann, dass die Gl. (2.236) $b \int \mathrm{d}\,f = 0$, d. h. $b = 0$ wird. Die sechs übrigen eingeführten Konstanten a, a_1, a_2, b_1, b_2, c bleiben unbestimmt und können so gewählt werden, dass die Komponentensummen und Drehmomente der auf die Elemente einer Endfläche wirkenden Drücke, also die Größen

$$\int X_z \mathrm{d}\,f, \quad \int (yZ_z - zY_z)\mathrm{d}\,f, \quad \int Y_z \mathrm{d}\,f, \quad \int (zX_z - xZ_z)\mathrm{d}\,f,$$
$$\int Z_z \mathrm{d}\,f, \quad \int (xY_z - yX_z)\mathrm{d}\,f,$$

beliebig gegebene Werte annehmen.

Wir wollen die Rechnung nur weiterführen für den Fall, dass der Querschnitt des Körpers ein Kreis vom Radius R, die Gleichung seines Umfangs also $x^2 + y^2 = R^2$ ist. Der Gl. (2.233) genügen wir durch

$$\Omega = A_1 x + A_2 y + B_1(x^3 - 3xy^2) + B_2(y^3 - 3x^2 y),$$

wobei A_1, A_2, B_1, B_2 willkürliche Konstanten bedeuten; es wird sich zeigen, dass diese sich so bestimmen lassen, dass $\partial\Omega/\partial n$ den verlangten Wert erhält. Da $\cos(nx) = -x/R, \cos(ny) = -y/R$, so ist $-R\partial\Omega/\partial n = x\partial\Omega/\partial x + y\partial\Omega/\partial y$, also

$$= A_1 x + A_2 y + 3B_1(x^3 - 3xy^2) + 3B_2(y^3 - 3x^2 y),$$

oder auch, weil das Zeichen $\partial\Omega/\partial n$ sich nur auf den Umfang des Querschnitts bezieht,

$$-R\frac{\partial\Omega}{\partial n} = A_1 x + A_2 y + 3B_1(x^3 - 3xy^2) + 3B_2(y^3 - 3x^2 y) + (C_1 x + C_2 y)(x^2 + y^2 - R^2),$$

wobei C_1, C_2 zwei neue Konstanten sind. Andererseits folgt aus den Gleichungen (2.234) und (2.235)

$$
\begin{aligned}
-R\frac{\partial\Omega}{\partial n} &= \frac{b_1 x}{4(1+3\theta)}((1+2\theta)x^2 + (3+10\theta)y^2) \\
&\quad + \frac{b_2 y}{4(1+3\theta)}((3+10\theta)x^2 + (1+2\theta)y^2).
\end{aligned}
$$

Diese beiden für $-R\partial\Omega/\partial n$ aufgestellten Ausdrücke werden identisch, wenn wir

$$
\begin{aligned}
A_1 &= R^2\frac{b_1}{8}\frac{3+8\theta}{1+3\theta}; \quad & A_2 &= R^2\frac{b_2}{8}\frac{3+8\theta}{1+3\theta}; \\
B_1 &= -\frac{b_1}{24}\frac{3+4\theta}{1+3\theta}; \quad & B_2 &= -\frac{b_2}{24}\frac{3+4\theta}{1+3\theta}; \\
C_1 &= \frac{b_1}{8}\frac{3+8\theta}{1+3\theta}; \quad & C_2 &= \frac{b_2}{8}\frac{3+8\theta}{1+3\theta}
\end{aligned}
$$

setzen. Bei diesen Werten von A_1, A_2, B_1, B_2 werden die Gleichungen (2.234)

$$
\begin{aligned}
X_z &= \frac{c}{2}y + \frac{b_1}{8}\frac{(3+8\theta)(R^2 - x^2) - y^2}{1+3\theta} - \frac{1+4\theta}{1+3\theta}\frac{b_2}{4}xy \\
Y_z &= \frac{c}{2}x - \frac{1+4\theta}{1+3\theta}\frac{b_1}{4}xy + \frac{b_2}{8}\frac{(3+8\theta)(R^2 - y^2) - x^2}{1+3\theta},
\end{aligned}
$$

wo wir hinzufügen

$$
Z_z = a + a_1 x + a_2 y + z(b_1 x + b_2 y).
$$

Die Berechnung der Konstanten a, a_1, a_2, b_1, b_2, c aus den Komponentensummen und Drehmomenten der Druckkräfte, die auf ein Ende des Zylinders wirken, ist hier sehr einfach; nehmen wir dieses Ende zur x-y-Ebene und benutzen, dass $\int x^2 \mathrm{d}f = \int y^2 \mathrm{d}f = \pi/4R^2$; $\int xy \mathrm{d}f = \int x^2 y \mathrm{d}f = \int xy^2 \mathrm{d}f = 0$ ist, dann erhalten wir

$$
\begin{aligned}
\int X_z \mathrm{d}f &= b_1\pi\frac{R^4}{4}, \quad & \int (yZ_z - zY_z)\mathrm{d}f &= a_2\pi\frac{R^4}{4}, \\
\int Y_z \mathrm{d}f &= b_2\pi\frac{R^4}{4}, \quad & \int (zX_z - xZ_z)\mathrm{d}f &= -a_1\pi\frac{R^4}{4}, \\
\int Z_z \mathrm{d}f &= a\pi R^2, \quad & \int (xY_z - yX_z)\mathrm{d}f &= c\pi\frac{R^4}{4}.
\end{aligned}
$$

In Bezug auf die weitere Diskussion verweisen wir auf [CLEB62] und [SAVE56].

Elastische Hohlkugel

Für einen isotropen Körper lassen sich infolge der Gleichungen (2.207), wenn wir

$$
\frac{\partial u}{\partial x} + \frac{\partial v}{\partial y} + \frac{\partial w}{\partial z} = \sigma \tag{2.237}
$$

und wieder $\partial^2\varphi/\partial x^2 + \partial^2\varphi/\partial y^2 + \partial^2\varphi/\partial z^2 = \Delta\varphi$ setzen, die Gleichungen (2.215) schreiben

$$\mu\frac{\partial^2 u}{\partial t^2} = \mu X + K\left(\Delta u + (1+2\theta)\frac{\partial\sigma}{\partial x}\right);$$
$$\mu\frac{\partial^2 v}{\partial t^2} = \mu X + K\left(\Delta v + (1+2\theta)\frac{\partial\sigma}{\partial y}\right);$$
$$\mu\frac{\partial^2 w}{\partial t^2} = \mu X + K\left(\Delta w + (1+2\theta)\frac{\partial\sigma}{\partial z}\right). \tag{2.238}$$

Für den Fall, dass das Gleichgewicht besteht und keine Kräfte auf die Teile des Körpers wirken, gehen dieselben über in

$$0 = \Delta u + (1+2\theta)\frac{\partial\sigma}{\partial x}; \quad 0 = \Delta v + (1+2\theta)\frac{\partial\sigma}{\partial y};$$
$$0 = \Delta w + (1+2\theta)\frac{\partial\sigma}{\partial z}. \tag{2.239}$$

Daraus folgt $0 = \Delta\sigma$.

Eine partikuläre Lösung der Gleichungen (2.237) und (2.239) lässt sich leicht finden. Wir genügen ihnen, wenn wir $\sigma = a$ setzen, wobei a eine willkürliche Konstante ist, und

$$u = \frac{\partial V}{\partial x}, \quad v = \frac{\partial V}{\partial y}, \quad w = \frac{\partial V}{\partial z},$$

wobei V die Gleichung $\Delta V = a$ erfüllt. Demgemäß können wir annehmen $V = ar^2/6 + b/r$, wobei $r^2 = x^2 + y^2 + z^2$ gilt und b eine zweite willkürliche Konstante ist. Für die Druckkomponenten erhalten wir dann die Ausdrücke

$$X_x = -2K\left(\frac{\partial^2 V}{\partial x^2} + \theta a\right); \quad Y_z = -2K\frac{\partial^2 V}{\partial y \partial z}; \quad Y_y = -2K\left(\frac{\partial^2 V}{\partial y^2} + \theta a\right);$$
$$Z_x = -2K\frac{\partial^2 V}{\partial z \partial x}; \quad Z_z = -2K\left(\frac{\partial^2 V}{\partial z^2} + \theta a\right); \quad X_y = -2K\frac{\partial^2 V}{\partial x \partial y},$$

d. h.

$$X_x = -2K\left((1+3\theta)\frac{a}{3} - \frac{b}{r^3} + 3\frac{x^2}{r^5}b\right); \quad Y_z = -2K3yz\frac{b}{r^5};$$
$$Y_y = -2K\left((1+3\theta)\frac{a}{3} - \frac{b}{r^3} + 3\frac{y^2}{r^5}b\right); \quad Z_x = -2K3zx\frac{b}{r^5};$$
$$Z_z = -2K\left((1+3\theta)\frac{a}{3} - \frac{b}{r^3} + 3\frac{z^2}{r^5}b\right); \quad X_y = -2K3xy\frac{b}{r^5}.$$

Dieselben haben die Eigenschaft, die Gleichungen

$$(X_x - p)x + X_y y + X_z z = 0; \quad Y_x x + (Y_y - p)y + Y_z z = 0;$$
$$Z_x x + Z_y y + (Z_z - p)z = 0$$

zu befriedigen, wenn $p = -2K((1+3\theta)a/3+2b/r^3)$ gesetzt wird. Unter Verweis auf den Begriff der *Hauptdrücke* ist daraus zu schließen, dass die durch den Punkt (x, y, z) und den Anfangspunkt der Koordinaten gezogene Gerade die Richtung einer Hauptdruckachse für jenen Punkt hat und die Größe des entsprechenden Hauptdrucks der für p angegebene Ausdruck ist. Weil dieser Ausdruck eine Funktion von r ist und zwei willkürliche Konstanten enthält, folgt weiter, dass die aufgestellten Formeln sich dem Fall anpassen lassen, dass der Körper aus zwei um den Anfangspunkt der Koordinaten als Mittelpunkt beschriebenen Kugelflächen besteht. Sind die Radien der beiden Kugelflächen r_1 und r_2 sowie p_1 und p_2 die entsprechenden Drücke, dann sind a und b aus den Gleichungen $p_1 = -2\,K((1+3\theta)a/3 + 2b/r_1^3)$; $p_2 = -2\,K((1+3\theta)a/3 + 2b/r_2^3)$ zu bestimmen.

Beispiele

Beispiel 2.60

Geführte Bewegung auf einer Kreisbahn

Ein kleiner Körper der Masse m wird durch einen horizontal liegenden kreisförmigen Ring reibungsfrei geführt und durch eine Kraft P, die stets den Kreis tangiert, aus der Ruhelage heraus angetrieben. Wir berechnen die Zeit t_0, nach der der Körper die Geschwindigkeit v_0 erreicht hat, den bis dahin zurückgelegten Weg s_0 und die zum Zeitpunkt t_0 auf den Ring ausgeübte Normaldruckkraft N_0.

Für die Tangentialrichtung der Kreisbewegung mit $b_\varphi = a\ddot{\varphi} = \ddot{s}$ folgt $mb_\varphi = m\ddot{s} = P$. Daraus folgt unter Beachtung der Anfangsbedingungen $s(0) = 0, \dot{s}(0) = 0$:

$$\dot{s}(t) = P\frac{t}{m} \quad \text{und} \quad s(t) = P\frac{t^2}{2m}. \tag{1}$$

Aus $\dot{s}(t_0) = v_0 = Pt_0/m$ ergibt sich

$$t_0 = m\frac{v_0}{P}. \tag{2}$$

Und damit mit (1)

$$s_0 = m\frac{v_0^2}{2P}. \tag{3}$$

Die zum Zeitpunkt t_0 auf den Ring wirkende Normaldruckkraft erhalten wir mit dem Newtonschen Grundgesetz für die Normalrichtung der Bewegung zu $mb_r = -ma\dot{\varphi}^2 = -m\dot{s}^2/a = -N$. Daraus folgt mit (2): $N(t_0) = (m/a)\dot{s}^2(t_0) = mv_0^2/a$. ◄

Beispiel 2.61

Geführte Bewegung auf einer Schraubenlinie

Ein kleiner Körper der Masse m gleitet unter dem Einfluss seines Eigengewichts $\boldsymbol{G} = (0, 0, -mg)$ reibungsfrei auf der Schraubenlinie $\boldsymbol{r} = (a\cos\varphi(t), a\sin\varphi(t), c\varphi(t))$ abwärts. Wir berechnen $\varphi(t)$, die Bahngeschwindigkeit und die Führungskraft als Funktion der Zeit. Gegeben sei $m = 1\,\mathrm{kg}$, $a = 2\,\mathrm{m}$, $c = 0{,}5\,\mathrm{m}$. Dann gilt:

$$\boldsymbol{r} = \boldsymbol{r}(\varphi) = (a\cos\varphi, a\sin\varphi, c\varphi);$$

$$\boldsymbol{r}' = \frac{\mathrm{d}\boldsymbol{r}}{\mathrm{d}\varphi} = (-a\sin\varphi, a\cos\varphi, c); \quad \boldsymbol{r}'' = \frac{\mathrm{d}^2\boldsymbol{r}}{\mathrm{d}\varphi^2} = (-a\cos\varphi, -a\sin\varphi, 0)$$

für den Tangenteneinheitsvektor:

$$\boldsymbol{t} = \frac{\boldsymbol{r}'}{|\boldsymbol{r}'|} = \frac{1}{\sqrt{a^2+c^2}}(-a\sin\varphi, a\cos\varphi, c);$$
$$\boldsymbol{t}' = \frac{1}{\sqrt{a2+c2}}(-a\cos\varphi, -a\sin\varphi, 0);$$

für den Normaleneinheitsvektor:

$$\boldsymbol{n} = \frac{\boldsymbol{t}'}{|\boldsymbol{t}'|} = \frac{\frac{1}{\sqrt{a^2+c^2}}(-a\cos\varphi, -a\sin\varphi, 0)}{\frac{a}{\sqrt{a^2+c^2}}} = (-\cos\varphi, -\sin\varphi, 0)$$

und für den Binormaleneinheitsvektor:

$$\boldsymbol{b} = \boldsymbol{t}\times\boldsymbol{n} = \frac{1}{\sqrt{a^2+c^2}}\begin{vmatrix} \boldsymbol{e}_x & \boldsymbol{e}_y & \boldsymbol{e}_z \\ -a\sin\varphi & a\cos\varphi & c \\ -a\cos\varphi & -a\sin\varphi & 0 \end{vmatrix}$$
$$= \frac{1}{\sqrt{a^2+c^2}}(c\sin\varphi, -c\cos\varphi, a).$$

Die Bewegung der Masse m ist auf der gegebenen Schraubenlinie durch eingeprägte und Reaktionskräfte gekennzeichnet:

- durch das Eigengewicht $\boldsymbol{G} = (0, 0, -mg)$ und
- durch die Führungskraft $\boldsymbol{F} = F_n\boldsymbol{n} + F_b\boldsymbol{b}$ normal zur Bahn.

Dann folgt für den Newtonschen Satz: $m\ddot{\boldsymbol{r}} = \boldsymbol{G} + \boldsymbol{F} = \boldsymbol{G} + F_n\boldsymbol{n} + F_b\boldsymbol{b}$.

Indem wir nacheinander skalar mit $\boldsymbol{t}, \boldsymbol{n}$ und $\boldsymbol{b}$ multiplizieren, erhalten wir für die drei Unbekannten $\varphi(t)$, $F_n(t)$ und $F_b(t)$ drei Gleichungen:

$$\boldsymbol{t}\colon\ (m\ddot{\boldsymbol{r}} - \boldsymbol{G})\boldsymbol{t} = 0 \tag{1}$$

$$\boldsymbol{n}\colon\ F_n = (m\ddot{\boldsymbol{r}} - \boldsymbol{G})\boldsymbol{n} \tag{2}$$

$$\boldsymbol{b}\colon\ F_b = (m\ddot{\boldsymbol{r}} - \boldsymbol{G})\boldsymbol{b} \tag{3}$$

Es sind $\dot{\boldsymbol{r}} = \mathrm{d}/\mathrm{d}t(\boldsymbol{r}) = \mathrm{d}\boldsymbol{r}/\mathrm{d}\varphi \cdot \mathrm{d}\varphi/\mathrm{d}t = \boldsymbol{r}'\dot{\varphi}$; $\ddot{\boldsymbol{r}} = \mathrm{d}/\mathrm{d}t(\dot{\boldsymbol{r}}) = \mathrm{d}/\mathrm{d}t(r'\dot{\varphi}) = \boldsymbol{r}''\dot{\varphi}^2 + \boldsymbol{r}'\ddot{\varphi}$.

Nach Einsetzen der gegebenen Raumkurvengleichung erhalten wir

$$\ddot{\boldsymbol{r}} = (-a\cos\varphi, -a\sin\varphi, 0)\dot{\varphi}^2 + (-a\sin\varphi, a\cos\varphi, c)\ddot{\varphi}.$$

Damit wird $m\ddot{\boldsymbol{r}} - \boldsymbol{G} = m(-a\dot{\varphi}^2\cos\varphi - a\ddot{\varphi}\sin\varphi, -a\dot{\varphi}^2\sin\varphi + a\ddot{\varphi}\cos\varphi, c\ddot{\varphi} + g)$ und die entsprechenden Skalarmultiplikationen liefern

nach (2): $F_n = (m\ddot{\boldsymbol{r}} - \boldsymbol{G})\boldsymbol{n} = ma\dot{\varphi}^2$,
nach (3): $F_b = (m\ddot{\boldsymbol{r}} - \boldsymbol{G})\boldsymbol{b} = mag/(a^2 + c^2)^{\frac{1}{2}}$,
nach (1): $(m\ddot{\boldsymbol{r}} - \boldsymbol{G})\boldsymbol{t} = m/(a^2 + c^2)^{\frac{1}{2}}[(a^2 + c^2)\ddot{\varphi} + cg] = 0, \ddot{\varphi} = -gc/(a^2 + c^2)$,

und damit $\varphi = C_2 + C_1 t - gt^2/2(c/(a^2 + c^2))$.

Mit den Anfangsbedingungen $\varphi(t = 0) = \varphi_0$ und $\dot{\varphi}(t = 0) = 0$ folgt für die beiden Integrationskonstanten $C_1 = 0$ und $C_2 = \varphi_0$ und es folgt

$$\varphi = \varphi(t) = \varphi_0 - cg\frac{t^2}{2(a^2 + c^2)}.$$

Damit folgt nach 2): $F_n = mg^2ac^2t^2/(a^2 + c^2)^2$.

Wir erhalten für die resultierende Führungskraft: $F = (F_n^2 + F_b^2)^{\frac{1}{2}} = mag/(a^2 + c^2)^2(1 + g^2c^4t^4/(a^2 + c^2)^3)^{\frac{1}{2}} = F(t)$.

Die Bahngeschwindigkeit ist $\boldsymbol{v}(t) = \dot{\boldsymbol{r}} = \boldsymbol{r}'\dot{\varphi} = |\boldsymbol{r}'|\dot{\varphi}\boldsymbol{t} = \dot{\varphi}(a^2 + c^2)^{\frac{1}{2}}\boldsymbol{t}$. Sie fällt stets in die Tangentenrichtung und beträgt $v(t) = |\boldsymbol{v}(t)| = \dot{\varphi}(a^2 + c^2)^{\frac{1}{2}} = -gtc/(a^2 + c^2)^{\frac{1}{2}} = -gt\sin\alpha$.

Das negative Vorzeichen charakterisiert die Abwärtsbewegung. ◀

Beispiel 2.62

Bewegung eines Körpers mit zeitlich veränderlicher Widerstandskraft

Ein Körper mit der Masse m wird aus der Ruhelage heraus durch eine konstante Kraft P auf einer Ebene mit dem Gleitreibungskoeffizienten μ beschleunigt. Außerdem wirkt P entgegengesetzt auf den Körper eine zeitabhängige Widerstandskraft $W(t) = at^2$. Zu welchem Zeitpunkt t_0 und nach welchem Weg x_0 kommt der Körper zur Ruhe? Zusätzlich ist der Betrag $v_{\max}$ und der Zeitpunkt $t_{\max}$ der maximalen Geschwindigkeit zu bestimmen.

Mit $R = \mu mg$ lautet der Schwerpunktsatz in x-Richtung $m\ddot{x} = P - R - W = K - \mu mg - at^2$. Wir erhalten

$$\ddot{x}(t) = \left(\frac{P}{mg} - \mu\right)g - a\frac{t^2}{m}. \tag{1}$$

Nach Integration unter Beachtung der Anfangsbedingungen $x(0) = 0, \dot{x}(0) = 0$ folgt

$$\dot{x}(t) = \left(\frac{P}{mg} - \mu\right)gt - a\frac{t^3}{3m} \tag{2}$$

und

$$x(t) = \left(\frac{P}{mg} - \mu\right)g\frac{t^2}{2} - a\frac{t^4}{12m}. \tag{3}$$

Die Bedingung $\dot{x}(t_0) = 0$ liefert dann nach (2) $t_0(P - \mu mg - at_0^2/3)m = 0$, sodass für den Zeitpunkt t_0 folgt, nach dem der Körper wieder zur Ruhe kommt:

$$t_0 = \sqrt{3\frac{P - \mu mg}{a}}. \tag{4}$$

Die Lösung $t_0 = 0$ ist die Anfangsbedingung $\dot{x}(0) = 0$.

Wenn wir (4) in (3) einsetzen, erhalten wir den bis zu diesem Zeitpunkt zurückgelegten Weg:

$$x_0 = x(t_0) = 3\frac{(P - \mu mg)^2}{4am}. \tag{5}$$

Der Zeitpunkt $t_{\max}$ der maximalen Geschwindigkeit folgt aus der Bedingung $\ddot{x}(t_{\max})$ nach (1) zu

$$t_{\max} = \sqrt{\frac{P - \mu mg}{a}}. \tag{6}$$

Wir erhalten aus (2) den Betrag der maximalen Geschwindigkeit:

$$v_{\max} = \dot{x}(t_{\max}) = 2\frac{P - \mu mg}{3m}\sqrt{\frac{P - \mu mg}{a}}. \tag{7}$$

◀

Beispiel 2.63

Drehbewegung

Ein Stab mit konstantem Querschnitt, der Länge l und dem Gewicht $mg = G$ wird lotrecht auf einer Schneide A gelagert. Der Stab ist unten eingekerbt, sodass eine Querkraft aufgebaut werden, der Stab sich beim Kippen aber jederzeit von der Schneide lösen kann. In Kipprichtung gibt es für die Bewegung keine räumliche Einschränkung (vgl. den Kunstspringer vom 10-m-Sprungturm; der Stab kann also unendlich weit nach unten fallen). Wir ermitteln den (Kipp-)Winkel φ_0, bei dem sich der Stab von der Schneide A löst und den sich daraufhin ergebenden Bewegungszustand des Stabes. Dabei unterscheiden wir zwei Bewegungsabschnitte: Zunächst die Drehung um A, dann die Ablösung von A mit der freien Bewegung des Stabes.

Für die reine Drehbewegung um den Punkt A vor der Ablösung erhalten wir mit dem Massenträgheitsmoment $\Theta_A = ml^2/3$ und φ von der senkrechten y-Achse ab gerechnet aus dem Potenzialverlust nach dem Arbeitssatz: $\Theta_A\dot\varphi^2/2 = Gl/2(1-\cos\varphi)$ und damit $\dot\varphi = (Gl/\Theta_A(1-\cos\varphi))^{\frac{1}{2}} = (3g/l(1-\cos\varphi))^{\frac{1}{2}} = \dot\varphi(\varphi)$.

Für die Kräfte im Auflagerpunkt A folgt aus dem Schwerpunkt- und dem Drallsatz: $-N(\varphi) + G\cos\varphi = ml\dot\varphi^2/2 = 3Gl/(2l)(1-\cos\varphi) = 3G(1-\cos\varphi)/2$, damit für die Kraft in Längsrichtung in A: $N(\varphi) = G(5\cos\varphi - 3)/2$ und für die Querkraft senkrecht dazu $R(\varphi)l/2 = \Theta_S\ddot\varphi = G/gl^2\ddot\varphi/12$.

Unter Verwendung von $\Theta_A\ddot\varphi = Gl/2\sin\varphi$ und $\ddot\varphi = Gl\sin\varphi/(2\Theta_A) = 3/2\,g/l\sin\varphi$ folgt:

$$R(\varphi) = 3G\frac{l}{12l}\sin\varphi = \frac{G}{4}\sin\varphi.$$

Das Ablösen des Stabes vom Punkt A erfolgt für $N = N(\varphi = \varphi_0) = 0 = G/2(5\cos\varphi_0 - 3) = 0$ und $\cos\varphi_0 = 3/5, \varphi_0 = 53{,}1$ Grad.

Diese Lage bezeichnen wir mit $t = 0$. Hier beginnt die freie Bewegung des Stabes mit den Anfangswerten

$$\begin{aligned}
\omega_0 &= \dot\varphi(\varphi_0) = \sqrt{3\frac{g}{l}(1-3/5)} = \sqrt{\frac{6}{5}\frac{g}{l}},\\
x_{s_0} &= \frac{l}{2}\sin\varphi_0 = \frac{l}{2}\sqrt{1-\cos^2\varphi_0} = \frac{4}{10}l,\\
v_0 &= \omega_0\frac{l}{2} = \sqrt{\frac{6}{5}\frac{g}{l}\frac{l^2}{4}} = \sqrt{\frac{3}{10}gl},\\
y_{s_0} &= \frac{l}{2}\cos\varphi_0 = \frac{3}{10}l.
\end{aligned}$$

Mit $\Theta_S\ddot\varphi = 0$ erhalten wir $\varphi = C_1 t + C_2$, und mit den zugehörigen Anfangsbedingungen $\varphi(t=0) = \varphi_0 = C_2, \dot\varphi(t=0) = \dot\varphi_0 = (6/5g/l)^{\frac{1}{2}} = C_1$ und demnach $\varphi = (6/5g/l)^{\frac{1}{2}}t + \varphi_0$.

Der Schwerpunktsatz $m\ddot x_s = 0, m\ddot y_s = -mg$ liefert $x_s = C_3 t + C_4, y_s = -g/2t^2 + C_5 t + C_6$.

Mit den zugehörigen Anfangsbedingungen

$$\begin{aligned}
x_s(t=0) &= \frac{4}{10}l = C_4, \quad y_s(t=0) = \frac{3}{10}l = C_6\\
\dot x_s(t=0) = v_0\cos\varphi_0 &= \frac{3}{5}v_0 = C_3, \quad \dot y_s(t=0) = -v_0\sin\varphi_0 = -v_0\frac{4}{5} = C_5
\end{aligned}$$

folgt:

$$\begin{aligned}
x_s &= \frac{3}{5}v_0 t + \frac{2}{5}l = x_s(t) = \frac{2}{5}l + \sqrt{\frac{27}{250}gl}t,\\
y_s &= -g\frac{t^2}{2} - \frac{4}{5}v_0 t + \frac{3}{10}l - \sqrt{\frac{48}{250}gl}t - g\frac{t^2}{2}.
\end{aligned}$$

Für die Bahnkurve gilt:

$$x_s(t) = v_0 t \cos\varphi_0 + x_{s_0} \tag{1}$$

$$y_s(t) = y_{s_0} - v_0 t \sin\varphi_0 - g\frac{t^2}{2}. \tag{2}$$

Aus (1) folgt

$$t = \frac{x_s - x_{s_0}}{v_0 \cos\varphi_0} \tag{3}$$

und nach Einsetzen von (3) in (2) $y_s = y_s(x_s) = y_{s_0} - (x_s - x_{s_0})\tan\varphi_0 - g(x_s - x_{s_0})^2/(2v_0^2\cos^2\varphi_0)$ und

$$\frac{y_s}{l} = \frac{5}{54} + \frac{64}{27}\frac{x_s}{l} - \frac{125}{27}\left(\frac{x_s}{l}\right)^2.$$

Wir berechnen den Drehwinkel φ in Abhängigkeit von x_s und unter Beachtung von (3):

$$\begin{aligned}\varphi &= \sqrt{6\frac{g}{5l}}t + \varphi_0 = \varphi_0 + \sqrt{6\frac{g}{5l}}\frac{x_s - x_{s_0}}{v_0\cos\varphi_0} \\ &= \varphi_0\sqrt{6\frac{g}{5l}}\frac{x_s - 0{,}4l}{\sqrt{\frac{3}{10}gl}\,\frac{3}{5}} = 0{,}927 + \frac{10}{3}\left(\frac{x_s}{l} - 0{,}4\right)\end{aligned}$$

und damit

$$\varphi = \frac{10}{3}\frac{x_s}{l} - 0{,}406. \blacktriangleleft$$

Beispiel 2.64

Virtuelle Arbeit

Gegeben sei ein symmetrischer eckensteifer Rahmen mit Elastizitätskonstante E unter Druckbelastung: Eine Kraft P drückt in der Mitte der beiden senkrechten Stäbe. Die Länge der horizontalen Stäbe ist l, die Querschnittsfläche F_1, ihr Trägheitsmoment $J_h = J_1$, die Länge der senkrechten Stäbe h, die Querschnittsfläche F_2, das Trägheitsmoment $J_s = J_2$. Gesucht ist das Biegemoment M im Mittelquerschnitt der Horizontalstäbe.

Die Formänderungsarbeit wird aus Symmetriegründen nur für ein Viertel des Rahmens betrachtet:

$$\frac{W}{4} = \frac{1}{2}M\frac{M\frac{l}{2}}{EJ_1} + \frac{1}{2}\frac{1}{E}\int_{x=0}^{\frac{l}{2}}\left(\frac{\frac{P}{2}}{F_1}\right)^2 F_1 \mathrm{d}x + \frac{1}{2EJ_2}\int_{y=0}^{\frac{h}{2}}\left(M + P\frac{y}{2}\right)^2 \mathrm{d}y.$$

Weil die virtuelle Arbeit ein Minimum annimmt, folgt $\partial W/\partial M = 0$. Es folgt für das gesuchte Moment $M = -(Ph)/(8(1 + (J_2 l)/(J_1 h)))$. ◄

2.2.3.3 Überführungsfunktion: Regelung

Üblicherweise wird die *Regelung* eines Sachsystems durch einen *geschlossenen*, *Steuerung* dagegen durch einen *offenen Kreislauf* charakterisiert, in dem die Energie- und Informationsverarbeitung sowie die (Rest-)Ergebnisfunktion mit Wandlung, Transport und Speicherung als Untersysteme differenziert werden[59] In aller Regel kommt aber auch eine Steuerung nicht ohne eine Rückkopplung von Zustandsdaten und damit ohne ein Schließen des Informationskreislaufs aus: Die Produktionsplanung und -steuerung (PPS) verwendet Bestandsdaten für die Nettobedarfsrechnung, eine NC-Steuerung nutzt die aktuellen Werkstück- und Werkzeugkoordinaten, eine Transportsteuerung ist auf die Zustandsdaten der Fördermittel angewiesen. Man mag darauf hinweisen, dass Steuerungen mit diskreten Zeitmodellen arbeiten, die zwangsläufig zu Totzeiten führen. Aber auch Regelsysteme haben Totzeiten, ggf. arbeiten sie getaktet wie Steuerungen; diese ihrerseits können aber ereignisorientiert angelegt sein und damit ohne Taktung arbeiten.

Wir wollen die bisherigen Ausführungen (siehe Abschn. 2.2.1) für eine eindeutige Unterscheidung von Regelung und Steuerung verwenden. Darüber hinaus soll die gewählte Unterscheidung eine wirksame sein im Hinblick auf die von uns intendierte Bereitstellung von Funktions-/Wirkprinzipien. Wir legen daher fest: Steuerung zielt auf die Ergebnis-, Regelung auf die Überführungsfunktion. Hier sind die jeweiligen Ergebnisse gefordert, notwendig oder bereits festgelegt. Erst in zweiter Linie – quasi als einer Optimierung zugängliches Nebenprodukt – folgt bei einer Steuerung die Überführungs-, bei einer Regelung die Ergebnisfunktion.

Aufgabenstellung

Ein *Regelungsvorgang* ist der Übergang von einem Beharrungszustand in einen anderen, gewünschten Beharrungszustand. Dabei kann der neue, angestrebte Beharrungszustand als Ziel, das den Regelungsvorgang auslöst und in seinem Ablauf lenkt, während der ganzen Regelungsdauer unverändert bleiben oder sich noch vor Erreichen des neuen Beharrungszustands wieder ändern und so immer neue, aneinandergereihte Regelungsvorgänge verursachen.

Abb. 2.1 zeigt einen einfachen Regelkreis mit der Regelstrecke S, dem Regler R, der Störgröße Z und der Führungsgröße W als Blockschaltbild; alle Größen, bzw. ihre dimensionslosen Abweichungen x, y, z und w vom ursprünglichen Beharrungszustand, wirken nur in der im Blockschaltbild durch Pfeile gekennzeichneten Richtung[60]. Damit beeinflusst die Eingangsgröße eines Regelkreisglieds dessen Ausgangsgröße, nicht aber umgekehrt; eine Rückwirkung der Ausgangsgröße auf die Eingangsgröße kann nur über

[59] Siehe bspw. [GILL73, SCHU22, HUTA55]; siehe auch den Operator-Controller-Ansatz in Abschn. 2.2.5, Handlungssysteme.

[60] Wir verwenden in diesem Abschnitt die in der Regelungstechnik eingeführten Bezeichnungen und Abkürzungen.

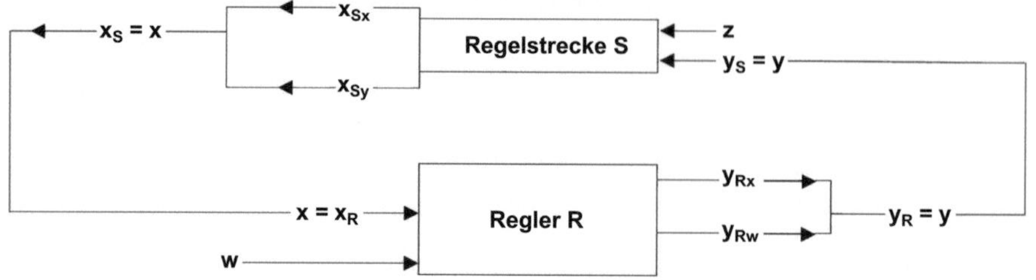

Abb. 2.1 Einfacher Regelkreis

alle übrigen Glieder des Regelkreises erfolgen[61]. Diese Festlegung ist maßgebend für die Abgrenzung einzelner Regelkreiselemente, der kleinsten Regelkreisglieder, in die wir einen Regler unterteilen können.

Ein *Regelkreiselement* hat mit der Unterteilung des Geräts in Einzelteile oder Baugruppen wenig bis nichts zu tun; ein Einzelteil/eine Baugruppe kann mehrere Regelkreiselemente in sich vereinigen, wie auch umgekehrt ein Regelkreiselement aus mehreren, räumlich voneinander getrennten Geräteteilen bestehen kann. Jedes Regelkreiselement kann als eine Art Umformer mit nur einer Wirkungsrichtung aufgefasst werden. Beispielsweise wird in einem Drehzahlregler die Drehzahlabweichung vom Sollwert in ein Abweichungssignal umgeformt[62].

Beispiel 2.65

Windradregelung

Bei Windrädern, wie bei allen Kraftmaschinen, sind wir bestrebt, die Drehzahl N des Maschinensatzes unabhängig von der Belastung entweder konstant oder in bestimmten, engen Grenzen zu halten; diese Aufgabe wird durch einen Regler erfüllt, der bei Störung eines Beharrungszustands die Leistungsabgabe des Windrads dem neuen Leistungsbedarf anpasst und damit die diesen Belastungsverhältnissen zugeordnete Drehzahl einstellt. Ein solcher Maschinensatz könnte zwar auch ohne Regler arbeiten, es würde sich aber bei einer bestimmten Änderung der Belastungsverhältnisse ein neuer Beharrungszustand mit einer ganz bestimmten, von der Größe der Belastungsänderung abhängigen Drehzahl einstellen. Diese Selbstregelung des Maschinensatzes erklärt sich aus verschiedenartigem Verhalten des Rotordrehmoments $M = M(N)$ und des Gegendrehmoments $Z = Z(N)$ des Stromerzeugers bei Änderung der Drehzahl N; während

[61] Wir verwenden hier den in der Regelungstechnik üblichen Sprachgebrauch: „Eingangsgröße" und „Ausgangsgröße" anstatt „Input" und „Output". Tatsächlich erfolgt ja kein materieller Input oder Output, sondern – je nach der Konzeption/Ausführung des Reglers – auf energetisch-mechanischem (Bewegung, Kraft) oder energetisch-elektrischem Weg (Elektrischer Strom) die Übertragung eines Signals.

[62] Siehe die Rückkopplungsschaltung in Abschn. 2.2.2.

M mit Erhöhung der Drehzahl kleiner wird, kann Z mehr oder weniger stark zunehmen. Der Drehzahlregler des Windrads hat also die Aufgabe, von den zahlreichen, bei den neuen Belastungsverhältnissen möglichen Beharrungszuständen denjenigen einzustellen, dem die gewünschte Drehzahl, die Solldrehzahl N_s entspricht. Windradregler R und Regelstrecke S, die im einfachsten Fall aus dem Windrad mit dem Rotor, dem Stromerzeuger mit seinem Spannungsregler und dem angeschlossenen elektrischen Netz mit seinen Verbrauchern besteht, bilden einen Regelkreis mit der Regelgröße X = Rotordrehzahl N.

Die Verhältnisse in den Beharrungspunkten für verschiedene Belastungen können aus dem Regelschema und den Kennlinien der Regelstrecke gefunden werden; der eigentliche Regelungsvorgang aber, also der Übergang von einem Beharrungszustand in den anderen, kann nur mit Hilfe von Regelkreisgleichungen untersucht werden. Dabei interessiert auch die Frage, ob nach dem Verlassen eines Beharrungszustands der neue, gewünschte Beharrungszustand überhaupt erreicht wird oder ob der Betriebspunkt des Windrads um diesen immer hin- und herpendelt. Die Beantwortung dieser Frage bildet die Aufgabe der Stabilitätsuntersuchung des Regelkreises. Die Regelkreisgleichung wird aus den Gleichungen für den Regler und die Regelstrecke gewonnen; jede der beiden letztgenannten Gleichungen stellt den Zusammenhang zwischen ihrer Eingangsgröße (ihrem Eingangssignal) und ihrer Ausgangsgröße (ihrem Ausgangssignal) her. Beide Größen sind Zeitfunktionen (siehe Abschn. 2.2.2, Input-Output-Systeme). Die Eingangsgröße des Reglers ist die Änderung der Drehzahl, seine Ausgangsgröße ist die Änderung des Stellmotorkolbens; die Eingangsgröße der Regelstrecke ist die Änderung der Stellung der Rotorblätter, ihre Ausgangsgröße ist die Drehzahländerung des Maschinensatzes. Die Änderung der Belastungsverhältnisse im Netz, die Änderung der Windverhältnisse usw., also unbeabsichtigte Beeinflussungen der Regelstrecke von außen, heißen Störgrößen Z. Die Verstellung des Sollwerts der Regelgröße X, also eine beabsichtigte Beeinflussung des Reglers, ist eine Führungsgröße W. ◄

Beispiel 2.66

Raumheizung

Ein Thermostatventil wird in einer Warmwasserraumheizung als Regler eingesetzt; Regelstrecke ist der Raum mit dem Heizkörper. Es handelt sich also um einen Regelkreis mit den Parametern Führungsgröße *eingestellte Temperatur*, Regelgröße *Lufttemperatur*, Stellgröße *Heizwasserstrom* und Störgrößen, *z. B. Wärmeabflüsse durch Wände, Fenster und Türen.*

Die Aufgabenstellung des Thermostatventils in einer Warmwasserzentralheizung ist die Temperaturregelung. Die Funktion des Thermostatventils ist die folgende: Der Dehnungskörper drückt durch seine Ausdehnung lufttemperaturabhängig den Stift aus dem Einstellknopf heraus, der seinerseits durch eine Drehung seinen Abstand zum Ventil verändert. Beide Bewegungen überlagern sich, sodass die Stiftposition, die die

Durchflussöffnung des Ventils steuert, sowohl von der Lufttemperatur als auch vom Drehwinkel des Einstellknopfs abhängig ist. Bei ansteigender Lufttemperatur bzw. bei Rechtsdrehung des Knopfes wird die Durchflussöffnung kleiner und umgekehrt.

Eine der (Sub-)*Funktionen* des Thermostatventils ist die Volumenänderung des Ausdehnungselements in Abhängigkeit von seinen Temperaturänderungen. Steigt die Temperatur, vergrößert sich auch das Volumen. Dieser Zusammenhang kann für die relevanten Umgebungstemperaturen des Ventils funktional beschrieben werden. Diese funktionale Beschreibung genügt zur Konstruktion und zum Verständnis des Thermostatventils. Die *Funktionsstruktur* des Thermostatventils wird mit der Funktionsbeschreibung erläutert. Sie drückt das Zusammenwirken der Elementarfunktionen aus: „Der Drehwinkel wirkt auf die Position eines Ausdehnungskörpers ein, die Lufttemperatur auf das Volumen eines Ausdehnungskörpers, der wiederum auf die Position eines weiteren Körpers, und die bestimmt die Öffnung eines Ventils.“ Im Supersystem Raumheizung ist dann die Funktionsstruktur: „Temperaturgefälle von Raumluft zu Umgebungsluft führt zu Wärmeabfluss und damit zu einer sinkenden Temperatur. Diese führt im Regler (Thermostatventil) zu einer größeren Öffnung, und mehr Heizwasser strömt in den Heizkörper ein, der der Raumluft wieder mehr Wärme zuführt.“ Das *Funktionsprinzip* ist das eines Regelkreises. Die *Funktionsträger* sind die Elemente des Thermostatventils, welche die o. a. Funktionsstruktur realisieren, also der Einstellknopf, der Stift, das Ausdehnungselement und das Ventil. *Elementarfunktionsträger* sind diejenigen Funktionsträger des Systems Thermostatventil, deren Funktionsstruktur nicht betrachtet wird, sondern bei denen nur das Verhalten interessiert. Es sind dies z. B. das Ausdehnungselement, der Stift oder der Drehknopf. ◄

Beispiel 2.67

Lieferfähigkeit in Lieferkette

In einer Lieferkette muss die Lieferfähigkeit alleine aus den in der Lieferkette enthaltenen Beständen (Systemfüllung) auch ohne Zugänge über eine konstante Zeitdauer sichergestellt werden. Erhöht sich der Durchsatz je Zeiteinheit, muss die Systemfüllung entsprechend erhöht, bei einer Senkung des Durchsatzes entsprechend verringert werden. So führt eine Erhöhung des Durchsatzes über einen bestimmten Zeitraum zu einer überproportionalen Erhöhung des Zugangs in die Lieferkette, umgekehrt wird bei einer Senkung des Durchsatzes der Abgang zeitweise aus der Systemfüllung bestritten.

Beispiel 2.68

Bestandsregelung/Verbrauchsorientierte Disposition

Wir verlassen den „Beharrungszustand“, sobald die Bestandsführung/-überwachung das Unterschreiten des Bestellpunkts registriert. Das ist bei einem „geschlossenen“ La-

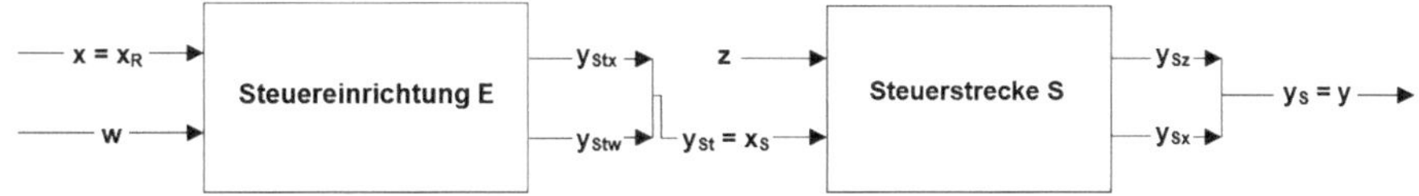

Abb. 2.2 Steuerung

ger eine bestimmte Höhe des Lagerbestands. Wenn nach Kanban vorgegangen wird, ist das das Anbrechen des Reservebehälters am Arbeitsplatz. Also wartet der Regler auf das Erreichen/Überschreiten des Bestellpunkts: Eingangsgröße $x(t)$. Das führt zum Ausgangssignal: Bestellmenge $y(t)$, was mit der Totzeit „Wiederbeschaffungszeit" einen Zugang ergibt, der möglicherweise auch noch um den Ausschuss gemindert wird. Und dann überlassen wir die Regelstrecke S bis auf die dauernde Überwachung des Bestands wieder sich selbst. Wenn die verbrauchsorientierte Disposition zyklisch angelegt ist, dann ist ein vorgegebener Zeit-, nicht der Bestellpunkt das Auslösekriterium für den Regelvorgang. Also überwachen wir nicht das Erreichen einer bestimmten Bestandshöhe, sondern das Erreichen eines bestimmten Zeitpunkts – alles andere erfolgt analog.

S: Lager(bestand); z: Entnahme von Lagerbestand; x_{S_z}: Bestandsabgang; $x_\mathrm{S} = x$: Lagerbestand; x_{S_y}: Lagerbestand alt; $y_\mathrm{S} = y$: Bestandszugang; y_{R_x}: Wiederauffüllen auf Sollreichweite; $x = x_\mathrm{R}$: Bestandsreichweite aktuell; $y_\mathrm{R} = y$: (Wieder-) Auffüllen auf (veränderte) Sollreichweite; w: Mindestreichweite; y_{R_w}: Verändern des Mindestbestands; R: verbrauchsorientierte Bestandsregelung. ◄

Diese Ausführungen beziehen sich auf einen Regelkreis, in dem die Wirkungen einzelner Glieder zu einem geschlossenen Ring zusammengefügt sind: Eine Regelabweichung x_R wird im Regler in ein Signal (Stellkolbenbewegung, Stiftbewegung, Spannungsänderung, ...) umgewandelt, das wiederum in der Regelstrecke die Regelabweichung korrigiert. Sie können sinngemäß auch auf eine Steuerung, die als offener Regelkreis aufgefasst werden kann, angewandt werden; in Abb. 2.2 wird in der Steuereinrichtung die Abweichung x_R vom Sollwert in die Bewegung des Stellglieds umgeformt und damit die Ausgangsgröße y_S der Steuerstrecke geändert, jedoch nicht x_R beeinflusst.

Eine Steuerung liegt z. B. beim Ändern der Heizleistung der Heizkörper in Abhängigkeit von der Außentemperatur vor; die eigentliche Raumtemperatur wird zum Verstellen der Heizkörper nicht herangezogen.

In der Regelungstechnik wird der Frequenzgang $F(j\omega)$ in einer komplexen Ebene als Kurve dargestellt. Die Eingangsamplitude wird als Einheitsradiusvektor $|\boldsymbol{r_e}| = 1$ auf der positiven reellen Achse vom Koordinatenursprung aus aufgetragen. Die auf x_0 bezogene Ausgangsamplitude für die betrachtete Frequenz ω erscheint als Radiusvektor $|\boldsymbol{r_a}| = |y_0/x_0|$, der mit $\boldsymbol{r_e}$ und somit mit der positiven, reellen Koordinatenachse den Phasenwinkel $(-\alpha)$ einschließt. Die Verbindungslinie der Endpunkte aller Vektoren $\boldsymbol{r_a}$ für verschiedene ω-Werte heißt Frequenzgangortskurve oder kurz *Ortskurve*. Sie kann unmittelbar aus Versuchen bestimmt oder aus den Gleichungen

$$F(j\omega) = \frac{1}{a_n(j\omega)^n + a_{n-1}(j\omega)^{n-1} + \ldots + a_2(j\omega)^2 + a_1(j\omega) + a_0}$$
$$= \frac{1}{\text{charakteristische Gleichung}}$$

bzw.

$$F(j\omega) = \frac{b_0 + b_1 j\omega + b_2(j\omega)^2 + \ldots + b_k(j\omega)^k}{a_n(j\omega)^n + a_{n-1}(j\omega)^{n-1} + \ldots + a_2(j\omega)^2 + a_1 j\omega + a_0}$$

punktweise berechnet werden. Diese Gleichungen werden dabei zweckmäßigerweise umgeformt und in einen reellen Teil $U(\omega)$ sowie in einen imaginären Teil $jV(\omega)$ zerlegt:

$$F(j\omega) = U(\omega) + jV(\omega).$$

Es können dann für unterschiedlich angenommene Werte von ω die Abszissen $U(\omega)$ und die Ordinaten $jV(\omega)$ berechnet werden. $\omega = 0$ und $\omega = \infty$ sind nichtverwirklichbare, rechnerische Grenzwerte. Mit Hilfe des Frequenzgangs kann für eine gegebene Eingangsgröße x die dazugehörige Ausgangsgröße y, oder vice versa, berechnet werden; es ist

$$y(t) = x(t)F(j\omega) \quad \text{und} \quad x(t) = \frac{y(t)}{F(j\omega)}.$$

Auch die Funktion $1/F(j\omega)$, der reziproke oder inverse Frequenzgang, wird in einer komplexen Ebene als Kurve dargestellt. Die Ausgangsamplitude wird als Einheitsradiusvektor $|\boldsymbol{r_a}| = |y_0/y_0|$ auf der positiven, reellen Achse vom Koordinatenursprung aus aufgetragen. Die auf y_0 bezogene Eingangsamplitude für die betrachtete Frequenz ω erscheint als Radiusvektor $|\boldsymbol{r_e}| = |x_0/y_0|$, der mit $\boldsymbol{r_a}$ und somit mit der positiven, reellen Koordinatenachse den Phasenwinkel $(+\alpha)$ einschließt. Die Verbindungslinie der Endpunkte aller Vektoren $\boldsymbol{r_e}$ für verschiedene ω-Werte ist die inverse Ortskurve. Auch die inverse Ortskurve kann aus Versuchen bestimmt oder punktweise berechnet werden (siehe bspw. [HUTA55, UNBE00, SCHU02]).

Arten von Schaltungen

Regelkreiselemente können zu Regelkreisgliedern, Regelkreisgruppen und Regelkreisen zusammengefügt werden. Die regeltechnischen Eigenschaften des dabei neu entstehenden Regelkreisglieds, also der Zusammenhang zwischen seiner Eingangsgröße und seiner Ausgangsgröße, ergeben sich zum einen aus den regeltechnischen Eigenschaften der einzelnen Regelkreiselemente, zum anderen aus der Art der Schaltung (Serien-, Parallel- oder Gegenschaltung, vgl. Abschn. 2.2.2, Input-Output-Systeme). Bei allen Schaltungen ist zu beachten, dass sowohl die Eingangsgrößen als auch die Ausgangsgrößen keine Mengen, sondern Größen mit bestimmten Wirkungen sind. Daraus folgt:

- Beim Wirken mehrerer Größen x_1, x_2, x_3 derselben Dimension auf ein bestimmtes Element überlagern sich die Wirkungen zu einer Summenwirkung $x_1 + x_2 + x_3$.
- Beim Wirken einer Größe x auf mehrere Elemente gleichzeitig werden die einzelnen Elemente alle gleich beeinflusst; die Größe x wird verzweigt, aber nicht aufgeteilt.

Der Zusammenhang zwischen der Eingangsgröße x und der Ausgangsgröße y eines neuen Regelkreisglieds, also $y = y(x)$, wird aus den Frequenzgängen der generierenden Regelkreiselemente abhängig von der Art der Schaltung ermittelt.

Serienschaltung
Für die *Serienschaltung* (vgl. Abschnitt *Allgemeine statische Input-Output-Systeme*) gilt:

$$x_1 = x, \quad x_2 = y_1, \quad x_3 = y_2, \quad \ldots, \quad x_k = y_{k-1}, \quad y_k = y. \tag{2.240}$$

Aus den Frequenzgängen $F_1, F_2, F_3, \ldots, F_k$ der einzelnen Regelkreiselemente ergibt sich nach (2.240) der Frequenzgang des neuen k-stufigen Regelkreisglieds zu:

$$F = \frac{y}{x} = \frac{y_k y_{k-1} y_{k-2} y_{k-3} \ldots y_2 y_1}{x_k x_{k-1} x_{k-2} \ldots x_3 x_2 x_1} = F_k F_{k-1} F_{k-2} F_{k-3} \ldots F_3 F_2 F_1 \tag{2.241}$$

Damit gilt: Der Frequenzgang F eines durch Serienschaltung mehrerer Regelkreiselemente entstandenen Regelkreisglieds ist das Produkt aus den Frequenzgängen $F_1, F_2, F_3, \ldots,$ F_k dieser Elemente.

Mit Hilfe der Beziehung (2.241) kann der Zusammenhang zwischen der Eingangsgröße x und der Ausgangsgröße y für mehrere in Reihe geschaltete Regelkreiselemente auch dann gefunden werden, wenn die Frequenzgänge $F_1, F_2, F_3, \ldots, F_k$ der einzelnen Elemente nicht als Gleichungen, sondern als Ortskurven gegeben sind. Dann kann die resultierende Ortskurve des neuen Regelkreisglieds für einen beliebigen Wert ω wie folgt ermittelt werden:

- Die Größe des Radiusvektors $|\boldsymbol{r_a}|$ als Produkt der Radiusvektoren $|\boldsymbol{r_{a_1}}|, |\boldsymbol{r_{a_2}}|, |\boldsymbol{r_{a_3}}|, \ldots,$ $|\boldsymbol{r_{a_k}}|$ der einzelnen Elemente:

$$|\boldsymbol{r_a}| = |\boldsymbol{r_{a_1}}||\boldsymbol{r_{a_2}}||\boldsymbol{r_{a_3}}| \ldots |\boldsymbol{r_{a_k}}|;$$

- Der Phasenwinkel α als Summe der Phasenwinkel $\alpha_1, \alpha_2, \alpha_3, \ldots, \alpha_k$ der einzelnen Elemente:

$$\alpha = \alpha_1 + \alpha_2 + \alpha_3 + \ldots + \alpha_k.$$

Parallelschaltung
Mehrere Regelkreiselemente werden von derselben verzweigten Eingangsgröße x angesprochen, die Ausgangsgrößen der einzelnen Regelkreiselemente zu einer einzigen Ausgangsgröße y zusammengeführt:

$$x_1 = x_2 = x_3 = \ldots = x_k = x; \quad y_1 + y_2 + y_3 + \ldots + y_k = y. \tag{2.242}$$

Aus den Frequenzgängen $F_1, F_2, F_3, \ldots, F_k$ der einzelnen Regelkreiselemente ergibt sich mit der Beziehung (2.242) der Frequenzgang des k-gliedrigen Regelkreiselements zu

$$F = \frac{y}{x} = \frac{y_k + y_{k-1} + y_{k-2} + y_{k-3} + \ldots + y_3 + y_2 + y_1}{x}$$
$$= F_k + F_{k-1} + F_{k-2} + \ldots + F_3 + F_2 + F_1. \quad (2.243)$$

Der Frequenzgang F eines durch *Parallelschaltung* mehrerer Regelkreiselemente entstandenen Regelkreisglieds ist demnach die Summe aus den Frequenzgängen $F_1, F_2, F_3, \ldots,$ F_k dieser Elemente. Mit Hilfe der Beziehung (2.243) kann der Zusammenhang zwischen der Eingangsgröße x und der Ausgangsgröße y für mehrere parallelgeschaltete Regelkreiselemente punktweise aus den Ortskurven ermittelt werden. Für einen beliebigen Wert ω ergibt sich der Radiusvektor $\boldsymbol{r_a}$ als vektorielle Summe der Radiusvektoren $\boldsymbol{r_{a_1}}, \boldsymbol{r_{a_2}}, \boldsymbol{r_{a_3}}, \ldots, \boldsymbol{r_{a_k}}$ der einzelnen Elemente. Die Koordinaten $U(\omega)$ und $jV(\omega)$ des Punktes der gesuchten Ortskurve ergeben sich zu

$$U(\omega) = U_1(\omega) + U_2(\omega) + \ldots + U_k(\omega); \quad jV(\omega) = j(V_1(\omega) + V_2(\omega) + \ldots + V_k(\omega)).$$

Gegenschaltung

In *Gegenschaltung* können nur zwei Regelkreiselemente, -glieder oder -gruppen angeordnet werden:

$$x_1 = x + y_2 \quad \text{oder} \quad x = x_1 - y_2; \quad y_1 = x_2 = y. \quad (2.244)$$

Aus den Frequenzgängen F_{I} des ersten Regelkreisglieds und F_{II} des zweiten, gegengeschalteten Regelkreisglieds ergibt sich mit der Beziehung (2.244) der Frequenzgang F des zweiteiligen Regelkreisglieds zu:

$$F = \frac{y}{x} = \frac{y_1}{x} = \frac{x_1 F_{\mathrm{I}}}{x} = F_{\mathrm{I}} \frac{x + y_2}{x} = F_{\mathrm{I}}\left(1 + \frac{x_2 F_{\mathrm{II}}}{x}\right) = F_{\mathrm{I}}\left(1 + \frac{y}{x} F_{\mathrm{II}}\right)$$
$$= F_{\mathrm{I}} + F_{\mathrm{I}} F_{\mathrm{II}} F$$
$$F = \frac{F_{\mathrm{I}}}{1 - F_{\mathrm{I}} F_{\mathrm{II}}} = \frac{1}{\frac{1}{F_{\mathrm{I}}} - F_{\mathrm{II}}} \quad (2.245)$$

Für den Sonderfall der starren Rückführung mit $F_{\mathrm{II}} = -1$ vereinfacht sich diese Gleichung zu

$$F_{\mathrm{II}} = \frac{1}{\frac{1}{F_{\mathrm{I}}} + 1}.$$

Mit Hilfe der Beziehung (2.245) finden wir den Zusammenhang zwischen der Eingangsgröße x und der Ausgangsgröße y, wenn die Frequenzgänge F_{I} und F_{II} als inverse Ortskurve $1/F_{\mathrm{I}}$ und als Ortskurve F_{II} gegeben sind. Für einen beliebigen Wert ω ergibt sich der Radiusvektor $\boldsymbol{r_e}$ von $1/F_{\mathrm{I}}$ als vektorielle Differenz von $\boldsymbol{r_{e\mathrm{I}}}$ der inversen Ortskurve $1/F_{\mathrm{I}}$ und $\boldsymbol{r_{a\mathrm{II}}}$ der Ortskurve F_{II}.

Verbindungselemente

Verbindungselemente übertragen ein Signal von ihrem Eingangspunkt zu ihrem Ausgangspunkt (Übertragungselemente); damit lassen sich zwei Regelkreiselemente auf definierte Art miteinander koppeln. Handelt es sich bei einem solchen Signal um eine Bewegung[63], so sprechen wir von einem Gestänge (Kuppelstangen, Hebel, Schwinghebel, ...) und betrachten die Bewegung $x_G = (X_G - X_{G_1})/X_{Gh}$ des angetriebenen Eingangspunkts des Gestänges sowie die Bewegung $y_G = (Y_G - Y_{G_1})/Y_{Gh}$ des treibenden Ausgangspunkts des Gestänges; es bedeuten dabei X_{Gh} den größten Weg, den Hub des Eingangspunkts des Gestänges, X_G den aktuellen Stand der Bewegung und X_{G_1} den Startpunkt der Bewegung (aus dem Beharrungszustand), Y_{Gh} den Hub des Ausgangspunkts des Gestänges. Verwendet werden starre, nachgiebige und verzögerte Gestänge.

Direkte Weitergabe: Starres Gestänge

Bei der *Kuppelstange* als der einfachsten Variante eines starren Gestänges entspricht jedem Weg $(X_G - X_{G_1})$ des Eingangspunkts als Eingangsgröße ein gleich großer Weg $(Y_G - Y_{G_1})$ des Ausgangspunkts als Ausgangsgröße; also ist $Y_G - Y_{G_1} = X_G - X_{G_1}$ und damit auch $Y_{Gh} = X_{Gh}$. Mit bezogenen, dimensionslosen Größen lautet die Gleichung, die den Zusammenhang zwischen der Eingangsgröße x_G und der Ausgangsgröße y_G wiedergibt:

$$y_G = x_G. \tag{2.246}$$

Als Frequenzgang F_G erhalten wir:

$$F_G = \frac{y_G}{x_G} = 1. \tag{2.247}$$

Die Ortskurve und die inverse Ortskurve sind der Punkt $(+1, 0)$ auf der positiven, reellen Koordinatenachse.

Die Beziehungen (2.246) und (2.247) gelten auch für ein starres Gestänge mit einer festen Übersetzung $ü$, also für Hebel aller Art. Aus $Y_G - Y_{G_1} = ü(X_G - X_{G_1})$ und $Y_{Gh} = ü X_{Gh}$ folgt: $y_G = (Y_G - Y_{G_1})/Y_{Gh} = ü(X_G - X_{G_1})/(ü X_{Gh}) = x_G$.

Veränderliche Übersetzungen $(b_r ü)$, wie z. B. Schwinghebel, reagieren abhängig vom Kuppelpunkt der Kuppelstange. Wenn dieser Punkt in der linken Endlage ist, dann gilt $b_r = +1$ und $(b_r ü) = +ü$, in der rechten Endlage gilt $b_r = -1$ und $(b_r ü) = -ü$. In der Mittellage ist das Gestänge unterbrochen: $b_r = 0$ und $(b_r ü) = 0$.

Aus $Y_G - Y_{G_1} = b_r ü(X_G - X_{G_1})$ und $Y_{Gh} = ü X_{Gh}$ folgt die allgemeine Form der Gleichung für ein starres Gestänge mit veränderlicher Übersetzung

$$y_G = b_r x_G \tag{2.248}$$

und der Frequenzgang F_G: $F_G = y_G/x_G = b_r$.

[63] Genauso kann es sich bspw. um ein elektrisches Signal handeln, bei dem anstelle der Bewegung mit der physikalischen Größe Länge als physikalische Größe die Stromstärke oder die Spannung gemessen wird. Dann gelten die hier für mechanische Regler gemachten Ausführungen analog. An die Stelle einer Feder oder eines Dämpfungsglieds treten dann eine Spule (Induktivität) oder ein Kondensator (Ladungsspeicher). Siehe auch Abschn. 2.2.3.2, Bewegung eines starren Körpers.

Die Ortskurve ist der Punkt $(+b_r, 0)$, die inverse Ortskurve ist der Punkt $(+1/b_r, 0)$ auf der positiven oder negativen reellen Koordinatenachse, je nachdem, ob $b_r > 0$ oder $b_r < 0$ gilt. Die Übergangsfunktion ergibt sich aus Gl. (2.248) mit $x_G = 1$ zu: $y_{Gü}(t) = b_r$.

Gedämpfte Weitergabe: Nachgiebiges Gestänge

Ein solches Gestänge entsteht aus einem starren Gestänge durch Einbringen eines zusätzlichen Dämpfungsglieds (realisiert bspw. durch Anordnung einer Ölbremse mit einem Bremszylinder im Eingangsteil und einer einerseits an der Kolbenstange der Bremse und andererseits an einem festen Punkt im Raum befestigten Rückstellfeder (siehe bspw. [HUTA55])). Bewegt sich der Eingangspunkt und mit ihm das Dämpfungsglied/der Bremszylinder bspw. um $+(X_G - X_{G_1})$, dann wird die als Zug-Druck-Feder ausgebildete Rückstellfeder um $+(Y_G - Y_{G_1})$ gedehnt; sie erzeugt eine auf den Bremskolben in Richtung Ausgangspunkt wirkende Kraft $P_f = C_f(Y_G - Y_{G_1})$ mit C_f als Federkennwert. Bewegt sich das Dämpfungsglied mit der Geschwindigkeit $+X'_G$ nach unten, dann wird der Bremskolben mit der Geschwindigkeit $+Y'_G$ mitgenommen. Durch die Relativgeschwindigkeit $(X'_G - Y'_G)$ des Kolbens im Bremszylinder entsteht auf die Kolbenstange eine Kraft in Richtung Eingangspunkt:

$$P_b = C_k(X'_G - Y'_G)$$

mit C_k als Bremsenkennwert. Unter der Voraussetzung, dass

- die Verstellkraft des Ausgangspunkts,
- das Produkt aus der Masse des Gestänges und seiner Beschleunigung

vernachlässigbar klein sind, folgt aus der Bewegungsgleichung des Gestänges

$$P_b - P_f = C_k(X'_G - Y'_G) - C_f(Y_G - Y_{G_1}).$$

Die Differenzialgleichung dieses Gestänges lautet mit $C_k/C_f = T_k$ und $Y_{Gh} = X_{Gh}$:

$$T_k y'_G + y_G = T_k x'_G. \tag{2.249}$$

Die erste der beiden Voraussetzungen folgt aus der Definition des Regelkreisglieds, wonach die Ausgangsgröße keine Rückwirkung auf die Eingangsgröße ausüben darf. Ist die zweite Voraussetzung nicht erfüllt, dann folgt für die Bewegungsgleichung des Gestänges $M_G Y''_G = P_b - P_f = C_k(X'_G - Y'_G) - C_f(Y_G - Y_{G_1})$ und seine Differenzialgleichung unter Berücksichtigung der beweglichen Gestängemasse M_G und mit $M_G/C_f = T_G^2, C_k/C_f = T_k$ und $Y_{Gh} = X_{Gh}$ lautet

$$T_G^2 y''_G + T_k y'_G + y_G = T_k x'_G.$$

Das nachgiebige Gestänge ist ein D-Regelkreisglied. Die Lösung der Gl. (2.249) liefert $y_G = y_G(t)$ für den Regelungsvorgang, $y_G = 0$ für jeden Beharrungszustand. Das zu Beginn eines Regelungsvorgangs als eine mehr oder weniger starre Verbindung zwischen Eingangspunkt und Ausgangspunkt wirkende Gestänge wird mit der Zeit wirkungslos und der Ausgangspunkt kehrt in seine Beharrungslage $y_G = 0$ zurück; das Gestänge ist nachgiebig. Der Frequenzgang F_G ergibt sich aus Gl. (2.249) zu

$$F_G = \frac{y_G}{x_G} = \frac{T_k j\omega}{T_k j\omega + 1}. \tag{2.250}$$

Die Ortskurve ist bei $0 < T_k < \infty$ ein Halbkreis im ersten Quadranten, bei $T_k = 0$ der Koordinatenursprung, bei $T_k = \infty$ der Punkt $(+1, 0)$. Die inverse Ortskurve ist bei $0 < T_k < \infty$ eine Parallele zur negativen, imaginären Koordinatenachse, bei $T_k = 0$ der Punkt $(+1, -\infty)$, bei $T_k = \infty$ der Punkt $(+1, 0)$. Die Übergangsfunktion ergibt sich aus der Differenzialgleichung mit $x_G = 1$ und $x'_G = 0$ zu

$$T_k y'_G + y_G = 0. \tag{2.251}$$

Als Lösung von Gl. (2.251) folgt

$$y_{Gü}(t) = C_1 e^{-\frac{t}{T_k}}. \tag{2.252}$$

Für $t = 0$ folgt aus Gl. (2.252) $y_{Gü}(0) = 1$. Damit folgt der Ausgangspunkt dem Eingangspunkt und es gilt: $C_1 = 1$. Weiter gilt für die Übergangsfunktion des nachgiebigen Gestänges $y_{Gü}(t) = e^{(-t/T_k)}$.

$y_{Gü}(t)$ ist eine nach der e-Potenz gegen den Endwert $y_{Gü}(\infty) = 0$ verlaufende Kurve.

Gedämpfte Weitergabe: Verzögertes Gestänge (Feder im Gestänge, Dämpfer parallel ortsfest)

Ein solches Gestänge entsteht aus einem starren Gestänge bspw. durch Anordnung einer Zug-Druck-Feder im Eingangsteil des Gestänges und einer Ölbremse, deren Bremskolben am Ausgangsteil befestigt ist und deren Bremszylinder im Raum feststeht (siehe bspw. [HUTA55]). Bewegt sich der Eingangspunkt bspw. um $+(X_G - X_{G_1})$, so wird der Ausgangspunkt um $+(Y_G - Y_{G_1})$ verschoben und die Feder um $(X_G - Y_G)$ gespannt; sie erzeugt eine auf den Ausgangsteil des Gestänges in Richtung des Eingangspunkts wirkende Kraft:

$$P_f = C_f(X_G - Y_G).$$

Bewegt sich der Kolben im Bremszylinder mit der Geschwindigkeit Y'_G in Richtung Ausgangspunkt, dann entsteht eine auf den Ausgangsteil des Gestänges in Richtung Ausgangspunkt wirkende Bremskraft:

$$P_b = C_k Y'_G.$$

Unter der Voraussetzung, dass

- die Verstellkraft des Ausgangspunkts,
- das Produkt aus der Masse des Gestänges und seiner Beschleunigung

vernachlässigbar klein sind, folgt aus der Bewegungsgleichung des Gestänges

$$P_f - P_b = C_f (X_G - Y_G) - C_k Y'_G.$$

Die Differenzialgleichung dieses Gestänges lautet mit $C_k/C_f = T_k$ und $Y_{Gh} = X_{Gh}$:

$$T_k y'_G + y_G = x_G. \tag{2.253}$$

Die Lösung der Gl. (2.253) ergibt $y_G = y_G(t)$ für einen Regelungsvorgang, $y_G = x_G$ für jeden Beharrungszustand. Das zu Beginn eines Regelungsvorgangs als unterbrochene Verbindung zwischen Eingangspunkt und Ausgangspunkt wirkende Gestänge wird mit der Zeit starr; das Gestänge ist verzögert. Der Frequenzgang F_G ergibt sich aus Gl. (2.253) zu

$$F_G = \frac{y_G}{x_G} = \frac{1}{T_k j\omega + 1}.$$

Die Ortskurve ist bei $0 < T_k < \infty$ ein Halbkreis im vierten Quadranten, bei $T_k = 0$ der Punkt $(+1, 0)$ und bei $T_k = \infty$ der Punkt $(+1, +\infty)$. Die inverse Ortskurve ist bei $0 < T_k < \infty$ eine Parallele zur positiven imaginären Koordinatenachse, bei $T_k = 0$ der Punkt $(+1, 0)$ und bei $T_k = \infty$ der Punkt $(+1, +\infty)$. Die Übergangsfunktion ergibt sich aus der Differenzialgleichung mit $x_G = 1$: $T_k y'_G + y_G = 1$.

Die Lösung dieser Gleichung ist: $y_{Gü}(t) = 1 + C_1 e^{(-t/T_k)}$.

Für $t = 0$ ist $y_{Gü}(0) = 0$. Also ist der Ausgangspunkt noch in Ruhe und es gilt: $C_1 = -1$. Die Übergangsfunktion des verzögerten Gestänges ergibt sich zu $y_{Gü}(t) = 1 - e^{(-t/T_k)}$.

$y_{Gü}(t)$ ist eine nach der e-Potenz gegen den Endwert $y_{Gü}(\infty)$ strebende Kurve.

Gedämpfte Weitergabe: Starres und nachgiebiges Doppelgestänge (Feder und Dämpfer seriell im Parallelstrang)

Wir schalten ein nachgiebiges und ein starres Gestänge parallel; beide wirken auf einen gemeinsamen Eingangs- und auf einen gemeinsamen Ausgangspunkt. Das starre Gestänge ist sinnvollerweise mit einer in den Grenzen von $b_r = +1$ bis $b_r = -1$ verstellbaren Übersetzung b_r angelegt. Wir führen den Frequenzgang für das starre Gestänge $F_a = b_r$ und den Frequenzgang für das nachgiebige Gestänge $F_b = (T_k j\omega)/(T_k j\omega + 1)$ zusammen und erhalten nach den Regeln für eine Parallelschaltung

$$F_G = F_a + F_b = b_r + \frac{T_k j\omega}{T_k j\omega + 1} = \frac{T_k(1 + b_r) j\omega + b_r}{T_k j\omega + 1}.$$

Die Differenzialgleichung ergibt sich dementsprechend zu $y_G + T_k y'_G = b_r x_G + T_k(1 + b_r) x'_G$. Die Ortskurve ist ein Halbkreis im ersten Quadranten; die Inverse ein

Halbkreis im vierten Quadranten. Die Übergangsfunktion ergibt sich aus der Differenzialgleichung mit $x_{\mathrm{G}} = 1$ und $x'_{\mathrm{G}} = 0$ zu $T_k y'_{\mathrm{G}} + y_{\mathrm{G}} = b_r$.

Als Lösung erhalten wir $y_{\mathrm{Gü}}(t) = b_r + C_1 \mathrm{e}^{-t/T_k}$.

Weil für $t = 0$ gilt $y_{\mathrm{Gü}}(0) = 1 + b_r$ und zunächst sowohl der starre als auch der nachgiebige Teil wirksam sind, folgt $C_1 = 1$: Damit erhalten wir als Übergangsfunktion des starren und nachgiebigen Gestänges $y_{\mathrm{Gü}}(t) = b_r + \mathrm{e}^{-t/T_k}$.

$y_{\mathrm{Gü}}(t)$ ist eine nach der e-Potenz von $y_{\mathrm{Gü}}(0) = (1 + b_r)$ gegen den Endwert $y_{\mathrm{Gü}}(\infty) = b_r$ verlaufende Kurve.

Gedämpfte Weitergabe: Starres und verzögertes Doppelgestänge (Feder seriell im Parallelstrang, Bremse parallel ortsfest)

Wir schalten ein starres und ein verzögertes Gestänge parallel; beide wirken auf einen gemeinsamen Eingangs- und einen gemeinsamen Ausgangspunkt. Das starre Gestänge ist sinnvollerweise mit einer in den Grenzen von $b_r = +1$ bis $b_r = -1$ verstellbaren Übersetzung b_r angelegt. Wir führen den Frequenzgang für das starre Gestänge $F_a = b_r$ und den Frequenzgang für das verzögerte Gestänge $F_b = 1/(T_k j\omega + 1)$ zusammen und erhalten nach den Regeln für eine Parallelschaltung

$$F_{\mathrm{G}} = F_a + F_b = b_r + \frac{1}{T_k j\omega + 1} = \frac{T_k b_r j\omega + (1 + b_r)}{T_k j\omega + 1}.$$

Die Differenzialgleichung ergibt sich dementsprechend zu $y_{\mathrm{G}} + T_k y'_{\mathrm{G}} = (1 + b_r)x_{\mathrm{G}} + T_k b_r x'_{\mathrm{G}}$. Die Ortskurve ist ein Halbkreis im vierten Quadranten; die Inverse ein Halbkreis im ersten Quadranten. Die Übergangsfunktion ergibt sich aus der Differenzialgleichung mit $x_{\mathrm{G}} = 1$ und $x'_{\mathrm{G}} = 0$ zu $T_k y'_{\mathrm{G}} + y_{\mathrm{G}} = 1 + b_r$.

Als Lösung erhalten wir $y_{\mathrm{Gü}}(t) = 1 + b_r + C_1 \mathrm{e}^{-t/T_k}$.

Weil für $t = 0$ gilt $y_{\mathrm{Gü}}(0) = b_r$ und zunächst nur der starre Teil wirksam ist, folgt $C_1 = -1$: Damit erhalten wir als Übergangsfunktion des starren und verzögerten Gestänges $y_{\mathrm{Gü}}(t) = (1 + b_r) - \mathrm{e}^{-t/T_k}$.

$y_{\mathrm{Gü}}(t)$ ist eine nach der e-Potenz von $y_{\mathrm{Gü}}(0) = b_r$ gegen den Endwert $y_{\mathrm{Gü}}(\infty) = (1 + b_r)$ verlaufende Kurve.

Messwerke

Ein Messwerk hat die Aufgabe, die Regelgröße $X = X_{\mathrm{M}}$, und/oder deren Veränderung $\mathrm{d}X/\mathrm{d}t = X'$ und/oder deren Veränderung $\mathrm{d}(\mathrm{d}X/\mathrm{d}t)\mathrm{d}t = X''\ldots$ zu messen, die Abweichung $(X_{\mathrm{M}} - X_{\mathrm{M_1}})$ bzw. $x_{\mathrm{M}} = (X_{\mathrm{M}} - X_{\mathrm{M_1}})/X_{\mathrm{MN}}$ vom ursprünglichen Wert im Beharrungszustand $X_{\mathrm{M_1}}$ zu bilden und durch eine Änderung der Ausgangsgröße $Y = Y_{\mathrm{M}}$ entsprechend zu reagieren (bspw. den Regler entsprechend zu betätigen: $y_{\mathrm{M}} = (Y - Y_1)/Y_{\mathrm{hub}}$).[64] Wir betrachten beispielhaft P- und D-Regler für die Drehzahlregelung, also Drehzahl- und Drehzahlbeschleunigungsmesswerke für Windräder.

[64] Zum Messen physikalischer Größen siehe Kap. 3, Abschn. 3.4.1, Messen.

Ein Drehzahlmesswerk misst die jeweils herrschende Drehzahl N und bildet ihre Abweichung $(N - N_1)$ bzw. $x_M = (N - N_1)/N_N$ von der ursprünglichen Beharrungsdrehzahl N_1.

Bei P-Drehzahlmesswerken (bspw. Fliehkraftpendel) entspricht im Beharrungszustand jedem Wert N zwischen der höchsten Drehzahl N_o und der niedersten Drehzahl N_u eine bestimmte Stellung Y des Ausgangspunkts (bspw. Stellung der Ausgangsmuffe eines Fliehkraftpendels). Ein Beharrungszustand ist hier nicht nur bei der Solldrehzahl und der ihr entsprechenden Ausgangsstellung, sondern bei jeder zwischen N_o und N_u liegenden Drehzahl möglich. Die Auslenkung des Ausgangspunkts wird proportional der Drehzahländerung angenommen. Der größten Drehzahländerung $(N_o - N_u)$ entspricht der Hub des Ausgangspunkts Y_h („Muffenhub"); die größte noch messbare Regelgrößenabweichung $x_p = (N_o - N_u)/N_N$ ist der P-Bereich des Messwerks. Bei I-Drehzahlmesswerken kann sich ein Beharrungszustand nur bei einer einzigen Drehzahl, der Solldrehzahl, einstellen. Dabei kann der Ausgangspunkt in jeder Stellung zwischen den beiden Endlagen liegen; bei der kleinsten Drehzahlabweichung läuft er in eine der beiden Endlagen. I-Drehzahlmesswerke lassen sich als P-Messwerke mit $x_p \longrightarrow 0$ auffassen. Ein D-Messwerk (Beschleunigungsmesswerk) misst die jeweilige Winkelbeschleunigung $\mathrm{d}\omega/\mathrm{d}t$ bzw. $x'_M = (1/N_N)\mathrm{d}N/\mathrm{d}t$.

P-Messwerk: Fliehkraftpendel ohne Dämpfung

Die Drehzahl wird aus der Fliehkraft (siehe Abschn. 2.2.3.2) rotierender Pendelgewichte bestimmt (zur Konstruktion derartiger Messwerke siehe [HUTA55, SCHU02]). Diese Fliehkraft wirkt auf den Ausgangspunkt (längsverschiebbare Pendelmuffe), wo ihr als Ausgangskraft (Muffenkraft) P_M eine Federkraft P_F entgegenwirkt. Die Muffenkraft P_M berechnet sich zu

$$P_M = M_K R(Y_M)\ddot{u}(Y_M)\omega_M^2$$

mit ω_M: Winkelgeschwindigkeit, N_M: Drehzahl, M_K: Masse der rotierenden Pendelgewichte, $R(Y_M)$: Schwerpunkthalbmesser der Pendelgewichte für die Ausgangspunktstellung Y_M, $\ddot{u}(Y_M)$: von der Stellung des Ausgangspunkts Y_M abhängige Übersetzung. Während die Muffenkraft P_M sowohl von der Drehzahl N_M als auch von der Stellung Y_M des Ausgangspunkts abhängen kann, ändert sich die Federkraft nur mit der Ausgangspunktstellung Y_M.

Die Eingangsgröße ist die Drehzahlabweichung $x_M = (\omega_M - \omega_{M_1})/\omega_{MN} = (N - N_1)/N_N$, die Ausgangsgröße die Muffenabweichung $y_M = (Y_M - Y_{M_1})/Y_{Mh}$.

Den Zusammenhang zwischen der Eingangsgröße x_M und der Ausgangsgröße y_M ermitteln wir aus den Kräften auf den Ausgangspunkt (Pendelmuffe). In einem Beharrungszustand ω_{M_1}, Y_{M_1} gilt

$$P_M(\omega_{M_1}, Y_{M_1}) - P_F(Y_{M_1}) = 0,$$

und der Ausgangspunkt (Pendelmuffe) befindet sich in Ruhe. Eine Abweichung von diesem Beharrungszustand um $\mathrm{d}\,\omega_{\mathrm{M}}$ und $\mathrm{d}\,Y_{\mathrm{M}}$ setzt die Kraft

$$\frac{\delta P_{\mathrm{M}}}{\delta \omega_{\mathrm{M}}}\mathrm{d}\,\omega_{\mathrm{M}} + \frac{\delta P_{\mathrm{M}}}{\delta Y_{\mathrm{M}}}\mathrm{d}\,Y_{\mathrm{M}} - \frac{\delta P_{\mathrm{F}}}{\delta Y_{\mathrm{M}}}\mathrm{d}\,Y_{\mathrm{M}} \neq 0$$

frei. Unter der Voraussetzung, dass zum einen die für die Verstellung der nachgeschalteten Elemente erforderliche Kraft P_{V} gegenüber der Federkraft P_{F} und zum anderen die auf den Pendelmuffenhub reduzierte Masse der nachgeschalteten Elemente M_{VM} gegenüber der auf den Muffenhub reduzierten Masse der beweglichen Elemente des Messwerks M_{M} vernachlässigbar klein sind (andernfalls gilt anstelle von P_{F} die Kraft $(P_{\mathrm{F}} - P_{\mathrm{V}})$ bzw. anstelle der Masse M_{M} die reduzierte Masse $(M_{\mathrm{M}} + M_{\mathrm{VM}}) = M_{\mathrm{M}} b_{\mathrm{M}})$, folgt aus der Bewegungsgleichung der Pendelmuffe P_{M} mit der auf den Muffenhub reduzierten Masse aller beweglichen Teile des Pendels M_{M} und mit der Abkürzung $R(Y_{\mathrm{M}})\ddot{u}(Y_{\mathrm{M}}) = R_y$:

$$M_{\mathrm{M}}\frac{\mathrm{d}^2 Y_{\mathrm{M}}}{\mathrm{d}\,t^2} = 2M_{\mathrm{K}} R_{y_1}\omega_{\mathrm{M}}\mathrm{d}\,\omega_{\mathrm{M}} - \left(\frac{\delta P_{\mathrm{F}}}{\delta Y_{\mathrm{M}}} - M_{\mathrm{K}}\omega_{\mathrm{M}}^2\frac{\delta R_y}{\delta Y_{\mathrm{M}}}\right)\mathrm{d}\,Y_{\mathrm{M}} = P_n - P_y. \quad (2.254)$$

Mit der Muffenkraft P_{MN} für die Nenndrehzahl N_{N} und somit für die Nennwinkelgeschwindigkeit ω_{MN} gilt

$$P_{\mathrm{MN}} = M_{\mathrm{K}} R_{y\mathrm{N}}\omega_{\mathrm{MN}}^2.$$

Unter Berücksichtigung der Beziehungen $\mathrm{d}\,\omega_{\mathrm{M}}/\omega_{\mathrm{MN}} = x_{\mathrm{M}}, \mathrm{d}\,Y_{\mathrm{M}}/Y_{\mathrm{M}h} = y_{\mathrm{M}}$ sowie $Y_{\mathrm{M}}''/Y_{\mathrm{M}h} = y''M$ erhalten wir für Gl. (2.254)

$$\begin{aligned} M_{\mathrm{M}} Y_{\mathrm{M}h} y_{\mathrm{M}}'' &= 2P_{\mathrm{MN}}\left(R_{y_1}\frac{\omega_{\mathrm{M}_1}}{R_{y\mathrm{N}}}\omega_{\mathrm{MN}}\right)x_{\mathrm{M}} \\ &\quad - 2P_{\mathrm{MN}}\left(Y_{\mathrm{M}h}\frac{\delta P_{\mathrm{F}}}{2P_{\mathrm{MN}}\delta Y_{\mathrm{M}}} - \frac{1}{2}\frac{\omega_{\mathrm{M}_1}^2 Y_{\mathrm{M}h}\delta R_y}{\omega_{\mathrm{MN}}^2 R_{y\mathrm{N}}\delta Y_{\mathrm{M}}}\right)y_{\mathrm{M}}. \end{aligned} \quad (2.255)$$

Als Nenndrehzahl wird zweckmäßigerweise die Solldrehzahl gewählt. Die Beharrungsdrehzahl N_1 zu Beginn eines Regelvorgangs ist dann entweder gleich der Nenndrehzahl N_{N} bzw. sie unterscheidet sich nur wenig von diesem Wert (wir setzen $N_1/N_{\mathrm{N}} = 1$). Wenn außerdem

- im gesamten Regelbereich von N_{u} bis N_{o} gilt $R_y/R_{y\mathrm{N}} = \text{const.} = 1$ und damit $\delta R_y/\delta Y_{\mathrm{M}} = 0$, und die $P_{\mathrm{N}}(N)$-Kurve durch die Gerade $P_n = 2P_{\mathrm{MN}} x_{\mathrm{M}}$ ersetzt werden kann,
- auf dem gesamten Hub von $Y_{\mathrm{M}} = 0$ bis $Y_{\mathrm{M}} = Y_{\mathrm{M}h}\delta P_{\mathrm{F}}/\delta Y_{\mathrm{M}} = \text{const.} = 2b_b P_{\mathrm{MN}}/Y_{\mathrm{M}_h}$ gilt und die $P_{\mathrm{F}}(Y_{\mathrm{M}})$-Kurve durch die Gerade $P_y = 2P_{\mathrm{MN}} b_b y_{\mathrm{M}}$ ersetzt werden kann,

dann können wir die Bewegungsgleichung (2.255) vereinfachen. Mit $M_{\mathrm{M}} Y_{\mathrm{M}h}/(2P_{\mathrm{MN}}) = T_f^2$ nimmt die Differenzialgleichung dieses Pendels folgende Form an:

$$T_f^2 y_{\mathrm{M}}'' + b_b y_{\mathrm{M}} = x_{\mathrm{M}}. \quad (2.256)$$

Der P-Grad b_b des Messwerks ergibt sich zu

$$b_b = \frac{P_\text{F}(Y_{\text{M}h}) - P_\text{F}(0)}{2} P_\text{MN} = \frac{P_\text{M}(N_\text{o}) - P_\text{M}(N_\text{u})}{2} P_\text{MN} = \frac{\omega_{\text{M}o}^2 - \omega_{\text{M}u}^2}{2} \omega_\text{MN}^2$$
$$= \frac{N_\text{o}^2 - N_\text{u}^2}{2} N^2.$$

Mit $(N_\text{o} + N_\text{u})/(2N_\text{N}) = 1$ erhalten wir als Bereich $b_b = (N_\text{o} - N_\text{u})/N_\text{N} = x_{\text{M}p}$.

Der Frequenzgang F_M ergibt sich aus Gl. (2.256) zu

$$F_\text{M} = \frac{1}{T_f^2 (j\omega)^2 + b_b} = \frac{1}{b_b - T_f^2 \omega^2}.$$

Die Ortskurve fällt mit der reellen Koordinatenachse zusammen; sie beginnt für $\omega = 0$ im Punkt $(1/b_b, 0)$ und läuft über $(+\infty, 0), (-\infty, 0)$ mit $\omega_e = (b_b)^{\frac{1}{2}}$ für $\omega = \infty$ in den Koordinatenursprung. Auch die inverse Ortskurve fällt mit der reellen Koordinatenachse zusammen; sie beginnt für $\omega = 0$ im Punkt $(+b_b, 0)$, läuft bei $\omega_e = (b_b)^{\frac{1}{2}}$ durch den Koordinatenursprung und bei $\omega = \infty$ in den Punkt $(-\infty, 0)$. Die Übergangsfunktion ergibt sich aus der Differenzialgleichung (2.256) mit $x_\text{M} = 1$:

$$T_f^2 y_\text{M}'' + b_b y_\text{M} = 1. \tag{2.257}$$

Als Lösung von Gl. (2.257) erhalten wir $y_\text{Mü}(t) = 1/b_b + C_1 \text{e}^{+j(b_b)^{\frac{1}{2}}(t/T_f)} + C_2 \text{e}^{-j(b_b)^{\frac{1}{2}}(t/T_f)}$.

Weil für $t = 0$ der Ausgangspunkt noch in der Beharrungslage und noch in Ruhe ist, gilt $y_\text{Mü}(0) = 0$ und $y_\text{Mü}'(0) = 0$. Damit folgt $C_1 = C_2 = -1/(2b_b)$. Damit lautet die Übergangsfunktion eines P-Fliehkraftpendels ohne Dämpfung:

$$y_\text{Mü}(t) = \frac{1 - \frac{1}{2}\left(\text{e}^{+j\sqrt{b_b}\frac{t}{T_f}} + \text{e}^{-j\sqrt{b_b}\frac{t}{T_f}}\right)}{b_b} = \frac{1 - \cos\left(\sqrt{b_b}\frac{t}{T_f}\right)}{b_b}.$$

$y_\text{Mü}(t)$ ist eine harmonische Schwingung mit konstanter Amplitude.

P-Messwerk: Fliehkraftpendel mit Dämpfung – Ortsfeste Bremse

Wir verbinden den Eingangs- mit dem Ausgangspunkt über eine Kuppelstange mit einer Dämpfung (ortsfeste (Öl-)Bremse; der Bremszylinder ist am Eingangspunkt befestigt). Damit wirkt zusätzlich zu den Kräften P_n und P_y die Bremskraft P_b; diese wirkt auf den Ausgangspunkt proportional zu und in entgegengesetzter Richtung von Y_M':

$$P_b = C_k Y_\text{M}'.$$

Wir erhalten als Bewegungsgleichung des Ausgangspunkts:

$$M_\text{M} Y_\text{M}'' = P_n - P_y - P_b = 2P_\text{MN} x_\text{M} - 2P_\text{MN} b_b y_\text{M} - C_k y_\text{M}'.$$

Mit $(M_M Y_{Mh})/(2P_{MN}) = T_f^2$ und $(C_k Y_{Mh})/(2P_{MN}) = T_d$ ergibt sich als Differenzialgleichung des Pendels:

$$T_f^2 y''_M + T_d y'_M + b_b y_M = x_M. \tag{2.258}$$

Als Frequenzgang F_M bei Störgröße $= 1$ folgt aus Gl. (2.258) $F_M = 1/(T_f^2 (j\omega)^2 + T_d j\omega + b_b)$.

Die Ortskurve verläuft im vierten und dritten Quadranten; sie beginnt bei $\omega = 0$ im Punkt $(+1/b_b, 0)$ und endet für $\omega = \infty$ im Koordinatenursprung. Die inverse Ortskurve ist eine Kurve zweiten Grades im ersten und zweiten Quadranten; sie beginnt für $\omega = 0$ im Punkt $(+b_b, 0)$ und endet für $\omega = \infty$ im Punkt $(-\infty, +\infty)$. Die Übergangsfunktion ergibt sich aus Gl. (2.258) mit $x_M = 1$:

$$T_f^2 y''_M + T_d y'_M + b_b y_M = 1. \tag{2.259}$$

Gl. (2.259) hat die Lösung $y_{Mü}(t) = 1/b_b + C_1 e^{p_1 t} + C_2 e^{p_2 t}$ mit

$$p_1 = \frac{-T_d + \sqrt{T_d^2 - 4b_b T_f^2}}{2} T_f^2, \quad p_2 = \frac{-T_d - \sqrt{T_d^2 - 4b_b T_f^2}}{2} T_f^2.$$

Weil für $t = 0$ der Ausgangspunkt noch in der Beharrungslage und noch in Ruhe ist, gilt $y_{Mü}(0) = 0$ und $y'_{Mü}(0) = 0$. Damit folgt $C_1 = (-T_d - (T_d^2 - 4b_b T_f^2)^{\frac{1}{2}})/(2b_b(T_d^2 - 4b_b T_f^2)^{\frac{1}{2}})$ und $C_2 = (-T_d + (T_d^2 - 4b_b T_f^2)^{\frac{1}{2}})/(2b_b(T_d^2 - 4b_b T_f^2)^{\frac{1}{2}})$.

Wir unterscheiden zwei Fälle:

Fall 1: $T^2 d > 4b_b T^2 f$; die Wurzeln p_1 und p_2 sind reell. $y_{Mü}(t)$ ist ein aperiodischer Vorgang, der für $t = \infty$ den Endwert $y_{Mü}(\infty) = 1/b_b$ erreicht.

Fall 2: $T^2 d < 4b_b T^2 f$; die Wurzeln p_1 und p_2 sind konjugiert komplex. $y_{Mü}(t)$ ist eine harmonische, abklingende Schwingung, die für $t = \infty$ den Endwert $y_{Mü}(\infty) = 1/b_b$ erreicht.

P-Messwerk: Fliehkraftpendel mit Dämpfung – Ortsfeste Bremse mit Feder

Wir verbinden den Eingangs- mit dem Ausgangspunkt über eine Kuppelstange mit einer Dämpfung und schalten zusätzlich eine Feder, verbunden mit dem Ausgangspunkt, dazwischen. Zusätzlich zu den Kräften P_n und P_y müssen wir dann die Federkraft P_k berücksichtigen. P_k lässt sich einerseits aus der Federdeformation $(Y_M - U)$ und andererseits aus der Geschwindigkeit U' des Kolbens im Dämpfer/Bremszylinder bestimmen; P_k wirkt auf den Ausgangspunkt in entgegengesetzter Richtung von Y_M. Es folgt $P_k = C_f(Y_M - U) = C_k U'$ oder mit $C_k/C_f = T_d$ und $U_h = Y_{Mh}$:

$$T_d u' + u = y_M. \tag{2.260}$$

Weil einer der beiden Befestigungspunkte der Zusatzfeder (der Kolben des Dämpfers/der Ölbremse) nicht im Raum festgehalten wird und daher unter der Wirkung von P_k ausweicht, verschwindet die zu Beginn der Bewegung des Ausgangspunkts (Muffe) auftretende Kraft P_k mit der Zeit. Aus der Bewegungsgleichung des Ausgangspunkts

$$M_\mathrm{M}Y_\mathrm{M}'' = P_n - P_y - P_k = 2P_\mathrm{MN}x_\mathrm{M} - 2P_\mathrm{MN}b_b y_\mathrm{M} - C_f Y_{\mathrm{M}h}(y_\mathrm{M} - u)$$

folgt mit den Abkürzungen $(M_\mathrm{M}Y_{\mathrm{M}h})/(2P_\mathrm{MN}) = T_f^2$ und $(P_{k_\mathrm{max}})/(2P_\mathrm{MN}) = (C_f Y_{\mathrm{M}h})/(2P_\mathrm{MN}) = b_v$ die Beziehung

$$T_f^2 y_\mathrm{M}'' + (b_b + b_v)y_\mathrm{M} = x_\mathrm{M} + b_v u. \tag{2.261}$$

Den Beiwert b_v heißen wir vorübergehender P-Grad des Messwerks. Wir eliminieren u und u' aus den Gleichungen (2.260) und Gl. (2.261) und erhalten die Differenzialgleichung dieses Pendels zu

$$T_f^2 T_d y_\mathrm{M}''' + T_f^2 y_\mathrm{M}'' + T_d(b_b + b_v)y_\mathrm{M}' + b_b y_\mathrm{M} = T_d x_\mathrm{M}' + x_\mathrm{M}. \tag{2.262}$$

Gl. (2.262) ist von dritter Ordnung, die rechte Seite enthält mit der 1. Ableitung ein Glied, das die Winkelbeschleunigung berücksichtigt. Damit ist dieses Pendel ein PD-Messwerk. Der Frequenzgang F_M ergibt sich aus Gl. (2.262) zu

$$F_\mathrm{M} = (T_d j\omega + 1)/(T_f^2 T_d(j\omega)^3 + T_f^2(j\omega)^2 + T_d(b_b + b_v)j\omega + b_b. \tag{2.263}$$

Die Ortskurve verläuft im dritten und vierten Quadranten; sie beginnt für $\omega = 0$ im Punkt $(+1/b_b, 0)$ und endet für $\omega = \infty$ im Koordinatenursprung. Die inverse Ortskurve verläuft im ersten und zweiten Quadranten; sie beginnt für $\omega = 0$ im Punkt $(+b_b, 0)$ und endet für $\omega = \infty$ im Punkt $(-\infty, 0)$. Die Übergangsfunktion ergibt sich aus der Differenzialgleichung (2.262) mit $x_\mathrm{M} = 1$ und $x_\mathrm{M}' = 0$ zu:

$$T_f^2 T_d y_\mathrm{M}''' + T_f^2 y_\mathrm{M}'' + T_d(b_b + b_v)y_\mathrm{M}' + b_b y_\mathrm{M} = 1.$$

Wir unterscheiden bei der Lösung zwei Fälle:

Fall 1: Alle drei Wurzeln p_1, p_2, p_3 sind reell. $y_\mathrm{Mü}(t)$ ist ein aperiodischer Vorgang, der für $t = \infty$ ohne Schwingen den Endwert $y_\mathrm{Mü}(\infty) = 1/b_b$ erreicht.

Fall 2: Die Wurzel p_1 ist reell, die beiden Wurzeln p_2 und p_3 sind konjugiert komplex. $y_\mathrm{Mü}(t)$ ist eine harmonische, abklingende Schwingung mit dem Endwert $y_\mathrm{Mü}(\infty) = 1/b_b$ und $t = \infty$.

P-Messwerk: Fliehkraftpendel mit verstellbarer (Zusatz-)Feder

Das Fliehkraftpendel wird verstellbar, wenn wir eine Feder einbringen, die einerseits am Ausgangspunkt und andererseits an einem verstellbaren/rückführbaren Gestänge befestigt ist. Die zusätzlich wirkende Kraft P_w bestimmen wir aus der Deformation der (Zusatz-)

Feder: $(Y_\mathrm{M} - Y_{\mathrm{M}_1}) + (W_\mathrm{M} - W_{\mathrm{M}_1})$. P_k wirkt auf den Ausgangspunkt in umgekehrter Richtung von Y_M. Mit $W_{\mathrm{M}h} = Y_{\mathrm{M}h}$ folgt:

$$P = C_{fw}((Y_\mathrm{M} - Y_{\mathrm{M}_1}) + (W_\mathrm{M} - W_{\mathrm{M}_1})) = C_{fw} Y_{\mathrm{M}h}(y_\mathrm{M} + w_\mathrm{M}).$$

Aus der Bewegungsgleichung des Ausgangspunkts/der Pendelmuffe folgt

$$M_\mathrm{M} Y''_\mathrm{M} = P_n - P_y - P_w = 2P_\mathrm{MN} x_\mathrm{M} - 2P_\mathrm{MN} b_b y_\mathrm{M} - C_{fw} Y_{\mathrm{M}h}(y_\mathrm{M} + w_\mathrm{M}).$$

Mit den Abkürzungen $(M_\mathrm{M} Y_{\mathrm{M}h})/(2P_\mathrm{MN}) = T_f^2$ und $P_{w_\mathrm{max}}/(2P_\mathrm{MN}) = (C_{fw} Y_{\mathrm{M}h})/(2P_\mathrm{MN}) = b_w$ erhalten wir als Differenzialgleichung:

$$T_f^2 y''_\mathrm{M} + (b_b + b_w) y_\mathrm{M} = x_\mathrm{M} - b_w w_\mathrm{M}. \tag{2.264}$$

Gegenüber der Differenzialgleichung (2.256) unterscheidet sich Gl. (2.264) nur durch die beiden von der (Zusatz-)Feder bedingten Glieder $b_w y_\mathrm{M}$ und $b_w w_\mathrm{M}$. Um die Gl. (2.264) allgemein lösen zu können, müssen wir w_M durch x_M oder durch y_M ausdrücken.

Dagegen können wir den Frequenzgang $F_{\mathrm{M}x}$ des Pendels für das im Raum festgehaltene Ende der Zusatzfeder ($w_\mathrm{M} = 0$) angeben:

$$F_{\mathrm{M}x} = \frac{y_\mathrm{M}}{x_\mathrm{M}} = \frac{1}{T_f^2 (j\omega)^2 + (b_b + b_w)}. \tag{2.265}$$

Die Ortskurve fällt mit der reellen Koordinatenachse zusammen; sie beginnt für $\omega = 0$ im Punkt $(+1/(b_b + b_w), 0)$ und läuft über die Punkte $(+\infty, 0)$ und $(-\infty, 0)$ für $\omega = \infty$ in den Koordinatenursprung. Die inverse Ortskurve fällt mit der reellen Koordinatenachse zusammen; sie beginnt für $\omega = 0$ im Punkt $(+(b_b + b_w), 0)$ und läuft durch den Koordinatenursprung für $\omega = \infty$ nach $(-\infty, 0)$.

Für den Frequenzgang $F_{\mathrm{M}w}$ der Pendelrückführung gilt mit $x_\mathrm{M} = 0$ und damit gleichbleibender Drehzahl:

$$F_{\mathrm{M}w} = \frac{y_\mathrm{M}}{w_\mathrm{M}} = -\frac{b_w}{T_f^2 (j\omega)^2 + (b_b + b_w)}. \tag{2.266}$$

Die Ortskurve fällt mit der reellen Koordinatenachse zusammen; sie beginnt für $\omega = 0$ im Punkt $(-b_w/(b_b + b_w), 0)$ und läuft über die Punkte $(-\infty, 0), (+\infty, 0)$ für $\omega = \infty$ in den Koordinatenursprung. Die inverse Ortskurve fällt mit der reellen Koordinatenachse zusammen; sie beginnt für $\omega = 0$ im Punkt $(-(b_b + b_w)/b_w, 0)$ und läuft über den Koordinatenursprung für $\omega = \infty$ nach $(+\infty, 0)$.

P-Messwerk: Fliehkraftpendel mit verstellbarer Feder/Dämpfer-Kombination

Wir machen das Fliehkraftpendel verstellbar, indem wir eine seriell geschaltete Feder/Dämpfer-Kombination einbringen, bei der die Zusatzfeder am Ausgangspunkt und der

Dämpferzylinder an einem verstellbaren/rückführbaren Gestänge befestigt sind. Also müssen wir zusätzlich zu den Kräften P_n und P_y die Federkraft P_s betrachten. Diese Kraft P_s lässt sich einerseits aus der Federdeformation $(Y_\mathrm{M} - U)$ und andererseits aus der Relativgeschwindigkeit $(U' - S')$ des Dämpferkolbens bestimmen; sie wirkt auf den Ausgangspunkt entgegengesetzt zu Y_M. Also gilt für die wirkenden Kräfte:

$$P_s = C_f(Y_\mathrm{M} - U) = C_k(U' - S'). \tag{2.267}$$

Wir setzen $C_k/C_f = T_d$ und $S_h = U_h = Y_{\mathrm{M}h}$ und erhalten:

$$T_d u' + u = y_\mathrm{M} + T_d s'. \tag{2.268}$$

Aus der Bewegungsgleichung des Ausgangspunkts folgt:

$$M_\mathrm{M} Y''_\mathrm{M} = P_n - P_y - P_s = 2P_\mathrm{MN} x_\mathrm{M} - 2P_\mathrm{MN} b_b y_\mathrm{M} - C_f Y_{\mathrm{M}h}(y_\mathrm{M} - u). \tag{2.269}$$

Mit Gl. (2.269), Gl. (2.268) und den Abkürzungen $(M_\mathrm{M} Y_{\mathrm{M}h})/(2P_\mathrm{MN}) = T_f^2$, $C_k/C_f = T_d$ und $P_{s_\mathrm{max}}/(2P_\mathrm{MN}) = (C_f Y_{\mathrm{M}h})/(2P_\mathrm{MN}) = b_v$ erhalten wir

$$T_f^2 y''_\mathrm{M} + (b_b + b_v) y_\mathrm{M} = x + b_v u. \tag{2.270}$$

Wir erhalten die Differenzialgleichung dieses Pendels durch Eliminieren von u und u' in den Gleichungen (2.268) und (2.270):

$$T_f^2 T_d y'''_\mathrm{M} + T_f^2 y''_\mathrm{M} + T_d(b_b + b_v) y'_\mathrm{M} + b_b y_\mathrm{M} = T_d x'_\mathrm{M} + x_\mathrm{M} + T_d b_v s'. \tag{2.271}$$

Die Bewegung des Bremsenzylinders $T_d b_v s'$ macht den Unterschied von Gl. (2.271) zur Differenzialgleichung (2.262). Um die Gl. (2.271) allgemein zu lösen, müssen wir s durch x_M oder y_M ausdrücken.

Dagegen können wir den Frequenzgang $F_{\mathrm{M}x}$ des Pendels für den im Raum feststehenden Bremsenzylinder mit $s = 0$ angeben; er ist identisch mit dem Frequenzgang in Gl. (2.263):

$$F_{\mathrm{M}x} = \frac{y_\mathrm{M}}{x_\mathrm{M}} = \frac{T_d j\omega + 1}{T_f^2 T_d (j\omega)^3 + T_f^2 (j\omega)^2 + T_d(b_b + b_v) j\omega + b_b}.$$

Die Ortskurve verläuft im dritten und vierten Quadranten; sie beginnt für $\omega = 0$ im Punkt $(+1/b_b, 0)$ und endet für $\omega = \infty$ im Punkt $(-\infty, 0)$. Die inverse Ortskurve verläuft im ersten und zweiten Quadranten; sie beginnt für $\omega = 0$ im Punkt $(+b_b, 0)$ und endet für $\omega = \infty$ im Punkt $(-\infty, 0)$.

Für den Frequenzgang $F_{\mathrm{M}s}$ der Pendelrückführung gilt mit $x_\mathrm{M} = 0$ und damit gleichbleibender Drehzahl:

$$F_{\mathrm{M}s} = \frac{y_\mathrm{M}}{s} = \frac{T_d b_v j\omega}{T_f^2 T_d (j\omega)^3 + T_f^2 (j\omega)^2 + T_d(b_b + b_v) j\omega + b_b}. \tag{2.272}$$

Die Ortskurve verläuft im ersten, vierten und dritten Quadranten; sie beginnt für $\omega = 0$ und endet für $\omega = \infty$ im Koordinatenursprung. Die inverse Ortskurve verläuft im vierten, ersten und zweiten Quadranten; sie beginnt für $\omega = 0$ im Punkt $(+(b_b + b_v)/b_v, -\infty)$ und endet für $\omega = \infty$ im Punkt $(-\infty, +\infty)$.

P-Messwerk: Fliehkraftpendel mit verstellbarer Feder/Dämpfer-Kombination/mit verstellbarer Pendelfeder

Wir diskutieren als allgemeinsten Fall ein Fliehkraftpendel

- mit einer im Betrieb verstellbaren Federspannung und
- einer seriell geschalteten Feder/Dämpfer-Kombination, bei der die Zusatzfeder am Ausgangspunkt und der Dämpferzylinder an einem verstellbaren/rückführbaren Gestänge befestigt sind.

Die Pendelfeder ist einerseits am Ausgangspunkt des Pendels und andererseits am Ausgangspunkt eines verstellbaren Gestänges befestigt; ihre Deformation wird somit nicht nur durch die Abweichung $y_{\mathrm{M}} = (Y_{\mathrm{M}} - Y_{\mathrm{M}_1})/Y_{\mathrm{M}h}$, sondern auch durch die Abweichung $w_{\mathrm{M}} = (W_{\mathrm{M}} - W_{\mathrm{M}_1})/W_{\mathrm{M}h} = (W_{\mathrm{M}} - W_{\mathrm{M}_1})/Y_{\mathrm{M}h}$ des Befestigungspunkts am Gestänge bestimmt. Wir legen dabei die positive Richtung von w_{M} so fest, dass einer Verschiebung $(+w_{\mathrm{M}})$ eine Drehzahlzunahme $(+x_{\mathrm{M}})$ entspricht. Damit ergibt sich die Federkraft zu $P_y = 2P_{\mathrm{MN}}b_b(y_{\mathrm{M}} + w_{\mathrm{M}})$.

Die von der Zusatzfeder erzeugte Kraft P_s wird nach Gl. (2.267) einerseits aus der Deformation $(Y_{\mathrm{M}} - U)$ und andererseits aus der Relativgeschwindigkeit $(U' - S')$ des Kolbens im Dämpfer bestimmt; sie wirkt auf den Ausgangspunkt entgegengesetzt zu Y_{M}: $P_s = C_f(Y_m - U)) = C_k(U' - S')$ bzw. mit $C_k/C_f = T_d$ und $S_h = U_h = Y_{\mathrm{M}h}$: $T_d u' + u = y_{\mathrm{M}} + T_d s'$.

Aus der Bewegungsgleichung des Ausgangspunkts

$$M_{\mathrm{M}}Y''_{\mathrm{M}} = P_n - P_y - P_s = 2P_{\mathrm{MN}}x_{\mathrm{M}} - 2P_{\mathrm{MN}}b_b(y_{\mathrm{M}} + w_{\mathrm{M}}) - C_f Y_{\mathrm{M}h}(y_{\mathrm{M}} - u)$$

folgt mit Gl. (2.268) und mit den Abkürzungen $M_{\mathrm{M}}Y_{\mathrm{M}h}/(2P_{\mathrm{MN}}) = T_f^2, C_k/C_f = T_d$ und $P_{s_{\max}}/(2P_{\mathrm{MN}}) = C_f Y_{\mathrm{M}h}/(2P_{\mathrm{MN}}) = b_v$ die Beziehung

$$\begin{aligned} &T_f^2 T_d y'''_{\mathrm{M}} + T_f^2 y''_{\mathrm{M}} + T_d(b_b + b_v) + b_b y_{\mathrm{M}} \\ &= T_d x'_{\mathrm{M}} + x + T_d b_v s' - T_d b_b w'_{\mathrm{M}} - b_b w_{\mathrm{M}}. \end{aligned} \tag{2.273}$$

Wieder gilt die Analogie zu Gl. (2.262); gegenüber Gl. (2.271) kommen auf der rechten Seite die Glieder $T_d b_b w'_{\mathrm{M}}$ und $b_b w_{\mathrm{M}}$ dazu, die die Verstellung des beweglichen Endes der Pendelfeder/Änderung der Pendelfederspannung beschreiben. Wenn diese Änderung zur Sollwerteinstellung des Messwerks verwendet wird, dann ist w_{M} die Führungsgröße w.

Um Gl. (2.273) allgemein lösen zu können, müssen wir s und w_{M} durch x_{M} oder y_{M} ausdrücken.

Dagegen können wir den Frequenzgang F_{Mx} des Pendels für den im Raum feststehenden Dämpferzylinder und eine unveränderliche Sollwerteinstellung, also $s = 0$ und $w_M = 0$ angeben; er stimmt mit dem Frequenzgang F_{Mx} nach Gl. (2.263) für ein Pendel mit unter Zwischenschaltung einer Feder angekoppeltem Dämpfer überein:

$$F_{Mx} = \frac{y_M}{x_M} = \frac{T_d j\omega + 1}{T_f^2 T_d (j\omega)^3 + T_f^2 (j\omega)^2 + T_d (b_b + b_v) j\omega + b_b}. \tag{2.263}$$

Die Ortskurve verläuft im dritten und vierten Quadranten; sie beginnt für $\omega = 0$ im Punkt $(+1/b_b, 0)$ und endet für $\omega = \infty$ im Koordinatenursprung. Die inverse Ortskurve verläuft im ersten und zweiten Quadranten; sie beginnt für $\omega = 0$ im Punkt $(+b_b, 0)$ und endet für $\omega = \infty$ im Punkt $(-\infty, 0)$.

Der Frequenzgang F_{Ms} der Pendelrückführung für gleichbleibende Drehzahl und unveränderliche Sollwerteinstellung, $x_M = 0$ und $w_M = 0$, stimmt mit dem Frequenzgang für ein Pendel mit verstellbarer Feder/Dämpfer-Kombination überein:

$$F_{Ms} = \frac{y_M}{s} = \frac{T_d b_v j\omega}{T_f^2 T_d (j\omega)^3 + T_f^2 (j\omega)^2 + T_d (b_b + b_v) j\omega + b_b}. \tag{2.272}$$

Die Ortskurve verläuft im ersten, vierten und dritten Quadranten; sie beginnt für $\omega = 0$ und endet für $\omega = \infty$ im Koordinatenursprung. Die inverse Ortskurve verläuft im vierten, ersten und zweiten Quadranten; sie beginnt für $\omega = 0$ im Punkt $(+(b_b + b_v)/b_v, -\infty)$ und endet für $\omega = \infty$ im Punkt $(-\infty, +\infty)$.

Der Frequenzgang F_{Mw} der Sollwerteinstellung für gleichbleibende Drehzahl und für im Raum feststehenden Dämpferzylinder, $x_M = 0$ und $s = 0$, ergibt sich zu

$$F_{Mw} = \frac{y_M}{w_M} = \frac{-T_d b_b j\omega - b_b}{T_f^2 T_d (j\omega)^3 + T_f^2 (j\omega)^2 + T_d (b_b + b_v) j\omega + b_b}.$$

Die Ortskurve verläuft im zweiten und ersten Quadranten; sie beginnt für $\omega = 0$ im Punkt $(-1, 0)$ und endet für $\omega = \infty$ im Koordinatenursprung. Die inverse Ortskurve verläuft im dritten und vierten Quadranten; sie beginnt für $\omega = 0$ im Punkt $(-1, 0)$ und läuft für $\omega = \infty$ nach $(+\infty, 0)$.

D-Messwerk: Beschleunigungspendel ohne Dämpfung

Ein Beschleunigungsmesswerk misst die Veränderung der Winkelgeschwindigkeit: $x'_M = (1/\omega_{MN}) \mathrm{d}\omega/\mathrm{d}t = (1/N_N) \mathrm{d}N/\mathrm{d}t$. Ein mechanisches Beschleunigungsmesswerk besteht aus einem Schwungring, der unter Zwischenschaltung eines Drehmomentenmessers (bspw. Federspeiche, Torsionsstab, o. ä.), von der Antriebswelle des Fliehkraftpendels angetrieben wird. Wenn die Winkelgeschwindigkeit ω_{A_1} geändert, bspw. um $+\mathrm{d}\omega$ auf $\omega_A = \omega_{A_1} + \mathrm{d}\omega$ erhöht wird, dann muss auch der Schwungring auf die Winkelgeschwindigkeit $\omega_R = \omega_A = \omega_{A_1} + \omega \mathrm{d}\omega$ des neuen Zustands beschleunigt werden. Das erforderliche

Beschleunigungsmoment M_B berechnet sich mit dem polaren Trägheitsmoment I_p des Schwungrings und seiner Winkelbeschleunigung ω'_R zu:

$$M_B = I_p \omega'_R. \tag{2.274}$$

Dieses Beschleunigungsmoment bewirkt eine Deformation der Federspeichen und eine Änderung der Ausgangsgröße um $(\varphi_A - \varphi_R) = Y_B$. Wir ersetzen im ganzen Messbereich von $Y_B = 0$ bis $Y_B = Y_{Bh}$ die $M_B(Y_B)$-Kurve durch eine Gerade. Damit erhalten wir mit $y_{B_{max}} = 1$ das Beschleunigungsmoment M_B aus dem Auslenkungsgrad $y_B = Y_B/Y_{Bh}$ zu

$$M_B = M_{B_{max}} y_B. \tag{2.275}$$

Die Winkelbeschleunigung $\omega'_R = \varphi''_R$ während eines Regelungsvorgangs berechnet sich für den Schwungring aus $\varphi_R = \varphi_A - Y_B$ zu $\omega'_R = \omega'_A - Y''_B$. bzw. auf die Winkelgeschwindigkeit ω_N bezogen:

$$\frac{\omega'_R}{\omega_N} = \frac{\omega'_A}{\omega_N} - \frac{Y''_B}{Y_{Bh}} \frac{Y_{Bh}}{\omega_N = x'_M} - \frac{Y_{Bh}}{\omega_N} y''_B. \tag{2.276}$$

Wir eliminieren M_B und ω'_R aus den Gleichungen (2.274), (2.275) und (2.276).

Mit $(I_P Y_{Bh})/M_{B_{max}} = T^2_{fB}$ und $(I_P \omega_N)/M_{B_{max}} = T_n$ folgt die Differenzialgleichung des Beschleunigungspendels zu:

$$T^2_{fB} y''_B + y_B = T_n x'_M. \tag{2.277}$$

Aus Gl. (2.277) folgt der Frequenzgang F_B:

$$F_B = \frac{T_n j\omega}{T^2_{fB}(j\omega)^2 + 1} = T_n j \frac{\omega}{1 - T^2_{fB}\omega^2}. \tag{2.278}$$

In der Differenzialgleichung (2.277) fehlt das Glied x_M, im Zähler des Frequenzgangs (2.278) das Glied $(j\omega)^0 = 1$; das bestimmt den Charakter des Beschleunigungspendels als D-Regelkreisglied. Die Ortskurve fällt mit der imaginären Koordinatenachse zusammen; sie beginnt für $\omega = 0$ im Koordinatenursprung und läuft über $(0, +\infty)$, $(0, -\infty)$ für $\omega = \infty$ in den Koordinatenursprung. Die inverse Ortskurve liegt ebenfalls auf der imaginären Koordinatenachse; sie beginnt mit $\omega = 0$ im Punkt $(0, -\infty)$, läuft bei $\omega_e = 1/T_{fB}$ durch den Koordinatenursprung und für $\omega = \infty$ nach $(0, +\infty)$.

D-Messwerk: Beschleunigungspendel mit Dämpfung

Wir installieren in der Federspeiche in tangentialer Richtung/in Richtung der Winkelgeschwindigkeit einen Dämpfer, der ein ausreichend großes, der jeweiligen Relativbewegung y_B entgegenwirkendes Drehmoment erzeugt, das sich mit y'_B proportional ändert. Wir erhalten als Differenzialgleichung eines Beschleunigungspendels mit Dämpfung:

$$T^2_{fB} y''_B + T_{dB} y'_B + y_B = T_n x'_M. \tag{2.279}$$

Gl. (2.279) führt zum Frequenzgang F_B: $F_B = y_B/x_M = (T_n j\omega)/(T^2_{fB}(j\omega)^2 + T_{dB} j\omega + 1$.

Die Ortskurve ist ein Kreis im ersten und vierten Quadranten mit dem Mittelpunkt auf der positiven reellen Koordinatenachse; sie beginnt für $\omega = 0$ im Koordinatenursprung, schneidet die reelle Koordinatenachse bei $\omega_e = 1/T_{f\mathrm{B}}$ und endet für $\omega = \infty$ im Koordinatenursprung. Die Inverse ist eine Parallele zur imaginären Koordinatenachse im vierten und ersten Quadranten; sie beginnt für $\omega = 0$ im Punkt $(+T_{d\mathrm{B}}/T_n, -\infty)$ und läuft für $\omega = \infty$ nach $(+T_{d\mathrm{B}}/T_n, +\infty)$.

Verstärker

Ein Verstärker hat die Aufgabe, die Bewegungen des Ausgangspunkts des Messwerks auf das Stellglied der Regelstrecke zu übertragen; es müssen dabei, je nach Größe der benötigten Stellkräfte, die vergleichsweise kleine Stellkraft und das geringe Arbeitsvermögen des Messwerks entsprechend vervielfacht werden. Für diese Verstärkung muss eine eigene Hilfsenergiequelle benutzt werden. Wir betrachten beispielhaft mit Drucköl betriebene Verstärker (Kraftschalter und Stellmotor); verstärkt werden Kraft mal Weg.

Der Ausgangspunkt des Messwerks (Pendelmuffe) wird mit dem Steuerschieber des Verstärkerelements verbunden. Die Auslenkung $x_\mathrm{V} = (X_\mathrm{V} - X_{\mathrm{V}_1})/X_{\mathrm{V}h}$ des Steuerschiebers aus seiner Beharrungslage (in der Regel seine Mittellage) ist die Eingangsgröße, die Abweichung $y_\mathrm{V} = (Y_\mathrm{V} - Y_{\mathrm{V}_1})/Y_{\mathrm{vh}}$ des Stellkolbens des Stellmotors aus seiner jeweiligen Beharrungslage die Ausgangsgröße. Es bedeuten dabei: $X_{\mathrm{V}h}$ den Hub des Steuerschiebers, $Y_{\mathrm{V}h}$ den Hub des Stellmotors[65]. Weil nach der Kontinuitätsgleichung die Geschwindigkeit Y'_V des Stellkolbens bzw. ihre bezogene Größe $y' = Y'_\mathrm{V}/Y_{\mathrm{V}h}$ dem Druckölstrom proportional ist, ergibt sich der Zusammenhang zwischen y'_V und x_V zu:

$$y'_\mathrm{V} = \frac{y'_{\mathrm{V}_{\max}}}{x_{\mathrm{V}_{\max}}} x_\mathrm{V}.$$

Für eine Rückführung können verschiedene Arten von Gestängen gegengeschaltet werden.

Wenn am Verstärkerelement die Steuerhülse des Kraftschalters beweglich ausgeführt wird (beweglicher Steuerschieber $\longleftrightarrow$ bewegliche Steuerhülse), dann beeinflusst nicht nur die Steuerschieberabweichung x_V, sondern auch die Steuerhülsenauslenkung u den Ölstrom Q; damit gilt $Q = Q(x_\mathrm{V} + u)$. Dabei sind der Steuerhülsenhub $U_h = X_{\mathrm{V}h}$ und die positive Richtung von u so gewählt, dass eine Auslenkung um $(+u)$ dieselbe Auswirkung hat wie eine Abweichung des Steuerschiebers um $(+x_\mathrm{V})$.

[65] Das einfachste derartige Verstärkerelement besteht aus einem Doppelkolbenschieber mit vier Steuerkanten als Kraftschalter und einem doppeltwirkenden Kolbenmotor als Stellmotor [HUTA55]. Durch Verstellen des Steuerschiebers aus seiner Mittellage werden in der Steuerhülse Durchflussspalte frei, durch die das Drucköl auf die eine Seite des Stellmotorkolbens geführt und der Ölabfluss aus dem Arbeitsraum der anderen Seite des Stellmotorkolbens möglich wird. Die $Q(X_\mathrm{V})$-Kurve gibt den Zusammenhang zwischen der Steuerschieber-Abweichung X_V und dem Druckölstrom Q an; sie wird in der Regel im Bereich zwischen $X_\mathrm{V} = -1/2 X_{\mathrm{V}h}$ und $X_\mathrm{V} = +1/2 X_{\mathrm{V}h}$ durch eine Gerade ersetzt.

Verstärkerelement ohne Rückführung

Aus $y'_V = (y'_{V_{max}}/x_{V_{max}})x_V$ folgt mit $1/y'_{V_{max}} = Y_{Vh}/Y'_{V_{max}} = T_y$ und $x_{V_{max}} = 1$ die Differenzialgleichung dieses Verstärkerelements:

$$T_y y'_V = x_V. \tag{2.280}$$

Der Frequenzgang ergibt sich nach Gl. (2.280) zu

$$F_V = \frac{1}{T_y j\omega}. \tag{2.281}$$

Die Ortskurve fällt mit der negativen, imaginären Koordinatenachse zusammen; sie beginnt für $\omega = 0$ im Punkt $(0, -\infty)$ und endet für $\omega = \infty$ im Koordinatenursprung. Die inverse Ortskurve fällt mit der positiven, imaginären Koordinatenachse zusammen; sie beginnt für $\omega = 0$ im Koordinatenursprung und endet für $\omega = \infty$ in $(0, +\infty)$. Die Übergangsfunktion ergibt sich als Lösung der Differenzialgleichung (2.280) mit $x_V = 1$:

$$y_{V\ddot{u}}(t) = \frac{1}{T_y t} + C_1.$$

Weil für $t = 0$ gilt $y_{V\ddot{u}}(0) = 0$ und der Stellkolben noch in der Beharrungslage ist, folgt $C_1 = 0$. Wir erhalten demnach als Übergangsfunktion für dieses Verstärkerelement: $y_{V\ddot{u}}(t) = 1/T_y t$.

Der Verlauf von $y_{V\ddot{u}}(t)$ ist eine gegen die Abszisse geneigte Gerade.

Verstärkerelement mit starrer Rückführung

Hier führt die Bewegung des Stellmotors zum Stillstand des Zustroms an Drucköl.

Wir ersetzen die $Q(x_V + u)$-Kurve und damit die $y'_V(x_V + u)$-Kurve im ganzen Bereich von $X_V = 0$ bis X_{Vh} durch eine Gerade. Dann folgt mit $1/y'_{V_{max}} = T_y$ als Differenzialgleichung des Verstärkerelements:

$$T_y y'_V = x_V + u. \tag{2.282}$$

Zur allgemeinen Lösung von Gl. (2.282) müssen wir u durch y_V oder x_V ausdrücken. Wir können aber den Frequenzgang F_{Vx} für eine im Raum feststehende Steuerhülse ($u = 0$) und für einen im Raum feststehenden Steuerschieber ($x_V = 0$) angeben. Hier gilt $F_{Vx} = F_{Vu} = F_V$ und Gl. (2.281):

$$F_{Vx} = F_{Vu} = F_V = \frac{1}{T_y j\omega}.$$

Wir führen die Rückführung vom Stellkolben als starres Gestänge mit einer verstellbaren Übersetzung b_r aus. Dann gilt unter Berücksichtigung des Vorzeichens für den Zusammenhang zwischen y_V und u:

$$u = -b_r y_V. \tag{2.283}$$

Durch Eliminieren von u ergibt sich die Differenzialgleichung dieses Verstärkerelements aus den Gleichungen (2.282) und (2.283):

$$T_y y'_{\mathrm{V}} + b_r y_{\mathrm{V}} = x_{\mathrm{V}}. \tag{2.284}$$

Aus Gl. (2.284) erhalten wir den Frequenzgang F_{V}: $F_{\mathrm{V}} = 1/(T_y j\omega + b_r)$.

Die Ortskurve ist ein Halbkreis im vierten Quadranten; sie beginnt für $\omega = 0$ im Punkt $(+1/b_r, 0)$ und endet für $\omega = \infty$ im Koordinatenursprung. Die inverse Ortskurve ist eine Parallele zur positiven, imaginären Koordinatenachse im Abstand $+b_r$; sie beginnt für $\omega = 0$ im Punkt $(+b_r, 0)$ und endet für $\omega = \infty$ im Punkt $(+b_r, +\infty)$.

Die Übergangsfunktion erhalten wir mit $x_{\mathrm{V}} = 1$ als Lösung der Differenzialgleichung (2.284):

$$y_{\mathrm{V\ddot{u}}}(t) = \frac{1}{b_r} + C_1 \mathrm{e}^{-\frac{b_r}{T_y} t}.$$

Weil für $t = 0$ gilt $y_{\mathrm{V\ddot{u}}}(0) = 0$ und der Stellkolben noch in der Beharrungslage ist, folgt $C_1 = -1/b_r$. Die Gleichung der Übergangsfunktion lautet demnach: $y_{\mathrm{V\ddot{u}}}(t) = 1/b_r(1 - \mathrm{e}^{(-b_r/T_y)t})$.

$y_{\mathrm{V\ddot{u}}}(t)$ ist eine nach der e-Potenz gegen den Endwert $y_{\mathrm{V\ddot{u}}}(\infty) = 1/b_r$ verlaufende Kurve.

Verstärkerelement mit nachgiebiger Rückführung

Wenn wir die Rückführung vom Stellkolben als nachgiebiges Gestänge ausbilden (siehe Abschnitt *Verbindungselemente*), dann erhalten wir den Frequenzgang F_{V} zum einen aus dem Frequenzgang $F_a = 1/(T_y j\omega)$ (Gl. (2.281)) des Verstärkerelements ohne Rückführung und zum anderen aus dem Frequenzgang

$$F_{ru} = -\frac{T_u j\omega}{T_u j\omega + 1}$$

des nachgiebigen Rückführgestänges nach Gl. (2.250) unter Berücksichtigung des Vorzeichens zu:

$$F_{\mathrm{V}} = \frac{1}{\frac{1}{F_a} - F_{ru}} = \frac{T_u j\omega + 1}{T_y T_u (j\omega)^2 + (T_y + T_u) j\omega}. \tag{2.285}$$

In Gl. (2.285) fehlt ein absolutes Glied im Nenner; also kann dieses Verstärkerelement kein P-Glied sein.

Die Ortskurve verläuft im vierten Quadranten; sie beginnt für $\omega = 0$ im Punkt $(T_u^2/(T_y + T_u)^2, -\infty)$ und endet für $\omega = \infty$ im Koordinatenursprung. Die inverse Ortskurve verläuft im ersten Quadranten; sie beginnt für $\omega = 0$ im Koordinatenursprung und endet für $\omega = \infty$ im Punkt $(+1, +\infty)$. Die Übergangsfunktion ergibt sich als Lösung der Differenzialgleichung mit $x_{\mathrm{V}} = 1$ und $x'_{\mathrm{V}} = 0$ zu: $y_{\mathrm{V\ddot{u}}}(t) = t/(T_y + T_u) + C_1 \mathrm{e}^{(-(T_y + T_u)t/(T_y T_u))}$.

Weil für $t = 0$ gilt: Der Stellkolben ist noch in der Beharrungslage ($y_{\mathrm{V\ddot{u}}}(0) = 0$) und setzt sich mit der größten Geschwindigkeit in Bewegung ($y'_{\mathrm{V\ddot{u}}}(0) = y'_{\mathrm{V_{max}}} = 1/T_y$), folgen $C_1 = -T_u^2/(T_y + T_u)^2$ und $C_2 = +T_u^2/(T_y + T_u)^2$.

Wir erhalten als Gleichung der Übergangsfunktion:

$$y_{\text{Vü}}(t) = \frac{1}{T_y + T_u}\left(t - \frac{T_u^2}{T_y + T_u}\left(\mathrm{e}^{-(T_y+T_u)\frac{t}{T_y T_u}} - 1\right)\right).$$

$y_{\text{Vü}}(t)$ ist eine nach der e-Potenz gegen den Endwert $y_{\text{Vü}}(\infty) = \infty$ verlaufende Kurve.

Verstärkerelement mit verzögerter Rückführung

Wenn wir die Rückführung vom Stellkolben als verzögertes Gestänge ausbilden (siehe Abschnitt *Verbindungselemente*), dann erhalten wir den Frequenzgang F_{V} zum einen aus dem Frequenzgang $F_a = 1/(T_y j\omega)$ (Gl. (2.281)) des Verstärkerelements ohne Rückführung und zum anderen aus dem Frequenzgang

$$F_{ru} = -\frac{1}{T_u j\omega + 1} \tag{2.284}$$

des verzögerten Rückführgestänges nach Gl. (2.253) unter Berücksichtigung des Vorzeichens zu:

$$F_{\text{V}} = \frac{1}{\frac{1}{F_a} - F_{ru}} = \frac{T_u j\omega + 1}{T_y T_u (j\omega)^2 + T_y j\omega + 1}.$$

Die Ortskurve verläuft im ersten und vierten Quadranten; sie beginnt für $\omega = 0$ im Punkt $(1, 0)$ und endet für $\omega = \infty$ im Koordinatenursprung. Die inverse Ortskurve verläuft im ersten und vierten Quadranten; sie beginnt für $\omega = 0$ im Punkt $(1, 0)$ und endet für $\omega = \infty$ im Punkt $(0, +\infty)$. Die Übergangsfunktion ergibt sich als Lösung der Differenzialgleichung mit $x_{\text{V}} = 1$ und $x'_{\text{V}} = 0$ zu: $y_{\text{Vü}}(t) = 1 + C_1 \mathrm{e}^{p_1 t} + C_2 \mathrm{e}^{p_2 t}$ mit $p_1 = (-T_y + (T_v^2 - 4T_y T_u)^{\frac{1}{2}})/(2T_y T_u)$ und $p_2 = (-T_y - (T_v^2 - 4T_y T_u)^{\frac{1}{2}})/(2T_y T_u)$.

Weil für $t = 0$ gilt: Der Stellkolben ist noch in der Beharrungslage ($y_{\text{Vü}}(0) = 0$) und setzt sich mit der größten Geschwindigkeit in Bewegung ($y'_{\text{Vü}}(0) = y'_{\text{V}_{\max}} = 1/T_y$), folgen $C_1 = (1/T_y + p_2)/(p_1 - p_2)$ und $C_2 = +(1/T_y + p_1)/(p_1 - p_2)$.

Hier können zwei Fälle auftreten:

Fall 1: $T_y > 4T_u$; hier sind die beiden Wurzeln p_1 und p_2 reell.
$y_{\text{Vü}}(t)$ ist ein aperiodischer Vorgang, der den Endwert $y_{\text{Vü}}(\infty) = 1$ erreicht.

Fall 2: $T_y < 4T_u$; hier sind die beiden Wurzeln p_1 und p_2 konjugiert komplex.
$y_{\text{Vü}}(t)$ ist eine abklingende Schwingung, die den Endwert $y_{\text{Vü}}(\infty) = 1$ erreicht.

Wir betrachten $y_{\text{Vü}}(t)$ näher. Es gilt $y_{\text{Vü}}(t) = 1 + (1/T_y + p_2)/(p_1 - p_2)\mathrm{e}^{p_1 t} - (1/T_y + p_1)/(p_1 - p_2)\mathrm{e}^{p_2 t}$.

Damit folgt $y' = 0 + (1/T_y + p_2)/(p_1 - p_2)p_1 - (1/T_y + p_1)/(p_1 - p_2)p_2 = 1/T_y p_1 - 1/T_y p_2$.

Also tritt $y'_{\text{Vü}}$ nicht waagerecht aus dem Ursprung aus.

Verstärkerelement mit starrer und nachgiebiger Rückführung (Doppelgestänge)

Wenn wir die Rückführung vom Stellkolben als starres und nachgiebiges Doppelgestänge ausprägen (siehe Abschnitt *Verbindungselemente*), dann erhalten wir den Frequenzgang F_V zum einen aus dem Frequenzgang $F_a = 1/(T_y j\omega)$ (Gl. (2.281)) des Verstärkerelements ohne Rückführung und zum anderen aus dem Frequenzgang F_{ru} des starren und nachgiebigen Doppelgestänges unter Berücksichtigung des Vorzeichens

$$F_{ru} = -\frac{T_u(1 + b_r) j\omega + b_r}{T_u j\omega + 1}$$

zu: $F_V = 1/(1/F_a - F_{ru}) = (T_u j\omega + 1)/(T_y T_u (j\omega)^2 + (T_y + T_u(1 + b_r) j\omega + b_r)$.

Die Ortskurve ist eine halbkreisähnliche Kurve im vierten Quadranten; sie beginnt für $\omega = 0$ im Punkt $(+1/b_r, 0)$ und endet für $\omega = \infty$ im Koordinatenursprung. Die inverse Ortskurve verläuft im ersten Quadranten; sie beginnt für $\omega = 0$ im Punkt $(+b_r, 0)$ und endet für $\omega = \infty$ im Punkt $(+(1 + b_r), +\infty)$. Die Übergangsfunktion ergibt sich als Lösung der Differenzialgleichung mit $x_V = 1$ und $x'_V = 0$ zu:

$$y_{Vü}(t) = \frac{1}{b_r} + C_1 e^{p_1 t} + C_2 e^{p_2 t}$$

mit $p_1 = (-(T_y + T_u(1 + b_r)) + (T_y^2 + 2T_y T_u(1 - b_r) + T_u^2(1 + b_r)^2)^{\frac{1}{2}})/(2T_y T_u)$ und $p_2 = (-(T_y + T_u(1 + b_r)) - (T_y^2 + 2T_y T_u(1 - b_r) + T_u^2(1 + b_r)^2)^{\frac{1}{2}})/(2T_y T_u)$.

Weil für $t = 0$ gilt: Der Stellkolben ist noch in der Beharrungslage ($y_{Vü}(0) = 0$) und setzt sich mit der größten Geschwindigkeit in Bewegung ($y'_{Vü}(0) = y'_{V_{max}} = 1/T_y$), folgen $C_1 = (1/T_y + p_2/b_r)/(p_1 - p_2)$ und $C_2 = -(1/T_y + p_1/b_r)/(p_1 - p_2)$.

Weil $-1 < b_r < 1$ gilt, sind die beiden Wurzeln p_1 und p_2 reell.

$y_{Vü}(t)$ ist ein aperiodischer Vorgang mit dem Endwert $y_{Vü}(\infty) = 1/b_r$.

Verstärkerelement mit starrer und verzögerter Rückführung (Doppelgestänge)

Wenn wir die Rückführung vom Stellkolben als starres und verzögertes Doppelgestänge ausprägen (siehe Abschnitt *Verbindungselemente*), dann erhalten wir den Frequenzgang F_V zum einen aus dem Frequenzgang $F_a = 1/(T_y j\omega)$ (Gl. (2.281)) des Verstärkerelements ohne Rückführung und zum anderen aus dem Frequenzgang F_{ru} des starren und verzögerten Doppelgestänges unter Berücksichtigung des Vorzeichens

$$F_{ru} = -\frac{T_u b_r j\omega + (1 + b_r)}{T_u j\omega + 1} \tag{2.286}$$

zu: $F_V = 1/(1/F_a - F_{ru}) = (T_u j\omega + 1)/(T_y T_u (j\omega)^2 + (T_y + T_u b_r) j\omega + (1 + b_r))$.

Die Ortskurve verläuft im ersten und vierten Quadranten; sie beginnt für $\omega = 0$ im Punkt $(+1/(1 + b_r), 0)$ und endet für $\omega = \infty$ im Koordinatenursprung. Die inverse Ortskurve verläuft im ersten und vierten Quadranten; sie beginnt für $\omega = 0$ im Punkt

$(+(1+b_r), 0)$ und endet für $\omega = \infty$ im Punkt $(+b_r, +\infty)$. Die Übergangsfunktion ergibt sich als Lösung der Differenzialgleichung mit $x_\mathrm{V} = 1$ und $x'_\mathrm{V} = 0$ zu:

$$y_{\mathrm{V\ddot{u}}}(t) = \frac{1}{1+b_r} + C_1 \mathrm{e}^{p_1 t} + C_2 \mathrm{e}^{p_2 t}$$

mit $p_1 = (-(T_y + T_u b_r) + ((T_y + T_u b_r)^2 - 4T_y T_u (1+b_r))^{\frac{1}{2}})/(2T_y T_u)$ und $p_2 = (-(T_y + T_u b_r) - ((T_y + T_u b_r)^2 - 4T_y T_u (1+b_r))^{\frac{1}{2}})/(2T_y T_u)$.

Weil für $t = 0$ gilt: Der Stellkolben ist noch in der Beharrungslage ($y_{\mathrm{V\ddot{u}}}(0) = 0$) und setzt sich mit der größten Geschwindigkeit in Bewegung ($y'_{\mathrm{V\ddot{u}}}(0) = y'_{\mathrm{V_{max}}} = 1/T_y$), folgen $C_1 = (1/T_y + p_2/(1+b_r))/(p_1 - p_2)$ und $C_2 = -(1/T_y + p_1/(1+b_r))/(p_1 - p_2)$.

Hier können zwei Fälle auftreten:

Fall 1: $(T_y + T_u b_r)^2 > 4T_y T_u (1+b_r)$; hier sind die beiden Wurzeln p_1 und p_2 reell. $y_{\mathrm{V\ddot{u}}}(t)$ ist ein aperiodischer Vorgang, der den Endwert $y_{\mathrm{V\ddot{u}}}(\infty) = 1/(1+b_r)$ erreicht.

Fall 2: $(T_y + T_u b_r)^2 < 4T_y T_u (1+b_r)$; hier sind die beiden Wurzeln p_1 und p_2 konjugiert komplex.
$y_{\mathrm{V\ddot{u}}}(t)$ ist eine abklingende Schwingung, die den Endwert $y_{\mathrm{V\ddot{u}}}(\infty) = 1/(1+b_r)$ erreicht.

Zweistufiger Verstärker ohne Rückführung

Die Abweichung des Stellkolbens der ersten Stufe, also des Steuerschiebers der zweiten Stufe des Verstärkers, bezeichnen wir mit $y_{\mathrm{V}a}$, die Steuerschieberabweichung der zweiten Stufe mit $y_{\mathrm{V}b}$. Die Differenzialgleichung erhalten wir aus der Differenzialgleichung des ersten Verstärkerelements $T_{ya} y'_{\mathrm{V}a} = x_\mathrm{V}$ und der Differenzialgleichung des zweiten Verstärkerelements $T_{yb} y'_\mathrm{V} = y_{\mathrm{V}a}$.

Wir eliminieren y_{V_a} und y'_{V_a} und erhalten

$$T_{ya} T_{yb} y''_\mathrm{V} = x_\mathrm{V}. \tag{2.287}$$

Aus Gl. (2.287) erhalten wir den Frequenzgang zu $F_\mathrm{V} = 1/(T_{ya} T_{yb} (j\omega)^2) = -1/(T_{ya} T_{yb} \omega^2)$.

Die Ortskurve fällt mit der negativen, reellen Koordinatenachse zusammen; sie beginnt für $\omega = 0$ im Punkt $(-\infty, 0)$ und endet für $\omega = \infty$ im Koordinatenursprung. Die inverse Ortskurve fällt mit der negativen, reellen Koordinatenachse zusammen; sie beginnt für $\omega = 0$ im Koordinatenursprung und endet für $\omega = \infty$ in $(-\infty, 0)$. Die Übergangsfunktion ergibt sich als Lösung der Differenzialgleichung (2.287) mit $x_\mathrm{V} = 1$:

$$y_{\mathrm{V\ddot{u}}}(t) = \frac{1}{2T_{ya} T_{yb}} t^2 + C_1 t + C_2.$$

Weil für $t = 0$ der Stellkolben noch in der Beharrungslage ($y_{\mathrm{V\ddot{u}}}(0) = 0$) und der Stellkolben noch in Ruhe ist ($y'_{\mathrm{V\ddot{u}}}(0) = 0$), folgen $C_1 = 0$ und $C_2 = 0$. Wir erhalten demnach als

Übergangsfunktion für diesen zweistufigen Verstärker:

$$y_{\mathrm{Vü}}(t) = \frac{1}{T_{ya}T_{yb}}t^2.$$

$y_{\mathrm{Vü}}(t)$ ist eine Parabel mit dem Scheitel im Koordinatenursprung.

Zweistufiger Verstärker mit starrer Rückführung von y_{V}

Die Differenzialgleichung eines solchen Verstärkers wird aus der Differenzialgleichung der ersten Stufe $T_{ya}y'_{\mathrm{V}a} = x_{\mathrm{V}} + u_a$ und der Differenzialgleichung der zweiten Stufe $T_{yb}y'_{\mathrm{V}} = y_{\mathrm{V}a} + u_b$ durch Eliminieren von $y_{\mathrm{V}a}$ und $y'_{\mathrm{V}a}$ gewonnen:

$$T_{ya}T_{yb}y''_{\mathrm{V}} = x_{\mathrm{V}} + u_a + T_{ya}u'_b. \tag{2.288}$$

Wir betrachten den Fall einer feststehenden Steuerhülse der zweiten Stufe, also $u_b = 0$. Damit erhalten wir aus Gl. (2.288) mit $u_b = 0$ und $u'_b = 0$ die Differenzialgleichung $T_{ya}T_{yb}y''_{\mathrm{V}} = x_{\mathrm{V}} + u_a$.

Hier betrachten wir die Rückführung vom Stellkolben der zweiten Stufe, also von y_{V}. Wenn diese Rückführung als starres Gestänge mit einer festen Übersetzung (in allen im Folgenden besprochenen Möglichkeiten sind nachgiebige und/oder verzögerte Rückführungen genauso möglich) ausgebildet wird, dann ergibt sich der Frequenzgang F_{V} zum einen aus dem Frequenzgang F_a des zweistufigen Verstärkers ohne Rückführung $F_a = 1/(T_{ya}T_{yb}(j\omega)^2)$ und zum anderen aus dem Frequenzgang der starren Rückführung unter Berücksichtigung des Vorzeichens $F_{ru} = -1$ zu

$$F_{\mathrm{V}} = \frac{1}{\frac{1}{F_a} - F_{ru}} = \frac{1}{T_{ya}T_{yb}(j\omega)^2 + 1}.$$

Die Ortskurve fällt mit der reellen Koordinatenachse zusammen; sie beginnt für $\omega = 0$ im Punkt $(+1, 0)$ und läuft über die Punkte $(+\infty, 0), (-\infty, 0)$ (bei $\omega_e = (1/(T_{ya}T_{yb}))^{\frac{1}{2}}$) für $\omega = \infty$ in den Koordinatenursprung. Die inverse Ortskurve fällt mit der reellen Koordinatenachse zusammen; sie beginnt für $\omega = 0$ im Punkt $(+1, 0)$ und läuft über den Koordinatenursprung $(bei\,\omega_e = (1/(T_{ya}T_{yb}))^{\frac{1}{2}})$ für $\omega = \infty$ nach $(-\infty, 0)$.

Die Übergangsfunktion ergibt sich als Lösung der Differenzialgleichung mit $x_{\mathrm{V}} = 1$ zu:

$$y_{\mathrm{Vü}}(t) = 1 + C_1\mathrm{e}^{p_1 t} + C_2\mathrm{e}^{p_2 t}$$

mit $p_1 = +j(1/(T_{ya}T_{yb}))^{\frac{1}{2}}$ und $p_2 = -(1/(T_{ya}T_{yb}))^{\frac{1}{2}}$.

Weil für $t = 0$ der Stellkolben noch in der Beharrungslage ($y_{\mathrm{Vü}}(0) = 0$) und der Stellkolben noch in Ruhe ist ($y'_{\mathrm{Vü}}(0) = 0$), folgen $C_1 = C_2 = -1/2$. Wir erhalten demnach als Übergangsfunktion für diesen zweistufigen Verstärker:

$$y_{\mathrm{Vü}}(t) = 1 - \frac{1}{2}\left(\mathrm{e}^{+j\left(\frac{1}{T_{ya}T_{yb}}\right)^{\frac{1}{2}}t} + \mathrm{e}^{-j\sqrt{\frac{1}{T_{ya}T_{yb}}}t}\right).$$

$y_{\mathrm{Vü}}(t)$ ist eine harmonische Schwingung mit gleichbleibender Amplitude.

Zweistufiger Verstärker mit starrer Rückführung von y_{Va}

Hier betrachten wir die Rückführung vom Stellkolben der ersten Stufe, also von y_{Va}. Wenn diese Rückführung als starres Gestänge mit einer festen Übersetzung ausgebildet wird, dann ergibt sich der Frequenzgang F_V aus

- dem Frequenzgang F_a des ersten Verstärkerelements ohne Rückführung: $F_a = 1/(T_{ya}j\omega)$,
- dem Frequenzgang F_{ru} der starren Rückführung von y_{Va}: $F_{ru} = -1$,
- dem Frequenzgang F_b des zweiten Verstärkerelements ohne Rückführung: $F_b = 1/(T_{yb}j\omega)$

zu $F_V = 1/(1/F_a - F_{ru})F_b = 1/(T_{ya}T_{yb}(j\omega)^2 + T_{yb}j\omega)$.

Die Ortskurve verläuft im dritten Quadranten; sie beginnt für $\omega = 0$ im Punkt $(-\infty, -T_{ya}/T_{yb})$ und endet für $\omega = \infty$ im Koordinatenursprung. Die inverse Ortskurve ist eine Parabel im zweiten Quadranten; sie beginnt für $\omega = 0$ im Koordinatenursprung und endet für $\omega = \infty$ im Punkt $(-\infty, +\infty)$. Die Übergangsfunktion ergibt sich als Lösung der Differenzialgleichung mit $x_V = 1$: $y_{Vü}(t) = 1/T_{yb}t + C_1 e^{p_1 t} + C_2 e^{p_2 t}$ mit $p_1 = 0$ und $p_2 = 1/T_{ya}$.

Weil für $t = 0$ der Stellkolben noch in der Beharrungslage ($y_{Vü}(0) = 0$) und der Stellkolben noch in Ruhe ist ($y'_{Vü}(0) = 0$), folgen $C_1 = -T_{ya}/T_{yb}$ und $C_2 = T_{ya}/T_{yb}$. Wir erhalten demnach als Übergangsfunktion für diesen zweistufigen Verstärker:

$$y_{Vü}(t) = \frac{1}{T_{yb}}t + \frac{T_{ya}}{T_{yb}}\left(e^{-\frac{1}{T_{ya}}t} - 1\right).$$

$y_{Vü}(t)$ ist ein aperiodischer Vorgang, der dem Endwert $y_{Vü}(\infty) = \infty$ zustrebt.

Zweistufiger Verstärker mit starren Rückführungen von y_{Va} und y_V

Hier betrachten wir die Rückführung vom Stellkolben der ersten Stufe, also y_{Va}, und vom Stellkolben der zweiten Stufe, also y_V. Wenn diese Rückführungen als starre Gestänge mit einer festen Übersetzung ausgebildet werden, dann ergibt sich der Frequenzgang F_V aus

- dem Frequenzgang F_a des ersten Verstärkerelements ohne Rückführung: $F_a = 1/(T_{ya}j\omega)$,
- dem Frequenzgang F_{rua} der starren Rückführung von y_{Va}: $F_{\text{rua}} = -1$,
- dem Frequenzgang F_b des zweiten Verstärkerelements ohne Rückführung: $F_b = 1/(T_{yb}j\omega)$,
- dem Frequenzgang F_{rub} der starren Rückführung von y_V: $F_{\text{rub}} = -1$.

Wir erhalten $F_V = y_V/x_V = y_{Va}/x_V F_b = (x_V + u)/x_V F_b F_a = F_a F_b(1 + (y_{Va} F_{rua} + y_V F_{rub})/x_V) = F_a F_b(1 + y_V/x_V(F_{rua}/F_b + F_{rub}))$ und schließlich

$$F_V = F_a \frac{F_b}{1 - F_a F_b\left(\frac{F_{rua}}{F_b} + F_{rub}\right)} = \frac{1}{T_{ya} T_{yb}(j\omega)^2 + T_{yb} j\omega + 1}.$$

Die Ortskurve verläuft im dritten und vierten Quadranten; sie beginnt für $\omega = 0$ im Punkt $(+1, 0)$ und endet für $\omega = \infty$ im Koordinatenursprung. Die inverse Ortskurve verläuft im ersten und zweiten Quadranten; sie beginnt für $\omega = 0$ im Punkt $(+1, 0)$ und endet für $\omega = \infty$ im Punkt $(-\infty, +\infty)$.

Die Übergangsfunktion ergibt sich als Lösung der Differenzialgleichung mit $x_V = 1$:

$$y_{Vü}(t) = 1 + C_1 e^{p_1 t} + C_2 e^{p_2 t}$$

mit $p_1 = (-T_{yb} + ((T_{yb}^2 - 4T_{ya}T_{yb})^{\frac{1}{2}})/(2T_{ya}T_{yb})$ und $p_2 = (-T_{yb} - ((T_{yb}^2 - 4T_{ya}T_{yb})^{\frac{1}{2}})/(2T_{ya}T_{yb})$.

Weil für $t = 0$ der Stellkolben noch in der Beharrungslage ($y_{Vü}(0) = 0$) und der Stellkolben noch in Ruhe ist ($y'_{Vü}(0) = 0$), folgen $C_1 = p_2/(p_1 - p_2)$ und $C_2 = -p_1/(p_1 - p_2)$. Wir haben zwei Fälle zu unterscheiden: Im Fall $T_{yb} > 4T_{ya}$ sind die beiden Wurzeln p_1 und p_2 reell. $y_{Vü}(t)$ ist ein aperiodischer Vorgang mit dem Endwert $y_{Vü}(\infty) = +1$. Im Fall $T_{yb} < 4T_{ya}$ sind die beiden Wurzeln p_1 und p_2 konjugiert komplex. $y_{Vü}(t)$ ist eine abklingende Schwingung mit dem Endwert $y_{Vü}(\infty) = +1$.

Regler

Im einfachsten Fall besteht ein Regler aus einem Messwerk. Wenn das Arbeitsvermögen des Messwerks nicht ausreicht, das Stellglied zu konditionieren, dann müssen wir ein- oder mehrstufige Verstärker mit entsprechender Hilfsenergie nachschalten. In diesem Fall können Rückführungen von den Verstärkern zum Messwerk als gegengeschaltete Regelkreisglieder zum Einsatz kommen. Anstelle des Pendelbeiwerts T_f^2 ist dann ein Beiwert $T_f^2 b_M > T_f^2$ zu verwenden, der die Masse der Teile des Messwerks sowie die Masse des Kraftschalters mit dem dazugehörigen Gestänge als Masse aller sich bei der Verstellung des Ausgangspunkts des Messwerks sich bewegenden Teile auf die Pendelmuffe reduziert zusammenfasst. Die Eingangsgröße des Reglers ist die Drehzahlabweichung $x_R = x$, seine Ausgangsgröße die Stellabweichung $y_R = y$. Aus der Umwelt wird der Regler durch die Führungsgröße W bzw. deren Abweichung $w = (W - W_1)/W_h$ von der ursprünglichen Größe W_1 beaufschlagt. Die Führungsgröße W gibt

- bei einem Festwertregler vor, welche Solldrehzahl konstant einzustellen ist: $W =$ const. und $w = 0$,
- bei einem Zeitplanregler das Ändern des Sollwerts zu einem extern gegebenen Zeitpunkt vor: $W = W(t)$ und $w = w(t)$,
- bei einem Folgeregler ein Ändern des Sollwerts in Abhängigkeit von einer externen Größe v: $W = W(v)$ und $w = w(v)$.

Regler mit einem Messwerk, einem Verstärker und starren Rückführungen
Der hier besprochene einfache Regler besteht aus vier Regelkreiselementen:

- einem P-Fliehkraftpendel mit unter Zwischenschaltung einer Feder angekoppeltem Dämpfer mit verstellbarem Zylinder s:

$$F_{\mathrm{M}x} = \frac{y_{\mathrm{M}x}}{x} = \frac{T_d j\omega + 1}{T_f^2 T_d (j\omega)^3 + T_f^2 (j\omega)^2 + T_d (b_b + b_v) j\omega + b_b}, \tag{2.263}$$

$$F_{\mathrm{M}s} = \frac{y_{\mathrm{M}s}}{s} = \frac{T_d b_v j\omega}{T_f^2 T_d (j\omega)^3 + T_f^2 (j\omega)^2 + T_d (b_b + b_v) j\omega + b_b}, \tag{2.272}$$

- einem einstufigen Verstärker (es wird $x_{\mathrm{V}_{\max}} = 1 = y_{\mathrm{M}_{\max}}$ angenommen) mit rückgeführter Steuerhülse u_{V}:

$$F_{\mathrm{V}x} = \frac{y_{\mathrm{V}_x}}{x_{\mathrm{V}}} = \frac{1}{T_y j\omega}, \tag{2.281}$$

$$F_{\mathrm{V}u} = \frac{y_{\mathrm{V}u}}{u_{\mathrm{V}}} = \frac{1}{T_y j\omega} = F_{\mathrm{V}x}, \tag{2.289}$$

- einem Hebel zwischen der Steuerhülse u_{V} und dem Ausgangspunkt der starren Rückführung von y, mit veränderlicher Übersetzung für die P-Gradeinstellung, b_p, und mit verstellbarem Drehpunkt für die Sollwerteinstellung w (gebildet mit $W_h = U_{\mathrm{V}h}$):

$$u_{\mathrm{V}} = u_y - w = -b_r y - w,$$

$$F_{uy} = \frac{u_y}{y} = -b_r,$$

- einer starren Rückführung von y zum verstellbaren Dämpferzylinder s im Fliehkraftpendel, mit fester Übersetzung:

$$F_{sy} = \frac{s}{y} = -1.$$

Den Zusammenhang zwischen der Eingangsgröße $x_{\mathrm{R}} = x$ und der Ausgangsgröße $y_{\mathrm{R}} = y$ geben wir als Frequenzgang F_{R} an:

$$\begin{aligned}
F_{\mathrm{R}} = \frac{y}{x} = \frac{y_{\mathrm{V}y} + y_{\mathrm{V}u}}{x} &= (y_{\mathrm{M}x} + y_{\mathrm{M}s})\frac{F_{\mathrm{V}y}}{x} + u_{\mathrm{V}}\frac{F_{\mathrm{V}u}}{x} \\
&= F_{\mathrm{M}x} F_{\mathrm{V}y} + s F_{\mathrm{M}s}\frac{F_{\mathrm{V}y}}{x} + y F_{uy}\frac{F_{\mathrm{V}u}}{x} - w\frac{F_{\mathrm{V}u}}{x} \\
&= F_{\mathrm{M}x} F_{\mathrm{V}y} + y F_{sy} F_{\mathrm{M}s}\frac{F_{\mathrm{V}y}}{x} + y F_{uy}\frac{F_{\mathrm{V}u}}{x} - w\frac{F_{\mathrm{V}u}}{x} \\
&= F_{\mathrm{M}x} F_{\mathrm{V}y} - w\frac{F_{\mathrm{V}u}}{x} + F_{\mathrm{R}}(F_{sy} F_{\mathrm{M}s} F_{\mathrm{V}y} + F_{uy} F_{\mathrm{V}u}).
\end{aligned}$$

Wir beachten, dass $F_{Vu} = F_{Vy}$ gilt und erhalten:

$$F_R = \frac{F_{Mx}F_{Vy} - w\frac{F_{Vy}}{x}}{1 - F_{vy}(F_{Ms}F_{sy} + F_{uy})}.$$

Wir setzen die Werte für F_{Mx}, F_{Ms}, F_{Vy}, F_{sy} und F_{uy} ein und verwenden die Abkürzungen $b_b b_r = b_p$ = permanenter P-Grad des Reglers sowie $(1 + b_r)b_v = b_t$ = temporärer P-Grad des Reglers. Dann folgt

- für den Zähler von F_R: $T_d j\omega + 1 - (w/x)(T_f^2 T_d (j\omega)^3 + T_f^2 (j\omega)^2 + T_d(b_b + b_v) j\omega + b_b)$ und
- für den Nenner von F_R: $T_f^2 T_d T_y (j\omega)^4 + T_f^2(T_d b_r + T_y)(j\omega)^3 + (T_f^2 b_r + T_d T_y(b_b + b_v))(j\omega)^2 + (T_d(b_p + b_t) + T_y b_p)(j\omega) + b_p$.

Wir beachten: Bei allen Gliedern des Zählers mit dem Faktor w/x ist die Führungsabweichung w die Eingangsgröße. Dann lautet die Differenzialgleichung dieses Reglers:

$$\begin{aligned} y''''T_f^2 T_d T_y + y'''\frac{T_f^2}{T_d b_r + T_y} + y''(T_f^2 b_r + T_d T_y(b_b + b_v)) \\ + y'(T_d(b_p + b_t) + T_y b_b) + y b_p \\ = T_d x' + x - (T_f^2 T_d w''' + T_f^2 w'' + T_d(b_b + b_v)w' + b_b w). \end{aligned}$$

Regler mit einem Messwerk, drei Verstärkern und starren Rückführungen

Der hier besprochene Regler besteht aus sechs Regelkreiselementen:

- einem P-Fliehkraftpendel mit unter Zwischenschaltung einer Feder angekoppeltem Dämpfer mit verstellbarem Zylinder s:

$$F_{Mx} = \frac{y_{Mx}}{x} = \frac{T_d j\omega + 1}{T_f^2 T_d (j\omega)^3 + T_f^2 (j\omega)^2 + T_d(b_b + b_v) j\omega + b_b}, \tag{2.263}$$

$$F_{Ms} = \frac{y_{Ms}}{s} = \frac{T_d b_v j\omega}{T_f^2 T_d (j\omega)^3 + T_f^2 (j\omega)^2 + T_d(b_b + b_v) j\omega + b_b}, \tag{2.272}$$

- einem Verstärker mit starrer Rückführung von y_{Va} und von u_V als erster Verstärkerstufe:

$$F_{Vay} = \frac{y_{Vay}}{x_{Va}} = \frac{1}{T_{ya} j\omega + 1},$$

$$F_{Vau} = \frac{y_{Vau}}{u_V} = \frac{1}{T_{yb} j\omega + 1},$$

- einem Verstärker mit starrer Rückführung von y_{Vb} als zweiter Verstärkerstufe:

$$F_{Vb} = \frac{y_{Vb}}{y_{Va}} = \frac{1}{T_{yb}j\omega + 1},$$

- einem Verstärker ohne Rückführung als dritter Verstärkerstufe:

$$F_{Vc} = \frac{y}{y_{Vb}} = \frac{1}{T_{yc}j\omega},$$

- einer starren Rückführung von y zum Bremsenzylinder s im Fliehkraftpendel:

$$F_{sy} = -1,$$

- einer starren Rückführung von y zur Steuerhülse des ersten Verstärkers mit veränderlicher Übersetzung b_r für die P-Gradeinstellung und einem verstellbaren Hebeldrehpunkt für die Sollwerteinstellung w (mit $W_h = U_{Vh}$):

$$\begin{aligned} u_V &= u_{Vy} - w = -b_r y - w, \\ F_{uy} &= \frac{u_{Vy}}{y} = -b_r. \end{aligned}$$

Der Zusammenhang zwischen der Eingangsgröße $x_R = x$ und der Ausgangsgröße $y_R = y$ wird als Frequenzgang angeschrieben:

$$\begin{aligned} F_R &= \frac{y}{x} = y_{Va} F_{Vb} \frac{F_{Vc}}{x} = (y_{Vay} + y_{Vau}) F_{Vb} \frac{F_{Vc}}{x} = \left(y_M \frac{F_{Vay}}{x} + u_V \frac{F_{Vau}}{x} \right) F_{Vb} F_{Vc} \\ &= \left((y_{Mx} + y_{Ms}) \frac{F_{Vay}}{x} + (u_{Vy} - w) \frac{F_{Vau}}{x} \right) F_{Vb} F_{Vc} \\ &= \left(F_{Mx} F_{Vay} + y F_{Vay} F_{Ms} \frac{F_{sy}}{x} + y F_{Vau} \frac{F_{uy}}{x} - w \frac{F_{Vau}}{x} \right) F_{Vb} F_{Vc}. \end{aligned}$$

Daraus ergibt sich mit $F_{Vau} = F_{Vay}$:

$$F_R = \frac{F_{Mx} F_{Vay} F_{Vb} F_{Vc} - w F_{Vay} F_{Vb} \frac{F_{Vc}}{x}}{1 - F_{Vay} F_{Vb} F_{Vc} (F_{Ms} F_{sy} + F_{uy})}.$$

Wir setzen die Werte für F_{Mx}, F_{Ms}, F_{Vay}, F_{Vb}, F_{Vc}, F_{sy} und F_{uy} ein und verwenden die Abkürzungen $b_b b_r = b_p =$ permanenter P-Grad des Reglers sowie $(1 + b_r) b_v = b_t =$ temporärer P-Grad des Reglers. Dann folgt

- für den Zähler von F_R: $T_d j\omega + 1 - (w/x)(T_f^2 T_d (j\omega)^3 + T_f^2 (j\omega)^2 + T_d (b_b + b_v) j\omega + b_b)$ und

- für den Nenner von F_R: $T_f^2 T_d T_y T_{ya} T_{yb}(j\omega)^6 + T_f^2 T_y(T_d(T_{ya}+T_{yb})+T_{ya}T_{yb})(j\omega)^5 + T_y(T_f^2(T_d+T_{ya}+T_{yb})+T_dT_{ya}T_{yb}(b_b+b_v))(j\omega)^4 + (T_f^2(T_d b_r + T_y) + T_d T_y(T_{ya} + T_{yb})(b_b + b_v) + T_y T_{ya} T_{yb} b_b)(j\omega)^3 + (T_f^2 b_r + T_d T_y(b_b + b_v) + T_y(T_{ya} + T_{yb})b_b)(j\omega)^2 + (T_d(b_p + b_t) + T_m b_b)(j\omega) + b_p$.

Wir beachten: Bei allen Gliedern des Zählers mit dem Faktor w/x ist die Führungsabweichung w die Eingangsgröße. Dann lautet die Differenzialgleichung dieses Reglers

$$\begin{aligned} &y^{\mathrm{VI}} T_f^2 T_d T_y T_{ya} T_{yb} + y_{\mathrm{V}} T_f^2 T_y(T_d(T_{ya}+T_{yb}) + T_{ya}T_{yb}) + y^{\mathrm{IV}} T_y(T_f^2(T_d + T_{ya} + T_{yb}) \\ &\quad + T_d T_{ya} T_{yb}(b_b + b_v)) + y'''(T_f^2(T_d b_r + T_y) + T_d T_y(T_{ya} + T_{yb})(b_b + b_v) \\ &\quad + T_y T_{ya} T_{yb} b_b) + y''(T_f^2 b_r + T_d T_y(b_b + b_v) + T_y(T_{ya} + T_{yb})b_b) \\ &\quad + y'(T_d(b_p + b_t) + T_m b_b) + y b_p \\ &= T_d x' + x - (T_f^2 T_d w''' + T_f^2 w'' + T_d(b_b + b_v)w' + b_b w). \end{aligned}$$

Regler mit zwei Messwerken

Der hier besprochene Regler besteht aus acht Regelkreiselementen:

- einem P-Fliehkraftpendel mit verstellbarer Pendelfeder w_{M}:

$$F_{\mathrm{M}x} = \frac{y_{\mathrm{M}x}}{x} = \frac{1}{T_f^2(j\omega)^2 + (b_b + b_w)}, \tag{2.265}$$

$$F_{\mathrm{M}w} = \frac{y_{\mathrm{M}w}}{w_{\mathrm{M}}} = \frac{b_w}{T_f^2(j\omega)^2 + (b_b + b_w)}, \tag{2.266}$$

- einem dem Fliehkraftregler nachgeschalteten Verstärker mit starrer Rückführung:

$$F_{\mathrm{V}a} = \frac{y_{\mathrm{V}a}}{y_{\mathrm{M}}} = \frac{1}{T_{ya} j\omega + 1},$$

- einem Beschleunigungspendel ohne Dämpfung:

$$F_{\mathrm{B}} = \frac{y_{\mathrm{B}x}}{x} = \frac{T_n j\omega}{T_{f\mathrm{B}}^2(j\omega)^2 + 1}, \tag{2.278}$$

- einem dem Beschleunigungspendel nachgeschalteten Verstärker mit starrer Rückführung:

$$F_{\mathrm{V}b} = \frac{y_{\mathrm{V}b}}{y_{\mathrm{B}x}} = \frac{1}{T_{yb} j\omega + 1},$$

- einem Kuppelgestänge mit verstellbaren Übersetzungen b_{ra} und b_{rb} zwischen $y_{\mathrm{V}a}$ und $y_{\mathrm{V}b}$ einerseits und $x_{\mathrm{V}c}$ andererseits; damit wird der Einfluss der Drehzahlabweichung x und der Beschleunigung x' eingestellt:

$$F_{\mathrm{G}a} = b_{ra},$$

$$F_{\mathrm{G}b} = b_{rb},$$

- einem Verstärker mit starrer Rückführung als zweiter Verstärkerstufe:

$$F_{\mathrm{V}c} = \frac{1}{T_{yc} j\omega + 1},$$

- einem Verstärker ohne Rückführung als dritter Verstärkerstufe:

$$F_{\mathrm{V}d} = \frac{1 T_y}{j}\omega,$$

- einer starren Rückführung von y zur Pendelfeder w_{M} (gebildet mit $W_{\mathrm{M}h} = Y_{\mathrm{M}h}$), mit verstellbarer Übersetzung b_r für die P-Gradeinstellung und mit verstellbarem Drehpunkt für die Sollwerteinstellung:

$$\begin{aligned} w_{\mathrm{M}} &= u_y - w = -b_r y - w, \\ F_{uy} &= -b_r. \end{aligned}$$

Der Zusammenhang zwischen der Eingangsgröße $x_{\mathrm{R}} = x$ und der Ausgangsgröße $y_{\mathrm{R}} = y$ wird als Frequenzgang angeschrieben: $F_{\mathrm{R}} = y/x = y_{\mathrm{V}c} F_{\mathrm{V}c} F_{\mathrm{V}d}/x = (b_{ra} y_{\mathrm{V}a} + b_{rb} y_{\mathrm{V}b}) F_{\mathrm{V}c} F_{\mathrm{V}d}/x = ((y_{\mathrm{M}x} + y_{\mathrm{M}w}) b_{ra} F_{\mathrm{V}ay}/x + b_{rb} F_{\mathrm{V}b} F_{\mathrm{B}}) F_{\mathrm{V}c} F_{\mathrm{V}d} = (b_{ra} F_{\mathrm{V}a} F_{\mathrm{M}x} + (u_y - w) b_{ra} F_{\mathrm{V}a} F_{\mathrm{M}w}/x + b_{rb} F_{\mathrm{V}b} F_{\mathrm{B}}) F_{\mathrm{V}c} F_{\mathrm{V}d} = (b_{ra} F_{\mathrm{V}} F_{\mathrm{M}x} + y b_{ra} F_{\mathrm{V}a} F_{\mathrm{M}w} F_{uy}/x - w b_{ra} F_{\mathrm{V}a} F_{\mathrm{M}w}/x + b_{rb} F_{\mathrm{V}b} F_{\mathrm{B}}) F_{\mathrm{V}c} F_{\mathrm{V}d}$
und es folgt

$$F_{\mathrm{R}} = \frac{(b_{ra} F_{\mathrm{V}a} F_{\mathrm{M}x} + b_{rb} F_{\mathrm{V}b} F_{\mathrm{B}}) F_{\mathrm{V}c} F_{\mathrm{V}d} - w b_{ra} F_{\mathrm{V}a} F_{\mathrm{M}w} F_{\mathrm{V}c} \frac{F_{\mathrm{V}d}}{x}}{1 - b_{ra} F_{\mathrm{V}a} F_{\mathrm{M}w} F_{uy} F_{\mathrm{V}c} F_{\mathrm{V}d}}.$$

Wir setzen die Werte für $F_{\mathrm{M}x}, F_{\mathrm{M}w}, F_{\mathrm{B}}, F_{\mathrm{V}a}, F_{\mathrm{V}b}, F_{\mathrm{V}c}, F_{\mathrm{V}d}$ und F_{uy} ein und verwenden die Abkürzungen $b_w b_r = b_p$ = permanenter P-Grad des Reglers sowie $b_{rb}/b_{ra} = b_n$ = Verhältnis des Einflusses der Winkelbeschleunigung zum Einfluss der Drehzahlabweichung. Mit $(b_b + b_w)/b_{ra} = b_d$ berechnet sich dann der Frequenzgang F_{R} und mit ihm die Differenzialgleichung des Reglers zu:

$$\begin{aligned} & y^{\mathrm{VIII}} T_f^2 T_{f\mathrm{B}}^2 T_y T_{ya} T_{yb} \frac{T_{yc}}{b_{ra}} + y^{\mathrm{VII}} T_f^2 T_{f\mathrm{B}}^2 T_y \frac{T_{ya} T_{yb} + T_{ya} T_{yc} + T_{yb} T_{yc}}{b_{ra}} \\ & + y^{\mathrm{VI}} T_y \frac{T_f^2 T_{f\mathrm{B}}^2 (T_{ya} + T_{yb} + T_{yc}) + \left(T_f^2 + \frac{T_{f\mathrm{B}}^2}{b_b + b_w}\right) T_{ya} T_{yb} T_{yc}}{b_{ra}} \\ & + y_{\mathrm{V}} T_y \frac{T_f^2 T_{f\mathrm{B}}^2 + (T_f^2 + T_{f\mathrm{B}}^2 (b_b + b_w))(T_{ya} T_{yb} + T_{ya} T_{yc} + T_{yb} T_{yc})}{b_{ra}} \\ & + y^{\mathrm{IV}} T_y \frac{(T_f^2 + T_{f\mathrm{B}}^2 (b_b + b_w))(T_{ya} + T_{yb} + T_{yc}) + T_{ya} T_{yb} T_{yc} (b_b + b_w)}{b_{ra}} \end{aligned}$$

$$+ y'''\left(T_{f\mathrm{B}}^2 T_{yb} b_p + T_y \frac{T_f^2 + (T_{f\mathrm{B}}^2 + T_{ya}T_{yb} + T_{ya}T_{yc} + T_{yb}T_{yc})(b_b + b_w)}{b_{ra}}\right)$$

$$+ y''(T_{f\mathrm{B}}^2 b_p + T_y(T_{ya} + T_{yb} + T_{yc})b_d) + y'(T_{yb}b_p + T_y b_d) + yb_p$$

$$= x^{\mathrm{IV}} T_f^2 T_n T_{ya} b_n + x'''(T_f^2 T_n b_n + T_{f\mathrm{B}}^2 T_{yb}) + x''(T_n T_{ya} b_{rb} b_d + T_{f\mathrm{B}}^2)$$

$$+ x'(T_n b_{rb} b_d + T_{yb}) + x - b_w(T_{f\mathrm{B}}^2 T_{yb} w''' + T_{f\mathrm{B}}^2 w'' + T_{yb} w' + w).$$

Regelstrecke

Die Regelstrecke ist das System, in dem die Regelgröße X geregelt werden soll. In einem Regelkreis sind Regler und Regelstrecke hintereinandergeschaltet: Die Ausgangsgröße des Reglers ist die Eingangsgröße der Regelstrecke. Wir betrachten hier beispielhaft die Drehzahlregelung: Wir haben als Ausgangsgröße des Reglers die Bewegung $Y_\mathrm{R} = Y$ des Stellkolbens der letzten Verstärkerstufe definiert; diese Bewegung ist somit auch die Bewegung des Stellglieds der Regelstrecke, die Eingangsgröße $Y_\mathrm{S} = Y_\mathrm{R} = Y$ der Regelstrecke. Allgemein können wir die Regelstrecke als „Rotor" verstehen, also bspw. einen Elektromotor mit nachgeschaltetem Lüfterrad, eine Dampfturbine, den Rotor eines Windrads mit angeflanschtem Generator oder den Antriebsstrang eines Fahrzeugs, die alle auch bei wechselnder Belastung (wechselndes Gegendrehmoment) auf einer vorgegebenen Drehzahl gehalten werden sollen.

Im Speziellen legen wir eine Windkraftanlage zugrunde: Die vom Windrad der Luft entzogene Energie wird an die Rotor-/Generatorwelle abgegeben, im Generator in elektrische Energie umgewandelt und im elektrischen Netz verbraucht. In einem Beharrungszustand ist die im Windrad gewonnene Leistung gleich der gesamten verbrauchten Leistung, also der im Netz verwerteten Leistung und der in der Anlage verlorengehenden Energie. Wird der Beharrungszustand bspw. durch eine Änderung der Belastungsverhältnisse im Netz gestört, so ist es die Aufgabe des Windradreglers, einen neuen Beharrungszustand mit der vorgegebenen/gewünschten Drehzahl herzustellen. Ein Regler kann dabei entweder die Leistung des Windrads durch Änderung der Rotorblattstellung dem jeweiligen Leistungsbedarf anpassen, also das Windrad regeln, oder den Leistungsbedarf der Anlage durch die zusätzliche Beaufschlagung mit einer Bremsbelastung, bspw. einem elektrischen Belastungswiderstand, der (gleichbleibenden) Windradleistung angleichen, also die Belastung regeln. Im ersten Fall entziehen wir der Luft die gerade benötigte Energie. Im zweiten Fall erzeugt das Windrad trotz Regelung Energie, die nicht in das elektrische Netz abgeführt werden kann. Wir setzen voraus, dass die Berechnungsvorschriften für das Windraddrehmoment M und das Gegendrehmoment des Generators Z gegeben sind.

Im ersten Fall der Windradregelung wird der Zusammenhang zwischen der Eingangsgröße $y_\mathrm{S} = y$ der Regelstrecke (Windrad und Generator), der Auslenkung des Stellglieds aus einem Beharrungszustands Y_1 und der Ausgangsgröße $x_\mathrm{S} = x$ der Regelstrecke, der Drehzahlabweichung des Windrads von seinem jeweiligen Sollwert N_1, als Frequenzgang $F_\mathrm{S} = x/y$ abgeleitet.

Durch eine Auslenkung des Stellglieds bspw. um $(-y)$ wird ein überschüssiges Drehmoment $(+m_y)$ erzeugt, das die rotierenden Massen der Regelstrecke beschleunigt und die Drehzahl des Windrads um $(+x)$ erhöht. Diese Drehzahlabweichung $(+x)$ bewirkt wiederum einen Rückgang des Drehmoments des Windrads um $(-m_x)$ und eine Erhöhung des Gegendrehmoments des Generators um $(+z_x)$.

Wir leiten ab: $F_S = x/y = F_{xm}m/y = F_{xm}(m_y + m_x + z_x + z_z)/y = F_{xm}(F_{my} + F_{mx}x/y + F_{zx}x/y + z_z/y)$ und erhalten

$$F_S = \frac{F_{my} + \frac{z_z}{y}}{\frac{1}{F_{xm}} - (F_{mx} + F_{zx})}. \tag{2.290}$$

Wenn die Belastungsverhältnisse im Netz während des Regelungsvorgangs unverändert bleiben, also $z_z = 0$ gilt, vereinfacht sich Gl. (2.290) zu $F_S = F_{my}/(1/F_{xm} - (F_{mx} + F_{zx}))$.

Um F_S berechnen zu können, müssen die einzelnen Frequenzgänge F_{my}, F_{mx}, F_{zx} und F_{xm} vorliegen.

Der Frequenzgang F_{my} stellt den Zusammenhang zwischen der Änderung des Windraddrehmoments und einer nach einer harmonischen Schwingung sich ändernden Stellgliedabweichung y bei gleichbleibender Drehzahl, also $x = 0$, dar. Es gilt $F_{my} = m_y/y = Y_h/M_N \delta M/\delta y$.

Der Frequenzgang F_{mx} stellt den Zusammenhang zwischen der Änderung des Windraddrehmoments m_x und einer nach einer harmonischen Schwingung sich verändernden Drehzahlabweichung x bei gleichbleibender Rotorstellung, also bei $y = 0$, dar. Es gilt $F_{mx} = m_x/x N_N/M_N \delta M/\delta N$.

Der Frequenzgang F_{zx} stellt den Zusammenhang zwischen der Änderung des Gegendrehmoments des Generators z_x und einer nach einer harmonischen Schwingung sich ändernden Drehzahlabweichung x bei gleichbleibenden Belastungsverhältnissen im Netz, also $z_z = 0$, dar. Es gilt $F_{zx} = z_x/x$.

Der Frequenzgang F_{xm} stellt den Zusammenhang zwischen dem überschüssigen Drehmoment $m = (M - M_1)/M_N$ und der Drehzahlabweichung $x = (N - N_1)/N_N$ dar. Dieser Zusammenhang folgt aus der Bewegungsgleichung mit dem polaren Trägheitsmoment der Regelstrecke, I_{pS}, und der Winkelbeschleunigung $\omega' T = \mathrm{d}\omega T/\mathrm{d}t$ zu: $I_{pS}\omega_T' = M - M_1$, oder mit $(M - M_1)/M_N = m$, $1/\omega_{TN}\mathrm{d}\omega_T/\mathrm{d}t = 1/N_N \mathrm{d}N/\mathrm{d}t = x'$ und $I_{pS}\omega_{TN}/M_N = T_{AN} =$ Anlaufzeit der Regelstrecke für ω_{TN} und M_N zu: $T_{AN}x' = m$. Es folgt für die Änderung der Drehzahl mit dem Moment und damit den Frequenzgang F_{xm}: $F_{xm} = x/m = 1/(T_{AN} j\omega)$.

Für den zweiten Fall der Bremsregelung wird der Zusammenhang zwischen der Eingangsgröße $y_S = y$ der Regelstrecke, der Verstellung der Bremsbelastung aus einem Beharrungszustand $Y_{S1} = Y_1$, und der Ausgangsgröße $x_s = x$ der Regelstrecke, der Drehzahlabweichung des Windrads von ihrem jeweiligen Sollwert N_1, als Frequenzgang $F_S = x/y$ abgeleitet. Durch eine Auslenkung des Stellglieds bspw. um $(-y)$ wird ein überschüssiges Drehmoment $(+z_y)$ erzeugt, das die rotierenden Massen der Regelstrecke beschleunigt und die Drehzahl des Windrads um $(+x)$ erhöht. Diese Drehzahlabweichung $(+x)$ bewirkt wiederum einen Rückgang des Drehmoments des Windrads um $(-m_x)$ und eine Erhöhung des Gegendrehmoments des Generators um $(+z_x)$.

Wir leiten ab: $F_{\mathrm{S}} = x/y = F_{xm}m/y = F_{xm}(z_y + m_x + z_x + z_z)/y = F_{xm}(F_{zy} + F_{mx}x/y + F_{zx}x/y + z_z/y)$ und erhalten

$$F_{\mathrm{S}} = \frac{F_{zy} + \frac{z_z}{y}}{\frac{1}{F_{xm}} - (F_{mx} + F_{zx})}.$$

Um F_{S} berechnen zu können, müssen die einzelnen Frequenzgänge F_{zy}, F_{mx}, F_{zx} und F_{xm} vorliegen.

Der Frequenzgang $F_{zy} = z_y/y$ stellt den Zusammenhang zwischen der Änderung des Bremsmoments z_y und einer nach einer harmonischen Schwingung sich ändernden Stellgliedabweichung y bei gleichbleibender Drehzahl, also bei $x = 0$, dar.

Regelkreis

Ein einfacher *Regelkreis* entsteht durch Reihenschaltung eines Reglers und einer Regelstrecke (Regler und Windrad mit Netzanbindung). Nach Art dieser Reihenschaltung unterscheiden wir

- einen *offenen* oder *aufgeschnittenen* Regelkreis mit einer Kuppelstelle entweder bei y mit der Eingangsgröße x_e und der Ausgangsgröße x_a, wenn die Regelstrecke dem Regler nachgeschaltet wird, oder bei x mit der Eingangsgröße y_e und der Ausgangsgröße y_a, wenn der Regler der Regelstrecke nachgeschaltet wird.
- einen geschlossenen Regelkreis mit zwei Kuppelstellen bei x und bei y.

Von außen können auf den Regelkreis einwirken:

- durch den Regler die Führungsgröße W bzw. die Führungsabweichung w.
- durch die Regelstrecke verschiedene Störgrößen Z bzw. Störabweichungen z.

Bei der Reihenschaltung eines Reglers und einer Regelstrecke bzw. umgekehrt ermittelt sich für den *aufgeschnittenen Regelkreis* der Zusammenhang zwischen der Eingangsgröße x_e = Regelabweichung x_{R} des Reglers und der Ausgangsgröße x_a = Regelabweichung x_{S} der Regelstrecke als Frequenzgang F_{A}:

$$F_{\mathrm{A}} = \frac{x_a}{x_e} = F_{\mathrm{R}x}F_{\mathrm{S}y} = F_{\mathrm{S}y}F_{\mathrm{R}x}. \tag{2.291}$$

Ein *geschlossener Regelkreis* entsteht aus dem dazugehörigen offenen Regelkreis durch Zusammenfügen der Schnittstellen:

$$x_e = x_a = x; \quad y_e = y_a = y. \tag{2.292}$$

Aus Gl. (2.291) folgt mit Gl. (2.292) der Frequenzgang F_{A}, bei dem der offene Regelkreis zu einem geschlossenen zusammengefügt werden kann. Es gilt: $F_{\mathrm{A}} = F_{\mathrm{R}x} F_{\mathrm{S}y} = 1$ oder

$$F_{\mathrm{A}} - 1 = F_{\mathrm{R}x} F_{\mathrm{S}y} - 1 = 0. \tag{2.293}$$

Die Ortskurve F_{A} und die inverse Ortskurve $1/F_{\mathrm{A}}$ sind der Punkt $(+1, 0)$ auf der positiven reellen Koordinatenachse. Die aus Gl. (2.293) resultierende Differenzialgleichung stellt den Eigenvorgang des geschlossenen Regelkreises dar, der durch Auslenkung der Regelabweichung x bzw. y durch einen temporären Einfluss entsteht. Der Ausdruck $(F_{\mathrm{A}} - 1)$ ist ihre algebraische, charakteristische Gleichung.

Wir betrachten einen *geschlossenen Regelkreis mit Führungs- und Störgröße*. Wir können hier

- entweder den Frequenzgang $F_{\mathrm{K}w}$ mit der Führungsabweichung w als Eingangsgröße und der Regelabweichung x als Ausgangsgröße
- oder den Frequenzgang $F_{\mathrm{K}z}$ mit der Störabweichung z als Eingangsgröße und der Regelabweichung x als Ausgangsgröße

angeben. Dann ergibt sich $F_{\mathrm{K}w}$ zu:

$$\begin{aligned} F_{\mathrm{K}w} &= \frac{x}{w} = \frac{x_y + x_z}{w} = \frac{y}{w} F_{\mathrm{S}y} + \frac{z}{w} F_{\mathrm{S}z} = \frac{y_x + y_w}{w} F_{\mathrm{S}y} + \frac{z}{w} F_{\mathrm{S}z} \\ &= \frac{x}{w} F_{\mathrm{R}x} F_{\mathrm{S}y} + F_{\mathrm{R}w} F_{\mathrm{S}y} + \frac{z}{w} F_{\mathrm{S}z} = \frac{F_{\mathrm{R}w} F_{\mathrm{S}y} + \frac{z}{w} F_{\mathrm{S}z}}{1 - F_{\mathrm{R}x} F_{\mathrm{S}y}}. \end{aligned}$$

Anzumerken ist, dass in $F_{\mathrm{K}w}$ die Eingangsgröße die Führungsabweichung w und die Ausgangsgröße die Regelabweichung x ist; damit ist anstelle von w bei allen Gliedern des Zählers mit dem Faktor z/w die Störabweichung z einzusetzen.

Für $F_{\mathrm{K}z}$ gilt:

$$\begin{aligned} F_{\mathrm{K}z} &= \frac{x}{z} = \frac{x_y + x_z}{z} = \frac{y}{z} F_{\mathrm{S}y} + F_{\mathrm{S}z} = \frac{y_x + y_w}{z} F_{\mathrm{S}y} + \frac{z}{w} F_{\mathrm{S}z} \\ &= \frac{x}{z} F_{\mathrm{R}x} F_{\mathrm{S}y} + \frac{w}{z} F_{\mathrm{R}w} F_{\mathrm{S}y} + F_{\mathrm{S}z} = \frac{F_{\mathrm{S}z} F_{\mathrm{S}y} + \frac{w}{z} F_{\mathrm{R}w} F_{\mathrm{S}y}}{1 - F_{\mathrm{R}x} F_{\mathrm{S}y}} \end{aligned}$$

Anzumerken ist, dass in $F_{\mathrm{K}z}$ die Eingangsgröße die Störabweichung z und die Ausgangsgröße die Regelabweichung x ist; damit ist anstelle von z bei allen Gliedern des Zählers mit Faktor w/z die Führungsabweichung w einzusetzen.

Zur *Stabilität* von offenen und geschlossenen Regelkreisen siehe bspw. [HUTA55, LEON62, SOLO59, EITHSKA].

2.2.4 Technische Systeme

Wir schränken den Begriff des Sachsystems auf technische Systeme ein: Die Ergebnisfunktion ist hier eine Transformation mit intentionaler technischer Komponente. Aus der Menge der Attribute müssen wir jetzt die Beschreibungen einzelner Gegenstände ableiten, die als Arbeitsgegenstand oder als Arbeitsmittel fungieren (siehe bspw. [LuMo73]). Ein *technisches System* $p_{\mathrm{T}} = (A_{\mathrm{T}}, F_{\mathrm{T}}, P_{\mathrm{T}}, S_{\mathrm{T}})$ ist ein Sachsystem, für das gilt:

- A_{T} ist eine Menge von Attributen, F_{T} ist eine Menge von Funktionen, P_{T} ist eine Menge von Subsystemen, S_{T} ist eine Menge von Relationen.
- p_{T} enthält mindestens ein technisch realisierbares *Arbeitsmittel* als Subsystem.
- p_{T} ist ein Glied in einer Kette von *Arbeitsmittel-Produkt-Relationen*, deren Beginn die natürlichen Ressourcen dieses Planeten ausmachen, die mindestens ein Glied mit der Eigenschaft „Arbeitsmittel" besitzt und an deren Ende bestimmte Produkte/Sachen oder bestimmte herzustellende Zustände stehen: Ein technisches System ist ein Sachsystem zur Erzeugung von Sachsystemen.

Der Terminus „*ist technisch realisierbar*" induziert Teilmengen der Mengen, die der Terminus „*ist naturgesetzlich realisierbar*" induziert. So wie wir in der Einführung „Technik" in einem weiten Sinne aufgefasst haben, wollen wir hier „Arbeitsmittel" in einem weiten Sinne interpretieren und bewusst von „Arbeitsmittel", nicht von „Betriebsmittel" sprechen, und damit die Assoziation mit einem „Betrieb" vermeiden: Unter „*Arbeitsmittel*" verstehen wir jede technische Realisierung eines Sachsystems, die wir nutzen, um einen Zustand gezielt zu verändern.

Kraftmaschinen (Energie), Werkzeugmaschinen (Materie) oder NC-Rechner (Information) sind nicht per se „technische Systeme". Das macht erst ihre Verwendung zur Wandlung von naturgegebenen Sachverhalten in nutzbare Energie, von Informationen in Informationen anderer Aggregation, Verknüpfung und/oder zeitlicher Strukturierung, von Materie bzw. von Sachen in Sachen/Produkte mit veränderten Eigenschaften und einem spezifischen Gebrauchsnutzen aus. Demnach können wir ein technisches System einerseits als Input-Output-System mit den Eigenschaften von Input und Output und andererseits mit den Subfunktionen charakterisieren, in die ein Sachsystem allgemeingültig, einheitlich und vollständig untergliedert werden kann. Wir lehnen uns daher an die Unterteilung in Abschn. 2.2.3 mit den Ebenen Information, Energie und Materie und den Subfunktionen Wandeln, Speichern und Transportieren an (Abb. 2.3). Ein Windpark im Sauerland, den wir dort installieren, um uns mit elektrischem Strom zu versorgen oder ein Computer, der zur Regelung eines Windrads in die Anlage eingebaut wird, ist damit genauso ein technisches System wie die technischen Systeme, mit denen die Sachsysteme „Föhn", „Windrad" und „Computer" hergestellt werden. Und für die Säulenbohrmaschine in Beispiel 2.69 gilt: Wenn wir die Aufbiegung des C-Gestells der Maschine beim Bohren betrachten, dann behandeln wir diese Bohrmaschine als Sachsystem und bringen die Kalküle der Mechanik aus Abschn. 2.2.3.2 in Ansatz; wenn wir die Sachen anschauen, die wir

Input				*Output*
Information	--- →		--- →	Information
Energie	--- →	Transportieren Speichern Wandeln Speichern Transportieren	--- →	Energie
Materie	--- →		--- →	Materie

Abb. 2.3 Technisches System

mit dieser Maschine bearbeiten können, dann reden wir über ein technisches System im engeren Sinne, über ein Produktionssystem[66]; wenn wir schlussendlich den Werker, seine Kollegen und seine Vorgesetzten dazunehmen, dann betrachten wir ein Handlungssystem.

Beispiel 2.69

Fertigung als technisches System

Wir betrachten als Fertigungsaufgabe beispielhaft die spanende Fertigung einer Steckhülse (y_1), eines Gehäuses (y_2), eines Flanschgehäuses (y_3) und eines Planetenrads (y_4) (siehe Bd. 2, Kap. 2, Bild 2-6). Wir setzen die Arbeitsmittel/Gebrauchsfaktoren Kaltkreissäge (x_1), Drehmaschine (x_2), Schrägbettdrehmaschine (x_3), Doppelspindeldrehmaschine (x_4), Drehmaschine mit angetriebenen Werkzeugen (x_5), Doppelspindeldrehmaschine mit angetriebenen Werkzeugen (x_6), Universalfräsmaschine (x_7), Bearbeitungszentrum (x_8), Bohrzentrum (x_9), Innenschleifmaschine (x_{10}), Säulenbohrmaschine (x_{11}), Nutenfräsmaschine (x_{12}), Innen-Außen-Schleifmaschine (x_{13}) sowie die Verbrauchsfaktoren Rohmaterial Steckhülse (x_{14}), Rohmaterial Gehäuse (x_{15}), Rohmaterial Flanschgehäuse (x_{16}) und Rohmaterial Planetenrad (x_{17}) ein. Die Steckhülse (y_1) kann auf sechs, das Gehäuse (y_2) auf zwei, das Flanschgehäuse (y_3) auf vier und das Planetenrad (y_4) auf drei unterschiedlichen Wegen (Basisaktivitäten, siehe Bd. 2, Kap. 2, Bild 2-6 und Beispiel 2-45) produziert werden. Wir erhalten 15 Basisaktivitäten $\boldsymbol{z}_1$–$\boldsymbol{z}_{15}$.

[66] Siehe Bd. 2, Kap. 8, Aggregation zu Produktionssystemen, und [DANG98].

	z_1	z_2	z_3	z_4	z_5	z_6	z_7	z_8	z_9	z_{10}	z_{11}	z_{12}	z_{13}	z_{14}	z_{15}
Kaltkreissäge	−0,5	−0,5	−0,5	−0,5	−0,5	−0,5	0,0	0,0	0,0	0,0	0,0	0,0	0,0	0,0	0,0
Drehmaschine	0,0	0,0	0,0	0,0	0,0	0,0	−8,5	0,0	−5,0	−5,0	0,0	0,0	−7,0	0,0	0,0
Schrägbett-Drehmaschine	−7,0	−7,0	−7,0	−1,5	0,0	0,0	−5,0	0,0	−14,0	−14,0	−3,0	0,0	0,0	−5,0	0,0
Doppelspindel-Drehmaschine	0,0	0,0	0,0	0,0	−4,9	0,0	0,0	−8,0	0,0	0,0					
Drehmaschine, angetr. Werkz.	0,0	0,0	0,0	−6,8	0,0	0,0	0,0	0,0	0,0	0,0	−28,0	−30,0	0,0	0,0	−6,0
Doppelsp.-D., angetr. Werkz.	0,0	0,0	0,0	0,0	0,0	−6,2	0,0	0,0							
Universalfräsmaschine	0,0	0,0	−1,0	0,0	−1,0	0,0	0,0	0,0	−10,0	−8,0	0,0	0,0	−12,0	−12,0	0,0
Bearbeitungszentrum	0,0	0,0	0,0	0,0	0,0	0,0	0,0	0,0	0,0	−11,0	−5,0	−5,0	−5,0	−5,0	−13,0
Bohrzentrum	0,0	0,0	0,0	0,0	0,0	0,0	0,0	0,0	−8,0						
Innenschleifmaschine	−2,0	−2,0	−2,0	−2,0	−2,0	−2,0	0,0	0,0							
Säulenbohrmaschine	−0,4	0,0	0,0	0,0	0,0	0,0	0,0	0,0							
Nutenfräsmaschine	−0,8	−1,2	0,0	0,0	0,0	0,0	0,0	0,0							
Innen-Außen-Schleifm.	−4,5	−4,5	−4,5	−4,5	−4,5	−4,5	0,0	0,0							
Rohmaterial Steckhülse	−1,0	−1,0	−1,0	−1,0	−1,0	−1,0	0,0	0,0							
Rohmaterial Gehäuse	0,0	0,0	0,0	0,0	0,0	0,0	−1,0	−1,0							
Rohmaterial Flanschgehäuse	0,0	0,0	0,0	0,0	0,0	0,0	0,0	0,0	−1,0	−1,0	−1,0	−1,0	0,0	0,0	0,0
Rohmaterial Planetenrad	0,0	0,0	0,0	0,0	0,0	0,0	0,0	0,0	0,0	0,0	0,0	0,0	−1,0	−1,0	−1,0
Steckhülse	+1,0	+1,0	+1,0	+1,0	+1,0	+1,0									
Gehäuse	+0,0	+0,0	+0,0	+0,0	+0,0	+0,0	+1,0	+1,0							
Flanschgehäuse	+0,0	+0,0	+0,0	+0,0	+0,0	+0,0	+0,0	+0,0	+1,0	+1,0	+1,0	+1,0	+0,0	+0,0	+0,0
Planetenrad	+0,0	+0,0	+0,0	+0,0	+0,0	+0,0	+0,0	+0,0	+0,0	+0,0	+0,0	+0,0	+1,0	+1,0	+1,0

Dann können wir die Merkmale eines Input-Output-Systems weiter differenzieren und 1 : 1- (durchlaufend), m : 1- (synthetisch), 1 : n- (analytisch) und m : n- (umgruppierend) Strukturtypen von Basisaktivitäten unterscheiden. Wenn wir nur das Rohmaterial betrachten, dann entsteht aus dem Rohling genau eine Steckhülse. Also besteht dann eine 1 : 1-Beziehung. So, wie wir die Basisaktivitäten angeschrieben haben, liegt eine synthetische Struktur vor. Könnten wir aus einem Rohling zwei unterschiedliche Steckhülsen herstellen, würden wir von einer analytischen Struktur sprechen. Und wenn wir wieder die vollständige Basisaktivität betrachten und wieder zwei Steckhülsen aus einem Rohling herstellen würden, dann wäre die Basisaktivität umgruppierend.

Fassen wir mehrere Basisaktivitäten zu einer Technikmenge zusammen, lassen sich auch hier mehrere Strukturtypen unterscheiden: outputseitig determiniert, inputseitig determiniert, durchlaufend, Verfahrenswahl bei der Durchführung (Produktion), Verfahrenswahl bei der Nutzung eines Inputs. Im vorliegenden Beispiel können wir jeden Output in mehreren Basisaktivitäten herstellen; demnach liegt der Strukturtyp „Verfahrenswahl bei der Durchführung“ vor.

Die bisher einstufige Darstellung lässt sich leicht auf eine mehrstufige Technikmenge erweitern (siehe Bd. 2, Bild 6-1) und so die Abfolge der einzelnen Arbeitsmittel angeben:

	z_{11}	z_{12}	z_{13}	z_{14}	z_{15}	z_{16}	z_2	z_3	z_4	z_5	z_6	z_7	z_8
Kaltkreissäge	−0,5	−0,0	−0,0	−0,0	−0,0	−0,0	−0,5	−0,5	−0,5	−0,5	−0,5	−0,0	−0,0
Drehmaschine	−0,0	−0,0	−0,0	−0,0	−0,0	−0,0	−0,0	−0,0	−0,0	−0,0	−0,0	−8,5	−0,0
Schrägbett-Drehmaschine	−0,0	−7,0	−0,0	−0,0	−0,0	−0,0	−7,0	−7,0	−1,5	−0,0	−0,0	−5,0	−0,0
Doppelspindel-Drehmaschine	−0,0	−0,0	−0,0	−0,0	−0,0	−0,0	−0,0	−0,0	−0,0	−4,9	−0,0	−0,0	−8,0
Drehmaschine, angetr. Werkz.	−0,0	−0,0	−0,0	−0,0	−0,0	−0,0	−0,0	−0,0	−6,8	−0,0	−0,0	−0,0	−0,0
Doppelsp.-D., angetr. Werkz.	−0,0	−0,0	−0,0	−0,0	−0,0	−0,0	−0,0	−0,0	−0,0	−0,0	−6,2	−0,0	−0,0
Universalfräsmaschine	−0,0	−0,0	−0,0	−0,0	−0,0	−0,0	−0,0	−1,0	−0,0	−1,0	−0,0	−0,0	−0,0
Bearbeitungszentrum	−0,0	−0,0	−0,0	−0,0	−0,0	−0,0	−0,0	−0,0	−0,0	−0,0	−0,0	−0,0	−0,0
Bohrzentrum	−0,0	−0,0	−0,0	−0,0	−0,0	−0,0	−0,0	−0,0	−0,0	−0,0	−0,0	−0,0	−0,0
Innenschleifmaschine	−0,0	−0,0	−0,0	−0,0	−2,0	−0,0	−2,0	−2,0	−2,0	−2,0	−2,0	−0,0	−0,0
Säulenbohrmaschine	−0,0	−0,0	−0,0	−0,4	−0,0	−0,0	−0,0	−0,0	−0,0	−0,0	−0,0	−0,0	−0,0
Nutenfräsmaschine	−0,0	−0,0	−0,8	−0,0	−0,0	−0,0	−1,2	−0,0	−0,0	−0,0	−0,0	−0,0	−0,0
Innen-Außen-Schleifm.	−0,0	−0,0	−0,0	−0,0	−0,0	−4,5	−4,5	−4,5	−4,5	−4,5	−0,0	−0,0	−0,0
Rohmaterial Steckhülse	−1,0	−0,0	−0,0	−0,0	−0,0	−0,0	−1,0	−1,0	−1,0	−1,0	−1,0	−0,0	−0,0
Rohmaterial Gehäuse	−0,0	−0,0	−0,0	−0,0	−0,0	−0,0	−0,0	−0,0	−0,0	−0,0	−0,0	−1,0	−1,0
Rohmaterial Flanschgehäuse	−0,0	−0,0	−0,0	−0,0	−0,0	−0,0	−0,0	−0,0	−0,0	−0,0	−0,0	−0,0	−0,0
Rohmaterial Planetenrad	−0,0	−0,0	−0,0	−0,0	−0,0	−0,0	−0,0	−0,0	−0,0	−0,0	−0,0	−0,0	−0,0
Steckhülse*	+1,0	−1,0	−0,0	−0,0	−0,0	−0,0							
Steckhülse**	+0,0	+1,0	−1,0	−0,0	−0,0	−0,0							
Steckhülse***	+0,0	+0,0	+1,0	−1,0	−0,0	−0,0							
Steckhülse****	+0,0	+0,0	+0,0	+1,0	−1,0	−0,0							
Steckhülse*****	+0,0	+0,0	+0,0	+0,0	+1,0	−1,0							
Steckhülse	+0,0	+0,0	+0,0	+0,0	+0,0	+1,0							
Gehäuse	+0,0	+0,0	+0,0	+0,0	+0,0	+0,0	+0,0	+0,0	+0,0	+0,0	+0,0	+1,0	+1,0
Flanschgehäuse	+0,0	+0,0	+0,0	+0,0	+0,0	+0,0	+0,0	+0,0	+0,0	+0,0	+0,0	+0,0	+0,0
Planetenrad	+0,0	+0,0	+0,0	+0,0	+0,0	+0,0	+0,0	+0,0	+0,0	+0,0	+0,0	+0,0	+0,0

◄

2.2.4.1 Ergebnisfunktion: Terminierte Chargen

Wir betrachten eine Blechbearbeitung in Fließfertigung. Auf allen Produktionsstufen werden Aufträge mit derselben bearbeitungs-/produktionsstufenspezifischen Kategorie (bspw. identische Blechdicke/Blechsorte/Bearbeitungsstufe oder Blechsorte/Biegewerkzeug/Bearbeitungsstufe) zu Chargen zusammengefasst. Es wird bevorzugt vom Coil gearbeitet; erst in zweiter Linie wird auf Platinen-/Stapelmaterial zurückgegriffen. Das Kapazitätsangebot ist gegeben und gleichförmig. Eine wichtige Zeitschranke ist 16:00; bis zu diesem Zeitpunkt kann an dem betreffenden Tag noch ausgeliefert werden. Eine späterer Auftragsabschluss führt zur Auslieferung am Folgetag. Die Aufträge sind zu terminierten Chargen zusammenzufassen.

Zeitkonzept

Es gelten die folgenden Vereinbarungen:

- Das Planungstool arbeitet grundsätzlich mit dem gregorianischen Kalender.
- Im Kalender gibt es keine Lücken wie in einem Betriebskalender, der bspw. Samstage und Sonntage auslässt.
- Im Kalender werden aktive/passive Zeitabschnitte kenntlich gemacht
- Es können keine aktiven Zeitabschnitte auftreten, die im Kalender nicht angesprochen werden können.

Für Berechnungen wie bspw. die Vorlaufzeitverschiebung oder die Berechnung von Verzug müssen die Zeiteinheiten, ggf. beginnend mit dem Heute-Zeitpunkt der aktuellen Planung, intern mit fortlaufenden ganzen Zahlen benannt werden.

- Die kleinste Zeiteinheit/der feinste Zeitabschnitt/die kleinste ausdrückbare Dauer ist die Sekunde; demnach kann ein Beginnzeitpunkt 09:01:25 vereinbart werden.
- Wir rechnen in ganzzahligen Vielfachen von Sekunden; feinere Zeiteinheiten können nicht dargestellt werden.
- 09:00:00 ist als Zeitraum die Sekunde, die genau 09:00:00 beginnt und 09:00:01 endet.
- Wenn ein Arbeitsvorgang 6 Minuten dauert, dann bedeutet dies eine Dauer von 360 Sekunden. Beginnt der Arbeitsvorgang um 12:00:10, dann ist er mit 12:06:10 beendet.
- Die Granularität der Zeit kann für Auswertungen, bspw. im Rahmen eines Belastungsausgleiches, in ganzzahligen Vielfachen einer Sekunde gewählt werden. Die Art dieser Vorgabe ist hh:mm:ss. Alternativ kann die Vorgabe eine ganzzahlige Anzahl von Sekunden sein.
- Zur Bildung von Rüstsequenzen/Losen oder für Auswertungen können über der Zeitachse beliebige Zeitabschnitte über ganzzahlige Sekunden gebildet (vorgegeben oder über eine Regel berechnet) werden. Für diese Zeitabschnitte werden Kapazitätsangebot und -bedarf gesamthaft ausgewiesen. Dann ist die gewählte Granularität genau der Zeitabschnitt.

- Die erforderlichen Verfahren sind: Umrechnen des UTC-Kalenders in ein Sekundenraster; Eliminieren der arbeitsfreien Tage (diese Sekunden werden als „nicht verfügbar“ gesetzt); arbeitsfreie Zeiten je Tag; Zusammenfassen zu Schichten; Wochentagsbezeichnung.
- Für das Einplanen von Arbeitsvorgängen werden die Sekunden ab Initiierung des Planungstools fortlaufend durchgezählt; jede Maschine, jede Arbeitsstelle, jede Person erhält einen Sekundenzeitstrahl. Damit gibt es ein Umrechnen vom Kalender auf den Sekundenzeitstrahl und umgekehrt; ggf. ist zu berücksichtigen, dass nach einem bestimmten Zeitraum ein Reset auf Sekunde 0 zu erfolgen hat (siehe Stelle).

Stelle

Die Stelle leistet Arbeit. Weil dies nicht in unbegrenztem Umfang möglich ist, gilt:

- Das Kapazitätsangebot ist begrenzt. Eine Stelle arbeitet maximal 24 Stunden am Tag, 7 Tage die Woche. Wir geben das Kapazitätsangebot in Sekunden an. Arbeitet in der Stelle nur eine Einheit/Mensch/Maschine, dann wird je Sekunde eine Sekunde Arbeitsleistung angeboten. Arbeiten an einer Stelle bspw. zwei Maschinen, dann umfasst dieses Kapazitätsangebot je Sekunde entsprechend zwei Sekunden. Dem Arbeitsvorgang wird dann das Arbeitsangebot gegenübergestellt. Alternativ wird jede Einheit/jeder Mensch/jede Maschine einzeln geplant. Das erleichtert die klare Zuordnung Auftrag $\longrightarrow$ Stelle $\longrightarrow$ Zeit, was bei doppeltem Zeitangebot je Sekunde ggf. zu einem falschen Ergebnis führen würde, denn ein Auftrag wird nur einer Maschine zugeordnet und nicht parallel zwei Maschinen. Wartung, Ausfall, Krankheit etc. sind dann einfacher anzugeben: Einer Einheit/einem Menschen/einer Maschine ist ein bestimmter Zeitstrahl zugeordnet und nicht ein Teilzeitangebot eines übergeordneten Zeitstrahls.
- Die Vorlaufzeit (Arbeitsvorgangdauer) ist die Zeitverschiebung des Endzeitpunkts eines einer Stelle zugewiesenen Arbeitsvorgangs eines Kundenauftrags gegenüber seinem Beginnzeitpunkt (in ganzen Sekunden).
- Das Kapazitätsangebot wird über einen Schichtkalender auf die aktive Zeit eingeschränkt. Beispielsweise Montag 06:00:00–14:00:00 etc.
- Das grundsätzlich in Sekunden angegebene Kapazitätsangebot kann über eine Skalierung in andere Größen umgerechnet werden, bspw. in „Meter pro Minute“. Dann muss auch der Kapazitätsbedarf in Metern angegeben werden. Daraus erhalten wir die Anzahl der zur Durchführung eines Arbeitsvorgangs erforderlichen Minuten Arbeitsleistung. Eine solche Hin- wie Rückrechnung ist als „Unterprogramm“ einer Stelle bereitzustellen.
- Wir geben das Kapazitätsangebot ab dem Start der aktuellen Planung, beginnend mit dem Wert „0“ als Fortschrittszahl an: Zu jedem aktiven Zeitpunkt einer Stelle stehen sich kumuliertes Kapazitätsangebot und kumulierter Kapazitätsbedarf für einen Vergleich gegenüber. Wir rechnen nicht intern mit irgendwelchen Wochenperioden mit bspw. 20.000 Sekunden Kapazitätsangebot. Derartige Zusammenfassungen von Zeiteinheiten ab einem bestimmten Zeitpunkt bis zu einem bestimmten Zeitpunkt (bspw.

06:00:00 $\leq$ Schicht 1 $\leq$ 13:59:59//Schicht 1 läuft von einschließlich der auf den Zeitpunkt 06:00:00 folgenden Sekunde bis einschließlich der auf den Zeitpunkt 13:59:59 folgenden Sekunde) sind in beliebiger Justierung für Auswertungen und Rüstsequenzen über einen gegebenen Zeitraum möglich. Derartige Zeitabschnittsmodelle lassen sich ab dem „Heute“-Zeitpunkt, also dem Start der Planung, der aktuellen Planung rollierend vereinbaren: Die ersten vier Stunden als „Stunden“, die zweiten vier Stunden als 4-Stunden-Block, die folgenden vier Tage als „Tage“, dann Wochenabschnitte.

- Das kumulierte Kapazitätsangebot wird nur für aktive Zeiteinheiten angegeben; die Fortschrittszahl wächst nicht in inaktiven Zeitabschnitten (zur Spezifikation der einzelnen Teilmengen eines Rüstzyklus (500 m eines Coils, 8 Stunden 1,25 mm Weißblech, 3 Stunden 2,5 mm verzinkt) siehe Abschnitt „Belegen einer Stelle ohne Chargenbildung“).
- Im Falle einer Störung wird das Kapazitätsangebot reduziert: „Stelle 4711 ist von 12:00:00 bis 12:59:59 nicht verfügbar“. Das wird intern in ein Kapazitätsangebot von „null“ Sekunden für diese Stelle umgesetzt. Die Fortschrittszahl des Kapazitätsangebots bleibt von 12:00:00 bis 12:59:59 unverändert.
- Ein Arbeitsvorgang wird über seine Kategorie einer Stelle zugewiesen. Weil die Kategorie auf mehrere Stellen verweisen kann, ist damit das Problem der Ausweichstelle gelöst (siehe Abschnitt „Belegen einer Stelle ohne Chargenbildung“ und Abschnitt „Belegen einer Stelle mit Chargenbildung“).
- Das Problem der Mehrmaschinenbedienung wird gelöst, indem die betreffende Person (bspw. „Herr Maier“) als Stelle vereinbart wird.
- Ordnung der Stellen: Es wird eine Flow-Shop-Struktur (Stellen-Dispositionsstruktur) zugrundegelegt; die Kundenaufträge durchlaufen ggf. nicht alle Stellen, aber alle Stellen immer in derselben Reihenfolge. Über die Vorgänger-Nachfolger-Angaben von jeweils zwei Stellen erzeugen wir einen Vorgänger-Nachfolger-Stellen-Graphen, den wir mit einem Rangstufen-Algorithmus nach Ebenen gruppieren. Wir bauen diese Struktur einmalig auf. Sie wird nur geändert, wenn eine Stelle hinzukommt oder entfällt.
- Hierarchie der Stellen/Stellengruppen: Die Stellengruppe umfasst alle Stellen, die sich gegenseitig ersetzen können (siehe Ausweichstelle oben). Die Stellengruppe ist der Adressat einer Regel, die die Zuordnung eines Kundenauftrags/Arbeitsvorgangs zu einer Stelle steuert.
- Daten je Stelle: Dispositionsebene, Dispositionskonzept, Kalender/kumuliertes Kapazitätsangebot, Rüstmodell/Justierung auf Kalender, Belastungsschranke (100 % ohne Rüstzeiten), Zeitabschnittsmodelle, Mehrmaschinenbedienung (Herr Maier kann Aufgabe X und Aufgabe Y), Auswertekriterien.
- Verfahren: Umrechnen UTC-Kalender $\longrightarrow$ Interner Zeitstrahl//Interner Zeitstrahl $\longrightarrow$ UTC-Kalender, Vorbelegen mit kumulativem Kapazitätsangebot (Fortschrittszahl Angebot).

Kundenauftrag

- Der Kundenauftrag beschreibt den von einem Kunden bestellten Umfang; er spezifiziert die zur Auftragserfüllung notwendige Arbeitsleistung, unterteilt nach den vorgegebenen Stellen.
- Der Kundenwunschtermin ist der mit den Kunden vereinbarte Liefertermin; die Zeitpunktangabe erfolgt in der Genauigkeit des vereinbarten Zeitmodells (Sekundengenauigkeit). Der Kundenwunschtermin als der dem Kunden zugesagte Liefertermin (bspw 1. April, 16:00:00) ist wesentlicher Bestandteil der Kundenauftragspriorität. Diese Auftragspriorität wird nach stellenspezifischen Kriterien modifiziert (Festlegen der Auftragsreihenfolge bspw. nach Lage auf dem Coil, Blechqualität, Blechformat, Blechdicke, zwei-/dreidimensional usw.); dementsprechend wird jeder einzelne Arbeitsvorgang entsprechend seiner Eigenheiten/Bedürfnisse charakterisiert: Blechqualität, Art des Zusammenbaus, Kapazitätsbedarf in Sekunden, ... mit einem jeweils vorgegeben Merkmalsbereich (Kategorie).
- Der Kundenauftragstermin ist der aktuell in der Planung berechnete machbare Endtermin eines Auftrags. Er ergibt sich aufgrund der Kapazitätsbedarfs-/Kapazitätsangebots-Situation.
- Mit der Einführung eines Kundenauftrags in die aktuelle Planung wird aus Stückliste, Arbeitsplan und Kundenauftragsdaten je Kundenauftrag eine „Kundenauftrags-Dispositionsstruktur“ erzeugt. Sie adressiert eine bestimmte Teilmenge der Stellen (der Stellen-Dispositionsstruktur).
- Ein einzelner Arbeitsvorgang adressiert eine bestimmte (Material- und Verarbeitungs-) Kategorie. Beispiele sind „1,25 mm Weißblech“ oder „2,2 mm verzinkt“.
- Die Kategorie bestimmt die Eignung einer bestimmten Stelle für die Durchführung des Arbeitsvorgangs. Gegebenenfalls sind für diese Durchführung mehrere Stellen geeignet. In diesem Fall ist die erstgenannte Stelle die „Vorzugsstelle“.
- Kategorien wie „1,25 mm Weißblech“ sind Element einer „Familie von Kategorien“, in diesem Fall (1,25 mm Weißblech, 1,25 mm roh, 1,25 mm verzinkt, 1,25 mm gebürstet). Diese „Familien von Kategorien“ werden bei der Belegung einer Stelle mit Bilden von Chargen als Einheit betrachtet.
- Daten je Kundenauftrag: Kundenwunschtermin, Kundenauftragstermin, Auswerte-/Ordnungskriterien, Priorität.
- Daten je Arbeitsvorgang: Dispositionsebene, Kategorie, Kapazitätsbedarf (in Sekunden) auf der Vorzugsstelle, Beginntermin nach Kundenwunschtermin, Beginntermin nach Kundenauftragstermin, Vorlaufzeit (Arbeitsvorgangsdauer (berechnet, vorgegeben)), Kennzeichen: Verzweigungs-/Zusammenbaupunkt, Arbeitsvorgang, Materialposition, Vorgängerarbeitsvorgang/Nachfolgerarbeitsvorgang, frühester/spätester Anfangszeitpunkt//frühester/spätester Endzeitpunkt, Dauer.

Ordnen von Mengen

Typisch für Prioritätsregelverfahren ist das Ordnen der auf einer Stelle einzulastenden Aufträge/Arbeitsvorgänge nach einer bestimmten Vorschrift, bspw. nach aufsteigender oder fallender Durchführungsdauer.

Hier wird nach einer Priorität, die sich aus der Priorität des Kundenauftrags und anhand einer stellen-/kategoriespezifischen Regel berechnet, für eine Stelle eine Reihenfolge gebildet und eingelastet. Es gibt keine zusätzliche Sortierung der Kundenaufträge nach vom Disponenten vorgegebenen Reihenfolgen, um unterschiedliche Planungsergebnisse miteinander vergleichen zu können. Es wird also nicht nach „Gutdünken" umsortiert. Einmal nach dieser Priorität/Reihenfolge eingelastete Arbeitsvorgänge werden nicht mehr aus einer Charge entnommen.

Belegen einer Stelle ohne Chargenbildung

Das Belegen ohne Chargenbildung erfolgt auf der Basis einer kumulativen Kapazitätsangebotsangabe (Fortschrittszahlenkonzept für die Kapazitätsangebotsangabe; siehe Abschnitt „Stelle"). Also sagen wir nicht: „Um 12:00:00 steht eine Minute zur Verfügung", sondern „Bis 12:00:00 steht ab morgens 06:00:00 ein Kapazitätsangebot von insgesamt 6 mal 60 mal 60 Sekunden zur Verfügung". Analog kumulieren wir den Kapazitätsbedarf einer Stelle ab der Heute-Linie. Und die Vorlaufzeit bestimmen wir für jeden Kundenauftrag/jede Stelle mit der berechneten Durchführungsdauer eines Arbeitsvorgangs: Ein Arbeitsvorgang dauert von Beginn bis Ende 111 Sekunden. Wir addieren zum kumulierten Kapazitätsbedarf 111 Sekunden.

- Die Kundenaufträge werden nach Kundenauftragspriorität abgearbeitet. Teil dieser Priorität ist eine Terminaussage, der Kundenwunschtermin: bis TT:MM:JJ:16:00:00 (nicht TT:MM:JJ:14:36:24).
- Zunächst existiert keine Aussage, welcher Stelle/Maschine eine bestimmte Kategorie, bspw. 1,25 mm Weißblech, mit einem bestimmten Volumen zugeordnet ist – das entscheidet während der Belegung/des Abgleichs die Belegungsregel. Diese Belegungsregel wird der Stellengruppe zugeordnet.
- Damit ist beim Abgleich die Kapazitätsaussage generell „1 Sekunde je Sekunde".
- Die eingefrorene Zone wird über alle Stellen pauschal auf $\geq$75 Minuten festgesetzt.
- Wir führen den Abgleich kundenauftragsweise durch. Damit ermitteln wir abgeglichene Anfangs-/Endzeitpunkte je Kundenauftrag/Arbeitsvorgang sowie (kumulative) Belegungs-/Belastungsaussagen je Stellengruppe/Stelle.
- Der Abgleich kann mit Rüstzeit je Kundenauftrag/ohne Rüstzeit je Kundenauftrag, aber nicht mit „Rüstzeit je Charge" (keine Chargenbildung!) durchgeführt werden.

Am Ende des Abgleichs erhalten wir kumulativ machbare, nach Abgleichsterminen, die aus Kundenwunschtermin und Abgleich abgeleitet sind, geordnete Kundenaufträge, Kapazitätsbedarfe je Kategorie, sortiert nach Priorität: bis 16:00:00, heute, morgen, folgende, bspw. 1,25 mm Weißblech/$<$16:00:00/$\geq$16:00:00 $\longrightarrow$ Tagesende/$\geq$morgiger

Tag. Als Ergebnis des Abgleichs werden nach Kategorien „Kundenauftragstöpfe“ gebildet, die nach Kundenauftragstermin/-priorität sortiert sind: bis TT:MM:JJ:16:00:00, bis TT:MM:JJ:Tagesende, bis TT:MM:JJ:+x. Weil es keine Kundenwunschtermine wie 15:16:00 gibt, sind diese Aufträge bspw. nach „Priorität/bis 16:00:00“ sortiert; in den Töpfen vorne stehen die Aufträge mit hoher Priorität.

Je Stellengruppe/Stelle/ab Ende der eingefrorenen Zone bis zum Ende des Vorgriffshorizonts gilt:

- *falls* Kategorie Y = Kategorie von (Auftrag/Arbeitsvorgang x) und Kundenauftragstermin $\leq$ TT:MM:JJ:16:00:00,
  dann (Menge der (Aufträge/Arbeitsvorgänge) Kategorie Y/TT:MM:JJ < 16:00:00) = (Menge der (Aufträge/Arbeitsvorgänge) Kategorie Y/TT:MM:JJ: < 16:00:00) $\cup$ Auftrag/Arbeitsvorgang x
- *falls* Kategorie Y = Kategorie von (Auftrag/Arbeitsvorgang x) und Kundenauftragstermin > TT:MM:JJ:16:00:00 und $\leq$ TT:MM:JJ:Arbeitsende,
  dann (Menge der (Aufträge/Arbeitsvorgänge) Kategorie Y/TT:MM:JJ $\geq$ 16:00:00) = (Menge der (Aufträge/Arbeitsvorgänge) Kategorie Y/TT:MM:JJ: $\geq$ 16:00:00) $\cup$ Auftrag/Arbeitsvorgang x
- bis (Menge der Aufträge je Kategorie und Vorgriffshorizont) *Schritt 1* bis *Schritt 7* abgearbeitet

Schritt 1: Belegungsregel

Die von einem Kundenauftrag/einem Arbeitsvorgang zu belegende Stelle kann auf vier unterschiedliche Weisen belegt werden:

- Variante 1: Der betrachtete Arbeitsvorgang belegt diejenige Stelle, bei der Nennung der möglichen ausführenden Stellen bei der Kategorie auf Platz 1 genannt wird (Vorzugsstelle): Stelle (Arbeitsvorgang) $\longrightarrow$ Platz 1 (Stelle).
- Variante 2: Der betrachtete Arbeitsvorgang belegt die Stelle, die das früheste Kapazitätsangebot besitzt. Der betrachtete Arbeitsvorgang startet zum frühestmöglichen Zeitpunkt: frühestmöglicher Zeitpunkt $\longrightarrow$ kleinster kumulierter Kapazitätsbedarf. Beispielsweise sei diese Stelle Maschine 1. Diese Festlegung ist nach erfolgter Belegung zu überprüfen. Dann ist bspw. Maschine 2 am frühesten verfügbar. Dazu müssen die Verfügbarkeiten aller Stellen verglichen werden.
- Variante 3: Der betrachtete Arbeitsvorgang belegt die Stelle, auf der er am frühesten abgeschlossen werden kann. Diese Variante bedingt zwei Sachverhalte: Unterschiedliche Stellen haben für ein- und denselben Arbeitsvorgang/ein- und dieselbe Kategorie unterschiedliche Durchführungsgeschwindigkeiten. Und zum zweiten: Es müssen alle Stellen einer Stellengruppe abgeprüft werden.
- Variante 4: Die Stellen einer Stellengruppe werden nach einer gegebenen Ordnung aufsteigend belegt.

Mit diesen Vorgehensweisen erreichen wir eine weitgehende Entsprechung zur Belegung mit Chargen:

- Die Zuordnung zu einer Stelle erfolgt nach einer Regel.
- Belegt wird immer die Stelle, kein kumulatives Konglomerat.
- Variante 1 und Variante 4 belegen gegen eine zeitliche Schranke.
- Gegebenenfalls muss auch Variante 1 weitere Stellen nach der Vorzugsstelle belegen.
- Variante 2 und Variante 3 streben eine möglichst gleichmäßige Auslastung aller Stellen an.
  Es gibt keine Terminschranke.
- Wir erhalten bei den Varianten 2 und 3 belastbare früheste Termine.

Schritt 2: Rückwärtsrechnung

Hier stellt sich die Situation auf einer Stelle für drei aufeinanderfolgende Arbeitsvorgänge A, B, C, wobei in der zeitlichen Folge A der späteste, C der früheste ist, wie folgt dar:

Wir erhalten aus Arbeitsvorgang A einen vom Kundenwunschtermin abgeleiteten Anfangszeitpunkt. Dieser Anfangszeitpunkt bestimmt den Endzeitpunkt von Arbeitsvorgang B ($AT_{\mathrm{A}} = ET_{\mathrm{B}}$). Wir berechnen über das je Zeiteinheit geltende Kapazitätsangebot der Stelle und den erforderlichen Rüstaufwand den Anfangszeitpunkt von B (AT_{B}). Der Anfangszeitpunkt AT_{B} kann gehalten werden, wenn zum Zeitpunkt AT_{B} gilt: Das kumulierte Kapazitätsangebot zum Anfangszeitpunkt AT_{B} ist größer oder gleich dem kumulierten Kapazitätsbedarf, der einen Belegungszeitpunkt $\leq AT_{\mathrm{B}}$ bewirkt. Dann schreiben wir den kumulierten Kapazitätsbedarf um die Last aus Arbeitsvorgang B fort. Zum Zeitpunkt AT_{B} kann jetzt eine Einlastung eines anderen Kundenauftrags auf Stelle erfolgen, wenn wieder gilt: Das kumulierte Kapazitätsangebot ist größer als die kumulierte Arbeitslast.

Wenn zum Anfangszeitpunkt AT_{B} gilt: Das kumulierte Kapazitätsangebot ist kleiner als der kumulierte Kapazitätsbedarf der bereits eingelasteten Arbeitsvorgänge auf der betrachteten Stelle, dann verschieben wir den Beginn von Arbeitsvorgang B auf genau den Zeitpunkt: „Wir haben einen zulässigen, machbaren Anfangstermin für Arbeitsvorgang B" in die Zukunft. Diesen Anfangstermin schieben wir als geforderten Endtermin an Arbeitsvorgang C. Dort erfolgt dieselbe Betrachtung. Gegebenenfalls muss der Arbeitsvorgang C ebenfalls in die Zukunft geschoben werden. Dann gilt: Arbeitsvorgang C ist gegenüber Arbeitsvorgang B, Arbeitsvorgang B gegenüber Arbeitsvorgang A verspätet.

Also ist jetzt als zweiter Schritt eine Vorwärtsrechnung ausgehend von Arbeitsvorgang C erforderlich.

Schritt 3: Vorwärtsrechnung

Wir beginnen mit dem korrigierten/kapazitätskonformen Beginnzeitpunkt von Arbeitsvorgang C (AT_C'); hier stimmen Kapazitätsangebot kumuliert und Kapazitätsbedarf kumuliert überein. Wir lasten Arbeitsvorgang C ein und erhalten den korrigierten Endtermin

ET'_C sowie den neuen kumulierten Kapazitätsbedarf, der zum Endzeitpunkt ET'_C wieder mit dem kumulierten Kapazitätsbedarf übereinstimmt (diese Berechnung wird natürlich bereits in der Rückwärtsrechnung angestellt). Wir starten bei Arbeitsvorgang B mit ET'_C als Beginnzeitpunkt AT'_B. Hier ist das kumulierte Kapazitätsangebot (ohne Arbeitsvorgang B) größer als der kumulierte Kapazitätsbedarf. Wir berechnen den Endtermin ET'_B, den neuen Kapazitätsbedarf zum Zeitpunkt ET'_B (einschließlich Arbeitsvorgang B). Natürlich gilt: Kapazitätsbedarf $ET'_\text{B} \leq$ Kapazitätsangebot ET'_B. Derselbe Prozess vollzieht sich für Arbeitsvorgang A usw.

Schritt 4: Abgleich für nebenläufige Auftragsstränge

Wir haben bisher nur einen Strang/einen Pfad von Arbeitsvorgängen betrachtet. Wir müssen jetzt noch nebenläufige Stränge aufeinander abstimmen. Wir nehmen dazu beispielhaft an, dass ausgehend vom Arbeitsvorgang A, also nebenläufig zu Arbeitsvorgang B und Arbeitsvorgang C, zwei Arbeitsvorgänge X und Y zu betrachten sind (X folgt auf Y und A folgt auf X). Wir nehmen an, dass für die Arbeitsvorgänge X und Y ebenfalls eine Engpasssituation eingetreten ist. Also vergleichen wir für den Anfangstermin von A (AT_A) die Endtermine ET'_B und ET'_X. Angenommen, ET'_X liegt später als ET'_B. Dann gilt: $AT'_\text{A} = ET'_X$ und für den zweimal korrigierten Endtermin $ET''_\text{B} = ET'_X$. Wir berechnen ausgehend von AT'_A den aktuellen Kundenendtermin ET'_K und in einer erneuten Rückwärtsrechnung die Termine AT''_B, ET''_C sowie AT''_C, ohne das kumulierte Kapazitätsangebot zu verändern.

Schritt 5: Einplanen von weiteren Kundenaufträgen

Der nächste Kundenauftrag wird völlig unabhängig von den bisher eingelasteten Kundenaufträgen, ausschließlich auf Basis seines Kundenwunschtermins und des bisher aufgelaufenen Kapazitätsbedarfs eingelastet. Wir führen das Beispiel von Schritt 4 fort: Treffen Arbeitsvorgänge des neuen Auftrags auf die Engpassstellen der Arbeitsvorgänge X bzw. Y, dann liegen sie dort später als die vorherigen Arbeitsvorgänge X bzw. Y. Treffen sie nicht auf die Engpassstellen von X bzw. Y, sondern auf die von B bzw. C, dann haben wir dort die Situation, dass B und C wegen X und Y in die Zukunft verschoben wurden. Also kann der Folgeauftrag früher als B und C beginnen, wenn er direkt auf dem kumulierten Kapazitätsbedarf aufsetzt. Damit erfolgt ein Auffüllen von Kapazitätslücken automatisch; ein Verschieben von Kundenaufträgen durch Engpassstellen in die Zukunft ebenfalls automatisch – es ist kein Positionieren des Auftragsbestands usw. erforderlich. Es gibt keine Aussage: Der Topf ist voll! Und es gibt kein Zurückstellen bis zum nächsten Zeitabschnitt.

Bei einem ausreichenden Kapazitätsangebot werden Kundenaufträge ausgehend vom Kundenwunschtermin eingeplant (Lücken in der Nutzung des Kapazitätsangebots). Dann können zwei Kundenaufträge/zwei Arbeitsvorgänge auf derselben Stelle zum selben Zeitpunkt beginnen/enden. Also ist eine Reihenfolge der Kundenaufträge/Arbeitsvorgänge über die Zuordnung der Beginnereignisse/Endereignisse zu den Zeitpunkten des Kalenders bei dieser Art von Abgleich nicht eindeutig zu erreichen. Umgekehrt besteht im angesprochenen Fall identischer Beginntermine und dem damit verbundenen ausreichenden Kapazitätsangebot ein gewisser Dispositionsspielraum.

Schritt 6: So spät als möglich

Das so beschriebene kundenauftragsweise Vorgehen

- schiebt im Engpassfall auf einen nachfolgenden, machbaren Zeitpunkt,
- plant Aufträge in Lücken, die durch (jetzt) zu einem späteren Zeitpunkt eingeplante Kundenaufträge entstanden sind,
- produziert damit auf Arbeitsvorgangebene zu spätesten Terminen – es wird nicht vorgezogen.

Die Ungenauigkeit ist: Der frühestmögliche Belegungstermin einer Stelle berücksichtigt alle bisher terminierten Kundenaufträge nur kumulativ. In die Zukunft verschobene Kundenaufträge könnten aus Sicht einzelner Stellen möglicherweise früher beginnen. Also kann ein später eingelasteter Kundenauftrag, wenn er nur die passenden Stellen trifft, früher als vorher eingelastete Aufträge beginnen; aber der summarische Abgleich stimmt.

Schritt 7: So früh als möglich

Ein Vorgehen, das mit frühestmöglichen Zeitpunkten für einen machbaren Plan eine so dichte Packung wie möglich erreicht, muss generell zum frühesten Zeitpunkt einlasten. Dann ist der beschriebene Vorwärts-/Rückwärts-Abgleich grundsätzlich bei jedem Kundenauftrag erforderlich: Entscheidend ist die Stelle, die unter Berücksichtigung der Vorlaufzeit zum spätesten Zeitpunkt verfügbar ist. Also müssen wir beim erstmaligen Rückwärtsrechnen das minimale Vorziehen über einen Vergleich bei jedem Arbeitsvorgang ermitteln (AT', ET' bzw. AT'', ET''). Dann schieben wir beim Vorwärtsrechnen alles auf diesen Zeitpunkt in Richtung Zukunft (AT'', ET''). Die Aussage zur Belastungssituation/Abgleichssituation ist dieselbe wie in Schritt 6: Es stimmt der Abgleich, nicht unbedingt stimmen die Zeitpunkte. Alles andere gilt entsprechend.

- Wertung

Wenn im Folgenden Rüstreihenfolgen, Synchronisationsüberlegungen usw. einfließen, dann wird „nur“ der Anfangstermin eines Kundenauftrags/eines Arbeitsvorgangs auf eine andere Art ermittelt als hier beschrieben. Auch dann gilt der Vorwärts-/Rückwärtsabgleich analog:

- Die Vorwärts-/Rückwärtsterminierung stellt früheste und späteste Termine bereit.
- In jedem Fall erfolgt eine Terminaussage; ggf. wird Verzug ausgewiesen.
- Die Zuordnung zu einer Stelle erfolgt über eine Regel, die an die Stellengruppe geheftet wird: Der Arbeitsvorgang verweist auf die Stellengruppe, diese wieder auf die zu belegende Stelle.

Eine Situation wie „Stellengruppe Herr Maier", der „Lochen" und „Kanten", aber nicht beides gleichzeitig kann, ist damit abzubilden, dass Herr Maier als Stelle betrachtet wird, auf die sowohl Lochen als auch Kanten eingelastet werden.

Belegen einer Stelle mit Chargenbildung

Generell gilt:

- Der Kundenauftragsbestand ist nach Kundenauftragsprioritäten geordnet.
- Es wird kundenauftragsweise nach nicht steigender Priorität eingeplant.
- Die Kategorie eines Kundenauftrags/Arbeitsvorgangs bestimmt die möglichen Stellen und die Reihenfolge ihrer Eignung.
- Es wird die Stelle, nicht die kumulierende Stellengruppe betrachtet.
- Die Stelle bestimmt, nach welchem Konzept das Kapazitätsangebot an eine Kategorie gebildet, eröffnet, angeboten und abgeschlossen/fortgeschrieben wird (bspw.: begrenzte Chargen auf den Coilmaschinen, unbegrenzte Chargen auf den Platinenmaschinen, ggf. kumulierte Kapazität auf den Klein-Platinenmaschinen wie in Abschnitt „Belegen einer Stelle ohne Chargenbildung").

Wir gehen bei der Belegung davon aus, dass eine Charge auf derjenigen Stelle eröffnet/gebildet wird, die zu ihrer Durchführung technisch am besten geeignet ist. Erst wenn auf einer Stelle Überlastungen auftreten, wird auf andere Stellen umgelagert.

Für die Stanz-/Schneidearbeiten sind die Coilmaschinen generell „am geeignetsten". Also wird versucht, so viel wie möglich über diese Maschinen abzuwickeln. Erst bei Engpasssituationen auf den Coilmaschinen wird auf die Platinenmaschinen ausgelagert. Erst in zweiter Linie erfolgt dieser Prozess von den Platinen- auf die Coilmaschinen. Eine Charge wird eröffnet/initialisiert, wenn wir in der Abarbeitung der Kundenaufträge erstmalig mit einem Kundenauftrag auf eine Kategorie stoßen. Wir fangen mit den Chargen auf der „geeignetsten" Maschine/Stelle an; wenn sich die Charge nicht „dominant" entwickelt, wechseln wir auf eine andere Stelle/Maschine.

Kriterien für die Chargenbildung sind:

- frühester Beginn aus Sicht der Maschine/Stelle,
- frühester Beginn aus Sicht der Vorgänger-Stelle/des Vorgänger-Arbeitsvorgangs,
- spätestes Ende nach Kundenauftrag,
- Mindestgröße für Zuordnung zu den Coilmaschinen,
- Maximalgröße für Zuordnung zu Platinenmaschinen.

Es bestehen zwei Möglichkeiten.

- Möglichkeit 1: Wir machen Chargen für die Kategorien und dann die Zuordnung zur Maschine/Stelle.
- Möglichkeit 2: Wir machen Chargen für die Kategorie und die Maschine/Stelle, und gleichen auf andere Maschinen/Stellen ab.

Im ersten Fall könnten wir für die Bildung der Chargen keine Reihenfolge-, Termin- und Belastungsaussagen treffen. Also würden wir die Chargen im Prinzip mit unwichtigen Aufträgen füllen. Also entscheiden wir uns für Möglichkeit 2: Wir bilden die Charge für die Vorzugsstelle/-maschine und verschieben nach Eignung/Priorität.

Zu Beginn der Belegung einer Stelle liegen folgende Daten vor:

- die zur betrachteten Stelle sortierten Struktursätze von den im Ablauf folgenden Stellen: Endzeitpunkte als späteste Zeitpunkte,
- die aktualisierten Dispositionsdaten der Stelle (Kalender),
- aus der Vergangenheit zu übernehmende Daten:
  - angefangene bzw. bereits abgeschlossene Aufträge/Arbeitsvorgänge,
  - angefangene Chargen,
  - ...
- die zur betrachteten Stelle sortierten Struktursätze von den im Ablauf vorangehenden Stellen: Beginnzeitpunkte als früheste Zeitpunkte.

Weil alle eingelasteten/zurückgestellten Arbeitsvorgänge aktuelle Beginn- und Endtermine erhalten, wird nach dem Vorgehen des vorhergehenden Abschnitts eine Vorwärts-/Rückwärtsterminierung durchgeführt. Damit können wir die folgenden Zeitpunkte gegenüberstellen:

- Zeitpunkte aus dem Kundenauftrag (Kundenwunschtermin),
- Zeitpunkte nach der Belegung ohne Chargenbildung/Abgleich,
- Zeitpunkte nach der Belegung mit Chargenbildung.

Schritt 1: Vorbereitende Tätigkeiten

Wir aktualisieren das Zeitmodell über der Zeitachse (Kalender, Kapazitätsangebot, ...).

Die eingefrorene Zone wird für die einzelnen Stellen aufgebaut. Ausgehend von den Coil- und Platinenmaschinen (bzw. von der Stelle „Material") wird in den Auftragsketten des Abgleichs in Richtung Kundenauftrag gerechnet. Es erfolgt ein Eintrag der angesprochenen Aufträge/Arbeitsvorgänge in die Belegungslisten der Stellen.

Wir justieren

- angefangene, im vorherigen Zeitabschnitt nicht beendete Aufträge mit dem Restkapazitätsbedarf/den noch zu leistenden Arbeitsvorgängen: Vorwärtseinplanung bis zum Kundenauftrag (Kennzeichen: „Kundenauftrag in Arbeit"),

- angefangene Chargen, ggf. mit angefangenen, nicht mehr disponiblen Aufträgen (bspw. angefangener Coil): Vorwärtseinplanung bis zu den Kundenaufträgen (Kennzeichen bei der Stelle: angefangene Chargen; Kennzeichen bei den Kundenaufträgen/Arbeitsvorgängen: Zeitpunkt fest, nicht mehr veränderbar, eingefrorene Zone) im Zeitmodell. Wir erhalten die frühestmöglichen Belegungszeitpunkte je Stelle.

Schritt 2: Belegen

Es gilt der folgende Ablauf:

I Wir selektieren den nächsten Kundenauftrag/Arbeitsvorgang mit einem kapazitiv abgestimmten/abgeglichenen Endzeitpunkt (Beginnzeitpunkt des Folgearbeitsvorgangs).
II Wir bestimmen die Kategorie dieses Kundenauftrags/Arbeitsvorgangs.
III Wir bestimmen die Menge möglicher Stellen.
IV Wir bestimmen die Reihenfolge ihrer Eignung.
V Wir bilden/suchen eine Charge: Die Reihenfolge der Bildung der Chargen richtet sich nach „nichtsteigender Priorität“ über alle Kundenaufträge.

Hier existieren Töpfe von Kundenaufträgen zu bestimmten Kategorien, die

- nur auf bestimmten (Platinen-)Maschinen durchgeführt werden können; Zuordnung zur (Platinen-)Maschine: falls Stelle der Kategorie = (Platinen-)Maschine und nicht (Coil-)Maschine ⟶ aus der Menge der (Aufträge der Kategorie für Vorgriffshorizont) entfernen ⟶ Auftragsvorrat (Platinen-)Maschine,
- bis zu einem Vorgriffshorizont x das (Volumen-)Kriterium y für die Zuordnung zu einer (Coil-)Maschine nicht erfüllen; Zuordnung zur (Platinen-)Maschine: falls Volumen der Kategorie bis Terminschranke (bspw. 16:00) $< x$ (bspw. 1000 m) ⟶ Auftragsvorrat (Platinen-)Maschine.

Damit haben wir Kategorientöpfe vor den (Coil-)Maschinen, für die genügend Kundenaufträge da sind, um die Kriterien für die Eröffnung einer (Coil-)Maschinen-Charge zu erfüllen.

Schritt 2.1: Einlasten aller Kundenaufträge mit Priorität:
Kundenwunschtermin $\leq$ TT:MM:JJ:16:00:00

a) (Coil-)Maschinen

Eröffnen aller erforderlichen (Chargen je Kategorie): auftragsweises Abarbeiten der Kategorientöpfe nach der Priorität der Kundenaufträge (jeweils die höchste Priorität von allen Kategorientöpfen). Wir gehen davon aus, dass das Material grundsätzlich verfügbar ist.

- Eröffnen einer neuen Charge

Ein Kundenauftrag/Arbeitsvorgang, der eine Charge eröffnet, ist derjenige Kundenauftrag/Arbeitsvorgang aus einer Familie von Kategorien, der die höchste Priorität besitzt und daher als erster belegt wird. Dieser Arbeitsvorgang eröffnet immer alle Chargen zu allen Kategorien dieser Familie von Kategorien. Beispielsweise eröffnet ein Arbeitsvorgang mit der Kategorie „1,25 mm Weißblech" eine Charge – er ist der erste, der zu „Blech 1,25 mm" eingelastet wird. Damit werden auch die Chargen zu „1,25 mm verzinkt" und „1,25 mm gebürstet", jeweils mit der Belegung „null" eröffnet. Diese Chargen – im Beispielfall (1,25 mm Weißblech, 1,25 mm verzinkt, 1,25 mm gebürstet) – bleiben immer zusammen; sie werden nicht separat disponiert. Daher werden diese Chargen im Folgenden nicht mehr separat ausgewiesen.

- Terminieren einer neuen Charge
  - Frühester Belegungstermin Stelle
  - [Frühester Beginntermin (Auftrag auf der vorhergehenden Stufe)]
  - Ab diesem Zeitpunkt Einplanen der Rüstzeit
  - Einplanen/Belegen Arbeitsvorgang mit Arbeitsvorgangdauer
  - Stelle belegt bis Endtermin Arbeitsvorgang
- Einordnen eines Arbeitsvorgangs in einer vorhandenen Charge:
  Einordnen von Arbeitsvorgang x in Charge der Kategorie Y:
  - Frühester Beginntermin in Charge = Endtermin letzter Arbeitsvorgang in Charge
  - Neu-Vorwärtsterminieren aller nachfolgenden Chargen/Arbeitsvorgänge ab diesem Endtermin:
    Termin = Termin + Arbeitsvorgangdauer x
- Bestimmen des Zeitpunkts der letzten Charge: Ab diesem Zeitpunkt gibt es ein Kapazitätsangebot.
  Fall 1: Kapazität reicht aus $\longrightarrow$ alle Kundenwunsch-/-auftragstermine können gehalten werden $\longrightarrow$ Auffüllen aus Auftragsbestand >16:00; $\longrightarrow$ Auffüllen
  Fall 2: Kapazität reicht nicht aus $\longrightarrow$ Nicht alle Kundenwunsch-/-auftragstermine können gehalten werden
    Fall 2a: Abgleich auf (Platinen-)Maschinen möglich
      – geeignete Kategorien vorhanden, bspw. nach aufsteigender Größe der auszulagernden Chargen und der Eignung der (Platinen-)Maschinen für diese Kategorie
      – Chargen mit niederer Priorität: Maximale Priorität in der Charge niedrig (Charge am Ende der Chargenbildung)
    Fall 2b: Abgleich auf (Platinen-)Maschinen unmöglich/Verzug:
      Einplanen auf (Coil-)Maschinen $\longrightarrow$ Zurückstellen (ein Umsortieren der Chargen bringt keinen zusätzlichen Puffer: Die Einlastung ist lückenlos über 16:00:00 hinaus)

b) (Platinen-)Maschinen

Die vor den (Platinen-)Maschinen bis 16:00:00 einzulastenden Kategorientöpfe (Kundenaufträge je Kategorie) sind bereits die einzuplanenden Chargen. Die Quellen sind:

- Kategorien(töpfe), die nur auf den (Platinen-)Maschinen gefertigt werden können,
- Kategorien(töpfe), die für die (Coil-)Maschinen zu klein sind,
- Kategorien(töpfe), die wegen Kapazitätsengpässen nicht auf die (Coil-)Maschinen eingeplant werden können. In diesem Fall werden nur Kundenaufträge bis zu einem maximalen Volumen übernommen.

Die beiden letzteren Kategorien(töpfe) werden nur übernommen, wenn die Kapazität ausreicht.

Einlasten der Chargen in der Reihenfolge der höchsten Kundenauftragspriorität in einer Charge:

- Terminieren der Charge/weiterer Chargen
  - Frühester Belegungstermin Stelle
  - [Frühester Beginntermin (Auftrag auf der vorhergehenden Stufe)]
  - Ab diesem Zeitpunkt Einplanen der Rüstzeit
  - Einplanen/Belegen Arbeitsvorgänge mit Arbeitsvorgangdauern
  - Stelle belegt bis Endtermin letzter Arbeitsvorgang
- Bestimmen des Zeitpunkts der letzten Charge: Ab diesem Zeitpunkt existiert ein Kapazitätsangebot

  Fall 1: Kapazität reicht aus ⟶ Auffüllen aus Auftragsbestand > 16:00; ⟶ Auffüllen

  Fall 2: Kapazität reicht nicht aus: Nicht alle Kundenwunsch-/-auftragsendtermine können gehalten werden. In diesem Fall können die Chargen nicht vollständig eingelastet werden: Ausweisen von Verzug ⟶ Zurückstellen

Schritt 2.2: Einlasten aller Kundenaufträge mit Priorität:
Kundenwunschtermin > TT:MM:JJ:16:00:00

a) (Coil-)Maschinen

Alle bisher eröffneten Chargen müssen bis 16:00:00 abgeschlossen sein. Also darf keine Charge so aufgefüllt werden, dass nachher mindestens eine Charge Verzug hat: Endtermin des letzten Arbeitsvorgangs der letzten Charge nach Auffüllen mit zusätzlichem Kundenauftrag > 16:00:00 ⟶ Zurücklegen des zusätzlichen Kundenauftrags ⟶ nächster Schritt

Gegebenenfalls besitzen manche der eingelasteten Chargen nicht die für die (Coil-) Maschinen geforderte Größe: Abprüfen der zu kleinen Chargen, die aber bis 16:00:00 fertig sein müssen. Welche der zu kleinen Chargen können mit Aufträgen > 16:00:00

„zeitnah" aufgefüllt werden? „Zeitnah auffüllen": Wir wollen bspw. „1,25 mm Weißblech" auffüllen

- Unter den nächsten (bspw.) zehn Kundenaufträgen ist kein 1,25 mm Weißblech. Das Vorziehen lohnt sich dann nicht; die Charge „1,25 mm Weißblech" wird bei den (Platinen-)Maschinen einsortiert.
- Unter den nächsten (bspw.) zehn Kundenaufträgen ist 1,25 mm Weißblech. Das Vorziehen lohnt sich. Es wird auf „Coilniveau" bzw. bis zur Erschöpfung des Auftragsvorrats/bis zur Kapazitätsgrenze der (Coil-)Maschinen aufgefüllt. Es sind keine weiteren zu kleinen Chargen mehr zu verlagern.

- Auslagern der Chargen, die nicht zeitnah aufgefüllt werden können, zu den (Platinen-)Maschinen, bis deren Kapazität bis 16:00:00 voll ausgelastet ist: Wenn (Coil-)Maschine bis 16:00:00 gefüllt ⟶ Belassen auf (Coil-)Maschine.
- Falls Kundenauftrag aus Auftragsbestand > 16:00:00 für Auffüllen zu groß ⟶ neue Charge mit Beginn nach 16:00:00.

b) (Platinen-)Maschinen

Bis hierher wurden alle a priori den (Platinen-)Maschinen zugeordneten Aufträge und alle von den (Coil-)Maschinen übernommenen Kundenaufträge als Charge eingeplant. Falls immer noch Kapazität verfügbar ist: Wir lasten alle geeigneten Kundenaufträge über alle möglichen Töpfe mit Kundenaufträgen später als 16:00:00 mit einem Umfang < Obergrenze je Kategorie bis zu einem gewissen Vorgriffshorizont ein (also auch Kundenaufträge mit (Coil-)Niveau).

Schritt 2.3: Bilden neuer Chargen nach 16:00:00

Wir bilden für den Zeitraum von 16:00:00 bis zum Ende des Vorgriffshorizonts y neue Chargen: Wiederhole Schritt 2.1 und Schritt 2.2.

Schritt 3: Synchronisieren zweier Stellen

Wir nehmen an, dass die Listen der (Endtermine der Kundenaufträge/Arbeitsvorgänge) zweier Stellen in einem vorzugebenden Zeitabschnitt (bspw. bis 16:00:00) eine nichtleere Querschnittsmenge von Kundenaufträgen enthalten. Die Durchführung dieser Querschnittsmenge ist zu synchronisieren. Wir nehmen weiter an, dass eine der beiden Stellen als „Führungsstelle" ausgezeichnet werden kann. Dann ist die Liste der Beginnzeitpunkte dieser Stelle, also das Ergebnis der Belegung der Stelle mit den Anfangsterminen der Arbeitsvorgänge, das Maß, nach dem synchronisiert werden soll. Wir gehen weiter davon aus, dass die zweite, nachgeordnet zu synchronisierende Stelle keinen „Bedarf" an die „Führungsstelle" anmeldet; beide Stellen seien auf derselben Rangstufe.

Wir teilen die Terminliste dieser zweiten Stelle in zwei Teilmengen:

1. die Kundenaufträge der Querschnittsmenge (Menge I),
2. die Kundenaufträge der Liste der zweiten Stelle, vermindert um die Kundenaufträge der Querschnittsmenge (Menge II).

Jetzt sind in einer Charge ggf. mehrere zu synchronisierende Kundenaufträge/Arbeitsvorgänge $\in$ Menge I. Außerdem unterscheiden sich die Chargen auf der Führungsstelle von den Chargen auf der zu synchronisierenden Stelle. Daher bietet sich für die zu synchronisierende Stelle die folgende Vorgehensweise an:

- Fortlaufend vom Beginn der Belegung bis 16:00:00:
  Wir nehmen Chargen mit (Kundenaufträge $\in$ Menge I) aus der Belegung. Wir erhalten eine zeitlich aufsteigende Reihenfolge von Chargen mit Aufträgen aus der Menge I.
- Fortlaufend vom Beginn der Belegung bis 16:00:00:
  Ausgehend von den Chargen mit den Aufträgen der Menge II fügen wir Chargen mit Aufträgen aus der Menge I an der Stelle in die Reihenfolge der Chargen aus der Menge II dort ein, wo gilt:
  Die Summe aus (Endtermin Kundenauftrag Führungsstelle – Endtermin Kundenauftrag zu synchronisierende Stelle) = min!

Schritt 4: Einlasten/Entlasten durch den Disponenten

Es wird nur Folgendes vorgesehen: Aus der Liste der Kundenaufträge sind gezielt Aufträge zu entnehmen und/oder andere Kundenaufträge einzufügen. Auch dann kann mit der geänderten Reihenfolge die Belegung wieder über den Algorithmus laufen.

Schritt 5: Terminabgleich/Terminweitergabe

Nach dem Durchlaufen der Schritte 1 bis 4 liegen auf der Stufe „Blech schneiden" – die wir bis jetzt beispielhaft betrachtet haben – für jeden Kundenauftrag/Arbeitsvorgang (aktualisierte) Beginn- und Endtermine vor. Wir geben diese Zeitpunkte an die im Ablauf nachgelagerten Stellen weiter (frühestmöglicher Beginn aus Sicht der vorhergehenden Stelle „Blech schneiden"). Damit muss bei der Belegung neben dem Zeitpunkt, zu dem eine Stelle erstmalig Kapazität zur Verfügung stellt, auch der Zeitpunkt, an dem die vorausgehende Stelle den Arbeitsumfang abschließt und der nachfolgenden Stelle bereitstellt, berücksichtigt werden – früher kann die nachfolgende Stelle nicht „loslegen". Beim „Blech schneiden" gehen wir davon aus, dass das Material „Blech/Coil/Platinenstapel" immer zur Verfügung steht. Falls das nicht so sein sollte, gelten auch für das „Blech schneiden" die folgenden Ausführungen von Schritt 6.

Schritt 6: Belegen nachfolgender Stellen

Wir berücksichtigen

- frühestmöglicher Belegungszeitpunkt Stelle,
- frühestmöglicher Belegungszeitpunkt Auftrag: Endtermin des Arbeitsvorgangs auf der vorhergehenden Stelle.

Wir erhalten als Vorschrift: Eröffnen einer Charge, wenn beim Abarbeiten der Kundenaufträge eines bestimmten Auftragshorizonts (bspw. 16:00:00) nach Priorität erstmals eine bestimmte Kategorie auftritt. Wir

- terminieren diese Charge auf den Endtermin des Vorgängerarbeitsvorgangs als Beginntermin der Charge,
- planen die Rüstzeit der Kategorie ein.

Einfügen weiterer Arbeitsvorgänge in einer bereits eröffneten Charge:

- Charge alt := Charge
- Charge neu := Charge ∪ neuer Kundenauftrag/Arbeitsvorgang
- Einsortieren des betrachteten Arbeitsvorgangs in die Arbeitsvorgänge der Charge nach aufsteigendem (Endtermin des Vorgängerarbeitsvorgangs), also nach aufsteigendem frühestmöglichen Beginnzeitpunkt
- Charge neu := Charge neu sortiert
- Vorwärtsterminierung der gesamten Charge ab dem ersten möglichen Beginntermin eines Arbeitsvorgangs dieser Charge
- Charge neu := Charge neu terminiert
- Falls Charge neu > erlaubte Charge $\longrightarrow$ Zurücklegen des Auftrags/Arbeitsgangs
  Charge neu := Charge alt, $\longrightarrow$ Eröffnen Charge
- Rückwärtsterminierung der gesamten Charge ab dem in der Vorwärtsterminierung bestimmten Endtermin des letzten Arbeitsvorgangs der Charge

Wir erhalten die spätestmachbaren Beginnzeitpunkte für die Arbeitsvorgänge der Charge. Dabei haben wir die Charge isoliert von den anderen Chargen/von der Belegungssituation der Stelle, ausschließlich aufgrund der Verfügbarkeit des Materials aus den vorhergehenden Stellen/Arbeitsvorgängen betrachtet. Sobald wir den Auftragsbestand des Auftragshorizonts abgearbeitet haben, folgt beginnend mit der ersten Verfügbarkeit der betrachteten Stelle: Vorwärtseinlasten aller Chargen nach dem Reihenfolgekriterium (frühester Beginntermin der Charge aus der Rückwärtsterminierung/Kundenauftragspriorität). Zu Beginn einer Charge wird eine Rüstzeit berücksichtigt.

Das Ergebnis ist eine Belegung, für die gilt:

- Möglicherweise wird die Schranke 16:00:00 überschritten.
- Möglicherweise sind Lücken in der Belegung (Abgleich: früheste Belegung nach Stelle/nach Vorgängerarbeitsgang).

Falls kein Verzug: Wir können wieder an beliebiger Stelle auffüllen
Falls Verzug: Zur Vermeidung von weiterem Verzug ist gezielt in vorhandene Lücken aufzufüllen (von „Stelle frei" bis „Charge beginnt nach Rückwärtsterminierung")

Schritt 7: Wartung des Kapazitätsangebots

Das Kapazitätsangebot ist nach einer Einlastung/Entlastung entsprechend zu aktualisieren:

Angebot neu = Angebot alt $\pm$ betrachteter Arbeitsvorgang

Schritt 8: Abschließende Tätigkeiten

Je nach Art der Implementierung sind Kennzeichen wie „Kante in Arbeit", „Kante verspätet", „Kante zurückgestellt" zu führen.

Rückmelden

- Istendetermin eines Arbeitsvorgangs//stündlich
- Istkapazitätsangebot einer Stelle stündlich

2.2.4.2 Überführungsfunktion: Einstellen eines optimalen Zustands

Wir stellen für ein einzelnes Arbeitsmittel, bspw. eine einzelne Platinenmaschine aus Abschn. 2.2.4.1, den über der Zeit optimalen Betriebszustand her. Dazu ist auf jeden neu ankommenden Kundenauftrag sofort zu reagieren; also kann die Durchführungsreihenfolge mit jedem Ankunftsereignis geändert werden. Anders als in Abschn. 2.2.4.1 sei das Kapazitätsangebot abhängig von den zu erledigenden Kundenaufträgen variabel. Bei geringer Nachfrage kann die Maschine vollständig abgeschaltet werden (Schlafzustand), bei hoher Nachfrage die Arbeitsgeschwindigkeit (bspw. durch Wahl eines anderen Schichtmodells) auf ein Mehrfaches der Normalkapazität gesteigert werden (Geschwindigkeitsskalierungsproblem; siehe bspw. [BBDM00, RSSR01]). Lücken in der Belegung ohne Abschaltmöglichkeit sind soweit als möglich zu vermeiden. Wir suchen die Lösung mit dem kostenminimalen Gesamtfaktoreinsatz.

Offline-Algorithmus

Wir definieren das *Geschwindigkeitsskalierungsproblem* zunächst *ohne Schlafzustand*; ein Gebrauchsfaktor kann Jobs mit unterschiedlichen Geschwindigkeiten durchführen. Die

Einsatzrate des Gebrauchsfaktors ist eine Funktion $c(v)$ der Geschwindigkeit, mit der er betrieben bzw. der betreffende Job durchgeführt wird. Der Input besteht aus einer Menge J von Jobs. Jeder Job j besitzt eine Freigabezeitpunkt f_j und einen Fertigstellungszeitpunkt b_j. Wir bezeichnen die Zeitspanne $[f_j, b_j]$ als Durchführungsintervall von j. c_j^* sei die Anzahl von Faktoreinheiten, die zur Durchführung des Jobs benötigt wird. Ein Plan ist ein Tupel $\boldsymbol{S} = (v, job)$ von Funktionen, die über dem Zeitraum $[t_0, t_1]$ definiert sind; sinnvollerweise verwenden wir als t_0 den ersten Freigabezeitpunkt und als t_1 den letzten Fertigstellungszeitpunkt. Zusätzlich zeigt v_t die Durchführungsgeschwindigkeit des Gebrauchsfaktors als Funktion der Zeit an, job_t gibt an, welcher Job zu einem bestimmten Zeitpunkt t durchgeführt wird. Falls zu einem Zeitpunkt t kein Job durchgeführt wird, gilt $job_t = 0$. Ein Plan ist zulässig und durchführbar, wenn alle Jobs im Durchführungsintervall durchgeführt und abgeschlossen werden können. Damit gilt für alle Jobs j als Bedingung für die Durchführung $\int_{f_j}^{b_j} v_t \cdot \delta(job_t, j) \mathrm{d}t = c_j^*$ mit $\delta_{t,j} = 1$, falls $t = j$ und 0 andernfalls. Der Gesamtfaktoreinsatz eines Plans $\boldsymbol{S}$ ist abhängig von der jeweiligen Einsatzrate bzw. der jeweiligen Durchführungsgeschwindigkeit: $arb(\boldsymbol{S}) = \int_{t_0}^{t_1} c(v_t) \mathrm{d}t$. Für jede Probleminstanz ist ein zulässiger Plan zu finden, der $arb(\boldsymbol{S})$ minimiert.

Im *Geschwindigkeitsskalierungsproblem mit Schlafzustand* befindet sich der Gebrauchsfaktor in einem der beiden Zustände „angeschaltet" oder „schlafend". Ein Plan $\boldsymbol{S}$ besteht hier aus einem Tripel $\boldsymbol{S} = (v, \varphi_t, job)$; dabei zeigt φ_t über $[t_0, t_1]$ den augenblicklichen Zustand des Gebrauchsfaktors als Funktion der Zeit t an. Die Bedingungen für einen durchführbaren Plan sind dieselben wie im Problem ohne Schlafzustand, mit der zusätzlichen Bedingung „falls φ_t = schlafend, dann $v_t = 0$". Der Faktorverbrauch wird jetzt durch eine Funktion $c(v, \varphi)$ definiert; dabei ist φ der Zustand und v eine nichtnegative reelle Zahl zur Angabe der Durchführungsgeschwindigkeit des Gebrauchsfaktors. Die Faktoreinsatzfunktion definieren wir wie folgt: $c(v, \varphi) = c(v)$, falls φ = angeschaltet; 0, falls φ = schlafend. Dabei ist $c(v)$ eine konvexe Funktion. Wir normalisieren alle Werte; damit kostet der Übergang vom „Schlafend"- zum „Angeschaltet"-Zustand den Gebrauchsfaktor eine Faktoreinheit. Dieser Wert $c(0)$ ist die Faktorverbrauchsrate, wenn der Gebrauchsfaktor im Zustand „angeschaltet" nicht beschäftigt ist (Durchführungsgeschwindigkeit „0"). Durchgehend gilt $c(0) > 0$. Ohne diese Annahme zieht der Gebrauchsfaktor aus dem „Schlafend"-Zustand keinen Nutzen; das Problem reduziert sich auf ein dynamisches Geschwindigkeitsskalierungsproblem ohne Schlafzustand. Der Faktorverbrauch von $c(0)$ fällt auf 0, wenn der Gebrauchsfaktor in den Schlafzustand wechselt. Es sei k die Anzahl der Zustandswechsel, mit denen ein Gebrauchsfaktor vom Schlafzustand in den Zustand „angeschaltet" wechselt. Dann erhalten wir für den Faktoreinsatz von $\boldsymbol{S}$: $arb(\boldsymbol{S}) = k + \int_{t_0}^{t_1} c(v_t, \varphi_t) \mathrm{d}t$. Wir heißen den Gebrauchsfaktor „aktiv", wenn er einen Job durchführt. Ein Gebrauchsfaktor, der nicht beschäftigt ist, kann entweder im Schlaf- oder im Angeschaltet-Zustand sein. Wenn er „aktiv" ist, dann muss er angeschaltet sein.

Wir entwerfen Algorithmen für das Geschwindigkeitsskalierungsproblem mit der Möglichkeit eines Schlafzustands (ohne Schlaf: GSNS; mit Schlaf: GSS). Im ersten Problem sind die Stillstandszeiten als Teil der Eingabe gegeben, während sie im GSS-Fall Ergebnis des Steuerungsalgorithmus sind, der entscheidet, wann und wie schnell ein Job durchgeführt wird. Im GSNS-Problem ist es wegen der Konvexität der Produktionsfunktion immer sinnvoll, einen Job in den Schranken von Freigabe- und Fertigstellungszeitpunkt so langsam wie möglich durchzuführen. Im Gegensatz dazu kann es im GSS-Problem sogar sinnvoll sein, einen Job schneller durchzuführen, um eine Zeitspanne mit Stillstand zu erzeugen, in der der Gebrauchsfaktor schlafen kann.

Im Fall GSNS verändert sich der optimale Plan nicht, wenn wir anstelle von $c(v)$ die Faktoreinsatzfunktion $c(v) - c$ mit einer beliebigen Konstanten c verwenden. Damit können wir im GSNS-Fall $c(0) = 0$ annehmen; bei Geschwindigkeit 0 entsteht kein Faktoreinsatz. Wir lassen für die Jobs Unterbrechungen zu. Falls ein zulässiger Plan existiert, der die Arbeitsgeschwindigkeit v_t verwendet, dann wird diese Geschwindigkeit in Kombination mit einer „Frühester Fertigstellungszeitpunkt zuerst"-Strategie für die Einplanung der Jobs zu einem machbaren Plan führen [ISGU07]. Zur Herleitung eines Offline-Algorithmus betrachten wir das GSS-Problem für einen einzelnen isolierten Job. Der Gebrauchsfaktor wird angeschaltet, um mit der Durchführung des Jobs zu beginnen und nach der Beendigung des Jobs in den Schlafzustand zu wechseln, unabhängig davon, wann und wie schnell wir den Job durchführen. Demnach können wir in diesem Fall die Übergangskosten bei der Suche nach einer optimalen Strategie vernachlässigen. Wenn der Job mit einer konstanten Geschwindigkeit v durchgeführt wird, dann wird ein Faktoreinsatz von $c(v)$ über eine Zeitspanne c^*/v benötigt. Also ist die optimale Geschwindigkeit für die Durchführung des Jobs diejenige, die $c(v) \cdot c^*/v$ minimiert. Diese Geschwindigkeit heißt „kritisch"; wir bezeichnen sie mit v_{krit}. Die kritische Geschwindigkeit ist unabhängig vom Faktorbedarf des Jobs.

Wir betrachten die für uns relevante Funktion $c(v)/v$ mit der Ableitung $(vc'(v) - c(v))/v^2$. Der Nenner ist positiv für jedes $v > 0$. Also fokussieren wir auf den Zähler $vc'(v) - c(v)$, den wir zur einfacheren Schreibweise mit $F(v)$ bezeichnen. Die Ableitung von $F(v)$ ist $vc''(v)$. Da wir c als konvex vorausgesetzt haben, ist damit $F(v)$ eine nicht abnehmende Funktion. Aus $v = 0$ folgt $F(v) = -c(0)$. Mit unserer Annahme $c(0) < 0$. Dann haben wir zwei Möglichkeiten. Die erste ist, dass die Funktion $F(v)$ niemals 0 für jedes $v \geq 0$ erreicht. Der interessante Fall ist aber der zweite, in dem $F(v)$ tatsächlich den Wert „null" erreicht. Wir vereinbaren die kritische Geschwindigkeit als die kleinste Geschwindigkeit $v > 0$ mit $F(v) = 0$, also das kleinste v mit $\mathrm{d}\,(c(v))/\mathrm{d}\,v = 0$. Weil $F(v)$ nichtfallend ist, ist es auch nichtnegativ für jedes $v \geq v_{\text{krit}}$. Daher ist die Ableitung von $c(v)/v$ nichtnegativ für jedes $v > v_{\text{krit}}$ und wir erhalten: Wenn die kritische Geschwindigkeit für $c(v)$ wohldefiniert ist, dann gilt $(c(v_{\text{krit}}))/v_{\text{krit}} \leq c(v_1)/v_1 \leq c(v_2)/v_2$ für jedes $v_{\text{krit}} \leq v_1 \leq v_2$.

Planen schneller Jobs

Ein *Partialplan* $\boldsymbol{P}$ ist eine Spezifikation der Funktionen (v, job) im Fall GSNS und (v, φ, job) im Fall GSS, vereinbart über eine endliche Menge von Zeitabschnitten. Wir betrachten ausschließlich Partialpläne mit der Eigenschaft, dass innerhalb der definierten

Teilmengen von j und *job* entweder keine oder die ganze Arbeit für einen Job geleistet wird. Ein Partialplan $\boldsymbol{P}'$ ist eine *Ausdehnung* eines Partialplans $\boldsymbol{P}$, wenn die Zeitintervalle, über denen $\boldsymbol{P}'$ spezifiziert ist, alle Zeitintervalle abdecken, über denen $\boldsymbol{P}$ spezifiziert ist. Eine Ausdehnung eines Partialplans $\boldsymbol{P}$ heißt *optimal*, wenn sie vollständig ist und die minimalen Kosten von allen Ausdehnungen von $\boldsymbol{P}$ besitzt.

Der optimale Offline-Algorithmus für das GSNS-Problem pflegt solche Partialpläne, in denen die Teilmenge J' aus Jobs besteht, die für eine Menge von Zeitintervallen I geplant werden. Diese Zeitintervalle werden ausgeblendet; der Gebrauchsfaktor wird in diesen Zeitintervallen ausschließlich für Jobs in J' reserviert. In einer gegebenen Iteration wird eine Teilmenge der verbleibenden Jobs ausgewählt. Der laufende Plan wird derart ausgedehnt, dass alle Jobs in dieser Teilmenge mit derselben konstanten Geschwindigkeit durchgeführt werden. Die Zeitintervalle, die zur Durchführung dieser Jobs verwendet werden, werden dann ausgeblendet, die neu geplanten Jobs werden in J' ergänzt und alle verbleibenden Jobs müssen während der verbleibenden nicht ausgeblendeten Zeit durchgeführt werden.

Der optimale Algorithmus für das GSNS-Problem (siehe [YDSH95] und Bd. 4, Abschn. 3.1.1) ordnet einen Job j einem Intervall $[z, z']$ zu, wenn $[f_j, b_j] \subseteq [z, z']$ gilt. Für jedes Intervall $[z, z']$ bezeichne $l[z, z']$ die Länge der Intervalle abzüglich der Zeitinterval le, in denen der Gebrauchsfaktor bereits ausgeblendet wurde. Wir definieren die Durchführungsgeschwindigkeit im Zeitintervall $[z, z']$ mit $v(z, z') = \sum_{j,\ \text{sodass}\ [f_j, b_j] \subseteq [z, z']} c_j / (l(z, z'))$. Eine Iteration des optimalen GSNS-Algorithmus setzt mit der Auswahl eines Intervalls $[z, z']$ mit maximaler Durchführungsgeschwindigkeit fort. Alle in $[z, z']$ enthaltenen Jobs werden mit einer Durchführungsgeschwindigkeit von $v(z, z')$ in der Reihenfolge der frühesten Fertigstellungszeitpunkte geplant. Dann wird das Intervall $[z, z']$ ausgeblendet.

Optimaler Algorithmus GSNS/Durchführungskosten minimal

[Solange gilt: J ist eine nicht leere Menge
 (Es sei $[z, z']$ das Intervall mit maximaler Durchführungsgeschwindigkeit.
  Es sei J' die Menge der Jobs aus J, die in $[z, z']$ enthalten sind.
  Definiere $v(t)$ und *job*(t) für alle $t \in [z, z']$, die noch nicht in einem ausgeblendeten Intervall enthalten sind, anhand einer Planung aller Jobs in J' nach frühesten Fertigstellungszeitpunkten mit einer Durchführungsgeschwindigkeit von $[v, z']$.)
Blende das Intervall $[z, z']$ aus.
Entferne alle Jobs in J' aus J.
Foreach $j \in J$
 (**if** $f_j \in [z, z']$ **then** $f_j \leftarrow z'$.
 if $b_j \in [z, z']$ **then** $b_j \leftarrow z$.)]

Die geplanten Jobs werden dann aus der Menge der verbleibenden Jobs entfernt. Der Algorithmus iteriert in dieser Form, bis alle Jobs geplant sind. Zu jedem Zeitpunkt gilt mit dem bisher erzeugten Plan, dass $v(z, z')$ eine untere Grenze für die Durchschnittsgeschwindigkeit im Intervall $[z, z']$ ist. Der Beweis für die Optimalität enthält den Nachweis, dass für das Intervall $[z, z']$ mit maximaler Geschwindigkeit gilt, dass der optimale Plan die in $[z, z']$ enthaltenen Jobs mit einer Durchführungsgeschwindigkeit von genau $v(z, z')$ durchführt (siehe Bd. 4, Abschn. 3.1.1). Wir nehmen an, dass der Algorithmus r-mal iteriert. Es sei $I_1, I_2, I_3, \ldots I_r$ die Sequenz der im Lauf des Algorithmus ausgeblendeten Intervalle. Es sei $v(I_k)$ die kritische Durchführungsgeschwindigkeit von I_k zu dem Zeitpunkt, an dem dieses Intervall ausgeblendet wird, und $\boldsymbol{S_k}$ die Menge der Jobs, die in I_k zum Zeitpunkt des Ausblendens enthalten sind. Wenn wir die Reihenfolge betrachten, in der die Jobs geplant werden, dann ist offensichtlich, dass sie mit immer kleinerer Durchführungsgeschwindigkeit laufen. Wir nutzen den Algorithmus, bis die geplante Durchführungsgeschwindigkeit unter v_{krit} fällt.

Beispiel 2.70

Planen schneller Jobs ohne Schlafzustand

Job j	d_j	f_j	b_j	x_j	y_j	v_j
1	10	20	35	27,941	35	1,4166
2	6	15	20	15	19	1,5
3	3	10	11	10	11	3
4	1	0	3	0	0,6	1,6666
5	4	0	3	0,6	3	1,6666
6	8	19	23	19	23	2
7	7	17	28	23	27,941	1,4166
8	4	4	9			

Job 8 ist ein langsamer Job. ◄

Planen langsamer Jobs

In den bis jetzt ausgeblendeten Zeitintervallen läuft der Gebrauchsfaktor mindestens mit v_{krit}; es tritt kein Zeitintervall auf, in dem der Gebrauchsfaktor leer steht.

Wenn wir für die jetzt noch einzuplanenden langsamen Jobs den Fall GSNS ohne Schlafzustand betrachten, dann lassen sich die langsamen Jobs j im Intervall $[f_j, b_j]$ mit $v_j \leq v_{\text{krit}}$ einplanen. Dies ist in Beispiel 2.70 für Job 8 das Intervall von Zeitpunkt 4 bis Zeitpunkt 9. Wenn wir v_{krit} verwenden, müssen wir spätestens zum Zeitpunkt 5 mit der Durchführung beginnen.

Interessanter ist der Fall GSS. Hier verwenden wir für die schnellen Jobs den oben skizzierten Algorithmus. Und dann stellt sich die Frage, ob und wann wir den Gebrauchsfaktor komplett abschalten (Schlafzustand) und welche Bedingungen erfüllt sein müssen, um ihn wieder anzuschalten. Wir entscheiden uns, zunächst alle „langsamen Jobs" mit der Geschwindigkeit v_{krit} einzuplanen. Dann hat jeder mögliche und machbare Plan denselben Betrag an Zeitabschnitten, in denen der Gebrauchsfaktor tätig bzw. untätig ist. Wenn alle diese Intervalle mit einer möglichen Untätigkeit festgelegt sind, dann muss für ein jedes dieser Intervalle entschieden werden, ob der Gebrauchsfaktor in den Schlafzustand wechselt (abhängig davon, ob das betrachtete Intervall eine Länge von mindestens $1/v(0)$ besitzt). Selbstverständlich wäre es dann besser, wenige und dafür längere Untätigkeitsphasen zu haben (anstatt vieler, aber kleinerer Intervalle der Untätigkeit), denn dann könnten wir mit weniger Wiederanläufen die Kosten senken. Und dann können wir die Performanz des Algorithmus weiter verbessern, indem wir die Methode lediglich zur Feststellung nutzen, wann sich der Gebrauchsfaktor im Schlafzustand befindet und dann den Algorithmus für die Planung schneller Jobs mit allen ausgeblendeten Schlafintervallen nochmals laufen lassen. Das würde dem Algorithmus erlauben, Untätigkeitsintervalle zu nutzen, die für den Übergang in den Schlafzustand zu kurz sind; bestimmte Jobs würden dann langsamer laufen und so den Faktoreinsatz reduzieren.

Ein Job heißt „offen" zum Zeitpunkt t, wenn sein Freigabezeitpunkt erreicht, der Job aber noch nicht beendet wurde. Alle Jobs werden mit der Geschwindigkeit v_{krit} durchgeführt. Wir nehmen an, dass sich der Gebrauchsfaktor im „Angeschaltet"-Zustand befindet, wenn der erste Job eintrifft. Falls t_0 der erste Freigabezeitpunkt ist, startet der Gebrauchsfaktor mit der Durchführung des Jobs, der unter all denen, die zum Zeitpunkt t_0 eintreffen, den frühesten Fertigstellungszeitpunkt besitzt. Solange der Gebrauchsfaktor „aktiv" ist, bleibt er aktiv und führt solange Jobs durch, bis keine Jobs mehr durchzuführen sind. Wenn er untätig wird („Stillstand"), bleibt er solange wie möglich untätig – bis er aufwachen muss, um alle Jobs bis (spätestens) zu ihrem Fertigstellungszeitpunkt mit Durchführungsgeschwindigkeit v_{krit} fertigzustellen.

Algorithmus Vorwärtsfestlegung von Untätigkeitsintervallen

[Plane die Durchführung der bisher terminierten Jobs.

Unterbreche die Vorwärtseinplanung, wenn zum aktuellen Zeitpunkt t eines der folgenden Ereignisse eintritt:

if zum aktuellen Zeitpunkt t ein neuer Job eintrifft,
then (**if** der Gebrauchsfaktor aktuell einen Job durchführt,
  then führe den Job mit dem frühesten Fertigstellungszeitpunkt aus.
  if der Gebrauchsfaktor aktuell keinen Job durchführt, **then** berechne den Zeitpunkt des Aufweckens.)
if der Gebrauchsfaktor zum Zeitpunkt t einen Job beendet,
then (**if** offene Jobs existieren,
  then führe den offenen Job mit dem frühesten Fertigstellungszeitpunkt durch.
  if keine offenen Jobs existieren, **then** berechne den Zeitpunkt des Aufweckens.)
if der Zeitpunkt des Aufweckens mit dem Zeitpunkt t erreicht ist,
then führe den offenen Job mit dem frühesten Fertigstellungszeitpunkt durch.
if mit dem Zeitpunkt t der Beginn eines bereits geplanten Intervalls erreicht wird,
then führe die für dieses Intervall geplanten schnellen Jobs durch.

if mit dem Zeitpunkt t das Ende eines bereits geplanten Intervalls erreicht wird,
then (**if** offene Jobs existieren, **then** führe den offenen Job mit dem frühesten Fertigstellungszeitpunkt aus.
if offene Jobs existieren, **then** berechne den Zeitpunkt des Aufweckens)]

Algorithmus Berechnen des Zeitpunkts des Aufweckens
[Ordne alle Jobs in $J - J_{\text{schnell}}$ nach aufsteigenden Fertigstellungszeitpunkten, erhalte $t \leq b_1 \leq \ldots \leq b_k$.
Foreach $j \in \{1, \ldots, k\}$ gilt: $t_j \leftarrow b_j - (\sum_{j=1}^{k} c_j^* / v_{\text{krit}})$;
$t_w \leftarrow \min_j t_j$;
Aufweckzeitpunkt $\leftarrow t_w$]

Beispiel 2.71

Offline-Planen langsamer Jobs mit Schlafzustand

Wir betrachten das Intervall von Zeitpunkt 3 bis Zeitpunkt 10, um die Frage zu entscheiden, ob wir den Gebrauchsfaktor bei einer ausreichenden Intervalllänge mit Untätigkeit in den Schlafzustand versetzen können. Falls $f_8 > 3, b_8 > 10$, dann gilt $f_8 = 3, b_8 = 10$. Hier gilt unverändert $f_8 = 4, b_8 = 9$ mit $d_8 = 4$. Weil der Gebrauchsfaktor zum Zeitpunkt 4 untätig ist, verschieben wir Job 8 auf den Zeitpunkt 5 und prüfen, ob der Gebrauchsfaktor vom Zeitpunkt 3 bis zum Zeitpunkt 5 in den Schlafzustand zu versetzen ist. d_j hat hier mehr den Charakter eines Kapazitätsbedarfs als den einer festen Durchführungsdauer. ◄

Online-Algorithmus

J sei eine Menge von Jobs, J' eine Untermenge von J. Wir skizzieren für das dynamische GSS-Problem einen Online-Algorithmus GUTENBERG (siehe Bd. 4, Abschn. 3.1.2, Variabler Faktoreinsatz), der einen Online-Algorithmus A für das dynamische GSNS-Problem mit den folgenden beiden Eigenschaften voraussetzt:

Ein Online-Algorithmus A für das GSNS-Problem heißt *additiv*, wenn für jedes t gilt: $v_{\text{A},J'} \leq v_{\text{A},J}$. Die Menge der an A übergebenen Jobs ist eine Untermenge aller Jobs der Instanz. Dann induziert ein additiver Algorithmus auf dieser Untermenge von Jobs höchstens die Geschwindigkeit, die der Algorithmus auf der Gesamtmenge der Jobs induziert [ISGU07].

Ein Online-Algorithmus A heißt *monoton*, wenn die einzigen Zeitpunkte, zu denen der Algorithmus seine Geschwindigkeit erhöht, diejenigen sind, zu denen ein neuer Job freigegeben wird. Damit hat ein Online-Algorithmus immer einen Plan, wie schnell er die Menge der bisher freigegebenen, aber noch nicht abgeschlossenen Jobs durchführt; das ist genau die Geschwindigkeit, die der Algorithmus einsetzt, wenn keine zusätzlichen Jobs eintreffen. Wenn Monotonie gegeben ist, enthält dieser Plan keine Geschwindigkeitserhöhung. Wir rufen nur dann den Algorithmus A für das GSNS-Problem auf, wenn die aktuelle Menge nicht fertiggestellter Jobs nicht mit einer bestimmten Geschwindigkeit v zu den gegebenen Fertigstellungszeitpunkten beendet werden kann. In diesem Fall ist sicherzustellen, dass Algorithmus A mit einer Geschwindigkeit $v_A(t, J) \geq v$ läuft – eine kleinere Geschwindigkeit würde eine Erhöhung der Geschwindigkeit zu einem späteren Zeitpunkt bedeuten.

GUTENBERG verwendet als Online-Algorithmus A für das GSNS-Problem die Vorgehensweise des monotonen und additiven *AVR*-Algorithmus [YDSH95].

GUTENBERG läuft in den beiden Betriebsweisen „schnell" und „langsam". Der Algorithmus befindet sich in der langsamen Betriebsweise dann und nur dann, wenn es möglich ist, alle offenen Jobs mit der Geschwindigkeit v_{krit} zu ihrem jeweiligen Fertigstellungszeitpunkt abzuschließen. Wenn ein Job eintrifft und GUTENBERG im Zustand „schnell" läuft oder wenn die Freigabe eines neuen Jobs den Übergang zur schnellen Betriebsweise verursacht, dann wird dieser Job in die Menge J_{fast} eingeordnet. Sobald GUTENBERG zur langsamen Betriebsweise zurückkehrt, gilt $J_{\text{fast}} \leftarrow \emptyset$. GUTENBERG pflegt die beiden Geschwindigkeitsfunktionen $v_{\text{slow}}(t)$ und $v_{\text{fast}}(t)$; die Geschwindigkeit zur aktuellen Zeit t ist immer $v_{\text{fast}}(t) + v_{\text{slow}}(t)$ mit $v_{\text{fast}}(t) = v(t, J_{\text{fast}})$. Weil nur dann Jobs zu J_{fast} hinzugefügt werden, wenn GUTENBERG im Zustand „schnell" ist und J_{fast} auf die leere Menge gesetzt wird, wenn GUTENBERG in den Zustand „langsam" schaltet, gilt $v_{\text{fast}}(t) = 0$ im Zustand „langsam". v_{slow} ist stets v_{krit} oder 0. Es ist zu spezifizieren, wann $v_{\text{slow}}(t) = v_{\text{krit}}$ und wann $v_{\text{slow}} = 0$ ist. GUTENBERG pflegt einen aktuellen Plan für $v_{\text{slow}}(t)$ und ändert den Plan nur, wenn eines der drei Ereignisse eintritt:

1. Ein neuer Job trifft ein und Gutenberg bleibt in der langsamen Betriebsweise.
2. Gutenberg wechselt von der schnellen in die langsame Betriebsweise.
3. Ein neuer Job trifft bei Untätigkeit ein; er zwingt Gutenberg, auf die Betriebsweise „schnell" zu wechseln.

In jedem Fall wird $v_{\text{slow}}(t)$ wie folgt gesetzt: t_{akt} bezeichne den aktuellen Zeitpunkt. Wenn der Gebrauchsfaktor aktuell aktiv ist oder gerade aktiv wird, dann ist t_{start} der aktuelle Zeitpunkt. Wenn der Gebrauchsfaktor leer steht, dann ist t_{start} der späteste Zeitpunkt derart, dass, falls alle offenen Jobs mit der Geschwindigkeit v_{krit} laufen und zum Zeitpunkt t starten, diese Jobs zu ihren Fertigstellungszeitpunkten beendet werden. Es bezeichne c^* den verbleibenden Faktorbedarf aller offenen Jobs, die nicht in J_{fast} sind: $v_{\text{slow}}(t) = v_{\text{krit}}$, wenn $t_{\text{start}} \leq t \leq c^*/v_{\text{krit}} + t_{\text{start}}$; $v_{\text{slow}}(t) = 0$, wenn $t > c^*/v_{\text{krit}} + t_{\text{start}}$ oder $t_{\text{akt}} \leq t \leq t_{\text{start}}$. Wir definieren einen Überschuss E zum Zeitpunkt t für die Festlegung, wann GUTENBERG von der schnellen zur langsamen Betriebsweise umschaltet. Das ist der gesamte Faktorbedarf, der mit einer Geschwindigkeit v_{krit} nicht bis zum Fertigstellungszeitpunkt bewältigt werden kann. Im Zustand „langsam" muss immer dann, wenn ein neuer Job eintrifft, abgeprüft werden, ob der Überschuss zum Zeitpunkt t null ist oder ob ein Umschalten in den Zustand „schnell" erforderlich wird. Falls GUTENBERG zur schnellen Betriebsweise wechselt, wird ein „Slow-down-Zeitpunkt" als frühester Zeitpunkt berechnet, zu dem unter der Voraussetzung, dass kein neuer Job eintrifft, zur langsamen Betriebsweise zurückgeschaltet werden kann. Das ist der kleinste Wert t_v, sodass $\int_{t_{\text{akt}}}^{t_v} (v_{\text{fast}}(t) + v_{\text{slow}}(t) - v_{\text{krit}})\mathrm{d}\,t \geq$ Überschuss zum aktuellen Zeitpunkt.

Wenn der Gebrauchsfaktor untätig wird, dann aktualisiert GUTENBERG den Aufweckzeitpunkt t_w; das ist der späteste Zeitpunkt derart, dass alle Jobs mit der Geschwindigkeit v_{krit} beendet werden können, wenn der Gebrauchsfaktor zum Zeitpunkt t_w aufwacht. Falls ein neuer Job eintrifft, muss GUTENBERG das Aufwecken ggf. auf einen früheren Zeitpunkt verschieben. Ist der neue Job nur groß genug, dann muss sofort geweckt und in die aktuelle Betriebsweise gewechselt werden.

Wenn der Gebrauchsfaktor untätig wird, dann schaltet GUTENBERG bei einer Mindestgröße der Untätigkeitsphase von $1/c(0)$ in den Schlafzustand. GUTENBERG stellt die Durchführung eines Jobs bis zum spätestmöglichen Zeitpunkt zurück, von dem ab noch eine Durchführung aller offenen Jobs mit der Geschwindigkeit v_{krit} möglich ist. Alle Jobs werden nach der Strategie „Frühe Zeitpunkte zuerst“ eingeplant.

Algorithmus GUTENBERG: Bestimmen der Durchführungsgeschwindigkeit nach Gutenberg

[**if** ein neuer Job j eintrifft,

then (**if** sich der Gebrauchsfaktor im Zustand „schnell“ befindet,

then ($J_{\text{fast}} \leftarrow J_{\text{fast}} \cup \{j\}$;

if $t > t_{\text{akt}}$, **then** $v_{\text{fast}}(t) = v(t, J_{\text{fast}})$;

[*Bestimmen des Zeitpunkts „Rückkehr zur langsamen Betriebsweise“*

Berechnen des Überschusses E zum aktuellen Zeitpunkt:

Setzen des Zeitpunkts für das Umschalten auf „langsam“ auf den

minimalen Wert von t_v, der $\int_t^{t_v} (v_{\text{fast}}(t) + v_{\text{slow}}(t) - v_{\text{krit}}) \geq E$ genügt]))

(**if** sich der Gebrauchsfaktor im Zustand „langsam“ befindet,

then (**if** die offenen Jobs mit der Geschwindigkeit v_{krit} durchgeführt werden können,

then (**if** der Gebrauchsfaktor untätig ist,

then [*Bestimmen des Aufweckzeitpunkts*

Ordne alle offenen Jobs nach aufsteigendem Fertigstellungszeitpunkt b_j.

Erhalte $t \leq b_1 \leq b_2 \leq \ldots \leq b_k$.

foreach $j \in \{1, \ldots, k\}$: $t_j \leftarrow b_j - \sum_{j=1}^{k} c_j^* / v_{\text{krit}}$; $t_w \leftarrow \min_j (t_j)$;

Aufweckzeitpunkt $\leftarrow t_w$])

[*Aktualisieren der langsamen Betriebsweise*
$c^* \leftarrow$ Summe der Durchführungsdauern der offenen Jobs, die nicht in J_{fast} enthalten sind
if der Gebrauchsfaktor untätig ist, **then** $t_{\text{start}} \leftarrow$ Aufweckzeitpunkt;
if der Gebrauchsfaktor tätig ist, **then** $t_{\text{start}} \leftarrow t_{\text{akt}}$;
if $t_{\text{start}} \leq t \leq t_{\text{start}} + c^*/v_{\text{krit}}$, **then** $v_{\text{slow}}(t) = v_{\text{krit}}$;
if $t > t_{\text{start}} + c^*/v_{\text{krit}}$ und $t_{\text{akt}} < t_{\text{start}}$ **then**: $v_{\text{slow}}(t) = 0$])

(**if** die offenen Jobs nicht mit der Geschwindigkeit v_{krit} durchgeführt werden können,
then (Umschalten auf „schnell";
$J_{\text{fast}} \leftarrow \{j\}$
if $t > t_{\text{akt}}$, **then** $v_{\text{fast}} = v(t, J_{\text{fast}})$;
if der Gebrauchsfaktor untätig ist,
then setze den Aufweckzeitpunkt t_w auf den aktuellen Zeitpunkt t_{akt};
[*Aktualisieren der langsamen Betriebsweise*
$c^* \leftarrow$ Summe der Durchführungsdauern der offenen Jobs, die nicht in J_{fast} enthalten sind
if der Gebrauchsfaktor untätig ist, **then** $t_{\text{start}} \leftarrow$ Aufweckzeitpunkt,
if der Gebrauchsfaktor tätig ist, **then** $t_{\text{start}} \leftarrow t_{\text{akt}}$;
if $t_{\text{start}} \leq t \leq t_{\text{start}} + c^*/v_{\text{krit}}$, **then** $v_{\text{slow}}(t) = v_{\text{krit}}$;
if $t > t_{\text{start}} + c^*/v_{\text{krit}}$ und $t_{\text{akt}} < t_{\text{start}}$ **then**: $v_{\text{slow}}(t) = 0$]
[Bestimmen des Zeitpunkts „Rückkehr zur langsamen Betriebsweise"
Berechnen des Überschusses E zum aktuellen Zeitpunkt:
Setzen des Zeitpunkts für das Umschalten auf „langsam" auf den minimalen Wert von t_v, der $\int_t^{t_v} (v_{\text{fast}}(t) + v_{\text{slow}}(t) - v_{\text{krit}}) \geq E$ genügt]

[**if** der Gebrauchsfaktor einen Job beendet,
then if es keine offenen Jobs gibt, **then** setze die Zeit auf $1/c(0)$].
if der Aufweckzeitpunkt erreicht ist,
then (**if** der Gebrauchsfaktor im Schlafzustand ist,
then Umschalten auf Angeschaltet-Zustand;
Beginne mit der Durchführung des offenen Jobs mit dem kleinsten b_j;
Löschen des kleinsten Zeitpunkts b_j)
if die Liste der offenen Jobs mit b_j leer ist,
then Umschalten auf Schlafzustand;
(**if** der Zeitpunkt für das Umschalten auf „langsam" erreicht ist,
then Umschalten auf „langsam";
$J_{\text{fast}} \leftarrow \emptyset$;
foreach $t > t_{\text{akt}}$: Setzen von $v_{\text{fast}}(t) = 0$;
[*Aktualisieren der langsamen Betriebsweise*
$c^* \leftarrow$ Summe der Durchführungsdauern der offenen Jobs, die nicht in J_{fast} enthalten sind
if der Gebrauchsfaktor untätig ist, **then** $t_{\text{start}} \leftarrow$ Aufweckzeitpunkt;
if der Gebrauchsfaktor tätig ist, **then** $t_{\text{start}} \leftarrow t_{\text{akt}}$;
if $t_{\text{start}} \leq t \leq t_{\text{start}} + c^*/v_{\text{krit}}$, **then** $v_{\text{slow}}(t) = v_{\text{krit}}$;
if $t > t_{\text{start}} + c^*/v_{\text{krit}}$ und $t_{\text{akt}} < t_{\text{start}}$ **then**: $v_{\text{slow}}(t) = 0$]))))]

Beispiel 2.72

Online-Planen mit Schlafzustand

Job j	d_j	f_j	b_j	x_j	y_j	Einsatzrate
1	10	20	45	35	45	v_{krit}
2	6	15	20	15	19,52	bis 19: 1,4 ab 19: 2,3
3	3	10	11	10	11	3
4	1	0	3	0	0,6	1,666
5	4	0	3	0,6	3	1,666
6	8	19	23	19,52	23	2,3
7	7	17	28	23	28	1,4
8	4	4	9	5	9	v_{krit}

Zeitintervalle mit Schlafzustand: 13–15; 30–35; 47– ◄

2.2.5 Handlungssysteme

Technik umfasst

a) *die Menge der nutzenorientierten, künstlichen gegenständlichen Gebilde (Artefakte oder Sachsysteme),*
b) *die Menge menschlicher Handlungen und Einrichtungen, in denen Sachsysteme entstehen,*
c) *die Menge menschlicher Handlungen, in denen Sachsysteme verwendet werden* [ROPO09][67].

„Erkennen" oder „Theorie" ist das bloße Wahrnehmen von etwas, das sich durch unser Wahrnehmen nicht ändert, „Handeln" oder „Praxis" dagegen ist das Verändern eines Zustands, einer Situation oder eines Sachverhalts „durch unser Eingreifen, durch unsere Hand" [SEIF92]. Nicht jede menschliche Tätigkeit ist eine Handlung. Wenn wir atmen, uns aufregen oder stolpern, dann sprechen wir von „Verhalten". „Handeln" dagegen ist eine bewusste, auf ein bestimmtes Ziel hin orientierte Tätigkeit: Entwerfen und Nutzen von Technik ist Handeln.

Aspekte des Handelns und die Bestimmung des Handlungsbegriffes sind wichtige Gegenstände der Wissenschaftstheorie [MEGG77, RIED71]. Das Interesse gilt vor allem der explikativen Analyse des Handlungsbegriffes, der Rekonstruktion von Handlungsbeschreibungen und Handlungserklärungen sowie der Ausbildung einer interdisziplinär integrierten Handlungstheorie [LENK80, LERO78]. Ein Gegenstand der Diskussion ist das Problem des Behaviorismus, die Frage, ob das menschliche Handeln objektiv als äußerlich beschreibbares Verhalten hinreichend gekennzeichnet und erklärt werden kann.

[67] Siehe die Einführung: Technik. Entwerfen. Interpretieren. und die dort gemachte Einschränkung.

Diese Frage wird allgemein verneint; rein behavioristische Ansätze reichen nicht aus, um absichts-, bedeutungs- und sinnvolles Handeln, das von Normen, Werten, Konventionen, Symbolen usw. gelenkt wird und u. U. gewissen Rationalitätsprinzipien unterworfen ist, adäquat zu rekonstruieren und zu analysieren[68].

2.2.5.1 Handlung, Intention, Interpretation

Zum Ersten wird allgemein die Prämisse gesetzt, dass Handeln intentional und mit einem Zielbewusstsein, mit einer Absicht verbunden ist [AcEm75, Gaef80]; Handeln wird deshalb auch als intentionales Verhalten definiert (siehe bspw. [Nowa80, VKem64, VWri77]). Zum Zweiten wird der Begriff der „Intentionalität" meist interpretativ verstanden (siehe bspw. [Davi86, Ansc57]); es ist notwendig, interpretative Momente im Begriff des Handelns und die Rolle von Interpretationen bei der Erfassung und Beschreibung von Handlungen deutlich zu machen[69]. Würden wir Handlung nur als etwas verstehen, das ausschließlich unter einem Aspekt beschrieben werden kann, der es intentional macht [Davi86, Dant78], dann würden Bestimmungen dieser Form des Handlungsbegriffes schnell zu gewissen Schwierigkeiten führen: Können etwa Handlungen, die sich nur in ihrer Zielorientierung unterscheiden, als ein und dieselbe Handlung aufgefasst werden, oder sind das verschiedene Handlungen? Nehmen wir das Beispiel eines Werkers, der ein Teil 4711 herstellen wollte, in Wirklichkeit aber ein Teil 4712 hergestellt hat, weil er ein falsches Werkzeug verwendet hat; die Frage ist jetzt, nachdem er Teil 4712 in der Hand hält, welche Handlung dieser Werker durchgeführt hat. Offensichtlich war das Herstellen von Teil 4711 beabsichtigt, aber wirklich hergestellt wurde Teil 4712. Hat er nun die Handlung, die er ausführen wollte, die er intendiert und geplant hatte, auch durchgeführt, oder war es eine andere Handlung, die er gar nicht intendiert hatte, eine fehlerhafte Handlung, die neben der eigentlichen Intention ablief? Die letztere stand aber in einem intentionalen Wechselzusammenhang mit der durchgeführten Handlung, insofern sie diese wesentlich (mit) verursachte: Die Alchimisten wollten Gold machen, herausgekommen sind Porzellan und Schießpulver. Ähnliche Fragen ergeben sich hinsichtlich der Frage, wie viele Handlungen vollzogen werden, wenn bspw. Herr Meier, der den Vertrieb vertritt, fünf Minuten vor neun den Besprechungsraum verlässt, um mit seinem Vorgesetzten via Handy Rücksprache zu halten, das vor der Türe wartende Servicepersonal das aber als das Zeichen nimmt, dass die Kaffeepause jetzt fünf Minuten früher beginnt und den Raum stürmt [Davi86]. Liegen hier eine oder zwei Handlungen vor? Können wir durch eine einzige Bewegung mehrere Handlungen auslösen oder ausführen? Sind (menschliche) Handlungen identisch mit der oder notwendig geknüpft an die Körperbewegung? Sind Unterlassungen, die darin bestehen, dass eine bestimmte, erwartete Bewegung nicht durchgeführt wurde, ebenfalls Handlungen?

[68] Auf die Schwierigkeiten, die bei rein behavioristischen Ansätzen entstehen, gehen bspw. Lenk und Rutsch ein [Lenk79, Ruts80].

[69] Siehe das Aspektdenken in Abschn. 2.2.2 und 3.2; hier ist insbesondere der Fall von Interesse, dass mehrere interne oder externe Beobachter ein und dasselbe Geschehen interpretieren und unterschiedlich systembildend wirken.

Wenn wir die Frage stellen, ob Intentionalität und die Möglichkeit einer intentionalen Beschreibung [VKUT80] allein schon ein vollständiges Kriterium des Handelns liefern können, und insbesondere, ob solche intentionalen Beschreibungen des Handelns einzigartig sein müssen oder ob sie nicht austauschbar sein können, dann ist die Antwort, die wir erhalten, deshalb interpretationsabhängig. Handlungen sind zweckmäßigerweise nicht mit den sie exemplifizierenden Körperbewegungen zu identifizieren. Wir müssen diese deuten, damit wir sie überhaupt als Handlungen erfassen und angemessen reagieren können. Der Beobachter muss die wahrgenommene Körperbewegung erst als Handlung verstehen. Dazu muss er sie interpretieren, muss sie auf Handlungsregeln und -gewohnheiten beziehen und in einen bestimmten Erwartungsrahmen, in eine Situation, in eine bestimmte regelmäßige Abfolge, die er kennt, einbeziehen. Handlungen sind offensichtlich nicht unmittelbar und ausschließlich Körperbewegungen, nicht etwas bloß physisch Beobachtbares. Wahrgenommene Handlungen sind Ergebnisse von Interpretationen; sie sind Interpretationskonstrukte, Deutungen von Beobachtungen, die kontext-, situations- und rezipientenbezogen, also pragmatisch entstehen. Eine Interpretation ist notwendig, damit eine Handlung überhaupt als solche erfasst und verstanden werden kann [LENK79, MEBE76].

Jetzt können wir uns die Frage stellen, was von einer Handlung bleibt, wenn wir die dazugehörige Körperbewegung (bzw. Tätigkeit/Wandlung/Speicherung/Transport) abziehen (siehe bspw. [WITT03, § 621]). Die Antwort lautet nach einem ersten Verständnis: „Nichts!" [HIRS72]; Handlung und Bewegung werden als „dasselbe", als eine Einheit verstanden. Wir können nicht annehmen, dass beim Ausführen einer Handlung notwendig vorher eine andere Vorhandlung oder bloße Willenshandlung vollzogen wird, sondern eine Handlung ist etwas, das einer bestimmten Situation angemessen gedeutet wird – es gibt kein „Wesen einer Handlung", das immer übrig bleibt, niemals „abgezogen" werden kann und eine Handlung manifestiert. Eine Bewegung wird gedeutet, es kommt kein weiterer körperlicher oder rein willensmäßiger Akt hinzu, der ihn zur (äußeren) Handlung macht, sondern die Bewegung wird interpretativ eingebunden in bestimmte regelhafte Erwartungen und Muster, mit denen der Beobachter bzw. der Handelnde vertraut ist. Wenn also ein Werker ein Teil 4712 produziert, ist es demnach nicht möglich, aufgrund des Vorliegens von Teil 4712 allein eindeutig zu entscheiden, ob dafür ein jetzt korrekt ausgeführter Auftrag vorgelegen hat oder das falsche Teil hergestellt wurde, sondern das hängt von einer Interpretation ab, die der Handelnde selbst und/oder der Beobachter dem Herstellen von Teil 4712 aus ihrer jeweiligen Perspektive zuordnen. Die Interpretationen des Beobachters und des Handelnden können fehlgehen oder voneinander abweichen; Missverständnisse sind zwangsläufig, oft geradezu vorprogrammiert: Der Werker steht auf dem Standpunkt, dass er ein Teil hergestellt hat, das er in unmittelbarer Zukunft sowieso hätte herstellen müssen und damit „nichts passiert" ist, der Disponent sieht die jetzt eintretende Engpasssituation von Teil 4711 und gerät in Panik. Demnach müssen wir den Standpunkt, dass zur Körperbewegung/äußerlich sichtbaren Tätigkeit nichts hinzukommt, was sie erst zu einem intentionalen Handeln macht, präzisieren: Es kommt kein ontologisch davon abgetrennter neuer Akt hinzu. Hinzu kommt aber die Deutung, die Beschreibung, also etwas Interpretatorisch-Semantisches (siehe Abschn. 1.1.1); das „inhaltsvolle" Handeln existiert in vollem Sinne nur auf der Ebene der deutenden Beschreibung. Ein Mensch ist ein Handelnder, wenn das, was er „tut“, oder sein Verhalten unter einem Gesichtspunkt beschrieben wird/werden kann, der es als intentional interpretiert [DAVI86, LENK80]. Generell gilt damit: Handlungen sind (lediglich) Interpretationskonstrukte; sie sind in diesem Sinne „deutende“ Beschreibungen. So verstanden kommt zur Körperbewegung immer etwas hinzu, nämlich diese beschreibende Dimension. Und wir müssen auf die oben gestellte Frage antworten: Ontisch-materiell nicht, aber notwendig hinzu kommt eine interpretativ-semantische Dimension, eine gesichtspunktabhängige, pragmatische Deutung. Handlungen sind von sich aus beschreibungsgebunden, „interpretationsimprägniert“ von höherstufigen Deutungen, von Beschreibungen und Gesichtspunkten [LENK93]. Das gilt gerade für den Handelnden selbst: Der Handelnde deutet seine Handlungen, und zwar nicht nur im Rückblick, sondern auch und vor allem im Blick auf die Zukunft. Er bildet und plant seine Handlungen beschreibend, von vornherein unter interpretativen Gesichtspunkten; auch er versteht seine Handlungen notwendig in Abhängigkeit von einer Deutung. Der Handelnde sieht bspw. durchaus einen Unterschied zwischen dem geplanten Herstellen eines Teils 4711 und dem bloßen Entstehen eines Teils 4711 als Abfall eines Herstellprozesses, in dem ein Teil ABC entstehen soll. Aber dieser Unterschied hängt nicht nur vom Teil und vom Herstellprozess ab, sondern auch von der eigenen Interpretation „Abfall“, selbst wenn wir das am Ende nicht mehr sehen können: Auch für den Handelnden besteht die Erfassung seines Handelns in oder in Abhängigkeit von einer selbstdeutenden Beschreibung; und das gilt natürlich erst recht, weil Wünsche, Absichten, Ziele, Intentionen beim Handeln eine Rolle spielen (siehe Abschn. 3.3.3).

Selbstverständlich gibt es Ansätze, normierte Komponenten einer Handlung, einzelne „Elemente“ des Handelns als Konstituenten einer jeweiligen Handlung aufzufassen [MÜNC82][70]. Neben den notwendigen Basishandlungen – vergleichbar den Elementen der Systemtheorie, die als nicht mehr weiter unterteilbare Einheiten aufgefasst werden – umfassen solche Sammlungen außer charakteristischen physiologischen Prozessen auch Wunsch-, Absichts- oder Zielkennzeichnungen sowie Beschreibungen, die eine Handlung klassifikatorisch als solche charakterisieren [THAL76, VWRI80, DANT73]. Eine solche Komponentenanalyse ist für eine explizierende Definition des Begriffs „Handlung“ ebenso wichtig wie der Standpunkt, dass wir physiologische Komponenten zu einer Charakterisierung von Handlungen berücksichtigen müssen [DANT65]. Und wie in der Systemtheorie haben wir in einem hierarchischen Ansatz immer umfassendere Komponenten, immer komplexere, verschachteltere Handlungen, Handlungsergebnisse und Handlungsfolgen [VWRI74, LENK80A]. Aber das Charakteristische und Entscheidende, nämlich dass Handlungen interpretativ geprägt sind, können solche Komponentenanalysen naturgemäß nicht zum Ausdruck bringen [LENK93, POSE82]. Immer bleibt der postulierte wesentliche Unterschied zwischen den physiologischen Komponenten und den beobachteten Bewegungen einerseits und deren subjektiv-perspektivischer Beschreibung, der Stufe

[70] Vgl. bspw. die Elemente von Work Factor [WIKIWORK], MTM [MTM24], VDI-Richtlinie 2860 sowie die G-Funktionen von NC-Programmen [WIKICNC].

der Interpretation, andererseits bestehen; diese für die Kennzeichnung von Handlungen entscheidende Beschreibung steht auf einer semantisch höheren Ebene als die der physiologischen Komponenten (vgl. Bd. 1, Grundlagen). Eine Handlungstheorie muss daher den interpretativen Aspekt von Handlungen im Sinne eines Überschreitens der Ebene der bloßen Körperbewegung und deren Beschreibung berücksichtigen, um überhaupt zu einem sinnvollen Konstituentenansatz zu führen; eine Bewegung als eine Handlung zu deuten, bedeutet, sie vor allem auf Ziele, Erwartungen und Interaktionsmuster von miteinander vernetzten Personen zu beziehen. Notwendig ist hier eine Verursachungshypothese und eine Verursacherzuschreibung, die beide vom Handelnden und vom Beobachter gemeinsam vertreten werden müssen [HERM80].

Die Spanne zwischen intentionaler Handlung und reflexartigem Verhalten können wir weiter differenzieren. Zu den Handlungen, die nicht bewusstes, nicht explizit absichtliches Verhalten darstellen, wird bspw. das nichtreflektorische „Tun" gezählt [GROE86]. Der Begriff des „Tuns" charakterisiert neben dem des Handelns Aktivitäten, die nichtabsichtlich-zielorientiertes Handeln umfassen, die aber auch nicht bloßes Reflexverhalten darstellen. „Tun" impliziert, dass dem Akteur der Sinn seines Tuns eben nicht vollständig bewusst ist; er hat etwas „getan, was er gar nicht gewollt hat" – er wollte Gold und hat Porzellan erhalten – wodurch auch ein Schwebezustand hinsichtlich der Verantwortlichkeit für das Tun entsteht [GRSC71]. Das Tun ist also eine „Restkategorie" [LENK93], verortet zwischen Handeln und Verhalten. Beim Tun wird davon ausgegangen, dass etwas, was das Verhalten bestimmt, auch außerhalb des bewussten und gewollten Intendierens liegen kann und dennoch nicht in dem Sinn ausschließlich reflexgebunden ist, ähnlich wie sich die subjektive Intention von objektiver Motivation trennen lässt. Die objektive Motivation, die aus der Beobachterperspektive erklärt und beschreibt, braucht u. U. überhaupt nicht auf die subjektive Intention Rücksicht zu nehmen oder kann davon abweichen. Subjektiver Sinn muss nicht intentional, also im Sinne von bewusst zielorientiert, absichtlich, verstanden werden, sondern kann auch latent oder aus der Beobachterperspektive bloß zugeschrieben sein [GROE86]. Handeln wird hier eingeschränkt auf bewusst intentionales Handeln, während Tun diese Bewusstheit gerade nicht aufweist, obwohl es den Charakter der Zielgerichtetheit in systematischer Hinsicht beibehält. Beispielsweise ist ein rituelles Verhalten in diesem Sinne eher ein Tun als ein Handeln. Analoges gilt für regelbefolgendes Handeln, wenn die Regel nicht explizit als handlungsleitendes Moment oder als handlungsauslösender und -steuernder Faktor bewusst ist [GWSS88]. Regeln kann blind gefolgt werden, auch wenn es sich nicht um Reflexverhalten handelt. Im Fall des Reflexverhaltens wären es Naturgesetze oder gesetzesartige Regeln, denen wir folgen müssen; wir können sie nicht übertreten. Oft aber folgen wir rituellen und internalisierten, automatisierten oder fast automatisierten Abläufen und sind uns gar nicht mehr der Regel bewusst, bspw. im Straßenverkehr oder bei einer ständig wiederholten Serienfertigung. Also können wir Regelhandeln und Regeltun voneinander unterscheiden: Regeltun ist eine Aktivität, die gar nicht bewusst bestimmten Intentionen und Absichten folgt, während Regelhandeln in der Tat bewusste Anwendung und Befolgen der Regel impliziert.

Terminologisch ist daher zwischen verschiedenen Sorten des Verhaltens, Tuns und Handelns zu unterscheiden, und Verhalten als allgemeinste Kategorie, Tun als nicht reflexhaftes Verhalten und Handeln als Intentionales Tun zu bestimmen [LORE60]. Bei bewusster Zielorientierung können wir ggf. die Ziele aushandeln und uns anhand von Frage und Antwort oder anhand von „dialogischen Schritten" gemeinsam an Zielen oder an Abweichungen usw. orientieren und entsprechend durch ein dialogisches Verstehen in diesem Sinne rückversichern. Beim Tun dagegen „handelt es sich um Ausgangseinheiten mittlerer Komplexität mit durch systematische, monologische Verstehensmethodik universalisierbaren Bedeutungsdimensionen, die z. B. auch und gerade ein Auseinanderfallen von subjektiver Intentionalität und objektiver Motivation implizieren (können)" [GROE86]. „Verhalten" dagegen stellt in diesem Kontext die niedrigste Komplexitätsstufe dar, deren universelle Bedeutungsdimensionen sich nicht auf (bewusste oder nichtbewusste) Intentionalität beziehen und deswegen durch implizite, innerhalb von systematischer Beobachtung ablaufende Verstehensprozesse abgedeckt werden können [GWSS88]; Verhalten ist weniger komplex hinsichtlich der Intentionaliät, der subjektiven Bedeutsamkeit und des Auseinanderklaffens von subjektiver Intention und objektiver Motivation. Beim Verhalten reden wir nicht mehr von Motivation, sondern eher von Verursachung, etwa im Sinne eines Reflexmodells.

2.2.5.2 Verstehen von Handlungen

Eine Handlung verstehen – das wird oft mit dem Verstehen, dem Interpretieren eines Textes gleichgesetzt bzw. erklärt (siehe bspw. [ABEL89, BLUM81, RICO86, SZON75]). Die Lesemetapher impliziert aber ein passives, textgeleitetes Beobachten [GABO76]; Interpretieren ist dagegen hier als Handlungsvorgang, als aktives Handlungsgeschehen zu verstehen [GEER83]. Ganz offensichtlich existieren bestimmte Strukturähnlichkeiten von Handlungen und Handlungsentwicklungen auf der einen und Sprachen, Sprachmustern sowie der Entstehung von Sprache und ihren Regeln auf der anderen Seite [HAYA72, BUBN76]. Genauso folgt die Anwendung von solchen Deutungsmustern auf Handlungen und sprachliche Äußerungen zumindest teilweise denselben Prinzipien – bspw. dem Prinzip der Nachsichtigkeit oder des Entgegenkommens, das bei der Interpretation von sprachlichen Äußerungen wie beim Verstehen von Handlungen gleichermaßen angewandt werden muss (siehe Abschn. 3.2). Auch ist auf die methodologischen Gemeinsamkeiten beim Handlungs- und beim Sprachverstehen hinzuweisen; Interpretationen sind in beiden Fällen holistisch, haben Einbettungs- und Integrationscharakter und unterliegen sowohl in Bezug auf Handlungen als auch in Bezug auf Sprachäußerungen dem hermeneutischen Zirkel [HEMP74, HART49]. Wir müssen in gewisser Weise schon etwas verstanden haben, schon eine Art von Vorentwurf haben, um dieses Verständnis weiter ausbauen zu können. Es wäre ungeschickt, diese Gemeinsamkeiten nicht zu nutzen. Aber es wäre falsch, jetzt aus dieser Verwandtschaft zu schließen, dass menschliches Handeln allgemein sprachartig ist, wenn damit gemeint sein sollte, dass diese gemeinsamen Züge ihre Quelle in der Sprache haben. Die Gesamtquelle des Handelns umfasst mehr als die Sprache [COLL87, DENN90]. Daher können Handlungen nicht ausschließlich durch

Sprachregeln erklärt werden; selbst für die Identifikation von Handlungen ist mehr als sprachliche Kennzeichnung erforderlich, obwohl wir natürlich sprachliche Mittel nutzen, um diese Identifikation sprachlich darzustellen. Die Sprache ist handlungsartig, nicht die Handlung sprachartig [COLL85A, LENK93] – das Handeln ist das grundlegendere System.

Drei verschiedene Arten von Analysen und Grundlegungen bzw. Rechtfertigungen sind bei Handlungen und Sprechhandlungen zu unterscheiden [COLL85].

1. Die Zweckanalyse, der Zweckrechtfertigungsaspekt bezieht sich auf intentionale Handlungen, die durch Zwecke gesteuert werden, also auf Zweckhandlungen [LUHM68].
2. Das Modell des regelgeleiteten Handelns ist vom Modell des zweckgeleiteten Handelns zu unterscheiden; nicht jedes zweckgeleitete oder zweckorientierte Handeln ist regelgeleitet und umgekehrt [LENK80A, FIGL82]. Entscheidend ist hier, dass die Regel selbst in der Orientierung, in der Entscheidung und bei der Durchführung der Handlung motivierend wirkt, also bewusst befolgt, beachtet, einbezogen wird. Wenn wir einer Regel nur folgen, um unangenehme Konsequenzen zu vermeiden, etwa ein Getriebe nach Vorschrift konstruieren, nur um die Rüge des Vorgesetzten zu vermeiden, dann führen wir nach dieser Interpretation keine regelgeleitete Handlung, sondern eine Zweckhandlung aus („Dienst nach Vorschrift"). Der Zweck ist, eine Strafe zu vermeiden. Wenn wir aber das Getriebe auf eine bestimmte Art konstruieren, weil wir die Regel/die Vorschrift einhalten wollen und sie als sinnvoll ansehen, sozusagen selbstmotiviert so handeln, dann liegt regelgeleitetes Handeln vor [COLL85, MEBE76].
3. Die semantische Analyse [SZON75, HAYA72] deutet die Äußerungen anderer, behandelt aber auch das Problem der Selbstinterpretation; für die Interpretation von Äußerungen ist generell notwendig, die Überzeugungen der Sprecher festzuhalten, zu fixieren [APEL76, HEMP74]. COLLIN [COLL85] entwickelt für diesen dritten Teil eine Theorie der Sprachinterpretation, die auf einer allgemeinen Theorie der Handlungen und der Überzeugungen basiert. Die These, die er aufstellt, lautet, dass die Theorie der Interpretation der sprachlichen Äußerungen der Handlungstheorie untergeordnet ist, sie ein Teil der Theorie der Interpretation der Handlungen und Überzeugungen anderer ist, nicht umgekehrt. Kern dieser Theorie der Interpretation ist daher eine Theorie der Handlungen und Überzeugungen. Linguistisch-sprachliche Interpretationen [BUBN76, MEGG77] implizieren die Interpretation von Handlungen und Überzeugungen; sie sind nur ein Teil davon.

Ein wichtiger Unterschied zwischen der Interpretation der sprachlichen Äußerungen und der der Handlungen wird darin gesehen, dass „sprachliche" Sätze[71] als Teil aus einer unbeschränkten Menge von potenziell unendlich vielen Sätzen interpretiert werden können [POSE82, CARN59]. Das ist ähnlich wie bei den Handlungen, jedoch mit dem entscheidenden Unterschied, dass die Sätze bzw. deren Deutungen rekursiv auf einfache

[71] Siehe Abschn. 1.1.2.

Sätze zurückgeführt, aus solchen zusammengesetzt und somit durch Untersuchung der Elementarteile analysiert werden können: der Worte, der Elementarsätze, der Zusammensetzungsformen der Elementarsätze usw.[72] Sprache und sprachliche Äußerungen sind in Teile/Elemente analysierbar; sie müssen als aus Teilen/Elementen zusammengesetzt aufgefasst werden können[73]. Das gilt bei Handlungen auf keinen Fall hinsichtlich ihrer Bedeutung: Wir können die Bedeutung von Handlungen nicht eindeutig aus (der Bedeutung von) Basishandlungen ableiten und zusammensetzen, synthetisieren [COLL87, LENK80A][74]. Wenn wir etwa Handlungen durch Rückgriff auf Basishandlungen analysieren, dann können wir nicht umgekehrt aus Basishandlungen synthetisch die Bedeutung der Gesamthandlungen interpretieren oder verstehen[75]. Eine Basishandlung wäre beispielsweise beim Handy-Anschalten durch das Drücken eines Knopfes gegeben. Wenn wir aber einen Knopf drücken, so können wir aus dieser Tätigkeit des Knopfdrucks allein noch nicht entnehmen, was die Gesamthandlung bedeutet, ob die Gesamthandlung nun das Handy-Anschalten oder das Anschalten eines CAD-Programms ist; das kann aus der Basishandlung allein nicht entnommen werden. Hier kommt es auf den Kontext, den Einbettungszusammenhang, an; wir brauchen zum Untersystem die Information zum übergeordneten System als Kontext [COLL84]; wir können Handlungen nur durch Einbettung in den Gesamtkontext interpretieren[76].

Zur weiteren Eingrenzung der Rolle interpretatorischer Argumente und Denkmuster für das Verstehen und Systematisieren von Handlungen unterscheidet [COLL85] zwischen generischen „Theorien der Performanz“ und generischen „Theorien der Repertoires“. Dabei sind die ersteren Theorien, die in einem strikten Sinn konkrete Einzelhandlungen erklären können, die zweiteren beschreiben den Erwerb von allgemeinen Neigungen, Dispositionen und Regelbindungen als notwendigen Bedingungen für Handlungen oder für entsprechende Prozesse. Jetzt lautet die These [COLL85], dass wir zur Erklärung von Handlungen nur über Theorien des Repertoires verfügen können. Die Lücke, die zwischen den abstrakten Strukturmodellen dieser Theorien [LENK80A] und den konkreten zu beschreibenden und zu erklärenden Handlungen klafft, muss durch interpretatorische Überlegungen, durch Deutungen geschlossen werden. Wir können ggf. Theorien der Repertoires anwenden, aber keine vollständige Erklärung der einzelnen Handlungs- oder Tunsereignisse liefern. Zur Überbrückung der Distanz zwischen allgemeinen, in diesen Theorien beschriebenen Bedingungen und Zusammenhängen und bestimmten Einzelhandlungen sind wir auf Interpretationen angewiesen. Und das umso mehr, als in der Theorie nicht berücksichtigte Kontexte, wie Naturvorgänge, historische Faktoren, Traditionen oder Ereignisse, ihre Phänomene und Variablen beeinflussen. Selbst für behavioristische, reflexorientierte, biologische und kausalistische Theorien (siehe bspw. [LORE60]) gilt bei Anwendung auf Probleme insbesondere der einzelnen Handlungen, dass hier nur

[72] Siehe Abschn. Abschn. 1.1.1, 1.1.2, 1.4 und 1.5.
[73] Siehe Abschn. 1.5, Prädikatenlogik.
[74] Vgl. die Problematik bei der Definition, Abschn. 1.3.
[75] Siehe Abschn. 1.3.
[76] Vgl. die Vorgehensweise bei einer Realdefinition, Abschn. 1.3.1.

gewisse Grundfaktoren (bspw. genetisch angelegte Triebe) angegeben werden können, die aber letztlich nicht zwingend erklären, warum bestimmte Handlungen vorgenommen werden. Vom allgemeinen Dispositionszusammenhang, wie dieser durch Theorien des Repertoires beschrieben wird, werden wir bei höherrangigen Handlungen u. U. bewusst abweichen [LENK93]. Insofern können wir im Sinne von Theorien, die lediglich ein Repertoire von Parametern liefern, nicht strikt erklären, warum eine bestimmte Person in einer konkreten Situation gerade diese konkrete Handlung ausführt. Wir können Vermutungen anstellen, dass bestimmte Faktoren mit bestimmten Handlungen verbunden sind, aber wir können nicht sicher sagen, warum jetzt gerade diese Handlung ausgeführt wird.

Eine strikte Erklärung konkreter Handlungen im Sinne einer Performanztheorie ist auch deshalb unmöglich, weil Menschen in ihrem Handeln nicht einfach auf äußere physische und physiologische Reize reagieren, sondern auch die Stimuli interpretieren [MÜNC82]; deren Interpretation bewirkt die Reaktion. Interpretative Analysen erlauben aber nur „schwache Folgerungen" [MEGG77], keine ausnahmslosen Schlüsse. Abweichungen können nicht zwingend erklärt, sondern nur durch Interpretationsgründe als sehr naheliegend eingesehen werden; und nur in diesem Sinn können die so herausgearbeiteten dann auch als hinreichende Bedingungen anerkannt werden. Das wird in der Regel nur ex post der Fall sein; es geht darum, durch „erklärende" Argumente Verbin dungen zwischen den Teilperformanzen der allgemeinen Dispositionen, die die Theorie des Repertoires als wahrscheinlich zu erklären vermögen, und den Beschreibungen zu erklärender bzw. vorherzusagender Einzelhandlungen herzustellen. Orientieren wir uns nur an der Intention, dann „erklären" wir nur oberflächlich, weil wir dann nur an einzelnen Handlungen erklärend, eher nachträglich verstehend anknüpfen können. Wir können dann also nicht kausal erklären; wir bleiben an der Oberfläche der Beschreibung hängen und sind auch meist nur in der Lage, erst nachträglich Handlungen der Abfolge nach zu beschreiben, um dann zu interpretieren [COLL85]. Rein intentionales Vorgehen ist daher grundsätzlich auf interpretative Systematisierungen angewiesen, auch wenn es erklären will, und Erklärung in ihm kann nicht ohne interpretative Momente und Ergänzungen geschehen. Als einzig vernünftiger (Aus-)Weg bleibt daher, beide Sichten, die erklärend kausal-orientierte einerseits und die interpretationistisch-verstehende andererseits, zu verbinden [LENK93] und beide Methodologien zusammenzuführen[77]. Weil es hier um die Systematisierung von Interpretationskonstrukten geht, lässt sich das nur durch die Beziehungen von Interpretationen erreichen; wir müssen also in der Handlungstheorie eine kausalinterpretationistische Erklärungsart annehmen. Das kann ggf. eine kausalgenerische Erklärung sein [VWRI84]. Diese generische Kausalerklärung kann aber nicht vollständig sein, sondern sie muss immer wieder auf neue Situationen oder auf Berichte über die Rückwirkungen Bezug nehmen. Interpretationsgeprägt im Hinblick auf die Deutung des Akteurs wie des erklärenden Beobachters ist auch das Muster des praktischen Syllogismus [VWRI80][78], ein Erklärungsmuster, das letztlich aus vorausgesetzten notwendigen

[77] Siehe Abschn. 2.2.3, Sachsysteme, Aspekte/Teilsysteme.
[78] Siehe Abschn. 1.4.2.

Bedingungen einen Satz über eine Selbstaufforderung zum Handeln folgert: Wenn Werker Maier einen bestimmten Lohn erreichen will und sieht, dass er bisher einen bestimmten niedrigeren Lohn erreicht hat und er einschätzen kann, dass er, wenn er noch zwei Überstunden macht, sein Ziel noch erreichen kann, und wenn er glaubt, dass dies die einzige Möglichkeit ist, den angestrebten Lohn noch zu erreichen, dann wird sich Werker Maier einen Ruck geben und die beiden Überstunden noch leisten, um den angestrebten Lohn noch zu bekommen. Dieses Beispiel für das Grundmuster des praktischen Syllogismus zur intentionalen Handlungserklärung [VWRI77, CHUR70] zeigt, dass wir die Momente des kausalen Erklärens und des intentional-interpretativen Deutens zusammennehmen müssen, um zu einer zureichenden, sinnvollen und fruchtbaren Handlungstheorie und zu Handlungserklärungsmöglichkeiten zu kommen.

2.2.5.3 Handlungssysteme: Handlung als allgemeines System

Die Konzeption zielt darauf ab, dass wir ein Handlungssystem mit beliebigen empirischen Handlungsträgern identifizieren können; ein Handlungssystem kann einen einzelnen Menschen, eine Gruppe von Menschen, ein vom Menschen geschaffenes und getriggertes Fertigungs- oder ein IT-System bezeichnen, das auf Transformationsmittel einwirkt. Handlungssysteme sind Instanzen, die Handlungen vollziehen, also handeln[79], und daher wie auch immer geartete „Subjekte" des Handelns (siehe [ROPO79, BECK74]). Wenn wir einen Handlungsträger als Handlungssystem verstehen, dann unterwerfen wir diese handelnde Instanz den Kategorien einer systemtheoretischen Beschreibung. Wir setzen voraus, dass Handlungssysteme als echte Systeme neben Funktionen und einer Struktur eine Umgebung besitzen, mit der sie notwendigerweise durch mannigfache Austauschbeziehungen verknüpft sind; ein Handlungssystem ist grundsätzlich ein offenes System, das eine Situation[80], deren Teil es ist, nach einer Maxime transformiert.

Wir folgen der Definition eines allgemeinen Systems in Abschn. 2.2.1. Dann heißt ein System Handlungssystem H, wenn H selbst ein Handlungsträger ist bzw. eine Teilmenge seiner Untersysteme p_j Handlungsträger sind und seine Funktionen f_q Handlungen darstellen: $H := \{A, F, P, S\}, f_q \in F_{\mathrm{H}} \subset F, p_j \in P_{\mathrm{H}} \subset P$.

Nach der allgemeinen Systemdefinition in Abschn. 2.2.1 besteht die Menge A der Attribute eines Handlungssystems aus den Untermengen X der Inputattribute, Y der Outputattribute und Z der Zustandsattribute: $A := X \cup Y \cup Z$. Jede der Untermengen X, Y und Z enthält Materieattribute M, Energieattribute E, Informationsattribute I, Raumattribute R und Zeitattribute T: $X := X_{\mathrm{M}} \cup X_{\mathrm{E}} \cup X_{\mathrm{I}} \cup X_{\mathrm{R}} \cup X_{\mathrm{T}}$ sowie entsprechend für Y und Z. Ein Handlungssystem H und seine Umgebung V bilden die Situation S: $S := H \cup V$. Ein Handlungssystem hat in der Menge der informationellen Zustandsattribute mindestens ein Ziel zl: $zl \in ZL \subset Z_{\mathrm{I}}$. Wir verwenden: *„Ein Ziel ist ein als möglich vorgestellter Sachverhalt, dessen Verwirklichung erstrebt wird"* [ROPO78]. Auch die Erläuterungen

---

[79] Ein Handlungssystem ist also keine geordnete Menge von irgendwelchen Handlungen oder von Begriffen, die das Handeln betreffen.

[80] Eine Situation wird durch ein Handlungssystem und seine Umgebung charakterisiert [DAVI85].

zu dieser Definition übernehmen wir aus dem zitierten Text: *„Sachverhalte sind z. B.: Zustände, Gegenstände, Handlungen, Prozesse, Beziehungen. Einen bereits bestehenden Sachverhalt in Zukunft zu erhalten, bedeutet einen Sonderfall der vorstehenden Definition. Ein Ziel wird in einem Zielsatz formuliert. Ein Zielsatz enthält zwei Bestandteile: (a) die beschreibende Kennzeichnung des Sachverhalts; (b) die Auszeichnung dieses Sachverhalts als erstrebt, erwünscht, gefordert, befürwortet. Wenn der Zielcharakter eines angesprochenen Sachverhalts aus dem Zusammenhang eindeutig ersichtlich ist, genügt häufig schon die Kennzeichnung des Sachverhalts.“*

Wir nennen ein System *Zielsystem ZLS*, wenn die Menge P der Untersysteme eine Menge von Zielen zl und die Menge S der Relationen eine Menge von Zielrelationen sz darstellt: $ZLS := (\{zl\}, \{sz\})$. Dabei differenzieren wir S in Mengen von Indifferenz-, Konkurrenz-, Instrumental- und Präferenzrelationen: $S = \{sz\} := \{sz_{\text{idf}}\} \cup \{sz_{\text{kkr}}\} \cup \{sz_{\text{ism}}\} \cup \{sz_{\text{prf}}\}$.

- Eine Relation zwischen zwei Zielen zl_1 und zl_2 heißt *Indifferenzrelation*: $SZ_{\text{idf}}(zl_1, zl_2) \longleftrightarrow zl_1 \wedge zl_2$, wenn sowohl zl_1 als auch zl_2 erfüllbar sind.
- Eine Relation zwischen zwei Zielen zl_1 und zl_2 heißt *Konkurrenzrelation*: $SZ_{\text{kkr}}(zl_1, zl_2) \longleftrightarrow zl_1 \vee zl_2$, wenn entweder nur zl_1 oder nur zl_2 erfüllbar ist.
- Eine Relation zwischen zwei Zielen zl_1 und zl_2 heißt *Instrumentalrelation*: $SZ_{\text{ism}}(zl_1, zl_2) \longleftrightarrow zl_1 \longrightarrow zl_2$, wenn dadurch, dass zl_1 erfüllbar ist, auch zl_2 erfüllbar ist.
- Eine Relation zwischen zwei Zielen zl_1 und zl_2 heißt *Präferenzrelation*: $SZ_{\text{prf}}(zl_1, zl_2) \longleftrightarrow zl_1 \succ zl_2$, wenn die Erfüllbarkeit von zl_1 den Vorrang gegenüber der Erfüllbarkeit von zl_2 hat.

Eine Folge von Instrumentalrelationen heißt *Zielkette*, $ZLK := (\ldots, sz_{\text{ism},m-1}, sz_{\text{ism},m}, sz_{\text{ism},m+1}, \ldots)$, wenn das Hinterglied in $sz_{\text{ism},m+1}$ zugleich das Vorderglied in $sz_{\text{ism},m+2}$ ist usw.: $sz_{\text{ism},m-1}(zl_{p-1}, zl_p), sz_{\text{ism},m}(zl_p, zl_{p+1}), sz_{\text{ism},m+1}(zl_{p+1}, zl_{p+2})$[81].

So wie wir ein allgemeines System vereinbart haben[82], ist eine Funktion jede Verknüpfung zwischen bestimmten Attributen eines Systems. Wir unterscheiden drei grundlegende Transformationstypen:

a) Das Handlungssystem verändert seine Umgebung.
b) Das Handlungssystem verändert sich selbst.
c) Das Handlungssystem verändert gleichzeitig seine Umgebung und sich selbst.

Wir betrachten den einfachsten Fall, dass ein Handlungssystem über ein Zielsystem *ZLS* als einzigem Zustandsattribut verfügt und als Reaktion auf einen einzelnen Input x_i einen zielentsprechenden Output y_i abgibt; dann gilt: Die Funktion eines Handlungssystems $F_{\text{He}}: ZLS \times Z \longrightarrow Y$ heißt *externes Handeln*. Wir unterstellen, dass der Input mit der

[81] Siehe Abschn. 1.4.
[82] Siehe Abschn. 2.2.1.

Ausgangs- und der Output mit der Endsituation verbunden ist. Dann entspricht diese Definition dem Handlungsbegriff VON KEMPSKIS [VKEM64]: *„Handeln ist die Transformation einer Situation in eine andere. Diese Umformung einer Situation folgt einer Maxime und im idealen Falle derart, dass mit der Ausgangssituation und der Maxime des Handelnden die Endsituation festgelegt ist“.* Externes, die Systemumgebung veränderndes Handeln wird demnach durch eine Ergebnisfunktion[83] beschrieben. Wenn wir zusätzlich zum Zielsystem eine Menge Z von Zuständen annehmen, dann heißt die Funktion eines Handlungssystems $F_{\mathrm{H}i}: ZLS \times Z \longrightarrow Z$ *internes Handeln.* Das systemverändernde Handeln fassen wir als reine Zustandsfunktion auf[84]. Denkbar sind aber auch zwei Varianten, die sich daraus ergeben, dass wir entweder einen auslösenden Input oder einen resultierenden Output in die Funktionsbeschreibung miteinbeziehen; dann nimmt die Funktion des internen Handelns die Form einer Überführungs- bzw. einer Markierungsfunktion an. Unterstellen wir schließlich, dass externes und internes Handeln im Regelfall nicht getrennt voneinander vorkommen, also jede Veränderung der Systemumgebung mit einer Systemveränderung – und umgekehrt – gepaart ist, so erhalten wir:

Die Funktion eines Handlungssystems $F_{\mathrm{H}}: ZLS \times X \times Z \longrightarrow Y \times Z$ heißt *Handeln.*

Der Übergang von der funktionalen zur strukturalen Betrachtungsweise bedeutet, Subsysteme p'_j herauszuarbeiten, die dadurch abzugrenzen sind, dass sie als „Träger“ von Subfunktionen f'_q gelten können, derart, dass diese Subfunktionen insgesamt eine Handlungsfunktion F_{H} ergeben. Wir werden uns dabei auf die externe Handlungsfunktion $F_{\mathrm{H}e}$ beschränken und unterscheiden in Anlehnung an [ROPO79] drei Subsysteme (siehe Abb. 2.4):

- Dem *Ausführungssystem* sind vor allem materielle und energetische Attribute zuzuordnen. Das Ausführungssystem leistet Arbeit im engeren Sinne, indem es stofflich-energetische Umgebungsveränderungen bewirkt.
- Dem *Informationssystem* sind die informationellen Attribute zugeordnet. Neben der Transformation von Information ist hier insbesondere die Interaktion mit anderen Handlungssystemen zu nennen.
- Dem *Zielsetzungssystem* ist die Generierung des Zielsystems als Leitlinie des gesamten Handelns zuzuordnen[85].

Dementsprechend zerlegen wir die externe Handlungsfunktion $F_{\mathrm{H}e}$ in eine Zielsetzungsfunktion f_{zs}, in eine Informationsfunktion f_{is} und in eine Ausführungsfunktion f_{as}: $F_{\mathrm{H}e} := f_{\mathrm{zs}} \cup f_{\mathrm{is}} \cup f_{\mathrm{as}}$.

---

[83] Siehe Abschn. 2.2.1.

[84] Siehe Abschn. 2.2.1.

[85] Siehe [GRSS14] und die dort beschriebene analog aufgebaute Operator-Controller-Architektur. Insbesondere ist hier aber auf die Entsprechung zu dem in Abschn. 2.2.2 beschriebenen parametrisierten Input-Output-System hinzuweisen; dort ist lediglich eine Zielsetzung in einen konkreten Parameter transformiert.

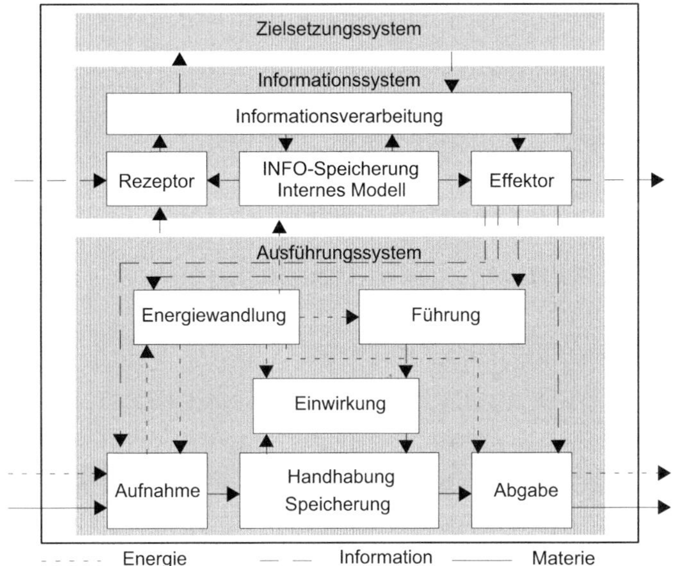

Abb. 2.4 Struktur eines Handlungssystems (vgl. [ROPO79])

Diese Funktionen lassen sich auf einer nächsten Detaillierungsebene weiter zerlegen; den resultierenden Unterfunktionen ordnen wir dann wieder Subsysteme zu. Für das Informationssystem sind dies insbesondere das Rezeptor-, das Effektor-, das Verarbeitungs- und das Speicherungssystem, während für das Ausführungssystem das Aufnahmesystem, das Abgabesystem, das Handhabungssystem, das Energiewandlungssystem, das Einwirkungssystem sowie das Führungssystem zu nennen sind.

Ein Handlungssystem heißt *Gesellschaft* G, wenn die Attribute a, die Funktionen f, die Teile p und die Relationen s gesellschaftliche Phänomene sind: $G := (A, F, P, S)$ und $P = \{G'\}$. Dementsprechend ist ein Subsystem G' – bspw. eine Unternehmung oder eine andere Organisation – eine Untermenge der Gesellschaft G; die Menge seiner Teile G'' ist eine Untermenge von $P: G' := (A', F', P', S')$ mit $P' = \{G''\}$ und $G' \subset G$. Ein *personales System* G'' (Individuum) ist Element der Gesellschaft G bzw. des Subsystems G': $G'' := (A'', F'', P'', S'')$ mit $G'' \in P'$ bzw. $G''' \in P''$. Ein Handlungssystem heißt *soziotechnisches System* HT, HT' oder HT'', wenn die Menge F seiner Funktionen aus menschlichen Funktionen und technisierten Funktionen und wenn die Menge P seiner Teile aus menschlichen Komponenten und technischen Komponenten besteht [ROPO79]. Also enthält ein soziotechnisches System ggf. mehrere technische Systeme als Untersysteme; wir bauen ein Unternehmen als soziotechnisches System aus personalen und technischen (Unter-)Systemen auf. Die soziale Sichtweise zeigt den Menschen, die technische Sicht auf die Dinge das Bearbeitungszentrum als Teilsystem [BAFR96].

In allen diesen Spezialisierungen bauen wir bestimmte Strukturen und angepasste Instanzen von Handlungssystemen auf. Selbstverständlich können wir dabei die Dreiteilung in Zielsetzungs-, Informations- und Ausführungssystem flexibel nutzen und bspw. bei einem betrieblichen Planungs- und Steuerungssystem mehrere hierarchisch geordnete Stufen der Informationsverarbeitung zwischen Zielsetzung und Ausführung schalten. Die unterste Ebene der Informationsverarbeitung ist dann ggf. ein CNC-System. Gegebenenfalls ist dann auch das Zielsystem hierarchisch gegliedert, möglicherweise steuert ein Leitstand mehrere DNC-Maschinen. Und wenn wir ein Informationssystem entwerfen, dann instantiieren wir die Ausführungsebene durch eine Ebene mit einem Informationssystem.

Wichtig ist aber noch eine Anmerkung: Jeder Betrachter eines solchen Handlungssystems hat seine eigene Sicht auf die Dinge, seine eigene Interpretation/Interpretationswelt. Also sprechen wir hier von einzelnen, isolierten Aspekten, von einzelnen internen oder externen Interpretationsstandpunkten, von einzelnen individuellen Teilsystemen und Modellen[86]. Daher existieren von einer realen Situation möglicherweise genau so viele Handlungssysteme, wie wir Akteure haben[87]. Und diese Handlungssysteme haben unterschiedliche Strukturen, unterschiedliche Attribute sowie Funktionen und kommunizieren möglicherweise nicht oder nur über die sich vollziehende Realität miteinander – jeder erklärt die Welt für sich.

Literatur

[ABEL89] ABEL, G.: Interpretations-Welten. In: Philosophisches Jahrbuch 96(1989), S. 1–19.

[ACEM75] ACKOFF, R.; EMERY, F.: Zielbewusste Systeme. Anwendung der Systemforschung auf gesellschaftliche Vorgänge. Frankfurt a. M.: Campus 1975.

[ANSC57] ANSCOMBE, G. E. M.: Intention. Oxford: Blackwell 1957.

[APEL76] APEL, K.-O.: Transformation der Philosophie. Frankfurt a. M.: Suhrkamp 1976.

[ASBE92] ASLAKSEN, E.; BELCHER, R.: Systems Engineering. Englewood Cliffs: Prentice Hall 1992.

[ASH74] ASHBY, W. R.: Einführung in die Kybernetik. Frankfurt a. M.: Suhrkamp 1974.

[BAFR96] BANSE, G.; FRIEDRICH, K. (Hrsg.): Technik zwischen Erkenntnis und Gestaltung. Philosophische Sichten auf Technikwissenschaften und technisches Handeln. Berlin: Edition sigma 1996.

[BAU63] BAUM, F.: Lehrbuch des Sachenrechts. 2. Aufl. München: C.H.Beck'sche Verlagsbuchhandlung 1963.

[BBDM00] BENINI, L.; BOGLIOLO, A.; DEMICHELI, G.: A survey of design techniques for system-level dynamic power management. IEEE Trans. Very Large Scale Integr. System 8(2000)3, S. 299–316.

[BECK74] BECKERMANN, A. (Hrsg.): Analytische Handlungstheorie. Bd. 2: Handlungserklärungen. Frankfurt a. M.: Suhrkamp 1974.

[BLUM81] BLUMENBERG, H.: Die Lesbarkeit der Welt. Frankfurt a. M.: Suhrkamp 1981.

[BORK76] BORKOWSKI, L.: Formale Logik. Logische Systeme. Einführung in die Metalogik. Berlin: Akademie-Verlag 1976.

[86] Siehe Abschn. 2.2.3.

[87] Siehe Abschn. 3.1.

[BrSe79] Bronstein, I. N.; Semendjajew, K. A.: Taschenbuch der Mathematik. 21. Aufl. Leipzig: Teubner S. 79, 1983

[BuBn76] Bubner, R.: Handlung, Sprache und Vernunft. Handlungsbegriffe praktischer Philosophie. Frankfurt a. M.: Suhrkamp 1976.

[Buch87] Bucher, Th. G.: Einführung in die angewandte Logik. Lehrbuch für Geisteswissenschaftler ohne Vorkenntnisse in Logik. Berlin: de Gruyter 1987.

[Carn59] Carnap, R.: Beobachtungssprache und theoretische Sprache. In: Logica, Studia Paul Bernays dedicata. Neuchatel: Griffon 1959.

[Chur70] Churchland, P. M.: The Logical Character of Action-Explanation. In: The Philosophical Review 79(1970) S. 214–236.

[Chur74] Churchman, C. W.: Systemanalyse. München: Moderne Industrie 1974.

[Cleb62] Clebsch, A.: Theorie der Elasticität fester Körper. Leipzig: Teubner 1862.

[Coll84] Collin, F.: Theory and Understanding. Oxford: Oxford University Press 1984.

[Coll85] Collin, F.: Theory and Understanding: A Critique of Interpretative Social Science. Oxford: Blackwell 1985.

[Coll85a] Collin, F.: Language and Thought. In: Danish yearbook of philosophy 22(1985) S. 31 ff.

[Coll87] Collin, F.: Meta-constraints upon Interpretation. In: American Philosophical Quarterly 24(1987), S. 137–148.

[DaDa13] Dankert, J.; Dankert, H.: Technische Mechanik: Statik, Festigkeitslehre, Kinematik/Kinetik. 7. Aufl. Berlin: Springer 2013.

[Dang98] Dangelmaier, W.: Fertigungsplanung. Berlin: Springer 1998.

[Dant65] Danto, A. C.: Basic Actions. American Philosophical Quarterly 2(1965), S. 141–148.

[Dant73] Dantzig, G. B.: Linear programming and extensions. 6. Aufl. Princeton: Princeton University Press 1973.

[Dant78] Danto, A. C.: Basishandlungen und Basisbegriffe. In: Lenk, H. (Hrsg.): Handlungstheorien interdisziplinär. Handlungslogik, formale und sprachwissenschaftliche Handlungstheorien. Bd. 2: S. 373–389. München: Fink 1978.

[Davi85] Davidson, D.: Wahrheit und Interpretation. Frankfurt a. M.: Suhrkamp 1985.

[Davi86] Davidson, D.: Wahrheit und Interpretation. Frankfurt a. M.: Suhrkamp 1986.

[DeBo67] De Bono, E.: The use of lateral Thinking. Harmondsworth: Penguin 1967.

[Denn90] Denett, D. C.: The Interpretation of Texts, People and other Artefacts. Bielefeld: Zentrum für interdisziplinäre Forschung 1990.

[Depp77] Deppe, W.: Formale Modelle in der Psychologie. Stuttgart: Kohlhammer 1977.

[Diri46] Dirichlet, J. P. G. L.: Über die Stabilität des Gleichgewichts. Crelles Journal für reine und angewandte Mathematik, 32(1846), S. 85–88.

[DMSW96] Drosdowski, G.; Müller, W.; Scholze-Stubenrecht, W.; Wermke, M. (Hrsg.): Duden Deutsches Universalwörterbuch. 3. Aufl. Mannheim: Duden Verlag 1996.

[FeSi93] Ferstl, O.; Sinz, E.: Grundlagen der Wirtschaftsinformatik Bd. 1. München: Oldenbourg 1993.

[Figl82] Figl, J.: Interpretation als philosophisches Prinzip. Berlin: de Gruyter 1982.

[Freg79] Frege, G.: Begriffsschrift, eine der arithmetischen nachgebildete Formelsprache des reinen Denkens. Halle: 1879, S. 25–50. In: Berka, K.; Kreiser, L. (Hrsg.): Logik-Texte. Kommentierte Auswahl zur Geschichte der modernen Logik, 2. Aufl. Berlin: Akademie Verlag 1973, S. 72–99.

[GaBo76] Gadamer, H.-G.; Boehm, G. (Hrsg.): Philosophische Hermeneutik. Frankfurt a. M.: Suhrkamp 1976.

[GAEF80] GAEFGEN, G.: Theorie der wirtschaftlichen Entscheidung. Tübingen: Mohr 1968.

[GEER83] GEERTZ, C.: Dichte Beschreibung: Beiträge zum Verstehen kultureller Systeme. Frankfurt a. M.: Suhrkamp 1983.

[GILL73] GILLES, E. D.: Systeme mit verteilten Parametern: Einführung in die Regelungstheorie. München: Oldenbourg 1973.

[GILO97] GILOI, W. K.: Rechnerarchitektur. 3. Aufl. Berlin: Springer 1997.

[GRA77] GRAF, H.: Methodenauswahl für die Materialbewirtschaftung in Maschinenbau-Betrieben. Mainz: Krausskopf 1977.

[GRME74] GROCHLA, E.; MELLEROWICZ, E.: Datenverarbeitung in der Unternehmung. Teil 1: Grundlagen. Reinbek bei Hamburg: Rowohlt 1974.

[GROE86] GROEBEN, N.: Handeln, Tun, Verhalten als Einheiten einer verstehend-erklärenden Psychologie. Tübingen: Francke 1986.

[GRSC71] GROEBEN, N.; SCHEELE, B.: Argumente für eine Psychologie des reflexiven Subjekts. Darmstadt: Steinkopff 1971.

[GRSS14] GAUSEMEIER, J.; RAMMIG, F. J.; SCHÄFER, W.; SEXTRO, W.: Dependability of self-optimizing Mechatronic systems. Lecture Notes in Mechanical Engineering https://doi.org/10.1007/978-3-642-53742-4. Berlin: Springer 2014.

[GWSS88] GROEBEN, N.; WAHL, D.; SCHLEE, Z.; SCHEELE, B. (Hrsg.): Das Forschungsprogramm subjektiver Theorien. Tübingen: Francke 1988.

[HÄJE74] HÄNDLE, F.; JENSEN, ST. (Hrsg.): Systemtheorie und Systemtechnik. München: Nymphenburger Verlagsbuchhandlung 1974.

[HART49] HARTMANN, N.: Einführung in die Philosophie. Vorlesungsnachschrift. Göttingen 1949. 5. Aufl. Hannover: Luise Henckel Verlag.

[HAYA72] HAYAKAWA, S. I.: Sprache im Denken und Handeln. Allgemeinsemantik. Darmstadt: Darmstädter Blätter 1972.

[HEMP65] HEMPEL, C. G.: International Encyclopedia of Unified Science. Bd. 2, Nr. 7: Fundamentals of Concept Formation in Physical Science. Chicago: Univ. of Chicago Press 1965.

[HEMP74] HEMPEL, C. G.: Grundzüge der Begriffsbildung in der empirischen Wissenschaft. Düsseldorf: Bertelsmann 1974.

[HERM80] HERMANN, TH.: Sprechhandlungspläne als handlungstheoretische Konstrukte. In: Lenk, H. (Hrsg.): Handlungstheorien interdisziplinär. Handlungslogik, formale und sprachwissenschaftliche Handlungstheorien. München: Fink 1980.

[HIBE34] HILBERT, D.; BERNAYS, P.: Grundlagen der Mathematik, Bd. I. Berlin: Springer 1934, S. 66.

[HIRS72] HIRSCH, E. D.: Prinzipien der Interpretation. UTB. München: Fink 1972.

[HNBB92] HABERFELLNER, R.; NAGEL, P.; BECKER, M.; BÜCHEL, A.; VON MASSOW, H.: Systems Engineering: Methodik und Praxis. Hrsg.: Daenzer, W. F.; Huber, F., 8. Aufl. Zürich: Industrielle Organisation 1992.

[HOFS92] HOFSTADTER, D. R.: Gödel, Escher, Bach. Ein endloses geflochtenes Band. Stuttgart: dtv Klett Cotta 1992.

[HUTA55] HUTAREW, G.: Kurze Einführung am Beispiel der Drehzahlregelung von Wasserturbinen. Berlin: Springer 1955.

[ISGU07] IRANI, S.; SHUKLA, S.; GUPTA, R.: Online strategies for dynamic power management in systems with multiple power saving states. Trans. Embedded Comp. Systems 2(2003)3, S. 325–346.

[KIRC97] KIRCHHOFF, G.: Vorlesungen über mathematische Physik. Erster Band: Vorlesungen über Mechanik. 4. Aufl. Herausgegeben von W. Wien. Leipzig: Teubner 1897.

[KiSc89] Kiyek, K.-H.; Schwarz, F.: Mathematik für Informatiker. Stuttgart: Teubner 1989.

[KiSc91] Kiyek, K.-H.; Schwarz, F.: Mathematik für Informatiker. Stuttgart: Teubner 1991.

[KlBu85] Klaus, G.; Buhr, M. (Hrsg.): Philosophisches Wörterbuch. 13. Aufl. als fotomechan. Nachdr. d. 12. durchges. Aufl. Berlin: Verlag Das Europ. Buch 1985.

[Klir69] Klir, J.: An Approach to General Systems Theory. New York: Van Nostrand Reinhold 1969.

[Korn06] Kornwachs, K.: Technisches Wissen. In: Banse, G.; Grunwald, A.; König, W.; Ropohl, G. (Hrsg.): Erkennen und Gestalten – Eine Theorie der Technikwissenschaften. Berlin: Edition sigma 2006.

[Kowa20] Kowalewski, G.: Einführung in die Determinantentheorie. Einschliesslich der unendlichen und der Friedholmschen Determinanten Berlin: De Gruyter 2020.

[Lagr11] Lagrange, J.-L.: Mecanique analytique. 2. Aufl. Paris: Courcher 1811/1815.

[LaLi07] Landau, L.; Lifschitz, J. M.: Lehrbuch der Theoretischen Physik, Bd. 1: Mechanik. 14. Aufl. Frankfurt a. M.: Harri Deutsch 2007.

[Lan65] Lange, O.: Wholes and parts. Oxford: Pergamon press 1965.

[Leni47] Lenin, W. I.: Materialismus und Empiriokritizismus. Kritische Bemerkungen über eine reaktionäre Philosophie. Moskau: Verlag für fremdsprachige Literatur 1947.

[Lenk79] Lenk, H.: Pragmatische Vernunft. Philosophie zwischen Wissenschaft und Praxis. Stuttgart: Reclam 1979.

[Lenk80] Lenk, H. (Hrsg.): Handlungstheorien interdisziplinär. Handlungslogik, formale und sprachwissenschaftliche Handlungstheorien. München: Fink 1980.

[Lenk80a] Lenk, H.: Graphen und Verbandsstrukturen in formalen Handlungstheorien. In: Lenk, H. (Hrsg.): Handlungstheorien interdisziplinär. Handlungslogik, formale und sprachwissenschaftliche Handlungstheorien. S. 137–166. München: Fink 1980.

[Lenk93] Lenk, H.: Philosophie und Interpretation. Vorlesungen zur Entwicklung konstruktionistischer Interpretationsansätze. Frankfurt a. M.: Suhrkamp 1993.

[Leon62] Leonhard, A.: Die selbsttätige Regelung. Berlin: Springer 1962.

[LeRo78] Lenk, H.; Ropohl, G.: Systemtheorie als Wissenschaftsprogramm. Königstein: Athenäum 1978.

[LiFl02] Liebig, H.; Flik, T.: Rechnerorganisation. Prinzipien, Strukturen, Algorithmen. 3. Aufl. Berlin: Springer 2002.

[Lin72] Linde, H.: Sachdominanz in Sozialstrukturen. Tübingen: Mohr Siebeck 1972.

[Lohn11] Lohnstein, H.: Formale Semantik und natürliche Sprachen. Berlin: de Gruyter 2011.

[Lore60] Lorenz, K.: Prinzipien der vergleichenden Verhaltensforschung. Fortschritte der Zoologie 12(1960), S. 265–294.

[Luhm68] Luhmann, N.: Zweckbegriff und Systemrationalität. Über die Funktion von Zwecken in sozialen Systemen. Tübingen: Mohr 1968.

[LuMo73] Lueg, H.; Moll, W.-P.: Fertigungsbeschreibendes Klassifizierungssystem. Stuttgart: Grossmann 1973.

[LuTa30] Lukasiewicz, J.; Tarski, A.: Untersuchungen über den Aussagenkalkül, Comptes rendus de la Société des Sciences et des Lettres de Varsovie (Warszawa), Cl. III, 23, 1930, S. 1–21.

[Megg77] Meggle, G. (Hrsg.): Analytische Handlungstheorie. Bd. 1: Handlungsbeschreibungen. Frankfurt a. M.: Suhrkamp 1977.

[MEBE76] MEGGLE, G.; BEETZ, M.: Interpretationstheorie und Interpretationspraxis. Kronberg: Scriptor 1976.

[MONJ63] MONJALLON, A.: Introduction aux mathématiques modernes. Paris: Librairie Vuibert 1963.

[MONJ71] MONJALLON, A.: Einführung in die moderne Mathematik (Logik und Grundlagen der Mathematik). 2. Aufl. Braunschweig: Friedr. Vieweg & Sohn 1971.

[MORR46] MORRIS, CH.: Zeichen, Sprache und Verhalten. Frankfurt a. M.: Ullstein 1946.

[MSBI21] MICROSOFT BING WÖRTERBUCH: System.

[MÜNC82] MÜNCH, R.: Theorie des Handelns. Frankfurt a. M.: Suhrkamp 1982.

[NOWA80] NOWAKOWSKA, M.: Eine formale Theorie der Handlungen. In: Lenk, H. (Hrsg.): Handlungstheorien interdisziplinär. Handlungslogik, formale und sprachwissenschaftliche Handlungstheorien. S. 167–222. München: Fink 1980.

[PICH75] PICHLER, F.: Mathematische Systemtheorie: dynamische Konstruktionen. Berlin: de Gruyter 1975.

[POSE82] POSER, H. (Hrsg.): Philosophische Probleme der Handlungstheorie. Freiburg: Alber 1982.

[RAPO88] RAPOPORT, A.: Allgemeine Systemtheorie. Darmstadt: Darmstädter Blätter 1988.

[RICO86] RICOEUR, P.: Die lebendige Metapher. München: Fink 1986.

[RIED71] RIEDEL, M.: Rehabilitierung der praktischen Philosophie. Bd. 1: Geschichte, Probleme, Aufgaben. Sammlung Rombach NF. Bd. 14. Freiburg: Rombach 1971.

[ROPO75] ROPOHL, G.: Einführung in die Systemtechnik. München: Hanser 1975.

[ROPO78] ROPOHL, G.: Eine Systemtheorie der Technik. Zur Grundlegung der allgemeinen Technologie. (Habil.) Karlsruhe: Universität 1978.

[ROPO79] ROPOHL, G.: Allgemeine Technologie. Karlsruhe: Universitätsverlag Karlsruhe 1979.

[ROPO80] ROPOHL, G.: Ein systemtheoretisches Beschreibungsmodell des Handelns. In: Lenk, H. (Hrsg.): Handlungstheorien interdisziplinär. Handlungslogik, formale und sprachwissenschaftliche Handlungstheorien. S. 323–360. München: Fink 1980.

[ROPO09] ROPOHL, G.: Allgemeine Technologie: eine Systemtheorie der Technik. 3. Aufl. Karlsruhe: Universitätsverlag Karlsruhe 2009.

[RSSR01] RAGHUNATHAN, V.; SPANOS, P.; SRIVASTAVA, M. B.: Adaptive power-fidelity in energy-aware wireless embedded systems. Proceedings of the 22nd IEEE Real-Time Systems Symposium (RTSS), S. 106 ff.; Washington: IEEE Computer Society 2001.

[RUTS80] RUTSCH, M.: Handeln in entscheidungstheoretischer Sicht. In: Lenk, H. (Hrsg.): Handlungstheorien interdisziplinär. Handlungslogik, formale und sprachwissenschaftliche Handlungstheorien. S. 223–248. München: Fink 1980.

[SAVE56] SAINT-VENANT, A.: Mémoire sur la flexion des prismes. Liouville Journal IIeme serie, Tome I, 89-189. 1856.

[SCHU02] SCHULZ, G.: Regelungstechnik. München: Oldenbourg 2002.

[SCHU22] SCHUMACHER, W.: Grundlagen der Regelungstechnik. Vorlesungsskript. Braunschweig: TU, Institut für Regelungstechnik 2022.

[SEIF92] SEIFFERT, H.: Einführung in die Wissenschaftstheorie. Bd. 3: Handlungstheorie, Modallogik, Ethik, Systemtheorie. 2. Aufl. München: C. H. Beck 1992.

[SMU61] SMULLYAN, R. M.: Theory of formal Systems. Princeton: University Press 1961.

[SOLO59] SOLODOWNIKOW, W.: Grundlagen der selbsttätigen Regelung. München: Oldenbourg 1959.

[SPEN23] SPENGLER, O.: Der Untergang des Abendlandes: Umrisse einer Morphologie der Weltgeschichte. Bd. 1. München: C. H. Beck 1923.

[STAC73] STACHOWIAK, H.: Allgemeine Modelltheorie. Berlin: Springer 1973.

[SZON75] SZONDI, P.: Einführung in die literarische Hermeneutik. Frankfurt a. M.: Suhrkamp 1975.

[THAL76] THALBERG, I.: Perception, Emotion and Action. Oxford: Oxford University Press 1976.

[UNBE00] UNBEHAUEN, H.: Regelungstechnik. Braunschweig: Vieweg Bd. 1: 2005, Bd. 2: 2000, Bd. 3: 2011.

[VBER72] VON BERTALLANFY, L.: Vorläufer und Begründer der Systemtheorie. In: Systemtheorie. B. Forschung und Information. 12(1972). S. 17–28.

[VKEM64] VON KEMPSKI, J.: Brechungen. Kritische Versuche zur Philosophie der Gegenwart. Reinbek: Rowohlt 1964.

[VKUT80] VON KUTSCHERA, F.: Grundbegriffe der Handlungslogik. In: Lenk, H. (Hrsg.): Handlungstheorien interdisziplinär. Handlungslogik, formale und sprachwissenschaftliche Handlungstheorien. München: Fink 1980.

[VWRI74] VON WRIGHT, G. H.: Erklären und Verstehen. Frankfurt a. M.: Suhrkamp 1974.

[VWRI77] VON WRIGHT, G. H.: Handlung, Norm und Intention. Berlin: de Gruyter 1977.

[VWRI80] VON WRIGHT, G. H.: Elemente der Handlungslogik. In: Lenk, H. (Hrsg.): Handlungstheorien interdisziplinär. Handlungslogik, formale und sprachwissenschaftliche Handlungstheorien. S. 21 34. München: Fink 1980.

[VWRI84] VON WRIGHT, G. H.: Erklären und Verstehen. Frankfurt a. M.: Suhrkamp 1984.

[WILL03] WILLNER, K.: Kontinuums- und Kontaktmechanik. Berlin: Springer 2003.

[WITT03] WITTGENSTEIN, L.: Philosophische Untersuchungen. 9. Aufl. Frankfurt a. M.: Suhrkamp 2003.

[YDSH95] YAO, F.; DEMERS, A.; SHENKER, S.: A scheduling model for reduced CPU energy. In: Proceedings of the 36th Annual Symposium of Computer Science (FOCS). IEEE Computer Society, Washington, DC, 374-382, 1995.

[ZOGL99] ZOGLAUER, TH.: Einführung in die formale Logik für Philosophen. UTB 1999. Göttingen: Vandenhoeck + Rupprecht 1997.

[EITHSKA] Stabilität von Regelkreisen. Vorlesungsunterlagen Regelungstechnik. Institut für Elektrotechnik. https://www.eit.hs-karlsruhe.de. Karlsruhe: Hochschule Karlsruhe 2021.

[MTM24] MTM Association e. V.: Die MTM-Prozesssprache – Leistungsstandard für menschliche Arbeit. Hamburg: MTM Association e. V. 2024.

[WIKICNC] wikipedia.org/wiki/Computerized Numerical Control.

[WIKIWORK] wikipedia.org/wiki/WORK FACTOR.

Auswahl eines Sachsystems – Leistungsanforderung und -angebot

3

Inhaltsverzeichnis

Zusammenfassung

Entwerfen ist zu einem ganz wesentlichen Teil ein Entscheiden für oder gegen Handlungsalternativen, ein zielgerichtetes Ausscheiden von Wahlmöglichkeiten. Und um diese Entscheidungen treffen zu können, müssen wir wissen, was wir wollen, und uns dann in einem sozialen Prozess auf gemeinsame Anforderungen, auf möglichst präzise und widerspruchsfrei formulierte Kompromisse einigen. Zum anderen erfordert jede Entscheidung eine möglichst vollständige Information. Also müssen wir uns so viel Wissen wie möglich oder nötig über mögliche Alternativen und über deren Eigenschaften und Konsequenzen verschaffen. Weil Anforderungs- und Angebotsbeschreibungen aber in unterschiedlichen Domänen entstehen, individuell unterschiedlich nominale oder funktionale Sichtweisen sowie unterschiedliche Begriffe und Benennungen verwenden, muss dem Bewertungsprozess ein Übersetzungs- und Interpretationsschritt vorgeschaltet werden. Erst dann können wir die Leistungen und Eigenschaften der Handlungsalternativen messen und auf die Anforderungen abbilden. Die Bewertung können wir eindimensional mit Kostenkriterien und/oder anhand multidimensionaler Zielsysteme in einer Nutzwertanalyse durchführen. Ergebnis dieser Bewertung ist eine Rangfolge der Handlungsalternativen.

W. Dangelmaier, *Produktionstheorie 5*, https://doi.org/10.1007/978-3-662-69038-3_3

Das Entwerfen von Technik verstehen wir als einen Prozess, in dem ein Sachsystem (siehe Abschn. 2.2.3), ein technisches System (siehe Abschn. 2.2.4) oder ein Handlungssystem (siehe Abschn. 2.2.5) in mehreren Konkretisierungsschritten bis zur Realisierungsreife ausgearbeitet wird (siehe Abschn. 4.2.1). Als wesentliche Handlungsstrategie verfolgen wir dabei den Ansatz, für das intendierte Sachsystem in einem Top-down-Ansatz bereits existierende Technik zu verwenden – in welcher Form und mit welchem Konkretisierungsgrad auch immer; möglicherweise gibt es bereits Lösungen, die das geforderte Attributs-/Funktionsspektrum komplett abdecken, andernfalls müssen wir die Funktionalität zerlegen und detaillierte Lösungen zu einer Gesamtkonzeption synthetisieren. Auf jeder Gliederungs-/Detaillierungsebene sind kreative Arbeiten zu leisten, gleichzeitig aber auch die geforderte Funktionalität in Leistungsanforderungen umzusetzen, diese Anforderungen zu systematisieren und in einem Auswahlprozess auf Leistungsangebote verfügbarer Lösungen abzubilden. Dieser Auswahlprozess läuft auf jeder Gliederungsebene nach demselben Schema ab; daher ist es sinnvoll, diese Auswahl als einen wesentlichen Baustein des Entwerfens in einem Kapitel separat zu behandeln und in einem weiteren Kapitel besonders auf Vorgehensstrategien zur Gliederung des Entwerfens einzugehen. Ausgangspunkt des Auswahlprozesses ist die dem Sachsystem gestellte Aufgabe, aus der wir die geforderte Funktionalität ableiten müssen: Eine *Aufgabe* ist die von einem Aufgabenträger wahrgenommene, dauerhaft geltende *Anforderung*[1], Verrichtungen an Objekten zur Erreichung bestimmter Ziele/angestrebter Zustände durchzuführen ([WIKIAUFG]; vgl. Abschn. 3.3.3). Aus dieser Anforderung ist eine Aussage abzuleiten über die notwendige Beschaffenheit oder Fähigkeit,

1. die zur Durchführung einer Aufgabe/Erreichung eines Zieles benötigt wird;
2. die ein Aufgabenträger erfüllen oder besitzen muss, um einer Norm, einer Spezifikation oder anderen, formell vorgegebenen Dokumenten zu entsprechen.[2]

Dementsprechend postuliert die Aufgabe einen Anspruch, ein „Soll", der Aufgabenträger ein „Können", ein Potenzial. Aufgabe und Aufgabenträger manifestieren bei der Aufgabenerledigung ein Handlungssystem mit möglichst effizienten, wirtschaftlichen und/oder nachhaltigen Abläufen; die Verrichtung als zielgerichtete Tätigkeit zur Erfüllung der Aufgabe besagt, was getan werden muss, das Objekt, woran etwas getan werden muss.

Jedes Entwerfen ist in eine Organisation eingebunden (siehe Abschn. 2.2.5). Also haben wir es bei der Formulierung der Anforderungen und der Beurteilung des Leistungsangebots abhängig von der individuellen Motivationslage mit einem Bündel zusammenzuführender Interessen und Interpretationen zu tun. Herausfordernd dabei ist bspw., dass Auftraggeber die Anforderungen an die Erfüllung von Aufgaben überwiegend aus ihrer Perspektive beschreiben und damit einen in der Regel hohen Freiheitsgrad in der Ent-

[1] Im Gegensatz zum einmalig durchgeführten Auftrag ist eine Aufgabe permanent und repetitiv zu beginnen und zu erfüllen [FESI12].

[2] Eine Aufgabe/eine Anforderung zielt auf bestimmte Tätigkeiten, ein Ziel dagegen auf einen Zustand, also auf Attribute.

wurfsdurchführung zulassen. Einer der zentralen Eckpunkte beim Entwerfen technischer Systeme, also von Aufgabenträgern für definierte Aufgaben, besteht deshalb darin sicherzustellen, dass Auftraggeber und Auftragnehmer ein gemeinsames Verständnis für die Bestandteile des Entwurfsauftrags entwickeln.

Beispiel 3.1

Entwurfsauftrag

Gefordert ist ein Produktionssystem zur Herstellung von Werkzeugen für das Kunststoffspritzgießen bestimmter Bauteile von Elektrohaushaltsgeräten (Eierkocher, Wasserkocher, Toaster, Föhn, Bügeleisen, ...) in einem bisher nicht bedienten Markt. Über die Elektrogeräte ist man sich schnell einig ($Aufgabe^1$). Schwieriger sind die Werkzeuge; sie hängen ab von den Spritzgussmaschinen, die aber aus Gründen des local content erst noch vor Ort beschafft werden müssen ($Aufgabe^2$). Bestimmte Werkzeugmaschinen dürfen überhaupt nicht eingeführt werden. Und ob man vor Ort überhaupt Werkzeugmacher mit der notwendigen Qualifikation finden kann, ist völlig ungeklärt. Also bestehen vage bis gar keine Vorstellungen, wie dieser Werkzeugbau aussehen könnte ($Aufgabe^3$). Demnach haben wir hier ein Beispiel für eine mehrfach gestufte Aufgabenstellung.[3] ◄

Oft sind die in aller Regel natürlichsprachig formulierten Anforderungen mehrdeutig, meist zumindest in Teilen unvollständig, dagegen aber mit Nebensächlichkeiten überfrachtet. Dieser Herausforderung ist in einem wechselseitigen Konsolidierungsprozess zu begegnen, in dem Rückfragen möglich und Spielräume für die Einigung der Parteien auf ein gemeinsames Verständnis gegeben sind. Daher ist dieser Konsolidierungsprozess auch als Übersetzungsschritt zwischen Auftraggeber- und Auftragnehmersicht zu sehen. Er zielt insbesondere auf das Ausräumen von Ungewissheiten auf der Seite der Auftragnehmer ab, gilt allerdings auch als langwierig für die Stakeholder[4], die sich Rückfragen gegenübersehen, von denen sie bspw. als Nutzer nicht direkt betroffen und mit deren Beantwortung sie schnell überfordert sind [SEIF01]. Schlussendlich ist es aber aufgrund der direkten Kommunikation zwischen den Parteien ein zielführendes Vorgehen, das den Erfolg in der Erfüllung der Aufgabe bereits in einem frühen Stadium sichern kann.

[3] Vgl. die in Abschn. 2.2.5 für das Zielsystem eingeführte Instrumentalrelation. Wir wollen bspw. ein noch zu entwerfendes CAD-System nutzen, um eine Bohrmaschine zu entwerfen, mit der wir 100 mm tiefe zylindrische Löcher mit 10 mm Durchmesser bohren können. Also gilt: [(Mittel CAD-System (Aufgabe (Bohrmaschine) entwerfen, (Aufgabe (zylindrisches Loch 100 mm, Durchmesser 10 mm) bohren), (Bohrmaschine), (Bohrer))) konzipieren] und demnach [Aufgabe (Mittel (Aufgabe (Mittel (Aufgabe (Mittel)(Mittel)))))].

[4] Ein Stakeholder ist eine Person, für die es aufgrund ihrer Interessenlage von Belang ist, wie sich ein Unternehmen verhält.

Beispiel 3.2

Anforderungsbeschreibung

„Weil ich unterwegs einen Föhn benutzen will, brauche ich ein tragbares Gerät". Was heißt hier „unterwegs": Im Wald, im Auto, im ICE oder im Hotelzimmer? Was heißt „tragbar": Mit oder ohne Kabel? Oder soll das ein Gerät sein, mit dem ich mich auch bei Umweltaktivisten sehen lassen kann? Sicher scheint doch nur eines: keine ortsfest montierten Geräte, kein an die Wand montierter Föhn und keine Trockenhaube. ◀

3.1 Erfassen

3.1.1 Anforderungsquellen

Im wirtschaftswissenschaftlichen Kontext heißen alle internen und externen natürlichen oder juristischen Personen(gruppen), die von den unternehmerischen Tätigkeiten gegenwärtig oder in Zukunft direkt oder indirekt betroffen sind, *Stakeholder* [SPRI15, BALZ09, FAHN12, GABL15]: Ein *Stakeholder* ist eine Person oder eine Organisation, die ein potenzielles Interesse an dem zukünftigen Sachsystem hat und damit auch Anforderungen an das Sachsystem stellt. Eine Person kann dabei die Interessen von mehreren Personen oder Organisationen vertreten und gleichzeitig mehrere Rollen einnehmen (bspw. Kunde und Endanwender) [BÄUM17]. Stakeholder sind die wichtigsten Quellen bei der Erhebung von Anforderungen (Anforderungsquellen), sie definieren die Rahmenbedingungen eines zu entwickelnden Sachsystems/Aufgabenträgers [PORU15]. Naturgemäß sind die Interessen unterschiedlich und damit die Anforderungen der jeweiligen Stakeholder hinsichtlich des zu entwickelnden Sachsystems widersprüchlich [PORU15, GREC10]. [GREC10] und [SCHW11] empfehlen deshalb, Anforderungen zu priorisieren, ggf. einzelne Stakeholder mit einem Mandat zur Konfliktlösung zu versehen, nicht ohne auf die Gefahr hinzuweisen, dass dann möglicherweise alle anderen mehr oder weniger hilflos diesen „Experten" ausgeliefert sind. Das impliziert daher auch, Verantwortung für das Erreichen der formulierten Projektziele und das Einhalten definierter Zeit- und Kostenschranken zu übernehmen, für den effizienten Einsatz der Entwicklungsressourcen und die Einhaltung der gesetzten Qualitätsanforderungen zu sorgen. Anforderungen verändern sich, fallen weg oder kommen neu hinzu, Stakeholder kommen im Entwurfsprozess hinzu oder werden erst nachträglich identifiziert [POHL07].

Im Zentrum steht das zu realisierende Sachsystem (technisches System/Produkt/Aufgabenträger), welches mit zunehmendem Kenntnisstand sich verändern bzw. zu Beginn des Entwerfens nicht abschließend und im Wesentlichen nur aus der Außensicht definiert werden kann. Um das Sachsystem herum befinden sich drei Wirkungsbereiche, wovon der erste (operational working area) alle Stakeholder einschließt, die direkt mit dem Sachsystem (inter-)agieren. Der zweite Bereich (containing business) adressiert Gruppen, die von dem Sachsystem in einer bestimmten Art profitieren. Der dritte Bereich (wider environment) vereinigt Stakeholder, die Einfluss auf oder Interesse am Entwurfsergebnis haben [BÄUM17, RORO12]. [DAHU84] unterscheidet in diesem Zusammenhang unmittelbar/mittelbar Beteiligte/Betroffene; allgemein wird auf die Tatsache hingewiesen, dass Stakeholder mehrere Rollen innehaben können. So werden Kunden nach Fertigstellung des Sachsystems zu Eigentümern und darüber hinaus, sofern das Sachsystem zur eigenen Benutzung angeschafft wird, auch zum Endanwender. Viele Stakeholder sind nicht zwangsläufig Techniker. Weder verstehen sie den typischen Techniker-Lingo und technische Systembeschreibungen noch können sie ihre Anforderungen in dieser Form verschriftlichen. Aus diesem Grund sind für die unterschiedlichen Stakeholder spezielle Anforderungs- und Erhebungstechniken bereitzustellen.

Beispiel 3.3

Anforderungen unterschiedlicher Stakeholder

Kunde: Funktionalität, niedrige Kosten, erhöhte Produktivität, Abwärtskompatibilität, schnelle Entwicklung, Flexibilität

Endbenutzer: Benutzerfreundlichkeit, Erlernbarkeit, Robustheit, Fehlertoleranz

Entwickler: Anpassbarkeit, minimale Fehleranzahl, Änderbarkeit, Wiederverwendbarkeit, gut definierte Schnittstellen ◄

3.1.2 Anforderungen an den Aufgabenträger/die Aufgabendurchführung

Der Begriff der Anforderung (requirement) wird vielfältig definiert (bspw. [RUPP07, SOMM09, BALZ09, POHL07]). Nach Balzert [BALZ09] legen Anforderungen fest, was „*man von einem Aufgabenträgersystem als Eigenschaften erwartet*“. Unter „man“ sind dabei alle Stakeholder zu verstehen. Als „Eigenschaften“ identifiziert [BALZ09] neben den primären funktionalen und nichtfunktionalen Anforderungen die Visionen und Ziele, die am Anfang einer Produktspezifikation stehen und die Rahmenbedingungen für das technische System/das Sachsystem und dessen Entwicklung definieren. [IEEE91] formuliert präziser; hier ist eine *Anforderung*

1. eine Eigenschaft oder Fähigkeit, die von einem Benutzer (Person oder System) zur Lösung eines Problems oder zur Erreichung eines Zieles benötigt wird;
2. eine Eigenschaft oder Fähigkeit, die ein technisches System/ein Sachsystem erfüllen oder besitzen muss, um einen Vertrag oder eine Norm, eine Spezifikation oder andere formell vorgegebene Dokumente zu erfüllen;
3. eine dokumentierte Repräsentation einer Eigenschaft oder Fähigkeit gemäß 1. oder 2.

Das Verständnis von [IEEE91] ergänzt die allgemeine Auffassung einer Anforderung von [BALZ09] um einen wesentlichen Gesichtspunkt: die dokumentierte Repräsentation. Eine isolierte dokumentierte Anforderung – das erreichte inhaltliche Verständnis über eine Anforderung – wird als Anforderungsartefakt bezeichnet und zusammen mit anderen derartigen Artefakten in den Anforderungsdokumenten verwaltet [IEEE91].

Funktionale Anforderungen ergeben sich aus dem jeweils gewünschten Nutzen der jeweiligen Stakeholder (bspw. [SOMM09, BALZ09, SCHI02, IEEE91]). Demnach ist eine funktionale Anforderung das, was ein Sachsystem im individuellen Anwendungskontext nützlich macht [RUPP07] bzw. können muss [SCHN98]. „Funktionalität" fassen wir dabei nicht nur als „beherrschte Funktion", als Können, sondern auch im Sinne von Abschn. 3.4.2 auf:

- Ein und dasselbe Individuum versteht unter einer funktionalen Anforderung unter identischen Umständen immer dasselbe und gibt unter identischen Umständen hinsichtlich einer bestimmten Anforderung, hinsichtlich eines geforderten Potenzials immer dasselbe Urteil ab (Operationalität).
- Mehrere Individuen verstehen hinsichtlich einer funktionalen Anforderung unter identischen Umständen dasselbe. Sie geben unter identischen Umständen hinsichtlich einer bestimmten Anforderung dasselbe Urteil ab.

Also werden mit der Anforderung implizit oder explizit eine Messmethode und ein Maßstab mit einer Verankerung in der Umwelt angegeben (vgl. Abschn. 3.4.1).

Beispiel 3.4

Funktionale Anforderungen

- *Sachsystem informationell*
- Alle Druckaufträge an das (Informations-)System sind vom Benutzer zu tätigen.
- Der Benutzer kann täglich bis zu 100 Druckaufträge erstellen und konfigurieren.
- Wird die Option „Drucken" gewählt, öffnet das System innerhalb von 10 Sekunden den „Drucken"-Dialog und fordert den Benutzer zur Eingabe der Seitenzahlen auf (maximal 20 Seiten).
- *Sachsystem materiell*
- Das Gewicht von Föhn Apollo soll geringer als das seiner Vorgänger ausfallen.
- Das Windrad Pustefix soll jährlich 30.000 Stunden Strom liefern.
- Das Gewicht von Fahrrad Tretmühle soll 10 kg nicht überschreiten.
- *Technisches System/Handlungssystem/Produktionssystem*
- Das zu installierende Produktionssystem soll täglich 2000 Getriebe oder Motoren abliefern.
- Das zu installierende Produktionssystem soll nicht mehr als 100 Arbeitskräfte benötigen. ◄

Anforderungen, die keine funktionale Anforderung darstellen, werden in der Fachliteratur unterschiedlich bezeichnet: Insbesondere im Softwarebereich hat sich der Begriff/die Bezeichnung *nichtfunktionale Anforderungen* etabliert [RUPP07, SOMM09, BALZ09, POHL07]. Vereinfacht ausgedrückt sind nichtfunktionale Anforderungen damit alle Anforderungen, die – trivialerweise – *„nicht funktional sind"* [RUPP07]; also alle Anforderungen, mit *„denen wir wenig anzufangen wissen"* [BALZ09], vor allem solche, die *„nicht operational sind, nicht gemessen werden können"* [SOMM09]. So zählt [IEEE91] bspw. *design requirements, interface requirement, performance requirement* als kontrastierende Begriffe zu funktionalen Anforderungen auf und macht sie damit zum Bestandteil der nichtfunktionalen Anforderungen.[5]

Beispiel 3.5

Nichtfunktionale Anforderungen

- *Sachsystem informationell*
  - Das Informationssystem muss schnell und sicher sein.
  - Die Benutzungsanleitung muss selbsterklärend sein.
- *Sachsystem materiell*
  - Der Kofferraum sollte ausreichend dimensioniert sein.
  - Der Föhn sollte ein ansprechendes Äußeres haben.
- *Technisches System/Handlungssystem/Produktionssystem*
  - Das Fabrikgelände muss für die Werker einfach zu erreichen sein.
  - Eine gute Erweiterbarkeit ist sicherzustellen. ◄

Pohl [POHL07] sieht im Zusammenhang mit nichtfunktionalen Anforderungen vor allem Eigenschaften, die das Gesamtsystem betreffen, widerspricht aber – zumindest in Teilen – diesem Begriffsverständnis selbst, indem er entschieden und völlig zu Recht aufführt, dass es sich bei vielen nichtfunktionalen Anforderungen um unterspezifizierte Anforderungen handelt (vgl. Abschn. 3.3.3). Demnach ist die Klasse der nichtfunktionalen Anforderungen in zwei Unterklassen aufzuteilen [POHL07]:

1. Unterspezifizierte funktionale Anforderungen: Durch Spezifizierung lässt sich dieser Anforderungstyp in funktionale Anforderungen überführen (vgl. Abschn. 3.3.3).

Dazu gehören in Beispiel 3.5 die jeweils ersten Aussagen: Wenn wir angeben, dass ein Job in weniger als einer Minute erledigt sein muss und dafür 30 Sekunden anzustreben sind, dann liegt eindeutig Funktionalität vor. Dasselbe gilt für den Kofferraum eines Pkw, wenn wir „800 Liter Fassungsvermögen" angeben. Und auch über die Erreichbarkeit eines Geländes dürfte es nur wenige Diskussionen geben, wenn wir verlangen, dass es für jeden Werker mit Bus oder Straßenbahn ohne Umsteigen erreichbar sein muss.

[5] [ZANG70] unterscheidet hier zwischen operationalen und nichtoperationalen (Ziel-)Kriterien.

2. Qualitätsanforderungen: Dieser Anforderungstyp bezieht sich auf Eigenschaften, die sowohl das Gesamtsystem als auch einzelne Funktionen und Funktionsgruppen betreffen können und über die es keine streng reproduzierbaren Urteile gibt (vgl. Abschn. 3.4.1).

Neben der inhaltlichen Betrachtung von Anforderungen ist die Perspektive der Veränderbarkeit zu berücksichtigen. So können organisatorische oder technische Anforderungen (bspw. seitens des Gesetzgebers) existieren, die als *Rahmenanforderungen* oder Randbedingungen (Constraints) zu berücksichtigen sind, die auf die Funktionen Einfluss nehmen und von den Stakeholdern nicht gestaltet, nicht beeinflusst und/oder nicht verändert werden können [RUPP07, BALZ09]. Diesbezüglich kann nach [POHL07] generell zwischen Rahmenanforderungen, die das zu entwickelnde System betreffen, und jenen, die das entwickelnde System bzw. den Entwicklungsprozess tangieren, unterschieden werden.

Beispiel 3.6

Rahmenanforderungen

- *Sachsystem informationell*
  - Das Programm muss unter Windows laufen.
  - Die Entwicklung des neuen Release darf einen maximalen Personalaufwand von 24 Monaten nicht überschreiten.
- *Sachsystem materiell*
  - Der Föhn muss mit 230 Volt Netzspannung laufen.
  - Der Innenraum des Pkw muss für vier Personen zugelassen werden.
- *Technisches System/Produktionssystem*
  - Alle Windräder der Windkraftwerke erfüllen alle gesetzlichen Auflagen.
  - Das Fabrikgelände muss einen Bahnanschluss haben. ◄

Diese allgemein übliche Einteilung von Anforderungen lässt sich völlig operational und ausreichend korrekt mit einem Satz umschreiben: Rahmenanforderungen/Randbedingungen sind mit „muss“, Funktionale Anforderungen mit „soll“ und nichtfunktionale Anforderungen mit „sollte“ zu formulieren. Dementsprechend ist die jeweilige Nichterfüllung zu sanktionieren[6]. Hier sind zwei wichtige Anmerkungen angebracht:

- „Reine Qualitätsanforderungen“, denen ein zu entwerfendes System genügen oder nicht genügen kann – letztlich wird über die Erfüllung solcher Anforderungen nie ein Einvernehmen zu erzielen sein –, sind in einem Prozess der Anforderungsformulierung eine sinnvolle und möglicherweise nicht zu umgehende Zwischenstufe[7]; es wird nur im Ausnahmefall von vornherein klar sein, was wir genau wollen und wie sich funktionale Anforderungen, nichtfunktionale Anforderungen und Rahmenbedingungen voneinander unterscheiden (vgl. Abschn. 3.4.1). Oft ist jede (vorläufige) Einteilung hilfreich.

[6] Siehe die Zielrelationen in Abschn. 2.2.5.3.

[7] [ZANG70] spricht hier von qualitativen und quantitativen Kriterien.

Derartige Anforderungen in ein endgültiges Anforderungsdokument aufzunehmen, das verteuert jedoch das zu entwerfende System samt dem Entwurfsprozess, ohne einen entsprechenden Gegenwert zu liefern.

- Daher sind in einen Entwurfsprozess nur Anforderungen aufzunehmen, die unter Angabe einer Messmethode und eines Maßstabs als „funktionale Anforderungen“ anzusehen sind. Alle Anforderungen, die diesem Anspruch nicht genügen, sind entsprechend zu vervollständigen (siehe oben) oder aus der Menge der Anforderungen auszuscheiden – wir können sowieso kein Urteil fällen. Und wenn diese Kriterien für eine rationale Entscheidung sowieso keine Rolle spielen, dann müssen wir auch keine aufwendige und pseudorationale Nutzwertanalyse (siehe Abschn. 3.4.2) durchführen – die wichtigen Leistungen werden ja per Definition erbracht. Dies gilt in gewissem Sinne auch für die Rahmenanforderungen: Weil wir nur den Naturgesetzen unterliegen und daher letztendlich (fast) nichts vollständig unveränderlich ist (eine Gesetzeslage kann sich ändern oder mit aktivem Handeln geändert werden, mit entsprechenden Entwicklungen ist der Akku für den Föhn besser als das lästige Stromkabel, mit einer entsprechenden Anzahl von Arbeitsplätzen richtet die öffentliche Hand auch einen Bahnanschluss ein), gilt der folgende kategorische Imperativ: Wir akzeptieren nur Anforderungen, die in Form einer funktionalen Anforderung formuliert sind.
- Damit ist eine dritte Anmerkung zwangsläufig: Wir dürfen im Entwurfsprozess (vgl. Abschn. 4.2.1) keine Lösungsalternative, keine Lösungsidee a priori ausschließen. Genau das leisten falsch verstandene Rahmenanforderungen: Alles, was in seinem aktuellen Stand/Zustand nicht passt, findet in der Nutzwertanalyse und damit im weiteren Entwurf nicht statt ([ZANG14]; vgl. Abschn. 3.4.2). Solange aber die Möglichkeit besteht, dass eine zunächst (völlig) unzureichende „Lösungsalternative“ mit einer geeigneten Ertüchtigung (und machbaren Kosten) den Anforderungen entsprechen kann (der Stand der Technik hat sich ja nicht im Vertrauen darauf entwickelt, dass eines Tages wir mit unseren Rahmenanforderungen kommen; das Windrad, das im aktuellen Zustand den gesetzlichen Vorgaben nicht genügt, ist möglicherweise nach einer kleinen Änderung die ideale Lösung), müssen wir sie weiterverfolgen – und damit wird die Rahmenanforderung zu einer ganz normalen funktionalen Anforderung.

3.1.3 Anforderungsdokumentation

„Anforderungsdokumentation“ ist eine Tätigkeit, deren Ergebnis, das Anforderungsdokument, den wesentlichen Teil der Arbeitsgrundlage der Stakeholder bildet [GREC10]; eine Anforderungsdokumentation identifiziert und fasst alle Anforderungen strukturierend zusammen[8]. Sowohl zur Tätigkeit als zu deren Ergebnis, dem Dokument, existiert kein einheitliches Begriffsverständnis. So sind bspw. „Spezifikation“, „Anforderungsanalysedokument“, „Requirements-Spezifikation“, „Lastenheft“, „Pflichtenheft“ sowohl in

[8] Und damit besteht natürlich ein Bezug zu Abschn. 4.2.3.

verschiedenen Kontexten als auch synonym üblich [BAUM13, GRAN11, GREC10]. Wir definieren in Anlehnung an [POHL08] und [BÄDO17]: *Anforderungsdokumentation* heißt die Tätigkeit, informal vorliegende Informationen (Interviewprotokolle, Notizen, Skizzen usw.) mittels (vordefinierter) Dokumentationstechniken festzuhalten. Die Art und Weise der Übertragung, die Methode des Vorgehens sowie die Qualitätskriterien ergeben sich aus vorgegebenen Dokumentationsvorschriften, die ihrerseits aus Normen ableitbar sind oder von leitenden Stakeholdern initial formuliert werden (siehe bspw. [WIKIANFO, DIN69901, VDI2519]).

Eine sinnvolle und gängige Unterscheidung trifft [WIKIANFO]: Das *Lastenheft* (auch Anforderungsspezifikation, Anforderungskatalog, Kundenspezifikation, Anwenderspezifikation) enthält die Gesamtheit der Anforderungen des Auftraggebers an die Lieferungen und Leistungen eines Auftragnehmers. Nach DIN 69901-5 umfasst das Lastenheft die „*vom Auftraggeber festgelegte Gesamtheit der Forderungen an die Lieferungen und Leistungen eines Auftragnehmers innerhalb eines Auftrags*". Das Lastenheft beschreibt in der Regel somit, was und wofür etwas gemacht werden soll [WIKIANFO]. Die Anforderungen in einem Lastenheft sollten „*so allgemein wie möglich und so einschränkend wie nötig formuliert werden*". Dadurch hat der Auftragnehmer die Möglichkeit, eine passende Lösung zu erarbeiten, ohne in seiner Lösungskompetenz durch allzu konkrete Anforderungen eingeschränkt zu sein. Das Lastenheft kann der Auftraggeber in einer Ausschreibung verwenden und an mögliche Auftragnehmer verschicken. Diese erstellen jeweils ein *Pflichtenheft*, das in konkreter(er) Form beschreibt, wie sie die Anforderungen im Lastenheft verstanden haben und ihnen begegnen wollen [VDI2519, VDI3649]. Der Auftraggeber wählt dann aus den Vorschlägen der möglichen Auftragnehmer den für ihn geeignetsten aus [WIKIANFO].

Der primäre Nutzen der Anforderungsdokumentation/des Anforderungsdokuments ist die systematische Verwaltung von Anforderungen, die aus verschiedenen Quellen und in unterschiedlicher Qualität gewonnen werden. Sie erfahren somit eine strukturelle sowie inhaltliche Aufwertung und stehen als Informations- und Wissensbasis, aber auch als Konstruktions-, Verhandlungs- und Vertragsgrundlage zur Verfügung, auch dann, wenn einzelne Stakeholder gegebenenfalls nicht mehr greifbar sind.

Die Ausgangslage stellen nach Pohl [POHL07] *dokumentierte Informationen* dar. Sie wurden bspw. während Interviews mit Stakeholdern verschriftlicht: Dokumentierte Informationen, die den Dokumentationsvorschriften entsprechen, heißen *dokumentierte Anforderungen*. Die Dokumentationsvorschriften ergeben sich wiederum aus Normen oder werden von leitenden Stakeholdern initial formuliert. Analog verhält es sich mit dokumentierten und spezifizierten Anforderungen. Anforderungsdokumentationen sind demnach abzugrenzen von Anforderungsspezifikationen, die sich aus den Anforderungsdokumenten ergeben, wenn sie den vorgegebenen Spezifikationsvorschriften entsprechen [POHL08]: Dokumentierte Anforderungen, die den Spezifikationsvorschriften entsprechen, heißen *spezifizierte Anforderungen*. Die Spezifikationsvorschriften ergeben sich wiederum aus Normen oder werden initial von leitenden Stakeholdern formuliert.

Zur Dokumentation bzw. Spezifikation von Anforderungen stehen Methoden zur Verfügung, die sich unter anderem im Formalisierungsgrad stark unterscheiden [WIEG05]. So können sowohl informale Methoden, bspw. die natürliche Sprache, als auch semiformale und formale Verfahren eingesetzt werden [TIEM13]. Eine strikte Trennung zwischen den Ansätzen existiert nicht; oft kommen in Anforderungsdokumentationen mehrere Varianten zur Anwendung [LAPL13].

3.1.4 Anforderungsbeschreibung

Unwidersprochen ist es der Kreativität zuträglich und daher sinnvoll, trotz höherem Zeitaufwand zu Beginn eines Projekts informale Methoden einzusetzen [BRUG09]. Erst wenn konkrete Handlungspläne vorliegen, kann in Abhängigkeit vom Umfang der Entwurfsarbeiten zu formalen oder semiformalen Methoden gewechselt werden. Am Beispiel der formalen Spezifikation kann aber aufgezeigt werden, dass ein hoher Grad an Formalisierung schon zu einem sehr frühen Zeitpunkt erreicht wird. Dies ist bei informalen Spezifikationen erst wesentlich später der Fall; beim Einsatz informaler Methoden liegt kein komplettes Regelwerk bereit [TIEM13] und die Ausdrucksmöglichkeiten der Stakeholder werden bewusst kaum eingeschränkt. Beispiele für die informale Methode sind die natürliche Sprache und Schaubilder wie sogenannte Box-and-Arrow-Diagramme [TIEM13]. Im Gegensatz dazu unterliegen semiformale Verfahren einer vordefinierten, eindeutigen Syntax. Die Repräsentation kann eine graphische Notation sein, mit präzisen Regeln zur Erstellung der Diagramme oder eine textuelle Notation mit ähnlichen Regeln [TIEM13]. Ein Beispiel für semiformale Sprachen ist die Unified Modeling Language (UML), bei der die Syntax [BRJA06] größtenteils formal, die Semantik jedoch zum überwiegenden Teil natürlichsprachig formuliert ist [POHL08]. Formale Verfahren übersteigen diesen Ansatz, indem Anforderungen mittels formal spezifizierter Syntax und Semantik modelliert werden [POHL07]. Zwar sind solche Dokumentationstechniken kaum intuitiv zu verstehen; sie bieten aber wesentliche Vorteile, insbesondere was ihre Präzision und Verifizierbarkeit betrifft [HUSS93].

„Textuell" umfasst in Abb. 3.1 die Darstellung durch natürlichsprachige Texte – das heißt durch eine „schriftlich fixierte im Wortlaut festgelegte, inhaltlich zusammenhängende Folge von Aussagen" [DMSW96]. Werden Informationen graphisch dargestellt, geschieht dies durch Symbole, Linien und zusätzliche textuelle Annotationen [BALZ09]. Die natürliche Sprache („Text") ist als textuelle informale Technik im dritten Quadranten abgebildet. Im Gegensatz dazu ist die formale Logik [BORK76] im vierten Quadranten anzusiedeln. Sie weist einen hohen Formalisierungsgrad auf, basiert aber ebenfalls auf einer textuellen Darstellung. Klassendiagramme und Petri-Netze sind als Beispiel für graphische Techniken im ersten Quadranten anzuführen; dabei sind Petri-Netze wesentlich formaler definiert.

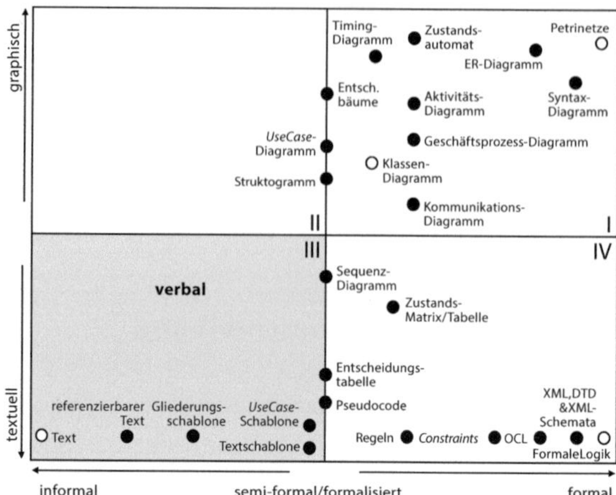

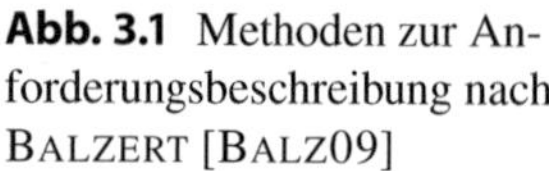
Abb. 3.1 Methoden zur Anforderungsbeschreibung nach BALZERT [BALZ09]

3.1.4.1 Informale Anforderungsdokumentation

Natürliche Sprache

Die Anforderungsdokumentation mittels natürlicher Sprache ist eine in der Praxis weit verbreitete Technik [RUPP07, SOMM09, BALZ09, IEEE91]. Unter "natürlicher Sprache" verstehen wir eine historisch entwickelte, regional und sozial geschichtete Sprache [BUSSM83]. *Natürliche Sprache* als Kommunikationsmittel ist die Umgangssprache, eine historisch gewachsene Sprache, die mehr oder weniger standardisierte Varietäten wie Hochsprache vs. Umgangssprache, Dialekte oder Regionalsprachen aufweist. Aus logischer Sicht ist sie voll von historischen Zufälligkeiten, von Mehrdeutigkeiten und Inkonsequenzen, sie ist plastisch und variabel, pragmatisch, offen und dynamisch [LEWA94]. Als Eigenschaften der natürlichen Sprache sind im Zusammenhang mit der Anforderungsdokumentation zu nennen:

Die natürliche Sprache

- tritt in zeitlicher, regionaler und sozialer Variation auf;
- erfüllt eine Reihe von Funktionen und dient nicht nur der Repräsentation von Sachverhalten;
- ist nicht explizit, sondern implizit in dem Sinne, dass beim Verstehen von Äußerungen besonders beim Übergang von der wörtlichen Bedeutung zu einer intendierten Bedeutung Präsuppositionen und Implikationen gelten;
- ist in ihrem Gebrauch abhängig von Kontexten aller Art, von räumlicher und zeitlicher Deixis;
- ist oft in der Weise mehrdeutig, dass Ausdrücke in verschiedenen Kontexten Verschiedenes bedeuten;
- ist in ihren referierenden Ausdrücken bis zu einem gewissen Ausmaß vage;
- ist syntaktisch nicht immer wohlgeformt (Ellipsen) [LEWA94].

Wird die natürliche Sprache differenzierter betrachtet, kristallisieren sich Teilmengen heraus, die sich zum Beispiel in der Entstehung, Verwendung und Verbreitung voneinander unterscheiden. Die größte Teilmenge der natürlichen Sprache ist die in der öffentlichen Kommunikation genutzte Standardsprache (auch: Gemeinsprache). Dabei handelt es sich um eine deskriptive Bezeichnung für die historisch legitimierte, überregionale, mündliche und schriftliche Sprachform der sozialen Mittel- bzw. Oberschicht [BUSSM83] und somit um eine über den Mundarten, lokalen Umgangssprachen und Gruppensprachen stehende, allgemein verbindliche Sprachform [DMSW96]. Ihre Normierung wird durch das Bildungssystem, Medien und Institutionen kontrolliert [BUSSM83]. Fachsprachen unterscheiden sich von der Standardsprache vor allem durch einen fachspezifischen differenzierten Wortschatz mit der Tendenz zu fester bzw. normierter Terminologie [BUSSM83]. Allerdings wird die lange Zeit populäre These, das Wesentliche einer Fachsprache liege in den Fachworten und nicht in der Syntax, inzwischen relativiert [CARN34, LEHR96]. Darüber hinaus ist die Fachsprache nicht disjunkt zu der Standardsprache, weil zum einen sie sich der Wörter und Grammatik der Standardsprache bedient und zum anderen ein Austausch mit ihr stattfindet; häufig sind die Fachgebiete von gestern das Populärwissen von heute [LEHR96].

Beispiel 3.7

Lastenheft Produktionsplanung Druckerei

Grundlagen

- Aufträge mit unterschiedlichen Terminzusagen
  - Eilaufträge: Eintreffen bis 12:00, Ausliefern bis 16:00 (DHL)
  - Aufträge mit Terminzusagen 1–4 Tage
- Aufträge mit unterschiedlichen Produktionsanteilen wie Umschläge, Inhalt, Klammern, Cellophanieren, Kleben, ..., die einen unterschiedlichen Ablauf bedingen und zu Auftragsumfängen zusammengeführt werden müssen.
- Unterschiedliche Auftragsabläufe sprechen gegen eine Zwangsverkettung der einzelnen Anlagen, die aber in einer immer gleichen Sequenz durchlaufen werden.
- Bei Auftragsbeginn liegt fest, welche Arbeitsschritte für einen Auftrag durchgeführt werden müssen. Dieser Arbeitsplan ist Grundlage der Kalkulation.
- Ebenfalls liegt die Beschreibung des Auftrags vor: Stückzahl, Papierqualität, Format, ...
- Die Zuordnung der Aufträge liegt mit der „klassifizierenden" Beschreibung bzw. dem Arbeitsplan grundsätzlich fest. Allerdings kann auf andere, dann möglicherweise langsamere/weniger geeignete Anlagen ausgewichen werden, wenn Stellen/Maschinen (aus welchen Gründen auch immer) nicht oder nur eingeschränkt zur Verfügung stehen.

Vorgaben

- Die Arbeitszeiten während einer Woche werden anhand der Auftragssituation bis zum Donnerstag/(Freitag) der Vorwoche mit der Belegschaft vereinbart.
- Grundsätzlich ist ein Arbeitstag in drei Zeitscheiben gegliedert:
  1. Arbeitsbeginn bis 12:00 (Letzte Zusage für „Lieferung noch heute“),
  2. 12:00 bis 16:00,
  3. 16:00 bis Arbeitsende.
- In der zweiten Zeitscheibe sind alle Aufträge, die bis Heute, 12:00 eingetroffen sind und noch heute erledigt werden müssen.
- Eine Reihenfolgeplanung für jede einzelne Maschine ist ein zweiter Schritt des Planungsverfahrens, der vorbereitet/möglich sein muss.
- Im ersten Schritt soll anhand eines machbaren Plans ein gewisser Dispositionsspielraum erhalten bleiben.
- Angestrebt wird eine Vorgabe von Rüstblöcken, also ein Zusammenfassen von Aufträgen, für die eine Maschine nicht umgerüstet werden muss.
- Die Kriterien, nach denen Rüstblöcke gebildet werden (Beispielsweise 2 Stunden Laufzeit mit 20 Minuten Umrüsten), sind für Rolle, Bogen, Heften, Kleben, … unterschiedlich. Bestände im Prozess und ein Koordinationsumfang sind die Folge.

Planungsablauf

- Grundsätzlich tritt täglich 12:00 der aktuelle Plan über den gesamten Auftragsvorrat in Kraft. In diesem Plan sind alle Aufträge enthalten, die bis heute, 12:00 eingetroffen sind.
- Nicht verfügbare bzw. überlastete Maschinen leiten die ihnen zugeordneten Aufträge an Ersatzmaschinen weiter.
- Die Einlastung der Aufträge erfolgt zunächst für die Aufträge, die bis 16:00 erledigt sein müssen. Also ist das Ergebnis dieses Schritts eine Anzahl von Rüstblöcken, die nicht unmittelbar verändert werden kann. Auch der damit verbundene Rüstaufwand liegt „fest“. Die Auslastung kann >, <, = der vorgegebenen Kapazität sein.
- Nicht ausgelastete Rüstblöcke werden mit Aufträgen nach aufsteigendem Liefertermin (> 16:00) aufgefüllt.
- Die Rüstblöcke werden nach Aufträgen mit mehreren Lieferumfängen (Inhalt, Umschläge, …) synchronisiert: Zwei Rüstblöcke für Bogen bzw. Rolle, die viele gemeinsame Aufträge haben, werden möglichst gemeinsam durchgeführt.
- Die Rüstblöcke werden so angeordnet, dass nachgeschaltete Stellen wie das Heften/Binden keine Überlast haben. Das könnte auch heißen, dass Aufträge mit viel Bindearbeit nach 16:00, mit wenig Bindearbeit vor 12:00 eingeplant werden, sodass auf jeden Fall von 12:00 bis 16:00 Bindekapazität vorhanden ist.
- Dann folgt die nächste Zeitscheibe, bspw. bis 16:00 des Folgetags.
- Dann folgt die nächste Zeitscheibe, bspw. bis 16:00 des Folgetags des Folgetags.

- Diese Aussagen beruhen alle auf der Annahme, dass die Engpässe auf den den Druckmaschinen nachgeschalteten Arbeitsplätzen nur temporär sind und durch geeignete dispositive Maßnahmen vermieden werden können.

Disposition

Die beiden Kriterien „feste Lieferzeit"/„feste Arbeitszeit" machen ein manuelles Lösen von Konflikten zwingend notwendig. Das kann nicht von 11:59 bis 12:01 erfolgen. Die Vorstellung ist vielmehr: Der Disponent ist vom Beginn des Arbeitstags bis 12:00 (und natürlich auch danach) tätig. Das heißt: Bis/vor 12:00 eintreffende Aufträge werden vom Planungssystem/vom Disponenten auf bereits eingeplante, noch nicht erledigte und noch nicht vollständig aufgefüllte Rüstblöcke („auf der Rolle ist noch Platz") eingeplant. Überlastungen werden ausgewiesen, möglicherweise bereits eingeplante Aufträge, die nicht so passen, aber noch Luft haben, nach hinten gestellt. Also muss der Disponent entscheiden, welche Aufträge Verzug haben werden (möglicherweise Aufträge, die nur einen Produktionsumfang (bspw. nur Bogen, keine Rolle) haben und keine Synchronisation brauchen, schlechte Kunden, Werkerqualifikationen usw.). Alle aktuell verfügbaren Maschinen müssen eingepflegt werden. Also braucht der Disponent entsprechende Auswertungen, aktualisiert mit jedem neu eintreffenden/abgeschlossenen Auftrag, um derartige Entscheidungen treffen zu können. Damit liegt für den Planungslauf um 12:00 mit dem Neuaufwurf des Plans eine bereits weitgehend abgestimmte Situation vor. Idealerweise sind um 12:00 alle Maschinen frei, um von 12:00 bis 16:00 maximal flexibel zu sein.

Rückmeldungen/Auftragsabschluss/Störungen

Es sind die heutigen Meldungen zu übernehmen. ◄

Kontrollierte Sprache

Kontrollierte Sprachen (auch: Normsprachen) sind der Versuch, Fachsprachen einer Kontrolle zu unterwerfen und sie damit Intuition, Situation und Sprachregister [LEHR96] zu entziehen: Eine kontrollierte Sprache ist eine echte Teilmenge der natürlichen Sprache. Sie besitzt eine in Bezug auf eine spezifische Domäne eingeschränkte Grammatik (Syntax) und definiert eine Menge von Begriffen (Lexik), die zur Konstruktion von Aussagen über die Domäne verwendet werden können. Ihr Ziel ist die Dokumentation komplexer thematischer Zusammenhänge [LEHR96, POHL07]. Dabei sind kontrollierte Sprachen keine Kunstsprachen wie bspw. Esperanto, sondern der Zuschnitt einer bestehenden Sprache auf eine Anwendung und seine Benutzer [FEHA08]. Sie werden genutzt, um den Austausch über komplexe Themen zu erleichtern, technische Dokumentationen verständlicher zu gestalten oder Aussagen leichter überprüfen zu können. Kontrollierte Sprachen stellen somit eine sehr kleine Teilmenge dar, die eine große Schnittmenge mit Fachsprachen aufweist und einzelne Charakteristika der Standardsprache, insbesondere den normativen Charakter, besitzt.

Kontrollierte Sprachen eignen sich als Fachsprache zur vereinfachten Formulierung von Aussagen über eine Domäne. Die begrenzte Ausdrucksmöglichkeit ist eine wesentliche Eigenschaft der kontrollierten Sprache und führt aufgrund der Quasi-Standardisierung und einem gemeinsamen Vokabular zu einer besseren Lesbarkeit und einem hohen Verständnis bei den Stakeholdern. Damit eignen sich kontrollierte Sprachen insbesondere für die Spezifikation von Anforderungen, weil einerseits der Interpretationsspielraum verkleinert wird und andererseits die Möglichkeit besteht, Widersprüche schneller aufzuspüren [POHL07]. Bei der Erhebung von Anforderungen sind kontrollierte Sprachen aber weniger geeignet, weil sie zum einen die Ausdrucksfähigkeit der Stakeholder einschränken und zum anderen umfangreiche Leitfäden voraussetzen, in denen der Umgang mit der kontrollierten Sprache erläutert wird. Indem nicht nur die Menge an zulässigen Wörtern und deren Bedeutung definiert wird, ist sie wesentlich restriktiver als beispielsweise ein Glossar; wie bei jeder Standardisierung gilt, dass Innovationen über das hinaus, was in der kontrollierten Sprache vorausgedacht wurde, unmöglich auszudrücken sind.

Glossar

Ein *Glossar* vermeidet durch die Identifikation sowie Definition wesentlicher fachlicher und technischer Begriffe nicht nur Ambiguitäten, sondern bildet eine gemeinsame Sprachgrundlage unter den Stakeholdern [GREC10]. Möglich wird das durch die strukturierte Auflistung aller Termini eines Fachgebiets (Terminologie) und deren Definitionen [BALZ09]: Ein Glossar legt die spezifische Bedeutung einer Menge von Fachbegriffen einer Domäne (Fachterminologie) fest. Neben den Begriffsdefinitionen kann ein Glossar Verweise zwischen verwandten Begriffen sowie Beispiele zur Erläuterung der Begriffe enthalten [POHL08]. Syntaktische Strukturen für die Dokumentation von natürlichsprachigen Anforderungen können, müssen aber nicht durch ergänzende Vorgehensweisen, wie bspw. syntaktische Anforderungsmuster, weiter limitiert werden.

Syntaktische Anforderungsmuster

Syntaktische Anforderungsmuster (Anforderungsschablonen) sind Sprachfragmente, die sowohl Satzstellung als auch Wortwahl bei einzelnen Anforderungsformulierungen festlegen: Ein vorgegebener Lückentext in Form von syntaktischen Anforderungsmustern dient der Vermeidung von häufig auftretenden Fehlern, wobei die Semantik dabei bewusst nicht eingeschränkt wird. Diese Muster sind als Baupläne einzelner qualitativ hochwertiger Anforderungen zu verstehen, in denen aber durchaus Anforderungen und Variationen gestattet sind [RUPP07]. Dabei existieren verschiedene Schablonen, die sowohl für formale als auch für nichtformale Anforderungen eingesetzt werden.

Beispiel 3.8

Anforderungsmuster

Als Prozesswort dient hier das Verb „weiterleiten", an das die Qualitätsanforderung „maximal zwei Versuche" und die Bedingung „entgegengenommener Druckauftrag" gekoppelt sind. Wir erhalten als ausgefülltes Anforderungsmuster: Wird ein Druckauftrag entgegengenommen, soll das System fähig sein, den Auftrag an den Drucker in maximal zwei Versuchen weiterzuleiten. ◄

3.1.4.2 Semiformale Anforderungsdokumentation

Als Kompromiss zwischen Formalität und Verständlichkeit nutzen semiformale Methoden [BRUG09] entweder nur eine vorgegebene Struktur oder eine präzise definierte Syntax zusammen mit einer vorgegebenen Struktur oder eine definierte Syntax zusammen mit einer graphischen Darstellung [KURT91]. Ergänzungen in natürlicher Sprache, die unter anderem als Träger der Semantik fungieren, sind möglich [BRUG09]. Entscheidende Vorteile für die Stakeholder sind bspw. Strukturiertheit und Übersichtlichkeit durch verschiedene Sichten auf das zu spezifizierende Problem ([RUPP07, HNBB92]; vgl. Abschn. 4.2.5):

1. Strukturperspektive: Betrachtung statischer Systemstrukturen unter Ausblendung dynamischer Aspekte wie Zustandsänderungen.
2. Funktionsperspektive: Der Fokus liegt auf bereitzustellenden Systemfunktionen, wobei auch die Ein- und Ausgaben und deren Manipulation durch Systemfunktionen betrachtet werden.
3. Verhaltensperspektive: Betrachtet werden Zustände, Zustandswechsel und erzeugte Ausgaben, die ein System bzw. einzelne Komponenten und Objekte einnehmen können. Es besteht eine enge Verknüpfung mit der Funktionsperspektive [RUPP07, HNBB92]. Die dargestellten Perspektiven sind nicht disjunkt. Das führt dazu, dass eine Integration der verschiedenen Perspektiven notwendig ist, was wiederum die wechselseitige Prüfung einzelner Modelle auf Konsistenz und Vollständigkeit ermöglicht [PORU15]. Eine Integration der verschiedenen Perspektiven ist zum Teil mittels objektorientierter Modellierungssprachen möglich [POHL08].

Qualitätsanforderungen werden bislang nicht berücksichtigt. Diese können durch textuelle Annotationen in den Modellen hinzugefügt werden. Der semiformale Charakter sorgt aber letztlich dafür, dass nicht alle Stakeholder in der Lage sein werden, ihre Anforderungen modellbasiert zu dokumentieren.

3.1.4.3 Formale Anforderungsdokumentation

Anders als informale und semiformale Dokumentationstechniken haben *formale Sprachen* eine eindeutig definierte Syntax und Semantik [SCHN98]. Für die Spezifikation der Anforderungen an Sachsysteme und deren Funktionsweise bedeutet das, dass die ungenaue menschliche Sprache durch die präzisen Mittel der Mathematik ersetzt [VSEK07A,

VSEK07c] wird und fehlerhafte Spezifikationen zu einem möglichst frühen Zeitpunkt vermieden werden[9]; Qualität wird in formal spezifizierte Systeme hineinkonstruiert [VSEK07b]. Der formale Charakter ermöglicht einerseits die exakte Dokumentation sowie (Teil-)Verifikation [Tiem13, Quin00], führt aber andererseits zum Ausschluss vieler Stakeholder [Wieg05] und zu geringerer Akzeptanz [HoWi05], weil das zugrundeliegende logische Modell Fachwissen sowie Interpretations- (vgl. Abschn. 3.3) und Abstraktionsvermögen voraussetzt [Kurt91]. Damit sind formale Sprachen möglicherweise ungeeignet für die Kommunikation auf breiter Basis; ganz bestimmt ist aber die Prädikatenlogik [Stan02] in vielen Softwarebereichen[10] – und damit speziell für das Design der Steuerung und Regelung von Sachsystemen [Ramm99, Quin00] – eine allgemein akzeptierte Spezifikationstechnik bzw. deren Grundlage [Hall90]. Formale Sprachen sind, unter anderem bei der Entwicklung sicherheitskritischer Systeme (z. B. [Hach02]), insbesondere im Hinblick auf vermeidbare Widersprüche, Inkonsistenzen und Fehler unverzichtbar und der Dokumentation mittels natürlicher Sprache, insbesondere wegen der Verifikationsmöglichkeiten, überlegen. Beispielsweise befasst sich die Prädikatenlogik mit Aussagen, die im Gegensatz zu Fragen, Ausrufen usw. in der modelltheoretischen Semantik Wahrheitswerte annehmen – sie können demnach wahr oder falsch hinsichtlich der Variablenbelegung werden [Stan02].

Beispiel 3.9

Anforderungen an einen Pkw

$\forall x | x \in X \wedge i(x) < 8$: In allen Einsatzbereichen (Kurzstrecke/Stadtverkehr, Mittelstrecke/Landstraße, Langstrecke/Autobahn) muss der Kraftstoffverbrauch kleiner als 8 Liter auf 100 km sein $\longrightarrow$ der Pkw muss sparsam sein.

$\forall (x) | \exists y \bigwedge d(x, y) < 30$: Von jedem Ort x aus ist die Entfernung zu einer Vertragswerkstatt $y < 30$ km $\longrightarrow$ es muss ein dichtes Service-Netz existieren.

$\exists k | k(y) \bigwedge y = 4 \wedge k(z) \wedge z =$ lang: Vier Personen muss über längere Strecken ausreichender Komfort geboten werden: Es existiert ein Komfort für vier Personen und für lange Strecken $\longrightarrow$ auch längere Reisen sind nicht anstrengend.

$\forall x | x \in X \wedge i(x) =$ max: In allen Einsatzbereichen ist der innere und äußere Sicherheitsstandard an der Spitze der technischen Entwicklung $\longrightarrow$ das Auto ist so sicher wie irgendwie möglich. ◂

3.1.5 Anforderungsextraktion

Anforderungsbeschreibungen sind eine Unterform der Anforderungsdokumentation bzw. -spezifikation, geprägt durch ihren informalen Charakter und insbesondere durch Unge-

[9] siehe Kap. 1, insbesondere Abschn. 1.4 und 1.5.

[10] vgl. Kap. 1, Abschn. 1.5.

nauigkeit und Unvollständigkeit. Sie sind damit das Ergebnis individueller Rahmenbedingungen (z. B. Vorwissen der *Stakeholder*). Als Beispiel für diesen Dokumententyp können Anforderungsbeschreibungen der *Open-Source*-Bewegung dienen, denen Eigenschaften wie ein hoher Anteil nebensächlicher, erläuternder Kommunikation und ein hoher Anteil an Ambiguitäten zugeschrieben werden. Diese Eigenschaften sind insbesondere auf die große Anzahl an (heterogenen) *Stakeholdern*, deren unterschiedliche Erfahrungsstände und unterschiedliches Fachwissen sowie ein fehlendes oder minimales Regelwerk zurückzuführen [GILL14, VLRO11, LACH09]. Anforderungsbeschreibungen rücken damit näher an einen informalen Dokumententyp heran, der allgemein als *User Generated Content* (UGC) bezeichnet wird (s.insb. [MOEN14]). Als Alternative zu diesem informalen Vorgehen schlägt [HUMA12] eine UML-basierte Beschreibungssprache vor, mit der sich *Stakeholder* der bereits etablierten und gut dokumentierten UML bedienen können. Allerdings merkt [GEIE15] an, dass jede Form der semiformalen bzw. formalen Spezifikation für Endanwender weniger geeignet ist; diese verfügen nicht über die notwendigen Fachkenntnisse, kennen darüber hinaus gewisse Angaben (z. B. Vor- und Nachbedingungen eines *Services*) nicht (vollständig) und können diese daher erst recht nicht formal spezifizieren [FERR14]. Eine *Anforderungsextraktion* sieht sich daher dem Problem fehlender Trainingsdaten gegenüber, auf denen die Merkmale von Anforderungsbeschreibungen gelernt oder regelbasierte Ansätze entwickelt werden könnten. Notwendig sind daher linguistische Werkzeuge, die die Eigenschaften von Anforderungsbeschreibungen adäquat abbilden, um darauf aufbauend Ansätze der Anforderungsextraktion entwickeln und evaluieren zu können. Derzeit existieren aber nur wenige Arbeiten, die sich der Anforderungsextraktion aus qualitativ stark schwankenden Texten widmen. So führt bspw. [VLRO11] eine Untersuchung von unstrukturierten und informalen Anforderungsbeschreibungen im Bereich der *Open-Source*-Software durch, um mehr über frei formulierte Anforderungstexte zu lernen. Darüber hinaus stellen [DOLL16] bzw. [DOGE16] ein Werkzeug vor, das Verfahren des maschinellen Lernens nutzt, um *On-Topic*-Aussagen in Anforderungsbeschreibungen zu erkennen und die wesentlichen Bestandteile funktionaler Anforderungen in ein definiertes *Template* zu übertragen. [DOLL16] unterteilt dabei die Anforderungsbeschreibungen in einzelne Sätze und übergibt diese an die Klassifikationskomponente, die Sätze in *Off-Topic* und *On-Topic* unterteilen kann. Handelt es sich bei einem klassifizierten Satz um *On-Topic* und damit um funktionale Anforderungen, wird die Extraktion von Attribut-Wert-Paaren vorgenommen, mit dem Ziel, ein vorgegebenes *Template* iterativ zu befüllen: Die wichtigsten Elemente des *Templates* sind die Komponente (Subjekt), die Aktion (Prädikat) und das Objekt (Objekt). Aktionen beschreiben, was eine Komponente leisten soll und Objekte beschreiben, worauf sich die Aktionen beziehen. Sowohl Komponenten als auch Objekte können in den Anforderungsbeschreibungen weiter konkretisiert werden. Darüber hinaus können Vor- und Nachbedingungen (z. B. Zeitrestriktionen) existieren, die für die Ausführung von Aktionen gelten müssen oder sollen und die im *Template* als Bedingungen angegeben sind. Über die genannten Beiträge hinaus existieren mehrheitlich Ansätze, die sich der Analyse und Kompensation qualitativ hochwertiger(er) Anforderungsbeschreibungen widmen oder weitreichende Annahmen zur Textqualität treffen (z. B. [DESA11]).

3.1.6 Angebotsdokumentation

Leistungsanforderungen und -angebote sind zwei Seiten derselben Medaille: Wenn wir Anforderungen ausdrücken, dann verwenden wir je nach der Bedeutung der Anforderung finite Verbformen von „sollen“ oder „müssen“; bei Angeboten verzichten wir auf diese Hilfsverben und verwenden finite Verbformen von „haben“, „sein“, „können“ und den Indikativ. Eine zunächst informale Beschreibung kann über den Zwischenschritt semiformal bis zur streng formalen Leistungscharakteristik gewandelt werden; oft ist es hinreichend, in der Beschreibung auf „sollen“ oder „müssen“ zu verzichten. Drücken wir Leistungseigenschaften aus, verwenden wir Formen von „haben“ und „sein“ zusammen mit Mengen von Attributen, sind Funktionen zu beschreiben, eine Form von „können“ und den Infinitiv. Eine gängige Form der Angebots-/Anforderungsbeschreibung ist die Charakterisierung als Input-Output-System, schrittweise vom allgemeinen über das zustandsparametrisierte zum dynamischen System. Eine bestimmte Eigenschaft oder eine bestimmte Funktionalität ist aber erst durch den Praxistest bewiesen; dieser Test kann ja auch in einem Katalog oder einer Norm dokumentiert sein – irgendjemand sagt: „Ich habe es gemessen, ausprobiert, gesehen, dass es funktioniert“.

Beispiel 3.10

Prädikatenlogische Aussagen

(a) $\exists x, y(person(x) \land emailkonto(y) \land besitzen(x, y))$
(b) $\forall x(person(x) \longrightarrow \exists y(emailkonto(y) \land besitzen(x, y)))$
(c) $\forall y(emailkonto(y) \longrightarrow \exists x(person(x) \land besitzen(x, y)))$ ◄

Beispiel 3.10 enthält drei prädikatenlogische Aussagen: (a) gibt an, dass mindestens eine Person mindestens ein E-Mail-Konto besitzt. Beispiel (b) sagt aus, dass jede Person ein E-Mail-Konto besitzt. Diese Aussage lässt sich falsifizieren, sobald mindestens eine Person genannt wird, die kein E-Mail-Konto besitzt. Anders verhält es sich bei (c), wo die Aussage getroffen wird, dass jedes E-Mail-Konto mindestens einen Besitzer hat. Diese Aussage ließe sich durch die Existenz mindestens eines herrenlosen E-Mail-Kontos falsifizieren. Beispiel 3.10 zeigt, dass wir Anforderungs-/Leistungsdokumentationen mit den gängigen Instrumenten von Aussagen- und Prädikatenlogik bearbeiten können [STAN02]. So können bspw. Anforderungen, die sich nicht zusammen realisieren lassen, durch die logische Analyse *ad absurdum* geführt werden[11]. Auch wenn bspw. [HOWI05] ausführen, dass der Einsatz formaler Methoden und Notationen mit kostenintensivem Mehraufwand

[11] Siehe Kap. 1, Beispiel 1.80.

einhergeht, lässt sich daher leicht dahingehend argumentieren, dass eine hohe Qualität, das heißt die frühzeitige Entdeckung von Fehlern, zur Vermeidung von kostenintensiven Garantie- und Gewährleistungsfällen beiträgt [HACH02].

Die Anwendung formaler Beschreibungsmethoden lässt häufig die Unterscheidung von Anforderung und Angebot verschwimmen. „Wir spezifizieren die Anforderungen an unseren neuen, absolut individuellen Pkw", indem wir die Farbe, den Motor, die Innenausstattung, das Glasschiebedach und die Anhängerkupplung für den Wohnwagen über „Ankreuzen" festlegen. Hier hat das „Konstruieren" lange vor dem Formulieren der Anforderungen stattgefunden, die Menge aller „baubaren" Pkw kann von uns nicht beeinflusst werden – wir dürfen aus dem Angebot des Baukastens auswählen, aber keine individuellen „Anforderungen" zum Ausdruck bringen. Alle Funktionen liegen fest, wir präzisieren einige wenige Eigenschaftsausprägungen. Und möglicherweise besitzen alle Pkw eines bestimmten Typs dieselbe Software/denselben Kabelbaum, der Kaufpreis bestimmt, welche „Features" freigeschaltet werden.

Beispiel 3.11

Anforderungen an einen Pkw

Wir spezifizieren einen Pkw und kreuzen einzelne Felder an. Hier laufen im Hintergrund Logikprüfungen ab: Je nach Zweckmäßigkeit/Historie wird mit Gleichteile-, Plus-Minus- und Typenstücklisten oder offenen Variantenstrukturen operiert.

a) Der Kunde wünscht eine Anhängerkupplung. Bestimmte Bleche im Hinterwagen fallen dann weg, bestimmte andere Bleche treten an deren Stelle: Dies ist ein Standard-XYZ-Pkw minus (Menge* Bleche) plus (Menge** Bleche) für alle Pkw, bei denen eine Anhängerkupplung möglich ist (> 100 KW).
b) Der Kunde will keine Klimaanlage; standardmäßig wird aber mit Klimaanlage ausgeliefert. Dann gilt für alle Pkw, die ohne Klimaanlage ausgeliefert werden können: Die Standardspritzwand wird durch eine spezielle Spritzwand ersetzt.
c) Der Kunde wählt einen zusätzlichen Airbag. Dieser zusätzliche Airbag bedeutet aber den Verzicht auf eine Klimaanlage und/oder einen Tempomaten. ◄

Möglicherweise existiert aber noch gar kein konkretes Leistungsangebot und auch kein Baukasten, der das Angebot strukturieren könnte. Selbst dann unterliegen wir möglicherweise bewusst, möglicherweise unbewusst der durch das Entwurfswerkzeug implizierten Funktionalität und folgen vorgegebenen Denkstrukturen; wir können die vom Entwurfswerkzeug gesetzten Grenzen nicht überwinden: Spezielle Entwurfssprachen führen zu speziellen Input-Output-Systemen mit speziellen Relationen und vorgegebenen Klassen, Attributen (bspw. *is a, has, is part of, is superior of, …*) und vorgegebenen Relationstypen (Materie, Information, Energie). Demnach ist das möglicherweise eine sehr eingeschränkte kontrollierte Sprache, und vom Aufgabenträger wird anschließend behauptet, dass dieser das vorliegende Entity-Relationship-Modell 1 : 1 umsetze. Also konstruieren wir über die Strukturierung der Anforderung – gelenkt durch die gewählte Spezifikationssprache – die Struktur des Angebots und sagen dann nur noch: Dieses Angebot kann das, was der Kunde will, wir stehen dafür gerade (vgl. Abschn. 4.2.7).

3.1.7 Erproben. Experiment. Test

Ein Sachsystem/ein technisches System durchläuft vom Gedankenmodell bis zur Realisierung in „Stahl und Eisen" vielfältige Konkretisierungsschritte[12]. In jedem Schritt muss die geforderte Funktionalität implementiert und nachgewiesen werden. Und dass geschieht nicht dadurch, dass wir auf einem Stück Papier in ein Rechteck „Regelung" oder auf einen Kochtopf „Dampfmaschine" schreiben. Viele Dinge können wir berechnen oder aus Tabellenwerken, Normen usw. entnehmen. Gegebenenfalls garantiert der Hersteller einer zugekauften Komponente eine bestimmte Leistung/ein bestimmtes Verhalten[13]. Aber dann wird ja dort dieselbe Fragestellung aufgeworfen: Wie kommen wir zu einer belastbaren Aussage? Wenn eine Berechnung (siehe bspw. Abschn. 2.2.3) nicht möglich, nicht aussagekräftig, nicht genau genug usw. ist, dann müssen wir das Sachsystem/das technische System im jeweiligen Konkretisierungsstand erproben, also gründlich mit einer geeigneten, reproduzierbaren Erprobungsumgebung und -strategie, möglicherweise an einem Versuchsmodell, prüfen, ob die geforderte Umsetzung eines bestimmten Inputs in den gewollten Output in der geforderten Art und Weise geleistet wird.

3.1.7.1 Experiment

Ein *Experiment* [WIKIEXPE, ACAT13] im Sinne der Wissenschaft ist eine methodisch angelegte Untersuchung zur empirischen Gewinnung von Information. Experimente werden in vielen Wissenschaften benötigt und durchgeführt, bspw. in den Naturwissenschaften, Ingenieurwissenschaften, Medizin, Psychologie und Soziologie. Meist sind Zählungen oder Messungen ein wichtiger Teil des Experiments. Das Experiment stellt eine „Frage an die Natur"; dieser Frage kann eine bestimmte Hypothese zugrundeliegen, die wir prüfen wollen [KANT82][14]. [BREN88] hat in diesem Sinne von einem „Verhör" der Natur gesprochen. Das Experiment kann aber auch einfach darin bestehen, ohne bestimmte

[12] Siehe Abschn. 4.2.1, Dekompositionsansatz Lebensphasen/Verbindlichkeit: Wir wählen eine zeitliche Gliederung und unterteilen nach dem Reifegrad bzw. der Konkretisierung des Entwurfs oder den Konkretisierungsstufen der eingesetzten Modelle, wenden also eine lineare Strategie vom Gedankenmodell über eine Skizze auf Papier über eine technische Zeichnung bis zur Realisierung in Eisen und Stahl an [HNBB92, PABE97].

[13] Und trotzdem durchläuft bspw. ein Windrad oder ein Hochregallager bei der Übergabe einen längeren Testbetrieb.

[14] „Die Vernunft muss mit ihren Prinzipien, nach denen allein übereinkommende Erscheinungen für Gesetze gelten können, in einer Hand, und mit dem Experiment, das sie nach jenen ausdachte, in der anderen, an die Natur gehen, zwar um von ihr belehrt zu werden, aber nicht in der Qualität eines Schülers, der sich alles vorsagen lässt, was der Lehrer will, sondern eines bestallten Richters, der die Zeugen nötigt, auf die Fragen zu antworten, die er ihnen vorlegt" [KANT82].

Hypothese eine bis dahin nicht beobachtete Situation herbeizuführen und sich von dem Ergebnis „überraschen zu lassen“. Derartige Experimente werden bspw. dann durchgeführt, wenn sich die Untersuchungsmöglichkeiten erweitert haben, etwa durch Einführung einer genaueren Messmethode oder Inbetriebnahme eines Teilchenbeschleunigers mit höherer Energie. Die Ergebnisse können dann Entdeckungen sein.

Vom Experiment zu unterscheiden ist die bloße wissenschaftliche Beobachtung, bei der nicht in das beobachtete System eingegriffen wird. Im Unterschied zur bloßen Beobachtung oder der Demonstration eines Effekts werden im Experiment Einflussgrößen verändert. Experiment und wissenschaftliche Beobachtung haben gemeinsam, dass sie im Allgemeinen auf einer Theorie mit daraus folgenden Hypothesen fußen und dass sie planmäßig durchgeführt werden [PUTN91].

Experimente in den Ingenieurwissenschaften und in der Technik ähneln häufig in Ausführung und Eigenschaften den Experimenten der naturwissenschaftlichen Forschung, so bspw. die Experimente der Werkstoffprüfung, mit denen Materialkennwerte wie Festigkeit oder Härte ermittelt werden. Jedes Experiment benötigt eine Versuchsanordnung; sind Versuchspersonen oder andere lebende Objekte beteiligt, sprechen wir auch von Forschungsdesign. Manchmal wird die Anordnung selbst als das „Experiment“ bezeichnet, insbesondere dann, wenn sie nur für ein einziges mögliches Experiment entworfen und hergestellt wird und dies den Großteil der experimentellen Arbeit ausmacht. Bei vielen Experimenten fallen die Messdaten in Form stochastisch schwankender Zahlenwerte an und müssen dann mit statistischen Methoden einschließlich statistischer Tests ausgewertet werden. Aus experimentellen Resultaten werden durch Schlussfolgerung Erkenntnisse gewonnen. Diese sind dann, oft im Zusammenspiel mit einem Modell oder auch als Grundlage eines neuen Modells, Grundlage einer Theorie.

Die Regeln für Anlage und Durchführung wissenschaftlicher Experimente und für ihre Dokumentation werden als Experimentatorik bezeichnet.

- In einem Experiment unterscheidet sich die Beobachtung von der unsystematischen Wahrnehmung durch ihre angestrebte Beobachterunabhängigkeit. Bei jedem Versuch ist auszuschließen, dass die Erwartungen – oder sogar die bloße Anwesenheit – des Experimentators das Versuchsergebnis beeinflussen. Effekte, die zu Fehldeutungen führen können, wie etwa Gravitationskräfte, die eine Person auf eine physikalische Versuchsanordnung ausübt, müssen durch die konkrete Versuchsanordnung ausgeschlossen werden.
- Die Dokumentation muss hinreichend aussagekräftig sein. Sie sollte u. a. bekannte oder mögliche Unsicherheiten und Messfehler nennen und diskutieren. Sie soll nicht nur über Fakten und herrschende Bedingungen, sondern auch über Hypothesen und Absichten Bescheid geben; zumindest darf nichts Wesentliches übergangen werden. Welche Tatsachen wesentlich sind und welche nicht, ist von Disziplin zu Disziplin verschieden. Während die Kleidung des Experimentators in einem physikalischen Experiment offensichtlich seiner Wahl überlassen werden kann, kann sie in psychologischen

Experimenten das Verhalten der Versuchsperson beeinflussen (z. B. den Experimentator als respekteinflößend oder eben als das Gegenteil erscheinen lassen).

- Alle beobachteten Vorgänge müssen dokumentiert werden, auch fehlgeschlagene Versuche – kein Resultat – und solche, die ein anderes als das erwartete Resultat hervorbringen, denn auch oder gerade diese können Information liefern und ggf. zu neuen Hypothesen führen. Die Unterschlagung einzelner Versuchsdaten, die das Ergebnis beeinflussen würden, kann nahezu unbewusst geschehen; dies ist besonders wichtig bei Versuchen, die ein statistisches Argument aufbauen.

Beispiel 3.12

Rotorgeometrie

Wir erproben eine neue Geometrie von Rotorblättern. Zuerst ermitteln wir das Verhalten eines einzelnen Rotorblatts mit einem im Maßstab 1 : 10 verkleinerten Modell im Windkanal. Dazu verwenden wir zahlreiche mögliche Geometrien. Für die zwei Geometrien, die am besten abschneiden, bauen wir jeweils ein Rotorblatt im Maßstab 1 : 1. Nach weiteren Verbesserungen werden zwei vollständige Rotoren einem Dauer*test* unterzogen. ◄

3.1.7.2 Test

Wichtiger als das Experiment ist in den Ingenieurwissenschaften der Test: Ein *Test* [WIKITEST, ACAT13] ist ein methodischer Versuch, mit dem festgestellt werden soll, ob die Eigenschaften oder die Leistung einer Sache, einer Person oder einer Hypothese den Erwartungen entsprechen [DUDETEST, GEIG98]. Verschiedene Bereiche der Technik und Wirtschaft verwenden abweichende Definitionen. So steht Test teilweise als Synonym für die Qualitäts- oder Endprüfung, Erprobung oder Messung. Die Standardisierungsorganisationen ISO und IEC definieren den Test im Sinne einer Ermittlung [GEIG98]. Die DIN 1319 verwendet hingegen die Bezeichnung „prüfen", bei dem festgestellt wird, inwieweit ein Prüfobjekt die Forderungen erfüllt [KRÜT15].

Im Gegensatz zum Experiment ist der Test nicht kausal, sondern final orientiert: Der Test unterscheidet sich vom Experiment dadurch, dass es beim Test eine Erwartung gibt, die belegt oder widerlegt werden soll, während das Ergebnis beim Experiment offen ist oder nur vermutet werden kann [KASS08]. Während Experimente sich auf Theorien beziehen, prinzipiell unter möglichst idealen Rahmenbedingungen, also mit möglichst geringem Einfluss der Umgebung durchgeführt werden, werden für Tests gerade realitätsnahe Rahmenbedingungen gewählt.

In der Technik wird ein Test häufig auch als Verifikation verstanden, d. h. ob sich ein Testobjekt unter Realbedingungen wie erwartet verhält; nach der Fertigstellung einer Brücke erfolgt ein Belastungstest, in dem ermittelt wird, ob die Brücke den Belastungen tatsächlich standhält [POSE16]. Mittels Prototypen wird bspw. die Funktionstüchtigkeit geplanter Technik getestet: Je wirklichkeitsnäher die Testbedingungen sind, desto aussagekräftiger ist der Test. Nicht immer ist es möglich, einen Test unter Realbedingungen durchzuführen. Dann müssen die Bedingungen möglichst realistisch simuliert werden [FeBe13]. Während ein negativer Test einen Beweis für das Vorliegen von Fehlern liefert, kann die völlige Fehlerfreiheit durch einen positiven in der Regel nicht bewiesen werden [Koch03]. In der disziplinübergreifenden Qualitätsprüfung ist darunter vor allem der statistische Test gemeint. Dabei wird mit Stichproben die Gültigkeit von Hypothesen überprüft [Geig98]. In diesem Sinne wird Test z. B. bei technischen Produkten bzw. Prozessen [HaHo10], bei der medizinischen Diagnostik [KRTW91] oder der Wissenschaft [HoWe13] verwendet. In der Diagnose können Menschen und Tiere, aber auch Pflanzen auf Krankheiten oder deren Erreger getestet werden, bspw. mit einem Bluttest. Ein positives Ergebnis im Sinn des Tests bedeutet dann, dass die vermutete Ursache bestätigt wurde.

3.1.7.3 Simulation

Sind Tests aus wirtschaftlichen oder ethischen Gründen nicht durchführbar, wird zur Simulation gegriffen. Zur Definition einer *Simulation* orientieren wir uns an den Input-Output-Systemen in Abschn. 2.2.2: Es seien (X, Y, S) und (X', Y', S') zwei gegebene allgemeine (technische/Sach-) Systeme. Wir nennen dann ein Paar (α, β) von Abbildungen $\alpha: X \longrightarrow X'$ und $\beta: Y' \longrightarrow Y$ eine *Simulationszuordnung* von (X, Y, S) zu (X', Y', S'), wenn dafür gilt: $\underset{x\in X}{\forall} \ \underset{y\in Y}{\forall} \ xSy \longrightarrow \underset{y'\in Y'}{\exists} \ \alpha(x)S'y' \wedge \beta(y') = y$.

Existiert von (X, Y, S) zu (X', Y', S') eine Simulationszuordnung, so sagen wir, (X, Y, S) wird von (X', Y', S') *simuliert*, und wir nennen in diesem Fall (X', Y', S') ein *Simulationssystem* von (X, Y, S). Bei einer Simulationszuordnung (α, β) wird also verlangt, dass für ein beliebiges $x \in X$ die davon in (X, Y, S) erreichten Outputs $y \in xS$ auch im Umweg über das System (X', Y', S') erreicht werden können. Wir können diese Forderung auch in folgender Weise ausdrücken: Für eine Simulationszuordnung (α, β) muss gelten: $\underset{x\in X}{\forall} \ xS \subset \{y: y \in Y \wedge \underset{y'\in Y'}{\exists} \ y' \in \alpha(x)S' \wedge y = \beta(y')\}$.

Beispiel 3.13

Simulation

Wir simulieren die Zeitverschiebung von 25 Tagen im gregorianischen Kalender durch den Kirchenkalender: Wir nehmen bspw. den 6. Dezember, ordnen ihm den Tag "Nikolaus" zu, zählen 25 Tage dazu und erhalten „Silvester". Die Rückübersetzung in den gregorianischen Kalender ergibt: 31. Dezember.

Wir simulieren ein Windrad zur Stromerzeugung durch ein Windrad, das im Garten eine Wasserpumpe antreibt. Wir vergleichen den jeweils aufgenommenen Wind über die vom Rotor jeweils abgedeckte Fläche und die erzielte Leistung über das geförderte Wasser bzw. die erzeugte Strommenge.

Wir bestimmen die Verteilung der mechanischen Spannung in einem Windrad mit Hilfe der Finite-Elemente-Methode. ◄

Es bezeichnen $parS = (X, Y, Z, p)$ und $parS' = (X', Y', Z', p')$ zwei gegebene Zustandsparametrisierungen der allgemeinen Systeme (X, Y, S) und (X', Y', S'). Wir nennen ein Tripel (α, β, γ) von Abbildungen $\alpha: X \longrightarrow X'$, $\beta: Y \longrightarrow Y'$ und $\gamma: Z \longrightarrow Z'$ eine Simulationszuordnung von $parS$ zu $parS'$, wenn dafür gilt: $\underset{x \in X}{\forall} \underset{y \in Y}{\forall} \underset{z \in Z}{\forall} xp(z)y \longrightarrow \underset{y' \in Y}{\exists} \alpha(x)p'(\gamma(z))y' \wedge \beta(y') = y$.

Existiert eine Simulationszuordnung (α, β, γ) von $parS$ zu $parS'$, so sagen wir, $parS$ wird von $parS'$ simuliert. Wir nennen dann $parS'$ eine Simulations-Zustandsparametrisierung von $parS$.

Wir simulieren endliche Automaten (A ... Eingabealphabet, B ... Ausgabealphabet, Q ... Zustandsmenge, δ ... Zustands-Überführungsfunktion, λ ... Markierungsfunktion): Gegeben seien die beiden Automaten $M = (A, B, Q, \delta, \lambda)$ und $M' = (A', B', Q', \delta', \lambda')$. Ein Tripel (α, β, γ) von Abbildungen $\alpha: A \longrightarrow A'$, $\beta: B \longrightarrow B'$ und $\gamma: Q \longrightarrow Q'$ heißt eine *Simulationszuordnung* von M zu M', wenn dafür gilt:

(1) $\underset{q \in Q}{\forall} \underset{a \in A}{\forall} \gamma(\delta(q, a)) = \delta'(\gamma(q), \alpha(a))$,
(2) $\underset{q \in Q}{\forall} \underset{a \in A}{\forall} \lambda(q, a) = \beta(\lambda'(\gamma(q), \alpha(a)))$.

Existiert für zwei endliche Automaten M und M' eine Simulationszuordnung (α, β, γ) von M zu M', so sagen wir, M wird von M' über (α, β, γ) *simuliert*. Den Automaten M' nennen wir dann auch einen *Simulator* von M. Die Bedingung (1) sichert die „Gleichartigkeit" der Zustandsüberführung in M' zu der von M. Mit (2) wird gewährleistet, dass auch über den Simulationsweg zu einem gegebenen Zustand q und Input a von M der gleiche Output entsteht. Von „außen" kann also nicht unterschieden werden, ob M oder M' als „Maschine" arbeitet[15].

Beispiel 3.14

Überprüfen/Simulieren des Windradreglers in einem Test[16]

Außer den üblichen Geräten für das Messen der Zeit und des Weges wird ein Gerät für die stufenweise Änderung der Reglerdrehzahl bei statischen Versuchen und für das Erzeugen von harmonischen Drehzahlschwingungen bei Frequenzgangversuchen benötigt.

[15] Siehe die Simulationsbeispiele in Bd. 2, Abschn. 1 und Beispiel 8-8 sowie [DANG03], die solche Simulatoren in einem Netzwerk zusammenschalten.
[16] Siehe die Ausführungen zur Regelung eines Windrads in Abschn. 2.2.3.3.

- **Überprüfen des Reglers in Beharrungszuständen und während der Schaltvorgänge**

- *Drehzahlbereich* $N_{uu} - N_{oo}$
Der Drehzahlbereich umfasst alle Drehzahlen, von der tiefsten Drehzahl N_{uu} bis zur höchsten Drehzahl N_{oo}, die am Sollwertgeber eingestellt werden können und bei denen der Regler noch einwandfrei arbeitet; im ganzen Drehzahlbereich haben alle beweglichen Teile einen ausreichenden Abstand von ihren oberen und unteren Anschlägen. Bei einem positiven P-Grad, $b_p > 0$, kann der Wert N_{uu} nur in der Stellkolbenendlage „ein", der Wert N_{oo} nur in der Stellkolbenendlage „aus" erreicht werden. Der Versuch kann durchgeführt werden entweder auf einem Prüffeld oder in der Anlage mit abgestelltem Rotor oder in der Anlage mit dem auf das Verbundnetz arbeitenden Maschinensatz. Das Drehzahlmesswerk des Reglers wird vom Sinusgeber angetrieben. Die Drehzahl wird stufenweise verstellt; nach Erreichen des neuen Beharrungszustands werden die Drehzahl N und die Stellung des Stellkolbens, Y_R, gemessen. Messpunkte liegen in der Nähe von N_{uu} und N_{oo}. Der Schnittpunkt der höheren $N(y_R)$-Kurve mit der Ordinate $Y_R/Y_{Rh} = 0$ liefert N_{oo}, der Schnittpunkt der tieferen $N(y_R)$-Kurve mit der Ordinate $Y_R/Y_{Rh} = -1$ liefert N_{uu}.

- *Stellhub* Y_{Rh}
Der Versuch kann durchgeführt werden entweder auf einem Prüffeld oder in der Anlage mit abgestelltem Rotor oder in der Anlage mit dem auf das Verbundnetz arbeitenden Maschinensatz. y_{Rh} ist der Weg zwischen den beiden Endlagen des Stellkolbens.

- *Stellkraft* P_R
Der Versuch wird in der Anlage mit einem auf das Verbundnetz arbeitenden Maschinensatz durchgeführt. Das unmittelbare Messen der Stellkraft P_R ist meist wenig genau; die Stellkraft wird daher aus dem Druck in den Arbeitsräumen des letzten Verstärkers und aus den wirksamen Kolbenflächen berechnet. Der Einfluss der Reibung wird geschätzt. Unmittelbare Messungen werden nur vorgenommen, wenn die Einschaltzeiten und/oder die Ausschaltzeiten des Rotors bei dem vorgeschriebenen Druck nicht erreicht werden.

- *Arbeitsvermögen des Reglers* A_R
Das Arbeitsvermögen des Reglers bei einem vorgeschriebenen Druck (im Verstärker) berechnet sich als Produkt aus dem gemessenen Stellhub Y_{Rh} und der Stellkraft P_R.

- *Einschaltzeit* $T_ö$*/Ausschaltzeit* T_s
Der Versuch wird in der Anlage mit einem auf das Verbundnetz arbeitenden Maschinensatz durchgeführt. Der Kraftschalter der letzten Verstärkerstufe wird mit ausgeschalteter Rückführung durch sprunghaftes Verstellen des Sollwerts, beim Messen

der Einschaltzeit $T_ö$ aus der Endstellung „aus" in die Endstellung „ein", beim Messen der Ausschaltzeit T_s aus der Endstellung „ein" in die Endstellung „aus" gebracht und die Bewegung des Stellkolbens aufgezeichnet.

- *Permanenter P-Grad des Reglers* b_p
  Die Drehzahl wird stufenweise verstellt; nach Erreichen des neuen Beharrungszustands werden Drehzahl und Stellung des Stellkolbens gemessen. Es werden für jede Einstellung von b_p Messpunkte für eine $x_\mathrm{R}(y_\mathrm{R})$-Kurve von $Y_\mathrm{R}/Y_{\mathrm{R}h} = 0$ bis $Y_\mathrm{R}/Y_{\mathrm{R}h} = -1$ aufgezeichnet. Die Neigung der Tangente $\mathrm{d}\,x_\mathrm{R}/\mathrm{d}\,y_\mathrm{R}$ liefert den bleibenden P-Grad b_p.

- **Überprüfen des Reglers während der Regelungsvorgänge**
  Das Verhalten des Reglers während eines Regelungsvorgangs kann entweder aus einer punktweise gemessenen Frequenzgang-Ortskurve F_R oder aus der Differenzialgleichung des Reglers mit gemessenen Beiwerten entnommen werden.

- *Messen der Frequenzgang-Ortskurve*
  Die gemessene Ortskurve $F_\mathrm{R} = y_\mathrm{R}/x_\mathrm{R}$ umfasst alle Einflüsse, auch solche, die bei der Aufstellung einer Reglergleichung vernachlässigt werden. Durch sie wird das Verhalten des Reglers bei einer sinusförmigen Drehzahlschwingung am genauesten beschrieben. Der Versuch wird in der Anlage mit dem auf das Verbundnetz arbeitenden Maschinensatz durchgeführt; die Kurven werden für die größte und die kleinste Dämpfung mit dem im Betrieb vorgesehenen b_p-Wert aufgenommen. Nach Erreichen eines neuen, eingestellten Schwingungszustands werden die Drehzahlschwingung und die nach einer Sinusfunktion hin- und herschwingende Bewegung des Stellkolbens aufgezeichnet; das Amplitudenverhältnis $y_{\mathrm{R}o}/x_{\mathrm{R}o}$ und der Phasenwinkel können abgelesen werden.

- *Messen der Beiwerte der Differenzialgleichung*
  Näherungsweise kann das Verhalten des Reglers aus der vereinfachten Differenzialgleichung mit gemessenen Beiwerten berechnet werden:

- *Temporärer P-Grad des Reglers* b_t
  Der Versuch kann durchgeführt werden entweder auf einem Prüffeld oder in der Anlage mit abgestelltem Rotor oder in der Anlage mit dem auf das Verbundnetz arbeitenden Maschinensatz. Das Drehzahlmesswerk des Reglers wird an den Sinusgeber angeschlossen. Der bleibende P-Grad wird eliminiert und die Dämpfungseinrichtung blockiert; es werden $b_\mathrm{p} = 0$ und $T_d = \infty$ eingestellt. Die Drehzahl wird stufenweise verstellt. Nach Erreichen eines neuen Beharrungszustands werden die Drehzahl und die Stellung des Stellkolbens gemessen. Es werden für jede Einstellung von b_t Messpunkte für eine $x_\mathrm{R}(y_\mathrm{R})$-Kurve von $Y_\mathrm{R}/Y_{\mathrm{R}h} = 0$ bis $Y_\mathrm{R}/Y_{\mathrm{R}h} = -1$ aufgezeichnet. Die Neigung der Tangente $\mathrm{d}\,x_\mathrm{R}/\mathrm{d}\,y_\mathrm{R}$ liefert den temporären P-Grad b_t.

- *Bleibender P-Grad des Messwerks* b_b
  Dieser Wert wird gleichzeitig mit dem bleibenden P-Grad des Reglers b_p gemessen. Für jeden Messpunkt wird zusätzlich die Stellung der Messwerksmuffe y_M aufgenommen und damit die $x_R(y_M)$-Kurve gezeichnet. Die Neigung der Tangente $\mathrm{d}\,x_R/\mathrm{d}\,y_M$ an diese Kurve im betrachteten Punkt liefert b_b.

- *Vorübergehender P-Grad des Messwerks* b_v
  Dieser Wert wird gleichzeitig mit dem vorübergehenden P-Grad des Reglers b_t gemessen. Für jeden Messpunkt wird zusätzlich die Stellung der Messwerksmuffe y_M aufgenommen und damit die $x_R(y_M)$-Kurve gezeichnet. Die Neigung der Tangente $\mathrm{d}\,x_R/\mathrm{d}\,y_M$ an diese Kurve im betrachteten Punkt liefert b_v.

- *Laufzeit des Verstärkers*
  Der Versuch wird in der Anlage mit einem auf das Verbundnetz arbeitenden Maschinensatz durchgeführt. Das Rückführgestänge der letzten Verstärkerstufe wird ausgehängt und am Rotorengehäuse befestigt. Der Kraftschalter wird um den gewünschten Betrag x_v ausgelenkt und dabei die Geschwindigkeit y'_R, mit der sich der Stellkolben aus einer Endlage in die andere Endlage bewegt, gemessen. Mit diesen Messwerten wird die $y'_R(x_v)$-Kurve gezeichnet. Die Neigung der Tangente $\mathrm{d}\,x_V/\mathrm{d}\,y'_R$ an diese Kurve liefert die Laufzeit T_y.

- *Dämpfungszeit* T_d
  Der Versuch kann entweder auf dem Prüffeld oder in der Anlage bei abgestelltem Rotor durchgeführt werden. Die Eingangsgröße der Dämpfungseinrichtung wird sprungartig ausgelenkt und die Bewegung u des Ausgangsteils der Dämpfungseinrichtung aufgezeichnet. Die Tangente an die $u(t)$-Kurve zu Beginn der Rücklaufbewegung liefert die Dämpfungszeit T_d.

- *Zeitkonstante des Beschleunigungsmesswerks* T_n
  Der Versuch kann entweder auf dem Prüffeld oder in der Anlage mit leerlaufendem, noch nicht ans Netz geschaltetem Maschinensatz durchgeführt werden. Der bleibende P-Grad des Reglers wird ausgeschaltet ($b_p = 0$) und der Beharrungszustand durch eine vorübergehende Änderung des Sollwerts gestört. Die Drehzahländerung x_R und die Bewegung des Stellkolben y_R während des Einregelns auf den ursprünglichen Beharrungszustand werden aufgezeichnet. Die Tangente an die $x_R(t)$-Kurve im Punkt $\mathrm{d}\,y_R/\mathrm{d}\,t = 0$ liefert die Zeitkonstante für den Beschleunigungseinfluss am Regler $T_{nR} = T_n b_r b_{bd}$; die Zeitkonstante des Beschleunigungsmesswerks ergibt sich aus $T_n = T_{nR}/b_r b_{bd}$.

- **Totband i_x und Ungenauigkeit des Reglers i_y**
  Das Totband i_x und die daraus folgende Ungenauigkeit des Reglers $i_y = i_x/b_p$ kennzeichnen den Gütegrad des Reglers. Die Versuche werden in der Anlage mit dem auf

das Verbundnetz geschalteten Maschinensatz durchgeführt. Das Totband i_x ist die Differenz der Ordinaten der beiden mit steigenden und fallenden Drehzahlen in Beharrungszuständen aufgenommenen $x_R(y_R)$-Kurven. ◄

Beispiel 3.15

Überprüfen der Regelstrecke in einem Test

Die regeltechnischen Eigenschaften der Regelstrecke sind durch die Ortskurve F_S eindeutig beschrieben. Wenn die Ortskurve nicht gemessen werden kann, dann müssen zu ihrer Berechnung die Ortskurve F_{my} und die Beiwerte e_t, e_g und T_{AN} bestimmt werden.

- **Messen der Ortskurve F_S**
  Dieser Versuch kann nur mit einem Verbundnetz durchgeführt werden, bei dem die Belastungsverhältnisse während der Messung konstant sind. Mit dem Sinusgeber wird dem Regler eine sinusförmige Drehzahlschwingung und damit dem Stellglied eine harmonische oszillierende Bewegung aufgezwungen. Die Stellabweichung y und die Schwingung der Netzfrequenz = Drehzahlabweichung des Rotors x werden für verschiedene Belastungen aufgezeichnet. Aus diesen beiden Werten werden für die eingestellte Schwingungsfrequenz ω das Amplitudenverhältnis x_0/y_0 und der Phasenwinkel φ ermittelt.

- **Messen der Ortskurve F_{my}**
  Der Versuch wird mit dem Verbundnetz durchgeführt. Mit dem Sinusgeber und dem Regler als Verstärker wird dem Stellglied des Rotors eine harmonisch oszillierende Bewegung aufgezwungen. Die Stellabweichung y und die bezogene Abweichung der Generatorleistung – die bei der konstanten Drehzahl der bezogenen Drehmomentabweichung m_y gleich ist – werden aufgezeichnet. Aus den beiden Kurven werden für die eingestellte Schwingungsfrequenz ω das Amplitudenverhältnis m_{y0}/y_0 und der Phasenwinkel φ abgelesen. Die Ortskurve wird punktweise mit mehreren Frequenzen und für verschiedene Belastungen ermittelt.

- **Messen des Selbstregelungsfaktors des Windrads e_t und des Selbstregelungsfaktors des Netzes e_g**
  Der Versuch kann nur mit einem Netz durchgeführt werden, dessen Frequenz durch die Änderung der zugeführten Leistung um $\pm 2\,\%$ von N_N geändert werden kann. Der Stellkolben des Reglers des zu untersuchenden Windrads wird in der gewünschten Stellung festgehalten und die Netzfrequenz schrittweise durch Änderung der Energiezufuhr – entweder durch die Leistungsänderung eines parallel geschalteten Maschinensatzes oder durch Verstellen des elektrischen Bremswiderstands – geändert. Nach Erreichen eines neuen Beharrungszustands werden die Rotordrehzahl N, die Leistung des zu untersuchenden Maschinensatzes P_a und die Leistung der Hilfsenergie P_b abgelesen.

Für jede Drehzahlabweichung $x_{1,2} = (N_2 - N_1)/N_N$ wird die dazugehörige Abweichung des Drehmoments des Rotors $m_x = (N_N/P_N)(P_{a_2}/N_2 - P_{a_1}/N_1)$ und die dazugehörige Abweichung des Gegendrehmoments des Netzes $z_x = (N_N/P_N)((P_{a_2} + P_{b_2})/N_2 - (P_{a_1} + P_{b_1})/N_1)$ gebildet und ein $N/N_N, M/M_N$-Diagramm mit der $m_x(x)$-Kurve und der $z_x(x)$-Kurve erstellt. Die Neigung der Tangente an die $m_x(x)$- Kurve ergibt den Selbstregelungsfaktor des Windrads $e_t = \mathrm{d}m_x/\mathrm{d}x$, die Neigung der Tangente an die $z_x(x)$-Kurve den Selbstregelungsfaktor des Netzes $e_g = \mathrm{d}z_x/\mathrm{d}x$. Es werden mehrere e_t-Werte für verschiedene Windverhältnisse und mehrere e_g-Werte für verschiedene Netzbelastungen aufgenommen.

- **Messen der Anlaufzeit des Maschinensatzes T_{AN}**
  Der Versuch wird mit dem Verbundnetz durchgeführt. Der Sollwert des Drehzahlreglers wird auf bspw. $1{,}05 \cdot N_N$ und die Windradleistung auf bspw. $0{,}3 \cdot P_N$ reduziert. Nach Erreichen des Beharrungszustands werden die vom Generator an das Netz abgegebene Leistung P_1 und die Rotordrehzahl N_1 abgelesen. Der Generator wird vom Netz getrennt und die Drehzahlabweichung x aufgezeichnet. Aus der Neigung der Tangente $\mathrm{d}x/\mathrm{d}t$ an die $x(t)$-Kurve im Abschaltpunkt ergibt sich mit der Nennleistung P_N die Anlaufzeit des Maschinensatzes zu $T_{AN} = (P_1/P_N)(\mathrm{d}t/\mathrm{d}x)$. ◄

Beispiel 3.16

Überprüfen eines Regelkreises/eines Windrads

Das tatsächliche regeltechnische Verhalten eines Regelkreises/eines Windrads in Beharrungszuständen und während eines Regelvorgangs kann aus den am Regler und an der Regelstrecke gemessenen Kennwerten ermittelt werden. Einige regeltechnische Eigenschaften des Regelkreises lassen sich aber unmittelbar messen.

- **Messen der Ortskurve des aufgeschnittenen Regelkreises, F_A**
  Der Versuch wird in der Anlage mit arbeitendem Maschinensatz durchgeführt (Inselnetz). Dem Messwerk des Reglers wird vom Sinusgeber eine harmonische Drehzahlschwingung mit konstanter Amplitude x_{e0} aufgezwungen. Diese Schwingungen und die durch sie hervorgerufenen Schwingungen der Rotordrehzahl x_a werden aufgezeichnet, das Amplitudenverhältnis und der Phasenwinkel abgelesen. Über eine ausreichende Anzahl von Messungen mit geeigneten Schwingungsfrequenzen wird die F_A-Ortskurve aufgezeichnet.

- **Messen der Übergangsfunktion $x_{ü}(t)$**
  Der Versuch wird in der Anlage mit arbeitendem Maschinensatz durchgeführt (Inselnetz). Nach Erreichen des gewünschten Beharrungszustands wird der Sollwert des Reglers sprunghaft um einen bestimmten Betrag w_{12} verstellt und damit die Stellung des Stellkolbens entsprechend um y_{12} verändert. Die Windraddrehzahl wird

aufgezeichnet. Aus der Übergangsfunktion $x_{ü}(t)$ können die Zeitspanne vom Beginn des Regelvorgangs bis zum erstmaligen Erreichen des einzuregelnden Zustands und die Zeitspanne vom Beginn des Regelvorgangs bis zu seinem Abschluss abgelesen werden. Mit der $x_{ü}(t)$-Kurve können dann, wenn der Übergang vom Beharrungszustand x_1 in den neuen Beharrungszustand x_2 in gedämpften Schwingungen abläuft, die Überschwingweite x_m und der Dämpfungswert $-\delta = \ln((x_m)_{i+1}/(x_m)_i)$ bestimmt werden.

- **Messen der Übergangsfunktion $y_{ü}(t)$**
  Wenn die Aufnahme der Übergangsfunktion $x_{ü}(t)$ mit einem Inselnetz unmöglich ist, dann kann der Versuch mit einem auf das Verbundnetz arbeitenden Maschinensatz durchgeführt und die Bewegung des Stellkolben y bei einer sprunghaften Änderung des Sollwerts aufgezeichnet werden. Der $y_{ü}(t)$-Kurve kann bspw. entnommen werden, wie rasch der Maschinensatz dem über den Sollwert eingeleiteten Leistungsänderungsbefehl folgt. ◄

3.2 Systematisieren

In Kap. 1 haben wir – insbesondere in Abschn. 1.4 und 1.5 – die Grundlagen zur Systematisierung bzw. strukturierten Beschreibung der Anforderungen an ein Sachsystem/technisches System bzw. der Leistungen eines Sachsystems/technischen Systems gelegt. Darauf haben wir in Abschn. 3.1 aufgebaut. Jetzt gilt es, diese Aussagen logisch widerspruchs- und redundanzfrei (bspw. auch für Abschn. 3.3.3) aufzubereiten.

3.2.1 Normalformen

Jeder Ausdruck des Aussagenkalküls ist Ausdrücken mit bestimmter Normalform äquivalent. Dabei sind *Normalformen* der Ausdrücke des Aussagenkalküls gewisse Ausdrücke mit einem bestimmten Aufbau. Wir verwenden sie, um die Wahrheit, insbesondere aber die Äquivalenz von Ausdrücken des Aussagenkalküls effizient zu prüfen[17].

3.2.1.1 Konjunktive Normalform

Ein Ausdruck des Aussagenkalküls ist eine *konjunktive Normalform* genau dann, wenn er

1. eine Aussagenvariable oder die Negation einer Aussagenvariable oder
2. eine zwei- oder mehrgliedrige Disjunktion, die aus Aussagenvariablen oder ihren Negationen besteht, oder
3. eine zwei- oder mehrgliedrige Konjunktion der Ausdrücke der Form nach Ziffer 1. oder 2. ist.

[17] Und damit die Frage zu klären, ob unterschiedliche Stakeholder dasselbe sagen/meinen.

Neben Aussagenvariablen kommen in einer konjunktiven Normalform demnach nur die Zeichen der Negation, der Disjunktion und der Konjunktion vor. Jeder Ausdruck des Aussagenkalküls ist einer konjunktiven Normalform äquivalent. Die Äquivalenz lässt sich mit Hilfe der Theoreme und Regeln des Annahmesystems beweisen; jeden Ausdruck des Aussagenkalküls können wir mittels der Theoreme und Regeln des Annahmesystems auf eine konjunktive Normalform zurückführen. Aufgrund der Reflexivität der Äquivalenz ist jeder Ausdruck sich selbst äquivalent. Also ist jede konjunktive Normalform, da sie sich selbst äquivalent ist, einer bestimmten konjunktiven Normalform äquivalent. Wenn ein Ausdruck des Aussagenkalküls keine konjunktive Normalform ist, bringen wir ihn in eine solche Form. Zweckmäßig ist die folgende Vorgehensweise:

1. Das Zeichen der Äquivalenz beseitigen wir aufgrund des Gesetzes des Ersetzens der Äquivalenz durch die Konjunktion und die Implikation und die Implikation aufgrund des Gesetzes des Ersetzens der Implikation durch die Disjunktion und die Negation bzw. durch die Konjunktion und die Negation. Wir erhalten einen zum gegebenen Ausdruck äquivalenten Ausdruck, in dem als Funktoren nur die Zeichen der Negation, der Konjunktion und der Disjunktion auftreten.
2. Mittels der Gesetze der Negation der Konjunktion und der Negation der Disjunktion transformieren wir den erhaltenen Ausdruck in einen äquivalenten, in dem die Negationszeichen nur vor Variablen, Negationen von Variablen, Negationen solcher Negationen usw., aber nicht vor einer Konjunktion und nicht vor einer Disjunktion auftreten.
3. In diesem Ausdruck streichen wir aufgrund des Gesetzes der doppelten Negation jede gerade Anzahl von aufeinanderfolgenden Negationszeichen. Es ergibt sich ein Ausdruck, der neben Variablen oder ihren Negationen höchstens die Zeichen der Disjunktion und der Konjunktion enthält.
4. Wir formen den bisher erhaltenen Ausdruck anhand des Distributivgesetzes der Konjunktion bezüglich der Disjunktion und des Distributivgesetzes der Disjunktion bezüglich der Konjunktion in einen äquivalenten Ausdruck um. Dieser Ausdruck ist eine konjunktive Normalform.

Wir vereinfachen den erhaltenen Ausdruck bei jedem Umformungsschritt des gegebenen Ausdrucks mittels der Idempotenzgesetze für die Konjunktion und die Disjunktion und streichen alle sich wiederholenden Glieder einer Konjunktion oder einer Disjunktion bis auf ein Glied. Für diese Vorgehensweise geben wir drei Beispiele an.

Als Beispiel 1 sei gegeben:

$$
\begin{array}{lll}
(1) & & [(p \longrightarrow q) \longrightarrow p] \longrightarrow p \longleftrightarrow \\
(2) & \longleftrightarrow & [(\neg p \vee q) \longrightarrow p] \longrightarrow p \longleftrightarrow \\
(3) & \longleftrightarrow & [\neg((\neg p \vee q) \vee p)] \longrightarrow p \longleftrightarrow \\
(4) & \longleftrightarrow & \neg[\neg(\neg p \vee q) \vee p] \vee p \longleftrightarrow \\
(5) & \longleftrightarrow & (\neg p \vee q) \wedge \neg p \vee p \longleftrightarrow \\
(6) & \longleftrightarrow & (\neg p \vee q \vee p) \wedge (\neg p \vee p)
\end{array}
$$

Wir verwenden mehrfach das Gesetz des Ersetzens der Implikation durch die Disjunktion und die Negation und erhalten den in der vierten Zeile angegebenen äquivalenten Ausdruck, der kein Zeichen der Implikation enthält. Anhand eines der Gesetze der Negation der Disjunktion erhalten wir den in der fünften Zeile angegebenen Ausdruck. Über die Anwendung des Distributivgesetzes der Disjunktion bezüglich der Konjunktion kommen wir zur konjunktiven Normalform des umgeformten Ausdrucks.

Beispiel 3.17

Konjunktive Normalform

(1) Wenn es gilt, dass wenn es gilt, dass wenn das Windrad von den Windkraftwerken stammt, das Windrad aus Olsberg kommt, dann stammt das Windrad von den Windkraftwerken, dann stammt das Windrad von den Windkraftwerken $\longleftrightarrow$

(2) $\longleftrightarrow$ Wenn es gilt, dass wenn es gilt, dass das Windrad nicht von den Windkraftwerken stammt oder das Windrad aus Olsberg kommt, dann stammt das Windrad von den Windkraftwerken, dann stammt das Windrad von den Windkraftwerken $\longleftrightarrow$

(3) $\longleftrightarrow$ Wenn es gilt, dass es nicht gilt, dass gilt, das Windrad stammt nicht von den Windkraftwerken oder es kommt aus Olsberg, oder das Windrad stammt von den Windkraftwerken, dann stammt das Windrad von den Windkraftwerken $\longleftrightarrow$

(4) $\longleftrightarrow$ Es gilt nicht, dass es nicht gilt, dass gilt, das Windrad stammt nicht von den Windkraftwerken oder das Windrad kommt aus Olsberg, oder das Windrad stammt von den Windkraftwerken, oder das Windrad stammt von den Windkraftwerken $\longleftrightarrow$

(5) $\longleftrightarrow$ Es gilt, das Windrad stammt nicht von den Windkraftwerken oder es kommt aus Olsberg, und das Windrad stammt nicht von den Windkraftwerken oder das Windrad stammt von den Windkraftwerken $\longleftrightarrow$

(6) $\longleftrightarrow$ Es gilt, das Windrad stammt nicht von den Windkraftwerken oder das Windrad kommt aus Olsberg oder das Windrad stammt von den Windkraftwerken, und es gilt, das Windrad stammt nicht von den Windkraftwerken oder das Windrad stammt von den Windkraftwerken. ◄

Als Beispiel 2 wählen wir:

$$
\begin{array}{lll}
(1) & & p \wedge q \longrightarrow (p \longleftrightarrow q) \longleftrightarrow \\
(2) & \longleftrightarrow & p \wedge q \longrightarrow (p \longrightarrow q) \wedge (q \longrightarrow p) \longleftrightarrow \\
(3) & \longleftrightarrow & p \wedge q \longrightarrow (\neg p \vee q) \wedge (\neg q \vee p) \longleftrightarrow \\
(4) & \longleftrightarrow & \neg(p \wedge q) \vee (\neg p \vee q) \wedge (\neg q \wedge p) \longleftrightarrow \\
(5) & \longleftrightarrow & (\neg p \vee \neg q) \vee (\neg p \vee q) \wedge (\neg q \vee p) \longleftrightarrow \\
(6) & \longleftrightarrow & (\neg p \vee \neg q \vee \neg p \vee q) \wedge (\neg p \vee \neg q \vee \neg q \vee p) \longleftrightarrow \\
(7) & \longleftrightarrow & (\neg p \vee \neg q \vee q) \wedge (\neg p \vee \neg q \vee p)
\end{array}
$$

Das Äquivalenzzeichen beseitigen wir über das Gesetz des Ersetzens der Äquivalenz. Anschließend formen wir den erhaltenen Ausdruck mit Hilfe des Gesetzes des Ersetzens der Implikation durch die Disjunktion und die Negation in den in der vierten Zeile angegebenen Ausdruck um, der kein Zeichen der Implikation enthält. Das Gesetz der Negation der Konjunktion führt zum Ausdruck der fünften Zeile. Daraus erhalten wir anhand des Distributivgesetzes der Disjunktion bezüglich der Konjunktion eine konjunktive Normalform. Diese vereinfachen wir, indem wir in beiden Disjunktionen eines der sich wiederholenden Glieder streichen.

Beispiel 3.18

Konjunktive Normalform

(1) Wenn der Wind kräftig weht und der Rotor schnell dreht, dann gilt dann und nur dann, wenn der Wind kräftig weht, der Rotor schnell dreht $\longleftrightarrow$

(2) $\longleftrightarrow$ Wenn der Wind kräftig weht und der Rotor schnell dreht, dann gilt, dass wenn der Wind kräftig weht und der Rotor schnell dreht und wenn der Rotor schnell dreht, der Wind kräftig weht $\longleftrightarrow$

(3) $\longleftrightarrow$ Wenn der Wind kräftig weht und der Rotor schnell dreht, dann gilt, dass der Wind nicht kräftig weht oder der Rotor schnell dreht und dass der Rotor nicht schnell dreht oder der Wind kräftig weht $\longleftrightarrow$

(4) $\longleftrightarrow$ Es gilt nicht, dass der Wind kräftig weht und der Rotor schnell dreht, oder es gilt, dass der Wind nicht kräftig weht oder der Rotor schnell dreht, und es gilt, dass der Rotor nicht schnell dreht oder der Wind kräftig weht $\longleftrightarrow$

(5) $\longleftrightarrow$ Es gilt, dass der Wind nicht kräftig weht oder der Rotor nicht schnell dreht, oder es gilt, dass der Wind nicht kräftig weht oder der Rotor schnell dreht, und es gilt, dass der Rotor nicht schnell dreht oder der Wind kräftig weht $\longleftrightarrow$

(6) $\longleftrightarrow$ Es gilt, dass der Wind nicht kräftig weht oder der Rotor nicht schnell dreht oder der Wind nicht kräftig weht oder der Rotor schnell dreht, und es gilt, dass der Wind nicht kräftig weht oder der Rotor nicht schnell dreht oder der Rotor nicht schnell dreht oder der Wind kräftig weht $\longleftrightarrow$

(7) $\longleftrightarrow$ Es gilt, wenn der Wind nicht kräftig weht oder der Rotor nicht schnell dreht oder der Rotor schnell dreht, und es gilt, dass der Wind nicht kräftig weht oder der Rotor nicht schnell dreht oder der Wind kräftig weht. ◄

Gegebenenfalls ist es zweckmäßig, die Gesetze der Multiplikation der Disjunktionen und der Addition der Konjunktionen anzuwenden. Diese Gesetze beweisen wir aufgrund der Distributivgesetze der Konjunktion bezüglich der Disjunktion und der Disjunktion bezüglich der Konjunktion (vgl. Bd. 1, Kap. 2, Aussagen):

Multiplikationsgesetz der Disjunktionen

$$(p \vee q) \wedge (r \vee s) \longleftrightarrow p \wedge r \vee p \wedge s \vee q \wedge r \vee q \wedge s$$

Beweis

$$(p \vee q) \wedge (r \vee s) \longleftrightarrow p \wedge (r \vee s) \vee q \wedge (r \vee s) \longleftrightarrow p \wedge r \vee p \wedge s \vee q \wedge r \vee q \wedge s$$

Der zweite Ausdruck des Beweises ergibt sich aufgrund des Distributivgesetzes der Konjunktion bezüglich der Disjunktion. Daraus erhalten wir anhand desselben Gesetzes den dritten angegebenen Ausdruck. Alle drei Ausdrücke sind einander äquivalent.

Beispiel 3.19

Konjunktive Normalform

Es gilt, dass das Windrad Rotor Futur hat oder das Windrad Rotor Nostalgie hat, und es gilt, dass das Windrad Getriebe Rolex hat oder das Windrad Getriebe Planeto hat $\longleftrightarrow$

$\longleftrightarrow$ Das Windrad hat Rotor Futur und es gilt, dass das Windrad Getriebe Rolex hat oder das Windrad Getriebe Planeto hat, oder das Windrad hat Rotor Nostalgie und es gilt, dass das Windrad Getriebe Rolex hat oder das Windrad Getriebe Planeto hat. $\longleftrightarrow$

$\longleftrightarrow$ Das Windrad hat Rotor Futur und das Windrad hat Getriebe Rolex oder das Windrad hat Rotor Futur und das Windrad hat Getriebe Planeto oder das Windrad hat Rotor Nostalgie und das Windrad hat Getriebe Rolex oder das Windrad hat Rotor Nostalgie und das Windrad hat Getriebe Planeto. ◄

Additionsgesetz der Konjunktionen

$$p \wedge q \vee r \wedge s \longleftrightarrow (p \vee r) \wedge (p \vee s) \wedge (q \vee r) \wedge (q \vee s)$$

Beweis

$$p \wedge q \vee r \wedge s \longleftrightarrow [p \vee (r \wedge s)] \wedge [q \vee (r \wedge s)] \longleftrightarrow (p \vee r) \wedge (p \vee s) \wedge (q \vee r) \wedge (q \vee s)$$

Wir formen die linke Seite des zu beweisenden Gesetzes mittels des Distributivgesetzes der Disjunktion bezüglich der Konjunktion um und erhalten im dritten Ausdruck des Beweises die rechte Seite des zu beweisenden Gesetzes.

Beispiel 3.20

Konjunktive Normalform

Das Windrad stammt von den Windkraftwerken und das Windrad kommt aus Olsberg oder das Windrad stammt von den Phoenix-Werken und das Windrad kommt aus Dortmund $\longleftrightarrow$

$\longleftrightarrow$ Es gilt, dass das Windrad von den Windkraftwerken stammt oder es gilt, dass das Windrad von den Phoenix-Werken stammt und aus Dortmund kommt, oder es gilt, dass das Windrad aus Olsberg kommt oder es gilt, dass das Windrad von den Phoenix-Werken stammt und aus Dortmund kommt $\longleftrightarrow$

$\longleftrightarrow$ Es gilt, dass das Windrad von den Windkraftwerken stammt oder das Windrad von den Phoenix-Werken stammt, und es gilt, dass das Windrad von den Windkraftwerken stammt oder das Windrad aus Dortmund kommt, und es gilt, dass das Windrad aus Olsberg kommt oder das Windrad von den Phoenix-Werken stammt, und es gilt, dass das Windrad aus Olsberg kommt oder das Windrad aus Dortmund kommt. ◄

Bei der als drittes Beispiel untersuchten Umformung in eine konjunktive Normalform verwenden wir das Additionsgesetz der Konjunktionen.

$$
\begin{array}{lll}
(1) & & (p \longleftrightarrow q) \longrightarrow p \longleftrightarrow \\
(2) & \longleftrightarrow & \neg(p \longleftrightarrow q) \vee p \longleftrightarrow \\
(3) & \longleftrightarrow & (p \wedge \neg q \vee q \wedge \neg p) \vee p \longleftrightarrow \\
(4) & \longleftrightarrow & (p \vee q) \wedge (p \vee \neg p) \wedge (\neg q \vee q) \wedge (\neg q \vee \neg p) \vee p \longleftrightarrow \\
(5) & \longleftrightarrow & (p \vee q \vee p) \wedge (p \vee \neg p \vee p) \wedge (\neg q \vee q \vee p) \wedge (\neg q \vee \neg p \vee p) \longleftrightarrow \\
(6) & \longleftrightarrow & (p \vee q) \wedge (p \vee \neg p) \wedge (\neg q \vee q \vee p) \wedge (\neg q \vee \neg p \vee p)
\end{array}
$$

Wir verwenden das Gesetz des Ersetzens der Implikation durch die Disjunktion und die Negation sowie das Gesetz der Negation der Äquivalenz und erhalten den Ausdruck in der dritten Zeile. Das führt aufgrund der Addition der Konjunktionen zum Ausdruck in der vierten Zeile. Hier wenden wir das Distributivgesetz der Disjunktion bezüglich der Konjunktion an. Wir erhalten eine konjunktive Normalform des gegebenen Ausdrucks (fünfte Zeile) und streichen in der ersten und zweiten Disjunktion eines der sich wiederholenden Glieder.

Beispiel 3.21

Konjunktive Normalform

Wenn es gilt, dass dann und nur dann, wenn der Wind kräftig weht, der Rotor schnell dreht, dann weht der Wind kräftig.

$\longleftrightarrow$ Es gilt nicht, dass dann und nur dann, wenn der Wind kräftig weht, der Rotor schnell dreht, oder der Wind weht kräftig.

$\longleftrightarrow$ Es gilt, dass der Wind kräftig weht und der Rotor schnell dreht und der Wind nicht kräftig weht, oder der Wind weht kräftig. $\longleftrightarrow$

$\longleftrightarrow$ Es gilt, dass der Wind kräftig weht oder der Rotor schnell dreht, und es gilt, dass der Wind kräftig weht oder der Wind nicht kräftig weht, und es gilt, dass der Rotor nicht schnell dreht oder der Rotor schnell dreht, und es gilt, dass der Wind nicht kräftig weht oder der Rotor nicht schnell dreht, oder der Wind weht kräftig. $\longleftrightarrow$

$\longleftrightarrow$ Es gilt, dass der Wind kräftig weht oder der Rotor schnell dreht oder der Wind kräftig weht, und es gilt, dass der Wind kräftig weht oder der Wind nicht kräftig weht oder der Wind kräftig weht, und es gilt, dass der Rotor nicht schnell dreht oder der Rotor schnell dreht oder der Wind kräftig weht, und es gilt, dass der Rotor nicht schnell dreht oder der Wind nicht kräftig weht oder der Wind kräftig weht. $\longleftrightarrow$

$\longleftrightarrow$ Es gilt, dass der Wind kräftig weht oder der Rotor schnell dreht, und es gilt, dass der Wind kräftig weht oder der Wind nicht kräftig weht, und es gilt, dass der Rotor nicht schnell dreht oder der Rotor schnell dreht oder der Wind kräftig weht, und es gilt, dass der Rotor nicht schnell dreht oder der Wind nicht kräftig weht oder der Wind kräftig weht. ◄

Die Wahrheit einer konjunktiven Normalform können wir mit einem einfachen Kriterium feststellen: *Eine konjunktive Normalform ist dann und nur dann ein wahrer Ausdruck, wenn in jeder Disjunktion, die ein Glied dieser Konjunktion ist, mindestens eine Variable als Glied dieser Disjunktion einmal mit dem Negationszeichen und einmal ohne Negationszeichen vorkommt* [BORK76]. Ist diese Bedingung erfüllt, dann ist jede solche Disjunktion und auch die Konjunktion aller dieser Disjunktionen ein wahrer Ausdruck; was wir mit Hilfe der Null-Eins-Prüfung nachweisen. Wenn diese Bedingung nicht erfüllt ist, dann kann die Disjunktion, in der keine Variable als Glied einmal mit dem Negationszeichen und einmal ohne Negationszeichen vorkommt, ein falscher Ausdruck sein (wenn wir den nichtnegierten Variablen den Wert 0 und den negierten Variablen den Wert 1 zuordnen). Dann ist auch die gesamte Konjunktion ein falscher Ausdruck. Diese Art der Prüfung ist vor allem dann zweckmäßig, wenn es sich um Ausdrücke mit einer größeren Anzahl von Aussagenvariablen handelt. In bestimmten Fällen ist diese Prüfmethode kürzer als die unverkürzte Null-Eins-Prüfung.

Die konjunktiven Normalformen der Ausdrücke „$[(p \longrightarrow q) \longrightarrow p] \longrightarrow p$“ und „$p \wedge q \longrightarrow (p \longleftrightarrow q)$“ erfüllen die oben angeführte Bedingung. Daher schließen wir, dass sie wahre Ausdrücke sind. Dagegen erfüllt die konjunktive Normalform des Ausdrucks

„$(p \longleftrightarrow q) \longrightarrow p$“ (siehe oben) die angeführte Bedingung nicht; weil in ihrem ersten Glied, dem Ausdruck „$p \longleftrightarrow q$“, keine Variable einmal mit Negationszeichen und einmal ohne Negationszeichen vorkommt, handelt es sich um einen falschen Ausdruck.

Für einen gegebenen Ausdruck des Aussagenkalküls können mehrere verschiedene, aber äquivalente konjunktive Normalformen existieren (siehe oben). Die *ausgezeichnete konjunktive Normalform* (kanonische konjunktive Normalform) eines gegebenen Ausdrucks ist eine konjunktive Normalform, bei der jede Variable des gegebenen Ausdrucks in jeder Disjunktion dieser konjunktiven Normalform mit oder ohne Negationszeichen auftritt. Jeden Ausdruck des Aussagenkalküls können wir mit Hilfe der Theoreme und Regeln des Annahmesystems in die ausgezeichnete konjunktive Normalform umformen. Zum Beweis wenden wir das folgende Theorem des Annahmesystems an:

$$p \longleftrightarrow (p \vee q) \wedge (p \vee \neg q)\,.$$

Beweis

a) (1) p {Annahme}
(2) $p \vee q$ {Einführen der Disjunktion: 1}
(3) $p \vee \neg q$ {Einführen der Disjunktion:1}
(4) $(p \vee q) \wedge (p \vee \neg q)$ {Einführen der Konjunktion: 2, 3}

b) (1) $p \vee q$ {Annahme}
(2) $p \vee \neg q$ {Annahme}
(3) $\neg p$ {Annahme des indirekten Beweises}
(4) q {Beseitigen der Disjunktion: 1, 3}
(5) $\neg q$ {Beseitigen der Disjunktion: 2, 3}
Widerspruch {4, 5}

Von den Beispielen ($[(p \longrightarrow q) \longrightarrow p] \longrightarrow p$, $p \wedge q \longrightarrow (p \longleftrightarrow q)$, $(p \longleftrightarrow q) \longrightarrow p$) ist die konjunktive Normalform des Ausdrucks „$p \wedge q \longrightarrow (p \longleftrightarrow q)$“ eine ausgezeichnete Form, während die konjunktive Normalform des Ausdrucks „$[(p \longrightarrow q) \longrightarrow p] \longrightarrow p$“, der Ausdruck „$(\neg p \vee q \vee p) \wedge (\neg p \vee p)$“, keine ausgezeichnete Normalform ist. Mit dem oben angeführten Theorem formen wir diese konjunktive Normalform in eine ausgezeichnete konjunktive Normalform um. Wir ersetzen den Ausdruck „$\neg p \vee p$“ durch den Ausdruck „$(\neg p \vee p \vee q) \wedge (\neg p \vee p \vee \neg q)$“ und erhalten den Ausdruck $(\neg p \vee q \vee p) \wedge (\neg p \vee p \vee q) \wedge (\neg p \vee p \vee \neg q)$. Jetzt stellen wir in der ersten Disjunktion ihr zweites und drittes Glied um. Dadurch erhalten wir einen mit der zweiten Disjunktion identischen Ausdruck. Das Streichen eines der sich wiederholenden Glieder der Konjunktion ergibt schließlich als ausgezeichnete konjunktive Normalform des Ausdrucks „$[(p \longrightarrow q) \longrightarrow p] \longrightarrow p$“ den Ausdruck „$(\neg p \vee p \vee q) \wedge (\neg p \vee p \vee \neg q)$“. Wir bringen eine ausgezeichnete konjunktive Normalform durch Streichen der sich wiederholenden Glieder der Disjunktion und der Konjunktion, ggf. nach vorheriger Umstellung der Glieder der Disjunktionen, in die einfachste Form und legen eine bestimmte Ordnung der Glieder der Disjunktion und der Glieder der gesamten Konjunktion fest. Dann erhalten wir für jeden Ausdruck des Aussagenkalküls genau eine solche ausgezeichnete konjunktive Normalform; eine solche Form ist für jeden Ausdruck eindeutig bestimmt.

Beispiel 3.22

Ausgezeichnete konjunktive Normalfom $[(p \longrightarrow q) \longrightarrow p] \longrightarrow p$

- **Ausdruck**
  Wenn gilt, dass wenn gilt, dass wenn das Windrad von den Windkraftwerken stammt, das Windrad aus Olsberg kommt, dann stammt das Windrad von den Windkraftwerken, dann stammt das Windrad aus den Windkraftwerken.

- **Konjunktive Normalform**
  Es gilt, dass das Windrad nicht von den Windkraftwerken stammt oder es aus Olsberg kommt oder es von den Windkraftwerken stammt, und es gilt, dass das Windrad nicht von den Windkraftwerken stammt oder das Windrad von den Windkraftwerken stammt.

- **Ausgezeichnete Normalform**
  Es gilt, dass das Windrad nicht von den Windkraftwerken stammt oder das Windrad von den Windkraftwerken stammt oder das Windrad aus Olsberg kommt, und es gilt, dass das Windrad nicht von den Windkraftwerken stammt oder das Windrad von den Windkraftwerken stammt oder das Windrad nicht aus Olsberg kommt. ◄

Wir haben bereits nachgewiesen, dass sich jeder Ausdruck des Aussagenkalküls mit Hilfe der Theoreme und Regeln des Annahmesystems in eine konjunktive Normalform umformen lässt. Demnach ist eine Äquivalenz des Annahmesystems ein Theorem, dessen eine Seite ein gegebener beliebiger Ausdruck des Aussagenkalküls, die andere dagegen irgendeine konjunktive Normalform dieses Ausdrucks ist. Der gegebene Ausdruck ist dann und nur dann wahr, wenn eine äquivalente konjunktive Normalform wahr ist. Um nachzuweisen, dass sich jeder wahre Ausdruck des Aussagenkalküls im Annahmesystem beweisen lässt, reicht daher der Nachweis, dass dies für jede wahre konjunktive Normalform gilt. Das können wir folgendermaßen zeigen: Jede Disjunktion, die ein Glied einer immer wahren konjunktiven Normalform ist, lässt sich aufgrund des Gesetzes vom ausgeschlossenen Dritten, der Regel der Einführung der Disjunktion sowie des Kommutativgesetzes und des Assoziativgesetzes der Disjunktion beweisen. Auf der Grundlage aller dieser Disjunktionen erhalten wir dann mit der (ggf. mehrmals angewandten) Einführungsregel der Konjunktion die gegebene wahre konjunktive Normalform. Damit ist bewiesen: *Jeder wahre Ausdruck des Aussagenkalküls ist ein Theorem des Annahmesystems.*

3.2.1.2 Disjunktive Normalform

Ein Ausdruck des Aussagenkalküls ist eine *disjunktive Normalform* genau dann, wenn er

1. eine Aussagenvariable oder die Negation einer Aussagenvariable oder
2. eine Konjunktion von Aussagenvariablen oder ihrer Negationen oder
3. eine Disjunktion der Ausdrücke in Form 1. oder 2. ist.

Wir können jeden Ausdruck des Aussagenkalküls in eine äquivalente disjunktive Normalform überführen, weil es für die Umformung eines Ausdrucks W in eine disjunktive Normalform ausreicht, wenn wir den Ausdruck $\neg W$ in eine konjunktive Normalform überführen und diese konjunktive Form dann negieren. Diese Negation ist nach den Gesetzen der Negation der Konjunktion und der Disjunktion eine disjunktive Normalform des Ausdrucks $\neg\neg W$, und damit auch des Ausdrucks W. Aus der generellen Umformbarkeit in eine konjunktive Normalform folgt daher die Umformbarkeit jedes Ausdrucks des Aussagenkalküls in eine disjunktive Normalform. *Ausgezeichnete disjunktive Normalform* eines gegebenen Ausdrucks des Aussagenkalküls heißt eine disjunktive Normalform, bei der jede Variable des gegebenen Ausdrucks bzw. ihre Negation als Glied in jeder Konjunktion auftritt, die ein Glied dieser disjunktiven Normalform ist. Zur Überführung einer disjunktiven Normalform in die ausgezeichnete disjunktive Normalform verwenden wir das folgende Theorem des Annahmesystems:

$$p \longleftrightarrow p \wedge q \vee p \wedge \neg q \,.$$

Den *Beweis* führen wir wie folgt:

$$p \longleftrightarrow p \wedge (q \vee \neg q) \longleftrightarrow p \wedge q \vee p \wedge \neg q \,.$$

Die erste Äquivalenz folgt aufgrund des Gesetzes vom ausgeschlossenen Dritten, die zweite aufgrund des Distributivgesetzes der Konjunktion bezüglich der Disjunktion.

Beispiel 3.23

Ausgezeichnete disjunktive Normalform

- **Ausdruck**

$$\begin{aligned}
&\neg([(p \longrightarrow q) \longrightarrow p] \longrightarrow p) \longleftrightarrow \\
\longleftrightarrow &\neg([(\neg p \vee q) \longrightarrow p] \longrightarrow p) \longleftrightarrow \\
\longleftrightarrow &\neg([(p \wedge \neg q) \vee p] \longrightarrow p) \longleftrightarrow \\
\longleftrightarrow &\neg([\neg(p \wedge \neg q) \wedge \neg p] \vee p) \longleftrightarrow \\
\longleftrightarrow &\neg([(\neg p \vee q) \wedge \neg p] \vee p) \longleftrightarrow \\
\longleftrightarrow &\neg[(\neg p \vee q) \wedge \neg p] \wedge \neg p \longleftrightarrow
\end{aligned}$$

$$\begin{aligned}
&\longleftrightarrow [\neg(\neg p \vee q) \vee p] \wedge \neg p \longleftrightarrow \\
&\longleftrightarrow [(p \wedge \neg q) \vee p] \wedge \neg p \longleftrightarrow \\
&\longleftrightarrow [p \wedge \neg q \vee p] \wedge \neg p \longleftrightarrow \\
&\longleftrightarrow [(p \vee p) \wedge (\neg q \vee p)] \wedge \neg p \longleftrightarrow
\end{aligned}$$

- **Konjunktive Normalform**

$$\longleftrightarrow p \wedge (\neg q \vee p) \wedge \neg p$$

- **Disjunktive Normalform**

$$\begin{aligned}
&\longleftrightarrow p \vee \neg p \vee (q \wedge \neg p) \longleftrightarrow \\
&\longleftrightarrow (p \wedge q) \vee (p \wedge \neg q) \vee (\neg p \wedge q) \vee (\neg p \wedge \neg q) \vee (q \wedge \neg p) \longleftrightarrow
\end{aligned}$$

- **Ausgezeichnete disjunktive Normalform**

$$\longleftrightarrow (p \wedge q) \vee (p \wedge \neg q) \vee (\neg p \wedge q) \vee (\neg p \wedge \neg q)$$

- **Ausdruck**
  Es gilt nicht, dass wenn gilt, dass wenn gilt, dass wenn das Windrad von den Windkraftwerken stammt, das Windrad aus Olsberg kommt, dann stammt das Windrad von den Windkraftwerken, dann stammt das Windrad von den Windkraftwerken.

- **Konjunktive Normalform**
  Das Windrad stammt von den Windkraftwerken und es gilt, dass das Windrad nicht aus Olsberg kommt oder das Windrad von den Windkraftwerken stammt, und das Windrad stammt nicht von den Windkraftwerken.

- **Disjunktive Normalform**
  Das Windrad stammt von den Windkraftwerken oder das Windrad stammt nicht von den Windkraftwerken oder es gilt, dass das Windrad aus Olsberg kommt und nicht von den Windkraftwerken stammt.

- **Ausgezeichnete disjunktive Normalform**
  Es gilt, dass das Windrad von den Windkraftwerken stammt und das Windrad aus Olsberg kommt, oder es gilt, dass das Windrad von den Windkraftwerken stammt und das Windrad nicht aus Olsberg kommt, oder es gilt, dass das Windrad nicht von den Windkraftwerken stammt und das Windrad aus Olsberg kommt, oder es gilt, dass das Windrad nicht von den Windkraftwerken stammt und das Windrad nicht aus Olsberg kommt. ◄

3.2.1.3 Implikative Normalform

Ein Ausdruck des Aussagenkalküls ist eine *implikative Normalform* genau dann, wenn er

1. eine Aussagenvariable oder ihre Negation oder
2. eine Implikation ist, deren sämtliche Vorderglieder und das Hinterglied Aussagenvariablen oder ihre Negationen sind.

Eine implikative Normalform ist dann und nur dann ein wahrer Ausdruck, wenn ihr Hinterglied mit irgendeinem ihrer Vorderglieder identisch ist oder wenn eines ihrer Vorderglieder die Negation eines anderen Vorderglieds ist.

Beispiel 3.24

Implikative Normalform

- **Ausdruck**
  Wenn gilt, dass wenn gilt, dass wenn das Windrad von den Windkraftwerken stammt, das Windrad aus Olsberg kommt, dann kommt das Windrad aus Olsberg, dann kommt das Windrad aus Olsberg.

- **Implikative Normalform**
  Wenn das Windrad von den Windkraftwerken stammt, dann stammt das Windrad von den Windkraftwerken. ◄

3.2.2 Wahrheitsfunktoren. Null-Eins-Prüfung

3.2.2.1 Wahrheitsfunktoren

Wahrheitsfunktoren sind aussagenbildende Funktoren von Aussagenargumenten; der logische Wert jeder zusammengesetzten Aussage, die mittels eines solchen Funktors gebildet wird, wird durch die logischen Werte seiner Argumente bestimmt. Wir bezeichnen die Wahrheit einer Aussage mit dem Symbol „1“ und die Falschheit einer Aussage mit dem Symbol „0“.

Ein derartiger Wahrheitsfunktor ist das Negationszeichen: Der logische Wert einer Aussage bestimmt den logischen Wert der *Negation* dieser Aussage. Ist eine Aussage wahr, dann ist ihre Negation falsch, und wenn eine Aussage falsch ist, dann ist ihre Negation wahr:

p	$\neg p$
1	0
0	1

Wir erhalten nach den Regeln des Einführens und des Beseitigens der Konjunktion aus zwei Aussagen ihre *Konjunktion* und aus der Konjunktion jedes ihrer Glieder. Wir folgern anhand der Definition der logischen Folgerung: Sind beide Glieder einer Konjunktion wahr, ist die Konjunktion wahr. Und: Ist eine Konjunktion wahr, dann ist jedes ihrer Glieder wahr. Ist irgendein Glied einer Konjunktion falsch, dann ist die Konjunktion falsch. Demnach ist die Konjunktion dann und nur dann wahr, wenn ihre beiden Glieder wahr sind. Die Konjunktion ist dann und nur dann falsch, wenn mindestens eines ihrer Glieder falsch ist. Damit ist das Konjunktionszeichen ein Wahrheitsfunktor:

p	q	$p \wedge q$
1	1	1
0	1	0
1	0	0
0	0	0

Ein beliebiges Glied einer *Disjunktion* kann nach der Einführungsregel der Disjunktion für die Wahrheit der Disjunktion entscheidend sein: Die Disjunktion ist wahr, sobald irgendein Glied einer Disjunktion wahr ist. Aus einer Disjunktion und der Negation eines ihrer Glieder folgt nach der Beseitigungsregel der Disjunktion ihr zweites Glied. Wenn also eine Disjunktion und die Negation eines ihrer Glieder wahr ist, wenn demnach eines ihrer Glieder falsch ist, dann ist das zweite Glied dieser Disjunktion wahr. Daraus folgt nach der Regel der zusammengesetzten Transposition: Wenn ein Glied einer Disjunktion falsch und auch das andere Glied falsch ist, dann ist die Disjunktion falsch. Daher gilt: Die Disjunktion ist dann und nur dann wahr, wenn mindestens eines ihrer Glieder wahr ist. Die Disjunktion ist dann und nur dann falsch, wenn ihre beiden Glieder falsch sind. Das Zeichen der Disjunktion ist demnach ein Wahrheitsfunktor:

p	q	$p \vee q$
1	1	1
0	1	1
1	0	1
0	0	0

Zur Betrachtung des Implikationszeichens als Wahrheitsfunktor verwenden wir die umgekehrte *Implikation*, die dem Gesetz des Ersetzens der Implikation durch die Disjunktion und die Negation entspricht. Aus ihrem Beweis folgt die Gültigkeit des Schemas:

$$\frac{\neg p \vee q}{p \longrightarrow q}$$

Aus der dem Schema zugrundeliegenden Regel leiten wir die Aussagen zur Implikation ab: Wenn eine bestimmte Disjunktion als Prämisse des Schemas wahr ist, dann ist auch die

Implikation, die seine Conclusio ist, wahr. Die angesprochene Disjunktion ist wahr, wenn der Vordersatz der Implikation falsch oder der Hintersatz wahr ist. Damit ist die Implikation wahr, wenn der Vordersatz einer Implikation falsch oder ihr Hintersatz wahr ist. Nach der Abtrennungsregel folgt aus einer Implikation und ihrem Vordersatz ihr Hintersatz. Wenn also die Implikation wahr und ihr Vordersatz wahr ist, dann ist auch ihr Hintersatz wahr. Jetzt folgt aufgrund der zusammengesetzten Transposition: Die Implikation ist falsch, wenn der Vordersatz wahr ist und der Hintersatz falsch. Es folgt: Die Implikation ist dann und nur dann wahr, wenn ihr Vordersatz falsch ist oder ihr Hintersatz wahr ist. Die Implikation ist dann und nur dann falsch, wenn ihr Vordersatz wahr und ihr Hintersatz falsch ist. Das Zeichen der Implikation gehört daher zu den Wahrheitsfunktoren:

p	q	$p \longrightarrow q$
1	1	1
0	1	1
1	0	0
0	0	1

Beispiel 3.25

Implikation

$\neg p \vee q$: Der Wind weht nicht kräftig oder der Rotor dreht schnell.
$p \longrightarrow q$: Wenn der Wind kräftig weht, dann dreht der Rotor schnell.

Der Wind weht kräftig.	1	Der Rotor dreht schnell.	1	Wenn der Wind kräftig	1
	0		1	weht, dann dreht der	1
	1		0	Rotor schnell.	0
	0		0		1

Die Implikation trifft offensichtlich zu im ersten und vierten Fall. Im dritten Fall ist die Aussage falsch: Obwohl der Wind kräftig weht, dreht der Rotor nicht schnell. Im zweiten Fall dreht der Rotor, unabhängig vom Wind, der in diesem Fall nicht kräftig weht. Trotzdem können wir uns auf den Standpunkt stellen: Wenn der Wind kräftig weht, dann dreht der Rotor schnell. Diese Beobachtung ist mit Zeile 2 – im Gegensatz zu Zeile 3! – nicht widerlegt.

Das Windrad ist 1500	1	Das Windrad ist 1200	1	Wenn das Windrad	1
Stunden gelaufen.	0	Stunden gelaufen.	1	1500 Stunden gelaufen	1
	1		0	ist, dann ist es 1200	0
	0		0	Stunden gelaufen.	1 ◄

Die *Äquivalenz* ist dann und nur dann wahr, wenn (der Einführungsregel und der Beseitigungsregel der Äquivalenz folgend) die ihr entsprechende Implikation und die umgekehrte Implikation wahr sind: Die Äquivalenz ist dann und nur dann wahr, wenn ihre beiden Glieder den gleichen logischen Wert haben. Dagegen ist die Äquivalenz dann und nur dann falsch, wenn ihre Glieder entgegengesetzte logische Werte haben, weil dann die dieser Äquivalenz entsprechende Implikation bzw. die umgekehrte Implikation falsch ist. Das Zeichen der Äquivalenz gehört daher zu den Wahrheitsfunktoren:

p	q	$p \longleftrightarrow q$
1	1	1
0	1	0
1	0	0
0	0	1

Beispiel 3.26

Äquivalenz

Das Windrad hat	1	Das Windrad hat	1	Dann und nur dann,	1
regulär genau ein	0	genau ein Getriebe.	1	wenn das Windrad	0
Planetengetriebe.	1		0	genau ein Getriebe hat,	0
	0		0	ist es ein	1
				Planetengetriebe.	
Der Wind weht kräftig.	1	Der Rotor dreht	1	Dann und nur dann,	1
	0	schnell.	1	wenn der Wind kräftig	0
	1		0	weht, dann dreht der	0
	0		0	Rotor schnell.	1 ◀

Die bisher besprochene Disjunktion heißt einschließende (nichtausschließende) Disjunktion. Die Wahrheit dieser Disjunktion schließt die Wahrheit ihrer beiden Glieder nicht aus. Die *ausschließende Disjunktion* ist dagegen dann und nur dann wahr, wenn genau eines ihrer Glieder wahr ist. Diese Disjunktion ist dann und nur dann falsch, wenn ihre beiden Glieder wahr sind oder beide falsch sind. Wir verwenden „oder" als Funktor für die einschließende und als Funktor für die ausschließende Disjunktion das „entweder … oder":

p	q	entweder p oder q
1	1	0
0	1	1
1	0	1
0	0	0

Damit sind die ausschließende Disjunktion und die Negation der Äquivalenz äquivalent. Die ausschließende Disjunktion ist dann und nur dann wahr, wenn die Äquivalenz falsch ist. „Entweder … oder“ verwenden wir als Funktor der ausschließenden Disjunktion bspw. in den Ausdrücken:

- Entweder der Rotor dreht oder der Rotor steht.
- Entweder hat ein Windrad einen Dreiblattrotor oder es hat einen Vierblattrotor.
- Entweder verkaufen die Windkraftwerke Windräder zu einem attraktiven Preis oder sie verschwinden vom Markt.

Beispiel 3.27

Ausschließende Disjunktion

Das Windrad	1	Das Windrad	1	Das Windrad	0
Sausebraus hat den	0	Sausebraus hat den	1	Sausebraus hat	1
Rotor Quirl.	1	Rotor Dynamics.	0	entweder den Rotor	1
	0		0	Quirl oder den Rotor	0 ◄
				Dynamics.	

Das Exklusionszeichen „|“ bezeichnet die *Exklusion* „$p \mid q$“, die wir wie folgt lesen: höchstens p oder q. Die Exklusion ist dann und nur dann wahr, wenn mindestens eines ihrer Glieder falsch ist. Die Exklusion ist dann und nur dann falsch, wenn die beiden Glieder wahr sind. Exklusion und Negation der Konjunktion sind äquivalent:

p	q	$p \mid q$
1	1	0
0	1	1
1	0	1
0	0	1

Die *einschließende Negation* bezeichnen wir mit dem Zeichen „↓“. Den Ausdruck „$p \downarrow q$“ lesen wir: weder p noch q. Die einschließende Negation ist dann und nur dann wahr, wenn ihre beiden Glieder falsch sind. Die einschließende Negation ist dann und nur dann falsch, wenn mindestens eines ihrer Glieder wahr ist. Die einschließende Negation zweier Ausdrücke ist der Negation der Disjunktion dieser Ausdrücke äquivalent:

p	q	$p \downarrow q$
1	1	0
0	1	0
1	0	0
0	0	1

Beispiel 3.28

Einschließende Negation

Der Windradturm ist blau.		Der Windradturm ist rot.		Der Windradturm ist weder blau noch rot.	
	1		1		0
	0		1		0
	1		0		0
	0		0		1 ◄

Wir beenden an dieser Stelle die exemplarische Diskussion der Wahrheitsfunktoren und stellen uns die Frage, wie viele Wahrheitsfunktoren von einem, von zwei usw. Argumenten existieren. Dann ist bspw. die Negation nicht der einzige Wahrheitsfunktor von einem Argument: Die Tabelle des Wahrheitsfunktors von einem Argument enthält trivialerweise so viele verschiedene Wahrheitsfunktoren von einem Argument, wie verschiedene Anordnungen der Symbole 1, 0 in zwei Zeilen einer Spalte eines solchen Funktors möglich sind.

	Assertion	Negation	Funktor verum	Funktor falsum
P	$as(p)$	$\neg p$	$vr(p)$	$fl(p)$
1	1	0	1	0
0	0	1	1	0

Der Funktor verum bildet eine Aussage, die unabhängig vom Argument immer wahr ist. Der Funktor falsum bildet eine Aussage, die unabhängig vom Argument immer falsch ist.

Beispiel 3.29

Wahrheitsfunktoren

	P	$as(p)$	$\neg p$	$vr(p)$	$fl(p)$
Das Windrad ist ein Starkwind-Windrad.	1	1	0	1	0
	0	0	1	1	0 ◄

Die Tabelle eines Wahrheitsfunktors von n Argumenten besteht aus n Argument-Spalten und 2^n Zeilen. Die Tabelle eines Wahrheitsfunktors mit zwei Argumenten hat demnach vier Zeilen. Die Anzahl der Wahrheitsfunktoren mit zwei Argumenten ist $((2)^2)^2$. Die nachstehende Tabelle zeigt alle 16 Wahrheitsfunktoren mit zwei Argumenten. Die besprochenen Funktoren der Exklusion, der Implikation, der Äquivalenz, der einschließenden Negation, der Disjunktion, der ausschließenden Disjunktion und der Konjunktion sind die Funktoren F_2, F_5, F_7, F_8, F_9, F_{10}, F_{15}.

		F_1	F_2	F_3	F_4	F_5	F_6	F_7	F_8	F_9	F_{10}	F_{11}	F_{12}	F_{13}	F_{14}	F_{15}	F_{16}
1	1	1	0	1	0	1	0	1	0	1	0	1	0	1	0	1	0
0	1	1	1	0	0	1	1	0	0	1	1	0	0	1	1	0	0
1	0	1	1	1	1	0	0	0	0	1	1	1	1	0	0	0	0
0	0	1	1	1	1	1	1	1	1	0	0	0	0	0	0	0	0

Für die Funktoren F_1, F_3, F_4, F_6, F_{11}, F_{12}, F_{13}, F_{14} und F_{16} gelten die Äquivalenzen:

$$
\begin{aligned}
F_1(p,q) &\longleftrightarrow (p \vee \neg p) \wedge (q \vee \neg q) \longleftrightarrow p \vee \neg p\\
F_3(p,q) &\longleftrightarrow q \longrightarrow p\\
F_4(p,q) &\longleftrightarrow \neg q \wedge (p \vee \neg p) \longleftrightarrow \neg q\\
F_6(p,q) &\longleftrightarrow \neg p \wedge (q \vee \neg q) \longleftrightarrow \neg p\\
F_{11}(p,q) &\longleftrightarrow p \wedge (q \vee \neg q) \longleftrightarrow p\\
F_{12}(p,q) &\longleftrightarrow p \wedge \neg q\\
F_{13}(p,q) &\longleftrightarrow q \wedge (p \vee \neg p) \longleftrightarrow q\\
F_{14}(p,q) &\longleftrightarrow \neg p \wedge q\\
F_{16}(p,q) &\longleftrightarrow (p \wedge \neg p) \wedge (q \wedge \neg q) \longleftrightarrow p \wedge \neg p.
\end{aligned}
$$

Der Funktor F_1 ist der Funktor verum von zwei Argumenten. F_3 ist ein Funktor, der die umgekehrte Implikation bildet. Den Ausdruck „$F_{11}(p,q)$" lesen wir: „p unabhängig davon, ob q oder nicht q". Analog lesen wir die mit Hilfe der Funktoren F_{13}, F_6 und F_4 gebildeten Ausdrücke. Der Funktor F_{16} ist der Funktor falsum von zwei Argumenten. Die Tabelle eines Wahrheitsfunktors von drei Argumenten hat acht Zeilen und 256 Wahrheitsfunktoren. Beispiele für Wahrheitsfunktoren von drei Argumenten sind Bindewörter, die dreigliedrige Konjunktionen oder Disjunktionen bilden.

Beispiel 3.30

Dreigliedrige Konjunktion, dreigliedrige Disjunktion

Das Windrad Pustekuchen hat einen Rotor Quirl und ein Getriebe Planeto und einen Turm Pisa. Das Windrad Pustekuchen hat einen Rotor Quirl oder einen Rotor Immerdreh oder einen Rotor Ohneflügel. ◀

Einen Wahrheitsfunktor F von n Argumenten können wir mit Hilfe der Wahrheitsfunktoren $F_1, \ldots, F_k$ nur dann *definieren* (bestimmen), wenn es für den Ausdruck $F(p_1, \ldots, p_n)$ einen äquivalenten Ausdruck gibt, der ausschließlich mit Hilfe der Aussagenvariablen: $p_1, \ldots, p_n$ und der Wahrheitsfunktoren $F_1, \ldots, F_k$ notiert ist. Ein solcher äquivalenter Ausdruck, der ausschließlich mit Hilfe der Aussagenvariablen: $p_1, \ldots, p_n$ und der Funktoren $F_1, \ldots, F_k$ notiert ist, *definiert* den gegebenen Funktor F oder auch den mit Hilfe des Funktors F gebildeten Ausdruck. Beispielsweise lässt sich die dreigliedrige Konjunktion mit Hilfe der Konjunktion von zwei Argumenten definieren. Der Ausdruck „$(p \wedge q) \wedge r$" und der ihm aufgrund des Assoziativgesetzes äquivalente Ausdruck „$p \wedge (q \wedge r)$" definieren eine solche dreigliedrige Konjunktion. Genauso können wir mit Hilfe der Konjunktion von zwei Argumenten die Konjunktion von n Argumenten definieren. Sie ist dann und nur dann wahr, wenn alle ihre Glieder wahr sind.

Beispiel 3.31

Dreigliedrige Konjunktion

Ein Windrad hat einen Rotor und ein Getriebe und ein Windrad hat einen Turm $\longleftrightarrow$ Ein Windrad hat einen Rotor und ein Windrad hat ein Getriebe und einen Turm. ◀

In gleicher Weise definiert der Ausdruck „$(p \vee q) \vee r$" oder auch der ihm äquivalente Ausdruck „$p \vee (q \vee r)$" die dreigliedrige übliche Disjunktion. Entsprechend können wir mit Hilfe der üblichen (nichtausschließenden) Disjunktion von zwei Argumenten die übliche (nicht ausschließende) Disjunktion von n Argumenten definieren, die dann und nur dann wahr ist, wenn mindestens eines ihrer Glieder wahr ist.

Beispiel 3.32

Dreigliedrige Disjunktion

Das Windrad Sausebraus hat Rotor Quirl oder Getriebe Planeto oder das Windrad Sausebraus hat Turm Atlas $\longleftrightarrow$ Das Windrad Nirwana hat Rotor Quirl oder das Windrad hat Getriebe Planeto oder Turm Atlas. ◀

Die dreigliedrige ausschließende Disjunktion ist dann und nur dann wahr, wenn eines und nur eines ihrer Glieder wahr ist. Diese dreigliedrige ausschließende Disjunktion, der in einer ihrer Bedeutungen die Redewendung „entweder p oder q oder r" entspricht, wird durch den folgenden Ausdruck definiert:

$$(p \vee q \vee r) \wedge \neg(p \wedge q) \wedge \neg(p \wedge r) \wedge \neg(q \wedge r).$$

p	q	r	p oder q oder r
1	1	1	0
0	1	1	0
1	0	1	0
0	0	1	1
1	1	0	0
0	1	0	1
1	0	0	1
0	0	0	0

Beispiel 3.33

Exklusive dreigliedrige Disjunktion

Das Windrad Sausebraus hat Rotor Quirl oder Rotor Immerdreh oder Rotor Rotunde, und es gilt nicht, dass das Windrad Sausebraus Rotor Quirl und Rotor Immerdreh hat, und es gilt nicht, dass das Windrad Sausebraus Rotor Quirl und Rotor Rotunde hat, und es gilt nicht, dass das Windrad Sausebraus Rotor Immerdreh und Rotor Rotunde hat. 

Mit den Zeichen der Negation, der Konjunktion und der Disjunktion können wir jeden anderen Wahrheitsfunktor von n Argumenten definieren. Zum Beweis geben wir für Ausdrücke, die mit Hilfe definierter Funktoren gebildet wurden, mit Hilfe der Zeichen der Negation, der Konjunktion und der Disjunktion äquivalente Ausdrücke an. Die einschließende Negation bspw. ist nur in einem Fall wahr, nämlich dann, wenn ihre beiden Glieder falsch und ihre Negationen wahr sind. Die einschließende Negation „weder p noch q" ist also dann und nur dann wahr, wenn die Konjunktion „$\neg p \wedge \neg q$" wahr ist; somit ist anhand des Zeichens der Negation und der Konjunktion der Funktor der einschließenden Negation definiert. Zu den Beispielen für Wahrheitsfunktoren, die in mehr als nur einem Fall wahre Aussagen bilden, gehört die Äquivalenz. Sie ist in zwei Fällen wahr: Wenn ihre beiden Glieder wahr sind und wenn ihre beiden Glieder falsch sind. Die Äquivalenz „$p \longleftrightarrow q$" ist dann wahr, wenn die Konjunktion „$p \wedge q$" oder die Konjunktion „$\neg p \wedge \neg q$" wahr ist. Das ist der Fall dann und nur dann, wenn die Disjunktion „$p \wedge q \vee \neg p \wedge \neg q$" wahr ist. Dieser mittels der Zeichen der Negation, der Konjunktion und der Disjunktion notierte Ausdruck ist dem Ausdruck „$p \longleftrightarrow q$" äquivalent; er definiert daher das Äquivalenzzeichen. Vergleichbar ist die Implikation „$p \longrightarrow q$" einer mit Hilfe der Zeichen der Negation, der Konjunktion und der Disjunktion notierten Disjunktion äquivalent. Daher können wir das Implikationszeichen mit Hilfe der genannten Funktoren definieren. In der Spalte des Funktor falsum von zwei Argumenten tritt schließlich nie der Wert 1 auf. Der Ausdruck „$fl(p, q)$" ist daher dem Ausdruck $\neg(p \wedge q) \wedge \neg(\neg p \wedge q) \wedge \neg(p \wedge \neg q) \wedge \neg(\neg p \wedge \neg q)$ äquivalent. Auch der Funktor falsum von zwei Argumenten wird demnach über die Zeichen der Negation und der Konjunktion definiert.

Beispiel 3.34

Funktor falsum

Es gilt nicht, dass das Windrad Sausebraus Rotor Quirl und Getriebe Planeto hat, und es gilt nicht, dass das Windrad Sausebraus nicht Rotor Quirl und Getriebe Planeto hat, und es gilt nicht, dass das Windrad Sausebraus Rotor Quirl und nicht Getriebe Planeto hat, und es gilt nicht, dass das Windrad Sausebraus nicht Rotor Quirl und nicht Getriebe Planeto hat. ◀

Einen Ausdruck, der mittels der Zeichen der Negation, der Konjunktion und der Disjunktion notiert ist und einen gegebenen Wahrheitsfunktor von n Argumenten definiert, bilden wir allgemein wie folgt: Den Zeilen der Tabelle, bei denen in der Spalte des Funktors der Wert 1 auftritt, ordnen wir die Konjunktion der Variablen (wenn in einer solchen Zeile unter den gegebenen Variablen der Wert 1 auftritt) oder die Negation der Variablen (wenn in einer solchen Zeile unter der gegebenen Variablen der Wert 0 auftritt) zu. Tritt in der Spalte des Funktors nur einmal der Wert 1 auf, dann ist ein diesen Funktor definierender Ausdruck die Konjunktion. Sie wird auf die angegebene Weise gebildet und der Zeile zugeordnet, in der in der Spalte des Funktors der Wert 1 auftritt. Tritt in der Spalte des Funktors der Wert 1 mehr als einmal auf, dann ist ein diesen Funktor definierender Ausdruck die Disjunktion der Konjunktionen. Diese werden auf die angegebene Weise gebildet und den Zeilen zugeordnet, in denen in der Spalte des Funktors der Wert 1 auftritt. Tritt in der Spalte des Funktors der Wert 1 nicht auf, dann ist ein diesen Funktor definierender Ausdruck die Konjunktion der Negationen aller einzelnen Konjunktionen. Diese werden wie oben angegeben gebildet.

			Konjunktion	Disjunktion der Konjunktion	Konjunktion der Negationen der Konjunktionen
			$p \wedge q \wedge r$	$(p \wedge q) \vee (p \wedge r) \vee (q \wedge r)$	$\neg(p \wedge q) \wedge \neg(p \wedge r) \wedge \neg(q \wedge r)$
p	q	r			
1	1	1	1	1	0
0	1	1	0	1	0
1	0	1	0	1	0
0	0	1	0	0	0
1	1	0	0	1	0
0	1	0	0	0	0
1	0	0	0	0	0
0	0	0	0	0	0

Mit dem im vorhergehenden Abschnitt angegebenen Gesetz des Ersetzens der Konjunktion durch die Disjunktion und die Negation können wir das Konjunktionszeichen mit Hilfe der Zeichen der Negation und der Disjunktion definieren. Für die angeführte Behauptung von der Definierbarkeit der übrigen Wahrheitsfunktoren mit Hilfe der Zeichen der Negation, der Konjunktion und der Disjunktion folgt daraus: Mit den Zeichen der Negation und der Disjunktion lässt sich jeder übrige Wahrheitsfunktor von n Argumenten definieren. Analog schließen wir aufgrund des Gesetzes des Ersetzens der Disjunktion durch die Konjunktion und die Negation auf die Definierbarkeit des Zeichens der Disjunktion mit Hilfe der Zeichen der Negation und der Konjunktion: Mittels der Zeichen der Negation und der Konjunktion können wir jeden übrigen Wahrheitsfunktor von n Argumenten definieren.

Eine Aussage, die feststellt, dass der Funktor F auf bestimmte Weise mit Hilfe der Funktoren $F_1, \ldots, F_k$ darstellbar ist, also eine Aussage, die feststellt, dass der Ausdruck $F(p_1, \ldots, p_n)$ einem bestimmten, mit Hilfe der Variablen $p_1, \ldots, p_n$ und der Funktoren $F_1, \ldots, F_k$ notierten Ausdruck äquivalent ist, heißt eine *Definition* eines Wahrheitsfunktors F von n Argumenten mit Hilfe der Funktoren $F_1, \ldots, F_k$ (siehe Abschn. 1.3.4). Eine solche Definition notieren wir mittels des Zeichens der Definitionsgleichheit und schreiben links von := den zu definierenden Ausdruck $F(p_1, \ldots, p_n)$, das *Definiendum*, rechts von := den definierenden Ausdruck, das *Definiens*, mit Hilfe der Variablen $p_1, \ldots, p_n$ und der Funktoren $F_1, \ldots, F_k$. Beispielsweise definieren wir das Zeichen der Disjunktion mittels der Zeichen der Negation und der Implikation: $p \vee q := \neg p \longrightarrow q$. Mit dieser Definition stellen wir fest: Der Ausdruck „$p \vee q$" und der Ausdruck „$\neg p \longrightarrow q$" sind äquivalent. Eine derartige Definition ist dann und nur dann *richtig*, wenn sie wahr und ihr Definiendum mit ihrem Definiens äquivalent ist. Der Nachweis der Richtigkeit ist somit ein Nachweis dieser Äquivalenz. Eine erste Vorgehensweise für diesen Nachweis besteht darin, die Äquivalenz beider Seiten der Definition mit Hilfe der Regeln des Annahmesystems zu beweisen. Diese Vorgehensweise wenden wir bei den Funktoren an, für die wir die Regeln des Annahmesystems formuliert haben. Für den Nachweis der Richtigkeit der angegebenen Definition des Zeichens der Disjunktion mittels der Zeichen der Negation und der Implikation müssen wir dann das Gesetz $p \vee q \longleftrightarrow \neg p \longrightarrow q$ beweisen. Die zweite Vorgehensweise weist mit den Tabellen der gegebenen Wahrheitsfunktoren nach, dass die logischen Werte beider Seiten für gleiche Variablenwerte gleich sind. Mit dieser Vorgehensweise prüfen wir die Richtigkeit einer Definition, indem wir mit Hilfe der Tabellen für Disjunktion, Negation und Implikation die logischen Werte immer umfangreicherer Ausdrücke berechnen. Wir erhalten als Ergebnis:

$p \vee q :=$	$\neg p \longrightarrow q$
111	0111
011	1011
110	0110
000	1000

Die linke und die rechte Seite der Definition haben für die gleichen logischen Werte der Variablen den gleichen logischen Wert; damit ist die Definition richtig.

Beispiel 3.35

Beispiel einer Definition

Der Wind weht nicht kräftig oder der Rotor dreht schnell := Es gilt nicht, dass der Wind kräftig weht und der Rotor nicht schnell dreht.

Der Wind weht nicht kräftig oder der Rotor dreht schnell := Wenn nicht gilt (Der Wind weht nicht kräftig), dann dreht der Rotor schnell. ◄

Das Zeichen der Disjunktion lässt sich mit dieser Definition über das Zeichen der Negation und der Implikation definieren. Daraus folgt zusammen mit der Definierbarkeit aller übrigen Wahrheitsfunktoren anhand der Zeichen der Negation und der Disjunktion, dass wir diese Wahrheitsfunktoren alle mit Hilfe der Zeichen der Negation und der Implikation definieren können.

Beispiel 3.36

Beispiel einer Definition

Das Windrad ist unzulässig oder das Windrad ist zulässig := Es gilt nicht, dass das Windrad nicht unzulässig ist und nicht zulässig ist.

Das Windrad ist unzulässig oder das Windrad ist zulässig := Wenn nicht gilt (Das Windrad ist unzulässig), dann ist das Windrad zulässig. ◄

Wir weisen die Richtigkeit der Definitionen der oben angeführten einstelligen Wahrheitsfunktoren über die zweite Vorgehensweise nach:

vr	(p)	:=	p	$\longrightarrow$	p	fl	(p)	:=	$\neg$	$(p$	$\longrightarrow$	$p)$	as	(p)	:=	p
1	1		1	1	1	0	1		0	1	1	1	1	1		1
1	0		0	1	0	0	0		0	0	1	0	0	0		0

Die letzte Definition zeigt, dass wir den Funktor der Assertion ausschließlich mit Hilfe von Variablen definieren können: Für den Ausdruck „$as(p)$“ existiert ein äquivalenter Ausdruck, der nur aus der Aussagenvariable „p“ besteht.

Im Folgenden überprüfen wir die Richtigkeit der Definition der Zeichen der Negation und der Konjunktion über das Zeichen der Exklusion:

$\neg$	p	:=	p	$\mid$	p	p	$\wedge$	q	:=	$(p$	$\mid$	$q)$	$\mid$	$(p$	$\mid$	$q)$
0	1		1	0	1	1	1	1		1	0	1	1	1	0	1
1	0		0	1	0	0	0	1		0	1	1	0	0	1	1
						1	0	0		1	1	0	0	1	1	0
						0	0	0		0	1	0	0	0	1	0

Mit dem Zeichen der Negation und der Konjunktion lassen sich alle übrigen Wahrheitsfunktoren definieren. Dann folgt aufgrund dieser Definitionen: Das Zeichen der Exklusion reicht allein zur Definition aller übrigen Wahrheitsfunktoren aus.

Beispiel 3.37

Definition der Konjunktion über Exklusion

Das Windrad Sausebraus hat Rotor Quirl und das Windrad Sausebraus hat Getriebe Planeto := Es gilt höchstens, dass höchstens das Windrad Sausebraus den Rotor Quirl hat oder das Windrad Sausebraus das Getriebe Planeto hat, oder dass höchstens das Windrad Sausebraus den Rotor Quirl hat oder das Windrad Sausebraus das Getriebe Planeto hat. ◄

Das Zeichen der einschließenden Negation (Rejektion) ist der zweite Wahrheitsfunktor von zwei Argumenten, der allein ausreicht, um alle übrigen Wahrheitsfunktoren zu definieren, weil wir mit ihm die Zeichen der Negation und der Disjunktion definieren können, die ihrerseits zur Definition aller übrigen Wahrheitsfunktoren von n Argumenten ausreichen. Die Prüfung der Richtigkeit der Definition der Zeichen der Negation und der Disjunktion mittels des Zeichens der einschließenden Negation geben wir wie folgt:

$\neg$	p	$:=$	p	$\downarrow$	p
0	1		1	0	1
1	0		0	1	0

p	$\vee$	q	$:=$	$(p$	$\downarrow$	$q)$	$\downarrow$	$(p$	$\downarrow$	$q)$
1	1	1		1	0	1	1	1	0	1
0	1	1		0	0	1	1	0	0	1
1	1	0		1	0	0	1	1	0	0
0	0	0		0	1	0	0	0	1	0

Beispiel 3.38

Definition der Disjunktion über einschließende Negation

Das Windrad Sausebraus hat den Rotor Quirl oder das Windrad Sausebraus hat das Getriebe Planeto := Es gilt weder, dass weder das Windrad Sausebraus den Rotor Quirl noch das Windrad Sausebraus das Getriebe Planeto hat, noch, dass weder das Windrad Sausebraus den Rotor Quirl hat noch das Windrad Sausebraus das Getriebe Planeto hat.

Damit haben wir gezeigt, dass das Zeichen der Exklusion und das Zeichen der einschließenden Negation die beiden Wahrheitsfunktoren von zwei Argumenten sind, von denen jeder zur Definition aller übrigen Wahrheitsfunktoren von n Argumenten ausreicht.

3.2.2.2 Null-Eins-Prüfung

Mit den Tabellen der Wahrheitsfunktoren können wir die Ausdrücke und Schemata des klassischen Aussagenkalküls auf ihre Wahrheit überprüfen (*Null-Eins-Prüfung*):

1. Jede Aussage ist entweder wahr oder falsch (Prinzip der Zweiwertigkeit).
2. Alle Funktoren des Aussagenkalküls sind Wahrheitsfunktoren; die logischen Werte der zusammengesetzten Aussagen sind deshalb durch die logischen Werte der Teilaussagen bestimmt (Extensionalität aller Funktoren des Aussagenkalküls).

Wenn wir feststellen wollen, dass ein gegebener Ausdruck ein *logisches Gesetz* ist, dann müssen wir seine Wahrheit für alle Werte der Variablen überprüfen. Diese Variablen sind im Aussagenkalkül Aussagenvariablen, die nach dem Prinzip der Zweiwertigkeit wahre oder falsche Aussagen sind (siehe Abschn. 1.4). Für den Nachweis, dass ein Ausdruck des Aussagenkalküls ein logisches Gesetz ist, haben wir zu zeigen, dass er immer wahr ist, unabhängig davon, ob die den Variablen zugeordneten Aussagen wahr oder falsch sind. Deshalb beginnt die Prüfung mit der Zuordnung aller möglichen Anordnungen der logischen Werte 1 und 0 zu den Variablen des zu prüfenden Ausdrucks. Danach berechnen wir ausgehend von den einfachsten Teilausdrücken des gegebenen Ausdrucks nacheinander die logischen Werte aller Teilausdrücke bis zur Berechnung des logischen Wertes des zu prüfenden Ausdrucks; dabei verwenden wir die Tabellen der in dem betreffenden Ausdruck auftretenden Wahrheitsfunktoren.

Ein erstes Beispiel für die Null-Eins-Prüfung von Ausdrücken des Aussagenkalküls sei:

$$\begin{array}{cccc} p & \vee & \neg & p \\ 1 & 1 & 0 & 1 \\ 0 & 1 & 1 & 0 \end{array}$$

Unter die Aussagenvariable p schreiben wir in der ersten Zeile der Prüfung den Wert 1, in der zweiten Zeile den Wert 0. Dann berechnen wir (in der dritten Spalte) den logischen Wert des Ausdrucks „$\neg p$“, anschließend (in der vierten Spalte) den logischen Wert des Ausdrucks „$p \vee \neg p$“. Hat „p“ den Wert 1 (erste Zeile), folgt für den Ausdruck „$\neg p$“ der Wert 0. Dieser Wert findet in der ersten Zeile seinen Platz unter dem Negationszeichen. Hat „p“ den Wert 0 (zweite Zeile), dann schreiben wir für „$\neg p$“ den Wert 1 unter das Negationszeichen. Das erste Glied „p“ der Disjunktion „$p \vee \neg p$“ hat in der ersten Zeile den Wert 1, das zweite Glied den Wert 0. Aus der Tabelle für die Disjunktion entnehmen wir für eine solche Disjunktion den Wert 1 und schreiben diesen in der ersten Zeile unter das Disjunktionszeichen. In der zweiten Zeile der Prüfung hat das erste Glied „p“ den Wert 0, während das zweite Glied den Wert 1 hat. Nach der Tabelle für die Disjunktion schreiben wir dann den Wert 1 in die zweite Zeile unter das Disjunktionszeichen. Damit hat der geprüfte Ausdruck den Wert 1 unabhängig davon, ob „p“ den Wert 1 oder den Wert 0 hat. Er ist ein immer wahrer Ausdruck und daher ein logisches Gesetz. Analog schreiben wir für die Prüfung der Wahrheit des Ausdrucks „$\neg(p \wedge \neg p)$“ die Werte 1 und 0 unter die Variable; anschließend berechnen wir die logischen Werte der zusammengesetzten Ausdrücke. Die Werte schreiben wir dabei unter die diese zusammengesetzten Ausdrücke bildenden Funktoren. Das Ergebnis ist:

$$\begin{array}{ccccc} \neg & (p & \wedge & \neg & p) \\ 1 & 1 & 0 & 0 & 1 \\ 1 & 0 & 0 & 1 & 0 \end{array}$$

Es ist der Nachweis, dass der geprüfte Ausdruck wahr und somit ein logisches Gesetz ist.

Tritt in einem gegebenen Ausdruck eine größere Anzahl von Variablen auf, müssen wir zu Beginn alle möglichen Anordnungen der logischen Werte unter die Variablen schreiben. Wir betrachten ein Beispiel für die Prüfung eines Ausdrucks mit zwei Variablen:

$(p$	$\longrightarrow$	$q)$	$\vee$	$(q$	$\longrightarrow$	$p)$
1	1	1	1	1	1	1
0	1	1	1	1	0	0
1	0	0	1	0	1	1
0	1	0	1	0	1	0

Für diese Prüfung berechnen wir zuerst die logischen Werte der Ausdrücke „$p \longrightarrow q$“, „$q \longrightarrow p$“ und dann des Ausdrucks „$(p \longrightarrow q) \vee (q \longrightarrow p)$“; wie wir sehen, ein immer wahrer Ausdruck. Der geprüfte Ausdruck ist aufgrund der Äquivalenz: $p \longrightarrow q \longleftrightarrow \neg p \vee q$ dem Ausdruck „$(\neg p \vee q) \vee (\neg q \vee p)$“ äquivalent. Dieser Ausdruck folgt aus dem Gesetz vom ausgeschlossenen Dritten, wenn wir die Einführung der Disjunktion und das Assoziativgesetz für die Disjunktion nutzen. Wir prüfen den Ausdruck $(p \longrightarrow q) \longrightarrow (q \longrightarrow p)$:

$(p$	$\longrightarrow$	$q)$	$\longrightarrow$	$(q$	$\longrightarrow$	$p)$
1	1	1	1	1	1	1
0	1	1	0	1	0	0
0	0	0	1	0	1	1
0	1	0	1	0	1	0

Im Gegensatz zu den ersten Beispielen hat der gesamte Ausdruck in der zweiten Zeile den Wert 0. Deshalb ist dieser Ausdruck kein logisches Gesetz.

Vielfach ist eine verkürzte Prüfung möglich: Wenn wir einen Ausdruck von der Form einer Implikation prüfen, dann untersuchen wir, ob unter der Annahme der Wahrheit ihrer Vordersätze der ihnen entsprechende Hintersatz wahr sein muss. Der geprüfte Ausdruck ist in diesem Fall wahr; wenn seine Vordersätze wahr sind, ist es ausgeschlossen, dass der ihnen entsprechende Hintersatz falsch ist. Wir geben Beispiele für eine solche verkürzte Prüfung.

$\neg$	p	$\wedge$	$\neg$	q	$\longrightarrow$	$\neg$	$(p$	$\vee$	$q)$
1	0	1	1	0		1	0	0	0

Wir beginnen mit der Annahme, dass der Ausdruck „$\neg p \wedge \neg q$“ als Vordersatz der Implikation wahr ist. Dazu müssen nach der Tabelle für die Konjunktion die Ausdrücke „$\neg p$“ und „$\neg q$“ wahr sein. Die Ausdrücke „p“ und „q“ sind dann falsch. Daher schreiben wir im Hintersatz unter die Variablen „p“ und „q“ den Wert 0. In diesem Fall hat der Ausdruck „$p \vee q$“ nach der Tabelle für die Disjunktion den Wert 0; diesen Wert schreiben wir unter das Zeichen $\vee$ der Disjunktion. Die Negation dieses Ausdrucks besitzt dann den Wert 1. Wir notieren diesen Wert unter dem Zeichen der Negation, mit der der Hintersatz der Implikation beginnt. Wenn wir jetzt die Wahrheit des Vordersatzes der zu prüfenden Implikation voraussetzen, muss demnach ihr Hintersatz wahr sein. Daraus folgt, dass der Ausdruck immer wahr ist. Auch im Beispiel

$$\begin{array}{ccccccccccccc} (p & \longrightarrow & q) & \longrightarrow & [(q & \longrightarrow & r) & \longrightarrow & (p & \longrightarrow & r)] \\ 1 & 1 & 1 & & 1 & 1 & 1 & & 1 & & 1 \end{array}$$

nehmen wir die Wahrheit der Vordersätze „$p \longrightarrow q$“, „$q \longrightarrow r$“, „p“ an. Wenn die Implikation „$p \longrightarrow q$“ und ihr Vordersatz „p“ jeweils den Wert 1 haben, dann folgt auch für ihren Hintersatz „q“ der Wert 1. Hat die Implikation „$q \longrightarrow r$“ gemäß Voraussetzung den Wert 1 und ihr Vordersatz „q“ wie festgestellt ebenfalls den Wert 1, dann kann auch der Hintersatz „r“ nur den Wert 1 haben. Die Annahme der Wahrheit der Vordersätze bedingt also die Wahrheit des entsprechenden Hintersatzes, woraus unmittelbar die Wahrheit des geprüften Ausdrucks folgt. Die oben angegebene Prüfung des Gesetzes des bedingten Syllogismus entspricht dem direkten Annahmebeweis dieses Gesetzes. Die unverkürzte Prüfung dieses Gesetzes erfordert acht Zeilen.

Gegebenenfalls ist die Annahme der Falschheit des Hintersatzes einer Implikation zweckmäßiger. Stellt sich heraus, dass in diesem Fall der Vordersatz bzw. einer ihrer Vordersätze falsch sein muss, ist die Implikation wahr. Es ist dann ausgeschlossen, dass der Vordersatz wahr ist bzw. alle Vordersätze wahr sind und der Hintersatz der Implikation falsch ist. Im Beispiel

$$\begin{array}{cccccccccc} \neg & p & \vee & \neg & q & \longrightarrow & \neg & (p & \wedge & q) \\ 0 & 1 & 0 & 0 & 1 & & 0 & 1 & 1 & 1 \end{array}$$

nehmen wir daher an, dass der Ausdruck „$\neg(p \wedge q)$“ falsch ist. Dann haben der Ausdruck „$p \wedge q$“ sowie die Ausdrücke „p“ und „q“ den Wert 1. Dann folgt für die Ausdrücke „$\neg p$“ und „$\neg q$“ der Wert 0; ihre Disjunktion „$\neg p \vee \neg q$“ hat ebenfalls den Wert 0. Wenn wir die Falschheit des Hintersatzes der zu prüfenden Implikation annehmen, dann muss auch ihr Vordersatz falsch sein, die geprüfte Implikation ist also immer wahr. Zeigt die verkürzte Prüfung einer Implikation, dass bei wahrem Vordersatz der Hintersatz für mindestens eine Anordnung der Variablenwerte falsch ist, ist der gesamte Ausdruck falsch. Genauso ist der geprüfte Ausdruck falsch, sobald bei falschem Hintersatz der Vordersatz in einem einzigen Fall wahr ist.

Beispiel 3.39

Verkürzte Prüfung/Falschheit der Ausdrücke

$$\begin{array}{cccccccccc} \neg & (p & \wedge & q) & \longrightarrow & \neg & p & \wedge & \neg & q \\ 1 & 0 & 0 & 1 & & 1 & 0 & 0 & 0 & 1 \end{array}$$

Angenommen der Vordersatz der Implikation ist wahr. Die Konjunktion „$p \wedge q$" hat dann den Wert 0. Dazu muss mindestens eines ihrer Glieder den Wert 0 haben. Wenn wir annehmen, dass „q" den Wert 1 hat, dann hat der Hintersatz den Wert 0. Der Ausdruck ist falsch.

$$\begin{array}{cccccccccc} \neg & (p & \vee & q) & \neg & q & \longrightarrow & \neg & (p & \vee & q) \\ 0 & 1 & 1 & 1 & 1 & 0 & & 0 & 1 & 1 & 0 \end{array}$$

Angenommen, der Hintersatz der Implikation ist falsch. Die Disjunktion „$p \vee q$" hat den Wert 1. Dafür nehmen wir an, dass das Glied „p" den Wert 1 hat. Außerdem nehmen wir noch zulässig an, dass ihr zweites Glied „q" den Wert 0 hat. Dann haben „$\neg q$" und der Vordersatz der Implikation den Wert 1. Der Ausdruck ist falsch. ◀

Wir prüfen die Wahrheit eines Ausdrucks von der Form einer Äquivalenz. Für die verkürzte Prüfung müssen wir entweder zeigen, dass ausgehend von der Wahrheit einer Seite der Äquivalenz auch ihre zweite Seite wahr ist, oder, dass ausgehend von der Falschheit einer Seite der Äquivalenz auch die zweite falsch ist. Im Beispiel

$$\begin{array}{cccccccccc} \neg & (p & \vee & q) & \longleftrightarrow & \neg & p & \wedge & \neg & q \\ 1 & 0 & 0 & 0 & & 1 & 0 & 1 & 1 & 0 \\ \uparrow & & & & & & & \uparrow & & \end{array}$$

geben die Pfeile an, dass wir unter Voraussetzung der Wahrheit des Vordersatzes zur Wahrheit des Hintersatzes gelangen, und umgekehrt. Der Ausdruck ist wahr. Im Beispiel

$$\begin{array}{cccccccccc} \neg & (p & \wedge & q) & \longleftrightarrow & \neg & p & \wedge & \neg & q \\ 0 & 1 & 1 & 1 & & 0 & 1 & 0 & 0 & 1 \\ \uparrow & & & & & & & \uparrow & & \end{array}$$

führt die Annahme der Falschheit des Vordersatzes zur Falschheit des Hintersatzes und umgekehrt. Der Ausdruck ist wahr.

Um mittels der verkürzten Null-Eins-Prüfung die Gültigkeit eines Schemas des Aussagenkalküls nachzuweisen, reicht es aus zu zeigen, dass es ausgeschlossen ist, dass alle seine Prämissen wahr sind und die Conclusio falsch ist. Auch für diese Prüfung sind zwei Vorgehensweisen möglich:

1. Angenommen, alle Prämissen und Vordersätze der Conclusio sind wahr. Muss dann der Hintersatz der Conclusio wahr sein, dann ist das Schema gültig. Das Schema ist ungültig, wenn bei wahren Prämissen und wahren Vordersätzen der Conclusio der Hintersatz der Conclusio für mindestens eine Anordnung der Variablenwerte falsch sein kann.
2. Angenommen, die Conclusio ist falsch. Muss dafür mindestens eine der Prämissen falsch sein, dann ist das Schema gültig. Das Schema ist ungültig, wenn bei falscher

Conclusio alle Prämissen wenigstens für eine Anordnung der Variablenwerte wahr sein können.

Beispiel 3.40

Verkürzte Prüfung/Gültigkeit von Schemata des Aussagenkalküls

$$\begin{array}{ccc} p & \longrightarrow & q \\ 0 & 1 & 0 \\ \neg & q & \\ 1 & 0 & \\ \hline \neg & p & \\ 1 & 0 & \end{array}$$

Angenommen, beide Prämissen sind wahr. Hat „$\neg q$" den Wert 1, dann hat „q" den Wert 0. Weil die Implikation „$p \longrightarrow q$" den Wert 1 hat und ihr Hintersatz „q" den Wert 0, folgt auch für ihren Vordersatz „p" der Wert 0. Daraus folgt für „$\neg p$" der Wert 1. Da beide Prämissen wahr sind, muss die Conclusio wahr sein. Das Schema ist gültig.

$$\begin{array}{ccccc} p & \longrightarrow & q & & \\ 0 & 1 & 1 & & \\ \hline \neg & p & \longrightarrow & \neg & q \\ 1 & 0 & 0 & 0 & 1 \end{array}$$

Angenommen, die Conclusio ist falsch. Dann hat „$\neg p$" den Wert 1 und „$\neg q$" den Wert 0. Demnach hat „p" den Wert 0 und „q" den Wert 1. Für die Prämisse folgt dann der Wert 1. Das Schema ist ungültig.

$$\begin{array}{ccccccc} p & \longrightarrow & q & & & & \\ 1 & 1 & 1 & & & & \\ r & \longrightarrow & s & & & & \\ 1 & 1 & 1 & & & & \\ \hline p & \wedge & r & \longrightarrow & q & \wedge & s \\ 1 & 1 & 1 & & 1 & 1 & 1 \end{array}$$

Angenommen, beide Prämissen und der Vordersatz der Conclusio sind wahr. Damit haben sowohl „p" und „r" als auch „q" und „s" den Wert 1, weil beide Implikationen wahr sind, in denen sie als Vordersätze auftreten. Demnach hat auch ihre Konjunktion, die der Hintersatz der Conclusio ist, den Wert 1. Unter der Voraussetzung der Wahrheit der Prämissen und des Vordersatzes der Conclusio muss der Hintersatz der Conclusio wahr sein. Das Schema ist gültig.

$$\begin{array}{ccc} p & \longrightarrow & q \\ 0 & 1 & 0 \\ r & \longrightarrow & s \\ 0 & 1 & 0 \\ p & \vee & r \\ 0 & 0 & 0 \\ \hline q & \vee & s \\ 0 & 0 & 0 \end{array}$$

Angenommen die Conclusio ist falsch. Dann haben „q" und „s" den Wert 0. Zu prüfen ist dann, ob in diesem Fall alle Prämissen wahr sein können. Wenn die erste Prämisse „$p \longrightarrow q$" den Wert 1 hat, dann ist die Konsequenz dessen, dass ihr Hintersatz „q" den Wert 0 hat, dass auch ihr Vordersatz „p" den Wert 0 hat. Wenn die zweite Prämisse „$r \longrightarrow s$" den Wert 1, „s" dagegen den Wert 0 besitzt, hat auch „r" den Wert 0. Dann besitzt aber auch die Disjunktion „$p \vee r$" den Wert 0. Wenn wir also annehmen, dass die Conclusio falsch ist und die beiden ersten Prämissen wahr sind, dann muss die dritte Prämisse falsch sein. Deshalb ist ausgeschlossen, dass die Conclusio dieses Schemas falsch ist und alle ihre Prämissen wahr sind. Das Schema ist gültig. ◄

3.3 Verstehen

Jede Aussage zu einem Sachsystem/technischen System ist unabhängig vom Konkretisierungsgrad des Entwurfsprozesses banalerweise eine Aussage über ein Sachsystem/technisches System, nicht der reale Gegenstand selbst. Und mit einer Aussage können wir die Realität niemals vollständig beschreiben. Wie wir in Abschn. 2.1.1 gezeigt haben, lässt darüber hinaus selbst eine formale Aussage, auf die wir die Realität abbilden wollen, Auslegungsspielräume offen. Das gilt umso mehr für eine Aussage in der Umgangssprache, insbesondere wenn diese von unterschiedlichen Stakeholdern mit unterschiedlichen Zielen und Absichten stammt – selbst internationale Verträge, die über Jahre ausgehandelt werden, sind nachher Gegenstand unterschiedlicher Auslegung. Also ist eine gemeinsame bzw. gemeinsam getragene systematisierte Systemaussage zwar die notwendige Voraussetzung, aber nicht zwangsläufig die Repräsentation/Manifestation eines gemeinsamen Systemverständnisses. Und doch müssen solche Aussagen über ein technisches System im Entwurfsprozess notwendigerweise getroffen, ausgefüllt und ausgelegt werden – wir schließen in jedem Konkretisierungsschritt noch offene Spielräume. *Interpretieren* fassen wir daher als ein Verfahren oder einen Prozess auf, das/der immer gewisse konstruktive Momente aufweist, die nicht festgelegt sind, sondern prinzipiell Spielräume für verschiedene Alternativen zulassen. Interpretationen basieren also grundsätzlich auf einem gewissen Maß an Unterbestimmtheit (siehe Abschn. 3.3.3; [FIGA00]). Daher versuchen wir, dem Problem der Interpretation zunächst von der sprachlichen und dann von der Verständnisseite her näher zu kommen.

3.3.1 Übersetzung

Beispiel 3.41

Sprachprobleme

Ein junger Ingenieur arbeitet im norddeutschen Zweigwerk eines Automobilunternehmens. Er macht einen Karrieresprung und erhält eine Führungsposition im süddeutschen Stammwerk. Was man ihm aber nicht gesagt hat, ist der Umstand, dass dort die Umgangssprache ein für ihn völlig unverständliches Schwäbisch ist. Beispielsweise ist die Antwort auf einige seiner Anweisungen ein gemurmeltes „äwellie". Aus Sorge um den Autoritätsverlust kann und will er aber nicht zugeben, dass er nichts versteht. Also fragt er auch nicht nach. Nach einiger Zeit begreift er „äwellie" als Abkürzung für den Satz „Äußerst wahrscheinlich eine länger dauernde Lebensaufgabe, ich eile". Mit dieser Hypothese kommt er dem tatsächlichen „Alleweil (immer) ich (muss diese unangenehmen Arbeiten erledigen)" zwar ziemlich nahe und hat am Ende eine Übersetzung, die möglicherweise (für einige Zeit) sogar funktioniert. Aber die Bedeutung und die Problematik hat er mit dieser Interpretation nicht verstanden. ◄

Ein Jurist, der für den Vertrag zwischen den Windkraftwerken als dem Lieferanten und dem Windpark „Südlicher Schwarzwald" als Käufer verantwortlich ist, wird ähnliche Verständnisprobleme haben, wenn er der Diskussion über die Dauerfestigkeit der Getriebewelle folgen soll; die Diskussion verläuft in einer für ihn unverständlichen technischen Sprache. Noch unverständlicher wird es, wenn der Windparkvertreter seinen regionalen Dialekt verwendet. QUINE [QUIN60, QUIN74] geht dazu von folgendem Szenario aus: Wir stoßen auf eine bisher unerforschte Gesellschaft mit einer noch unbekannten Sprache. Wir beobachten, dass die Menschen „gavagai" rufen, sobald sie ein Kaninchen sehen. Was bedeutet jetzt dieser Ausruf, was meint der Einzelne mit „gavagai"? Ist „Kaninchen" oder „Sieh da, ein Kaninchen!" eine zweckdienliche Übersetzungshypothese? Diese Fragestellung nennt QUINE die Frage der *„radikalen Übersetzung"*, die Übersetzung der Sprache von Menschen, deren Leben, Traditionen, Sitten und Überzeugungen vollständig unbekannt sind [LENK93]. Radikale Übersetzungen in dieser Extremform sind nicht häufig; in der Regel gibt es Personen, die die Übersetzung leisten können. Die Bedingung lautet deshalb, dass Dolmetscher vollständig ausgeschlossen sind, dass keine Teilhabe am Leben dieser Menschen und keine (auch keine indirekte) Kommunikation mit dieser fremden Gesellschaft vorausgegangen ist. Wie erhalten wir in diesem Fall eine sichere (eindeutige) oder wenigstens verlässliche Übersetzung?

Natürlich werden wir vorläufige Zuordnungen zu diesen Äußerungen suchen, eine Zuordnungshypothese entwerfen und deren Tragfähigkeit testen. Wir provozieren durch experimentelle Manipulation am Gegenstand und/oder an der Situation, durch systematische Einschränkungen und/oder künstliche (Labor-)Bedingungen Reizsituationen, die dieses Wort herauslocken, und dokumentieren, wie die Äußerung in Abhängigkeit von diesen Reizsituationen verwendet wird. Wir werden Zustimmung und Ablehnung protokollieren und damit eine weitere Interpretationsfrage aufwerfen [LENK93]. Mehr noch: Wir gefährden damit – zumindest im Fall von Beispiel 3.41 – möglicherweise jede zukünftige Kommunikation. Und unser Jurist wird keine Gelegenheit zur Durchführung von Sprachspielen erhalten. Aber nehmen wir an, dass wir allmählich Zustimmung und Ablehnung unterscheiden und die Gebärden richtig deuten können. Dann können wir im Laufe der Zeit gewisse Arbeitshypothesen für die Bedeutung formulieren, das Gesammelte induktiv anreichern und als in gewissen situativen und manipulativen Variationen und damit in unterschiedlichen Falsifikationsgelegenheiten getestet ansehen. Schließlich nehmen wir diese verschiedenen Reizmuster in ein Bedeutungskonstrukt, in eine „Reizbedeutung" auf [QUIN53], die sich aus zwei verschiedenen Klassen zusammensetzt:

1. aus der Klasse der Reizmuster, die eine Zustimmung bewirken und
2. aus der Klasse der Reizmuster, die eine Ablehnung bewirken.

Und erst diese beiden Klassen zusammen gelten als die gesamte Reizbedeutung dieses Ausdrucks. Wenn wir jetzt den Test mit „gavagai"oder „äwellie" machen, dann müssen wir die Reizsituationen, in denen wir Zustimmung erfahren, von denen unterscheiden, in denen wir Ablehnung ernten. Das alles zusammen macht die vollständige Reizbedeutung aus; sie ist die einzige objektive Basis, die einzige Vergleichsgrundlage, die wir für das Unterfangen der radikalen Übersetzung haben. Notwendig sind regelmäßige Beobachtungen des Verhaltens zur Überprüfung der Klassifikation; wir müssen Beobachtungsereignisse auslösen, Beobachtungen durchführen und Reiz- und Gelegenheitssätze mit den Reizworten verbinden, um in der entsprechenden Reizsituation experimentieren zu können:

1. Wir müssen Äußerungen provozieren.
2. Wir können selbst beginnen, Fragen zu stellen und versuchen, die ausgelösten Reaktionen systematisch zu manipulieren.
3. Wir kombinieren unterschiedliche Wahrheitsfunktoren wie Junktoren und Quantoren, um Zusammenhänge zwischen verschiedenen Sätzen und Gattungsbedingungen von Sätzen usw. zu entwickeln.
4. Wir eröffnen zusätzliche Möglichkeiten, wenn wir über die unmittelbare Beobachtung hinausgehen, indem wir bspw. eine unbeobachtete Bedingung unterstellen und diese durch einen Beobachtungssatz überprüfen. Auf diese Weise können wir die Beschreibungsmöglichkeiten der Sprache über den Bereich des bloß Beobachteten/Beobachtbaren hinaus erweitern.

5. Wir befördern die Analyse der Satzstruktur dadurch, dass wir linguistisch-analytische Hypothesen über die Gleichheit von Bedeutungen aufstellen und Experimente mit diesem Sprachverhalten durchführen [HAYA72]. Im Weiteren können wir dann bspw. durch Überkreuzprüfungen (siehe Abschn. 3.3.3) schrittweise die Unterbestimmtheit der (radikalen) Übersetzung verkleinern; ganz ausräumen lässt sie sich nicht.

Die Klassifikation anhand der Gleichheit der Reizbedingungen reicht aber nicht aus, um das zu bestimmen, was wir gemeinhin als die *Bedeutung* einer Äußerung bezeichnen – siehe Beispiel 3.41. Auch wenn es immer derselbe Fehler an den Fahrzeugen ist, der immer demselben Mitarbeiter – aufgrund seiner Qualifikation oder nur deswegen, weil er auch aus dem Norden kommt und sich „verständlich" ausdrücken kann – aufgetragen wird, kann es ja sein, dass die Äußerung gar nichts mit der „Aufgabe an sich", sondern mit dem Sachverhalt zu tun hat, dass er jetzt auf den nichtkooperativen Leiter einer anderen Arbeitsgruppe zugehen muss, mit dem er sich überhaupt nicht versteht. Genauso könnte sein, dass in den Kaninchen die Stammesahnen oder persönliche Totemtiere gesehen werden. Es könnte aber auch sein, dass gar nicht das Kaninchen als Lebewesen oder Gegenstand gemeint ist, sondern nur ein Teil eines Kaninchens oder aber das zeitlich-momentane Auftauchen dieses Kaninchens oder die momentane Situation, die Klasse der Kaninchen usw. [LENK93]. Damit bleibt jede Festlegung der Bedeutung eines Terminus einer fremden Sprache durch die Reizbedingungen der jeweiligen Äußerungssituation prinzipiell unterbestimmt [POLJ19, HEMP74]. Es gibt eine Vielzahl möglicher Interpretationen und jede (fixe) Entscheidung für eine Deutung ist willkürlich; das Problem der Unterbestimmtheit ist das unaufhebbare fundamentale Problem der radikalen Übersetzung: Sobald eine eindeutige Zuordnung von Situation und Äußerung vorliegt, haben wir keine Mittel, eine andere Erklärung zu suchen. Und die vorhandenen Lücken werden durch Projektion[18] bestimmter Formen und Strukturmodelle aus der eigenen Sprache geschlossen. Dann aber bleibt die Herstellung von Zuordnungen und Entsprechungen zwischen den Ausdrücken der beiden Sprachen, sofern sie auch „Bedeutungsgleichheiten" zwischen den zugeordneten Ausdrücken postuliert, hypothetisch – die prinzipielle Unterbestimmtheit besteht auch nach dem Gelingen der Übersetzung [JANS04].

Inwieweit sich eine Sprache auf der Grundlage des beobachtbaren Verhaltens ihrer Sprecher semantisch aufschlüsseln lässt, können wir samt der Größe des Spielraums des Übersetzers am besten anhand der wahrheitsfunktoralen Satzverbindungen aus Abschn. 3.2.2 analysieren (siehe Abschn. 3.3.3). Damit lassen sich gezielt Sätze sowie Verbindungen von Hypothesen mit äußeren Bedingungen und Reizsituationen konstruieren, sodass wir schlussendlich eine von den Reaktionen gestützte Theorie der in der fremden Sprache verwendeten Wahrheitsfunktoren erhalten. Die nächsten Schritte sind das Herstellen und Testen komplizierterer zusammengesetzter Sätze durch systematische Variation und Kombination von Teilsätzen und Situationskomponenten. Aber diese Ver-

[18] Zu „Projektion" siehe Kap. 2, Abschn. 2.2.2 Input-Output-Systeme, Allgemeine statische Input-Output-Systeme.

knüpfungen müssen wir auf die fremde/unbekannte Sprache projizieren. Dieses ganze Vorgehen bleibt daher stets selbstbezogen, hypothesenabhängig; damit ist die Gleichheit der Reizbedeutungen als einzige Grundlage der Bedeutungsgleichheit unzulänglich, vorläufig. Und diese vorläufige Bedeutungsfixierung bleibt stets einen Schritt hinter dem zurück, was innerhalb der Sprache als die Bedeutung ihrer Ausdrücke bezeichnet, verstanden und verwendet wird [LENK93].

Betrachten wir die wahrheitsfunktorale Projektion, die Satzzusammensetzungen. QUINE [QUIN53] ist der Ansicht, dass der wahrheitsfunktorale Teil der einzige ist, dessen Anerkennung in einer uns fremden Sprache auf Verhaltenskriterien zurückgeführt werden kann. Zwei Argumente sind dagegen anzuführen [LENK93]: Die erstmalige Identifizierung der wahrheitsfunktoralen Ausdrücke ist genau so schwierig wie die Identifikation anderer Ausdrücke, auch weil wir nach Voraussetzung keine grammatikalischen Kenntnisse besitzen, die uns ermöglichen, Satz- und Wortgrenzen zu erkennen. Außerdem ist vorauszusetzen, dass die Wahrheitsfunktoren in allen Sprachen in gleicher Weise anerkannt sind. Und auch das ist kontrovers. Es lassen sich jedenfalls nicht einmal alle solchen logischen Konstanten in jeder Sprache unmittelbar durch eine objektsprachliche Bezeichnung wiedergeben; bspw. muss der Junktor „nicht" in mehreren Sprachen durch eine Umschreibung ausgedrückt werden [BAOC47].

Beispiel 3.42

Sprachbarrieren

Ein deutscher Informatiker sucht eine Komponente für sein neu zu konzipierendes Windkraftanlagen-Betriebssystem. Er fragt bei einem chinesischen Lieferanten nach. Dieser Lieferant spricht nur chinesisch, denkt chinesisch und entwickelt nach chinesischen Normen. Er wird jetzt in Informatiker-Deutsch – selbstverständlich auf dem Umweg über das Englische ins Chinesische übersetzt – gefragt, ob er sich vorstellen könnte, dass seine Software als Komponente integriert werden könnte, wenn eine Überarbeitung nach deutschem Standard vorgenommen werden würde und er die Softwarewartung übernehmen würde. ◄

Die Chinesen tun sich aber damit schwer, Implikationen auszudrücken; das Chinesische kennt keine solchen Wenn-dann-Verknüpfungen, diese Sprachform des Bedingten. Somit kann die chinesische Sprache nichteingetretene Sachverhalte gar nicht so vergegenständlichen, als seien sie realisiert, sie kann auf diese nicht unmittelbar Bezug nehmen, insbesondere nicht mit irrealen Bedingungen; es existieren keine Konjunktive und irrealen Konditionale. Chinesen haben daher Schwierigkeiten, irreale Konditionalsätze überhaupt zu verstehen und in Verbindung mit anderen Sätzen zu bringen; sie müssen die Bedingungen kompliziert umschreiben [BLOO81]. Müsste also dann – wenn wahrheitsfunktorale Verknüpfungen am Sprachverhalten ablesbar wären (und zwar eher als andere sprachliche Strukturen wie bspw. prädikatenlogische (vgl. Abschn. 1.5)) – dieses Verfahren der

Projektion und des Tests unserer Formen aufdecken, dass die Chinesen so etwas wie eine Implikation gar nicht kennen, oder wenigstens nicht mit der gleichen aussagenlogischen Wahrheitstafel akzeptieren wie wir? Chinesen aber können Junktorenlogik – mit Wahrheitstafeln – lernen wie wir [LENK93]. Und Chinesen können ebenso wie wir komplex unter Bedingungen handeln. Nur beim sprachlichen Umschreiben irrealer Konditionale haben sie grammatik- und sprachbedingte Schwierigkeiten. Damit haben wir gezeigt: Es ist nicht so, dass solche wahrheitsfunktoralen Projektionen in jeder Sprache tatsächlich oder gleich leicht und effektiv funktionieren und dass diese einen oder gar den einzigen Anhaltspunkt darstellen, auf den wir die Verhaltensdeutung oder die Bedeutungsanalyse bei Worten aus fremden Sprachen zurückführen können. Allenfalls sind die Handlungsverknüpfungen von möglichen Realisierungs- bzw. Nichteintrittskombinationen relevant – eher als die Aussagen- oder Satzverknüpfungen. LENK [LENK91] glaubt, dass die Erkenntnis Wittgensteins: „*Die gemeinsame menschliche Handlungsweise ist das Bezugssystem, mittels dessen wir uns eine fremde Sprache deuten*“, in diesem Zusammenhang wichtiger ist. Eine solche Deutung hängt natürlich indirekt auch mit wahrheitsfunktoralen Strukturen zusammen, weil wir bedingte und zusammengesetzte Handlungen bzw. Entscheidungen über Handlungen durch solche wahrheitsfunktoralen Zusammensetzungen beschreiben können – aber wir sind uns nicht sicher, dass das in jeder Sprache (gleich) funktioniert, wenn etwa gewisse logische Konstanten in dieser gar nicht objektsprachlich darstellbar sind. Trotz allem Bemühen, durch wahrheitsfunktorale Kombinationen von Sprachformen, denen die Kombinationen von Handlungsvorkommnissen entsprechen (sollen), die Mehrdeutigkeit einzuschränken, wird jede Übersetzung prinzipiell unterbestimmt bleiben. Die radikale Übersetzung kann daher immer noch scheitern, obwohl bspw. die Kombination von Reizbedeutungen und deren (Neu-)Zuordnungen zu Ausdrücken unserer Sprache entsprechend der Übersetzungsliste einigermaßen funktionieren könnte – nämlich insofern, als diese die Entsprechungen im Sprachgebrauch zwar korrekt wiedergeben mag, jedoch diese Zuordnungen das in der Sprache der Einheimischen Gemeinte jeweils total verfehlen können.

Schon bei der radikalen Übersetzung in dieser einfachsten Form müssen wir zwischen verschiedenen Sprachen unterscheiden:

1. die Sprache, die übersetzt werden soll (bspw. Schwäbisch),
2. die Sprache, in die übersetzt werden soll (deutsche Schriftsprache) und
3. die Sprache, die derjenige spricht, der die erstere Sprache in seiner eigenen Sprache beschreibt (bspw. Friesisch; diese beiden letzteren Sprachen müssen nicht übereinstimmen);
4. die Metasprache, in der über die Übersetzung zwischen den beiden Sprachen (unter 1. und 2.) geredet wird. Das ist natürlich meistens, nicht notwendigerweise dieselbe Sprache wie die des Übersetzers (möglicherweise ist die Konzernsprache Englisch; siehe Beispiel 3.42).

Wenn wir zwischen allen diesen Sprachen wechselseitige Unkenntnis unterstellen müssen, dann stellt sich die Problematik der Radikalität der Übersetzungen – und der entsprechenden Interpretationen – noch viel komplizierter dar.

3.3.2 Interpretation

DAVIDSON [DAVI74] überträgt das Problem der radikalen Übersetzung auf die Un(ter) bestimmtheit der Interpretation. Sein Ausgangspunkt ist die Frage: Wie ist es überhaupt möglich, dass wir die Bedeutung der Worte eines anderen oder unserer eigenen Ausdrücke wissen? Damit betrifft die Un(ter)bestimmtheit die Deutung von Ausdrücken in einer fremden und in der eigenen Sprache.

Beispiel 3.43

(Be-)Deutung von Aussagen

a) Im brasilianischen Zweigwerk eines deutschen Automobilherstellers trifft sich ein Qualitätszirkel. Der brasilianische Leiter setzt sich mit einem brasilianischen Mitarbeiter auseinander. Der neu hinzugekommene deutsche Kollege versteht: Der brasilianische Mitarbeiter wird überschwänglich gelobt. Erst später klärt man ihn auf: Das war eine gravierende Rüge.
b) Ein Auszubildender eines schwäbischen Handwerksbetriebs, der sich mächtig engagiert, erfährt von seinem Ausbilder nie ein Lob. Nach einiger Zeit fragt er nach, ob man mit ihm nicht zufrieden sei. Er erhält die Antwort: Nicht geschimpft ist gelobt genug. ◄

Unter welchen Voraussetzungen können wir überhaupt eine erste Interpretation durchführen? „Erste“ müssen wir hier sowohl in zeitlichem als auch und vor allem in methodologischem Sinne verstehen; „erste“ bezieht sich auf methodische Abhängigkeiten im Sinne des notwendigen Vorausgesetztseins. Ganz offensichtlich muss irgendeine Äußerung initial gegeben sein, die interpretiert bzw. übersetzt werden kann. Also ist die Hauptfrage, was wir tatsächlich wissen müssen, was uns in die Lage versetzt, die Wörter anderer zu interpretieren, wie wir „*dahin gelangen können, über Wissen zu verfügen, das zur Hervorbringung von Interpretationen dient*“ [DAVI81]. Diese Frage nach einer Theorie, mit der wir die Bestimmung der Bedeutung sprachlicher Äußerungen rekonstruieren können, nennt DAVIDSON die Frage der „*radikalen Interpretation*“ [DAVI74]. Sie kann ebenso gut für eine einzige Sprache gestellt werden: „Wie lässt sich feststellen, dass die Sprache von verschiedenen Sprechern dieselbe ist“? Und was berechtigt den jeweiligen Adressaten zu diesem Wissen, zu dieser Unterstellung oder Annahme? Die radikale Interpretation ist immer beteiligt, wenn wir die Äußerung eines anderen Sprechers verstehen bzw. verstehen wollen. Mit anderen Worten: Wir müssen versuchen zu analysieren, was es heißt, Äußerungen eines anderen überhaupt zu verstehen. Und dieses Problem stellt sich auch bei der Interpretation in der eigenen Sprache, selbst bei der Selbstinterpretation [MAUR15].

Eine mögliche Antwort ist, dass wir anhand des Wissens über die Absichten, die Intentionen des Sprechers zu einem Wissen über die Bedeutung seiner Worte kommen können (vgl. Abschn. 2.2.5, Handlungssystem). Doch hier kommt der Schluss, dass es keine Möglichkeit gibt, *„der Zuschreibung fein unterschiedener Intentionen unabhängig von der Interpretation der gesprochenen Sprache Sinn beizulegen*“ [DAVI74]. Wir setzen zum Verständnis der Sprache Intentionen und Überzeugungen beim anderen und entsprechende Grundintentionen auch bei uns selbst voraus, aber Intentionen sind, insbesondere, wenn es um feine Unterschiede geht, von der Bedeutung der verwendeten Termini abhängig; es besteht ein Verhältnis der Wechselverweisung von Intentionen und Überzeugungen einerseits und der Bedeutung von Ausdrücken andererseits. [DAVI74] zieht aus dieser Feststellung den Schluss, *„dass die Interpretation der Intentionen, Überzeugungen und Worte eines Handelnden zu einem einzigen Vorhaben gehören, von dem man keinen Teil für vollständig erachten kann, ehe der Rest beisammen ist*“. So gibt es keine Verfahren des Verstehens der Wörter und der außersprachlichen Interessen und Tätigkeiten, die völlig voneinander isolierbar wären (vgl. Abschn. 3.3.3). Wir müssen immer auf Sätze zurückgehen, um differenziertere Intentionen und Überzeugungen ausdrücken zu können. Intentionen und Überzeugungen, insbesondere in ihrer Feinstruktur, sind damit nicht geeignet, das Verständnis von Sätzen zu begründen; sie sind selber von Sätzen und dem Verständnis von Sätzen abhängig.

[DAVI74] stellt eine Reihe formaler Bedingungen für die geforderte Theorie der Interpretation auf. Der Interpret muss „unendlich viele Sätze“ seiner eigenen Sprache, also alle möglichen Sätze dieser Sprache, verstehen können; er muss dabei das dazu erforderliche Wissen in endlicher Form darlegen können, wenn es für eine Theorie der Interpretation dienlich sein soll. Der Interpret muss anhand einer solchen Theorie mit endlich vielen Elementen, Bausteinen, Disposition(sbeschreibung)en imstande sein, „jeden der unendlich vielen Sätze zu verstehen, den der Sprecher äußern könnte“. Natürlich ist das ein paradoxienerzeugendes Problem, das dazu führt, dass wir „jegliche Hoffnung auf eine Universalmethode der Interpretation“ fallenlassen müssen (siehe [CARN34]). Eine umfassende Gesamttheorie der „expliziten Interpretation(en) jeder beliebigen Äußerung in jeder (möglichen) Sprache“ ist unmöglich; so etwas zu verlangen, das macht keinen Sinn. Wir müssen, wenn wir eine Theorie der Interpretation entwickeln und anwenden wollen,

1) ohne die „augenscheinliche Bezugnahme auf Bedeutungen und/oder Interpretationen“ auskommen. Die Theorie muss ein Können umfassen, ein Wissen, wie etwas getan wird, aber kein Wissen von irgendwelchen feststehenden Bedeutungen von Ausdrücken vermitteln. Wir müssen auf einem anderen Weg eine Art von praktischer Basis gewinnen – sei es eine vorläufige oder eine endgültige; wir dürfen aber nicht mit Bedeutungen und Interpretationen oder Intentionen anfangen.
2) Die „Belege“ dieser Interpretationstheorie müssen extralinguistisch sein, um den Begründungszirkel zu vermeiden, und

3) es muss letztlich möglich sein, „potenziell unendlich viele Äußerungen“ anhand einer solchen Belegbasis zu verstehen bzw. als verstehbar einzusehen. Damit ist es nicht damit getan, dass wir ein syntaktisches Übersetzungsmanual mit Verhaltensweisen zusammenstellen. Die Antwort auf die semantische Frage ist – anders als die Übersetzungsfrage, die als eine Frage nach der Zuordnung von Ausdrücken einer Sprache zu Ausdrücken einer anderen Sprache aufgefasst werden kann – sehr viel komplizierter.

DAVIDSONS Ansatz ist nun, in einer Umkehrung bestimmter üblicher Bedeutungsanalysen, etwa bei den Wahrheitstheorien (siehe bspw. [ENDR11, GLOY04, SKIR77, ZOGL16]), einen Fixpunkt für die (Erst-)Interpretation zu gewinnen. Ausgangspunkt ist TARSKIS Wahrheitstheorie, die wesentlich darin besteht, dass es eine notwendige Bedingung gibt, der alle Wahrheitsdefinitionen genügen müssen [TARS86]: „S ist wahr genau dann, wenn p“ (W). S ist eine Mitteilungsvariable für einen objektsprachlichen Satz, eine Satzvariable; p der Sachverhalt, der von S bezeichnet/beschrieben wird. p ist eine Mitteilungsvariable der Objektsprache, die sich auf Sachverhalte bezieht – also einen als ausgewählt unterstellt; S ist die Bezeichnung dieses Satzes in der nächsthöheren semantischen Stufe (Metasprache). Weil S eine Mitteilungsvariable ist, die sich auf Sätze der Objektsprache bezieht, muss demnach das Satzschema (W) selbst zu einer noch höheren Sprachstufe gehören. Mit den Mitteilungsvariablen S und p geschrieben, ist diese Form eine notwendige Bedingung, der alle adäquaten Wahrheitsdefinitionen genügen müssen. Aus einer Wahrheitsdefinition müssen dann alle möglichen Einsetzungsinstanzen dieses „Kriteriums“ für beliebige Sätze, die wahrheitsfähig sind, folgen [TARS86]. [DAVI74] nennt solche Sätze, solche Satzformen und die Einsetzungen in solche Sätze durch Konstanten (Mitteilungskonstanten) W-Sätze. Bei [TARS86] ist es der Begriff der (Satzform-)Erfüllung, der als undefinierter semantischer Begriff zugrundeliegt. Dieser Begriff besagt, dass eine Satzfunktion erfüllt wird durch eine Einsetzung von Konstanten für die Variablen im Argument der Satzform (siehe Abschn. 1.1.5). TARSKI verdeutlicht das an einem Beispiel, an dem Satz: *„Der Satz ‚Schnee ist weiß‘ ist wahr genau dann, wenn Schnee weiß ist“.*

Wenn es sich also beispielsweise um Schnee s_1 handelt und F das Prädikat (die Satzfunktion) „ist weiß“ ist, dann wäre hier die Erfüllung zu konstatieren, die Erfüllung einer Satzfunktion $F(s_1) = S$. [DAVI74] nimmt die Erweiterbarkeit dieses Ansatzes auch auf die natürliche Sprache in Anspruch. Das führt zu Schwierigkeiten bei der Verwendung von bestimmten deiktischen Ausdrucksmitteln. In der natürlichen Sprache sind ja nicht alle Mitteilungskonstanten eindeutig. Die Wörter „ich“, „jetzt“, „hier“ beziehen sich auf verschiedene Dinge, abhängig von der Situation, in der sie geäußert, vom Sprecher, von dem sie verwendet werden, usw. Aber es sei angenommen, diese Probleme der Indexikalität könnten überwunden werden und dieses Tarskische Modell ließe sich auf die natürliche Sprache übertragen. Die Idee besteht nun darin, das Problem der radikalen Interpretation dadurch zu lösen, dass wir diese Art von Verweisung und „Erklärungsrichtung“, nämlich die von Erfüllung auf Wahrheit, praktisch umkehren: Die Wahrheitsannahme bzw. die Fürwahrhaltung ermöglicht und fundiert selbst die Interpretation. [DAVI74] vertritt, begründet und entwickelt die These, dass eine Wahrheitstheorie, die so modifiziert ist, dass sie für eine natürliche Sprache gilt, als Interpretationstheorie verwendet werden kann; die Wahrheit soll als grundlegend aufgefasst und eine Erklärung der Übersetzung oder Interpretation gewonnen werden. Die Wahrheitszuschreibung zu Sätzen wird als Ausgangsbasis fixiert und behauptet, dass die Objekte der Welt selbst eine direkte kausale Verbindung zu den Fürwahrhaltungen von Sätzen haben, dass die Sachverhalte in der Realität die unmittelbaren kausalen Vorbedingungen der Fürwahrhaltung von bestimmten Sätzen sind, und zwar als direkte Belege, die weder die Kenntnis der Bedeutung voraussetzen noch ein detailliertes Wissen mit Bezug auf Überzeugungen. Hier gibt es eine Verwandtschaft mit dem Muster der Protokollsätze, den Beobachtungssätzen der Positivisten [KOLA71]. Dieses Konzept zum Aufbau der Interpretation wird zur Minimierung von Unbestimmtheit/Vagheit und Unterbestimmtheit der Interpretation von Sätzen genutzt (siehe Abschn. 3.3.3). Wir gehen von bestimmten W-Sätzen aus, die wir unmittelbar durch Belege verifizieren können. Ein derartiger W-Satz wäre: „Wenn x zum Zeitpunkt t ‚It is raining' sagt, dann ist es dann und nur dann wahr-auf-Englisch, wenn es in der Umgebung von x zur Zeit t regnet". Zu diesem W-Satz verfügen wir über den Beleg für die Wahrheit in der folgenden Form: „Harry gehört zur englischen Sprachgemeinschaft und Harry hält ‚It is raining' am Montagabend für wahr, und am Montagabend regnet es in der Umgebung von Harry". Daraus wird geschlossen: Auch wenn wir nichts über die Bedingungen hinaus wissen, unter denen Sprecher Sätze für wahr halten, können wir unter der Voraussetzung einer hinreichenden Theorie für jeden Satz eine Interpretation angeben; ein bestimmter Satz lässt sich dann interpretieren, wenn wir eine zutreffende Wahrheitstheorie kennen, die sich mit der Sprache dieses Satzes befasst. Wir können dann nicht nur über den W-Satz für den zu interpretierenden Satz, sondern auch über die W-Sätze für alle übrigen Sätze verfügen. [DAVI74] hält die Gesamtheit der W-Sätze in diesem Zusammenhang als einen Beleg dafür, dass wir in der geschilderten Weise *„die optimale Passform haben für die Belege über Sätze, die von den Sprechern der betreffenden Sprache für wahr gehalten werden"* (siehe [LENK93]). DAVIDSONS Grundgedanke ist, dass das, was Tarski für jeden W-Satz von vornherein angenommen hat, durch eine ganzheitliche Zusatzbedingung indirekt gehoben werden kann. Ist diese Zusatzbedingung adäquat, wird jeder W-Satz eine akzeptable Interpretation liefern. Demnach kann ein W-Satz einer empirischen Wahrheitstheorie verwendet werden, um einen Satz zu interpretieren, vorausgesetzt, wir kennen die Theorie, aus der er folgt, und wir wissen, dass das eine Theorie ist, die den formalen und empirischen Kriterien genügt.

[DAVI74] setzt zusätzlich das „principle of charity", das Prinzip des *interpretatorischen Entgegenkommens* [LENK93], voraus: Wir müssen dem Sprecher, dessen Äußerungen wir verstehen/interpretieren wollen, Wahrhaftigkeit zugestehen – wir tun dies beim Verstehen auch. Wir nehmen an, dass der Sprecher nicht böswillig ist, nicht absichtlich täuschen will, und dass wir das, was er als wahr ansieht, auch als wahr ansehen müssen – sofern es nicht offensichtlich widersprüchlich ist. Dieses Prinzip des interpretatorischen Entgegenkommens wird unterschiedlich ausgelegt. Nach [LEWI74] müssen wir das Prinzip nicht maximalistisch auslegen; hinreichend sei, die unerklärbaren Irrtümer fremder

Sprecher als minimal vorauszusetzen. Eine solche Minimierung unerklärbarer Irrtümer sei aber die Aufgabe dieses Prinzips – das Prinzip leistet einen Vertrauensvorschuss, der für einen Verstehensprozess unabdingbar ist.

Auch der Ansatz, von objektiven Kausalzusammenhängen und absolut fixierten Fürwahrhaltungen auszugehen, wird relativiert [ABEL88, ABEL90]: Die Bedeutungen und die Zuordnungen, auch die Fürwahrhaltungen sind selber interpretativ; es ist nicht absolut und objektiv (vor-)gegeben, was wahr ist. Selbst die jeweils vorliegenden Belege sind für Interpretationen offen, konstituiert oder geprägt. Jeder Interpret projiziert die Fremdäußerungen auf seine eigene Interpretationslogik als Projektionsfläche. Nach dem Prinzip des linguistisch-interpretativen Entgegenkommens würde es aber ausreichen, wenn etwas wahr zu sein „scheint". Dann ist das „Wahrsein" eine Sache einer interpretationsabhängigen, verstehensmethodologisch notwendigen Unterstellung; die wechselseitige Abstimmung des Einverständnisses kann auch gewährleistet werden, wenn beiden Kommunikationspartnern das Formulierte als Wahrheit erscheint. Demnach ist dieses Prinzip der Begründung der Interpretationsdeutung auf konsensuelle Fürwahrhaltungen abzuschwächen.

Beispiel 3.44

Unterschiedliche Standards

Einem brasilianischen Werker, der in einer Favela lebt, wird gesagt, er solle seinen Arbeitsplatz besser aufräumen. Er reagiert mit Unverständnis: So wie es bei ihm zu Hause aussieht, würde er an seinem Arbeitsplatz auch vom Boden essen. ◄

Und dann können wir auch etwas verstehen, was wir selbst nicht für wahr halten. Wir denken bspw. an eine Interpretation des Wettersegens, etwa aus der Sicht eines anwesenden Meteorologen. Dieser wird sagen, der Wettersegen hätte überhaupt nichts mit dem für die Ernte passenden Wetter zu tun, sondern erfülle unter Umständen andere Funktionen, bspw. die Gemeinschaft zusammenzuhalten, durch Rituale zu integrieren u. ä. Die von [ABEL90] geforderte Übereinstimmung in den Urteilen muss also nicht durchgängig sein; es muss aber hinreichend viele Übereinstimmungen in den Urteilen auf beiden Seiten der Interpretationsgrenzen geben. [DAVI74] verlangt deshalb auch nur, dass der Interpret die Fürwahrhaltung des Sprechers akzeptieren soll, wenn das möglich ist. Es gibt keine sichere Möglichkeit der Nachprüfung von Intentionen/Überzeugungen der anderen; eine Interpretation kann fehlgehen.

Auch die eigenen Fürwahrhaltungen sind problematisch, und wir können gar nicht wirklich oder endgültig wissen, dass sie wahr sind. Abertausende von Menschen sind überzeugt, dass die Welt in sechs/sieben Tagen erschaffen wurde. Für einen allmächtigen Schöpfer wäre das auch kein größeres Problem. Kolumbus landete in Indien. Jahrzehntelang sind wir davon ausgegangen, dass Spinat in der Kinderernährung unverzichtbar ist. Also: Woher weiß der Interpret, dass seine eigenen Fürwahrhaltungen wahr sind? Es gibt keine absolute objektive Basis, um das Interpretationsschema einerseits und die von jeder interpretativen Erfassung unabhängige Welt andererseits voneinander zu trennen. Schon diese Trennung ist interpretationsabhängig; sie kann nicht interpretationsfrei unterstellt werden. Fürwahrhaltungen sind mit Zweifeln verbunden; es gibt keinen externen Standpunkt, der zu einer zweifels- und interpretationsfreien Objektivität führt, die sich auf interpretationsunabhängige Basisgegebenheiten abstützt [LENK93].

Das Prinzip des interpretativen Entgegenkommens allein ist nicht hinreichend, um Interpretationen operational zu machen [COLL85, COLL87]. So umfasst das Prinzip der *praktischen Rationalität* die Aufforderung: „Vermeide Interpretationen, die den Menschen als extrem unstet darstellen". Wir müssen bei unserem Gegenüber Kontinuität und Rationalität unterstellen; wir dürfen in ihm nicht den sprunghaften Chaoten sehen, wenn wir seine Handlungen und Aussagen verstehend interpretieren wollen. Also müssen wir wenigstens eine relative Berechenbarkeit voraussetzen. Weiter gilt ein Prinzip der *Metaphervermeidung*: Wir müssen den sprachlichen Äußerungen anderer mit dem methodischen Vorsatz begegnen, sie möglichst als nicht metaphorisch zu verstehen; ein „fünftes Rad am Wagen" sollten wir ggf. als „Ersatzrad" interpretieren.

Aus diesen drei übergreifenden Prinzipien leitet COLLIN [COLL87] vier sogenannte Metabeschränkungen ab (siehe [LENK93]):

1. Die Wahrhaftigkeitsbedingung
   Aus dem Prinzip des Entgegenkommens folgt: Einschränkungen von Interpretationen, die zu Zuschreibungen irrtümlicher Meinungen beim Sprecher führen, sind zu vermeiden, wenn Alternativen greifbar sind, die nicht zu solchen Irrtümern führen (siehe Abschn. 3.3.3, Ambiguität).
2. Die Realitätsbedingung
   Aus dem Prinzip der praktischen Rationalität folgt: Zuschreibungen von Meinungen einer umfassend allgemeinen Interpretation sind immer in einer gewissen Kohärenz mit der Realität zu interpretieren, Meinungen, Wünsche und Handlungsintentionen eines anderen im Hinblick auf falsifizierende und verifizierende Überprüfungen und „Rückkopplungen aus der Umgebung" abzuklären.
3. Die Parasitismusbedingung
   Jede intentionale Beschreibung oder Interpretation muss auf standardisiert interpretierte Verhaltensdaten bezogen werden. Intentionale Beschreibungen sind gegenüber diesen Verhaltensdaten emergent, eröffnen demnach einen Spielraum an Un(ter)bestimmtheit, der nicht durch die Verhaltensdaten erklärt ist. Jede intentionale Interpretation erfordert deshalb eine analysierende Verknüpfung mit einer Verhaltensbeschreibung, um genau diese Unterbestimmtheit deutlich zu machen und zu minimieren[19].
4. Die epistemische Bedingung
   Intentionale Interpretationen, die Annahmen über ein Wissen beim Sprecher machen, welches über menschliche Erkenntniskräfte hinausgeht, Interpretationen, die etwas als

[19] „Das Ganze ist mehr als die Summe der Teile".

bekannt unterstellen, was der Sprecher oder der Handelnde nicht beherrschen oder nach gegebenen Kräften nicht verstehen kann, sind unzulässig.

Andere denkbare Prinzipien/Einschränkungen führen sich selbst ad absurdum. Beispielsweise ist ein Prinzip, das den anderen immer Böswilligkeit unterstellt, selbst widersprüchlich, ist unsymmetrisch, weil insbesondere die Wahrheitsbedingung verletzt wird [COLL85]. Ein bloßes „Ähnlichkeitsprinzip" („Meinungen anderer sind so zu interpretieren, dass sie den eigenen möglichst ähneln") bedeutet eine Verletzung des Parasitismusprinzips; es macht auch jede Selbstinterpretation unmöglich [COLL87]. Wichtig ist, dass jeder Verständnis-/Verständigungsversuch von gewissen hypothetischen Unterstellungen abhängig ist, die vom Interpreten ausgehen müssen, und eine Begrenzung der zunächst offenen Interpretationsmöglichkeiten stattfindet. Dies gilt inhaltlich konkret in Verständigungssituationen wie auch methodologisch bezüglich der Strukturierung und der Beschränkungsprinzipien für akzeptierbare Interpretationen und Verständigungsmöglichkeiten überhaupt. Letztlich geht es darum, die Zuordnung von Überzeugungen und Meinungen unter Beachtung von bestimmten übergreifenden Konsistenzprinzipien, wie etwa dem Prinzip der Nachsichtigkeit, einer praktischen Rationalitätszuschreibung oder der Parasitismusbedingung, zu vollziehen.

3.3.3 Ambiguität. Vagheit. Unvollständigkeit

Die Beschreibung (insbesondere die informale) der (Leistungs-)Anforderungen an ein technisches System und – in möglicherweise geringerem Umfang – des Leistungsangebots ist ungenau, mehrdeutig, unzusammenhängend, unvollständig, widersprüchlich usw. [PART10]. *Ambiguität* und *Vagheit* betrachtet POHL [POHL08] als spezielle Formen von *Ungenauigkeit*. Zur *Unvollständigkeit* zählt neben dem Fehlen einer Anforderung auch das Fehlen einer einzelnen Ausprägung (*Unterbestimmtheit*) [FIRE05]. Unvollständigkeit und Ungenauigkeit bezeichnet AVCI [AVCI08] zusammenfassend als Anforderungsfehler. [AVCI08] unterscheidet außerdem zwei Klassen von Fehlern: Diejenigen, die in einzelnen Anforderungen auftreten, und jene, die in einer oder durch eine Beziehung zwischen zwei oder mehreren Anforderungen entstehen (siehe Abschn. 3.3.2). Nach den grundsätzlichen Problemen bei der Beschreibung sowie den prinzipiellen Grenzen und Möglichkeiten der Problembehebung in Abschn. 3.3.1 und 3.3.2 wollen wir jetzt Vorgehensweisen besprechen, die auf eine eindeutige und vollständige Aussage zielen.

3.3.3.1 Ambiguität

Der Begriff der Ambiguität steht für die bewusst oder unbewusst auftretende Mehrdeutigkeit sprachlicher Äußerungen [BERG08]; Wörter können mehrere Bedeutungen innehaben (*lexikalische Ambiguität*) und Sätze mehrere Lesarten erlauben (*syntaktische Ambiguität*) [LÖBN03]. So hat bspw. das Wort „Aufgabe" genauso wie das Wort „Auftrag" vier Bedeutungen [WIKIAUFG]: *Ambiguität* ist die Eigenschaft von Ausdrücken natürlicher

Sprachen, denen mehrere *Interpretationen* (Lesarten; siehe Abschn. 3.3.2) zugeordnet werden können und die unter lexikalischem, semantischem, syntaktischem u. a. Aspekt in der linguistischen Beschreibung mehrfach zu spezifizieren sind [BUSSM83].

Beispiel 3.45

Ambiguität

Ein Rechtsklick mit der Maus_1 schließt das Fenster.
Die Maus_2 knabbert an der Weihnachtsschokolade. ◄

Beispiel 3.45 zeigt einen Fall lexikalischer Ambiguität. Das Wort „Maus“ kann je nach Lesart ein Peripheriegerät (Maus_1) oder ein Tier (Maus_2) beschreiben. Aus dem Kontext „Rechtsklick“ wird für den menschlichen Leser die korrekte Bedeutung von „Maus“ schnell ersichtlich und auch die meisten automatischen Verfahren benötigen diese Kontexttrigger zur Kompensation [CARS10]. Diese Auflösung von Ambiguitäten wird als Disambiguierung bezeichnet und wird zumeist über den sprachlichen oder außersprachlichen Kontext realisiert [BUSSM83]: *Disambiguierung* ist der Vorgang und das Ergebnis der Auflösung lexikalischer oder struktureller Mehrdeutigkeit sprachlicher Ausdrücke durch den sprachlichen oder außersprachlichen Kontext. Die Disambiguierung ist dabei abhängig von der Form der Ambiguität.

Lexikalische Ambiguität

Lexikalische Ambiguität bezieht sich auf die Mehrdeutigkeit eines einzelnen Wortes (Lexem), also auf Ausdrücke mit derselben Laut- und/oder Schriftform und mehr als einer lexikalischen Bedeutung [LÖBN03]. Dabei wird zwischen Homonymie (Gleichnamigkeit) und Polysemie (Vieldeutigkeit) unterschieden (siehe bspw. [BERR03]), wobei diese Unterscheidung strittig ist (siehe bspw. [LÖBN03, LEHM13]). Von einem Homonym wird gesprochen, wenn ein Lexem den gleichen Wortkörper (Laut- und/oder Schriftform) wie ein weiteres Lexem hat, aber in Bedeutung und Herkunft verschieden ist [DMSW96]. Beispiel 3.46 illustriert diesen Sachverhalt anhand des Wortes „Ton“, welches in der unterschiedlichen Verwendung des Wortkörpers keine gemeinsame Bedeutungsfacette hat.

Beispiel 3.46

Homonymie

Ein Ton_1 erklingt bei falschen Eingaben. (Klang)
Die Kinder formen Töpfe aus Ton_2. (Bodenart) ◄

Während Fälle von Homonymie selten und meist zufallsbedingt sind [LÖBN03] kommt Polysemie im Alltag ständig vor. Dabei handelt es sich um Lexeme mit mehreren miteinander verbundenen Bedeutungen [LÖBN03]. Die Polysemie entsteht durch Ableitung von

Bedeutungen auf der Basis einer Grundbedeutung [LEHM13]; Beispiel 3.47 zeigt dazu eine kontextbasierte Disambiguierung.

Beispiel 3.47

Polysemie

Zum Start wird eine Verknüpfung auf dem Schreibtisch$_1$ erzeugt. (Desktop)
Auf dem Schreibtisch$_2$ stapelt sich Papier. (Möbelstück) ◄

„Schreibtisch" kann sowohl ein Möbelstück, als auch eine graphische Benutzeroberfläche bezeichnen – in beiden Fällen dient das Wort zur Beschreibung einer Ablagemöglichkeit. Polysemie wird durch eine natürliche ökonomische Tendenz von Sprache erklärt – verfügbare Ausdrücke mit ähnlicher Bedeutung werden für neue Zwecke wiederverwendet; jede dieser Bedeutungen muss gelernt werden [LÖBN03]. Demnach ist lexikalische Ambiguität in der Erkennung und Disambiguierung noch insofern dankbar, als dass die linguistische Reflexion einzelner Lexeme hinreichend ist, insbesondere dann, wenn die Anzahl möglicher Lesarten hoch ist oder die einzelnen Lesarten stark divergieren [CECC04, SENN16]. Dabei wird auf bestehende linguistische Ressourcen zurückgegriffen (z. B. [ROSL10]), um die potenzielle Ambiguität zu erkennen (z. B. [KISC05]). Darüber hinaus existieren Techniken wie das POS-Tagging, die Ambiguitäten erkennen können, die aufgrund der Wortart entstehen (z. B. Nomen „Buchen" und Verb „buchen"). Als Besonderheit betrifft die lexikalische Ambiguität das Lexem als Ganzes. Vielfach wird daher auf Wortlisten zurückgegriffen, die eine Auswahl ambiger Begriffe enthalten (z. B. [LAMI05, GLEI10, NIGA12, GENO13, TJBE13]), statt Merkmale zu identifizieren.

Syntaktische Ambiguität

Syntaktische Ambiguität liegt vor, wenn eine Sequenz von Wörtern zu mehr als einer grammatikalischen Struktur führt, von der jede eine andere Bedeutung hat ([BERR03], vgl. auch [ERNS03, LENK93]). Durch die Komplexität dieses Problems stellt sich die Frage nach der Effizienz möglicher Disambiguierungslösungen [CARS10].

Beispiel 3.48

Koordinationsambiguität

[[Die Anwendung] [erstellt [[ausführliche Berichte]$_1$ und Dokus]
[[Die Anwendung] [erstellt [ausführliche [Berichte und Dokus]]$_2$]]. ◄

Unter „Koordination" werden in den Sprachwissenschaften syntaktische Strukturen verstanden, die aus zwei oder mehr Konjunkten (Wörter, Satzglieder oder Sätze) bestehen, wobei die Elemente durch koordinierende Konjunktionen (und, aber, denn) verknüpft sind

[BUSSM83]. So ist in Beispiel 3.48 unklar, ob sich das Adjektiv „ausführliche“ nur auf das erste Konjunkt „Berichte“ oder auf die beiden Konjunkte „Berichte“ und „Dokumentation“ bezieht. Diese Ambiguitäten liegen vor, wenn mehr als eine Konjunktion in einem Satz genutzt oder eine Konjunktion zusammen mit einem Modifikator genutzt wird ([BERR03], vgl. Beispiel 3.48). Genauso tritt Anbindungsambiguität bei Präpositionalphrasen auf [MEHL98]. In [LANG97] wird darauf hingewiesen, dass auch fachsprachliche Texte von Anbindungsambiguität geprägt sind. Dabei ist die Zuordnung von Präpositionalphrasen ein typisch computerlinguistisches Problem, *„weil zu seiner Lösung komplexes semantisches Wissen erforderlich ist, das in keinem sprachverarbeitenden System zur Verfügung steht“* [MEHL98].

Beispiel 3.49

Präpositionalphrasenanbindungsambiguität

[[Die Software][verschickt[das Bild] [mit einem Knopfdruck]PP]$_1$]
[[Die Software][verschickt[das Bild [mit einem Knopfdruck]PP]$_2$]] ◄

Am Beispiel 3.49 zeigt sich, dass die Ambiguität darin besteht, dass die Präpositionalphrase „mit einem Knopfdruck“ das Instrument der Handlung (PP_1) innerhalb der Software sein kann (Verbalphrase) oder aber das Bild näher spezifiziert (PP_2), auf dem der Vorgang als solches illustriert wird. Hierbei ist PP_2 die Konstituente einer Nominalphrase. Insgesamt ergeben sich somit zwei Lesarten durch die unterschiedliche syntaktische Anbindung der Präpositionalphrase. [CARS10] weist darauf hin, dass die Wahrscheinlichkeit einer Präpositionalphrasenanbindung in den allermeisten Fällen nicht nur strukturell determiniert ist, sondern auch stark vom lexikalischen Material abhängt. Beispielsweise lässt sich die syntaktische Disambiguierung durch die Lexikalisierung einer Grammatik erheblich verbessern (siehe bspw. [HIRO93, CARS10]); die Disambiguierung erfolgt dann unter Zuhilfenahme des lexikalischen Kontexts innerhalb eines automatisch geparsten Korpus. Hingegen entsteht beispielsweise die elliptische Ambiguität nicht primär durch die Struktur, sondern durch Auslassungen. Auslassungen bezeichnen dabei ein fehlendes, lexikalisch oder syntaktisch notwendiges Element. Ellipsen sollten im *Natural Language Processing* (NLP) (vgl. [BÄUM17]) aufgelöst werden, da sie der automatischen Verarbeitung Informationen vorenthalten, die für den menschlichen Leser sichtbar sind ([MSBA15, MSBA16]). Normalerweise können diese fehlenden Elemente sehr wohl aus dem sprachlichen Kontext oder der Redesituation rekonstruiert werden [BUSSM83]. Ambig wird ein Satz erst dann, wenn dem Leser nicht eindeutig klar wird, ob ein Element fehlt oder wie es im Kontext zu kompensieren ist [BERR03]. Beispiel 3.50(a) zeigt das

Ergebnis einer Tilgungstransformation. Es ist unklar, ob „kennt“ ausgelassen wurde und es sich somit um eine Ellipse handelt.

Beispiel 3.50

Elliptische Ambiguität

(a) Ich kenne einen besseren Programmierer als Jens [kennt].
(b) Alle Chatpartner benehmen sich [gut].
(c) Die Windräder laufen [mit Solldrehzahl]. ◄

Im Gegensatz zur lexikalischen Ambiguität kann die syntaktische Ambiguität nur begrenzt auf Grundlage einzelner Wörter erkannt werden – es sind Beziehungen und Abhängigkeiten zwischen Wörtern zu berücksichtigen. Gleichwohl werden Signalwörter (z. B. „nur“, „auch“, „sogar“) als Merkmal genutzt, um Lexeme zu erkennen, die häufig für syntaktische Ambiguität verantwortlich sind, sowie die Konjunktionen „und“ sowie „oder“ in Kombination (siehe bspw. [GLEI10, CHAN07]). Andere Arbeiten verwenden Strukturinformationen wie POS-Tags zur Erkennung von Konjunktionen [AGBO92]; diese können auch bei referenzieller Ambiguität genutzt werden. Beispielsweise nutzt [GLEI10] zur Erkennung potenzieller referenzieller Ambiguität den Abgleich von Pronomina. [YANG10A, YANG10B, YANG10C] ergänzt die POS-Tags durch Konstruktionsmuster wie bspw. „$adj\ n_1\ c\ n_2$“ als Merkmal für die Koordinationsambiguität. Im Falle der Präpositionalphrasenanbindungsambiguität weist beispielsweise die Struktur Verb/Nominalphrase/Präpositionalphrase als Merkmal auf potenzielle Ambiguität hin [AGIR08]; es ist zunächst nicht zu erkennen, ob die Präpositionalphrase zur Nominalphrase oder zum Verb zugeordnet werden muss.

Das Erkennen und das Auflösen von Ellipsen gelten als herausfordernd ([BOSP11, HARD97]); es ist unrealistisch, eine vollständige Auflösung aller Ellipsen auf domänenübergreifenden Freitexten zu erwarten [MSBA16]. Darüber hinaus lässt sich elliptische Ambiguität nicht als isoliertes syntaktisches Problem begreifen [PINK85]. Als Beispiel können mehrstellige Prädikate dienen (Valenz; siehe Abschn. 1.5, Prädikatenlogik), bei denen einzelne Argumentpositionen unbesetzt sind (vgl. „gut“ als Argument des Prädikats „benehmen“).

Referenzielle Ambiguität

Als Grenzfall kann die referenzielle Ambiguität entweder der syntaktischen oder der semantischen Ambiguität zugeordnet werden, je nachdem, ob innerhalb eines Satzes oder über einen Satz hinaus referenziert wird. Als Referenz bezeichnen wir die Beziehung zwischen einem Wort oder einem Satz und einer Entität in der realen Welt, die das Wort oder der Satz beschreibt [BERR03]. [BUSSM83] spricht hier von der Bezugnahme auf den innersprachlichen und außersprachlichen Kontext durch sprachliche Mittel. In diesem Zusammenhang werden Anaphern als zurückverweisendes Element (Referenzausdruck) bezeichnet, die als Referenz in Abhängigkeit einer zuvor genannten Referenz eines anderen Elements stehen. Anaphern können daher nicht aufgelöst werden, ohne den Kontext oder einen weiteren Referenzausdruck heranzuziehen [STED12]: Die Aufgabe, in einem Text für jede Anapher einen Vorgänger zu finden und so die Anapher aufzulösen, heißt *Anapherresolution*. Eine Anapher ist eine irreflexive, asymmetrische Beziehung (Ordnungsrelation, vgl. Abschn. 1.7, Relationen).

Verweisen mindestens zwei Referenzausdrücke innerhalb eines Textes auf eine identische Entität, so wird von *Koreferenz* gesprochen [MITK14]. Eine Sequenz aller Referenzausdrücke, die einer spezifischen Entität zugeordnet werden können, heißt *Koreferenzkette*; sie ist Ergebnis der Koreferenzresolution. Weil die Referenzen identisch sind, ist die Koreferenz eine reflexive, symmetrische und transitive Relation (Äquivalenzrelation, [STED12], vgl. Abschn. 1.7, Relationen). Die Wiederaufnahme einer zurückliegenden Textstelle (*anaphorische Verbindung*) zeigt Beispiel 3.51 – stellvertretend für alle anderen Pronomina – anhand eines Personalpronomens. Das Personalpronomen („Sie") referiert auf das zuvor genannte Antezedens („Dateien"). Referenzielle Ambiguität entsteht nun, wenn eine Anapher sich auf mehr als ein Antezedens beziehen kann; in Beispiel 3.51 könnte mit „Sie" auch „E-Mails" gemeint sein.

Beispiel 3.51

Anaphorische Ambiguität

Die E-Mails	enthalten mehrere Dateien.	*Sie* sind groß.
I	I	
Antezedens1	Antezedens2	◄

Hier wird ersichtlich, dass die unterschiedlichen Ausprägungen von Ambiguität nicht isoliert voneinander betrachtet werden können. Genauso verhält es sich mit dem Phänomen der Ungenauigkeit als Ganzes: Vagheit und Ambiguität sind verwandte Phänomene, die in Kombination auftreten können. Vagheit ist dabei weitaus mehr als eine Unterform der Ambiguität [DÖNN05]: Sie wird in vielen Anwendungen und Domänen als ein eigenständiges, komplexes, sprachliches Problem diskutiert (z. B. [PETE14, DÖNN05, FRIE80]). Als grobes Unterscheidungsmerkmal gilt [PINK91]: Vage Ausdrücke haben ein unbestimmtes Denotat; ambige Ausdrücke besitzen mehrere alternative Denotate. Es kann darüber hinaus keine unbestimmte Lesart eines ambigen Ausdrucks geben [PINK91]: Ambige Ausdrücke sind, im Gegensatz zu vagen, desambiguierungs- bzw. präzisierungsbedürftig.

3.3.3.2 Vagheit

Die Komplexität des Vagheitsphänomens zeigt sich an den vielen, zum Teil miteinander unvereinbaren Definitionen [TYE98, DÖNN05]. Meist wird als Vagheit eine spezielle Ausprägung von Mehrdeutigkeit verstanden, wobei Mehrdeutigkeit als ein Oberbegriff für jegliche Möglichkeit der mehrfachen Interpretation von Morphemen, Lexemen etc. verstanden wird; Vagheit umfasst nach diesem Verständnis auch Ambiguität [FRIE80]. Ein anderes Verständnis sieht Vagheit als einen komplementären Begriff zu Ambiguität [BUSSM83]: Ein sprachlicher Ausdruck (Prädikat, Funktor; siehe Abschn. 1.1.4) ist *vage*, wenn für bestimmte Objekte durch die Bedeutung des Prädikats trotz Kenntnis der relevanten Tatsachen nicht eindeutig bestimmbar ist, ob sie unter den ausgedrückten Begriff fallen oder nicht, also Grenzfälle existieren. Die Extension eines durch ein vages Prädikat ausgedrückten Begriffs hat also unscharfe Grenzen [KLUC14, GRIC91]: Was für den einen Stakeholder schnell ist, kann für einen anderen noch von moderater Geschwindigkeit sein. Vagheit ist somit bei allen Konzepten zu verzeichnen, die Merkmale enthalten, deren Wert auf einer kontinuierlichen Skala variieren kann. Ob etwas als groß, schnell oder schmackhaft bezeichnet wird, ist demnach eine Frage des Grades auf einer offenen Skala ([LÖBN03, SIXT67]; siehe Abschn. 3.4.1, Messen); steigerbare Adjektive sind generell vage. So ist jede der Bedeutungsvarianten von „schwer" („gewichtig", „schwierig", „gravierend" usw.) für sich genommen vage.

Beispiel 3.52

Vagheit in einer Anforderung

Es müssen E-Mails mit großen Anhängen verschickt werden können.
Ein Windrad darf das Landschaftsbild nicht beeinträchtigen. ◄

Unvollständigkeit

Unvollständigkeit/Unterbestimmtheit liegt vor, wenn Informationen für eine eindeutige Auslegung fehlen [MASS14, ALSH14]. Unvollständigkeit ist nicht nur das grundsätzliche Fehlen, sondern auch die lückenhafte Ausprägung einer benannten Anforderung[20]: Eine klare Interpretation der Anforderung ist unmöglich [FIRE05, WIEG05].

Beispiel 3.53

Prädikat-Argument-Struktur

Ich_{Arg0} möchte $\text{E-Mails}_{\text{Arg1}}$ mit großen Anhängen $\text{senden}_{\text{Präd.}}$.
Die Stadt Olsberg schließt einen Vertrag über sieben Windräder.
Die Windkraftwerke liefern ein Windrad. ◄

Beispiel 3.53 zeigt Anforderungsbeschreibungen, die bspw. das Senden von E-Mails als Gegenstand haben. Um diese Anforderung programmiertechnisch umsetzen zu können, müssen seitens der Softwareentwickler zwangsläufig Annahmen getroffen werden, weil

[20] Alle notwendigen physikalischen, biologischen, chemischen, ästhetischen usw. Aussagen zu einem Sachverhalt, siehe Abschn. 3.3.2.

nicht angeführt wird, ob eine E-Mail beispielsweise formatiert oder an wen eine ausgehende E-Mail adressiert wird (z. B. an eine Person oder an eine Gruppe von Personen). Bei beiden Auslassungen handelt es sich demnach um notwendige Angaben, deren Fehlen erkannt und kompensiert werden muss. Hierzu werden zwei Verfahren herangezogen:

(1) Das Erkennen von Unvollständigkeit durch die Hinzunahme von morphosyntaktischem Wissen basiert auf der Eigenschaft von Prädikaten, Leerstellen um sich zu eröffnen, die in bestimmter Zahl und Art obligatorisch zu besetzen sind [BUSSM83]. So hat beispielsweise das Prädikat „senden" drei Leerstellen zu besetzen (Arg_0, Arg_1, Arg_2), wobei nur zwei davon tatsächlich durch vorliegende Informationen aus dem Text instantiiert werden. Auf morphosyntaktischer Ebene ist damit eine freie Leerstelle identifiziert. Ungeklärt ist, ob es sich um eine obligatorische Information im Sinne der Problemlösung und damit um eine kompensationswürdige Argumentposition handelt.
(2) Um dies zu klären, wird das domänenspezifische Wissen herangezogen. Die Kompensation setzt voraus, dass Ressourcen existieren (z. B. Korpora, Ontologien), die für Anforderungen einer Domäne die obligatorischen Informationen enthalten. Wissensabfragen, welche Informationen zu einer spezifischen Anforderung erwartet werden und damit obligatorisch sind, können Unvollständigkeit aufdecken und beispielsweise durch hinterlegte Standardwerte kompensieren.

3.3.3.3 Disambiguierung im Anforderungskontext

Die Ambiguitätserkennung kann manuell – beispielsweise mit Hilfe von Wortlisten –, unterstützt durch Software oder gänzlich automatisiert erfolgen. Zum einen gibt es Ansätze, die eine Vielzahl an Ambiguitätsformen erkennen können (generalisiert) und zum anderen existieren Verfahren, die sich auf die Erkennung einer Form (z. B. lexikalische Ambiguität) beschränken (spezialisiert).

Linguistische Werkzeuge

Werkzeuge zur lexikalischen Disambiguierung

Ein vielfach zur lexikalischen Disambiguierung herangezogenes Werkzeug ist *WordNet*. Dabei handelt es sich um ein frei verfügbares lexikalisch-semantisches Netz für die englische Sprache [MILL95], das semantische und lexikalische Beziehungen zwischen einzelnen Wörtern (Nomina, Verben und Adjektive sowie Adverbien) enthält. Dabei werden nicht die Wörter als solche untereinander in Beziehung gesetzt, sondern deren spezifische Interpretationen/Lesarten („Synsets"). Als Beziehungen werden Synonymie, Antonymie und Hyponymie sowie Meronymie abgebildet. Das Pendant für die deutsche Sprache ist das identisch aufgebaute GermaNet [HEHI10, HAFE97]. Eine umfangreiche und mehrsprachige Alternative zu WordNet ist *BabelNet*, ein mehrsprachiges Wörterbuch, das lexikalisches und enzyklopädisches Wissen zu Einträgen bereitstellt [FLNA14][21]. Darüber hinaus fungiert BabelNet als semantisches Netz, das Konzepte und „Named Entities" über semantische Beziehungen (Babel „Synsets") verbindet. Jedes Synset enthält eine bestimmte Lesart zusammen mit Synonymen in verschiedenen Sprachen. Über 1,5 Mio. Synsets sind in mindestens einer Domäne klassifiziert, wobei die vorliegenden Informationen oft über die bloße Angabe einer Domäne hinausgehen. Unter anderem wird BabelNet[22] zur Disambiguierung [NAPO12] und zum „Entity Linking" verwendet [MORO14], letzteres zum Beispiel im verwandten Babelfy-System.

Werkzeuge zur syntaktischen Disambiguierung

Zur Erkennung und Kompensation syntaktischer Ambiguität sucht ein statistischer Algorithmus auf Grundlage definierter grammatikalischer Regeln verschiedene Kombinationswege für eine Satzstruktur; disambiguiert wird die Eingabe über die wahrscheinlichste Kombination [ALLE95]. Die dafür benötigten Wahrscheinlichkeiten und Regeln müssen zuvor aufwendig gelernt werden; genutzt werden bspw. sogenannte „Treebanks" [THED17]. *Treebanks* als spezielle Form von Korpora sind ein fester Bestandteil der Computerlinguistik, die detaillierte linguistische Informationen kodieren. Sie werden dabei als eine Sammlung von Einheiten, meist Sätzen, verstanden, deren syntaktische Satzstruktur annotiert ist [CARS10]. Grundsätzlich besteht ein Korpus dabei aus Text, einem Annotationsschema und beschreibenden Metadaten, wobei das Annotationsschema entweder konstituenten- oder dependenzbasiert gewählt wird [THED17]. Treebanks werden überwiegend manuell oder semiautomatisch erstellt, besitzen deshalb einen kleineren Umfang als ein automatisch geparstes Korpus [CARS10]. Ihre Erstellung gilt als zeit- und kostenintensiv; daher ist auf Qualitätsmerkmale wie Wiederverwendbarkeit und Konsistenz besonderes zu achten. Eine Übersicht über bestehende, teils verwandte Treebanks gibt [THED17]. Als etabliertes und verbreitetes konstituentenbasiertes Werkzeug gilt die *Penn Treebank* [MARC93], die mit mehreren zehntausend annotierten Sätzen von einer Vielzahl an statistischen *Parsern* angezogen wird. Bei den Sätzen handelt es sich um englischsprachige Sätze, die hinsichtlich POS-Tags und syntaktischer Struktur annotiert sind. Weitere konstituentenbasierte Treebanks sind die BulTreeBank [SIMO04] und die LinGO Redwoods [OEPE04]. Für die deutsche Sprache existieren bspw. das TIGER-Korpus [BRAN02] und die Tübinger Treebank des Deutschen Zeitungskorpus (TuBa-D/Z) [TELL15]. Ziel der dependenzbasierten Treebanks ist es, die gerichteten Abhängigkeiten zwischen zwei Wörtern abzubilden [CARS10]; prominenter Vertreter ist die *Prague Dependency Treebank* (PDC) [HAJI01].

[21] Für die englische Sprache liegen beispielsweise 11,8 Mio. Wörter in ihrer Grundform vor, wovon 413.144 Wörter als polysem und 11,4 Mio. Wörter als eindeutig klassifiziert sind (Stand 2017).

[22] In der Version 3.6 unterstützt BabelNet 271 Sprachen, darunter alle europäischen Sprachen. Mit 13,8 Mio. Synsets und insgesamt 745,9 Mio. Lesarten enthält das semantische Netz 380,2 Mio. lexikalisch-semantische Beziehungen (Stand 2017).

Werkzeuge zur referenziellen Disambiguierung

Die Anaphern- und Koreferenzauflösung, die auf vergleichsweise wenige annotierte Korpora zurückgreifen kann [CARS10], wird auf vielfältige Weise durchgeführt; unterschieden werden linguistische Ansätze, Heuristiken und Methoden des maschinellen Lernens. Nicht alle dieser Herangehensweisen sind auf eine Werkzeugunterstützung angewiesen; deshalb liegt im Folgenden der Fokus auf dem Unterstützungsbedarf der Methoden des maschinellen Lernens. Zum Training und zur Evaluation dieser Methoden werden für die Koreferenzauflösung spezielle Korpora verwendet [REPO10]; grundlegende und etablierte Ressourcen sind die ACE- sowie die MUC-Korpora. Sie sind mit Koreferenzrelationen annotiert und bestehen sowohl aus Trainings- als auch aus Testdatensätzen. Weil sie überwiegend auf Zeitungstexten basieren, sind sie aber nur begrenzt adaptierbar [GUHA15, CHAI14], bspw. nicht als Trainingsdaten für wissenschaftliche Texte geeignet. Aus diesem Grund existieren hinsichtlich verschiedener Fragestellungen und Domänen konzipierte Korpora. Als Beispiel ist das Korpus [GUHA15] zu nennen, das wissenschaftliche Texte mehrerer Forschungsgebiete umfasst. Darüber hinaus benötigen die Methoden des maschinellen Lernens Domänen- oder Weltwissen, welches aus Werkzeugen wie WordNet, YAGO oder Wikipedia abgerufen werden kann. Ferner existieren Ressourcen, die mehrere Annotationsebenen umfassen, Zwischenverbindungen abbilden und damit die Anwendung von Domänen- oder Weltwissen erleichtern [BÄUM17].

Lexikalische Ambiguität

Erkennen lexikalischer Ambiguität

Lexikalische Ambiguität wird über einen Abgleich einzelner Lexeme erkannt. Dabei wird für ein erkanntes Wort in einem gegebenen Werkzeug (bspw. Korpora, Wörterbücher) nachgeschlagen, ob mehr als eine zugehörige Lesart existiert und das Wort damit als potenziell ambig gilt. Vereinfacht wird das Verfahren, wenn wir Wörter mit einer Liste von bereits als ambig bekannten Wörter abgleichen [LAMI05, GLEI10, NIGA12, TJBE13]. [KIYA08, MALE11] greifen auf WordNet als linguistische Ressource zurück. Prominentes Beispiel für Verfahren zur reinen Erkennung lexikalischer Ambiguität ist *Systemized Requirements Engineering Environment* (SREE) [TJBE13]. SREE kann eine potenzielle Ambiguität in natürlichsprachigen Anforderungen durch Abgleich mit entsprechenden Indikatorlisten aufdecken. SREE besteht aus zwei Hauptkomponenten: (1) dem *Ambiguity Indicator Corpus* (AIC) und (2) dem *Lexical Analyzer*. Während (1) ein Korpus darstellt, das Indikatoren für ambige Lexeme enthält, handelt es sich bei (2) um die Komponente, die Anforderungen tokenisiert, mit dem AIC abgleicht und über potenzielle Ambiguitäten informiert. Das Beispiel SREE zeigt, dass das manuelle Auflösen von Ambiguität ein ermüdender, zeitraubender, fehleranfälliger und schlussendlich teurer Vorgang ist [BERG08]. Ein (semi-)automatisiertes Vorgehen ist demnach zweckmäßig. An dieser Stelle ist auf [MIHA03] hinzuweisen. Dort werden lexikalisch ambige Lexeme erkannt, die aber nur dann als lexikalisch ambig gelten, wenn sie nicht durch den unmittelbaren Kontext (im Sinne von eindeutigen Lexemen in der Nachbarschaft) disambiguiert werden können. Neben dem Abgleich mit (umfangreichen) linguistischen Werkzeugen existieren somit auch Möglichkeiten, die identische Lesarten über den gemeinsamen Kontext identifizieren und gruppieren [NAVI09]. Hierbei ist zwischen „Context clustering", „Word clustering" und „Cooccurrence graphs" zu unterscheiden, die insbesondere in [MASC99] genauer ausgeführt werden.

Lexikalische Disambiguierung

Die *lexikalische Disambiguierung* soll herausfinden, welche Lesart eines Lexems in einem gegebenen Kontext gemeint ist [AGED07, NAVI09]. Grundsätzlich handelt es sich um ein Klassifikationsproblem: Die Wortbedeutungen sind die Klassen, der Kontext liefert die Spezifika, und jedes Auftreten eines Wortes wird anhand der Spezifika in eine Teilmenge der möglichen Klassen eingeordnet [AGED07]. Dabei kann die lexikalische Disambiguierung unterschiedlich aufgebaut und durchgeführt werden [NAVI09]: wissensbasiert, unüberwacht korpusbasiert, überwacht korpusbasiert und Kombinationen daraus. Unter wissensbasiert fallen sowohl Disambiguierungsregeln, Restriktionen und Präferenzen als auch semantische Ähnlichkeitsmaße, die den Kontext eines Lexems im Abgleich mit einem Werkzeug berücksichtigen. Auch Heuristiken wie das *One-sense-per-discourse-Vorgehen* [AGED07], das auf der Beobachtung basiert, dass es sehr wahrscheinlich ist, dass ein Wort in einem Diskurs nur eine einzige Lesart einnimmt, zählen zu dieser Kategorie. Häufig werden *semantische Ähnlichkeitsmaße* angewandt, wobei gleich mehrere Maße zur Verfügung stehen. Die Auswahl eines geeigneten Maßes kann bspw. unter Berücksichtigung von bestehenden Gegenüberstellungen erfolgen [MCCA04, PATW03, BUHI06], wobei die Eignung eines Maßes als Ähnlichkeitsindikator jeweils von der angedachten Anwendung abhängt [VÖFL11]. Im Kontext von Softwareanforderungen wird bspw. das semantische Ähnlichkeitsmaß WUP [WUPA94] genutzt, um zwischen verschiedenen möglichen Lesarten zu unterscheiden. Allerdings obliegt die Disambiguierung immer noch den Anwendern. Eine Lösung kann die automatische Entscheidung für oder gegen eine Lesart über einen definierten Grenzwert sein [VÖFL11].

Wissensbasierte Verfahren sind auf Werkzeuge wie Disambiguierungsregeln und Heuristiken angewiesen, die nicht für alle Sprachen und Domänen vorliegen. Auch *überwachte korpusbasierte Verfahren* weisen diese Schwachstelle auf, weil sie auf manuell annotierten Korpora trainiert werden oder ein *Bootstrapping*-Verfahren nutzen (semiüberwachtes Verfahren). Diese Problematik stellt sich nicht für *nichtüberwachte korpusbasierte Verfahren* [AGED07], die Wörter in ihrem spezifischen Kontext *clustern* und darüber die Lesart erschließen [MIHA03, SCHÜ98]. Ansätze, die wissensbasierte und korpusbasierte Verfahren kombinieren (z. B. [MONT05]), sowie hybride Verfahren ergänzen die vorhandenen lexikalischen Disambiguierungsansätze. So können bspw. semantische Ähnlichkeitsmaße dazu genutzt werden, um bevorzugte Lesarten in unüberwachten korpusbasierten Verfahren zu trainieren [AGED07]. Ein mehrsprachiges Werkzeug für die lexikalische Disambiguierung und das Entity Linking ist *Babelfy* [WWWBAB]. Nach [MORO14] ist Babelfy das erste Werkzeug, das die Disambiguierung und das Entity Linking in kurzen und langen Fließtexten parallel durchführt. Der Ansatz ist wissensbasiert; Babelfy nutzt das semantische Netz von BabelNet, welches insbesondere die semantischen Beziehungen sowie die benannten Entitäten umfasst.

Syntaktische Disambiguierung

Von syntaktischer Ambiguität sprechen wir, wenn – aufgrund des Zusammenspiels der Grammatikregeln einer Sprache – einem Ausdruck mehr als eine syntaktische Beschreibung zugeordnet werden kann [ERNS03]. Dabei kann schon die Anzahl der syntaktischen Lesarten ganz gewöhnlicher Sätze, die von größeren *Parsing*-Systemen geliefert wird, erheblich höher sein als der Ambiguitätsgrad, den geschulte Syntaktiker auf den ersten Blick erkennen [CARS10]. So existieren gültige Beispielsätze, deren Satzstrukturanalyse zu Ambiguitätsgraden von einer Million und mehr führen. Es handelt sich bei syntaktischer Ambiguität demnach nicht um ein domänenspezifisches Problem der maschinellen Anforderungsverarbeitung. Vielmehr ist es eine elementare Herausforderung natürlicher Sprachen, der vor allem mit Methoden der probabilistischen Satzstrukturanalyse begegnet wird [JUMA09].

Die automatische Satzstrukturanalyse führen *Parser* durch [LOHE10]; sie ordnen gegebenen Sätzen syntaktische Strukturen zu. Dazu gehört die Beschreibung des syntaktischen Baus von Sätzen, ausgehend von elementaren Grundeinheiten wie Morphem, Wort, Satzglied und deren Beziehung untereinander [BUSSM83]. Diesbezüglich ist eine Dreiteilung der Disambiguierung in Eingabe (natürlichsprachige Anforderungsbeschreibung), Verarbeitung (Überprüfung der Eingabe hinsichtlich gültiger Grammatik und Zuordnung passender syntaktischer Struktur(en)) und Ausgabe (Repräsentationen syntaktischer Strukturen (z. B. als Bäume)) zweckmäßig. Ergebnis der Strukturanalyse wird in der Regel die Zuordnung mehrerer möglicher syntaktischer Strukturen sein.

Ein solcher syntaktischer Analyseprozess besteht zu einem ganz wesentlichen Anteil aus Suchprozessen, die sich graphentheoretisch als Durchlaufen eines Suchraums (Suchgraphen) charakterisieren lassen. Dieser Suchraum besitzt einen Startzustand Z_0 [...] und einen oder mehrere Endzustände $E_1, E_2, \ldots, E_n$ [CARS10, LOHE10]. So können alle Möglichkeiten strukturiert angegeben werden, in die ein Satz syntaktisch analysiert werden kann. Gegebenenfalls wird die wahrscheinlichste Variante ausgegeben. Letzteres leisten probabilistische *Parser*, die ihr Wissen aus einer Menge annotierter Sätze ableiten und versuchen, die wahrscheinlichste Satzstruktur in bisher unbekannten Sätzen herauszuarbeiten. Darüber hinaus ist zwischen Dependenz- und Konstituentenparsern zu unterscheiden, die jeweils von unterschiedlichen syntaktischen Strukturen ausgehen. Dependenzparser analysieren die grammatikalische Struktur eines Satzes mit dem Fokus auf der Beziehung zwischen regierenden Wörtern und abhängigen Elementen. Dabei wird überwiegend davon ausgegangen, dass das Verb die Satzstruktur in Form von Leerstellen vorgibt und somit alle anderen Wörter in einem Satz vom Verb (direkt oder indirekt) über definierte Beziehungen abhängig sind [CARS10]. Demgegenüber basieren Konstituentenparser auf der Idee, dass sich die natürliche Sprachsyntax mit Hilfe von kontextfreien Grammatiken beschreiben lässt, wobei neben Wörtern auch komplexere Einheiten, die sogenannten Konstituenten oder Phrasen [CARS10], sowie Beziehungen zwischen Konstituenten angenommen werden. Die Ergebnisse lassen sich, unabhängig von der gewählten Grammatiktheorie, als Strukturbäume darstellen. Ein Test von statistischen Dependenzparsern in Hinblick auf Präzision und Performanz zeigt, dass keines der *Top-Parsing*-Verfahren gleichermaßen präzise und performant ist [CHOI15]. In diesem Zusammenhang wird darauf hingewiesen, dass alle Ansätze eine Vielzahl an Konfigurationsmöglichkeiten aufweisen und in einem Kompromiss zwischen Performanz und Präzision optimiert werden müssen. Dennoch sind die Verfahren Mate, RBG, Turbo, ClearNLP und Yara im Hinblick auf Präzision, die Verfahren spaCy und ClearNLP unter dem Aspekt der Performanz zu empfehlen [THED17].

Die *Präpositionalphrasenanbindungsambiguität* wird zweckmäßigerweise als Klassifikationsproblem begriffen [BAIL15, AGIR08]. Es ist zu klären, ob eine Anbindung an eine Nominalphrase oder eine Verbalphrase – bei gegebenen Kontextinformationen – erfolgen muss [LAKE05]. Dabei erfordert die Auflösung von Präpositionalphrasenanbindungsambiguitäten ein Zusatzwissen, weil die resultierenden syntaktischen Strukturen alle gültig sind. Diesbezüglich werden zum einen verschiedene Thesauri [MCLA04], zum anderen Werkzeuge wie VerbNet und WordNet für die Entscheidungsunterstützung herangezogen [BAIL15, AGIR08], um so eine syntaktische Präferenz zu generieren. Wieder andere nutzen online verfügbare Inhalte und speziell aus diesen abgeleitete Charakteristika, z. B. die optionale Klammerung von Präpositionalphrasen als Hinweis auf eine Verbalphrasenanbindung [NAHE05]. Darüber hinaus existieren Verfahren des maschinellen Lernens [RATN94, COBR95, ZAVR97, RATN98, PALI00], die eine Genauigkeit erreichen, die sich mit der durchschnittlichen Genauigkeit menschlicher Entscheider messen kann bzw. diese fast erreicht [BAIL15, LAKE05]. Der Präpositionalphrasenanbindungsdisambiguierung im Anforderungskontext widmet sich [BAJW12], wobei das Ziel die automatische Überführung von natürlichsprachigen zu formal spezifizierten Randbedingungen in der *Object Constraint Language* (OCL) ist. Zur Satzstrukturanalyse der natürlichen Sprache (Englisch) nutzt [BAJW12] den *Stanford Parser*/den *Stanford POS-Tagger*. Sie identifizieren auftretende syntaktische Ambiguität und Homonymie als die hauptsächlich qualitätsmindernden Probleme hinsichtlich konsistenter und valider Spezifikationen [BAJW12]. Die Disambiguierung leistet eine syntaktische Analyse, die die erzeugten Dependenzbäume mit UML-Klassenmodellen abgleicht, die zusammen mit dem Ursprungstext bereitgestellt werden. Mit diesem Vorgehen kann die Genauigkeit des *Stanford Parsers* (Homonymie) gesteigert werden [BAJW12, SHJI15]. Allerdings besteht hier die Gefahr, dass Ambiguitäten, die nur im UML-Klassenmodell bestehen, erst durch dessen Hinzunahme als weiteren Kontext mit in die Spezifikation aufgenommen werden.

Die *Koordinationsambiguität* rückt vor allem [BERR03] als Problem in den Fokus [NAHE05, CHAN07, YANG10A, YANG10B, YANG10C]. Koordinationsambiguität kann überall dort auftreten, wo koordinierende Konjunktionen genutzt werden. Damit ist sie insbesondere in der englischen Sprache ein Problem, weil dort Konjunktionen hochfrequent auftreten [CHAN07][23]. Das Erkennen von potenziell ambigen Wortkonstellationen ist über syntaktische Muster möglich. So präsentiert bspw. [YANG10A, YANG10B, YANG10C] diesbezüglich eine Auswahl von Mustern (*construction patterns used in coordination ambiguity*). [AGBO92] erkennt Koordinationen unter Hinzunahme von POS-*Tags*, ein simples, aber effektives Vorgehen, das als sinnvoller initialer Schritt in einem Gesamtsystem zur Disambiguierung angesehen werden kann. [CHAN05] testet darüber hinaus die Hypothese, dass die wahrscheinlichste Lesart einer Koordination über die Wortverteilung in einem generischen Korpus gefunden werden kann [RESN99]. Darüber hinaus existieren Ansätze, die Koordinationsambiguität aufzulösen versuchen, indem sie linguistische Merkmale (z. B. Groß- und Kleinschreibung, Kommata) der Konjunktion heranziehen [OKMU94] oder indem sie die Kookkurrenz, also das gemeinsame Auftreten von lexikalischen Einheiten (Modifikatoren und verbundene Wörter), berücksichtigen und Regeln und Muster auf Grundlage verschiedener linguistischer Ressourcen ableiten [YANG10A, YANG10B, YANG10C]; bspw. werden online verfügbare Inhalte und speziell aus diesen abgeleitete Charakteristika herangezogen (z. B. [NAHE05]). [GOLD99] geht die Disambiguierung in den Fällen der syntaktischen Struktur N_1 P N_2 CC N_3 (wie zum Beispiel in „*collection of files and documents*“) an. Dem Ansatz [YANG10A, YANG10B, YANG10C] liegt die Annahme zugrunde, dass die meisten Ambiguitäten (zumindest von Menschen) nicht falsch interpretiert werden und daher nicht schädlich sind.

Automatische Koreferenzauflösung

Die meisten Verfahren zur Koreferenzauflösung beschäftigen sich hauptsächlich mit der Auflösung von Personalpronomina und den dazugehörigen Bezeichnern/Namen [KÖRN14, STOY09, MITK99]. Um referenzielle Ambiguität erkennen und kompensieren zu können, müssen zuerst Referenten und zugehörige Referenzausdrücke erkannt werden. Es existiert eine Reihe von Verfahren, die für diese Aufgabe mit Komponenten zur Auflösung von referenzieller Ambiguität ausgestattet sind. Ziel ist es, koreferente Referenzausdrücke zusammen in Koreferenzketten darzustellen [STED12]. Eine Sonderform sind Verfahren, die auch *Singletons* erkennen – also Referenten, die nur einmalig im Text vorkommen (z. B. [RECA13]). Ansätze der Anaphernresolution werden in linguistische Ansätze, Heuristiken und maschinelles Lernen [CARS10], in „wissensbasierte Ansätze“ und „maschinelle Lernverfahren“ [GEIE10] oder hinsichtlich der eingebundenen Werkzeuge in „wissensreich“ und „wissensarm“ [PROK15] eingeteilt. *Wissensarme Verfahren*, die in vielen Fällen nur auf wenigen Regeln, ausgewählten *Features* sowie morphologischen als auch syntaktischen Informationen beruhen (z. B. [LEE11, BERO08, MITK98]), erreichen teils sehr gute Evaluationswerte [HARA01]. An dieser Stelle ist beispielsweise das *Centering*-Modell [GROS95] als früher linguistischer Ansatz zur Anaphernresolution zu nennen. Eine wichtige Heuristik ist der Ansatz von [LALE94]. Bei *wissensreichen Verfahren* stehen die Werkzeuge im Mittelpunkt.

[23] Im Englischen machen „*and*“ und „*or*“ zusammen 3 % aus, eine beachtliche Anzahl der Wörter im *British National Corpus* (BNC).

Vielfache Verwendung finden WordNet [HUAN09, POST06, MANI05, HARA01] und umfangreiche Korpora [HAKL09, GHAZ09, MANI05]. Die Akquise von Wissen ist aber nach wie vor zeitintensiv, aufwendig und fehleranfällig und damit der sprichwörtliche Flaschenhals vieler Verfahren [URYU12, HARA01]. Webwerkzeuge wie Wikipedia sind aufgrund ihres Umfangs [HAKL09, GHAZ09] und ihrer internen Verknüpfung beliebt [KOBD11, BRYL10]. So wird Wikipedia bspw. zur Berechnung der semantischen Ähnlichkeit von Referenzausdrücken verwendet.

Über einzelne Werkzeuge hinaus bietet das *Semantic Web* eine bisher nicht dagewesene Menge an semantisch angereicherten Datenbeständen. Deshalb und wegen seiner Struktur ist es für die Koreferenzauflösung prädestiniert. Allerdings ist darauf hinzuweisen, dass die Erweiterung bestehender Verfahren der Koreferenzauflösung um diese Werkzeuge bei weitem kein trivialer Akt ist [BRYL10]. Insbesondere gelten die Heterogenität und die Ambiguität der verschiedenen Werkzeuge im Semantic Web als problematisch. Darüber hinaus besteht ein Problem in der Wissensverteilung – zu manchen Themen existiert viel, zu anderen Themen wenig Wissen [BRYL10]. Somit kann eine ausreichende Abdeckung nicht garantiert werden. Zwecks diesbezüglicher Untersuchungen der beiden etablierten Webwerkzeuge Wikipedia und YAGO anhand einer möglichen Verbesserung in der Leistung von Systemen zur Koreferenzauflösung extrahiert [URYU12] semantische Informationen und integriert diese in das *Beautiful Anaphora Resolution Toolkit*. Festgestellt wird, dass eine Verbesserung nur erreicht wird, wenn Maßnahmen zur erweiterten Disambiguierung und Filterung der Ressourcen herangezogen werden. Die daraufhin ausgearbeiteten Lösungen zur Reduzierung des Rauschens in den Daten basieren auf der Anwendung von Disambiguationswerkzeugen und *Pruning*, um stark generische Informationen zu entfernen. Mit der Hinzunahme von Weltwissen (YAGO) verbessert [RANG11] die Auflösung von Koreferenzen. Darüber hinaus werden Werkzeuge wie FrameNet und VerbNet aufgrund ihrer Strukturiertheit und semantischen Annotationen verwendet, zur Akquise von Wissen bspw. die *Penn Treebank* genutzt, welche semantisch annotierte Nominalphrasen enthält. Das Problem des begrenzten Ressourcenumfangs bleibt aber bestehen.

Das Verfahren *dcoref* [WWWNLP] ist Bestandteil des *Stanford CoreNLP Natural Language Processing Toolkits* [MANN14]. Es ermöglicht die Erkennung von Referenzausdrücken und die Auflösung von pronominaler sowie nominaler Koreferenz [LEE13]. Dabei werden bewährte Vorgehensweisen deterministischer, regelbasierter Systeme (Transparenz und Modularität) sowie des ML-Verfahrens von [POST06] (weitreichende Informationen und präzise *Features*) kombiniert und sequentiell angewendet. Als ein Werkzeug wird dabei initial Wikipedia eingesetzt [LEE13]. Die sogenannte Siebarchitektur basiert darauf, verschiedene Koreferenzmodelle nach Präzision geordnet nacheinander anzuwenden, wobei die Anwendung stets auf der Ausgabe der vorherigen Komponente beruht. Vielfach wird *dcoref* wegen des modularen Aufbaus und der herausragenden Performanz angewandt, allerdings nicht gänzlich ohne Anpassungen an die jeweilige Sprache und Domäne, was [PASS15] exemplarisch anhand der Domäne „Finanznachrichten“ aufzeigt. Als datenbasiertes Verfahren wird das Illinois Coreference Package von der

University of Illinois at Urbana-Champaign entwickelt. Es umfasst ein *Tool* zur Resolution von Koreferenzen sowie eine Reihe von dazugehörigen NLP-*Features* (z. B. WordNet Relationen, semantische Klassen), angelehnt an [CULO07]. Der modulare Aufbau des Verfahrens erlaubt eine Evaluation der einzelnen *Features* hinsichtlich des Beitrags zur Koreferenzauflösung. Schließlich sei auf Verfahren verwiesen, die zwar Ambiguität erkennen, aber nicht auflösen. So existiert bspw. ein Klassifikationsverfahren, das potenziell schädliche anaphorische Ambiguitäten, also Ambiguitäten, die sehr wahrscheinlich fehlinterpretiert werden, erkennt und über deren Existenz informiert [YANG11], aber nicht versucht, die Ambiguität durch die Wahl der wahrscheinlichsten Disambiguation zwangsläufig aufzulösen.

3.3.3.4 Reduktion von Unvollständigkeit

Vollständigkeit wird – zusammen mit Konsistenz, Eindeutigkeit und Verifizierbarkeit – als elementare Qualitätseigenschaft von Anforderungen betrachtet [GRAN11, FABB00, IEEE98]. Dabei bleibt oft unklar, was unter dem Begriff der Vollständigkeit verstanden wird, welcher Bezugspunkt gewählt wird (z. B. eine Anforderung oder eine Dokumentation von Anforderungen) und wann der Zustand der Vollständigkeit erreicht ist [FIRE05, FERR14]. So stellen bspw. [FIRE05] wie [DAVI93] diesbezüglich in Frage, ob dieser Zustand überhaupt erreicht werden kann. Unter „Vollständigkeit von Anforderungen“ werden zum einen das gänzliche Fehlen einer Anforderung in einer Anforderungsdokumentation und zum anderen das unvollständige Vorhandensein einer Anforderung verstanden [FIRE05]. Allerdings ist dieser Begriff noch weiter zu erläutern, da Vollständigkeit in Abhängigkeit der Art von Anforderung unterschiedlich ausgeprägt sein kann. Eine nichtfunktionale Anforderung kann vollständig sein, obwohl Informationen fehlen, die eine funktionale Anforderung voraussetzen würde [FIRE05]. So kann der Satz „Die Sicherheit wird durch Verschlüsselung aller ausgehender E-Mails gewährleistet“ für eine nichtfunktionale Anforderung hinreichend sein, während er als funktionale Anforderung unvollständig ist, da bspw. Details zur funktionalen Umsetzung der Verschlüsselung fehlen. Weitgehende Einigkeit besteht aber in den negativen Auswirkungen, die unvollständige Anforderungen bspw. für ein Softwareprodukt [GHAZ09], die Produktsicherheit [HSE03], ein gesamtes Projekt [KATA07, BETH76] oder die Kundenakzeptanz und -zufriedenheit [FIRE05, DAVI93] haben. Darüber hinaus kann Unvollständigkeit als weitere Form der Ungenauigkeit Ambiguität begünstigen oder sogar verursachen. Das Phänomen der Unvollständigkeit ist demnach nicht als isoliertes Phänomen zu betrachten (siehe Abschn. 3.3.2).

Identifikation unvollständiger Anforderungen

Für die Identifikation unvollständiger Anforderungen existiert eine Vielzahl an Verifikations- und Validierungstechniken (z. B. Lesetechniken, Checklisten und Interviews, aber auch mathematische Beweise und Modelle [FAGA76, BOEH84]). Im Fokus stehen dabei generelle Überlegungen zur Identifikation sowie Möglichkeiten der softwaretechnischen Unterstützung (z. B. [DECK07]). Im Folgenden werden manuelle sowie softwareunterstützte Identifikationsverfahren angeführt. Einen umfassenden Überblick über manuelle Verfahren geben bspw. [AURU02, LADB00].

Manuelle Verfahren

Eine naheliegende erste Möglichkeit, Unvollständigkeit in Anforderungsbeschreibungen in natürlicher Sprache zu erkennen, ist ein Abgleich mit den eigenen, individuellen Erfahrungswerten während des Lesens („*Ad-hoc-Review*"; [SHUL00]). Dieses Vorgehen ist aber weder systematisch im Aufbau noch fokussiert und nur schwer nachzuvollziehen, geschweige denn an neue Situationen anzupassen [SHUL00]; alle Ansätze zur Identifikation und Kompensation von Unvollständigkeit basieren auf der Begutachtung durch Dritte und sind daher geprägt von Subjektivität, eingeschränkten Perspektiven bzw. individuellen Schwerpunkten sowie einer inkonsistenten Bewertung [YADA88, MENZ10, ESPA09], nicht zuletzt, weil die Wahrnehmung von Vollständigkeit aufgrund von expliziten und impliziten Annahmen stark variieren kann [ALBA09]. Eine standardisierte Vollständigkeitsprüfung kann diese Probleme zwar abschwächen, aber nicht gänzlich ausschließen. [FIRE05] empfiehlt daher im Umgang mit *individual requirements* unter anderem die Erstellung von *Checklisten* für Anforderungsarten und deren Komponenten sowie die Nutzung von „*requirement completeness guidelines and/or standards*". Checklisten deshalb, weil sie aufgrund einer ausgeprägteren Struktur und besserer Anpassungsmöglichkeiten an neue Situationen den Ad-hoc-Reviews vorzuziehen sind [SHUL00]. Darüber hinaus existieren systematische *Lesetechniken* wie das „*Perspective-Based Reading*" oder das „*Defect-Based Reading*", die in Form von Schritt-für-Schritt-Verfahren auftreten [SHUL01]. Dabei werden mehreren Lesern unterschiedliche *Stakeholder*-Perspektiven bzw. mögliche Produktdefekte mit konkreten Fragestellungen (z. B. zur Vollständigkeit) zugeteilt, um eine möglichst große Spezifiziertheit und Vollständigkeit zu erreichen.

Softwareunterstützte Verfahren

Softwareunterstützte Verfahren identifizieren Unvollständigkeit zum einen durch den Abgleich einer Anforderungsbeschreibung mit weiteren Werkzeugen, bspw. Qualitätsmodellen oder Ontologien [AURU02]. Zum anderen gibt es Verfahren, die bspw. domänenspezifische Wörterbücher als Unvollständigkeitsindikatoren heranziehen. So sollen im einfachsten Fall unvollständige Anforderungen über einen Abgleich mit „*W*-Fragen" erkannt werden; so gilt eine Anforderung (in diesem Fall ein Satz) als vollständig, wenn *Actor* („*Who*"), *Function* („*What*") und *Detail* („*Where*"/„*When*") angegeben sind. Systematischer geht QuARS (*Quality Analyzer of Requirement Specification*) vor, das auf Grundlage eines Qualitätsmodells die Überarbeitung von Anforderungsbeschreibungen ermöglicht [FABB01]. Im Rahmen der „*Specification completion*" wird auf Satzbasis nach unvollständig spezifizierten Subjekten gesucht (z. B. „*flow*"), die einer weiteren Spezifizierung bedürfen (z. B. „*material flow*"). Ähnlich geht der *Java Requirement Analyzer* vor, der die Satzstruktur analysiert und mit speziellen Wörterbüchern abgleicht, um fehlende Bestandteile eines *Subject-Action-Object*-Triples zu identifizieren [FASP05]. [KÖBR10] stellt die Anwendung „*Requirements Engineering Specification Improver*" (RESI) vor, welche sprachliche Mängel in Anforderungstexten aufzeigt und im Dialog mit einem *Stakeholder* kompensiert. RESI bezieht die notwendigen Informationen (z. B. Prädikate und Leerstellen) aus Werkzeugen wie ResearchCyc [WWWCYC] und semantischen Wortdatenbanken wie WordNet.

GEIERHOS [GEIE15] diskutiert eine Vorgehensweise, die über den Abgleich mit einer Ontologie hinausgeht und auf domänenspezifischer Ähnlichkeitssuche basiert. Ziel ist es, *unbeschränkte Anforderungsbeschreibungen zu ermöglichen und Endanwender mittels Textvorschlägen zu unterstützen*. Dabei werden natürlichsprachige Anforderungsbeschreibungen, die in Form und Inhalt einmalig sind (UGC), auf ihre semantischen Hauptkomponenten reduziert, indiziert und iterativ als Vorlagen verwendet. Domänenspezifische Ontologien werden eingesetzt, um fehlende Informationen im Eingabetext zuverlässig durch Informationen aus den Vorlagen zu kompensieren [GEBÄ16]. Auch andernorts werden Ontologien zur Erkennung von Unvollständigkeit eingesetzt [BHAT14, KASA06, KASA05]. Beispielsweise bietet das *Requirements Analysis Tool* (RAT) [VEKA08] eine Vielzahl von syntaktischen und semantischen Analysen auf natürlichsprachigen Anforderungsdokumenten an, abgestützt auf *Best Practices* der Branche. Sowohl unvollständige Anforderungen (z. B. offene Leerstellen eines Prädikats) als auch fehlende Anforderungen werden identifiziert [VEKA08]. Als Werkzeuge dienen benutzerspezifische Glossare, kontrollierte Syntax und domänenspezifische Ontologien. Andererseits müssen nicht zwangsläufig klassische Lexika oder Ontologien zum Einsatz kommen. Beispielsweise misst *Completeness Assistant for Requirements* (CAR) die Vollständigkeit durch Hinzunahme von Dokumenten, die während der Erhebung der Anforderungen anfallen [FERR14]. „Vollständigkeit" wird dadurch reklamiert, dass alle in den Dokumenten genannten Konzepte und Abhängigkeiten auch in den formulierten Anforderungen wiederzufinden sind.

Kompensation unvollständiger Anforderungen

Die wenigen Verfahren zur Kompensation unvollständiger natürlichsprachiger Anforderungen beschränken die Anwendung in der Regel auf kontrollierte Sprachen (z. B. [HOLT11]). Es gibt aber auch, wie RESI [KÖBR10], Verfahren, die Vollständigkeit im Sinne vollständig spezifizierter Prozesswörter behandeln. Diesen prädikatbasierten Ansatz verfolgt auch [BÄGE16]. Die Identifikation unvollständiger Prädikate basiert dabei auf Techniken zum *Semantic Role Labeling* (SRL), die sowohl Prädikate als auch Argumente erkennen können. Informationen über die spezifische Prädikat-Argument-Struktur (PAS) sind hier Werkzeugen wie *Propbank* [PALM05] und *FrameNet* [BAKE98] zu entnehmen. Die Kompensation erfolgt über ein speziell angepasstes Modul, dessen Index mit bereits vorverarbeiteten Anforderungsbeschreibungen bzw. *User Stories* gespeist wurde. Das ermöglicht kontextspezifische Such-/Kompensationsanfragen, die eine geeignete Instanz für eine fehlende Instantiierung im jeweiligen Kontext zurückgeben können. Eine Weiterentwicklung stellt [GEBÄ16] vor, die ebenfalls auf eine prädikatbasierte Kompensation zurückgreift. Zusätzlich wird die Kompensation durch domänenspezifisches Wissen verfeinert (mittels entsprechender Ontologien) und erweitert („*Concept Expansion*"). Wird

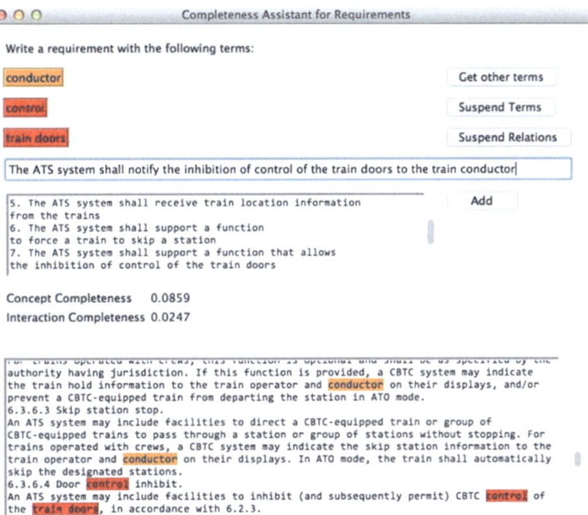

Abb. 3.2 Completeness Assistant for Requirements [FERR14, S. 32]

bspw. eine geeignete Instanz für ein fehlendes Argument gefunden (z. B. „*Friends*"), prüft das erweiterte Verfahren, ob ähnliche Instanzen der gleichen semantischen Kategorie vorliegen und schlägt diese ebenfalls vor (z. B. „*Colleagues*" und „*Family*"). Diese Verfahren sind durch die nur begrenzt verfügbaren domänenspezifischen Werkzeuge sowie die Performanz existierender *Semantic Role Labeler* limitiert. [FERR14, GEBÄ16] schlagen deshalb beide ein auf Textvorschlägen basiertes Verfahren vor, das die Unvollständigkeit feststellt und interaktiv behebt. Den Aspekt fehlender Werkzeuge kompensieren sie, indem bestehende Dokumente herangezogen werden, die während der Erhebung von Anforderungen anfallen, beispielsweise bei Planungstreffen. CAR extrahiert relevante Terme und Termbeziehungen aus den Dokumenten und untersucht eine gegebene Anforderungsbeschreibung hinsichtlich vorkommender Terme und der Übereinstimmung [FERR14]. Fortlaufend wird die Vollständigkeit der Anforderungen berechnet [FERR14]. Dem Benutzer werden Terme vorgeschlagen, auf deren Grundlage weitere Anforderungen zu schreiben und der Anforderungssammlung hinzuzufügen sind. Wird eine neue Anforderung hinzugefügt, wird die Vollständigkeit erneut berechnet. Wie Abb. 3.2 deutlich macht, werden kontrollierte natürlichsprachige Anforderungsbeschreibungen vorausgesetzt.

3.3.3.5 Kombinierte Ansätze

Die Idee, natürlichsprachige Anforderungen nicht isoliert auf eine Form der Ungenauigkeit oder Unvollständigkeit zu prüfen, sondern mehrere Verfahren zur Erkennung und/oder Kompensation zu kombinieren, verfolgen sowohl kombinierte Ansätze, die unterschiedliche Formen der Ambiguität (z. B.[TJBE13, BAJW12]), als auch Ansätze, die bspw. Ambiguität sowie Unvollständigkeit erkennen (z. B. [KÖRN14, HUJR12, FABB01]). Einen Überblick über Ansätze zur Disambiguierung im Kontext von natürlichsprachigen Anforderungen geben bspw. [HuBe15] und [ShJi15]. [ShJi15] unterscheidet dabei Verfahren hinsichtlich des Grades an Automatisierung, des gewählten Ansatzes (regelbasiert, ontologiebasiert etc.) und der verwendeten Werkzeuge (z. B. *Stanford Parser*). Eine weitere umfangreiche Darstellung existierender Ansätze zur Disambiguierung im Anforderungskontext gibt [BaNo15]. [HuJR12] stellt mit NLARE einen kombinierten Ansatz vor, der auf funktionale Anforderungen und die Erkennung von Ambiguität, Unvollständigkeit und Atomarität spezialisiert ist. Unter Ambiguität werden steigerbare Adjektive und Adverbien verstanden; Unvollständigkeit bezieht sich auf den Abgleich mit vorgegebenen *W*-Fragen („*Who*", „*What*", „*Where*", „*When*"); Atomarität bezeichnet das Qualitätsmerkmal, dass ein einzelner Satz auch nur einen einzigen Anforderungsgegenstand beschreiben soll. NLARE nutzt zum Verarbeiten der natürlichen Sprache das *Natural Language Toolkit* (NLTK) und reguläre Ausdrücke. Die sequentielle Verarbeitung umfasst neben einer Satzgrenzenerkennung und Tokenisierung eine Rechtschreibkorrektur als *Preprocessing*. Als Ausgabe erhalten Anwender Hinweise wie „*The requirement is ambiguous because it contains the words ‚earlie' and ‚later'*" [HuJR12]. Eine Kompensation oder eine weitere Hilfestellung finden nicht statt. RESI [KöBr10, KöRn14] unterscheidet sich von NLARE im Hinblick auf die vorgesehene Benutzerinteraktion, die Flexibilität und die Abdeckung linguistischer Defekte deutlich. RESI ist in der Lage, Anforderungsspezifikationen als Graph einzulesen und automatisiert auf linguistische Defekte zu untersuchen. Werden Defekte gefunden, initiiert RESI einen Benutzerdialog. Dabei wird nicht nur auf die problematischen Textstellen verwiesen, sondern explizite Kompensationshinweise für jede Art von Defizit (bspw. unvollständiges Prozesswort „Returning-Something") sowie Ausprägung gegeben. Das erfordert das Einbinden von Werkzeugen, die zum einen das Erkennen der Defizite ermöglichen (Regeln) und zum anderen die zusätzlichen Informationen zur Kompensation bereitstellen (unterschiedliche Ontologien). RESI exportiert nach Durchlauf aller gewählten Regeln das Spezifikationsobjekt als Graph.

3.4 Entscheiden

3.4.1 Messen

3.4.1.1 Quantitative Größen/Messen in den Naturwissenschaften

Der Vergleich von zwei Gegenständen erfordert als Vergleichskriterium ein Merkmal (oder eine Eigenschaft), welches beiden Gegenständen zukommt [Carn74]. *Physikalische Größe* heißt ein Merkmal dann, wenn das Verhältnis zweier Merkmalswerte eine reelle Zahl ist, der Vergleich somit quantifizierbar ist. Der Vergleichsvorgang selbst heißt *Messung*. Die Messbarkeit eines Merkmals, also die Existenz einer eindeutigen und reproduzierbaren Messvorschrift, ist gleichwertig mit der Definition einer physikalischen Größe [Feyn07, Brid27]. Den Wert einer physikalischen Größe (*Größenwert*) geben wir als Vervielfachung aus einem Zahlenwert (der Maßzahl) und einer Maßeinheit an.

Vektorgrößen benötigen Größenwert und *Richtung*. Physikalische Größen, die als Basis eines Größensystems festgelegt sind, heißen *Basisgrößen*.

Ein *klassifikatorischer Begriff* drückt die Zugehörigkeit eines Gegenstands zu einer bestimmten Klasse aus. Ein solcher Begriff wie „warm“ oder „kalt“ stellt einen Gegenstand in eine von zwei Klassen. Wenn wir z. B. sagen, dass ein Gegenstand blau oder schwer oder prismatisch ist, dann geben wir relativ schwache Aussagen über den Gegenstand. Wenn wir den Gegenstand in einer engeren Klasse lokalisieren, dann nimmt die Information über ihn zu. Die Aussage, dass ein Gegenstand ein lebendiger Organismus ist, sagt uns viel mehr über ihn als die Aussage, dass er warm ist. „Ist ein Mensch“, sagt etwas mehr. Noch ein bisschen mehr sagt „Ist ein Ingenieur“.

Wirkungsvoller in der Vermittlung von Information sind die *komparativen Begriffe*. Ein komparativer Begriff wie „wärmer“ oder „kälter“ sagt aus, in welcher Beziehung ein Gegenstand zu einem anderen steht, ob er eine gewisse Eigenschaft mehr oder weniger als der andere Gegenstand besitzt. Komparative Begriffe sind in der Regel die Grundlage für die Entwicklung eines quantitativen Begriffes. Beispielhaft betrachten wir den Begriff der Materie/Masse in seiner komparativen Form. Zur Verfügung stehen nur die komparativen Begriffe größer, kleiner und gleich. Das empirische Verfahren, das uns ermöglicht, jedes geordnete Paar von Gegenständen einem dieser drei Begriffe zuzuordnen, benutzt die Balkenwaage und die folgenden beiden Regeln:

(1) Wenn sich zwei Gegenstände auf der Waage das Gleichgewicht halten, dann haben sie dieselbe Masse.
(2) Wenn sich zwei Gegenstände nicht das Gleichgewicht halten, dann hat der Gegenstand, der auf der Schale der Waage liegt, die sich senkt, die größere Masse als der Gegenstand, der auf der Schale liegt, die sich hebt.

Wir nehmen an, dass sich mehrere Kandidaten um eine Stelle bewerben und wir feststellen sollen, wie geeignet diese sind. Wir stellen fest, dass fünf der Bewerber eine gute Phantasie haben, zehn sehr wenig Phantasie und der Rest dazwischenliegt. In ähnlicher Weise können wir grobe Einteilungen in Bezug auf ihre handwerkliche Geschicklichkeit, ihre mathematischen Fähigkeiten und ihre emotionelle Stabilität treffen usw. Wir fassen diese Begriffe als schwach komparative Begriffe auf und sagen, dass eine Person mit „guter Phantasie“ mehr von dieser Fähigkeit hat als eine Person mit „geringer Phantasie“. Aber wenn wir eine komparative Methode entwickeln können, die alle Bewerber in jeweils eine Rangordnung in Bezug auf jede Fähigkeit bringt, dann wissen wir sehr viel mehr.

Bei allen empirischen Verfahren zur Festlegung komparativer Begriffe unterscheiden wir rein konventionelle/auf reiner Festlegung aufbauende und auf Sachverhalten in der Natur/logischen Gesetzen beruhende Verfahrensaspekte. Um diesen Unterschied deutlich zu machen, formalisieren wir die beiden Regeln zur Festlegung des komparativen Massebegriffes. Dazu benötigen wir eine Regel, die eine beobachtbare Relation für die Gleichheit der Massen definiert. Wir bezeichnen sie mit G (*Identität*). Für die anderen beiden Begriffe brauchen wir eine Regel, die eine Relation definiert, die wir „kleiner als“

nennen und mit K bezeichnen (*Ordnung*). Zur Definition der Relationen G und K legen wir zwei Gegenstände auf die beiden Schalen der Balkenwaage. Wir beobachten, dass die Waage im Gleichgewicht bleibt. Dann sagen wir, dass die Relation G in Bezug auf die Masseeigenschaft für die beiden Gegenstände gilt. Wenn wir beobachten, dass eine Schale aufwärts geht, dann sagen wir, dass in Bezug auf die Masse die Relation K zwischen den beiden Gegenständen erfüllt ist[24]. Beide Relationen können auf alle Gegenstände, die Masse haben, angewandt werden. Die Menge dieser Gegenstände ist der „Definitionsbereich" dieser komparativen Begriffe. Die gewählten Definitionen müssen gewisse Bedingungen erfüllen, damit sie als adäquate Definitionen von G und K aufgefasst werden können. Jedes Gleichgewicht (einer Waage) ist eine symmetrische Relation. Wenn sich zwei Gegenstände das Gleichgewicht halten, dann halten sie sich auch das Gleichgewicht, wenn wir sie untereinander austauschen. G muss daher eine *symmetrische* Relation sein (siehe Abschn. 1.7). Genauso gilt: Wenn a b das Gleichgewicht hält und b c das Gleichgewicht hält, dann hält auch a c das Gleichgewicht; die Relation G ist *transitiv*. Wenn die Relation G sowohl transitiv als auch symmetrisch ist, dann ist sie auch *reflexiv*; jeder Gegenstand ist sich selbst gewichtsgleich: Alle 1 €-Münzen halten einander das Gleichgewicht. Also ist G eine *Äquivalenzrelation*, die wir durch das Gleichgewicht einer Balkenwaage definieren. Die Relation K ist *asymmetrisch*: Wenn a leichter ist als b, dann kann b nicht leichter sein als a. K ist *transitiv*: wenn a leichter ist als b und b leichter als c, dann ist a auch leichter als c. Die Transitivität von K ist empirisch zu prüfen. Wir legen a und b in die beiden Waagschalen, und a senkt sich. Wir legen b und c in die Schalen, und b senkt sich. Wir legen a und c in die Waagschalen und erwarten, dass die Schale mit a sich senkt. Also haben wir K mit dem Senken einer Waagschale als *Ordnungsrelation* definiert. Wenn die Relationen G und K für alle Gegenstände eines Bereichs definiert sind (Äquivalenz- und Ordnungsrelation in einer gegebenen Menge), dann muss es möglich sein, diese Gegenstände in eine Ordnung zu bringen. In der untersten Klasse A finden wir alle die Gegenstände, die untereinander in der Masse gleich sind, aber leichter sind als alle Gegenstände, die nicht zu dieser Klasse A gehören. In der Klasse B haben wir eine zweite Menge gleich schwerer Gegenstände, die alle in der Relation G zueinander stehen, alle schwerer sind als Gegenstände in der Klasse A und leichter als alle Gegenstände, die nicht zu den Klassen A und B gehören. Die Folge der Klassen können wir uns nach oben fortgesetzt bis zur Klasse der schwersten Gegenstände denken. Nur wenn die empirische Überprüfung zeigt, dass sich die Gegenstände des Bereichs in dieser Ordnung anordnen lassen, dann – und nur dann – sind die Relationen G und K geeignet, die komparativen Begriffe „gleiche Masse" und „kleinere Masse" zu definieren:

1. G ist eine Äquivalenzrelation.
2. G und K schließen einander aus. Es gibt keine zwei Gegenstände, die gleich schwer sind und gleichzeitig in der Beziehung „kleinere Masse" zueinanderstehen.

[24] Die Aussage „Der Gegenstand a ist leichter als der Gegenstand b" ist wahr, weil die Schale mit dem Gegenstand a nach oben geht (siehe Abschn. 3.3.2).

3. K ist transitiv.
4. Für zwei beliebige Gegenstände a und b gilt einer der drei folgenden Fälle:
   a) G gilt zwischen a und b.
   b) K gilt zwischen a und b.
   c) K gilt zwischen b und a.

Wenn zwei Relationen G und K diese vier Bedingungen [HEMP52] erfüllen, legen sie eine Ordnung fest: Anhand der Äquivalenzrelation G teilen wir alle Gegenstände in Äquivalenzklassen ein; dann bringen wir diese Klassen mit Hilfe der Relation K in eine Ordnung.

Bei den klassifikatorischen Begriffen können wir einen Klassenbegriff mit beliebig ausgewählten Bedingungen in beliebig konsistenter Weise definieren, ohne darauf zu achten, ob die Klasse in unserer Welt Elemente hat oder nicht. Komparative Begriffe bedingen dagegen eine logische Struktur. Wenn wir sie einführen, können wir diese Struktur nicht mehr abändern oder ablehnen; die vier genannten Bedingungen müssen erfüllt sein. Damit sind die komparativen Begriffe in doppelter Hinsicht keine Sache der Konvention: Sie müssen auf die Tatsachen in der Natur anwendbar sein und eine logische Struktur haben.

Es sei $R \subseteq A \times A$ eine binäre Relation auf der Menge A. R heißt *Ordnung* auf A genau dann, wenn R reflexiv, asymmetrisch und transitiv ist. Binäre Relation heißt, dass wir stets zwei Elemente bezüglich der Ordnung vergleichen können (binäre Ordnung). Viele steigerbare Eigenschaften (schneller, heißer, dicker, schwerer, ...) lassen sich mit Ordnungen dieses Typs assoziieren (wir bilden einen Komparativ: „Ein Bildschirm mit acht Zoll in der Diagonale ist größer als ein Bildschirm mit sechs Zoll in der Diagonale"). Beispielsweise sei A eine Menge von Personen. Für $a \in A$ sei $f(a)$ die Masse der Person a, gemessen ganzzahlig in Kilogramm; mit „$\leq$" bezeichnen wir dann die übliche Ordnung auf $\mathbb{N}_0$. Für $a, b \in A$ definieren wir $a \prec b :\longleftrightarrow f(a) \leq f(b)$. Dann ist im Allgemeinen „$\prec$" eine Ordnung, aber keine strenge Ordnung. Die Ordnung „$\prec$" heißen wir die durch f und „$\leq$" *induzierte* Ordnung auf A.

Um die Rolle der Messung bei der Entwicklung quantitativer Begriffe richtig einzuordnen zu können, gehen wir an dieser Stelle auf eine noch grundlegendere quantitative Methode ein – *die Methode des Zählens*. Ohne die Fähigkeit zu zählen könnten wir nicht messen. Zum Zählen brauchen wir nur die nichtnegativen ganzen Zahlen. Gegeben sei eine endliche Menge – beispielsweise die Menge der von den Windkraftwerken hergestellten Windräder –, dann ist das Zählen die Methode, mit deren Hilfe wir die Kardinalzahl dieser Menge bestimmen. Angenommen, wir wollen die Windräder der Windkraftwerke zählen. Wir sehen uns um und sehen kein Windrad und sagen deshalb, dass die Kardinalzahl Null ist. Das können wir als einen entarteten Fall des Zählens betrachten und sprechen in einem solchen Fall von der Nullmenge (siehe Abschn. 1.6.2). Dasselbe Zählverfahren liefert uns auch die Kardinalzahl einer endlichen Klasse aufeinanderfolgender Ereignisse. Wir zählen, wie oft wir während eines Tages Windräder am Horizont sehen und wie oft die Kirchturmuhr schlägt. Ein Kind geht im Kreis herum, berührt jedes andere Kind und spricht dabei die Zahlwörter aus. Was es wirklich zählt, ist eine Reihe von Berührungsereignissen. Wenn wir auf diese Art eine entfernte Gruppe von Bäumen zählen und das Kind sorgfältig die Zeigeereignisse zählt und auf jeden Baum genau einmal zeigt, dann besteht zwischen der Zahl der Bäume und der Zahl der Zeigeereignisse ein Isomorphismus. Entscheidend ist: Wenn wir eine Menge von Gegenständen zählen, zählen wir in Wirklichkeit etwas anderes – eine Folge von (Zähl-)Ereignissen. Wir ziehen dann einen Schluss aufgrund einer in beiden Richtungen eindeutigen Beziehung zwischen Ereignissen und Gegenständen und schließen, dass die Kardinalzahl der Ereignisse auch die Kardinalzahl der Menge ist.

Dagegen entspricht jedem *quantitativen Begriff* ein *Paar komparativer Begriffe*. Beispielsweise führen die komparativen Begriffe „gleiche Masse" und „kleinere Masse" zusammen mit der Vorstellung von einer Balkenwaage zu einem Begriff der Masse, der gemessen und zahlenmäßig ausgedrückt werden kann. Das Zählen liefert nur ganzzahlige Werte. Messungen liefern dagegen Werte, die durch rationale Zahlen ausgedrückt werden können. Der Unterschied zwischen dem Qualitativen und dem Quantitativen ist kein Unterschied in der Natur, sondern ein Unterschied in unserem Begriffssystem – also in unserer Sprache, wenn wir mit Sprache ein Begriffssystem meinen. In diesem Sinn wird eine Sprache bestimmt durch die Regeln für ihr Vokabular, Regeln für den Aufbau von Sätzen, Regeln für logische Ableitungen von Sätzen aus anderen Sätzen und weiteren Regeln[25]. Die qualitative Sprache ist auf Prädikate beschränkt (z. B. „Gras ist grün"), während die quantitative Sprache Funktionssymbole einführt, also Symbole für Funktionen, die numerische Werte haben. Und bei der Einführung quantitativer Begriffe spielen Konventionen eine große Rolle. Also vergleichen wir auf dem Wochenmarkt nicht mehr zwei Kohlköpfe, sondern einen Kohlkopf mit den (normierten, überall einheitlichen) Gewichtssteinen eines Gewichtsatzes – und ordnen den Kohlkopf der Klasse „678 g" zu. Um Ausdrücken wie „Länge" und „Temperatur" einen Sinn zu geben, brauchen wir Regeln für den Messprozess. Diese Regeln zeigen, wie eine gewisse Zahl einem bestimmten Körper/Gegenstand oder Vorgang zuzuordnen ist. Erst dann können wir sagen, dass diese Zahl den Wert der Größe für jenen Körper/Gegenstand darstellt. Bei einer Klassifikation fassen wir Attributsausprägungen von einer bestimmten Ausprägung bis zu einer anderen Ausprägung zusammen. Dies ist ggf. sehr einfach und eindeutig im Turnunterricht: Die längsten 16 spielen Fußball, der Rest macht Gymnastik. Das ist schon nicht mehr einfach, wenn an Stelle 16 zwei Jungen mit derselben Körpergröße stehen (siehe Ordnung). Möglicherweise ist aber auch die Attributsausprägung selbst als Klasse definiert: Wenn ein Punkt als Meter oder der Zeitpunkt eines Treffens als Tag angegeben wird, dann können an einem Tag selbstverständlich mehrere Ereignisse stattfinden.

Als ein Beispiel dafür, wie bei einer Messung vorzugehen ist, betrachten wir den Begriff der *Temperatur* zusammen mit einem Schema von fünf Regeln. Die ersten beiden Regeln dieses Schemas sind identisch mit den entsprechenden Regeln für komparative Begriffe, die wir oben für die Masse behandelt haben. Jetzt betrachten wir sie als Regeln für die Definition eines quantitativen Begriffes, den wir die Größe C heißen.

[25] Siehe Abschn. 1.1, 1.7 und 3.3.1.

Regel 1 legt eine empirische Relation G_C fest: Wenn die Relation G_C zwischen den beiden Gegenständen a und b gilt, dann haben die beiden Gegenstände gleiche Werte der Größe C: Wenn $G_C(a, b)$, dann $C(a) = C(b)$.

Regel 2 legt eine empirische Relation K_C fest: Wenn die Relation K_C zwischen a und b gilt, dann ist der Wert der Größe C für a kleiner als für b: Wenn $K_C(a, b)$, dann $C(a) < C(b)$.

Um zu entscheiden, ob zwei Gegenstände gleich warm sind oder ob der eine weniger warm ist als der andere, können wir jeden der beiden Gegenstände berühren. Wenn sich keiner wärmer als der jeweils andere anfühlt (Relation G), dann sagen wir, sie sind gleich warm. Wenn a sich weniger warm als b anfühlt (Relation K), dann sagen wir, dass a weniger warm ist als b. Schwierig wird es aber, zu einer Übereinstimmung zwischen verschiedenen Beobachtern zu kommen. Deshalb brauchen wir eine genauere Methode:

Regel 1: Wenn $G_C(a, b)$, dann $C(a) = C(b)$.

Regel 2: Wenn $K_C(a, b)$, dann $C(a) < C(b)$.

Bis dahin brauchen wir keine Skala mit Zahlenwerten. Sobald wir aber mittels eines Temperaturmessers der Temperatur C Zahlenwerte zuordnen wollen, benötigen wir weitere Regeln.

Regel 3 legt fest, wann wir der Größe, die zu messen ist, einen ausgezeichneten Zahlenwert, gewöhnlich null, zuordnen. Dazu wählt Regel 3 einen leicht reproduzierbaren Zustand aus.

Regel 4, die Einheitenregel, ordnet einen zweiten ausgezeichneten Wert der Größe einem Gegenstand zu, indem sie einen zweiten Zustand des Gegenstands angibt.

Regel 5 bestimmt die genaue Form der Skala. Sie legt die empirischen Bedingungen GD_C fest, unter denen wir sagen, dass die Differenz zwischen zwei beliebigen Werten der Größe C (für a und b) gleich ist der Differenz zwischen zwei anderen Werte der Größe, bspw. denen für c und für d. Wir schreiben Regel 5 wie folgt: Wenn $GD_C(a, b, c, d)$, dann $C(a) - C(b) = C(c) - C(d)$[26].

Was wir mit einer quantitativen, einer physikalischen Größe meinen, können wir nicht wirklich sagen, solange keine Regeln für ihre Messung existieren [FEYN07, HEMP52]. Denkbar wäre, dass die Wissenschaft zunächst einen quantitativen Begriff entwickelt und

[26] Mit Regel 5 haben wir einen für die Temperatur empirisch belegten – oder besser – einen empirisch sinnvollen Sachverhalt ausgedrückt: Der Unterschied zwischen 30 und 40 Grad ist genau gleich groß wie der Unterschied zwischen 70 und 80 Grad – auf der Anzeige des Messgeräts. Wie wir das subjektiv empfinden, spielt dann keine Rolle mehr – wir haben das Messverfahren objektiviert. Wir haben aber festgestellt, dass einer Addition als Operation keine entsprechende Operation in der Natur gegenübersteht; also ist die Addition in diesen fünf Regeln nicht enthalten.

Solange wir nur in Klassen einordnen, reichen die Regeln aus, die wir aufgestellt haben, um die Masse in eine Ordnung zu bringen: „Klasse A ist schwerer als Klasse B". Wenn wir aber sagen wollen: „678 g sind doppelt so schwer wie 339 g. Zwei Kohlköpfe mit je 339 g sind genau gleich schwer wie ein Kohlkopf mit 678 g. Dasselbe gilt für einen Kohlkopf mit 400 g und einen Kohlkopf mit 278 g. Der Unterschied zwischen 400 g und 278 g sind 122 g.", dann benötigen wir für die Masse eine linear-additive Skala mit entsprechenden Regeln und einer entsprechenden Benennung der Klassen. Und diese Skala unterscheidet sich von der Intervallskala der Temperatur.

dann nach Methoden sucht, ihn zu messen. Aber ein quantitativer Begriff entwickelt sich erst aus dem Messprozess. Solange wir die Temperatur nicht messen können, ist „Temperatur" ein leerer Begriff, nicht besser als „warm" und „kalt". Hier müssen wir die Grenzen eines Messverfahrens kennen, denn nicht immer wird der ganze Begriff durch ein einziges Messverfahren erfasst. Mit einem Alkoholthermometer können wir nicht die Temperatur einer Kupferschmelze messen. Das übliche Verfahren der Längenmessung mit einem festen Stab können wir ggf. noch für den Millimeter anwenden, aber nicht mehr auf ein Hundertstel davon. Ebensowenig können wir die Entfernung der Sonne von der Erde mit einem Maßstab messen. Mit einer Sanduhr können wir nicht genauer messen, als ein rieselndes Sandkorn zulässt. Den Flügelschlag einer Stubenfliege können wir damit nicht erfassen. Hier entsteht eine für die Physik sehr wichtige Frage. Wenn es verschiedene Methoden gibt, eine gewisse physikalische Größe wie die Zeit, die Temperatur oder die Länge zu messen, müssen wir dann nicht statt von einem einzigen Längenbegriff von verschiedenen sprechen [BRID27]? Wenn jeder quantitative Begriff durch die Regeln definiert werden muss, die das Verfahren zu seiner Messung festlegen, dann erhalten wir viele operationale Definitionen der Länge. Zweckmäßiger ist es, diese Begriffe als theoretische Begriffe zu betrachten, nicht als Begriffe, die vollständig durch operationale Regeln definiert sind. Wir führen daher in der theoretischen Sprache quantitative Begriffe wie Länge und Masse ein, aber solche Begriffe sind nicht explizit definiert. Vielmehr dienen die operationalen Regeln zusammen mit den primären Regeln der Physik dazu, partielle Definitionen bzw. partielle Interpretationen der quantitativen Begriffe zu geben. Diese partiellen Interpretationen sind keine endgültigen und vollständigen Definitionen, weil die Weiterentwicklung der Physik sie dauernd durch neue Gesetze und neue operationale Regeln verstärkt. Daher haben wir nur partielle unvollständige Interpretationen dieser theoretischen Ausdrücke [FEYN07]. Anstatt zu sagen, dass wir viele Längenbegriffe haben, von denen jeder durch ein anderes operationales Verfahren definiert wird, sagen wir deshalb, dass wir einen Längenbegriff haben, der partiell definiert wird durch das gesamte System der Physik, einschließlich der Regeln für all die operationalen Verfahren, die wir zur Längenmessung verwenden. Das Gleiche gilt für den Begriff der Masse. Wenn wir seine Bedeutung beschränken auf die Definition, die sich auf die Balkenwaage bezieht, können wir ihn nur auf einen kleinen Bereich von Werten anwenden. Wir können nicht von der Masse des Mondes oder der eines Atoms sprechen, nicht einmal von der Masse eines Hauses. Wir müssten zwischen einer ganzen Anzahl verschiedener Größen unterscheiden, von denen jede ihre eigene operationale Definition hätte. In Fällen, in denen zwei verschiedene Methoden zur Massenmessung auf denselben Gegenstand angewendet werden können, müssten wir sagen, dass in diesen Fällen die beiden Größen zufällig den gleichen Wert hätten. Das würde zu einer unnötig komplizierten Ausdrucksweise führen [CARN74, FEYN07].

Extensive und intensive Größen

Für Größen, die „*extensive Größen*" heißen, sind zur Messung der interessierenden Phänomene/Attributsausprägungen Schemata mit nur drei Regeln hinreichend. Derartige Drei-

Regel-Schemata passen auf Situationen, in denen zwei Gegenstände zu einem neuen Gegenstand kombiniert oder irgendwie zusammengefasst werden können, derart, dass der Wert einer Größe M gleich der Summe der Werte von M für die beiden zusammengefügten Gegenstände ist. Die Masse ist eine solche extensive Größe. Wenn wir einen Gegenstand von fünf Gramm und einen Gegenstand von zwei Gramm zusammenstellen, wird die Masse der beiden Gegenstände zusammen sieben Gramm sein[27]. Die Temperatur ist keine solche Größe. Es gibt keine einfache Operation, die uns zu einem Gegenstand mit einer bestimmten Temperatur durch Kombination mit einem Gegenstand mit derselben Temperatur einen neuen Gegenstand mit der doppelten Temperatur liefert[28]. Eine extensive Größe ist demnach eine Zustandsgröße, die sich mit der Größe („*Extension*") des betrachteten Systems ändert. Beispiele hierfür sind die Masse, das Volumen oder die geleistete Arbeit. Das Gegenstück der extensiven Größe ist die *intensive Größe*. Intensive und extensive Größen können wir leicht voneinander unterscheiden: Wir betrachten dazu zwei identische Systeme, die durch eine Zwischenwand getrennt sind. Wenn wir diese Trennung aufheben, so sind alle Größen, die nun den gleichen Wert wie vor der Entfernung der Zwischenwand besitzen, intensive Größen („*Intensität*"). Alle Größen, die einen anderen Wert besitzen, sind extensive Größen [WIKIINTE].

Wir betrachten beispielhaft „*Additivität*". Wenn ein Gegenstand aus zwei Komponenten kombiniert wird, dann ist der Wert der Größe in diesem Fall die arithmetische Summe. Jede Größe, die dieser Regel gehorcht, nennen wir „*additive Größe*". Die Operationen, mit denen wir extensive Größen für eine Addition zusammenfügen, sind aber für die verschiedenen Größen unterschiedlich. In den einfachsten Fällen besteht die Operation nur in einem Zusammenstellen der beiden Gegenstände, einem Zusammenbinden oder darin, dass wir sie einfach nebeneinander stellen wie zwei Gewichtssteine auf derselben Waagschale. Wir nehmen eine Betriebsanleitung und lesen zehn Seiten. Später lesen wir weitere zehn Seiten. Insgesamt haben wir zwanzig Seiten gelesen. Oft wird das genaue Verfahren der Zusammenfügung von Gegenständen nicht explizit angegeben. Weil wir Gegenstände aber auf viele verschiedene Weisen zusammenfügen oder kombinieren können, ist es wichtig, die Regeln explizit und klar zu definieren.

Wir stellen den Gegenstand a auf die Waage und notieren dessen Masse. Wir ersetzen ihn durch den Gegenstand b und notieren dessen Masse. Dann stellen wir beide Gegenstände auf die Waage. Dieser neue Gegenstand hat eine Masse, die gleich ist der arithmetischen Summe der Masse von a und b ($c = a + b$). Räumliche Länge ist ein zweites Beispiel. Ein Körper hat eine gerade Kante a. Ein anderer Körper hat eine gerade Kante b. Wir stellen die beiden so zusammen, dass die Kanten sich an den Enden berühren und eine gerade Linie bilden. Dieser neue physikalische Körper – die gerade Strecke, die durch das Aneinanderfügen von a und b entsteht – hat eine Länge, die gleich der Summe der Längen von a und b ist. Was wir hier wirklich addieren, sind aber nicht die Strecken, sondern die Zahlen, die die Länge der Strecken repräsentieren (vgl. Abschn. 1.1.6

[27] Dann gehen wir von einer linear-additiven Skala aus; siehe unten.
[28] Deswegen haben wir oben für die Temperatur nur Differenzen, keine Summen betrachtet.

und 3.3). Die Strecken sind (wie die Massen) keine Zahlen; sie sind Konfigurationen im physikalischen Raum. Deshalb verwenden wir das relative Produkt mit einem speziellen Zeichen für die physikalische Operation des Kombinierens: $L(a \bigcirc b) = L(a) + L(b)$. Im Fall der Masse ist es nicht wichtig, wie wir die beiden Gegenstände zusammenfügen, im Fall der Länge ist es entscheidend, Länge ist gerichtet. Werden zwei Strecken so angeordnet, dass die beiden Kanten keine gerade Linie bilden, dann ist der Abstand zwischen den Punkten A und C nicht die Summe der Längen von a und b – damit gibt es keine Additivität.

Wir formalisieren daher das allgemeine Additivitätsprinzip in Bezug auf eine beliebige extensive Größe M wie folgt: $M(a \bigcirc b) = M(a) + M(b)$. Hier bezeichnet das Symbol „○" ein festgelegtes Verfahren für das Verbinden von a und b. Das ist die zweite Regel unseres Drei-Regel-Schemas. Die erste Regel ist die Regel der Identität (Gleichheit). Sie stimmt mit der ersten Regel des Fünf-Regel-Schemas für die Temperaturmessung überein; sie legt das Verfahren fest, mit dem wir die Gleichheit der Größe definieren. Die dritte Regel betrifft die Einheit. Zusammenfassend besteht das Schema für die Messung beliebiger extensiver Größen aus den folgenden drei Regeln:

1. die Regel der Identität,
2. die Regel der Additivität,
3. die Regel der Einheit.

Wir formulieren für die Länge die erste Regel, die Identitätsregel: Eine Strecke, die auf einer geraden Kante markiert ist, hat gleiche Länge mit einer anderen Strecke auf einer anderen geraden Kante, wenn die Endpunkte der beiden Segmente in gleichzeitige Koinzidenz miteinander gebracht werden können. Die zweite Regel definiert die Additivität: Wenn wir die beiden Kanten zu einer geraden Linie verbinden, dann ist ihre Gesamtlänge die Summe der Einzellängen. Die dritte Regel definiert die Einheit: Wir wählen einen Stab mit gerader Kante, markieren auf dieser zwei Punkte und nehmen die Strecke zwischen diesen zwei Punkten als Längeneinheit. Mit diesen drei Regeln messen wir die Länge einer Kante c. Wir verwenden einen Maßstab, dessen Länge genau die Einheitslänge a ist. Seine Endpunkte sind A und B. Wir legen den Maßstab neben c, in der Position a_1, sodass A mit einem Endpunkt C_0 von c zusammenfällt. Auf der Kante c markieren wir den Punkt C_1, der mit dem Ende B unseres Stabes zusammenfällt. Dann bewegen wir den Maßstab a in die Nachbarposition a_2 und markieren den Punkt C_2 auf c und fahren fort, bis wir das Ende von c erreichen. Nehmen wir an, dass in der zehnten Position a_{10} der Endpunkt B unseres Maßstabs einigermaßen mit dem Endpunkt C_{10} von c zusammenfällt. $c_1, c_2, \ldots, c_{10}$ seien die auf c angezeichneten Segmente von c. Es gilt nach der dritten Regel: $L(a) = L(a_1) = L(a_2) = \ldots = L(a_{10}) = 1$. Deshalb gilt nach der ersten Regel, der Identitätsregel: $L(c_1) = 1, L(c_2) = 1, \ldots, L(c_{10}) = 1$. Nach der zweiten Regel, der Additivitätsregel, gilt: $L(c_1 \bigcirc c_2) = 2, L(c_1 \bigcirc c_2 \bigcirc c_3) = 3, \ldots$ Daher folgt: $L(c) = L(c_1 \bigcirc c_2 \bigcirc \ldots \bigcirc c_{10}) = 10$.

Dieses Grundverfahren der Längenmessung liefert nur ganze Zahlen als Werte der gemessenen Länge. Eine Verfeinerung erreichen wir, wenn wir die Längeneinheit in n gleiche Teile teilen. Auf diese Weise konstruieren wir einen Hilfsmaßstab, auf dem eine Strecke d bezeichnet ist, sodass d in n benachbarte Positionen $d_1, d_2, \ldots, d_n$ entlang der Kante des Einheitsmaßstabs a gelegt werden kann. Wir erhalten: $nL(d) = L(a) = 1 \longrightarrow L(d) = (1/n)$.

Wenn diese Teilstrecken auf a eingezeichnet sind, lässt sich die Länge einer gegebenen Kante noch genauer messen. Bei der Messung der Länge messen wir dann bspw. nicht 2, sondern genauer $2 + (3/10)$. Auf diese Weise führen wir in die Messung rationale Zahlen ein.

Als Standardmaßstab verwenden wir einen starren Stab, der seine Form oder Größe nicht verändert. Ein Stab ist „starr", wenn der Abstand zwischen zwei beliebigen, auf ihm markierten Punkten immer gleichbleibt. Um „bleibt gleich" zu erklären, benötigen wir aber den Begriff der Länge. Wenn wir keinen Begriff der Länge haben und kein Verfahren, diese zu messen – dann können wir keine Starrheit definieren. Wir verwenden daher den Umweg über einen relativen Begriff: Wir nehmen einen Körper M und einen zweiten M'. Der Einfachheit halber nehmen wir an, dass jeder eine gerade Kante hat. Wir können die Kanten aneinanderlegen und auf ihnen markierte Punkte vergleichen. Wir betrachten ein Punktepaar A, B auf M, das eine Strecke a bestimmt. Ähnlich bestimmt auf M' ein Punktepaar A', B' eine Strecke a'. Wir nennen eine Strecke a kongruent mit einer Strecke a' unter der Bedingung, dass immer B mit B' zusammenfällt, wenn A und A' zur Deckung gebracht werden und die Kanten der beiden Körper, beginnend bei A, in der gleichen Richtung parallel aneinander gelegt werden. Wir nehmen zusätzlich an, dass jedes Intervall, das wir so auf M markieren, bei jedem Versuch sich als kongruent mit dem entsprechenden Intervall auf M' erweist. Wir sagen, dass M und M' starr im Verhältnis zueinander sind. Wenn wir einen Metallstab als Längenstandard wählen, dann erweist sich, dass alle Metalle starr sind in Bezug aufeinander. Deshalb können wir irgendeines für unseren Maßstab verwenden. Nach der Wahl des Standardmaßstabs entscheiden wir, dass die Länge dieses bestimmten Stabes unsere Einheit ist, gleichgültig wie sich seine Temperatur ändert, oder wir führen Korrekturfaktoren ein. Die erste Wahl führt zu seltsamen Konsequenzen. Wenn wir mit einem erhitzten Stab messen, dann stellen wir fest, dass alle anderen Gegenstände in der Welt geschrumpft sind. Mit dem Abkühlen des Stabes, dehnt sich die übrige Welt wieder aus. Und welcher Stab gilt jetzt? Das zweite Vorgehen besteht in der Einführung von Korrekturfaktoren. Die Strecke zwischen zwei Markierungen hat die Normallänge l_0 nur dann, wenn der Stab die „Normal"-Temperatur C_0 hat, während für andere Temperaturen C gilt: $l = l_0[1 + \alpha(C - C_0)]$. Dabei ist die Konstante α (thermischer Ausdehnungskoeffizient) eine Eigenschaft des Stoffes, aus dem der Stab besteht. Und was geschieht, wenn der zu messende Gegenstand Temperaturschwankungen ausgesetzt ist?

Wenn die Regeln zur Messung von Größen wie der Länge im Raum, der zeitlichen Länge oder der Masse bekannt sind, dann können wir mit Hilfe dieser extensiven Basisgrößen andere Größen durch Definition einführen. Sie heißen *abgeleitete Größen*. Der Wert einer abgeleiteten Größe kann über ihre Definition immer indirekt aus den Werten der Grundgrößen, die in ihrer Definition vorkommen, bestimmt werden (vgl. Abschn. 2.2.3).

Klassifikatorische und komparative Merkmale

Nach Art und Umfang der bezüglich eines Merkmals möglichen Aussagen über bestimmte Gegenstände lassen sich Eigenschaften in klassifikatorische bzw. nominale, komparative bzw. ordinale und quantitative bzw. kardinale Merkmale typisieren. Werden die Merkmale skaliert, so ist jedem Merkmalstyp genau ein Skalenniveau zugeordnet. Mit Hilfe des Begriffs des Skalenniveaus unterteilen wir kardinale Merkmale noch in Merkmale, die Intervall-Skalenniveau haben, und in Merkmale, die Ratio-Skalenniveau (Verhältnisskalen) haben.

Beispiel 3.54

Merkmale von Skalen

- *Nominal*: Wir suchen den Bereich/die Klasse, für die „=“ gilt. Wir geben ein Merkmal „Wohnort“ mit seinen Ausprägungen über die Skala vor („Berlin“) und stellen Übereinstimmung („=“) fest: Ein Mann ist ein Berliner, wenn er in Berlin zu Hause ist, ein Athener, wenn er in Athen lebt, ein Londoner, wenn er in London wohnt. Ein zweites Beispiel ist die Bewertung von Schulaufsätzen: Es findet (zunächst) keine vergleichende Wertung der Aufsätze untereinander statt. Ein Aufsatz ist „gut“, wenn er mit seinen Eigenschaften gewissen Anforderungen entspricht. Mit einer derartigen Ordnung haben wir oben bei der Messung der Masse begonnen.
- *Ordinal*: Wir suchen ein Paar, von dem für ein Element „<“ und für das andere „>“ gilt. Wir vergleichen eine Gesamtheit von Gegenständen paarweise. Die Balkenwaage senkt sich nach der einen oder der anderen Seite. Und dann ordnen wir das Ergebnis unserer Vergleiche einer Skala zu, mit der wir die festgestellten <-Relationen ausdrücken können. Es gibt aber keine Aussage der Art: Gegenstand a ist doppelt so schwer wie Gegenstand b. Möglicherweise bestimmen wir auch ein „gleich“. Das ist im Sport der gemeinsame erste Platz. Der zweite Platz fällt dann aus.
- *Kardinal*: Wir messen ein Merkmal mit einem Maßstab. Wenn wir die Merkmale zweier Gegenstände mit diesem Maßstab messen, können wir etwas über Abstände (auf dem Maßstab!) aussagen. ◄

Ein *nominales Attribut* erlaubt die Einordnung in Klassen. Grundlage sind die primären Regeln der Identität:

- Gleichheit: entweder $a = b$ oder $a \neq b$.
- Symmetrie: wenn $a = b$, dann $b = a$.
- Transitivität: wenn $a = b, b = c$, dann $a = c$.

Gegenstände, die in bestimmter Hinsicht gleich sind, ordnen wir derselben Klasse zu: Ein Tupel $(A, [a])$ heißt eine *nominale Ausprägungsmenge*, wenn dafür gilt

(1) A bezeichnet eine Menge.
(2) $[a]$ mit $a \in A$ bezeichnet eine der von A induzierten Klassen.
(3) $(A, [a])$ liefert eine Vorschrift zur Abgrenzung der Klassen, bspw. die Angabe eines Musters, die Angabe einer Zielfunktion oder die Angabe der Grenzen einer Klasse.

Beispiel 3.55

Einteilen in Klassen

- Schema für idealen Rotorflügel, Getriebeblock oder Regler
- Muster für guten, mittelmäßigen und schlechten Aufsatz ◀

Unter der Strukturierung einer Menge von Elementen in *Klassen* verstehen wir eine Einteilung der Menge in disjunkte Teilmengen derart, dass die Elemente einer dieser Teilmengen, die dann *Klassen* heißen, sich in der Hinsicht, bezüglich der die Einteilung vorgenommen wurde, ähnlich sind. Als *Klassifikation* wird sowohl das Ergebnis als auch der Einteilungsvorgang bzw. die Suche nach der Einteilung bezeichnet. Die Zuordnung eines bestimmten Elements zu einer Klasse heißt *Diskrimination*. Klassifikationen können nach ihren Eigenschaften wiederum selbst klassifiziert – um Verwirrungen zu vermeiden, sagen wir: typisiert – werden. Kann jedes Element der einzuteilenden Grundgesamtheit in die Klassifikation eingeordnet werden, so heißt die Klassifikation exhaustiv, andernfalls nichtexhaustiv. Dürfen sich die resultierenden Klassen überschneiden, so heißt eine Klassifikation nichtdisjunkt oder eine Überdeckung, andernfalls disjunkt oder eine Zerlegung[29]. Eine Klassifikation heißt hierarchisch oder eine Hierarchie, falls die Klassen paarweise entweder disjunkt sind oder in einer echten Untermengenbeziehung zueinanderstehen. Eine Klassifikation von Elementen beruht immer auf einer Beschreibung von Eigenschaften der Elemente. Ob eine im Sinne des Zieles der Klassifikation vernünftige Einteilung gefunden wird, hängt wesentlich von dieser Beschreibung ab.

Beispiele sind

- Jedes Windrad der Windradwerke trägt eine Identnummer A: $\underset{x}{\forall} A(x)$: Jedes x hat die Eigenschaft A.
- Das Windrad Sausebraus wird auch grün lackiert geliefert: $\underset{x}{\exists} B(x)$: Es gibt ein x, das die Eigenschaft B hat.
- Das Windrad Sausebraus mit grüner Lackierung hat einen Rotor Messerscharf: $\underset{A(x)}{\forall} B(x)$: Jedes x, das die Eigenschaft A hat, hat die Eigenschaft B.

[29] Zu Überdeckung, Zerlegung, exhaustiv, disjunkt, … siehe Kap. 2, Abschn. 2.2.2, Allgemeine statische Input-Output-Systeme.

- Das Windrad Sausebraus mit grüner Lackierung kann auch mit Getriebe Dynamo geliefert werden $\underset{A(x)}{\exists} B(x)$: Es gibt ein x, das die Eigenschaft A hat, das die Eigenschaft B hat.

Eigenschaften, hinsichtlich derer wir keine Ordnung herstellen können, sind Eigenschaften ohne die Möglichkeit der Steigerung, bspw. „Ein Windrad mit einem Getriebe Dynamo", „Ein Windrad der Klasse Starkwind-Windrad", „Ein Windrad der Windkraftwerke", „Ein TÜV-geprüftes Windrad". Die Bedingungen für die Einordnung in eine Klasse werden (von außen) vorgegeben, eine Ordnung/Reihung innerhalb der Klasse erfolgt nicht: Weder können wir ein TÜV-geprüftes Windrad geprüfter machen noch können wir sagen, dass im Vergleich zweier Windräder der Windkraftwerke das eine mehr von den Windkraftwerken kommt. Wir können nur sagen, dass das „TÜV-geprüft" von einem bestimmten Windrad Sausebraus der Klasse „TÜV-geprüft" entspricht, wie es für die Klasse „TÜV-geprüft" typisch ist – wir haben keine Aussage zum Individuum.

Beispiel 3.56

Messen mit Schablonen

Wir sortieren Rotoren nach der Größe und unterscheiden fünf Klassen, die sich an der Größe des Durchmessers orientieren: sehr groß > groß > mittel > klein > sehr klein. Wir messen mit einer Schablone, in der Kreise mit entsprechendem Durchmesser ausgeschnitten sind. Am Ende haben wir in fünf Fächer eingeteilt. Es macht aber keinen Sinn, mittlere und kleine Windräder zu großen Windrädern zu addieren oder nach dem Unterschied der Durchmesser in Zentimetern zu fragen – das steht nicht auf der Schablone. ◄

Die Zuordnung von Zahlen erhält einen empirischen Sinn, wenn neben der Verschiedenheit von Gegenständen auch noch die Richtung, in der sie sich unterscheiden, ausgedrückt wird. Genau von dieser Art ist auch die Einteilung in Härtegrade: Talk 1, Gips 2, ..., Diamant 10. Damit sind die Zahlen den Härtegraden nach der Regel, dass ein Mineral, das ein anderes ritzt, höher in der Skala steht, zugeordnet. Nach dieser Messvorschrift können die Härtedifferenzen verschieden groß sein. Und wenn man eine Vielzahl von Stoffen einordnen muss, sind dem Härtegrad 3 ggf. sehr viele Stoffe zugeordnet. Über den Abstand von Talk und Gips oder von Gips nach Stufe 3 ist damit nichts ausgesagt. Dasselbe gilt, wenn wir eine Reihenfolge hinsichtlich des Schmelzpunkts einer Substanz herstellen: Quecksilber, Wasser, Weichpech, Wachs, Hartpech, Schwefel, Zinn, Blei, Zink, Silber, Gold, Kupfer, Eisen und Rangziffern von 1 bis 10 vergeben. Demnach gilt: Zwei Gegenstände sind einander hinsichtlich eines bestimmten Merkmals gleich – dann erhalten sie die gleiche Zahl – oder sie sind verschieden. Dabei machen wir eine Aussage über die Richtung der Unterschiede: Ein *ordinales Attribut* erlaubt die Ordnung von Gegenständen. Das lässt sich mit den primären Regeln der Ordnung ausdrücken. Das empirische Relationensystem wird dann isomorph abgebildet, wenn alle Gegenstände, die dieselbe Attributsausprägung besitzen, die gleiche Zahl bekommen und jeder weitere Gegenstand, der eine höhere Attributsausprägung besitzt als ein anderer, auch eine größere Zahl als der andere erhält. Demnach besitzt ein Gegenstand i mit höherer Attributsausprägung bezüglich eines Attributs A einen höheren Index als ein Gegenstand j mit niedrigerer Attributsausprägung. Die beiden angegebenen Reihen sind solche ordinalen Maßstäbe zum Messen der Härte bzw. des Schmelzpunkts.

Einen *ordinalen Maßstab* definieren wir mit den primären Regeln der Ordnung:

- Verneinung der Gleichheit: Wenn $a \neq b$, dann entweder $a < b$ oder $b < a$.
- Verneinung der Symmetrie: Wenn $a \neq b$, dann nicht $a < b \wedge b < a$.
- Transitivität: Wenn $a < b, b < c$, dann $a < c$.

Ein Tupel $(A, <)$ heißt eine *ordinale Ausprägungsmenge*, wenn dafür gilt

(1) A bezeichnet eine Menge.
(2) $<$ ist eine vollständige Ordnungsrelation auf A (Konnexität).

Demnach haben wir folgendes Vorgehen: Es existiert eine Methode, die eine Ordnung $<$ hinsichtlich eines Kriteriums leisten kann. Beispielsweise gehen wir von einer Schulklasse aus, die nach absteigender Körpergröße zum Turnunterricht antreten muss. Also wird über paarweisen Vergleich diese Reihenfolge ermittelt. Dann erfolgt die Zuordnung: Der Größte der Klasse ist dann größer als der Zweitgrößte der Klasse. Über den Abstand in Zentimetern zum Fünftgrößten der Klasse wird nichts ausgesagt. Dieses explizite Durchzählen muss aber gar nicht mehr erfolgen: größer als Schüler Max und kleiner als Schüler Moritz heißt nur, dass der neue Schüler zwischen Max und Moritz auf dem siebten Platz eingeordnet wird. Das bedeutet: Wir können, wir müssen nicht das Ganze durchnummerieren. Der Aussagegehalt ist derselbe, wenn wir zu jedem Schüler sagen, wer direkt vor ihm steht. Dazu muss die Abbildung funktional sein. Damit haben wir die $<$-Relation: Jeder Schüler bildet seine eigene Klasse. Wir brauchen lediglich eine Konvention, was wir tun, wenn zwei gleich groß sind (oder gleich schnell sind – also noch eine praktikable Lösung für die $=$-Relation). Wenn jetzt z. B. drei Schüler gleich groß und bspw. vier Schüler größer sind, können wir diesen Schülern die Zahl 5 zuordnen und dann mit der Zahl 8 oder mit der Zahl 6 für den achten Schüler fortfahren. Das macht keinen Unterschied; die Aussage bleibt: Diese drei Schüler sind gleich groß – bilden eine Klasse[30] – und vier Schüler sind größer.

Wir halten fest: Bei ordinalen Skalen kann die Rangfolge mit einer Zahl oder mit einem Klassenbegriff gekennzeichnet sein (groß, mittel, klein oder Talk, Gips, ...). Entscheidend ist, dass eine Zuordnung zu einer Klasse erfolgt, diese Klasse aus den Individuen abgeleitet oder vorgegeben ist, und eine Richtung des Unterschieds der Klassen angegeben wird,

[30] Siehe die Äquivalenzklasse in Abschn. 1.7.3.

aber über die Distanzen der Klassen keine Aussage vorliegt. Damit ist keine Addition möglich: Gips + Gips ist nicht (2 · Gips) oder 5 · Gips = Diamant.

Die angestrebte vollständige Ordnung von Gegenständen hinsichtlich eines gegebenen Attributs erstellen wir wie folgt:

- Wir bestimmen den Gegenstand mit der kleinsten Attributsausprägung, oder
- wir bestimmen den Gegenstand mit der größten Attributsausprägung, oder
- wir bestimmen die Gegenstände mit der kleinsten und der größten Attributsausprägung, oder
- wir bestimmen einen beliebigen/bestimmten Gegenstand und beginnen dann mit der Einordnung weiterer Gegenstände über einen Vergleich mit den bereits in der Ordnung befindlichen Gegenständen.

Im ersten Fall erhalten wir ein minimales, im zweiten Fall ein maximales Element in unserer geordneten Menge von Gegenständen. Im dritten Fall liegen untere und obere Schranken vor, während im letzten Fall immer noch ein Element mit einer kleineren bzw. größeren Attributsausprägung auftreten kann.

Beispiel 3.57

Ordnen nach der Körpergröße

Wir betrachten den Turnunterricht: Der Turnlehrer hat keinen „Meterstab“. Also der Größe nach antreten. Am Ende ist die Ordnung vollständig. Aber die Längenmenge heißt {Max, Moritz, Erwin, ..., Emil, Uwe} und es gibt keine Aussage über Abstände, Max = 3 · Uwe usw. Wenn gleich am Anfang der längste vorn steht, geht es schneller – sonst wirkt das Ganze wie ein Hühnerhaufen. Aber irgendwann steht die Ordnung. ◀

Im Folgenden betrachten wir eine Menge A, die wir über den Vergleich der Elemente untereinander, nicht über den Vergleich eines Elements mit einem Maßstab ordnen. Die Gleichheit von zwei Elementen ist nicht ausgeschlossen. Zudem nehmen wir ein minimales Element an [PICH75]:

Ein Tripel $(A, \leq, a_0)$ heißt eine *ordinale Ausprägungsmenge*, wenn dafür gilt

(1) A bezeichnet eine Menge.
(2) $\leq$ ist eine vollständige Ordnungsrelation auf A.
(3) a_0 ist das minimale Element in $(A, \leq)$.

Das minimale Element $a_0 \in A$ heißt die Minimalausprägung der Ausprägungsmenge $(A, \leq, a_0)$. Es bezeichne $(A, \leq, a_0)$ eine gegebene Ausprägungsmenge. Für eine beliebige Menge U betrachten wir dann die von $(A, \leq)$ induzierte Ordnungsstruktur $(A', \leq')$, die gegeben ist durch $A' := A \cap U$ und $\leq' \subset A' \times A'': a' \leq' a'' \longleftrightarrow a' \leq a''$. Existiert in

$(A', \leq')$ ein minimales Element $a'_0 \subset A'$, dann ist $(A', \leq, a'_0)$ eine Ausprägungsmenge mit Minimalausprägung a'_0.

Beispiel 3.58

Einschränken einer Ordnung

Wir betrachten die Windräder der Windkraftwerke (Menge A), die wir in der Preisliste nach aufsteigendem Preis sortieren. Jetzt sind nur noch die Starkwind-Windräder gefragt. Wenn die Starkwind-Windräder in der Preisliste stehen bleiben und die anderen Windräder entnommen werden, dann erhalten wir die ordinale Ausprägungsmenge $(A', \leq', a'_0)$. ◄

Beispiel 3.59

Ordnungsrelationen

Wir ordnen die Windräder Wolkenquirl, Sausebraus, Tornado, Immerdreh nach Preis, Gewicht, Leistung, Alter.

Preis	Wolkenquirl < Sausebraus < Tornado < Immerdreh
Gewicht	Immerdreh < Sausebraus < Wolkenquirl < Tornado
Leistung	Sausebraus < Tornado < Immerdreh = Wolkenquirl
Alter	Immerdreh < Sausebraus = Tornado < Wolkenquirl ◄

Ein Tripel $(T, \leq, t_0)$ ist eine *Zeitmenge*, wenn dafür gilt:

(1) T bezeichnet eine Menge von Zeitelementen.
(2) $\leq$ ist eine vollständige Ordnungsrelation auf T.
(3) t_0 ist das minimale Element in $(T, \leq)$.

Das minimale Element $t_0 \in T$ heißt *Startzeitpunkt* der Zeitmenge $(T, \leq, t_0)$. Für eine gegebene Zeitmenge $(T, \leq, t_0)$ und für die Mengen T^t mit $t > t_0$, T_t mit $t \leq t''$ und $T_{t,t'}$ mit $t < t'$, die definiert sind durch $T^t := \{t'' : t'' \in T \wedge t'' < t\}$, $T_t := \{t'' : t'' \in T \wedge t \leq t''\}$ und $T_{t,t'} := \{t'' : t'' \in T \wedge t \leq t'' < t'\}$, heißen die Zeitmenge $(T^t, <, t_0)$ die *Vergangenheit* von t, die Zeitmenge $(T_t, \leq, t)$ die *Zukunft* von t, und $(T_{t,t'}, \leq, t)$ ein *Zeitintervall* mit *Beginnzeitpunkt* t und *Endezeitpunkt* t' [PICH75, WIND67, WIND71].

Beispiel 3.60

Wartung von Windrädern

Wir betrachten die Wartungsintervalle eines Windrads als Zeitelement, verwenden die Liste der im Sauerland installierten Windräder und stellen eine Ordnung her: $T = \{\text{Sausebraus}, \text{Tornado}, \text{Wolkenquirl}, \text{Immerdreh}, \text{Sausewind}\}$.

Zum anderen interessiert die Liste der letzten Wartungszeitpunkte: {Tornado 33/21, Wolkenquirl 39/21, Sausewind 50/22, Sausebraus 04/23, Immerdreh 09/23}. ◄

Ein Zeitelement bezeichnet eine Klasse, in die wir Ereignisse einordnen können, unabhängig ob Zeitabschnitt oder Zeitpunkt. Wichtig ist, dass die Menge T geordnet ist – und dass wir mit dieser geordneten Menge eine Menge von Ereignissen ordnen. Zunächst ist das nur eine „qualitative“ Menge, mit der wir nicht „rechnen“: $t_1 \leq t_2; t_1, t_2 \in T$. Dabei können wir über die Abstände nichts aussagen. Es ist völlig unerheblich, ob zur Feststellung, dass ein bestimmter Zeitpunkt gekommen ist, eine Uhr, ein Sonnenuntergang, die Heimkehr vom Sommerurlaub oder die Ankunft eines Schiffes in einem Hafen beobachtet werden muss. Genau die beschriebene Ordnungsrelation und deren Vollständigkeit ist das Wichtige an einer Zeitmenge. Sonst bleibt das einfach eine Menge, mit der keine Koordination möglich ist. Wenn wir das Geschehen an zwei unterschiedlichen Orten nicht in eine Ordnung bringen können, dann gibt es keine vollständige Ordnung und daher auch keinen gemeinsamen Plan. Daher müssen in dem Dialog

Aussage: *„Ich brauche einen xyz-Schraubenschlüssel“.*
Frage: *„Wann?“*
Antwort: *„Wenn ich mit der Endmontage der Steuereinheit anfange.“*
Zusage: *„Ich gebe dir den xyz-Schraubenschlüssel, sobald ich alle Schrauben angezogen habe.“*

die Zeitelemente in Antwort und Zusage von beiden Gesprächspartner eindeutig verstanden und in die eigene Ereigniswelt transferiert werden.

Jede Funktion f, deren Definitionsbereich die Menge A einer Ausprägungsmenge $(A, \leq, a_0)$ ist, heißt eine *Attributsfunktion* über der Ausprägungsmenge. Es sei $f := A \longrightarrow M$ eine Attributsfunktion über $(A, \leq, a_0)$ mit Wertebereich M. Dann ist das kartesische Produkt $A \times M$ die der Attributsfunktion f zugrundeliegende Phasenmenge, jedes Element $(a, m) \in A \times M$ heißt eine *Phase*. Gilt für eine Phase (a, m) die Beziehung $(a, m) \in f$, so sagen wir, das Element $m \in M$ wird bei f mit der Ausprägung a erreicht. Für die Einschränkungen von $f := A \longrightarrow M$ auf die Mengen A_I (Vergangenheit von a), A_{II} (Zukunft von a) und A_{III} (Zeitintervall) führen wir eigene Symbole f_I, f_{II} und f_{III} ein: $f_I := f[A_I]$, $f_{\text{II}} := f[A_{\text{II}}]$ und $f_{\text{III}} := f[A_{\text{III}}]$. Auch die Einschränkungen f_I, f_{II} und f_{III} einer Attributsfunktion $f := A \longrightarrow M$ sind Attributsfunktionen.

Beispiel 3.61

Attributsfunktion

Wir ordnen die Menge A ausgehend von einem minimalen Element und ordnen Ausprägungen einer anderen Eigenschaft zu: Die Schüler einer Klasse sind im Turnunterricht nach der Körpergröße geordnet angetreten: {Max, Moritz, Erwin, ..., Emil,

Uwe}. Darüber tragen wir die Werte $m \in M$ einer Attributsfunktion f ab: $M :=$ {weiß, gelb, rot, grün, blau, schwarz} und bezeichnen damit die Farbe der Hose: (Max, gelb). Dasselbe können wir für die verehrten Fußballstars ($M_F :=$ {Lewandowski, Müller, Beckenbauer, Netzer}) oder für die Hersteller der getragenen Schuhe ($M_S :=$ {Nike, Adidas, Puma, Asics, Romika}) tun. ◀

Die Attributsfunktion f baut auf einer strengen Ordnung auf, wenn wir anstelle der Menge der Schüler die Elemente eines externen Maßstabs bspw. in Zentimeter mit der Ordnungsrelation $<$ als Definitionsbereich zugrundelegen. Dann erhalten zum einen alle Schüler mit > 180 cm Körpergröße bspw. eine blaue Hose, zum anderen kann sich für die Klassen 180 und 182 cm durchaus kein Schüler finden. Außerdem haben wir bisher festgestellt: Zwischen Schüler Max und Schüler Moritz kommen 18 Schüler. Jetzt sagen wir: Schüler Max wird der Klasse 180 cm zugeordnet. Schüler Moritz wird der Klasse 170 cm zugeordnet. Also liegen zwischen Schüler Max und Schüler Moritz neun Elemente/Klassen unseres externen Maßstabs. Damit meinen wir: Schüler Max ist 10 cm größer als Schüler Moritz.

Wir betrachten wieder dieselbe Klasse A und dieselben Werte m (unterschiedliche Farben). Wir tragen über den nach der Körpergröße geordneten Schülern in vier Attributsfunktionen die Farben der Hemden, Hosen, Stirnbänder, Schuhe ab: (Max, gelb, rot, weiß, blau), (Moritz, weiß, weiß, weiß, weiß), (Erwin, blau, rot, gelb, grün), ..., (Emil, rot, weiß, rot, weiß), (Uwe, grün, grün, schwarz, schwarz).

Beispiel 3.62

Phase/Phasenmenge

Wir tragen über den nach dem Preis geordneten Windrädern Wolkenquirl, Sausebraus, Tornado und Immerdreh die Leistung und die Anzahl der durchgeführten Wartungen ab.

Anzahl der Wartungen	17	18	5	9
Preis	Wolkenquirl	< Sausebraus	= Tornado	< Immerdreh
Leistung	796	238	120	60
Preis	Wolkenquirl	< Sausebraus	= Tornado	< Immerdreh ◀

Eine Funktion f, deren Definitionsbereich die Menge T einer Zeitmenge $(T, \leq, t_0)$ ist, heißt eine *Zeitfunktion* über der Zeitmenge $(T, \leq, t_0)$. Wenn $f := T \longrightarrow M$ eine Zeitfunktion über $(T, \leq, t_0)$ mit Wertebereich M ist, dann heißt das kartesische Produkt $T \times M$ die der Zeitfunktion f zugrundeliegende *Phasenmenge*, jedes Element $\langle t, m\rangle \in T \times M$ eine *Phase*. Gilt für eine Phase $\langle t, m\rangle$ die Beziehung $\langle t, m\rangle \in f$, dann wird das Element $m \in M$ bei f zur Zeit t erreicht.

Beispiel 3.63

Phasen

Wir ordnen die Windräder Wolkenquirl, Sausebraus, Tornado und Immerdreh nach dem Zeitpunkt des Markteintritts und listen die Anzahl der verkauften Exemplare über diesen Zeitelementen auf: {(Tornado, 288), (Immerdreh, 36), (Wolkenquirl, 432), (Sausebraus, 28)}. ◀

Es bezeichne $(A, \leq, a_0) \longrightarrow M$ die Menge aller Attributsfunktionen über $(A, \leq, a_0)$ mit Wertebereich M, also $(A, \leq, a_0) \longrightarrow M := \{f : A \longrightarrow M\}$. Jede Teilmenge Q einer gegebenen Menge $(A, \leq, a_0) \longrightarrow M$ von Attributsfunktionen heißt ein $(A, \leq, a_0)$-*Prozess mit Wertebereich* M [PICH75].

Wir definieren einen Prozess in einer für unsere Zwecke sinnvollen Form: Jede Teilmenge P einer gegebenen Menge $(T, \leq, t_0) \longrightarrow M$ von Zeitfunktionen heißt ein $(T, \leq, t_0)$-*Prozess* mit Wertebereich M. Bei einer fest vorgegebenen Zeitmenge sprechen wir von einem *Prozess*. Ein Prozess ist demnach eine Menge von Zeitfunktionen, denen allen dieselbe Zeitmenge $(T, \leq, t_0)$ und derselbe Wertebereich M zugrundeliegen: Wir tragen über der geordneten Menge der Jahreshauptversammlungen die Vermögensentwicklung von zehn Windradherstellern ab.

Beispiel 3.64

Zahl der eingehenden Bestellungen

Wir haben fünf Windräder im Angebot. Wir führen die Anzahl der Bestellungen je Quartal:

Windrad	Quartal 1	Quartal 2	Quartal 3	Quartal 4
Sausebraus	3	2	1	5
Wolkenquirl	6	2	3	4
Tornado	7	2	2	2
Immerdreh	1	2	3	4
Wolkenrüttler	5	2	4	6
Pustefix	5	4	3	2 ◀

Für eine beliebige Attributsausprägung $a \in A$ definieren wir die *Konkatenation* (Aneinanderreihung) $\bigcirc_a$ von Attributsfunktionen aus $(A, \leq, a_0) \longrightarrow M$ durch $\bigcirc_a$: $((A, \leq, a_0) \longrightarrow M) \times ((A, \leq, a_0) \longrightarrow M) \longrightarrow ((A, \leq, a_0) \longrightarrow M) : (f, g) \longrightarrow f \bigcirc_a g$, wobei gilt $f \bigcirc_a g | A_I := f[a]$ und $f \bigcirc[a] g | A := g[a]$. Das Konkatenationsprodukt $f \bigcirc[a] g$ von f und g ist demnach diejenige Funktion aus $(A, \leq, a_0) \longrightarrow M$, die sich über A_{I} wie f und über A_{II} wie g verhält: Bis zur Einstellung des neuen Chefs (Ereignis a) war man mit der Qualitätskontrolle etwas großzügig (Zeitfunktion f bis a); seither weht ein anderer Wind (Zeitfunktion g). Für beliebige $a \in A$ und beliebige Attributsfunktionen $f, g, h \in (A, \leq, a_0) \longrightarrow M$ gelten die folgenden Eigenschaften der Konkatenationsverknüpfung $\bigcirc[a]$:

(1) $f \bigcirc[a] f = f$	f auf f abgebildet (Idempotenz)
(2) $(f \bigcirc[a] g) \bigcirc [a]h = f \bigcirc[a](g \bigcirc[a] h)$	Assoziativgesetz
(3) $[a](f \bigcirc[a] g) = f[a]$	Ausprägungen von a_0 bis a (bis a wie f)
(4) $(f \bigcirc[a] g)[a] = g[a]$	Ausprägungen ab a (ab a wie g)
(5) $g \bigcirc[a] g = g$	g auf g abgebildet (vor a wie g und nach a wie g)

Mit dem Konzept der Einschränkung ist die Einschränkung von $(A, \leq, a_0)$-Attributsrelationen in natürlicher Weise definiert: Für eine beliebige Einschränkung $(A, \leq, a_0) \mid U$ einer Ausprägungsmenge $(A, \leq, a_0)$ auf die Menge U sei die Einschränkung $Q \mid U$ eine $(A, \leq, a_0)$-Attributsfunktion $Q \subset (A, \leq, a_0) \longrightarrow M$, definiert durch $Q \mid U := \{f' \colon \underset{f' \in Q}{\exists} f' = f[Q \cap U]\}$. Für die Fälle, dass die Einschränkung der Ausprägungsmenge $(A, \leq, a_0)$ gegeben ist durch $(A, <, a_0) \mid [A_I], (A, <, a_0) \mid [A_{\text{II}}]$, oder durch $(A, \leq, a_0) \mid [A_{\text{III}}]$, wollen wir für die Einschränkung einer Ausprägungsmenge $Q \in (A, \leq, a_0) \longrightarrow M$ die Bezeichnung Q_I, Q_{II} und Q_{III} verwenden, also $Q_I := Q[A_I]$, $Q_{\text{II}} := Q[A_{\text{II}}]$ und $Q_{\text{III}} := Q[A_{\text{III}}]$. Dann gilt offenbar auch $Q_I = \{f_I[a] \colon f_I \in Q\}$, $Q_{\text{II}} = \{f_{\text{II}}[a] \colon f_{\text{II}} \in Q\}$ und $Q_{\text{III}} = \{f_{\text{III}}[a] \colon f_{\text{III}} \in Q\}$.

Beispiel 3.65

Einschränkung

Wir betrachten den Bestelleingang in den ersten drei Quartalen:

Windrad	Quartal 1	Quartal 2	Quartal 3
Sausebraus	3	2	1
Wolkenquirl	6	2	3
Tornado	7	2	2
Immerdreh	1	2	3
Wolkenrüttler	5	2	4
Pustefix	5	4	3 ◄

Bei Q_I können wir vom Vorgänger des $(A, \leq, a_0)$-Prozesses Q bezüglich a, bei Q_{II} vom Nachfolger des $(A, \leq, a_0)$-Prozesses Q bezüglich a und bei Q_{III} vom Intervall des $(A, \leq, a_0)$-Prozesses Q mit Mindestausprägung a und Maximalausprägung a' sprechen: Also „welche Gegenstände liegen vor a“, „welche Gegenstände kommen nach a“ und „welche Gegenstände liegen zwischen a und a'“ und welche Eigenschaften haben diese

Gegenstände. Mit dem oben eingeführten Konzept der Phasenmenge ist es auch naheliegend, von den Phasen einer Attributsfunktionsmenge bzw. eines $(A, \leq, a_0)$-Prozesses zu sprechen: Es sei Q ein $(A, \leq, a_0)$-Prozess über der Ausprägungsmenge $(A, \leq, a_0)$ mit Wertebereich M, also $Q \subset (A, \leq, a_0) \longrightarrow M$. Der zum Prozess Q zugehörige *Phasenschlauch* Q^* ist definiert als diejenige Teilmenge der Phasenmenge $A \times M$, die gegeben ist durch $Q^* := \{(a, m)\colon \underset{f \subset Q}{\exists}\ (a, m) \in f\}$. Der Phasenschlauch eines $(A, \leq, a_0)$-Prozesses besteht also aus der Menge aller Phasen, die in mindestens einer Attributsfunktion aus dem $(A, \leq, a_0)$-Prozess enthalten sind.

Beispiel 3.66

Phasenschlauch

Wir geben den Phasenschlauch für Beispiel 3.65 an: (Sausebraus, 1), (Sausebraus, 2), (Sausebraus, 3), (Wolkenquirl, 2), (Wolkenquirl, 3), (Wolkenquirl, 6), (Tornado, 2), (Tornado, 7), (Immerdreh, 1), (Immerdreh, 2), (Immerdreh, 3), ... ◄

Für eine Ausprägungsmenge $(A, \leq, a_0)$ und zwei Mengen I und J betrachten wir die Funktionsmengen $(A, \leq, a_0) \longrightarrow I, (A, \leq, a_0) \longrightarrow J$ und $(A, \leq, a_0) \longrightarrow (I \times J)$ und die Abbildung $\sim$, die gegeben ist durch $\sim\colon ((A, \leq, a_0) \longrightarrow I, (A, \leq, a_0) \longrightarrow J) \longrightarrow ((A, \leq, a_0) \longrightarrow (I \times J))\colon (x, y) \longrightarrow x \sim y$, wobei gilt $x \sim y\colon A \longrightarrow I \times J : a \longrightarrow x \sim y(a) := (x(a), y(a))$. Diese Abbildung heißt das *direkte Produkt von Attributsfunktionen*; statt des Symbols $x \sim y$ schreiben wir einfacher xy.

Es bezeichne Q und R jeweils einen $(A, \leq, a_0)$-Prozess über $(A, \leq, a_0)$ mit Wertebereich M, also $Q \subset (A, \leq, a_0) \longrightarrow M$ und $R \subset (A, \leq, a_0) \longrightarrow M$. Das direkte Produkt der beiden $(A, \leq, a_0)$-Prozesse Q und R ist in natürlicher Weise erklärt durch QR: $\{f\colon \underset{q \in Q}{\exists}\ \underset{r \in R}{\exists}\ f = qr\}$. Die direkte Produktbildung von $(A, \leq, a_0)$-Prozessen bietet sich bei der Darstellung „synchroner" $(A, \leq, a_0)$-Prozesse an. Da das direkte Produkt in seiner Aussagekraft dem kartesischen Produkt $Q \times R$ gleichkommt, sei auf den wesentlichen Unterschied hingewiesen: Während jedes Element $qr \in QR$ eine Attributsfunktion $qr\colon A \longrightarrow M \times M$ ist, handelt es sich bei einem Element $(q, r) \in Q \times R$ um ein Paar von Attributsfunktionen $q\colon A \longrightarrow M$ und $r\colon A \longrightarrow M$. Für beliebiges $a \in A$ ist dann das Konkatenationsprodukt $Q \bigcirc[a]\, R$ von Q und R erklärt als der $(A, \leq, a_0)$-Prozess $Q \bigcirc[a]\, R := \{f\colon \underset{q \in Q}{\exists}\ \underset{r \in R}{\exists}\ f_I = q_I \wedge f_{\text{II}} = r_{\text{II}}\}$.

Im Folgenden beginnen wir die Attributsfunktion mit einem beliebigen Element: Wir nehmen eine Ausprägungsmenge an, bei der jede Ausprägung einen echten Vorgängerbereich haben kann/darf. Dementsprechend haben hier die $(A, \leq, a_0)$-Attributsfunktionen nicht notwendigerweise eine Minimalausprägung; es existiert vielmehr im Allgemeinen für jede Attributsausprägung ein $(A, \leq, a_0)$-Attributsfunktions-Vorgängerbereich: Ist $\leq$ eine vollständige Ordnungsrelation auf der Menge A, so nennen wir jetzt bereits $(A, \leq)$ eine *Ausprägungsmenge*. Beispielsweise ist die Menge zum Betrachtungszeitpunkt nicht vollständig gegeben: Es fehlt die Auswertung für ein Windrad, die später doch noch eintrifft. Vorbereich und Nachbereich sind hier unbegrenzt. Wir können alle Begriffe, die wir im Zusammenhang mit der Ausprägungsmenge $(A, \leq, a_0)$ eingeführt haben, in analoger Weise für die Ausprägungsmenge $(A, \leq)$ verwenden. Wir haben damit insbesondere folgende Begriffe zur Verfügung: Einschränkung von $(A, \leq)$ auf eine Menge U, Attributsfunktionen über $(A, \leq)$, $(A, \leq)$-Prozess über $(A, \leq)$. Für je zwei $(A, \leq)$-Prozesse Q, R über $(A, \leq)$ können wir des Weiteren für beliebiges $a \in A$ deren Konkatenationsprodukt $Q \bigcirc[a]\, R$ erklären durch $Q \bigcirc[a]\, R = \{f\colon \underset{q\in Q}{\exists}\ \underset{r\in R}{\exists}\ f_I = q_I \wedge f_{\text{II}} = r_{\text{II}}\}$ und deren direktes Produkt QR durch $QR := \{f\colon \underset{q\in Q}{\exists}\ \underset{r\in R}{\exists}\ f = qr$. Für ein beliebiges $a \in A$ definieren wir die Erscheinung von R bezüglich des a-Vorgängerbereichs von Q durch $Q <[a]\, R := \{f\colon f \in R \wedge f_I \in Q_I\}$. Die Erscheinungsoperation $<[a]$ ist eine Auswerteoperation: Der Vorgängerbereich einer bestimmten Attributsfunktion aus Q und eine bestimmte Attributsfunktion f aus R sind identisch. Im speziellen Fall $Q = \{q\}$ schreiben wir für die Erscheinung $\{q\} <[a]\, Q$ einfacher $q <[a]\, R$. Für beliebige $a \in A$ ist die *Erscheinung* $R >[a]\, Q$ eines $(A, \leq)$-Prozesses bezüglich des *Nachfolgerbereichs* des $(A, \leq)$-Prozesses Q gegeben durch $R >[a]\, Q := \{f\colon f \in R \wedge f_{\text{II}} \in Q_{\text{II}}\}$. Im speziellen Fall $Q = \{q\}$ schreiben wir für $R >[a]\{q\}$ einfacher $R >[a]\, q$.

Kardinale Merkmale

Wenn wir mit Attributsausprägungen „rechnen" oder Aussagen wie „Föhn A ist 3 mal so schwer wie Föhn B" treffen wollen, dann müssen wir messen: *Messen* besteht im *Zuordnen von Zahlen zu Gegenständen*, sodass *bestimmten Relationen zwischen den Zahlen analoge Relationen zwischen den Gegenständen entsprechen* [SIXT67][31]. Zusätzlich zu den Attributsausprägungen der zu ordnenden Gegenstände/Faktoren und Verfahren verwenden wir ausgezeichnete reproduzierbare physikalische oder biologische Sachverhalte aus der Umwelt, um diese Zahlenwerte zu gewinnen; es ist a priori ein Maßstab zu definieren, mit dem wir Differenzen bestimmen können. Das bedeutet die Aufstellung einer Skala, deren Zahlenwerte den einzelnen zu messenden Gegenständen zugeordnet werden. Dann kann die überall aussagekräftige und reproduzierbare Zuordnung von „Julius Windmüller ist genau 1,78 m groß" die nur begrenzt verwendbare Information Max < Julius = Moritz < Sebastian ersetzen [CARN74]. Wir verwenden (physikalische) Größen, für die ein Messverfahren festgelegt wurde; der Maßstab ersetzt den paarweisen Vergleich. Die Regeln 3, 4 und 5 (siehe Temperaturmessung) sorgen dafür, dass wir die Körpergröße eines Menschen überall auf der Welt ohne „Vergleichsmenschen", sondern nur mit einem (Vergleichs-)Maßstab festlegen können. Also heißt die „Gleich"-Relation: Attributsausprägung des Gegenstands und Attributsausprägung bzw. Zahl auf dem Maßstab stimmen überein; auf dem Maßstab gibt es keine „Gleich"-, sondern nur die „Kleiner"-Relation. Zwischen allen Maßstäben mit derselben Einheit gilt „Gleich". Die Einheit wählen wir

[31] vgl. Abschn. 2.1 und 3.3; siehe oben die Messung der Temperatur: Dort haben wir die Gleichheit von Intervallen über Differenzen festgelegt.

zweckmäßig für den jeweiligen Messvorgang. Gerechnet wird mit den Werten des Maßstabs. Und dann bilden wir alle Menschen mit ihrer Körpergröße auf denselben Maßstab ab.

Eine *echte Messung* beruht auf einer eineindeutigen Zuordnung von Zahlen zu Größen gewisser Art derart, dass

1. Ordnungsrelationen zwischen den Größen auf gewisse Ordnungsrelationen, die zwischen den diesen Größen zugeordneten Zahlen bestehen, isomorph abgebildet werden, und dass
2. Operationen mit den Größen isomorph auf Operationen mit den zugeordneten Zahlen abgebildet werden.
   - Additivität: Wenn $a = x$ und $b > 0$, dann $a + b > x$
   - Kommutativität: Die Reihenfolge, in der addiert wird, lässt das Ergebnis unverändert: $a + b = b + a$
   - Identische Objekte sind untereinander vertauschbar: Wenn $a = x$ und $b = y$, dann $a + b = x + y$.
   - Assoziativität: Wenn wir ein beliebiges Paar von Summanden addieren und deren Summe zu den verbleibenden Gliedern addieren, ändert sich nichts am Ergebnis: $(a + b) + c = a + (b + c)$.

Additive Operationen sind dann sinnvoll, wenn die numerischen Differenzen zwischen den Zahlen einen empirischen Sinn haben und den „wirklichen" Unterschieden zwischen den Gegenständen entsprechen.

Beispiel 3.67

Länge von Strecken

Die $<$-Relation, die zwischen Streckenlängen besteht, wird auf die $<$-Relation, die zwischen den diesen Längen zugeordneten Zahlen besteht, isomorph abgebildet. Damit ist eine Länge größer als eine andere dann und nur dann, wenn die der ersten Länge zugeordnete Zahl größer ist als die Zahl, welche der zweiten Länge zugeordnet ist. Die Operation der Addition von Streckenlängen wird auf die Operation der Addition der ihnen zugeordneten Zahlen isomorph abgebildet. Die Längenmessung ist eine echte Messung: Eine Länge ist dann und nur dann die Summe zweier Längen, wenn die Zahl, welche der ersten Länge zugeordnet ist, die Summe der Zahlen ist, die den beiden anderen Längen zugeordnet sind. ◄

Mögliche Konzeptionen von „Maßstäben“ sind:

1. Echte Messung

Wir bringen einen Punkt, an dem die Attributsausprägung null/nicht vorhanden ist, und den Nullpunkt des Maßstabs, mit dem wir die entsprechende Attributsausprägung messen wollen, zu Beginn der Messung in Koinzidenz:

Masse: Die linke Waagschale der Balkenwaage ist leer (dahin legen wir anschließend den zu messenden Gegenstand) und die rechte Waagschale ist leer (dahin legen wir anschließend die Gewichtssteine); die Waage ist im Gleichgewicht, dazu brauchen wir „null“ Gewichtssteine.
Länge: Wir stellen den Nullpunkt des „Metermaßes“ auf den Boden. Das ist auch der Nullpunkt für das Attribut „Körpergröße“. Also stellen wir uns mit null Körpergröße auf den Boden.
(Zeit-)Dauer: Die Stoppuhr steht auf „Null“ und der Läufer steht vor der Startlinie/das NC-Programm hat noch nicht angefangen (Dauer = 0)

Damit haben wir drei „echte“/„natürliche“ Nullpunkte. Jetzt der nächste Schritt:

Masse: Wir legen den Gegenstand in eine Waagschale; diese Waagschale senkt sich. Wir legen bis zum Gleichgewicht „Gewichtssteine“ in die andere Waagschale. Wir addieren die Masse der „Gewichtssteine“ und erhalten das Maß der Masse.
Länge: Wir bilden jetzt die Scheitelhöhe auf den Meterstab ab. Wir erhalten die Körpergröße in Metern.
(Zeit-)Dauer: Die Stoppuhr läuft mit Überschreiten der Startlinie und steht mit Überschreiten der Ziellinie.

Wir messen den Abstand zwischen den beiden ausgezeichneten Punkten auf dem Maßstab. Es gibt in Bezug zum zu messenden Gegenstand keine negativen Werte. Wenn wir die Länge eines Menschen messen, halten wir den Nullpunkt an den Menschen. Und wenn wir die Länge von Marsberg nach Olsberg messen, dann liegt der Nullpunkt in Marsberg. Das Messen der Masse und der Zeit können wir auf eine Längenmessung abbilden: Wir messen die Länge des von der Nadel der Stoppuhr zurückgelegten Weges. Zur Messung der Masse verwenden wir 1-g-Masseplättchen mit 1 mm Dicke. Wir schichten die Plättchen bis zum Gleichgewicht aufeinander. Die Höhe in Millimetern ist der Betrag der Masse in Gramm.

2. Der Nullpunkt ist absolut.

Wir verwenden einen Nullpunkt in der Umwelt. Beispielsweise messen wir die intensive Größe Temperatur in Grad Kelvin; es gibt keine Werte kleiner null. Wir messen die Zeit ab der Erschaffung der Welt: Wir haben eine Zeit mit einem absoluten Nullpunkt, die nur voranschreitet. Auch für die Längenmessung ist das möglich: Wir messen in Kugelkoordinaten jeden Ort ausgehend vom Mittelpunkt des Urknalls. Alle Gegenstände haben positive Koordinaten. Aber selbst dann dürfen wir Temperaturen nicht addieren bzw. multiplizieren/teilen – wir würden mit diesen Operationen die Wirklichkeit nicht isomorph abbilden.

3. Der Nullpunkt liegt in der Umwelt, ist aber nicht absolut.

Wenn wir den Ursprung der Längenmessung in den Erdmittelpunkt legen und die Höhe eines Baumes oder die Länge eines Brettes ausdrücken wollen, müssen wir jedes Mal die Entfernung Erdmittelpunkt bis Erdoberfläche abziehen – und alle Dinge senkrecht auf den Boden stellen. Den Abstand von zwei Bäumen können wir nicht mehr messen. Und wir können die Höhe von zwei Bäumen nicht mehr addieren; die „Höhe" eines Baumes gibt es dann als Attributsausprägung gar nicht mehr. Auf jeden Fall ist (Entfernung 1 vom Erdmittelpunkt + Entfernung 2 vom Erdmittelpunkt) falsch. Das ist bestimmt nicht zweckmäßig. Zwei Fortschrittszahlen bei der Stückzahlerfassung können wir nicht addieren: Tag 8 (FZ = 80) + Tag 9 (FZ = 90) = Tag 17 (FZ = 170) ist Unsinn. Wenn wir das Gefrieren und das Kochen von Wasser als ausgezeichnete Werte nehmen, dann müssen wir negative Temperaturen zulassen, können aber Thermometer sehr leicht eichen. (Das wäre im Erdmittelpunkt und bei 0 Grad Kelvin nicht ganz so einfach.) Aber bei diesem Nullpunkt können wir nicht davon ausgehen, dass die zu messende Attributsausprägung nicht vorhanden ist bzw. linear mit dem Abstand vom Nullpunkt zunimmt – wir haben keine Koinzidenz.

Verhältnisse wie bei der Längen- und Zeitmessung könnten wir auch für die Körpertemperatur erreichen: Der große Zeh hat die Temperatur „null" und das Herz entsprechend mehr. Selbstverständlich müsste dann die „Temperatur" nicht mehr als „Einzelwert", sondern als Differenz zwischen zwei (Körper-)Temperaturen vereinbart werden. Ein Vergleich wäre dann nur mit dem Abstand zwischen zwei Temperaturen sinnvoll. Aber auch dann macht es nur begrenzt Sinn, die Temperatur des großen Zehs rechts und des kleinen Zehs links zu addieren. Die Überlegung geht vielmehr in die andere Richtung: Ist es nicht bei der „Körpergröße eines Menschen" wie bei der Temperatur, dass wir den Nullpunkt absolut, in der Umwelt oder am Gegenstand vereinbaren können, aber die zusammengefasste Größe nicht in jedem Fall einen Sinn macht? Was heißt: Julius Windmüller und seine Frau sind zusammen 3,46 m groß? Was heißt: Durchmesser Rotor 1 und Durchmesser Rotor 2 sind zusammen 103 m? Was heißt: Die ersten drei Bundespräsidenten haben zusammen 216 Jahre gelebt? Was heißt: der tiefste bekannte Schmelzpunkt? Solche Beispiele gibt es in Hülle und Fülle. Zwei Regentropfen rinnen ein Efeublatt hinunter und laufen zusammen; eins vermehrt um eins gibt eins? Wir legen zwei Bretter aneinander. Das ist aber kein neues Brett doppelter Länge, auch nicht mit gutem Leim! Wie ziehen wir einen Trennungsstrich zwischen den Fällen, in denen wir von „Addieren" sprechen können, und denen, bei denen ein anderes Wort angemessener wäre? Wenn wir über die Frage nachdenken, kommen wir schnell auf irgendein Kriterium wie die räumliche Trennung oder die klare Unterscheidbarkeit der Gegenstände. Wie zählen und messen wir Ideen? „In Borneo gibt es 17 Sprachen und 462 Dialekte". Solche Angaben sind beliebig, sind doch die Begriffe „Sprache" und „Dialekt" selbst verschwommen.

Also fassen wir zusammen: Wenn wir die Länge von zwei Gegenständen vergleichen, dann legen wir sie so nebeneinander, dass wir unsere Vergleiche an einem gemeinsamen Nullpunkt beginnen. Dann bestimmen wir an jedem Gegenstand einen zweiten Punkt und können bspw. sagen: Gegenstand 2 ist doppelt so lang wie Gegenstand 1. In der Regel verwenden wir außerdem eine Einheit, die wir unabhängig von den beiden Gegenständen festgelegt haben (also in der Umwelt unserer beiden Gegenstände vereinbart haben). Mit einem Thermometer können wir „wärmer" oder „kälter" feststellen und so beurteilen, ob die Metallschmelze heiß genug ist, aber solange wie ein objektbezogener Nullpunkt fehlt, keine Aussage wie „doppelt so groß" treffen. Also legen wir den Nullpunkt, der bei der Längenmessung am Gegenstand selbst vereinbart wird bzw. werden kann, außerhalb dieser Gegenstände in der Umwelt fest. Aber das ist kein absoluter Nullpunkt; es sind immer noch kleinere Werte möglich – schon deswegen ist die Operation „Addieren" nicht erlaubt.

Auch ein Addieren von Längen oder Massen betrachten wir nur dann als zulässig, wenn diese Addition eine Aussage zu einem vorab festgelegten aggregierenden Begriff ist: fünf Windräder als Tagesproduktion oder das Zusammenfassen dreier Föhne, um im Lager einen Karton mit entsprechender Größe zu suchen. Wir addieren die Massen von 20 Spargelstangen, weil Frau Windmüller heute 2 kg Spargel verlangt, die sie gesamthaft nach der Masse und nicht Spargel für Spargel bezahlt.

Es ist abhängig von den zu messenden Attributen, aber auch von der gewünschten Ordnung und Aussage festzulegen, auf welche Zahlenmengen diese Messung aufbaut und welche Operationen möglich sein sollen. Zur Erläuterung betrachten wir n Windräder. Dazu haben wir uns auf ein Schema geeinigt; als Attribute wollen wir den Preis, die Leistung und die Größe verwenden. Wenn wir für diese drei Attribute keinen Maßstab für die Bestimmung der Attributsausprägung vorgeben, können wir uns nur über den paarweisen Vergleich eine Aussage und eine $\leq$-Ordnung der Menge der n Windräder verschaffen. Ein Rechnen ist damit nicht möglich. Wenn wir aber einen Maßstab definieren, der in der Umwelt allgemein beobachtbar verankert ist, dann ordnen wir eine Attributsausprägung des Attributs „Masse" auf einer vorgegebenen Skalierung ein. Und dazu ist ein einzelner Gegenstand ausreichend; wir müssen nicht mehrere miteinander vergleichen – der Vergleich findet mit dem Maßstab statt. Wenn wir jetzt „rechnen", rechnen wir aber in Wirklichkeit nicht mit den Attributen der Windräder, sondern mit den Klassen, die unser externer Maßstab mit idealisierten, also von unseren Windrädern abstrahierten Attributsausprägungen vorgegeben hat. Wir vergleichen auch nicht mehr Windräder miteinander, sondern jedes Windrad wird einzeln auf den externen Maßstab abgebildet – das „Rechnen" findet auf dem Maßstab statt. Daher gilt: Algebraische Attributsstrukturen sind in der Regel maßstabsbezogen angelegt; verwenden wir die Basisgrößen in der Physik, lässt sich das nicht umgehen.

Ein maßstabsbasiertes Vorgehen kann wie das paarweise Vergleichen die Gleichheit zweier Individuen feststellen. Beispielsweise sind zwei Windräder gleich hoch. Der externe Maßstab selbst hat diese redundante Gleichheit nicht: Ein ordnendes Vorgehen vergleicht Elemente der zu ordnenden Menge miteinander, das maßstabsbasierte Vorgehen bildet auf einen Maßstab ab, aus dem diese Redundanzen eliminiert sind und die Messbarkeit über tatsächliche oder vermutete Regelmäßigkeiten aus der Physik erreicht wird. Die Gleichheit besteht zwischen dem zu messenden Merkmal und der Zahl auf dem Maßstab. Alle Attribute, die wir auf einen derartigen, in der Umwelt verankerten Maßstab abbilden können, lassen sich bezüglich eines extern vorgegebenen Maßes beurteilen. Und wenn dieser Maßstab die entsprechenden Eigenschaften hat, dann können wir alle solche Attribute/Maßstäbe zusammen als Vektorraum auffassen, in dem unser System mit seinen Attributen entsprechenden Anforderungen/Bedingungen genügen muss.

Haben alle Zahlen, die wir den Gegenständen bzw. Attributen zuteilen, und außerdem auch noch die Zahl Null einen empirischen Sinn, dann sprechen wir von einer *Verhältnisskala*, ist zusätzlich noch eine natürliche Einheit gegeben, so liegt eine *absolute Skala* vor. In beiden Fällen ist der natürliche Nullpunkt der Punkt, in dem das Merkmal überhaupt nicht vorhanden ist. Sollen nur die Unterschiede von einzelnen Ausprägungen durch die Zahlendifferenzen ausgedrückt werden, so legen wir eine *Intervallskala* zugrunde. Das gilt für die Temperatur: Wir müssen nicht wissen, was „Temperatur 0 Grad Celsius" für das betrachtete Attribut bedeutet, auch nicht, was die tiefste mögliche Temperatur ist, an der wir das Attribut beobachten können. Sind bei solchen Intervallskalen von je zwei Skalen und Messungen je zwei Messwerte bekannt, so lassen sich diese Messwerte jeweils auf der ihnen eigenen Skala vergleichen und ordnen (Celsius, Fahrenheit). Jedoch ist ein Vergleich mit den Messwerten der jeweils anderen Skala unmöglich. Die Intervallskala entspricht hier mehr dem Ordinalniveau der Messung, da wir die Einheit dieser Skalen nur durch die Verteilung der Messwerte definieren. Die Messwerte verschiedener Gegenstände sind daher nur insoweit vergleichbar, als sie vergleichbaren Messungen entstammen. Der Nullpunkt von Intervallskalen hat keinen empirischen Sinn und kann willkürlich gewählt werden. Ein Beispiel dafür ist die Temperaturmessung: Die Willkürlichkeit des Nullpunkts schließt Aussagen über die Gleichheit von Summen aus. Es ist nicht möglich $2 + 3 = 5$ zu schließen. Verändern wir den Nullpunkt, indem wir 6 zu jeder Maßzahl addieren, so folgt $8 + 9 = 17$. Die Intervallskala gestattet aber Aussagen über die Gleichheit oder Verschiedenheit von Differenzen: $3 - 2 = 1$, ebenso $(3 + 6) - (2 + 6) = 1$. Der Betrag, um den wir den Nullpunkt verändert haben, verschwindet beim Bilden der Differenz. Aus dem gleichen Grund sind Aussagen über die Gleichheit von Quotienten und Vielfachen von Differenzen zulässig: $((5 - 1) : (4 - 2)) = ((5 + 2) - (1 + 2)) : ((4 + 2) - (2 + 2)) = 2$.

Also legen wir fest: Eine Attributsmenge $(A, +, <, a_0)$ heißen wir eine additive Attributsmenge oder einen *Maßstab*. Hier bestimmt der zu messende Gegenstand den Nullpunkt. Eine Attributsmenge $(A, \{\}, <, a_0)$ heißen wir eine Attributsmenge oder eine *Skala*.

Beispiel 3.68

Intervallskala $(A, \{\}, <, \{1, 2, 3, 4, 5, 6\})$

Wir betrachten die Schulnoten von 1 bis 6 (intensiv): In diesem Fall haben wir kein neutrales Element. Die einzige erlaubte Operation ist die Durchschnittsbildung (nicht additiv). Die Voraussetzung für die Durchschnittsbildung ist, dass der Abstand von 3 nach 4 und von 4 nach 5 genau gleich groß ist. Falls jetzt ein Lehrer die Notenskala nur von 2 bis 5, ein anderer von 1 bis 6, ein dritter von 1 bis 5 ausschöpft, dann sind die Noten nicht vergleichbar. ◄

Im Folgenden diskutieren wir eine Ausprägungsmenge mit algebraischer Struktur und einem Nullpunkt, in der wir Ausprägungsdistanzen ausdrücken können, indem wir den Abstand einer Ausprägung a zur Minimalausprägung a_0 ausdrücken. Eine derartige *additive Ausprägungsmenge* $(A, +, <, a_0)$ definieren wir durch:

(1) $(A, +)$ ist ein Monoid.
(2) $\underset{a,a' \in A}{\forall} \; \underset{a'' \in A}{\exists} \; a + a'' = a' \vee a' + a'' = a.$
(3) $\underset{a,a',a'' \in A}{\forall} \; a' + a = a + a' = a''.$
(4) $\underset{a,a' \in A}{\forall} \; a' + a = a_0 \longrightarrow a' = a_0.$
(5) $<$ ist eine Relation auf A, die gegeben ist durch $a < a' \longleftrightarrow \underset{a'' \in A}{\exists} \; a'' \neq a_0 \wedge a + a'' = a'.$

Bedingung (1) ermöglicht zwischen den Attributsauspragungen $a \in A$ eine assoziative Addition, wobei die Mindestausprägung a_0 die Eigenschaft haben soll, dass für beliebige $a \in A$ gilt $a + a_0 = a_0 + a = a$ (neutrales Element). Damit ist a_0 ein echter „Nullpunkt“. Die 2. Bedingung sichert die Erreichbarkeit der Attributsausprägungen untereinander: Zu je zwei Attributsausprägungen a, a' soll stets eine Attributsausprägung a'' existieren, von der a' von a aus oder a von a' aus durch Rechtsaddition von a'' erreicht wird. Mit (3) wird zum einen gefordert, dass die Addition $+$ kommutativ ist (Implikation von rechts nach links), zum anderen, dass verschiedene Attributsausprägungen a', a'' bei Links- bzw. Rechtsaddition mit einer Attributsausprägung a immer ein voneinander verschiedenes Ergebnis haben (Implikation von links nach rechts). (4) drückt aus, dass die Minimalausprägung a_0 durch Rechtsaddition nur von a_0 selbst aus erreicht werden kann. Die Relation $<$, wie sie durch (5) festgelegt wird, hat die übliche Gestalt einer „Kleiner“-Relation.

In einer additiven Ausprägungsmenge $(A, +, <, a_0)$ gilt für beliebige $a, a', a'' \in A$:

(I) kommutativ: $a' + a = a + a'$
(II) linke Kürzung: $a + a' = a + a'' \longrightarrow a' = a''$
(III) vollständig: $a < a' \vee a = a' \vee a' < a$
(IV) nicht reflexiv: $\neg(a < a)$
(V) nicht symmetrisch: $a < a' \longrightarrow \neg(a' < a)$

(VI) transitiv: $a < a' \wedge a' < a'' \longrightarrow a < a''$
(VII) linksinvariant: $a < a' \longrightarrow a'' + a < a'' + a'$
(VIII) rechtserweiternd: $a < a' \longrightarrow a < (a' + a'')$
(IX) a_0 ist minimal: $a \neq a_0 \longleftrightarrow a_0 < a$
(X) echt zunehmend: $a' \neq a_0 \longleftrightarrow a < (a + a')$

Die Addition mit zwei Ausprägungselementen macht nur deswegen Sinn, weil jedes Ausprägungselement für sich den Abstand zu a_0 ausdrückt. Das Addieren mit zwei Ausprägungselementen ist daher eigentlich gar nicht das Vermehren von Ausprägungselementen, sondern von zwei Entfernungen zum Ursprung a_0. Mit dem Addieren um a_0 wird eine Strecke mit „null" Ausdehnung addiert. Da eine Subtraktion nicht vorgesehen ist, kommen auch keine Ergebnisse $a < a_0$ vor. Die additive Ausprägungsmenge geht damit von Ausprägungspunkten als Ausprägungselementen aus.

Wenn wir etwas über die Abstände der einzelnen Elemente t einer Zeitmenge T aussagen wollen, dann brauchen wir dazu einen Maßstab, der von den Elementen der zu ordnenden Zeitmenge unabhängig ist und uns seinerseits Zeitelemente/-einheiten liefert, um etwas über diese Abstände aussagen zu können. Wir betrachten daher als diesen Maßstab eine beliebig fortlaufende unbegrenzte Zeitmenge mit algebraischer Struktur und einem Nullpunkt t_0. Negative Werte, also $t < t_0$, werden ausgeschlossen. Also gilt: Der Nullpunkt liegt nicht später als der Sachverhalt, der als frühester zu notieren ist. Zeitliche Abstände drücken wir aus, indem wir den Abstand eines jeden Zeitelements t zum minimalen Element t_0 verwenden und dann vergleichen. Beispielsweise wollen wir notieren, wann Julius Windmüller seine ersten zehn Windräder gebaut hat. Dann darf der Nullpunkt nicht später als der Bau des ersten Windrads liegen. Unabhängig von diesen Ereignissen und überall beobachtbar sind die Sonnenaufgänge. Also ordnen wir die relevanten Sonnenaufgänge mit Hilfe der natürlichen Zahlen, nennen die so definierten Elemente „Tage" und ordnen jedem Tag die Aussage „ja" zu, wenn Julius Windmüller ein Windrad gebaut hat. Alle anderen Tage erhalten „nein". Weil jetzt jede solche Zahl den Abstand zum Nullpunkt bezeichnet, nehmen wir die erste Sequenz mit durchgängig „ja", vermindern die Zahl des größten Zeitelements um die Zahl des kleinsten Elements und erhalten die Dauer für die ersten zehn Windräder. Wenn wir den Nullpunkt auf den Tag der Geburt von Julius Windmüller legen, wissen wir, wie alt Julius Windmüller beim Bau des ersten Windrads war. Eine *additive Zeitmenge* $(T, +, <, t_0)$ definieren wir daher durch die fünf Bedingungen einer additiven Ausprägungsmenge. Wir erhalten alle Eigenschaften I bis X.

Beispiel 3.69

$(\mathbb{N}, +, <, 0)$, Schraubenverbrauch

- Jens führt eine Strichliste, um die verbrauchten Schrauben zu zählen. Unabhängig von den bisher verbrauchten Schrauben wird jetzt eine neue Strichliste begonnen. Wir registrieren täglich die seit dem neuen Stichtag verbrauchte Anzahl an Schrauben:

- Wenn keine Schrauben verbraucht wurden: $+0$ verändert den Wert nicht.
- Jeder beliebige Skalenwert kann aus zwei passenden kleineren Werten zusammengesetzt werden: Wir können heute beliebig viele Schrauben verbrauchen.
- Wenn bei zwei identischen Summen ein bestimmter Summand in beiden Summen auftritt, dann gilt dies auch für den zweiten Summanden.
- Wenn die Strichliste nach einem bestimmten Tag auf „null" steht, dann hat sie auch am Vortag auf „null" gestanden und der heutige Verbrauch war ebenfalls „null".
- Wenn der kumulierte Schraubenverbrauch für gestern und heute auf der Liste vermerkt wurde, kann der heutige Verbrauch als positive Differenz bestimmt werden. ◄

Wenn wir Bedingung (2) aufgeben, dann ist mit der gegenseitigen Erreichbarkeit der Attributsausprägungen untereinander auch das grundsätzliche Addieren verlorengegangen; möglich ist nur noch die grundsätzliche Ordnung der originären Menge „Schraubenverbrauch". Wir können das so interpretieren: Der kumulierte Schraubenverbrauch („Fortschrittszahl") ist immer entweder

- die Summe aus zwei vergangenen kumulierten Schraubenverbräuchen oder
- die Summe aus einem kumulierten Verbrauch und einem Tagesverbrauch oder
- aus zwei alten Tagesverbräuchen.

Dann können wir nicht jeden beliebigen Wert erreichen. Das leistet der Maßstab nur, wenn Bedingung (2) gilt. Die hier vorliegende Attributsmenge wird demnach vor allem dann verwendet, wenn eine Kumulation zu betrachten ist:

- Wir zählen die Umdrehungen, die ein Windrad zurückgelegt hat, indem wir nach jedem Tag die zurückgelegten Umdrehungen addieren.
- Wir zählen an einer Rampe beginnend bei null die Masse der verladenen Ware. Um eine bestimmte, geforderte Masse zu erreichen, existieren beliebig atomare Ladungsmengen bis zur Masseneinheit.
- Zahlungskonto: Wir starten mit 0 €, kleinste Einheit 1 €, Guthaben und Einzahlung beliebig nach oben offen, kein Abheben.

Was wir messen, werden vor allem ungerichtete Größen wie eine Masse oder ein Volumen sein, und es gibt keine Werte kleiner null. Wir kommen nicht von bspw. vier Schrauben zu acht Schrauben auf der Strichliste, indem wir mit 2 vervielfachen, sondern nur, indem wir die bisher verbrauchten Schrauben um die neu verbrauchten Schrauben vermehren.

Beispiel 3.70

Balkenwaage mit Gewichtsatz

Für eine Balkenwaage haben wir einen Satz von „Gewichts"-Steinen: 1×500 Gramm, 1×200 Gramm, 2×100 Gramm, 1×50 Gramm, 1×20 Gramm, 2×10 Gramm,

1×5 Gramm. Damit können wir von 0 bis < 1000 Gramm jede Masse in 5-Gramm-Sprüngen ausdrücken. Der Kunde hat 500 Gramm Spargel bestellt.

1. Wir beginnen mit dem Auflegen von Spargelstangen bei 0, bis wir die aufgelegten (und verlangten) 500 Gramm zum ersten Mal überschreiten. Dann hören wir auf oder wir nehmen die letzte Stange wieder weg und hören dann auf oder wir suchen eine kleinere Stange.
2. Wir legen eine Spargelstange auf die Waage und suchen die kleinste Gewichtssteinkombination, die die Masse der Spargelstange übersteigt. Dann liegt die Masse der Spargelstange zwischen der Masse dieser Gewichtssteinkombination und 5 Gramm weniger.
3. Im Falle, dass wir mehrere Spargelstangen gleichzeitig auflegen: Für alle Massen > 995 Gramm gilt die Aussage: > 995 Gramm.

Wir haben als Bedingung 2 formuliert: $a + a'' = a' \vee a' + a'' = a$.

- a, a' und a'' setzen sich aus Gewichtssteinen zusammen: Dann können wir Bedingung 2 nicht unmittelbar umsetzen: Wenn a bspw. 495 Gramm beträgt, dann kann a'' ja nur noch 500 Gramm bzw. 0 Gramm und das Endergebnis a' 495 bzw. 995 Gramm sein. Mehr lässt die begrenzte Anzahl von Gewichtssteinen nicht zu; daher müssen wir jede der Größen a, a' und a'' für sich isoliert ermitteln.
- a und a'' sind Gewichtssteine und a' ist eine Spargelstange: Auch hier gilt $(a + a'')$, aber nicht: Wir fügen zu a noch Gewichtssteine im Umfang a'' hinzu.
- a, a'' sind zwei Spargelstangen: Das klappt nur, solange $a \leq 995$ Gramm gilt und wir die beiden Spargelstangen zusammen einer Menge von Gewichtssteinen gegenüberstellen, also nicht die Gewichtssteine für die erste Spargelstange und die Gewichtssteine für die zweite Spargelstange zusammenfassen. Beispielsweise hat die erste Spargelstange eine Masse von 350 Gramm. Dafür liegen die Gewichtsteine auf der Waage. Dann haben wir keine Gewichtssteine mehr, um die Masse von 375 Gramm für die zweite Spargelstange auszudrücken und dafür zusätzliche Gewichtssteine aufzulegen. Entweder wir nehmen alle Gewichtssteine von der Waage und beginnen die Messung für die zweite Stange von neuem oder wir nehmen die Gewichtssteine von der Waage, legen die zweite Stange zur ersten und bestimmen jetzt die Masse gesamthaft. Also leistet dieser Gewichtssteinsatz nicht: Wir bringen die Differenzen ins Gleichgewicht. Ins Gleichgewicht bringen wir nur die Gesamtmasse mit den Gewichtssteinen auf der anderen Seite. Die Balkenwaage kann mit diesem Gewichtssteinsatz nicht „addieren“, sie kann nur Distanzen zum Nullpunkt bestimmen. ◄

Beispiel 3.71

Windradherstellung (A, +, <, −5, +5)

Die stark schwankende Ausbringung der Produktion in Olsberg verärgert die Kunden in zunehmendem Maße. Außerdem erschwert das Abweichen von der Sollproduktionszahl 2 die Disposition der für den Transport notwendigen Lkw. Wir begrenzen den Vorlauf und den Rückstand in der Produktion wie folgt: Mehr als fünf Windräder Rückstand und mehr als fünf Windräder Vorlauf sind nicht zulässig. Der Abbau von Rückstand bzw. Vorlauf beginnt sofort mit -5 bzw. $+5$. Damit haben wir eine Skala bestehend aus der Menge A mit $A := \{a\colon a \in \mathbb{Z}, -5 \leq a \leq 5\}$ und dem neutralen Element 0, $a + 0 = a$, $a + -a = 0$, vorliegen. $b \in A$ sei der täglich registrierte Differenzbetrag zur Normalleistung von zwei Windrädern je Tag. Es gilt: $b \in \mathbb{Z}, -2 \leq b \leq 2$.

Dann erhalten wir die folgenden Bedingungen:

(1) $\underset{a,a' \in A}{\forall} \ \underset{b \in A}{\forall} : (a + b) < -5 \longrightarrow a' = -5, (a + b) > 5 \longrightarrow a' = 5$, sonst: $a' = a + b$ mit $a, a', b \in A$

(2) $\underset{a,a' \in A}{\forall} \ \underset{b \in A}{\exists} \ a \mid b = a' V a' \mid b = a$

(3) $\underset{a \in A}{\forall} \ \underset{b,b' \in A}{\forall} \ b' + a = a + b'' \longrightarrow b' = b''$

(4) $\underset{a \in A}{\forall} \ \underset{b \in A}{\forall} \ a + b = -5 \longrightarrow b \leq 0$

(5) $\underset{a \in A}{\forall} \ \underset{b \in A}{\forall} \ a + b = 5 \longrightarrow b \geq 0$

(6) $<$ ist eine Relation auf A, die über die Menge $\mathbb{Z}$ definiert ist.

Diese Skala hat keine linke Kürzung, ist nicht linksinvariant, ist nicht rechtserweiternd und nicht echt zunehmend. ◄

Wir betrachten im Folgenden Zeitfunktionen über $(T, <)$ und verstehen diese als periodisch fortlaufende Zeitmessung: Wir stehen bspw. am Ende einer Montage und protokollieren zu jedem Zeitpunkt auf der Uhr die Anzahl der fertiggestellten Windräder („Fortschrittszahl"). Hier gibt es eine Einschränkung: Eine additive Zeitmenge $(T, +, <, t_0)$ besitzt nicht die Struktur einer Zeitmenge $(T, \leq, t_0)$ mit der oben eingeführten Definition; die Relation $<$ ist zwar transitiv und schwach asymmetrisch, aber nicht reflexiv, und daher keine Ordnungsrelation: Die Erklärung ist sehr einfach: $(T, \leq, t_0)$ modelliert die reale Welt, eine große Vielzahl nebeneinander verlaufender Prozesse, in denen auch zeitgleiche Ereignisse vorkommen – so werden bspw. zwei Windräder gleichzeitig fertig. $(T, +, <, t_0)$ modelliert eine Uhr mit einem so gewählten Aufeinanderfolgen der Zeitelemente, dass wir bspw. bei einer Wasseruhr die Folge der Tropfen als Maß für die Zeit vorgeben können: Der „Abstand" zwischen zwei Tropfen ist immer gleich – wir tun wenigstens so. Und es gibt keine zwei gleichzeitigen Tropfen. Aber wenn wir die reale Welt auf diese Uhr abbilden, dann ist ein reales Ereignis möglicherweise gleichzeitig mit einem Tropfen, manche sind zwischen zwei Tropfen. Also brauchen wir eine Vorgehensweise zur Darstellung der realen Ereignisse auf einer „künstlichen Uhr“. Wenn wir dies erreichen wollen, gilt: Es bezeichne „=“ die Identität auf T, also $= := \{(t,t): t \in T\}$. Wir definieren dann die Relation $\leq$ durch die Vereinigung $\leq := < \cup =$. Die Relation $\leq$ entsteht also aus $<$ durch Hinzunahme aller Diagonalelemente von $T \times T$.

In einer Zeitmenge $(T, +, <, t_0)$ sprechen wir von Zeitelementen, nicht ausschließlich von Zeitpunkten, was die Zeitmenge $(T, \leq, t_0)$ aufgrund ihrer Definition notwendig tut. $(T, +, <, t_0)$ betrachtet den Abstand eines bestimmten Zeitelements vom minimalen bzw. zwischen zwei gegebenen Zeitelementen t und t', macht aber keine Aussagen zur zeitlichen Ausdehnung eines Zeitelements.

Wir definieren jetzt in einer solchen diskreten Zeitmenge $(T, +, <, t_0)$ einen Zeitabschnitt t, t' über zwei jeweils benachbarte Zeitpunkte t, t':

Ein *Zeitabschnitt* t, t' bezeichnet den Zeitraum zwischen zwei benachbarten Zeitpunkten t und t' eines diskreten Zeitmodells ($t' := t + 1$). Für $t, t' \in T$ gilt: $\forall_{t'' \in T, t'' \neq t'} (t' < t'') \vee (t'' = t)$. Den Zeitabschnitt t, t' mit $t' = t_1$ und $t = t_0$ bezeichnen wir mit za_1, jeder beliebige Zeitabschnitt erhält seine Bezeichnung über seinen Endzeitpunkt: $za := t'$. Eine Zeitabschnittsmenge ist damit über die zugehörige additive Zeitmenge lückenlos definiert: $(T, +, <, t_0) \longrightarrow (\{za\}, +, <, za_1)$. Es ist offensichtlich, dass wir damit keine detaillierteren Aussagen machen können: Ist der Abstand zwischen t und t' bspw. ein Monat, dann können wir nur aussagen, dass ein Ereignis im Monat t' bzw. vor dessen Ende geschieht. Streben wir eine detailliertere Aussage an, dann setzt dies eine andere diskrete Zeitmenge voraus. Hier gilt das für die Verfeinerung der Längenmessung Gesagte analog. Wir haben aber mit dem Zeitabschnitt ein Konstrukt geschaffen, dem wir zweckmäßig das Geschehen zwischen t und t' zuordnen können, ohne uns für t oder t' entscheiden zu müssen. Der *Zeitabschnitt* definiert die nicht unterteilbare Einheit des Abstands zwischen zwei Ereignissen (Zeitabstand im diskreten Zeitmodell in Zeitabschnitten). Als exogene Einheit ist jede beliebige Vereinbarung wie Monate, Tage, Stunden usw. denkbar.

Ein *Strom* bezeichnet allgemein eine pro Zeitabschnitt durch eine gegebene Querschnittsfläche hindurchtretende Menge. Das kann die Wassermenge der Ruhr, aber auch die Menge an Windrädern sein, die das Werk in Olsberg wöchentlich verlässt. Wir verwenden die von uns gegebene Definition eines Prozesses als eine Menge von Zeitfunktionen und formulieren darauf aufbauend: Ein Strom ist ein *monoton wachsender Prozess*. Ein Beispiel wären die in Olsberg eingehenden Kundenaufträge über Windräder unterschiedlicher Machart. Ein *stetiger Strom* ist ein monoton wachsender Prozess, der aus einer Menge stetiger Zeitfunktionen besteht. Das ist die Betrachtung von Ruhr, Lippe und Rhein; wir machen die Aussage über dem Zeitabschnitt. Ein *diskreter Strom* ist dagegen ein monoton wachsender Prozess, dessen Zeitfunktionen nur zu isolierten Zeitpunkten eine Veränderung anzeigen. Ein diskreter Strom wird bspw. von den in Olsberg über der Zeit eingehenden Kundenaufträgen gebildet. Ein diskreter Strom, dessen Zuwachs nur ganzzahlige Werte annehmen kann, heißt *Einheitenstrom*. Das ist die tropfende Wasseruhr, bei der wir die „Einheitstropfen“ zählen. Das gilt natürlich auch für die Kundenaufträge. Ein *regulärer Einheitenstrom* liegt vor, wenn zu jedem beliebigen Zeitpunkt der Funktionswert 0 oder 1 ist. Ein solcher Strom setzt voraus, dass wir die Zeit beliebig genau messen können, sodass wir nicht gezwungen sind, zwei aufeinanderfolgende Sachverhalte nur deshalb, weil unsere Uhr nicht genau genug ist, ein und demselben Zeitelement zuordnen zu müssen.

Beispiel 3.72

Regulärer Einheitenstrom

Die Anzahl registrierter Windräder zu einem Zeitpunkt unserer Uhr ist maximal „1“. Wir registrieren also viel häufiger das Ticken der Uhr als das Ereignis „Windrad fertig“. Darüber hinaus ist der Zeitabschnitt unserer Uhr so klein, dass zwei fertiggestellte Windräder immer zwei unterschiedlichen Zeitelementen zugeordnet werden können (regulär). Also hängt diese Unterscheidung im Wesentlichen vom Zeitabschnitt der eingesetzten Uhr in Relation zur „Ereignisdichte“ im realen Geschehen ab: Ist der Zeitabschnitt der Uhr nicht klein genug, ist auch ein „an sich regulärer“ Prozess nicht regulär. Stellen wir nur jeden Monat ein Windrad her, reicht auch die „täglich aufgehende Sonne“ aus um festzustellen: Dieser Prozess ist regulär. ◄

Einheitenströme, bei denen wir mehrere Einheiten zeitlich nicht differenzieren können, sind *nichtregulär*. Dabei spielt es keine Rolle, ob das „in Wirklichkeit“ so ist, oder lediglich die von uns verwendete Uhr nicht fein genug misst. Beispielsweise schwingt das Pendel, das wir als Zeitmesser verwenden, viel zu langsam um den Flügelschlag einer Fliege zu messen.

Fall 1: Wenig (interne) Ereignisse im externen Zeitmodell. Wir bilden die Menge der originären Ereignisse auf eine kardinale Zeitmenge mit dem Wertevorrat $\{0, 1\}$ ab.
Fall 2: Viele identische Ereignisse je Zeitabschnitt. Wir operieren mit der Zuordnung von Anzahlen von Ereignissen derselben Klasse zu einem Zeitabschnitt (wir messen 1500 Umdrehungen je Minute).
Fall 3: Viele nicht identische Ereignisse je Zeitabschnitt. Wir ordnen einem Zeitabschnitt Anzahlen mehrerer Klassen zu. Genauso haben wir auch „Prozess“ definiert.

Was hier deutlich wird – insbesondere bei der Definition eines Stromes -, ist der Fakt, dass über das, was denn nun fließt, nichts ausgesagt wird: Die Elemente der Menge sind über die Menge selbst ausreichend identifiziert; die Bezeichnung der Ereignisse in einem Zeitraum ist mit der Bezeichnung der Klasse hinreichend genau gegeben. Wir sprechen in diesem Fall von „gleichartigen Ereignissen“: Unter einem *Strom von Elementen gleicher Klasse* (gleichartige Ereignisse) verstehen wir eine Folge von Ereignissen, deren Gleichartigkeit in dem Sinne zu verstehen ist, dass nur der Sachverhalt von Bedeutung ist, dass ein Ereignis zu einem gegebenen Zeitpunkt eintritt oder nicht. Wir gehen von einem nicht regulären Strom von Elementen gleicher Klasse aus und betrachten die Umsetzung des realen Geschehens der Windkraftwerke auf eine gegebene diskrete Zeitmenge. Wenn wir dazu eine Zeitpunktmenge verwenden, dann sind zu einem Zeitpunkt zwei Zustände zu führen: Zustand vor dem Verbuchen der Ereignisse (Versand der Windräder), Zustand nach dem Verbuchen. Vorher ist das Windradlager voll, nachher ist es leer. Verwenden wir eine Menge von Zeitabschnitten, dann müssen wir festlegen, welchem der beiden den Zeitabschnitt definierenden Zeitelemente wir die Veränderungen zuordnen.

Beispiel 3.73

Physikalisches System mit zwei Basisgrößen

Die heutige Physik – und die heutige Technik – arbeitet mit dem *mks*-System: Meter, Kilogramm und Sekunde (siehe Abschn. 2.2.3). Wir wollen hier der (hypothetischen) Frage nachgehen, ob wir nicht mit weniger Basisgrößen auskommen könnten. Im Einzelnen beachten wir die folgenden Kriterien:

- Die Basisgrößen sind bereits heute gebräuchlich (Kilogramm, Sekunde und/oder Meter).
- Die Anwendbarkeit ist auch im letzten Winkel, in dem noch ein Sachsystem/ein technisches System entworfen, hergestellt oder betrieben wird, gewährleistet.
- Das Bündel der für die Genauigkeit der Messung entscheidenden Dinge ist minimal. Es lässt sich für die ganze Welt zentral und einfach herstellen.
- Die Genauigkeit der Messung entspricht den Anforderungen von Handel, Technik und Physik. Sie hängt weder von der Jahreszeit noch vom Wetter noch vom Ort der Messung ab.
- Die Skalierung ermöglicht ein Rechnen mit natürlichen Zahlen.

Als Ergebnis erhalten wir ein Messwesen, das ausschließlich auf den physikalischen Größen Masse und Zeit gründet (*ks*-System). Länge, Temperatur, Arbeit und Druck sind wie die Geschwindigkeit abgeleitete Größen.

- **Materie/Masse**
  Die Masse ist eine Eigenschaft der Materie. Als Maßeinheit dieser Basisgröße dient – wie heute allgemein üblich – das Kilogramm. Alle Unterteilungen mit Zählzahlen in 2, 3, 4, 6, 8, 10, 12 oder 16 Teile (wie bspw. Unzen, Schekel, Drachmen, Pound) und alle Zusammenfassungen zu Vielfachen von natürlichen Zahlen sind zulässig. Messinstrument ist die Balkenwaage. Wenn wir von einem zunächst über Gewichtssteine hergestellten Gleichgewicht ausgehen, können wir auch vermindernde Werte ausdrücken („Wir legen einen Gewichtsstein zurück"). Wir verwenden bspw. einen Gewichtssteinsatz von einmal einem Hundertstel, zweimal einem Fünfzigstel, einmal einem Fünfundzwanzigstel, einmal einem Zehntel, zweimal einem Fünftel, einmal (zwei Fünfteln) eines Kilogramms sowie einmal von einem, zweimal von zwei und einmal von vier Kilogramm. Damit können wir bis zehn Kilogramm die Masse in Schritten von jeweils dem Hundertstel eines Kilogramms messen.

Die in Beispiel 3.70 angesprochene Einschränkung der „direkten Addition" auf einer Balkenwaage bei einem endlichen Gewichtssteinsatz (diese Einschränkung gilt genauso für die anderen Größen: Beispielsweise setzen alle Gesamtlängen größer als die Länge des Maßstabs – vor allem, wenn wir nur einen Maßstab haben – mehrere separate Messungen ab der „Null" des Maßstabs voraus) wollen wir noch einmal an einem kleinen Beispiel mit dem folgenden Gewichtssteinsatz erläutern: einmal ein Kilogramm, zweimal zwei Kilogramm, einmal vier Kilogramm. Das ist das „schwere Drittel" des von uns vorgeschlagenen Einheitsgewichtssatzes. Damit können wir Massen von null bis neun Kilogramm mit Schrittweite ein Kilogramm messen. Die Möglichkeiten für eine „direkte Vermehrung/Addition", also für das Auflegen zusätzlicher Gewichtssteine bei zusätzlich aufgebrachter Masse, zeigen wir in der folgenden Tabelle:
0 kombinierbar mit 0, 1, 2, 3, 4, 5, 6, 7, 8, 9
1 kombinierbar mit 0, 2, 4, 6, 8
2 kombinierbar mit 0, 1, 2, 3, 4, 5, 6, 7,
3 kombinierbar mit 0, 2, 4, 6
4 kombinierbar mit 0, 1, 2, 3, 4, 5
5 kombinierbar mit 0, 2, 4
6 kombinierbar mit 0, 1, 2, 3
7 kombinierbar mit 0, 2
8 kombinierbar mit 0, 1
9 kombinierbar mit 0
Es gilt für das Addieren:

- Beschränkung der Gesamtmasse auf höchstens neun Kilogramm,
- kein direktes Addieren von zwei ungeradzahligen Massen.

Es gilt für das Subtrahieren:

- Beschränkung des Verminderns auf maximal die Menge der aufliegenden Gewichtssteine,
- kein ungeradzahliges Vermindern bei geradzahliger Gesamtmasse.

Dieses Beispiel macht auch deutlich, dass dieser Einheitsgewichtssteinsatz beliebig nach unten oder oben erweitert oder eingeschränkt werden kann.

- **Zeit**

  Als physikalische Größe bezeichnet die Zeit die geordnete Abfolge der Ereignisse. Die Basiseinheit ist ein Tag vom Sonnenhöchststand bis zum nächsten Sonnenhöchststand. Wir unterteilen diesen Tag mit einem Pendel von exakt einem Meter* Länge in genau 100.000 Halbschwingungen[32]. Damit hat eine Stunde*

  - bei 24 Stunden je Tag 4166 und 2/3 Halbschwingungen
  - bei 25 Stunden je Tag 4000 Halbschwingungen
  - bei 20 Stunden je Tag 5000 Halbschwingungen

[32] Siehe den Französischen Revolutionskalender von 1792 [WIKIZEIT].

eines Meter*pendels. Wir nehmen zweckmäßigerweise eine Unterteilung des Tages in 20 Stunden* vor. Eine Uhr, die genau diese 20 Stunden* anzeigt und immer wieder bei null beginnt, legt dann ein algebraisches System vom Typ Monoid mit ganzen Zahlen zugrunde: $11 \cdot 2 = 2$, $11 + 11 = 2$, $20 = 0$, $17 + 5 = 2$.

- **Länge, Fläche, Volumen**
  Die Länge bezeichnet als physikalische Größe die Ausdehnung physikalischer Objekte und deren Abstände zueinander. Die Einheit der Längenmessung ist ein Meter*. Zur Eichung dieser Maßeinheit verwenden wir ein materiefreies Pendel (alle Masse in einem Punkt vereinigt), das an einem Tag genau 100.000 Halbschwingungen durchführt (vgl. Abschn. 2.2.3)[33]. Die Länge dieses Pendels ist genau ein Meter*; wir legen die Länge über die Zeit fest. Damit sind sich Zeit und Länge gegenseitig Prüfstein und Korrektiv.
  Eine aus Zeit und Länge als (Länge/Zeit) abgeleitete Größe ist die Geschwindigkeit (Meter*/Stunde*). Gegebenenfalls ist hier eine Unterteilung in eine Halbschwingung sinnvoll (Meter* · 5000/Stunde*).

- **Beschleunigung/Kraft**
  Die Beschleunigung ist die Veränderung der Geschwindigkeit in der Zeiteinheit (Länge/Zeit^2). Als Einheit einer Kraft verwenden wir: Diese Kraft beschleunigt 1 Kilogramm in einer Stunde* auf die Geschwindigkeit von 1 Meter*/Stunde*. Die Erdbeschleunigung messen wir in dieser Einheit abhängig vom jeweiligen Ort.

- **Temperatur**
  Grundlage der Messung ist ein Kupferstab von exakt drei Metern* Länge, unterteilt in 2000 gleich lange Abschnitte. Als oberes Maß der Messung wählen wir die Länge dieses Stabes, wenn wir ihn in gerade schmelzendes Zinn legen (Regel 4). Wir vermerken diese Länge. Das untere Maß erhalten wir, wenn dieser Stab um das (7/2000)-Fache, also um sieben der angezeichneten Abschnitte, geschrumpft ist (Wärmeausdehnung von Kupfer). Dieser Punkt gibt nach bestem Wissen die mittlere Temperatur in Greenwich bei der Tag- und Nacht-Gleiche im März an. Wir ordnen diesem Punkt den Wert „null“ zu (Regel 3); als Einheit der Skala verwenden wir die Dehnung um einen der 2000 abgetragenen Abschnitte (Regel 5). Wasser kocht dann bei 26.333 Zehntausendsteln der Einheit, es gefriert bei −7 Zehnteln der Einheit. Demnach lesen wir am Nordpol Temperaturen kleiner als −7/2000 ab. Genauso können wir die Schmelzpunkte von Quecksilber, Wachs, Schwefel, Blei, Zink, Silber und Gold sowie deren Abstände messen und vergleichen. Für eine bessere Ablesbarkeit schlagen wir eine Verstärkung der Anzeige um Faktor zehn oder

[33] Nach Prinzipien von Beispiel 3.73 bzw. 3.74, natürlich sehr viel genauer, werden heute die Zeit, die Länge und die Masse definiert; siehe die Definitionen der Sekunde (Zählen der Schwingungen einer Caesium-Uhr), des Meters (Lichtgeschwindigkeit und Zeit) und des Kilogramms (Planck-Konstante) in der Internationalen Standardisierung (SI) [WIKIZEIT].

hundert vor. Eine ganz wichtige Konsequenz dieser Festlegungen zu Temperaturmessung betrifft die Länge und die Zeit: Alle Ausführungen gelten für das untere Maß „null“.

- **Arbeit/Arbeitsintensität**
  Wir müssen eine Last eine bestimmte Strecke bewegen. Dann hängt die zu leistende Arbeit zum einen von der aufzubringenden Kraft und zum anderen von der Strecke in Metern* ab. Daher ist die Arbeit die Kraft in $\mathrm{kg\,m/s^2}$, vervielfacht um den Weg in Metern* ($\mathrm{kg(m/s)^2}$). Die Arbeitsintensität, also ob wir zehn oder zwanzig Zugmaschinen gleichzeitig einsetzen, um mit der doppelten Anzahl die doppelte Masse in derselben Zeit über dieselbe Strecke zu bewegen, messen wir als Arbeit je Zeiteinheit, also $\mathrm{kg\,m^2/s^3}$. Wenn wir den Kupferstab erwärmen, dann können wir eine aufgelegte Last um die jeweilige Ausdehnung heben. Auch hier gilt für die Arbeit: Kraft verknüpft mit dem zurückgelegten Weg. Also besteht, wenn das Resultat dasselbe ist, ein Zusammenhang zwischen Temperatur und Kraftanstrengung.

- **Druck**
  Wir errichten einen immer höheren Turm. Je höher wir bauen, desto größer wird die Last auf einer quadratischen Bodenfläche mit einer Seitenlänge von einem Meter* (Einheit der Fläche!). Also berechnen wir als Druck die Last in $\mathrm{kg\,m/s^2}$ je (Flächeneinheit in Quadratmetern*).

- **Nullpunkte**
  Den Nullpunkt der Temperatur haben wir mit der Art der Messung vorgegeben. Er ist zwar nicht absolut, aber auf der ganzen Erde einheitlich und einheitlich reproduzierbar. Für die Masse ist die leere Balkenwaage im Gleichgewicht der Nullpunkt. Dagegen müssen wir bei der gewählten/vorgeschlagenen Art der Messung von Zeit und Länge/Weg den Nullpunkt, also den Punkt, ab dem wir messen, jedes Mal angeben. Wir müssen jedes Mal vereinbaren, wo wir anfangen und wo wir aufhören zu messen. Und dann können wir auch bei Zeit und Länge Werte kleiner als „null“ erhalten.
  Damit haben wir mit dem heute verwendeten Kilogramm und einer veränderten Zeiteinheit für die wesentlichen Größen der Mechanik veränderte Maßeinheiten definiert. In der Physik ändert sich nichts (siehe Abschn. 2.2.3). Aber wir brauchen neue Meterstäbe und neue Uhren – oder ein Pendel. ◄

An dieser Stelle sei darauf hingewiesen: Messen heißt: Wir vereinbaren ein formales System mit entsprechenden Regeln (vgl. Abschn. 2.1), welches wir nach der Überführung in ein algebraisches System technischen Messmitteln überstulpen. Wenn wir mit diesen Instrumenten nach diesen Regeln messen, dann interpretieren wir die Natur (vgl. Abschn. 3.3). Die Natur selbst und die Zeit sind von unseren Messmethoden und -mitteln völlig unabhängig: Wasser gefriert, wenn es kalt genug ist, egal ob wir $-7/10$ Einheiten ablesen oder nicht. Und der Sonne ist es völlig gleichgültig, wie oft unser Pendel schwingt. Aber wir Menschen können mit so einem Messsystem uns sehr viel besser über die Natur austauschen und diese verstehen.

Beispiel 3.74

Physikalisches System mit einer Basisgröße (*s*-System)

Wir verzichten gegenüber Beispiel 3.73 auf eine vorgegebene Einheit für das Messen der Masse. Vielmehr bestimmen wir die Einheit der Masse wie folgt: Ein Kupfer-Würfel mit der Kantenlänge 1/10 Meter* hat die Masse von 1 kg*.

100.000 Sekunden* $\longleftrightarrow$ 86.400 Sekunden
1 Sekunde* $\longleftrightarrow$ 0,864 Sekunden
1 Meter* $\longleftrightarrow$ 0,741900 Meter

Damit haben wir Länge und Masse auf die Zeit zurückgeführt. Es gilt: 1 kg* $\longleftrightarrow$ 3,65884595 kg. ◄

3.4.1.2 Qualitative Größen/Messen in den Sozialwissenschaften

Wir führen den numerischen Massebegriff dadurch ein, dass wir ein Messverfahren für ihn festlegen. Wir sind es, die der Natur Zahlen zuordnen. Die Erscheinungen selbst zeigen nur Qualitäten, die wir beobachten. Alles Numerische, mit Ausnahme der Kardinalzahlen, die diskreten Gegenständen zugeordnet werden können („Zählen“), wird von uns selbst eingeführt, wenn wir das Messverfahren entwickeln. Wenn wir in irgendeinem Gebiet von Ereignissen genügend Ordnung finden, dass wir Vergleiche machen und sagen können, dass in gewisser Hinsicht das eine Ding über einem anderen Ding ist, und dieses wiederum über noch einem anderen, dann besteht prinzipiell die Möglichkeit der Messung. Es ist dann unsere Aufgabe, Regeln zu entwickeln, die in einer nützlichen Weise den Ereignissen Zahlen zuordnen. Wie wir gesehen haben, besteht der erste Schritt darin, komparative Regeln zu finden; und dann, wenn möglich, quantitative. Wenn wir den Ereignissen ohne physikalisch begründeten Maßstab Zahlen zuordnen, dann hat es keinen Sinn zu fragen, ob es „die richtigen“ Zahlen sind – das einzelne Urteil wird nicht erklärt und auch nicht hinterfragt. Wir führen einfach Regeln ein, die festlegen, wie die Zahlen zuzuordnen und zu interpretieren sind. Nach diesem Standpunkt sind auch nichtfunktionale Größen prinzipiell messbar. In der Regel werden wir derartige subjektive Aussagen über mehrere Urteile zum selben Sachverhalt absichern: Die Vielzahl der Urteile soll ein nachvollziehbares, reproduzierbares Messergebnis zeitigen und Fehler bei den Einzelurteilen ausnivellieren. Geeignete Regeln/Verfahren finden wir bspw. im Marketing [JOSC18, SESS23], in den Politikwissenschaften [KSTO10, PIPI12] oder in der Psychologie [RHST10, SIXT67]. Im folgenden Abschnitt prüfen wir gegen eine subjektiv empfundene Schranke. In den weiteren Abschnitten vergleichen wir jeweils zwei Angebote bzgl. eines Merkmals; über die vollständige Menge der Paarvergleiche kommen wir mit entsprechenden Regeln zu einer quantitativen Aussage über Ausprägungsabstände.

Lineare Regression

Haben ggf. mehrere Subjekte die Möglichkeit, eine Attributsausprägung – bspw. die Schwierigkeit einer Aufgabe, die Helligkeit einer Farbe, den Gebrauchsnutzen eines Betriebsmittels, die Zufriedenheit eines Kunden, das Ausmaß der Verantwortung eines Mitarbeiters usw. – unterhalb oder oberhalb einer bestimmten Schranke einzuordnen, so wird bei wiederholter Abgabe des (Schätz-)Urteils dieses meist nicht eindeutig sein. Wir nehmen an (können annehmen), dass eine Ausprägung höher als die Schranke in der Mehrzahl zu einem „Größer als die Schranke"-Urteil führt. Die Wahrscheinlichkeit (siehe [BEGR97, CARN74] sowie [LAPL14, QUET46, WEST90, KAUF13]), dass eine Ausprägung ein „Größer"-Urteil auslöst, ist dann eine monoton wachsende Funktion der Größe der Ausprägung bzw. des Abstands zur Schranke. Urteile, die nie ein „Größer"- bzw. „Kleiner"-Urteil auslösen, liegen dann am oberen bzw. unteren Ende der Skala. Weiterhin soll gelten: Ist p_i die Wahrscheinlichkeit eines „Größer"-Urteils ($i = 1, 2, 3, \ldots, n$) und a_k ein Wert einer Ausprägung mit $a_i < a_k < a_{i+1}$, dann ist auch $p_i < p_k < p_{i+1}$. Wir suchen nun ein Modell, das diesen Zusammenhang $p_i = f(a_i)$ beschreibt. Eine Funktion, die die Beziehung zwischen p und n beschreiben kann, ist die kumulierte Normalverteilung (Integral der Normalverteilung). Wir nehmen also an, dass der Übergang vom „Kleiner"- zum „Größer"-Urteil normal um einen bestimmten Wert verteilt ist; die Mehrzahl der Urteile wird zu einem Mittelwert tendieren, während die Werte in den Randbereichen seltener vergeben werden. Außerdem setzen wir voraus, dass – falls dieser Übergang so bei a_i auftritt – er auch bei allen Ausprägungen a_k auftritt, die größer als a_i sind.

Die Angemessenheit dieser Vorgehensweise können wir leicht überprüfen: Die Abszissenwerte x_i, von denen die vorgefundenen Wahrscheinlichkeiten p_i nach $p = \int_{-\infty}^{x} 1/(2\pi)^{1/2} \exp(-1/2(x)^2) \mathrm{d}x$ eine Funktion sind, müssen in linearer Funktion zu den Ausprägungswerten a_i stehen: $x_i = c + b \cdot a_i$.

Beispiel 3.75

Schwierigkeitsgrade von Aufgaben [ZANG70]

Verlangt wird die Beurteilung von fünf Marketing-Prüfungsaufgaben aufsteigender Schwierigkeitsgrade durch zehn Studierende (Urteilende). Die Beurteilung erfolgt bezüglich des Kriteriums „schwierig". Bei Erreichen einer bestimmten Schwelle soll mit „1" geurteilt werden, ansonsten mit „0". Die fünf Aufgaben haben (nach Einschätzung des prüfenden Professors) aufsteigenden Schwierigkeitsgrad $a_i = 2, 4, 6, 8, 10$.

Frage: Wie gut werden von den Urteilenden die aufsteigenden Schwierigkeitsgrade in der Beurteilung erfasst?

- **1. 0/1-Urteile der Urteilenden**

	Aufgaben				
Urteile	0	0	0	1	1
	0	0	1	1	1
	1	1	1	0	0
	0	0	0	1	1
	0	1	1	0	1
	0	0	0	1	1
	0	0	1	1	1
	0	0	1	1	1
	1	0	1	1	1
	0	1	0	1	1

- **2. Häufigkeit eines „1"-Urteils (Summe der Spalten)**

	Aufgaben				
Häufigkeit	0,2	0,3	0,6	0,8	0,9

- **3. x-Werte zu den prozentualen „1"-Urteilen (Abszissenwerte)**

	Aufgaben				
Häufigkeit	0,2	0,3	0,6	0,8	0,9
x-Wert	–0,84	–0,52	0,25	0,84	1,28

- **4. Berechnen der Kovarianz**

$$M_{nx} = \frac{1}{n}\sum_{i=1}^{n}(a_i - M_n)(x_i - M_x)$$

$(a_i - M_n)$	$(x_i - M_x)$	$() \cdot ()$
$2 - 6 = -4$	$-0{,}84 - 0{,}202 = -1{,}042$	4,168
$4 - 6 = -2$	$-0{,}52 - 0{,}202 = -0{,}722$	1,444
$6 - 6 = 0$	$+0{,}25 - 0{,}202 = 0{,}048$	0
$8 - 6 = 2$	$+0{,}84 - 0{,}202 = 0{,}638$	1,276
$10 - 6 = 4$	$+1{,}28 - 0{,}202 = 1{,}078$	4,312

$$M_{nx} = \frac{1}{5} \cdot 11{,}2 = 2{,}24$$

- **5. Berechnen der Varianz**

$$\sigma_2^n = \frac{1}{n}\sum_{i=1}^{n}(a_i - M_n)^2 = \frac{1}{5}\left((-4)^2 + (-2)^2 + 0^2 + 2^2 + 4^2\right) = 8$$

- **6. Berechnen des Regressionskoeffizienten**

$$b = \frac{M_{n_x}}{\sigma_n^2} = \frac{2{,}24}{8} = 0{,}28$$

- **7. Berechnen des Achsenabschnitts**

$$Q = M_x - b \cdot M_n = 0{,}202 - 0{,}28 \cdot 6 = -1{,}478$$

- **8. Bestimmen der Ausgleichsgeraden**
  Wir erhalten die Geradengleichung $x = -1{,}478 + 0{,}28 \cdot a$. Die Schwelle der Beurteilung mit „0“ bzw. mit „1“ liegt bei $a = 5{,}28$.
  Wir berechnen die Abstände einzelner x-Werte von der Ausgleichsgerade.

x	x'	$x' - x$
−0,84	−0,918	−0,078
−0,52	−0,358	+0,162
0,25	0,202	−0,048
0,84	0,762	−0,078
1,28	1,322	0,042
Summe 1,01	Summe 1,01	Summe 0,00

Wir haben damit Linearität mit einem Nullpunkt hergestellt. ◄

Methode der konstanten Summen

Die *Methode der konstanten Summen* erzeugt eine Ordinalrelation. Dazu schätzen wir mehrfach die Ausprägungsverhältnisse a_{ij}/a_{hj} von jeweils zwei Alternativen A_i und A_h (mehrere Urteilende) und berechnen aus diesen Schätzdaten Mittelwerte, die dadurch gekennzeichnet sind, dass die Summe der Abweichungsquadrate zwischen den geschätzten und daraus gemittelten Ausprägungsverhältnissen ein Minimum ist. Wir vergeben je Alternativenpaar 100 Punkte in Abhängigkeit vom Verhältnis der beiden Ausprägungswerte, zum Beispiel 75 : 25, wenn eine Alternative einen dreimal so hohen Ausprägungswert hat wie eine andere. Die Anzahl der Punkte, die Alternative i im Vergleich mit h erhält, sei v_{ih}^u. Werden n Alternativen verglichen, so erhalten wir je Urteilsfolge u, $u = 1(1)r$, insgesamt $n(n-1)/2$ Schätzwerte v_{ih}^u. Dabei gibt v_{ih}^u jeweils die Punktzahl an, die Alternative A_h in der u-ten Urteilsfolge aufgrund ihres Ausprägungsertrags a_{hj} im Vergleich mit dem Ausprägungsertrag a_{ij} der Alternative A_i zugeordnet wurde. Die Schätzwerte ordnen wir in Matrixform. Weil es keinen Sinn macht, eine Alternative mit sich selbst zu vergleichen, bleibt die Diagonale leer (nicht reflexiv). Entsprechende Elemente ergänzen sich auf 100,

d. h. $v_{ih} + v_{hi} = 100$. Wir erhalten bspw.

–	44,91	36,09	28,79	11,00
55,09	–	41,04	34,51	12,79
63,91	58,96	–	41,34	16,00
71,26	65,49	58,66	–	21,06
89,00	87,21	84,00	78,94	–

Matrix der Schätzwerte v_{i_h} (aus r Urteilsfolgen gemittelt)

Werte in %

Der Quotient zweier einander entsprechender Elemente der Matrix entspricht gemäß Voraussetzung dem Verhältnis der Einschätzung der betreffenden subjektiven Größen $a_i/a_h = v_{hi}/v_{ih} = w_{hi}$. Für $v_{12} = 75$ und $v_{21} = 25$ ist dann $w_{12} = 3$. Weiterhin gilt $w_{j_1}/w_{j_2} = a_1/a_2 = w_{21}$, $j = 2, 3, 4, \ldots, n$. Wir rechnen mit dem geometrischen Mittel aller dieser in der Matrix enthaltenen Werte; nur so ist $1/w_{21} = w_{12}$ für alle Fälle erfüllt (siehe [SIXT67, BORT99]). Durch Logarithmieren erhalten wir $\log a_i - \log a_h = \log v_{hi} - \log v_{ih} = \log w_{hi}$. Wir bestimmen den Logarithmus der Skalenwerte so, dass

$$\sum_{h=1}^{n} \sum_{i=1}^{n} (\log w_{hi} - \log a_i + \log a_h) = Min.$$

Wir leiten nach $\log a_i$ ab und erhalten $\log a_i = 1/n \sum_{h=1}^{n} \log w_{hi}$ für $i = 1, 2, 3, \ldots, n$ als arithmetisches Mittel der $\log w_{hi}$ in der i-ten Spalte der Matrix $\log w_{hi}$. Nachdem wir festgelegt haben, dass die Summe der logarithmierten Skalenwerte null ergibt, das geometrische Mittel der Skalenwerte also 1 sein soll, ergibt sich durch Ersetzen von $\log w_{hi}$

$$\log a_i = \frac{1}{n} \left(\sum_{h=1}^{n} \log v_{hi} - \sum_{i=1}^{n} \log v_{ih} \right).$$

Beispiel 3.76

Methode der konstanten Summen

Wir bestimmen die Logarithmen der oben gegebenen Matrixelemente v_{ih}:

–	1,652	1,557	1,458	1,041
1,741	–	1,611	1,537	1,106
1,805	1,770	–	1,616	1,204
1,852	1,86	1,768	–	1,323
1,949	1,940	1,924	1,897	–

Dann bilden wir $\log w_{hi} = \log v_{hi} - \log v_{ih}$:

–	−0,08	−0,248	−0,394	−0,908	−1,639	
0,088	–	−0,157	−0,274	−0,833	−1,180	$\sum n \cdot \log a_h$
0,248	0,157	–	−0,151	−0,720	−0,466	
0,394	0,278	0,151	–	−0,573	0,250	
0,908	0,833	0,720	0,573	–	3,035	
1,639	1,180	0,466	−0,250	−3,035		
				$\sum n \cdot \log a_i$		

Wir bilden das arithmetische Mittel, indem wir durch die Anzahl n der Alternativen teilen. Dabei nehmen wir an, dass in den Diagonalen Nullen stehen. Es ergibt sich

$\log a_i$	0,327	0,236	0,0133	−0,050	−0,607

Zur Kontrolle überzeugen wir uns davon, dass die Summe von $\log a_i$ – entsprechend der Wahl der Einheit – null ergibt. Um zu den Skalenwerten zu kommen, suchen wir den Numerus der Werte in der vorigen Tabelle.

Alternative i	1	2	3	4	5
Ausprägungswerte a_i	2,127	1,727	1,240	0,891	0,247 ◄

Methode der indirekten Intervallskalierung

Wir gehen davon aus, dass die Präferenzreaktionen in ordinaler Form gegeben sind. Diese ordinale Form soll in eine Intervallskala umgewandelt werden. Üblich ist die *indirekte Intervallskalierung* nach Vorzugshäufigkeiten. Dabei genügen als Aussage Urteile der Art $a_{ij} \lesseqgtr a_{hj}$. Ergeben sich bei Wiederholungen der Urteile in der Einstufung der Alternativen infolge geringer Ausprägungswertunterschiede und/oder mangelnder Unterscheidungsfähigkeit der Urteilspersonen Widersprüche, so gehen wir davon aus, dass die subjektiv empfundene Distanz zwischen zwei Vergleichsobjekten umso geringer ist, je öfter die Rangordnung bei den Urteilsfolgen durcheinander gebracht wird. Umgekehrt folgern wir, dass der Unterschied umso größer ist, je eindeutiger das Urteil ist:

1. Je weniger sich die Reaktionsverteilungen überlappen, desto häufiger sind die Urteile einer Art.
2. Der Anteil von Urteilen einer Art ist eine Funktion des modalen Unterschieds in den Reaktionen auf i und h.
3. Der x-Wert entspricht der Beziehung $(k_{ij} - k_{ih})/s_{\text{diff}} = x_{ih}$, $s = (\text{Varianz})^{1/2}$.

Wir suchen also einen Mittelwert mit minimalen Abweichungen. Dieses Gesetz beruht auf folgenden Annahmen [SIXT67]:

1. Jedem Vergleichsobjekt wird durch einen Einschätzungsvorgang ein Wert zugeordnet.
2. Dieser Wert ist nicht eindeutig, sondern schwankt bei wiederholter Vorgabe des Objekts.
3. Die empirische Häufigkeitsverteilung dieser Werte bildet näherungsweise eine statistische Normalverteilung um den wahren gesuchten Skalenwert.

Dem Urteilenden wird jedes der $n(n-1)/2$ Paare, die sich aus n Alternativen bilden lassen, vorgelegt; er entscheidet, welche Alternative mehr von dem zu skalierenden Ausprägungswert besitzt. Der Urteilende gibt also $n(n-1)/2$ binäre Urteile ab, die in eine quadratische Matrix mit den Elementen e_{ih} eingetragen werden. Immer, wenn der Urteilende $i < h$ urteilt und h über i dominiert, folgt $e_{ih} = 1$ sowie $e_{hi} = 0$. Die Summe korrespondierender Gewichte ist in jedem Fall $e_{ih} + e_{hi} = 1$. Nach Abgabe von insgesamt r vollständigen Urteilen werden die r Matrizen zu einer Matrix der Vorzugshäufigkeiten f_{ih} zusammengefasst. Aus den Vorzugshäufigkeiten ergeben sich dann durch Division der Elemente f_{ih} mit r die Matrizenelemente p_{ih} der relativen Vorzugshäufigkeiten, die angeben, in wie viel Prozent der Urteile die Alternative A_h über die Alternative A_i dominiert: $p_{ih} = f_{ih}/r$, $p_{ih} + p_{hi} = 1$.

Wird der einfachste Fall des komparativen Urteils angenommen, in dem alle Urteile gleich streuen und die Korrelationen der Reaktionen gleich sind, lassen sich die gesuchten Ausprägungswerte a_{ij} aus der Beziehung $a_{hj} = 1/n \sum_{i=1}^{n} x_{ih}$; $h = 1(1)n$ oder $a_{ij} = -1/n \sum_{h=1}^{n} x_{ih}$; $i = 1(1)n$ berechnen. Dabei wird x_{ih} aus der Tabelle für die Normalverteilung für den Wert p_{ih} abgelesen. Die Werte sind als Intervallskala mit $a_i' = a_i \cdot c + const.$ beliebig transformierbar.

Beispiel 3.77

Paarvergleich

- **1. Bilden von *r* Dominanzmatrizen**

	A_1	A_2	A_3	A_4	A_5	A_6
A_1	–	1	0	0	1	1
A_2	0	–	1	0	1	1
A_3	1	0	–	1	0	1
A_4	1	1	0	–	0	1
A_5	0	0	1	1	–	0
A_6	0	0	0	0	1	–

Dominanzmatrix e_{ih}^{u} einer Rangreihe A_1 bis A_6 von sechs Alternativen bezüglich eines Ausprägungswerts

- **2. Zusammenfassen der r Dominanzmatrizen zur kombinierten Dominanzmatrix (hier $r = 50$)**

	A_1	A_2	A_3	A_4	A_5	A_6
A_1	–	38	33	0	39	40
A_2	12	–	38	45	48	50
A_3	17	12	–	28	14	41
A_4	10	5	22	–	35	30
A_5	11	2	36	15	–	35
A_6	2	0	9	20	15	–

- **3. Bilden der Prozentmatrix**

	A_1	A_2	A_3	A_4	A_5	A_6
A_1	–	0,76	0,66	0,88	0,78	0,46
A_2	0,24	–	0,76	0,90	0,96	1,00
A_3	0,34	0,24	–	0,56	0,28	0,82
A_4	0,20	0,10	0,44	–	0,70	0,60
A_5	0,22	0,04	0,72	0,30	–	0,70
A_6	0,04	0,00	0,18	0,40	0,30	–

- **4. Aufstellen der x-Matrix nach Tabelle**

	A_1	A_2	A_3	A_4	A_5	A_6
A_1	–	0,71	0,41	0,85	0,78	1,67
A_2	−0,71	–	0,71	1,28	1,75	–
A_3	−0,41	−0,71	–	0,15	0,50	0,92
A_4	−0,85	−1,28	−0,15	–	0,52	0,25
A_5	−0,78	−1,75	−0,58	−0,52	–	0,52
A_6	−1,67	–	−0,92	−0,25	−0,38	–

A_6 dominiert immer über A_2; die Reaktionsverteilungen überlappen sich nicht. Damit bleibt die Distanz zwischen beiden Alternativen unbestimmt. Diese Matrix können wir mit einer weiteren Bearbeitung operational machen, wenn wir die Matrix der reproduzierten Distanzen bilden.

- **5. Dazu müssen wir die Mittelwerte der Spalte der x-Matrix bilden:**

	A_1	A_2	A_3	A_4	A_5	A_6
d_j	−0,737	−0,610	−0,088	+0,252	+0,520	+0,672

Dann ergeben sich die Elemente der reproduzierten Matrix zu

$$d_{12} = d_2 - d_1 = -0{,}606 - (-0{,}737) = +0{,}129\,.$$

- **6. Matrix bei reproduzierten Distanzen**

	A_1	A_2	A_3	A_4	A_5	A_6
A_1	–	0,129	0,649	0,989	1,255	1,409
A_2	–0,129	–	0,518	0,858	1,124	1,278
A_3	–0,649	–0,518	–	0,340	0,606	0,760
A_4	0,989	–0,858	–0,340	–	0,266	0,420
A_5	–1,255	–1,224	–0,606	–0,266	–	0,154
A_6	–1,409	–1,278	–0,760	–0,420	–0,154	–

Wenn alle Reaktionsverteilungen gleich stark streuen und die Korrelationen aller Reaktionen konstant sind, können wir die x-Werte unmittelbar als Distanzen auffassen.

- **7. Dann können wir umgekehrt auch die reproduzierten Distanzen als x-Werte auffassen und aus diesen die Prozentmatrix gewinnen:**

	A_1	A_2	A_3	A_4	A_5	A_6
A_1	–	0,552	0,742	0,839	0,896	0,921
A_2	0,448	–	0,698	0,805	0,869	0,900
A_3	0,258	0,302	–	0,603	0,729	0,776
A_4	0,161	0,195	0,367	–	0,606	0,663
A_5	0,104	0,131	0,271	0,394	–	0,560
A_6	0,079	0,100	0,224	0,337	0,440	–

Damit können wir den Fehler nachprüfen, den wir durch die Einführung der Glieder d_{26} und d_{62} gemacht haben. Die Skala ergibt sich nach $a_{hj} = 1/n \sum_{i=1}^{n} x_{ih}$ als Spaltensummen der x-Matrix (reproduzierte Distanzen).

	A_1	A_2	A_3	A_4	A_5	A_6
a_{h_j}	–0,738	–0,624	–0,089	0,250	0,516	0,670

Erhöhen wir alle Werte um 0,738, erhalten wir die Ausprägungswertskala der Alternativen A_1 bis A_6:

	A_1	A_2	A_3	A_4	A_5	A_6
a	0	0,114	0,649	0,988	1,254	1,408

Wir projizieren also die Häufigkeitsverteilung der Urteile auf eine lineare Skala. Dabei entspricht p_{ih} der Fläche unter der Gauß-Kurve, x_{ih} dem zugehörigen Abszissenwert. ◀

Verfahren von Gulliksen

Auf gleicher Basis arbeitet das *Verfahren von Gulliksen* [ZANG70, SIXT67]. Wieder sind die Streuungen der Reaktionsverteilungen gleich groß und die Korrelationen der Reaktionen konstant. Die Skalenwerte aus der Distanzmatrix werden durch das Verfahren so verarbeitet, dass die Datenkonsistenz ein Maximum ergibt. Die Quadratsumme der Residuen ist dann:

$$\sum_{i=1}^{n}\sum_{h=1}^{n}(d_{ih} - a_i - a_h)^2 = \text{Minimum}.$$

Wenn ein Urteil eindeutig ausfällt und die Matrix der x-Werte vakante Stellen besitzt, sodass $p_{ih} = 1, p_{hi} = 0$, kann nichts über diese Abstände ausgesagt werden. Die x-Werte sind $-\infty$ und $+\infty$. Das ist nicht zu verwerten. Daher lautet die Minimumforderung: $\sum_{i,h}^{aih}(d_{ih} - a_i + a_h)^2 = \text{Minimum}$. a_{ih} induziert, dass die Summation nur über die vorhandenen Daten erfolgt.

Verwendete Symbole:

$\boldsymbol{R}$	Spaltenvektor mit den Skalenwerten der Werte (a_h) (Ausprägungswerte)
$\boldsymbol{I}$	Spaltenvektor mit 1 als Elementen
$\boldsymbol{D}$	Matrix der Distanzen; für jede fehlende Betrachtung wird null gesetzt, ebenso in der Diagonalzeile. Als Distanzen benützen wir die x-Werte der Prozentmatrix p_{ih}.
$\boldsymbol{M}$	quadratische Matrix n-ter Ordnung; -1 kommt in jede Zeile, in der eine Beobachtung existiert, in alle anderen außerhalb der Diagonalen Null. Die Diagonalzellen werden mit a_k besetzt, was der Anzahl der vorhandenen Beobachtungen in der betreffenden Zeile bzw. Spalte der Matrix entspricht.
$\boldsymbol{Z} = \boldsymbol{D} \cdot \boldsymbol{I}$	Spaltenvektor, dessen Elemente die Spaltensummen der Matrix $\boldsymbol{D}$ sind.
$\boldsymbol{N}$	Diagonalmatrix mit $1/a_k + 1$ als Element der Diagonalzellen und Null in allen anderen Zellen außerhalb der Diagonalen
$\boldsymbol{L}$	Matrix, die aus $\boldsymbol{M}$ entsteht; sie enthält Null, wo $\boldsymbol{M}$ Null enthält und $+1$ in allen anderen Zellen.

Rechenschritte:

1. Wir wählen einen Vektor $\boldsymbol{T}_1$ mit den Startwerten für $\boldsymbol{R}$ (die Skalenwerte). Es genügen die Zahlen $0, 1, 2, \ldots (n-1)$; schneller gelangen wir mit den Mittelwerten von $\boldsymbol{D}$ zu einem Ergebnis.
2. Wir berechnen $\boldsymbol{M} \cdot \boldsymbol{T}_1$.
3. Die Skala $\boldsymbol{T}_1$ wird an $\boldsymbol{Z}$ angepasst, indem wir $a^2 = \boldsymbol{Z}'\boldsymbol{Z}/(\boldsymbol{T}'_1\boldsymbol{M}'\boldsymbol{M}\boldsymbol{T}_1)$ setzen. Dabei gilt $(\boldsymbol{M}\boldsymbol{T}_1)' = \boldsymbol{T}'_1\boldsymbol{M}'$.

4. Nun setzen wir $\boldsymbol{T}_1 = s \cdot \boldsymbol{T}_1$ und $\boldsymbol{MT}_1 = a \cdot \boldsymbol{MT}_1$.
5. Wir berechnen den Fehler der Approximation $\boldsymbol{ME}_1 = \boldsymbol{Z} - \boldsymbol{MT}_1$ und bestimmen
6. die Korrektur $\boldsymbol{C}_1 = \boldsymbol{N}(\boldsymbol{I} + \mathbf{LN})\boldsymbol{ME}_1 = \boldsymbol{N}(\boldsymbol{I} + \boldsymbol{I} - \mathbf{MN})\boldsymbol{ME}_1$.
7. Wir berechnen einen Vektor $\boldsymbol{T}_2 = \boldsymbol{T}_1 + \boldsymbol{C}_1 + b_1$, wobei b_1 eine additive Konstante ist, um den Ursprung zu justieren.
8. Mit $\boldsymbol{T}_2$ gehen wir wieder in Schritt 1 und beginnen eine neue Iteration. Dabei sind gestrichene Werte jeweils justierte Werte: Der niederste Wert wird $= 0$ gesetzt; die anderen entsprechend additiv um diesen Wert vergrößert.

Verfahren der sukzessiven Vergleiche

Diese *Methode* [ZANG70, CHAA61] entwickelt eine Ordnung durch wiederholte systematische Überprüfung der Ausprägungswerte mittels *sukzessiver Vergleiche*.

1. Wir ordnen die Gegenstände nach der Größe ihres geschätzten Ausprägungswerts. g_1 repräsentiert den am höchsten bewerteten, g_2 den am zweithöchsten eingeschätzten, ... und g_m den am niedersten bewerteten Gegenstand.
2. Wir ordnen g_1 den Wert 1 und den anderen Gegenständen jeweils die Rangordnung befolgende passende Ausprägungswerte zu.
3. Wir vergleichen g_1 mit $g_2 + g_3 + g_4 + \ldots + g_m$.
   Wenn g_1 gegenüber $g_2 + g_3 + g_4 + \ldots + g_m$ vorgezogen wird, bereinigen wir (wenn nötig) den Wert g_1, sodass $g_1 > g_2 + g_3 + g_4 + \ldots + g_m$. Bei dieser wie bei allen anderen Bereinigungen versuchen wir, die relativen Werte der bereinigten Gruppe $(g_2 + g_3 + \ldots + g_m)$ unverändert zu lassen. Das Verfahren wird mit Schritt 4 fortgesetzt.
   Wenn g_1 gleichwertig ist mit $g_2 + g_3 + \ldots + g_m$, bereinigen wir, wenn nötig, den Wert von g_1, sodass $g_1 = g_2 + g_3 + \ldots + g_m$. Wir setzen das Verfahren mit Schritt 4 fort.
4. Wir fahren fort, bis der Vergleich von g_{m-2} mit g_{m-1} abgeschlossen ist.
5. Wir wandeln jedes g_j in einen normierten Wert g'_j um, indem wir durch $\sum g_j$ dividieren. Dann ist $\sum g'_j = 1$.

Beispiel 3.78

Sukzessive Vergleiche

1. Wir ordnen die Gegenstände nach ihren Ausprägungswerten, also nach der subjektiven Präferenz $PR(k_1) > PR(k_2) > PR(k_3) > PR(k_4)$ des Urteilenden: $g_1 > g_2 > g_3 > g_4$.
2. Wir ordnen dem am höchsten bewerteten Gegenstand provisorisch den Wert 1 zu; den anderen Gegenständen ordnen wir relative Werte zu, die die Rangordnung befolgen: z. B. 1,0 > 0,8 > 0,5 > 0,3.
3. Nun stellen wir folgenden Vergleich an: $g_1 > g_2 + g_3 + g_4$. Wenn der Urteilende die Wahl zwischen (Gegenstand) g_1 und dem Rest der Gegenstände hätte, was würde er als wichtiger ansehen? In diesem Fall ist g_1 wichtiger als der Rest. Also muss g_1 korrigiert werden: 2,0 > 0,8 + 0,5 + 0,3. Die Werte für g_2, g_3, g_4 werden beibehalten.

4. Nun vergleichen wir g_3 und g_4 mit g_2. Angenommen g_2 wird vorgezogen, dann ist eine Bereinigung des Ausprägungswerts notwendig: $0{,}8 > 0{,}5 + 0{,}3 \lightning \longrightarrow 0{,}9 > 0{,}5 + 0{,}3$. Jetzt steht jeder Wert mit allen Ausprägungswerten im Einklang.
5. In diesem Fall sind alle Bewertungen abgeschlossen. Die Werte werden noch normiert, indem wir durch $\sum_{j=1}^{m} g_j$ dividieren. ◀

3.4.2 Bewerten

3.4.2.1 Pekuniäre Größen

Die *Verfahren der Wirtschaftlichkeitsrechnung*[34] bilden das Wahlproblem eindimensional auf einen pekuniären Maßstab ab. Also ist bei der Anwendung dieser Verfahren (zwingend) davon auszugehen, dass alle zur Wahl stehenden Aufgabenträger die sachlichen Anforderungen hinreichend gut erfüllen.

Wichtigstes Charakteristikum der *statischen Verfahren* ist die Wahl eines Ein-Perioden-Modells. Formell wird zwar von laufenden Kosten und/oder Betriebserträgen ausgegangen, diese werden aber meist aus dem ersten Nutzungsjahr abgeleitet und als gleichbleibend für die gesamte Rechnungsdauer unterstellt. Der Wertunterschied der zu unterschiedlichen Zeitpunkten anfallenden Kosten und Betriebserträge bleibt unberücksichtigt. Diese Verfahren sind daher mit vergleichsweise wenig Datenmaterial durchführbar, gehen aber notwendigerweise von einer Fremdfinanzierung aus (kalkulatorische Kosten). Sie werden vor allem dann angewandt, wenn

- über die Investitionsnotwendigkeit an sich kein Zweifel besteht und lediglich alternative Investitionsmöglichkeiten verglichen werden sollen;
- die Präferenzreihenfolge bezüglich der zu vergleichenden Investitionsalternativen auch über einen längeren Zeitraum unverändert bleibt.

Je nach Fragestellung haben die einzelnen Verfahren unterschiedliche Schwerpunkte:

Gewinn- und Kostenvergleiche, deren primäre Aufgaben die Ermittlung jährlicher Überschüsse sind, liefern brauchbare Beurteilungskriterien für eine einzelne Investition und für das Wahlproblem, solange das für Investitionszwecke vorhandene Kapital größer als die Anlagemöglichkeit ist. Die Kostenvergleichsrechnung stellt die Kosten von zwei oder mehr Investitionsmöglichkeiten einander gegenüber, um so die kostengünstigste Alternative zu ermitteln. In den Kostenvergleich sind grundsätzlich alle durch die jeweilige Investitionsalternative während der Nutzungsdauer verursachten Kosten einzubeziehen. Naturgemäß handelt es sich hauptsächlich um die folgenden Kostenarten: kalkulatorische Abschreibung, kalkulatorische Zinsen, Instandhaltungskosten, Raumkosten, Energie, Werkzeugkosten, Betriebsstoffe, Fertigungslöhne, fertigungslohnabhängige Kosten und evtl. Versicherungskosten.

[34] Siehe die ausführliche Darstellung in Bd. 2, Kap. 7.

Bei der Anwendung einer Kostenvergleichsrechnung geht es vor allem darum,

- im Rahmen des Wahlproblems eine Entscheidung zu fällen, welche von mehreren funktionsgleichen Investitionsalternativen zu realisieren ist. Unterstellt wird dabei, dass entweder alle in den Vergleich einbezogenen Alternativen wirtschaftlich im Hinblick auf andere Kriterien sind oder eine der zur Diskussion stehenden Alternativen in jedem Fall realisiert werden muss;
- im Rahmen des Ersatzproblems zu entscheiden, ob ein vorhandener Aufgabenträger durch eine neuen Aufgabenträger ersetzt werden soll.

Werden Aufgabenträger mit gleicher Kapazität verglichen (Stück/Periode), so genügt ein Vergleich der Gesamtkosten pro Periode. Sollen dagegen Alternativen mit unterschiedlicher Periodenleistung verglichen werden – was voraussetzt, dass man „beliebige" Stückzahlen mit Gewinn absetzen kann (s. Gewinnvergleichsrechnung) –, müssen die Kosten je Leistungseinheit miteinander verglichen werden.

Erweiterungsinvestitionen werden häufig durch Vergleich des gegenwärtigen Gewinns mit den nach Durchführung der Erweiterung erwarteten Gewinnen beurteilt. Im Allgemeinen werden bei dieser Rechnung zwei Gewinn- und Verlustrechnungen für das gesamte Unternehmen bzw. einen Unternehmensbereich aufgestellt, und zwar einmal für den Zeitpunkt vor und einmal für den Zeitpunkt nach der Investition. Für Rationalisierungsinvestitionen wird die erwartete jährliche Kostenersparnis, für Erweiterungsinvestitionen der erwartete jährliche Gewinn für die Errechnung der Rentabilität herangezogen.

Die Rentabilitätsrechnung liefert brauchbare Kriterien beim Wahlproblem von Investitionen, wenn das vorhandene Kapital knapp ist. In diesem Fall lässt sich aufgrund der Rentabilität sowohl eine Rangordnung der voneinander unabhängigen Verfahren aufstellen, als auch die wirtschaftlich optimale aus mehreren technisch gleichwertigen Lösungen bestimmen.

Für einen Rentabilitätsvergleich ist wesentlich, dass die in diesen Kennzahlen verwendeten Begriffe stets im gleichen Sinn definiert werden. Dabei empfiehlt es sich, von folgenden Definitionen auszugehen:

- Der Gewinn ist der durch das Investitionsobjekt verursachte zusätzliche Gewinn.
- Die Kostenersparnis ist die Ersparnis, die sich durch den Ersatz der alten Anlage durch eine rationellere Anlage ergibt.
- Der Kapitaleinsatz ist der zusätzliche Kapitaleinsatz, der für die Durchführung des betrachteten Investitionsobjekts erforderlich ist.

Die Amortisationsrechnung soll zusätzliche Aussagen über das Investitionsrisiko und die von den Investitionsvorhaben ausgehenden Liquiditätseinflüsse ermöglichen.

Die Amortisationsrechnung ermittelt den Zeitraum, in dem der Kapitaleinsatz für eine Investition über die Erlöse wieder in das Unternehmen zurückgeflossen ist. Das Ziel ist, diesen Zeitraum – die Amortisations- oder Wiedergewinnungszeit – möglichst kurz zu halten. Bei der Bestimmung der Amortisationszeit wird davon ausgegangen, dass Gewinn plus kalkulatorische Abschreibungen der Erweiterungsinvestition bzw. Kostenersparnis plus kalkulatorische Abschreibungen ausschließlich der Wiedergewinnung des Kapitaleinsatzes dienen. Der Kapitalrückfluss pro Jahr wird häufig auch als Cashflow einer Investition bezeichnet. Im Rahmen der Amortisationsrechnung wird meist unterstellt, dass (Gewinn plus Abschreibungen pro Periode) konstant ist. Für die Amortisationszeit gilt dann: Amortisationszeit < Nutzungsdauer. Sie ist eine wesentliche Kenngröße zur Beurteilung des Risikos des Kapitalverlusts, das mit einer Investition verbunden ist, und der Liquiditätsauswirkungen einer Investition; je kürzer die Amortisationszeit, desto geringer das Risiko.

Gemeinsames Merkmal der *dynamischen Verfahren* ist die Berücksichtigung der zeitlichen Unterschiede im Anfall der Kosten und der Betriebserträge durch die Anwendung der Zinseszins- und Rentenrechnung. Der *Kapitalwert* stellt den Gegenwartswert einer Investition dar. Er setzt sich aus der Differenz aller auf den heutigen Zeitpunkt diskontierten Kosten und Erträge zusammen und beantwortet damit die Frage, ob eine Investition einen bestimmten Kapitaleinsatz wert ist. Für seine Berechnung müssen folgende Größen bekannt sein: Kapitaleinsatz, Kostenstrom, Ertragsstrom, Liquidationswert (Restwert am Ende der Nutzungsdauer), Diskontierungssatz. Die Kosten- und Ertragsströme ergeben sich aus den Kosten und Erträgen, die während der Nutzungsperiode auftreten. Der *Kostenstrom* erstreckt sich über die gesamte Nutzungsdauer des Aufgabenträgers. Er enthält die Beschaffungs- und Betriebskosten, die im Zusammenhang mit der Nutzung bzw. Instandhaltung des Aufgabenträgers stehen. Die Kapitalkosten in Form von kalkulatorischen Abschreibungen sind Bestandteile des *Ertragsstroms*, der zeitlich verschoben zum Kostenstrom auftritt. Kalkulatorische Zinsen werden durch Abzinsung von Kosten und Erträgen berücksichtigt. Dazu werden die jährlichen Gewinne bzw. Kosten und die Erträge durch Multiplikation mit den Abzinsungsfaktoren auf den Investitionszeitpunkt abgezinst: $1/(q^N) = 1/(1 + (p_K/100))^N$. Dabei ist $1/(q^N)$: Abzinsungsfaktor; p_k: kalkulatorischer Zinsfuß; N: Anzahl der Nutzungsjahre. Nach der Abzinsung auf den Bezugszeitpunkt heißen die Kosten bzw. Erträge *Barwert der Kosten* (K_0) bzw. *Barwert der Erträge* (E_0).

Zur Bestimmung des Kapitalwerts einer Investition müssen die Barwerte der Kosten und Erträge ermittelt werden:

$$K_0 = KE + \frac{K_1}{q^1} + \frac{K_2}{q^2} + \ldots + \frac{K_N}{q^N}$$
$$E_0 = \frac{E_1}{q^1} + \frac{K_2}{q^2} + \ldots + \frac{E_N}{q^N} + \frac{L_N}{q^N}$$

Dabei ist

K_0	Barwert der Gesamtkosten
E_0	Barwert der Gesamterträge

KE	Kapitaleinsatz (Investitionssumme) bzw. Barwert der Abschreibungsbeträge
$K_1, \ldots, K_N$	Kosten pro Periode
$E_1, \ldots, E_N$	Erträge pro Periode
L_N	Liquidationswert am Ende der Nutzungsdauer
N	Nutzungsdauer in Perioden
$1/(q^N)$	Abzinsungsfaktor

Bei dieser Rechnung wird vereinfachend unterstellt, dass Kosten und Erträge in den Nutzungsperioden gleichzeitig anfallen, obwohl sie tatsächlich mit zeitlicher Verschiebung auftreten.

Der Kapitalwert eines Aufgabenträgers (F^C) ergibt sich aus der Differenz zwischen dem Barwert der Gesamterträge und dem Barwert der Gesamtkosten:

$$F^C = E_0 - K_0.$$

Häufige Praxis ist, nicht die Kosten und Erträge der einzelnen Nutzungsperioden, sondern ihre Differenz abzuzinsen. Diese Differenz heißt der Rückfluss (Rohüberschuss, Rohgewinn) aus der Investition (pro Periode):

$$R_m = E_m - K_m \quad (\text{für } m = 1, \ldots, N).$$

Damit folgt für den Kapitalwert der Investition:

$$F^C = \frac{R_1}{q^1} + \frac{R_2}{q^2} + \ldots + \frac{R_N}{q^N} + \frac{L_N}{q^N} - KE$$

Die Kapitalwertmethode ist eine Totalanalyse mit dem Ziel, den Gegenwartswert der gesamten Überschüsse zu ermitteln, die ein Investitionsobjekt über die Amortisation des eingesetzten Kapitals und die kalkulatorischen Zinsen hinaus während seiner Nutzungszeit erwirtschaftet. Da keine Kapitalkosten angesetzt werden, besteht der Überschuss, falls der Aufgabenträger die Ausbringung des Unternehmens verändert, aus der Differenz der Erträge und der Kosten der Investition; falls der Absatz weder qualitativ noch quantitativ berührt wird, aus dem Unterschied der Kosten vor und nach der Realisierung des Vorhabens.

Die interne Zinsfuß-Methode (discounted cash-flow-method) unterscheidet sich von der Kapitalwertmethode nur durch eine Auflösung der Grundgleichung

$$F^C = \frac{R_1}{q^1} + \frac{R_2}{q^2} + \ldots + \frac{R_N}{q^N} + \frac{L_N}{q^N} - KE$$

nach dem Diskontierungszinssatz, für den der Kapitalwert den Wert null annimmt ($F^C = 0$). Dieser Diskontierungssatz heißt interner Zinsfuß (interner Zinssatz):

$$0 = \frac{R_1}{q^1} + \frac{R_2}{q^2} + \ldots + \frac{R_N}{q^N} + \frac{L_N}{q^N} - KE.$$

Der Barwert der Gesamterträge wird gleich dem Barwert der Gesamtaufwendungen gesetzt. Über den Abzinsungsfaktor $1/(q^N) = 1/(1 + (p_K/100))^N$ – nunmehr einzige Unbekannte der Gleichung – lässt sich der interne Zinsfuß p_i berechnen. Der interne Zinsfuß kennzeichnet die tatsächliche Verzinsung des Kapitaleinsatzes. Im Gegensatz zu den anderen Verfahren werden hier Kosten- und Ertragsreihen mit gleichen Gliedern gebildet. Sie ergeben sich durch eine Umwandlung der tatsächlichen Kosten und Erträge in Kosten- und Ertragsannuitäten, die gleichgroße Jahreswerte darstellen. Es liegt also eine Periodenbetrachtung vor, bei der die durchschnittlichen jährlichen Reinüberschüsse festgestellt werden.

Die Errechnung der Annuitäten erfolgt mit Hilfe eines Wiedergewinnungsfaktors a, der der Summe aus jährlicher Abschreibung und Verzinsung eines Kapitaleinsatzes von 1 € in i Jahren entspricht ($i = 1, \ldots, N^T$):

$$a = \frac{\left(1 + \frac{p_K}{100}\right)^N \frac{p_K}{100}}{\left(1 + \frac{p_K}{100}\right)^N - 1}$$

Während die statische Amortisationsrechnung keine Verzinsung des eingesetzten Kapitals berücksichtigt, bestimmt die dynamische Amortisationsrechnung den Zeitraum, in dem der Kapitaleinsatz eines Investitionsprojekts zuzüglich einer kalkulatorischen Verzinsung wieder zurückgeflossen ist. Es ist leicht einzusehen, dass die dynamische Amortisationszeit bei sonst gleichen Zahlenwerten immer größer als die statische Amortisationszeit ist. Das Hauptproblem der dynamischen Verfahren bleibt aber die zuverlässige Schätzung des Kosten- und des Ertragsstroms. Ohne entsprechende Datenbasis genau zu rechnen, macht keinen Sinn.

Beispiel 3.79

Kostenvergleich Beplankungsteil

Fertigungsprinzip: Schwenkbiegen
Beispiel-Identnummer: 362-5674/AKLP
Bezeichnung: Beplankungsteil AKLP

- Allgemeine Angaben zu Rohmaterial und Fertigteil

Teilelänge:	816,00 mm
Teilebreite:	391,00 mm
Teiledicke/Blechdicke:	2,00 mm
Rohmaterial:	Stahl
Materialdichte:	7,85 g/cm^3
Materialkosten:	1,20 €
Tafellänge:	816,00 mm
Tafelbreite:	391,00 mm
Anzahl Teile/Tafel:	1 Stück
Anzahl Teile/Los:	54 Stück
Wert des Rohmaterials/Teil:	6,01 €

- Verschnitt

Verschnitt/Tafel:	0,00 %
Verschnittkosten/Teil:	0,00 €

- Automatisiertes Tafellager

Wiederbeschaffungswert Regal:	250.000,00 €
Wiederbeschaffungswert Kassette:	1000,00 €
Kalkulatorischer Zinssatz:	4,00 %
Abschreibungszeitraum:	8,00 Jahre
Gesamtanzahl Kassetten/Regal:	336 Stück
Anzahl Kassetten/Stapel:	18 Stück
Länge Kassette:	3,70 m
Breite Kassette:	1,70 m
Raumkostensatz:	147,00 €/m^2
Kosten Lagerpersonal:	60.000,00 €/a
Lagerkosten/(Kassette · Jahr):	482,83 €
Verweildauer des Teils:	14,00 Tage
Anzahl der Tafeln/Kassette:	100 Stück
Lagerkosten/Teil:	0,19 €
Kalkulatorische Zinsen/Teil:	0,01 €

- Automatisiertes Einlagern/Auslagern

Maschinenstundensatz Auslagerstation:	77,30 €/h
Maschinenstundensatz Regalbediengerät:	43,50 €/h
Zeit/Transport:	2.00 min
Auslagerkosten/Teil:	0,07 €

- Bearbeiten

Bearbeitungsart: Schwenkbiegen	
Rüstzeit:	1,50 min/Los
Rüstlohnkostensatz:	35,00 €/h
Bearbeitungszeit:	0,86 min/Teil
Fertigungslohnkostensatz:	35,00 €/h
Anzahl Bediener/Maschine:	0,50
Maschinenstundensatz:	120,00 €/h
Rüstlohnkosten/Teil:	0,02 €
Fertigungslohnkosten/Teil:	0,25 €
Maschinenkosten/Teil:	1,78 €

- Fördern konventionell

Förderkostensatz:	35,00 €/h
Dauer des Fördervorgangs:	5,00 min
Anzahl Teile/Förderhilfsmittel:	100 Stück
Anzahl Förderhilfsmittel/Fördermittel:	1 Stück
Förderkosten/Stück:	0,05 €

- Gesamtresultat; alle Beplankungsteile

Lagerzeit Tafellager:	14,00 Tage
Speicherzeit Halbfabrikate:	0,00 Tage
Förderzeit:	7,00 min/Teil
Rüstzeit:	0,14 min/Teil
Bearbeitungszeit:	1,09 min/Teil
Durchlaufzeit:	8,23 min/Teil

	Ist	Soll	
Rohmaterialkosten	4,42	6,01	€/Teil
Verschnittkosten	3,90	0,00	€/Teil
Lohnkosten Bearbeitung	2,21	0,32	€/Teil
Lohnkosten Rüsten	0,19	0,08	€/Teil
Maschinenkosten	1,88	2,46	€/Teil
Förderkosten	0,32	0,12	€/Teil
Lagerkosten	0,41	0,19	€/Teil
Kapitalbindung	0,01	0,01	€/Teil
Gesamtkosten Beplankungsteil	13,14	9,19	€/Teil ◄

3.4.2.2 Nutzengrößen

Wert. Nutzen. Nutzwert

Der *Wert* ist die „Bedeutsamkeit beliebiger Objekte für ein Subjekt" [KLBU85]. Eine *Bewertung* ist demnach die Ermittlung des Wertes eines Objekts in Bezug auf ein Zielsystem [PABE97], eine *Auswahl* das Bilden einer Teilmenge aus einer Menge von Objekten nach bestimmten Kriterien und eine *Entscheidung* die Auswahl von zu realisierenden Möglichkeiten aus einem Feld gegebener realer Möglichkeiten. Zu bewerten sind Lösungsalternativen. Diese können aus dem bestehenden Istzustand oder aus der Umwelt stammen oder in der Systemsynthese/-analyse (Abschn. 4.2) generiert werden. Der *Nutzen* ist der Vorteil, Gewinn oder Ertrag, den wir von einer Tätigkeit, dem Gebrauch von etwas oder der Anwendung eines Könnens haben [WIKIORDI]. Die Betriebswirtschaftslehre setzt die *Kosten-Nutzen-Analyse* insbesondere für Schätzungen ein, auf deren Basis Investitionen und Ressourcen geplant sowie Angebotspreise kalkuliert werden. Hier kann die Kosten-Nutzen-Analyse einerseits Entscheidungs- und Argumentationshilfen geben, andererseits mit ihren Analysewerten Planabweichungen sichtbar machen.

Beispiel 3.80

Kosten-Nutzen-Analyse

Praxisbeispiele:

- Umstellung in einem Unternehmen von einem Betriebssystem auf ein anderes
  Auf der Kostenseite fallen Kosten zur Schulung der Mitarbeiter an sowie Kosten für zusätzliche Stunden, um Daten zu portieren. Als Nutzen sind Kosteneinsparungen für Lizenzgebühren und Administratorenstunden gegenzurechnen.
- Errichtung eines neuen Warenausgangslagers
  Den Kosten für die Erstellung des Lagers, den Lagerbetrieb und das gebundene Kapital ist die verbesserte Stellung am Markt durch die Lieferzeit „null" gegenzurechnen. ◄

Vorstellungen über die Wirkung von Alternativen sind, weil notwendigerweise unvollständig und spekulativ, ein immer mehr oder weniger verzerrtes Bild/Modell der Wirklichkeit. Meistens nehmen wir Unvollständigkeit und Unsicherheit bewusst in Kauf, um dafür ein leichter handhabbares Modell zu erhalten (siehe Abschn. 3.3). Das Ergebnis ist in der Regel eine *Nutzwertanalyse*: Für jede Alternative werden die Erfüllungsgrade aller Elemente in einer Kriterienliste quantitativ abgeschätzt und die sich so ergebenden *Nutzwerte* gewichtet addiert. Diejenige Alternative mit der höchsten Nutzwertsumme wird weiterverfolgt. Ein genaueres Abbild der Wirklichkeit erhalten wir mit einer Erweiterung dieses Vorgehens. Der Nutzwert von Alternativen hängt von stochastischen und nicht vollständig bekannten Umweltzuständen ab. Eine Nutzwertaussage ist aber nur für einen bestimmten

Umweltzustand/ein bestimmtes Umweltszenario gültig. Sie muss deshalb für alle anderen möglichen neu ausgeprägt werden. Zweckmäßigerweise ist daher die Nutzwertanalyse um eine Dimension, die möglichen Umweltzustände, zu erweitern. Der so entstehende Bewertungsraum heißt das *Grundmodell der Entscheidung* [DAHU84, ZANG70, STUF23]. Es unterscheidet die folgenden Arten von *Entscheidungssituationen*:

- Die *Sicherheitssituation* kennt den mit Sicherheit eintretenden Umweltzustand. Das Entscheidungsproblem lässt sich mit einer Nutzwertanalyse einfach lösen.
- In der *Risikosituation* sind dem Entscheider die Wahrscheinlichkeiten für das Eintreten der (komplexen) Umweltsituationen bekannt. Zudem ist die Summe der Eintrittswahrscheinlichkeiten aller Umweltsituationen = 1; d. h., die Umweltsituationen müssen voneinander und von der Alternativenauswahl unabhängig und disjunkt definiert sein. Mittels des Bayesschen Verfahrens für bedingte Wahrscheinlichkeiten lassen sich nun die Nutzensummen mit der Eintrittswahrscheinlichkeit der gewichteten Umweltsituation bewerten [CHAL07, MGRA14, BRUS13]. Über alle Umweltsituationen addiert erhalten wir so den Erwartungswert des Gesamtnutzens einer Alternative.
- In der *Spielsituation* hat die Wahl der Alternative Einfluss auf die Umweltsituation und vice versa. Wenn die Umweltsituation die Entscheidung und die Entscheidung die Umweltsituation beeinflusst, dann können diese nicht unabhängig voneinander sein. Die Spielsituation setzt die Strategiewahl rational handelnder Entscheider oder Gegenspieler voraus (siehe Bd. 4, Kap. 1).
- Bei der *Ungewissheitssituation* liegt keine Aussage zu den Eintrittswahrscheinlichkeiten der Umweltzustände vor. Entweder beschaffen wir uns die Wahrscheinlichkeiten oder wir treffen die Entscheidungen unter der Annahme, dass die Eintrittswahrscheinlichkeiten gleichverteilt sind.

Vielfach ist eine ständige Änderung der Umweltzustände realistisch. Auch Alternativen können sich stetig verändern. So sind bspw. bei der Volumenbestimmung eines Lagers zumindest in der Planung alle möglichen Größen denkbar. Der Nutzen in Bezug auf die einzelnen Teilziele variiert dementsprechend fließend mit sich ändernden Varianten und sich ändernden Umweltbedingungen. Beispiele für dynamische Umweltzustände sind Marktsituationen oder Standortkoordinaten, für dynamische Alternativen Mischungsverhältnisse, Losgrößen oder Materialstärken. Möglichkeiten zur Behandlung solcher Entscheidungssituationen sind i. A. abhängig von der Entscheidungsstruktur; in bestimmten Fällen ist es sinnvoll, das Problem zu diskretisieren und in eine der obigen Entscheidungssituationen zu überführen. Ist eine Diskretisierung nicht möglich, können bei kleineren Problemen (Differenzial-)Gleichungssysteme aufgestellt und gelöst werden. Bei größeren Problemen helfen Heuristiken und die Gliederung in Lösungsschritte. Die Synthese der Teilentscheidungen erfolgt diskret [SIEB99].

Nutzwerttheorien sind subjektive Werttheorien, die den Wert als den subjektiven Nutzen eines Gegenstands für eine bestimmte Person definieren [GABL84]. Ausgangspunkt dieses subjektiven Erklärungsansatzes ist die Nützlichkeit eines Gutes bei DUPUIT

[DUPU44]. Er geht davon aus, dass die Nützlichkeit eines Gutes durch das Maximum des Opfers gemessen wird, das ein Wirtschaftssubjekt zur Erlangung dieses Gutes aufzubringen bereit ist. Die Grenznutzentheorie ist eine reine Nutzwerttheorie, indem sie erklärt, dass Kosten dem entgangenen Nutzen entsprächen: Um einen Nutzen zu erhalten, müssen wir auf einen anderen Nutzen verzichten.

Der *Nutzwert in der Wirtschaft* ist der tatsächliche oder potenzielle subjektive Nutzen, den der Käufer oder Investor beim Erwerb von Gütern oder Dienstleistungen im Hinblick auf seine gesetzten Ziele erlangt [WIKINUTZ]. Der Kaufentscheidung geht die Auswahl zwischen mindestens zwei Alternativen voraus. Entscheidet sich der Käufer/Investor für eine dieser Alternativen, so liefert diese einen Beitrag zur ökonomischen oder auch individual-psychologisch besseren Zielerfüllung, den *Nutzwert* [POTH99]. Nutzwert oder Nützlichkeit ist „die Summe der objektiven Eigenschaften eines Gegenstands, die ihn befähigen, irgendein objektiv bestehendes Bedürfnis zu befriedigen" [WIKINUTZ, LAW05]; der Nutzwert stellt so die realisierte Eignung zur Bedürfnisbefriedigung dar [PETE63]. Es ist jedoch nicht möglich, den Nutzwert eines Gutes mit einem einheitlichen Maßstab zu messen; es bestehen auch keine eindeutigen Beziehungen zwischen diesem Nutzwert und dem ohne große Schwierigkeiten zu ermittelnden Tauschwert [CHRI93]. Am eindeutigen Maßstab fehlt es bereits deshalb, weil jedes Individuum/Wirtschaftssubjekt eigene Ziele verfolgt und deshalb den Nutzwert desselben Produkts oder derselben Dienstleistung unterschiedlich einstuft (für den Fleischesser stiftet ein Steak einen höheren Nutzwert als für den Vegetarier). Die Kaufentscheidung bei Privatpersonen erfolgt im Rahmen persönlicher Ziele, bei Unternehmen im Rahmen von Unternehmenszielen, bei Staaten in Form von Staatszielen [BIDL64]. Wenn erworbene Güter nicht den Zielen entsprechen, dann haben sie keinen Nutzwert, sie sind wertlos. Andererseits erhöht sich der Nutzwert, je mehr diese Güter zur Zielerfüllung beitragen. Im Wertparadoxon schildert LAW [LAW05] als erster, dass der Nutzwert des Wassers wesentlich höher liege als sein Tauschwert, wogegen die weniger nützlichen Diamanten einen deutlich höheren Tauschwert aufwiesen [LAW05]. Während für den Käufer eines Konsumguts dessen Nutzwert relevant ist, bemisst der Spekulant den Wert danach, wie dieses in Zukunft von anderen Nachfragern beurteilt wird [MÜLL15]. Langfristig kann der Marktpreis eines Gutes nicht über seinem Nutzwert liegen, weil die Nachfrager es dann nicht mehr kaufen [CHRI93]. MARX kritisierte dieses Wertparadoxon [MARX67], weil die Dinge, deren Gebrauch notwendig und deren Menge unbegrenzt ist, umsonst zu haben sein müssten und diejenigen, deren Nutzwert null und deren Seltenheit außerordentlich ist, unendlich hoch im Preis stehen müssten. Für SIMMEL [SIMM07] ist „Geld an sich" ein Nichts; die Menschen und das menschliche Verhalten sind gemeint, wenn von Geld und Geldgebrauch die Rede ist. Einen Nutzwert erlange Geld erst dadurch, wenn es als Tauschobjekt beim Güterkauf dient (siehe auch [BINS85]). Auch für KEYNES hat Geld keinen Sachgutcharakter [KEYN09].

Der *Nutzwert bei Privatpersonen/beim Verbraucher* ist der in Geld bewertete Nutzen, den der Kunde den Funktionen, der Qualität (Produktqualität, Dienstleistungsqualität) und den Eigenschaften eines Produkts oder einer Dienstleistung beimisst. Er ergibt sich aus dem Gebrauchs- und Geltungsnutzen [BRON08]. Die Kaufentscheidung zugunsten eines Kaufobjekts wird getroffen, wenn der subjektive Nutzwert des Produkts höher ist als der Marktpreis, wobei der Nutzwertüberschuss höher sein muss als bei einer anderen Geldverwendung [BRON08]. Die Nutzwertargumentation ist im Verkaufsgespräch eine der sachlichsten Argumentationsmöglichkeiten. Sie lässt jegliche persönlichen Präferenzen scheinbar außen vor, wobei sicher zu beachten ist, dass die selektive Wahrnehmung eines Kunden für bestimmte Nutzwerte an sich bereits eine der wichtigsten Erkenntnisse der Verkaufspsychologie darstellt [VRNE11].

Der *Nutzwert bei Unternehmen* ist der zahlenmäßige Ausdruck für den subjektiven Wert einer Investition hinsichtlich des Erreichens vorgegebener Ziele [HUBO97]. Einen Nutzwert gibt es hier beim Erwerb materieller und immaterieller Güter (Patente, Lizenzen, gewerbliche Schutzrechte). Typisches Beispiel ist die Entscheidung über eine Investition, die im Rahmen der Unternehmensziele durchgeführt wird (Investitionsplanung). Bevor diese Entscheidung getroffen wird, ist in einer Nutzwertanalyse das Ausmaß der Eignung jeder Investitionsalternative festzustellen. Eine Investition ist absolut vorteilhaft, wenn ihr Nutzwert größer ist als ein vorgegebener Grenzwert. Relativ vorteilhaft ist ein Investitionsobjekt, wenn sein Nutzwert größer ist als der eines jeden anderen zur Auswahl stehenden Objekts [GÖTZ14].

Nutzwertanalyse

Die *Nutzwertanalyse* analysiert eine Menge komplexer Handlungsalternativen mit dem Zweck, die Elemente dieser Menge entsprechend den Präferenzen des Entscheidungsträgers bezüglich eines multidimensionalen Zielsystems zu ordnen [WEFI12, ZANG70, NOLL04]. Die Abbildung der Ordnung erfolgt durch die Angabe der Nutzwerte der Alternativen. Abweichend von der wirtschaftswissenschaftlich vorherrschenden Definition von Nutzen mittels Präferenzen über potenzielle Tauschoperationen ist der „Nutzen" der Nutzwertanalyse durch das Ausmaß der Eignung zur Befriedigung eines Bedürfnisses eines Entscheidungsträgers definiert: Die Nutzwertanalyse bewertet die Effektivität bzw. den Outcome, die Kosten-Nutzen-Analyse dagegen die Effizienz [EILW10].

Nutzwertanalysen werden vor allem dann erstellt, wenn „weiche" Kriterien, nichtfunktionale Kriterien, vorliegen, anhand derer zwischen verschiedenen Alternativen eine Entscheidung getroffen werden muss (vgl. Abschn. 3.1.2; [ZANG70]). ZANGEMEISTER [ZANG70] spricht von einem *additiven Verfahren*, weil im letzten Schritt alle Teilnutzwerte addiert werden. Damit eine additive Wertfunktion gültig ist, muss diese präferenzunabhängig sein – jedes Attribut wird völlig unabhängig von den anderen bewertet [ZANG70]. Die entscheidungstheoretische Grundlage bildet die additive multiattributive Wertfunktion [WIKINUTZ, EILW10], die jeder Alternative einen Wert in Abhängigkeit von ihren Attributausprägungen zuordnet. Als Ergebnis wird ein Gesamtwert für jede Alternative aus der gewichteten Summe von Einzelwerten pro Attribut errechnet: $V(a) = \sum_{r=1}^{m} w_r v_r(a_r)$. Dabei sind alle $w_r > 0$, und es gilt die Bedingung für die Gültigkeit der Wertfunktion $\sum_{r=1}^{m} w_r = 1$. Das bedeutet, dass jedes Gewicht w_r größer als 0 sein muss, die Summe aller Gewichte 1 ist und die Gewichtung auf eine lineare, additive Skala abgebildet wird. Der Term $v_r(a_r)$ ist der Wert, der der Ausprägung a_r zugeordnet ist.

Seit den ersten Beschreibungen von Werkzeugen bzw. Prozessen, die wie eine gewichtete Punktbewertung zu einem erfolgreichen Systems Engineering beitragen können [SCHL56, ENGS57, HALL62], ist die grundsätzliche Vorgehensweise der Nutzwertanalyse unverändert geblieben [SIEB99, ZANG14, STUD22, WIKINUTZ]; entscheidend sind die Schritte zur Zieldefinition, zur Bildung einer Alternativenmenge und zur Abbildung der Alternativen auf eine Zielhierarchie. Die weiteren Schritte sind vorwiegend mechanistischer Natur:

Schritt 1: Zieldefinition

Der erste Schritt der Nutzwertanalyse baut auf den in Abschn. 3.1 – 3.4.1 diskutierten Prinzipien und Verfahren auf. Das Entscheidungsproblem ist durch die Festlegung der Beteiligten, der Systemgrenzen der Anwendung und der Entscheidungssituation, der Ziele und der Bewertungskriterien zu präzisieren.

Schritt 2: Bestimmen der Ausschluss- und Auswahlkriterien

Zielelemente und Kriterien werden in der Regel nach *Muss-Kriterien* (Randbedingungen) und *Kann-Kriterien* (Optimierungskriterien) eingeteilt. Ohne die Erfüllung ersterer kann eine Alternative nicht ausgewählt werden. Diese Randbedingungen müssen im Zielsystem widerspruchsfrei definiert sein – die Erfüllung eines Muss-Kriteriums darf nicht die Erfüllung eines anderen ausschließen. Kann-Kriterien dagegen behandeln erwünschte Eigenschaften des zu gestaltenden Systems. Sie werden nach ihrer Bedeutung gewichtet.

Schritt 3: Gewichtung der Ziele und Auswahlkriterien

Ausgangspunkt der Nutzenerfassung ist eine Attributs- und/oder Funktionsgliederung, die nicht nach dem Gesichtspunkt vorgenommen wird, dass alle resultierenden Teilfunktionen im intendierten Sachsystem/Technischen System denselben Wert repräsentieren. Also kann eine gute Bewertung bezüglich eines Kriteriums eine schlechte Bewertung bezüglich eines anderen möglicherweise nicht ausgleichen. Genau diese Verhältnisse bildet die Gewichtung ab. Um hier nicht völlig in intransparente Subjektivität abzugleiten, werden zur Gewichtung Methoden wie Swing, Trade-off, Paarweises Vergleichen, SIMOS, AHP, Punktbewertung oder Direct Ranking vorgeschlagen (vgl. Abschn. 3.4.1; [ZANG14, ISNE13]).

Für die Auswahlkriterien, die die tiefste Ebene der Zielhierarchie bilden, ist festzulegen, wie die Leistung gemessen und auf einen Bewertungsmaßstab abgebildet wird (vgl. Abschn. 3.4.1). Unterschiedliche Maßstäbe konterkarieren die Gewichtung.

Schritt 4: Handlungsoptionen/-alternativen ermitteln

Handlungsoptionen sind im Istzustand und/oder im Umfeld des Technischen Systems zu finden/suchen. Handlungsmaxime muss sein: Wir haben alles, was in irgendeiner Form irgendeinen Beitrag leisten könnte, erfasst; wir wissen, dass jede nicht erfasste Alternative in den weiteren Schritten des Entwurfsprozesses bzw. der Nutzwertanalyse keinen Eingang findet.

Schritt 5: Ermitteln des Zielertrags/Handlungsoptionen in Nutzwerte übertragen
In diesem Schritt wird die Leistung einer Alternative hinsichtlich eines Auswahlkriteriums – ggf. mittels eines Paarvergleichs (vgl. Abschn. 3.4.1) – auf der jeweiligen Skala geordnet („Nutzenfunktion"). Beispielsweise wird beim Kauf eines Grundstücks die Verkehrsanbindung mit maximal 100 Punkten bewertet. Welche Verkehrsanbindung ist dann 45 Punkte wert? Also ist eine Verkehrsanbindung, die diese 45 Punkte wert ist, genau zu spezifizieren. Und diese Spezifikation ist dann aussagekräftig, wenn mehrere urteilende Personen übereinstimmend dem einen Grundstück 43 Punkte, dem zweiten 47 Punkte und dem dritten 49 Punkte geben, also Einvernehmen über die Nutzendifferenzen und in dem Urteil besteht, dass keine 50 Punkte erreicht werden.

Schritt 6: Berechnen der gewichteten Teilnutzenwerte
Dieser Schritt reduziert sich auf ein reines Ausmultiplizieren, wenn für jedes Auswahlkriterium dieselbe Skala verwendet wird, also bspw. einheitlich maximal 100 Punkte zu erreichen sind.

Schritt 7: Wertsynthese
Wir addieren die Erträge hinsichtlich der einzelnen Auswahlkriterien und verdichten über der Zielhierarchie.

Schritt 8: Ergebnis prüfen, Entscheidungen treffen, Maßnahmen festhalten
Im Systemgestaltungsprozess werden laufend Alternativen ausgewählt oder verworfen. Eingebettet in den Problemlösungsprozess stellt die Bewertung und Auswahl einen Regler in einem Regelkreis dar. Der Prozess wird in der Systemgestaltung mindestens einmal durchlaufen. Die zielgerechte Auswahl lässt nur solche Lösungen (Regelgröße) zur Weiterbearbeitung in der jeweils nachfolgenden Stufe zu, die dem Zielsystem, also der Führungsgröße, entsprechen. Der Sinn des in diesem iterativen Vorgehen enthaltenen Entscheidungsprozesses der Bewertung und Entscheidung liegt auch in der Reduktion des Aufwands. Erarbeitete Alternativen sollten nicht verworfen, sondern zunächst nicht weiterverfolgt werden; einzelne Lösungselemente nichtausgewählter Alternativen können durchaus zur Optimierung der ausgewählten später wiederverwendet werden (siehe Abschn. 4.2).

Beispiel 3.81

Es werden drei Stellenangebote miteinander verglichen. Dabei werden zwei Attribute zur Bewertung herangezogen, die Arbeitszeit und das Gehalt.

Alternative	Gehalt	Bewertung	Arbeitszeit	Bewertung
	x_1	$v_1(x_1)$	x_2	$v_2(x_2)$
Berater	90.000 €	1,0	60 h	0,0
Professor	55.000 €	0,6	40 h	0,5
Lehrer	35.000 €	0,0	20 h	1,0

Gehen wir nun von einer Gewichtung für das Gehalt von $w_1 = 0{,}6$ und für die Arbeitszeit von w_2 von 0,4 aus, erhalten wir als Ergebnis:

Berater: $1{,}0 \cdot 0{,}6 + 0{,}0 \cdot 0{,}4 = 0{,}6$
Professor: $0{,}6 \cdot 0{,}6 + 0{,}5 \cdot 0{,}4 = 0{,}56$
Lehrer: $0{,}0 \cdot 0{,}6 + 1{,}0 \cdot 0{,}4 = 0{,}4$ ◄

Die Analytical-Hierarchy-Process-Methode (AHP-Methode) [SAVA12] als weiterentwickelte, strenger formalisierte Variante der Nutzwertanalyse benutzt durchgängig paarweise Vergleiche. Gleichzeitig bietet AHP die Möglichkeit, beim paarweisen Vergleich die Kriterien/Ziele nicht mit 0 oder 1, sondern mit einer Skala von 1 bis 9 zu gewichten. Diese Gewichtungen werden in eine Matrix eingetragen. Ist Kriterium a doppelt so wichtig wie Kriterium b, so wird die Relation (a, b) mit 2, die Relation (b, a) entsprechend mit $\frac{1}{2}$ notiert. Aus dieser Matrix werden anschließend die Zielgewichte ermittelt, indem der Eigenvektor zum größten Eigenwert bestimmt wird [SAVA12]. Die Konsistenz einer solchen Matrix wird mittels eines Konsistenzvektors gemessen; ab einem Konsistenzwert von 0,1 wird sie als konsistent angesehen. Die Bewertung der Alternativen schließt – falls vorhanden und der Istzustand keinem Ausschlusskriterium unterliegt – den Istzustand mit ein, um schlechtere Alternativen von vornherein zu verhindern.

Zielsystem

In Abschn. 3.1 haben wir uns vor allem Gedanken darüber gemacht, wie wir die Anforderungen vollständig, eindeutig und nichtwidersprüchlich erfassen. Jetzt müssen wir sie sowohl vertikal als auch horizontal in eine Ordnung bringen und die Voraussetzungen schaffen, um die angebotenen Leistungen auf einen (Anforderungs-)Maßstab abbilden und bewerten zu können: Ein Handlungssystem „Auswahl eines technischen Systems" (vgl. auch Abschn. 4.2, Entwerfen als rekursives Handlungssystem) hat in der Menge der Zustandsattribute mindestens ein Ziel: *Ein Ziel ist ein als möglich vorgestellter Sachverhalt, dessen Verwirklichung erstrebt wird. Sachverhalte sind bspw. Zustände, Gegenstände, Handlungen, Prozesse, Beziehungen. Ein Ziel wird in einem Zielsatz formuliert. Ein Zielsatz enthält zwei Bestandteile:*

(a) *die beschreibende Kennzeichnung des Sachverhalts;*
(b) *die Auszeichnung dieses Sachverhalts als erstrebt, erwünscht, gefordert, befürwortet* [ROPO78].

Wenn wir nur ein bestimmtes, genau definiertes Ziel vor Augen haben, dann können wir eine Zielfunktion aufstellen, wie dies vor allem bei Optimierungsmodellen der Fall ist. Hier müssen wir aber das Problem kombinierter und verketteter Ziele betrachten. In diesem Kontext können wir eine endliche Menge von Einzelzielen zusammenfassen und, sofern sie zusammenhängen, als *Zielsystem* ansprechen. *Zielelemente* sind alle Ziele, die als Inbegriff der handlungsbestimmenden Wertinhalte verstanden werden. So definieren wir ein Zielsystem wie folgt: Wir nennen ein System *Zielsystem*, wenn die Menge der Untersysteme eine Menge von Zielen und die Menge der Relationen eine Menge von Zielrelationen darstellt. Dabei differenzieren wir in Mengen von Indifferenz-, Konkurrenz-, Instrumental- und Präferenzrelationen. So haben wir in Abschn. 2.2.5.3 ein Zielsystem vereinbart.

Die Handlungsanleitung von [DREG75] enthält neben den üblichen Schritten zur Formulierung eines Zielsystems in der Nutzwertanalyse [ZANG70, BIDL64, SCSU67] einige bisher nicht explizit angesprochene Aspekte. Ihr Wert ist vor allem in ihrer Eignung als Checkliste zu sehen:

- *Anmerkung* 1: Alle von der Entscheidung betroffenen Personen und Bereiche (Betroffene ⟶ Beteiligte) müssen in Teamarbeit an der Aufstellung eines Zielsystems beteiligt sein. Eventuell sind auch Externe hinzuziehen; selbst das Lesen einer Verbraucherzeitung ist hier als ein externer Berater zu verstehen. Hier sind Informations- und Zielgewinnung nicht zu trennen. Das Vorgehen umfasst drei Aufgabenbereiche. Zunächst muss eine Zielerhebung durchgeführt werden, deren Ergebnisse dann in der Modellierung in ein verifiziertes Zielmodell einfließen. Dieses ist wiederum die Ausgangsbasis für die Zielüberwachung in den folgenden Phasen [HUMP95]. An der Zielerhebung sind Auftraggeber, Kapitalgeber, Kunden, Arbeitnehmer, betriebliche Leitungsebenen usw. als Einflussnehmer/Stakeholder zu beteiligen [BRMA96, COSS15, FRAN12, OSGB09, RAUS02, VRNE11] – Ziele müssen Ziele der Systemumwelt sein, nicht des Systems selbst und nicht des Projektteams. Dabei können Interessenkonflikte entstehen, die in den verschiedenen Ansprüchen der Gruppen begründet liegen.
- *Anmerkung* 2: Die Zielfindung ist ein kreativer Prozess. Es sollen zunächst alle Ideen und Zielvorstellungen geäußert werden (Brainstorming).
- *Anmerkung* 3: Zielvorstellungen sind zu diskutieren und kritisch auf ihre Realisierungsmöglichkeiten hin zu überprüfen. Die organisationsrelevanten technischen, ökonomischen, rechtlichen und sozialen Begrenzungen sind dabei besonders zu beachten.
- *Anmerkung* 4: Die Zielsuche wird erleichtert, wenn wir zunächst nur einen ungeordneten Zielkatalog aufstellen und diesen dann entsprechend der grundsätzlich hierarchischen Struktur von Zielsystemen ordnen und ergänzen. Sinnvolle Schritte sind:
  - Definition von Zielbereichen (Gebiete, auf die sich die Aufmerksamkeit bei der Zielsuche richtet),
  - Zielgewichtung: Das Erreichen unterschiedlicher Zielelemente ist nicht immer gleich wichtig. Bestimmte Ziele schließen sich gegenseitig aus und andere müssen zwingend erreicht werden. Deshalb ist die Gewichtung der Ziele notwendig.

  Die direkte Skalierung weist jedem Zielsystemelement einen Wert einer absoluten linearen Skala zu. Dieser Wert spiegelt die Wichtigkeit der Zielerreichung wider. Die Elemente mit der höchsten und die mit der niedersten Intensität markieren die Skalenenden. Nicht vergleichbare Ziele und Ziele auf unterschiedlichen Komplexitätsniveaus dürfen mit der direkten Skalierung nicht bewertet werden, denn die einheitliche Skala drückt dann Ränge aus, die nicht existieren. Bei der paarweisen Bewertung wird jedes Zielsystemelement einer Zielsystemebene mit jedem anderen Zielelement derselben Ebene bzgl. der Wichtigkeit der Zielerreichung verglichen. Das wichtigere Element erhält einen Punkt. Die Wertigkeit eines Elements ergibt sich aus dem Quotienten der jeweiligen Punkte durch die Anzahl der mit dem Element durchgeführten Vergleiche (siehe Abschn. 3.4.1). Diese Methode ist allerdings für umfangreiche Zielsysteme ungeeignet; die Anzahl der durchzuführenden Vergleiche steigt quadratisch mit der Anzahl der Zielkriterien. [CHAA61] geben ein Verfahren zur Gewichtung an, bei dem alle Ziele zunächst nach nicht aufsteigender Wichtigkeit geordnet werden. Dann wird jeweils das erste der Reihenfolge mit der Summe der restlichen Gewichtungen verglichen ($>$, $=$, $<$) und ggf. korrigiert. Das Verfahren wird abgebrochen, wenn keine Korrekturen mehr erforderlich sind (siehe Abschn. 3.4.1).

  Anstatt die Zielkriterien alle einzeln zu gewichten, können sie indirekt über die relativen Gewichte der zugehörigen Oberziele schrittweise bestimmt werden: Gewichte hinsichtlich Oberziel = Knotengewichte; Gewichte hinsichtlich einer Stufe, also aller Zielinhalte = Stufengewichte.

- Definition von Zieldimensionen:

  Die Zielsuche erfolgt ausgehend von den Zielbereichen. Die Ziele sind zusätzlich durch Zielrichtung (bspw. niedere Kosten) gekennzeichnet. Dazu sind der Zielinhalt bzw. Zielbereich (bspw. Kosten), das Zielquantum (bspw. Kostensenkung oder Kosten = 100.000 €) und eventuell ein zeitlicher Bezugswert zu definieren (bspw. pro Jahr)),

- Definition von Randbedingungen:

  Angaben innerhalb des Zielbereichs, auf deren Einhaltung streng zu achten ist, bspw. gesetzliche Vorschriften, technische Mindestanforderungen, Kostengrenzen.

• *Anmerkung* 5: Die Konkretisierung von Zielen wird durch gedankliche Verfolgung von Zielketten aufgrund von Ziel-Mittel-Relationen vereinfacht. Je höher die Anzahl der Stufen der Struktur, desto operativer lassen sich die Ziele der letzten Stufe formulieren; allerdings geht dann ggf. die Vergleichbarkeit verloren.

• *Anmerkung* 6: Die widerspruchsfreie Bewertung von Alternativen setzt die Zugrundelegung eines konsistenten Zielsystems voraus. Diese Konsistenzforderung ist im Allgemeinen erfüllt, wenn zwischen jedem Zielpaar (Unterziel und direkt übergeordnetem Oberziel) eine Ziel-Mittel-/Mittel-Zweck-Beziehung besteht oder angenommen werden kann. Zur Vermeidung von Inkonsistenzen ist es daher zweckmäßig, die Zielstruktur bis zur untersten Stufe voll durchzuziehen. Nur dann kann die Konsistenz voll überprüft werden.

Die Zielkompatibilität ist gegeben, wenn sich die einzelnen Ziele nicht widersprechen. Bei Fällen, bei denen Ziele ohne Beeinträchtigung des anderen sich nicht erfüllen lassen, muss abgewogen werden, bis zu welchem Grad wir beide Ziele erreichen können; dann sind die Ziele nicht voneinander unabhängig, eine Additivität nicht mehr gegeben. Eine Inkompatibilität sollte daher durch geeignete Formulierung ausgeschaltet werden.

- *Anmerkung* 7: Die Bewertung von Systemalternativen aufgrund einer Vielzahl von Zielkriterien kann nicht simultan vorgenommen werden, sondern muss durch Teilurteile erfolgen (Teilnutzen). Theoretisch würde das die vollkommene Nutzenunabhängigkeit aller Kriterien erfordern. Diese Forderung wird nur in den seltensten Fällen vollständig zu erfüllen sein. Sind die Ziele aber nutzenabhängig, dann können wir nur für eine Kombination von Zielen von einem Nutzwert sprechen. Teilurteile, die im Hinblick auf nur ein Kriterium abgegeben werden, sind dann unzulässig. Eine allgemeine Nutzenunabhängigkeit besteht, wenn diese Abhängigkeiten nur bis zu einer bestimmten Mindestausprägung der Zielkriterien gelten. Besteht darüber hinaus über den gesamten Bereich möglicher Ausprägungen eine Nutzenabhängigkeit, so liegt eine spezielle Nutzenabhängigkeit vor. Kriterien, für die eine solche Abhängigkeitsbeziehung angenommen werden muss, sind für eine Nutzwertanalyse unzulässig. Grundsätzlich muss daher auf die allgemeine Nutzenunabhängigkeit der obersten Stufe der Zielhierarchie geachtet werden. Tritt dann weiter unten in der Hierachie Nutzenabhängigkeit auf, dann dürfen diese Kriterien nur gleichzeitig im Hinblick auf ein gemeinsames Oberziel berücksichtigt werden.
  Ziele dürfen nicht von einzelnen Lösungsmöglichkeiten abhängig sein. Genau das passiert, sobald die Grundsatzentscheidung gefallen ist, dass wir nach München ziehen. Das Ziel, nahe am Zentrum zu wohnen, wird sich dann nicht realisieren lassen. Und genau das passiert auch, wenn wir eine Lösung im Hinterkopf haben und uns daran bewusst oder un(ter)bewusst orientieren, nominale Anforderungen aufzählen, anstatt uns die Anforderungen an der Aufgabe orientiert überlegen. Wollen wir eine Aufgabe so gut wie möglich lösen oder das bisherige Instrument/den bisherigen Aufgabenträger fortschreiben? Wenn wir uns oben für einen elektrisch betriebenen Föhn entschieden haben, dann sind alle Kriterien auf tieferen Ebenen stromaffine Kriterien; wenn wir uns für ein elektrisch angetriebenes Auto entschieden haben, dann müssen wir kein Auspuffsystem bewerten.
- *Anmerkung* 8: Die Aufstellung eines Zielsystems muss als Feedback-Prozess verstanden werden. Jede Phase dieses Prozesses wird in der Praxis mehrmals zu durchlaufen sein, ehe das Zielsystem vollständig definiert ist.
- *Anmerkung* 9: Terminaussage: Die Ziele sollen bis zu einem bestimmten Zeitpunkt realisiert werden, während eines Zeitraums ständig erreicht oder auf einem bestimmten Realisierungsniveau gehalten werden.
  Die Situationsrelevanz von Zielen muss wiederholt überprüft werden. Aufgrund sich ändernder Umweltbedingungen können momentan zweckmäßige Ziele irrelevant werden. Dieser Sachverhalt erfordert eine laufende Anpassung des Zielsystems. Veränderungen in der Motivationsstruktur und Veränderungen der Daten der umgebenden

Situation muss Rechnung getragen werden. Jede Anforderung und ihre Gewichtung werden variabel über der Zeit formuliert. Das könnte bspw. bei einem Hauskauf sein: Keine Kinder, alle Kinder in der Schule, alle Kinder aus dem Haus oder wir haben nie Kinder bekommen.

- *Anmerkung* 10: Ein situationsrelevantes Zielsystem erfordert neben der Zweckmäßigkeit der Ziele auch Vollständigkeit der anzustrebenden Zielinhalte. In jeder Phase des Zielsetzungsprozesses ist daher die Vollständigkeit der Ziele erneut zu überprüfen.

Für die vertikale Ordnung der Ziele sind Zweck-Mittel-Beziehungen zwischen Ober- und Unterzielen von Bedeutung. Die Relation „Mittel zum Zweck" ist hier gleichbedeutend mit der Relation „ersetzbar durch" [SCSU67, HEI66, BIDL64]; ein Oberziel ist vollständig erreicht, wenn sämtliche direkt untergeordneten Unterziele erreicht werden. Die Bewertung einer Alternative im Hinblick auf ein Oberziel braucht infolgedessen nur aufgrund der zugehörigen „untersten" Unterziele vorgenommen zu werden. Für die horizontale Zielordnung sind vor allem konkurrierende Beziehungen zwischen Haupt- und Nebenzielen bezüglich eines gemeinsamen Oberziels maßgebend. Eine Konkurrenzbeziehung kann insbesondere aufwandsbedingt oder technologisch-funktional bedingt sein. Aufgrund dieser typischen Ordnungsstruktur haben Zielsysteme immer eine hierarchische Struktur. Die hierarchische Entwicklung eines Zielsystems vereinfacht die Zielsuche und die Ordnung von Zielen [STAC73]. Darüber hinaus wird durch die Aufstellung einer Zielhierarchie aufgrund von Zweck-Mittel-Beziehungen die Gewichtung der Ziele erleichtert. Die Gesamtheit aller Zielkriterien, die der Bewertung zugrundeliegen, umfasst die Menge aller derjenigen Ziele, die Endpunkte von Zielketten der Zielhierarchie sind.

Entwickeln mehrere Parteien Zielvorstellungen über ein System, so führt dies in aller Regel zu unterschiedlichen Formulierungen über die gleiche Sache. Dieser Umstand ist dann nicht problematisch, wenn Ziele, die unterschiedlich formuliert wurden, miteinander verträglich sind. Schwieriger wird es, wenn die Ziele aufgrund unterschiedlicher Wertvorstellungen oder Einschätzungen der Lage oder aus aus einer unterschiedlichen Interessenlage heraus derart beschaffen sind, dass sie sich gegenseitig ausschließen. Vergleichsweise schnell lässt sich eine Lösung finden, wenn einzelne Personen die Lage unterschiedlich einschätzen – eine Situationsanalyse wird eine Klärung herbeiführen. Kann kein gemeinsamer Nenner gefunden werden, liegt ein echter Zielkonflikt vor. Für einen solchen Fall müssen wir uns auf Entscheidungsregeln einigen. Festgelegt werden muss, welche Institution den Konflikt löst, eine Einzelperson oder ein Gremium durch Mehrheitsbeschluss. Genauso ist zu regeln, wie der Zielkonflikt gelöst wird, bspw. durch einen Zielkompromiss (Arbeitsplätze und Umweltschutz) oder durch Zieldominanz.

Der Vergleich von Lösungsalternativen untereinander und mit der Wirklichkeit macht einen Wertmaßstab erforderlich: Die einzelnen Zielelemente des Zielsystems müssen quantifizierbar sein, wenn sie als eindeutige Richtlinien gelten sollen. Zumindest muss ein Vergleich zweier Alternativen machbar und eine Präferenzaussage möglich sein. Der Wert wird üblicherweise über den Verkaufspreis bestimmt, der sich entweder über die Stückkosten und den kalkulatorischen Gewinn oder über den Vergleich mit Marktpreisen vergleichbarer Produkte ermitteln lässt. Auch die Wertanalyse, die den Funktionswert eines Erzeugnisses ermittelt, führt letztlich zu einer Wertaussage über die Angabe dieses Geldbetrags. Eine solche Wertaussage ist immer kritisch: Der Wert eines Elements in einem System ist nicht sein Kaufpreis. Ein Motor ohne Kurbelwelle ist kein Motor, ein Windrad ohne Rotor kein Windrad (siehe oben). Und die eindimensionale Geldskala führt weg von einer realen Nutzenaussage. Deshalb muss in der Systemgestaltung eine Wertaussage über den Vergleich von Alternativen getroffen werden. Das aber setzt voraus, dass zum Ersten alle Alternativen und zum Zweiten alle Konsequenzen aller Alternativen bekannt sind. Über den Vergleich der Lösungs-/Handlungsalternativen lassen sich dann allgemeine faktische oder prognostische Aussagen in normative Aussagen umwandeln. Das heißt aber nicht, dass ein Windrad mit doppelter Leistung den doppelten Nutzen hat. Eine differenzierende Bewertung ist nur über eine größere Menge von Alternativen zu erhalten. Im Wechselspiel mit diesen Alternativen sind Kriterien zu erarbeiten: Kriterien sind operative Maßstäbe, an denen die Qualität einer Lösung und damit die Zielerfüllung gemessen werden kann – das wird nach zehn Jahren und sechs Geschäftsführern und sechs gleichzeitig eingeführten EDV-Systemen und vielen neuen Kollegen und anderen Produkten schwierig sein.

Die Nominalskala ist eine Skala, deren Skalenwerte nur nach dem Kriterium gleich oder verschieden geordnet werden können. Diese Skalierung trägt der Erfahrung Rechnung, dass Menschen in einer Urteilsdimension höchstens fünf bis sieben verschiedene Abstufungen angeben können [HARF90]. Die Skalenwerte der Ordinalskala können in eine natürliche Reihenfolge gebracht werden [HARF90]; es kann eine vollständige Ordnung der Alternativen hergestellt werden. Die Skalenwerte der Kardinalskala besitzen als reelle Zahlen alle Eigenschaften dieser Zahlenmenge [HARF90], über die Reihenfolge hinaus wird etwas über die Abstände der Alternativen ausgesagt. Intervallskalen besitzen keinen natürlichen Nullpunkt und keine natürliche Einheit, Verhältnisskalen einen natürlichen Nullpunkt, aber keine natürliche Einheit, Absolutskalen sowohl einen natürlichen Nullpunkt als auch eine natürliche Einheit. Ein Beispiel für eine Intervallskala liefert die Temperaturmessung in Grad Celsius, für eine Verhältnisskala die Temperaturmessung in Grad Kelvin, für eine Absolutskala das Zählen der Anzahl der Elemente einer Menge. Die in der Nutzwertanalyse vorausgesetzte Additivität der Teilnutzen zur Wertsynthese macht zwingend eine differenzierende Nominalskala (bspw. Punktbewertung als „ganzzahlige Verhältnisskala“ mit einer Rangfolge der Klassen) oder eine Verhältnisskala mit reellen Zahlen notwendig. Eine Ordinalskala ist nicht hinreichend.

Angebotsbeschreibung

Mit den heute gegebenen Möglichkeiten können wir ein Pflichtenheft weltweit disseminieren. Schon aus diesem Grund lassen sich Angebote nicht (immer) auf einen begrenzten Wortschatz einschränken (vgl. Abschn. 3.1). In jedem Fall ist die Leistungsbeschreibung des Anbieters (Ertragsfunktion) einer Alternative/eines Aufgabenträgers in das Schema des Anforderungs-/Zielsystems (Nutzenfunktion) zu übertragen. Also müssen wir ein Wörterbuch anlegen [GEBÄ16, GEIG98]: Welche Attribute eines Input-Output-Systems

„Alternative" sind welchem Zielbereich (bspw. Leistungsvermögen), welches Ausmaß der Attributsausprägungen (bspw. Ausmaß der quantitativen/qualitativen Kapazität) welchen Skalenwerten zuzuordnen? Jede Alternative kann zusätzliche Kriterien auslösen und/oder ein eigenes Wörterbuch bedingen. Und jeder Stakeholder kann das gemeinsam aufgestellte Zielsystem individuell interpretieren. Also müssen wir bspw. beim Kauf eines Mehrgenerationenhauses Oma, Opa, Mama, ... mit ihren Anforderungen zu Frühstück, Arbeiten, Homeoffice, Hobby, Essen, Kochen, Schlafen, ... auf jedes angebotene Haus abbilden. Dieses hat aber entweder eine nominale Beschreibung mit Eigenschaften (wie auch immer messbar) oder wenn, dann eine standardisierte funktionale Beschreibung: Küche, Essen, Wohnen, Schlafen, Kinder. Dann hat die Küche beim Hobby eine andere Punktzahl als beim Kochen.

Neben nominalen Kriterien (Farbe) wird es auch funktionale Kriterien geben (Modularität, Wartbarkeit, Zuverlässigkeit), die dann mit dem Funktionieren in der Regel eine Zerlegung voraussetzen – wir werden dann ein Subsystem/einen Aufgabenträger im Rahmen mehrerer Funktionen ggf. mehrfach bewerten. Also ist es abhängig vom Charakter des Kriteriums so, dass wir entweder der zu bewertenden Alternative eine Eigenschaft sofort ansehen oder die Alternative erproben müssen (Trocknungsergebnis des Föhns) oder die Alternative zerlegen müssen (Modularität). Das heißt aber, dass wir Bewertungsergebnisse unterschiedlicher Detaillierungsebenen zum Gesamtnutzen zusammensetzen müssen. Das ist eindeutig der Fall, wenn wir bspw. die Gerätewartung so definieren, dass wir dazu erst eine Aussage machen können, wenn wir den Kupferdraht der Wicklung des Elektromotors genau spezifiziert haben. Aber wenn wir den Föhn aufmachen und der eine mit Hitze und der andere mit Chemikalien trocknet, dann bewerten wir bei der Wartbarkeit natürlich die instrumentelle Lösung – aber das Ziel muss für beide „Wartung ohne Fachkenntnisse" sein. Wieder entsteht das Zielsystem zusammen mit dem technischen System.

Dabei hat das Zielsystem bzw. haben die Zielelemente und -relationen keine Entsprechung zur Untersystemgliederung und zu den Systemeigenschaften. Nehmen wir bspw. die oft geforderte „Flexibilität": Was macht ein technisches System flexibel? Selbst ein Paarvergleich, den wir mit einer Normalverteilung entzerren, braucht noch eine Übersetzung auf die Teilnutzenskala. Und höchstwahrscheinlich liefert ein einzelnes Untersystem nicht die für das Gesamtsystem geforderte Flexibilität. Fordern wir aber „Flexibilität" und „Modularität", dann bewerten wir wieder bestimmte Eigenschaften unter unterschiedlichen Aspekten.

Kritik

Immer wieder werden dieselben *handwerklichen Fehler* gemacht [WIKINUTZ]:

- Auf die Zielformulierung/die zu messenden Kriterien wird nicht die notwendige Sorgfalt gelegt. Durch falsche Ziele oder Kriterien entstehen Verzerrungen des Gesamtbilds. Wichtiger als die Auswahl ist es, die richtigen Ziele zu bestimmen [HALL90]. Wählen wir falsche Ziele, dann lösen wir eine irrelevante Problemstellung; wählen wir dagegen die falsche Alternative auf der Basis richtiger Ziele – weil bspw. die Alternativenmenge unvollständig ist –, dann wählen wir lediglich eine nichtoptimale Alternative.

- Bei einer einfachen Nutzenfunktion wird meist nicht auf die Nutzenunabhängigkeit geachtet; Beispiele sind die Kriterien „Tankinhalt", „Verbrauch" und „Reichweite mit einer Tankfüllung" eines Automobils.
- Vereinfachend werden nicht die Konsequenzen bewertet, sondern die Parameter der Alternativen; wir sparen uns den Schritt, Alternativen auf Konsequenzen abzubilden. Beispielsweise wird das Kofferraumvolumen eines Pkw bewertet und nicht gefragt, ob es für das Gepäck ausreichend ist.
- Objektiv ist in der Regel die Messung des Zielertrags, wenn eine Kardinalskala sinnvoll zugrundelegt werden kann. Wird der Zielertrag auf eine Ordinalskala abgebildet, sind subjektive Wertungen kaum zu vermeiden. Beispiel 3.81 zeigt als typisches Beispiel, wie eine Nutzwertanalyse eine scheinbar „korrekte" Bewertung suggerieren kann, in Wirklichkeit aber sämtliche Voraussetzungen für eine fundierte Aussage negiert werden.
- Ordinalskalen konterkarieren oft die mühsam austarierte Gewichtung der Kriterien, vor allem, wenn andere Kriterien mit Kardinalskalen bewertet werden. Unterschiedliche Skalenniveaus führen zu einem weiteren Problem: Kriterien, bei denen die jeweilige Leistung sehr genau unterschieden werden kann, lassen sich ggf. ohne Probleme auf eine Skala von 0 bis 100 Punkte abbilden. Wenn dagegen eine Skala mit lediglich zwei Messpunkten ausreichend ist, bspw. weil am ins Auge gefassten Wohnort eine oder eben keine Universität ist, wird man versucht sein, hier 0 oder 1 Punkt zu vergeben. Also wird hinsichtlich dieses Kriteriums maximal nur ein Punkt vergeben. Werden dagegen im ersten Fall nur 10 Punkte erreicht, dann ist dies sicher ein schlechtes Ergebnis, das aber das gute Ergebnis im zweiten Fall mit Faktor 10 dominiert. Daher brauchen wir einheitliche (Nominal- oder Kardinal-)Skalen.
- Bei einer vergleichsweise großen Anzahl von Zielkriterien wird die Differenzierung der Zielgewichtung immer fragwürdiger. Häufiger Ausweg ist die Formulierung „gleichgewichtiger" Kriterien und eine Bottom-up-Vorgehensweise bei der Gewichtung. Dann ist aber die Gewichtung eines Oberziels abhängig von der Anzahl der jeweils untergeordneten Kriterien.
- Die Ungewissheit über die Zukunft beeinflusst das Ergebnis [BAUT14]. Vor allem bei langfristig angelegten Aussagen muss die Möglichkeit der Verbesserung oder der Verschlechterung in Betracht gezogen werden. Beispielsweise soll beim Erwerb eines Hauses eine Nutzwertanalyse durchgeführt werden. In die Bewertung fließt das Kriterium „Aussicht" ein. Anstatt dies zum aktuellen Stand mit „80 von 100 Punkten" zu bewerten, könnte eine Bewertung von „70–80 von 100" vorgenommen werden, wenn bekannt ist, dass das Haus in der Nähe eines Neubaugebiets liegt, und deswegen die Aussicht geschmälert werden könnte. Damit enthalten die Gesamtnutzwerte Bewertungskorridore [ZARD15, FIED03].
- Der Aufwand, um bis zu einer ersten Wertaussage zu kommen, wird als sehr hoch empfunden. Zusätzlich wird sowieso so schnell wie möglich eine „Lösung" gefordert.

Also steht in der Regel gar keine Zeit zur Verfügung, unterschiedliche Umweltsituationen in einem Szenariomanagement [SIEB99, FISI16] bewertend durchzuspielen: Alle Produktionssysteme in Bd. 2, Kap. 8 und die angegebenen partiellen Nutzwertanalysen wurden unter der stillschweigenden Annahme realisiert, dass die bisher positive Entwicklung „immer so weiter geht". Und wenn tatsächlich verschiedene Umweltsituationen berücksichtigt werden, wie werden die „Wahrscheinlichkeiten" für ihr Eintreten bestimmt? „Wahrscheinlichkeit" ist ganz anders definiert als in der Bayes-Regel verwendet (siehe [BRUS13]).

Viel schwerwiegender sind die nicht zu vermeidenden *systematischen Mängel* der Nutzwertanalyse:

- *Mangel* 1: Messen an der jeweils besten Alternative anstatt an Zielen

„Zielsystem" im Zusammenhang mit einem Handlungssystem heißt: Der Handelnde muss äußern, was er möchte. Das ist bei einer Nutzwertanalyse nicht der Fall. Die Nutzwertanalyse vergleicht Alternativen hinsichtlich einer bestimmten Eigenschaft. Das gilt auch für deren Gewichtung, die über einen Paarvergleich zustande kommt. Und es gilt: Je mehr von dieser Eigenschaft, desto besser bzw. schlechter, ohne dass der Handelnde das richtige bzw. sinnvolle Maß selbst bestimmen muss: Wir wählen die beste Alternative hinsichtlich jedes einzelnen Kriteriums, ohne deren Wert tatsächlich zu kennen; das „Pflichtenheft" wird auf Zielbereiche reduziert. Das anzustrebende Maß der Zielerreichung legt die Nutzwertanalyse über die jeweils „beste" Alternative fest.

Damit haben wir den entscheidenden methodischen Nachteil der psychologischen Messverfahren angesprochen: Der Entscheider hat keine eigene Vorstellung, welche Leistung denn eigentlich sinnvoll, notwendig, „nützlich" ist – er hat kein eigenes Pflichtenheft, an dem er misst. Er ist nur der Beobachter des Experiments, in das er sich nicht einbringen darf! Er macht sich daher auch gar nicht die Mühe, sich eine eigene Meinung zu bilden. Wir fragen nicht: „Was wird gebraucht?", sondern: „Welche von den Alternativen gefällt Dir hinsichtlich eines einzelnen, bestimmten Kriteriums am besten?" Möglicherweise reichen alle Alternativen bis auf einige wenige blödsinnige mehr als genug aus. Oder keine der Alternativen bringt das, was eigentlich möglich und sinnvoll wäre – alle müssten und könnten ertüchtigt werden. Das wird aber gar nicht registriert. Stattdessen messen wir an einer Ausprägung, die eine einzige Alternative zu genau diesem Zielkriterium/dieser Anforderung bringt. Also nehmen wir ein Haus mit achtzehn Schlafzimmern und einem 25-m-Schwimmbecken im Keller. Möglicherweise versagt diese Alternative bei allen anderen Leistungskriterien vollständig und total – man hat uns ein pleitegegangenes Hotel als Wohnhaus angeboten. Aber das ist dann der Maßstab, an dem sich alle anderen Alternativen messen lassen müssen. Und dann nehmen wir am Ende die Alternative, die vergleichsweise am besten abgeschnitten hat.

- *Mangel* 2: Bewerten von Attributen, nicht von Funktionen

Neben der Bestimmung der Ziele bedarf es einer Festlegung der Mittel, mit deren Hilfe sie erreicht werden sollen. Als Mittel können Handlungen und Gegenstände fungieren; sie erfüllen dann den Zweck, der Zielrealisierung zu dienen. Ein Zielsystem, z. B. ein Pflichtenheft, ist funktional, verhaltensorientiert oder verhaltensorientiert je Funktion angelegt; der Zweck ist als Funktion oder als eine instrumentale Tätigkeit im Dienst des Zielstrebens definiert. In der Regel macht es Sinn, die Anforderungen an das auszuwählende Sachsystem/technische System funktional zu gliedern: Wir wollen den auszuwählenden Pkw sowohl in der Freizeit mit der Familie als auch auf der Fahrt zum Arbeitsplatz nutzen. Damit implizieren wir, dass ein und dieselbe Eigenschaft des Sachsystems/technischen Systems (Anzahl der Sitze, Größe des Kofferraums) unter unterschiedlichen Aspekten, möglicherweise sogar völlig gegensätzlich, vor allem aber mehrfach zu bewerten ist.

Demnach haben wir zu „Wir wollen einen Föhn“ folgende Möglichkeiten, die Bewertung/die Formulierung der Kriterien anzugehen:

- Möglichkeit 1: Nominal Außensicht
  Wir haben zwei verschiedene Luftströme und zwei verschiedene Heizstufen, Handgriff, Kabel, ... Wenn keine Luft, dann keine Heizung, also sieben verschiedene Zustände: aus(Luft0, Heizung0), Luft1 mit Heizung0, Heizung1, Heizung2, Luft2 mit Heizung0, Heizung1, Heizung2.
- Möglichkeit 2: Funktional Außensicht.
  Wir haben zwei Schalter mit jeweils drei Stellungen, also neun Inputmöglichkeiten, die wir funktional mit den sieben Outputmöglichkeiten kombinieren (Input-Output-System).
- Möglichkeit 3: Funktional Innensicht.
  Wir öffnen das Gehäuse und verlangen innen einen bestimmten Elektromotor mit einer bestimmten Schutzklasse. Dann haben wir aber schon ein Stück weit konstruiert und gesagt: Ein Untersystem heißt Motor und an den stellen wir jetzt wieder Anforderungen hinsichtlich bestimmter Eigenschaften. Über das Zusammenwirken der Untersysteme sagen wir, wie der Föhn „funktioniert“.
- Möglichkeit 4: Funktional Anwendung.
  Wir wollen den Föhn nicht nur zum Haare trocknen, sondern auch als Heizgerät, als Ventilator, zum Trocknen von Geschirr und zum Verjagen von Stubenfliegen. Und dafür nutzen wir die Möglichkeiten 1–3.

Also müssen wir uns gut überlegen, wie wir unsere Anforderungen sinnvollerweise strukturieren: Listen wir eine große unstrukturierte Menge von Eigenschaften auf oder überlegen wir uns mit Möglichkeit 4, was Papa, Mama, Kind1, Kind2, Oma in dem Haus (möglicherweise mit einem Föhn) tun wollen. In diesem ersten Fall müssen wir die Eigenschaften/das Input-Output-Verhalten, im zweiten Fall die Möglichkeiten des Tuns, die Funktionen systematisieren. Dann aber impliziert jedes einzelne „Tun“, jedes einzelne Handeln eine eigene Zielhierarchie und später eine Wertsynthese, die nicht nur die einzelnen Kriterien, sondern die Bewertungen der einzelnen Handlungen/Handelnden und damit ggf. mehrfach beurteilte Kriterien zusammenführt. Vielleicht brauchen wir am Ende kein riesiges Wohn-/Esszimmer, sondern für jeden ein (klitzekleines) eigenes (schalldichtes) Zimmer und eine große Wohnküche – das gemeinsame Fernsehen gibt es sowieso nicht mehr.

Die „klassische Nutzwertanalyse" führt mit ihren Anforderungen/Voraussetzungen, vor allem wegen der abschließenden additiven Wertsynthese, aber zu einer Bewertung unabhängiger Eigenschaften. Natürlich macht es keinen Sinn, ein und denselben Sachverhalt (bspw. mindestens fünf Zimmer) mehrfach zu fordern und dann mehrfach zu bewerten (additive multiattributive Wertfunktion). Und möglicherweise können wir nominale Anforderungen im Sinne eines Input-Output-Systems (Input: Ziel, Output: Leistung der Alternative) definitorisch so weit abklären, dass ein Sachverhalt keine begrifflichen Überschneidungen mit einem anderen hat. Aber ob dann die Leistung des Systems als Output aus dem schwarzen Kasten Alternative unabhängig von allen anderen Anforderungen ist, das hängt vom funktionalen Aufbau der Alternative ab. Und wenn wir selbst funktional mit Wohnen, Essen, Schlafen, Kinder aufziehen usw. denken und so unsere Anforderungen abgeleitet haben, dann werden wir mit nominalen Zielkriterien Redundanzen (und Schiffbruch) erleben. Natürlich lassen sich nominale Anforderungen wie die Anzahl der Zimmer viel leichter bewerten als „vielfältige Möglichkeiten zur individuellen Freizeitgestaltung für jede Einzelperson über die nächsten zehn Jahre" oder „individuelle Rückzugsmöglichkeiten für jede Generation". Ob dann die einzelnen Ziele vergleichbares Gewicht haben, ist anzuzweifeln; dann dominieren rein sprachliche Anforderungen die Zielformulierung.

- *Mangel* 3: Bewerten von „Nichtrandbedingungen"

Die Nutzwertanalyse und alle abgeleiteten Verfahren, wie bspw. AHP, haben vier methodische Eigenheiten:

1. Es werden nur Alternativen miteinander verglichen, die hinsichtlich aller funktionalen Kriterien einen Mindestnutzen aufweisen (vgl. Abschn. 3.1) und kein Ausschlusskriterium verletzen. Die in Abschn. 3.1 diskutierten funktionalen Kriterien werden von der Nutzwertanalyse als „Randbedingungen" betrachtet und keiner Bewertung unterzogen.
2. Das Maximum an Zielertrag hinsichtlich eines Auswahlkriteriums und gleichzeitig das obere Ende der Skala definiert die hinsichtlich dieses Kriteriums beste Alternative. Also hängt jede (ansonsten völlig ungeeignete) Alternative mit einem noch besseren Leistungsangebot für ein bestimmtes Kriterium die Messlatte noch höher (und das geht möglicherweise nur, weil diese Alternative in allen anderen Anforderungen krass versagt!).
3. Gemessen werden Attributsausprägungen.
4. Eine Ertüchtigung einer „Alternative" wird nicht in Betracht gezogen.

Nehmen wir wieder das Beispiel „Hauskauf". Dann erhalten wir als Ergebnis einer Nutzwertanalyse ein Haus, das viele Zimmer, die niemand braucht, viele Quadratmeter, die man nur heizen muss, und den geringsten Kaufpreis hat. Die Kriterien waren „Anzahl der Zimmer", „Anzahl der Quadratmeter" und „niedere Kosten". Das Haus, das nach einer minimalen Erweiterung alle Ausschlusskriterien erfüllt und unter Einhaltung eines äußerst begrenzten finanziellen Budgets die beste Lebensqualität hinsichtlich der Funktionen Essen, Schlafen, Freizeit mit Garten und Haustieren, Kinder aufziehen, Beruf im Homeoffice usw. bietet, schließen wir mit einer Standardnutzwertanalyse bereits im Vorfeld aus; es ist kein Element der Alternativenmenge, weil bspw. die Randbedingung „Jedes Zimmer hat mindestens zwei Steckdosen" nicht erfüllt wurde. Wir kommen zu diesem Haus nur dann, wenn wir überhaupt kein passendes Haus im Angebot haben und auf der nächsten Detaillierungsebene eine Gliederung (und veränderte Randbedingungen) wählen, mit der wir (zufällig) das Leistungsangebot dieser ungeeigneten Alternative über die detaillierte Aufgabengliederung erfassen können. Genau solche Situationen werden wir aber beim Entwurf von Sachsystemen/technischen Systemen ständig erleben: Ausgehend von einem detaillierten Pflichtenheft und vorgegebenen monetären Grenzen haben die Kriterien den Charakter von „Pflichten", die geforderte Leistung ist zu erbringen, jede Übererfüllung und jede Zusatzleistung besitzt keinen Wert an sich, sondern ist reine Verschwendung, Schnickschnack. Alle Kriterien des Pflichtenhefts sind Ausschlusskriterien. Demnach wird kein Paarvergleich der Alternativen, sondern ein „Paar"-Vergleich einer jeden Alternative mit den Anforderungen des Pflichtenhefts verlangt. Wenn eine Alternative/eine mögliche Lösung eine bestimmte Anforderung nicht bzw. nicht vollständig erfüllen kann, dann ist die zu stellende Frage, ob und mit welchem Aufwand eine Ertüchtigung auf das Niveau des Pflichtenhefts möglich und sinnvoll ist. Möglicherweise müssen alle „Alternativen" in irgendeiner Form ertüchtigt werden – sonst müssten wir ja kein Sachsystem/technisches System entwerfen, der technische Entwurf würde sich auf den Auswahlprozess reduzieren. Und genau diese Leistungsangebote einschließlich der – ggf. bis jetzt nur intendierten/geplanten, aber im Rahmen des Pflichtenhefts machbaren – Ertüchtigungen sind dann am Pflichtenheft zu messen. In aller Regel werden wir dabei das Potenzial zur Durchführung von Funktionen nachfragen: die Bearbeitung eines Drehteils, nicht die Anzahl der Gänge der Drehmaschine, das Backen eines Kuchens und nicht die Anzahl der Drehknöpfe am Backofen, das Fahren eines Lkw im Morast und nicht die Anzahl der Windungen des Federbeins sowie das Reisen von A nach B und nicht die theoretische Spitzengeschwindigkeit der ICE-Lokomotive. In mehreren Funktionen auftretende Attribute treten dann naturgemäß in mehreren Bewertungsdimensionen auf. Erst wenn das alles geklärt ist und dem Pflichtenheft Genüge getan wird, kommt die „klassische" Nutzwertanalyse zum Einsatz. Die jetzt verwendeten Auswahlkriterien bewerten das „Wie", „Womit", „Wann" usw. der Aufgabenerfüllung, nicht das „Ob" oder „Ob nicht". Im obigen Beispiel erfüllen zwei Häuser alle Ausschlusskriterien, aber das eine hat taubenblaue und das andere hat lindgrüne Dachziegel, das eine hat eine Heizung von Vaillant, das andere eine von Viessmann. Derartige Auswahlkriterien müssen nicht im Pflichtenheft stehen; in der Regel werden sie erst mit dem Vorliegen der Alternativen aufscheinen. Dann sind ein Paarvergleich der Alternativen und eine Skalierung anhand der festgestellten Attributs-/Funktionsausprägungen das gegebene methodische Vorgehen;

außerhalb der Menge der Alternativen, auch im Pflichtenheft, gibt es ja keine Aussage zu irgendwelchen Wertmaßstäben und Präferenzen bezüglich dieser Auswahlkriterien. Im industriellen Umfeld werden die bereits vorhandenen Betriebsmittel, Erfahrungen, Werksnormen, Wartungsvorschriften usw., die alle nicht explizit im Pflichtenheft genannt werden, hier eine Rolle spielen. Also macht die Nutzwertanalyse eine Differenzierung, Unterscheidung und Auswahl in einer Menge von Alternativen, die alle die Vorgaben des Pflichtenhefts – aber nicht im Sinne von nichtbewertbaren 0/1-Aussagen, sondern mit Messen an einem vorgegebenen Maßstab nach Abschn. 3.4.1 – erfüllen, transparent und nachvollziehbar.

Die Nutzwertanalyse gibt kein Feedback an einen Entwurfsprozess; das Urteil kommt über den Vergleich nichtveränderbarer Alternativen zustande. Genau deshalb handelt es sich bei Beispielen in der Literatur um: Wir kaufen ein Haus. Das können wir auch nicht verändern, solange wir es nicht gekauft haben. Die Fragestellung müsste aber sein: Welches der angebotenen Häuser lässt sich zeitlich/finanziell/... in den Zustand versetzen, den ich für mich und meine Familie (idealerweise) haben will. Und dann ist ein Schwimmbad im Keller möglicherweise nur kontraproduktiv. Die Nutzwertanalyse argumentiert dann: Bekommt ja auch nur eine geringe Gewichtung. Stimmt. Aber alle anderen Alternativen, die das zum Glück nicht haben, bekommen jetzt einen Minuspunkt.

Literatur

[ABEL88] ABEL, G.: Realismus, Pragmatismus, Interpretationismus. Zu neueren Entwicklungen in der analytischen Philosophie. Allgemeine Zeitschrift für Philosophie 13.3 (1988), S. 51–67.

[ABEL90] ABEL, G.: Das Prinzip der Nachsichtigkeit im Sprach- und Zeichenverstehen. Allgemeine Zeitschrift für Philosophie 15.2 (1990), S. 1–18.

[ACAT13] ACATECH (Hrsg.): Technikwissenschaften - Erkennen, Gestalten, Verantworten. Berlin: Springer 2013.

[AGBO92] AGARWAL, R.; BOGESS, L.: A Simple but Useful Approach to Conjunct Identification. Proceedings of the 30th Annual Meeting on ACL, ACL'92, S. 15–21, Stroudsburg, PA. 1992.

[AGIR08] AGIRRE, E.; BALDWIN, T.; MARTINEZ, D.: Improving Parsing and PP attachment Performance with Sense Information. Proceedings of the Annual Meeting of the ACL, S. 317–325, Columbus, OH. 2008.

[AGED07] AGIRRE, E.; EDMONDS, P. (Hrsg.): Word Sense Disambiguation: Algorithms and Applications, Bd. 33. Text, Speech and Language Technology. Oxford, UK: Springer 2007.

[ALBA09] ALBAYRAK, O.; KURTOGLU, H.; BIAKI, M.: Incomplete Software Requirements and Assumptions Made by Software Engineers. In: Proceedings of the 16th APSEC, S. 333–339, Batu Ferringhi, Penang, Malaysia: IEEE 2009.

[ALLE95] ALLEN, J.: Natural Language Understanding. New York: Benjamin/Cummings 1995.

[ALSH14] ALSHAZLY, A. A.; ELFATATRY, A. M.; ABOUADAL, M. S.: Detecting defects in software requirements specification. Alexandria Engineering Journal 53(2014)3, S. 513–527.

[AURU02] AURUM, A.; PETERSSON, H.; WOHLIN, C. (2002). State-of-the-art: software inspections after 25 years. Software Testing, Verification and Reliability 12(2002)3, S. 133–154.

[AVCI08] AVCI, O.: Warum entstehen in der Anforderungsanalyse Fehler? Eine Synthese empirischer Befunde der letzten 15 Jahre. In: Industrialisierung des SoftwareManagements: Fachtagung des GI-Fachausschusses Management der Anwendungsentwicklung und -Wartung im Fachbereich Wirtschaftsinformatik, LNI, S. 89–103, Stuttgart 2008.

[BAIL15] BAILEY, D.; LIERLER, Y.; SUSMAN, B.: Prepositional Phrase Attachment Problem Revisited: How VERBNET Can Help. In: Proceedings of the 11th IWCS, S. 12–22, London: ACL 2015.

[BAJW12] BAJWA, I. S.; LEE, M.; BORDBAR, B.: Resolving Syntactic Ambiguities in Natural Language Specification of Constraints. In: Gelbkuh, A. (Hrsg.): Computational Linguistics and Intelligent Text Processing, Bd. 7181. LNCS, S. 178–187. Berlin: Springer 2012.

[BAKE98] BAKER, C. F.; FILLMORE, C. J.; LOWE, J. B.: The Berkeley FrameNet Project. In: Proceedings of the 36th Annual Meeting of the ACL and 17th International Conference on COLING, Bd. 1, S. 86–90. Montreal: ACL 1998.

[BALZ09] BALZERT, H.: Lehrbuch der Software-Technik. 3. Aufl. Heidelberg: Spektrum Akademischer Verlag 2009.

[BANO15] BANO, M.: Addressing the Challenges of Requirements Ambiguity: A Review of Empirical Literature. In: Proceedings of the 5th International Workshop on Empire, S. 21–24, Ottawa: IEEE 2015.

[BAOC47] BASSON, A.-H.; O'CONNOR, D. J.: Language and Philosophy. Philosophy 22(1947), S. 49–65.

[BÄGE16] BÄUMER, F. S.; GEIERHOS, M.: Running out of Words: How Similar User Stories Can Help To Elaborate Individual Natural Language Requirement Descriptions. In: Dregvaite, G.; Damasevicius, R. (Hrsg.), Proceedings of the ICIST 2016, CCIS, S. 549–558, Druskininkai: Springer 2016.

[BÄDO17] BÄUMER, F. S.; DOLLMANN, M.; GEIERHOS, M.: Studying Software Descriptions in SourceForge and App Stores for a better Understanding of real-life Requirements. In: Proceedings of the 2nd International Workshop on App Market Analytics (WAMA 2017), 5. September 2017, Paderborn 2017.

[BÄUM17] BÄUMER, F. S.; GEIERHOS, M.: Guesswork? Resolving Vagueness in User-Generated Software Requirements. In: Christiansen, H.; Jimenez Lopez, M. D.; Loukanova, R.; Moss, L. (Hrsg.): Partiality and Underspecification in Information, Languages, and Knowledge, Kap. 3, S. 65–107. Cambridge: Cambridge Scholars Publishing 2017.

[BAUM13] BAUMGARTNER, M.; KLONK, M.; PICHLER, H.; SEIDL, R.; TANCZOS, S.: Agile Testing: Der agile Weg zur Qualität. München: Hanser 2013.

[BAUT14] BAUTSCH, M.: Gebrauchstauglichkeit und Gebrauchswert. In: Pfeifer, T.; Schmitt, R. (Hrsg.): Masing Handbuch Qualitätsmanagement. München: Hanser 2014.

[BEGR97] BEITZ, W.; GROTE, K.-H. (Hrsg.): DUBBEL. Taschenbuch für den Maschinenbau. 19. Aufl. Berlin: Springer 1997.

[BETH76] BELL, T. E.; THAYER, T. A.: Software Requirements: Are They Really a Problem? In: Proceedings of the 2nd ICSE, ICSE'76, S. 61–68, Los Alamitos: IEEE 1976.

[BERO08] BENGTSON, E.; ROTH, D.: Understanding the Value of Features for Coreference Resolution. In: Proceedings of the 2008 Conference on EMNLP, S. 294–303, Honolulu/Urbana: ACL 2008.

[BERG08] BERGHUBER, M.: Ambiguität. http://www.rheton.sbg.ac.at/rheton/2008/12/ambiguitaet/. 2008.

[BERR03] BERRY, D. M.; KAMSTIES, E.; KRIEGER, M. M.: From Contract Drafting to Software Specification: Linguistic Sources of Ambiguity – A Handbook. Version 1.0. https://cs.uwaterloo.ca/~dberry/handbook/ambiguityHandbook.pdf. 2003.

[BHAT14] BHAT, M.; YE, C.; JACOBSEN, H.-A.: Orchestrating SOA Using Requirement Specifications and Domain Ontologies. In: Franch, X.; Ghose, A.; Lewis, G.; Bhiri, S. (Hrsg.): Service-Oriented Computing, Bd. 8831. LNCS, S. 403–410. Berlin: Springer 2014.

[BIDL64] BIDLINGMAIER, J.: Unternehmensziele und Unternehmensstrategien. Berlin: Springer 1964.

[BINS85] BINSWANGER, H.: Geld und Magie. Stuttgart: Weitprecht 1985.

[BLOO81] BLOOM, A.: The Linguistic Shaping of Thought. Hillsdale: Lawrence Erlbaum 1981.

[BOEH84] BOEHM, B. W.: Verifying and Validating Software Requirements and Design Specifications. IEEE Software, S. 75–88. 1(1984)1.

[BORK76] BORKOWSKI, L.: Formale Logik. Logische Systeme. Einführung in die Metalogik. Berlin: Akademie-Verlag 1976.

[BORT99] BORTZ, J.: Statistik für Sozialwissenschaftler. 5. Aufl. Berlin: Springer 1999.

[BOSP11] BOS, J.; SPENADER, J.: An annotated corpus for the analysis of VP ellipsis. Language Resources and Evaluation, 45 (2011)4, S. 463–494.

[BRAN02] BRANTS, S.; DIPPER, S.; HANSEN, S.; LEZIUS, W.; SMITH, G.: The TIGER Treebank. In: Proceedings of the First Workshop on Treebanks and Linguistic Theories. TLT'02, S. 24–41, Sozopol 2002.

[BREN88] Stichwort Experiment. Brockhaus Enzyklopädie. 19. Aufl. Mannheim 1988.

[BRMA96] BRUNSTEIN, J. C.; MAIER, G. W.: Persönliche Ziele. Ein Überblick zum Stand der Forschung. In: Psychologische Rundschau 47(1996), S. 146 ff.

[BRID27] BRIDGMAN, P. W.: The Logic of Modern Physics. New York: Mac Millan 1927.

[BRJA06] BOOCH, G.; RUMBAUGH, J.; JACOBSEN, I.: Das UML-Benutzerhandbuch. Aktuell zur Version 2.0. Boston: Addison Wesley 2006.

[BRON08] BRONNER, A.: Angebots- und Projektkalkulation. Berlin: Springer 2008.

[BRUG09] BRUGGER, R.: IT-Projekte strukturiert realisieren: Situationen analysieren, Lösungen konzipieren – Vorgehen systematisieren, Sachverhalte visualisieren – UML und EPKs nutzen. 2. Aufl. Wiesbaden: Vieweg+Teubner 2009.

[BRUS13] BRUSS, TH. F.: 250 years of „an essay towards solving a Problem in the Doctrine of Chance. By the late Rev. Mr. Bayes, communicated by Mr. Price, in a letter to John Canton A.M.F.R.S." In: Jahresbericht der Deutschen Mathematiker-Vereinigung 115(2013)3/4, S. 129–133.

[BRYL10] BRYL, V.; GIULIANO, C.; SERAFINI, L.; TYMOSHENKO, K.: Using Background Knowledge to Support Coreference Resolution. In: Proceedings of the 19th ECAI, S. 759–764, Amsterdam: IOS Press. 2010.

[BUCH87] BUCHER, TH. G.: Einführung in die angewandte Logik. Lehrbuch für Geisteswissenschaftler ohne Vorkenntnisse in Logik. Berlin: de Gruyter 1987.

[BUHI01] BUDANITSKY, A.; HIRST, G.: Semantic distance in WordNet: An experimental, application-oriented evaluation of five measures. In: Workshop on WordNet and other Lexical Resources, Second Meeting of the NAACL, Bd. 2, Pittsburgh: ACL 2001.

[BuHi06] Budanitsky, A.; Hirst, G.: Evaluating WordNet-based Measures of Lexical Semantic Relatedness. Computational Linguistics, 32(2006)1, S. 13–47.

[BussM83] Bussmann, H.: Lexikon der Sprachwissenschaft. Stuttgart: Kröner 1983.

[Carn34] Carnap, R.: Logische Syntax der Sprache. Berlin: Springer 1934.

[Carn74] Carnap, R.: Einführung in die Philosophie der Naturwissenschaften. 2. Aufl. München: Nymphenburger 1974.

[Cars10] Carstensen, K.-U.; Ebert, C.; Jekat, S.; Klabunde, R.; Langer, H. (Hrsg.): Computerlinguistik und Sprachtechnologie: Eine Einführung. 3. Aufl. Heidelberg: Spektrum 2010.

[Cecc04] Ceccato, M.; Kiyavitskaya, N.; Zeni, N.; Mich, L.; Berry, D. M.: Ambiguity Identification and Measurement in Natural Language Texts. Technischer Bericht DIT-04-111, Trento: University of Trento 2004.

[ChAA61] Churchman, C. W.; Ackoff, R. L.; Arnoff, E. L.: Operations Research. Eine Einführung in die Unternehmensforschung. München: Oldenbourg 1961.

[ChAi14] Chaimongkol, P.; Aizawa, A.; Tateisi, Y.: Corpus for Coreference Resolution on Scientific Papers. In: Calzolari, N.; Choukri, K.; Declerck, T.; Loftsson, H.; Maegaard, B.; Mariani, J.; Moreno, A.; Odijk, J.; Piperidis, S. (Hrsg.): Proceedings of the 9th International Conference on LREC, Reykjavik: ELRA 2014.

[Chal07] Chalmers, A. F.: Wege der Wissenschaft: Einführung in die Wissenschaftstheorie. 6. Aufl. Berlin: Springer 2007.

[Chan05] Chantree, F.; Kilgariff, A.; De Roeck, A.; Willis, A.: Disambiguating Coordinations Using Word Distribution Information. In: Proceedings of RANLP, Borovets 2005.

[Chan07] Chantree, F.; Willis, A.; Kilgariff, A.; De Roeck, A.: Detecting Dangerous Coordination Ambiguities Using Word Distribution. In: RANLP IV: Selected papers from RANLP 2005, S. 287–296. Amsterdam: John Benjamins Publishing 2007.

[Choi15] Choi, J. D.; Tetreault, J.; Stent, A.: It Depends: Dependency Parser Comparison Using A Web-based Evaluation Tool. In: Proceedings of the 53rd Annual Meeting of the ACL and the 7th IJCNLP, S. 387-396, Beijing: ACL 2015.

[Chri93] Christmann, J.: Die Preisbildung in der Volkswirtschaft. Wiesbaden: Gabler 1993.

[Coll85] Collin, F.: Theory and Understanding: A Critique of Interpretive Social Science. Oxford: Blackwell 1985.

[Coll87] Collin, F.: Meta-Constraints upon Interpretation. American Philosophical Quarterly 24(1987), S. 137–148.

[CoBr95] Collins, M.; Brooks, J.: Prepositional Phrase Attachment through a Backed-Off Model. In: Yarowsky, D.; Church, K. W. (Hrsg.): Proceedings of the 3rd Workshop on Very Large Corpora, S. 27–38, Cambridge: ACL 1995.

[CoSS15] Coenenberg, A. G.; Salfeld, R.; Schultze, W.: Wertorientierte Unternehmensführung. Vom Strategieentwurf zur Implementierung. 3. Aufl. Stuttgart: Schäffer-Poeschel 2015.

[CuLo07] Culotta, A.; Wick, M.; Hall, R.; McCallum, A.: First-Order Probabilistic Models for Coreference Resolution. In: Proceedings of the HLT conference/Meeting of the NAACL, S. 81–88, Rochester: ACL 2007.

[DaHu84] Daenzer, W. F.; Huber, F. (Hrsg.): Systems Engineering: Methoden und Praxis. 6. Aufl. Zürich: Industrielle Organisation 1984.

[DANG03] DANGELMAIER, W.: Produktion und Information. System und Modell. Berlin: Springer 2003.

[DAVI74] DAVIDSON, D.: Wahrheit und Interpretation. (Orig.1974). Frankfurt a. M.: Suhrkamp 1986.

[DAVI81] DAVIDSON, D.: Eine Kohärenztheorie der Wahrheit und der Erkenntnis. In: Bieri, P. (Hrsg.): Analytische Philosophie der Erkenntnis. (Orig. 1981). Frankfurt a. M.: Suhrkamp 1987.

[DAVI93] DAVIS, A.; OVERMYER, S.; JORDAN, K.; CARUSO, J.; DANDASHI, F.; DINH, A.; KINCAID, G.; LEDEBOER, G.; REYNOLDS, P.; SITARAM, P.; TA, A.; THEOFANOS, M.: Identifying and Measuring Quality in a Software Requirements Specification. In: Proceedings of the 1st International Software Metrics Symposium, S. 141–152, Baltimore: IEEE 1993.

[DECK07] DECKER, B.; RAS, E.; RECH, J.; JAUBERT, P.; RIETH, M.: Wiki-Based Stakeholder Participation in Requirements Engineering. IEEE Software, 24(2007)2, S. 28–35.

[DESA11] DEEPTIMAHANTI, D. K.; SANYAL, R.: Semi-automatic Generation of UML Models from Natural Language Requirements. In: Proceedings of the 4th ISEC, ISEC'11, S. 165–174, New York: ACM 2011.

[DMSW96] DROSDOWSKI, G.; MÜLLER, W.; SCHOLZE-STUBENRECHT, W.; WERMKE, M. (Hrsg.): Duden Deutsches Universalwörterbuch. 3. Aufl. Mannheim: DUDEN Verlag 1996.

[DOLL16] DOLLMANN, M.: Frag die Anwender: Extraktion und Klassifikation von funktionalen Anforderungen aus User-Generated-Content. Masterarbeit, Paderborn: Universität Paderborn 2016.

[DOGE16] DOLLMANN, M.; GEIERHOS, M.: On- and Off-Topic Classification and Semantic Annotation of User-Generated Software Requirements. In: Proceedings of the Conference on EMNLP, Austin: ACL 2016.

[DÖNN05] DÖNNINGHAUS, S.: Vagheit der Sprache: Begriffsgeschichte und Funktionsbeschreibung anhand der tschechischen Wissenschaftssprache. Slavistische Studien Bücher. Wiesbaden: Harrassowitz 2005.

[DREG75] DREGER, W.: Projekt-Management. Planung und Abwicklung. Wiesbaden: Bauverlag 1975.

[DUPU44] DUPUIT, A. J. E. J.: De la mesure de l'utilite des travaux publics (1844). Revue francaise d'economie 10(1995)2, S. 55–94.

[DÜRR93] DÜRR, H.: Das Gesamturteil beim vergleichenden Warentest – Struktur und Genauigkeit. In: Hauswirtschaft und Wissenschaft (1993)2,3, S. 84–99.

[EILW10] EISENFÜHR, F.; LANGER, T.; WEBER, M.: Rationales Entscheiden. Berlin: Springer 2010.

[ENDR11] ENDRIZZI, L.: Wahrheitstheorien. Korrespondenztheorie der Wahrheit und pragmatische Wahrheitstheorie. München: GRIN 2011.

[ENGS57] ENGSTROM, E. W.: Systems Engineering: A growing concept. In: Electrical Engineering 76(1957)2, S. 113–116.

[ERNS03] ERNST, M.: Syntaktische Ambiguität: Eine sprachübergreifende Typisierung auf der Basis des Französischen und Spanischen, Bd. 261. Europäische Hochschulschriften XXI. Würzburg: Peter Lang 2003. Zugl.: Diss. Universität Würzburg 2002.

[ESPA09] ESPANA, S.; CONDORI-FERNANDEZ, N.; GONZALEZ, A.; PASTOR, O.: Evaluating the Completeness and Granularity of Functional Requirements Specifications:

A Controlled Experiment. In: Proceedings of the 17th IEEE RE, RE'14, S. 161–170. Atlanta: IEEE 2009.

[FABB00] FABBRINI, F.; FUSANI, M.; GNESI, S.; LAMI, G.: Quality Evaluation of Software Requirements Specifications. In: Proceedings of the Conference of the Software and Internet Quality Week, S. 1–18, San Francisco 2000.

[FABB01] FABBRINI, F.; FUSANI, M.; GNESI, S.; LAMI, G.: The Linguistic Approach to the Natural Language Requirements Quality: Benefit of the use of an Automatic Tool. In: Proceedings of the 26th Annual NASA Goddard Software Engineering Workshop, S. 97–105, Greenbelt: IEEE 2001.

[FAGA76] FAGAN, M.: Design and code inspections to reduce errors in program development. IBM Systems Journal, 15(1976)3, S. 182–211.

[FAHN12] FAHNEY, R.; GARTUNG, T.; GLUNDE, J.; HOFFMANN, A.; VALENTINI, U.: Requirements Engineering und Projektmanagement. Berlin: Springer 2012.

[FASP05] FANTECHI, A.; SPINICCI, E.: A Content Analysis Technique for Inconsistency Detection in Software Requirements Documents. In: Proceedings of the WER 2005, VIII Workshop on Requirements Engineering, S. 245–256, Porto 2005.

[FEHA08] FERLEIN, J.; HARTGE, N.: Technische Dokumentation für internationale Märkte: Haftungsrechtliche Grundlagen – Sprache – Gestaltung – Redaktion und Übersetzung. Renningen: Expert 2008.

[FEBE13] FELKAI, R.; BEIDERWIEDEN, A.: Projektmanagement für technische Projekte: Ein prozessorientierter Leitfaden für die Praxis. 2. Aufl. Wiesbaden: Vieweg 2013.

[FERR14] FERRARI, A.; DELL'ORLETTA, F.; SPAGNOLO, G. O.; GNESI, S.: Measuring and Improving the Completeness of Natural Language Requirements. In: Salinesi, C.; van de Weerd, I. (Hrsg.): Requirements Engineering: Foundation for Software Quality, Bd. 8396. LNCS, S. 23–38. Berlin: Springer 2014.

[FESI12] FERSTL, O. K.; SINZ, E. J.: Grundlagen der Wirtschaftsinformatik. 3. Aufl. Berlin: de Gruyter 2012.

[FEYN07] SANDS, M.; FEYNMAN, R.; LEIGHTON, R. B.: Feynman Vorlesungen über Physik: Hauptsächlich Mechanik, Strahlung und Wärme. München: Oldenbourg 2007.

[FIED03] FIEDLER, R.: Controlling von Projekten. Projektplanung, Projektsteuerung und Projektkontrolle. Wiesbaden: Vieweg 2003.

[FIGA00] FIGAL, G.: Nietzsches Philosophie der Interpretation. Berlin: de Gruyter 2000.

[FIRE05] FIRESMITH, D. G.: Are Your Requirements Complete? Journal of Object Technology, 4(2005)2. S. 27–43.

[FISI16] FINK, A.; SIEBE, A.: Szenario-Management: Von strategischem Vorausdenken zu zukunftsrobusten Entscheidungen. Frankfurt a. M.: Campus 2016.

[FLNA14] FLATI, T.; NAVIGLI, R.: Three Birds (in the LLOD Cloud) with One Stone: BabelNet, Babelfy and the Wikipedia Bitaxonomy. In: Proceedings of SEMANTiCS 2014, S. 10–13, Leipzig.

[FRAN12] FRANK, ST.: Zielvorgaben als Instrument der Unternehmensführung. Eine empirische Untersuchung. Berlin: Springer 2012.

[FREG79] FREGE, G.: Begriffsschrift, eine der arithmetischen nachgebildete Formelsprache des reinen Denkens. Halle 1879, S. 25–50. In: Berka, K.; Kreiser, L. (Hrsg.): Logik-Texte. Kommentierte Auswahl zur Geschichte der modernen Logik, 2. Aufl. Berlin: Akademie Verlag 1973, S. 72–99.

[FRIE80] FRIES, N.: Ambiguität und Vagheit: Einführung und kommentierte Bibliographie, Bd. 84. Linguistische Arbeiten. Tübingen: de Gruyter 1980.

[GABL15] Gabler Wirtschaftslexikon, Stichwort: Anspruchsgruppen. http://wirtschaftslexikon.gabler.de/Archiv/1202/anspruchsgruppen-v6.html. 2015.

[GABL84] Gabler Wirtschaftslexikon Bd. 4, Sp. 504, 1984. Nutzwerttheorie. Gabler.

[GEIE10] GEIERHOS, M.: Biographie: Klassifikation und Extraktion karrierespezifischer Informationen. München: Diss. LMU 2010.

[GEBÄ16] GEIERHOS, M.; BÄUMER, F. S.: How to Complete Customer Requirements: Using Concept Expansion for Requirement Refinement. In Métais, E.; Meziane, F.; Saraee, M.; Sugumaran, V.; Vadera, S. (Hrsg.): Proceedings of the 21st NLDB, Manchester: Springer 2016.

[GEIE15] GEIERHOS, M.; SCHULZE, S.; BÄUMER, F. S.: What did you mean? Facing the Challenges of User-generated Software Requirements. In: Loiseau, S.; Filipe, J.; Duval, B.; van den Herik, J. (Hrsg.): Proceedings of the 7th ICAART, Special Session on PUaNLP 2015, S. 277–283, Lissabon: SCITEPRESS – Science and Technology Publications 2015.

[GEIG98] GEIGER, W.: Qualitätslehre. Einführung-Systematik-Terminologie. 3. Aufl. Braunschweig: Vieweg 1998.

[GENO13] GENOVA, G.; FUENTES, J. M.; LLORENSL, J.; HURTADO, O.; MORENO, V.: A Framework to Measure and Improve the Quality of Textual Requirements. Requirements Engineering 18(2013)1, S. 25–41.

[GHAZ09] GHAZARIAN, A.: A Case Study of Defect Introduction Mechanisms. In: van Eck, P.; Gordijn, J.; Wieringa, R. (Hrsg.), Advanced Information Systems Engineering, Bd. 5565. *LNCS*, S. 156–170. Berlin: Springer 2009.

[GILL14] GILL, K. D.; RAZA, A.; ZAIDI, A. M.; KIANI, M. M.: Semi-Automation for Ambiguity Resolution in Open Source Software Requirements. In: Proceedings of the 27th CCECE, CCECE'14, S. 1–6, Toronto: IEEE 2014.

[GLEI10] GLEICH, B.; CREIGHTON, O.; KOF, L.: Ambiguity Detection: Towards a Tool Explaining Ambiguity Sources. In: Wieringa, R.; Persson, A. (Hrsg.), Requirements Engineering: Foundation for Software Quality, Bd. 6182. *LNCS*, S. 218–232. Berlin: Springer 2010.

[GLOY04] GLOY, K.: Wahrheitstheorien. Eine Einführung. Tübingen: UTB 2004.

[GOLD99] GOLDBERG, M.: An Unsupervised Model for Statistically Determining Coordinate Phrase Attachment. In: Proceedings of the 37th Annual Meeting of the ACL, ACL'99, S. 610–614, Stroudsburg: ACL 1999.

[GÖTZ14] GÖTZE, U.: Investitionsrechnung. Berlin: Springer 2014.

[GRAN11] GRANDE, M.: 100 Minuten für Anforderungsmanagement – Kompaktes Wissen nicht nur für Projektleiter und Entwickler. Wiesbaden: Vieweg+Teubner/Springer Fachmedien 2011.

[GREC10] GRECHENIG, T.: Softwaretechnik: Mit Fallbeispielen aus realen Entwicklungsprojekten. Boston: Pearson Studium 2010.

[GRIC91] GRICE, H. P.: Studies in the Way of Words. Cambridge: Harvard University Press 1991.

[GROS95] GROSZ, B. J.; JOSHI, A. K.; WEINSTEIN, S.: Centering: A Framework for Modeling the Local Coherence of Discourse. Computional Linguistics, 21(1995)2, S. 203–225.

[GUHA15] GUHA, A.; IYYER, M.; BOUMAN, D.; BOYD-GRABER, J. L.: Removing the Training Wheels: A Coreference Dataset that Entertains Humans and Challenges Computers. In: The 2015 Conference of the NAACL: HLT, S. 1108–1111, Denver: ACL 2015.

[HACH02] HALL, A.; CHAPMAN, R.: Correctness by Construction: Developing a Commercial Secure System. IEEE Software, 19 (2002)1, S. 18–25.

[HAFE97] HAMP, B.; FELDWEG, H.: GermaNet – a Lexical-Semantic Net for German. In: Proceedings of the ACL workshop Automatic Information Extraction and Building of Lexical Semantic Resources for NLP Applications, Madrid: ACL 1997.

[HAHO10] HACHTEL, G.; HOLZBAUR, U.: Management für Ingenieure: Technisches Management für Ingenieure in Produktion und Logistik. Wiesbaden: Vieweg 2010.

[HAJI01] HAJIC, J.; VIDOVA-HLADKA, B.; PAJAS, P.: The Prague Dependency Treebank: Annotation Structure and Support. In: Proceedings of the IRCS Workshop on Linguistic Databases, S. 105–114. Philadelphia: University of Pennsylvania 2001.

[HAKL09] HAGHIGHI, A.; KLEIN, D.: Simple Coreference Resolution with Rich Syntactic and Semantic Features. In: Proceedings of the 2009 Conference on EMNLP, S. 1152–1161, Singapur: ACL 2009.

[HALL90] HALL, A.: Seven Myths of Formal Methods. IEEE Software, 7(1990)5, S. 11–19.

[HALL62] HALL, A. D.: A Methodology for Systems Engineering. Bell Laboratories. Princeton: van Nostrand Reinhold 1962.

[HARA01] HARABAGIU, S. M.; BUNESCU, R. C.; MAIORANO, S. J.: Text and Knowledge Mining for Coreference Resolution. In: Proceedings of the 2nd Meeting of the NAACL on Language Technologies, NAACL'01, S. 1–8, Stroudsburg: ACL 2001.

[HARD97] HARDT, D.: An Empirical Approach to VP Ellipsis. Computational Linguistics, 23(1997)4, S. 525–541.

[HARF90] HARFF, P.: Wirtschaftsstatistik. Bielefeld: Gieseking 1990.

[HAYA72] HAYAKAWA, S. I.: Sprache im Denken und Handeln. Allgemeinsemantik. 5. Aufl. Darmstadt: Darmstädter Blätter 1972.

[HEHI10] HENRICH, V.; HINRICHS, E. (2010). GernEdiT – The GermaNet Editing Tool. In: Proceedings of the 7th LREC, S. 2228–2235, Valletta: ELRA 2010.

[HEI66] HEINEN, E.: Industriebetriebslehre als Entscheidungslehre. Berlin: Springer 1966.

[HEMP52] HEMPEL, C. G.: Fundamentals of Concept Formation in Empirical Science. Chicago: University Press 1952.

[HEMP74] HEMPEL, C. G.: Grundzüge der Begriffsbildung in der empirischen Wissenschaft. Düsseldorf: Bertelsmann-Universitätsverlag 1974.

[HIBE34] HILBERT, D.; BERNAYS, P.: Grundlagen der Mathematik, Bd. I. Berlin: Springer 1934.

[HIRO93] HINDLE, D.; ROOTH, M.: Structural Ambiguity and Lexical Relations. Computational Linguistics, 19(1993)1, S. 103–120.

[HNBB92] HABERFELLNER, R.; NAGEL, P.; BECKER, M.; BÜCHEL, A.; VON MASSOW, H.: Systems Engineering: Methodik und Praxis. Hrsg.: Daenzer, W. F.; Huber, F., 8. Aufl. Zürich: Industrielle Organisation 1992.

[HOFF00] HOFFMEISTER, W.: Investitionsrechnung und Nutzwertanalyse. Stuttgart: Kohlhammer 2000.

[HOLT11] HOLTMANN, J.; MEYER, J.; VON DETTEN, M.: Automatic Validation and Correction of Formalized, Textual Requirements. In: Proceedings of the 4th ICSTW, S. 486–495, Berlin: IEEE 2011.

[HOWE13] HOFSTÄTTER, P. R.; WENDT, D.: Quantitative Methoden der Psychologie, Bd. 1: Deskriptive, Interferenz- und Korrelationsstatistik. Berlin: Springer 2013.

[HOWI05] HOOD, C.; WIEBEL, R.: Optimieren von Requirements Management & Engineering. Berlin: Springer 2005.

[HSE03] HSE: Out of control: Why control systems go wrong and how to prevent failure. http://automatic-pma.com/wp-content/uploads/2015/02/hsg238.pdf. 2003.

[HUAN09] HUANG, Z.; ZENG, G.; XU, W.; CELIKYILMAZ, A.: Accurate Semantic Class Classifier for Coreference Resolution. In: Proceedings of the 2009 Conference on EMNLP, Bd. 3. EMNLP'09, S. 1232–1240, Stroudsburg: ACL 2009.

[HUBO97] HUCH, B.; BEHME, W.; OHLENDORF, TH.: Rechnungswesenorientiertes Controlling. Berlin: Physica 1997.

[HUJR12] HUERTAS, C.; JUAREZ-RAMIREZ, R.: Nlare, a Natural Language Processing Tool for Automatic Requirements Evaluation. In: Proceedings of the CUBE International Information Technology Conference, CUBE'12, S. 371–378, New York: ACM 2012.

[HUMA12] HUMA, Z.; GERTH, C.; ENGELS, G.; JUWIG, O.: A UML-based Rich Service Description Language for Automatic Service Discovery of Heterogeneous Service Partners. In: Kirikova, M.; Stirna, J. (Hrsg.): Proceedings of the CAiSE'12 Forum, Bd. 855, S. 90–97, Gdansk: CEUR-WS.org. 2012. Erreichbar unter: http://ceur-ws.org/Vol-855/paper11.pdf.

[HUMP95] HUMPERT, H.: Bewertung von Nutzen. Diplomarbeit. Paderborn: Universität 1995.

[HUBE15] HUSAIN, S.; BEG, R.: Advances in Ambiguity less NLSRS: A review. In: Proceedings of ICETECH 2015, S. 221–225, Coimbatore: IEEE 2015.

[HUSS93] HUSSMANN, H.: Zur formalen Beschreibung der funktionalen Anforderungen an ein Informationssystem. Technischer Bericht TUM-I9332, 1993. München: Institut für Informatik, Technische Universität.

[IEEE91] IEEE: IEEE Standard Computer Dictionary: Compilation of IEEE Standard Computer Glossaries. New York: IEEE 1991.

[IEEE98] IEEE: IEEE Std 830-1998 – Recommended Practice for Software Requirements Specifications. New York: IEEE 1998.

[ISNE13] ISHIZAKA, A.; NEMERY, P.: Multi-criteria decision analysis. Methods and Software. Chichester: Wiley 2013.

[JANS04] JANSEN, L.: Dispositionen und ihre Realität. In: Halbig, L.; Suhm, Ch. (Hrsg.): Was ist wirklich? Realismusdebatten in der neueren Philosophie. Frankfurt a. M.: Ontos 2004.

[JOSC18] JOSCHE, T.: Zwischen Pragmatik und Systematik – Wie viel Erfolgsmessung ist im Marketing wirklich sinnvoll? Zielbar.de 2018.

[JUMA09] JURAFSKY, D.; MARTIN, J. H.: Speech and Language Processing: An Introduction to Natural Language Processing, Computational Linguistics and Speech Recognition. 2. Aufl. Prentice Hall: Pearson 2009.

[KANT82] KANT, I.: Kritik der reinen Vernunft, Vorrede zur 2. Auflage Werkausgabe, hrsg. von Weischedel, W. Bd. 3, 4. Aufl. Frankfurt a. M. 1982, S. 23.

[KASA05] KAIYA, H.; SAEKI, M.: Ontology Based Requirements Analysis: Lightweight Semantic Processing Approach. In: Proceedings of the 5th QSIC, QSIC'05, S. 223–230, Melbourne: IEEE 2005.

[KASA06] KAIYA, H.; SAEKI, M.: Using Domain Ontology as Domain Knowledge for Requirements Elicitation. In: Proceedings of the 14th IEEE RE, RE '06, S. 189–198, Minneapolis: IEEE 2006.

[KASS08] KASS, R. A.: Tests and experiments: Similarities and Differences. In: Journal of Test and Evaluation 29 (2008), S. 294–300.

[KATA07] KAMATA, M. I.; TAMAI, T.: How Does Requirements Quality Relate to Project Success or Failure? In: Proceedings of the 15th IEEE RE, S. 69–78, Delhi: IEEE 2007.

[KAUF13] KAUFMANN, A.: Theorie und Methoden der Statistik. Ein Lehr- und Lesebuch für Studierende und Praktiker. Tübingen: J. C. B. Mohr (Paul Siebeck) 1913.

[KEYN09] KEYNES, J. M.: Allgemeine Theorie der Beschäftigung, des Zinses und des Geldes. 11. Aufl. Berlin: Duncker & Humblot 2009.

[KISC05] KIPPER-SCHULER, K.: VerbNet: a broad-coverage, comprehensive verb lexicon. Dissertation, University of Pennsylvania 2005. http://verbs.colorado.edu/kipper/Papers/dissertation.pdf.

[KIYA08] KIYAVITSKAYA, N.; ZENI, N.; MICH, L.; BERRY, D. M.: Requirements for Tools for Ambiguity Identification and Measurement in Natural Language Requirements Specifications. Requirements Engineering, 13(2008)3, S. 207–239.

[KLBU85] KLAUS, G.; BUHR, M. (Hrsg.): Philosophisches Wörterbuch, A bis Kybernetik. Bd. 1. 13. Aufl. als fotomechan. Nachdr. d. 12. durchges. Aufl. Berlin: Verlag Das Europ. Buch 1985.

[KLUC14] KLUCK, N.: Der Wert der Vagheit, Bd. 5. Linguistics & Philosophy. Berlin: de Gruyter 2014.

[KOBD11] KOBDANI, H.; SCHÜTZE, H.; SCHIEHLEN, M.; KAMP, H.: Bootstrapping Coreference Resolution Using Word Associations. In: Proceedings of the 49th Annual Meeting of the ACL: HLT, Bd. 1. HLT'11, S. 783–792, Stroudsburg: ACL 2011.

[KOCH03] KOCH, F.: Handbuch Software- und Datenbank-Recht. Berlin: Springer 2003.

[KÖBR10] KÖRNER, S. J.; BRUMM, T.: Natural Language Specification Improvement with Ontologies. International Journal of Semantic Computing, 3(2010)4, S. 445–470.

[KOLA71] KOLAKOWSKI, L.: Die Philosophie des Positivismus. München: Piper 1971.

[KÖRN14] KÖRNER, S. J.: RECAA – Werkzeugunterstützung in der Anforderungserhebung. Dissertation. Karlsruher Institut für Technologie, Karlsruhe: KIT Scientific Publishing 2014.

[KRTW91] KÖBBERLING, J.; RICHTER, K.; TRAMPISCH, J.; WINDELER, J.: Methodologie der Medizinischen Diagnostik: Entwicklung, Beurteilung und Anwendung von Diagnoseverfahren in der Medizin. Berlin: Springer 1991.

[KRÜT15] KRÜTZFELDT, M. S. T.: Verfahren zur Analyse und zum Test von Fahrzeugdiagnosesysteme im Feld. Berlin: Springer 2015.

[KSTO10] KNILL, CH.; SCHULZE, K.; TOSUN, J.: Politikwandel und seine Messung in der vergleichenden Staatstätigkeitsforschung: Konzeptionelle Probleme und mögliche Alternativen, Politische Vierteljahresschrift, 51(2010)3, S. 409–432. 2010- KOPS.uni-konstanz.de.

[KURT91] KURTH, H.: Formale Spezifikation und Verifikation – Ein Überblick. In: Pfitzmann, A.; Raubold, E. (Hrsg.), VIS '91 Verläßliche Informationssysteme, Bd. 271. Informatik-Fachberichte, S. 45–66. Berlin: Springer 1991.

[LADB00] LAITENBERGER, O.; DEBAUD, J.-M.: An encompassing life cycle centric survey of software inspection. Journal of Systems and Software, 50(2000)1, S. 5 – 31.

[LAMI05] LAMI, G.: QuARS: A Tool for Analyzing Requirements. Technischer Bericht ESC-TR-2005-014, Carnegie Mellon University 2005.

[LANG97] LANGER, H.; MEHL, S.; VOLK, M.: Hybride NLP-Systeme und das Problem der PP-Anbindung. In: Hybride konnektionistische, statistische und symbolische Ansätze zur Verarbeitung natürlicher Sprache. Saarbrücken: Workshop auf der 21. Deutschen Jahrestagung für Künstliche Intelligenz 1997.

[LAKE05] LAPATA, M.; KELLER, F.: Web-based models for natural language processing. ACM Transactions on Speech and Language Processing, 2(2005)1, 3.

[LAPL13] LAPLANTE, P. A.: Requirements Engineering for Software and Systems. 2. Aufl. Applied Software Engineering Series. Boca Raton: Auerbach Publications 2013.

[LAPL14] LAPLACE, P. S.: Théorie Analytique des Probabilités. 2. Ausgabe, S. 391 ff. Paris: Mme. Ve. Courcier 1814.

[LALE94] LAPPIN, S.; LEASS, H. J.: An Algorithm for Pronominal Anaphora Resolution. Computional Linguistics, 20(1994)4, S. 535–561.

[LACH09] LAURENT, P.; CLELAND-HUANG, J.: Lessons Learned from Open Source Projects for Facilitating Online Requirements Processes. In: Glinz, M.; Heymans, P. (Hrsg.), Proceedings of the 15th REFSQ, Bd. 5512, S. 240–255. Berlin: Springer 2009.

[LAW05] LAW, J.: Money and Trade Considered. With a Proposal for Supplying the Nation with Money. Glasgow: The Heirs and Successors of Andrew Anderson 1705.

[LEE13] LEE, H.; CHANG, A.; PEIRSMAN, Y.; CHAMBERS, N.; SURDEANU, M.; JURAFSKY, D.: Deterministic Coreference Resolution Based on Entity-centric, Precisionranked Rules. Computational Linguistics, 39(2013)4, S. 885–916.

[LEE11] LEE, H.; PEIRSMAN, Y.; CHANG, A.; CHAMBERS, N.; SURDEANU, M.; JURAFSKY, D.: Stanford's Multi-pass Sieve Coreference Resolution System at the CONLL-2011 Shared Task. In: Proceedings of the 15th Conference on CONLL: Shared Task, CONLL Shared Task '11, S. 28–34, Stroudsburg: ACL 2011.

[LEHM13] LEHMANN, CH.: Semasiologie der paradigmatischen lexikalischen Relationen. https://www.christianlehmann.eu/ling/lg_system/sem/semasiolog_lexikal_relation.php. 2013.

[LEHR96] LEHRNDORFER, A.: Kontrolliertes Deutsch: linguistische und sprachpsychologische Leitlinien für eine (maschinell) kontrollierte Sprache in der technischen Dokumentation. Tübinger Beiträge zur Linguistik. Tübingen: Günter Narr 1996.

[LENK91] LENK, H.: Zu einem methodologischen Interpretationskonstruktionismus. Zeitschrift für allgemeine Wissenschaftstheorie 22(1991), S. 283–301.

[LENK93] LENK, H.: Philosophie und Interpretation. Frankfurt a. M.: Suhrkamp 1993.

[LEWA94] LEWANDOWSKI, T.: Linguistisches Wörterbuch [I – R]. Bd. 2. 6. Aufl. Heidelberg: Quelle und Meyer 1994.

[LEWI74] LEWIS, D. L.: Radical Interpretation. Synthese 23(1974), S. 331–344.

[LOHE10] LOBIN, H.; HERINGER, H. J.: Computerlinguistik und Texttechnologie. UTB 3282. Paderborn: Wilhelm Fink 2010.

[LOHN11] LOHNSTEIN, H.: Formale Semantik und natürliche Sprachen. Berlin: de Gruyter 2011.

[LÖBN03] LÖBNER, S.: Semantik: eine Einführung. De Gruyter Studienbuch. Berlin: de Gruyter 2003.

[LUTA30] LUKASIEWICZ, J.; TARSKI, A.: Untersuchungen über den Aussagenkalkül, Comptes rendus de la Société des Sciences et des Lettres de Varsovie (Warszawa), Cl. III, 23, 1930, S. 1–21.

[MASC99] MANNING, C. D.; SCHÜTZE, H.: Foundations of Statistical Natural Language Processing. London: MIT Press 1999.

[MANN14] MANNING, C. D.; SURDEANU, M.; BAUER, J.; FINKEL, J.; BETHARD, S. J.; MCCLOSKY, D.: The Stanford CoreNLP Natural Language Processing Toolkit. In: ACL System Demonstrations, S. 55–60, Baltimore: ACL 2014.

[MARC93] MARCUS, M. P.; MARCINKIEWICZ, M. A.; SANTORINI, B.: Building a Large Annotated Corpus of English: The Penn Treebank. Computational Linguistics, 19(1993)2, S. 313–330.

[MANI05] MARKERT, K.; NISSIM, M.: Comparing Knowledge Sources for Nominal Anaphora Resolution. Computational Linguistics, 31(2005)3, S. 367–402.

[MASS14] MASSEY, A. K.; RUTLEDGE, R. L.; ANTON, A. I.; SWIRE, P. P.: Identifying and Classifying Ambiguity for Regulatory Requirements. In: Proceedings of the 22nd International Requirements Engineering Conference, S. 83–92, Karlskrona: IEEE 2014.

[MALE11] MATSUOKA, J.; LEPAGE, Y.: Ambiguity Spotting using WordNet Semantic Similarity in Support to Recommended Practice for Software Requirements Specifications. In: Proceedings of the 7th International Conference on NLP-KE, S. 479–484, Tokushima: IEEE 2011.

[MARX67] MARX, K.: Das Kapital. Bd 1, Hamburg: Otto Meissner 1867.

[MAUR15] MAURER, R.: Alles ist Interpretation – mit Nietzsche am Fundament rütteln. New Nietzsches Studies 9, S. 193–226. New York 2015.

[MCCA04] MCCARTHY, D.; KOELING, R.; WEEDS, J.; CARROLL, J.: Finding Predominant Word Senses in Untagged Text. In: Proceedings of the 42nd Annual Meeting of the ACL, S. 280–287, Barcelona: ACL 2004.

[MCLA04] MCLAUCHLAN, M.: Thesauruses for Prepositional Phrase Attachment. In: Proceedings of the CONLL 2004, S. 73–80, Boston: ACL 2004.

[MGRA14] MCGRAYNE, S. B.: Die Theorie, die nicht sterben wollte. Wie der englische Pastor Thomas Bayes eine Regel entdeckte, die nach 150 Jahren voller Kontroversen heute aus Wissenschaft, Technik und Gesellschaft nicht mehr wegzudenken ist. Berlin: Springer 2014.

[MSBA15] MCSHANE, M.; BABKIN, P.: Automatic Ellipsis Resolution: Recovering Covert Information from Text. In: Proceedings of the 29th AAAI Conference on Artificial Intelligence, S. 572–578, Austin: AAAI Press 2015.

[MSBA16] MCSHANE, M.; BABKIN, P.: Detection and Resolution of Verb Phrase Ellipsis. In: Linguistic Issues In Language Technology, Bd. 13. CSLI Publications 2016

[MEHL98] MEHL, S.; LANGER, H.; VOLKL, M.: Statistische Verfahren zur Zuordnung von Präpositionalphrasen. In: Proceedings of the Konvens '98, Bonn: Peter Lang 1998.

[MENZ10] MENZEL, I.; MUELLER, M.; GROSS, A.; DOERR, J.: An Experimental Comparison Regarding the Completeness of Functional Requirements Specifications. In: Proceedings of the 18th IEEE RE, S. 15–24, Sydney: IEEE 2010.

[MIHA03] MIHALCEA, R.: The Role of Non-Ambiguous Words in Natural Language Disambiguation. In: Proceedings of the RANLP 2003, Borovets 2003. Erreichbar unter: https://web.eecs.umich.edu/~mihalcea/papers/mihalcea.ranlp03.pdf.

[MILL95] MILLER, G. A.: WordNet: A Lexical Database for English. Communications of the ACM, 38(1995)11, S. 39–41.

[MITK98] MITKOV, R.: Robust pronoun resolution with limited knowledge. In: Proceedings of the 17th COLING, COLING'98, Montreal: ACL 1998.

[MITK99] MITKOV, R.: Anaphora Resolution: The State of the Art. Research Group in Computational Linguistics and Language Engineering, Research report. University of Wolverhampton, Wolverhampton: 1999.

[MITK14] MITKOV, R.: Anaphora Resolution. Studies in Language and Linguistics. New York: Taylor & Francis 2014. Neuauflage der 2002 erstmals publizierten Veröffentlichung.

[MOEN14] MOENS, M.-F.; LI, J.; CHUA, T.-S. (Hrsg.): Mining User Generated Content. Leuven: CRC Press 2014.

[MONJ63] MONJALLON, A.: Introduction aux mathématiques modernes. Paris: Librairie Vuibert 1963.

[MONT05] MONTOYO, A.; SUAREZ, A.; RIGAU, G.; PALOMAR, M.: Combining Knowledge and Corpus-based Word-Sense-Disambiguation Methods. In: Journal of Artificial Intelligence Research, Bd. 23, 299-330. AAAI 2005.

[MORO14] MORO, A.; CECCONI, F.; NAVIGLI, R.: Multilingual Word Sense Disambiguation and Entity Linking for Everybody. In: Proceedings of the 13th ISWC, S. 25–28, Riva del Garda: Springer 2014.

[MÜLL15] MÜLLER, C.: Nachhaltige Ökonomie. Ziele, Herausforderungen und Lösungswege. Berlin: de Gruyter 2015.

[NAGE90] NAGEL, K.: Nutzen der Informationsverarbeitung. München: Oldenbourg 1990.

[NAHE05] NAKOV, P.; HEARST, M.: Using the Web As an Implicit Training Set: Application to Structural Ambiguity Resolution. In: Proceedings of the Conference on HLT and EMNLP, HLT'05, S. 835–842, Stroudsburg: ACL 2005.

[NAVI09] NAVIGLI, R.: Word Sense Disambiguation: A Survey. In: ACM Computing Surveys, Bd. 41. New York: ACM 2009.

[NAPO12] NAVIGLI, R.; PONZETTO, S. P.: BabelNet: The automatic construction, evaluation and application of a wide-coverage multilingual semantic network. In: Artificial Intelligence, Bd. 193, S. 217–250. Essex: Elsevier 2012.

[NAVP12] NAVIGLI, R.; PONZETTO, S. P.: Joining Forces Pays Off: Multilingual Joint Word Sense Disambiguation. In: Proceedings of the 2012 Joint Conference on EMNLP and CONLL, S. 1399–1410, Jeju: ACL 2012.

[NIGA12] NIGAM, A.; ARYA, N.; NIGAM, B.; JAIN, D.: Tool for Automatic Discovery of Ambiguity in Requirements. International Journal of Computer Science Issues, 9(2012)2, S. 350–356.

[NN68] N.N.: Osteuropa Wirtschaft. Bd 13-15. DVA 1968, S. 283.

[NOLL04] NOLLAU, H.: Geschäftsprozessoptimierung im Mittelstand. Lohmar: Eul 2004.

[OEPE04] OEPEN, S.; FLICKINGER, D.; TOUTANOVA, K.; MANNING, C. D.: LinGO Redwoods – A Rich and Dynamic Treebank for HPSG. Research on Language and Computation, 2(2004)4, S. 575–596.

[OKMU94] OKUMARA, A.; MURAKI, K.: Symmetric Pattern Matching Analysis for English Coordinate Structures. In: Proceedings of the 4th Conference on ANLP, ANLC'94, S. 41–46, Stroudsburg: ACL 1994.

[OSGB09] ORDONEZ, L. D.; SCHWEITZER, M. E.; GALINSKY, A. D.; BAZERMAN, M. H.: Goals gone wild. How goals systematically harm individuals and organizations. In: Academy of management Perspectives. 23(2009), S. 6 ff.

[PABE97] PAHL, G.; BEITZ, W.: Konstruktionslehre. Methoden und Anwendung. 3. Aufl. Berlin: Springer 1997.

[PALM05] PALMER, M.; GILDEA, D.; KINGSBURY, P.: The Proposition Bank: An Annotated Corpus of Semantic Roles. Computational Linguistics, 31(2005)1, S. 71–106.

[PALI00] PANTEL, P.; LIN, D.: An Unsupervised Approach to Prepositional Phrase Attachment Using Contextually Similar Words. In: Proceedings of the 38th Annual Meeting on ACL, ACL'00, S. 101–108, Stroudsburg: ACL 2000.

[PART10] PARTSCH, H. A.: Requirements-Engineering systematisch: Modellbildung für softwaregestützte Systeme. eXamen.press. Berlin: Springer 2010.

[PASS15] PASSONNEAU, R. J.; RAMELSON, T.; XIE, B.: Named Entity Recognition from Financial Press Releases. In: Fred, A.; Dietz, G. J. L.; Aveiro, D.; Liu, K.; Filipe, J. (Hrsg.): Proceedings of the 6th IC3K, S. 240–254. Rom: Springer 2015.

[PATW03] PATWARDHAN, S.; BANERJEE, S.; PEDERSEN, T.: Using Measures of Semantic Relatedness for Word Sense Disambiguation. In: Proceedings of the 4th CICLing 2003, S. 241–257, Mexiko: ACL 2003.

[PETE14] PETERMANN, K.: Verbale und nonverbale Vagheit in englisch- und deutschsprachigen Interviews, Bd. 118. Forum für Fachsprachen-Forschung. Berlin: Frank & Timme 2014.

[PETE63] PETERMANN, G.: Marktstellung und Marktverhalten des Verbrauchers. Berlin: Springer 1963.

[PICH75] PICHLER, F.: Mathematische Systemtheorie. Dynamische Konstruktionen. Berlin: de Gruyter 1975.

[PINK85] PINKAL, M.: Logik und Lexikon: Die Semantik des Unbestimmten. Grundlagen der Kommunikation. Berlin: de Gruyter 1985.

[PINK91] PINKAL, M.: Semantik/Semantics: Ein internationales Handbuch der zeitgenössischen Forschung, Bd. 6. Handbücher zur Sprach- und Kommunikationswissenschaft, Kapitel Vagheit und Ambiguität, S. 250–270. Berlin: de Gruyter 1991.

[PIPI12] PICKEL, S.; PICKEL, G.: Die Messung von Indizes in der Vergleichenden Politikwissenschaft – methodologische Spitzfindigkeit oder substantielle Notwendigkeit. Zeitschrift für vergleichende Politikwissenschaft 6(2012) S. 1–17.

[POHL07] POHL, K.: Requirements Engineering: Grundlagen, Prinzipien, Techniken. Heidelberg: dpunkt 2007.

[POHL08] POHL, K.: Requirements Engineering: Grundlagen, Prinzipien, Techniken. 2. Aufl. Heidelberg: dpunkt 2007.

[POLJ19] POLJAKOVA, E.: Die Macht der Interpretation. Zwischen Realismus und Antirealismus. Deutsche Zeitschrift für Philosophie Bd. 67, Heft 4, 2019, 539-571; online.

[PORU15] POHL, K.; RUPP, C.: Basiswissen Requirements Engineering: Aus- und Weiterbildung nach IREB-Standard zum Certified Professional for Requirements Engineering Foundation Level. 4. Aufl. Heidelberg: dpunkt 2015.

[POSE16] POSER, H.: Homo creator – Technik als philosophische Herausforderung Berlin: Springer 2016.

[POST06] PONZETTA, S. J.; STRUBE, M.: Exploiting Semantic Role Labeling, WordNet and Wikipedia for Coreference Resolution. In: Proceedings of the Main Conference on HLT/Conference of the NAACL, HLT-NAACL'06, S. 192–199, Stroudsburg: ACL 2006.

[POTH99] POTH, L. G.: Gabler Marketing Begriffe A-Z. Wiesbaden: Gabler 1999.

[PROK15] PROKOFYEV, R.; TONON, A.; LUGGEN, M.; VOUILLOZ, L.; DIFALLAH, D. E.; CUDRÉ-MAROUX, P.: Sanaphor: Ontology Based Coreference Resolution. In: Arenas, M.; Corcho, O.; Simperl, E.; Strohmaier, M.; d'Aquin, M.; Srinivas, K.; Groth, P.; Dumontier, M.; Heflin, J.; Thirunarayan, K.; Staab, S. (Hrsg.): Proceedings of the 14th ISWC, S. 458–473. Bethlehem: Springer 2015.

[PUTH88] PUTHZ, V.: Experiment oder Beobachtung. Unterricht Biologie 12(1988)132, S. 11–13.

[PUTN91] PUTNAM, H.: Repräsentation und Realität. Frankfurt a. M.: Suhrkamp 1991.

[QUET46] QUETELET, L. A. J.: Lettres sur la Théorie des probabilités. Brüssel: M. Hayez 1846.

[QUIN00] QUINTANILLA DE SIMSEK, J.: Ein Verifikationsansatz für eine netzbasierte Modellierungsmethode für Fertigungssteuerungssysteme. Paderborn: Heinz-Nixdorf-Institut 2000.

[QUIN53] QUINE, W. V. O.: Von einem logischen Standpunkt. (Orig.1953). Frankfurt a. M.: Reclam 1979.

[QUIN60] QUINE, W. V. O.: Wort und Gegenstand. (Orig. 1960). Stuttgart: Reclam 1980.

[QUIN74] QUINE, W. V. O.: Die Wurzeln der Referenz. (Orig. 1974). Frankfurt a. M.: Reclam 1989.

[RAMM99] RAMMIG, F.-R. (Hrsg.): Distributed and parallel Embedded Systems. Dordrecht: Kluwer Academic Publishers 1999.

[RANG11] RAHMAN, A.; NG, V.: Coreference Resolution with World Knowledge. In: Proceedings of the 49th Annual Meeting of the ACL, Bd. 1. HLT'11, S. 814–824, Stroudsburg: ACL 2011.

[RATN98] RATNAPRKHI, A.: Statistical Models for Unsupervised Prepositional Phrase Attachment. In: Proceedings of the 17th COLING – Volume 2, COLING'98, S. 1079–1085, Stroudsburg: ACL 1998.

[RATN94] RATNAPARKHI, A.; REYNAR, J.; ROUKOS, S.: A Maximum Entropy Model for Prepositional Phrase Attachment. In: Proceedings of the Workshop on HLT, HLT'94, S. 250–255, Stroudsburg: ACL 1994.

[RAUS02] RAUSCHENBERGER, R.: Nachhaltiger Shareholder Value. Bern: Paul Haupt 2002.

[RECA13] RECASENS, M.; DE MARNEFFE, M.-C.; POTTS, C.: The Life and Death of Discourse Entities: Identifying Singleton Mentions. In: Proceedings of the 2013 Conference of the NAACL: HLT, S. 627–633, Atlanta: ACL 2013.

[RHST10] RENNER, K. H.; HEYDASCH, T.; STRÖHLEIN, G.: Grundlagen des Messens und des Testens in der Psychologie. Berlin: Springer 2010.

[REPO10] RECASENS POTAU, M.: Coreference: Theory, Annotation, Resolution and Evaluation. Diss, University of Barcelona 2010.

[RESN99] RESNIK, P. (1999). Semantic Similarity in a Taxonomy: An Information-Based Measure and its Application to Problems of Ambiguity in Natural Language. Journal of Artificial Intelligence Research, 11(1999), S. 95–130.

[ROPO78] ROPOHL, G.: Eine Systemtheorie der Technik. Zur Grundlegung der allgemeinen Technologie. (Habil.) Karlsruhe: Universität 1978.

[RORO12] ROBERTSON, S.; ROBERTSON, J.: Mastering the Requirements Process: Getting Requirements Right. 3. Aufl. Pearson Education 2012.

[ROSL10] ROJAS, A. B.; SLIESARIEVA, G. B.: Automated Detection of Language Issues Affecting Accuracy, Ambiguity and Verifiability in Software Requirements Written in Natural Language. In: Proceedings of the NAACL HLT 2010 YIWCALA, YIWCALA'10, S. 100–108, Stroudsburg: ACL 2010.

[RUPP07] RUPP, C.: Requirements-Engineering und -Management: Professionelle, iterative Anforderungsanalyse für die Praxis. 4. Aufl. München: Hanser 2007.

[SAVA12] SAATY, T.; VARGAS, L.: Models, Methods, Concepts and Applications of the Analytic Hierarchy Process. Boston: Springer 2012.

[SCHI02] SCHIEMANN, B.: Kontinuierliches Anforderungsmanagement: Prozesse Techniken – Werkzeuge. Programmer's Choice. Pearson Deutschland 2002.

[SCHL56] SCHLAGER, K. J.: Systems engineering – key to modern development. IRE Transactions on Engineering Management. Volume EM-3, Issue: 3, S. 64–66. 1956.

[SCHN98] SCHNEIDER, H.-J. (Hrsg.): Lexikon Informatik und Datenverarbeitung. 4. Aufl. Berlin: de Gruyter 1998.

[SCHÜ98] SCHÜTZE, H.: Automatic Word Sense Discrimination. Computational Linguistics, 24(1998)1, S. 97–123.

[SCHW11] SCHWINN, H.: Requirements Engineering: Modellierung von Anwendungssystemen. München: Oldenbourg 2011.

[SCSU67] SCHMID-SUDHOFF, U.: Unternehmerziele und unternehmerisches Zielsystem. Wiesbaden: Gabler 1967.

[SEIF01] SEIFFERT, H.: Einführung in die Wissenschaftstheorie. Bd. 1-4. München: C. H. Beck 2001.

[SENN16] SENNETT, A.: Ambiguity. In: Zalta, E. N. (Hrsg.): The Stanford Encyclopedia of Philosophy. Stanford University: CSLI Spring 2016.

[SESS23] SESSINI, A.: Werbeerfolg messen: Einfache Möglichkeiten & Kennzahlen. Conversionmedia. Funkemediasales.de. 2023.

[SHJI15] SHAHS, U. S.; JINWALA, D. C.: Resolving Ambiguities in Natural Language Software Requirements: A Comprehensive Survey. SIGSOFT Software Engineering Notes, 40(2015), S. 51–7.

[SHUL00] SHULL, F.; RUS, I.; BASILI, V. R.: How Perspective-Based Reading Can Improve Requirements Inspections. Computer, 33(2000)7, S. 73–79.

[SHUL01] SHULL, F.; RUS, I.; BASILI, V. R.: Improving Software Inspections by Using Reading Techniques. In: Proceedings of the 23rd ICSE, ICSE'01, S. 726–727, Washington: IEEE 2001.

[SIEB99] SIEBE, A.: Systematik der Umsetzung von IT-orientierten Veränderungsprojekten in dynamischen Umfeldern. Diss. Uni Paderborn 1999.

[SIMM07] SIMMEL, G.: Die Philosophie des Geldes. 2. Aufl. Leipzig: Duncker&Humblot 1907.

[SIMO04] SIMOV, K.: BulTreeBank Project Overview. BulTreeBank Project Technical Report. Technischer Bericht BTB-TR01, Linguistic Modelling Laboratory. Sofia: Bulgarian Academy of Sciences 2004.

[SIXT67] SIXTL, F.: Messmethoden der Psychologie. Weinheim: Beltz 1967.

[SKIR77] SKIRBEKK, G. (Hrsg.): Wahrheitstheorien. Eine Auswahl aus den Diskussionen über Wahrheit im 20. Jahrhundert. Frankfurt a. M.: Suhrkamp 1977.

[SOMM09] SOMMERVILLE, I.: Web Chapter 27: Formal Specification. http://www.SoftwareEngineering-9.com/Web/ExtraChaps/FormalSpec.pdf. 2009.

[SOMM11] SOMMERVILLE, I.: Software Engineering. Pearson, Boston: Xpert.press. 2011.

[SPEN82] SPENCER, H.: The Study of Sociology. New York: Appleton 1882.

[SPRI15] Gabler Wirtschaftslexikon, Stichwort: Anspruchsgruppen. http://wirtschaftslexikon.gabler.de/Archiv/1202/anspruchsgruppen-v6.html. Springer-Gabler 2015.

[STAC73] STACHOWIAK, H.: Allgemeine Modelltheorie. Berlin: Springer 1973.

[STAN02] STANG, K.: Projektmanagement, Anforderungsanalyse und externe Qualitätssicherung: IT-Projekte durch umfassendes Anforderungsmanagement erfolgreich gestalten. Zürich: vdf Hochschulverlag 2002.

[STED12] STEDE, M.: Discourse Processing. Synthesis Lectures on HLT. Potsdam: Morgan & Claypool 2012.

[STOY09] STOYANOV, V.; GILBERT, N.; CARDIE, C.; RILOFF, E.: Conundrums in Noun Phrase Coreference Resolution: Making Sense of the State-of-the-Art. In: Proceedings of the Joint Conference of the 47th Annual Meeting of the ACL and the 4th IJCNLP of the AFNLP, S. 656–664, Suntec: ACL 2009.

[STUD22] Studienretter.DE Nutzwertanalyse. 2022.

[STUF23] Studyflix.DE: Grundmodell der Entscheidungstheorie. 2023.

[TARS86] TARSKI, A.: Der Wahrheitsbegriff in den formalisierten Sprachen. In: Berka, K.; Kreiser, L.: Logik-Texte. Kommentierte Auswahl zur Geschichte der modernen Logik. Berlin: Akademie-Verlag 1986.

[TELL15] TELLJOHANN, H.; HINRICHS, E. W.; KÜBLER, S.; ZINSMEISTER, H.; BECK, K.: Stylebook for the Tübingen Treebank of Written German (TüBa-D/Z). Technischer Bericht. Universität Tübingen 2015.

[THED17] THEDA, M.: Was ist gemeint? Strukturell ambige Sätze als Herausforderung für Parsing-Ansätze. Masterarbeit, Universität Paderborn, Paderborn 2017.

[TIEM13] TIEMEYER, E.: Handbuch IT-Management: Konzepte, Methoden, Lösungen und Arbeitshilfen für die Praxis. 5. Aufl. München: Hanser 2013.

[TJBE13] TJONG, S. F.; BERRY, D. M.: The Design of SREE – A Prototype Potential Ambiguity Finder for Requirements Specifications and Lessons Learned. In: Doerr, J.;

Opdahl, A. L. (Hrsg.): Requirements Engineering: Foundation for Software Quality, Bd. 7830. LNCS, S. 80–95. Berlin: Springer 2013.

[TYE98] TYE, M.: Routledge Encyclopedia of Philosophy: Vagueness. https://www.rep.routledge.com/articles/vagueness/v-1/ 1998.

[URYU12] URYUPINA, O.; POESIO, M.; GIULIANO, C.; TYMOSHENKO, K.: Disambiguation and Filtering Methods in Using WebKnowledge for Coreference Resolution. Cross-Disciplinary Advances in Applied Natural Language Processing: Issues and Approaches, S. 185–201. IGI Global 2012.

[VEKA08] VERMA, K.; KASS, A.: Requirements Analysis Tool: A Tool for Automatically Analyzing Software Requirements Documents. In: Sheth, A.; Staab, S.; Dean, M.; Paolucci, M.; Maynard, D.; Finin, T.; Thirunarayan, K. (Hrsg.): Proceedings of the ISWC 2008, Bd. 5318. LNCS, S. 751–763. Berlin: Springer 2008.

[VLRO11] VLAS, R.; ROBINSON, W. N.: A Rule-Based Natural Language Technique for Requirements Discovery and Classification in Open-Source Software Development Projects. In: Proceedings of the 44th HICSS. S. 1–10, Kauai: IEEE 2011.

[VÖFL11] VÖHRINGER, J.; FLIEDL, G.: Adapting the lesk algorithm for calculating term similarity in the context of requirements engineering. In: Pokorny, J.; Repa, V.; Richta, K.; Wojtkowski, W.; Linger, H.; Barry, C.; Lang, M. (Hrsg.): Information Systems Development: Business Systems and Services: Modeling and Development, S. 781–790. New York: Springer 2011.

[VRNE11] VON ROSENSTIEL, L.; NERDINGER, F. W.: Grundlagen der Organisationspsychologie. Stuttgart: Schäffer-Poeschel 2011.

[VSEK07A] VSEK Konsortium (2007a). Adaptierbarkeit. http://www.software-kompetenz.de/?29860.

[VSEK07B] VSEK Konsortium (2007b). Formale Spezifikationstechniken. http://www.software-kompetenz.de/servlet/is/16651.

[VSEK07C] VSEK Konsortium (2007c). Qualitätsmodell des Software Engineering Instituts (SEI). http://www.software-kompetenz.de/?18738.

[WEFI12] WESTERMANN, G.; FINGER, S.: Kosten-Nutzen-Analyse. Einführung und Fallstudien. Berlin: Schmidt 2012.

[WEST90] WESTERGAARD, H.: Die Grundzüge der Theorie der Statistik. Jena: Gustav Fischer 1890.

[WIEG05] WIEGERS, K. E.: Software Requirements. 2. Aufl. Washington: Microsoft Press 2005.

[WIND67] WINDEKNECHT, T. G.: Mathematical Systems Theory: Causality. Math. Syst. Th. 3(1967), S. 279–288.

[WIND71] WINDEKNECHT, T. G.: General Dynamical Processes. A Mathematical Introduction. New York: Academical Press 1971.

[WUPA94] WU, Z.; PALMER, M.: Verbs Semantics and Lexical Selection. In: Proceedings of the 32nd Annual Meeting on ACL, ACL'94, S. 133–138, Stroudsburg: ACL 1994.

[YADA88] YADAV, S. B.; BRAVOCO, R. R.; CHATFIELD, A. T.; RAJKUMAR, T. M.: Comparison of Analysis Techniques for Information Requirement Determination. Communication of the ACM 31(1988)9, S. 1090–1097.

[YANG10A] YANG, H.; ROECK, A.; GERVASI, V.; WILLIS, A.; NUSEIBEH, B.: Extending Nocuous Ambiguity Analysis for Anaphora in Natural Language Requirements. Proceedings of the 18th IEEE RE, S. 25–34, Sydney, NSW: IEEE 2010.

[YANG10B] YANG, H.; ROECK, A.; WILLIS, A.; NUSEIBEH, B.: A Methodology for Automatic Identification of Nocuous Ambiguity. Proceedings of the 23rd COLING, S. 1218–1226, Stroudsburg, PA: ACL 2010.

[YANG10C] YANG, H.; ROECK, A.; WILLIS, A.; NUSEIBEH, B.: Automatic Detection of Nocuous Coordination Ambiguities in Natural Language Requirements. Proceedings of the IEEE/ACM International Conference on Automated Software Engineering, ASE'10, S. 53–62, New York, NY: ACM 2010.

[YANG11] YANG, H.; ROECK, A.; GERVASI, V.; WILLIS, A.; NUSEIBEH, B.: Analysing anaphoric ambiguity in natural language requirements. Requirements Engineering, 16(2011)3, S. 163–189.

[ZANG70] ZANGEMEISTER, CH.: Nutzwertanalyse in der Systemtechnik. Eine Methodik zur multidimensionalen Bewertung und Auswahl von Projektalternativen. Berlin: Diss. Techn. Univ. 1970.

[ZANG14] ZANGEMEISTER, CH.: Nutzwertanalyse in der Systemtechnik. Eine Methodik zur multidimensionalen Bewertung und Auswahl von Projektalternativen. 5. Erw. Aufl. Berlin: 2014.

[ZARD15] ZARDARI, N.: Weighting methods and their effects on multi-criteria decision making model outcomes in water resources management. Berlin: Springer 2015.

[ZAVR97] ZAVREL, J.; DAELEMANS, W.; VEENSTRA, J.: Resolving PP attachment Ambiguities with Memory-Based Learning. In: Ellison, T. (Hrsg.): CONLL '97: Computational Natural Language Learning, S. 136–144. Madrid: ACL 1997.

[ZOGL97] ZOGLAUER, TH.: Einführung in die formale Logik für Philosophen. Unitaschenbücher. Göttingen: Vandenhoeck + Rupprecht 1997.

[ZOGL16] ZOGLAUER, TH.: Einführung in die formale Logik für Philosophen. Unitaschenbücher. 5. Aufl. Göttingen: Vandenhoeck + Rupprecht 2016.

[DIN1319] DIN 1319 Messtechnik.

[DIN69901] DIN 69901 Projektmanagement- Projektmanagementsysteme.

[DUDETEST] DUDEN online: Test.

[VDI2225] VDI-Richtlinie 2225, Blatt 3: Konstruktionsmethodik – Technisch-wirtschaftliches Konstruieren- Technisch-wirtschaftliche Bewertung. Düsseldorf: VDI 1997-11.

[VDI2519] VDI-Richtlinie 2519, Blatt 1. Vorgehensweise bei der Erstellung von Lasten /Pflichtenheften. Düsseldorf: VDI 2001-12.

[VDI3649] VDI-Richtlinie 3649: Anwendung der Verfügbarkeitsrechnung für Förder- und Lagersysteme. Düsseldorf: VDI 1992-01.

[WIKIANFO] Wikipedia: Anforderungsmanagement.

[WIKIAUFG] Wikipedia: Aufgabe.

[WIKIEXPE] Wikipedia: Experiment.

[WIKIINTE] Wikipedia: Intensive und extensive Größen.

[WIKINUTZ] Wikipedia: Nutzwertanalyse.

[WIKIORDI] Wikipedia: Ordinale und kardinale Nutzentheorie.

[WIKITEST] Wikipedia: Test.

[WIKIZEIT] Wikipedia: Zeit.

[WWWBAB] MORO, A.; RAGANATO, A.; NAVIGLI, R.: Entity Linking meets Word Sense Disambiguation: A Unified Approach. Transactions of the Association for Computational Linguistics (TACL) 2(2014)S. 231–244. http://babelfy.org.

[WWWCYC] cycsec.com/product.newsletter 2021. http://www.cyc.com/platform/researchcyc. 2021.

[WWWNLP] RECASENS, M.; DE MARNEFFE, M.-C.; POTTS, CH.: The Life and Death of Discourse Entities: Identifying Singleton Mentions. In: Proceedings of NAACL 2013. The Stanford Natural Language Processing Group, http://nlp.stanford.edu/software/dcoref.shtml. 2013.

Entwerfen eines Sachsystems

4

Inhaltsverzeichnis

Zusammenfassung

Die Namen Archimedes, Schwarz, Otto und Kaplan – um nur einige zu nennen – wurden durch die Erfindungen der Träger dieser Namen unsterblich. Alle diese Erfindungen sollen „zufällig“ zustande gekommen sein, im Bad, in der Küche, aus Dilettantismus, nach einer feuchtfröhlichen Feier. Diese Erfindungen haben aber alle eine zweite Gemeinsamkeit: Ihre „Erfinder“ konnten eine zufällige Beobachtung in einen Rahmen einordnen, der eine Tragweite weit über das singuläre Ereignis erschloss. Ohne diese Fähigkeit, ohne dieses Vorgeprägtsein hätten sie beim nächsten Bad weniger Wasser eingelassen, beim nächsten Mal ein anderes Rezept zur Herstellung von Gold erprobt, andere Motorenkonzepte getestet oder vor einer Feier den Laborschlüssel abgegeben – und die Idee, die „Erfindung“ wäre verlorengegangen. Dabei ist völlig klar, dass es keine allgemeine Vorgehensweise für das Erfinden von Technik sein kann, dass es nicht ausreicht, sich in die Badewanne zu legen oder sich zu betrinken, um dann auf die Erleuchtung, auf den Geistesblitz zu warten. Der „Einfall“ hatte auch in diesen Fällen harte Arbeit, die Aufbereitung und Kenntnis eines Problemfelds zur Voraussetzung: Nur so konnte ein zufällig eingetretener „Effekt“ als „Lösungsprinzip“ erkannt und begriffen werden.

In diesem Kapitel wird ausgehend von dem in den Kognitionswissenschaften eingeführten Begriff des persönlichen Konstrukts aufgezeigt, wie wir ausgehend von elementarstem Denken rekursiv Schemata für das Entwerfen nutzen und erarbeiten können. Damit soll zum einen das Hoffen und Warten auf den zufälligen Einfall, auf die Erfindung des „Ingenieurs“ soweit als möglich ausgeschaltet werden. Zum anderen

W. Dangelmaier, *Produktionstheorie 5*, https://doi.org/10.1007/978-3-662-69038-3_4

aber soll auch deutlich werden: Wenn wir auf keine Schemata, auf keine persönlichen Konstrukte zurückgreifen können und ohne eigenes Wissen und Können nur stumpf nacheinander die Schritte einer Konstruktions- oder Entwurfsmethodik abarbeiten, dann wird das Ergebnis unseres Bemühens ein Kompendium gerade angelesenen Schulbuchwissens, aber kein guter Entwurf, geschweige denn eine Erfindung sein – eine Schöpfung aus dem Nichts übersteigt menschliche Fähigkeiten.

Wir nehmen an, dass in Kap. 3, Auswahl eines Sachsystems, keine hinreichende Lösung gefunden wurde. Möglicherweise müssen wir eine Alternative ertüchtigen, von Grund auf neu konzipieren oder anpassen – wir entwerfen eine oder mehrere Alternativen, die den Anforderungen aus Abschn. 3.1 genügen: *Entwerfen* ist eine zielgerichtete geistige und schöpferische Leistung, eine intentionale Handlung, als Vorbereitung einer daraus noch zu entwickelnden konkreten Leistung oder eines körperlichen oder unkörperlichen Ergebnisses [WIKIENTW]. Entwerfen gilt als die Schlüsseltätigkeit der Ingenieurwissenschaften, die Kreativität und Planung eng miteinander verknüpft: Entwerfen ist der Prozess des Erdenkens und Erfindens von Funktionen, Formen, Teilen und Details eines Systems zum Erzielen einer bestimmten Funktion [VDI2221, VDI2222, VDI2223, VDI2225]. Das Ergebnis des Entwerfens, der *Entwurf*, kann ggf. eine Idee bleiben, wird in der Regel aber Texte, Zeichnungen, Modelle und Berechnungen umfassen. Objekt des Entwerfens ist ein bestimmtes Ding/eine Sache, das/die eine bestimmte Aufgabe* zu erfüllen hat. Demnach besteht die Aufgabe** darin, genau dieses Ding/diese Sache zu entwerfen. Aber dieses Ding/diese Sache ist von Aufgabe* bestimmt (siehe Einführung).

Beispiel 4.1

Entwurfsaufgabe

Aufgabe*: Sortieren bzw. E-Mail verschicken/Haare trocknen/Strom erzeugen
Aufgabe**: [Aufgabenträger′ entwerfen]: Computerprogramm/Föhn/Windrad
Aufgabe***: [Aufgabenträger″ für die Durchführung/Herstellung von Aufgabenträger′ entwerfen]: Produktionssystem ◄

Wir wollen hier „Entwerfen" präziser fassen und dazu auf der Definition eines Sachsystems aufsetzen: Ein Sachsystem wird über ein Quadrupel aus einer Menge von Eigenschaften, einer Menge von Funktionen, einer Menge von Untersystemen/Elementen und einer Menge von Relationen identifiziert (siehe Abschn. 2.2.3). Ganz offensichtlich waren im Bewertungsprozess von Abschn. 3.4 die beiden ersten Mengen bei keiner der Alternativen derart ausgeprägt, dass wir uns für sie auf der Ebene der Input-Output-Systeme entscheiden konnten[1]. Möglicherweise gab es gar keine ernstzunehmende Alternative. Also heißt „Entwerfen" jetzt: Wir müssen das geforderte Sachsystem über die Ebene der

[1] Wir gehen davon aus, dass auch keine „Ertüchtigung" möglich war/ist.

Untersysteme und Relationen, also die dritte und vierte Menge, so zusammensetzen, so synthetisieren, so konstruieren, dass im Ergebnis die geforderten Eigenschaften und Funktionen geleistet werden. Genau in dieser Analyse und Synthese, der kreativen Zerlegung in mögliche Untersysteme und Schemata und deren Komposition, ist der Schwerpunkt des Entwerfens zu sehen. Und dann beginnt das Spiel von neuem: Alternative Untersysteme sind wie alternative Strukturen/Schemata in so synthetisierten alternativen Gesamtsystemen zu bewerten. Finden wir auf der Ebene der Untersysteme keine geeigneten Lösungen, setzt sich das Spiel eine Ebene tiefer – jetzt mit dem ursprünglichen Untersystem als übergeordnetem, selbst in Untersysteme zu zerlegenden Sachsystem – von neuem fort: In jedem Entwurfszyklus, auf jeder Detaillierungsebene müssen wir für jedes neu definierte, konstituierte Untersystem eine Situationsanalyse, eine Bewertung der alternativen Aufgabenträger und eine Auswahl durchführen, um dann die einzelnen Untersysteme/Aufgabenträger in einer Systemsynthese zum übergeordneten Sachsystem zu „synthetisieren".

Mit diesem Vorgehen wählen wir auf jeder weiteren Gliederungsebene für Teilmengen von Untersystemen Realisierungsalternativen aus, entscheiden uns für Aufgabenträger. Und damit gibt es auf jeder anschließenden Gliederungsebene Relationen, Anforderungen und Einschränkungen, die nicht aus der originären Aufgabenstellung, sondern aus der Entscheidung für oder gegen einen Aufgabenträger resultieren; eine Entscheidung, die wir auf der Grundlage eines komplexen Zielsystems treffen und in der Regel nicht mehr in Frage stellen (können).

Die eingeführten Vorgehensweisen[2] führen die Problem- und die Situationsanalyse sowie den Aufbau eines Zielsystems ausschließlich auf der Ebene des Gesamtsystems durch. Für ein bestimmtes Untersystem liegen diese Informationen nicht vor. Wir suchen bspw. für einen bestimmten Einsatzfall das passende Windrad. Wir haben die Problemanalyse, die Situationsanalyse durchgeführt und das Zielsystem für dieses Windrad aufgebaut. Wir finden aber kein passendes Windrad auf dem Markt bzw. in unserem Produktsortiment. Also zerlegen wir das Sachsystem „Windrad" objekt-/funktionsorientiert in Untersysteme. Dann sind die Umsysteme, die Ziele und die Lösungskomponenten, bspw. für das Getriebe, ja ganz andere als für das Windrad. Also müssten wir bei der angesprochenen Vorgehensweise Untersysteme ohne diese Informationen bilden, strukturieren und Aufgabenträger auswählen. Dieses Vorgehen mag zielführend sein, wenn wir davon ausgehen, dass wir spätestens auf der Ebene der Untersysteme („Getriebe") geeignete Aufgabenträger finden; möglicherweise wird auch nur in Untersysteme gegliedert, um das „Windrad" über die verwendeten Komponenten und die Funktionsstruktur besser bewerten zu können. Vielleicht ist auch nur eine Entscheidung „vorhandenes Windrad vs. völlige

[2] Zum Systems Engineering siehe bspw. [DaHu84, GrOl22, HNBB92]; zur Produktentwicklung siehe bspw. [Naef16, Rode91, EiMe17, EhKL88, Ehrl85]; zum Konstruieren mit Katalogen siehe bspw. [Roth94, Saue23, VDI2222]; zur Organisation von Konstruktionsprozessen siehe bspw. [PaBe21, Pahl01, Koll94]; zum systematischen Konstruieren siehe [Alex77, Hans65, Hans74, VDI2221]; zum belastungsgerechten Produktentwurf siehe bspw. [Leye77, HuEd92, VDI2223]; zum Entwurf mechatronischer Systeme siehe bspw. [FGKO04, GBSO04].

Neukonstruktion“ zu treffen. Aber wir gehen hier davon aus, dass wir auch bei einer Neukonstruktion auf der jeweils höchstmöglichen Aggregationsstufe auf bereits vorhandene Aufgabenträger zurückgreifen, also so modular und so wiederverwendend wie möglich arbeiten. Nur so ist effizientes Entwerfen und Produzieren möglich. Deshalb wird hier dieser zweite Weg als richtig angesehen und verfolgt: Wir zerlegen zyklisch wiederholt einstufig in Untersysteme, führen für jedes einzelne Untersystem Situationsanalyse, Zielanalyse, Konzeptionsphase, Entwurfsphase und Ausarbeitungsphase durch und haben immer die notwendigen Informationen verfügbar. Und angenommen, wir finden für das Getriebe[3] keinen passenden Aufgabenträger, dann beginnen wir für das Getriebe in einem neuen Detaillierungszyklus wieder mit einer strukturierenden einstufigen Problemanalyse und der Zerlegung in eine Funktionsstruktur „Getriebe“. Und erst, wenn wir auf allen Gliederungsebenen Aufgabenträger identifiziert haben, können wir die endgültige Synthese vornehmen.

4.1 Kognition und Entwerfen

Kognition ist die von einem verhaltenssteuernden Handlungssystem ausgeführte Umgestaltung von Informationen [GABLKOGN, WIKIKOGN]; Entwerfen als geistig-schöpferische Leistung, als Prozess des Erdenkens und Erfindens von Mitteln zur Aufgabenlösung, in dem Informationen gesucht, verarbeitet, transformiert und weitergegeben werden, ist damit ein spezifischer Kognitionsprozess [BAFR96]. Wenn wir „Entwerfen“ als etwas verstehen wollen, was nicht streng nach einem vorgegebenen, auswendig gelernten Muster ablaufen kann, wenn neu gewonnene Erkenntnis die Richtung verändert, in der wir eine Lösung suchen, und wenn wir alles Wissen über den Entwurfsprozess heben wollen, dann ist es sinnvoll, ja notwendig, auf die Kognitionswissenschaften mit ihren Wissensgebieten zurückzugreifen [WIKIKOWI, MILL03][4].

Der essenzielle Begriff, mit dem die Kognitionswissenschaften in dem für das Entwerfen relevanten Feld operieren, ist der Begriff des *Schemas*; das Schema wird als Bedingung für die Möglichkeit der Kognition aufgefasst und verstanden [HEMÜ20, STAR15, WIKISCHE]. KANT [KANT74] verwendet den Schemabegriff als Verbindungsglied zwischen Sinnesrezeption und begrifflicher Erfassung[5]. Als Produkte der Einbildungskraft befördern Schemata beim Bestimmen der Sinnlichkeit die Einheit der Anschauungen; jede Vorstellung kann nur zu einer Einheit gefasst werden, wenn der Mechanismus der Verbindung zwischen sinnlichen Einzelerlebnissen und allgemeineren Formen begrifflicher Art zeitlich im Bewusstsein repräsentiert ist. Über die sinnliche Wahrnehmung hinaus wird der Schemabegriff auf die Untermauerung der reinen Verstandeskategorien ausgedehnt [KANT74]. Unseren rein sinnlichen Begriffen liegen keine Bilder der Gegenstände,

[3] Korrekterweise in einer Funktionsstruktur das Untersystem „Drehzahl/Drehmoment wandeln“.
[4] MILLER [MILL03] zählt die folgenden Grunddisziplinen zu den Kognitionswissenschaften: Neurowissenschaft, Anthropologie, Linguistik, Philosophie, Psychologie, Künstliche Intelligenz.
[5] Vor KANT hat bereits BERKELEY eine vergleichbare Sicht entwickelt [BERK48, BERK04].

sondern Schemata zugrunde, bspw. das Schema eines Dreiecks als eine Syntheseregel der Einbildungskraft: „*Noch viel weniger erreicht ein Gegenstand der Erfahrung oder Bild desselben jemals den empirischen Begriff, sondern dieser bezieht sich jederzeit unmittelbar auf das Schema der Einbildungskraft, als eine Regel der Bestimmung unserer Anschauung, gemäß einem gewissen allgemeinen Begriffe. Das Bild ist ein Produkt des empirischen Vermögens der produktiven Einbildungskraft, das Schema sinnlicher Begriffe (als der Figuren im Raume) ein Produkt und gleichsam ein Monogramm der reinen Einbildungskraft a priori, wodurch und wonach die Bilder allererst möglich werden, die aber mit dem Begriffe nur immer vermittelst des Schema, welches sie bezeichnen, verknüpft werden müssen, und an sich denselben nicht völlig kongruieren*“ [KANT74][6].

Das Bilden, Gestalten und Anwenden von Schemata konstituiert unsere Welt mit ihren Gegenständen und Ereignissen; nicht die Welt an sich, sondern der Begriff [KAUF94] der Welt ist ein Interpretationskonstrukt höherer Ebene. Die Trennung von Subjekt und Objekt ist hier eine begrifflich-analytische Unterscheidung, eine Interpretationsleistung, die erst durch die Grundkonstitution und das Entwickeln von Schemata möglich wird; Schemakonstitution und -interpretation gehen der Trennung von Subjekt und Objekt voraus. Ohne interpretativen Zugang, ohne Interpretationsschema können wir nicht über die Welt verfügen. Erst anhand elementarer Interpretationsschemata entwickeln sich unsere Auffassungen und Erkenntnisse so, dass wir sie der Welt gegenüberstellen und durch unsere Theorien und Vorstellungen beschreiben, einordnen und prüfen können [WIKIKOWI]. Wir haben im Leben, im Handeln und Erfahren auf den durch unsere Sozialisation gegebenen sprachlichen und begrifflichen Strukturen aufzubauen und diese nach kulturellen, sozialen oder individuellen Gesichtspunkten in einem ständigen „change management“ verbessernd anzupassen; jede unserer Welt(version)en ist (mit) ein Produkt unserer jeweiligen Bedürfnisse, Fähigkeiten und Möglichkeiten. Diese „Welt“ wird zum einen durch die Mittel der Sprache und zum anderen durch Konzeptions-, Perzeptions- und Wahrnehmungsweisen strukturiert [WIKIPERZ]. Nur zu einem kleinen Teil sind diese Fähigkeiten biologisch konstitutiv angelegt oder in einem genetisch gegebenen Rahmen in Interaktion mit der Umwelt selektierend erworben. Zum großen Teil unterliegen Wahrnehmungs-/Interpretationsmuster/-schemata kulturellen Anschauungsweisen, Aufnahme- und Deutungskonzepten, sozialer Konventionalisierung und sprachlichen Formen. Die Sprache organisiert und konstruiert unsere Welt; die Grenzen unserer Sprache sind die Grenzen unserer „Welt“ [WITT84]. LENK [LENK93] versteht Letzteres als eine Metapher für eine grundsätzliche Beschränkung jeglicher Welterfahrung – wir sind mit den Sinnen und dem Verstand begrenzt und können nur das erfassen, was wir mit den uns gegebenen Interpretationskonzepten und -instrumenten wahrnehmen. Wir können die Welt nur insoweit erfassen, wie sie von den von uns gemachten oder in uns gelegten Interpretationsschemata gestaltet und organisiert wird. Das trifft auf viele der möglichen Konstruktbildungen, prak-

[6] Die kognitive Psychologie hat in der Nachfolge der Begrifflichkeit der Gestaltpsychologie diesen Begriff der Schemata als der „verbildlichenden“ kognitiven Konstrukte wieder aufgegriffen [LENK93].

tisch aber auf alle Deutungen und Interpretationen zu: Wir haben nur unsere menschlichen Möglichkeiten, schon um die Welt von uns abzugrenzen, sie zu erkennen und zu erfassen, sie für uns zu deuten und dann in ihr zu handeln [LENK93]. Aber es steht uns offen, wie wir mit unseren Interpretationen umgehen. Es gibt manche, über die wir verfügen können, die sich austauschen, ändern und weiterentwickeln lassen, denen wir eine Menge von Alternativen zuordnen können; es gibt aber andere Schemata, von denen wir uns aufgrund unserer biologischen Anlagen nicht lösen können, auch wenn wir uns prinzipiell andere Wahrnehmungsweisen vorstellen können. Die Dominanz des optischen oder des taktilen Sinnes konstruiert und organisiert unsere Welt(erfahrung) mit. Andere Wesen, die andere Sinnesorgane hätten, würden notwendig andere Deutungsperspektiven einnehmen[7].

Die Erkenntnistheorie [WIKIERKE] setzt Schemata bei der Bildung und Verwendung von Kategorien, bei der Fassung und Operationalisierung des Regelbegriffs sowie bei der klassifizierenden Einteilung von Gegenständen und Phänomenen ein. Bei hinreichend präzisen bzw. präzise darstellbaren Zielzuständen (vgl. Abschn. 2.2.5, Handlungssystem) folgt die Plan-, Ziel- und Strategieentwicklung von Handlungen dem Muster der in Flussdiagrammen erfassbaren oder darstellbaren Programme [SCAB77, CORS11, KHAL13]. Kognitive Konstrukte dieser Art sind die Grundelemente, von denen jegliche Informationsverarbeitung abhängt [RUME78]. Schemata werden beim Vorgang des Deutens von Sinnesdaten, beim sprachlichen und nichtsprachlichen Wiederaufrufen von Informationen aus dem Gedächtnis, beim Organisieren von Handlungen (Abschn. 2.2.5), beim Bestimmen von Zielen und Unterzielen (Abschn. 3.1 und 3.4.2), beim Zuordnen von Ressourcen und allgemein beim Prozesssteuern im System (Abschn. 2.2.3) verwendet. Falls zur Schematisierung „natürliche Kategorien“ postuliert werden, dann sind diese dadurch ausgezeichnet, dass bestimmte idealisierte Gegenstandskonstrukte auf einer „Basisebene“ [ROSC77, CHUR86] als Prototypen eine „natürliche Kategorie“ repräsentieren[8] und abweichende Eigenschaften oder Gegenstandserfassungen mit bestimmten Schlüsselmerkmalen die entsprechenden Kategorien aktivieren [RMJB76, MCGL78]. Anstatt formal-analytischer Definitionsmerkmale (vgl. Abschn. 1.3, Definition) verfolgt dieser Ansatz eher Analogieschlüsse auf der Basis von Prototypen [ROSC77][9].

[7] Wir müssen hier nicht auf den farbenblinden Hund verweisen. Wir müssen uns nur vorstellen, dass Astronauten auf einem Planeten landen, der sich in genau einem Attribut von der Erde unterscheidet: Er hat den zehnfachen Durchmesser – und damit die tausendfache Gravitation/Schwere. Der Aufenthalt dort würde diesen Astronauten „schwer“fallen. Auf dem Mond war das „leichter“.

[8] Hier sind die zerlegenden Äquivalenzrelationen in Abschn. 1.7.3 zu nennen. Auch dort wird eine Äquivalenz-/Abstraktionsklasse, in diesem Fall von äquivalenten Elementen, durch ein willkürlich ausgewähltes Element repräsentiert.

[9] Der hier zugrundegelegte Essentialismus, die Suche nach den „wesentlichen“ Eigenschaften, wird schon von POPPER [POPP94] kritisiert und heute in dieser Form nicht mehr verfolgt [GABR15, WIKIERKE]. Wenn wir aber entscheiden wollen, ob ein bestimmtes Teil zu einer Teilefamilie gehört oder nicht, dann legen wir ja Entscheidungskriterien zugrunde, die genau das „Wesen“ dieser Teilefamilie ausmachen; wir können definitorisch festlegen, wo diese Teilefamilie endet.

4.1.1 Schema als persönliches Konstrukt

Als erkennendes Subjekt konstituieren wir die Inhalte unserer Erkenntnis auf der Grundlage von und innerhalb der Spielräume, die uns bestimmte vorauszusetzende Schemata umreißen; wir erkennen auch im Alltag, indem wir fortwährend eine Systematisierung anhand solcher Schemata, anhand *persönlicher Konstrukte* leisten [GOLD04, VÖLZ18][10]. Die Schemata sind hier die Konstrukte, die unsere Kognitionen aufbauen; jedes Individuum hat seine eigene Sammlung von Schemata und seine eigene Art, diese zu konstruieren und zu organisieren [LENK91]. Persönliche Konstrukte verkörpern die Regeln und die Kategorien, auf deren Grundlage jegliche (Wahrnehmungs-)Erkenntnis stattfindet. Sie helfen uns, die noch uninterpretierten Sinneserfahrungen zu ordnen, mit kohärenter Bedeutung zu verbinden und in Zusammenhänge zu integrieren. Die Kognitionswissenschaften gehen davon aus, dass die Wahrnehmung durch solche Konstrukte und Schemata gefasst und strukturiert wird und dass alle Wissensbildung in Schemata dargestellt wird, dargestellt werden muss [LENK93, MAIN03]. [RUOR77] betrachten daher das *Schema* als eine „*informale, persönliche, unartikulierte Theorie über die Natur der Dinge, der Ereignisse oder der Situationen, auf die wir treffen. Die Gesamtheit der Schemata, die wir zur Interpretation der Welt zur Verfügung haben, konstituiert unsere persönliche Theorie über die Natur der Wirklichkeit*“. Solche Schemata versetzen uns in den Stand, über die „gegebenen Daten“ zur interpretierenden Einordnung hinauszugehen; Schemata funktionieren als „Metatheorien“, als methodologische Beurteilungskriterien oder als Auswahlraster für Theorien.

Wir verstehen jede interpretierende Integration von Schemata in Schemata als einen Prozess, bei dem – vergleichbar mit der Anwendung von Theorien – die interpretativ erfasste Umwelt geordnet, strukturiert und verstanden wird. Schemata werden in vielfältiger Weise angewandt, um Ereignisse zu interpretieren, um Gegenstände einzuordnen, die personenbezogene Umwelt zu strukturieren usw.; auch die Gegenstände in dieser Umwelt sind durch Schemata und Konstrukte konstituiert bzw. zu konstituieren. Solche Schemata sind Theorien persönlicher Art, bei denen eine Entwicklung stattfindet und die gegebenenfalls auch abgeändert werden können [PIAG79]. Sie können sich auf größere oder kleinere Bereiche beziehen und auf verschiedenen Abstraktionsebenen formuliert und eingesetzt werden; sie sind für den Handelnden in jeder Hinsicht flexibel. Die Aufmerksamkeit des Subjekts aktiviert in Interaktion mit Situationsmerkmalen und seinem Interessen- sowie Bedürfniswissen die relevanten Schemata, die ihrerseits der Aufmerksamkeit selber eine Richtung geben. Selbstverständlich kann auch umgekehrt die Anwendung, die schiere Tatsache, dass ein Schema angewandt wird und leicht anwendbar ist, ihrerseits die Auf-

[10] Auf der *Psychologie der persönlichen Konstrukte* [KELL55, RAWE16] basiert eine auf der Grundlage der Schematabildung konzipierte *Kognitionspsychologie* [RUME78], die bspw. [GRSC71, GWSS88] in die empirische Anwendung führt. Unter Berücksichtigung der Wissenschaftstheorie, speziell der Geistes- und Sozialwissenschaften, wird hier ein konstruktiv-vermittelnder Standpunkt zwischen der naturwissenschaftlich ausgerichteten Experimentalpsychologie und der humanistischen Psychologie vertreten [LENK93].

merksamkeit aktivieren; es gibt eine wechselseitige Beschäftigungsstimulation zwischen der Anwendung und Aktivierung eines Schemas und der Aufmerksamkeit [BOER17]. Wir Menschen filtern die Erfahrung anhand solcher Schemata sowohl in positiver als auch in negativer Weise; wir scheiden, bedingt durch das Aufmerksamkeitsfilter, durchaus bestimmte Dinge aus [ANDE13]. Wir sehen das, was wir sehen wollen, das, wonach wir schauen; Schemata lenken den Blick des geistigen Auges und bestimmen, was wahrgenommen und was ignoriert wird [GOLE87]. Das Prinzip der negativen Auswahl, der negativen Effizienz, funktioniert hier ebenso selbsttätig, wie bestimmte Voreinstellungen und Emotionen die Schemata beherrschen, diese mitbedingen oder sich in ihnen ausdrücken können. Schemata sind an vielfältige Bewertungsprozesse gebunden. Diese Schemata filtern die Reizeinwirkung auf unsere Sinne. Und das, worum wir uns bewusst kümmern, was eindrucksvoll und verhaltenswirksam in unser Bewusstsein tritt, selektieren wir unbewusst aufgrund von Bedürfnissen, Interessen, Wahrnehmungsintensitäten und aufgrund dieser teils angeborenen, teils erworbenen, durchaus auch emotionsgesteuerten Filter, die (subjektive) Schemata oder wahrnehmungssteuernde oder situationssondierende Konstrukte heißen [RAWE16, LENK93]. Was wir erfahren, was uns plötzlich in den Sinn kommt, ist das Ergebnis eines komplexen unbewussten Prozesses; es geht dem Bewusstsein voraus. Es gibt eine Wahrnehmung und „Aufmerksamkeit", die in unserem Gehirn weitgehend außerhalb der bewussten Sphäre stattfindet und von einem regen emotionalen und kognitiven Unterbewusstsein abhängig ist [GOLD02]. Dies zeigt bspw. die Möglichkeit bewusstseinsunterschwelliger Werbung. Auch die unbewussten Reaktionen sind auf diese Weise zu verstehen; bei einer unbewussten Reaktion werden Informationen aus dem Gedächtnisspeicher angeregt und durch den Filter bestimmter Schemata direkt, unter Umgehung des Bewusstseins aktiviert. Die Reaktion verläuft unterbewusst und zeigt u. U. erst auf diese Weise, was im Unterbewusstsein stattgefunden hat bzw. vorliegt und normalerweise gar nicht ins Bewusstsein kommt. Solche unbewussten Reaktionen können unter Umständen gerade das aufdecken, was untergründig im Unterbewusstsein oder in der versteckten Persönlichkeit als „Einstellung" wirkt. Auch „Wahrnehmung", halb oder ganz unterbewusst, ist also durchaus möglich, ohne ins Bewusstsein zu gelangen [WIKIWAHR]. Die Filterung vollzieht sich weitgehend außerhalb des Bewusstseins. Daher können wir eigentlich niemals genau wissen, welche Informationen unsere Schemata herausgefiltert haben, welche Schemata dies leisten, weil wir von den selektionierenden Filtern selber gar nichts merken [GOLE96]. Wir sehen nur unser eigenes Reagieren, unser Handeln auf der „äußeren Bühne" des Bewusstseins und der bewusstwerdenden Wirkungen, aber nicht das tieferliegende innere Geschehen [BOER17].

Die „Theorie der persönlichen Konstrukte" versucht daher zu verstehen bzw. zu erklären, auf welche Weise der Mensch die Welt mit Schemata, mit *persönlichen Konstrukten* strukturiert, erfährt, deutet, versteht und erkennt [KELL77, RABE07]. Sie analysiert unser Handeln und Verhalten in Bezug auf das Verarbeiten und Interpretieren von Reizen. Auf jeden Fall ist es nicht so, dass wir unmittelbar auf Reize reagieren; vielmehr reagiert der Mensch auf das, was er als Reize und Reizsituationen *interpretiert* (vgl. Abschn. 3.3.2). Wir sehen Reize unter einem Schema oder einem bestimmten Erfassungskonstrukt, einem

Muster [LENK75]. Ein solches Erfassungskonstrukt – ähnlich wie das Schema in Bezug auf die kognitive Erkenntnis – stellt kein bloß verbales Etikett dar, ist kein rein sprachlicher Begriff, sondern entwickelt sich meist vorsprachlich. Erfassungskonstrukte bilden sich in einer individuellen persönlichen Vernetzung aus; wir Menschen nutzen Konstruktnetze, in denen solche Konstrukte die Weltauffassung einer Person aufspannen [PIAG79]. Im Umgang mit den Realitäten des Lebens führt das Verknüpfen eines Ereignisses mit einem Schema über das Augenscheinliche oder über das Bekannte hinaus: „*Es bedeutet, das Ereignis auf eine Weise zu sehen, die sich möglicherweise wiederholen kann. Folglich können wir, indem wir Menschen in der Lage sind zu konstruieren, mehr tun, als nur auf das zu verweisen, was in der Vergangenheit passiert ist; indem wir konstruieren, können wir in der Gegenwart dem die Bühne bereiten, was in der Zukunft eintreten und sich von allem Bisherigen unterscheiden mag*“ (KELLY nach [LENK93]). Diese Theorie der persönlichen Konstrukte geht davon aus [KELL55, CVWC11], dass „*die Ereignisse, die wir heute ins Auge fassen, Gegenstand eben so vieler Konstruktionen sind, wie unser Verstand uns zu erfinden erlaubt*“. Die Entwicklung dieser Konstrukte unterliegt nach KELLY einem ständigen Prozess des Überprüfens, des Immer-wieder-Nachfragens, des Abänderns und des Anpassens, einem *konstruktiven Alternativismus*; die Theorie der persönlichen Konstrukte versteht somit unter jeder Schematisierung und Strukturierung die Bereitstellung alternativer Konstrukte, die einander gegenübergestellt, überprüft, ausgearbeitet und den ebenfalls konstruktgeprägten Daten angepasst werden. Kollektionen von Fakten werden in Konstrukten integriert, und diese Zusammenstellung und jedes einzelne Konstrukt wieder überprüft. Ungeeignete Strukturierungen werden durch eine alternative Konstruktion ersetzt [KELL70]; alle Fakten sind Gegenstand alternativer Konstruktionen [LENK83].

Beispiel 4.2

Konstrukte/Schemata

- Logisches Schema: Multiplikation der Äquivalenzen (vgl. Abschn. 1.4, Aussagenlogik)
  Wir stellen fest: Rotor Quirl ist gegen Rotor Momento austauschbar und Rotor Momento ist gegen Rotor Quirl austauschbar (Äquivalenzbeziehungen, Bd. 1, Abschn. 1.7.3). Außerdem ist Getriebe Planeto gegen Getriebe Schrägzahn austauschbar und Getriebe Schrägzahn gegen Getriebe Planeto austauschbar. Wir drücken das mit einem logischen Schema aus:

$$\frac{\begin{array}{c} p \longleftrightarrow q \\ r \longleftrightarrow s \end{array}}{p \wedge r \longleftrightarrow q \wedge s}$$

- Mechanisches Schema: Druck in einem Körper
  Wir wollen den Druck in der Turmwand eines Windrads einen Meter über dem Boden berechnen. Wir nutzen das Prinzip der virtuellen Verrückungen und das Hamiltonsche Prinzip als Schemata (siehe Abschn. 2.2.3).
- Persönliches soziales Schema
  Wir sortieren die anderen Stakeholder nach angenehme/unangeneheme//unsere Interessen pro/neutral/kontra

Natürlich unterscheidet sich das, was in Kap. 1 und in diesen beiden Beispielen unter einem „Schema" verstanden wird von dem, was wir hier in Abschn. 4.1 als „Schema" bezeichnen. Aber wir erhalten ein gutes Verständnis von dem hier eingeführten Begriff „Konstrukt" bzw. „Schema", wenn wir das, was in unserem Kopf dem Gedanken „Wir brauchen ein logisches Schema" vorausgeht, als ein solches Konstrukt verstehen. ◀

Ganz offensichtlich handelt es sich bei diesem konstruktiven Alternativismus um ein altbekanntes Vorgehen, das wir bei jedem empirischen Wissenschaftler – allerdings auf der bewusst intentionalen Ebene – finden: Hypothesen-/Theorieentwurf, Überprüfung und dann ggf. Änderung [POPP84]. Weil wir keine Möglichkeit haben, unmittelbar mit einer interpretationsfreien Wirklichkeit in Kontakt zu treten, können wir nur Annahmen darüber machen, was die Wirklichkeit ist, und dann versuchen herauszufinden, wie brauchbar oder nutzlos diese Annahmen sind [GASH93, KELL70][11]. Die Konstrukte werden in den Handlungssituationen aktiviert und abgerufen; wir können uns die Aktivierung einer Reflexkette vorstellen, nur dass uns eine Reflexverhaltenskette erblich fest eingeprägt ist. Wir können an der Reflexverbindung nichts verändern – und wenn der auslösende Reiz rezipiert ist, läuft die Reflexaktion von selbst ab. Dagegen sind die hier diskutierten Konstruktbildungen und -verbindungen flexibler, erlernbar, veränderlich, obwohl sie eine ähnliche Funktion haben: Auch sie sind vereinfachend, generalisierend, werden aktiviert, aber sie können – mit beträchtlichen psychischen Anstrengungen – verändert werden [LENK93, STAN23].

[11] Auch wenn wir ständig danach streben (sollten), kommen wir nie zur Wahrheit [POPP84]. Der Satz von Tarski: „Der Satz ‚Der Schnee ist weiß.', ist wahr, wenn der Schnee weiß ist." ist zwar genial (einfach), sagt aber doch nur, dass wir in/mit der Sprache keine Möglichkeit haben, die „Wahrheit" zu beweisen. Wer legt jetzt fest, dass der Schnee „weiß" ist? Es gilt eben nicht: Wenn der Satz: „Der Schnee ist weiß." wahr ist, dann ist der Schnee weiß. Das gilt genauso für einen Staubsauger: „Der Satz: ‚Der Staubsauger saugt.' ist wahr, wenn der Staubsauger saugt"; und nicht: „Wenn der Satz ‚Der Staubsauger saugt.' wahr ist, dann saugt der Staubsauger". Wir können im zweiten Fall die Wahrheit des Vordersatzes nicht nachweisen; das muss außerlogisch bewiesen werden. Und das geht nur mit (Zustand vor dem Saugen, Zustand nach dem Saugen): „Staubsaugen ist (vorher staubiger Teppich, nachher sauberer Teppich) mit saugendem Luftstrom". Aber genau das können wir immer weiter in Input-Output-Systeme herunterbrechen, dann bleibt trotzdem das Unlösbare übrig. Also muss bei jeder Untergliederung verlangt werden, dass das Input-Output-System machbar ist/aus bekannten Input-Output-Systemen besteht/in Summe nicht mehr kostet als … usw. – wir drehen uns im Kreis.

Persönliche Konstrukte werden zum einen kategorisiert hinsichtlich der Art und Weise, wie ein Konstrukt die Zugehörigkeit seiner Elemente zu den Anwendungsbereichen anderer Konstrukte gestattet, erzwingt oder nicht zulässt:

- ausschließende Konstrukte, die die Zugehörigkeit der Elemente ihres Bereichs zu Bereichen anderer Konstrukte nicht zulassen,
- konstellatorische Konstrukte, die festlegen, zu welchen weiteren Konstrukten ihre Elemente noch gehören können,
- propositionale Konstrukte, die ein jedes Element unter den konstruktiv vorgesehenen Bedingungen „als etwas ansehen", aber die Bereichszugehörigkeit ihrer Elemente nicht festlegen [KELL55].

Zum anderen werden Konstrukte nach ihrer Funktion und nach dem Bereich ihrer Anwendung unterschieden. Es gibt präverbale, umfassende, übergeordnete, untergeordnete, beherrschende Konstrukte sowie Kernkonstrukte zur Steuerung der lebenserhaltenden Prozesse, aber auch periphere, aus deren Veränderungen keine direkten Konsequenzen resultieren [KELL55]. Daneben werden festgelegte und veränderbare Konstrukte usw. unterschieden. Ein Konstrukt, das sich auf die Art und Weise bezieht, wie sich Konstrukte verändern können, ist der Zyklus mit Erwägung, Auswahl und Kontrolle von Konstruktionen – also eine Abfolge von Konstruktionen, die das Aufeinanderfolgen von Erwägung bzw. Umsicht, Auswahl und Kontrolle mit sich bringt und schließlich zu einer Entscheidung führt [KELL70]. Dazu gehört auch ein Kreativitätszyklus, in dem sich aus anfänglich vagen Konstruktionen immer festgelegtere und validiertere Konstruktionen ergeben. Die Hauptthesen dieser Theorie der persönlichen Konstrukte sind elf Sätze, entwickelt aus der folgenden primaren Aussage [BAFR21]:

- *Primäre Aussage*: Die psychischen Prozesse einer Person werden psychologisch vermittelt und geprägt durch die Art und Weise, in der diese Person Ereignisse erkennt, bevor sie eingetreten sind.

Natürlich stammt dieser Satz aus der Psychologie, wurde er für seine Zwecke von einem Psychologen aufgestellt. Aber wir müssen ihn wie LENK [LENK93] nicht auf psychologische Fragestellungen beschränken: So wie die jeweilige Person Ereignisse antizipiert, so werden von ihr alle Erkenntnis-, Einordnungs- oder Deutungsprozesse interpretiert, strukturiert, vermittelt und geprägt. Und das heißt: Die persönlichen Konstrukte eines Konstrukteurs bestimmen die Konstruktion eines Windrads.

Dieser primären Aussage werden die folgenden sekundären Aussagen zugeordnet:

- *Konstruktions-Satz*: Eine Person antizipiert Ereignisse, indem sie ihre Replikationen konstruiert[12].

[12] Bei der Replikation wird eine Kopie – also eine Replik – von Daten oder Datensätzen angefertigt und an einem zweiten Speicherstandort für den Fall des Datenverlusts vorgehalten. ComputerWeekly.de.

Ein Torwart beim Hallenhandball oder ein Tischtennisspieler antizipiert den nächsten Ball aufgrund seiner persönlichen Erfahrung[13]. Mit Prognosen antizipieren wir das Verhalten unserer Kunden. Replikationen sind nicht notwendig an eine verbale Darstellung gebunden. Alle inneren, möglicherweise präverbalen und oft bildlich-intuitiven Bezeichnungen oder Verweise verlaufen nach einem solchen Schema: Wir haben Konstrukte für die Konstruktion eines Windrads.

- *Individualitäts-Satz*: Die Konstruktionen der Ereignisse von unterschiedlichen Menschen sind voneinander verschieden[14].

Jeder Mensch hat seine eigenen Kategorien und Konstrukte. Diese persönlichen individuellen Konstrukte werden spezifischer und flexibler verstanden als die subjekterzeugenden (insofern „subjektiven“) Konstrukte der Kategorien Kants, für die dieser Notwendigkeit und Allgemeingültigkeit annimmt [KANT82]. Zwar verläuft die Strukturierung der Reizaufnahme aus der Umwelt vergleichbar, aber die Schemata und Konstruktbildungen sind bei KELLY feiner, flexibler, individuell und schneller änderbar: Ein Neuling verfügt über weniger und gröbere Konstrukte als ein Konstrukteur mit 20-jähriger Berufserfahrung. Aber wir können lernen.

- *Organisations-Satz*: Ein jeder entwickelt auf seine Weise ein Konstruktionssystem mit geordneten Zusammenhängen, angemessen für seine Art, Ereignisse zu antizipieren.

Jeder Mensch erstellt aus seinen Konstrukten ein System nach Abschn. 2.2.1: Konstrukte werden als Untersystem mit Attributen und Funktionen aufgefasst, Relationen zwischen Untersystemen vereinbart, Untersysteme weiter aufgeschlüsselt und in eine Hierarchie gebracht.

- *Dichotomie-Satz*: Das Konstruktionsprinzip einer Person besteht aus einer endlichen Zahl überschneidungsfreier Konstrukte.

Überschneidungsfreie Konstrukte resultieren aus gegensätzlichen Paaren: schwarz/weiß, hoch/tief, kompakt/locker, vorwärts/rückwärts, Input/Output, Aufbau/Ablauf; unsere Strukturierungen folgen solchen Zweiergegensätzen. Etwas Ähnliches haben wir auch bei voneinander unabhängigen Bewertungskriterien gefordert; auch hier wird sich der

[13] Eine bewusste Entscheidung „Ich muss den linken Arm um 10 Grad drehen“, da käme die (Re-) Aktion viel zu spät.

[14] Genau von dieser Individualität sind wir bei der Systembildung in Abschn. 2.2 ausgegangen: Unterschiedliche Personen bilden ein- und denselben Sachverhalt auf unterschiedliche Systeme ab. Die Konstruktbildung, die wir hier diskutieren, ist völlig analog, findet allerdings vor dieser (bewussten) Systembildung statt.

Grundsatz der Dichotomie nicht vollständig durchhalten lassen[15]. Die Endlichkeit des Konstruktionssystems einer Person folgt zwangsläufig aus der Endlichkeit der Menge der aufnehmbaren Ereignisse und der begrenzt verfügbaren Zeit. Konstruieren kostet Zeit. Aber wir können diese Menge ergänzen und neue Konstruktbildungen anfügen. Möglicherweise müssen wir dazu die „Ladenhüter" ausscheiden, verdrängen.

- *Wahl-Satz*: Eine Person wählt für den Ausbau ihres Systems die nach ihrer Ansicht bestgeeignete Alternative (innerhalb eines dichotomisierten Konstrukts).

Wieder haben wir die Analogie zur subjektiven Auswahl/Bewertung von Alternativen in der Nutzwertanalyse. Natürlich sind bei so einer Zweiteilung noch Differenzierungen möglich – aber wir werden nicht die zweit- oder drittbeste Alternative wählen.

- *Bereichs-Satz*: Der Bereich eines Konstrukts zur Vorhersage von Ereignissen ist begrenzt.

Kein Konstrukt hat eine Berechtigung/eine Anwendbarkeit für jedes Ereignis; genau deshalb gibt es eine Vielzahl von Konstrukten mit begrenztem Anwendungsbereich. Außerhalb des Anwendungsbereichs/für die Erweiterung des Bereichs ist zumindest ein Testen erforderlich (siehe Dichotomiesatz und Abschn. 3.1.7 sowie 1.5).

- *Erfahrungs-Satz*: In dem Maße, in dem es einer Person gelingt, weitere Replikationen von Ereignissen (bspw. Verknüpfung von Aussagen (Junktoren) in der Aussagenlogik) konsistent zu konstruieren, verändert/entwickelt sich ihr Konstruktionssystem.

Persönliche Konstrukte entwickeln sich ähnlich wie die Theorieentwicklung in der Forschung; Vorschläge werden als Hypothesen auf verschiedene Fälle angewandt und überprüft [POPP84]. Wenn Falsifikationen zeigen, dass ein Konstrukt unangemessen oder der Bereich zu eingeschränkt war, können wir diese Konstruktion nicht unverändert übernehmen.

- *Modulations-Satz*: Innerhalb des Konstruktionssystems einer Person werden die Variationen von der Durchlässigkeit der Konstrukte im Angemessenheitsbereich der Varianten begrenzt.

Zum einen: Wenn wir die Bereiche sehr eng fassen, dann wird es weniger Varianten/alternative Ausprägungen geben. Zum anderen: Wenn wir keine Querbeziehungen,

[15] In Abschn. 3.4.2 haben wir für die Nutzwertanalyse die Nutzenunabhängigkeit der einzelnen Kriterien gefordert; nur dann können wir am Ende die Teilnutzen addieren. Diese Überschneidungsfreiheit bedeutet aber auch: Wir haben unsere Konstrukte nach einem bestimmten Raster geordnet. Möglicherweise sind bestimmte Rasterfelder auch noch leer (siehe Fragmentierungs-Satz). Ein Konstrukt auszuwechseln, ist nicht problematisch. Aber wenn wir Konstrukte nicht mehr einordnen können, dann beginnen wir die ganze Schematisierung und Rasterbildung von vorn.

keine horizontalen Abhängigkeiten aufbauen, die Konstrukte nur beziehungslos nebeneinander stellen, dann gibt es nur ein Entweder-Oder, keinen gleitenden Übergang von einem Konstrukt zum anderen, kein Verschmelzen zweier Konstrukte zu einem neuen und nur wenig (geistigen) Fortschritt. Also ist nur die Frage, wie wir die Veränderung systematisieren.

- *Fragmentierungs-Satz*: Die Vielzahl von Konstruktsubsystemen, die eine Person nacheinander verwendet, muss sich nicht aufeinander aufbauend erschließen lassen.

Zum einen gibt es einander nebengeordnete, einander nichtimplizierende, gleichsam element- oder teilstrukturfremde Konstrukte; bspw. haben wir in unterschiedlichen Situationen unterschiedliche Erfahrungen gemacht und diese noch nicht miteinander abgeglichen. Zum anderen werden wir nach dem Erfahrungs-Satz immer wieder Konstrukte erproben und scheitern. Dann müssen wir einen anderen Ansatz wählen. Diese Wahl kann durchaus zufällig sein; wir probieren mehr oder weniger systematisch solange aus, bis wir etwas Passendes gefunden haben. Unser Wissen ist partiell und oft auch nur oberflächlich, also müssen wir zusammenarbeiten.

- *Ähnlichkeits-Satz*: Wenn auf Erfahrung beruhende Konstruktionen, die zwei Personen verwenden, einander ähnlich sind, dann ähneln sich in demselben Maße auch die psychischen Prozesse der beiden Personen.

Menschen mit demselben Bildungsstand, derselben Entwicklung und derselben Sozialisation werden „ähnlich denken". Wenn wir also unterschiedliche technische Systeme entwickeln und erproben wollen, dann sollten wir nicht zwei Konstrukteure mit „demselben Hintergrund" einsetzen.

- *Sozialitäts-Satz*: Wenn eine Person in einem gemeinsamen sozialen Prozess mit einer zweiten Person eine Rolle spielen will, dann muss diese Person im Umfang dieser Rolle die Konstruktionsprozesse der zweiten Person konstruieren.

Soziale Kontakte, soziale Beziehungen, die Strukturen des sozialen Lebens entstehen nur über gemeinsame bzw. verbindende Konstruktbildung. Die Menge dieser verbindenden Konstrukte bestimmt die Form der Interaktion und des sozialen Umgangs miteinander: Wenn wir den anderen verstehen wollen, dann müssen wir in dieses Verstehen investieren[16].

[16] Wir erinnern an den gemeinsamen Zielfindungsprozess in Abschn. 3.1. Wenn die Stakeholder nicht bereit sind, aufeinander zuzugehen, dann wird kein konsistentes, kein gemeinsames Zielsystem entstehen.

4.1.2 Schema als Interpretationskonstrukt

Die *allgemeine kognitionspsychologische Theorie* (siehe bspw. [RUME78, CHRU95, KLUS11]) verallgemeinert und operationalisiert die Theorie der persönlichen Konstrukte in einer anwendungszentrierten Hauptthese: Die gesamte alltagstheoretische Erkenntnis – also unser Wissen über die Umwelt, in der wir uns befinden, und das Wissen in dieser Umwelt selbst – folgt dem Muster der Schemabildung und -anwendung; Kognition, Erkenntnis, Begriffsbildung und Deutung sind generell als Zyklus von Auslösung, Auswahl, Anwendung und Überprüfung von Schemata zu erklären[17]. *Interpretieren* heißt dann, *„mögliche Konfigurationen von Schemata auszuwählen und daraufhin zu verifizieren, ob sie mit gespeicherten Daten – Gedächtnisfragmenten – zusammenstimmen"* [RUNO78]; also eine Suche von Information, aktiv und in relevanter Weise verknüpft mit unseren gegenwärtigen Bedürfnissen und Absichten[18]. Interpretieren ist das sukzessive Auslösen ausgewählter Schemata (kognitive Konstrukte) und deren erprobende Anwendung auf Sinnesdaten, auf Wahrnehmungserlebnisse und abstrakte Datenstrukturen mit der rückkoppelnden Überprüfung des jeweiligen Konstrukts in der Anwendung. Schemata sind Mechanismen zur Datenstrukturierung, bestehend aus einer Menge von kognitiven Konstrukten, die aus dem Gedächtnis für diese Aufgabe abrufbar sind. Alles Wissen ist in Schemata eingebettet; unsere Schemata sind unser Wissen [RUOR77]. Diese Schematheorie definiert auch „Bedeutung": Wenn das *„einem Begriff zugrundeliegende Schema, so wie es im Gedächtnis gespeichert ist, der Bedeutung dieses Begriffs entspricht, dann sind Bedeutungen in Abhängigkeit von den typischen oder normalen Situationen oder Ereignissen kodiert, welche diesen Begriff instantiieren"* [RUNO78, FERR01]. Schemata sind mit Theorien, mit Computerprogrammen[19], mit Verfahren zur Komponentenanalyse usw. erklärend zu vergleichen (siehe Abschn. 4.2). Generell handelt es sich um (Daten-)Strukturierungen zum Zwecke der Variation, Passung, Verzweigung, Weiterentwicklung, Kontrolle und Beurteilung der Angemessenheit sowie ggf. zum Verwerfen oder Ersetzen durch ein anderes Konstrukt, die in oder durch Verfahren instantiiert werden. Schemata verfügen über Variablen, die in verschiedenen Umgebungsaspekten hinsichtlich der jeweiligen oder unterschiedlichen Instantiierung des Schemas verbunden werden können. Das können wir bspw. als Festlegung der Input-Output-Variablen eines Input-Output-Systems mit einem bestimmten Strukturtyp auffassen (vgl. Abschn. 2.2.2). Doch es gibt auch Einschränkungen dieser Variablen auf den entsprechenden vom Schema generell umrissenen Bereich; das wäre bspw. die (Zustands-)Parametrisierung genau dieses Input-

[17] Siehe die umfangreiche Literatur, die RUMELHART zu Rechnerarchitekturen, neuronalen Netzen und künstlicher Intelligenz, also zu wichtigen Kernthemen der Kognitionswissenschaften, verfasst hat; bspw. [RUMC87, RUME77, CHRU95].

[18] Siehe [WIKIINLO]: *„Eine Interpretation im Sinne der Modelltheorie ist eine Struktur, die auf eine logische Formel bezogen wird. Unter der Interpretation kann die Formel dann wahr oder falsch sein"* (siehe Abschn. 3.2.2). *„Eine Interpretation, unter der die Formel wahr ist, heißt ein Modell der Formel. Falls sie unter jeder möglichen Interpretation wahr ist, heißt sie allgemeingültig."*

[19] Siehe bspw. [RMSC94] und Abschn. 2.1.1, Typographische Systeme.

Output-Systems. Diese Einschränkungen dienen der Abgrenzung und Identifizierung sowie der Angabe von „Fehlanzeigen“ [MINS75] oder als Anfangsschätzungen für bis jetzt noch nicht beobachtete Variablen. Beispielsweise umfasst das Schema *Kaufen eines Windrads* die Funktionsrollen *Käufer* und *Verkäufer* sowie das Medium *Geld* und die Variable *Windrad* sowie bspw. das Subschema *Handeln* im Sinne von Nachfragen und Anbieten beim Geschäftsabschluss [LENK93]; das können wir als Instantiierung eines Handlungssystems (vgl. Abschn. 2.2.5) auffassen. Ein Schema wird instantiiert, sobald eine Konfiguration von Werten einer besonderen Konfiguration von Variablen zu einem bestimmten Zeitpunkt zugeordnet wird. Eine Situation als Instanz irgendeines Begriffes zu interpretieren, beinhaltet die Instantiierung eines passenden Schemas, etwa des Schemas *Kaufen*, dadurch, dass die unterschiedlichen Variablen des Schemas mit den verschiedenen Aspekten der Situation verbunden werden (siehe logisches Schema, Abschn. 1.2). Solch ein Schema zusammen mit Variablenbindungen heißt ein *instantiiertes Schema* (siehe Abschn. 1.5, Prädikatenlogik, Abschn. 1.1, Sprachausdrücke).

Außer auf Menschen und Handlungen können Schemata auf Ereignisse und Gegenstände beliebiger Art sowie auf räumliche, zeitliche oder sonstige funktionale Beziehungen oder Konstellationen zielen[20]: Das Schema einer vertrauten geometrischen Figur, bspw. ein Quadrat, ein rechtwinkliges Dreieck auf einem Blatt Papier, oder ein logisches Schema. Wesentlich ist, dass Schemata als aus Subschemata bestehend aufgefasst werden und dass die Aktivierung des Subschemas zugleich oder in der Folge die Aktivierung des Schemas auslöst und umgekehrt; Schemata und mit ihnen verbundene Subschemata können in wechselseitiger Auslösung und Verschränkung instantiiert aufgefasst, verstanden und durchgeführt werden (Elemente, (Schemata von) Untersysteme(n); siehe Abschn. 2.2.3). Das führt zur Analogie von Schemata und Verfahren bzw. Programmen, die aus Netzwerken oder Bäumen von Subschemata/Unterprogrammen aufgebaut sind und entsprechend ihrer zwischenzeitlichen Bewertung immer wieder verändert werden können[21]. Entscheidungsbäume, Flussdiagramme, UML-Graphen etc. sind Beispiele für Strukturanordnungen, die aus Komponenten und Substrukturen zusammengesetzt sind, bzw. für Verzweigungen beim Identifizieren und Aufsuchen von Konstituenten [DANG03]. In anderer Hinsicht können wir ein Schema auffassen als informale, persönliche, unausgedrückte, nichtausformulierte Theorie über die Verfassung von Ereignissen, Gegenständen und Situationen, auf die wir treffen. Die Gesamtmenge der Schemata, die uns zur Interpretation unserer Welt zur Verfügung steht, manifestiert unsere persönliche Theorie vom Wesen der Wirklichkeit. Und die zu einem bestimmten Zeitpunkt instantiierten Schemata stellen unser persönliches internes Modell der Situation dar, mit der wir zu diesem Zeitpunkt konfrontiert sind, oder beim Lesen eines Pflichtenhefts ein Modell der Situation, wie sie vom Text abgebildet wird [RUNO78]. Wie Theorien können Schemata zur Verallgemei-

[20] Siehe die Definition eines Sachsystems nach ROPOHL [ROPO79] in (Abschn. 2.2.3, Sachsystem) mit Raum- und Zeitkoordinaten.

[21] Vgl. die Arbeiten zu selbstoptimierenden Systemen (siehe bspw. [SFB614]) oder neuronalen Netzen [RMSC94].

nerung von Einzeldaten, zur Quasierklärung und zur Voraussage verwendet werden (siehe die Einführung in Kap. 2, Systeme).

Beispiel 4.3

Konstrukte zu einem Bonsai

Wir planen, einen Bonsai zu kaufen/zu züchten. In diesem Fall haben wir Schemata von „Was ist ein Bonsai?" im Kopf. Außerdem besitzen wir Schemata von Kugel, Kegel, Würfel, Quader, ..., dann von „mehrere Kugeln, gleichgroß", dann von „mehrere Kugeln ungleich groß". Diese Schemata verbinden wir mit einem Anordnungsschema, bspw. „treppenartig". Von diesen Anordnungsschemata haben wir mehrere Alternativen, bspw. auch „gleichseitiges Dreieck in einer Ebene". Irgendwann haben wir eine Vorstellung, wie unser Bonsai in Farbe aussehen soll: „Birke, grüne Blätter mit rotem Rand". Mit dieser Vorstellung gehen wir zum Gärtner. Der interpretiert unsere Aussagen, indem er unsere Beschreibung/unser „Pflichtenheft" auf die Schemata abbildet, die er von den Bonsais hat, die in seinem Gewächshaus stehen. Seine Interpretationsschemata sind also erstens begrenzt und zweitens situationsabhängig. Er zeigt/holt uns vier Bäumchen, die er für „passend" hält. Wir interpretieren diese vier Bäumchen, indem wir die gewünschte Anordnung und Anzahl auf jedes dieser vier Bäumchen abbilden. Wir modifizieren Anzahl und Anordnung in unserem Kopf so, dass dieses Bild das Bild, das wir im Kopf haben, am ehesten trifft, oder wir lösen uns und sagen: Wir verwenden jetzt andere Schemata und nehmen das, was am besten aussieht. Möglicherweise bedenken wir auch noch, was die einzelnen Familienmitglieder geäußert haben. Wir entscheiden uns für eines der vier Bäumchen. Wir finden das toll, weil wir uns vorstellen, wie das in 100 Jahren aussehen könnte: Ein völlig neuartiger, revolutionärer Bonsai. Die Familie sagt: Das hatten wir aber nicht so besprochen, das ist eine Eiche. ◄

Beispiel 4.4

Montageprozess

Den wiederholten Abriss unseres Montageprozesses, den dadurch bedingten Stillstand des Montagebands und die dadurch nicht eingehaltenen Liefertermine interpretieren wir in der folgenden Arbeitshypothese: Der Vorgesetzte Maier ist in seiner Funktion völlig überfordert. Mit diesem Schema und den damit verbundenen Parametern rufen wir weitere Schemata auf, um die Situation in den Griff zu bekommen. Die Information „Linie steht für zwei Stunden" ist nur ein Parameter, der bestimmte Subschemata aufruft. Und dann schauen wir, ob unser Schematakonstrukt passt. ◄

Die Aktivierung und Kontrolle von Schemata kann nach [BoNo75] durch Unterteilen in „Top-down" bzw. begriffs- oder konzeptgeleiteten (funktionales Unterteilen in Untersysteme/Aktivieren von Untersystemen) und „Bottom-up“ bzw. datengeleiteten Aktivierungen (Aktivieren des hierarchisch übergeordneten Systems mit über Attribute gekoppelten Untersystemen) weiter systematisiert werden (siehe Abschn. 4.2.7, Synthese/Analyse). Auch Falsifizierungen bewirken dann möglicherweise erst ab einer bestimmten Stärke/Abweichung vom (erwarteten) Standard das Ersetzen des instantiierten Schemas, ggf. durch Kopieren eines bekannten in einen neuen Bereich, seltener durch eine Neueinführung[22].

Beispiel 4.5

Messsystem

Wir verwenden Beispiel 3.73.

Wir gewinnen weitere Einsichten und verändern den Nullpunkt. Wir verwenden jetzt die mittlere Temperatur am Sitz der Vereinten Nationen. Dann wird Kupfer durch ein anderes Metall ersetzt. Schließlich machen wir das Pendel elektrisch – wir nehmen eine „Uhr“. Die eichen wir wieder an der Sonne. Davon haben wir auch eine Vorstellung ...

So werden Schemata laufend verbessert und konkretisiert.

Bottom-up: Die Legierung für den Maßstab wird präzise definiert.
Top-down: Die Vereinten Nationen geben in einer Norm ein neues Einheitensystem vor, bspw. wird von Kilopond auf Newton umgestellt. ◄

Nach Menschen und Gegenständen wollen wir als dritten Bereich die interpretative Strukturierung von Wahrnehmungen, das Verstehen von Texten, das Erinnern und das Problemlösen anführen. Auch hier spielen das Instantiieren, das Auslösen und Strukturieren

[22] POPPER [POPP84] vertritt die Ansicht, dass wir beliebige Theorien und Thesen, ggf. ohne jegliche Herleitung aus bereits bewiesenen Theorien, aufstellen können. Und diese Theorien gelten solange, wie sie trotz allem Bemühen nicht widerlegt werden können. Natürlich unterliegt auch so eine Theorienbildung den Schemata des jeweiligen Urhebers. POPPER präferiert jetzt ein Vorgehen, das eher eine Theorie verwirft und mit einem neuen Ansatz von vorn beginnt, als dass ein Ansatz modifiziert weiterverfolgt wird – was nicht verwunderlich ist, wenn man zum einen von einer beliebigen Vielzahl möglicher Theorien ausgeht und zum anderen die Notwendigkeit zur Anpassung bereits als erfolgreiche Falsifizierung versteht. Es fragt sich nur, ob wir jemals zum Ziel kommen oder unendlich lange falsifizieren. Also gibt es die andere Denkschule, die eine Theorie solange weiterverfolgt, wie Modifikationen, Überarbeitungen und Korrekturen zu einem anwendbaren Resultat führen [KUHN76]. Natürlich sind diese Resultate mit Hilfskonstruktionen und methodischen Umwegen behaftet. Aber jeder gangbare Weg ist besser als kein Weg. Und dann kommt der Punkt, an dem es nicht mehr weiter geht und ein grundsätzlicher Neuanfang, ein Paradigmenwechsel notwendig/sinnvoll und das Verwerfen einer großen Menge von Schemata unumgänglich wird. Die Vor- und Nachteile beider Denkrichtungen werden uns jeden Tag vor Augen geführt. Wir müssen uns an dieser Stelle nicht für den einen oder anderen Weg entscheiden (siehe Abschn. 4.2.5). Wichtig ist: Beide Konzeptionen haben ihre spezifischen Denkmuster und Schemata; beide bedingen bestimmte Verhaltensmuster.

durch Schemata die wesentliche, die kreative Rolle. Nicht nur die Deutung einer Situation, sondern auch die Informationssuche, das Einbetten in Kontexte, das Entwickeln von Problemlösungsstrategien und das Konzipieren von Lösungsideen folgt dem Muster einer teils konzept-, teils datengeleiteten Schemaanwendung. Wir verstehen einen Text oder eine Problemsituation unter einer bestimmten Interpretation, die durch ein ausgelöstes Schema strukturiert wird: Wir begreifen das Pflichtenheft für das neue Windrad nur, weil wir die Schadensfälle der Vergangenheit kennen und verstanden, also als Schemata strukturierend abgelegt haben. Und dann kann es vorkommen, dass ein und dieselbe Datenvorlage durch ganz verschiedene – unter Umständen miteinander unverträgliche – Schemata interpretiert werden kann; der junge Mitarbeiter, der die Vergangenheit nicht kennt, versteht nicht, warum eine bestimmte Rotorform ausgeschlossen wird. Vielleicht erklärt er es sich mit den hohen Kosten.

Beispiel 4.6

Losgröße/Rüstzeit

Eine steigende Variantenzahl führt in der Teilefertigung zu immer größeren Losen und größeren Auflegungszyklen. Die bisherigen Lagermöglichkeiten zwischen Teilefertigung und Montage reichen nicht mehr aus. Also wird nach dem Vorbild der Konkurrenz ein Hochregallager errichtet. Dazu gibt es eine Vielzahl erprobter Schemata. In kürzester Zeit existiert ein ausführbarer Plan, gegliedert in zahlreiche Untersysteme/Gewerke, der auch realisiert wird. Ein Jahr später fällt auf: Die Durchlaufzeit ist weiter angestiegen, neue Varianten lassen das neue Lager bereits jetzt an seine Grenzen stoßen. Also verwirft man das Konzept „Lager" und verfolgt jetzt eine andere Strategie: „radikale Senkung der Rüstzeit" und stellt fest: Dieser Ansatz ist wirksamer und zudem günstiger. ◄

Nicht zuletzt folgen die Reflexmechanismen des Verhaltens angeborenen Schemata. Die lange vor den persönlichen Konstrukten in die Verhaltensforschung eingeführten *angeborenen Auslösemechanismen* [TINB51] sind Reiz-Reaktions-Schemata (angeborene auslösende Schemata [LORE43]): *„‚Schema' heißt ein rezeptorisches Korrelat zur adäquaten reizreaktionsgebundenen Auslösesituation, das immer nur auf wenige, verhältnismäßig einfache, aber sehr kennzeichnende Merkmale der Gesamtsituation oder des betreffenden Objekts abgestimmt, gegenüber allen übrigen Begleiterscheinungen der- oder desselben aber praktisch ‚blind' ist* [LORE41]. Diese auf eine evolutionär bestimmte ökologische Nische und auf für den Genpool lebensrelevante Situationen beschränkten Schemata sind genetisch fixiert, weder individuell erlern- noch veränderbar. Bei dem durch Instinktreduktion geprägten Menschen sind sie zwar noch rudimentär vorhanden, aber nicht mehr dominant [EWER94, LENK93, ZIPP92]. Vielmehr bestimmen beim Menschen erlernte, kulturell geprägte, individuell von der Lebensgeschichte abhängig entwickelte Schemata die Art des Erfassens, Wahrnehmens, Verhaltens und Handelns. Je bewusster und individualisierter, differenzierter und spezifisch an vom Menschen geprägte Situationen und Reaktionsweisen angepasster Auslösereize und Auslösesignale sind, desto stärker überlagern erworbene Schemata das grundlegende biologische Verhalten, das nur noch hintergründig teils ermöglichend, teils beschränkend mitschwingt [LENK75].

4.1.3 Schema als Entwurfskonstrukt

KELLY unterteilt die persönlichen Konstrukte in ausschließende, konstellatorische und propositionale Konstrukte.

Das Entwickeln dieser Konstrukte unterliegt einem konstruktiven Alternativismus; die Theorie der persönlichen Konstrukte versteht unter jedem Schematisieren und Strukturieren das Bereitstellen alternativer Konstrukte, die den ebenfalls konstruktgeprägten Daten angepasst werden [KELL70]; alle Fakten sind Gegenstand alternativer Konstruktionen [LENK83]. Darauf aufbauend ist Interpretieren das sukzessive Auslösen ausgewählter kognitiver Konstrukte und deren erprobendes Anwenden auf Sinnesdaten, auf Wahrnehmungserlebnisse und abstrakte Datenstrukturen mit der rückkoppelnden Überprüfung des jeweiligen Konstrukts in der Anwendung.

Jede Erkenntnis und jede Handlung, jedes Auffassen und Erleben und alles erfassbare Sein ist demnach abhängig von schemakonstitutiven und -verwendenden Interpretationen. Diese Abhängigkeit von der Interpretation ist nicht zu vermeiden; selbst wenn wir auf bestimmte Übereinkünfte oder undiskutierte Grundinterpretationen zurückgehen und bspw. die durch unsere Gene bedingten Primärinterpretationen als Basis nehmen[23], dann ist auch diese Basis hinterfragbar [QUIN60, BOER17]. Wir können nicht nicht interpretieren: Interpretationen und Interpretationskonstrukte sind unumgänglich, denn jedes Denken und Handeln ist abhängig von Interpretation, bedingt und geprägt von einer bestimmten Sichtweise. Diese Perspektive besitzen wir entweder von Natur aus oder internalisieren sie auf der Basis (unternehmens-)kultureller Normen und Konventionen. (Schema-)Interpretation ist damit ein durch die Art der Sichtweise bestimmtes, symbolisch durch Zeichen- und Formbildungsregeln sowie den Regeln zu deren Verwendung notwendigerweise in soziale Kontexte eingebettetes Gliedern, Arrangieren und Verwenden zugeordneter Konstrukte [CVWC11, WITT84]; die Regeln sind identifizier- und kontrollierbar [LENK93]. Schemakonstitution und Schemaanwendung sind als Unterarten des Begriffs der (Schema-) Interpretation voneinander zu unterscheiden. Und selbstverständlich müssen wir bei diesen Interpretationsbegriffen die Prozesse, Konstrukte und Eigenschaften dieser Interpretationsprozesse und -konstrukte von denjenigen Gegenständen und Prozessen trennen, die der Interpretation unterliegen. Das im Interpretationsprozess konstituierte Konstrukt und die grundlegende Tatsache der Gebundenheit an Interpretation müssen begrifflich deutlich vom Interpretationsprozess und -konstrukt getrennt werden. Weiterhin ist der Interpretierende vom Interpretationsakt zu unterscheiden, auch wenn eine Selbstanwendung möglich ist. Auch diese Vielfalt macht deutlich, dass Interpretationen nicht abgeschlossen,

[23] Vgl. die Axiome/primären Aussagen in Abschn. 1.5 und 1.6.

begrenzt und endlich sind. Schemainterpretationen sind von sich verändernden Standpunkten und Sichtweisen, von Situationen und von der Einbindung in den jeweiligen Kontext abhängig, lassen sich ergänzen und in andere Zusammenhänge stellen.

Beispiel 4.7

Schemainterpretation (siehe Abschn. 3.2.2 und 4.1.4)

Eine bestimmte Situation liefert bestimmte Wahrheitswerte. Jetzt haben wir ein logisches Schema im Kopf. Also verknüpfen wir die Situation über die Wahrheitswerte mit unserem Schema, wir interpretieren (siehe Abschn. 2.2.1).

Beispielsweise stehen wir vor einer Situation mit zwei Variablen p und q (bspw. Windstärke p und Stromverbrauch q). Irgendwie stehen diese Variablen in einer Relation zueinander. Wir verwenden als (Erklärungs-)Schema die logische Verknüpfung einzelner Aussagen, bspw. das uns bekannte $p \vee q$. Gegebenenfalls müssen wir dazu ein wenig abstrahieren (und schon haben wir interpretiert). Mit der Einsetzung der Wahrheitswerte $p = f$ und $q = w$ ist dann „$f \vee w$“ eine Interpretation dieses Schemas. Wenn wir jetzt annehmen, dass das keine „gute“ Interpretation ist, dann können wir weitere, ggf. alle Schemata mit zwei Variablen aus Abschn. 1.4 und 1.5 erproben. Und wir merken uns: In dieser Situation war $p \vee q$ keine „gute“ Interpretation. Das nächste Mal verwenden wir in dieser Situation zuerst die Regeln von de Morgan, dann erst die Disjunktion. Und damit haben wir einen „Prozess“, eine Ordnung; wir können unsere Schemata um diesen Prozess erweitern. Und wenn es das nächste Mal nicht passt, greifen wir bspw. sofort auf die Prädikatenlogik zurück und schränken ein … Am Ende haben wir eine regelbasierte, situationsangepasste Regelung/Steuerung entworfen. ◄

Wie Beispiel 4.7 zeigt, hängt jedes Rückführen auf notwendige und hinreichende(re) Bedingungen für das Interpretieren selbst von übergeordneten Interpretationen ab; nur deswegen greifen wir in diesem Beispiel als Nächstes auf die Regeln von de Morgan zu – nur wir haben in einem übergeordneten Prozess unsere Konstrukte für eine bestimmte Situation so geordnet. Aber dieses Ordnen von Schemata, dieses Interpretieren der Anwendung eines logischen Schemas geht zum einen immer weiter, und zum anderen macht es ein jeder auf seine persönliche Art; aus der Interpretationsabhängigkeit können wir uns nicht lösen. Dieses Anders-sein-Können einer jeden Interpretation bedingt die grundsätzliche Unterbestimmtheit, die Unbestimmtheit, die den Interpretationen eigen ist[24]. Es bleibt: Interpretationen sind letztlich nicht restlos auf eine nichtinterpretative Basis zurückführbar[25].

Entwerfen schließlich ist zuerst ein Interpretieren mit der intentional organisierten Auslösung alternativer Konstrukte, mit deren vergleichender Abbildung auf die Entwurfsziele, deren Umsetzung in die Anwendung und deren ordnender Bewertung; wir entwerfen

[24] Vgl. Abschn. 3.3.3 Ambiguität. Vagheit. Unvollständigkeit.

[25] Vgl. Abschn. 2.1.1, Typographische Systeme.

Technik, indem wir unsere Schemata externalisieren und nutzen. Zum Zweiten ist Entwerfen das Zurückspielen der Anwendungserfahrungen und Bewertungen auf die Menge der kognitiven Konstrukte; Schemata werden bestärkt, angepasst, neu gebildet oder verworfen. Wir lernen, entwickeln uns weiter und internalisieren unsere Erfahrungen in unseren Schemata.

Beispiel 4.8

Schemaanwendung

Wir entwerfen für das Windrad Pustefix eine Steuerung. Wir kennen nur die von den Windkraftwerken verbauten Steuerungen und deren Entwurfsprinzipien. Wir sortieren gewisse Konzepte aus. Einige wenige Schemata bleiben übrig. Wir externalisieren diese Schemata als erste „Lösungsideen". Irgendwie „passt es nicht". Also untersuchen wir Steuerungskonzepte der Konkurrenz. Zwei dieser Konzepte können Vorbilder für die Windkraftwerke sein. Am Ende der Analyse steht fest: Mit Windrad Pustefix beginnend installieren wir eine neue Generation von Steuerungen. Zur Erhöhung der Betriebssicherheit sind alle Prozesse parallel als Disjunktion angelegt ...

Bereits heute beginnen wir mit der Ausbildung unserer Wartungstechniker. ◄

Das Bilden von Schemata umfasst immer eine konstruktive, konstituierende, verallgemeinernde Einheitsbildung; schon dagewesene und hinzukommende Schemata werden zu einer neuen Einheit, zu einem neuen Schema zusammengeführt [RuNo78]. Insofern, als sie in verallgemeinernder Absicht aufgefasst und entworfen, verstanden und durchgeführt werden, sind damit alle Deutungen von Sinnesdaten, Handlungen und Gedächtnisinformationen sowie alle normierenden Handlungen, sind alle kognitiven wie normativen Selektions-, Strukturierungs- und Deutungsprozesse nur unter der Anwendung von Schemata möglich [Lenk93]. Der Schemabegriff ist die methodologische Grundbedingung jeglicher Konzept-, Einheits-, Ordnungs- und Strukturbildung und von umfassender Bedeutung für jede über das Einzelerlebnis hinausgehende Verknüpfung, Vereinheitlichung und Verallgemeinerung; Interpretation hingegen die Anwendung von mental repräsentierten Konstrukten.

Methodologisch sind Schemata selbst Interpretationskonstrukte, die bei Deutungen aktiviert werden, die mit einer Wahrnehmung oder einem Handeln einhergehen, und damit formal den Charakter eines Dispositionsnetzes [RuNo78, PHILD23] besitzen[26]. Dispositionsprädikate lassen sich nicht explizit definieren; sie müssen durch implizite Reduktionssätze[27] eingeführt werden [Carn36, Carn37]. Wenn eine Kombination von notwendigen und hinreichenden Reduktionssätzen zur Kennzeichnung des Prädikats not-

[26] Zur Verifikationstheorie, zur Disposition und zum Reduktionssatz siehe [PHILR23] (Reduktionssatz) und [PHILD23] (Disposition). Dispositionskonzepte sind Dispositionsbegriffe, deren begriffliche und verbale Darstellung durch Dispositionsprädikate erfolgt [Jans04].

[27] Zum Problem der Messung siehe Abschn. 3.4.1. Reduktionssätze werden bspw. dann eingeführt, wenn wir Begriffe wie bspw. die Temperatur oder die Länge nicht mit einem einheitlichen Mess-

wendig ist, enthalten diese Sätze (ggf.) empirischen Gehalt. Dann implizieren sie schon mit ihrer definitorischen Einführung eine Theorie; sie sind also zum Teil interpretierbare theoretische Begriffe, zwar unlöslich mit der Theoriebildung verknüpft, aber nicht explizit und eindeutig auf ein einzelnes Messverfahren zurückzuführen. Wir fassen Dispositionsprädikate als hypothetische Begriffe auf, die sich nicht explizit auf Beobachtungsdaten zurückführen lassen [STEG70]: Wir sehen es der Porzellanschüssel oder der Glühbirne nicht an, dass sie zerbrechlich ist. Und wenn wir sie sehen, dann sind sie nicht zerbrochen. Die logische Schwierigkeit, dass prinzipiell nicht aktivierte oder gar nicht aktivierbare Dispositionen, die durch Verhaltenssätze in Wenn-dann-Form geschrieben werden, stets dem potenziellen Träger zugeschrieben werden müssen, weil der Vordersatz des Konditionals nie erfüllt, also stets falsch ist und deshalb der Konditionalsatz stets wahr wird[28] ([CARN36, WIKIDISP], siehe Abschn. 1.4), stellt sich für die komplexen Schematadispositionsbegriffe nicht [LENK91, JANS04]: Unser ganzes Wissen ist begrenzt und fragmentarisch und alle Schemata, alle persönlichen Konstrukte sind situationsgebunden, veränderlich und von der jeweiligen Sichtweise abhängig.

Beispiel 4.9

Definition, Bedeutung, Reduktionssatz, Dispositionsterme (siehe [PHILR23])

Die Bedeutung eines theoretischen Terms P_T, der nicht für Beobachtbares steht, ist durch eine Definition von P_T gegeben, die angibt, wie im konkreten Fall entschieden werden kann, ob der Ausdruck P_T erfüllt ist. Die Bedeutung eines theoretischen Satzes, der für nicht Beobachtbares steht, ist gegeben durch die Bedeutung seiner Terme und die Regeln der Logik. Die formalsprachliche Formulierung für die Definition eines Prädikats P_T, das für nicht Beobachtbares steht, lautet [CARN36]:

$$\forall x(P_T(x) \longleftrightarrow (P_{B_1}(x) \longrightarrow P_{B_2}(x))),$$

wobei P_{B_1} und P_{B_2} Terme sind, die für Beobachtbares stehen. P_T könnte bspw. für den theoretischen Ausdruck „x hat die Temperatur T" stehen. P_{B_1} steht steht für „x wird in Kontakt mit dem Quecksilberthermometer QT gebracht", P_{B_2} für „Das Thermometer QT zeigt für x E Einheiten an".

Diese Form einer Definition ist

- für theoretische Ausdrücke gedacht, die sich als Dispositionsterme auffassen lassen („magnetisch", „spaltbar", „Katalysator" usw.), wobei P_{B_1} die Manifestationsbedingungen für die Disposition beschreibt und P_{B_2} die manifeste Eigenschaft: (Zucker

verfahren bestimmen, also nicht einheitlich definieren können [BRID27]. In Abschn. 3.4.1 sind wir [FEYN07] gefolgt und haben uns auf ein theoretisches Konzept der Länge bzw. der Temperatur verständigt (siehe [PHILR23] Reduktionssatz).

[28] Eine Aussage „Wenn p, dann q" ist schon dann wahr, wenn p nicht gilt: Aus „x wird nicht in Wasser geschüttet" folgt bereits „Wenn x in Wasser geschüttet wird, löst sich x auf".

ist wasserlöslich $\longleftrightarrow$ Wir schütten Zucker in Wasser $\longrightarrow$ Der Zucker löst sich auf) für jeden Zucker;

- für Ausdrücke für Größen und Eigenschaften gedacht, für die wir Mess- und Nachweisverfahren besitzen. Dabei beschreibt P_{B_1} das Mess- bzw. Nachweisverfahren und P_{B_2} die dabei beobachtbare „Indikatoreigenschaft".

Jetzt werden die Anwendungsbedingungen P_{B_1} eines Prädikats P_T bei der Einführung von P_{B_1} nicht ein für alle Mal definiert. Stattdessen werden die Anwendungsbedingungen nach und nach für verschiedene Anwendungsbereiche entwickelt.

Beispielsweise steht P_T wieder für „x hat die Temperatur T". Sehr niedrige und sehr hohe Temperaturen werden aber nicht über QT bzw. P_{B_2} ausgerichtet. Wenn wir jetzt nicht die strenge Sicht vertreten, dass eine physikalische Größe durch genau ein Messverfahren definiert wird, dann müssen wir die strikte Forderung nach der Definierbarkeit von theoretischen Ausdrücken durch die schwächere nach der Erläuterung durch Reduktionssätze ersetzen. Ein Reduktionssatz für einen Ausdruck P_T spezifiziert nur noch die Anwendungsbedingungen in ganz bestimmten Situationen:

$$\forall x(P_{B_1}(x) \longleftrightarrow (P_{B_2}(x) \longrightarrow P_T(x))).$$

Beispielsweise steht $P_T(x)$ für „x hat die Temperatur T". Dann besagt diese Formulierung: Wenn x in Kontakt mit dem Quecksilberthermometer QT gebracht wird, dann gilt: Das Thermometer zeigt für x E Einheiten an, wenn x die Temperatur T hat. Damit bestimmt die Bedeutung von $P_T(x)$ nicht seine gesamte Extension. Also ist die Definition partiell, es liegt partielle Unbestimmtheit vor: (Zucker ist in lauwarmem Wasser löslich $\longleftrightarrow$ Wir schütten Zucker in lauwarmes Wasser $\longrightarrow$ Der Zucker löst sich auf).
◄

Was uns im Zusammenhang mit dem Entwerfen zu interessieren hat, ist der Interpretationskonstruktionismus. Es geht um aktive Konstruktion und Rekonstruktion in Bezug auf das Erfassen, Erkennen und Handeln; Schematazuordnungen sind dispositionelle Zuschreibungen und Begriffe mit Konstruktcharakter. Methodologisch liefert die aufsteigend kumulierende Konstruktion erkenntnistheoretische Metakonstrukte zu den auf Gegenstände anzuwendenden oder diese konstituierenden Schemata. Erkenntnistheoretische Interpretationen dieser Art sind Interpretationen auf der metatheoretischen Stufe, die grundsätzlich ähnlichen oder gar gleichen, aber oft abstrakteren Anwendungs- und Strukturierungsproblemen, wie Kognitionsschemata auf niederer Stufe[29], gegenübergestellt sind.

[29] Vgl. die logischen Schemata in Kap. 1.

Beispiel 4.10

Rechnen mit typographischen Systemen

Angenommen, wir können über die in Abschn. 2.1.1 diskutierten typographischen Systeme als persönliche Konstrukte verfügen – wir haben Abschn. 2.1.1 „im Kopf".

In Abschn. 2.1.1 haben wir bspw. erfolgreich versucht, das ABT-System auf bestimmte reale Sachverhalte wie das Addieren abzubilden. Das bezeichneten wir als bedeutungstragende Interpretation im Gegensatz zu nicht bedeutungstragenden Interpretationen. Wenn uns eine bedeutungstragende Interpretation gelingt, dann haben wir etwas „verstanden", nicht nur auswendig gelernt – in diesem Fall, wie Addieren nach unserem persönlichen Konstrukt, dem ABT-System „funktioniert". Ebenfalls haben wir in Abschn. 2.1.1 gesehen, dass wir ein und dasselbe persönliche Konstrukt zur bedeutungstragenden Interpretation eines weiteren Sachverhalts, in diesem Fall das Subtrahieren, verwenden können.

In Abschn. 2.2.2 haben wir Schemata für mögliche Input-Output-Systeme und deren Verknüpfung erarbeitet. Wir verwenden die dort erarbeiteten Konstrukte als Mittel zur dispositiven Schemazuordnung. Wir wollen jetzt eine Rechenmaschine bauen und verstehen diese als ein komplexes Input-Output-System, das neben dem ABT-System als „Addierer" und dem MBT-System weitere Konstrukte als Untersysteme einsetzt bzw. verknüpft, um auf bestimmte Aufgabenstellungen angemessen reagieren zu können. Also bauen wir eine Zustandsparametrisierung ein, um die Schemazuordnung isomorph auf die Rechenaufgaben abbilden zu können. Intern – also in unserem Kopf mit unseren Schemata – arbeiten wir mit typografischen Systemen, bspw. dem ABT-System, nach außen übersetzen wir in arabische Ziffern. Nach einigen rückkoppelnden Tests und entsprechenden Anpassungen, die bottom-up und top-down angelegt sind, haben wir den Rechner „Typofix" entworfen. ◄

Auch die Metainterpretationen über Schemata zeigen die Bedeutung der Interpretation durch Schemata; die Bildung, Auswahl, Aktivierung sowie Überprüfung auf Widerspruchsfreiheit und Datenangemessenheit der Schemata ist ein umfassendes Charakteristikum jeglicher Interpretationsprozesse[30]. Schemata dagegen sind hypothetische Konstrukte, die durch Dispositionsbegriffe übergeordneter Stufe beschrieben und ihrerseits zur erkenntnistheoretischen Interpretation von Wahrnehmungs-, Kognitions- und Verhaltensorganisationsschemata angewandt werden. Die Bereiche von Schemata können sich überlappen, wir können die Bereiche beliebig vereinbaren und gegeneinander abgrenzen, es steht uns frei, festzulegen, ab wann ein Windrad kein Windrad mehr ist.

[30] Vgl. Abschn. 4.2.7 Synthese/Analyse.

4.1.4 Phasen eines Schemas[31]

Die Tätigkeit des Schemabildens und -anwendens beschreiben wir als einen *Interpretationsprozess*, als schemageleitete kognitive Aktivität, als das Aktivieren von kognitiven Konstrukten. Dieser Aktivierungsprozess heißt das *Instantiieren* oder Anwenden eines Schematismus. Wir fassen diesen Prozess zum einen als bewusstes Durchführen und Überlagern von Schemata sowie als Anpassen an vorgefundene, strukturierte Situationsmerkmale, Daten, Umweltreize usw. auf; wir legen ein organisierendes Netzwerk von Hypothesen über das in den Sinnen Vorgefundene, Vorgegebene oder Vorstrukturierte. Zum anderen werden Schemata unbewusst, vorbewusst zum Strukturieren von Situationen sowie deren kognitiven und handlungsrelevanten Aspekten und Perspektiven instantiiert. Diese Fähigkeit zur kognitiven oder aktionsorientierten Differenzierung ist zum Teil durch unsere Wahrnehmungs- und Erkenntnismöglichkeiten genetisch angelegt und begrenzt, zum Teil wird sie in einer Wechselwirkung mit der Umwelt selektiv gestärkt und stabilisiert [LENK01]. Auch diese ordnungskonstituierenden Prozesse verstehen wir als interpretatorisch-schematisierende Aktivitäten (vgl. Abschn. 4.2.6, Wirkstrukturen); das Aktivieren solcher Schemata vollzieht sich in Interaktion mit der Umwelt, verstärkt durch das interne aktivierende Stabilisieren und ein positives Rückkoppeln. Weil nach dem gefilterten neurobiologischen Modell der selektiven Aktivierungsstabilisierung von Neuronen-Ensembles [ROED11, LENK93] das Bilden solcher gemeinsam oszillierenden Neuronen-Ensembles[32] [ROES11], also das Ausbilden von Schematismen (Trägerprozessen der Schemata), sich nicht von deren Aktivierung unterscheidet, sondern genau in diesem Aktivierungsstabilisieren besteht, ist die Ausbildung bzw. Konstituierung von Schemata nach Ablauf und Art dem (wiederholten) Aktivieren gleichzusetzen: Konstituieren und Aktivieren eines Schemas bilden sich durch den gleichen Trägerprozess aus, realisieren oder instantiieren sich mit den Neuronen-Ensembles am gleichen Trägersubstrat [AUSB07]. Daher besteht die Konstituierung aus einer ausgezeichneten selektiv stabilisierten und wiederholten Aktivierung; das Ausbilden und reale Konkretisieren von Schemata selbst ist Aktivieren der entsprechenden Neuronen-Ensembles. Die „Aktivität" bezeichnet auf dieser Abstraktionsstufe ausschließlich selektiv wirkende und strukturierende Aktivierungen, keine bewusste Auswahlaktivität im Sinne einer intentionsgetriebenen Entscheidung.

Die an diese Stufe der Neuronen-Ensembles anschließende Ebene erzeugt als erstes Resultat derartiger interpretatorisch-schematisierenden Aktivitäten ein Konstitutum des selektiven Aktivierungsprozesses. Solche Formalkonstitute, also erstmals definierte, in ihrer Wirkung umrissene potenzielle Schemata, sind ihrerseits das Ergebnis des Konstituierens, Aktivierens, Ausprägens, Stabilisierens, Weiterentwickelns und Strukturdifferenzierens von Schemata: Konstitute wie Schemata sind das Ergebnis von Konsti-

[31] Die folgende Gliederung in einzelne Phasen orientiert sich an [LENK93].

[32] Zu künstlichen neuronalen Netzen siehe [WIKIKÜNS, REWE18].

tutionsprozessen[33]. Schemata ihrerseits sind verfestigte, immer wieder selektiv aktivierte Aktivierungszusammenhänge von Neuronen-Ensembles und deren auf der folgenden Abstraktionsstufe zu repräsentierenden Strukturen[34]. Wenn wir Interpretation als Anwendung von Schemata verstehen, dann ist dieses Konstitutieren von Schemata als Instantiieren von Interpretationskonstrukten zu deuten, demnach die Konstitution als konstruktiver Prozess zu verstehen[35] (vgl. Abschn. 4.2, Entwerfen als rekursives Handlungssystem). Allerdings dürfen wir keine bewusste, intentionale, entscheidende oder planmäßige Konstruktion bzw. das Entsprechende für das Konstruieren annehmen. Vielmehr ist das durch das Aktivieren selbstregelnd ablaufende selektive Stabilisieren ein unterbewusster Prozess des Auszeichnens oder Selektierens, vergleichbar mit dem Evolutionsprozess in der Natur, der selektiert, aber keine bewusste Auswahl oder Entscheidung trifft. Genau in diesem Sinn ist das Ausbilden von Schemata ein Interpretieren und ein Generieren von Interpretationskonstrukten[36].

Auch die Prozesse, die wie das Diskriminieren, Identifizieren, Erkennen, Wahrnehmen, Vergleichen, Wiedererkennen und Reidentifizieren Schemata anwenden, realisieren mit der Konstitution von Daten, Merkmalen, Konstellationen von Merkmalen, Gegenständen, Ereignissen und Prozessen einen Konstitutionsprozess. Diese Prozesse sind noch vergleichsweise weit vom bewussten Konstruieren entfernt, haben aber mit der Instantiierung der zuvor konstituierten Schemata einen ersten Konkretisierungsschritt erfahren[37]; Gegenstands- oder Merkmalskonstitution ist Anwendung von Schemata, die weitgehend unterbewusst zur Bildung von konkreteren Konstituten führt.

Im Gegensatz zu diesem unbewussten Konstituieren, Auslösen, Weiterentwickeln und Differenzieren von Schemata können wir bei dem bewussten Auslösen, Differenzieren, Variieren, Kombinieren, Organisieren, Integrieren und Zuordnen bzw. Ausprägen und Entwerfen von Schemata von einem ersten Konstruieren und von einer ersten Konstruktbildung sprechen[38]. Falls wir auch Zwangskonstruktbildungen als Konstruktassemblie-

[33] Eine Vorstellungshilfe kann hier das Wechselspiel zwischen der objektorientierten Sicht der Input-Output-Systeme und dem funktionsorientierten „Ausfüllen“ mit einem Netzwerk von technischen Untersystemen sein: Input-Output-System ⟶ Konstitut; Untersystem Funktion ⟶ Schema.

[34] In den Termini von Abschn. 2.2.1: Input-Output-System, funktionale Untersysteme, Relationen zwischen den Untersystemen.

[35] Wir können hier Interpretieren als erprobendes Anwenden von Input-Output-Systemen verstehen.

[36] Wir haben mit einer bestimmten Situation noch keine Erfahrung. Also erproben wir „irgendwie“, „nach Gefühl“, „zufällig“ die (wenigen) uns zur Verfügung stehenden Konstitute/Schemata. Die Evolution überlässt es einfach dem Zufall.

[37] In den Termini von Abschn. 2.2.1: Es liegen Untersysteme vor (Schemata). Diese verbinden wir mit ersten Relationen zu einem Netzwerk – und erproben das; wir interpretieren.

[38] Wir besitzen für die vorliegende Situation ausreichend geeignete (Unter-)Systeme und verknüpfende Strukturen, um gezielt zu einem positiven oder negativen Ergebnis zu kommen. Auf jeden Fall agieren wir nicht mehr mehr oder weniger zufällig – wir wissen bspw., wie ein Windrad aussieht und „funktioniert“.

rungen auffassen, können wir den Konstruktcharakter noch eher verzeichnen[39]. Es gibt demnach einen gleitenden Übergang von der Konstitut- über die Konstruktbildung zum „Konstruieren" (vgl. Abschn. 4.2), von Schemaaktivierungen über stärker schematisierende Tätigkeiten zu planmäßigen oder ritualisierten, aber noch nicht intentionalen Handlungen (siehe Abschn. 2.2.5).

Das schemabasierte Darstellen, Unterscheiden, Klassifizieren, Konstruieren, Anwenden, Durchführen, Zuordnen und Erzeugen von Einsetzungsinstanzen verstehen wir als ein Konstruieren nach, mit, durch oder in Schemata; wir bezeichnen es als intentional, bewusst-konstruktiv. Dementsprechend kommen Konstruktions- und konstruktive Interpretationstätigkeiten wie das vergleichende Unterscheiden und Konstellationen entwerfende Konstruieren, das Bewerten einzelner Alternativen oder mehrerer Möglichkeiten, das In-Beziehung-Setzen oder Kombinieren möglicher Schemata sowie das unterteilende Klassifizieren und merkmalsorientierte Zusammenfassen dem herkömmlichen Verständnis von Interpretieren näher als die zuvor angesprochenen Konstitutionsaktivitäten[40]. Das Kognizieren, das Vorstellen, Darstellen, Abwandeln, Entwerfen, das sukzessive Weiteranwenden usw. von Schemata sind interpretatorische Kernaktivitäten, die Konstruktbildungen, „Schemata" und Interpretationskonstrukte verwenden, um weitere Interpretationsprodukte oder -konstrukte zu erzeugen.

Diese Aussagen gelten natürlich auch für identifizierende und reidentifizierende interpretatorische Aktivitäten, für das (wiederholte) Erkennen und Verstehen, das bewusste (wiederholte) Wahrnehmen, Deuten von Etwas als etwas Übergeordnetes, Verwandtes, Bekanntes, vielfältige mentale Aktivitäten, die dem herkömmlichen Interpretieren von Texten nahe kommen und eher rekonstruierenden als konstruierenden Charakter aufweisen[41]. Dementsprechend können wir an dieser Stelle die Interpretationskonstrukte in diesem spezielleren Verständnis als Rekonstrukte bezeichnen und in Weiterführung der oben erwähnten kontinuierlichen Entwicklung auf die Konstrukte die Rekonstrukte folgen lassen. Das Wiedererkennen, Identifizieren, Wahrnehmen von Gleichheiten, Konstanzen, Formen, Fakten, Strukturen, Gestalten, Gegenständen, Ereignissen, Prozessen, Relationen, Kontexten aufgrund von bewussten Vergleichsprozessen, Verstehensvorgängen und Gedächtnisaktivierungen fassen wir in einem umfassenderen Sinn als das traditionelle hermeneutische Erkennen und Verstehen als Interpretieren auf [LENK93]. Das herkömmliche Interpretieren von Texten, also das Verstehen oder Auslegen eines vorgegebenen Textes oder einer bestimmten Zeichenkonstellation (siehe Abschn. 2.1.1) bildet dann eine spezielle Ausprägung dieses allgemeinen Begriffs von Interpretieren (bspw. die Interpretation eines Pflichtenhefts) [KIKÖ08, WIKITEXT]. In diesem Fall des dem Lesepara-

[39] Wir müssen aus irgendwelchen Zwängen – und seien es nur irgendwelche Werksnormen oder Designrichtlinien der Windkraftwerke – bestimmte Schemata verwenden. Wir sind im Denken beschränkt, nicht frei.

[40] Wir bilden bspw. einzelne bewusst erstellte Windradentwürfe bewertend auf ein Zielsystem ab.

[41] Beispielsweise lesen wir ein Pflichtenheft für ein Windrad Sausebraus, das uns (in weiten Teilen) bekannt vorkommt. Also machen wir Wiederverwendung, Anpassungskonstruktion, Modularisierung.

digma verpflichteten Textinterpretierens ist bereits eine strukturierte und schematisierte Form des zu interpretierenden Etwas vorgegeben, das nunmehr durch eine Art von Zuordnung eines weiteren verständlichen (etwa umgangssprachlichen) Schemas bzw. durch die Verwendung von gewohnten Schemata in eine verständliche Sprache übersetzt wird[42]. Textinterpretieren setzt also die doppelte Schematisierung in zweierlei Richtungen und einen Übersetzungs- bzw. Zuordnungsprozess zwischen diesen voraus [GEBA72][43].

Wir fassen die interpretatorisch-schematisierenden Aktivitäten nach LENK [LENK93] wie folgt zusammen:

- Phase 1: *Konstituieren*
  Konstituieren, Aktivieren, Ausprägen, Stabilisieren, Weiterentwickeln, Strukturdifferenzieren von Schemata
- Phase 2: *Konstituieren*/Konstruieren
  Diskriminieren, Identifizieren, Erkennen, Wahrnehmen, Vergleichen, Reidentifizieren, Anwenden und Realisieren von Schemata
- Phase 3: Konstituieren/*Konstruieren*
  Auslösen, Differenzieren, Variieren, Kombinieren, Organisieren, Integrieren, Zuordnen, Ausprägen, Entwerfen von Schemata
- Phase 4: *Konstruieren*/Rekonstruieren
  Darstellen, Unterscheiden, Klassifizieren, Konstruieren, Anwenden, Durchführen, Zuordnen, Erzeugen von Instanzen nach, mit, durch oder in Schemata von Konstanzen, Formen, Fakten, Strukturen, Gestalten, Gegenständen, Ereignissen, Prozessen, Relationen, Kontexten bei Textinterpretation (bspw. Pflichtenheft): (Re-)Identifizieren, Anwenden von Schemata, (Wieder)Erkennen, Verstehen
- Phase 5: Konstruieren/*Rekonstruieren*
  (Re-)Identifizieren, (Wieder-)Erkennen, Unterscheiden, Zuordnen, Subsumieren, sortierendes Klassifizieren, Verstehen i. w. S., sukzessives Weiteranwenden nach, mit, durch oder in Schemata von Konstanzen, Formen, Fakten, Strukturen, Gestalten, Gegenständen, Ereignissen, Prozessen, Relationen, Kontexten bei Textinterpretation (bspw. Pflichtenheft): (Re-)Identifizieren, Anwenden von Schemata, (Wieder-)Erkennen, Verstehen

4.1.5 Formen der Interpretation

Unsere menschlichen Anlagen bedingen bestimmte Interpretationsperspektiven. In diesen Grenzen sind wir teils weniger, teils mehr festgelegt; es eröffnen sich mehrere Möglichkeiten der Interpretation. Also unterscheiden wir mehrere (Grund-)Formen der Interpretation

[42] Wir übersetzen die Konstruktionszeichnungen, Erzeugnisstrukturen, Teilestammdaten, Schaltpläne eines Windrads in eine verständliche Gebrauchsanweisung oder in einen Text für den NABU.
[43] Zum Aufbau bzw. Struktur der Interpretation eines bestimmten Textes, bspw. eines Gedichts, siehe [WIKITEXT].

und entsprechend Interpretationskonstrukte verschiedener Formen. Dabei reicht die Spanne von bewusst und beliebig veränderbaren bis zu schwer oder überhaupt nicht zu verändernden Interpretationskonstrukten [ABEL99, ABEL06, LENK10][44]: Die in unserer biologischen Erbsubstanz angelegten Orientierungsmuster und Erfahrungsstrukturen bzw. die mit dem Bau und der Funktionsweise der Wahrnehmungsorgane präformierten und selektiv aktivierungsstabilisierten Schemata der Reizverarbeitung können wir nicht ändern. Wir haben optische, taktile oder auditive usw. Wahrnehmungen, eingebettet in ein sensorisch-systematisches Grundraster, die uns zu einer bestimmten, einer ersten Form einer Interpretationsperspektive zwingen[45]. LENK [LENK93] spricht hier von *produktiven Primärschematisierungen*, HORTON [HORT82] von primären Konstitutionen oder primären Theorien[46]. Eine zweite Form bilden gewohnheitsmäßig erworbene, habituell zustandegekommene Muster, gewohnheitsbildende *Musterinterpretationen* und Musterbildungen; sie sind gleichförmigkeitsbildende Schematisierungen. Dazu gehören auch vorsprachliche, aus den Gleichförmigkeitserfahrungen abstrahierte Begriffe [SCHW01]. Kinder können durchaus diskriminieren und entscheiden. So kann ein kleines Kind, das gerade erst krabbeln kann, durchaus einen schwarzen Faden auf einem weißen Teppich erkennen und als „anders" interpretieren. Als dritte Form bietet sich die sozial tradierte, übernommene *sprachlich-konventionelle Begriffsbildung* mit weiteren Abstraktionen und Konventionalisierungen an. Anwendende, aneignende *bewusst* geformte *Einordnungsinterpretationen*, bei denen es sich um Klassifikation, Subsumierung, Beschreibung, Artenbildung, Einordnung in Gattungen handelt, werden als vierte Form angesehen. Die anschließende Form, die erklärende, verstehende, (theoretisch) *begründende Interpretation* repräsentiert Argumentationsmuster, die die Anwendung von theoretischen Gesetzen, abstrahierenden Hypothesen, von wissenschaftlichen Theorien erfordern. Auch die theoretischen und normativen Argumentationen der alltäglichen Erkenntnis oder das geisteswissenschaftliche Verstehen gehört in den Bereich der bewusst theorieabhängigen Interpretation. Natürlich greift jede derartige Form auf die jeweils vorhergehenden zurück. Und daher haben wir bei dieser Form ein Gemenge von schwer veränderbaren Interpretationsschemata, die der Einzelne nicht leicht abstreifen oder abwandeln kann, von Schemata, die sich mit dem Erkenntnisfortschritt ändern, oder von Geschmacksfragen/-schemata, die sich von Tag zu Tag ändern. Eine letzte Form erhalten wir durch die Überlegung, dass die Interpretationskonstruktmethode auf sich selbst, reflexiv angewandt werden kann [ABEL89]. Erkenntnistheoretische, philosophische und methodologische Interpretationen über Verfahren der Theoriebildung und -deutung, über Methodologie und Interpretationsmuster

[44] Vergleiche die Stufen der Komplexität eines Systems, die sich ebenfalls an der Veränderlichkeit der einzelnen Konstrukte orientieren [DAHU84].

[45] Hunde sind rot-grün-blind, Vögel und Fische sehen mehr Farben als wir.

[46] Möglicherweise können wir hinterfragen und uns vorstellen, wie eine Weltversion bei Zugrundelegung anderer Urinterpretationen aussehen würde: Was wäre, wenn wir bspw. keine Angst, keine Freude, keine Bedürfnisse hätten, blind und taub wären? Was wäre, wenn wir nicht auf Energie angewiesen wären, wenn wir Methan atmen, vierdimensional agieren, mit Gammastrahlen sehen und atomare Strahlung wahrnehmen könnten?

können dann als *Metastufe der Interpretativität*, als erkenntnistheoretische Metainterpretation ausgezeichnet werden[47].

Beispiel 4.11

Verbindlichkeit der Interpretationskonstrukte für den jeweils Handelnden

1. Produktive Primärschematisierung: Ergonomische Voraussetzungen zur Einrichtung eines Arbeitsplatzes, eines Gebrauchsgegenstands mit Maßen, Masse, Farben, Geräuschen
2. Musterinterpretation: Einordnen in Normen, bspw. DIN 4000, Einordnen in Teilefamilien, Auslegen von Maschinenteilen, VDE-Katalog
3. Sprachlich überkommene Begriffsbildung: Übernahme von Definitionen wie: Was ist ein Windrad? Einordnen in überkommene Nomenklatur: Einteilung/Begriffe eines Handbuchs für den Maschinenbau, Nomenklatur einer Industriemesse
4. Bewusste Einordnungsinterpretation: Klassenbildung mit Alternativen: Bilden von Teilefamilien, Nummernschlüssel, Abgrenzen von Clustern
5. Theoretisch begründende Interpretation: Erklären/Verbessern des Verhaltens einer Produktion mit Simulation, Funktionsweise von Sachsystemen nach Abschn. 2.2.3
6. Metainterpretation: Wir akzeptieren die Denkweise von Popper [POPP94] als eine Methode für den Erkenntnisgewinn. ◄

Beispiel 4.12

Logik-Interpretation[48]

Im Sinne der Modelltheorie ist eine Interpretation eine auf eine logische Formel bezogene Struktur. Unter der Interpretation kann die Formel – also das Schema – dann wahr oder falsch sein (siehe Abschn. 3.2.2). Eine Interpretation, unter der die Formel wahr ist, heißt ein Modell der Formel. Falls die Formel, das Schema, unter jeder möglichen Interpretation wahr ist, heißt sie allgemeingültig.

- **Interpretation der Symbole einer Sprache**
  Die Gesamtheit der zu interpretierenden Symbole ist von der jeweiligen Sprache abhängig. Im speziellen Fall der Prädikatenlogik erster Stufe (siehe Abschn. 1.5) kann die Sprache Konstanten, Relations-[49] und Funktionssymbole enthalten wie bspw. die Konstantensymbole 0 oder 1, das zweistellige Relationssymbol „<" und das zweistellige Funktionssymbol „+". Ohne eine Interpretation sind das sinnleere

[47] Vergleichbar definieren [DAHU84] als letzte Stufe ein „transzendentes" System, das alles das abdeckt, was wir heute noch nicht verstehen.
[48] Siehe [WIKIINLO].
[49] Statt „Relationssymbol" verwenden wir an anderer Stelle „Prädikat": $x < y$: *x ist kleiner als y* (siehe Abschn. 1.1 und 1.5).

Zeichen; eine Interpretation definiert, für welchen Wert aus welcher Gesamtmenge eine Konstante steht, wann eine Relation gilt und wie die Funktion Werte abbildet (siehe Abschn. 2.1.1). Somit besteht eine Interpretation aus einem Wertebereich (Domäne) und Interpretationen der Konstanten-, Relations- und Funktionssymbole über diesem Wertebereich. Variablen stehen für nicht festgelegte Werte aus dem Wertebereich. Der Wertebereich ist Teil der Interpretation; daher können zwei Interpretationen unterschiedlich sein, auch wenn sie sich in der Interpretation der Konstanten-, Relations- und Funktionssymbole nicht unterscheiden (beispielsweise ist eine Interpretation die Erweiterung der anderen). Je nach Interpretation ergibt sich eine unterschiedliche Struktur; Aussagen in der Sprache können nur die in der Struktur enthaltenen Elemente und Beziehungen betreffen.

- **Interpretation einer Sprache der Logik erster Stufe**
  Sei $\boldsymbol{S}$ die Signatur einer Sprache[50]. Formal besteht eine $\boldsymbol{S}$-Interpretation $\boldsymbol{I}$ im Sinn der Logik erster Stufe aus einer nichtleeren Menge $\boldsymbol{U}$ (Wertebereich) und Zuordnungen für Konstanten-, Funktionen- und Relationssymbole:
  - Jedem Konstantensymbol $\boldsymbol{c}$ wird ein Wert $\boldsymbol{c}^{\boldsymbol{I}} \in \boldsymbol{U}$,
  - jedem $\boldsymbol{k}$-stelligen Funktionssymbol $\boldsymbol{f}$ eine Funktion $\boldsymbol{f}^{\boldsymbol{I}}: \boldsymbol{U}^{k} \longrightarrow \boldsymbol{U}$
  - und jedem $\boldsymbol{k}$-stelligen Relationssymbol $\boldsymbol{R}$ eine Funktion $\boldsymbol{R}^{\boldsymbol{I}}: \boldsymbol{U}^{k} \longrightarrow$ {wahr, falsch}

  zugewiesen. Damit ist eine $\boldsymbol{S}$-Struktur $\boldsymbol{A} = (\boldsymbol{U}; \boldsymbol{c}_1^{\boldsymbol{I}}, \boldsymbol{c}_2^{\boldsymbol{I}}, \ldots, \boldsymbol{f}_1^{\boldsymbol{I}}, \ldots, \boldsymbol{R}_1^{\boldsymbol{I}}, \ldots)$ definiert, in der die Wahrheitswerte für alle Aussagen ableitbar sind. Beispielsweise
  - gilt die atomare Aussage $\boldsymbol{A} = \boldsymbol{c}_1 = \boldsymbol{c}_2$ genau dann, wenn $\boldsymbol{c}_1$ durch denselben Wert interpretiert wird wie $\boldsymbol{c}_2$;
  - gilt die atomare Aussage $\boldsymbol{A} = \boldsymbol{R}(\boldsymbol{c}, \boldsymbol{f}(\boldsymbol{c}))$ genau dann, wenn $\boldsymbol{f}^{\boldsymbol{I}}$ den Wert $\boldsymbol{c}^{\boldsymbol{I}}$ auf einen Wert abbildet, der mit ihm in der Relation $\boldsymbol{R}^{\boldsymbol{I}}$ steht. Interpretieren wir bspw. über den ganzen Zahlen $\boldsymbol{f}^{\boldsymbol{I}}$ als Verdoppelungsfunktion und $\boldsymbol{R}^{\boldsymbol{I}}$ als Relation $\leq$, dann gilt diese Aussage für $\boldsymbol{c}^{\boldsymbol{I}} = 1$ und $\boldsymbol{c}^{\boldsymbol{I}} = 0$, aber nicht für $\boldsymbol{c}^{\boldsymbol{I}} = -1$.

  Mit den Junktoren $\wedge, \vee, \neg, \longrightarrow, \longleftrightarrow$ zusammengesetzte Aussagen leiten sich nach den Wahrheitstabellen aus diesen ab. Für die Ableitung der Wahrheitswerte bei Quantorenausdrücken ist die Gültigkeit der Formelausdrücke unter möglichen Belegungen der Variablen auszuwerten.
  Die Interpretation für eine Formel φ mit freien Variablen ist ein Paar $\boldsymbol{I} = (\boldsymbol{A}, \beta)$, das aus einer Struktur $\boldsymbol{A} = (\boldsymbol{U}; \boldsymbol{c}_1^{\boldsymbol{I}}, \boldsymbol{c}_2^{\boldsymbol{I}}, \ldots, \boldsymbol{f}_1^{\boldsymbol{I}}, \ldots, \boldsymbol{R}_1^{\boldsymbol{I}}, \ldots)$ und einer Belegung $\beta: \boldsymbol{Var}(\varphi) \longrightarrow \boldsymbol{U}$ besteht, die allen Variablen aus φ einen Wert des Wertebereichs zuordnet.

- **Interpretation einer Menge von Aussagen**
  Die Definition der Interpretation bestimmt unmittelbar den Wahrheitswert atomarer Aussagen. Der Wahrheitswert einer zusammengesetzten Aussage über einer Struk-

[50] Siehe [WIKISIGN].

tur (Interpretation) lässt sich aus dem Wahrheitswert der atomaren Ausdrücke mittels Wahrheitstabellen ableiten (siehe Abschn. 3.2.2). Wenn eine Menge von Aussagen (ein Axiomensystem) gegeben ist, dann wird in der Regel eine Interpretation gesucht, die alle diese Axiome gleichzeitig erfüllt, also wahr macht. Die Axiome des Systems werden dann zu wahren Aussagen über dem Wertebereich, in dem das System interpretiert werden soll. Eine solche Struktur heißt ein Modell des Axiomensystems. In Allgemeinen hat ein Axiomensystem mehrere Modelle[51]. Beispielsweise hat die Aussage $\forall x \exists y \colon y = x + 1$ mehrere Modelle, bspw. die natürlichen, die ganzen und die reellen Zahlen mit der Standardaddition, aber auch die Menge der Zeichenfolgen, wenn die Funktion $+$ als Konkatenation[52] interpretiert wird und die Konstante 1 als Ziffer. Die Umformungsregeln des formalen Systems werden so zu Regeln für das Gewinnen bzw. Umwandeln von Aussagen oder Ausdrücken über das betreffende Sachgebiet.

- **Interpretation von Formeln mit Variablen**
  Wenn freie Variablen in einer logischen Formel auftreten, dann hängt der Wahrheitswert davon ab, welche Werte wir für die Variablen einsetzen. Eine Interpretation im engeren Sinn belegt Variablen im Gegensatz zu Konstanten aber nicht mit Werten. Damit Aussagen überprüfbar werden, muss daher eine Belegung der Variablen hinzukommen.
  Die Informatik bezeichnet Aussagen mit freien Variablen ggf. als „Constraints" über diesen Variablen; in diesen Kontexten ist die Interpretation (Semantik) der Symbole meist gegeben. Dann wird eine Variablenbelegung oder Interpretation gesucht, die zu diesen Constraints passt, also alle gleichzeitig erfüllt.
  - $x < y, x + y = 3$
    Eine mögliche Lösung ist $x = 1, y = 2$, je nach Wertebereich auch $x = 0, y = 3$.
  - x ist oberhalb von y, y ist rechts von z, z ist oberhalb von x
    Diese Constraintmenge hat keine Lösung.

  Eine Belegung, die alle Constraints erfüllt, heißt dann „Modell" [QUIN00].

- **Bedeutung**
  Eine solche Interpretation bezieht sich immer auf den zugrundegelegten Wertebereich. Nur durch die Zuordnung von Konstanten und Funktionen des Axiomensystems zu Individuen aus dem Wertebereich, von Prädikaten zu Eigenschaften von Individuen und durch Beziehungen zwischen diesen Individuen erhalten Formeln eine Bedeutung (Semantik); nur dadurch können wir über die Struktur Aussagen treffen. Ein abstraktes Axiomensystem ohne eine einzige Interpretation ist wertlos. Uns interessieren vor allem Systeme, die, wie etwa die Boolesche Algebra, mehrere Interpretationen zulassen: Deren Signatur $\boldsymbol{S}$ enthält die Konstantensymbole 0

[51] Siehe Bd. 1, Grundlagen, Kap. 2, Aussagen – Elemente einer Produktionstheorie.
[52] Zu „Konkatenation" siehe Bd. 3, Dynamische Konstruktionen, Kap. 1, Ordinale Zuordnungen.

und 1, die zweistelligen Funktionssymbole $\wedge$ und $\vee$ und das einstellige Funktionssymbol $\neg$. Die Konstantensymbole können bspw. als Teilmengen einer Menge, als logische Wahrheitswerte oder als Zahlen des Einheitsintervalls $[0, 1]$ interpretiert werden; davon abhängig bezeichnet 0 die leere Menge, den Wert **falsch** oder die Zahl 0. Ein Axiomensystem mit Interpretationen in zwei verschiedenen Gebieten $\boldsymbol{G}_1$ und $\boldsymbol{G}_2$ erlaubt die Übertragung der Ergebnisse von $\boldsymbol{G}_2$ und die Uminterpretation der Ergebnisse nach $\boldsymbol{G}_1$[53]. ◄

Mit dieser Einteilung reduzieren sich Probleme wie bspw. das Wahrheitsproblem (siehe Abschn. 3.2 und 3.3.3) aus interpretationistischer Sicht auf Relationen zwischen unterschiedlichen Interpretationsformen [ABEL89]. Wahrheit im korrespondenztheoretischen Sinne wird dann als eine Beziehung zwischen erklärenden und klassifizierenden Interpretationskonzepten und entsprechenden Aussagen der Formen 3, 4 und 5 darüber im Verhältnis zu den praktisch unveränderlichen Urteilen der Form 1 interpretiert. Damit wird die Korrespondenztheorie der Wahrheit als eine Zuordnung verschiedener Interpretationsformen verstanden und interpretationistisch relativiert [LENK93]; Wahrheit wird erst dann eine Frage, wenn wir von den Grundinterpretationen der ersten Form ausgehen und auf dieser Basis in der Lage sind, Urteile zu fällen, Aussagen zu machen, zu vergleichen usw. (siehe Abschn. 1.4 und 1.5).

4.1.6 Realität und Interpretation

Wir erfassen die Welt und unsere Erfahrungsgegenstände abhängig von unseren Interpretationen und Schematisierungen, von unserem Zugriff, von unserer interpretationsgebundenen Erkenntnis- und Handlungsweise. Der Grundsatz der Unumgehbarkeit der Interpretativität ist aber nicht als Interpretationsidealismus zu verstehen und nicht als Behauptung, alles werde aus Interpretationen erzeugt[54]. Vielmehr ist dieser Ansatz wie bei KANT [KANT74] auf das Transzendentale und das Methodologische beschränkt [LENK10]. Hier handelt es sich um Konstitute und Konstrukte, um Schemata, die ein formal-erkenntnistheoretisches Modell bilden, zum Beschreiben und vor allem zum Begründen unserer Erkenntnis und unseres Handelns. Grundsätzlich kann von KANT der prinzipielle Aktivismus der Erkenntnisbildung übernommen werden, die Auffassung, dass Denken und Sinneswahrnehmung zusammenwirken müssen, dass der Mensch aktiv

[53] Siehe Abschn. 2.2.2, Simulation.

[54] Wir können bspw. einen bestimmten Widerstand, welchen wir fühlen, wenn wir mit dem Fuß gegen einen Stein stoßen, nicht anders interpretieren, als dass wir den Stein und den Widerstand als etwas durchaus Reales erleben und die Widerständigkeit als Kennzeichen oder Indiz der Realität der Welt auffassen [DILT14]. Gegebenenfalls messen wir den Impuls nach Beispiel 3.73 – dann ist das die gemeinsame Metaperspektive; wir sind zu ihr geradezu gezwungen – insofern, als wir sie im praktischen Leben nicht ablegen können. Insoweit ist sie eine unvermeidliche Interpretation, vielleicht sogar Teil schon unserer „Urinterpretation“ oder zumindest der Interpretationen der Form 2.

prägend und strukturbildend beim Zustandekommen von Erkenntnis beteiligt ist. Was von KANT nicht übernommen werden kann, ist die Vorstellung, dass Erkennen einsinnig in notwendigen Kategorien, die natürlicherweise und unveränderlich gegeben sind, vor sich geht [LENK93]. Zunehmend bis Form 6 können sich Interpretationen ändern. Nicht aufgeben können wir wegen der methodologischen Verortung der Interpretationskonstrukte in der Erkenntnis und im Handeln dagegen die Grundannahme von der Interpretationsgebundenheit. Einerseits ist die Realität grundsätzlich nur interpretiert zugänglich, nur interpretatorisch erfassbar. Wenn die gesamte Auffassung der Welt, der Erfahrung, der Erkenntnis von Gegenständen interpretationsabhängig ist, dann stellt sich die Frage, ob wir aufgrund eines solchen transzendentalen Interpretationismus nicht etwa leugnen müssten, dass die Welt, reale Gegenstände der Erfahrung und Erkenntnis unabhängig von unserer Interpretation existieren, ob wir also damit in einen Interpretationsidealismus verfallen, der über die analoge These des transzendentalen Idealismus hinausginge? Wir müssen ja zugeben, dass ein Hund, eine Katze, ein Vogel oder eine Fledermaus diese Welt ganz anders wahrnehmen. Andererseits ist diese Position mit einer gewissen Form des Realismus vereinbar; dieser Realismus ist allenfalls ein erkenntnistheoretisch abgeschwächter kritischer Realismus, der sich selber nicht absolut setzt, sondern lediglich hypothetisch entwerfen und vorschlagen lässt. Dann ist die Deutung nur konsequent, dass wir in verschiedenen, sich nicht überlappenden Interpretationswelten leben [GOOD84]: Die Interpretationswelten der Künstler, der Wissenschaftler, der Alltagsmenschen usw. sind demnach voneinander verschieden, inkommensurabel, wir können von keiner einheitlichen Welt sprechen. Tatsächlich sind methodologisch und analytisch gesehen große Unterschiede bspw. zwischen den Interpretationskonstrukten des Naturwissenschaftlers[55] (vgl. Abschn. 3.4.1), des Theologen und des bildenden Künstlers zu finden. Ein jedes Individuum hat dann zumindest seine eigene Form 6 – jedes Problem ist eine subjektive Interpretation. Doch hier glaubt LENK [LENK93], dass wir uns im praktischen Leben immer auf eine Grundinterpretation, eine Metaebene derart einigen müssen, dass wir in einer gemeinsamen, auch sozial geprägten Welt leben: Wenn wir handelnd mit Wissenschaftlern, Theologen, Künstlern oder etwa Eingeborenen (siehe Abschn. 3.3.2) in anderen „Interpretationswelten" in Kontakt geraten, dann stehen wir nicht nur in einer Interpretations-, sondern auch in einer gemeinsamen Wirk- und Handlungswelt[56]. Auch wenn ein pragmatischer Realismus mit dem diskutierten Interpretationismus [LENK10] verträglich ist, dann bedeutet das keinen Abbildrealismus und die Auffassung, dass die Welt an sich so besteht und so beschaffen ist, wie wir sie erkennen, samt allen ihren

[55] Genauso können wir sagen: Die unterschiedlichen Stakeholder bei der Realisierung eines Windrads auf dem Kahlen Asten leben in unterschiedlichen Interpretationswelten. Siehe bspw. Abschn. 3.4.1; [BRID27, CARN74, FEYN07]: Eine physikalische Größe wird erst einheitlich verstanden, wenn das Messverfahren definiert ist. Beispielsweise wird aber Länge nach unterschiedlichen Verfahren gemessen.

[56] Vielleicht gehen wir gemeinsam zum Mittagessen.

Eigenschaften und ihren Relationen, die sie in sich und an sich birgt[57]. Jeder vertretbare Realismus ist durch das Anerkenntnis interpretationistisch einzuschränken, dass jede Erfassung der Realität nur durch Interpretationskonstrukte möglich wird, durch die Urinterpretationen und Schematisierungen vorgebildet oder vorgeprägt ist und abgestuft hinsichtlich ihrer Wandelbarkeit durch weitere Interpretationsarten geformt wird. Zum Zweiten ist die Unterscheidung einer realen Welt vom interpretierenden Wesen selbst ein erkenntnistheoretisches Interpretationskonstrukt, ein Konstrukt auf höherer Interpretationsmetaebene. Diese Unterscheidung selbst ist ein veränderliches Modell, mittels dessen wir uns das Erkennen der Welt deuten.

Gegenstände sehen wir als Konstruktionen aus Zeichenkombinationen, aus der Menge ihrer Attribute und Funktionen an[58]. In einer Sprachgemeinschaft werden regelmäßig benutzte Bezeichnungen als stabilisierte Konstrukte und Gegenstände als Funktionen solcher Stabilisierungen aufgefasst und verwendet [PUTN91][59]. Damit sind Gegenstände etwas Erzeugtes oder Entdecktes, ebenso subjektive Produkte unseres begrifflichen Erfindungsvermögens wie objektive, willensunabhängige Faktoren unserer Erfahrung. Es gibt demnach keine Gegenstände an sich. Gegenstände werden von uns konstituiert, strukturiert, klassifiziert; sie sind abhängig von unseren interpretatorischen Zugangsweisen, Zuordnungen und Konstrukten [LENK10]. Darüber hinaus wird bspw. von PUTNAM die Ansicht vertreten [PUTN95], dass es innerhalb einer Welt von einmal angenommenen Gegenständen in Bezug auf eine Sprachgemeinschaft „selbstidentifizierende" Gegenstände gibt, die ein und derselben Zeichenkombination zu ein und demselben Zeitpunkt geistesunabhängig zukommen und entsprechen und nicht geändert werden können – wir führen höher als Form 1 „Dogmen" ein. Form 1 ist nicht mehr die einzige und darüber hinaus eine menschengemachte, menschendefinierte Unveränderliche. Damit berauben wir uns aber der Möglichkeit, basierend auf Form 1 unabhängig von unseren Vorstrukturierungen Wahrheit als Übereinstimmung von Sätzen mit Dingen und Sachverhalten zu erkennen. Diese Übereinstimmung ließe sich nur dann unabhängig überprüfen, wenn wir außerhalb unserer Erkenntnis einen Sonderzugang zur Realität hätten, um unsere Sätze, unsere „Dogmen", wiederum in Bezug auf die Wahrheit zu überprüfen; dieser Zugang zur Realität an sich existiert aber nicht (siehe [HOFS79, GÖDE31] und Abschn. 2.1.1). PUTNAM begründet in [PUTN87] die generelle Überzeugung, dass die „Wahrmacher" und auch die bestätigenden Instanzen unserer Ansichten innerhalb unseres Begriffssystems, innerhalb unseres Auffassungssystems liegen und nicht außerhalb[60]. Wir haben keine menschenunabhängige, begriffsunabhängige Erkenntnis, keine unabhängige Möglichkeit, Zugang zur Wirklichkeit zu erlangen; wir können nur die eine formulierte Erkenntnis

[57] Die Auffassung, die Eigenschaften und Prozesse in der Welt würden in der Erkenntnis exakt und vollständig abgebildet, widergespiegelt, wird bspw. auch in der marxistischen Erkenntnistheorie vertreten [LENI47].

[58] Siehe Realsysteme, Abschn. 2.2.1, Input-Output-Systeme, Abschn. 2.2.2.

[59] Beispiele für solche stabilisierten Konstrukte sind die Normen, Richtlinien, Kataloge, Klassifikationen, Handbücher usw. der Technikwissenschaften.

[60] Vergleiche die Aussagen von GÖDEL [GÖDE31].

durch eine andere formulierte Erkenntnis überprüfen – und das gilt auch für Form 1, die nicht mehr notwendig als „naturbedingt“, als „wahr“ angesehen wird. Wir haben nur die Möglichkeit interner Vergleiche[61]. Aber wie beim interpretationistischen Ansatz gilt auch für den internalistischen Standpunkt der Grundsatz: Wir können unsere Beschreibungsmöglichkeiten und -optionen, unser Begriffssystem nicht verlassen, um gleichsam auf Wirklichkeit an sich zuzugreifen. Wir haben nur unsere Ausstattung mit Erkenntnisvoraussetzungen, -organen, unseren Begriffen und Strukturierungsmöglichkeiten, und diese sind relativ zu einer Sprach- und Lebensgemeinschaft und könnten sich auch ändern. Diesem Realismus internalistischer Art zufolge befinden wir uns also immer notwendigerweise in einer internen Perspektive, und erst aus ihr heraus unterscheiden wir dann sekundär die reale Welt von unserer Geisteswelt. Realitätskonstrukte sind von Menschen entworfen, sind theorieabhängig, sind erst aus der internen Sicht gebildet [ABEL84]. In verschiedenen sprachlichen und kulturellen Gesellschaften, unter verschiedenen Weltbildern gibt es ganz verschiedene Zugriffe zur Welt und Deutungsmöglichkeiten [LENK93]. Selbst in verschiedenen wissenschaftlichen Theorien innerhalb ein und derselben Kultur oder gar derselben wissenschaftlichen Disziplin gibt es zum Teil miteinander unvereinbare Sichten.

4.2 Entwerfen als rekursives Handlungssystem

„Entwerfen“ ist eine *zielgerichtete geistige und schöpferische Leistung, als Vorbereitung einer später zu entwickelnden konkreten Leistung oder eines körperlichen oder unkörperlichen Ergebnisses* (siehe Einführung; nach [WIKIENT]). Wir interpretieren das Entwerfen eines Sachsystems als ein Handlungssystem (vgl. Abschn. 2.2.5), das nach Maßgabe der Problemanalyse in ggf. mehreren Zyklen zunehmend detaillierend und konkretisierend durchlaufen wird. Im Zielsetzungssystem (vgl. Abschn. 3.1) sind Produkt- (möglichst heißer Föhn, möglichst energieeffizientes Windrad) und Entwurfsziele (möglichst viel Wiederverwendung, möglichst geringer Mitteleinsatz) als Parameter des Entwurfsprozesses zu unterscheiden. Das Informationssystem hat zum einen die Informationen der Situationsanalyse zu beschaffen, die benötigten Daten anforderungsgerecht zu verteilen und die gewonnenen Daten zum Systementwurf zusammenzuführen. Zum anderen sind mittels eines internen Modells alle Informationen zur Koordination des Entwurfsprozesses

[61] Diese Ansicht trifft die Realität möglicherweise viel besser als die starre Unveränderlichkeit von Form 1. Das macht das Leben nicht unbedingt einfacher. Eine der möglichen Varianten lässt sich kurz so zusammenfassen: „Der Chef hat immer recht“. Ein leitender Mitarbeiter eines Automobilunternehmens kann unmöglich mit einem Konkurrenzprodukt zur Arbeit fahren, ein Konstrukteur nicht aus seinem Pflichtenheft, aus der Unternehmensphilosophie ausbrechen: Es gilt immer die interne Sicht, der Blick über den Zaun ist untersagt. In allen Diktaturen dieser Welt sind eigene Gedanken verboten, der Blick über den Zaun strafbar: Wir schotten uns ab und bleiben streng unter uns. Viele Religionsgemeinschaften verhalten sich genauso: So gibt es erlaubte und nicht erlaubte Schriften, einige wenige „Auserwählte“ definieren die Wahrheit. Dann können wir die Bibliothek in Alexandria anzünden, denn nur der Koran ist die Wahrheit.

bereitzustellen. Das Ausführungssystem setzt auf den im jeweils vorhergehenden Zyklus erarbeiteten Daten auf, erarbeitet den nächsten Konkretisierungschritt des Entwurfs und stellt die Ergebnisse als Datenmodell bereit. Nach Durchlaufen aller Zyklen ab der ersten Idee/dem ersten Schema steht am Ende ein Realisierungsplan, bspw. für ein Windrad, oder das realisierte Windrad. In jedem Zyklus ist die Frage der Möglichkeit der Verwendung bereits vorhandener bzw. zu realisierender Komponenten oder der weiteren Detaillierung der Produktstruktur für einen weiteren Entwurfszyklus zu beantworten. Also betrachten wir im ersten Zyklus ein Windrad, im zweiten bzw. ersten des Entwurfsprozesses[62] die Komponenten eines Windrads, im nächsten Zyklus die Komponenten der Komponenten eines Windrads usw. Also sind Zielsetzung und Informationsbeschaffung auf immer kleinere Elemente des Sachsystems abzustimmen, während von Zyklus zu Zyklus analoge Schritte durchlaufen werden. Möglicherweise ist an einem Windrad nur ein Attribut, bspw. der Türgriff der Eingangstür, zu ändern. Dann benötigen wir sicher nur einen Zyklus. Aber auch bei diesem hohen Konkretisierungsgrad müssen wir uns darüber im Klaren sein, ob wir die billigste Lösung oder einen „vergoldeten" Griff haben wollen – und wen wir dazu fragen müssen. Mehr Zyklen benötigen wir, wenn wir uns für den Entwurf eines neuen Windrads an einem hinsichtlich Struktur und Funktion vergleichbaren „entlanghangeln", also bekannte Schemata weiterverwenden und „stabilisieren". Und noch mehr Zyklen sind nötig, wenn wir Struktur und Funktion völlig neu konzipieren; aber irgendwann stoßen wir auch in diesem Fall auf eine Ebene, auf der wir Standardbauteile im Katalog finden (bspw. die erforderlichen Stromkabel, das Stahlblech für den Turm oder eben einen Türgriff) und vertraute Schemata nutzen können, die ihrerseits hierarchisch übergeordnete Muster stabilisieren.

Ein jedes Entwerfen setzt aufbau- und ablauforganisatorische Festlegungen voraus. Dazu müssen wir den Prozess des Entwerfens antizipieren. Und weil jedes Individuum über „persönliche Konstrukte" sowohl zum Organisieren des Entwerfens als auch für das Entwerfen des Sachsystems verfügt[63], werden diese Festlegungen von Fall zu Fall unterschiedlich ausfallen. Daher ist auch die Untergliederung dieses Abschnitts als mögliches Schema, als Interpretations- und Entwurfskonstrukt zu verstehen, das individuell interpretiert und optimiert werden muss.

4.2.1 Dekomposition des Handlungssystems „Entwerfen": Organisation des Entwerfens

Wir untergliedern die als ungegliedertes Ganzes nicht zu bewältigende Entwurfsaufgabe in zielführende, durchführbare Schritte, deren regelgerechtes Angehen/Durchlaufen eine

[62] Abhängig davon, welchem Zyklus wir die Dekomposition in Untersysteme zuordnen.

[63] Siehe die Ausführungen in Abschn. 4.1.1, insbesondere die Sätze von KELLY [KELL55], die Phasen eines Schemas in Abschn. 4.1.4 [LENK93] und die Formen der Interpretation in Abschn. 4.1.5 [ABEL84, LENK93]. Speziell legen wir die Auffassungen PUTNAMS [PUTN87] zugrunde (Abschn. 4.1.6).

(gewisse) Garantie für die Aufgabenerfüllung gibt[64]. Diese Unterteilung muss von der Art sein, dass am Ende eines Entwurfsschritts messbare, bewertbare Ergebnisse vorliegen, ein Informations- und Erkenntnisgewinn zu verzeichnen ist. Jeder einzelne Aufgabenschritt muss arbeitsteilig ausführenden Stellen zugeordnet werden können, muss ein kontrollier- und bewertbares Element einer Ablaufplanung in einem Zyklus sein. Die Gliederung in die Komponenten eines Sachsystems, in die jeweiligen Produktziele, in die Zyklen des Entwurfsprozesses und in die einzelnen Aufgabenschritte, die hier nur sequentiell beschrieben werden kann, fassen wir daher als einen in sich verwobenen, nebenläufigen Prozess auf, in dem eine Vielzahl von Schemata aus den unterschiedlichsten Domänen und Phasen, mit unterschiedlicher Form als Interpretations- und Erkenntniskonstrukte zu einer Entwurfsstruktur verbunden werden.

4.2.1.1 Beteiligte Stellen

Entwerfen wird abhängig vom Umfang, dem Neuigkeitsgrad und der Komplexität der Entwurfsaufgabe, der Stellung des Unternehmens am Markt usw. entweder im Rahmen der bestehenden Aufbauorganisation oder als Projekt mit einer temporären Projektorganisation abgewickelt (siehe bspw. [HNBB92, MENG74]). Mögliche aufbauorganisatorische Herangehensweisen, die Einbindung der Stakeholder, der Lieferanten und Kunden sowie das Management von Konflikten wie Funktionalität vs. Benutzbarkeit/Erlernbarkeit, Funktionalität vs. schnelle Entwicklung, Kosten vs. Robustheit/Qualität, Kosten vs. Wiederverwendbarkeit, Effizienz vs. Portabilität usw. haben wir bereits in Abschn. 3.1 diskutiert: Unabhängig von dieser Verortung der Aufgabe „Entwerfen" und der konkreten aufbauorganisatorischen Ausformung sind innerbetrieblich vor allem Informationen aus den Bereichen Unternehmensleitung, Marktforschung, Finanz- und Rechnungswesen, Entwicklung und Konstruktion, Beschaffung, Arbeitsvorbereitung und Vertrieb essenziell [ZAHN96]. Beispielsweise werden wesentliche Entwurfsarbeiten vom technischen Vertrieb übernommen, wenn bereits für das verbindliche Angebot eine Machbarkeitsstudie mit einer genauen Kostenschätzung verlangt wird. Dann beschränkt sich die „Konstruktion" möglicherweise auf die Ausarbeitung fertigungsgerechter Unterlagen. Insofern ist die Umsetzung kooperativer Erkenntnis- und Abstimmungsprozesse zwingend notwendig [DANG99, BÄUM17].

4.2.1.2 Entwurfsstrategien

Wir verstehen eine *Strategie* als einen umfassenden Plan zur Verwirklichung von Zielen bzw. von Grundvorstellungen mittels aufeinander einwirkender dynamischer Systeme und mit der Absicht, alle relevanten Einflussfaktoren von vornherein einzubeziehen [WIKISTR]. Die Entscheidung für oder gegen eine bestimmte Strategieausprägung ist dann genau davon abhängig, inwieweit sich mit dieser Ausprägung in der jeweiligen Situation zum einen die gesetzten Ziele und zum anderen eine vollständige Informationslage, Entscheidungen unter (möglichst) vollständiger Information bei gleichzeitig effizientem

[64] Eine übliche Einteilung des Entwerfens in Arbeitsschritte siehe bspw. PAHL [BEGR01], S. F12.

Ressourceneinsatz erreichen lassen. In vielen Fällen werden die Ressourcen und die zur Verfügung stehende Zeit begrenzt sein. Dann gilt es, dieses Potenzial bestmöglich zu nutzen und am Ende Panikentscheidungen zu vermeiden. In anderen Fällen wird die Qualität des Entwurfsergebnisses an erster, die Ressourcen- und die Zeitfrage erst an zweiter Stelle stehen. Dann muss die Qualität den Aufwand rechtfertigen: Wer ist für die Beantwortung welcher Fragestellung am besten geeignet? In welcher Reihenfolge werden die Entscheidungen idealerweise getroffen? Aber auch hier ist die Frage nach dem idealen Zeitpunkt für den Markteintritt zumindest mitentscheidend.

Mögliche Ausprägungen von Strategien für das Entwerfen eines Sachsystems sind nach HABERFELLNER (vgl. [HNBB92]):

Instrumentell/budget-orientiertes Verbessern („scheibchenweises Verbessern")
Das scheibchenweise Verbessern ist die übliche Vorgehensweise für eine Weiter-/Neuentwicklung bei Zeit- und/oder Geldmangel und/oder für eine rein instrumentell ausgerichtete Lösung. Oft ist der Baukasten der Lösungs-/Wirkelemente, sind die Investitionsalternativen und/oder das Budget gegeben: Wie erzielen wir mit einem gegebenen Budget und bereits bestimmten technischen Alternativen ein Maximum an Nutzen? Mit dieser Strategie schreiben wir den jeweiligen Istzustand fort, ohne jemals zu einem grundsätzlichen Wandel der Struktur, zu einem grundsätzlichen Neuanfang zu kommen[65]. Und wir erhalten ein Nebeneinander von Neu und Alt, in dem sich das Alte immer mehr verfestigt – alle neuen Komponenten werden auf das Vorhandene, auf das Alte und einen überholten technischen Stand ausgerichtet – und die Leistungsfähigkeit des Ganzen terminiert.

Beispiel 4.13

Entscheidungsbaum/Maximaler Nutzen bei gegebenem Budget [DANG03]

Wir haben für Rationalisierungsmaßnahmen ein begrenztes Budget von 4 Mio. €. Die einzelnen Maßnahmen, deren Kosten und deren jährlicher Rationalisierungsnutzen sind: Lagerhalle, 1.000.000, 400.000; Rechnernetzwerk, 2.000.000, 100.000; Bearbeitungszentrum, 1.000.000, 100.000; Materialflussreorganisation, 1.000.000, 300.000. Wir verwenden ein Entscheidungsbaumverfahren (Branch-and-Bound-Verfahren). Jede Entscheidung für eine Maßnahme verringert das Budget, gegen eine Maßnahme den maximal (noch) erreichbaren Nutzen. Der Pfad mit dem höchsten erreichbaren Nutzen (800.000) ist: Lagerhalle ja, Rechnernetzwerk nein, Bearbeitungszentrum ja, Materialflussreorganisation ja. Damit ist die verausgabte Investitionssumme: 3.000.000. ◄

[65] Genau dieser Sachverhalt ergibt sich bei jedem neuen Softwarerelease; zum einen investieren wir immer mehr in ein bestimmtes Produkt und zum anderen sind wir gezwungen, die Grundannahmen bei der Konzeption des Softwareprodukts zu übernehmen.

Beispiel 4.14

Ausbau des Flughafens in Paderborn

Wir wollen den Flughafen in Paderborn zukunftssicher machen: Dann wird bei scheibchenweisem, instrumentellem Vorgehen der vorhandene Flughafen mit viel Geld, das nachher nicht mehr verfügbar ist, schrittweise gemäß den jeweils verfügbaren Geldtranchen aufgerüstet: Wenn wir Parkplätze/-häuser bauen, sind die nur weit weg vom Abflug-/Ankunftsterminal möglich. Wenn wir eine S-Bahn vom Bahnhof Paderborn zum Standort Ahden bauen, dann müssen wir am Bahnhof Paderborn den noch zu bauenden Parkplatz suchen und bezahlen, den Koffer schleppen wir jetzt am Bahnhof und trotzdem noch zum Terminal. Wenn wir dagegen mit einem modernen Zug einen Halbstundentakt nach München machen, dann sind wir nicht auf das Flugzeug angewiesen, das nur zweimal am Tag zu untauglichen Zeiten fliegt. Und trotzdem brauchen wir von der Paderborner Bahnhofstraße zum Münchener Stachus unter Einberechnung aller Tot- und Wartezeiten in keinem Fall länger. Also heißt das: Wenn wir schon Milliarden in die Hand nehmen, um den Intercity-Verkehr zu verbessern, dann sollten wir ein schienengebundenes Intercity-Verkehrsnetz aufbauen und nicht ein untaugliches Konzept „Fliegen“ so teuer machen, dass wir es am Ende gar nicht mehr eliminieren können – und kein Geld mehr für den Intercity übrig ist. ◄

Festgelegte Abläufe

Lineare Strategie: Vorab festgelegte sequentielle Folge von Aktionen mit direkter Abhängigkeit

Diese Vorgehensweise ist starr und daher für Pioniersituationen ungeeignet; hier liegt kein Neuigkeits-, kein Einmalcharakter vor. Demnach ist keine Projektstruktur angebracht; wir legen die bestehende Aufbauorganisation zugrunde. In der Regel handelt es sich um eine Anpassungskonstruktion, ggf. auch eine „Neukonstruktion“, wenn bspw. bestimmte Aufgabenträger bereits gegeben sind (die vorhandenen Werkzeugmaschinen eines bestimmten Betriebs).

Beispiel 4.15

Arbeitsplan

Wir nehmen beispielhaft die lineare Sequenz der Sätze eines NC-Programms:

N	G	X	Y	Z	I	J	K	F	S	T	D	M
1	90	80	80	2	0	0	0	200	500	4	0	0
2	1	0	0	−10	0	0	0	0	0	0	0	0
3	1	98	0	0	0	0	0	0	0	0	0	0
4	2	0	0	0	−18	0	0	0	0	0	0	0
5	1	116	0	0	0	0	0	0	0	0	0	0
6	2	0	0	0	−36	0	0	0	0	0	0	0

usw.

Hier können wir jeden Satz als ein vollständig deterministisches, zustandsparametrisiertes Input-Output-System interpretieren: Input und Output stehen fest. ◀

Parallele Strategie: Vorab festgelegte parallele Folge von Aktionen (Arbeitsteilung) mit direkter Abhängigkeit

Diese Vorgehensweise beschleunigt die Entwurfsarbeiten. Allerdings müssen die Arbeiten jetzt zusätzlich koordiniert werden – alle warten auf den langsamsten Pfad. Doppelarbeiten werden sich nur schwer vermeiden lassen. Ansonsten haben wir keinen Unterschied zur vorherigen Strategie.

Beispiel 4.16

Arbeitsteilung in der Ausarbeitungsphase

Wir teilen die Arbeit auf: Ein Mitarbeiter macht die CAD-Zeichnungen für den Motor, ein anderer die für das Getriebe; zur Abstimmung setzen beide auf derselben Schnittstelle auf. Die Ausarbeitung der Stücklisten übernimmt der Azubi. ◀

Verzweigte Strategie: Parallele und alternative Entwurfsarbeiten mit Entscheidungsaktivitäten

Durch Einplanung von Entscheidungsaktivitäten/Alternativen (vgl. Entscheidungsnetzpläne [DANG03]) ist eine Anpassung der Strategie an die Ergebnisse vorangegangener Arbeitsschritte möglich. Gegebenenfalls werden parallel angelegte Abläufe planerisch überarbeitet.

Beispiel 4.17

Batterie oder Brennstoffzelle

Vor dem Beginn der Arbeiten haben wir uns gegen einen Verbrennungsmotor entschieden. Alle anderen Möglichkeiten haben wir bisher nicht ausgeschlossen. Jetzt treffen wir die Entscheidung: Nur Brennstoffzelle oder Batterie. Diese beiden Möglichkeiten werden jetzt parallel weiterverfolgt. ◄

Zyklische Strategie: Entscheidungsaktivitäten mit Rücksprungmöglichkeit, ggf. Wiederholung von Aktivitäten (siehe bspw. [PABE97, BEGR01, VDI2221])
Wir berücksichtigen hier den Erkenntnisgewinn während der Systemplanung: Neben der besseren Einsicht in das zu entwerfende Sachsystem können dies Änderungen innerhalb der Umsysteme technologischer, organisatorischer, ökonomischer oder politischer Natur sein; es sind Punkte zu definieren, zu denen Rückkopplungen zu früheren Aktivitäten und deren Wiederholung sinnvoll sind: Die Konkurrenz bietet zusätzlichen Nutzen, ist billiger, etc. Dann haben wir aber unter diesem Vorbehalt auch angefangen und den Entscheidungspunkt vorab eingebaut („Meilenstein"). Den „Point of no Return" erreichen wir, wenn die Kosten der Verzögerung (späterer Markteintritt!) und der zusätzlichen Arbeit größer als die Kosten für die schlechte Lösung sind.

Beispiel 4.18

Dauertest eines Windrad-Prototypen

Wir haben ein neues Windrad entwickelt. Vor dem Übergang in die Serienproduktion steht ein Testbetrieb von 1000 Stunden an. Wird dieser Test nicht bestanden, wird auf früheren Arbeitsschritten wieder aufgesetzt. ◄

Eine zyklische Vorgehensweise ergibt sich von selbst, wenn wir – wie oben angesprochen – für immer begrenztere Problem- und Funktionsumfänge Lösungsmöglichkeiten suchen, bewerten und auswählen.

Ergebnisangepasste, jeweils anschließend neu fixierte Strategie

Bei diesem Vorgehen wird über den nächsten Schritt erst nachgedacht, wenn die Ergebnisse aller vorherigen Schritte vorliegen, verarbeitet und bewertet sind. Wir legen nach jedem (erfolgreichen oder nicht erfolgreichen) Schritt eine neue Vorgehensweise fest[66]. Natürlich orientieren wir uns dabei an Vorlagen jeglicher Art. Das ist sicher das intelligenteste Vorgehen in einer Pioniersituation „Neukonstruktion"; es entspricht der menschlichen Eigenschaft, korrekt nur auf einwandfreie Impulse zu reagieren [HNBB92]: Wir wollen

[66] Damit ergibt sich eine Vorgehensweise, wie sie auch bei einer permanenten Selbstoptimierung angebracht ist (vgl. Abschn. 4.2.8).

100%ige Sicherheit, dehnen die Situationsanalyse immer weiter aus und werden deshalb „nie“ fertig. Es gibt keine Möglichkeit der Zeit- und Kostenvoraussage. Das einzige Maß ist dann: Der jeweilige Erkenntnisgewinn rechtfertigt den Zeit- und Ressourceneinsatz, möglicherweise haben wir auch Ergebnisse, die wir schon in die Praxis umsetzen können. Genau diesen Punkt sprechen auch DAENZER/HUBER [DAHU84] an: Wie viel müssen wir über das „System“ wissen? Nicht einmal nach vielen Jahren wissen wir alles über das technische System/Sachsystem, über die Realität schon gar nicht (siehe Abschn. 4.1.6). In der Regel werden wir nur wissen: So geht es nicht, wir scheiden Alternativen aus. Und irgendwann treffen wir eine Entscheidung, wie wir jetzt das Ganze zu einem Ende bringen.

Beispiel 4.19

Entwerfen abhängig von der Angebotssituation

Wenn wir ergebnisangepasst arbeiten, dann können wir keine Standardkomponenten vorab bestellen. Erst nach dem jeweiligen Arbeitsschritt haben wir eine Spezifikation der benötigten Komponente in der Hand. Und dann wollen wir nicht lange auf die Lösung warten. Also platzieren wir eine Anfrage im Internet und warten auf Angebote. Abhängig vom ausgewählten Angebot (vgl. Abschn. 4.2.6) setzen wir dann das Entwerfen fort. ◄

Genau diese Strategie verfolgen wir, wenn wir uns über die einzelnen Gliederungsebenen vorantasten und nicht wissen, ob und wenn ja welche Aufgabenträger wir auf dieser Ebene finden.

- Parallel/Zyklisch1: Dekomposition immer um eine Stufe detaillierter, immer kleinere Untersysteme
- Parallel/Zyklisch2: Abhängig von den Arbeitsergebnissen wieder zurück

Eine natürliche Begrenzung des Aufwands haben wir aber hier durch die Endlichkeit der Gliederungsmöglichkeiten in Untersysteme, durch das Aufsetzen auf Lösungskatalogen (siehe bspw. [ROTH94, ZWIC66]) oder Normteilen.

4.2.1.3 Dekompositionsansatz: Aufgabenträger-/Lösungsalternativen

Nach den ersten Entwurfsarbeiten liegen alternative Lösungsprinzipien vor (Antriebskonzept: Dieselmotor, Elektromotor, Wasserrad, Dampfturbine//Windrad oder Solarenergie). Wir verfolgen jetzt fünf parallele Stränge (siehe oben, nebenläufige Strategie) für fünf mögliche Aufgabenträgerkonzepte, die am Ende auf einen Lösungsvorschlag reduziert werden.

Beispiel 4.20

Lösungsalternativen

a) Landwirt Agricola gibt die Landwirtschaft auf und überlegt, ob er auf den Äckern Windräder oder Fotovoltaik installiert. Er lässt für beide Möglichkeiten eine Vorstudie durchführen. Inzwischen strukturiert er seine Ziele. Anschließend macht er eine Punktbewertung.
b) Ein Bewohner der Sahelzone will in das 20 km entfernte Nachbardorf, um Gemüse zu kaufen. Er greift sich einen 5-Liter-Plastikwasserkanister, läuft los und ist nach acht Stunden zurück. Vergleichsweise arbeitet ein Mitteleuropäer zuerst einmal zwei Monate für sein Auto, er fährt zum Tanken und zur Inspektion. Er fährt jetzt zum Supermarkt und ist nach vier Stunden zurück, weil er zuerst einen Parkplatz gesucht, dann die Kohlrabis nicht gefunden hat, und schließlich die Ladenkasse gestreikt hat. ◄

4.2.1.4 Dekompositionsansatz: Lebensphasen/Verbindlichkeit

Dieser Gliederungsansatz wählt eine zeitliche Gliederung und unterteilt nach dem Reifegrad bzw. der Konkretisierung des Entwurfs oder den Konkretisierungsstufen der eingesetzten Modelle[67], wendet also eine lineare Strategie vom Gedankenmodell über eine Skizze auf Papier über eine technische Zeichnung bis zur Realisierung in Eisen und Stahl an [HNBB92, PABE97][68].

- *Anstoß*
  Der Entwurfs-/Problemlösungsprozess wird in Form einer Problemschilderung oder einer Liste funktionaler Anforderungen, durch einen Auftrag, angestoßen. Dieser Auftrag kann bereits eine Situationsbeschreibung, die Darstellung von Problemfeldern, Zielsetzungen, Lösungsideen usw. enthalten, die vor allem im Frühstadium der Planung eines Systems (Konzeptionsphase) den Charakter von zu überprüfenden, strukturierenden und stabilisierenden Arbeitshypothesen haben. Der Einfluss des Systemteams auf die Auftragsbeschreibung/Aufgabenstellung wird zu Lasten der anderen Stakeholder von der Entwicklung von Untersystemen im Rahmen eines Gesamtsystems (oberste Ebene) hin zu den tieferen Gliederungsebenen stetig zunehmen.
- *Vorstudie/Konzeptionsphase*: Abgrenzung gegen Umwelt und Prüfen der Machbarkeit innerhalb der gegebenen Grenzen
  Aktivitäten: Überprüfen der Problemstellung, Spezifikation der Anforderungen, Überprüfen und Präzisieren der gewählten Ziele, Prüfen der vorhandenen Ressourcen und Techniken/Aufgabenträger, Nachweis der Lösbarkeit und Wirtschaftlichkeit. Demnach

[67] In Abschn. 4.1.4, Phasen eines Schemas, haben wir die Lebensphasen eines Schemas und dessen Stabilisierung besprochen.
[68] Vergleichbar untergliedert bspw. EHRLENSPIEL [EHME17] in Konzept, Entwurf, Berechnung, Ausarbeitung, Musterfertigung, ...

ist die Vorstudie ggf. die Voraussetzung für ein Pflichtenheft, eine Ausschreibung oder ein Angebot; in diesem Fall sind die Ausführenden für die Vorstudie und die folgende Phase verschieden.

- *Hauptstudie/Entwurfsphase*: Festlegung von Varianten und Lösungsmöglichkeiten
  Aktivitäten: Optimieren der Funktionstüchtigkeit in Richtung der Zielsetzung, Beurteilung von Wirtschaftlichkeit und Funktionstüchtigkeit, Prioritäten in der Entwicklung. Also sind die Schnittstellen für Unter- und Teilsysteme abschließend definiert/fixiert. Daher ist jetzt eine Arbeitsteilung möglich; Gewerke (Unter-/Teilsysteme: Haus: Untersysteme Stockwerk, Teilsystem: Elektrik) können arbeitsteilig ausgeschrieben werden.
- *Detailstudien/Ausarbeitungsphase*: Lösungs- und Realisierungskonzepte für Unter- und Teilsysteme
  Untersysteme/Analyse: Turm, Getriebe, Rotor, Regelung, Generator. Teilsysteme/Synthese: Mechanik, Strom, Information.
  Aktivitäten: Konkretisierung bis zur Realisierungsreife
- *Systembau/Realisierung*: Erstellung und Errichtung von Sachsystemen
  Aktivitäten: Herstellung von Geräten, Programmierung usw., Zusammenbau.
- *Systemeinführung*: Inbetriebnahme
  Aktivitäten: Testbetrieb, Parallelbetrieb, Schulung, Systemübergabe
- *Systembenutzung:* Regelkonformer Betrieb
  Aktivitäten: Wartung, Pflege, Instandhaltung, Reparatur
- *Systempflege:* Installation neuer Releases
  Aktivitäten: Ertüchtigung/Austausch von Komponenten
- *Systemliquidation:* Rückbau
  Aktivitäten: Abbau, Recycling, Wiederherstellen der Umwelt

Beispiel 4.21

Windrad

Wir entwickeln ein neues Windrad mit der folgenden Spezifikation: horizontal drehender Rotor//Getriebe, Generator, Regelung im Turminneren//permanente Rotorblattverstellung während einer jeden Umdrehung, Abdecken der zum Wind gegenläufigen Hälfte des Rotors. Wir vergleichen zunächst in einer Nutzwertanalyse mögliche Konzeptionen miteinander, prüfen die Machbarkeit und die Beschaffbarkeit der fremdgefertigten Komponenten. Dann entsteht eine maßstäbliche Gesamtzeichnung, die die parallel angestellten Berechnungen zusammenfasst. Diese Gesamtzeichnung ist dann die Grundlage für die im Folgenden ausgearbeiteten Fertigungsunterlagen. Jahre später machen wir uns an den Rückbau. ◄

4.2.1.5 Dekompositionsansatz: Funktion des Ergebnisses

Wir gehen davon aus, dass wir in Kap. 3 den ersten Zyklus des Entwurfsprozesses durchlaufen und auf dieser Detaillierungsebene – also für die komplette Entwurfsaufgabe mit einem einzelnen Input-Output-System für das vollständige Sachsystem – keinen passenden, keinen den Anforderungen (vollständig) genügenden Aufgabenträger gefunden haben. Wir beginnen hier in Abschn. 4.2 daher mit dem zweiten Zyklus. Während wir in Abschn. 3.1 die Problem-, Situations- und Zielanalyse – so wie dort beschrieben – für das Gesamtsystem durchgeführt haben, erfolgt jetzt, also in allen weiteren Zyklen, in der Problemanalyse zunächst eine System-/Funktionsdekomposition in Untersysteme. Alles, was wir im vorhergehenden Zyklus/Detaillierungsschritt erfasst haben, ist dann als „Systemumwelt“ auf die einzelnen Untersysteme umzusetzen (siehe Abschn. 2.2, Systemhierarchie). Und dann wiederholen wir beginnend mit der Situationsanalyse alle Schritte aus Kap. 3 für die jetzt neu definierten Untersysteme/neu definierte Funktionsstruktur.

Bei einem Sachsystem, wie bspw. einem Haushaltsföhn, resultieren die attributiven und funktionalen Anforderungen und damit auch das Zielsystem aus den Umsystemen. Gegebenenfalls verbleiben die Aussagen auf der qualitativen Ebene[69]. Bei einem technischen System sind die Anforderungen spezieller, funktionaler und gleichzeitig präziser: Die Anforderungen an die Leistungsfähigkeit des technischen Systems bestehen im quantitativ/zeitlich spezifizierten Wandeln, Transportieren und Speichern hinreichend genau beschriebener Dinge/Sachen (wir stellen einen Föhn oder ein Windrad her). In der Regel liegen die Arbeitspläne für die Haupt- und Nebenfunktionen in schriftlicher oder elektronischer Form vor, wenn nicht, sind diese zu erarbeiten (siehe Bd. 2, Statische Konstruktionen; Beispiel 8-5, Wandeln; Beispiel 8-7, Transportieren; Beispiel 8-8, Speichern). Und dann heißen die Anforderungen an das technische System: Eine bestimmte Menge von Produkten ist in einer bestimmten Stückzahl und in einer bestimmten Zeitspanne möglichst kostengünstig herzustellen. Wie diese Produkte gestaltet sind, bestimmt wieder deren Umwelt. Also sind die Zielbereiche, die Problem-, Ziel- und Situationsanalyse in diesen (Beispiel-)Fällen zweistufig anzulegen[70].

Problemanalyse[71]

Eine jede *Analyse* zerlegt in einem systematischen Vorgehen das untersuchte Objekt oder die untersuchte Aufgabe objekt- oder funktionsorientiert in seine bzw. ihre Bestandteile oder Elemente. Diese Elemente, insbesondere aber deren wechselseitige Beziehungen und alle Wirkungen zwischen den Elementen werden auf der Grundlage von Kriterien erfasst, geordnet, untersucht und ausgewertet [WIKIANA]. Unter einem *Problem* wird per Definition eine schwer zu lösende Aufgabe verstanden [WIKIPRO]. Eine *Problemanalyse* ist demnach die Analyse einer schwer zu lösenden Aufgabe; die Problemanalyse ist die (gedankliche) Zerlegung einer Systemplanungsaufgabe in deren Elemente. Dazu betrachten wir in der *Außensicht* die Anforderungen der Umwelt, die Aufgabe des Systems sowie die Situation, in der es sich befindet, und die mit dem System verfolgten Ziele. Gegebenenfalls zerlegen wir in der *Innensicht* die Aufgabe in Teil-/Unteraufgaben und

[69] Punktbewertung, Abschn. 3.4.2.

[70] Siehe Einführung: Technik. Entwerfen. Interpretieren.

[71] Siehe Abschn. 4.1.4, Phase 2; Abschn. 4.1.5, Form 4/5; Abschn. 1.3 Definition.

Relationen, zunächst für ein besseres Verständnis, dann für die Suche eines geeigneten Aufgabenträgers. Falls wir keinen Aufgabenträger für das Gesamtsystem finden, wird die Innensicht zur Außensicht auf die detaillierteren Aufgaben [FESI91], für die wir dann ihrerseits Aufgabenträger suchen. Genau diesen zyklischen Prozess setzen wir fort, bis allen (Unter-)Aufgaben Aufgabenträger zugeordnet sind. Die Analyse arbeitet dabei mit den Begriffsmerkmalen Verrichtung, Gegenstand, Sach- oder Arbeitsmittel, Zeit und Arbeitsraum [KOSI62][72]. Orientiert sich die Problemanalyse vor allem am Gegenstand der Systemplanungsaufgabe, umfasst dies auch die Eigenschaften der einzelnen Untersysteme und Elemente sowie die Funktionsstruktur des Systems selbst. Verstehen wir Verhalten als die Änderung von Attributen, so ist auch die Gliederung nach einzelnen Aspekten bzw. die verhaltensorientierte Sicht in diese Merkmale ein- und dem Gegenstand zuzuordnen. Schließlich benötigen wir eine Regel, wie wir die Attribute bestimmter Untersysteme zurück in die Input-/Outputattribute des übergeordneten Sachsystems übersetzen.

Schränken wir den Gegenstand der Problemanalyse auf technische Systeme ein, dann ist die Ergebnisfunktion, also die „Aufgabe" des technischen Systems, eine Transformation (bspw. Wandeln, Speichern, Transportieren) mit intentionaler technischer Komponente (siehe Abschn. 2.2.4). Aus der Menge der geforderten Input-, Output- und Zustandsattribute sind die Beschreibungen einzelner Gegenstände abzuleiten, die als Arbeitsgegenstand oder als Arbeitsmittel zur gezielten Veränderung eines Zustands fungieren (können).

Beispiel 4.22

Windrad

Wir haben in Abschn. 3.1 die Aufgabenstellung, die Anforderungen der Stakeholder (Ziele) und die ganze „Umgebung", in die das Windrad kommt (Situationsanalyse), analysiert. Gegebenenfalls haben wir für die Nutzwertanalyse Kriterien auch auf der Ebene der Untersysteme aufgestellt und dazu bereits untergliedert ... Im Stand der Technik haben wir kein passendes Windrad gefunden. Also nutzen wir jetzt diese erste Gliederung, vervollständigen diese ggf. und zerlegen (auf einer ersten Ebene)

- aufgabenorientiert in: Wind in Bewegung umsetzen, Bewegung in Strom umsetzen, Strom in Versorgungsnetz einspeisen;
- objektorientiert (gegebenenfalls wissen wir schon, wie ein Windrad aussieht) in: Rotor, Getriebe, Generator, Turm, Stromführung, Steuerung/Regelung.

Und für diese Elemente machen wir jetzt wieder eine Situations- und Zielanalyse und suchen mit einer Nutzwertanalyse Lösungen, die wir synthetisieren. Die Synthese testen wir auf der darüberliegenden Ebene, also als Windrad (Analyse). ◄

[72] Prinzipiell können wir alle Bestandteile eines Satzes (siehe Abschn. 1.1) verwenden, um Aussagen zu unterteilen (siehe Abschn. 1.4).

Die Problemanalyse mit dieser rückkoppelnden Objekt-/Funktionsgliederung in Untersysteme ist der entscheidende, der wichtigste, der kreative Schritt des Systementwurfs, des Entwerfens; wir definieren, aus welchen Untersystemen sich das zu schaffende Sachsystem zusammensetzen soll – alles andere ist dagegen nachgeordnete geistlose Fleißarbeit: Das Zerlegen eines Systems in seine Untersysteme/-aufgaben zum Zwecke der Aufgabenträgerfindung ist für alle nachfolgenden Schritte eines Entwurfszyklusses die gestalterische Leitlinie, von der es kein Abweichen und kein Ausbrechen gibt. Die Situationsanalyse, der Aufbau des Zielsystems, die Systemsynthese und -analyse folgt dieser Untergliederung in Untersysteme. Nur dann sind die Aussagen bspw. des Zielsystems und der Systemsynthese vergleichbar. Die falsche Zerlegung, eine mangelhafte Analyse führt zur Wahl der falschen Schemata, zu fehlerhaften Interpretationen, zur Synthese des falschen Sachsystems[73].

Situationsanalyse

In diesem Aufgabenumfang werden ausgehend von dem in der Problemanalyse präzisierten Problem die Gegebenheiten in den Umsystemen, in die das Sachsystem eingebettet werden soll, und die Diskurswelt analysiert: Die *Situationsanalyse* ist die am Problem ausgerichtete (gedankliche) Zerlegung einer Situation in deren Elemente und damit die Abbildung der Ergebnisse der Problemanalyse auf die Gegebenheiten im real existierenden System und in allen Systemen der Umwelt, zu denen relevante Beziehungen (z. B. Informations- oder Güteraustausch) bestehen, sowie generell auf die Potenziale im Stand der Technik. Der Überblick über die verschiedenen *Lösungsmöglichkeiten* dient auch als Grundlage für die Festlegung realistischer Zielsetzungen. Natürlich ist auch der Istzustand, ein bereits vorhandenes Sachsystem als mögliche Grundlage einer Entwurfsalternative zu betrachten. Auf dieser Basis werden zur Gewinnung zweckmäßiger Systemgrenzen, zur Reduktion von Relationen und für die Schaffung einer möglichst modularen Systemarchitektur externe und interne Schnittstellen bewusst variiert, Bereiche ausgedehnt oder reduziert, Unterfunktionen ausgelagert oder (re-)integriert.

Die Synthese- und Analysephase ist mittels der Situationsanalyse so vorzubereiten, dass die durch das Zielsystem definierten Ziele zumindest ohne unnötige Einschränkungen und effizient erreicht werden können. Daraus entsteht die Notwendigkeit,

- das aktuelle Sachsystem auf Schwachstellen und Störungen zu untersuchen sowie deren Ursachen zu diagnostizieren, um so Struktur- und Funktionsschwächen in zukünftigen Systemlösungen zu vermeiden und ein grundlegendes Systemverständnis erzeugen zu können;

[73] Siehe Abschn. 2.2.3 und 4.2.3; genau diese Frage der Umsetzung eines Systems mit Eigenschaften und Funktionen in Untersysteme mit anderen Eigenschaften und Funktionen, wobei das Agglomerat dieser Untersysteme aber genau zu den Eigenschaften und Übertragungsfunktionen des Gesamtsystems führen muss, wird in der Literatur zur Systemtechnik nicht in ausreichender Form angesprochen (siehe bspw. [Ropo79]).

- den Stand der Technik vollständig zu erfassen, zu systematisieren und mögliche Lösungen/Aufgabenträger bewertend und ordnend auf Anwendbarkeit zu überprüfen;
- die zukünftigen Umsysteme und deren Relationen zu dem zu gestaltenden Sachsystem zu analysieren, zu strukturieren und zu klassifizieren.

Diese Analysen sind zieloffen und ohne Einschränkung des möglichen Lösungsraums durchzuführen [KLBU85]. Angestrebt wird bspw. im ersten dieser drei Schritte allein das Ziel, vorhandene Schwachstellen des bestehenden Sachsystems zu analysieren, ihre Ursachen zu hinterfragen und zu diagnostizieren. Alle Daten aus dem Istzustand sind grundsätzlich als Symptome zu verstehen, deren Ursachen im Verlauf der Situationsanalyse erst zu diagnostizieren sind. Häufig entsprechen die Situationsanalysen diesen Anforderungen aber nicht. Oft definiert die Unternehmensleitung das Problemfeld und die auf instrumentelle Störungsbeseitigung angesetzten Mitarbeiter entwickeln unter dem Leitbild der vorgegebenen Problemdefinition, die kein Zielsystem im Sinne der Systemplanung darstellt, auf der Basis der Istzustandsanalyse Lösungskonzepte. Aus Alternativentwürfen, die den Istzustand fortschreiben, werden dann scheibchenweise verbessernd bspw. mittels Kosten-Nutzen-Analysen Lösungen ermittelt. Die so unter vorgegebener Problemstellung erarbeitete Lösung liefert möglicherweise dem Management/dem Auftraggeber Argumentationshilfen für seine Wünsche oder erleichtert eine Rechtfertigung. Aber die erarbeiteten Alternativen bleiben fiktiv, weil die Problemanalyse nicht weitreichend genug war, und das Management/der Auftraggeber nur in den seltensten Fällen von vornherein die zugrundeliegenden Probleme erkennt bzw. nur seine subjektive Sicht der Dinge vermittelt. Strukturelle Schwächen – von denen das Management ja ein wesentlicher Teil sein kann – werden so nicht transparent.

Den genannten Anforderungen entspricht eine „zielorientierte“ Situationsanalyse. Sie hebt bei den Beteiligten und den Betroffenen im System und in den Umsystemen verborgene Erkenntnisse und latente Kritik, macht diese transparent, stärkt das Problemverständnis und erhöht die Effizienz der späteren Lösungssuche. Alle Elemente, alle relevanten Attribute sind hier zu dokumentieren. Orientierungslinie dieser Situationsanalyse muss die bis dahin vorliegende, für die aktuelle Problemstellung und das geplante Sachsystem als zweckmäßig bzw. optimal erkannte Gliederung in Untersysteme und -aufgaben sein. Auf diese Gliederung sind der Istzustand, die Umweltsysteme und -fakten sowie alle Lösungsideen und -alternativen abzubilden. Nur mit derselben, durchgängig einheitlichen Gliederung, mit identischen Systemgrenzen und vergleichbaren (Untersuchungs-)Zeiträumen kann eine faire und korrekte Bewertung des Istzustands und ein ordnender Vergleich mit dem und im Stand der Technik angestellt werden. Auch wenn dies in der Regel erhebliche Umsetzungsarbeiten bedeutet: Ergebnis muss eine einheitliche, eindeutige Zuordnung von Problemgliederungspunkt und Fakt bzw. Lösungsmöglichkeit sein. Und das ist nicht der Fall, wenn man sich von vornherein bspw. an einer favorisierten Lösungsalternative oder am bestehenden Istzustand orientiert.

Damit ist das Vorgehen in der Situationsanalyse vorgegeben: Wir gehen von den Problem- und Schwachstellen in der Außensicht aus, interpretieren anhand geeigneter

Schemata Sachverhalte als „Symptome“, „diagnostizieren“ durch Kombination offener und versteckter Symptome deren Ursache und deren Wirkzusammenhänge, analysieren also anhand der geplanten Struktur des zu entwerfenden Sachsystems das Problem in der Innensicht. Nur die Erarbeitung der zutreffenden Symptomkombination verhindert die Wiederholung alter Fehler, nur aufgrund einer zutreffenden Analyse kann die voraussichtliche Entwicklung in den Umsystemen und im Stand der Technik antizipiert und zielführend auf den Systementwurf abgebildet werden.

Recherche/Analyse der Umsysteme

Offene, echte Systeme sind immer in eine Umwelt eingebettet. Und dieses Eingebettetsein in eine „Umwelt“ bedeutet kein passives, beziehungsloses Darinliegen ohne jeglichen Austausch. Vielmehr generieren die Außenbeziehungen einen Input und einen Output, bewirken damit das Hervorbringen von Verhalten, bedingen die Funktionen des geplanten Sach- bzw. Handlungssystems. Die Umwelt ist mit ihren Anforderungen und Angeboten deshalb für alle Phasen der Sachsystemgestaltung die erste Quelle von Erkenntnis. Möglichkeiten und Anreize für neue Systeme entstehen in ihr, Grenzen werden von ihr gesteckt. Fakten für Entscheidungen liefert die Umwelt ebenso wie die Mittel zur Realisierung eines Sachsystems. Darüber hinaus ist sie aber selbst vom System beeinflussbar. Beeinflussung und Beeinflussbarkeit können aktiver oder passiver, fördernder oder hindernder und qualitativer oder quantitativer Art sein. Sie liegen aber selten offen. Konfrontiert wird der Anwender an den Systemgrenzen meist nur mit Symptomen von Relationen. Eine Situationsanalyse muss daher die zukünftigen Relationen mit ihren funktionalen Ausprägungen erfassen, die Ursachen vergangenen und möglichen zukünftigen Systemversagens ermitteln.

Diese Einflüsse und mit ihnen die Außenrelationen sind nicht auf einen einmal festgelegten statischen Zustand fixiert. Für das Entwerfen des Sachsystems und das Ausgestalten seiner Relationen zu den Umsystemen ist gerade die Ermittlung der Veränderungen in der Zukunft von Bedeutung[74]. Nur über das Aufdecken heutiger und zukünftiger Relationen, der Ursachen und Auswirkungen möglicher Veränderungen kann längerfristig die Frage nach der Umweltkompatibilität eines Systems und der Systemkompatibilität der Umwelt beantwortet werden. Ganz wesentlich ist hier die bewusste Verschiebung der Systemgrenze in die Umsysteme hinein: Beispielsweise werden in der Informatik begrenzte Problemstellungen immer wieder über die Lösung umfangreicherer Probleme gelöst. Häufig werden so Systemgrenzen sichtbar, die weitaus günstigere System-Umsystem-Beziehungen, bessere Anwendbarkeit marktgängiger Lösungen usw. bewirken. Zwar bestehen die Relationen der Umsysteme zu dem zu gestaltenden System in erster Linie mit dessen Randelementen – und gerade diese Beziehungen sind die, die zu analysieren sind, da sie über den Erfolg oder Misserfolg des Systems entscheiden –, doch genügt eine verhaltensorientierte Betrachtung allein nicht. Funktionelles und strukturelles Verstehen der Umsysteme ist notwendig; auf jeden Fall wichtiger als die intime Kenntnis des bestehen-

[74] Siehe die ausführliche Beschreibung unterschiedlichen Zeitverhaltens von Prozessen in Bd. 3.

den Systems, wenn dieses in Systemanalyse und -synthese sowieso vollständig ersetzt wird.

Wir unterscheiden (mindestens) fünf Gruppen von Umsystemen:

- Umsystemgruppe Technik: Stand der Technik, Qualitätsmaßstäbe, potenzielle Hindernisse, Transition Factors usw.
  Umsysteme setzen den technischen Standard und die Ausführungsqualität (level of performance), denen (neue) Sachsysteme zu genügen haben. Der technische Standard bezieht sich im Allgemeinen auf ein Erzeugnis, während das Äquivalent bei einer Dienstleistung mit Ausführungsqualität bezeichnet wird. Beim technischen Standard sind technisch-wissenschaftliche Lösung, Herstellungstechniken und Betriebsweisen zu unterscheiden. Übergänge von alten zu neuen Systemen und die Einfügung in neue Umsysteme erfordern die Analyse aller hindernden, fördernden oder neutralen Faktoren. Transition Factors können unterteilt werden einmal in solche, die beim kompletten Ersetzen eines alten durch ein neues System auf einen Schlag eintreten (cutover problems), z. B. beim Produzieren eines neuen Pkw-Modells. Einfädelprobleme hingegen sind solche, bei denen ein System durch zusätzliche Untersysteme ergänzt wird und eine Umgruppierung erfolgt, bspw. bei der Einführung eines neuen Lagersystems.
- Umsystemgruppe Gesellschaft: Gesetze, Normen, Wertvorstellungen usw.
  Die Gesellschaft als Umsystem wirkt durch Anforderungen auf die Systemgestaltung und das zu gestaltende Ziel ein. Anforderungen der Gesellschaft können durch Gesetze festgeschrieben oder informeller Natur sein (vgl. Abschn. 4.2.9). Informelle Rahmenbedingungen sind alle Wertvorstellungen[75]. Gesellschaftliche Faktoren lassen sich untergliedern in solche, die die gesamte Gesellschaft betreffen, und solche, die Individuen zugeordnet werden können.
- Umsystemgruppe Community: Vorschriften, Strategien, Style Guides, Corporate Identity, Normen, Qualifikation, Motivation, Tarifverträge, Betriebsvereinbarungen, Referenzprojekte, CI-Konzepte, Unternehmenskultur usw.
- Umsystemgruppe Wasser, Land, Luft, Natur: Klima, Gelände, Umweltschutz, Energie, Infrastruktur, Bodenschätze usw. und entsprechende Attribute
  Für die Systemgestaltung oder den Systembetrieb notwendiger Input in Form von Naturressourcen, nicht gewollter Output, der in die Natur entlassen wird, und nur während der Durchführung besetzter Faktor, der nachher wieder freigegeben wird.
- Umsystemgruppe Volks- und Betriebswirtschaft: Organisations-, Kosten-, Preisstruktur; die Entwicklung während des Systemeinsatzes ist qualitativ und quantitativ zu antizipieren.

Recherche/Analyse der Erzeugnisse

Die derzeitige und zukünftige Stellung der Erzeugnisse am Markt charakterisiert eine der wichtigsten Beziehungen zur Umwelt. Die wichtigsten Strategieansätze in einer Innovations-/Marketingstrategie sind:

[75] Siehe Abschn. 3.1, Erfassen.

- Innovationsstrategien mit den vier Orientierungen Marktdurchdringung mit vorhandenen Erzeugnissen, Erzeugnisinnovation in bekannten Märkten, Erschließung neuer Märkte mit vorhandenen Erzeugnissen sowie Erweiterung des Tätigkeitsfelds mit Erzeugnisinnovation in neue Märkte
- Marktwachstums-/Marktanteils-Portfolio; Marktattraktivitäts-/Wettbewerbsvorteils-Portfolio
- Wettbewerbsgrundstrategien mit den Alternativen Erzeugnisdifferenzierung und Qualitätsverbesserung (Qualitätsführerschaft), Kostensenkung (Kostenführerschaft), Konzentration auf Schwerpunkte (Fokussierungsstrategie)
- Timingstrategien: Pionier-, Folger-, Nachzüglerstrategie
- Recherche/Analyse der Marktsituation

Die Konkurrenzanalyse umfasst die systematische Untersuchung gegenwärtiger und möglicher zukünftiger Konkurrenzunternehmen, insbesondere deren Erzeugnisse, nach den angeführten Kriterien. Die Analyse der Konkurrenzerzeugnisse zeigt Bereiche, wo das eigene Erzeugnis der Konkurrenz über- oder unterlegen ist. Eine Abschätzung der Zukunft sollte auf die allgemeine Entwicklung der Gesamtwirtschaft, die Lage der Erzeugnisse in ihrer Lebenszykluskurve, den Grad der Marktdurchdringung und die zur Verfügung stehenden Marketinginstrumente zielen.

Recherche/Analyse des Stands der Technik
Verstehen wir „Sachsystem entwerfen/bilden" vor allem als das Zusammenfügen von bekannten Elementen mit einer neuen Struktur in einer neuen Umwelt, dann besteht das Entwerfen/die Systemgestaltung zu einem ganz großen Anteil aus der Verwendung von Katalogwissen und einem geringeren, aber entscheidenden Anteil an Inspiration und Innovation. Wichtig ist die Abbildung des Stands der Technik auf die vorliegende Aufgabengliederung, was u. U. anspruchsvolle „Übersetzungstätigkeiten" und Veränderungen von Strukturen, möglicherweise eine komplette Uminterpretation bedeutet. Ziel muss hier eine 1:1-Zuordnung von Aufgabe und Lösungsprinzip bzw. einer Menge von Lösungsprinzipien sein.

Aufbau des Zielsystems

Die Ziele im ersten Entwurfszyklus sind auf Gesamtsystemebene angelegt und vor allem Ziele der Umwelt bzw. von der Umwelt bedingt[76]. Aus der Anforderungserfassung und mit der in der Problemanalyse erarbeiteten Strukturierung in Untersysteme sind die für die folgenden Aktivitäten erforderlichen Zielsetzungen einerseits durch die Einengung der Zielbereiche und andererseits durch die Umsetzung der Anforderungen auf die Untersystemebene zu erarbeiten; das Zielsystem in Form eines Kriterienplans stellt dabei eine Reihe von Teilaspekten dar, die auf der jeweiligen Detaillierungsebene zur Beurteilung

[76] Siehe Abschn. 3.1, Erfassen, Anforderungsdokumentation; zu den formalen Anforderungen an ein Zielsystem siehe Abschn. 3.4.2.

und Bewertung der späteren Entwürfe der Untersysteme des Sachsystems dienen[77]. Eine Überarbeitung anhand der Ergebnisse der Situationsanalyse – einem Katalog von Problemen und Möglichkeiten – kann die Zielstellung möglicherweise erweitern, darf aber nicht zu einem unzulässigen Beugen der ursprünglichen Ziele führen. Um Fehlentwicklungen zu vermeiden, sind die für den Entwurf geltenden Zielsetzungen von den Stakeholdern zu genehmigen. Sowohl seitens der Stakeholder als auch seitens der am Entwurf beteiligten Personen können Zielsetzungen und Kriterien im Laufe der Systementwicklung ergänzt, modifiziert, konkretisiert und u. U. auch für gegenstandslos erklärt werden. Änderungen dürfen jedoch nicht einseitig und ohne die Information der übrigen Beteiligten erfolgen. Das Ergebnis sind zyklenspezifische Kriterienpläne als Reihe von Teilaspekten zur Beurteilung und Bewertung der jeweiligen Untersystementwürfe.

Haben wir nur ein bestimmtes, genau definiertes Ziel vor Augen, dann können wir eine Zielfunktion aufstellen, wie dies vor allem bei Optimierungsmodellen der Fall ist (siehe Bd. 4, Algorithmen). Hier beim Entwerfen muss aber das Problem kombinierter und verketteter Ziele zum Ausdruck gebracht werden. In diesem Kontext können wir eine endliche Menge von Zielen zusammenfassen und, sofern sie zusammenhängen, als Zielsystem interpretieren: Ein *Zielsystem* ist eine strukturierte Menge von Zielen, die von einem Einzelnen oder einem Kollektiv verfolgt werden, und die bei der Ableitung einer rationalen Entscheidungsempfehlung zu berücksichtigen ist [DANG03]. Zielelemente sind alle Ziele, die als Inbegriff der handlungsbestimmenden Wertinhalte verstanden werden. Ein Zielsystem ist maßgebend für den Entwurfsprozess und insbesondere in Form von entwurfsrelevanten Zielkriterien Ausgangsbasis der Systemsynthese/-auswahl und -analyse (siehe Abschn. 3.4). Die Zielsetzung entscheidet primär über alle weiteren Schritte: Die Ziele sind den Entwürfen gedanklich vorgelagert; sie bilden die Basis. Infolgedessen ist es eine Aufgabe von grundlegender Bedeutung für die praktische Durchführung des Entwerfens, Ziele aufzufinden und diese systematisch so zu ordnen, dass dem Entwurf ein situations- und modellgerechtes Zielsystem zugrundegelegt werden kann. Wenn wir in der zyklisch wiederholten Problemanalyse die Gesamtaufgabe in einstufigen Schritten in Teilaufgaben bzw. Subsysteme/Aufgabenträger unterteilen und so die Struktur des Sachsystems in Teilaufgaben/Subsysteme/Attribute entwickeln, dann orientieren sich die Zielkriterien notwendigerweise an dieser Unterteilung; wenn wir die Entwicklung/Dokumentation der Ziele, des Istzustands, des Sollzustands/der Wirkprinzipien mit derselben Gliederung durchführen, dann kann das Zielsystem bestehen aus einer für alle Untersysteme auf allen Ebenen der Aufgabengliederung

- einheitlichen Zielhierarchie, die mit dem Zielsystem für das Gesamtsachsystem identisch ist:
  Wir unterteilen bspw.: Maximaler Nutzen eines Windrads in Dimensionen dieses Nutzens, also Eigenschaften des Windrads (Ziele Windrad, bspw. „hoher Grad an Wieder-

[77] Eine Bewertung auf der Ebene der Untersysteme siehe bspw. Bd. 2, Statische Konstruktionen, Abschn. 8, S. 547.

verwendung Windrad“). Dann folgt die Aufgabengliederung Turm, Getriebe, Rotor, ... mit den Eigenschaften des Turmes, Eigenschaften des Getriebes, Eigenschaften des Rotors („hohe Drehzahl“) als Ziel-Mittel-Beziehung; also müssen wir tatsächlich Eigenschaften des Rotors als passendes Mittel zum Erreichen des maximalen Nutzens interpretieren (bspw. „hoher Grad an Wiederverwendung Rotor“). Aber eine Ebene tiefer müssen wir dann die Eignung des Flügels, der Nabe, der Flügelverstellung, ... für eine möglichst hohe Rotordrehzahl interpretieren. Und das ist dann nicht mehr die Eigenschaft hohe Rotordrehzahl, sondern eine Eigenschaft des Flügels („messerscharf“). Und unser Ziel, auf das wir den messerscharfen Flügel abbilden, heißt hier „hoher Grad an Wiederverwendung Flügel“.

- je Untersystem/Aufgabenelement spezifischen Zielhierarchie:
  Wir unterteilen das Windrad bspw. objektorientiert in die Untersysteme Turm, Getriebe, Rotor, ..., den Rotor in Nabe, Rotorblatt, ... Dann haben das Windrad, der Rotor und das Rotorblatt in diesem Fall jeweils eigene Zielsysteme mit unterschiedlichen Zielkriterien und -gewichtungen. Also erhalten wir in diesem zweiten Fall so viele Zielhierarchien, wie Untersysteme existieren.

Wenn wir die Zerlegung eines Sachsystems in Untersysteme als eine „Besteht aus/Geht ein in“-Struktur verstehen[78], dann verwendet das Zielsystem im ersten Fall nur diese Struktur. Über jede Sachsystem-Untersystem-Relation ist dann ausgehend von den Zielerträgen der Zielkriterien der nicht mehr weiter untergliederten, also der „elementaren“ Untersysteme, vom jeweiligen Untersystem das einheitliche Zielsystem auf der Ebene des übergeordneten Sachsystems in einer $n : n$-Beziehung zu bedienen. Dazu müssen die Eigenschaften des Untersystems („messerscharfer Flügel“) auf der Untersystemebene in die Zielerträge des Zielsystems („niedriger Grad an Wiederverwendung“) umgesetzt und dann auf die übergeordnete Sachsystemebene transferiert werden. Eine zweite Möglichkeit besteht in der direkten Übertragung der Zielerträge von der elementaren Ebene auf die Ebene der höchsten Aggregation. Im zweiten Fall sind dem übergeordneten Sachsystem mehrere Untersysteme und damit einem Zielsystem mehrere „untergeordnete“ Zielsysteme zugeordnet. Somit bestehen die folgenden Möglichkeiten:

1. Wir verdichten in einer $n : m$-Relation die Zielerträge der Zielkriterien der nicht mehr weiter untergliederten, also der „elementaren“ Untersysteme auf die Ebene der Zielkriterien des übergeordneten Sachsystems, von da ab stufenweise weiter bis zur höchsten Aggregationsstufe.
2. Wir verdichten in einer $n : m$-Relation die Zielerträge der Zielkriterien der nicht mehr weiter untergliederten, also der „elementaren“ Untersysteme auf die Ebene der Zielkriterien des Sachsystems der höchsten Aggregationsstufe.
3. Wir verdichten in einer $m : 1$-Relation die Zielerträge der Zielkriterien der nicht mehr weiter untergliederten, also der „elementaren“ Untersysteme in einer Wertsynthese zum Nutzwert des Sachsystems der höchsten Aggregationsebene.

[78] Siehe die Erzeugnisstrukturen/Gozintographen in Bd. 2.

In allen Fällen aber gilt: Das Zielsystem ist erst dann vollständig, wenn wir alle Aufgabenträger gefunden haben und nicht mehr weiter in Untersysteme unterteilen müssen.

Beispiel 4.23

Ziel-Mittel-Relation

Wir betrachten eine Gliederungsebene „Strom erzeugen". Wir entscheiden uns für eine bestimmte Menge von alternativen Wirkprinzipien (Ziel-Mittel-Relation). Es gibt Kriterien für die Wirkprinzipienauswahl; wir bewerten nur komplette Lösungen auf der obersten Ebene Stromerzeugung. Die Ziel-Mittel-Relation geht von der Ebene Stromerzeugung aus. Zu bewerten sind dann die Alternativen in einer Nutzwertanalyse, bspw. ein Windrad oder ein Solardach mit einem Ziel „gute Kosten-Nutzen-Relation" und den Mitteln „niedere Kosten" und „kurze Realisierungszeit". Die nächste Zielebene könnte dann sein: niedere Kosten ⟶ niedere laufende Kosten, also eine Unterteilung nach Kostenarten, oder kurze Realisierungszeit ⟶ hoher Grad an Wiederverwendung. ◀

Diese Ziele sind dann auch die Anforderungen an die Leistung des betrachteten (Unter-) Systems bei der Situationsanalyse, Anforderungen an den Systementwurf für diese Teilaufgabe, an eine bestimmte Form der Bewertung (Entwurfsziel!) und eben fachliche Systemziele. Eine Anforderung an diese Kriterien muss dann bspw. die quantitative Messbarkeit der Ausprägung sein. Also legen wir bei jedem Kriterium ein Messprinzip fest (Maßstab). Aber das ist nicht zwangsläufig ein linearer Nutzenmaßstab; bspw. muss die Entfernung eines Windrads zur nächsten Wohnsiedlung für das Oberziel „idealer Standort" interpretiert werden. Und in jedem Fall gilt ein mögliches Zielsystem bzw. eine Umsetzungsregel nur für ein bestimmtes Untersystem. Beispielsweise gilt eine solche Kostenstruktur dann nur auf einer Ebene für die Aufgabe „Stromerzeugung" und die Bewertung der Lösungsprinzipien, bspw. „Windnutzung". Auf der Gliederungsebene des nächsten Zyklus betrachten wir dann nach der Entscheidung für die Windnutzung die Untersysteme von „Stromerzeugen mit Windnutzung". Und wenn wir auf der obersten Ebene das Kriterium haben: „möglichst ohne Auswirkung auf die Umwelt", dann ist das auf der nächsten Ebene für ein Windrad ganz anders als für ein Braunkohlekraftwerk. Also gilt die „Lösungsneutralität" für die Kriterien immer jeweils einer Ebene; die Zielhierarchie ist stufenweise auf die aufgabenträgergeprägte Gliederung des Sachsystems abzubilden.

Systemsynthese und -analyse

An das Abstecken der Ziele und des möglichen Lösungsspielraums in der Situationsanalyse schließt sich die substantielle Konzipierung des Sachsystems mit dem Systementwurf an; identifizierte Lösungsvarianten (Synthese) werden konstruierend konkretisiert/erstellt, Aufgabenträger Untersystemen zugeordnet, in Netzwerken zusammengefügt und deren Funktionstüchtigkeit (Analyse) als Input-Output-System überprüft. Der wesentliche Anspruch der Synthese besteht darin, auf der betrachteten Systemstufe eine möglichst umfassende Menge von denkbaren, entweder vorhandenen, bereits erprobten oder zu konstruierenden Lösungsmöglichkeiten zusammenzustellen. Entscheidend ist, dass zyklisch vorangehend eine Detaillierungsstufe erreicht wird, auf der Lösungen, also Aufgabenträger, aus bekannten/zu konstruierenden Sachverhalten und Beziehungen zusammengesetzt und anschließend in ihrem Zusammenwirken bewertet werden können. Die Systemanalyse stellt eine kritische, stabilisierende Untersuchung der Systemkonzepte auf ihre Funktionstüchtigkeit sowohl im Rahmen des Systems selbst als auch im weiteren Rahmen der Umwelt an. Systemsynthese und -analyse lassen sich zeitlich nicht voneinander trennen; schon im Moment des Auftauchens einer Idee setzt die kritische Auseinandersetzung[79] mit ihr ein.

Die *Synthese* umfasst Verfahren zur Erkenntnis oder Konstruktion materieller oder ideeller Systeme und deren Wesen in der gedanklichen oder praktischen Verbindung einzelner Elemente zu einem Ganzen[80] von der ersten tastenden Idee bis zum realisierten, vollständig strukturierten Sachsystem[81]; mit jeder weiteren Untergliederung in Untersysteme, mit jedem weiteren Entwurfszyklus stabilisieren sich Schemata. Mit nur einem Systemkonzept werden wir der Komplexität der Ziele eines zu gestaltenden Systems aber nur selten gerecht: Sowohl die Entscheidungsträger als auch die in das Entwerfen involvierten Mitarbeiter haben unterschiedliche Schwerpunkte bei der Zielsetzung/-priorisierung, unterschiedliche persönliche Konstrukte und unterschiedliche Präferenzen für bestimmte Wirkprinzipien/Mittelkombinationen zur Zielerfüllung[82]. Das bedeutet für die Konzeptsynthese die gedankliche Erarbeitung von Familien von Systementwürfen[83]. So entsteht ein Katalog/eine Sammlung von Konzeptionen, von denen die als funktionstüchtig erkannten nach ihrer Ausarbeitung als alternative Varianten zur Bewertung gelangen.

Der Entwurfsprozess ist eine Folge von Entscheidungen. Fortschritte erzielen wir in diesem Prozess nur dadurch, dass wir Lösungsmöglichkeiten ausscheiden; immer weitere „Lösungen" anzuhäufen, die vollständige Information anzustreben, ohne eine wertende, ausschließende Aussage zu treffen, ist Verschwendung von Zeit und Geld, aber kein Fortschreiten in Richtung „optimaler" Lösung. Wenn wir aber auf die vollständige Information – eben auch aus Zeit- und Kostengründen – verzichten (müssen), weil jeder Entscheidungsschritt auch den Verzicht auf Information bedeutet, dann liegt es auf der Hand, dass auch bei vollständiger Nutzung der jeweils verfügbaren Information die Struktur des jeweils resultierenden Systementwurfs maßgeblich von der Reihenfolge der Entscheidungen beeinflusst wird. Und dieser Sachverhalt wird dadurch verstärkt, dass die Entscheidungen nicht notwendigerweise auf der rationalen Begründung vorangegangener Entscheidungen beruhen müssen – möglicherweise haben wir inzwischen eine andere

[79] Analyse/Interpretation; siehe Abschn. 3.3 und 4.1, insbesondere 4.1.4.

[80] Daher wird mit Synthese oft auch das Ganze, also das Resultat der Tätigkeit bezeichnet [KLBU85].

[81] Siehe Abschn. 4.1.3 und 4.1.4.

[82] Siehe die persönlichen Konstrukte in Abschn. 4.1.1.

[83] Siehe bspw. die Variationen unterschiedlicher Lösungs-/Funktionskonzepte in Bd. 2, Statische Konstruktionen, Beispiele 8.5, 8.8 und 8.9.

Sicht auf die Dinge[84]. Informationsbeschaffung und -aufbereitung sowie Entwurfsstrategien und -taktiken sind deshalb wesentliche Bestandteile einer Entwurfsmethode (siehe Abschn. 4.2.2). Informationen können wir einerseits nach Aufgabenobjekt und Entwurfsprozess und andererseits nach System- und Entwurfssituation gliedern. Die Systemsituation wird üblicherweise in der Situationsanalyse festgeschrieben; relevante Umsysteme werden identifiziert und Aussagen über den Komplexitätsgrad getroffen. Also steht zu Beginn der Synthese/Analyse die Systemsituation fest. Sie ist durch Attribute wie Systemtyp, Systemzweck, Systemcharakter und Systemlebensphase geprägt[85]. Die Entwurfssituation beschreibt Rahmenbedingungen mit direktem Einfluss auf Synthese und Analyse; auch diese sind aus Zielsetzung und Situationsanalyse abgeleitet.

- Das System-Umsystem-Verhältnis kombiniert bekannte/unbekannte Systeme/Umsysteme zu vier Fällen (System bekannt, Umsystem bekannt; System unbekannt, Umsystem bekannt; System bekannt, Umsystem unbekannt; System unbekannt, Umsystem unbekannt).
- Der Bekanntheitsgrad der Struktur gibt an, ob wir als einen Zwischenschritt der Synthese zuerst ein Erkenntnismodell als Input-Output-System auf der Basis von Hypothesen, auf der Grundlage verfügbarer Schemata erarbeiten müssen, oder ob die Informationslage und die Systemkenntnisse hinreichen, um sofort ein Funktionsmodell, also eine arbeitsteilige Struktur zusammenwirkender Untersysteme zu erarbeiten[86].
- Den Innovationsgrad der Gestaltung teilen wir in die Klassen Anpassungsgestaltung (Anpassungskonstruktion) (geringer Innovationsgrad), Analogiegestaltung (mittlerer Innovationsgrad) bis Neugestaltung (hoher Innovationsgrad, Pioniersituation) ein[87].
- Der Elementtypus spiegelt die Art der verwendeten Systemelemente wider. Wir unterscheiden systemindividuelle Elemente, die erst noch zu entwerfen/entwickeln/konstruieren sind, und modulare, bereits existierende, wiederverwendbare Elemente.

Die Systemgestaltung hat die Systemziele zu verwirklichen. Selbstverständlich ist der Prozess der Systemplanung bzgl. des Geld- und Zeitaufwands zu minimieren (Entwurfsziele). Gerade in der Produktdefinition gilt die Erkenntnis, dass eine schnelle Gestaltung ein größeres Marktpotenzial und damit auch einen höheren Gewinn verspricht. Modulare Lösungen zielen in dieselbe Richtung; auf zukünftige Änderungen der Umsysteme kann schneller und einfacher als mit hochspezialisierten Lösungen reagiert werden.

Analyse umfasst Verfahren zur Untersuchung und Erkenntnis materieller und ideeller Gegebenheiten, deren Wesen sich in der praktischen oder gedanklichen Zerlegung eines Ganzen in seine Teile, eines Zusammengesetzten in seine Elemente erschließt [KLBU85]. Analyse ist hier im Sinne einer kontinuierlichen dekomponierenden Überprüfung der Eigenschaften einzelner Entwürfe/Konzepte im Hinblick auf das Zielsystem zu sehen.

[84] Fragmentierung unseres Wissens; siehe Abschn. 4.1.1.
[85] Siehe Abschn. 2.2.1 und 4.1.4.
[86] Siehe die Phasen eines Schemas in Abschn. 4.1.4.
[87] Siehe die Phasen eines Schemas in Abschn. 4.1.4.

Mit zunehmender Konkretisierung der Systemgestaltung werden die Modelle umsetzbarer (vom Konzept zum Entwurf zur Variante zum realen Produkt oder Arbeitsmittel). Deshalb kann der rekursive Prozess der Synthese und Analyse in verschiedene Phasen[88] eingeteilt werden. Die Konzeptionsphase legt Funktionsprinzipien fest, die folgende Entwurfsphase definiert vollständig die Struktur des Systems und in der Ausarbeitung werden die verbindlichen Varianten zur Systemrealisation geschaffen.

Die im Rahmen der Synthese/Analyse eingesetzten Methoden nutzen wir als Hilfestellung beim Erkennen von Art, Umfang und Komplexität aller für die Systemgestaltung relevanten Faktoren, bei der zielgerichteten Suche nach Lösungsmöglichkeiten und deren Dokumentation[89]. Weiterhin müssen sie eine Arbeitsteilung und Teamarbeit ermöglichen, die Kreativität der Gestalter erhöhen und sie dabei unterstützen, auch bisher unbekannte Lösungen mit neuen Schemastrukturierungen zu erschließen.

Systemsynthese und -analyse in der Konzeptionsphase[90]

Beispielsweise [PABE21, PAHL01, HNBB92] beginnen mit einer Gliederung in Lebensphasen, also bspw. Konzeptions-, Entwurfs- und Ausarbeitungsphase, und zergliedern dann ggf. in Untersysteme. Problemanalyse, Situationsanalyse und Zielsystemaufbau werden ausschließlich auf der Ebene des Gesamtsystems durchgeführt, Problem- und Situationsanalyse ineinander verwoben: „*Konzipieren ist der Teil der Systemsynthese und -analyse, der nach der Klärung des gewünschten Systemverhaltens und der Untersuchung der Umsysteme durch Abstrahieren auf systemprägende funktionale Systemaspekte, Aufstellen der Hauptfunktionselemente und deren Kombination in einer Funktionsstruktur eine oder mehrere prinzipielle Lösungen festlegt*“ [PABE21, PAHL01]. Für ein bestimmtes Untersystem liegen diese Informationen nicht vor: Also müssen wir bei der Vorgehensweise nach [PABE21, VDI2221] Untersysteme ohne diese Informationen bilden, strukturieren und Aufgabenträger auswählen. Deshalb zerlegen wir hier zyklisch wiederholt einstufig in Untersysteme, führen für jedes einzelne Untersystem Situationsanalyse, Zielanalyse, Konzeptionsphase, Entwurfsphase und Ausarbeitungsphase durch und haben immer die notwendigen Informationen verfügbar.

Konzipieren ist der Teil der Systemsynthese und -analyse, der systembildend an die Problemanalyse anschließt: Nach dem Untergliedern des übergeordneten Sachsystems und der Konstituierung von Untersystemen, der Klärung des jeweils gewünschten (Unter-) Systemverhaltens, der Untersuchung der Umsysteme des jeweiligen Untersystems werden die Untersysteme als Input-Output-Systeme definiert und in einer Funktionsstruktur zur Erzeugung des Verhaltens des übergeordneten Sachsystems zusammengeführt[91].

[88] Siehe Abschn. 4.1.4.
[89] Siehe Abschn. 3.1.6.
[90] Siehe Abschn. 4.1.4, Phase 3; Abschn. 4.1.5, Form 4; Abschn. 2.2.2, Input-Output-System; Abschn. 1.5, Prädikatenlogik; Abschn. 1.7, Relationenkalkül.
[91] Siehe Bd. 2, Statische Konstruktionen, Beispiel 8-9.

Identifizieren systemprägender Kriterien/Systemaspekte

Als systemprägend werden alle funktionalen Kriterien/Aspekte/geforderten Attribute des Zielsystems betrachtet, die für das betrachtete Untersystem lösungsneutral, verhaltensbezogen und quantitativ formuliert sowie entsprechend gewichtet sind.

Definieren der Funktionselemente/Untersysteme

Die in der Problemanalyse grundsätzlich identifizierten/konstituierten Untersysteme werden ausgehend von den untersystemspezifischen Zielen/Anforderungen als Input-Output-Systeme mit allen Attributen und Funktionen, Zustandsparametern und Zeitstrukturen spezifiziert (siehe Abschn. 2.2.3). Als Orientierung für diese Attribute kann bspw. die angesprochene Einteilung in die systeminternen Stoff-, Material-, Energie- und Informationsflüsse dienen[92]. Gegebenenfalls können Funktionselemente mit ersten, vorläufigen (alternativen) Gestaltungsideen belegt werden. In der Konstruktion mechanischer Systeme erleichtern bspw. vorhandene Baugruppen, in der Softwareentwicklung vorgefertigte Klassenbibliotheken den Analyseprozess[93].

Definieren der Funktionsstruktur

In diesem Vorgehensschritt wird die Funktionsstruktur auf der Basis der Funktionselemente/Untersysteme definiert. Hier gilt es, das Verhalten der Untersysteme/Funktionselemente mit geeigneten Relationen in eine Funktion umzusetzen, die der gestellten Aufgabe des übergeordneten Sachsystems entspricht. Diese Funktionsstruktur unterliegt wieder verschiedenen Aspekten/Beschränkungen wie physikalischen Effekten, stofflichen Eigenschaften, Ablaufprozeduren usw.[94]. Anhand der Funktionsstruktur und der Zustandsparameter wird die Untersystemsteuerung/Informationsverarbeitung konstituiert[95]. Wenn die Relationen zwischen ihnen sehr intensiv sind[96], ist es möglicherweise sinnvoll, mehrere funktionale Untersysteme/Funktionselemente zusammenzufassen. Selbstverständlich sind für diese Funktionsstruktur mögliche Alternativen auszuarbeiten.

Bewerten und Auswählen

Die Bewertung ist zweistufig: Angenommen, wir streben ein möglichst einfaches, modulares Gesamtsachsystem an. Dann sind zuerst die einzelnen Untersysteme dahingehend zu beurteilen, ob ein bestimmter Effekt, ein bestimmtes Input-Output-Verhalten bspw. ohne Zustandsparametrisierung oder ohne zeitlich variables Verhalten, mit weniger Attributen/Aspekten usw. genauso oder fast so gut wie mit entsprechend komplexeren Prozessen erreicht werden kann. Dann bewerten wir die Funktionsstruktur in analoger Form auf der

[92] Siehe Abschn. 2.2.5.3.

[93] Derartige Kataloge siehe bspw. [ROTH94, VDI2222, PAHL01].

[94] Siehe Abschn. 2.2.3.

[95] Siehe Abschn. 2.2.4.

[96] Siehe Abschn. 4.2.5; das ist bspw. dann der Fall, wenn zwei Untersysteme grundsätzlich gemeinsam und immer in derselben Reihenfolge ablaufen.

Sachsystemebene: Ist ein einfacher, einmalig linearer Ablauf genau so effektiv wie ein paralleler/zyklischer, parametrisierter und möglicherweise effizienter?

Systemsynthese und -analyse in der Entwurfsphase[97]

Entwerfen zielt auf die gestalterische Festlegung einer Lösung. *Entwerfen* ist

1. ein bewusst kreatives Denken zum Gewinnen von rational erfassbaren Systemen durch Transparentmachen von gespeicherten Sinneseindrücken und deren Verknüpfen in einer neuen Konstellation (siehe Abschn. 4.1);
2. die Wandlung dimensionsloser ideeller Vorstellungen von Funktionen/von Input-Output-Systemen in zwei- oder dreidimensionale reale Gegenstände, also Funktionsträger, oder Modelle von Funktionsträgern[98];
3. der Teil der Systemgestaltung, der auf der Basis der prinzipiellen Funktionsstruktur die Struktur des Sachsystems nach technischen und wirtschaftlichen Gesichtspunkten eindeutig und vollständig erarbeitet [PABE97].

Wir unterscheiden in der Entwurfsphase zwei mögliche Fälle:

1. Für alle in der Problemanalyse definierten Untersysteme existieren Aufgabenträger, die eine „Lösung" der in der Konzeptionsphase funktional bestimmten Input-Output-Systeme sein können.
2. Für eines oder mehrere der in der Problemphase definierten Untersysteme werden in der Situationsanalyse keine passenden Aufgabenträger gefunden.
   a) Wir beginnen für ein bestimmtes Untersystem einen neuen Zyklus, setzen dieses Untersystem als übergeordnetes Sachsystem und zergliedern in einer Problemanalyse in Untersysteme.
   b) Wir erzeugen für ein bestimmtes Untersystem/eine bestimmte Menge von Untersystemen in einer „konventionellen Konstruktion/Produktdefinition" auf der Basis des/der vorliegenden Input-Output-Systems/Systeme einen oder mehrere Aufgabenträger.

Und diese realen und/oder fiktiven Aufgabenträger müssen in den alternativen Funktionsstrukturen des Sachsystems zusammenwirken.

[97] Siehe Abschn. 4.1.4, Phase 4; Abschn. 4.1.5, Form 3; Abschn. 2.2.3, Sachsystem; Abschn. 1.4, Aussagenlogik; Abschn. 1.6, Mengen.

[98] Siehe Abschn. 2.2.3. In der Konzeptionsphase haben abstrakte Input-Output-Systeme funktionale Elemente definiert und aggregiert („Drehzahlen wandeln"); Aufgabenträger wurden aus der Außensicht charakterisiert (Drehmoment/Drehzahl max/min). In der Entwurfsphase sind die Aufgabenträger in der Innensicht nicht mehr abstrakt; ein Aufgabenträger ist hier bspw. ein bestimmtes Planetengetriebe oder ein schrägverzahntes Zahnrad mit einer Lebensdauer, einem Wirkungsgrad, einem Schwingungsverhalten, einem Platzbedarf, einem Preis, einem Gewicht usw. [FESA93].

Zur Bewältigung der Komplexität erfordert Entwerfen ein zielgerichtetes Suchen nach Lösungsmöglichkeiten, nach Aufgabenträgern, ein methodisches Vorgehen und Modellunterstützung. Im Gegensatz zum kreativen Problemanalysieren und Konzipieren finden während des Systementwurfs wesentlich mehr korrigierende und erprobende Schritte statt, Synthese und Analyse werden ständig wiederholt in mehreren Zyklen, Aufgaben parallel und iterativ durchgeführt. Jedes grundsätzliche Vorgehensmodell muss daher situationsbedingt durch entwurfsspezifische Regeln ergänzt werden.

Identifizieren entwurfsbestimmender Ziel- und Umsystemaspekte

Als entwurfsbestimmend sollen in erster Linie alle quantitativen und qualitativen Zielelemente, alle geforderten Attribute des Input-Output-Systems betrachtet werden, die funktionalen Einfluss auf die Struktur des zu gestaltenden Sach-/Untersystems haben. Das sind u. a. Abmessung, Leistung, Anordnung, Werkstoff, Masse, Geschwindigkeit, Datendurchsatz und -komplexität usw. In zweiter Linie sind während der Situationsanalyse herausgearbeitete Randelemente der Umsysteme, die wie bspw. räumliche Gegebenheiten, mechanische Schnittstellen, vorhandene Informationssysteme usw. Einfluss auf die Struktur des zu gestaltenden Systems haben, in die Anforderungen zu überführen.

Auswahl von Aufgabenträgern

Die Situationsanalyse hat mögliche Aufgabenträger definiert, die Zielanalyse Bewertungskriterien bereitgestellt. Wir wählen nach Abschn. 3.4.2 aus.

Gestalten von Aufgabenträgern (Information, Energie, Materie//Transportieren, Speichern, Wandeln)

Wir gestalten Haupt- und Nebenaufgabenträger[99] nach Regelwerken wie VDI 2221, VDI 2222, VDI 2223, VDI 2225.

Bilden von zulässigen Aufgabenträgermengen

Wenn mehrere Aufgabenträger alternativ verwendet und kombiniert werden können, dann ist von den Hauptfunktionsträgern aus zu arbeiten. Hier ist zu entscheiden, wie die Hauptfunktionen auf mögliche Funktionsträger aufgeteilt werden: Ein Aufgabenträger kann genau ein oder mehrere Untersysteme oder mehrere Aufgabenträger ein oder mehrere Untersysteme funktional abdecken. In einem zweiten Schritt sind dann die Nebenfunktionsträger zu definieren. Der Gestaltungsprozess ist für beide Gruppen identisch: Zunächst werden vorläufige alternative Strukturentwürfe definiert, diese unter Zuhilfenahme der Kriterien aus dem ersten Entwurfsschritt bewertet, die besten anschließend genauer ausgearbeitet und wieder bewertet. Es handelt sich demnach um einen iterativen Prozess, der aber sehr wohl gerichtet ist. Am Ende stehen vorläufige Gesamtentwürfe, die es zu bewerten und zu optimieren gilt.

[99] Siehe Beispiel 4.57.

Definieren der Funktionsstruktur

In dieser Phase wird die Struktur des Sachsystems definiert, die gefundene Funktionsstruktur in einem weiteren Syntheseschritt zu Lösungsverfahren/Funktionsprinzipien gruppiert. Bei dieser Synthese gilt besonderes Augenmerk der Kombinierbarkeit der Aufgabenträger/Funktionselemente in technischer und wirtschaftlicher Hinsicht. Einerseits wird so eine Reduktion der großen Anzahl möglicher Kombinationen durchgeführt. Andererseits wird auch die Funktion des Sachsystems prinzipiell sichergestellt. Neben der Reflexion des Entwurfs des Sachsystems anhand der Kriterien aus dem vorherigen Entwurfszyklus lassen sich ggf. aufscheinende Schwachstellen im Entwurf bspw. durch die Übernahme besserer Teillösungen aus vorangegangenen Entwürfen in einem erneuten Durchlaufen der Strukturierungsphase beseitigen und die Struktur bzgl. Kosten und Qualität weiter optimieren.

Bewerten

Bewertungskriterien sind neben der Verträglichkeit der Elemente die Zielsystementsprechung, die Realisierbarkeit, der Aufwand, gesetzliche Vorgaben usw.

Für den Systementwurf sollen hier drei Grundregeln angeführt werden [PaBe97]: *Einfach* ist eine Lösung dann, wenn sie übersichtlich, leicht verständlich, mit wenigen (Standard-)Komponenten und mit niedrigem Aufwand realisiert werden kann; es gibt einen Zielkonflikt zwischen der Komplexität einzelner Systemkomponenten und deren Anzahl. *Eindeutig* ist eine Lösung dann, wenn alle Systemfunktionen (funktional) determiniert sind; zu jeder Eingangsgröße müssen die Ausgangsgrößen und die auslösenden systeminternen Funktionselemente und -strukturen bekannt sein. *Sicher* ist eine Lösung dann, wenn alle Funktionen erfüllt und Gefahren für die Umwelt des Systems vermieden werden.

Der iterative Prozess des Entwerfens erfährt seinen Abschluss mit der Freigabe von Entwürfen zur Ausarbeitung.

Systemsynthese und -analyse in der Ausarbeitungsphase[100]

Ausarbeiten ist der Teil der Synthese/Analyse im Rahmen der Systemgestaltung, der die Struktur des zu gestaltenden Systems durch endgültige Modelle, Herstellungs- und Gebrauchsmöglichkeiten sowie endgültige Kosten ergänzt und verbindliche Unterlagen für die Verwirklichung und Nutzung des Systems schafft. Als letzter Schritt der Synthese/Analyse wird die Systemstruktur für nachfolgende Prozesse wie Fertigung, Nutzung, Implementierung, Detaillierung usw. verwertbar ausgearbeitet. Im Vorgehensablauf fallen daher kaum kreative oder gestalterische Tätigkeiten an. Systemmodelle können Stücklisten, Zeichnungen usw. sein. Sie werden in dieser Phase aus den Strukturskizzen erstellt; sie müssen formalen Kriterien bzgl. der Verwendbarkeit in den nachfolgenden Phasen entsprechen. Die Modelle/Unterlagen haben Vorschriften hinsichtlich ihrer Anwendung

[100] Siehe Abschn. 4.1.4, Phase 5; Abschn. 4.1.5, Form 2; Abschn. 2.2.3, Sachsystem; Abschn. 1.4, Aussagenlogik; Abschn. 1.6, Mengen.

zu enthalten. Das können auch Vorgehensmodelle für nachfolgende Phasen, bspw. Betriebsanleitungen oder Fertigungs- und Prüfregeln, sein. Damit die Modelle vom Benutzer verstanden werden, müssen sie eindeutig sein. Das stellen die Regeln einer geeigneten Modellierungsmethode sicher – bspw. die Normen zur Anfertigung technischer Zeichnungen.

Bewertung

In jedem Detaillierungszyklus gelangen Sachsystemvarianten zur Bewertung, deren Leistungen den zuletzt gültigen Zielsetzungen dieser Ebene entsprechen bzw. bei denen Aussicht darauf besteht, dass sie durch Modifikationen diesen Zielsetzungen genügen werden (vgl. Abschn. 3.4). Eine diesbezügliche Ausscheidung von Varianten wird in der Phase der Systemanalyse vorgenommen:

Die Aufgabenstellung bzw. die mit der Aufgabenstellung verbundenen Anforderungen ist/sind in Attribute bzw. Adverbien der (Unter-)Aufgaben/(Unter-)Aufgabenträger bzw. (Unter-)Aufgabenerfüllung umzusetzen. Die Bewertung der Erfüllung der Aufgabe durch/mittels des Aufgabenträger(system)s erstreckt sich über mehrere Detaillierungsebenen; gibt es Aufgabenträger, endet die Hierachie. Die Bewertung erfolgt aufgrund des Zielsystems; bspw. liegen drei vollständig ausgearbeitete Alternativen vor, zwischen denen wir uns ohne weitere Gestaltungsmöglichkeit entscheiden müssen. Dabei gibt es viele nicht explizit geäußerte Anforderungen/Eigenschaften, vor allem in der Umgebung; also werden wir auch hier interpretieren müssen.

Entscheidung

Die letztendliche Lösungsauswahl erfolgt grundsätzlich durch den Auftraggeber/durch die Stakeholder per Einzelentscheid/durch Mehrheitsentscheid.

4.2.2 Komposition des Handlungssystems „Entwerfen": Entwurfswerkzeuge

Eine *Methode* ist die Kombination von Regeln und Operationen zur Steuerung von Informationsprozessen, um ein bestimmtes Ziel zu erreichen[101]. *Entwurfswerkzeuge* bündeln Methoden für das Entwerfen von Sachsystemen; diese Methoden werden ggf. in einer *Sprache* mit definierter Semantik, Syntax und Grammatik unterstützt[102]. Eine Einteilung dieser Werkzeuge orientiert sich sinnvollerweise an den Lebensphasen eines Systems[103]: In der Problemanalyse/Konzeptionsphase gilt es, zunächst nur grobe Gedanken zu sortieren, zu dokumentieren und zu präzisieren, insbesondere die Machbarkeit zu zeigen, und für diese Aufgabe die Werkzeuge bereitzustellen. Dafür bieten sich die Werkzeuge von Abschn. 3.1 an. Die meisten „Entwurfs"-Werkzeuge haben ihren Schwerpunkt

---

[101] Siehe [WIKIMETH] und [DUDEN].

[102] Siehe [WIKISPRA] und Kap. 1.

[103] Siehe Abschn. 4.2.1; siehe auch Abschn. 4.2.4.

natürlicherweise in der Entwurfsphase. In der Ausarbeitungsphase, an deren Ende eine technische Zeichnung, ein NC-Programm oder ein Computerprogramm steht, benötigen wir dann eher ein CAD-System, einen Arbeitsplan- und/oder einen Programmgenerator (siehe bspw. VHDL [WIKIVHDL]). Eine *Entwurfsmethode* hat zum einen einen Beitrag zur Erfüllung der *Entwurfsziele* zu leisten. Derartige Ziele werden bspw. von PAHL angegeben[104]: „*Grundregeln: Eindeutig, Einfach, Sicher. Gestaltungsprinzipien: Kraftleitung, Aufgabenteilung, Selbsthilfe, Stabilität und Bistabilität, Fehlerarmut. Gestaltungsrichtlinien: Ausdehnungsgerecht, Kriech- und Relaxationsgerecht, Korrosionsgerecht, Verschleissgerecht*“ [BEGE21]. Zum anderen ist

- insbesondere in der Konzeptionsphase das Erkennen von Art, Umfang und Komplexität aller Faktoren, die für den Systementwurf relevant sind (genaue Spezifikation der Aufgabe), aller Komponenten/Untersysteme und Relationen nach den Bestandteilen eines deutschen Satzes[105] zu unterstützen;
- das Erstellen einer Dokumentationsstruktur zur lückenlosen Fixierung partiellen Wissens nach dem Vorbild eines deutschen Satzes zu gewährleisten (siehe Unvollständigkeit, Abschn. 3.1);
- die Suche nach rational erfassbaren Lösungsmöglichkeiten in der Situationsanalyse zielgerichtet zu gestalten: Unterstützen der „Suche“ in möglichen „Wissensbanken“ (siehe Abschn. 3.1);
- eine Arbeitsteilung und die Teamarbeit zu fördern/ermöglichen (siehe Abschn. 4.2.1);
- der Informationsfluss zweckgerichtet zu steuern (siehe Abschn. 4.2.1 und 4.2.7).

Unbestritten ist dabei der Vorteil, den eine formale strukturierte und graphisch unterstützte Modellierung sowohl für die Entwicklung als auch für Dokumentation und Pflege bietet. Dieser Vorteil ist einerseits die Reduzierung der Modellkomplexität durch Portionierung in überschaubare Modellelemente, andererseits führt die graphische Darstellung zu einer besseren Übersicht über die Modellelemente und deren Beziehungen untereinander. Beispielsweise befasst sich die Prädikatenlogik mit Aussagen, die, im Gegensatz zu Fragen, Ausrufen usw., in der modelltheoretischen Semantik Wahrheitswerte annehmen – sie können demnach wahr oder falsch hinsichtlich einer bestimmten Variablenbelegung werden [STAN02, TARS86].

Beispiel 4.24

Prädikatenlogische Aussagen

(a) $\exists x, y(\text{person}(x) \wedge \text{emailkonto}(y) \wedge \text{besitzen}(x, y))$
(b) $\forall x(\text{person}(x) \longrightarrow \exists y(\text{emailkonto}(y) \wedge \text{besitzen}(x, y)))$
(c) $\forall y(\text{emailkonto}(y) \longrightarrow \exists x(\text{person}(x) \wedge \text{besitzen}(x, y)))$ ◄

[104] [PABE97, TSYST, ITEC, MSDOCS, EURLEX].
[105] Siehe Abschn. 1.1 und 3.1.

Beispiel 4.24 enthält drei prädikatenlogische Aussagen: (a) gibt an, dass mindestens eine Person mindestens ein E-Mail-Konto besitzt. Nun ist hier die modelltheoretische Überprüfbarkeit der Aussagen von besonderem Interesse: Was können wir bei der Interpretation einer formalen Grammatik auf einem vorgegebenen Modell nachweisen? [POHL07]. So sagt zum Beispiel (b) aus, dass jede Person ein E-Mail-Konto besitzt. Diese Aussage lässt sich falsifizieren, sobald mindestens eine Person genannt wird, die kein E-Mail-Konto besitzt. Anders verhält es sich bei (c), wo die Aussage getroffen wird, dass jedes E-Mail-Konto mindestens einen Besitzer hat. Diese Aussage ließe sich nur dadurch/dann falsifizieren, wenn mindestens ein herrenloses E-Mail-Konto existiert. Wie Beispiel 4.24 zeigt, können Anforderungen an ein Softwaresystem auch im prädikatenlogischen Sinne interpretiert werden; Anforderungsdokumentationen können mit den gängigen Instrumenten der Aussagen- und Prädikatenlogik bearbeitet werden [STAN02]. So können beispielsweise Anforderungen, die nicht gleichzeitig in einem System realisiert werden können, durch die logische Analyse ad absurdum geführt werden. Entwurfsmethoden finden ihre Anwendung insbesondere bei der Entwicklung von Informationsverarbeitungssystemen; hier wird die sprachliche Spezifikation direkt in den Text eines Programms umgesetzt. Aber ein Geschäftsprozess in einem Informationssystem unterscheidet sich als abstraktes Modell nicht von einem Kraftfluss in einem mechanischen oder dem Materialfluss in einem Produktionssystem. Wir betrachten Energie, Information, Materie oder Eigenschaften, Verhalten, Funktion/Aufgabe, Aufgabenträger. Also sind derartige Schemata auch für die Übertragung einer Kraft oder einer elektrischen Ladung geeignet; wir müssen die Schemata nur zweckentsprechend beschriften und interpretieren. Vor allem VHDL (siehe unten) ist dann ein Beispiel speziell für die Spezifikation von Rechnerhardware. Analog zu VHDL wäre ein Programmgenerator für NC-Programme, ein Arbeitsplangenerator, ein Generator für das Design von Pkw, Möbeln und Kleidung oder ein Generator für Windräder zu sehen.

Trotz aller Vorteile, bei aller Sinnhaftigkeit der Anwendung ist ein kritischer Satz angebracht: Die Problemanalyse, also die oben angesprochene Definition der Untersysteme und die Dekomposition des Sachsystems, macht bei einer Neukonstruktion, bei einem bisher unbekannten System/Aufgabenträger nach wie vor der Mensch; das Anwenden einer Entwurfsmethode ist ja nicht wirklich die Lösung des Problems, sondern dessen Dokumentation, ggf. das Lenken und Steuern des Entwerfens. Entwurfsmethoden unterstützen das Entwerfen, sie entwerfen nicht[106]: Untersysteme müssen konstituiert und spezifiziert,

[106] Diese Aussage gilt für die hier beschriebenen Methoden, die im Entwurf auftretende Sachverhalte, vor allem die Dokumentation, unterstützen [RAGU22]. Ganz andere Ansätze wären erforderlich, um Objekte oder Funktionen/Aufgaben in einer Problemanalyse computerunterstützt/automatisiert zu untergliedern. Hier sind die Forschungen zur künstlichen Intelligenz (KI; siehe Abschn. 4.1.2, [PLUT23, GOLE23, WIKIKÜNS]) und die Sprachwissenschaften (siehe Abschn. 3.3.3) gefordert. Dabei ist die Vorgehensweise bei einer Realdefinition mit Begriff = Gattungsbegriff + artbildender Unterschied, die zur übergeordneten Klasse verweist, umzukehren und auf die untergeordneten Klassen zu verweisen: Beispielsweise heißt eine Menge von Untersystemen mit diesen und diesen Eigenschaften, diesen und diesen Funktionen und einer bestimmten Aufbau- und Ablaufstruktur ein

die Aufgabenträger ausgewählt, ertüchtigt und in einer Aufbau-, Ablauf- und Funktionsstruktur konsolidiert werden.

Wir geben in alphabetischer Reihenfolge zunächst eine Übersicht über einige wenige, aber grundlegende funktionsorientiert angelegte Entwurfsmethoden an[107].

Die *Architektur integrierter Informationssysteme* (ARIS) [SCHE91, SCHE94] hat den Anspruch, mit einer Referenzarchitektur – vergleichbar dem Kölner Integrationsmodell (KIM) [GGGP71] – einen strukturierten Entwurfs- und Beschreibungsrahmen für die Entwicklung integrierter Anwendungssysteme bereitzustellen. ARIS soll Transparenz über mögliche Methoden für eine einheitliche Konzeption der Anwendungssystementwicklung schaffen und ein zielgerichtetes Vorgehen ermöglichen. Neben dem Entwurf und der Implementierung von Informationssystemen steht die Reorganisation von Geschäftsprozessen im Blickpunkt der ARIS-Anwendungen. ARIS basiert auf einem Vorgangskettenmodell zur Beschreibung des betriebswirtschaftlichen Transformationsprozesses, den dann Informationssysteme unterstützen sollen. Der anschließende Aufbau des Unternehmensmodells erfolgt innerhalb von Sichten und auf Modellierungsebenen nach dem Softwarelebenszyklus. Für die zu untersuchende Problemstellung sind insbesondere die in ARIS eingesetzten Methoden, Vorgangskettendiagramme und ereignisgesteuerten Prozessketten zur Durchführung der Vorgangskettenanalyse sowie zur Beschreibung der Steuerungssicht auf der Ebene des Fachkonzepts relevant.

MATLAB/SIMULINK [MATLAB] ist ein Rechnerwerkzeug für mathematisch-technische Anwendungen, welches eine verhaltensorientierte Beschreibung in Blöcken umsetzt. MATLAB wurde als „MATrix LABoratory“ entwickelt. MATLAB vereint diesen numerischen Kern und zahlreiche Möglichkeiten zur Visualisierung. Die eingebauten Funktionen operieren direkt auf Matrizen. Das System kann durch in der MATLAB-Programmiersprache geschriebene Unterprogramme in Form von Toolboxen erweitert werden. Ebenso können C-Unterprogramme in MATLAB eingebunden werden. SIMULINK ist ein interaktives System zur nichtlinearen Simulation dynamischer Systeme. Die zu simulierenden Systeme können mit Hilfe einer graphischen Oberfläche als Blockdiagramm entworfen werden. SIMULINK kann lineare und nichtlineare, zeitlich diskrete und kontinuierliche Systeme simulieren. Es ist vollständig mit MATLAB integriert und nutzt dessen numerische Verfahren zur Simulation der Modelle. Toolboxen sind Sammlungen von MATLAB-M-Files, die für einen bestimmten Anwendungsbereich spezialisiert sind und aus einer MATLAB-Sitzung heraus aufgerufen werden. Mit zahlreichen mathematischen, statistischen und technischen Funktionen bietet MATLAB unmittelbaren Zugang

„Getriebe“. Bestimmte Eigenschaften eines Getriebes instantiieren bestimmte Untersysteme. Das ist nicht kompliziert, wenn die Klasse des übergeordneten Sachsystems bekannt ist; für diese Klasse legen wir eine offene Variantenstruktur an. Aber dann gibt es auch nichts mehr zum Entwerfen – wir spezifizieren das Sachsystem aus diesem Baukasten heraus. Und wie machen wir das bei einem Getriebe, das ein Input-Output-Verhalten zeigen soll, das bisher noch nicht realisiert wurde? Vielleicht müsste hier ein KI-System – ähnlich wie das ein Konstrukteur ja auch macht – Mengen von (bekannten/unbekannten) Untersystemen erproben.

[107] Eine aktuelle Übersicht siehe bspw. [UNIFFM] oder [PORU15].

zu leistungsfähigen numerischen Berechnungen. Diese Algorithmen bilden die Grundlage der MATLAB-Sprache.

Das *semantische Objektmodell* (SOM) erweitert die Arbeiten von SINZ auf dem Gebiet des strukturierten Entity-Relationship-Modells (SERM) [SINZ87, SINZ93, FESI90]. SOM wird als Metamodell für eine Beschreibung betrieblicher Anwendungssysteme verstanden, das insbesondere die strategische Gesamtplanung betrieblicher Informationssysteme sowie die Entwicklung einzelner betrieblicher Anwendungssysteme unterstützen soll [FESA93, FESB93]. Neben der ursprünglichen Zielsetzung, eine Integration der Daten-, Funktions- und Interaktionssicht im Rahmen eines objektorientierten Ansatzes zur Spezifikation betrieblicher Informationssysteme zu ermöglichen [FESI91], soll SOM auch eine Modellierung der Geschäftsprozesse des Unternehmens unterstützen. Die Modellierung der Geschäftsprozesse bildet den *„Ausgangspunkt für die weitere Analyse und Gestaltung des betrieblichen Informationssystems*" [FESI93]. Die SOM-Teilmodelle werden daher auch als Sichten auf die Geschäftsprozesse eines Unternehmens interpretiert [FESI94]: Ein Geschäftsprozess ist *„eine Transaktion oder eine Folge von Transaktionen zwischen betrieblichen Objekten. Gegenstand der Transaktion ist der Austausch von Leistungen und/oder Nachrichten zwischen Objekten*" [FESI93]. Zur Durchführung jeder Transaktion eines Geschäftsprozesses ist den beteiligten Objekten je eine Aufgabe zugeordnet. Grundlegende Fragestellungen für SOM sind somit „Zwischen welchen Objekten bestehen Transaktionsbeziehungen?" und „Welche Aufgaben müssen welche Objekte zur Durchführung der Transaktionen in welcher Abfolge durchführen?". Nach diesem Verständnis wird das konzeptionelle Objektmanagement zum Aufbau der sich verfeinernden Teilmodelle Objektsystem, Interaktionsmodell und konzeptuelles Objektschema als statische Sicht auf die Geschäftsprozesse gesehen.

Die *Specification and Description Language* (SDL) ist eine standardisierte Spezifikations- und Beschreibungssprache, die für die Spezifikation kommunizierender technischer Systeme konzipiert wurde (ähnliche Konzepte enthalten ESTELLE und LOTOS [HOGR89]). Grundlage der Modellierung sind erweiterte endliche Zustandsautomaten (EFSM), die durch Prozesse repräsentiert werden. Die Kommunikation wird über Signale beschrieben, die zwischen Prozessen oder zwischen Prozessen und der Umgebung des betrachteten Systems ausgetauscht werden. SDL bietet die Möglichkeit zur abstrakten Modellierung von Daten (Datentypen und Variablen). Die vollständige Syntax kann [CCIT93, CCIT95, CCIT96], die Syntax zur Datenmodellierung [CCIT93B] entnommen werden; Beispiele siehe [BRHA93, BEHS91].

Die *Structured Analysis and Design Technique* (SADT) wurde als graphisches Beschreibungsmittel für den Systementwurf entwickelt [ROSS85, AKTA87, BETH92, STOT92, ELKR93]. Ein umfassender Einsatz von SADT erfolgte im Rahmen der Integrated-Computer-Aided-Manufacturing-Studien (ICAM). Deshalb ist SADT auch unter dem Namen IDEF0 (ICAM Definition) bekannt [BALZ92]. SADT unterstützt die Systembeschreibung aus Sicht der Aktivitäten und der Daten, indem es ein Aktivitäten- und Datenmodell zur Verfügung stellt. Ebenso wie mit Datenflussdiagrammen wird mit SADT das Ziel einer logischen, statischen Beschreibung verfolgt. Das SADT-

Aktivitätenmodell erlaubt mit den Konstrukten Aktivität und Eingabe- bzw. Ausgabedaten die Abbildung der Geschäftsprozesse und der Input- bzw. Outputobjekte. Die jeweils einer Aktivität zugeordneten Mechanismusdaten, die als Hilfsobjekte zur Erfüllung der Aktivität beitragen, unterstützen die Beschreibung der im Geschäftsprozess eingesetzten Ressourcen. Eine differenzierte Abbildung der Input- und Outputobjekte sowie der Ressourcen ist aber nicht möglich, weil die Angabe textuell erfolgt. Ebensowenig ist eine Angabe der geforderten Aktivitäten vorgesehen. Weil SADT im Gegensatz zu den Datenflussdiagrammen keine Speicher vorsieht, können nur direkte Prozesskopplungen gezeigt werden. Ein Ausweis der mit den Geschäftsprozessen in Verbindung stehenden Einheiten der Unternehmenswelt erfolgt nicht. Es werden nur die von der Umwelt einfließenden und an sie ausfließenden Daten abgebildet.

Die *Strukturierte Analyse* (SA) unterstützt die Analysephase des Software-Engineering-Prozesses zur Erstellung einer Systemspezifikation [DEMA79, YOUR89, AKTA87, HARR91, ELKR93]. Sie basiert im Wesentlichen auf dem Konzept der funktionalen Dekomposition und dem verstärkten Einsatz von Grafiken in Form der Datenflussdiagramme, um eine anschauliche und komplexitätsreduzierende Systembeschreibung zu liefern. Mit den Datenflussdiagrammen wird eine logische, statische Beschreibung des zu untersuchenden Systems aus der Sicht der Daten verfolgt. Die Datenflussdiagramme bestehen aus den Konstrukten Prozess, Datenfluss, Speicher und Quelle/Senke. Mit dem Konstrukt „Speicher", definiert als ein temporärer Aufbewahrungsort, lassen sich neben direkten auch indirekte Prozesskopplungen abbilden.

VHDL (IEEE-Standard 1076-1987) ist eine prozedurale Programmiersprache, die sich gegenüber herkömmlichen Programmiersprachen hauptsächlich durch die Unterstützung bei der Modellierung von Parallelität sowie von zeitlichem Verhalten unterscheidet. Ein weiterer Vorteil für die Hardwareentwicklung besteht in einer von Abstraktionsebenen unabhängigen Spezifikation digitaler Schaltungen sowohl mittels Verhaltens- als auch Strukturbeschreibung [RAMM91]. Damit wird eine Hardwareentwicklung durch schrittweises Verfeinern des VHDL-Codes über mehrere Abstraktionsebenen unterstützt [HAGE95]. VHDL unterscheidet Konstanten, Variablen und Signale. Ein Signal ist durch einen Wert und einen Zeitpunkt gekennzeichnet. Der Wert wird wie bei einer Variable durch einen Typ festgelegt; Beispiele siehe bspw. [KALL98].

Objektorientierte Modellierungssprachen sind (bspw. nach FETTKE [FETT06]) eine Alternative zur funktionalen Sicht, bspw. zur strukturierten Systemanalyse (SA) und zum strukturierten Systementwurf (SADT)[108]. Sie ermöglichen eine weitreichende Integration der genannten Perspektiven [POHL07]. Im Zentrum dieser Modellierungssprachen stehen Objekte bzw. Klassen, die durch eine Datenstruktur, Funktionen zur Manipulation der Daten sowie durch ein spezifisches Verhalten definiert werden [PORU15][109]. Mit diesen Eigenschaften ermöglichen (auch) objektorientierte Modellierungssprachen eine durch-

[108] Anders als funktionsorientierte gehen objektorientierte Ansätze vom Objekt/Subjekt bzw. von den Mitteln eines Satzes, nicht vom Prädikat, aus.

[109] Die funktionsorientierte Sicht wird über die einem Objekt zugeordneten Funktionen eingebracht.

gängige Sichtweise in der Softwareentwicklung von den Systemanforderungen, dem Bauplan bis zum Code [SCHW11]. Im Unterschied zu anderen, älteren Ansätzen [POHL07] ist durch die Integration dieser Perspektiven die Notwendigkeit und die Gefahr von Methodenbrüchen wesentlich niedriger [SCHW11]: Wir erhalten über die Klassen Untersysteme, denen Aufgabenträger leichter 1 : 1 zugeordnet werden können (Objekt/Untersystem ⟶ Aufgabenträger; siehe Abschn. 4.2.6).

UML (Unified Modelling Language; [WIKIUML], siehe [DANG03], S. 312 ff.) ist eine Sprache zur Modellierung und Visualisierung sowie Spezifikation und Dokumentation komplexer Systeme [PORU15, SCHW11], die eine Vielzahl von gängigen Konzepten zusammenführt. UML gilt als Standard der objektorientierten Softwaremodellierung [SCHW11] und Architekturentwicklung [TIEM13]: Wie jeder Standard gibt sie einen Rahmen vor, der jederzeit erweitert werden kann (siehe bspw. [STOR97]). UML wird allgemein als eine semiformale Methode verstanden, auch wenn sie sowohl natürlichsprachige als auch formale Elemente aufweist (siehe Abschn. 3.1, [LAPL13]). Die Unified Modelling Language wird mit den folgenden Eigenschaften charakterisiert:

- Die Konzepte der Systemtechnik werden umgesetzt (Elemente, Attribute, Beziehungen, Strukturen, Sichten).
- Die verfügbaren Sprachelemente bieten umfangreiche Modellierungsmöglichkeiten, die sich mit entsprechender Interpretation [STOR97] auch für den Entwurf von Sachsystemen zweckmäßig einsetzen lassen.
- Die Verwendung von Stereotypen ermöglicht es einerseits, einem Objekt ein allgemeines, noch unspezifiziertes Verhalten zu geben, und sieht andererseits eine applikationsspezifische Erweiterung eines gegebenen Sprachelements vor, die genutzt werden kann, um die Modellierungsmethode zu erweitern[110].
- UML besitzt eine gute Durchgängigkeit zwischen allen Phasen des Systementwurfs. Beim Übergang von der Use-Case-orientierten zur logischen Sicht des Systementwurfs ist ggf. eine textuelle Ergänzung erforderlich. Eine vollständige Durchgängigkeit ist für die Programmentwicklung mit Hilfe von Komponentendiagrammen gegeben [STOR97, STOR99].
- Das Klassendiagramm ist ggf. in Analogie zu einer datenorientierten Modellierung aufzubauen. So besteht die Möglichkeit, Datenbankentwürfe von funktionsorientiert strukturierten Informationssystemen als Vorlage für die Entwicklung von Klassendiagrammen zu verwenden.
- Ein großer Teil der Spezifikationsarbeiten erfolgt in Textform (Attribute und Methoden).
- UML umfasst eine umfangreiche Notation, die zum Erhalt der Beschreibungstransparenz für den applikationsspezifischen Anwendungsfall eingeschränkt werden muss.

[110] Wir können mit Phase 2 eines Schemas beginnen und schrittweise konkretisieren.

Beispiel 4.25

UML-Modellierungskonstrukte, Assoziation

Das Modellierungsbeispiel umfasst die beiden Klassen (Person, Firma). Neben Namen, Merkmalen (Attributen) und Operationen, die in den Klassen selbst untergebracht sind, ist auch eine Kante zur Darstellung der Beziehung (Assoziation) abgebildet. Als optional gelten im Klassendiagramm die Rollen (bspw. die Arbeitgeber) und die Kardinalitäten (bspw. „1..*").

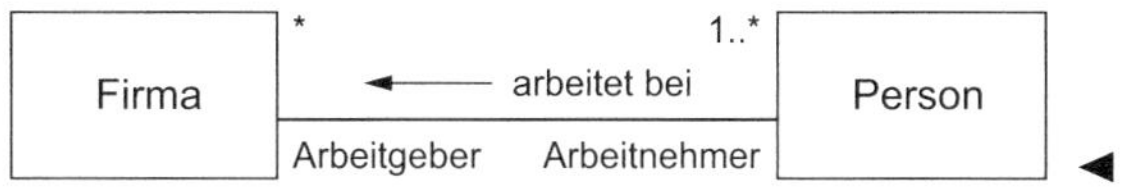

◀

Diagrammtypen

Die UML besitzt zahlreiche Diagrammtypen[111], von denen zwar nicht alle für die Neuentwicklung eines Softwaresystems hilfreich sind, die verschiedenen Perspektiven (Struktur-, Verhaltens- und Funktionsperspektive) aber gut abdecken [SCHW11]. Nach [PORU15] eignen sich zur Modellierung der Strukturperspektive bspw. UML-Klassendiagramme, die als statische Basis der Anwendungssysteme gelten [SCHW11]. Sie beschreiben die statische Struktur eines Systems und beantworten damit die Frage: Aus welchen Klassen besteht das System und wie stehen diese untereinander in Beziehung [PORU15].

Class Diagram In einem Klassendiagramm werden Klassen und die statischen Beziehungen zwischen ihnen graphisch dargestellt.

- Klassenmodellierung
  - Der Klassenname wird – beginnend mit einem großen ersten Buchstaben – in das obere Rechteck der Klassenbeschreibung eingetragen.
  - Attribute werden untereinander in das mittlere Rechteck der Klassenbeschreibung eingetragen. Ein Attribut ist durch folgende Beschreibung vollständig definiert: Sichtbarkeit Name: Typenbeschreibung = Defaultwert
    Die *Sichtbarkeit* eines Attributs kann eine der folgenden Ausprägungen annehmen: + öffentliches Attribut, – privates Attribut, # geschütztes Attribut. Öffentliche Attribute sind innerhalb von Operationen aller Klassen zugänglich. Private Attribute sind nur innerhalb von Operationen der Klasse zugänglich, in der sie definiert sind. Geschützte Attribute sind im Gegensatz zu den privaten noch zusätzlich innerhalb von Operationen der abgeleiteten Klassen zugänglich. Der *Name* ist der eindeutige Identifikator eines Attributs. Nach Konvention werden Attributnamen beginnend mit einem kleinen ersten Buchstaben geschrieben. Die *Typenbeschreibung* bezeichnet den Datentyp des Attributs. Durch den Typ können sowohl einfache (bspw.

[111] In der zweiten Version insgesamt 14 Diagrammtypen [SCHW11].

Boolean, Integer), als auch komplexe (bspw. array[1 ... 10] of Integer) Datenstrukturen repräsentiert werden. Die Syntax und die Semantik der Datentypen hängen von der gewählten Implementierungssprache ab. Der *Defaultwert* kennzeichnet den Wert des Attributs unmittelbar nach dem Erzeugen einer Instanz (eines Objekts). Die Syntax und die Semantik des Defaultwerts ist wie bei der Typenbeschreibung implementierungsspezifisch.

- Operationen werden untereinander in das untere Rechteck der Klassenbeschreibung eingetragen. Eine Operation ist durch folgende Beschreibung vollständig definiert: Sichtbarkeit Name(Parameterliste): Rückgabetyp {Merkmale}
  Die *Sichtbarkeit* einer Operation kann eine der folgenden Ausprägungen annehmen: + öffentliche Operation, − private Operation, # geschützte Operation. Öffentliche Operationen sind innerhalb von Operationen aller Klassen aufrufbar. Private Operationen sind nur innerhalb von Operationen der Klasse aufrufbar, in der sie definiert sind. Geschützte Operationen sind im Gegensatz zu den privaten noch zusätzlich innerhalb von Operationen der abgeleiteten Klassen aufrufbar. Der *Name* ist der eindeutige Identifikator einer Operation. Nach Konvention werden Operationsnamen beginnend mit einem kleinen ersten Buchstaben geschrieben. Der *Rückgabetyp* bezeichnet den Datentyp des Rückgabewerts. Syntax und Semantik der Datentypen hängen von der gewählten Implementierungssprache ab. Die klassenbezogenen Operationen bezeichnen die Operationen, die nicht die Daten einer Instanz bearbeiten, sondern die Daten der Klasse. Typische Beispiele solcher Operationen sind die, die für das Erzeugen von Instanzen einer Klasse zuständig sind. Diese Operationen werden vollständig unterstrichen dargestellt[112].

- Konstrukte zur Modellierung von statischen Beziehungen
  - Die Assoziation ist die allgemeinste Form statischer Beziehungen. Eine Assoziation wird als durchgezogene Linie dargestellt, die zwei beteiligte Klassen miteinander verbindet. In unmittelbarer Nähe der Verbindungslinie werden optional alle zur Assoziation gehörigen Informationen eingetragen. Der *Assoziationsname* bezeichnet den Namen der Assoziation, bspw. „Person A arbeitet bei Firma B“. Die *Assoziationsrolle* bringt zum Ausdruck, welche Rolle eine Klasse in der Assoziation spielt. Durch die Kardinalitäten werden die obere und die untere Schranke für die Anzahl der Instanzen definiert, die in einer Assoziation stehen können.
  - Eine eingegrenztere Form einer statischen Beziehung stellt die Aggregation vor. Die Klasse, die einer anderen durch Aggregation übergeordnet ist, wird durch einen Rhombus am Verbindungspunkt zwischen der durchgezogenen Beziehungslinie und dem klassenrepräsentierenden Rechteck gekennzeichnet. Zusätzlich wird durch einen schwarz gefüllten Rhombus eine starke („Hat“-Beziehung) und durch einen

[112] Damit ist das Konstituieren eines Schemas/eines Untersystems in der Problemanalyse als das Eröffnen einer Klasse mit einem bestimmten Namen zu verstehen. In der Konzeptionsphase ergänzen wir die Klasse zunächst um die Attribute zum vollständigen Input-Output-System, um dann Input und Output in Funktionen zu verbinden. In der Entwurfsphase bilden wir geeignete Aufgabenträger auf das Klassendiagramm ab, um dann die Funktionsstruktur vollständig auszuarbeiten.

weiß gefüllten Rhombus eine schwache („Verwendet"-Beziehung) Aggregation bezeichnet. Die anderen Merkmale – Kardinalität, Assoziationsname und Assoziationsrolle – entsprechen denen der Assoziationsbeziehung.

- Eine Vererbung wird durch eine gerichtete Linie mit einer Pfeilspitze, beginnend an der abgeleiteten Klasse und endend an der verallgemeinerten Klasse dargestellt.

Use Case Diagram Use Cases sind Beschreibungen der Systemnutzung. Sie liefern eine abstrakte Beschreibung der beabsichtigten Funktionalität des Systems.

Interaction Diagram Class Diagrams und Use Case Diagrams sind von statischer Natur und zur Erfassung der Struktur eines Systems gut geeignet, für das Spezifizieren von Echtzeitanforderungen jedoch nur begrenzt einsetzbar. Für den Entwurf von Programmsequenzen und Zeitrestriktionen werden daher vor allem Interaction Diagrams verwendet. Ein Interaction Diagram ist ein bestimmter Pfad durch die Systemfunktionalität. Zur Beschreibung des dynamischen Verhaltens eines Use Case sind in der Regel mehrere Interaction Diagrams notwendig. In einem *Sequence Diagram* werden Interaktionssequenzen zwischen den Objekten (Instanzen) beschrieben. Die beteiligten Objekte werden als Rechtecke horizontal nebeneinandergestellt; die Zeitachse verläuft vertikal von oben nach unten. Die Objektnamen und die Klassennamen werden in die Rechtecke eingetragen, getrennt durch Doppelpunkte (fett, unterstrichen). Die Bearbeitungszeit einer Nachricht wird innerhalb des Objekts durch ein vertikal verlaufendes Rechteck repräsentiert. Objekte können Nachrichten an sich selbst versenden. Abläufe können mehrfach wiederholt werden. Eine andere Darstellung ist das *Collaboration Diagram*. Weil eine vorgegebene Leserichtung fehlt, wird die Abfolge der Meldungen durch eine fortlaufende Nummerierung ausgedrückt. Pfeile zeigen die Richtung der Meldung.

State Diagram Jedes Objekt befindet sich zu jedem Zeitpunkt in einem bestimmten Zustand. Eine Nachricht an ein Objekt löst im Objekt ein Ereignis aus. Dieses Ereignis erzwingt unter definierten Bedingungen Aktionen, die den Zustand des Objekts ggf. ändern. Ein *State Diagram* (Zustandsübergangsdiagramm) beschreibt das dynamische Verhalten von Objekten einer Klasse. Für eine Klasse von Objekten werden Zustände, bedingte oder unbedingte Ereignisse, die Übergänge zwischen Zuständen bewirken, und Aktionen, die entweder bei Zustandsübergängen oder innerhalb eines Zustands vorgenommen werden, graphisch dargestellt.

Component Diagram Die diskutierten Diagramme spezifizieren die logische Sicht auf ein System. Der Zweck des *Component Diagrams* ist die Modellierung der Entwicklersicht (Aufgabenträger) auf die Systemkomponenten und deren Beziehungen. Für jedes logische Element des Modells besteht ein genereller Defaultbezug zu einem Implementationskonstrukt. Eine Klasse eines logischen Modells kann bspw. auf zwei Files in einer C++-Implementation verweisen: a.h-File für die Klassendefinition und a.cpp-File für die Definition der Funktionen der Klassenmitglieder.

Deployment Diagram UML-Deployment Diagrams zeigen die Hardwarestruktur, die Zuordnung der Software auf die physischen Einheiten und die physischen Schnittstellen[113].

Kommentierte Werkzeuge für die UML finden sich bspw. in [STOR99], Innovator [INNO98], OTW2 [OTW2], Rose [ROSE98].

Wir skizzieren hier beispielhaft die ausführlich dokumentierte Sprache GRAPES [HELD98]. *GRAPES* (Graphical Engineering System) ist eine Systementwicklungsmethode mit dem Ziel, den gesamten Systementwicklungsprozess von der Problemanalyse bis zur Realisierung zu unterstützen. Diese Sprache wurde für den Bereich Anwenderprogramme und Projekte entwickelt. Starken Einfluss hat dabei die Erfahrung mit anderen graphischen Engineeringsprachen und Methoden wie Specification and Description Language (SDL) und Input/Output Requirements Language (IQRL). Die Sprachmittel von GRAPES sind Diagramme und Tabellen mit exakt definierter Grammatik und festgelegter Semantik. Daher erlaubt GRAPES den Einsatz von rechnergestützten Werkzeugen [GRAP89, HELD98]; GRAPES kann als sprachliche Basis einer kompletten CASE-Umgebung dienen. Einen wichtigen Einfluss auf die Sprache GRAPES hat die Methode SA [DEMA79], von der die Hierarchisierung durch Verfeinerung als grundlegendes Strukturierungskonzept übernommen wurde (siehe Abschn. 4.2.3 Problemanalyse). Daher gleicht auch das zur Darstellung der einzelnen Verfeinerungsstufen bestimmte Kommunikationsdiagramm (CD) mit seinen Objekten und Kommunikationsstrecken dem Datenflussdiagramm (DFD) von SA mit dessen Funktionen und Datenflüssen.

Kernstück ist die Modellierungssprache GRAPES-86, die es erlaubt, Struktur, Verhalten und Daten von informationsverarbeitenden Systemen zu spezifizieren, insbesondere von verteilten Systemen wie betrieblichen Organisationen oder Netzarchitekturen. GRAPES-86 hat eine formale, definierte, textuelle und graphische Syntax und ist daher statisch abprüfbar. Darüber hinaus besitzt GRAPES-86 ein dynamisches Ausführungsmodell. Damit ist das dynamische Verhalten von GRAPES-Modellen simulier- und analysierbar.

GRAPES unterstützt Nebenläufigkeit, synchrone und asynchrone Kommunikationskonzepte (strukturierte Prozessbeschreibungen), Entity-Relationship-Modellierung sowie objektorientierte Konzepte wie Modularisierung und Typisierung. Zur Darstellung von Modellen in GRAPES dienen Diagramme mit einem überschaubaren Vorrat an graphischen Symbolen. Diese Diagramme erlauben es, die wesentlichen Eigenschaften eines Gesamtsystems – Struktur, Prozesse und Informationen – in Form von Modellen abzubilden und sukzessive zu verfeinern. Die verschiedenen Diagrammarten decken verschiedene Aspekte der Systembeschreibung ab.

- *Struktur- und Kommunikationsmodellierung*
  CD: Kommunikationsdiagramme dienen zur Beschreibung der Komposition eines Objekts oder Objekttyps in Unterobjekte durch Kommunikationswege.

[113] Wir dokumentieren die „Aufgabenträgerstruktur".

IT: Jedem Kommunikationsweg eines Kommunikationsdiagramms ist genau eine Interfacetabelle zugeordnet, welche die Struktur des Kommunikationswegs in Form von Kanälen und zugehörigen Datentypen beschreibt.

- *Verhaltens- und Prozessmodellierung*
  PD: In Prozessdiagrammen wird das Verhalten von Prozessobjekten (Prozessen) sowie Prozeduren und Funktionen definiert.
  DT: Datentabellen dienen der Deklaration von Konstanten und Variablen, auf die Prozesse, Prozeduren, Funktionen oder Module angewandt werden.
  SD: Spezifikationsdiagramme dienen der Beschreibung von Schnittstellen. Hier können die Aufrufschnittstellen (die Parameter) von Prozeduren oder Funktionen sowie die Exportschnittstellen von Modulen dargestellt werden.
- *Datenmodellierung*
  DD: Datenstrukturdiagramme dienen zur Modellierung der Strukturen von Daten. Hier können selbstdefinierte Datentypen beschrieben werden.
  ER: Entity-Relationship-Diagramme dienen zur Modellierung von Daten. Die logische Datenbankmodellierung und die Normalisierung werden unterstützt.
- *Darstellung der Deklarationshierarchie*
  HD: In Hierarchiediagrammen wird die hierarchische Struktur eines Modells dargestellt. Weiterhin werden die Gültigkeitsbereiche von Namen und Deklarationen gemäß den Scope-Regeln von GRAPES-86 festgelegt. Sie geben insbesondere die funktionale Dekomposition des Modells wieder.
- *Simulation*
  Die einheitliche Modellsicht erlaubt die Überprüfung von Konsistenzregeln und die quantitative und qualitative Simulierbarkeit, insbesondere die Untersuchung des Zeit- und Lastverhaltens.

Festzustellen bleibt: Alle Werkzeuge/Sprachen haben ihre spezifischen Schwerpunkte und Lücken (einen ausführlichen und gut strukturierten Vergleich siehe bspw. [STOR99]); wir müssen sie für jeden Einzelfall anpassen. Insbesondere sollten wir bei der Konzeption unseres Entwurfs-Handlungssystems die Phasen eines Schemas (Abschn. 4.1.4) berücksichtigen und die Lebensphasen Konzipieren, Entwerfen, Ausarbeiten unterscheiden. Und in jedem Zyklus sind die Schritte Problemanalyse, Situationsanalyse, Zielanalyse, Systemanalyse/-synthese, Bewertung und Entscheidung zu durchlaufen. Daher geben wir eine nicht notwendigerweise vollständige, aber als Checkliste und Anregung sicher sinnvolle und nützliche Übersicht der in diesen Werkzeugen verwendeten elementaren Dienste [RAGU22]:

- AUD Audit, AVK Analyse verdeckter Kanäle, BALK Balkenplan, BAUM Baumdiagramm, BBTE Black-Box-Testfallentwurf, CRC Class.Responsibility-Collaboration, DIAL Dialog-Design-Modellierung, DFM Datenfluss-Modellierung, DNAV Data-Navigation-Modellierung, DVER Design Verification, ELH Entity Life History, ER E/R-Modellierung, ETAB Entscheidungstabellentechnik, EVV Earned-Value-

Verfahren, EXPM Expertisemodell, FKTD Funktionale Dekomposition, FMEA Failure Mode Effect Analysis, FNET Funktionsnetzmodellierung, KFM Kontrollflussmodellierung, KOM Klassen-Objektmodellierung, LOGM Logische Datenbank-Modellierung, MODIAG Moduldiagramme, NORM Normalisierung, NPT Netzplantechnik, NWA Nutzwertanalyse, OBJE Objektentwurfstechnik, ORG Organigramm, PCODE Pseudocode, PRODIAG Prozessdiagramme, PVER Programmverifikation, PZIM Prozessinteraktionsmodellierung, REV Review, SIMU Simulationsmodelle, SMOD Schätzmodelle, SSM Subsystemmodellierung, STAT Statische Analyse, STRD Structured Design, SVM Systemverhaltensmodelle, T Testen, TRDA Trendanalyse, UCM Use-Case-Modellierung, WBTE White-Box-Testfallentwurf, ZUST Zustandsübergangsmodellierung, ZUSTO Zustandsmodellierung im objektorientierten Bereich, ZUVM Zuverlässigkeitsmodelle

Ein Abgleich dieser Dienste mit GRAPES führt zu folgendem Ergebnis [RAGU22]:

AUD Audit, AVK Analyse verdeckter Kanäle, BALK Balkenplan
BAUM Baumdiagramm ⟷ Hierarchiediagramm [HELD90, Kap. 9]. Das Hierarchiediagramm dokumentiert in Baumform die Komponenten eines Systems. Es zeigt die Funktionshierarchie und die zugeordneten Diagramme wie Prozessdiagramme, Datentabellen, Spezifikationsdiagramme usw.
BBTE Black-Box-Testfallentwurf, CRC Class.Responsibility-Collaboration, DIAL Dialog Design Modellierung
DFM Datenfluss-Modellierung ⟷ Kommunikationsdiagramme [HELD90, Kap. 5.1]
DNAV Data Navigation Modellierung, DVER Design Verification, ELH Entity Life History
ER E/R-Modellierung ⟷ Entity-Relationship- Modellierung [HELD90, Kap. 7.4] und Informationsmodellierung [HELD91A, Teil 1]
ETAB Entscheidungstabellentechnik, EVV Earned Value Verfahren, EXPM Expertisemodell
FKTD Funktionale Dekomposition ⟷ Strukturmodellierung [HELD90, Kap. 5] und Funktionsmodellierung [HELD91A, Teil 2]. Aus der im Hierarchiediagramm beschriebenen Modellstruktur lässt sich eine funktionale Zerlegung extrahieren, indem wir das Hierarchiediagramm auf die Objektbeziehungen reduzieren. Eine ausführliche Darstellung findet sich in: Informations- und Funktionsmodellierung mit GRAPES [HELD91A].

FMEA Failure Mode Effect Analysis, FNET Funktionsnetzmodellierung
KFM Kontrollflussmodellierung ⟷ Prozessmodellierung [HELD90, Kap. 6]. Allgemeine Kontrollflüsse können durch Prozessdiagramme modelliert werden. Das Zusammenspiel der Prozesse kann ebenfalls durch Prozessdiagramme beschrieben werden, falls diese Darstellung erwünscht ist. Der Kontrollfluss eines Modells ist aber vollständig definiert durch die Prozessbeschreibungen seiner elementaren Objekte und die Kommunikationsbeziehungen (synchron/asynchron). Das Zusammenspiel der einzelnen Prozesse (Aktivierung, Deaktivierung) muss in separaten Diagrammen gemäß KFM erfasst werden.
KOM Klassen-Objektmodellierung
LOGM Logische Datenbank-Modellierung ⟷ Vorgehensweise beim Datendesign [GRAR93, Kap. 3]
MODIAG Moduldiagramme
NORM Normalisierung ⟷ Vorgehensweise beim Datendesign [GRAR93, Kap. 3] und Informationsmodellierung [HELD91A, Teil 1, Kap. 2.2]
NPT Netzplantechnik, NWA Nutzwertanalyse
OBJE Objektentwurfstechnik ⟷ Objektorientierte Modellierung informationsverarbeitender Systeme [HELD91A, Kap. 2]
Die Systemsicht von GRAPES ist die hierarchische Dekomposition des Systems in eine Menge kommunizierender Objekte. Objekte sind entweder zusammengesetzt aus anderen kommunizierenden Objekten (Strukturobjekt), elementare Objekte mit lokalem Datenraum und lokal definiertem Ein-/Ausgabeverhalten (Prozessobjekt) oder Datenhaltungsobjekte, deren Inhalt mittels eines E/R- Diagramms erklärt ist (Data stores). Darüber hinaus können Objekttypen zum Zweck der Mehrfach- und Wiederverwendung deklariert werden. Obwohl vor allem für die Entwurfsphase gedacht, wird es auch für die Modellbildung in der Analysephase verwendet.
ORG Organigramm
PCODE Pseudocode ⟷ Prozeduren [HELD90, Kap. 6.3]
PRODIAG Prozessdiagramme, PVER Programmverifikation, PZIM Prozessinteraktionsmodellierung, REV Review
SIMU Simulationsmodelle ⟷ Diskrete Simulation [GRAP93, Kap. 4]
SMOD Schätzmodelle, SSM Subsystemmodellierung
STAT Statische Analyse ⟷ Syntax- und Semantikdefinition [HELD90, Kap. 3, 5.2, 6.7, 6.9, 7.5]
Die Syntax und Semantik der Modellierungssprache ist formal definiert. Das erlaubt die automatische statische Überprüfung der Syntax und darüber hinaus der Modellkonsistenz der drei Systemsichten Struktur, Verhalten und Daten. Dies umfasst die Existenz der Quellen und Senken aller Kommunikationswege und die konsistente Deklaration und Verwendung von Variablen, Parameter und ihrer Datentypen. In [GRAS93] wird die Durchführung statischer Analysen und ihrer Ergebnisse detailliert beschrieben.

STRD Structured Design ⟷ Modulspezifikation [HELD90, Kap. 6.6].
GRAPES enthält Mechanismen zur Spezifikation und Definition von Modulen (Spezifikationsdiagramme). Sie erlauben die Spezifikation von Prozeduren, Funktionen und Untermodulen, mit ihren formalen Parametern und Datentypen. Die Modellhierarchie ist zusätzlich in Structure Charts gemäß STRD darzustellen.
SVM Systemverhaltensmodelle ⟷ Objektorientierte Modellierung informationsverarbeitender Systeme [HELD90, Kap. 2] und Semantik der Prozessdiagramme, [HELD90, Kap. 6.7].
GRAPES modelliert ein System aus kooperierenden Objekten. Das Verhalten des Systems ergibt sich aus der Interaktion der elementaren Prozessobjekte. Basis ist ein operationelles Semantiknetz von kommunizierenden erweiterten Zustandsautomaten. Die Besonderheiten der GRAPES-Prozesse bestehen in lokalen Daten, speziellen Verzweigungen (parallele Verzweigung, selektives Warten mit Fairnessbedingung) und in der Tatsache, dass für jeden Anschluss eine eigene Warteschlange existiert.
T Testen, TRDA Trendanalyse, UCM Use-Case-Modellierung, WBTE White-Box-Testfallentwurf, ZUST Zustandsübergangsmodellierung, ZUSTO Zustandsmodellierung im objektorientierten Bereich, ZUVM Zuverlässigkeitsmodelle

4.2.3 Dekomposition des Sachsystems: Problemanalyse. Elementarsysteme, Elemente

In jedem Zyklus zerlegen wir das als Ganzes keiner (Aufgabenträger-)Lösung zuführbare Handlungs(unter)system „Technik"/das jeweils betrachtete Sachsystem in Untersysteme, die zielführende, bewältigbare Schritte eröffnen, deren regelgerechtes Durchführen eine (gewisse) Garantie für die Aufgabenerfüllung gibt: Die Unterteilung in feinere Untersysteme muss von der Art sein, dass am Ende bewertbare Ergebnisse vorliegen – es gibt oder es gibt keine Aufgabenträger. Das Handlungs(unter)system/das Sachsystem des vorherigen Zyklus bzw. die anderen Untersysteme der betrachteten Ebene sind jetzt die Umsysteme. Diese Zerlegung, die Aussage, was zerlegen wir weiter, was verwenden und was konstruieren/bauen wir selbst, sowie die Zielanalyse und die Situationsanalyse auf dieser Ebene in ständigem Wechselspiel – das ist die untergliedernde *Problemanalyse* auf dieser Ebene/in diesem Zyklus.

Wir modellieren, simulieren und interpretieren ein Sachsystem/eine Sachaufgabe anhand einer geordneten Menge von Untersystemen/Unteraufgaben, die wir in der Problemanalyse strukturierend definieren. Dann versuchen wir erneut, Aufgabenträger für jetzt eingegrenztere Aufgabenumfänge zu finden. Und diese Aufgabenträger wollen wir in einer geeigneten Funktionsstruktur nach dem Nachweis ihrer Eignung zu einem Aufgabenträger mit den ursprünglich geforderten Eigenschaften synthetisieren. Wenn immer möglich, nutzen wir für die Aufgabenzerlegung sich bietende Ansatzpunkte: Eine nicht elementare, offensichtlich zusammengesetzte Aufgabenstellung bietet Möglichkeiten für eine Untergliederung, ein Funktor gibt Hinweise auf Zusammengesetztsein (Oder, Und, Vereinigung, Durchschnitt) in der Aufgabenstellung[114]. Dabei bleibt jede Zerlegung/jede Aggregation eine tastende Erprobung. „Objektorientiert" heißt ja im Wesentlichen, dass wir die Eigenschaften, „funktionsorientiert", dass wir die Tätigkeiten zerlegen wollen. Also muss der übergeordnete Begriff diese Unterteilbarkeit hergeben. Aber in welche Eigenschaften, in welche Tätigkeiten wir gliedern, das ist vor allem Ausprobieren im Rahmen des übergeordnet Gegebenen. Ist diese Zerlegung erschöpfend? Gelingt die Zerlegung mit nur einer Begriffskategorie? Welche ähnlichen Aufgaben haben wir wie zerlegt? Wo finden wir ähnliche Attribute?

Wir haben in Abschn. 2.2 festgestellt: Es gibt keine allzeit gültige, allgemein verbindliche elementare Ebene. Das müssen wir bei jedem Entwerfen neu ausloten. Und wenn wir gehalten sind, das Entwurfsziel „Wiederverwendung" zu verfolgen, dann wird die elementare Ebene der Aufgabenträger anders aussehen als unter dem Entwurfsziel „Das bestmögliche Windrad unabhängig von Zeit und Geld".

4.2.3.1 Elementarsysteme, Elemente

Die Menge der Elemente/Untersysteme und die Menge der Relationen, die zusammen ein technisches System/Sachsystem ausmachen, interpretieren wir jetzt – anders als in Abschn. 2.1 – im technischen Kontext. Und anders als bspw. in Abschn. 2.1.2 oder 2.2.2, wo wir bei einer Untergliederung in Untersysteme nur dieselben Aussagen hätten wiederholen müssen und deswegen darauf verzichtet haben, erhalten wir hier auf der Ebene der Untersysteme andere Namen, andere physikalische, chemische oder biologische Eigenschaften und andere Funktionen. Sachsysteme gehorchen in ihren Realisierungen den Gesetzen der Physik, der Chemie und der Biologie. Diese Wissenschaften gehorchen ihrerseits den Gesetzen der Logik und der Mathematik. Und wenn wir uns vor Augen halten, dass wir ein Sachsystem nicht zum Spaß, nicht ohne eine klare Absicht und Zielsetzung zerlegen, sondern weil wir

- verstehen wollen, wie ein bestimmtes Verhalten/eine bestimmte Funktion (vgl. Abschn. 2.2.1) zustande kommt, und für die Antwort/Erklärung eine geeignete Zerlegung suchen;
- hoffen, dass wir – wenn schon nicht auf der Ebene des Sachsystems – für die dahinterstehende technische Aufgabe auf der Ebene der Unteraufgaben geeignete Aufgabenträger – also Komponenten, Baugruppen, Teile, Halbzeuge, Rohstoffe – finden können, die wir dann so zusammensetzen, dass wir auf der Ebene der Untersysteme das (geforderte) Verhalten des Systems simulieren/bewirken können,

dann stellt sich die Frage, ob wir auf einer „elementaren" Ebene so etwas wie Standardbausteine für den Systementwurf (Synthese/Analyse) bereitstellen können.

Die erste Antwort ist „Nein", weil wir ja in Abschn. 2.2.1 selbst festgelegt haben, dass jedes beliebige Untersystem seinerseits als System betrachtet und seinerseits wieder

[114] Zum Aufgabenbegriff und zur Aufgabengliederung siehe bspw. Nordsieck [NoNS73].

zerlegt werden kann. Wir werden keine Ebene finden, auf der dieser Zerlegungsprozess aufhört und auf der wir gesichert einen Baukasten zur Verfügung stellen können – es gibt keine elementare Ebene.

Die zweite Antwort ist: Sachsysteme gehorchen den Gesetzen der Naturwissenschaften, den Gesetzen der Logik und der Mathematik. Und wir können schnell feststellen, dass technische Lösungsprinzipien zwar „Hebel“ heißen, aber letztlich nur eine Kraft skalieren und an einen anderen Ort übertragen, „Verbrennungsmotor“ heißen, aber nur einen Carnot-Prozess realisieren, „Wäscheschleuder“ heißen, aber nur Fliehkraft produzieren. Es liegt also nahe, die Herangehensweise umzudrehen und zu sagen: Technische Modelle, Sachsysteme interpretieren logische/mathematische/physikalische Sachverhalte, ihre Realisationen sind Manifestationen logischer/mathematischer/physikalischer Sachverhalte – und wir verlassen uns auf diese Wissenschaften und glauben, dass ein Carnot-Prozess das Bestmögliche ist, genauso, wie wir in Abschn. 2.1 mit der Multiplikation und den Primzahlen uns auf Euklid verlassen haben. Tiefer als in Abschn. 2.2.3 können wir die Mechanik und die Regelung nicht zerlegen. Also existiert für das Handlungssystem „Entwerfen eines Sachsystems“ auf jeden Fall eine elementare Ebene, wo immer wir sie auch – abhängig von den vorhandenen Aufgabenträgern – finden.

Beispiel 4.26

Mögliche elementare Ebenen

- Elemente der Handhabung: VDI-Richtlinie 2860 (vgl. Beispiel 4.31)
- Elemente der NC-Bearbeitung: G-Funktionen (vgl. Beispiel 4.15)
- Aussagen-/Prädikatenlogik: Für alle x: es gibt eine Maschine, die das kann.
- Arithmetisch: Addierer, Subtrahierer, Multiplizierer, Dividierer ganzzahlig
- Analysis: Differenzierer, Integrierer, Identifizierer
- Mengenkalkül: Vereinigungsmenge, Durchschnitt, Differenz, ...
- Relationen: Ordnen, Äquivalenz ◄

Und die dritte Antwort ist: Die Zerlegung geht zyklusweise voran (vgl. Abschn. 4.2.1) und jede einzelne Gliederungsebene können wir zweckmäßig als „augenblickliche Diskursebene“ (vgl. Abschn. 2.2.1) vereinbaren. Wir machen nicht den Schritt von der Gesamtheit sofort zur tiefstnotwendigen Auflösung. Das Elementarsystem ist unser Baukasten aus Input-Output-Systemen, mit dessen Hilfe wir bottom-up unser Sachsystem konstruieren; jeder (Normteile-)Katalog legt so einen Baukasten fest/ist Teil eines solchen Baukastens. Und wenn wir ganz tief graben wollen/müssen, dann landen wir bei den physikalischen etc. Gesetzen/Größen, die wir den Regeln entsprechend verknüpfen – und nicht mehr hinterfragen, also nicht mehr weiter zerlegen –, die Physiker wissen auch nicht, wo die Schwerkraft herkommt. Natürlich brauchen wir beim Bau eines Atomkraftwerks Kenntnisse in Atomphysik, aber dann interessiert auch nicht das Fachgebiet Mechanik mit dem Hebelarm (vgl. Abschn. 2.2.3). Diese Regeln können wir wieder auf physikalische Gesetze zurückführen: Zur Bewegung einer Palette auf einem Montageband brauchen wir die und die Kraft mal den und den Weg gleich die und die Arbeit; wir können das aber auch dem angebotenen Baukasten bzw. dem Anbieter des Baukastens glauben – er garantiert Eigenschaften und Funktionen. Wenn der betrachtete Baukasten etwas höher Aggregiertes als die Grundoperationen der Mengenlehre oder der Prädikatenlogik verwendet, darf das den Gesetzen der Logik und den Gesetzen der Naturwissenschaften nicht widersprechen. Ein gutes Beispiel sind die Input-Output-Systeme in Abschn. 2.2.2: Wir benutzen die Prädikatenlogik und haben mit wenigen Formeln alles beschrieben, alle Möglichkeiten konstituiert. Stellen wir einen Widerspruch in der Logik fest, dann liegt kein Input-Output-System nach Abschn. 2.2.2 vor. Und dann bilden wir mit diesen Input-Output-Systemen das Verhalten/die Funktion ab (vgl. Abschn. 4.2.4) und interpretieren mit elementaren Sätzen wie:

- „Wir verstärken das Drehmoment um Faktor y".
- „Wir übertragen die Kraft x vom Ort 1 an den Ort 2".
- „Wir dämpfen die Geschwindigkeit der Bewegung eines Körpers x nach dem Gesetz y".
- „Wir beschleunigen einen Körper mit $5\,\mathrm{m/s^2}$ und erhalten in 5 s die Geschwindigkeit von 25 m/s".
- „Wir setzen 1000 Watt ein und erwärmen einen Durchsatz von 1 Liter Luft je Sekunde um x Grad Celsius".

Wenn wir hier von Elementen reden, dann setzt das voraus, dass wir bspw. von den physikalischen Grundgrößen ausgehen und dann sagen: Alle sinnvollen Verknüpfungen der Physik stehen bspw. in [FEYN07], der Informatik in [CLRS01] und die Grundrelationen in Abschn. 1.7. Die Basis dieser Verknüpfungen/Relationen sind aber die Operatoren von Abschn. 1.1.6. Und deshalb reden wir hier über *Aussageform* und *Namenfunktion* (siehe Abschn. 1.1.5): Jede elementare Aufgabe verknüpfen wir mit einer Aussageform/mit einer Namenfunktion. Ergänzen wir die Aussageform um das Modalverb „soll" (vgl. Abschn. 1.1.7), dann liegt eine Anforderung vor. Entsprechend ist „kann" mit einem Aufgabenträger verbunden. Die reine Aussage repräsentiert dann einen bestehenden Sachverhalt. Wir spezifizieren mit außerlogischen Konstanten/Variablen: Wir haben die Grundform eines Satzes, bei den Namen ergänzen wir mit Attributen und bei den Funktoren mit Objekten (Namen) und Adverbien. Am Ende ergänzen wir das Mittel „Aufgabenträger". Damit erhalten wir eine realisierende Interpretation des Input-Output-Systems. Mehrere davon verbinden wir mit „und" oder „oder" zur Wirk-/Funktionsstruktur. Jede Fachdisziplin besitzt ihre Baukästen von Namen und Funktoren – die (elementaren) außerlogischen Konstanten hängen von der jeweiligen Disziplin ab.

Beispiel 4.27

Elementare außerlogische Konstanten/Variablen

- **Physik**
  Die Physik kennt heute die sieben Basisgrößen Zeit, Länge, Masse, Stromstärke, Temperatur, Stoffmenge und Lichtstärke, die Maßeinheiten Sekunde, Meter, Kilogramm, Ampere, Kelvin, Mol und Candela und liefert die Vorschriften für das Messen sowie für die zulässige und sinnvolle Verknüpfung dieser Größen.
  – Mechanik: Wir beschränken uns auf die Materie.
  Impuls: kg m/s, Kraft: kg m/s^2, Energie/Arbeit: $\text{kg m}^2/\text{s}^2$, Leistung: $\text{kg m}^2/\text{s}^3$

$x_1 \wedge x_2 \longrightarrow y_1 \wedge y_1 = x_1 + x_2$	Addition: Interpretation: Gesetz der Massenerhaltung
$x_1 \wedge x_2 \longrightarrow y_1 \wedge y_1 = x_1 \cdot x_2$	Multiplikation: Interpretation: Hebel/Verstärker
$x_1 \in 0, 1, 2, 3$	Interpretation: Verstärker mit vier Stellungen
$y_1 \in \mathbb{R}$	Interpretation: Verstärker beliebig skalierbar

  – Elektrik: Wir beschränken uns auf die Energie.
  Als Stromstärke I bezeichnet man die durch den Querschnitt eines Leiters je Zeiteinheit hindurchfließende Ladungsmenge Q: $I = Q/t$. Bei unveränderlichem Widerstand ist die Stromstärke der Spannung direkt proportional: $I = U/R$ (Ohmsches Gesetz). Fließen in einem Verzweigungspunkt mehrere Ströme zu bzw. ab und werten wir die zuströmenden positiv, die abfließenden negativ, so gilt Summe zuströmend = Summe abfließend (1. Kirchhoffsches Gesetz).
- Geometrieentwurf: Gerade, Kreis, Quader, Zylinder usw. $\longrightarrow$ CSG-Entwurf (vgl. Bd. 1, Kap. 4)
  CAD-Systeme unterscheiden sich durch unterschiedliche Mengen an Elementen und Verknüpfungsregeln; 2D, 3D, CSG, BREP, ...
- Handhabung (VDI-Richtlinie 2860) mit entsprechenden Adverbien: "Objekt a in Lage b $[m, m, m]$ mit Kraft c $[\text{kg m/s}^2]$ in Richtung d [Grad] fixieren"
- NC-Programme, G-Funktionen: G-Funktionen beschreiben, was eine Maschine elementar kann. Dazu kommen die Adverbien: So und so schnell, mit/ohne Kühlmittel, mit/ohne Klemmung (vgl. Bd. 1, Kap. 3 und Beispiel 4.15) ◄

Selbstverständlich wird ein Entwerfen mit einem vergleichsweise geringem Neuigkeitsgrad auch zu wenigen Zyklen führen. Die elementare Ebene wird hier durch bereits vorhandene, modulare Aufgabenträger oder Baukästen bestimmt. Entsprechend sind die Schemata in Phase 3 bzw. 4 und als Form 2, 3 oder 4 einzuordnen: Charakteristik, Funktion und Einsatzgebiet eines Aufgabenträgers sind ggf. noch auszuprägen, liegen aber in ihren Bereichen grundsätzlich fest bzw. Aufgabenträger können unverändert aus einem Katalog entnommen werden. „Elementare Ebene" heißt dann auch, dass die Aufgabenträger auf dieser Detaillierungsstufe einen vergleichbaren Aggregationsgrad, eine vergleichbare Zuverlässigkeit, Lebensdauer usw. besitzen. Weniger einheitlich stellt sich die Situation bspw. bei einer Anpassungskonstruktion dar, wenn vor allem die Hauptfunktionsträger neugestaltet und/oder neudimensioniert werden müssen. Dinge, die übernommen werden, sind dann auf der Realisierungsebene elementar, neu zu definierende und neu zu dimensionierende Funktionselemente werden als formales Untersystem übernommen oder gar erst konstituiert und notwendigerweise tiefer gegliedert. Schemata sind dann als Phase 2 mit Form 4 oder 5 einzuordnen. Liegen überhaupt keine Realisierungserfahrungen vor, werden wir Schemata der Phase 1 und 2 und der Form 5 verwenden; Untersysteme und Aufgabenträger müssen erst erarbeitet werden. Und dann bleibt auch nur, das Sachsystem bottom-up zu komponieren; über mehrere Gliederungsebenen werden wir Aufgabenträger einer elementaren Ebene zum Sachsystem der übergeordneten Stufe zusammenführen. Finale Stufe der Zerlegung sind dann die Elemente von Beispiel 4.27. Aber völlig ohne Schema, ohne elementare Vorstellungen, ohne ein zweckmäßiges Kombinieren und eine logisch korrekte Argumentation können wir nicht arbeiten; ein „Erfinden“ aus dem Nichts ist unmöglich (siehe Abschn. 4.1.2). Die Frage ist nur, wo wir im speziellen Fall aufsetzen.

4.2.3.2 Zerlegen

Das Untersuchen bestehender und das Schaffen neuer Technik ist nur möglich, wenn wir die gegebene Aufgabenstellung, das gegebene Pflichtenheft in lösbare Einzelaufgaben, also in Aufgaben zerlegen, denen als Abschluss des Entwerfens ein Aufgabenträger zugeordnet werden kann. Dabei ist sicherzustellen, dass diese Einzelaufgaben einerseits eine vollständige Untergliederung und andererseits eine lückenlose Systemsynthese mit ggf. alternativ verwendbaren Aufgabenträgern, mit gemeinsamen Schnittstellen und einer möglichst effizienten Funktionsstruktur erlauben. Sinnvollerweise treten wir mit einer schrittweisen Vorgehensweise und der Vorstellung eines bestimmten Ordnungsgefüges an diese Aufgabe heran (vgl. Abschn. 4.2.6). Dazu orientieren wir uns an einem (deutschen) Satz bzw. an einer Ausssageform/einer Namenfunktion (Subjekt, Prädikat, Objekt, siehe Abschn. 1.1 und [KOSI69]). In Abschn. 3.1 und 3.4 haben wir uns vor allem Gedanken darüber gemacht, wie wir Anforderungen und Leistungen eindeutig, vollständig und nicht widersprüchlich erfassen. Beispielsweise wollten wir in Abschn. 3.3 einen Föhn realisieren:

Möglichkeit 1: Zustandsbeschreibung
Wir haben zwei verschiedene Luftströme und drei verschiedene Heizstufen. Wenn keine Luft bläst, dann braucht es auch keine Heizung; also bestehen sieben verschiedene Zustände.

Möglichkeit 2: Außensicht funktional
Wir haben neun Inputmöglichkeiten (Schalterstellungen), die wir funktional den sieben Outputmöglichkeiten zuordnen.

Möglichkeit 3: Innensicht funktional

Wir verlassen die Außensicht, „machen das Gehäuse auf", untergliedern das Innenleben und verlangen für das Untersystem „Antrieb" einen bestimmten Motor mit einer bestimmten Schutzklasse.

Mit Möglichkeit 3 haben wir aber schon ein Stück weit konstruiert: Wir haben festgelegt, dass ein bestimmtes Untersystem einen bestimmten Antrieb repräsentiert, und an dieses Untersystem stellen wir jetzt wieder Anforderungen hinsichtlich bestimmter Eigenschaften und des Funktionierens. Gegebenenfalls verlangen wir nur eine bestimmte Leistung und das Einhalten bestimmter Abmessungs- und Kostenschranken. Also sind wir in Möglichkeit 3 bei der Aufgabengliederung – dem ersten Schritt der Problemanalyse. Wir zerlegen aber nur, wenn wir

- einen vorgegebenen untauglichen Föhn aufrüsten/ertüchtigen müssen;
- keinen passenden Föhn gefunden haben und deshalb jetzt einen entwerfen müssen;
- zu Bewertungszwecken die Funktion(sweise) des aus der Menge der Angebotsalternativen auszuwählenden Föhns näher charakterisieren, möglicherweise eine bestimmte Art des „Funktionierens" nachprüfbar vorschreiben wollen.

Beispiel 4.28

Aufgabengliederung Föhn

Aufgabe 1: Erwärmen eines Luftstroms, Aufgabe 2: Erzeugen eines Luftstroms, Aufgabe 3: Reinigen der angesaugten Luft, Aufgabe 4: Fokussieren des Luftstroms, Aufgabe 5: Lokalisieren des Luftstroms an eine bestimmte Stelle am Kopf, Aufgabe 6: Ermöglichen der Anwendung bis 3 m Abstand von einer Steckdose
Aufgabe 1.1: Erwärmen auf 30 Grad, Aufgabe 1.2: Erwärmen auf 40 Grad, Aufgabe 1.3: Erwärmen auf 50 Grad (für jeden wählbaren Luftstrom)
Aufgabe 2.1: Erzeugen von 20 l Luft/Sekunde, Aufgabe 2.2: Erzeugen von 30 l Luft/Sekunde ◄

Auf der Ebene der Schemata und deren Externalisierung, den Untersystemen, ist das Nachweisen des „Funktionierens" zunächst eine Simulation, die ausschließlich eine Modellierung der Aufgabenebene und des Aufgabenvollzugs betrachtet. Der Einsatz von Aufgabenträgern und die Auswirkungen ihrer zusätzlichen Spezifitäten bleibt außen vor; die Frage stellt sich nur nach den notwendigen, geforderten und gewünschten Funktionsumfängen. Erst wenn das Funktionieren auf Aufgabenebene nachgewiesen ist (siehe Abschn. 4.2.4), konstruieren wir das Aufgabenträgersystem (siehe Abschn. 4.2.5 und 4.2.6). Dementsprechend muss es sich in diesem Abschn. 4.2.3 vor allem darum handeln, (Unter-)Aufgaben so zu definieren und gegeneinander abzugrenzen, dass einerseits die Erfüllung der übergeordneten Aufgabe durch ein effektives und effizientes Zusammenwirken der Unteraufgaben, das möglichst reibungslose „Funktionieren" des Aufgabenvollzugs, gewährleistet ist und andererseits geeignete Aufgabenträger gefunden werden können. Gesucht ist demnach das für die jeweilige Zielstellung optimale System der (Unter-)Aufgaben. Möglicherweise liegen hier aus früheren Aufgabenstellungen bereits Aufgabengliederungen vor, die als Vorlage verwendet werden können (Anpassungskonstruktion). In zweiter Linie geht es darum, mögliche Aggregationen/Gruppierungen von (Unter-)Aufgaben für eine effiziente Konzentration mehrerer (Unter-)Aufgaben in einem Aufgabenträger, also eine zielorientierte Zuordnung von (Unter-)Aufgaben zu Aufgabenträgern aufzuzeigen (siehe Abschn. 4.2.5).

Objekt

Wir gehen davon aus, dass wir den Input und den Output des Sachsystems mit einer Namenfunktion beschreiben (können). Damit wird bereits eine Klassifizierung geleistet: Eine Namenfunktion (siehe Abschn. 1.1.5) ist ein Ausdruck mit Variablen; wenn wir für die Variablen Werte einsetzen, dann entsteht ein Name. Die Bereiche der Variablen definieren Klassen. Es bietet sich an, die Bereiche der Variablen für eine Unterteilung von Input und Output zu verwenden (horizontale Gliederung).

Beispiel 4.29

Horizontale Objektgliederung

- **Windkraftwerke**
  Output Rotordurchmesser: Die Durchmesser von den Windkraftwerken verbauter Rotoren reichen von 50 bis 120 m. Wir unterteilen in drei Klassen: 50–90 m, 90–110 m, 110–120 m. Alle drei Klassen können mit Türmen der Höhe 100 m, 125 m, 150 m kombiniert werden.
  Input Getriebewelle: Ausgangspunkt für die Getriebewelle sind Schmiedeteile mit drei unterschiedlichen Längen, vier verschiedenen Durchmessern und zwei unterschiedlichen Materialklassen.

- **Elektrowerke**
  Output Föhn: Es werden vier unterschiedliche Leistungsklassen unterschieden: 500 Watt, 750 Watt, 1000 Watt, 1200 Watt.
  Input Kupferdraht: Für die Wicklungen werden drei verschiedene Drahtdurchmesser verwendet: 1,2 mm, 1,5 mm, 1,8 mm.

- **Motorenwerke**
  Output Vierzylindermotor: Es werden vier unterschiedliche Motorentypen auf sieben Fertigungslinien hergestellt: Zylinderkopffertigung, Nockenwellenfertigung, Pleuelfertigung, Kurbelwellenfertigung, Zylinderkurbelgehäusefertigung, Zylinderkopfmontage, Motorenmontage. ◄

Wir zerlegen die Attributsbereiche vom Input zum Output (vertikale Gliederung); für einzelne Attribute geben wir eine Sequenz der Veränderung in einer Folge von Untersystemen an. Es bleibt offen, ob damit jeweils eigene Funktions- bzw. Zustandsnamen entstehen: In der Fertigungstechnik bspw. tragen die einzelnen Arbeitsvorgänge den Namen des Inputmaterials – zuzüglich der Arbeitsvorgangsnummer. Erst das fertig bearbeitete Teil erhält einen anderen Namen, die (neue) Teilenummer. In jedem Fall ist aber sicherzustellen: Outputattribute des Vorgänger-Input-Output-Systems = Inputattribute des Nachfolger-Input-Output-Systems (Kopplung). Damit vergeben wir für jeden neu vereinbarten Input und Output einen neuen Namen.

Beispiel 4.30

Vertikale Objektgliederung

- **Windkraftwerke**
  Getriebewelle Oberfläche: mit Schmiedezunder – geschruppt – geschlichtet – gehärtet – fein geschlichtet – geschliffen
  Rotor Montagezustand: Teile verfügbar – Nabe vormontiert – Verstellmechanismus – Rotor komplett

- **Elektrowerke**
  Gehäuse: Kunststoffgranulat – Gehäuseschale – Gehäuseschale entgratet – Gehäuseschale etikettiert
  Motorwelle: Draht – abgelängter Stift – Stift formgedreht – Passung gehärtet – Passung geschliffen ◄

In Beispiel 4.30 haben wir Partizipien als namenbildende Funktoren von einem Namenargument verwendet (siehe Abschn. 1.1.4). Dann liegt es nahe, aus dem Partizip Perfekt auf die abgeschlossene Tätigkeit zu schließen und die Unteraufgabe bzw. das funktionale Untersystem entsprechend zu benennen. Gleichzeitig gibt dieses Partizip einen starken Hinweis auf einen möglichen Aufgabenträger.

Wir erhalten mit dieser Art der Gliederung Input-Output-Systeme, die zunächst keine funktionale Bezeichnung besitzen. Natürlich streben wir an, für diese Funktionalität einen möglichst „einfachen“ Namen vergeben zu können, wir suchen ein „elementares“ Lösungsprinzip, das eine 1 : 1-Zuordnung einer bestimmten Attributsausprägung zu einer bestimmten Funktionalität ermöglicht (Namenfunktion $\longleftrightarrow$ Aussageform). Besitzen Input und zugeordneter Output dieselben Attributsausprägungen, dann bleibt nur eine horizontale Objektgliederung. Und wenn die Attribute des Inputs und die Attribute des Outputs keine Untergliederungsmöglichkeiten bieten, bspw. nur ein einziger Durchmesser ohne jede Veränderung der Oberfläche, dann ist auch keine horizontale Unterteilung möglich, in der Regel aber auch nicht nötig. Weitere gängige Gliederungsbegriffe sind bspw.

- Klassifikationen: Materie, Energie, Information oder Herstellteil/Kaufteil;
- Ähnlichkeit: Namenfunktion für rotationssymmetrische Teile: Durchmesser, Länge; für prismatische Teile: Länge, Breite, Höhe;
- Äquivalenzklassen: Hersteller 1/Hersteller 2, unterschiedlicher Wareneingang, separate Lagerung;
- Zustände: Temperatur – flüssig, fest, gasförmig (Aggregatzustand);
- örtliche Gliederung: Lage, Form;
- Phase (siehe unten): Die Gliederungsmöglichkeiten Objekt – Phase gehen immer ineinander über, wenn die Zeit als Veränderung von Zuständen/Attributen vereinbart wird, bspw. Vorlauf, Hauptlauf, Nachlauf.

Funktion

Eine *Funktion* oder Abbildung ist (in der Mathematik) eine Beziehung (Relation) zwischen zwei Mengen, die jedem Element der einen Menge (Funktionsargument) genau ein Element der anderen Menge (Funktionswert) zuordnet [WIKIFUN]. Exakt diese Definition haben wir in Abschn. 2.2.2 für die Definition eines funktionalen Input-Output-Systems verwendet: Einem Input x ist ein Output y zugeordnet.[115] Dabei ist x ein Element einer Menge X von Inputs; x kann selbst wieder für eine Menge von Dingen oder Attributen, y für eine andere Menge von Dingen oder Attributen stehen. X bzw. x können über Namenfunktionen spezifiziert werden. Wichtig ist die Relation: x bewirkt y. Und diese Relation erhält jetzt einen Namen, bspw. „Montieren". Als zugeordnete Aussageform folgt: „Montieren von y aus x". Unterschiedliche Relationsnamen heißen: Es gibt Unterschiede bei den Inputs und/oder Outputs (siehe die Klassifikation in Abschn. 2.2.2). Und damit ist deutlich: Jede Funktionsgliederung können wir in eine Objektgliederung und jede vertikale Objektgliederung in eine Funktionsgliederung überführen. Dazu sind bei einer Funktionsgliederung selbstverständlich sinnvolle Input-Output-Zustände nötig: Bei-

[115] Eine *Aktion* ist ein Elementarvorgang, also ein Vorgang, der auf einer Diskursebene nicht weiter zerlegt wird [FESI93].

Eine *Aktivität* ist ein aus einem Faktorquantumvektor $-\boldsymbol{x}$ und einem zugehörigen Produktquantumvektor $\boldsymbol{y}$ bestehender Vektor $\boldsymbol{z}$ [DANG17, DYCK06].

Eine *Aufgabe* ist etwas, was jemandem zu tun aufgegeben ist [WIKIAUF].

Eine *Funktion* ist in der Mathematik eine Relation zwischen zwei Mengen, die jedem Element der einen Menge genau ein Element der anderen Menge zuordnet. Im wirtschaftswissenschaftlichen Verständnis ist eine Funktion eine funktional beschreibbare Aktion; die Beschreibung des Zusammenhangs von Input und Output erfolgt als mathematische Übergangsfunktion.

Als *Verhalten* wird die beobachtbare Veränderung bezeichnet. Ein Ereignis ist der Übergang von einem Zustand zu einem anderen [WIKISYS].

Eine *Verrichtung* ist das ordnungsgemäße Ausführen einer Arbeit/Angelegenheit [WIKIVER].

Ein *Vorgang* ist etwas, was vor sich geht, abläuft, sich entwickelt [WIKIVOR]: Ein Vorgang ist ein zeiterforderndes Geschehen mit definiertem Anfang und Ende, das Eigenschaften verändert (siehe bspw. [FESI93, DANG03]).

Vergleiche dazu Bd. 2, Kap. 2: Die Aktivität beschreibt das Input-Output-System, die Umsetzung macht die Funktion, bspw. „Wandeln". Diese zunächst qualitative Aussage transformieren wir mittels der Basisaktivität (diskret, additiv, größenproportional, linear).

spielsweise der Wechsel eines Werkzeugs oder der Übergang in ein Lager, der Abgleich mit dem Baukasten einer Funktionsgliederung, der Wechsel der Adverbien bei einem NC-Programm usw. (vgl. Bd. 2, Kap. 6).

So, wie wir bei den Gegenständen Materie, Energie und Information unterschieden haben, bietet sich auch jetzt an, ROPOHL [ROPO75] zu folgen und auf einer ersten Gliederungsebene der funktionalen Gliederung Wandeln (Stoff ändern), Transportieren (Ort ändern) und Speichern (Zeitpunkt ändern) zu unterscheiden: Das Windrad wandelt Wind in Strom, der Föhn Strom in Wind (vgl. Abschn. 2.2.3). Und diese Funktionen erhalten auf den verschiedenen Gliederungsebenen unterschiedliche Namen, bspw. „Föhnen". Wenn wir hier aber exakt sein wollen, dann heißt diese Funktion „Wandeln klatschnasser Haare in trockene lockere Haare". Das könnten wir auch mit Handtüchern bewerkstelligen. Also bezeichnet „Föhnen" bereits ein mögliches Lösungsprinzip (siehe Abschn. 4.2.5). Korrekterweise müssen wir dann auch eine spezielle Inputmenge unter Verbrauch von Zeit in eine spezielle Outputmenge wandeln. Das heißt dann unter bestimmten Voraussetzungen „Fügen" und noch eingeschränkter „Montieren". Wichtiger aber ist: [ROPO75] hat „Stoffeigenschaften ändern, Ort verändern, Zeit verändern" nur auf die Fertigungstechnik gemünzt; wir wollen diese Unterscheidung auf alle Lebensbereiche anwenden, also auch bei der Charakterisierung technischer Produkte bzw. von Sachsystemen.

Wir nehmen die Input-Output-Namen der Eigenschaften (nasse Haare, trockene Haare) und suchen den Namen der Funktion oder umgekehrt: Wir nehmen den Namen des schwarzen Kastens, schauen das Verhalten an und suchen die Namen der Attribute. Demnach betrachten wir bei einer immer tieferen Detaillierung immer abwechselnd Gegenstand/Zustand und Funktion. Und dann spezifizieren/dokumentieren wir mittels Termini wie „natürlich, technisch, biologisch, chemisch, mechanisch, elektrisch usw." die Differenz des Zustands zu Beginn bis zum erreichten Zustand zum Ende, die Geschichte der Veränderung der Attribute. Mehrfach gebrauchen wir dabei die Interpretation: zuerst bei der Spezifikation der Attribute von Input und Output, dann bei der Umsetzung in die Funktion, dann bei der Unterteilung in Untersysteme, dann bei der Zuordnung der Funktionsträger, dann bei der Interpretation der Ergebnisse auf der unteren Ebene (siehe [PICH75]).

Beispiel 4.31

Funktionsgliederung

- Automobilzulieferer
  Montieren, Vorfertigen, Oberflächen behandeln, Wareneingang kontrollieren, Material lagern, Erzeugnisse lagern, Motoren lagern, Leergut lagern, Zentrale Verwaltung, Fertigungs-Verwaltung, Sozialbereich/Kantine, Ausbilden, Instandhalten, Entsorgen
- Windkraftwerke
  (Rohzustand,) Schruppen – Schlichten – Wärmebehandeln – Feinschlichten – Schleifen

- Handhabung (VDI-Richtlinie 2860)
  Handhaben: Eingeben, Weitergeben, Verschieben, Abzweigen, Verzweigen, Zusammenführen, Ordnen, Wenden, Drehen, Zuteilen, Abteilen, Ausgeben, Positionieren, Spannen, Entspannen, Gebinde herstellen, Gebinde auflösen, Halten, Lösen
  Fördern: Tragen, Fahren, Rollen, Rutschen, Gleiten, Fördern
  Kontrollieren: Messen, Prüfen, Identität prüfen, Position prüfen, Orientierung prüfen, Lage prüfen
  Lagern: Bunkern, Magazinieren, geordnetes Speichern, ungeordnetes Speichern
  Fertigen: Urformen, Umformen, Trennen, Beschichten, Stoffeigenschaft ändern, Fügen
- Lager
  - Ein-/Auslagern:
    1. Lagerplatzzuordnung, 1.1 feste Zuordnung, 1.2 freie Zuordnung, 1.2.1 zeitliche Kriterien, 1.2.2 örtliche Kriterien
    2. Aufteilen der Fächer für ein Lagergut, 2.1 Aufteilen nach Zonen (Behältertyp, Schnell-/Normalläufer), 2.2 Zugriffsform (Querverteilung/konzentrierte Zuordnung, Mengenanpassung)
    3. Auflösen/Konsolidieren des Lagerguts, 3.1 Bereitstellen der Lagereinheit statisch/dynamisch, 3.2 Zugabe zur/Entnahme von der Lagereinheit manuell/automatisch, 3.3 Güterzufluss/-abfluss direkt/zentral/dezentral, 3.4 Auftragsbearbeitung einstufig/mehrstufig. 4. Initiierung ereignisweise/periodisch
  - Lagern: ohne örtliche Trennung nach Verrichtungen, mit örtlicher Trennung nach Verrichtungen (Auflöse-, Reserve-, Kommissionierbereich) ◄

Rang

Ein *Rang* drückt die Über-/Unterordnung einer Stufe in einer Hierarchie aus: Das sind bspw. die Dispositions- oder Auflösungsebenen sowie die Vererbungsebenen in einer Erzeugnisstruktur, in einem Handlungssystem die Ziel-, Informations- und Ausführungsebene, in einem Informationssystem die Unterteilung nach Unter- und Hauptprogramm.

Beispiel 4.32

Steuerungshierarchie Informationsverarbeitung (vgl. [DANG99])

Ebene 1: Bereichsrechner
  Ebene 2: Fertigungsleitrechner
    Ebene 3: Werkzeugrechner
      Ebene 4: Werkzeugaufbereitung, Werkzeugspeicher, Werkzeugkommissionierung, Werkzeugbereitstellung, Werkzeugtransport
    Ebene 3: DNC-Rechner
      Ebene 4: Werkstückwechsel, Werkzeugwechsel, NC-Bearbeitung
    Ebene 3: Material/Transportrechner

Ebene 4: Materialspeicher, Spannmittelspeicher, Bereitstellung, Werkstückkontrolle
Ebene 3: Montagerechner
Ebene 4: Materialspeicher, Montagevorrichtungsspeicher, Spannvorrichtungsspeicher, Bereitstellung, RC-Montage
Ebene 2: Montageleitrechner ◄

Beispiel 4.33

Funktionshierarchie Handlungssystem (vgl. Abschn. 2.2.5, [FESI93, DANG03])

In der Außensicht reagiert das Handlungssystem auf Vorereignisse mit entsprechenden Nachereignissen. In der Innensicht differenzieren wir die drei Rangebenen Zielsetzungssystem (Formalziele, Sachziele); Informationssystem (internes Modell, Vorgangssteuerung); Durchführungssystem (Aufgabenträger CAD, CAP, CAQ, CAM, ...). ◄

Phase

Allgemein wird darunter der zeitliche Ablauf der Veränderung von Attributen verstanden (Verhalten). In der Physik bezeichnet eine Phase den Schwingungszustand einer Welle an einer bestimmten Stelle und zu einem bestimmten Zeitpunkt. Hier gilt zweckmäßigerweise: Eine *Phase* bezeichnet eine Stufe in einer stetig verlaufenden Entwicklung oder in einem zeitlichen Ablauf, einen Zeitpunkt oder einen Zeitabschnitt in einem Prozess mit einem bestimmten Zustand. Beispiele sind „Entwurfsphase/Ausarbeitungsphase", „Jugend/Alter" oder „Weichbearbeitung/Hartbearbeitung". Damit bezeichnet eine Phase in der Regel eine spezielle Menge zusammengehöriger Funktionen/Prozesse (siehe bspw. Abschn. 4.2.1 und [PICH75, NONS73]).

Beispiel 4.34

Phase

Wir unterscheiden bei einem Handy/PC/Hochregallager die drei Phasen Inbetriebnahme, (Normal-)Betrieb und Auslauf. Inbetriebnahme und Auslauf werden als Projekt, der Normalbetrieb mit der bestehenden Linienorganisation/im üblichen Tagesablauf abgewickelt. ◄

Zweck

Der *Zweck* ist etwas, was jemand mit einer Handlung beabsichtigt, zu erreichen sucht, das Ziel einer Handlung, die Intention [WIKIZWEC]. Eine solche Gliederung macht dann Sinn, wenn die Zielsetzung nicht auf ein Attribut/auf einen Zustand reduziert werden kann: Wir wollen sichere Software, das bedingt bestimmte Eigenschaften. Wir wollen schnelle Software, das verlangt bestimmte andere Attribute. Wir verlangen eine wartungsfreundliche Software, dann ist eine dritte Menge von Eigenschaften erforderlich. Vergleichbar sind unterschiedliche Einsatzgebiete: Der Mann fährt mit dem Auto ins Büro, die Frau Rallye.

Beispiel 4.35

Gliederung nach Objekt/Funktion/Rang/Phase/Zweck

- Lager: Reserve-/Kommissionier-/Sperr-/Gefahrgut-/Leergut-/Bereitstell-/Rohmateriallager; Eigenschaften von Lagereinheit/-gebinde; Handhabungs-/Inventuraufgaben
- Produktion: Aus Takt/Zeiteinheit folgt Gebinde als Einheit der Vorgabe im Auftrag/der Abrechnung
- Personentransport von a nach b: Alternative Möglichkeiten: Wasser, Land, Luft; Individualverkehr/Sammelverkehr (Vorlauf, Hauptlauf, Nachlauf); Land: Magnet, Straße, Schiene; geführt/nicht geführt; Energie: Potenzial (Federaufzug, Uhr mit Gewicht, ...), Bewegung (Kreisel, ...), elektrische Energie (Oberleitung, Stromschiene, ...), Wärme, fossiler Brennstoff (Tank, Gas, ...), Holz, Atomenergie. Wasser: ... Luft: ... ◄

4.2.4 Komposition des Sachsystems: Modellierung

Ein Windrad aufzubauen, es zu testen und dann wieder abzureißen, um dieses Spiel an einem anderen Standort wieder von vorn zu beginnen, bis man die bestmögliche Lokation/Konstellation gefunden hat, das ist kein Gedanke, den jemand ernsthaft verfolgen würde. Rational handelnd wird dieses Spiel aber sehr wohl mit einem Modell durchgeführt; schon der Zwang zu ökonomisch verantwortetem Handeln legt es nahe, die Wahrheit oder die Unwahrheit einer Aussage über ein technisches System/Sachsystem anhand eines Modells zu entscheiden; bspw. zählt HABERFELLNER [HNBB92] als Verwendungszweck eines Modells auf: Darstellen von Ideen, Zusammenhängen; Erklären eines Tatbestands; Gewinnen von Einsichten in das Verhalten des Systems; Voraussagen über das Verhalten eines Systems; Optimieren von Systemstruktur, -verhalten und/oder -funktion.

Ein Modell M ist ein bewusst konstruiertes Abbild der Wirklichkeit[116], das auf der Grundlage einer Struktur-, Funktions- oder Verhaltensanalogie zu einem entsprechenden Original von einem Subjekt eingesetzt wird, um eine bestimmte Aufgabe[117] lösen zu können, deren Durchführung mittels direkter Operation am Original zunächst oder überhaupt nicht möglich bzw. unter gegebenen Bedingungen zu aufwendig oder nicht

[116] Siehe „Abbildung" in Bd. 1, Kap. 6, Algebra und bspw. [MESC71].
[117] Zum Aufgabenbegriff und zur Aufgabengliederung siehe [NONS73].

zweckmäßig ist [KLBU85].[118] Die Funktion des Modells ergibt sich im Rahmen eines aus Subjekt, Original und Modell bestehenden und damit in seinen inneren Relationen dreistelligen Modellsystems in Abhängigkeit von der gegebenen Zielstellung des Subjekts, das sowohl als ideeller Prozess des menschlichen Bewusstseins, als Menge von Input-Output-Systemen oder bspw. als Simulationssystem eines technischen Systems[119] vorliegen kann.[120] Als Modelle können sowohl natürliche oder technische Objekte[121] als auch Zeichensysteme auftreten. Ein Modell wird verwendet, um Erkenntnisse über das Originalobjekt zu gewinnen (Modell als Menge von Aussagen über einen Ausschnitt der Realität). Ein Modell stellt kein möglichst vollständiges Abbild der Realität dar. Die Modellklassifikation hilft a priori, also vor der Modellierung, deren Ziel und damit auch die anzuwendenden Methoden und Vorgehensweisen zu konkretisieren.

Allen Modellen ist gemeinsam, dass sie nicht willkürlich vom Subjekt hervorgebracht werden können, sondern eigenen inneren Gesetzmäßigkeiten unterliegen, die Gegenstand der Analyse durch das Subjekt sind. Im Falle der stofflich-realen Modelle ergibt sich das bereits aus den spezifischen Qualitäten des Modellsubstrats. Bei Zeichensystemen als Modellsubstrat hat das Subjekt jeweils bestimmte syntaktische Regeln zu beachten. Das Modell muss sich vom Original in jenen Merkmalen qualitativ unterscheiden, die eine direkte Bearbeitung des Originals durch das Subjekt verhindern; andernfalls brächte

[118] In der Modelltheorie der mathematischen Logik versteht man unter einem Modell eines Axiomensystems eine mit gewissen Strukturen versehene Menge, auf die die Axiome des Systems zutreffen. Die Existenz eines Modells beweist, dass sich die Axiome nicht widersprechen: Existieren sowohl Modelle mit einer gewissen Eigenschaft als auch solche, die diese Eigenschaft nicht haben, so beweist dies die logische Unabhängigkeit der Eigenschaft von den Axiomen.

[119] Siehe Abschn. 2.2.4, Technische Systeme.

[120] Es wäre nicht korrekt, den Modellbegriff mit dem des ideellen Abbilds im Sinne der Erkenntnistheorie gleichzusetzen. Ein Abbild entsteht durch ursächliche Einwirkungen des Objekts auf das Subjekt (Umwandlung der Reize in Bewusstseinstatsachen, siehe Abschn. 4.1), ein Modell hingegen wird immer durch das Subjekt zweckbestimmt geschaffen. Es steht in keiner kausalen Beziehung zum Objekt. Das Subjekt arbeitet bei der Herstellung und Auswertung des Modells mit Abbildern sowohl vom Original als auch vom Modell; das Modell ist für das Subjekt ein Gegenstand der Erkenntnis und der operativen Einwirkung, auch im Falle des „ideellen" Modells. Zur Modellierung sind also Abbilder erforderlich, doch ist das Modell nicht notwendig immer zugleich Abbild und umgekehrt. Insbesondere ist nicht jede Abbildung eines realen Prozesses auf mathematische Begriffe bzw. Strukturen bereits eine Modellierung. Von mathematischen Modellen kann deshalb nur dann gesprochen werden, wenn diese Zeichensysteme funktionell im gleichen Sinne als Modellsubstrat genutzt werden wie bei den anderen Modellsituationen.

[121] Ein *Objekt* ist der vom Subjekt unabhängige Gegenstand der menschlichen Erkenntnis und Praxis. Objekte der Erkenntnis sind die mannigfaltigen Erscheinungen, Entwicklungsformen und -produkte der Materie, die im menschlichen Bewusstsein widergespiegelt werden. Die Auffassungen über den Inhalt des Begriffs „Objekt" hängen von der jeweiligen Lösung der Grundfrage der Philosophie ab. Während der Materialismus unter Objekten die unabhängig und außerhalb vom menschlichen Bewusstsein existierenden Erscheinungen jeder Art versteht, erklärt der Idealismus sie entweder für Empfindungskomplexe (Berkeley und nach ihm der Positivismus), für Erzeugnisse des Subjekts (Fichte), für eine Durchgangsstufe in der Entwicklung der Idee (Hegel) oder aber für Schöpfungen eines übernatürlichen Wesens (Thomas von Aquin, Neothomismus) [KLBU85].

der Übergang zur Operation mit dem Modell anstelle des Originals keinen methodischen Vorteil. Zugleich muss das Modell in jenen Eigenschaften dem Original möglichst ähnlich sein, die speziell Gegenstand seiner Nutzung durch das Subjekt sind und dem Zweck der Aufgabe der Modellierung entsprechen.[122] Da sich diese beiden Bedingungen widersprechen, entsteht bei der Modellkonstituierung ein Optimierungsproblem; z. B. ist bei maßstäblich verkleinerten Modellen der ökonomische Vorteil um so größer, je kleiner der Aufwand für seine experimentelle Bearbeitung ist. Andererseits geht die Aussagekraft des Modells, die Exaktheit und Übertragbarkeit der Informationen über das Original, die am Modell gewonnen werden sollen, mit wachsender Verkleinerung und Vereinfachung verloren.

Stachowiak [STAC73] fasst Modell und Original als Attribut- und Prädikatklassen auf, beschreibt sie also als Input-Output-Systeme und definiert die folgenden Modellmerkmale: Das *Abbildungsmerkmal* besagt, dass ein Modell immer das Abbild von etwas – einem Original, das selbst wieder ein Modell sein kann – ist. Die Abbildung wird durch eine Zuordnung zwischen den Eigenschaften des Modells und denen des Origi-

[122] Nicht selten weisen Modelle eine enge äußere Verwandtschaft zur Wirklichkeit auf, ohne aber wirklich anwendbar zu sein: So darf die hohe Detailtreue bei der äußeren Wiedergabe einer Modelleisenbahn nicht darüber hinwegtäuschen, dass es sich – anders als z. B. bei einem Modellsegelflugzeug – um ein Spielzeug handelt, das außer im optischen Eindruck in fast nichts mit der Wirklichkeit übereinstimmt. Dies beginnt mit den Kurvenradien, setzt sich über die Streckensteuerung fort und endet z. B. mit dem Innenleben der Lokomotive und der Energieübertragung.

Ein gegenständliches Modell mittels eines Modellbaukastens kann eine hohe Anschaulichkeit und auch eine hohe Abbildungsgenauigkeit erzielen, wenn z. B. die Steuerung von realem System und Modell identisch ist. Hier hat das rechnerunterstützte Simulationssystem in der Regel Nachteile. Bereits in der Festlegung der Modellgrenzen hat der Modellbaukasten Probleme. Da der zeitliche Ablauf und die Simulationsgeschwindigkeit in der Größenordnung dem realen Ablauf entsprechen werden, können nur wenige Fälle durchgespielt werden. Alle Aussagen werden also wenig abgesicherte Vermutungen sein. Äußerst kritisch wird die Frage nach der Pragmatik: Sollte das Ziel die bestmögliche Dimensionierung von Störpuffern sein, würde dieser Störpuffer im Falle des Modellbaukastens auf ein Störverhalten angelegt, das zwar für den Modellbaukasten, aber nicht für das reale System korrekt ist. Während dieser Sachverhalt für den Modellbaukasten mehr oder weniger systemimmanent ist und sich nicht beheben lassen wird, kann ein geeignetes EDV-unterstütztes Simulationssystem durchaus korrekte Werte mit einer genügend abgesicherten Aussagebasis erzielen.

Eine Hookesche Feder kann leicht anhand eines Gummibands und einiger erklärender Worte dargestellt werden. Man zieht am Gummi und sagt: Einfache Kraft – einfache Dehnung, doppelte Kraft – doppelte Dehnung. Alle Zuhörer nicken, aber das Gummiband gehorcht dieser Gesetzmäßigkeit nicht. EDV-Systeme zur Anordnung von Abteilungen in einem Hallengrundriss verwenden in der Regel drei Tabellen: Die Matrix der Fördermengen, die Matrix der Förderentfernungen und die Matrix der Förderleistungen. Zunächst ist hier festzustellen, dass auf diesen vom Aufbau her identischen Matrizen nicht dieselben Operationen sinnvoll sind (die summierte Förderleistung macht mehr Sinn als die summierten Entfernungen). Noch wichtiger aber ist die Feststellung, dass diesem Modell nur ein einziges Fördersystem entspricht: Jede Abteilung hat für ihren Materialausgang (oder -eingang) ein eigenes Förderzeug. Das Fördern mit einem einzigen Gabelstapler im Direkt- oder Sternverkehr (Leerfahrten!) oder gar in einem Ringverkehr hat mit diesem Modell nichts zu tun.

nals realisiert[123]. Dabei können eine Strukturanalogie, eine Verhaltensanalogie oder eine Funktionsanalogie angestrebt werden. Strukturanalogie liegt vor, wenn die Abbildung eines Systems auf ein Modell insbesondere die Struktur dieses Systems korrekt wiedergibt. In der Literatur wird zum Teil eine Isomorphie (Strukturgleichheit) von System und zugeordnetem Modell gefordert[124]. Eine solche vollständige Übereinstimmung widerspricht aber der eigentlichen Intention der Modellbildung, tatsächliche Elemente, Attribute und Relationen in abstrahierender Art und Weise darzustellen. Deshalb erscheint die Forderung nach Homomorphie (Strukturähnlichkeit), die bei dem Übergang vom Original zum Modell eine gewisse Reduktion und Simplifizierung der betrachteten Sachverhalte beinhaltet, realistischer und praxisnäher. Verhaltensanalogie liegt vor, wenn die Abbildung eines Systems auf ein Modell insbesondere das Verhalten dieses Systems korrekt wiedergibt, also eine Entsprechung der Input-Output-Systeme besteht. Dabei verstehen KLAUS und BUHR [KLBU85] in Abweichung zu ROPOHL [ROPO75], der vor allem eine Objektsicht verfolgt, unter „Verhalten" die funktionale Sicht im Sinne von [ROPO75], während die Funktionssicht ggf. bereits Lösungsprinzipien und mögliche Funktionsträger nennt. Die Abbildungsgenauigkeit eines Modells beeinflusst in hohem Maße sein interpersonelles Verständnis (d. h. die Frage, wie verschiedene Personen das abgebildete System bzw. Modell auffassen und verstehen). Genauigkeit lässt sich durch die Formalisierung der eingesetzten Modellierungsmethode erreichen. Dabei gehen aber alle nicht abgebildeten Gesichtspunkte (Struktur-, Verhaltens- und Funktionsmerkmale) verloren. Bereits mit dem Übergang zum Modell und der Interpretation eines Sachverhalts als System ist ein Verlust an Information verbunden. Mit der fortschreitenden Formalisierung eines Modells nimmt diese Verkürzung zu. Insbesondere wird die äußere, visuelle Verwandtschaft von Modell und Wirklichkeit ggf. vollständig aufgehoben (Abstraktionsgrad des Modells). Die wichtigste Anforderung an ein Modell besteht aber immer darin, dass ein Sachverhalt korrekt wiedergegeben werden muss. Korrektheit wird dabei über die Erfüllung des Modellzwecks definiert. Oft ist diese Forderung nur mit entsprechender Abstraktion zu erfüllen. Ein nur geringer Abstraktionsgrad ist also in keinem Fall ein Indiz für die Richtigkeit und Anwendbarkeit eines Modells (Effektivität vor Effizienz). Das *Verkürzungsmerkmal* spricht die Tatsache an, dass bei der Erstellung eines Modells immer nur diejenigen Eigenschaften des Originals erfasst werden, die dem Modellersteller, dem Subjekt relevant erscheinen. Nur in Kenntnis der Eigenschaften des Modells und des Originals lassen sich die Verkürzung und die davon betroffenen Eigenschaften überhaupt feststellen. Das Merkmal der *Pragmatik* hebt auf den Sachverhalt ab, dass Modell und Original einander nicht per se zugeordnet sind. Vielmehr wird die Zuordnung durch die Fragen „Für wen?", „Warum?" und „Wozu?" relativiert, da ein Modell immer von einem Subjekt innerhalb einer bestimmten Zeitspanne und zu einem bestimmten Zweck für ein Original eingesetzt wird (Interpretation des Modells).

[123] Siehe Abschn. 4.2.2.
[124] Siehe bspw. [PICH75].

4.2.4.1 Basiskonstrukte der Modellierung

Ein jedes Modell dient zur Erfassung entweder der Struktur, der Funktion oder des Verhaltens des Originals. Dabei schließt Ähnlichkeit der Funktion auch solche des Verhaltens, aber nicht notwendig zugleich auch der Struktur ein, während Verhaltensanalogie weder zugleich mit Struktur- noch mit Funktionsanalogie verbunden sein muss; ein und dieselbe Ergebnisfunktion kann bspw. mit „Hobeln" oder „Fräsen" realisiert werden. Die Verwendung des gleichen Substrats für das Modell, wie es beim Original vorliegt, ist in manchen Fällen für eine exakte Beurteilung der Analogie vorteilhaft. Überall dort, wo die Struktur, die Funktion oder das Verhalten des Originals mathematisch beschreibbar sind, wird jedoch zu Modellen aus Zeichensystemen, insbesondere mathematischen Strukturen und Funktionen als Modellsubstrat gegriffen, weil hier die Operation mit Dingen durch die mit Zeichen ersetzt werden kann, wenn ein entsprechender Kalkül vorliegt. Dabei wird als Grenzfall eine isomorphe Abbildung der Struktur des Originals im Zeichenmodell angestrebt. Und dann interpretieren wir $a + b = c$ als den Zugang von b Stück zu einem Bestand von a Stück.

Ziel ist

1. das vollständige – also für alle Input-Output-(Sub-)Systeme – Funktions-/Verhaltensmodell (mit Input-, Output-, Zustands-, Überführungs-, Markierungs- und Ergebnisfunktion (vgl. Abschn. 2.2.1)), dem wir die Lösungs- und Wirkprinzipien sowie die Funktionsträger zuordnen können:
   - eine Funktion (vgl. Abschn. 2.2.1) ordnet einem Input ein Ergebnis zu (Ergebnisfunktion, insbesondere Wandeln und Ortsverändern);
   - das Verhalten (vgl. Abschn. 2.2.1) betrachtet vor allem mögliche Zustandsänderungen (bspw. Temperatur, Druck, Materialbestand, Betriebszustand) und zulässige Ereignisfolgen (Überführungs- und Markierungsfunktion; bspw. einen Lagerbestand als Differenz von Zu- und Abgang);
2. das vollständige Zusammenspiel aller Funktions-/Verhaltensmodelle, also aller Attribute bzw. aller Ereignisse und Zustände, in einer Funktions-/Verhaltensstruktur – wir erklären das „Funktionieren"/das „Verhalten" des (Gesamt-)Systems der übergeordneten Ebene.

Als mathematische Operatoren werden verwendet: Addition, Subtraktion, Multiplikation, Division, Durchschnitt, Vereinigung, Differenz, symmetrische Differenz, Differentiation, Integration (siehe [ROPO75] und Abschn. 2.2.3).

Beispiel 4.36

Übertragungsglieder [FOEL90]

P-Glied: $y = k \cdot x$; I-Glied: $y = k \int x \mathrm{d}t$; D-Glied: $y = k \cdot x'$; T_t-Glied: $y = k \cdot x(t - T_t)$; PT_1-Glied: $Ty' + y = kx$; Summierglied: $y = x_1 + \ldots + x_n$; Multiplizierglied: $y = k \cdot x_1 \cdot x_2$; Dividierglied: $y = kx_1/x_2$; Kennlinienglied: $y = f(x)$ ◄

Und dann können wir die physikalischen Größen wie Masse, Kraft, Moment, Trägheitsmoment, Impuls, Leistung, Arbeit usw. schrittweise auseinander ableiten (siehe Abschn. 2.2.3). Weil alle Größen auf Masse, Raum und Zeit bezogen sind, können wir sie alle anhand dieser drei Größen ineinander überführen. Und damit erhalten wir die elementaren mechanischen Systeme, die elementaren Wirkprinzipien der Mechanik:

- ohne Masse (kg^0-Ebene)
  Weg: m, Zeit: s, Geschwindigkeit: m/s $\longrightarrow$ Veränderung der Länge/des Weges pro Zeiteinheit, Beschleunigung: m/s^2 $\longrightarrow$ Veränderung der Geschwindigkeit je Zeiteinheit
- Masse linear (kg^1-Ebene)
  Impuls: $kg\,m/s$ $\longrightarrow$ Masse $\cdot$ Veränderung des Weges je Zeiteinheit; Kraft: $kg\,m/s^2$ $\longrightarrow$ Veränderung des Impulses je Zeiteinheit, Energie/Arbeit: $kg\,m^2/s^2$ $\longrightarrow$ Kraft über Weg, Leistung: $kg\,m^2/s^3$ $\longrightarrow$ Kraft über Weg je Zeiteinheit
  Dichte: kg/m^3, Druck: $kg\,m/(s^2m^2)$, Moment: $kg\,m^2/s^2$, Trägheitsmoment: $kg\,m^2$

Beispiel 4.37

Physikalische Zusammenhänge

- Impuls = Kraft · Zeit = Masse · Geschwindigkeit: $kg\,m/s = kg\,m/s^2 \cdot s = kg \cdot m/s$
  Input: Kraft, Zeitdauer; Output: Impuls; Operation: Integration oder
  Input: Masse, Geschwindigkeit; Output: Impuls; Operation: Multiplikation
- Kraft = Masse · Beschleunigung: $kg\,m/s^2 = kg \cdot m/s^2$
  Input: Masse, Beschleunigung; Output: Kraft; Operation: Multiplikation
- Energie/Arbeit = Kraft · Weg = Leistung · Zeit = Kraft · Geschwindigkeit · Zeit: $kg\,m^2/s^2 = kg\,m/s^2 \cdot m = kg\,m^2/s^3 \cdot s = kg\,m/s^2 \cdot m/s \cdot s$
  Input: Kraft, Weg; Output: Arbeit; Operation: Integration oder
  Input: Leistung, Zeit; Output: Arbeit; Operation: Integration oder
  Input: Kraft, Geschwindigkeit, Zeit; Output: Arbeit; Operation: Integration
- Leistung = Kraft · Geschwindigkeit: $kg\,m^2/s^3 = kg\,m/s^2 \cdot m/s$
  Input: Kraft, Geschwindigkeit; Output: Leistung; Operation: Multiplikation ◄

Analog können wir nach dem Raum (m^2-, m^1-, m^0-, m^{-1}- m^{-2}-, m^{-3}-Ebene) und nach der Zeit (s^1-, s^0-, s^{-1}, s^{-2}-, s^{-3}-Ebene) einteilen. Mit anderen Worten: Wir können elementare Aufgaben/elementares Verhalten nach der Masse, dem Weg oder der Zeit (partiell) differenzieren oder integrieren und erhalten ein Input-Output-System mit einem entsprechenden Übergangs-/Black-Box-Verhalten. Wir haben bspw. die Masse und die Geschwindigkeit als Inputgrößen und erhalten als Outputgröße den Impuls.

Beispiel 4.38

Einteilen nach der Anzahl der Größen

Eine Größe: Weg (Meter), Masse (Kilogramm), Zeit (Sekunde)
Zwei Größen: Beschleunigung, Geschwindigkeit, Dichte
Drei Größen: Impuls, Kraft, Arbeit, Leistung ◄

Objekt/Verhalten

Wenn wir wie in Abschn. 2.2.3 Input, Output und den Zustand eines (elementaren) Input-Output-Systems betrachten, dann können wir

- als (Objekt-)*Funktionen* unterscheiden Input-, Zustands-, Output-, Überführungs-, Markierungs- und Ergebnisfunktionen.
  Wir bezeichnen in Anlehnung an Bd. 2, Kap. 2 die Menge aller (Ergebnis-)Funktionen bzw. (Input-Output-)Relationen als *Technikmenge* (oder auch Technik, siehe [DIRO04, DYCK06]). Selbstverständlich betrachten wir nur effiziente Funktionen.[125]
- nach der Art der *Abbildung* (Vollständigkeit, Eindeutigkeit) differenzieren: Die Relation ist vorvollständig, nachvollständig, voreindeutig, nacheindeutig, vorvollständig/nacheindeutig (funktional), nachvollständig/voreindeutig, vorvollständig/nachvollständig/nacheindeutig (surjektiv), vorvollständig/nachvollständig/voreindeutig, vorvollständig/nachvollständig/voreindeutig/nacheindeutig (bijektiv) (siehe [PICH75] und Bd. 2, Kap. 4).
- nach der *Strukturierung* des Outputs bei der Abbildung des Inputs unterscheiden: Die Relation ist zerlegend, alternativ, schachtelnd, teilmengenleer, konstant, inputfrei, outputfrei (siehe [PICH75] und Abschn. 2.2.2).
- nach der Art der *Zustandsparametrisierung* einteilen: vollständig, diskret, nichtabschaltend, zerlegend, alternativ, teilmengenleer, parallel, invertierbar (siehe [PICH75] und Abschn. 2.2.2).
- nach der *Skalierbarkeit* gliedern: diskret, additiv, linear, mit der Geschwindigkeit/Zeit über-/unterproportional.

Restriktionsschranken

Mögliche Konzepte: Erzeugnisstrukturen, (Basis-)Aktivitäten und Stellen-Transitions-Netze sind Modelle, die ein Verhalten beschreiben, aber keine Aussagen zu den damit verknüpften Funktionen machen.

[125] Zum Effizienzbegriff siehe bspw. [ROSB92].

Beispiel 4.39

Objekt-/Attributsbetrachtung

- **Nasse Haare ⟶ trockene Haare**
  Wir kennen bestimmte physikalische Prozesse, mit denen wir die Transformation von den nassen zu den trockenen Haaren leisten können. Wir bestimmen – sozusagen auf einem separaten Blatt Papier – den notwendigen energetischen (Wärmeenergie, elektrische Energie, mechanische Energie, ...) und technischen Input (Handtuch, Löschpapier, Feuerholz, ...), dem neben dem Input „nasse Haare" der Output „trockene Haare" in einer Ergebnisfunktion gegenübergestellt wird.
  Eine weitere Differenzierung nach den angeführten Kriterien macht eine Differenzierung des Inputs (klatschnasse Haare, nasse Haare, regennasse Haare, feuchte Haare, ...) und des Outputs „trockene Haare", ggf. auch eine Einführung von Zwischenzuständen erforderlich.

- **Elektrischer Strom**
  Wir kennen bestimmte Formen natürlich vorkommender Energie und bestimmte physikalische Prozesse, mit denen wir die Transformation von der Natur zur elektrischen Energie leisten können. Wir stellen der geforderten elektrischen Energie den bei einem bestimmten physikalischen Prozess erforderlichen Input, bspw. die entsprechende Menge an fossiler Energie oder an Sonnenenergie, gegenüber. Hier können wir ggf. nach den geforderten Energiemengen differenzieren. ◀

Funktion

Wir berechnen/bestimmen bspw. aus dem Input über die (Ergebnis-)Funktion den Output.
Mögliche Konzepte: Arbeitspläne, NC-Programme, Vorgangsorientierte Netzpläne, ...

Beispiel 4.40

Funktionale Betrachtung

- **Haare trocknen**
  Wir kennen bestimmte physikalische Prozesse, mit denen wir die Transformation von den nassen zu den trockenen Haaren leisten können. Wir gehen von einem bestimmten/gegebenen energetischen (Wärmeenergie, elektrische Energie, mechanische Energie, ...) und technischen Input (Handtuch, Löschpapier, Feuerholz, ...), dem Input „nasse Haare" und einer aus dem physikalischen Prinzip abgeleiteten Ergebnisfunktion aus, mit der wir den Output bestimmen können.
  Gegebenenfalls gilt die Ergebnisfunktion für eine Menge verschiedener Inputs.

- **Elektrischer Strom**
  Wir kennen bestimmte Formen natürlich vorkommender Energie und bestimmte physikalische Prozesse, mit denen wir die Transformation von der Natur zur elektrischen Energie leisten können. Wir gehen von dem bei einem bestimmten physikalischen Prozess erforderlichen Input, bspw. der entsprechenden Menge an fossiler Energie oder an Sonnenenergie, und den Gesetzen des physikalischen Prozesses, die wir in eine Ergebnisfunktion transformieren, aus und berechnen den Output an elektrischem Strom. ◀

Objekt/Funktion

Wir berechnen/bestimmen aus dem Input und dem (Funktions-)Zustand über die (Ergebnis-)Funktion den Output; analog alle anderen Funktionen.

Mögliche Konzepte: zeitbewertete Stellen-Transitions-Netze, zeitbewertete Erzeugnisstrukturen

Beispiel 4.41

Objekt-/Funktionsbetrachtung

- **Nasse Haare ⟶ Trocknen ⟶ trockene Haare**
  Wir kennen bestimmte physikalische Prozesse, mit denen wir die Transformation von den nassen zu den trockenen Haaren leisten können. Wir gehen von einem bestimmten/gegebenen energetischen (Wärmeenergie, elektrische Energie, mechanische Energie, ...) und technischen Input (Handtuch, Löschpapier, Feuerholz, ...), dem Input „nasse Haare" und einer aus dem physikalischen Prinzip abgeleiteten Überführungs-, Markierungs- und Ergebnisfunktion aus, mit der wir den Zustand und den Output quantitativ und zeitlich korrekt bestimmen können.
  Gegebenenfalls gilt die Ergebnisfunktion für eine Menge verschiedener Inputs.

- **Elektrischer Strom**
  Wir kennen bestimmte Formen natürlich vorkommender Energie und bestimmte physikalische Prozesse, mit denen wir die Transformation von der Natur zur elektrischen Energie leisten können. Wir gehen von dem bei einem bestimmten physikalischen Prozess erforderlichen Input, bspw. der entsprechenden Menge an fossiler Energie oder an Sonnenenergie, und den Gesetzen des physikalischen Prozesses, die wir in eine Überführungs-, Markierungs- und Ergebnisfunktion transformieren, aus und berechnen den Zustand der Transformation und den Output an elektrischem Strom. ◀

Ereignis/Zustand

- *Zeitmenge*: Ein Tripel $(T, \leq, t_0)$ ist eine Zeitmenge, wenn dafür gilt
  - T bezeichnet eine Menge,
  - $\leq$ ist eine vollständige Ordnungsrelation auf T,
  - t_0 ist das minimale Element in $(T, \leq)$.

Eine Zeitmenge bezeichnen wir mit dem Symbol „*time*“. Das minimale Element $t_0 \in T$ heißt Startzeit der Zeitmenge $(T, \leq, t_0)$. Die Zeitmenge $time|T_{t,t'}$ ist ein *Zeitintervall* mit Beginn t und Ende t'. Die Zeitmenge $time|T_t = \{t'': t'' \in T \wedge t'' < t\}$ ist die *Vergangenheit* von t. Die Zeitmenge $time|T^t = \{t'': t'' \in T \wedge t \leq t''\}$ ist die *Zukunft* von t.

- *Zeitfunktion*: Eine Funktion f, deren Definitionsbereich die Menge T einer Zeitmenge $time = (T, \leq, t_0)$ ist, heißt eine *Zeitfunktion* über der Zeitmenge *time*. Für eine Zeitfunktion $f: T \longrightarrow M$ über $time = (T, \leq, t_0)$ mit Wertebereich M heißt das kartesische Produkt $T \times M$ die der Zeitfunktion f zugrundeliegende *Phasenmenge*. Jedes Element $\langle t, m\rangle \in T \times M$ heißt eine *Phase*.
- *time-Prozess*: Jede Teilmenge P einer gegebenen Menge $time \longrightarrow M$ von Zeitfunktionen heißt ein *time-Prozess* mit Wertebereich M.
- *Zustandsbeschreibung*: Ein geordnetes Paar $\langle P, Z\rangle$ heißt eine Zustandsbeschreibung von P: $\longleftrightarrow$
  - P ist ein Prozess über $(T, \leq)$,
  - Z ist eine Menge von Zeitfunktionen $z: T \longrightarrow \wp(P)$ von T in die Potenzmenge von P.
  - für jeden Zeitpunkt $t \in T$ bildet das Mengensystem $\{z(t): z \in Z\}$ eine Überdeckung von P. Damit gilt $\underset{t \in T \cup z \in Z}{\forall} z(t) = P$.
- *Zustandstrajektorie*: Ist $\langle P, Z\rangle$ eine Zustandsbeschreibung von P, dann heißt
  - jede Zeitfunktion $z \in Z$ eine *Zustandstrajektorie*,
  - jeder Funktionswert $z(t)$ ein *Zustand*.
- *Zustandsmenge*: Die Menge Q mit $Q := \{q: \underset{z \in Z}{\exists} \underset{t \in T}{\exists} q = z(t)\}$, die alle Zustände von $\langle P, Z\rangle$ enthält, heißt die *Zustandsmenge* dieser Zustandsbeschreibung.
- *Erreichbare Zustände*: Für ein beliebiges $t \in T$ ist die Menge $Q(t) := \{q: \underset{z \in Z}{\exists} q = z(t)\}$ die Menge der von $\langle P, Z\rangle$ zur Zeit T erreichbaren Zustände.
- *Eigenschaften von Zustandsbeschreibungen*: Eine Zustandsbeschreibung $\langle P, Z\rangle$ heißt
  - *vergangenheitserweiternd*: $\longleftrightarrow$ für beliebige $t \in T$ ist die Relation $v(t)$, die definiert ist durch $v(t) := \{\langle p <_t q, q\rangle: q \in Q(t) \wedge q \in p\}$, funktional.
  - *vergangenheitsdeterminierend*: $\longleftrightarrow \underset{t \in T}{\forall} \underset{q \in Q(t)}{\forall} p, p^* \in q \longrightarrow p^t = p^{*t}$.
  - *überführend*: $\longleftrightarrow$ für alle $t, t' \in T$ mit $t \leq t'$ ist die Relation $\ddot{u}(t, t')$, die definiert ist durch $\ddot{u}(t, t') := \{\langle\langle q, s\rangle, q'\rangle: q \in Q(t) \wedge q' \in Q(t') \wedge \underset{p \in q \cap q'}{\exists} s = p_{t,t'}\}$, funktional $\wedge_1 \ddot{u}(t, t') = \{\langle q, s\rangle: q \in Q(t) \wedge s \in q_{t,t'}\}$.
- *Zustandsformen*:
  - Die *feinste Zustandsbeschreibung* $\langle P, Z_0\rangle$ eines Prozesses P ist definiert durch $Z_0 := \{z: \underset{p \in P}{\exists} \underset{t \in T}{\forall} z(t) = \{p\}\}$. Ihre Zustandsmenge Q_0 ist $Q_0 = \{\{p\}: p \in P\}$.
  - Die *gröbste Zustandsbeschreibung* $\langle P, Z_1\rangle$ eines Prozesses P ist definiert durch $Z_1 := \{z: \underset{t \in T}{\forall} z(t) = P\}$. Ihre Zustandsmenge Q_1 ist gegeben durch $Q_1 = \{P\}$.

- Die *natürliche Zustandsbeschreibung* $\langle P, Z_2 \rangle$ eines Prozesses P ist definiert durch $Z_2 := \{z\colon \underset{p \in P}{\exists} \underset{t \in T}{\forall} z(t) = p <_t P\}$. Jeder Zustand der natürlichen Zustandsbeschreibung ist eine Erscheinung des Prozesses P bezüglich einer Prozesszeitfunktion p.
- Die *reduzierte Zustandsbeschreibung* $\langle P, Z_3 \rangle$ eines Prozesses P ist definiert durch $Z_3 := \{z\colon \underset{p \in P}{\exists} \underset{t \in T}{\forall} z(t) = \{p^*\colon p^* \in P \wedge (p^* <_t P)_t = (p <_t P)_t\}\}$. Ihre Zustände werden jeweils durch die Menge aller derjenigen Zeitfunktionen $p \in P$ gebildet, bei denen die auf sie bezogenen Erscheinungen $p <_t P$ des Prozesses P gleiche t-Zukunft haben.

- *Konstruierbar/rekonstruierbar*: Für die Relation $\langle q^t, q \rangle$ ist die Vergangenheit von q (und damit alle zugehörigen p) gegeben; der Zustand zu einem bestimmten Zeitpunkt ist zu konstruieren: $q = z(t)$. Wenn die Vergangenheit von q auf genau ein $q, q \in Q(t)$ zielt, dann heißt eine Zustandsbeschreibung $\langle P, Z \rangle$ eines Prozesses P *konstruierbar*: $\longleftrightarrow$ die Relation $\kappa(t)$, die definiert ist durch $\kappa(t) = \{\langle q^t, q \rangle\colon q \in Q(t)\}$, ist für beliebige $t \in T$ funktional. Im Falle einer konstruierbaren Zustandsbeschreibung reicht die Kenntnis von q^t für die Festlegung von q aus; für jede Vergangenheit gibt es nur eine Fortsetzung in die Zukunft. Eine Zustandsbeschreibung $\langle P, Z \rangle$ eines Prozesses P heißt *rekonstruierbar*: $\longleftrightarrow$ die Relation $\psi(t)$, die definiert ist durch $\psi(t) = \{\langle q_t, q \rangle\colon q \in Q(t)\}$, ist für beliebige $t \in T$ funktional. Um einen Zustand $q \in Q(t)$ (und rekursiv dessen t-Vergangenheit) zu bestimmen, reicht die Kenntnis von q_t für die Festlegung von q aus; für jeden Zustand gibt es nur eine Fortsetzung in die Vergangenheit.

Eine Zustandsbeschreibung $\langle P, Z \rangle$ heißt stark konstruierbar/stark rekonstruierbar, wenn eine Zeitfunktion zur Identifikation eines Zustands ausreicht.

Zeit

- *Additive Zeitmenge*: Eine additive Zeitmenge $(T, +, <, t_0)$ wird definiert durch
  1. $(T, +)$ ist ein Monoid mit Nullelement t_0.
  2. $\underset{t,t' \in T}{\forall} \underset{t'' \in T}{\exists} t + t'' = t' \vee t' + t'' = t$.
  3. $\underset{t,t',t'' \in T}{\forall} t + t' = t + t'' \longleftrightarrow t' = t''$.
  4. $\underset{t,t' \in T}{\forall} t' + t = t_0 \longrightarrow t' = t_0$.
  5. $<$ ist eine Relation auf T, die gegeben ist durch $t < t' \colon\longleftrightarrow \underset{t'' \in T}{\exists} t'' \neq t_0 \wedge t + t'' = t'$.

  Eine additive Zeitmenge $(T, +, <, t_0)$ bezeichnen wir mit dem Symbol „$+$*time*".
- *Strom*: Ein Strom ist ein monoton wachsender Prozess P.
  - *Stetiger Strom*: Ein stetiger Strom ist ein monoton wachsender Prozess, der aus einer Menge stetiger Zeitfunktionen besteht, die nur positive reelle Zahlenwerte annehmen können.
  - *Diskreter Strom*: Ein diskreter Strom ist ein monoton wachsender Prozess, dessen Zeitfunktionen nur zu isolierten Zeitpunkten eine Veränderung anzeigen. Ein diskreter Strom, dessen Zuwachs nur ganzzahlige Werte annehmen kann, heißt *Einheitenstrom*.

Beispiel 4.42

Prognoseverfahren

Wir prognostizieren die Bestellungen für das Windrad Sausebraus. Es liegt die monatliche Bestellmenge von Januar bis einschließlich Juni vor. Zu prognostizieren ist die Bestellmenge für den Juli. Wir verwenden eine gleitende Mittelwertbildung über sechs Monate der Vergangenheit.

Monatliche Vergangenheitswerte: 10, 12, 17, 6, 2, 21 (diskreter Ereignisstrom). Der Prognosewert ist $68/6 = 11{,}33$. ◄

- *Regulärer Einheitenstrom*: Ein regulärer Einheitenstrom liegt vor, wenn zu jedem beliebigen Zeitpunkt der Funktionswert 0 oder 1 ist.
- *Strom von Elementen gleicher Klasse*: Darunter verstehen wir eine Folge von Ereignissen, deren Gleichartigkeit in dem Sinne zu verstehen ist, dass nur der Sachverhalt von Bedeutung ist, dass ein Ereignis zu einem gegebenen Zeitpunkt eintritt oder nicht eintritt.
- *Deterministischer Strom*: In einem stetigen oder diskreten deterministischen Strom sind die Werte $f(t)$ aller Zeitfunktionen eindeutig bestimmt.
- *Stochastischer* (Ereignis-)*Strom*: Ein stochastischer Ereignisstrom ist ein Einheitenstrom, der aus einer zufälligen Folge gleichartiger Ereignisse besteht. Er lässt sich durch die Ereignishäufigkeit und den Ankunftsabstand beschreiben.
- *Stationär*: Ein Strom gleichartiger Ereignisse heißt stationär, wenn für ein beliebiges $t > 0$ und ein beliebiges ganzzahliges $k \geq 0$ die Wahrscheinlichkeit dafür, dass im Zeitintervall $(t_0, t_0 + t)$ k Ereignisse auftreten, für alle t_0 gleich ist.
- *Ohne Nachwirkung*: Ein Strom gleichartiger Ereignisse heißt Strom ohne Nachwirkung, wenn die Wahrscheinlichkeit, dass im Intervall $(t_0, t_0 + t)$ genau k Ereignisse auftreten, nicht von der Aufeinanderfolge der Ereignisse bis zum Zeitpunkt t_0 abhängt und die bedingte Wahrscheinlichkeit für das Eintreffen von k Ereignissen im Zeitintervall $(t_0, t_0 + t)$, die bei einer beliebigen Voraussetzung über die Aufeinanderfolge der Ereignisse bis zum Zeitpunkt t_0 bestimmt wurde, gleich der unbedingten Wahrscheinlichkeit desselben Ereignisses ist.

• *Zeitinvariant*: Der *time*-Prozess P ist zeitinvariant gegenüber Verschiebungen, wenn für jede Zeitfunktion f aus P jede t-Verschiebung $f \longrightarrow t$ wieder in P liegt. Dann gilt $\underset{t \in T}{\forall}\ P \longrightarrow t \subset P$.

• *Stark zeitinvariant*: Ein Prozess P heißt stark zeitinvariant, wenn gilt $\underset{t \in T}{\forall}\ P \longrightarrow t = P$.

Zeitsystem

• *Allgemeines Zeitsystem*: Eine Liste $(A, B, X, Y, S, \mathit{time})$ heißt ein allgemeines Zeitsystem, wenn gilt
  - (X, Y, S) ist ein allgemeines System,
  - *time* ist eine Zeitmenge $\mathit{time} = (T, \leq, t_0)$,

- A und B bezeichnen eine Menge,
- X ist ein Prozess über *time* mit Wertebereich A und
- Y ist ein Prozess über *time* mit Wertebereich B.

- *T^t-unabhängig*: Bei einem T^t-unabhängigen allgemeinen Zeitsystem ist für beliebige Zeitpunkte $t \in T$ der Wert $y(t)$ einer Output-Zeitfunktion $y \in Y$ von allen vergangenen Werten $x(t'), t' < t$ einer zugehörigen Inputzeitfunktion $x \in X$ unabhängig: Ein allgemeines Zeitsystem *timeS* heißt *T^t-unabhängig*, wenn gilt: $\underset{x,x' \in X}{\forall} \underset{y,y' \in Y}{\forall} \underset{t \in T}{\forall} x_t = x'_t \wedge x(t) = x'(t) \longrightarrow y(t) = y'(t)$.
- *T_t-unabhängig*: Bei einem T_t-unabhängigen allgemeinen Zeitsystem ist für beliebige Zeitpunkte $t \in T$ der Wert $y(t)$ einer Output-Zeitfunktion $y \in Y$ von allen zukünftigen Werten $x(t'), t < t'$ einer zugehörigen Inputzeitfunktion $x \in X$ unabhängig: Ein allgemeines Zeitsystem *timeS* heißt *T_t-unabhängig*, wenn gilt: $\underset{x,x' \in X}{\forall} \underset{y,y' \in Y}{\forall} \underset{t \in T}{\forall} x^t = x'^t \wedge x(t) = x'(t) \longrightarrow y(t) = y'(t)$.
- *T-unabhängig*: Eine Relation xSy ist von der Vergangenheit und von der Zukunft unabhängig. Der Outputwert $y(t)$ ist nur vom Inputwert $x(t)$ abhängig. Ein allgemeines Zeitsystem *timeS* heißt *T-unabhängig*, wenn gilt: $\underset{x,x' \in X}{\forall} \underset{y,y' \in Y}{\forall} \underset{t \in T}{\forall} x(t) = x'(t) \longrightarrow y(t) = y'(t)$.
- *Zustandsparametrisierung eines allgemeinen Zeitsystems*: Eine Liste $(A, B, X, Y, Z, p, T, \leq, t_0)$ heißt eine Zustandsparametrisierung eines allgemeinen Zeitsystems $(A, B, X, Y, S, T, \leq, t_0)$, wenn gilt: (X, Y, Z, p) ist eine Zustandsparametrisierung des allgemeinen Systems (X, Y, S). Für eine Zustandsparametrisierung eines allgemeinen Zeitsystems *timeS* verwenden wir das Symbol *partimeS*.
- *T_t-unabhängige Zustandsparametrisierung*: Eine Zustandsparametrisierung *partimeS* $= (A, B, X, Y, Z, p, time)$ eines allgemeinen Zeitsystems *timeS*, für die gilt:
  $\underset{z \in Z}{\forall} \underset{x,x' \in X}{\forall} \underset{y,y' \in Y}{\forall} \underset{t \in T}{\forall} x^t = x'^t \wedge x(t) = x'(t) \wedge xp(z)y = x'p(z)y' \longrightarrow y(t) = y'(t)$,
  heißt T_t-unabhängig.
- *T-unabhängige Zustandsparametrisierung*: Eine Zustandsparametrisierung *partimeS* $= (A, B, X, Y, Z, p, time)$ eines allgemeinen Zeitsystems *timeS*, für die gilt:
  $\underset{z \in Z}{\forall} \underset{x,x' \in X}{\forall} \underset{y,y' \in Y}{\forall} \underset{t \in T}{\forall} x(t) = x'(t) \wedge xp(z)y = x'p(z)y' \longrightarrow y(t) = y'(t)$, heißt T-unabhängig.
- *Lineares allgemeines Zeitsystem*: Ein allgemeines Zeitsystem *timeS* $= (A, B, X, Y, S, T, \leq, t_0)$ heißt *linear*, wenn dafür gilt:
  1. A ist ein linearer Raum über K,
  2. B ist ein linearer Raum über K,
  3. X ist ein linearer Raum über K mit
     $\underset{x,x^* \in X}{\forall} \underset{t \in T}{\forall} (x + x^*)(t) := x(t) + x^*(t)$, $\underset{x \in X}{\forall} \underset{\alpha \in K}{\forall} \underset{t \in T}{\forall} (\alpha x)(t) := \alpha \cdot x(t)$,

4. Y ist ein linearer Raum über K mit
$\underset{y,y^* \in Y}{\forall} \; \underset{t \in T}{\forall} (y + y^*)(t) := y(t) + y^*(t), \; \underset{y \in Y}{\forall} \; \underset{\alpha \in K}{\forall} \; \underset{t \in T}{\forall} (\alpha y)(t) := \alpha \cdot y(t)$,
5. (X, Y, S) ist ein lineares allgemeines System.
(X, Y, S) heißt linear, wenn gilt:
a) X ist ein linearer Raum über K,
b) Y ist ein linearer Raum über K,
c) $\underset{x,x^* \in X}{\forall} \; \underset{y,y^* \in Y}{\forall} xSy \wedge x^*Sy^* \longrightarrow (x + x^*)S(y + y^*)$,
d) $\underset{x \in X}{\forall} \; \underset{y \in Y}{\forall} \; \underset{k \in K}{\forall} xSy \longrightarrow kxSky$.

- *Lineare Zustandsparametrisierung*: Eine Zustandsparametrisierung $partimeS = (A, B, X, Y, Z, p, T, \leq, t_0)$ eines allgemeinen Zeitsystems $timeS = (A, B, X, Y, S, T, \leq, t_0)$ heißt *linear*, wenn gilt:
1. *timeS* ist linear,
2. (X, Y, Z, p) ist linear: $p(z') + p(z'') = p(z' + z'')$.

Zustandsdarstellung

- *Zustandsdarstellung*: Eine Liste $(A, B, X, Y, Q_0, Q, \varphi, \beta, T, \leq, t_0)$ heißt eine Zustandsdarstellung eines allgemeinen Zeitsystems $timeS = (A, B, X, Y, S, T, \leq, t_0)$, wenn gilt:
1. Q und Q_0 sind Mengen und es gilt $Q_0 \subset Q$.
2. φ ist eine funktionale Relation von $(T \times Q_0 \times X)$ in Q mit den folgenden Eigenschaften:
a) $\underset{q_0 \in Q_0}{\forall} \; \underset{x \in X}{\forall} (t_0, q_0, x) \in {}_1\varphi \longrightarrow (t_0, q_0, x)\varphi q_0$,
b) $\underset{q_0 \in Q_0}{\forall} \; \underset{x \in X}{\forall} \; \underset{t \in T}{\forall} (t_0, q_0, x) \in {}_1\varphi \longrightarrow (t_0, q_0, x) \in {}_1\varphi$,
3. β ist eine Funktion $\beta\colon T \times Q \times A \longrightarrow B$,
4. Die Relation S des allgemeinen Zeitsystems wird mittels φ und β auf die folgende Weise erzeugt:

$$S := \{\langle x, y \rangle : x \in X \wedge y \in Y \wedge \underset{q_0 \in Q_0}{\exists} \; \underset{t \in T]\exists[q \in Q}{\forall} (t, q_0, x)\varphi q \wedge y(t) = \beta(t, q, x(t))\}$$

Wir verwenden als Zeichen für eine Zustandsdarstellung eines allgemeinen Zeitsystems *timeS* das Symbol *statimeS*. S drücken wir durch Q_0, Q, φ und β aus. Die Menge Q heißt die *Zustandsmenge* von *statimeS*, die Elemente sind die *Zustände*. Die Menge Q_0 bestimmt die *Anfangszustände* von *statimeS*. Die funktionale Relation φ ist die *Zustandsfunktion* von *statimeS*. Gilt bei einem Anfangszustand q_0 für eine Inputfunktion x die Aussage $(t_0, q_0, x) \in {}_1\varphi$, dann wird x in *statimeS* beim Anfangszustand q_0 *akzeptiert*. $X(q_0)$ bezeichnet die Menge aller in *statimeS* beim Anfangszustand q_0 akzeptierten Inputfunktionen: $X(q_0) := \{x : x \in X \wedge (t_0, q_0, x) \in {}_1\varphi\}$. Die Zustandsrelation φ ordnet bestimmten Tripeln (t, q_0, x) Zustände aus Q zu. Gilt $(t, q_0, x)\varphi q$, so überführt die Inputfunktion x zur Zeit t den Ausgangszustand q_0 in *statimeS* in den Zustand q. Die Bedingung 2a) an φ verhindert, dass die Anfangszustände durch Inputfunktionen verändert werden. Die Bedingung 2b) stellt sicher, dass eine bei q_0 akzeptierte Inputfunktion x für jedes Zeitelement t einen Zustand q aus Q festlegt.

- *Zustandstrajektorie*: Jede solche Inputfunktion erzeugt damit die Zeitfunktion $z(.,q_0,x)$: $z(.,q_0,x)\colon T \longrightarrow Q\colon t \longrightarrow z(t,q_0,x) := q$ mit $(t,q_0,x)\varphi q$. $Z(.,q_0,x)$ heißt die von x beim Anfangszustand q_0 erzeugte Zustandstrajektorie.
- *Zustandsprozess*: Die Menge $Z(q_0)$ aller so mit Inputfunktionen x aus $X(q_0)$ erzeugten Zustandstrajektorien, also $Z(q_0) := \{z(.,q_0,x)\colon x \in X(q_0)\}$, ist der zum Anfangszustand q_0 gehörige Zustandsprozess. Die Menge Z, die durch Vereinigung aller dieser zu den einzelnen Anfangszuständen gehörigen Zustandsprozesse entsteht, also $Z := \bigcup\limits_{q_0 \in Q_0} Z(q_0)$, heißt der zu *statimeS* gehörige Zustandsprozess.
- *Outputfunktion*: Die Funktion $\beta\colon T \times Q \times A \longrightarrow B$ ist die Markierungsfunktion von *statimeS*. Einer Inputfunktion x, die beim Anfangszustand q_0 in *statimeS* akzeptiert wird, wird mit β die Outputzeitfunktion y zugeordnet: $y\colon T \longrightarrow B\colon t \longrightarrow y(t) := \beta(t, z(t,q_0,x), x(t))$. Ausgehend von einem gegebenen Anfangszustand $q_0 \in Q_0$ ordnet also *statimeS* mittels φ und β jeder Inputzeitfunktion $x \in X(q_0)$ eindeutig eine Outputzeitfunktion $y\colon T \longrightarrow B$ zu. Die Bedingung 4 stellt sicher, dass die so von *statimeS* erzeugten Input-Output-Paare gerade die Relation S des darzustellenden allgemeinen Zeitsystems *timeS* bilden.
- *Lineare Zustandsdarstellung eines allgemeinen Zeitsystems*: Das allgemeine Zeitsystem *timeS* ist linear, Q_0 und Q sind lineare Räume über K. Eine Zustandsdarstellung *statimeS* $= (A, B, X, Y, Q_0, Q, \varphi, \beta, T, \leq, t_0)$ eines allgemeinen Zeitsystems *timeS* $= (A, B, X, Y, S, T, <, t_0)$ ist daher linear, wenn gilt:
  1. *timeS* ist linear über K.
  2. Q_0 und Q sind lineare Räume über K und Q_0 ist ein Teilraum von Q.
  3. Die Zustandsrelation φ ist gegeben durch

$$\underset{x,x^* \in X}{\forall}\ \underset{q_0,q_0^* \in Q_0}{\forall}\ \underset{q,q^* \in Q}{\forall}\ \underset{t \in T}{\forall} (t,q_0,x)\varphi q \wedge (t,q_0^*,x^*)\varphi q^* \longrightarrow (t, q_0 + q_0^*, x + x^*)\varphi(q + q^*) \quad \text{und}$$

$$\underset{x \in X}{\forall}\ \underset{q_0 \in Q_0}{\forall}\ \underset{q \in Q}{\forall}\ \underset{\alpha \in K}{\forall}\ \underset{t \in T}{\forall} (t,q_0,x)\varphi q \longrightarrow (t, \alpha q_0, \alpha x)\varphi \alpha q.$$

  4. Die Outputfunktion β ist gegeben durch

$$\underset{a,a^* \in A}{\forall}\ \underset{q,q^* \in Q}{\forall}\ \underset{t \in T}{\forall} \beta(t, q + q^*, a + a^*) = \beta(t,q,a) + \beta(t,q^*,a^*) \quad \text{und}$$

$$\underset{a \in A}{\forall}\ \underset{q \in Q}{\forall}\ \underset{\alpha \in K}{\forall}\ \underset{t \in T}{\forall} \beta(t, \alpha q, \alpha a) = \alpha\beta(t,q,a).$$

- *Kausale Zustandsdarstellung*: Eine Zustandsdarstellung $statimeS = (A, B, X, Y, Q_0, Q, \varphi, \beta, T, \leq, t_0)$ heißt *kausal*, wenn gilt

$$\forall_{(q_0,x)(q'_0,x')\in|Q_0\times X|} \ \forall_{t,t'\in T} \ \varphi_0(t, q_0, x) = \varphi_0(t, q'_0, x') \wedge t \leq t' \wedge x_{t,t'} = x_{t,t''}$$
$$\longrightarrow \varphi_0(t', q_0, x) = \varphi_0(t', q'_0, x').$$

- *Transitionsfunktion*: Für jede Zustandsdarstellung $statimeS = (A, B, X, Y, Q_0, Q, \varphi, \beta, T, \leq, t_0)$, die kausal ist, existiert eine Funktion $\xi_0 := |T \times T \times Q \times X| \longrightarrow Q$. $|T \times T \times Q \times X|$ ist eine Teilmenge von $T \times T \times Q \times X$, wobei für alle $(t', t, q, x), (t', t, q, x') \in |T \times T \times Q \times X|$ gilt:
  1. $t' = t \longrightarrow \xi_0(t', t, q, x) = q$,
  2. $t'' \in T_{t,t'} \longrightarrow \xi_0(t', t, q, x) = \xi_0(t', t'', \xi_0(t'', t, q, x), x)$,
  3. $x_{t,t'} = x'_{t,t'} \longrightarrow \xi_0(t', t, q, x) = \xi_0(t', t, q, x')$.

  Der Definitionsbereich $|T \times T \times Q \times X|$ von ξ_0 ist durch $|T \times T \times Q \times X| = \{(t', t, q, x) : t \leq t' \wedge x \in X(t, q)\}$ gegeben.
  Die Funktion ξ_0 heißt die zur *kausalen Zustandsdarstellung gehörige Zustandsfunktion.*
- *Steuerbar*: Für jeden beliebigen Ausgangszustand $q_0 \in Q_0$ gibt es für jeden vorgegebenen Zustand $q \in Q$ eine Inputfunktion $x \in X$ und ein Zeitelement t mit $t > t_0$, sodass q von (q_0, x) aus mittels φ zur Zeit t erreicht wird. Wir beschreiben diese Eigenschaft als eine Eigenschaft der Anfangszustände: Ein Anfangszustand $q_0 \in Q_0$ einer Zustandsdarstellung $(A, B, X, Y, Q_0, Q, \varphi, \beta, T, \leq, t_0)$ von *timeS* heißt *steuerbar*, wenn dafür gilt: $\forall_{q\in Q} \exists_{x\in X} \exists_{t\in T\setminus t_0} (t, q_0, x)\varphi q$. Eine Zustandsdarstellung $(A, B, X, Y, Q_0, Q, \varphi, \beta, T, \leq, t_0)$ von *timeS* heißt *steuerbar*, wenn alle ihre Anfangszustände steuerbar sind. Ein Anfangszustand $q_0 \in Q_0$ einer Zustandsdarstellung $(A, B, X, Y, Q_0, Q, \varphi, \beta, T, \leq, t_0)$ von *timeS* heißt *zeitunabhängig steuerbar* (*T-steuerbar*), wenn dafür gilt: $\forall_{t\in T\setminus t_0} \forall_{q\in Q(t)} \exists_{x\in X} (t, q_0, x)\varphi q$. *statimeS* heißt *zeitunabhängig steuerbar* (*T-steuerbar*), wenn alle Anfangszustände T-steuerbar sind.
- *Beobachtbar*: Eine Zustandsdarstellung *statimeS* ist *beobachtbar*, wenn sich durch Beobachtung eines davon erzeugten Input-Output-Paares $\langle x, y\rangle \in S$ über ein Zeitintervall T^t eindeutig auf den zugehörigen Anfangszustand $q_0 \in Q_0$ schließen lässt. Zu jedem beliebigen Input-Output-Paar $\langle x, y\rangle \in S$ bezeichnen wir mit $Q_0(x, y, t)$ die Menge $Q_0(x, y, t) := \{q_0 : q_0 \in Q_0 \wedge \forall_{t\in T^t} y(t') = \beta(t', q_0, x), x(t'))\}$, wobei $z(., q_0, x) : T \longrightarrow Q$ die von x bei Anfangszustand q_0 erzeugte Zustandstrajektorie bedeutet. $Q_0(x, y, t)$ ist demnach die Menge aller derjenigen Anfangszustände, die in *statimeS* das Input-Output-Segment (x^t, y^t) erzeugen. Ein *Anfangszustand* $q_0 \in Q_0$ einer Zustandsdarstellung $statimeS = (A, B, X, Y, Q_0, Q, \varphi, \beta, T, \leq, t_0)$ von *timeS* heißt *beobachtbar*, wenn dafür gilt $\forall_{x,y\in S} \exists_{t\in T\setminus t_0} q_0 \in Q_0(x, y, t) \longrightarrow Q_0(x, y, t) = \{q_0\}$. Eine Zustandsdarstellung $statimeS = (A, B, X, Y, Q_0, Q, \varphi, \beta, T, \leq, t_0)$ von *timeS* heißt *beobachtbar*, wenn alle ihre Anfangszustände beobachtbar sind.

- *Sequentialmaschine*: Mit einem beliebigem Zeitmodell, mit beliebig eintretenden Ereignissen, die zu beliebigen Zeitpunkten/zufällig eintreten und beliebige Veränderungen verursachen, die zwischen zwei Zeitpunkten t, t' nicht erfasst werden, und gegebenem φ und β macht es Sinn, vom Beginnzeitpunkt t_0 ab den aktuellen Zustand zum Zeitpunkt t mit φ zu bestimmen (Zustandsdarstellung, lineare Zustandsdarstellung, kausale Zustandsdarstellung). Wenn wir aber ein (äquidistantes) diskretes Zeitmodell aufbauen und ein diskreter, zeitabschnittsweise gegebener Ereignisstrom vorliegt (bspw. zeitabschnittsweise zum Endzeitpunkt abgerechnete Istwerte!), dann berechnen wir sinnvollerweise die Zustandsveränderung von Zeitpunkt zu Zeitpunkt.
Es bezeichne $timeS = (A, B, X, Y, S, \mathbb{N}_0, \leq, 0)$ ein Zeitsystem mit der diskreten Zeitmenge $time = (\mathbb{N}_0, \leq, 0)$. $statimeS = (A, B, X, Y, Q_0, Q, \varphi, \beta, \mathbb{N}_0, \leq, t_0)$ sei eine zugehörige kausale Zustandsdarstellung mit zugehöriger Transitionsfunktion ξ_0. Eine Liste $(A, B, Q(.), \delta(.), \lambda(.))$ heißt eine *Sequentialmaschine* des diskreten Zeitsystems $timeS = (A, B, X, Y, S, \mathbb{N}_0, \leq, 0)$, wenn sie mit einer kausalen Zustandsdarstellung $statimeS = (A, B, X, Y, Q_0, Q, \varphi, \beta, \mathbb{N}_0, \leq, t_0)$ von $timeS$ in folgendem Zusammenhang steht:
  - $Q(.): \mathbb{N}_0 \longrightarrow Q: t \longrightarrow Q(t)$.
  - $\delta(.)$ ist die *statimeS* zugehörige *Zustandsüberführungszeitfunktion*.
  - $\lambda(.)$ ist die *statimeS* zugehörige *Ausgabezeitfunktion*.

  Wir definieren für *statimeS* die beiden Funktionen $\delta(.)$ und $\lambda(.)$ wie folgt:
  - $\delta(.): \mathbb{N}_0 \longrightarrow \wp((Q \times A) \times Q): t \longrightarrow \delta(t)$
  - $\lambda(.): \mathbb{N}_0 \longrightarrow \wp((Q \times A) \times B): t \longrightarrow \lambda(t)$

  Die Relationen $\delta(t)$ und $\lambda(t)$ sind durch

$$\delta(t) \subset (Q \times A) \times Q: (q, a)\delta(t)q' :\longleftrightarrow \underset{x \in X(t,q)}{\exists} x(t) = a \wedge \xi_0(t+1, t, q, x) = q' \text{ und}$$

$$\lambda(t) \subset (Q \times A) \times B: (q, a)\lambda(t)b :\longleftrightarrow \underset{x \in X(t,q)}{\exists} x(t) = a \wedge \beta(t, q, x) = b$$

  gegeben. Für eine Sequentialmaschine eines diskreten Zeitsystems *timeS* verwenden wir das Symbol *seqtimeS*.

Beispiel 4.43

Zustandsdarstellung

In einem Fass sind $q_0 = 100$ Liter. Pro Minute kommen $x = 2$ Liter hinzu. Über 120 Liter geht ein rotes Licht an. Wie viel Wasser ist nach 111 Sekunden im Tank? Wann geht das rote Licht an?

Zustandsfunktion φ: $q_t = q_0 + (t - t_0) \cdot x(t, t_0)$
$(t, q_0, x)\varphi = 100 + 2/60 \cdot 111 = 103{,}7$ Liter
Outputfunktion β: $q_0 + (t - t_0) \cdot x(t, t_0) > 120 \longrightarrow$ rotes Licht an
$t_{>120}$: $t > t_0 + 10$ Minuten ◄

Beispiel 4.44

Sequentialmaschine

(1) Wir berechnen jetzt den Wasserstand q von Beispiel 4.43 minütlich:

Zustandsfunktion ξ_0: $q_t \in Q; q_t = q_{t-1} + \text{Zugang}(t-1, t)$;
$Q = \{100, 102, 104, 106, 108, 110, \ldots\}$
Zustandsüberführungszeitfunktion $\delta(t_1)$: $q_1 = q_0 + 2 = 100 + 2 = 102$
Ausgabezeitfunktion $\lambda(t)$: Wenn $q(t) = 120 \longrightarrow q(t+1) \longrightarrow$ rotes Licht an

(2) Wir berechnen den Bestand an offenen Bestellungen von Windrädern (Beispiel 4.35) bei einer Produktionsrate von 10 Windrädern/Monat. Am 1. Januar sind noch 14 Bestellungen offen. 1. Feb.: 14, 1. Mär.: 16, 1. Apr.: 23, 1. Mai: 19, 1. Jun.: 11, 1. Jul.: 22. ◄

Beispiel 4.45

Losgrößen

Wir produzieren Getriebe in Losgrößen von 25 Stück (y), sobald ein Bestand q von nicht mehr als 10 Stück erreicht wird. Monatlicher Verbrauch (x): $10, 12, 17, 6, 2, 21$; Bestand q_0: 34 Stück. q_1 = 24 Stück, q_2 = 12 Stück, $q_3' = -5$, q_3 = 20 Stück, q_4 = 14 Stück, q_5 = 12 Stück, $q_6' = -9$, $q_6 = 16$ ◄

Struktur

Wir geben im Folgenden die wesentlichen formalen Modelle als Graphen an

(# Relation gegeben, o keine Relation)

	1	2	3	4	5	6	7	8
1	0	#	#	#	#	#	#	#
2	#	0	#	#	#	#	#	#
3	#	#	0	#	#	#	#	#
4	#	#	#	0	#	#	#	#
5	#	#	#	#	0	#	#	#
6	#	#	#	#	#	0	#	#
7	#	#	#	#	#	#	0	#
8	#	#	#	#	#	#	#	0

Vollständig verbundene Struktur

	1	2	3	4	5	6	7	8
1	0	#	#	#	#	#	#	#
2	#	0	0	0	0	0	0	0
3	#	0	0	0	0	0	0	0
4	#	0	0	0	0	0	0	0
5	#	0	0	0	0	0	0	0
6	#	0	0	0	0	0	0	0
7	#	0	0	0	0	0	0	0
8	#	0	0	0	0	0	0	0

Sternstruktur

	1	2	3	4	5	6	7	8
1	0	#	0	0	0	0	0	0
2	0	0	#	0	0	0	0	0
3	0	0	0	#	0	0	0	0
4	0	0	0	0	#	0	0	0
5	0	0	0	0	0	#	0	0
6	0	0	0	0	0	0	#	0
7	0	0	0	0	0	0	0	#
8	#	0	0	0	0	0	0	0

Kreisstruktur

	1	2	3	4	5	6	7	8
1	0	#	0	0	0	0	0	0
2	0	0	#	0	0	0	0	0
3	0	0	0	#	0	0	0	0
4	0	0	0	0	#	0	0	0
5	0	0	0	0	0	#	0	0
6	0	0	0	0	0	0	#	0
7	0	0	0	0	0	0	0	#
8	0	0	0	0	0	0	0	0

Kettenstruktur

	1	2	3	4	5	6	7	8
1	0	#	0	0	#	0	0	0
2	#	0	#	0	0	#	0	0
3	0	#	0	#	0	0	#	0
4	0	0	#	0	0	0	0	#
5	#	0	0	0	0	#	0	0
6	0	#	0	0	#	0	#	0
7	0	0	#	0	0	#	0	#
8	0	0	0	#	0	0	#	0

Leiterförmige Struktur

	1	2	3	4	5	6	7	8
1	0	#	0	0	#	0	0	0
2	#	0	0	#	#	0	0	0
3	0	#	0	0	0	#	0	0
4	#	0	#	0	#	0	#	0
5	0	#	#	0	0	#	0	0
6	0	0	#	0	0	0	0	#
7	0	0	#	#	#	#	0	#
8	0	0	#	#	0	0	#	0

Allgemeines Netzwerk

	1	2	3	4	5	6	7	8
1	0	#	#	0	0	0	0	0
2	#	0	0	#	#	0	0	0
3	#	0	0	0	0	#	#	#
4	0	#	0	0	0	0	0	0
5	0	#	0	0	0	0	0	0
6	0	0	#	0	0	0	0	0
7	0	0	#	0	0	0	0	0
8	0	0	#	0	0	0	0	0

Baumstruktur

Beispiel 4.46

Spezielle Ausprägungen

	1	2	3	4	5	6	7	8
1	0	0	0	0	0	0	0	0
2	#	0	0	0	0	0	0	0
3	#	0	0	0	0	0	0	0
4	#	0	0	0	0	0	0	0
5	0	#	0	0	0	0	0	0
6	0	#	0	0	0	0	0	0
7	0	#	0	0	0	0	0	0
8	0	#	0	0	0	0	0	0

n:1-Struktur

	1	2	3	4	5	6	7	8
1	0	#	0	0	#	0	0	0
2	#	0	0	#	#	0	0	0
3	0	#	0	0	0	#	0	0
4	#	0	#	0	#	0	#	0
5	0	#	#	0	0	#	0	0
6	0	0	#	0	0	0	0	#
7	0	0	#	#	#	#	0	#
8	0	0	#	#	0	0	#	0

Allgemeines m:n Netzwerk

	1	2	3	4	5	6	7	8
1	0	#	#	#	0	0	0	0
2	0	0	0	0	#	#	#	#
3	0	0	0	0	0	0	0	0
4	0	0	0	0	0	0	0	0
5	0	0	0	0	0	0	0	0
6	0	0	0	0	0	0	0	0
7	0	0	0	0	0	0	0	0
8	0	0	0	0	0	0	0	0

1:n-Struktur

	1	2	3	4	5	6	7	8	11	12	13	14	15	16	17	18
1	0	#	0	0	0	0	0	0	#	0	0	0	0	0	0	0
2	0	0	#	0	0	0	0	0	0	#	0	0	0	0	0	0
3	0	0	0	#	0	0	0	0	0	0	#	0	0	0	0	0
4	0	0	0	0	#	0	0	0	0	0	0	#	0	0	0	0
5	0	0	0	0	0	#	0	0	0	0	0	0	#	0	0	0
6	0	0	0	0	0	0	#	0	0	0	0	0	0	#	0	0
7	0	0	0	0	0	0	0	#	0	0	0	0	0	0	#	0
8	0	0	0	0	0	0	0	0	0	0	0	0	0	0	0	#

Linear mit Nebenschluss (Spine)

◄

Die folgende Definition ungerichteter Graphen orientiert sich an [DöMü73] und führt Kanten als Paare von Knoten ein. Ungerichtete Graphen verwenden wir dann, wenn wir (noch) keine Ausage über die Richtung der Relation treffen können/wollen oder die Relation generell in beiden Richtungen gleichermaßen gilt. Ein ungerichteter Graph G_u besteht aus einer Menge *KN*, den Knoten von G, und einer Menge *KA* von ungeordneten Paaren $ka = \{x, y\}$ verschiedener Elemente aus *KN*, den Kanten von G. Es gilt $G = (KN, KA)$. Hier wird eine Einschränkung auf Graphen $G(KN, KA)$ vorgenommen, bei denen *KN* aus einer endlichen Anzahl von Knoten besteht. Eine Kante $[x, y]$ verbindet ihre Endpunkte x und y; x und y sind adjazent. Der Knoten x und die Kante $[x, y]$ heißen inzident. Zwei Kanten mit dem Endknoten x sind adjazent. Eine Kantenfolge von kn_1 nach kn_n im Graphen G ist eine endliche Folge von Kanten $[kn_1, kn_2], [kn_2, kn_3], \ldots, [kn_{n-1}, k_n]$, sodass je zwei aufeinanderfolgende Kanten einen gemeinsamen Endpunkt besitzen. Wenn $kn_1 \neq kn_n$ gilt, dann ist die Kantenfolge offen. Mit $kn_1 = kn_n$ ist die Kantenfolge geschlossen. Eine Kantenfolge, bei der die Kanten voneinander verschieden sind, ist ein Kantenzug. Eine offene Kantenfolge, in der alle Knoten $kn_1, \ldots, kn_n$ verschieden sind, ist ein Weg W.

	1	2	3	4	5	6
1	o	#	o	#	o	o
2	#	o	#	o	#	o
3	o	#	o	o	#	#
4	#	o	o	o	#	o
5	o	#	#	#	o	#
6	o	o	#	o	#	o

Die Kanten $[3, 2], [2, 1], [1, 2], [2, 5]$ bilden eine offene Kantenfolge, aber keinen Kantenzug, die Kanten $[3, 2], [2, 1], [1, 4], [4, 5], [5, 2], [2, 3]$ eine geschlossene Kantenfolge. Die Kanten $[3, 2], [2, 5], [5, 3], [3, 6]$ sind ein Kantenzug, kein Weg; die Kanten $[3, 2], [2, 1], [1, 4], [4, 5], [5, 6]$ sind ein Weg. Ein geschlossener Kantenzug ist ein Kreis, wenn alle Knoten verschieden sind. Die Kanten $[3, 2], [2, 1], [1, 4], [4, 5], [5, 6]$ bilden einen Kreis. Ein zusammenhängender Graph ohne Kreise ist ein Baum. Wenn jede Komponente eines Graphen G ein Baum ist, dann ist G ein Wald. Die beiden folgenden Graphen sind Bäume. Damit ist ihre Vereinigung ein Wald (siehe Bd. 4, Kap. 2).

	1	2	3	4	5	6	7	8	9	10	11
1	0	#	0	0	0	0	0	0	0	0	0
2	#	0	0	#	0	0	0	0	0	0	0
3	0	0	0	#	0	0	0	0	0	0	0
4	0	#	#	0	0	0	0	#	0	0	0
5	0	0	0	0	0	#	0	0	0	0	0
6	0	0	0	0	#	0	0	#	0	0	0
7	0	0	0	0	0	0	0	#	0	0	0
8	0	0	0	#	0	#	#	0	#	0	0
9	0	0	0	0	0	0	0	#	0	#	0
10	0	0	0	0	0	0	0	0	#	0	#
11	0	0	0	0	0	0	0	0	0	#	0

	1	2	3	4	5	6	7
1	0	0	0	#	0	0	0
2	0	0	0	#	0	0	0
3	0	0	0	#	0	0	0
4	#	#	#	0	#	0	0
5	0	0	0	#	0	#	#
6	0	0	0	0	#	0	0
7	0	0	0	0	#	0	0

Gegeben seien zwei Graphen $G_1 = (KN_1, KA_1)$ und $G_2 = (KN_2, KA_2)$. Eine bijektive Abbildung φ von KN_1 auf KN_2 ist ein Isomorphismus von KN_1 auf KN_2, wenn $[x, y] \in KA_1$ genau dann ist, wenn $[\varphi x, \varphi y] \in KA_2$ gilt. Gibt es einen Isomorphismus von KN_1 auf KN_2, dann sind G_1 und G_2 isomorph ($G_1 \cong G_2$).

Eine zulässige Färbung eines Graphen liegt vor, wenn man jedem Knoten von G eine Farbe so zuweist, dass je zwei adjazente Knoten verschiedenen Farben erhalten: Eine Abbildung f von $KN(G)$ auf die Menge $\{1, 2, 3, \ldots, m\}$ heißt eine Färbung des Graphen G mit m Farben. Eine Färbung f ist zulässig, wenn $KA(f^{-1}(i)) = \emptyset$ für alle i ist. Dann spannt $f^{-1}(i)$ einen Teilgraphen auf, in dem keine zwei Knoten durch eine Kante verbunden sind. Der folgende Graph lässt sich mit drei Farben zulässig färben, wenn den Knoten 1 und 5 die Zahl/Farbe 1, den Knoten 3 und 6 die Zahl/Farbe 2 und den Knoten 2, 4 und 7 die Zahl/Farbe 3 zugeordnet wird.

	1	2	3	4	5	6	7
1	0	#	#	#	0	#	#
2	#	0	#	0	0	0	0
3	#	#	0	#	0	0	0
4	#	0	#	0	#	0	0
5	0	0	0	#	0	#	0
6	#	0	0	0	#	0	#
7	#	0	0	0	0	#	0

Ein gerichteter Graph G_g ist eine Menge $KN = KN(G)$ zusammen mit einer Menge $KA = KA(G)$ von geordneten Paaren $[x, y]$ verschiedener Elemente aus KN. Im Gegensatz dazu sagen die Kanten bei einem ungerichteten Graphen nichts über eine Richtung aus (symmetrische Relation). Sind zwei adjazente Knoten stets nur in eine Richtung verbunden, liegt eine einseitig gerichtete Struktur vor. Sind sie stets in beide Richtungen verbunden, so sprechen wir von einer zweiseitig gerichteten Struktur. Beide Möglichkeiten treten in gemischt gerichteten Strukturen auf. Mit $d^+(x)$ wird die Anzahl der von x ausgehenden Kanten $ka = [x, y]$, mit $d^-(x)$ die Anzahl der in x eingehenden Kanten $ka = [y, x]$ bezeichnet. Der Grad von G ist die Summe von $d(x) = d^+(x) + d^-(x)$. Eine Folge von Kanten $ka_1, ka_2, \ldots, ka_n$ mit $ka_i = [x_{i-1}, x_i] \in KA(G)$ für $i = 1, 2, \ldots, n$ heißt eine gerichtete Kantenfolge im gerichteten Graphen G. Die gerichtete Kantenfolge ist offen bei $kn_0 \neq kn_n$, sonst ist sie geschlossen. Ein gerichteter Kantenzug ist eine gerichtete Kantenfolge, bei der alle ka_i verschieden sind. Ein gerichteter Weg oder eine Bahn ist eine gerichtete Kantenfolge mit nur verschiedenen Knoten kn_i, $i = 0, 1, 2, \ldots, n$. Ein einzelner Knoten kn bildet einen gerichteten Weg von kn zu kn. Ein gerichteter Kreis ist ein geschlossener gerichteter Kantenzug, in dem alle kn_i, $i = 0, 1, 2, \ldots, n-1$ verschieden sind. Ein minimaler gerichteter Kreis besteht aus nur zwei Kanten $[x, y]$ und $[y, x]$. Die Anzahl der Kanten in einer Bahn ist die Länge der Bahn und die Länge der kürzesten Bahn von x nach y ist der Abstand $d(x, y)$.

Ein gerichteter Graph heißt stark zusammenhängend, wenn je zwei Knoten x und y durch je einen Weg in beide Richtungen verbunden sind. In einem zusammenhängenden Graphen muss dies nur in eine Richtung gelten. Der linke Graph ist stark zusammenhängend, der rechte nur zusammenhängend.

	1	2	3	4	5
1	0	#	0	0	0
2	0	0	#	0	0
3	0	0	0	#	#
4	#	0	0	0	0
5	0	0	0	#	0

	1	2	3	4	5	6
1	0	#	0	0	0	0
2	0	0	#	0	0	0
3	0	0	0	#	#	0
4	#	0	0	0	0	0
5	0	0	0	#	0	#
6	0	0	0	0	0	0

Eine starke Komponente eines gerichteten Graphen G_g ist ein maximaler stark zusammenhängender Teilgraph von G. Ist G_g ein gerichteter Graph mit den starken Komponenten $K_1, K_2, \ldots, K_r$, so ist der reduzierte gerichtete Graph G_R erklärt durch $KN(G_R) = \{K_1, K_2, \ldots, K_r\}$, $KA(G_R) = \{(K_i, K_j) \mid \exists x \in K_i, y \in K_j \text{ mit } [x, y] \in KA(GR_g)\}$. Wir geben die Reduktion für den folgenden gerichteten Graphen an.

	1	2	3	4	5	6	7	8	9
1	0	0	0	0	#	0	0	0	0
2	#	0	0	0	0	0	0	0	0
3	0	#	0	#	0	#	0	0	0
4	0	0	#	0	0	0	0	#	0
5	0	#	#	0	0	#	0	0	0
6	0	0	0	0	0	0	#	0	0
7	0	0	0	0	0	0	0	0	#
8	0	0	0	0	0	0	#	0	0
9	0	0	0	0	0	0	0	#	0

	K_1	K_2	K_3	
K_1	○	●	○	$K1 = \{1, 2, 3, 4, 5\}$
K_2	○	○	●	$K2 = \{6\}$
K_3	●	○	○	$K3 = \{7, 8, 9\}$

Wenn es einen gerichteten Weg von x nach y gibt, heißt der Knoten y vom Knoten x aus erreichbar und wir schreiben $x \longrightarrow y$. Es gilt stets $x \longrightarrow x$. Eine Basis eines gerichteten Graphen G_g ist eine minimale Teilmenge $B_G \subset KN(G_g)$, von der aus jeder Knoten aus

G_g erreichbar ist. Eine Teilmenge $B_G \subset KN(G_g)$ ist genau dann eine Basis von G_g, wenn gilt:

- Zu jedem $y \in KN(G_g)$ existiert ein $x \in B_G$ mit $x \longrightarrow y$.
- für $x_1 \neq x_2 \in B_G$ existiert weder $x_1 \longrightarrow x_2$ noch $x_2 \longrightarrow x_1$.

Enthält ein gerichteter Graph G_r keinen gerichteten Kreis, dann heißt er azyklisch. Eine Arboreszenz *ARB* ist ein azyklischer gerichteter Graph, in dem für genau einen Knoten kn_0 $d^-(kn_0) = 0$ und für alle übrigen Knoten $d^-(kn) = 1$ gilt. Der Knoten kn_0 heißt Wurzel von *ARB*, die Knoten $d^+(kn) = 0$ heißen Endknoten von *ARB*.

	1	2	3	4	5	6	7	8	9	10	11	12	13	14
1	0	#	#	#	#	0	0	0	0	0	0	0	0	0
2	0	0	0	0	0	0	0	0	0	0	0	0	0	0
3	0	0	0	0	0	#	#	#	0	0	0	0	0	0
4	0	0	0	0	0	0	0	0	#	#	0	0	0	0
5	0	0	0	0	0	0	0	0	0	0	#	0	0	0
6	0	0	0	0	0	0	0	0	0	0	0	0	0	0
7	0	0	0	0	0	0	0	0	0	0	0	0	0	0
8	0	0	0	0	0	0	0	0	0	0	0	0	0	0
9	0	0	0	0	0	0	0	0	0	0	0	0	0	0
10	0	0	0	0	0	0	0	0	0	0	0	0	0	0
11	0	0	0	0	0	0	0	0	0	0	0	0	0	0
12	0	0	0	0	0	0	0	0	0	0	0	0	#	#
13	0	0	0	0	0	0	0	0	0	0	0	0	0	0
14	0	0	0	0	0	0	0	0	0	0	0	0	0	0

Arboreszenz

	1	2	3	4	5	6	7	8	9	10	11	12	13
1	0	#	#	0	0	0	0	0	0	0	0	0	0
2	0	0	0	#	#	0	0	0	0	0	0	0	0
3	0	0	0	0	0	#	#	0	0	0	0	0	0
4	0	0	0	0	0	0	0	#	#	0	0	0	0
5	0	0	0	0	0	0	0	0	0	#	#	0	0
6	0	0	0	0	0	0	0	0	0	0	0	0	0
7	0	0	0	0	0	0	0	0	0	0	0	#	#
8	0	0	0	0	0	0	0	0	0	0	0	0	0
9	0	0	0	0	0	0	0	0	0	0	0	0	0
10	0	0	0	0	0	0	0	0	0	0	0	0	0
11	0	0	0	0	0	0	0	0	0	0	0	0	0
12	0	0	0	0	0	0	0	0	0	0	0	0	0
13	0	0	0	0	0	0	0	0	0	0	0	0	0

Binäre Arboreszenz

Wir bezeichnen die Länge eines Weges von kn_0 nach kn als den Rang von kn. Eine Arboreszenz *ARB* ist eine binäre Arboreszenz, wenn für alle $kn \in KN(ARB)$ entweder $d^+(kn) = 0$ oder $d^+(kn) = 2$ gilt.

Im Folgenden ist G ein Graph, dessen Knoten und Kanten mit einer festen Nummerierung versehen sind: $KN(G) = \{kn_1, kn_2, \ldots, kn_n\}$, $KA(G) = \{ka_1, ka_2, \ldots, ka_m\}$. Zur gegebenen Nummerierung von $KN(G)$ und $KA(G)$ ist die Inzidenzmatrix $M_I(G)$ eine $n \times m$-Matrix $\{b_{ij}\}$, wobei die b_{ij} definiert sind durch $b_{ij} = \{1,$ wenn kn_i und ka_j inzident sind; 0 sonst$\}$, die Adjazenzmatrix $MA(G)$ eine $n \times n$-Matrix $\{a_{ij}\}$ mit $a_{ij} = \{1,$ wenn kn_i und kn_j adjazent sind; 0 sonst$\}$. Für die symmetrische Matrix $MA(a_{ij} = a_{\mathrm{ji}})$ gilt bei schlichtem Graphen $a_{\mathrm{ii}} = 0$; $i = 1, 2, 3, \ldots, n$. Liegen Mehrfachkanten vor, setzt man $a_{ij} = r$. Ist *GB* ein bewerteter Graph und sind seinen Kanten gewisse Zahlen zugeordnet, so wird dies durch eine bewertete Adjazenzmatrix $\{g_{ij}\}$ wiedergegeben. Dabei ist g_{ij} die Bewertung $[kn_i, kn_j]$, wenn $[kn_i, kn_j] \in KA(G_B)$ ist und sonst 0.

Gegebenenfalls werden in Graphen mehrere Klassen von Knoten unterschieden. So wird bspw. die Inzidenzmatrix für ein Petri-Netz mit den beiden Klassen Stellen und Transitionen wie folgt angegeben: Zu jeder Transition $t_j \in TPN$ eines Petri-Netzes PN ist ein Vektor $\boldsymbol{t_j} = \{t_{j_1}, t_{j_2}, \ldots, t_{j|SPN|}\}$ komponentenweise definiert durch $t_{\text{ji}} = \{-w(s_i, t_j),$ falls $(s_i, t_j) \in FPN; w(t_j, s_i),$ falls $(t_j, s_i) \in FPN; 0$ sonst$\}$ mit $i = \{1, 2, \ldots, |SPN|\}$ und $j = \{1, 2, \ldots, |TPN|\}$. Dabei stellt die Transitionenmenge TPN die Knotenklasse 1 und die Stellenmenge die Knotenklasse 2 dar, deren Elemente durch die Kantenmenge $FPN \subseteqq SPN \times TPN \cup TPN \times SPN$ verbunden werden.

Im Zusammenhang mit Flussproblemen bezeichnen wir einen zusammenhängenden gerichteten Graphen als Netzwerk NW. Ein ganzzahliger Fluss auf einem Netzwerk NW ist eine Abbildung φ von $KA(NW)$ in die Menge der ganzen Zahlen. Für $ka \in KA(NW)$ wird $\varphi(ka)$ als Fluss durch die Kante ka bezeichnet. Ist $\varphi(ka) > 0$, so fließt φ in der Richtung von ka, für $\varphi(ka) < 0$ gegen die Richtung von ka. Für $ka = [x, y]$ schreiben wir $\varphi(ka) = \varphi[x, y]$. Im Folgenden beschränken wir uns auf nichtnegative Flüsse $\varphi(ka) \geq 0$ für alle Kanten $ka \in KA(NW)$. φ ist ein Fluss von a nach b, wenn a und b gegebene Knoten im Netzwerk NW sind, mit $d^-(a)$ und $d^+(b) = 0$.

Ist jeder Kante ka von NW eine nichtnegative ganze Zahl $\partial(ka)$ zugeordnet, so ist NW ein Netzwerk mit Kapazitäten. Dabei ist $\partial(ka)$ die Kapazität der Kante ka; $\partial(ka)$ die maximale Anzahl von Einheiten, die durch ka transportiert werden können. Ein Fluss φ von a nach b heißt zulässig, wenn für alle $ka \in KA(NW)$ stets $\varphi(ka) \leq \partial(ka)$ gilt. Eine Kante ka heißt gesättigt, wenn $\varphi(ka) = \partial(ka)$ gilt. Ein maximaler Fluss von a nach b ist ein zulässiger Fluss mit größtmöglichem Wert $\varphi(a)$.

Als einen Schnitt im Netzwerk NW mit der Quelle a und der Senke b wird ein Paar (P, P') von Teilmengen P, P' von $KN(NW)$ mit $P \cap P' = \emptyset$, $P \cup P' = KN(NW)$ und $a \in P, b \in P'$ bezeichnet. Die Kanten $[x, y]$ mit $x \in P$ und $y \in P'$ bilden daher eine trennende Kantenmenge für a und b. Als Kapazität $\partial(P, P')$ des Schnitts (P, P') bezeichnen wir die Summe $\partial(P, P') = \sum \partial[x, y]$ mit $x \in P, y \in P'$. Dabei gilt: Der Wert jedes zulässigen Flusses im Netzwerk NW ist höchstens gleich der Kapazität jedes Schnitts in NW.

Ein Bedarf auf dem Netzwerk NW ist eine Abbildung $kn \longrightarrow KN(NW)$ von $KN(NW)$ in die ganzen Zahlen. Ein Bedarf d auf NW heißt erfüllbar, wenn es einen zulässigen Fluss φ auf NW gibt, sodass für alle $kn \in KN(NW)$ gilt $\varphi^-(kn) - \varphi^+(kn) = -\varphi(kn) \geq d(kn)$. Diese Bedingung besagt, dass der Fluss in den Knoten kn mindestens gleich dem Bedarf im Knoten kn sein muss. Wenn wir einen negativen Bedarf als Produktion deuten, dann gilt bei $d(kn) < 0$, dass $\varphi^+(kn) - \varphi^-(kn) \leq -d(kn)$ ist. Damit ist der Fluss aus einem Knoten höchstens gleich dem Betrag der Produktion.

Beispiel 4.47

Spezielle Interpretationen

- **Stufenweise Auflösung**
  Die stufenweise Auflösung wird als Arboreszenz (gerichteter Graph; outputseitig determiniert) dargestellt. Ausgegangen wird von einem Gesamtsystem, das aus mehreren Untersystemen aufgebaut ist. Jedes Untersystem enthält seinerseits weitere

Untersysteme usw. („Stückliste" des Gesamtsystems). Wir können aber auch den umgekehrten Weg der Betrachtung wählen. Dann geht es um die Frage, in welches Übersystem ein bestimmtes System einzuordnen ist und zu welchem Übersystem das erste Übersystem gehört usw. („Verwendungsstruktur" eines Systems („Gozintograph"); Prinzip des modularen Aufbaus von Systemen [HNBB92]).
Getriebe Planeta (E1), Planete (E2), Planeto (E3)

mehrstufig

	A	B	C	D	F	G	1	2	3	4	5	6	7	8	9
E1	1	1	0	0	0	0	0	6	0	0	2	0	0	0	0
E2	0	0	1	0	2	0	2	6	0	0	2	0	0	0	0
E3	1	1	0	0	0	0	4	0	0	0	0	0	0	0	0
A	0	0	1	0	0	0	0	2	0	0	0	0	0	2	0
B	0	0	0	2	0	0	0	0	0	4	0	0	0	0	0
C	0	0	0	1	0	2	0	0	0	0	0	0	0	0	0
D	0	0	0	0	0	0	0	0	0	0	0	6	2	0	0
F	0	0	0	0	0	0	0	0	2	2	0	0	0	0	0
G	0	0	0	0	0	0	0	1	0	0	0	0	0	2	2

einstufig

	1	2	3	4	5	6	7	8	9
E1	0	10	0	4	2	18	6	6	4
E2	2	8	4	4	2	6	2	4	4
E3	0	4	0	8	0	18	6	6	4
A	0	4	0	0	0	6	2	6	4
B	0	0	0	4	0	12	4	0	0
C	0	2	0	0	0	6	2	4	4
D	0	0	0	0	0	6	2	0	0
F	0	0	2	2	0	0	0	0	0
G	0	1	0	0	0	0	0	2	2

- **Hierarchische Strukturen**
  Hierarchische Strukturen werden als Baumstruktur dargestellt. Hierarchische Strukturen bringen ein Verhältnis der Über- und Unterordnung zum Ausdruck (was bei der stufenweisen Auflösung auch über mehrere Ebenen nicht der Fall ist!). Die Hierarchie drückt aus, dass die Elemente/Untersysteme, die unter einem Element/Untersystem stehen, auch wertmäßig (in welcher Form auch immer) unter diesem stehen: Der „Meister" steht über dem „Werker", das Computer-„Haupt"-Programm uber einem „Unter"-Programm – aber wir können nicht wie bei der stufenweisen Auflösung ein Hauptprogramm durch mehrere solcher Unterprogramme ersetzen.
  - Hierarchischer Aufbau einer Produktionsplanung und -steuerung (siehe Beispiel 4.32)
    Produktionsplanung
    - Produktionsprogrammplanung: Prognose, Grobplanung, Lieferantenbestimmung, Kundenauftragsverwaltung
    - Mengenplanung: Bruttobedarfsrechnung, Nettobedarfsrechnung, Beschaffungsrechnung, Bestandsführung, Bestandsreservierung, Lieferantenauswahl, Bestellung
    - Termin- und Kapazitätsplanung: Durchlaufterminierung, Kapazitätsbedarfsrechnung, Auftragsfreigabe, Verfügbarkeitsprüfung, Reihenfolgeplanung
  - Produktionssteuerung
    Auftragsfreigabe
    Auftragsverfolgung
  - Hierarchischer Aufbau eines Handlungssystems: Zielsetzungssystem, Informationssystem, Ausführungssystem (siehe Beispiel 4.33)

- **Strukturen von Elementen einer Klasse** Diese Strukturform drückt eine Relation zwischen gleichartigen Elementen/Untersystemen aus. Also müssen diese Elemente in einer stufenweisen Auflösung Elemente einer einzelnen Ebene sein. Ordnungsrelationen sind typische Vertreter solcher Strukturen:

$$A < B < C < D$$

- **Strukturen von Elementen ungleicher Klassen**
  Wir stellen Relationen zwischen Elementen verschiedener Klassen her: Wir ordnen den Werker dem Meister, das Material dem Werkstück, den Arbeitsgang der Maschine zu. Die Vater-Kind-Beziehung in Vererbungsrelationen sei als beispielhafter Vertreter dieser Strukturen genannt.

	A	B	C	D	E	F	
1	#	#	0	0	0	#	
2	#	0	#	0	#	0	
3	0	#	0	#	#	#	◄

Teilsysteme. Funktions-/Verhaltensstrukturen

Teilsysteme

In Abschn. 2.2.1 haben wir den Begriff der Kopplung als besondere Form einer zweistelligen Relation eingeführt: Es sei $a \in A$ ein Attribut des Subsystems p'. Dann heißt eine echte Teilmenge des kartesischen Produkts zwischen k Attributen von k Subsystemen eine *k-stellige Relation* s: $s \subset a' \times a''$; $a', a'' \in A$ mit je einem Attribut für jedes der k Subsysteme. Die Menge S der Relationen heißt die *Struktur* des Systems: $S := \{s : s : \subset a' \times a''; a', a'' \in A$ mit je einem Attribut für jedes der k Subsysteme $\wedge\, p \in P\}$.

Wenn wir hier bspw. einen Material-, Energie- oder Informationsfluss definieren bzw. beschreiben wollen (siehe Handlungssystem, Abschn. 2.2.5), dann betrachten wir über alle Subsysteme eine vorgegebene/ausgezeichnete Menge von Relationen mit bestimmten Attributen: Es sei $a \in A'$ ein Attribut des Subsystems p' und $A' \subset A$. Dann heißt eine echte Teilmenge des kartesischen Produkts zwischen k Attributen von k Subsystemen eine *k-stellige Relation* s': $s' \subset a' \times a''$; $a', a'' \in A'$ mit je einem Attribut für jedes der k Subsysteme. Die Menge S' der Relationen heißt ein *Teilsystem* des Systems S: $S' := \{s' : s' : \subset a' \times a''; a', a'' \in A'$ mit je einem Attribut für jedes der k Subsysteme $\wedge\, p \in P\}$. Die Vereinigungsmenge der Teilsysteme S' eines Systems S ist durch die Struktur des Systems S beschränkt: $\bigcup S' \subseteq S$.

Funktions-/Verhaltensstrukturen

Wir betrachten hier das „Funktionieren", also das Zusammenspiel der Subsysteme, der „schwarzen Kästen", der Verhaltensmodelle in Teilsystemen. Und so erklären wir die „Funktion" – das Verhalten auf einer übergeordneten Betrachtungsebene an deren Systemgrenzen. Beispielsweise installieren wir in einem Handlungssystem eine Steuerung mit den Ebenen Zielsetzung, Information, Ausführung (der Planung und Steuerung) und verfolgen, wie die einzelnen Subsysteme in den Teilsystemen Material, Energie und Information angestoßen werden, sich gegenseitig anstoßen und zusammenwirken, um zum einen die Sachziele und zum anderen die Formalziele zu erreichen.

Alle diese Aufbau- und Ablaufstrukturen finden mit den oben angegebenen Struktur- und Prozessmodellen ihre Darstellung.

a) Strukturelemente

Reine Objektstruktur
Wir betrachten ausschließlich Objekt-/Objektrelationen. Typische Beispiele sind mehrstufige Erzeugnisgliederungen und die Anordnungsrelationen in CAD-Systemen (siehe Bd. 1, Kap. 4) oder in der betrieblichen Anordnungsplanung (siehe Bd. 2, Kap. 8).

Reine Vorgangsstruktur
Wir betrachten ausschließlich Vorgangs-/Vorgangsrelationen (Zustandstransitionen). Typische Beispiele sind die Graphen einer vorgangsorientierten Netzplantechnik, die elementaren Handhabungsaufgaben nach VDI-Richtlinie 2860 (siehe Beispiel 4.31) oder die Zeilenfolge eines NC-Programms (siehe Beispiel 4.15).

Beispiel 4.48

Handhabungsablauf (siehe Beispiel 4.31)

- **Installierte Funktionen**
  Handhaben: Verschieben (1.1–1.7), Verzweigen (2), Drehen (3), Abteilen (4), Spannen (5), Entspannen (6), Halten (7.1–7.4), Lösen (8.1–8.3),
  Fördern: Fördern (9)
  Prüfen: Identität prüfen (10), Position prüfen (11), Orientierung prüfen (12)
  Lagern: geordnetes Speichern (13), ungeordnetes Speichern (14.1–14.2)
  Wandeln: Behandeln (15)

- **Handhabungsablauf**
  (14.1–4), (4–9), (9–10), (10–11), (11–12), (12–1.1), (1.1–2), (2–1.2), (1.2–14.2), (1.2–7.1), (7.1–1.3), (7.1–1.4), (1.3–3), (1.4–8.1), (3–8.1), (8.1–7.2), (7.2–15), (15–8.2), (8.2–5), (5–1.5), (1.5–6), (6–7.3), (7.3–1.6), (1.6–7.4), (7.4–1.7), (1.7–8.3), (8.3–13) ◄

Objekt-/Vorgangsstruktur
Gemischte Strukturen erhalten wir, wenn wir die Zustandsänderungen in Objektknoten mit den verändernden Vorgangsknoten koppeln. Ein Beispiel ist eine Erzeugnisstruktur, in die wir den Zeitverzug durch das Wandeln einbauen (siehe Bd. 2, Kap. 4). Umgekehrt machen wir Vorgänge bzw. das Verändern von Zuständen (Transitionen) vom Erreichen

bestimmter Zustände abhängig (Regeln, Steuern). Typische Beispiele sind Programmablaufpläne (Beispiel 4.50) oder Stellen-Transitions-Netze (Beispiel 4.49) – wir schalten ein Windrad bei zu starkem Wind ab oder stellen bei Kanban den Sollwert für das Auslösen des Nachschubs auf eine Transporteinheit ein.

b) Relationen

Relationen vereinbaren wir zwischen zwei Attributen, die zwei verschiedenen Subsystemen/Strukturelementen angehören – das ist bspw. der Endzeitpunkt eines Vorgangs, ein räumlicher Abstand, eine Information, ein bestelltes Material oder ein elektrischer Strom bestimmter Stärke. Was wir betrachten, bestimmt das jeweilige Teilsystem. Natürlich können wir die Relationen zwischen je zwei Untersystemen zu einem Prozess zusammenfassen (gröbste/feinste Zustandsbeschreibung). Verwenden die verbundenen Strukturelemente unterschiedliche Einheiten/Dimensionen, ist eine Umsetzung sicherzustellen (bspw. kumulierte Werte für den Durchschnitt der Zeitpunkte)

c) Zyklische Strukturen

In diesen Strukturen wird mit dem Erreichen eines bestimmten Zustands ein neuer Zyklus angestoßen.

Beispiel 4.49

Stellen-Transitions-Netz

Ein bestimmter Zustand (bestimmte Bestandshöhen in bestimmten Stellen) löst das Ereignis „Zustandsveränderung" aus – die Transition „schaltet".

- Stellen
  A. FTS ankommend mit Werkstücken
  B. Werkstücke, nicht fertig bearbeitet
  C. Werkstücke vor dem nächsten Arbeitsvorgang
  D. Werkstücke bearbeitet, nicht gespannt
  E. FTS abfahrend
  F. Roboter frei
  G. Werkstückträger + Handhabungswerkzeug
  H. Werkstück aufgespannt mit Handhabungswerkzeug
  I. Werkstückträger voll ab in Richtung Fertigung
  J. Werkstückträger voll mit Handhabungswerkzeug
  K. Werkstückträger + Werkstück + Handhabungswerkzeug abgespannt
  L. Werkstückträger leer, ohne Handhabungswerkzeug in Puffer
  M. Werkstückträger leer, mit Handhabungswerkzeug
  N. Handhabungswerkzeug-Puffer
  O. Werkstückträger voll aus Fertigung
  P. Werkstückträger aus Puffer leer an

- Transitionen
  a. Roboter, Werkstückträger und Handhabungswerkzeug
  b. Bereitstellen der Werkstücke
  c. Werkstücke ausschleusen oder nächster Arbeitsvorgang
  d. Aufspannen 1
  e. Abspannen
  f. Werkstückträger und Handhabungswerkzeug trennen
  g. Werkstück, Roboter und Werkstückträger mit Handhabungswerkzeug trennen
  h. Aufspannen 2
  i. Werkstückträger leer mit Handhabungswerkzeug
  j. Werkstückträger voll und Handhabungswerkzeug vorhanden
  k. Werkzeuge zusätzlich kommissionieren
- Relationen
  (A, b, −1), (B, b, +1), (B, d, −1), (B, h, −1), (C, b, −1), (C, c, +1), (D, c, −1), (D, g, +1), (E, c, +1), (F, a, +1), (F, d, −1), (F, e, −1), (F, g, +1), (F, h, −1), (G, d, −1), (G, i, +1), (G, k, −1), (H, a, −1), (H, d, +1), (H, h, +1), (I, a, +1), (J, e, −1), (J, j, +1), (K, e, +1), (K, g, −1), (L, f, +1), (M, f, −1), (M, g, +1), (M, h, −1), (M, k, +1), (N, a, +1), (N, f, +1), (N, i, −1), (N, j, −1), (O, j, −1), (P, i, −1) ◄

Beispiel 4.50

Wegesteuerung eines fahrerlosen Transportsystems

Get Auftrag, Ziel
Start Antriebssteuerung
Motor einschalten
A: **Get** Leitdrahtfrequenz
Leitdraht folgen
Get Standortinformation
If Bodenkodierung gefunden **then** Standort erkennen **else goto** A.
If Ziel erreicht **then goto** B **else**
If Weiche schalten **then** (Schaltbefehle für Bodenweiche, Frequenzerkennung umschalten, **goto** A) **else goto** A.
B: Positionierbefehl an Antriebssteuerung
Get Positionierdaten
Positionieren
If Positionieren fertig **then goto** C **else goto** B.

C: Lastübergabebefehl an Lastübergabesteuerung
Get Lastübergabedaten
Lastübergabe
If Lastübergabe fertig **then goto** D **else goto** C
D: Auftrag erfüllt
Send Auftrag erfüllt ◄

Optimierung

Jede Optimierung spiegelt den Aufbau des intendierten Handlungssystems wider: Die Sach-/Formalziele finden ihren Niederschlag in der Zielfunktion, die „Restriktionen" bilden die Eigenschaften/Funktionen des Sachsystems ab, die die Zielfunktion begrenzen. Und die Informationsbeschaffung sorgt für die entsprechende Parametrisierung des Optimierungsmodells.

Beispiel 4.51

Optimierungskonzeptionen

- **Effiziente Aktivitäten**
  Wir betrachten technisch machbare Aktivitäten mit unterschiedlichem Mitteleinsatz bzw. Produktoutput. Gesucht wird bei gegebenem Mitteleinsatz der maximale Output oder bei gegebenem Output der minimale Input (siehe Bd. 2, Kap. 2).

- **Baugruppenkombination mit minimalem Energieverbrauch**
  Wir suchen für einen Föhn bei gegebenem Output die Baugruppenkombination mit dem geringsten Energieverbrauch. Wir verwenden ein Entscheidungsbaum-Verfahren (siehe Beispiel 4.15).

- **Abstandsminimale Betriebsmittelaufstellung**
  Eine gegebene Menge von Betriebsmitteln ist auf einer gegebenen, begrenzten, aber ausreichenden Fläche anzuordnen. Der Flächenbedarf der Betriebsmittel ist unterschiedlich. Die Grundrisse der Betriebsmittel dürfen sich nicht überlappen. Wir verwenden eine vollständige Enumeration der Anordnungsreihenfolge (zweidimensionales Verschnittproblem; siehe Bd. 2, Kap. 8).

- **Minimierung der summierten Beschaffungs- und Lagerkosten (Wagner/Whitin; siehe Bd. 4, Abschn. 2.6)**
  Für eine gegebene Anzahl von Zeitabschnitten ist der Materialbedarf zeitabschnittsweise gegeben. Für gegebene Beschaffungs- und zeitabschnittsweise Lagerhaltungskosten ist die optimale Beschaffungspolitik mit Losgrößen und Beschaffungszeitpunkten gesucht. Wir verwenden eine begrenzte Enumeration.

- **Small-Bucket-Modelle des Capacitated Lotsizing**
  Die Zielfunktion berücksichtigt Bestands-, Fertigungs- und Rüstkosten, die Randbedingungen begrenzen die verfügbare Kapazität, das verfügbare Speichervolumen und die Anzahl sowie den Zeitpunkt möglicher Rüstvorgänge. Letztendlich werden drei verschiedene Organisationskonzepte beschrieben: Das CSLP und das DLSP setzen voraus, dass zwischen den Zeitabschnitten ohne Beeinträchtigung der verfügbaren Kapazität gerüstet werden kann. Das PLSP ist hier realitätsnäher, lässt aber je Zeitabschnitt nur einmal ein Umrüsten zu (und unterteilt den Zeitabschnitt!). Im Gegensatz zu den beiden anderen Konzeptionen macht das DLSP grundsätzlich eine Überlieferung (grundsätzlich ganzzahlige Transporteinheiten) (siehe Bd. 4, Abschn. 2.7). Alle drei Modelle gehen davon aus, dass ein machbarer Plan gefunden wird. Daher muss in der Anfangslösung von einem überdimensionierten Kapazitätsangebot ausgegangen werden.

- **Rundreiseprobleme**
  Eine gegebene Menge von Orten muss vollständig durchlaufen werden. Jeder Ort darf nur einmal besucht werden. Die Tour muss am Startort enden. Gesucht wird die Tour minimaler Länge. In jeden Ort führt dann genau eine Kante und genau eine Kante führt aus einem Ort. Wir führen ausgehend vom Startort eine vollständige Enumeration aller möglichen Pfade durch (siehe Bd. 4, Abschn. 4.1.1).

- **Optimale Losgrößen**
  Die hier angesprochenen Konzepte gehen von einem kontinuierlichen Zeitstrahl, von einem konstanten, zeitlich unbegrenzten Bedarf sowie konstanten Beschaffungs- und Lagerhaltungskosten aus. Deshalb gibt es hier keine Entscheidungsstufen; wir finden die optimale Lösung über eine Differentiation (Bestelllosgrößen/-zyklen). ◄

4.2.4.2 Modellklassen/Exaktheit von Modellen

Ein mathematisches (Optimierungs-)Modell steht nicht am Anfang, sondern am Ende einer Entwicklung, die sich schrittweise und rekursiv einer präzisen Aussage nähert; je exakter ein Modell im Sinne eines eindeutigen Formalraums, desto schmaler die Anwendungsbreite[126]. Selbstverständlich dürfen bei dieser verkürzenden Abbildung Anwendbarkeit und Pragmatik nicht unzulässig eingeschränkt werden[127]. Eine Einteilung in Modellklassen hilft daher, a priori, also vor der Modellierung, deren Ziel und damit auch die anzuwendenden Methoden und Vorgehensweisen zu konkretisieren. Nach der Reihenfol-

[126] Vgl. die fortschreitende Einschränkung logischer Schemata, Bd. 1, Kap. 1 und die Konkretisierung persönlicher Konstrukte in Abschn. 4.1.4.

[127] Vgl. die Kritik an den Modellen, die in der Betriebsmittelanordnung verwendet werden. Zugunsten der „Lösbarkeit" des Modells wird mit Luftlinienentfernungen gearbeitet und die Transportorganisation völlig vernachlässigt (Bd. 2, Kap. 8). Ähnlich sind die einschränkenden Annahmen bei der Andler-Losgröße oder das Zeitverhalten ereignisorientierter Simulationssysteme zu bewerten.

ge ihres Auftretens bzw. ihrer Verwendung bei der Systemmodellierung unterscheiden wir nach HABERFELLNER die folgenden *Modellklassen* [HNBB92]:

- *Gedankliche Modelle*: Gedankliche Modelle – also persönliche Konstrukte – sind die notwendige erste Stufe eines Entwurfsprozesses, die von jedem Sachsystem zu dessen modellartiger Darstellung durchschritten werden muss. Sie sind der Ausgangspunkt jeder schöpferischen Modellkonstruktion[128]. Wie wir in Abschn. 4.1 herausgearbeitet haben, sind wir auch und vor allem in dieser Stufe der Modellbildung gehalten, logisch korrekt zu arbeiten und denkökonomisch effizient vorzugehen.
- *Verbale Systembeschreibungen*: Verbale Systembeschreibungen sind Abbildungen mit Hilfe sprachlicher und/oder graphischer Symbole (vgl. Abschn. 3.3). Reine Beschreibungsmodelle beschreiben empirische Erscheinungen ohne Erklärung oder Analyse (bspw. die Zeitpunktbestimmung in Netzplänen oder ein Stromlaufplan). Dagegen beschreiben Erklärungsmodelle Ursachen, Zusammenhänge und liefern Hypothesen. Entscheidungsmodelle erleichtern die Bestimmung optimaler Handlungsweisen und die Übertragung der in einem Erklärungsmodell gewonnenen Erkenntnisse auf einen Anwendungsbereich[129].
- *Gegenständliche Modelle*: Gegenständliche Modelle liefern eine Systembeschreibung mittels räumlicher Objekte. Ein Beispiel für ein Strukturmodell ist hier das Modell des Aufbaus eines Moleküls, ein Zimmermannsmodell für die Struktur eines Dachstuhls. Spezialisierte Baukästen mit Klemmbausteinen werden für die Visualisierung der Betriebsmittelanordnung in Fabrikhallen eingesetzt. Ein Windkanalmodell ist ein Beispiel für ein Verhaltensmodell. Schließlich können wir eine Eisenbahnanlage als Funktionsmodell verstehen. Der Prototyp ist ein Modell für das Produkt und die Nullserie ein Modell für den zukünftigen Produktionsprozess. Ein gegenständliches Modell wird aber erst zu einem Modell im Sinne der von uns gebrauchten Definition [KLBU85], wenn wir festlegen, was wir wie an diesem Modell messen, zumindest zeigen wollen – ohne Intention und ohne Bezug zur Realität kein Modell.
- *Formale Modelle* (vgl. Abschn. 3.3): Wenn wir ein System in seiner Struktur, seinem Verhalten oder seiner Funktion eindeutig und reproduzierbar darstellen und ggf. optimieren wollen, dann macht dies einen Formalismus erforderlich. Systembeschreibungen folgen hier einem a priori definierten Formalraum. Beispiele sind eine technische Zeichnung nach DIN-Norm, die Beschreibung eines Objekts mit der Finite-Elemente-Methode oder ein NC-Programm zur Veranlassung von Werkzeugbewegungen. Ohne entsprechende Interpretationen sind diese Formalismen inhaltsleer; eine Distanzmatrix ist ohne diese Interpretation/Intention nur eine x-beliebige Matrix, ein CLSP-Modell ohne die interpretierende Vereinbarung der Variablen ein x-beliebiger Formalismus.

[128] Vgl. Abschn. 4.1.2.
[129] Siehe die Formen in Abschn. 4.1.5.

- Beschreibung: Klassifikationen, CAD-Modelle, Kalender/Zeitmodelle für PPS, Ortsmodelle für FTS, SADT-Diagramme, Erzeugnis-Stammdaten, … (siehe Abschn. 3.3)
- Optimierung: Die Zielfunktion, die damit funktional verbundenen Parameter und deren Definitionsbereiche bestimmen die „Stellschrauben" einer Optimierung – Struktur, Input-/Output-/Zustands-Dimensionen, Orte/Entfernungen, Prozesse/Reihenfolgen/Zeitpunkte berechnen/enumerieren, statisch/über der Zeit dynamisch
- Simulation: Auch in der Simulation gilt: Welches Attribut, welches Verhalten und welche Funktion wollen wir simulieren – den Materialfluss durch die Fabrik, die Bewegungen in einem Verbrennungsmotor oder die Wärmeübertragung in einem Haushaltsföhn? Dementsprechend sind die Konstrukte für das Simulationsexperiment und deren gegenseitige Relationen zu gestalten. Simulationen unterstützen daher vor allem eine Analyse; die Modellierung hat die Richtigkeit des Simulationsexperiments sicherzustellen. Das ist nicht selbstverständlich, wenn eine Simulation die Zustandsveränderungen mit einer gegebenen Zustandsfunktion oder einer Sequentialmaschine selbst bestimmt – ein Simulationsmodell muss wie ein Optimierungsmodell früher oder später an der Wirklichkeit verifiziert werden.

Beispiel 4.52

Transportproblem

Das Transportproblem setzt für alle m Angebots- und n Bedarfsorte ein einheitliches Transportgut voraus. Zwischen Anbietern und Nachfragern bestehen keine Vorzugsbeziehungen – jeder kann jeden beliefern. Die Summe der Angebotsmengen entspricht genau der Summe der Bedarfsmengen. Demnach legt ein übergeordneter Modellierer/Optimierer die Kunden/Lieferanten-Beziehungen fest, keiner kann sich seinen Kunden/Lieferanten selbst aussuchen. Also gehören alle m bzw. n Standorte zum selben Unternehmen. Nur in den wenigsten Fällen werden diese Annahmen die Wirklichkeit abbilden. ◄

- *Operationale Modelle:* Operationale Modelle sind um einen Datensatz für mindestens ein Experiment/eine Optimierung erweiterte formale Modelle. Verwendet werden je nach der Entwurfsphase geschätzte Daten, Daten aus dem Stand der Technik, Solldaten, Plandaten, am Prototyp ermittelte Istdaten, …

4.2.4.3 Modellierungsmethode

Modellierung ist der Prozess der Überführung eines Realitätsausschnitts in ein Modell [HEIN83]. Wenn wir effizient zu einem Modell kommen wollen, müssen wir methodisch vorgehen: Eine *Modellierungsmethode* ist eine *„Methode, mit deren Hilfe ein Subjekt einen bestimmten Typ von Aufgaben löst, indem es ein Modell als analogen Repräsentanten* *bestimmter Eigenschaften des Originals zweckentsprechend herstellt und im Wesentlichen zur Informationsgewinnung über das Original benutzt*" [KLBU85]. Eine *Methode* ist ein *„System von Regeln oder Prinzipien, das Klassen möglicher Operationssysteme bestimmt, die ungewisse Ausgangsbedingungen zu einem gewissen Ziel führen*" [KLBU85]. Eine Modellierungsmethode umfasst immer Konstrukte mit spezieller Bedeutung (Semantik), Regeln zur richtigen Benutzung der Konstrukte (Syntax) und eine Beschreibung zur Vorgehensweise bei der Modellierung von Systemen eines gewissen Anwendungsbereichs. Eine Übersicht über gängige Modellierungsmethoden siehe bspw. [DÜBL73, CHAA61, DDKS15, KLBU85]. Für die Methodenauswahl allgemein verwendete Kriterien sind bspw. [HNBB92]:

- Benutzereffizienz: angemessener Zeitaufwand für die Datensammlung und -aufbereitung sowie für die Erstellung einer korrekten Beschreibung ohne zeitraubende Zusatzqualifikation
- Benutzerfreundlichkeit: leichte Erlernbarkeit, gute Ergonomie und adäquate Unterstützung des Benutzers
- Eindeutigkeit: widerspruchsfreie Interpretation einer bestimmten Beschreibung durch verschiedene Benutzer, vollständige Information (vgl. Abschn. 3.3.3)
- Flexibilität: ausreichende Anwendungsbreite bezüglich unterschiedlicher Aufgaben
- Darstellbarkeit: Abbildbarkeit in mehreren Sichten, Integration der Sichten in ein Gesamtbild
- Interpretierbarkeit: Anschaulichkeit und Übersichtlichkeit des erstellten Modells, abhängig von der Modularität, dem (Sprach-)Umfang und der Redundanz der Beschreibung
- Veränderung des Detaillierungsgrades: Verfeinerung der Darstellung und/oder Zusammenfassung zu übergeordneten Strukturen
- Manipulierbarkeit: Anpassbarkeit einzelner Elemente, Sichtbarmachen von Abhängigkeiten
- Analysierbarkeit: verfügbare Untersuchungsmethoden, mit denen das Modell untersucht werden kann
- Rechnerunterstützung: unterstützende Softwaretools

Diese Kriterien unterliegen – wie alle derartigen Checklisten – einer generellen Kritik: Die Modellierungsaufgabe bestimmt das Modellierungswerkzeug, nicht die Möglichkeiten eines Werkzeugs die Aussagekraft und die Richtigkeit eines Modells. Wie immer sind zuerst die Sachziele, dann alle weiteren Kriterien zu erfüllen. Und nur in diesem Rahmen haben die aufgeführten Kriterien ihre Berechtigung. Erst dann haben Fragen, wie

- Können wir die Effizienz durch die Übernahme von Daten aus betrieblichen Informationssystemen steigern?
- Ist der Modellierungsaufwand situationsabhängig minimal?
- Existieren zielführende Schulungsunterlagen/Schulungen?

- Werden eine Fehlerprüfung, eine Hilfefunktion, ein Changemanagement und eine Versionspflege sowie eine übersichtliche Dokumentation angeboten?
- Können Statistiken/Auswertungen gezielt für bestimmte Personenkreise, für bestimmte Prozesse und individuell generiert werden?
- Wie werden spezielle Sichten für unterschiedliche Personenkreise vereinbart?
- Kann nach Material, Energie, Information differenziert werden?
- Können Bausteine parametrisiert oder mit einer Programmiersprache generiert werden?
- Kann ein- und dasselbe Modell unterschiedlich interpretiert werden?
- Was wird unter „Flexibilität" verstanden? Will man ein universelles, im Einzelfall überfrachtetes Werkzeug oder ein für die jeweilige Situation maßgeschneidertes Werkzeug einsetzen?
- Wie wird eine Modellhierarchie mit ebenenabhängigen Begrifflichkeiten und Skalierungen realisiert? Wie werden die Ebenen verknüpft?

einen Sinn.

4.2.5 Komposition des Sachsystems: Lösungsprinzipien. Wirkprinzipien. Aufgabenträger

Ergebnis der Problemanalyse (Abschn. 4.2.3) ist die Konstitution der (mehrstufigen) Funktionsstruktur des übergeordneten Sachsystems (bspw.: Föhn: Funktion 1. Wasser aus den Haaren, von den Haaren, von der Kopfhaut lösen, Funktion 2. Separiertes Wasser vom Kopf weg transportieren/Windrad: Funktion 1. Vorhandene Primärenergie in technisch nutzbare Energieform transformieren, Funktion 2. Technisch nutzbare Energie in elektrische Energie wandeln, Funktion 3. Elektrische Energie bedarfsgerecht nutzbar bereitstellen). Und für diese Funktionsstruktur mit Materie-, Energie- und Informationsdurchsatz wollen wir die Aufgabenträger methodisch, Schritt für Schritt erarbeiten, nicht per „Geistesblitz" in einem Brainstorming, sondern aus der Aufgabenstellung und aus dem technischen Umfeld heraus. Dabei können die formalen Konzepte, die wir in den Kapiteln 1, 2 und 3 erarbeitet haben, wertvolle Dienste leisten: Für alle Dinge, die rot und hart sein sollen, und a priori nicht rot und nicht hart sind, gilt: Wir müssen rot färben und härten. Für alle Dinge, die viel heiße Luft pusten sollen, müssen wir ausreichend Luft, ausreichend Pusteleistung und ausreichend Heizleistung bereitstellen. Zunächst sind die neu kreierten Unteraufgaben, die Begrifflichkeiten nominal und funktional zu definieren (Abschn. 1.3), dann die Unteraufgaben durch Zielsetzungen zu charakterisieren (Abschn. 3.1) und der Stand der Technik, insbesondere mit Blick auf mögliche Lösungen/Aufgabenträger, zuzuordnen (Abschn. 4.2.1). Dabei können Struktur-/Funktionsähnlichkeiten helfen (Suchstrategien), gemeinsame (Ober-)

Klassen zu identifizieren.[130] Wir schaffen den Funktionszusammenhang[131], die Funktionsstruktur, indem wir die Funktionen eines Untersystems definieren (Inputfunktion, …, Markierungsfunktion; siehe Abschn. 2.2.1) und die Untersysteme koppeln, indem gilt: Eine Teilmenge des Outputs des Vorgänger-Input-Output-Systems ist eine Teilmenge des Inputs des Nachfolger-Input-Output-Systems. Input und Output sind im Sinne der Aufgabenerfüllung stets intentional (z. B. Drehmoment leisten, elektrische in mechanische Energie wandeln, Stofffluss sperren, Signal speichern). Der Wirkzusammenhang ordnet den Input-Output-Systemen über geeignete physikalische Effekte Lösungsprinzipien und darauf aufbauend Wirkprinzipien zu; Ergebnis ist die Wirkstruktur. Mögliche Aufgabenträger werden zuerst für einzelne Aufgaben und dann im Zusammenhang in der Baustruktur erprobt, die ihrerseits die Basis für den Abgleich mit dem ursprünglichen Sachsystem ist. Diese schrittweise Vervollständigung wird bei einem grundsätzlich bekannten Aufgabenträger möglicherweise in einem sequentiellen Vorgehen einmalig vollzogen; wir „wissen", wie das Sachsystem in der Problemanalyse in die Funktionsstruktur zu zergliedern ist, welche Lösungs- und Wirkprinzipien wir verwenden und welche Aufgabenträger die Baustruktur bilden[132]. Funktions- und Wirkstruktur haben dann mehr dokumentarischen Charakter; ggf. entstehen sie erst nachträglich anhand der Baustruktur. Ganz anders sind die Verhältnisse, wenn wir ein bisher unbekanntes Sachsystem über Unterfunktionen/-systeme realisieren müssen, weil es keinen Aufgabenträger gibt, der die Gesamtheit der Input- und Outputattribute vollständig und hinreichend abdeckt: Wie zergliedern wir in Unteraufgaben, wie führen wir die Problemanalyse durch, wenn uns nur die Systemgrenzen des Sachsystems mit ihren Anforderungen bekannt sind, und vor allem: Wie kommen wir zu den Angleichungs-/Nebenfunktionen? Hier müssen wir uns erprobend vorantasten und immer wieder zum Ausgangspunkt zurückkehren. Gegebenenfalls ist die Problemanalyse erst mit dem Vorliegen der Baustruktur vollständig abgeschlossen:

---

[130] Siehe Abschn. 4.2.4. Anders als bei einer effizienten Aktivität (siehe Bd. 2, Kap. 2), bei der der Mittelinput samt Aufgabenträger komplett gegeben ist und eine einstufige „Optimierung" gefordert wird, wird jetzt als Ergebnis der Problemanalyse eine mehrstufige Funktionsstruktur angestrebt.

[131] Wir betrachten hier nicht den Fall aus Kap. 3, in dem wir ein vollständig durchkonstruiertes Windrad ggf. auf der Ebene der Komponenten nominal oder funktional bewerten, um bspw. die Zweckmäßigkeit der Konstruktion zu erfassen. Zum Übergang von Funktoren zu Namen (bspw. Partizipien wie ein „singender" Vogel zu „Singvogel") siehe Bd. 1, Kap. 1.

[132] In der Literatur werden die Schritte Funktionszusammenhang, Wirkzusammenhang, Bauzusammenhang, Systemzusammenhang als Ablauf aufgefasst, der einmal zu durchlaufen ist (siehe bspw. PAHL [PAHL01] oder VDI [VDI2221, VDI2222, VDI2223]). Beispiele wie Bild 6, Seite F4 oder Bild 8, Seite F5 in [BEGR01] gehen daher von einem bekannten Endergebnis aus. Gegebenenfalls werden sogar Ziele angepasst, also die Ziele dem Aufgabenträger und nicht der Aufgabenträger den Zielen untergeordnet, um diesen linearen Ablauf sicherzustellen ([BEGR01], Seite F5, Bild 8). Insbesondere Bild 6 macht deutlich, dass der Aufgabenträger die Funktionsstruktur und nicht die Funktionsstruktur den Aufgabenträger dominiert; hier wären ganz sicher alternativen Funktions- und Wirkstrukturen zu erproben.

- *Schritt A*: Wir erproben mögliche Schemata zur Konstituierung von Untersystemen (Problemanalyse) und überprüfen mit den vom Sachsystem definierten Schnittstellen; wir konstituieren Untersysteme (Form 2)[133].
- *Schritt B*: Wir erproben je Untersystem mögliche Schemata zur Definition von Input-Output-Systemen//Input-Output-System-Struktur und überprüfen an konstituierten Untersystemen (Input-Output-System); wir definieren Input-Output-Systeme//Input-Output-System-Struktur (Form 3).
- *Schritt C*: Wir erproben je Untersystem mögliche Schemata zur Definition von Funktionen für das Input-Output-System und überprüfen an Input-Output-System-Struktur; wir definieren Funktionen//*Funktionsstruktur* (Form 3)
- *Schritt D*: Wir erproben je Untersystem mögliche Schemata zur Zuordnung möglicher Effekte und überprüfen an Funktionsstruktur; wir ordnen *Effekte* zu (Lösungsprinzipien, Form 3).
- *Schritt E*: Wir erproben mögliche Schemata zur Definition von Lösungsprinzipien und überprüfen an Effekten; wir „dimensionieren" Effekte, *Lösungsprinzipien Hauptfunktionen* (Form 4).
- *Schritt F*: Wir erproben mögliche Schemata zur Definition von *Wirkprinzipien* (+ Nebenfunktionen) und überprüfen an Lösungsprinzipien; wir ordnen isolierten Input-Output-Systemen *Aufgabenträger* zu (Hauptfunktionen + *Nebenfunktionen*, Form 4)[134].
- *Schritt G*: Wir erproben mögliche Schemata für den Bauzusammenhang und überprüfen an Wirkprinzipien; wir fassen alle Untersysteme mit ihren Aufgabenträgern zur *Baustruktur* zusammen (Hauptfunktionen + Nebenfunktionen + Anpassung, Form 4).
- *Schritt H*: Wir überprüfen Bauzusammenhang mit den vom Sachsystem definierten Schnittstellen; wir *prüfen* ab, ob die *Baustruktur* die Anforderungen erfüllt (Form 5).

In jedem *Schritt A–H*:

Konstituieren des betrachteten Schritts (Phase 1)[135], Stabilisieren der vorherigen Schritte (Phase 2, Phase 3) oder zurück zu vorherigen Schritten (Phase 1)

[133] Formen
- Form 1: produktive Primärschematisierung
- Form 2: Musterinterpretation: Einordnen
- Form 3: sprachlich überkommene Begriffsbildung: Übernahme von Definitionen
- Form 4: bewusste Einordnungsinterpretation: Klassenbildung mit Alternativen
- Form 5: theoretisch begründende Interpretation: Erklären/Verbessern des Verhaltens mit Simulation von Sachsystemen.

[134] Zweckmäßig ist, zwischen Haupt- und Nebenfunktionen zu unterscheiden. Hauptfunktionen dienen unmittelbar der Gesamtfunktion. Nebenfunktionen tragen nur mittelbar zur Gesamtfunktion bei; sie haben unterstützenden und ergänzenden Charakter und sind häufig von der Art der Lösung bedingt. Die Funktionen setzen zu ihrer Erfüllung ein physikalisches Geschehen voraus, wobei die physikalischen Größen von Teilfunktion zu Teilfunktion einander entsprechen müssen; andernfalls sind Wandlungsfunktionen zwischenzuschalten.

[135] Phasen
- Phase 1: Konstituieren: Konstituieren, Aktivieren, Ausprägen, Stabilisieren, Weiterentwickeln, Strukturdifferenzieren von Schemata

Wenn nach *Schritt H* die Anforderungen an die Baustruktur erfüllt sind, dann Ende des Ablaufs für das betrachtete Sachsystem

Wenn nach *Schritt H* die Anforderungen an die Baustruktur nicht erfüllt sind, dann

a) zurück neuer Durchlauf ggf. ab Problemanalyse oder
b) konstruieren/entwerfen ausgehend vom bisherigen Stand (Aufsetzen auf Schritt E, Phase 4, Phase 5) oder
c) nächster Zyklus, eine Ebene tiefer je definiertem Input-Output-System/Funktionselement (Aufsetzen auf *Schritt B* oder *Schritt C*).

4.2.5.1 Physikalische Effekte

„Aufgabe" heißt: Ein Ausgangszustand ist in einen Endzustand zu transformieren. Diese beiden Zustände seien in einem Input-Output-Modell als Anforderungen nach Abschn. 3.1 durch Attribute hinreichend definiert. Jetzt stehen wir auf dem Weg zum Aufgabenträger am Ende von Schritt C, der Funktionsstruktur, vor Schritt D: Umsetzung einer Funktion oder mehrerer verknüpfter Funktionen durch die Auswahl geeigneter Effekte.

Ein *Effekt* ist eine empirisch nachweisbare soziale, demographische, wirtschaftliche, physikalische, ... Wirkung, die sich bei Eintreten bestimmter Voraussetzungen, bei bestimmten Zuständen und bestimmten Inputs kausal oder stochastisch einstellt. Physikalische Effekte sind elementare physikalische Erscheinungen, die als Gesetzmäßigkeiten formuliert werden können, wodurch sich physikalisches Geschehen voraussehbar beschreiben lässt. Ein *physikalischer Effekt* ist demnach ein physikalischer Prozess, der einen Zustand und/oder einen Input in einen anderen Zustand und/oder einen Output überführt; ist dieser Prozess kausal, tritt die Wirkung stets und reproduzierbar ein[136]. Ein physikalischer Effekt ist mittels physikalischer Gesetze, welche die beteiligten Größen einander funktional zuordnen, quantitativ auszudrücken; diese Kausalität beschreiben wir mit den Basiskonstrukten der Modellierung (siehe Abschn. 4.2.2). Gehorchen diese Effekte im konkreten Fall denselben mathematischen Funktionen wie ein in den Schritten B und C spezifiziertes Input-Output-System (siehe Abschn. 2.2.3), sind diese bspw. linear oder quadratisch, dann kennen wir, dann verfügen wir über ein physikalisches Wirkprinzip,

- Phase 2: Konstituieren/Konstruieren: Diskriminieren, Identifizieren, Erkennen, Wahrnehmen, Vergleichen, Reidentifizieren, Anwenden und Realisieren von Schemata
- Phase 3: Konstituieren/Konstruieren: Auslösen, Differenzieren, Variieren, Kombinieren, Organisieren, Integrieren, Zuordnen, Ausprägen, Entwerfen von Schemata
- Phase 4: Konstruieren/Rekonstruieren: Darstellen, Unterscheiden, Klassifizieren, Konstruieren, Anwenden, Durchführen, Zuordnen, Erzeugen von Instanzen nach, mit, durch oder in Schemata von Konstanzen, Formen, Fakten Strukturen, Gestalten, Gegenständen, Ereignissen, Prozessen, Relationen, Kontexten
- Phase 5: Konstruieren/Rekonstruieren: (Re-)Identifizieren, (Wieder-)Erkennen, Unterscheiden, Zuordnen, Subsumieren, sortierendes Klassifizieren, Verstehen i. w. S., sukzessives Weiteranwenden nach, mit, durch oder in Schemata von Konstanzen, Formen, Fakten Strukturen, Gestalten, Gegenständen, Ereignissen, Prozessen, Relationen, Kontexten.

[136] Zur Kausalität und kausalen Prozessen siehe Bd. 3, Kap. 4, Abschnitt Kausalität.

das wir zur Überführung der Funktionen dieses Input-Output-Systems auf einen realen Aufgabenträger nutzen können – das Input-Output-System bzw. die von ihm repräsentierte Aufgabenstellung ist lösbar: Die Wandlung, die Speicherung und der Transport von Materie, von Energie und/oder Information zum Zwecke der Aufgaben-/Funktionserfüllung eines Sachsystems bedingt ein physikalisches Geschehen, das erst durch die Existenz physikalischer Effekte möglich wird. Eine bestimmte Funktion kann möglicherweise von verschiedenen physikalischen Effekten erfüllt, genauso ein Effekt von mehreren Aufgabenträgern realisiert werden; in diesem Sinne sprechen wir von lösungsneutralen Effekten. Wenn wir aber gar keinen passenden Effekt finden, dann haben wir keine Mittel, um eine gegebene bzw. geforderte Funktion durch einen technischen Aufgabenträger zu leisten – wir müssen eine andere Funktionsstruktur wählen, eine neue Aufgabenzerlegung in der Problemanalyse anstellen.

Beispiel 4.53

Physikalische/chemikalische/biologische Effekte – Materie, Energie, Information[137]

- Mechanisch: Gravitation, Trägheit, Fliehkraft, ...
- Hydraulisch: hydrostatisch, hydrodynamisch
- Pneumatisch: aerostatisch, aerodynamisch
- Elektrisch: elektrostatisch, elektrodynamisch, induktiv, kapazitiv, piezoelektrisch, Transformation, Gleichrichtung
- Magnetisch: ferromagnetisch, elektromagnetisch
- Optisch: Reflexion, Brechung, Beugung, Interferenz, Polarisation, infrarot, sichtbar, ultraviolett
- Thermisch: Ausdehnung, Bimetalleffekt, Wärmespeicher, Wärmeübertragung, Wärmeleitung, Wärmeisolierung
- Chemisch: Verbrennung, Oxydation, Reduktion, auflösen, binden, umwandeln, Elektrolyse, exotherme Reaktion, endotherme Reaktion
- Nuklear: Strahlung, Isotopen, Energiequelle
- Biologisch: Gärung, Verrottung, Zersetzung ◄

[137] Siehe bspw. Effektdatenbank https://www.productioninspiration.com; Oxford Creativity Database https://www.triz.co.uk/triz-effects-database; Pahl, G.: Grundlagen der Konstruktionstechnik. In: [BEGR01, S. F6, F7]; Schubert, J.: Physikalische Effekte: Anwendungen; Beschreibungen; Tabellen. Weinheim: physikverlag 1982; Patra, M.: Effektdatenbank. TRIZ. 2023. https://www.michael-patra.de; Patra, M.: Physikalische Effekte. TRIZ. 2023. https://www.michael-patra.de; Patra, M.: Problemdefinition und -analyse. TRIZ. 2016. https://www.michael-patra.de.

Beispiel 4.54

Föhn

Wir nutzen den physikalischen Effekt „Verdunsten“: Wasser wechselt bis zur Sättigung vom flüssigen in den gasförmigen Zustand in die Umgebungsluft. Das gilt um so mehr, wenn die Umgebungsluft trocken und warm ist. Also führen wir möglichst viel möglichst trockene und möglichst warme Luft an die nassen Haare. Im Input-Output-System wandelt die Ergebnisfunktion die Eigenschaft „nass“ in die Eigenschaft „trocken“. Daher müssen wir diese Änderung von Eigenschaften mit dem Effekt „Verdunsten“ in Verbindung bringen – wir müssen interpretieren. ◄

4.2.5.2 Geometrische und stoffliche Merkmale

Das physikalische Geschehen setzt mit seiner Wirkung am *Wirkort* an. Die Erfüllung der Funktion bei Anwendung der physikalischen Effekte wird bspw. in der Mechanik von der *Wirkgeometrie*, also mit der Wahl und Anordnung der *Wirkflächen* (bspw. Formschluss, Kraftschluss, ...) und der *Wirkbewegungen* gewährleistet[138]. Art, Form, Lage, Größe und Anzahl spannen die Bandbreite einer möglichen Gestaltung der Wirkfläche auf. In ähnlicher Weise wird die erforderliche Wirkbewegung durch Art, Form, Richtung, Betrag und Anzahl bestimmt. Dazu ist eine grundsätzliche Vorstellung von den *Eigenschaften der Werkstoffe* erforderlich, mit denen die Wirkgeometrie realisiert werden kann/soll[139].

Beispiel 4.55

Geometrische und stoffliche Merkmale[140]

- Wirkgeometrie (Wirkkörper, Wirkfläche)
  - Art: Punkt, Linie, Fläche, Körper
  - Form: Rundung, Kreis, Ellipse, Hyperbel, Parabel, Dreieck, Quadrat, Rechteck, Fünfeck, Sechseck, Achteck, Zylinder, Kegel, Rhombus, Würfel, Kugel, symmetrisch, asymmetrisch
  - Lage: axial, radial, vertikal, horizontal, parallel, hintereinander
  - Größe: klein, groß, schmal, breit, hoch, niedrig
  - Anzahl: ungeteilt, geteilt, einfach, doppelt, mehrfach
- Wirkbewegung
  - Art: ruhend, translatorisch, rotatorisch
  - Form: gleichförmig, ungleichförmig, oszillierend; eben, räumlich
  - Richtung: in x-, y-, z-Richtung und/oder um x-, y-, z-Achse

[138] Siehe die Ausführungen zur Mechanik in Abschn. 2.2.3.

[139] Damit werden für einen möglichen Aufgabenträger maßgeblich Funktionen und Dimensionen festgelegt; siehe Abschn. 2.2.3.

[140] Siehe die Zusammenstellung in [BEGR01], S. F7.

  - Betrag: Höhe der Geschwindigkeit
  - Anzahl: eine, mehrere, zusammengesetzte Bewegung
- Werkstoffeigenschaften
  - Zustand: fest, flüssig, gasförmig
  - Verhalten: starr, elastisch, plastisch, zähflüssig
  - Form: Festkörper, Körner, Pulver, Staub ◄

4.2.5.3 Lösungsprinzip

In *Schritt E* bestimmen wir für isolierte Funktionen/Input-Output-Systeme, also die unmittelbaren Hauptfunktionen, dimensionierend *Lösungsprinzipien*[141]; wir dimensionieren die gefundenen physikalischen Effekte anhand der vorliegenden geometrischen und stofflichen Merkmale und vice versa für die definierten Input-Output-Systeme.

Das Lösungsprinzip gibt zusammen mit dem Funktionsträger die Definition (Gattungsbegriff + artbildender Unterschied) des Wirkprinzips: Föhnen ist Verdunsten mit ..., Windkraft ist Bewegungsenergie mit ... – also eine höhere/tiefere Ebene. Das Wirkpaar ist dann: Wer verrichtet was an wem? (Subjekt, Objekt, Prädikat). Und die Wirkstruktur ist eine Ebene tiefer eine nominale (Aspekte) oder funktionale Gliederung (Subsysteme; Ablauf Teilsysteme). Dabei kann das Lösungsprinzip mehr oder weniger detailliert beschrieben sein und das Wirkprinzip mehr oder weniger prägen: Wenn wir das Lösungsprinzip als Aussageform auffassen, dann ist das ein bestimmtes Verb, das Akkusativ, Dativ, Genitiv und bestimmte adverbialen Bestimmungen (Vollständigkeit, ...) verlangt. Und jedes weitere Adverb schränkt das Wirkprinzip räumlich, zeitlich, funktional, ... ein. Aber deutlich wird: Der Föhn heißt nicht Haartrockner, das Windrad nicht windgetriebener Stromerzeuger. Wir haben die Übersetzung der Aufgabe (Strom erzeugen) in das Lösungsprinzip (Wind nutzen), des Lösungsprinzips in das Wirkprinzip/Wirkpaar (Windimpuls/Rotor), des Wirkprinzips in eine Technik Windenergie zu leisten. Und weil die verwendeten Namen sich nicht auseinander ableiten lassen (müssen), gibt es kein formal/systematisches definitorisches Vorgehen. Wenn wir Glück haben, können wir gegebene Definitionen vom Definiens her erschließen. Also müssen wir die Lösungsprinzipien bzw. die Wirkstruktur immer auf einen Beitrag zur Zielerreichung überprüfen. Genau das müssen wir in Kap. 3 für die Gesamtaufgabe auf der obersten Gliederungsebene genauso

[141] In der Literatur werden die Begriffe „Lösungsprinzip" und „Wirkprinzip" zum Teil synonym, zum Teil aufeinander aufbauend verwendet, siehe bspw. [PARA00]: *„Für alle Funktionen werden Lösungsprinzipien gesucht. Dazu müssen in einem ersten Schritt physikalische, chemische oder andere Effekte durch sogenannte wirkstrukturelle Festlegungen realisiert werden. Bei mechanischen Systemen betreffen diese z. B. die Geometrie, die Bewegung und die Werkstoffart. Diese Festlegungen bilden das Lösungsprinzip. Die für Teilfunktionen gefundenen Lösungsprinzipien müssen anschließend entsprechend den Funktionsstrukturen zur Wirkstruktur verknüpft werden. Dabei können weitere Funktionen (Nebenfunktionen) erkennbar werden, die die Realisierung bestimmter Effekte bzw Lösungsprinzipien erst möglich machen. Das Arbeitsergebnis bildet/bilden nach einer Auswahl eine oder mehrere prinzipielle Lösungen, die die Wirkstruktur zum Erfüllen einzelner Funktionen oder der Funktionsstruktur des zu entwickelnden Produkts darstellen."* Wir wollen hier die aufeinander aufbauende Variante verwenden.

tun – wie wissen wir sonst, dass das funktioniert und wie kommen wir sonst zu den in der Nutzwertanalyse erfassten Leistungen? Also machen wir einen Test.

Wir halten fest: Ein Lösungsprinzip ist ein aussagenbildender Funktor (siehe Abschn. 1.1.4), der zusammen mit Namenargumenten zu einem Wirkprinzip vervollständigt werden kann (siehe Abschn. 3.3.3). Bei diesem nur minimal einschränkendem Ansatz (wir schließen nur Funktoren aus, denen wir kein Mittelargument zuordnen können) sind Bottom-up-Systematisierungen für sachlich, räumlich und zeitlich eingeschränkte Gültigkeitsbereiche sinnvoll; eine Entwurfssprache muss, ausgehend von physikalischen Grundprinzipien (vgl. Beispiel 4.53) vom Allgemeinen zum Speziellen fortschreiten können („Ein Windrad ist ein Gerät für die Stromerzeugung, das ...“). Ein spezielles Speichern heißt dann Lagern, ein anderes Speichern mit anderen Eigenschaften Bunkern, wieder ein anderes Magazinieren. Wir definieren die Namen/Funktoren in unserem Handlungssystem mit immer weiter einschränkenden Adjektiven/Adverbien selbst (siehe Abschn. 1.3). Elementar gründen wir auf Materie, Raum und Zeit (*mks*-System) und bilden immer komplexere/speziellere Konstrukte (siehe Abschn. 2.2.3).

Beispiel 4.56

Lösungsprinzip

a) „Föhn“
Input: nasse Haare, Output: trockene Haare; Lösungsprinzipien: Abstreifen, Aufsaugen, Verdunsten. Für den Föhn aus Beispiel 4.54 sind Luftausstoß je Zeiteinheit und die Lufttemperatur zu bestimmen.

b) „Windrad“
Input: kein Strom verfügbar, Output: Strom verfügbar; Lösungsprinzipien: Bewegungs-, Lage-, Wärme-, Atomenergie als Primärenergie nutzen. Wir bestimmen für ein Windrad mit einer bestimmten Leistung den erforderlichen „Wind“, die Wirkfläche und die Wirkgeometrie

c) „Fensterheber“
Input: Gewicht des Fensters, zurückzulegender Weg, Output: bewegtes Fenster. Beispielsweise ist das Ergebnis ein Hebel mit einem bestimmten Hebelarm, einem bestimmten Bewegungsraum und aus St37. Diese Festlegungen bilden das Lösungsprinzip „Fensterheber mechanisch“.

d) „Individualverkehr“
Input: Anmeldung eines Fahrzeugs, Output: Lieferung von Antriebsstrom; Lösungsprinzip: auf dem letzten Kilometer bis zur Zieladresse Batterie, sonst Stromschienen.

e) „Informationsverarbeitung“
Input: Symbole, Output: funktional veränderte Symbole; Lösungsprinzipien: Wir nehmen das typographische System aus Abschn. 2.1.1 als Beispiel: Symbol lesen, schreiben, von Stelle 1 nach Stelle 2 kopieren, löschen, Gleichheit von Symbolen

prüfen, Liste von Sätzen anlegen/Transport von Operanden, arithmetische Operationen, logische Operationen, Vergleichsoperationen. Und dafür haben wir spezielle Rechenwerke. ◄

Das Beispiel 4.56 macht drei Sachverhalte deutlich:

1. Um die Aufgabe „Haare nass – Haare trocken“ oder die Aufgabe „Elektrischen Strom erzeugen“ näher charakterisieren zu können, brauchen wir einen Strukturierungsansatz (siehe Abschn. 4.1 und 4.2.3). Dazu können wir
   - die nassen bzw. trockenen Haare näher klassifizieren: klatschnass, regenfeucht, verschwitzt, ..., halbnass, ..., trocken, ganz trocken oder blond, brünett, rot, ... bzw. Gleichstrom/Wechselstrom, Schwach-/Starkstrom, 1 Megawatt/1 Gigawatt, ...
   - Effekte als mögliche Lösungsideen/-prinzipien einführen und erproben. Aus „Wir haben nasse Haare und wollen trockene“ oder „Wir brauchen elektrischen Strom und haben keinen“ wird dann ggf. „Wir machen das mit intensiver Verdunstung“ oder „Wir verwenden den reichlich vorhandenen Wind im Sauerland“.
2. Zum Zweiten machen diese Beispiele das Zusammenspiel von Objekt- und Funktionsgliederung deutlich: Auf der einen Seite differenzieren wir Input, Zustand und Output immer weiter und auf der anderen Seite definieren wir immer detailliertere (Einzel-) Aufgaben/Funktionen[142].
3. Die wichtige Feststellung an dieser Stelle ist: Die Beispiele differenzieren aufgrund einer Lösungsidee. Differenziert betrachtet wird aber das Lösungsprinzip, das Zurverfügungstellen eines warmen Luftstroms, nicht das Trocknen der Haare. Vielleicht wäre es „besser“, bei klatschnassen Haaren zuerst mit einem Handtuch „feuchte Haare“ herzustellen und dann mit niedriger Temperatur und/oder schwachem Luftstrom zu „föhnen“. Natürlich ist das „Aufsaugen mit einem Handtuch“ wieder ein Lösungsprinzip, ein weiteres Schema. Und diese Lösungsprinzipien können und sollten wir – schon vor der Auswahl von Funktionsträgern – in einer Nutzwertanalyse miteinander vergleichen. In einer zweiten Nutzwertanalyse betrachten wir dann mögliche Funktionsträger für das beste Lösungsprinzip. Gegebenenfalls finden wir ja den passenden Funktionsträger „Haartrockner“ mit dem umgangssprachlichen Namen „Föhn“ und müssen keinen entwerfen (siehe Kap. 3).

Hier ist nicht nur das Wechselspiel von Objekt- und Funktionsgliederung erforderlich. Unverzichtbar ist das ständige, erkenntnisschöpfende Wechselspiel von modellierender Aufgabendetaillierung und -präzisierung auf der einen und Erprobung sowie Bewertung von Lösungsideen/Schemata auf der anderen Seite. Ohne dieses Wechselspiel kommen wir über triviale Aussagen wie „Je nasser die Haare, desto größer ist der Aufwand für das Trocknen“ oder „dicke Haare trocknen schneller als dünne“ nicht hinaus.

[142] Hier bietet sich ein bipartites Modell an – möglicherweise ein Prädikat-Transitions-Netz [HUPF08].

4.2.5.4 Wirkprinzip

In Schritt F ordnen wir dem Lösungsprinzip eines isolierten Input-Output-Systems mögliche Aufgabenträger zu [FRAN79, WOLF97].

Wir ergänzen ein Lösungsprinzip, einen Funktor um mögliche Mittel zur Realisierung, zunächst um Aufgabenträgerklassen, dann um konkrete Aufgabenträger und erhalten die Menge der zugeordneten Wirkprinzipien: „*Das Wirkprinzip beschreibt den Weg, auf welchem technische Verfahren ihr Ziel erreichen. Dazu gehören das Zusammengehen von physikalischen Effekten, geometrischen und stofflichen Merkmalen (Wirkfaktoren) und deren Wechselwirkungen im Prozess. Bei Fertigungsverfahren werden Werkzeug und Werkstück als Wirkpaar bezeichnet, ihre Bewegung zueinander ist die Wirkbewegung. Ein Wirkprinzip kann einerseits für fertigungs- und verfahrenstechnische Vorgänge und andererseits für Vorgänge im Innern eines technischen Systems wie einer Kraftmaschine (Funktionsprinzip ‚Carnot-Prozess') definiert werden. Die Umsetzung einer Funktion in einem Wirkprinzip erfolgt durch verfüg- und verantwortbare Technik; die Funktion vollzieht sich in Vorgängen, die auf physikalischen, biologischen und/oder chemischen Gesetzen beruhen*" (Beschränken des Lösungsraums) [WIKIKON, WIKIWIR]. Existiert kein passender Aufgabenträger, gelten die obigen Entscheidungsmöglichkeiten.

Beispiel 4.57

Physikalischer Effekt, Wirkprinzip

- Aufgabe: Inhalt von Kochtopf erwärmen; Drehmoment übertragen; Handkraft verstärken; Information übertragen
- Physikalische Effekte: Verbrennung (Gas, Holz, Kohle, ...), Wärme durch elektrischen Widerstand, Wärme durch Induktion, Wärme durch Kristallisation einer amorphen Masse, ...; Reibung; Hebel; Ausdehnung
- Wirkprinzip: Grill, Herd, Tauchsieder; Presspassung, Lasche, Splint, ...; Winde, Zahnräder, ...; Thermometer, Bimetall, ... ◄

Die Mittelangabe des Wirkprinzips ist vom Lösungsprinzip determiniert: Enthält das Lösungsprinzip, also der Funktor, überhaupt keinen Bezug zu einer Klasse von Funktionsträgern, dann sind dem Wirkprinzip keine Grenzen gesetzt – das Lösungsprinzip ist das Mittel bzw. die Aussage ist ohne Mittelangabe vollständig spezifiziert (siehe Abschn. 3.3.3). Gibt das Lösungsprinzip hier bereits eine Klasse mit einem bestimmten Bereich – bspw. Haare trocknen durch Verdunsten (oder noch eingeschränkter den Funktor „Föhnen") – vor, dann kann das Wirkprinzip nicht mehr auf Mittel für das „Abstreifen" zugreifen; es bleibt nur noch, Mittel für das Lösungsprinzip „Verdunsten" auf ihre Eignung zu untersuchen. Und dann müssen wir die Klasse „Verdunsten" ggf. schrittweise bis zum konkreten Funktionsträger „Föhn Ondulex, 750 Watt, rot, grünes Kabel, Modelljahr 2023, 19,95 €, eBay" in ihrem Bereich einschränken. In anderen Fällen wird es dagegen völlig ausreichend sein, einen „Föhn, 750 Watt" zu fordern. Dann sind alle Föhne mit 750 Watt äquivalent (siehe Abschn. 1.7.3). Dasselbe gilt für das Verfahren: Spanabhebende Bearbeitung – Drehen – Drehen mit Stangendrehautomat – Drehen mit Maschine 4711 – Drehen mit Maschine 4711 und Werkzeug XYZ und NC-Programm abc. Das Wirkprinzip kann irgendwo in dieser Reihe aufsetzen und auf einem beliebigen, nichtfrüheren Schritt enden.

Der in der Wirkstruktur dokumentierte Wirkzusammenhang ist die Grundlage bei der weiteren Konkretisierung des Bauzusammenhangs hin zur *Baustruktur*. In ihr werden die Bauteile, Baugruppen und ihr Zusammenhang im Sachsystem festgelegt. Sie können als Prinzipskizze, Schaltung oder auch Beschreibung dokumentiert werden [VDI2221].

Beispiel 4.58

Lösungs-/Wirkprinzipien

- Schmutziges Geschirr; Lösungsprinzip: abschütteln, abwischen, abschaben, abbrennen, abspülen mit Wirkprinzip Fett-/Schmutzlöser: Das Reinigungsmittel legt sich zwischen Geschirr und (fetten) Schmutz, bindet den Schmutz und kann dann abgewaschen werden. Wirkpaar Spülmittel – Schmutz.
- Anheben eines schweren Steines; Lösungsprinzip: Kraft multiplizieren. Wirkprinzip: Hebel; Anwendung der Hebelgesetze mit bestimmtem Hebel und geeignetem Auflager.
- Zentrierung/Positionierung für ein Bohrloch; Lösungsprinzip: Werkstück bewegen (Werkstück zum Werkzeug), Werkzeug bewegen (Werkzeug zum Werkstück). Wirkprinzip: „Zentrierender Schraubstock" oder „Fixer Schraubstock".
- Herstellen eines rotationssymmetrischen Körpers; Lösungsprinzip: töpfern, gießen, spanabhebend. Wirkprinzip: Drehen mit den quantitativen Grenzen: Durchmesser, Länge, Oberfläche, Toleranz (siehe die Definition in [WIKIDRE])
- Wir wollen ein zylinderförmiges Loch in einem Körper; Lösungsprinzip: Körper mit Loch herstellen, Loch in Körper einbringen. Wirkprinzipien: Gießen, Bohren, Fräsen, Erodieren, Schleifen, ..., Nagel einschlagen.

Wir ergänzen für die einzelnen Wirkprinzipien die Adverbien:

Aufgabenträger: Bohrmaschine, Fräsmaschine, Nagel und Hammer, ...
Spezifikation Bohrmaschine: größtmögliches Loch/Tiefe/Qualität
Antrieb: Hand, Kurbel, Elektro, Diesel, Dampf, Atom
Starre Übertragung (Werkzeugmaschine), flexible Welle (Zahnarzt)
Maschine zum Loch (Zahnarzt), Loch zur Maschine (Lehrenbohrwerk)
Wirkstruktur Bohren: Festhalten, Drehen, Vorschub, Spanabfuhr ◄

Beispiel 4.59

Physikalische Lösungs-/Wirkprinzipien Mechanik

- **Lösungsprinzip: Kraftübertragung**
  Wirkprinzip 1: Übertragen einer Kraft durch einen starren Stab in Richtung der Kraft an einen anderen Ort: Die Kraft ändert sich in Betrag und Richtung nicht [KIRC97];
  Wirkstruktur 1: Stab befestigen, Kraft aufbringen
  Wirkprinzip 2: Übertragen einer Kraft durch ein nichtnachgiebiges Seil in Richtung der Kraft an einen anderen Ort (nur Zugkraft)
  Wirkstruktur 2: Seil befestigen, Seil spannen, Kraft aufbringen

- **Lösungsprinzip: Kraft skalieren**
  Wirkprinzip Hebel: Wir benützen eine Stange als Hebel: Kraft (senkrecht zur Stange) skaliert mit Hebelarm.
  Wirkstruktur: Widerlager einrichten, Hebel ansetzen, Kraft aufbringen

- **Lösungsprinzip: Abbremsen einer bewegten Masse**
  Wirkprinzip Wand: Wir nutzen eine Wand als „Bremseinrichtung": Wir bewegen eine Masse von 1000 kg mit 10 m/s gegen eine Wand und verzögern linear in 1/10.000 Sekunden von 10 auf 0 m/s; also gibt die Wand einen Millimeter nach. Aus Kraft · Zeit = Masse · Geschwindigkeit erhalten wir die ausgeübte Kraft von 10^8 kg m/s^2 bzw. eine Beschleunigung von 10^7 m/s^2.

- **Lösungsprinzip: Masse tragen**
  Wirkprinzip: Freitragender eingespannter Träger/Biegung eines Balkens
  Die Physik liefert: Der Zusammenhang zwischen der Dehnung und der Normalspannung ist linear (Hookesches Gesetz). Daraus entwickelt die technische Mechanik: Ein Balken ist auf Biegung beansprucht, wenn er durch zu seiner Achse senkrechte Kräfte belastet ist.
  Wir nehmen an:
  1. Der Balken ist ursprünglich gerade.
  2. Die aus Streckenlasten und Einzelkräften bzw. Kräftepaaren bestehende äußere Belastung greife in der Symmetrieebene der Querschnitte an.
  3. Diese Belastung wird in die Gleichgewichts- und Deformationsgleichungen so eingeführt, als ob sie am unverformten Balken angriffe.
  4. Die Deformation des Balkens wird durch die Durchbiegungslinie $w = w(x)$ genannte elastische Linie der Balkenachse charakterisiert.
  5. Es gilt die Bernoulli-Hypothese: Die vor der Deformation zur Balkenachse senkrechten Querschnittsebenen sollen auch nach der Deformation eben sein und zur elastischen Linie senkrecht stehen, und erhalten für den einseitig gespannten Balken mit Einzellast und konstantem Querschnitt mit Hilfe der Differenzial- und Integralrechnung

- das Biegemoment an der Schnittstelle x zu $M(x) = -P(l - x) < 0$; ($M(x)$: Biegemoment, l: Länge des Balkens, P: Einzellast; x: beliebiger Punkt auf dem Balken);
- die Gleichung der elastischen Linie zu $w(x) = Px^2(x - 3l)/(6EI_y)$ und
- den Biegungspfeil zu $p = (P \cdot l^3)/(3EI_y)$; ($I_y$: Trägheitsmoment, E: Elastizitätsmodul, p: Durchbiegung).

- **Lösungsprinzip: Kraft erzeugen**
  Wirkprinzip 1: Masse · Beschleunigung (bspw. Erdbeschleunigung)
  Wirkprinzip 2: Masse · Geschwindigkeit/Zeit = Impuls/Zeit (bspw. Hammer)

- **Lösungsprinzip: Energiespeicher**
  Wirkprinzip 1: Leistung · Zeit
  Wirkprinzip 2: Kraft · Weg

- **Lösungsprinzip: Drehzahlregelung**
  Wirkprinzip: Aufgaben/Gleichungen von Abschn. 2.2.3
  Wirkstruktur: Regelkreise nach Abschn. 2.2.3 ◄

Die Zuordnung eines Aufgabenträgers zu einem Lösungsprinzip setzt das Potenzial voraus, einen Beitrag zur Durchführung der damit funktional beschriebenen Aufgabe leisten zu können. Demnach enthält eine Potenzialaussage immer einen Funktor: „Aufgabenträger xyz kann Funktor abc ausführen". Und diese Aussage muss empirisch belegt werden. Nach REFA [REFA85] existieren drei Möglichkeiten, die qualitative Kapazität/die Leistungsfähigkeit, also das Potenzial eines (möglichen) Aufgabenträgers anzugeben:

a) Angabe von Klassen: „Mittel der Klasse XYZ können diese Aufgabe ausführen; diese Aufgabe liegt im Definitionsbereich der Klasse". Diese Aussage können wir umdrehen: „Dieses Mittel kann Aufgaben der Klasse ABC ausführen", bspw. „alle Bohrungen zwischen 5 und 50 mm".
b) Angabe von Einzelaufgaben: Die Klassenaussage von a) wird über eine Vielzahl von Einzelaufgaben erschlossen. Diese Art der Kapazitätsaussage erfolgt immer rückwirkend; zuerst muss erprobt werden, ob die Potenzialaussage richtig ist: „Aufgabenträger xyz kann dieses NC-Programm ausführen; wir haben das schon getestet". Damit ist diese Art der Kapazitätsangabe prinzipiell nicht abgeschlossen.
c) Angabe der Leistungsspezifika des Aufgabenträgers wie Arbeitsraum, Drehzahl, Vorschub, ... Eine derartige Potenzialangabe kann nur eine Vorklärung/Eingrenzung für eine Kapazitätsaussage nach a) oder b) sein. Die Übersetzung in den Funktor „Mittel xyz kann diese Aufgabe ausführen", diese Interpretation ist immer noch zu leisten.

Beispiel 4.60

Bohrmaschine

Für alle (Zylindrischen Bohrungen, Durchmesser = 6 mm, Unrundheit $\leq$ 1/10.000 mm, Zylinderlängsachse $\leq \ldots$
Es existiert ((ein Mittel Bohrer mit Durchmesser 6 mm, 200 mm Länge, Wendel ...)
$\cup$ Bohrmaschine (Vorschub, Druckkraft, Drehzahl, ...))

Natürlich kann diese Aussage für eine automatisierte Auswahl formal in Prädikatenlogik und Mengennotation ausgedrückt werden. ◄

Im Gegensatz zu [REFA85] zielen wir mit dem Funktor auf Gebrauchs- und Verbrauchsfaktoren; Verbrauchsfaktoren sind endgültig, Gebrauchsfaktoren anteilig/zeitlich in einer Aufgabe gebunden, ansonsten besteht kein Unterschied (siehe [DANG09]): Ein Haartrockner/Föhn ist ein elektrisches Gerät, das zum Trocknen feuchter Haare dient, indem es das Haar stark durchlüftet und die Luft vorher erwärmt, damit sie mehr Wasser aufnehmen kann. Wir können einen bestimmten Motor mit einer bestimmten Spezifikation zur Übernahme einer gewissen (Unter-)Aufgabe/zur Realisierung eines Lösungsprinzips in einen solchen Föhn einbauen. Hier bei einem Föhn von einem Gebrauchsfaktor, bei diesem Motor von einem Verbrauchsfaktor zu sprechen, macht deutlich, dass, wenn mit dieser Einteilung überhaupt Unterschiede festgestellt werden können, diese für das Entwerfen unerheblich sind. Es folgt der ganz am Anfang aufgestellte Satz: Das Erstellen eines Arbeitsplans in der Arbeitsvorbereitung und der (systematische) Entwurf eines Windrads/Föhns mit Lösungsprinzip, Wirkprinzip, Wirkstruktur

- unterscheiden sich, wenn das Windrad/der Föhn a priori nicht existiert und entworfen werden muss, die Gebrauchsfaktoren nur aus einer Menge ausgewählt werden müssen. Dann ist das für die Gebrauchsfaktoren aber das Vorgehen nach Kap. 3.
- unterscheiden sich nicht, wenn der „Gebrauchsfaktor“ erst entworfen werden muss – wir entwerfen technische Produkte.
- unterscheiden sich nicht, wenn sowohl der „Gebrauchsfaktor“ als auch das „Produkt“ entworfen werden [PARA00].

Beispiel 4.61

Angabe der qualitativen Kapazität

Merkmale der Förderaufgabe	Gewicht	Glieder-band	Schlepp-kette	Tragket-te	Schlepp-kreis
Unterfahrhöhe $\geq$ 160 mm	2	–	–	–	–
Stellfläche 2,5 bis 12,5 m^2	3	0	3	3	–
Masse > 125 $\leq$ 2500 kg	3	2	3	3	2
Belastbar an 1 bis 4 Punkten	2	–	–	–	2
10 bis 100 Fördervorgänge je Stunde	3	3	3	3	–
2500 bis 25.000 Fördervorgänge · m/Stunde	3	3	2	2	3
Getaktet beladen	2	3	3	3	2
Getaktet entladen	2	3	3	3	3
Stauen	3	2	1	3	3
Speichern	1	1	1	1	3
Vollautomatisch	2	2	3	3	3
Linienführung in horizontaler Ebene	3	2	3	2	3
100 bis 1000 m	3	1	2	2	3
Bis 1500 kg/m^2	2	–	3	–	3
Summe der Produkte		54	76	73	75 ◄

Beispiel 4.62

Handhabung

Im Fall von Beispiel 4.31/4.48 haben wir bspw. für die Aufgaben (7.4, 1.7, 8.3) die folgenden Aufgabenträger miteinander zu vergleichen: Industrieroboter, Portalroboter, Einlegegerät

	Industrieroboter	Portalroboter	Einlegegerät
Raumbedarf Handhabungsgerät	Mittel	Groß	Klein
Behinderung Zugang zur Anlage	Gering	Mittel	Gering
Handhabungswege	Mittel	Lang	Kurz
Investition	Hoch	Hoch	Gering

Also ersetzen wir den zweiten Industrieroboter durch ein Einlegegerät. ◄

Beispiel 4.63

Beschickung Palette – Maschine

		Einlegegerät		Linearportal		Flächenportal		Industrieroboter	
	Gewicht	E	T	E	T	E	T	E	T
Flexibilität bzgl. Bearbeitungstiefe	3,25	4	13	5	16,25	5	16,25	5	16,25
Zuverlässigkeit	2,75	4	11	5	13,75	5	13,75	5	13,75
Manuelle Zugriffsmöglichkeit	2,25	4	9	6	13,50	5	11,25	3	6,75
Flexibilität bzgl. unterschiedlicher Werkstückgruppen	2	2	4	5	10	5	10	5	10
Flexibilität innerhalb Werkstückgruppe	2	4	8	6	12	6	12	6	12
Werkstückschutz	1,25	4	5	5	6,25	5	6,25	5	6,25
Summe			50		71,25		69,5		65

E Zielertrag, T Teilnutzen ◄

Sachsysteme/Produkte

Beispiel 4.64

Wirkprinzip/Haare trocknen

- **Lösungsprinzipien**
  Aufsaugen: Papier, Handtuch/Abstreifen: Kamm, Messer/Verdunsten: Warten, Kopf schütteln, mit Handtuch wedeln, warmer Luftstrom
  Wir betrachten das Lösungsprinzip Verdunsten, warmer Luftstrom.

- **Wirkprinzip**
  Wirkprinzip heißt dann die Verdunstung der Feuchtigkeit mit einem Gerät zur ständigen Neuzufuhr von trockener, warmer Luft und zum schnellen Abtransport der dampfgesättigten Luft. Das Wirkprinzip beschreibt qualitativ, wie diese Verdunstung technisch nach den Prinzipien der Wärmelehre geht – es gibt zusätzlichen Input in unser/Output aus unserem IO-System Nasse Haare – Trockene Haare. Das Wirkpaar ist die trockene, warme Luft und das nasse Haar – die beiden verändern sich und wirken aufeinander ein – wir erklären die Physik quantitativ detaillierter. Und die Wirkstruktur bindet dann die Elementaraufgabenträger wie den Elektromotor mit Leistung und Drehzahl, den Flügel mit Luftdurchsatz und die Düse mit Luftgeschwindigkeit zusammen. Zusammen bildet das dann den aggregierten Aufgabenträger Haartrockner. Das Wirkprinzip „Verdunsten mit warmem Luftstrom“ heißen wir „Föhnen“; der Aufgabenträger „Haartrockner“ heißt „Föhn“. Und dafür bzw. für die Komponenten gibt es jetzt Kataloge mit elementaren Aufgabenträgern (bspw. VDE).

- **Zerlegung in Einzelfunktionen/-aufgaben**
  Aufgabe 1: Erwärmen eines Luftstroms, Aufgabe 2: Erzeugen eines Luftstroms, Aufgabe 3: Reinigen der angesaugten Luft, Aufgabe 4: Fokussieren des Luftstroms, Aufgabe 5: Lokalisieren des Luftstroms an eine bestimmte Stelle am Kopf, Aufgabe 6: Ermöglichen der Anwendung bis 3 m Abstand von einer Steckdose, Aufgabe 7: Strom zuführen/anschalten/ausschalten, Strom verteilen, Aufgabe 8: Drehbewegung initiieren, Aufgabe 9: Heizdrähte erhitzen, Aufgabe 10: Gerät bei Überhitzung abschalten.
  Aufgabe 1.1: Erwärmen auf 30 Grad, Aufgabe 1.2: Erwärmen auf 40 Grad, Aufgabe 1.3: Erwärmen auf 50 Grad (für jeden wählbaren Luftstrom)
  Aufgabe 2.1: Erzeugen von 20 l Luft/Sekunde, Aufgabe 2.2: Erzeugen von 30 l Luft/Sekunde

- **Elementaraufgabenträger**
  Turbine, Motor, Heizdrähte, Schalter, Spannungsschalter, Kabeltülle, Gehäuse, Übertemperatursicherung, Fusselsieb

- **Technikmenge**
  Inputfunktion: Wir bestimmen aus der Stromstärke die angesaugte Luft.
  Zustandsfunktion: Wir berechnen aus der Schalterstellung und der aktuellen Temperatur die Erwärmung des Gehäuses.
  Outputfunktion: Wir bestimmen die Output-Luftmengen mit dem Verhältnis 1 : 1,5.
  Überführungsfunktion: Wir berechnen aus der Luftverschmutzung die Lebensdauer eines Luftfilters.
  Markierungsfunktion: Wir berechnen aus der Temperatur der Heizdrähte die Temperatur der abgegebenen Luft.
  Ergebnisfunktion: Wir berechnen ausgehend von 5 Litern 25 Grad warmer Luft und Strom mit 230 Volt und 3 Ampere den Output als 4,99 Liter 50 Grad warme Luft.
  - limitational
    Die Stromstärke begrenzt den zweiten Inputfaktor „angesaugte Luft“ (siehe Inputfunktion).
  - substitutional
    Die Technikmenge ist nicht substitutional; kein Inputfaktor kann einen anderen ersetzen.
  - zeitabhängig (Kalender!)
    Die Technikmenge ist zeitabhängig, wenn nur zu bestimmten Zeiten geföhnt werden darf.
  - intensitätsabhängig
    Die Technikmenge ist intensitätsabhängig, wenn der Strombedarf mit zunehmender Temperatur/zunehmenden Luftstrom überproportional steigt.
  - einsatzdauerabhängig

Die Technikmenge ist einsatzdauerabhängig, wenn der Output infolge eines zunehmend verstopften Luftfilters nicht mehr die Zielgrößen erreicht.

- **Abbildung (Vollständigkeit, Eindeutigkeit)**
  Wir betrachten die Schalterstellungen als (informatorischen) Input: 0/1 (aus/ein), viel/wenig Luft (30 l/s, 20 l/s), kalt/warm/heiß (30, 40, 50 Grad)
  Vorvollständig: Es werden alle Input-Schalterstellungen benutzt.
  Voreindeutig: Die Relation ist nicht voreindeutig; bei ausgeschaltetem Gerät führen alle weiteren Schalterstellungen zum Output „kein Luftstrom".
  Nachvollständig: Der Input ermöglicht alle möglichen Outputs.
  Nacheindeutig: Ein bestimmter Input ist eindeutig einem bestimmten Output zugeordnet.

- **Relation**
  Zerlegend: Die Relation ist nicht zerlegend; mehrere Schalterstellungen und 230 V Spannung führen zum Ergebnis: kein Luftstrom.
  Alternativ: Die Relation ist nicht alternativ.
  Schachtelnd: Die Relation ist nicht schachtelnd.
  Teilmengenleer: Die Relation ist teilmengenleer.

- **Zustandsparametrisierung**
  Wir betrachten die Schalterstellungen als Zustandsparametrisierung: 0/1, viel/wenig Luft (30 l/s, 20 l/s), kalt/warm/heiß (30, 40, 50 Grad)
  Vollständig: Die Parametrisierung ist nicht vollständig; der Input „wenig Luft" ist nicht mit der Schalterstellung „viel warme Luft" kombinierbar.
  Diskret: Die Parametrisierung ist diskret; zu einer Schalterstellung gibt es genau einen Input.
  Nichtabschaltend: Die Parametrisierung ist abschaltend.
  Zerlegend: Die Parametrisierung ist nicht zerlegend: Zwei unterschiedliche Zustände führen ggf. zu denselben Input-Output-Paaren.
  Alternativ: Die Parametrisierung ist nicht alternativ.
  Teilmengenleer: Die Parametrisierung ist teilmengenleer.
  Parallel: Die Parametrisierung ist parallel; ein Zustand hat nur einen Output.
  Invertierbar: Die Parametrisierung ist nicht invertierbar.

- **Skalierbarkeit**
  Ein Föhn ist diskret skalierbar.

- **Restriktionsschranken**
  Leistungsfähigkeit: Ein Föhn *kann* nasse Haare trocknen.
  Leistungsbereitschaft: Ein Föhn kann bei einer Leistungsaufnahme von 1200 Watt maximal 100 l/s 50 Grad warme Luft liefern. ◄

Beispiel 4.65

Wirkprinzip/Strom erzeugen

- **Lösungsprinzip**
  Wir setzen Primärenergie in elektrische Energie um. Als Primärenergien bieten sich an: Bewegungsenergie: Wasserstrom, Luftstrom, Kreisel/Lageenergie: Haspel, (Feder-)Aufzug/Wärmeenergie: Sonne, exotherme Prozesse.
  Wir betrachten das Lösungsprinzip Luftstrom nutzen.

- **Wirkprinzip**
  Wirkprinzip heißt dann die Nutzung des Impulses einer Luftbewegung für die Erzeugung einer Kreisbewegung, über die an einer Drehachse ein Drehmoment für den Antrieb eines Stromgenerators abgegriffen werden kann. Die Mechanik hilft, die Kräfte, die am Wirkpaar „bewegte Luft/drehender Rotor" wirken, quantitativ zu bestimmen. Die Wirkstruktur bindet Wind, Rotor, Getriebe und Generator zusammen; wir erhalten den Aufgabenträger „Windrad". Wir suchen Aufgabenträger für die Komponenten Rotor, Getriebe und Generator.

- **Zerlegung in Einzelfunktionen/-aufgaben**
  Aufgabe 1: Umsetzen eines Luftstroms in einen Impuls, Aufgabe 2: Stellen des Rotorblatts in geforderte Stellung, Aufgabe 3: Umsetzen des Impulses in ein Drehmoment, Aufgabe 4: Drehmoment-/Drehzahlregelung, Aufgabe 5: Umsetzen der Drehzahl des Rotors über ein Planetengetriebe in die Drehzahl des Generators, Aufgabe 6: Ausrichten der Kanzel in Windrichtung, Aufgabe 7: Strom abführen/anschalten/ausschalten, Strom verteilen, Aufgabe 8: Notabschaltung, Aufgabe 9: Strom erzeugen (stetige Regelung von 5 bis 100 Prozent der Nennleistung), Aufgabe 10: Aufzeichnen der Betriebshistorie

- **Elementaraufgabenträger**
  Rotor, Rotorverstellung, Getriebe, Generator, Regelung, Stromeinspeisung, Turm, Fundament

- **Technikmenge**
  Inputfunktion: Wenn wir den Wind nach „schwach" $\leq 10\,\mathrm{m/s}$, „mittel" $\leq 20\,\mathrm{m/s}$, „stark" $\geq 20\,\mathrm{m/s}$ klassifizieren, dann können wir ein Verhältnis der Luftgeschwindigkeiten von mittel $\leq$ zwei Mal schwach, stark $\geq$ max. mittel formulieren.

Zustandsfunktion: Windrad im Zustand „Betrieb“ $\longrightarrow$ Erwärmung von Getriebe
Outputfunktion: Wir bestimmen die aktuelle Stromabgabe in Prozent eines Mittelwerts.
Überführungsfunktion: Wir berechnen aus der Luftgeschwindigkeit den Biegepfeil des Turmes.
Markierungsfunktion: Wir berechnen aus dem Ölstand im Getriebe den nächsten Wartungstermin.
Ergebnisfunktion: Wir berechnen ausgehend von einer Windgeschwindigkeit von 30 km/h die abgegebene Leistung.

- limitational
  Die Windstärke begrenzt den zweiten Inputfaktor „abgerufene Stromstärke“.
- substitutional
  Die Technikmenge ist nicht substitutional; kein Inputfaktor kann einen anderen ersetzen.
- zeitabhängig (Kalender!)
  Die Technikmenge ist zeitabhängig, wenn das Windrad nur zu bestimmten Zeiten betrieben werden darf.
- intensitätsabhängig
  Die Technikmenge ist intensitätsabhängig, wenn der Strom mit zunehmender Luftgeschwindigkeit unterproportional zunimmt.
- einsatzdauerabhängig
  Die Technikmenge ist einsatzdauerabhängig, wenn der Output infolge eines zunehmend verschlissenen Getriebes nicht mehr die Zielgrößen erreicht.

- **Abbildung (Vollständigkeit, Eindeutigkeit)**
  Wir betrachten die Schalterstellung als (informatorischen) Input: 5 bis 100 Prozent der Nennleistung mit jedem beliebigen Zwischenschritt.
  Vorvollständig: Es werden alle Input-Schalterstellungen benutzt.
  Voreindeutig: Die Relation ist nicht voreindeutig; bei ausgeschaltetem Gerät führen alle weiteren Schalterstellungen zum Output „kein Strom“.
  Nachvollständig: Der Input ermöglicht alle möglichen Outputs.
  Nacheindeutig: Die Relation ist nicht nacheindeutig: Bei Windstille führen alle Schalterstellungen zum Output „kein Strom“.

- **Relation**
  Zerlegend: Die Relation ist nicht zerlegend; mehrere Schalterstellungen und Windstille führen zum Ergebnis: kein Strom.
  Alternativ: Die Relation ist nicht alternativ.
  Schachtelnd: Die Relation ist nicht schachtelnd.
  Teilmengenleer: Die Relation ist teilmengenleer.

- **Zustandsparametrisierung**
  Wir betrachten die Schalterstellungen als Zustandsparametrisierung: linear zwischen 5 und 100 Prozent der Nennleistung.
  Vollständig: Die Parametrisierung ist nicht vollständig; der Input „kein Wind" ist nicht mit der Schalterstellung „100 Prozent der Nennleistung" kombinierbar.
  Diskret: Die Parametrisierung ist nicht diskret; zu einer Schalterstellung gibt es ggf. mehrere Windstärken.
  Nichtabschaltend: Die Parametrisierung ist nichtabschaltend.
  Zerlegend: Die Parametrisierung ist zerlegend: Zwei unterschiedliche Zustände führen zu unterschiedlichen Input-Output-Paaren.
  Alternativ: Die Parametrisierung ist nicht alternativ.
  Teilmengenleer: Die Parametrisierung ist teilmengenleer.
  Parallel: Die Parametrisierung ist parallel; ein Zustand hat nur einen Output.
  Invertierbar: Die Parametrisierung ist nicht invertierbar.

- **Skalierbarkeit**
  Ein Windrad ist stetig skalierbar.

- **Restriktionsschranken**
  Leistungsfähigkeit: Ein Windrad *kann* elektrischen Strom herstellen.
  Leistungsbereitschaft: Die Luftgeschwindigkeit an den Rotorspitzen begrenzt die Drehzahl eines Rotors. ◄

Technische Systeme

Beispiel 4.66

Handhabung

- VDI-Richtlinie 2860:
  Handhaben: Eingeben, Weitergeben, Verschieben, Abzweigen, Verzweigen, Zusammenführen, Ordnen, Wenden, Drehen, Zuteilen, Abteilen, Ausgeben, Positionieren, Spannen, Entspannen, Gebinde herstellen, Gebinde auflösen, Halten, Lösen
  Fördern: Tragen, Fahren, Rollen, Rutschen, Gleiten, Fördern
  Kontrollieren: Messen, Prüfen, Identität prüfen, Position prüfen, Orientierung prüfen, Lage prüfen
  Lagern: Bunkern, Magazinieren, geordnetes Speichern, ungeordnetes Speichern
  Fertigen: Urformen, Umformen, Trennen, Beschichten, Stoffeigenschaft ändern, Fügen
- Geforderte (Haupt-)Funktionen (*Lösungsprinzip*): ungeordnetes Speichern, Abteilen, Behandeln, geordnetes Speichern
- Eingesetzte *Aufgabenträger*/Mittel: A Bunker mit Vereinzelungseinrichtung, B Förderband, C Fernsehsensor, D Industrieroboter, E Bunker für nicht erkannte Werkstü-

cke, F Werkstückaufnahmen für Beschichtungseinrichtung, G Adhäsionsbad, H Industrieroboter, I Magazin

- Installierte (Haupt- und Neben-)Funktionen (*Wirkprinzip*): Verschieben (1.1–1.7), Verzweigen (2), Drehen (3), Abteilen (4), Spannen (5), Entspannen (6), Halten (7.1–7.4), Lösen (8.1–8.3), Fördern (9), Identität prüfen (10), Position prüfen (11), Orientierung prüfen (12), geordnetes Speichern (13), ungeordnetes Speichern (14.1–14.2), Behandeln (15)

Funktionszuordnung (*Wirkpaare*): (A: 14.1, 4), (B: 10, 11, 12, 1.1, 1.2, 2), (C: 2), (D: 2, 7.1, 1.3, 1.4, 3, 8.1, 5, 1.5, 6), (E: 14.2), (F: 7.2, 15, 8.2), (G: 7.3, 1.6), (H: 7.4, 1.7, 8.3), (I: 13)
Handhabungsablauf (*Wirkstruktur**): (14.1–4), (4–9), (9–10), (10–11), (11–12), (12–1.1), (1.1–2), (2–1.2), (1.2–14.2), (1.2–7.1), (7.1–1.3), (7.1–1.4), (1.3–3), (1.4–8.1), (3–8.1), (8.1–7.2), (7.2–15), (15–8.2), (8.2–5), (5–1.5), (1.5–6), (6–7.3), (7.3–1.6), (1.6–7.4), (7.4–1.7), (1.7–8.3), (8.3–13)
Reihenfolge der Aufgabenträger (*Wirkstruktur***): A-Fördern-B-B-(B,C,D)-B-D//(E oder F)-D-G-H-I ◄

Beispiel 4.67

Spanende Fertigung

Wir betrachten als Fertigungsaufgabe beispielhaft die spanende Fertigung von vier Drehteilen für das Planetengetriebe des Windrads Pustetreu: Steckhülse (y_1), Zwischengehäuse (y_2), Flanschgehäuse (y_3), Planetenradträger (y_4) (siehe Bd. 2, Kap. 2, Bild 2-6 und Beispiel 4.54). Für die Beschreibung der jeweiligen Fertigungsaufgabe wird eine Klassifikation eingesetzt [LuMo73]:

HAUPTBEARBEITUNG						
Kenn-ziffer	Stelle 1	Stelle 2		Stelle 3	Stelle 4	
	Bezugsfläche	Stirnfläche	Mantelfläche	Oberflächen-beschaffenheit	Spannsituation	
1	Linke Stirnfläche	Plan	Zylindrisch	Roh	Bezugsfläche 1	Dorn
2	Linke Mantelfläche	Einfach gestuft	Einfach gestuft	Geschruppt	Bezugsfläche 2	Spannzange
3	Rechte Mantelfläche	Einfach gestuft, mit Gewinde	Einfach gestuft, mit Gewinde	Geschlichtet	Bezugsfläche 3	Spannzange
4	Rechte Stirnfläche	Mehrfach gestuft	Mehrfach gestuft	Wärmebehandlung	Bezugsfläche 4	Dorn
5		Mehrfach gestuft, mit Gewinde	Mehrfach gestuft, mit Gewinde	Fein geschlichtet	Bezugsfläche 1+4	Spritzen
6		Kegelförmig	Kegelförmig	Rautiefe Rs < 1	Bezugsfläche 1+3	Futter
7				Form: Geradheit	Bezugsfläche 3+4	Futter
8				Form: Rundheit		
9				Form: Zylinder		
0				Oberflächenbehandlung		

ZUSATZBEARBEITUNG				
Kennziffer	Stelle 1	Stelle 2	Stelle 3	Stelle 4
	Bezugsfläche	Form	Oberflächenbeschaffenheit	Orientierung
1	Linke Stirnfläche	Zentrierung	Roh	Radial
2	Linke Mantelfläche	Bohrung/Gewinde	Geschruppt	Axial
3	Rechte Mantelfläche	Passfedernut	Geschlichtet	Außermittig
4	Rechte Stirnfläche	Nut/Tasche	Wärmebehandlung	Schräg
5		Wendelnut	Feingeschlichtet	Umlaufend
6		Fläche	Rautiefe Rs < 1	
7		Schlitz	Form: Geradheit	
8		Verzahnung	Form: Rundheit	
9		Profil	Form: Zylinder	
0		Sägeabschnitt	Oberflächenbehandlung	

Damit erhalten wir die beispielhafte Beschreibung der Bearbeitung einer Steckhülse:

Bezugsfläche 1: Z1011, H1227; H1237, H1257; Bezugsfläche 2: H2227, H2237, Z2221;
Bezugsfläche 3: H3226, H3436, H3451, Z3332; Bezugsfläche 4: H4426, H4436, H4451

und den folgenden Ablauf

Z1011	–	H1227 – H2227	–	H1237 – H2237	–	Z2221 – H1257	–	H4451
		H4426 – H3326		H4436 – H3436		Z3332		H3461

Wir suchen in diesem elementaren Ablauf nach Möglichkeiten der Zusammenfassung und kombinieren Haupt- und Zusatzbearbeitungselemente:

Hauptbearbeitungselemente: Zahl der Bezugsflächen 1, 2 oder 3; Oberflächenbeschaffenheit gleich oder verschieden; aus der Kombination dieser Möglichkeiten erhalten wir die sechs Fälle H1 bis H6.
Zusatzbearbeitungselemente: Zahl der Bezugsflächen 1, 2, 3; Orientierung der Formelemente gleich oder verschieden, die gleiche Orientierung ist nur für eine einzige Bezugsfläche möglich; damit erhalten wir vier Fälle Z1 bis Z4.

Wir kombinieren die Fälle H1 bis H6 mit den Fällen Z1 bis Z4: 1(H1/Z1), 2(H1/Z2), 3(H1/Z3), 4(H1/Z4), 5(H2/Z1), 6(H2/Z2), 7(H2/Z3), 8(H2/Z4), 9(H3/Z1), 10(H3/Z2), 11(H3/Z3), 12(H3/Z4), 13(H4/Z1), 14(H4/Z2), 15(H4/Z3), 16(H4/Z4), 17(H5/Z1), 18(H5/Z2), 19(H5/Z3), 20(H5/Z4), 21(H6/Z1), 22(H6/Z2), 23(H6/Z3), 24(H6/Z4).

Technisch sinnvoll sind lediglich die Zusammenfassungen nach den Strategien 9, 13, 15, 21 und 23. Für diese Lösungsprinzipien setzen wir die folgenden Klassen von Arbeitsmitteln/Gebrauchsfaktoren ein: Kaltkreissäge (x_1), Leit- und Zugspindeldrehmaschine (x_2), Schrägbettdrehmaschine (x_3), Doppelspindeldrehmaschine (x_4), Drehmaschine mit angetriebenen Werkzeugen (x_5), Doppelspindeldrehmaschine mit angetriebenen Werkzeugen (x_6), Wälzfräsmaschine (x_7), Universalfräsmaschine (x_8), Bearbeitungszentrum (x_9), Bohrzentrum (x_{10}), Innenschleifmaschine (x_{11}), Säulenbohrmaschine (x_{12}), Nutenfräsmaschine (x_{13}), Innen-/Außenschleifmaschine (x_{14}). Für die Angabe der qualitativen Kapazität wird die Aufgabenklassifikation verwendet. Wir nehmen als Beispiel eine Schrägbettdrehmaschine:

Mindestbearbeitungszustand 1000; Umlaufdurchmesser 550 mm; Support z-Achse 280 mm; max. Drehdurchmesser 250 mm

Stirnfläche: Hauptbearbeitung: Form 1, 2, 3, 4, 5, 6, 7; Oberflächenbeschaffenheit 2, 3; Spannsituation 1, 2, 3, 4, 6, 7.
Zusatzbearbeitung: Form 1, 2, 4, 5, 7, 8; Oberflächenbeschaffenheit 2, 3; Orientierung 1, 3

Mantelfläche: Hauptbearbeitung: Form 1, 2, 3, 4, 5, 6, 7, 8, 9; Oberflächenbeschaffenheit 7; Spannsituation 1, 2, 3, 4, 5, 6, 7
Zusatzbearbeitung: Form 3, 4, 5, 7; Oberflächenbeschaffenheit 2, 3; Orientierung 2, 4

Wir erhalten sechs Fertigungsablaufvarianten:

1) Auswertestrategie 9 mit neun Teilarbeitsvorgängen: (1.1, Z1011, Kaltkreissäge), (1.2, H1227, H2227, Schrägbettdrehmaschine), (1.3, H4426, H3226, Schrägbettdrehmaschine), (1.4, H1237, H2237, Schrägbettdrehmaschine), (1.5, H4436, H3436, Schrägbettdrehmaschine), (1.6, Z3332, Nutenfräsmaschine), (1.7, Z2221, Säulenbohrmaschine), (1.8, H1257, Innenschleifmaschine). (1.9, H4451, H3451, Innen-/Außenschleifmaschine)
2) Auswertestrategie 13 mit acht Teilarbeitsvorgängen: (2.1, Z1011, Kaltkreissäge), (2.2, H1227, H2227, Schrägbettdrehmaschine), (2.3, H4426, H3226, H4436, H3436 Schrägbettdrehmaschine), (2.4, H1237, H2237, Schrägbettdrehmaschine), (2.5, Z3332, Nutenfräsmaschine), (2.6, Z2221, Säulenbohrmaschine), (2.7, H1257, Innenschleifmaschine). (2.8, H4451, H3451, Innen-/Außenschleifmaschine)
3) Auswertestrategie 15 mit sieben Teilarbeitsvorgängen: (3.1, Z1011, Kaltkreissäge), (3.2, H1227, H2227, Schrägbettdrehmaschine), (3.3, H4426, H3226, H4436, H3536 Schrägbettdrehmaschine), (3.4, H1237, H2237, Schrägbettdrehmaschine), (3.5, Z3332, Z2221, Universalfräsmaschine), (3.6, H1257, Innenschleifmaschine). (3.7, H4451, H3451, Innen-/Außenschleifmaschine)
4) Auswertestrategie 15 mit sechs Teilarbeitsvorgängen: (4.1, Z1011, Kaltkreissäge), (4.2, H1227, H2227, Schrägbettdrehmaschine), (4.3, H4426, H3226, H4436, H3536, Z3332, Schrägbettdrehmaschine mit angetriebenen Werkzeugen), (4.4, H1237, H2237, Z2221 Schrägbettdrehmaschine mit angetriebenen Werkzeugen), (4.5, H1257, Innenschleifmaschine), (4.6, H4451, H3451, Innen-/Außenschleifmaschine)
5) Auswertestrategie 21 mit fünf Teilarbeitsvorgängen: (5.1, Z1011, Kaltkreissäge), (5.2, H1227, H2227, H4426, H3226, H4436, H3536, H1237, H2237, Drehmaschine mit zwei gegenüberliegenden Spindeln), (5.3, Z3332, Z2221, Universalfräsmaschine), (5.4, H1257, Innenschleifmaschine), (5.5, H4451, H3451, Innen-/Außenschleifmaschine)
6) Auswertestrategie 23 mit vier Teilarbeitsvorgängen: (6.1, Z1011, Kaltkreissäge), (6.2, H1227, H2227, H4426, H3226, H4436, H3536, H1237, H2237, Z3332, Z2221, Drehmaschine mit zwei gegenüberliegenden Spindeln und angetriebenen Werkzeugen), (6.3, H1257, Innenschleifmaschine), (6.4, H4451, H3451, Innen-/Außenschleifmaschine)

Die Steckhülse (y_1) kann auf sechs, das Gehäuse (y_2) auf zwei, das Flanschgehäuse (y_3) auf vier und das Planetenrad (y_4) auf drei unterschiedlichen Wegen (Basisaktivitäten/Fertigungsablaufvarianten, siehe Bd. 2, Kap. 2, Bild 2-6 und Beispiel 2-45) produziert werden. Wir erhalten 15 Basisaktivitäten/Fertigungsablaufvarianten $z_1 - z_{15}$ (siehe Tab. 4.1).

Dann können wir die Merkmale eines Input-Output-Systems weiter differenzieren und 1 : 1- (durchlaufend), *m* : 1- (synthetisch), 1 : *n*- (analytisch) und *m* : *n*- (umgruppierend) Strukturtypen von Fertigungsablaufvarianten unterscheiden. Wenn wir nur das Rohmaterial betrachten, dann entsteht aus dem Rohling genau eine Steckhülse. Also besteht dann eine 1 : 1-Beziehung. So, wie wir die Basisaktivitäten angeschrieben haben, liegt eine synthetische Struktur vor. Könnten wir aus einem Rohling zwei unterschiedliche Steckhülsen herstellen, würden wir von einer analytischen Struktur sprechen. Und wenn wir wieder die vollständige Basisaktivität betrachten und wieder zwei Steckhülsen aus einem Rohling herstellen würden, dann wäre die Basisaktivität umgruppierend.

Fassen wir mehrere Basisaktivitäten zu einer Technikmenge zusammen, lassen sich auch hier mehrere Strukturtypen unterscheiden: outputseitig determiniert, inputseitig determiniert, durchlaufend, Verfahrenswahl bei der Durchführung (Produktion), Verfahrenswahl bei der Nutzung eines Inputs. Im vorliegenden Beispiel können wir jeden Output in mehreren Basisaktivitäten herstellen; demnach liegt der Strukturtyp „Verfahrenswahl bei der Durchführung" vor.

Die bisher einstufige Darstellung lässt sich leicht auf eine mehrstufige Technikmenge erweitern (siehe Bd. 2, Bild 6-1) und so die Abfolge der einzelnen Arbeitsmittel angeben (Tab. 4.2).

Wir vervollständigen die Tabelle der Fertigungsablaufvarianten um die quantitativen Kapazitäten der Aufgabenträger, die Bearbeitungs- und Auftragsabwicklungskosten sowie die geforderten Stückzahlen/Losgrößen (Tab. 4.3).

Abhängig von den quantitativen Kapazitäten der Aufgabenträger, den Bearbeitungs- und Auftragsabwicklungskosten sowie den geforderten Stückzahlen/Losgrößen erhalten wir die Stückzahl je Fertigungsablaufvariante für das Gesamtkostenminimum (vgl. [DANG99]). ◄

4.2.5.5 Wirkzusammenhang/Baustruktur

In Schritt G stellen wir den *Wirkzusammenhang* her, der das Funktionieren des Sachsystems deutlich macht: Die Gesamtheit der Aufgabenträger aller Input-Output-Systeme des Sachsystems wird anhand der Funktionsstrukturen zur Wirkstruktur verknüpft. Dabei können Nebenfunktionen wie Handhaben, Speichern, Transportieren erkennbar, notwendig werden, die die Realisierung bestimmter Effekte bzw. Lösungsprinzipien erst möglich machen. Wenn wir zulassen, dass unterschiedliche Untersysteme von unterschiedlichen Subjekten bearbeitet werden, dann werden Überdeckungen, Identitäten, Doppelungen usw. nicht auszuschließen sein [PESC15]. Gegebenenfalls existieren für die einzelnen Untersysteme alternative Lösungsprinzipien und Aufgabenträger. Das Arbeitsergebnis bildet/bilden nach einer Auswahl eine oder mehrere mögliche Lösungen, die die Wirkstruk-

Tab. 4.1 Einstufige Darstellung

	z_1	z_2	z_3	z_4	z_5	z_6	z_7	z_8	z_9	z_{10}	z_{11}	z_{12}	z_{13}	z_{14}	z_{15}
Kaltkreissäge	−0,5	−0,5	−0,5	−0,5	−0,5	−0,5	−0,0	−0,0	−0,0	−0,0	−0,0	−0,0	−0,0	−0,0	−0,0
Drehmaschine	−0,0	−0,0	−0,0	−0,0	−0,0	−0,0	−8,5	−0,0	−5,0	−5,0	−0,0	−0,0	−7,0	−0,0	−0,0
Schrägbett-Drehmaschine	−7,0	−7,0	−7,0	−1,5	−0,0	−0,0	−5,0	−0,0	−14,0	−14,0	−3,0	−0,0	−0,0	−5,0	−0,0
Doppelspindel-Drehmaschine	−0,0	−0,0	−0,0	−0,0	−4,9	−0,0	−0,0	−8,0	−0,0	−0,0	−0,0	−0,0	−0,0	−0,0	−0,0
Drehmaschine, angetr. Werkz.	−0,0	−0,0	−0,0	−6,8	−0,0	−0,0	−0,0	−0,0	−0,0	−0,0	−28,0	−30,0	−0,0	−0,0	−6,0
Doppelsp.-D., angetr. Werkz.	−0,0	−0,0	−0,0	−0,0	−0,0	−6,2	−0,0	−0,0	−0,0	−0,0	−0,0	−0,0	−0,0	−0,0	−0,0
Universalfräsmaschine	−0,0	−0,0	−1,0	−0,0	−1,0	−0,0	−0,0	−0,0	−10,0	−8,0	−0,0	−0,0	−12,0	−12,0	−0,0
Bearbeitungszentrum	−0,0	−0,0	−0,0	−0,0	−0,0	−0,0	−0,0	−0,0	−0,0	−11,0	−5,0	−5,0	−5,0	−5,0	−13,0
Bohrzentrum	−0,0	−0,0	−0,0	−0,0	−0,0	−0,0	−0,0	−0,0	−8,0	−0,0	−0,0	−0,0	−0,0	−0,0	−0,0
Innenschleifmaschine	−2,0	−2,0	−2,0	−2,0	−2,0	−2,0	−0,0	−0,0	−0,0	−0,0	−0,0	−0,0	−0,0	−0,0	−0,0
Säulenbohrmaschine	−0,4	−0,0	−0,0	−0,0	−0,0	−0,0	−0,0	−0,0	−0,0	−0,0	−0,0	−0,0	−0,0	−0,0	−0,0
Nutenfräsmaschine	−0,8	−1,2	−0,0	−0,0	−0,0	−0,0	−0,0	−0,0	−0,0	−0,0	−0,0	−0,0	−0,0	−0,0	−0,0
Innen-/Außenschleifm.	−4,5	−4,5	−4,5	−4,5	−4,5	−4,5	−0,0	−0,0	−0,0	−0,0	−0,0	−0,0	−0,0	−0,0	−0,0
Rohmaterial Steckhülse	−1,0	−1,0	−1,0	−1,0	−1,0	−1,0	−0,0	−0,0	−0,0	−0,0	−0,0	−0,0	−0,0	−0,0	−0,0
Rohmaterial Gehäuse	−0,0	−0,0	−0,0	−0,0	−0,0	−0,0	−1,0	−1,0	−0,0	−0,0	−0,0	−0,0	−0,0	−0,0	−0,0
Rohmaterial Flanschgehäuse	−0,0	−0,0	−0,0	−0,0	−0,0	−0,0	−0,0	−0,0	−1,0	−1,0	−1,0	−1,0	−0,0	−0,0	−0,0
Rohmaterial Planetenrad	−0,0	−0,0	−0,0	−0,0	−0,0	−0,0	−0,0	−0,0	−0,0	−0,0	−0,0	−0,0	−1,0	−1,0	−1,0
Steckhülse	+1,0	+1,0	+1,0	+1,0	+1,0	+1,0	+0,0	+0,0	+0,0	+0,0	+0,0	+0,0	+0,0	+0,0	+0,0
Gehäuse	+0,0	+0,0	+0,0	+0,0	+0,0	+0,0	+1,0	+1,0	+0,0	+0,0	+0,0	+0,0	+0,0	+0,0	+0,0
Flaschengehäuse	+0,0	+0,0	+0,0	+0,0	+0,0	+0,0	+0,0	+0,0	+1,0	+1,0	+1,0	+1,0	+0,0	+0,0	+0,0
Planetenrad	+0,0	+0,0	+0,0	+0,0	+0,0	+0,0	+0,0	+0,0	+0,0	+0,0	+0,0	+0,0	+1,0	+1,0	+1,0

Tab. 4.2 Mehrstufige Darstellung

	z_{11}	z_{12}	z_{13}	z_{14}	z_{15}	z_{16}	z_2	z_3	z_4	z_5	z_6	z_7	z_8
Kaltkreissäge	−0,5	−0,0	−0,0	−0,0	−0,0	−0,0	−0,5	−0,5	−0,5	−0,5	−0,5	−0,0	−0,0
Drehmaschine	−0,0	−0,0	−0,0	−0,0	−0,0	−0,0	−0,0	−0,0	−0,0	−0,0	−0,0	−8,5	−0,0
Schrägbett-Drehmaschine	−0,0	−7,0	−0,0	−0,0	−0,0	−0,0	−7,0	−7,0	−1,5	−0,0	−0,0	−5,0	−0,0
Doppelspindel-Drehmaschine	−0,0	−0,0	−0,0	−0,0	−0,0	−0,0	−0,0	−0,0	−0,0	−4,9	−0,0	−0,0	−8,0
Drehmaschine angetr. Werkz.	−0,0	−0,0	−0,0	−0,0	−0,0	−0,0	−0,0	−0,0	−6,8	−0,0	−0,0	−0,0	−0,0
Doppelsp.-D. angetr. Werkz.	−0,0	−0,0	−0,0	−0,0	−0,0	−0,0	−0,0	−0,0	−0,0	−0,0	−6,2	−0,0	−0,0
Universalfräsmaschine	−0,0	−0,0	−0,0	−0,0	−0,0	−0,0	−0,0	−1,0	−0,0	−1,0	−0,0	−0,0	−0,0
Bearbeitungszentrum	−0,0	−0,0	−0,0	−0,0	−0,0	−0,0	−0,0	−0,0	−0,0	−0,0	−0,0	−0,0	−0,0
Bohrzentrum	−0,0	−0,0	−0,0	−0,0	−0,0	−0,0	−0,0	−0,0	−0,0	−0,0	−0,0	−0,0	−0,0
Innenschleifmaschine	−0,0	−0,0	−0,0	−0,0	−2,0	−0,0	−2,0	−2,0	−2,0	−2,0	−2,0	−0,0	−0,0
Säulenbohrmaschine	−0,0	−0,0	−0,0	−0,4	−0,0	−0,0	−0,0	−0,0	−0,0	−0,0	−0,0	−0,0	−0,0
Nutenfräsmaschine	−0,0	−0,0	−0,8	−0,0	−0,0	−0,0	−1,2	−0,0	−0,0	−0,0	−0,0	−0,0	−0,0
Innen-/Außenschleifm.	−0,0	−0,0	−0,0	−0,0	−0,0	−4,5	−4,5	−4,5	−4,5	−4,5	−4,5	−0,0	−0,0
Rohmaterial Steckhülse	−1,0	−0,0	−0,0	−0,0	−0,0	−0,0	−1,0	−1,0	−1,0	−1,0	−1,0	−0,0	−0,0
Rohmaterial Gehäuse	−0,0	−0,0	−0,0	−0,0	−0,0	−0,0	−0,0	−0,0	−0,0	−0,0	−0,0	−1,0	−1,0
Rohmaterial Flanschgehäuse	−0,0	−0,0	−0,0	−0,0	−0,0	−0,0	−0,0	−0,0	−0,0	−0,0	−0,0	−0,0	−0,0
Rohmaterial Planetenrad	−0,0	−0,0	−0,0	−0,0	−0,0	−0,0	−0,0	−0,0	−0,0	−0,0	−0,0	−0,0	−0,0
Steckhülse*	+1,0	−1,0	−0,0	−0,0	−0,0	−0,0	−0,0	−0,0	−0,0	−0,0	−0,0	−0,0	−0,0
Steckhülse**	+0,0	+1,0	−1,0	−0,0	−0,0	−0,0	−0,0	−0,0	−0,0	−0,0	−0,0	−0,0	−0,0
Steckhülse***	+0,0	+0,0	+1,0	−1,0	−0,0	−0,0	−0,0	−0,0	−0,0	−0,0	−0,0	−0,0	−0,0
Steckhülse****	+0,0	+0,0	+0,0	+1,0	−1,0	−0,0	−0,0	−0,0	−0,0	−0,0	−0,0	−0,0	−0,0
Steckhülse*****	+0,0	+0,0	+0,0	+0,0	+1,0	−1,0	−0,0	−0,0	−0,0	−0,0	−0,0	−0,0	−0,0
Steckhülse	+0,0	+0,0	+0,0	+0,0	+0,0	+1,0	−0,0	−0,0	−0,0	−0,0	−0,0	−0,0	−0,0
Gehäuse	+0,0	+0,0	+0,0	+0,0	+0,0	+0,0	+0,0	+0,0	+0,0	+0,0	+0,0	+1,0	+1,0
Flanschgehäuse	+0,0	+0,0	+0,0	+0,0	+0,0	+0,0	+0,0	+0,0	+0,0	+0,0	+0,0	+0,0	+0,0
Planetenrad	+0,0	+0,0	+0,0	+0,0	+0,0	+0,0	+0,0	+0,0	+0,0	+0,0	+0,0	+0,0	+0,0

Tab. 4.3 Darstellung mit Kosten

	z_1	z_2	z_3	z_4	z_5	z_6	z_7	z_8	z_9	z_{10}	z_{11}	z_{12}	z_{13}	z_{14}	z_{15}	KAP
Kaltkreissäge	−0,5	−0,5	−0,5	−0,5	−0,5	−0,5	−0,0	−0,0	−0,0	−0,0	−0,0	−0,0	−0,0	−0,0	−0,0	
Drehmaschine	−0,0	−0,0	−0,0	−0,0	−0,0	−0,0	−8,5	−0,0	−5,0	−5,0	−0,0	−0,0	−7,0	−0,0	−0,0	$\boldsymbol{k}_1$
Schrägbett-Drehmaschine	−7,0	−7,0	−7,0	−1,5	−0,0	−0,0	−5,0	−0,0	−14,0	−14,0	−3,0	−0,0	−0,0	−5,0	−0,0	$\boldsymbol{k}_2$
Doppelspindel-Drehmaschine	−0,0	−0,0	−0,0	−0,0	−4,9	−0,0	−0,0	−8,0	−0,0	−0,0	−0,0	−0,0	−0,0	−0,0	−0,0	$\boldsymbol{k}_3$
Drehmaschine, angetr. Werkz.	−0,0	−0,0	−0,0	−6,8	−0,0	−0,0	−0,0	−0,0	−0,0	−0,0	−28,0	−30,0	−0,0	−0,0	−6,0	$\boldsymbol{k}_4$
Doppelsp.-D., angetr. Werkz.	−0,0	−0,0	−0,0	−0,0	−0,0	−6,2	−0,0	−0,0	−0,0	−0,0	−0,0	−0,0	−0,0	−0,0	−0,0	$\boldsymbol{k}_5$
Universalfräsmaschine	−0,0	−0,0	−1,0	−0,0	−1,0	−0,0	−0,0	−0,0	−10,0	−8,0	−0,0	−0,0	−12,0	−12,0	−0,0	$\boldsymbol{k}_6$
Bearbeitungszentrum	−0,0	−0,0	−0,0	−0,0	−0,0	−0,0	−0,0	−0,0	−0,0	−11,0	−5,0	−5,0	−5,0	−5,0	−13,0	$\boldsymbol{k}_7$
Bohrzentrum	−0,0	−0,0	−0,0	−0,0	−0,0	−0,0	−0,0	−0,0	−8,0	−0,0	−0,0	−0,0	−0,0	−0,0	−0,0	$\boldsymbol{k}_8$
Innenschleifmaschine	−2,0	−2,0	−2,0	−2,0	−2,0	−2,0	−0,0	−0,0	−0,0	−0,0	−0,0	−0,0	−0,0	−0,0	−0,0	
Säulenbohrmaschine	−0,4	−0,0	−0,0	−0,0	−0,0	−0,0	−0,0	−0,0	−0,0	−0,0	−0,0	−0,0	−0,0	−0,0	−0,0	
Nutenfräsmaschine	−0,8	−1,2	−0,0	−0,0	−0,0	−0,0	−0,0	−0,0	−0,0	−0,0	−0,0	−0,0	−0,0	−0,0	−0,0	
Innen-/Außenschleifm.	−4,5	−4,5	−4,5	−4,5	−4,5	−4,5	−0,0	−0,0	−0,0	−0,0	−0,0	−0,0	−0,0	−0,0	−0,0	
Rohmaterial Steckhülse	−1,0	−1,0	−1,0	−1,0	−1,0	−1,0	−0,0	−0,0	−0,0	−0,0	−0,0	−0,0	−0,0	−0,0	−0,0	
Rohmaterial Gehäuse	−0,0	−0,0	−0,0	−0,0	−0,0	−0,0	−1,0	−1,0	−0,0	−0,0	−0,0	−0,0	−0,0	−0,0	−0,0	
Rohmaterial Flanschgehäuse	−0,0	−0,0	−0,0	−0,0	−0,0	−0,0	−0,0	−0,0	−1,0	−1,0	−1,0	−1,0	−0,0	−0,0	−0,0	
Rohmaterial Planetenrad	−0,0	−0,0	−0,0	−0,0	−0,0	−0,0	−0,0	−0,0	−0,0	−0,0	−0,0	−0,0	−1,0	−1,0	−1,0	
																STK/LG
Steckhülse	+1,0	+1,0	+1,0	+1,0	+1,0	+1,0	+0,0	+0,0	+0,0	+0,0	+0,0	+0,0	+0,0	+0,0	+0,0	$s_1/\boldsymbol{l}_1$
Gehäuse	+0,0	+0,0	+0,0	+0,0	+0,0	+0,0	+1,0	+1,0	+0,0	+0,0	+0,0	+0,0	+0,0	+0,0	+0,0	$s_2/\boldsymbol{l}_2$
Flanschgehäuse	+0,0	+0,0	+0,0	+0,0	+0,0	+0,0	+0,0	+0,0	+1,0	+1,0	+1,0	+1,0	+0,0	+0,0	+0,0	$s_3/\boldsymbol{l}_3$
Planetenrad	+0,0	+0,0	+0,0	+0,0	+0,0	+0,0	+0,0	+0,0	+0,0	+0,0	+0,0	+0,0	+1,0	+1,0	+1,0	$s_4/\boldsymbol{l}_4$
Bearbeitungskosten	$\boldsymbol{b}_1$	$\boldsymbol{b}_2$	$\boldsymbol{b}_3$	$\boldsymbol{b}_4$	$\boldsymbol{b}_5$	$\boldsymbol{b}_6$	$\boldsymbol{b}_7$	$\boldsymbol{b}_8$	$\boldsymbol{b}_9$	$\boldsymbol{b}_{10}$	$\boldsymbol{b}_{11}$	$\boldsymbol{b}_{12}$	$\boldsymbol{b}_{13}$	$\boldsymbol{b}_{14}$	$\boldsymbol{b}_{15}$	
Auftragsabwicklungskosten	$\boldsymbol{a}_1$	$\boldsymbol{a}_2$	$\boldsymbol{a}_3$	$\boldsymbol{a}_4$	$\boldsymbol{a}_5$	$\boldsymbol{a}_6$	$\boldsymbol{a}_7$	$\boldsymbol{a}_8$	$\boldsymbol{a}_9$	$\boldsymbol{a}_{10}$	$\boldsymbol{a}_{11}$	$\boldsymbol{a}_{12}$	$\boldsymbol{a}_{13}$	$\boldsymbol{a}_{14}$	$\boldsymbol{a}_{15}$	

tur zum Erfüllen einzelner Funktionen oder der Funktionsstruktur des zu entwickelnden Sachsystems darstellen.

Demnach gehen wir von einem in sich konsistenten Verhaltens-/Funktionsmodell für das betrachtete Sachsystem aus. Dazu suchen wir über Lösungsprinzip $\longrightarrow$ Wirkprinzip, Wirkprinzip $\longrightarrow$ Wirkstruktur Aufgabenträger, die zur Aufgabenausführung genutzt werden können, aber nicht unbedingt speziell dafür geschaffen wurden. Daher können diese Aufgabenträger mehr/weniger/genausoviel wie gefordert. Das Wirkprinzip ist der Übergang zur Leistungsbeschreibung eines Aufgabenträgers. Dabei sind in der Regel Übersetzungen/Interpretationen erforderlich. Bei der Suche eines Aufgabenträgers gehen wir systematisch vor: Aufgabe (Zielanalyse) $\longrightarrow$ Input/Output (Zielanalyse $\longrightarrow$ Situationsanalyse) $\longrightarrow$ Lösungsprinzip (Situationsanalyse) $\longrightarrow$ Wirkprinzip (Synthese) $\longrightarrow$ Wirkstrukturen (Synthese/Analyse). Und wir durchlaufen den in Kap. 2 beschriebenen Weg vom allgemeinen Input-Output-System zum dynamischen Handlungssystem.

Wirkprinzipien, für die keine technischen Aufgabenträger zur Verfügung stehen, müssen in der Problem-/Aufgabenanalyse (siehe Abschn. 4.2.3) nach Funktions- oder Objektkriterien weiter aufgeschlüsselt werden. Wir entwerfen/modellieren die (fehlenden) technischen Aufgabenträger, indem wir für die resultierende (elementare) Aufgabenmenge Wirkprinzipien mit einem kleineren Umfang erarbeiten, dafür verfügbare Aufgabenträger suchen und diese entsprechend der ursprünglichen Aufgabenstellung bzw. der gewählten Aufgabengliederung zusammensetzen. Dabei halten wir selbstverständlich nach Komponenten aus einem Baukasten Ausschau (siehe Abschn. 4.2.7), denn dann ist die Synthese (nach Baukastenvorschrift) der elementaren Aufgabenträger ohne Untersuchung der Schnittstellen gewährleistet. Also beginnen wir auf einer weiteren Detaillierungsebene, einem weiteren Zyklus mit einer Zielanalyse, Situationsanalyse, Synthese, Analyse, Bewertung, Entscheidung (siehe Abschn. 4.2.1).

In Zyklus 0 beginnen wir mit der Zerlegung in die Schritte Situations- und Zielanalyse. Wenn mindestens eine hinreichende Aufgabenträgeralternative existiert, ist der Ablauf – ggf. nach einer Nutzwertanalyse – beendet (siehe Abschn. 3.4.). Gibt es keinen derartigen Aufgabenträger, müssen wir bspw.

- das Gesamtsystem „Personentransport“ in Aufgaben/Lösungsprinzipien (Primärenergie in Antriebsenergie/-leistung umsetzen, Personen aufnehmen, Ortsveränderung usw.) zerlegen und dafür alternative Wirkprinzipien definieren. Wir werden unterschiedlich aggregierte Lösungselemente (Auspuff, Motor/Getriebe, Chassis) finden. Vielleicht haben wir dann nach der Synthese zwei mögliche „Aufgabenträger“. Beispielsweise fehlt bei dem einen (Frontantrieb) noch ein Getriebe, bei dem anderen (Heckantrieb) passt noch keine Hinterachse.
- das Gesamtsystem „Windrad“ in die Aufgaben/Lösungsprinzipien (Umsetzen eines Luftstroms in einen Impuls, Stellen des Rotorblatts in geforderte Stellung, Umsetzen des Impulses in ein Drehmoment, Drehmoment-/Drehzahlregelung, Umsetzen der Drehzahl des Rotors über ein Planetengetriebe in die Drehzahl des Generators, Ausrichten der Kanzel in Windrichtung, Strom abführen/anschalten/ausschalten, Strom

verteilen, Notabschaltung, Strom erzeugen (stetige Regelung von 5 bis 100 Prozent der Nennleistung), Aufzeichnen der Betriebshistorie) nach den Regeln der Problemanalyse zerlegen. Dafür sind jetzt Wirkprinzipien (Rotor, Rotorverstellung, Getriebe, Generator, Regelung, Stromeinspeisung, Turm, Fundament) auszuarbeiten. Gegebenenfalls finden wir ein komplettes Getriebe/Generatoraggregat.

- das Gesamtsystem „Föhn" in die Aufgaben/Lösungsprinzipien (Erwärmen eines Luftstroms, Erzeugen eines Luftstroms, Reinigen der angesaugten Luft, Fokussieren des Luftstroms, Lokalisieren des Luftstroms an eine bestimmte Stelle am Kopf, Ermöglichen der Anwendung bis 3 m Abstand von einer Steckdose, Strom zuführen/anschalten/ausschalten, Strom verteilen, Drehbewegung initiieren, Heizdrähte erhitzen, Gerät bei Überhitzung abschalten) zerlegen und dafür alternative Wirkprinzipien definieren.

Jede Gliederungsebene, jeder Zyklus hat die Lösungsprinzipien zum Gegenstand, für die noch ein Aufgabenträger gesucht wird. Und wenn es für ein Lösungsprinzip keinen Aufgabenträger gibt, betrachtet die nächste Gliederungsebene immer noch dieses Lösungsprinzip, jetzt aber auf der Detaillierungsebene der Komponenten. Dasselbe gilt für die Ziele, die Anforderungen und die Bewertung: Wir sind in der Nomenklatur vom Auto zum Getriebe gewechselt und setzen jetzt mit den Komponenten dieser Gliederungsebene das Gesamtsystem Auto zusammen („Synthese"). Dieses doppelte Vorgehen gilt für jede Ebene/jeden Zyklus: Wenn wir für jede (Unter-)Aufgabe einen Aufgabenträger finden, können wir den Entwurfsprozess mit den Schritten Synthese und Analyse fortsetzen. Fehlt noch ein Motor, müssen wir für diesen wieder Komponenten suchen. In der Alternativenmenge der tieferen Gliederungsebene sind aus der Potenzmenge der Lösungsprinzipien die Aufgabenaggregationen mit einer vollständigen Vorgängerrelation (Output Vorgänger = Input Nachfolger; vgl. Abschn. 1.7.7) mit einer eigenen Nomenklatur in die Betrachtung einzuführen: (1,2,3,4) (5) (6), (1) (3,4,5) (2,6) oder (1) (2) (3) (4) (5) (6). Also haben wir jetzt einerseits die Einzelkomponenten und andererseits „Aggregate" (bspw. bei einem Föhn das komplette Turbine-Motor-Heizungs-Aggregat) in einer Wertsynthese zu bewerten („Lösungselemente in Wirkstruktur"). Eine Fragestellung könnte dann bspw. sein: Wie verteilen wir die Aufgaben eines Rechners auf geeignete Komponenten, die wir schon auf Lager haben? Im allgemeinen Fall gilt auf einer bestimmten Detaillierungsebene: Unteraufgabe 1, Unteraufgabe 2, Unteraufgabe 3, Unteraufgabe X, … $\longrightarrow$ Untersystem x, Untersystem y, … $\longrightarrow$ Aufgabenträger I, Aufgabenträger II + … und alle zulässigen Kombinationen sind Gegenstand einer Nutzwertanalyse mit Entwurfs- und Systemzielen.

Dieses Vorgehen setzen wir fort, bis jeder (Unter-)Aufgabe ein Aufgabenträger zugeordnet ist. Solange bleiben die Anfragen auf Ebene Zyklus 0 nach einem Aufgabenträger unbeantwortet. Das reine Top-down-Vorgehen steuert die Definition der Systemarchitektur bis auf die Einflussnahme durch die Nutzwertanalyse über das Aufgabenträgerangebot ohne lenkenden kategorischen Imperativ. Damit definieren wir eine multiple Erzeugnisstruktur des Aufgabenträgers, die wir zweckmäßigerweise nach Dispositionsebenen ordnen. Die Endglieder dieser Struktur sind zu beschaffen oder selbst zu konstruieren/herzustellen. Die nach Fertigungsstufen geordnete Erzeugnisstruktur gibt die Montagestruktur des Aufgabenträgers an.

Begin Zuordnen von Aufgabenträgern[143]
n Nummer des Zyklus,
$X(n)$ Menge der Aufgaben/Lösungsprinzipien in Zyklus n,
x Aufgabe/Lösungsprinzip, $x \in X(n)$

$n := 0$

B:

If $X(n) = \emptyset$ **then goto C**
Wir wählen eine beliebige Aufgabe x: **get** $x \in X(n)$; $X(n)^* := X(n)$

A:

(1) **If** (Für die vorliegende Aufgabe x existiert mindestens ein Aufgabenträger) **then**
(Durchführen einer Nutzwertanalyse; Festlegen des Aufgabenträgers; Ende Aufgabe x, **goto D**)

(3) **else** $(X(n+1) := \emptyset$;

(4) Wir greifen auf jede mögliche Aufgabengliederung zu (vgl. Problemanalyse);
Stellen der erhaltenen Komponenten auf Ebene $n+1$: $X(n+1) := X(n+1) \cup$ Komponenten;
goto D)

D: $X(n) := X(n) \setminus x$;

If $X(n) \neq \emptyset$ **then get** $x^* \in X(n), x := x^*$; **goto A else** $(n := n+1$; **goto B**)

C:

(2) $n := n - 2$

F: Wir wählen eine beliebige Aufgabe x: **get** $x \in X(n)^*$;

E: Synthese aller möglichen Aufgabengliederungen für Aufgabe x zur Wirkstruktur;
Bottom-up-Zuordnung der Wirkstruktur der Aufgabenträger auf Ebene $n-1$ zu Aufgabe x;
Durchführen einer Nutzwertanalyse; Auswahl der Wirkstruktur für Aufgabe x;
Benennen des aggregierten Aufgabenträgers von Aufgabe x entsprechend Lösungsprinzip;
$X(n)^* := X(n)^* \setminus x$;

143 Siehe auch die Vorgehensweise bei der computerunterstützten Generierung einer Strukturstückliste [DANG09].

If $X(n)^* \neq \emptyset$ **then get** $(x^* \in X(n)^*, x := x^*)$ **goto E else** $(n := n - 1;$ **if** $n \geq 0$ **then goto F**$)$

End

Zu (1): Der Aufgabenträger deckt die Aufgabe vollständig ab: Wir sind – auf welcher Detaillierungsebene auch immer – mit der Aufgabengliederung fertig (siehe Kap. 3). Für die Nutzwertanalyse müssen wir ggf. die Aufgabenbeschreibung auf einer tieferen Ebene verwenden – quasi als Spezifizierung der Aufgabe: Wie wird das gemacht – und dann müssen wir auch in einen gegebenen Funktionsträger hineinschauen. Also sind die Kriterien nicht zwangsläufig alle auf einer Ebene: Wir können das „Funktionieren" nicht auf derselben Ebene erklären.

Zu (2): Wir haben solange immer weiter detailliert, bis wir für jede (Unter-)Aufgabe einen Aufgabenträger gefunden haben. Jetzt müssen wir mit der Ebene größter Detaillierung beginnend für alle Aufgabengliederungen und alle möglichen Wirkstrukturen die Aufgabenverdichtung bis zum originären Input-Output-System leisten. Wenn wir – was ja denkbar ist – bei der Bottom-up-Synthese Entscheidungen der Top-down-Analyse korrigieren wollen (bspw. die Gewichtung von Kriterien ändern), dann sind hier durchaus Iterationen möglich. Wollen wir hier jede Entscheidung für oder gegen ein bestimmtes Vorgehen transparent machen, dann haben wir eine Vielzahl von Bewertungen/Nutzwertanalysen zu leisten.

Wollen wir dagegen in einem Bottom-up-Vorgehen auf elementaren Lösungselementen (siehe Abschn. 2.2.2) aufbauen und mögliche aggregierte Aufgabenträger ignorieren, dann verlangt diese Vorgehensweise – wenn wir nicht völlig zufällig Elemente kombinieren wollen – eine vollständige Aufgabengliederung nach Lösungsprinzipien: Wir konstruieren ohne Abstützung auf mögliche vorhandene Aufgabenträger aus dem Baukasten heraus alles neu (siehe Abschn. 4.2.7).

Zu (3): a) Ein Aufgabenträger deckt die Aufgabe nicht vollständig ab; bspw. übernimmt eine Fräsmaschine nicht den Transport an der Maschine, den wir auf der übergeordneten Ebene noch in der Aufgabe „Fräsen" gesehen haben. Demnach müssen wir in der Problemanalyse die Aufgabe detaillierter zerlegen und dann wieder mehrere Ergänzungsmöglichkeiten betrachten (Alternative Rumpfstücklisten).

b) Ein (aggregierter oder elementarer) Aufgabenträger deckt Aufgaben ab, die nicht verlangt sind (was möglicherweise zu einer abweichenden Benennung führt); ein Windrad kann bspw. als Sendemast verwendet werden, ein Föhn Baugruppe eines Barbecue-Grills sein. Das ist Gegenstand der Nutzwertanalyse (nicht nutzen, demontieren, nicht für Aufgabe nutzen; ggf. Minusstückliste).

c) Eine Aufgabe wird von mehreren aggregierten Aufgabenträgern abgedeckt. Wenn wir entscheiden, dass nur ein solches Aggregat diese Aufgabe übernehmen soll, müssen wir festlegen, welches dieses Aggregat sein soll und ob und wie die anderen Aggregate genutzt werden sollen (nicht nutzen, demontieren, nicht für Aufgabe nutzen). Wenn wir entscheiden, dass mehrere Aggregate diese Aufgabe übernehmen sollen, ist die Art der Parallelschaltung festzulegen.

Zu (4): Durch einen Aufgabenträger entstehen möglicherweise Aufgaben, die auf der übergeordneten Ebene nicht vorgesehen waren; bspw. zerstört eine Maschine eine (Lage-)Ordnung, die erst wiederhergestellt werden muss. Also haben wir hier

1. Anforderungen/(Unter-)Aufgaben, die original aus der ursprünglichen Aufgabe resultieren;
   - Haare schnell trocken, kopfhautsymphatisch, kein nachträgliches Kämmen nötig;
   - Erzeugen eines Luftstroms mit entsprechendem Durchsatz/entsprechender Temperatur;
2. Anforderungen/(Unter-)Aufgaben, die für einen bestimmten Aufgabenträger zutreffen, also aus dem „Leistungsangebot" des Aufgabenträgers resultieren;
   - „Geringes Gewicht" ist bei einer Trockenhaube eher sekundär; hier gibt es andere Anforderungen, die aus der Aufgabe resultieren: „Anpassung an unterschiedliche Kopfformen und Hutgrößen";
   - Fixieren der Trockenhaube in bestimmter Stellung, Eliminieren von Wirbeln im Luftstrom.

In der Informationsverarbeitung sind die Konzeptionen der objektorientierten Programmierung (siehe Abschn. 4.2.2 sowie [WIKIUML]) Standard. Damit sind Begriffe, Methoden und Werkzeuge nutzbar bzw. obligatorisch, die in der Systemtheorie/-technik genauso angesprochen [PICH75, HNBB92], aber nicht in dieser Konsequenz operationalisierend aufbereitet und möglicherweise mit anderem Namen bezeichnet werden. Wesentliche Ergebnisse dieser Aufbereitung sind die Vererbung, die Wiederverwendung und die Zusammenfassung ähnlicher Aufgaben, um sie nur einem Aufgabenträger zuordnen zu können. Wir ordnen/gruppieren die Aufgaben bzw. die Lösungsprinzipien mit Blick auf die Wirkprinzipien[144].

- Objekt: Ein *Objekt* ist eine abgrenzbare Einheit, die einen inneren Zustand nutzen und diesen durch bestimmte Nachrichten verändern kann, um so auf bestimmte Systembefehle zu reagieren (Überführungs-/Markierungsfunktion).
- Klasse: Eine *Klasse* ist ein (primäres) Schema, ein Bauplan für Objekte, der bereits existiert, bevor ein Objekt von der Klasse erzeugt wird. Objekte derselben Klasse besitzen dieselben Attribute und Methoden, können sich jedoch in den Attributsausprägungen unterscheiden. Klassen werden über ggf. mehrere Ebenen bis zum Element/Objekt

[144] Die Vererbung ist ein Konzept, das auch den Schemata von Abschn. 4.1.4 zugrundeliegt. Siehe Bd. 1, Kap. 5, Abschnitt Vorgängerrelationen. Überhaupt kann das Schemaverständnis/-konzept der Kognitionswissenschaft in Abschn. 4.1 isomorph auf die Welt der objektorientierten Programmierung abgebildet werden: Objekt $\longleftrightarrow$ Input-Output-System, Klasse $\longleftrightarrow$ Schema für Input-Output-Systeme mit Vererbungshierarchie, Dienst $\longleftrightarrow$ Lösungsprinzip, Subsystem $\longleftrightarrow$ Wirkprinzip/Aufgabenträger.

nach Objekt- und/oder nach Funktionskriterien gegliedert bzw. in der anderen Richtung zusammengefasst[145].

- Operation: Eine *Operation* ist ein elementarer Vorgang, ein elementares Ereignis wie bspw. arithmetische Operationen[146], Operationen der Mengenlehre, logische Operationen[147], elementare Funktionen eines NC-Programms[148] usw. [FESI93].
- Dienst: Ein *Dienst* oder Service umfasst eine Menge von Operationen mit einem gemeinsamen Zweck; er ist eine technische autarke Einheit, die zusammenhängende Funktionalitäten zu einem Themenkomplex bündelt und über eine klar definierte Schnittstelle zur Verfügung stellt [WIKIDIE]. Dienste werden während des Systementwurfs identifiziert und spezifiziert[149].
- Subsystem: Ein *Subsystem* (oder Untersystem) ist eine stark kohärente Menge von Klassen, Assoziationen, Operationen, Events und Nebenbedingungen, die einen Dienst realisieren. Wenn es Gründe gibt, kann ein Subsystem mehr als einen Dienst realisieren. Die *Kohärenz* ist das Maß der Abhängigkeiten innerhalb der Kapselungsgrenzen (innerhalb des Subsystems); bei starker Kohärenz haben die Klassen im Subsystem ähnliche Aufgaben. Sie sind untereinander durch Assoziationen verknüpft. Als *Kopplung* wird das Maß der Abhängigkeiten zwischen den Kapselungsgrenzen (zwischen den Subsystemen) bezeichnet. Bei starker Kopplung hat die Modifikation eines Untersystems gravierende Auswirkungen auf die anderen Subsysteme. Deshalb ist das Ziel: maximale Kohärenz, minimale Kopplung.
  Subsystem *Identifikation*: Kennzeichnung/Vereinbarung der Dienste, die vom Subsystem zur Verfügung gestellt werden (Subsystem-Interface)
  Subsystem *Schnittstelle*: Spezifikation von Interaktion und Informationsfluss von/zu den Grenzen des Subsystems, besteht aus einem oder mehreren zusammenhängenden Diensten
  Subsystem *Anordnung*: Strukturierung der Menge von Subsystemen, Interaktion und gegenseitige Nutzung der jeweiligen Dienste
  Eine Klassifikation der Anordnungs- und Schnittstellenspezifikation liefert Abschn. 2.2.2: Eine Serienschaltung reduziert Input und Output auf das Gemeinsame der beiden Subsysteme. Eine Parallelschaltung kann durch die Zusammenfassung der beiden Input- und Outputkanäle zu einer Input- bzw. Outputschnittstelle weiter differenziert werden (Inputdurchschnitt: y_1, y_2 unterschiedlich; Outputdurchschnitt: x_1, x_2 unterschiedlich; Input-Output-Durchschnitt: $x = x_1 = x_2, y = y_1 = y_2$; Input-Output-Vereinigung: Hier ist nach dem gemeinsamen Inputkanal ein Verteiler erforderlich, aber weil der Output auch nur über einen Kanal läuft, kommen keine Outputpaare an).

[145] Siehe Abschn. 4.1.4 und die dort besprochene zunehmende Konkretisierung sowie das Untersystemdenken in Abschn. 2.2.1 und 2.2.3. Die Klasse hat das Attribut „Bestand" und die Vorschriften für die Veränderung dieses Merkmals, das Objekt „Föhn 2024" hat den Bestand „57" Stück.

[146] Beispielsweise Addition, siehe Abschn. 2.1.2.

[147] Siehe Bd. 1, Abschn. 1.1.6.

[148] Siehe Bd. 1, Kap. 3, Beispiel 3-22.

[149] Wir führen die Bestandsrechnung für alle Sachnummern eines Hochregals durch.

Beispiel 4.68

Klassen, Objekte

Klasse „Mitarbeiter“:	Klasse hat Attribute und Methoden: Eintrittsdatum, Austrittsdatum, Berechnung Resturlaub, Berechnung Arbeitslohn; Objekt „Clemens Maier“: Persönliche Daten
Klasse/Teilefamilie „Hebel“:	technische Zeichnung, Arbeitsplan und NC-Programm mit Parametern für die Masse bzw. für den einzelnen Arbeitsvorgang; Objekt/Hebel „Hebel 90“: Hebel 90 mm lang, operationale technische Zeichnung, ausführbarer Arbeitsplan, ausführbares NC-Programm
Klasse „NC-Maschinen“:	Klasse hat Werkzeuge, Werkzeugmagazine, NC-Programme, Steuerungs-Programme; Objekt „NC-Maschine Cinncinati AMG“: Spezifische Werkzeuge, Kettenmagazin, NC-Programme, Heidenhain-Steuerung. ◀

Beispiel 4.69

Reorganisation von Klassen [SEWI22]

- **Gegeben drei Klassen A, B, C mit Klasse//Attribute//Operationen**

$$A//a\_1, a\_2//a_1(A,B,C), a_2(A,B,C), a_3(A,B,C), a_4(A,B,C),$$
$$B//b\_1, b\_2//b_1(A,B,C), b_2(A,B,C), b_3(A,B,C), b_4(A,B,C),$$
$$C//c\_1, c\_2//c_1(A,B,C), c_2(A,B,C), c_3(A,B,C), c_4(A,B,C).$$

– *Relationen:*

$a_1 \longrightarrow a\_2, a_2 \longrightarrow a\_2, a_1 \longrightarrow a_2, a_3 \longrightarrow a\_1, a_4 \longrightarrow a\_1, a_4 \longrightarrow a_3, a_2 \longrightarrow b_1,$

$b_2 \longrightarrow b_3, b_3 \longrightarrow b_4, b_2 \longrightarrow c\_1, b_2 \longrightarrow c\_2, b_3 \longrightarrow c_1, b_4 \longrightarrow c_2, b_4 \longrightarrow c_3, b_4 \longrightarrow c_4$

– *Wertung:*

A: Klasse mit zwei unabhängigen Kohäsionseinheiten; Aufsplitten in zwei Klassen
B: Kaum Kohäsion, b_1, b_2 ungenutzt, b_1 gehört nach A, b_2–b_4 gehören nach C
C. Völlig inkohäsive Klasse; B beschäftigt sich mehr mit C-Elementen als C selbst

- **Reorganisierte Klassen A_1, A_2, C**

$A_1//a\_1//a_3(A,B,C), a_4(A,B,C)$

$A_2//a\_2//a_1(A,B,C), a_2(A,B,C), b_1(A,B,C)$

$C//c\_1, c\_2//b_2(A,B,C), b_3(A,B,C), b_4(A,B,C), c_1(A,B,C), c_2(A,B,C), c_3(A,B,C), c_4(A,B,C)$

- *Relationen:* unverändert
- *Wertung:*
  A_1, A_2 und C sind jetzt isolierte Klassen, die wir als Input-Output-Systeme nach Abschn. 2.2.2 interpretieren können. ◄

Beispiel 4.70

Benachrichtigungsdienst

Lock up Channel ( ), subscribe ( ), send notice ( ), unsubscribe ( )

Spezifikation des Benachrichtigungsdienstes

Notification Service
Notification Channel Lock up Channel (Channel, characteristics)
Void subscribe (Observer)
Void send Notice (Notification)
Void unsubscribe (Observer)

(Channel, characteristics). Es gibt eine Entscheidung; die Suche nach einem Channel, das bestimmte Fähigkeiten hat, soll möglich sein. Die Alternative ist die Suche anhand von Namen. Verwendete Schnittstellen (Observer, ...) sind ebenfalls zu spezifizieren.

Beispiel 4.71

Subsystem Implementierung mit „SCHNITTMUSTER" [SEWI22]

Wir reduzieren die Abhängigkeit der Umsysteme (clients) von der Struktur eines Subsystems.

Gegeben: 3 client classes X, Y, Z; 5 subsystem classes A, B, C, D, E;
Relationen: A-X, A-Y, A-Z, B-X, B-Z, E-Y, A-C, A-D, B-C, D-E

Wir führen ein Dienstobjekt „SCHNITTMUSTER" (S) als zentrale Schnittstelle ein:

- Funktionen einer Menge von Klassen eines Subsystems werden zu einem Dienst zusammengefasst.
- Objekt, das den Dienst eines Subsystems nach außen darstellt.
- Alle Funktionen des Dienstes werden an einer Stelle angeboten.
- Clients müssen nichts über die Interna des Subsystems wissen.

Wir erhalten folgende Relationen: S-A, S-B, S-E, S-X, S-Y, S-Z, A-C, A-D, B-C, D-E

Möglichkeit 1: Eigene SCHNITT-Subklasse pro Konfiguration
$0 \longrightarrow 1, 0 \longrightarrow 2; 1 \longrightarrow 11, 1 \longrightarrow 12, 1 \longrightarrow 13, 1 \longrightarrow \ldots; 2 \longrightarrow 21, 2 \longrightarrow \ldots$
Möglichkeit 2: Nur eine SCHNITT-Klasse, deren Instanzen durch das explizite Setzen verschiedener Subsystem Objekte konfiguriert werden
$0 \longrightarrow$ „Schalter“ 1 oder 2: $0 \longrightarrow 11, 0 \longrightarrow 12, \ldots, 0 \longrightarrow 21, \ldots$ ◄

Beispiel 4.72

Informationssystem Fertigungssteuerung Windkraftwerke

Objekt: Kundenauftrag
Klasse: Kundenaufträge bis 16.00
Methode: Vorwärtsterminierung nach Dispositionsstufen
Operation: Ermitteln frühester Anfangstermin Auftrag 47 Arbeitsvorgang 10
Dienst: Ermitteln frühester Anfangstermine
Untersystem: Vorwärtsterminierung
Untersystemhierarchie: FST – Vorwärtsterminierung – Ermitteln Anfangstermin – Vergleich Vorgängerendtermine
Teilsystem: Kalender aktualisieren ◄

Beispiel 4.73

Lagerbaustein

Zentrale Schnittstelle für Material- und Informationsfluss: Dienstobjekt „Ein-/Auslagern (EA)
Subsystem classes: Lagerplatzverwaltung (WA), Fördermittelverwaltung (XA), Förderhilfsmittelverwaltung (YA), Fördergutverwaltung (ZA), Lagerplatz (WB), Fördermittel (XB), Förderhilfsmittel (YB), Fördergut (ZB)
Relationen: EA-WA, EA-XA, EA-YA, EA-ZA, EA-WB, EA-XB, EA-YB, EA-ZB
Nebenfunktion: Anbinden an betrieblichen Transport ◄

Beispiel 4.74

Föhn

Objekt: Föhn Ondulex
Klasse: 750 Watt; Axialturbine; Heizung, Motor, Turbine als Block; Zwei Luftströme: $20\,\mathrm{l/s}$, $30\,\mathrm{l/s}$; Drei Heizstufen: 30 Grad, 40 Grad, 50 Grad;
Methode: Erwärmen von Luft mit Glühwendel
Operation: Einschalten des Geräts

Dienst: Schalten der drei Heizstufen; Beschleunigen und Erwärmen der Luft
Untersystem: Schalten der sieben Betriebszustände; Plastikgehäuse
Untersystemhierarchie: Föhn – Antriebsblock – Motor – Läufer komplett – Antriebswelle
Teilsystem: Alle Teile aus Plastik ◄

Beispiel 4.75

Windrad

Objekt: Rotor Messerscharf
Klasse: Starkwindrotoren; Karbonrotoren; Durchmesser: 50–90 m; weiß/rot
Methode: Mechanische Regelung
Operation: Vergleichen von Istdrehzahl mit Solldrehzahl
Dienst: Stellgröße ermitteln
Untersystem: Regler
Untersystemhierarchie: Windrad – Rotor – Nabe – Flügelverstellung
Teilsystem: Kraftfluss Rotor – Getriebe – Generator ◄

Beispiel 4.76

Getriebefertigung

Objekt: Schrägbettdrehmaschine Gildemeister GSB 50
Klasse: Schrägbettdrehmaschinen
Methode: Zwischen Spitzen drehen
Operation: Schlichten linke Seite Steckhülse
Dienst: Arbeitsplan z_{12} Steckhülse
Untersystem: Herstellen der Steckhülse
Untersystemhierarchie: Getriebefertigung – Schrägbettdrehmaschine – Antriebseinheit – Kupplung
Teilsystem: Schlichten ◄

4.2.6 Komposition des Sachsystems: Systemsynthese/-analyse. Wirkstruktur. Teilsysteme

Ein Sachsystem, ein technisches System (ein Sachsystem zur Erzeugung von Sachsystemen) oder ein Handlungssystem (soziotechnisches System mit Ziel-, Informations- und Ausführungssystem) [Ropo75] haben wir mangels geeigneter Funktionsträger in einer stufenweisen Auflösung (Abschn. 4.2.3) über einen oder mehrere Zyklen top-down in eine Funktionsstruktur mit einer Menge von detaillierteren Aufgaben gegliedert und die

Aufgaben dieser Menge im vorhergehenden Abschnitt – unter dem Oberbegriff „Sachsystem“ – mit Effekten, Lösungsprinzipien und Aufgabenträgern zu Wirkprinzipien ergänzt. Jetzt ist das Zusammenwirken dieser Aufgabenträger im Sinne der gestellten Aufgabe, die *Wirkstruktur*, zu entwerfen; wir wechseln damit in unserer Sicht auf das zu gestaltende Sachsystem endgültig von der Aufgabe, vom Funktor zum Namen, zum Aufgabenträger – nur wenn das Zusammenspiel der Aufgabenträger „funktioniert“, wird die gestellte Aufgabe gelöst.

Ausgangspunkt dieser teleologischen Prozesse sind Anforderungen an ein zu erreichendes Ergebnis, ein bestimmtes gefordertes Sachobjekt oder einen anzustrebenden Zustand. Diese Anforderungen sind in der Regel so heterogen wie die Gruppe der Stakeholder, die sie geäußert und zusammengestellt hat. Also werden wir viel eher ein Bündel potenzieller Lösungen als das eine, alle anderen Konzeptionen dominierende Sachsystem erhalten. Möglicherweise sind diese Anforderungen auch nicht auf einer einheitlichen Ebene, sondern überlappend, redundant oder gar widersprüchlich. Insbesondere dann, wenn die Anforderungen einem bestimmten Bauteil des intendierten Sachsystems gelten (Windrad mit gegebenem Rotor), sind sie nicht etwas, das am Anfang des Entwerfens steht, aber dann in den weiteren Schritten des Entwurfsprozess keine Rolle mehr spielt. Vielmehr bestimmen diese Anforderungen als Randbedingungen den gesamten Entwurfsprozess, alle notwendigen Untergliederungen in allen anstehenden Zyklen; wir entwerfen um dieses Bauteil, diesen Aufgabenträger für eine partielle Funktion herum in einer vorgegebenen Aufgabengliederung das gesamte Sachsystem. Redundanzen machen das Entwerfen ggf. weniger elegant, aber Widersprüche müssen wir eliminieren (Abschn. 3.2). Nur dann können wir die Anforderungen verstehen, sie bspw. im Hinblick auf mögliche Aufgabenträger interpretieren, präzisieren und in Abstimmung mit den Stakeholdern vervollständigen (Abschn. 3.3). Dazu verstehen wir die einzelnen Unteraufgaben als Input-Output-Systeme, die wir mit den Mitteln von Abschn. 2.2.1 bzw. 2.2.2 in ihrem statischen und dynamischen Verhalten spezifizieren und parametrisieren. Um in der Lage zu sein, gewisse Alternativen selektierend ausscheiden zu können, überführen wir diese Input-Output-Systeme in operationale und einer messenden Bewertung zugängliche Kriterien, in ein in die Umwelt eingebettetes Zielsystem.

Auch die auf Abschn. 2.2.3 aufbauende, schemabasierte Untergliederung in Unteraufgaben/Funktionen und Relationen einer Funktionsstruktur, die dann notwendig wird, wenn wir keine den Anforderungen gewachsenen Aufgabenträger finden, kann zu mehreren Strukturen führen, die zwar alle geeignet sind, aber unterschiedliche Stärken und Schwächen haben. Und genauso können wir jetzt nach dem Wechsel von der Außen- auf die Innensicht [FESI08] auf mehrere geeignete Effekte und mehrere mögliche Aufgabenträger stoßen. Also haben wir bisher ein komplexes hierarchisches Beziehungsgeflecht von Sachsystemen, Funktionsstrukturen, Zielen, Bewertungen und potenziellen Aufgabenträgern, einen Lösungsraum geschaffen, den wir jetzt bottom-up abarbeiten und zu einem Aufgabenträger synthetisieren müssen, der einerseits die Zielsetzungen der einzelnen Zyklen und andererseits die ursprünglichen Anforderungen bestmöglich erfüllt:

- *Schritt G*: Wir erproben mögliche Schemata für den Bauzusammenhang und überprüfen an den Wirkprinzipien; wir fassen die Untersysteme mit ihren Aufgabenträgern zur *Baustruktur* zusammen (Hauptfunktionen + Nebenfunktionen + Anpassung). In jedem Zyklus betrachten wir nur Aufgabenträger, die eine oder mehrere Aufgaben vollständig abdecken (sonst nächster Zyklus).
- *Schritt H*: Wir überprüfen den Bauzusammenhang mit den vom Sachsystem definierten Schnittstellen: Wir prüfen ab, ob die Baustruktur die Anforderungen erfüllt. Etwas, was auf Einzelebene für das einzelne Wirkprinzip optimal bzw. sinnvoll ist, muss es im Gesamtkontext nicht sein[150].

Beispiel 4.77

Lokales und globales Optimum

a) Beispiel 4.67 verfolgt eine zweistufige Vorgehensweise: Für ein bestimmtes Teil, bspw. die Steckhülse, wird mit Stückzahl 1 und ohne irgendwelche Verbrauchs- und Gebrauchsfaktorrestriktionen die kostengünstigste Ablaufvariante gesucht. Anschließend wird für das geforderte quantitative Produktionsprogramm unter den gegebenen Gebrauchsfaktorbegrenzungen die kostengünstigste Lösung für das Produktionssystem bestimmt. Möglicherweise wird dann keines dieser Teile mit der für das einzelne Teil optimalen Ablaufvariante hergestellt.
b) Ein Automobilunternehmen will in der spanenden Fertigung Kosten reduzieren. Ein Schwerpunkt ist die Kurbelwellenfertigung. Zu Beginn der Untersuchung werden 33 Kurbelwellen mit zum Teil minimalen Unterschieden produziert. Jede Kurbelwelle für sich macht mit Stückzahl 1 Sinn. Nach Berücksichtigung der Material-, Fertigungs-, Lager-, Transport-, Beschaffungs- und Dispositionskosten für ein vorgegebenes Produktionsprogramm werden nur noch vier Kurbelwellen des ursprünglichen Sortiments gefertigt.
c) Bei der Entwicklung des Föhns Ondulex existiert für jede einzelne Unteraufgabe ein „optimaler" Funktionsträger. Die Situationsanalyse zeigt: Ein integrierter Block (Heizung, Turbine, Motor) spart 20 % des Gewichts, 30 % des Bauraums und 45 % der Kosten bei unverminderter Leistung.
d) In der Produktionsplanung und -steuerung betrachtet die Bedarfsrechnung Bedarfe, Bestelllosgrößen und Bestände für einzelne Sachnummern zu spätestmöglichen Zeitpunkten [ORLI75]. Die Kapazitätsterminierung führt alle Kundenaufträge zusammen; sie ist eine Gesamtschau zu frühestmöglichen Zeitpunkten mit allen geltenden Restriktionen [BEPS01, BRUC07]. ◄

Bei der Untersuchung bestehender und der Schaffung neuer Technik müssen wir in die Vielfalt alternativer Vorgehens-/Modellkomponenten und -relationen eine Ordnung, ein

[150] Also dürfen wir nicht mit einer Nutzwertanalyse für jedes Untersystem die beste Lösung bestimmen und dann durch eine Addition über die Untersysteme den Gesamtnutzen ermitteln (siehe Beispiel 4.67).

System bringen. Dazu prüfen wir ausgehend von den Entwurfszielen[151] und der Menge der Wirkprinzipien aus Abschn. 4.2.5, ob diese Vielfalt aufbauend auf Abschn. 4.2.3 eine zweckmäßige Untergliederung und Strukturierung erlaubt[152]. Sinnvollerweise gehen wir diese Aufgabe mit einer schrittweisen Vorgehensweise und mit der Vorstellung eines bestimmten Ordnungsgefüges (siehe Strukturmodelle Abschn. 4.2.4) an.

Für die anstehende Synthese der Wirkprinzipien/Untersysteme zur Wirkstruktur eines technischen Systems verwenden wir das Konstrukt des *Teilsystems* (siehe Abschn. 2.2.1); die geforderte Unterteilung der Entwurfsaufgabe in einzelne Schritte wird durch die sequentielle Abarbeitung der Menge der Teilsysteme geleistet. Wichtige Teilsysteme differenzieren nach Leitungs-, Verteilungs- und Arbeitszusammenhang. Der Leitungszusammenhang drückt Über- und Unterstellungsverhältnisse aus, der Verteilungszusammenhang gibt an, wie die anfallende Arbeit auf die einzelnen Subsysteme verteilt wird. Der Arbeitszusammenhang zeigt, wie die einzelnen Untersysteme bei der Aufgabendurchführung zusammenarbeiten [SCHA87]. Die anschließende Analyse, die zu klären hat, ob Untersysteme an ihre Grenzen kommen oder überdimensioniert sind, muss im Rahmen dieser Teilsysteme agieren. Zweckmäßigerweise wird daher die Definition von Wirkprinzipien (siehe Abschn. 4.2.5) so verstanden, dass *Familien* von *Untersystemen* oder direkt *skalierbare Wirkprinzipklassen* zu untersuchen sind.

4.2.6.1 Komplexitätsklassen von Ausführungssystemen

Die Komplexität der Wirk-/Baustruktur eines Sachsystems/des Ausführungssystems eines Handlungssystems steigt mit der Anzahl und Vielfalt der Elemente, der Relationen und der Funktionen. Am Ende soll diese Wirk-/Baustruktur so einfach wie möglich, so komplex wie nötig angelegt sein. Also ist eine Einteilung in Komplexitätsklassen in zweierlei Hinsicht hilfreich: Zum einen kann eine solche Klassifikation aufzeigen, auf welcher Komplexitätsstufe das zu realisierende Sachsystem anzusiedeln ist. Zum anderen können wir eine zweckmäßige Klassifikation nutzen, schrittweise die Vielfalt immer weiter anzureichern, Parameter, Zeitmodelle, Konkurrenzen und veränderliche Strukturen einzu-

[151] Siehe Abschn. 3.1 und [WIKIENT]; Entwurfsziele:
Kunde: Funktionalität, niedrige Kosten, erhöhte Produktivität, Abwärtskompatibiltät, schnelle Entwicklung, Flexibilität
Kunde/Endbenutzer: Laufzeiteffizienz
Endbenutzer: Benutzerfreundlichkeit, intuitive Bedienung, Erlernbarkeit, Robustheit, Fehlertoleranz
Endbenutzer/Entwickler: Portabilität, gute Dokumentation
Kunde/Endbenutzer/Entwickler: Zuverlässigkeit
Entwickler: Anpassbarkeit, minimale Fehleranzahl, Änderbarkeit, Lesbarkeit, Wiederverwendbarkeit, gut definierte Schnittstellen.

[152] Interessenkonflikte
Funktionalität ⟷ Benutzbarkeit: Je überladener, desto schwerer zu erlernen
Funktionalität ⟷ Schnelle Entwicklung: Viel Funktionalität zu implementieren braucht Zeit
Effizienz ⟷ Portabilität: Effizienz durch Speziallösung für bestimmtes Betriebssystem, DBMS
Kosten ⟷ Robustheit: Sparen an Qualitätssicherung.

führen, um letztlich die endgültige Komplexitätsstufe zu erreichen. Dabei gilt ein Gesetz: Je höher der geforderte Nutzungsgrad, desto höher der Komplexitätsgrad. Die Klassifikationskriterien liegen mit Abschn. 2.2.2 und 2.2.3, Strukturmodelle mit Abschn. 4.2.4 auf der Hand. Wir beginnen mit dem Ausführungssystem, das seinerseits wesentliche Charakteristika der Informationsverarbeitung festlegt. Die Bezeichnungen der einzelnen Klassen sind an technische Systeme angelehnt, gelten aber analog für alle anderen Sachsysteme[153].

I Statisches System System geschlossen, alle Attribute unveränderlich. Stufenweise Auflösung eines „abgeschalteten" Technischen Systems in Wirkprinzipien; Startzustand für die Definition/Bildung von Teilsystemen. Wir betrachten das statische „Gerüst" der Funktionsträger: Wir vergleichen ein Regal, eine Brücke und die unveränderlich vorhandenen Funktionsträger „Steine", einen ausgeschalteten Föhn, ein blockiertes Windrad oder die Betriebsmittel in einer Halle nach Feierabend mit der „Stückliste" bzw. der „Technischen Zeichnung"

II Einfachstes dynamisches System System offen, stetiger unveränderlicher Input/Output, unveränderliche Zustände, 1 : 1-Zuordnung Funktionsträger/Aufgabe, alle Reihenfolgen unveränderlich. Stetiger, unveränderlicher Materie-/Energiestrom: Wir schalten die Quarzuhr ein und das Uhrwerk läuft immer gleich. Das Windrad läuft mit allen Untersystemen bei immer gleichem Wind immer gleichförmig. Wir betrachten den eingeschalteten Föhn bei immer derselben Stufe und ohne Verschleiß. Wir fahren einen Dieselmotor im Testbetrieb mit immer derselben Drehzahl.

III Einfaches dynamisches System System offen, nur ein Auftrag mit nur einer Aufgabe, nur ein Funktionsträger. Wir schalten die Einzweckmaschine ein, wenn ein Leistungsbedarf für die eine übergeordnete Aufgabe angemeldet wird.

- Leistungsbedarf veränderlich, variabler Input
  - Leistungsbedarf über diskrete Zeitabschnitte, Bekanntgabe zu Beginn des Zeitabschnitts
    - Ohne Leistungsspeicher: zeitabschnittsweise Leistungserstellung
    - Mit Leistungsspeicher: Aggregation des Leistungsbedarfs zu zeitabschnittsweisen Losen [TEMP06, WAWH58, ZANG66]
  - Leistungsbedarf über kontinuierlichem Zeitmodell, Online-Bekanntgabe
    - Ohne Leistungsspeicher: Online-Leistungserstellung
    - Mit Leistungsspeicher: Aggregation des Leistungsbedarfs zu Losen [DANG09]
- Leistungsbedarf unveränderlich, mit Leistungsspeicher: Aggregation des Leistungsbedarf zu Losen [ANDL29]

153 Transport, Speicher, Handhabung: Transformation von Lage im Raum, Ort und Zeit. Es gelten die Klassifikationskriterien von Abschn. 2.2.3. Als zusätzliche Nachfolgestrukturen sind Stern-, Ring- und Direktverkehre zu unterscheiden. Steuerungsalgorithmen siehe Bd. 4, Kap. 4 und Kap. 5.

IV Dynamisches System System offen, mehrere Aufträge mit jeweils nur einer Aufgabe, nur ein Funktionsträger. Es gibt eine Reihenfolge der Aufträge.

- Ohne Konkurrenz der Aufträge um das Leistungsangebot des Funktionsträgers
  - Zeitpunktweiser Leistungsbedarf: Reihenfolge nach Zielkriterien, variabler Leistungsbedarf [DANG21]
  - Big-Bucket-Zeitmodell: zeitabschnittsweise Leistungsaussage für alle Aufträge, variabler Leistungsbedarf; die 24 Stunden eines Tages sind in Summe als Leistungsangebot des Föhns für die ganze Familie ausreichend
  - Small-Bucket-Zeitmodell: zeitabschnittsweise Leistungsaussage für je einen Auftrag, variabler Leistungsbedarf (ELSP; [MUME65])
- Mit Konkurrenz der Aufträge um das Leistungsangebot des Funktionsträgers
  - Zeitpunktweiser Leistungsbedarf: Reihenfolge nach Zielkriterien, Algorithmen mit Zurückstellen [YDSH95]: Die ganze Familie greift unterschiedlich lange auf den einen Föhn zu
  - Big-Bucket-Zeitmodell: zeitabschnittsweise Leistungsaussage für alle Aufträge (CLSP; [DBKZ92, EPMA87, HELB94, HIND96])
  - Small-Bucket-Zeitmodell: zeitabschnittsweise Leistungsaussage für nur einen Auftrag (CSLP, PLSP, DLSP; [DINK64, FLEI90, FLEI94, SKKVW91, DRHA95, KIMM97])

V Paralleles System System offen, mehrere Aufträge mit jeweils nur einer Aufgabe, mehrere parallele Funktionsträger. Es gibt eine Reihenfolge der Aufträge.

- Mit Konkurrenz der Aufträge um das Leistungsangebot identischer Funktionsträger
  - Zeitpunktweiser Leistungsbedarf: Reihenfolge nach Zielkriterien, variabler Leistungsbedarf [DANG21]
  - Big-Bucket-Zeitmodell: zeitabschnittsweise Leistungsaussage für alle Aufträge, variabler Leistungsbedarf (CLSP)
  - Small-Bucket-Zeitmodell: zeitabschnittsweise Leistungsaussage für je einen Auftrag, variabler Leistungsbedarf (CSLP, PLSP, DLSP)
- Mit Konkurrenz der Aufträge um das Leistungsangebot verwandter Funktionsträger
  - Zeitpunktweiser Leistungsbedarf: Reihenfolge nach Zielkriterien, Algorithmen mit Zurückstellen schlafen [DANG21]
  - Big-Bucket-Zeitmodell: zeitabschnittsweise Leistungsaussage für alle Aufträge, variabler Leistungsbedarf (CLSP)
  - Small-Bucket-Zeitmodell: zeitabschnittsweise Leistungsaussage für je einen Auftrag, variabler Leistungsbedarf (CSLP, PLSP, DLSP)
- Mit Konkurrenz der Aufträge um das Leistungsangebot heterogener Funktionsträger
  - Zeitpunktweiser Leistungsbedarf: Reihenfolge nach Zielkriterien, variabler Leistungsbedarf [DANG21]

- Big-Bucket-Zeitmodell: zeitabschnittsweise Leistungsaussage für alle Aufträge, variabler Leistungsbedarf (CLSP)
- Small-Bucket-Zeitmodell: zeitabschnittsweise Leistungsaussage für je einen Auftrag, variabler Leistungsbedarf (CSLP, PLSP, DLSP)

VI Einfachster Flow Shop System offen, nur ein mehrfach wiederholter Auftrag mit mehreren nacheinander durchzuführenden Aufgaben, jeder Funktionsträger genau einer Aufgabe zugeordnet, feste Reihenfolge der Aufgaben/Funktionsträger

- Leistungsbedarf der Aufgaben für alle Aufgaben gleichermaßen diskret veränderlich: Föhn mit diskreten Schalterstellungen
- Leistungsbedarf der Aufgaben für alle Aufgaben gleichermaßen stetig veränderlich: Föhn mit stetig veränderlicher Leistung
- Leistungsbedarf der Aufgabe für jede Aufgabe individuell veränderlich: Luftstrom und Heizung einzeln steuerbar

Der Engpassfunktionsträger bestimmt den Durchsatz/Output (Transferstraße).

VII Einfacher Flow Shop System offen, nur ein Auftrag mit mehreren nacheinander durchzuführenden Aufgaben, variable Attribute, jeder Funktionsträger genau einer Aufgabe zugeordnet, feste Reihenfolge der Aufgaben/Funktionsträger

- Attribute der Aufgaben für alle Aufgaben gleichermaßen diskret veränderlich: Windrad mit diskreten Betriebszuständen
- Attribute der Aufgaben für alle Aufgaben gleichermaßen stetig veränderlich: Windrad mit Drehzahlregelung
- Attribute der Aufgabe für jede Aufgabe individuell veränderlich: Windrad mit Notabschaltung

Der Engpassfunktionsträger bestimmt den Durchsatz/Output.

VIII Permutation Flow Shop System offen, mehrere Aufträge mit mehreren nacheinander durchzuführenden Aufgaben, Aufgabendauern unterschiedlich, jeder Funktionsträger genau einer Aufgabe zugeordnet, Reihenfolge der Aufträge für jeden Funktionsträger gleich, Reihenfolge der Aufträge disponibel

- Leistungsbedarf der Aufgaben für alle Aufgaben gleichermaßen diskret veränderlich: Montage auf einer Linie mit diskret veränderlichen Geschwindigkeiten
- Leistungsbedarf der Aufgaben für alle Aufgaben gleichermaßen stetig veränderlich
- Leistungsbedarf der Aufgabe für jede Aufgabe individuell veränderlich

Der Engpassfunktionsträger bestimmt den Durchsatz/Output.

IX General Flow Shop System offen, mehrere Aufträge mit mehreren nacheinander durchzuführenden Aufgaben, Aufgabendauern unterschiedlich, jeder Funktionsträger einer oder keiner Aufgabe zugeordnet, Funktionsträger werden in der gegebenen Reihenfolge, aber nicht unbedingt alle Funktionsträger von einem Auftrag durchlaufen (Leistungsbedarf der Aufgabe = 0), Reihenfolge der Aufträge disponibel: Bearbeitung einer Teilefamilie in Linie

- Leistungsbedarf der Aufgaben für alle Aufgaben gleichermaßen diskret veränderlich: Fertigungslinie mit diskret veränderlichen Bearbeitungsgeschwindigkeiten
- Leistungsbedarf der Aufgaben für alle Aufgaben gleichermaßen stetig veränderlich: Fertigungslinie mit stetig veränderlichen Bearbeitungsgeschwindigkeiten
- Leistungsbedarf der Aufgabe für jede Aufgabe individuell veränderlich

Der Engpassfunktionsträger bestimmt den Durchsatz/Output.

X Variabler Flow Shop System offen, mehrere Aufträge mit mehreren nacheinander durchzuführenden Aufgaben, Aufgabendauern unterschiedlich, jede Aufgabe genau einem Funktionsträger zugeordnet, feste Reihenfolge der Aufgaben, Reihenfolge der Aufträge je Funktionsträger ggf. unterschiedlich

- Leistungsbedarf der Aufgaben für alle Aufgaben gleichermaßen diskret veränderlich
- Leistungsbedarf der Aufgaben für alle Aufgaben gleichermaßen stetig veränderlich
- Leistungsbedarf der Aufgabe für jede Aufgabe individuell veränderlich

Der Engpassfunktionsträger bestimmt den Durchsatz/Output

XI Eingeschränkter Flow Shop System offen, nur ein mehrfach wiederholter Auftrag mit mehreren nacheinander durchzuführenden/nebenläufigen Aufgaben, jede Aufgabe genau einem Funktionsträger zugeordnet, Zustände der Funktionsträger unterschiedlich, jeder Funktionsträger ggf. mehreren Aufgaben zugeordnet. Ein Beispiel ist ein Stellen-Transitions-Netz: Eine feste Ablaufstruktur, alle Aufgaben werden auf dieselbe Art, alle Funktionsträger mit ihren Zuständen abgebildet.

XII Open Shop System offen, mehrere Aufträge mit denselben Aufgaben, Reihenfolge der Aufgaben beliebig, Aufgabendauern unterschiedlich, jeder Funktionsträger genau einer Aufgabe zugeordnet, Reihenfolge der Aufträge je Funktionsträger disponibel

Der Engpassfunktionsträger bestimmt den Durchsatz/Output.

XIII Job Shop System offen, mehrere Aufträge mit mehreren nacheinander durchzuführenden Aufgaben, Aufträge variable Aufgabenmenge, Aufgabendauern unterschiedlich, ein Funktionsträger einer Aufgabe zugeordnet, Funktionsträger werden in der gegebenen Reihenfolge, aber nicht unbedingt alle Funktionsträger von einem Auftrag durchlaufen, ggf. mehrfaches Durchlaufen eines Funktionsträgers. Reihenfolge der Aufträge disponibel: Reihenfolge der Aufträge je Funktionsträger festlegen

Viele Aufträge: Auftrag wartet auf Funktionsträger, wenige Aufträge: Funktionsträger wartet auf Auftrag. Wiederholaufträge werden nicht speziell betrachtet, Organisation nach Baustellen- oder Werkstattfertigung; Teilsysteme für Transport, Pufferung, Handhabung

XIV Montagestruktur System offen, mehrere Aufträge mit mehreren in Baumstruktur angeordneten Aufgaben, Aufträge variable Aufgabenmenge, Aufgabendauern unterschiedlich, eine Aufgabe einem Funktionsträger zugeordnet, Funktionsträger werden in der gegebenen Reihenfolge, aber nicht unbedingt alle Funktionsträger von einem Auftrag durchlaufen, nach Zuordnung von Aufgabe zu Funktionsträger Reihenfolge der Aufträge wie Flow Shop disponibel: Reihenfolge der Aufträge festlegen (siehe Abschn. 1.7.7 und 4.2.4)

4.2.6.2 Komplexitätsklassen von Informationssystemen

Das Informationssystem eines Handlungssystems disponiert, steuert und überwacht das Ausführungssystem (siehe bspw. [BEPS96, CMM67, SMIT56, GRAH66, BRUC81, DANG21]). Dazu modelliert es antizipierend und optimierend (nach den Regeln des Zielsystems) die Abläufe und Regeln des Ausführungssystems; eine physische Warteschlange wird zum Bestand in einem Datenspeicher, die Konkurrenz um das Leistungsangebot eines Arbeitsmittels im Zeitmodell als Reihenfolgeentscheidung mit Prioritätsregeln abgebildet, Arbeitstakte über die Wahl der Zeiteinheiten ausgedrückt, Transport bspw. als Zeitverbrauch dargestellt. Natürlich ist ein solches Modell leichter zu skalieren als ein reales Arbeitsmittel. Auf der Ebene des Wirkprinzips gilt daher: Das Ausführungssystem wird in den Modellen des Informationssystems isomorph abgebildet; den realen Objekten/Klassen des Ausführungssystems entspricht ein Objekt in der Informationsverarbeitung [DANG09]. Und der Hierarchie der Entscheidungsträger entspricht der hierarchische Aufbau des Informationssystems. Damit teilen wir Informations- und Ausführungssysteme nach denselben Komplexitätsklassen ein. Möglicherweise ordnen wir Aufgabenträger nach anderen Kriterien zu; aber auch hier ist diese Entscheidung lediglich eine Frage der Ressourcennutzung. Komplexe Ausführungssysteme bedingen komplexe Informationssysteme.

Wir leiten aus dem Aufbau/der Organisationsform eines Ausführungssystems die wesentlichen Aufgaben/Funktionen eines Informationssystems ab[154]:

1. a) Verwalten des Zugangs der Aufträge, Verwalten des Abgangs der Aufträge
   b) Verwalten des Zugangs der Aufgaben je Funktionsträger, Verwalten des Abgangs der Aufgaben je Funktionsträger
   c) Verwalten des Leistungsangebots je Funktionsträger
2. Aggregation des Leistungsbedarfs

[154] Zum Aufbau von Dispositions-/Steuerungssystemen siehe [DANG09].

3. a) Speichern, Handhaben des Leistungsbedarfs
   b) Speichern, Handhaben des Leistungsergebnisses
4. a) Reihenfolge der Aufträge
   b) Reihenfolge der Aufgaben je Funktionsträger
   c) Auswahl des Funktionsträgers je Aufgabe
5. a) Dynamisches Zuordnen des Leistungsbedarfs einer Aufgabe ⟷ Leistungsangebots eines Funktionsträgers (Scheduling)
   b) Statisches Zuordnen des Leistungsbedarfs einer Aufgabe ⟷ Leistungsangebots eines Funktionsträgers (Abtaktung)
6. a) Einschalten des Funktionsträgers, Ausschalten des Funktionsträgers
   b) Schalten/Regeln des Funktionsträgers
7. a) Bestimmen der nächsten Aufgabe, Weitergabe zur nächsten Aufgabe
   b) Bestimmen des nächsten Funktionsträgers, Weitergabe zum nächsten Funktionsträger

Und diese Aufgaben können wir nach den Datenbeständen, auf denen sie operieren, zweckmäßig zusammenfassen:

- Auftrags-, Funktionsträger-, Aufgabenorientierte Informationsbereitstellung
  Auftragsdisposition: 1a, 4a, 7a; Funktionsträgerdisposition: 1c, 6a, 6b; Aufgabendisposition: 2
- Funktionsträger-/Aufgabenorientierte Informationsverarbeitung
  Gemeinsames Verwalten: 1b, 3a, 3b, 4b, 4c, 7b; Gemeinsames Scheduling[155]: 5a, 5b

Diese Funktionen skalieren wir anhand der charakterisierenden Eigenschaften eines Sachsystems/technischen Systems [BLLR83, BRUC81]:

a) Leistungsnachfrage
   - Ein Job/Auftrag; eine Aufgabe
   - Mehrere Aufträge
     – Auftrag immer dieselbe Menge an Aufgaben/unterschiedliche Reihenfolgen
     – Auftrag immer dieselbe Menge an Aufgaben/immer dieselbe Reihenfolge der Aufgaben
     – Auftrag unterschiedliche Menge an Aufgaben/immer dieselbe Reihenfolge
     – Auftrag unterschiedliche Teilmenge an Aufgaben/unterschiedliche Reihenfolgen
   - Leistungsbedarf: Bedarf stetig, zeitabschnittsweise diskret, zeitpunktweise//konstant variabel; Angabe in Stück oder Minuten[156]
b) Leistungsangebot
   - Ein Gebrauchsfaktor
   - Parallele Gebrauchsfaktoren

[155] Siehe Bd. 4, Kap. 3, 4, 5 Algorithmen für die jeweilige Klassifikation des Ausführungssystems.
[156] Zu Leistungsbedarf und Leistungsbereitschaft siehe [DANG09].

   - Ungegliederte Gebrauchsfaktoren
   - Identische Gebrauchsfaktoren
   - Verwandte Gebrauchsfaktoren
- Serielle Gebrauchsfaktoren
- Unterschiedliche Gebrauchsfaktoren
- Leistungsangebot: Angebot stetig, zeitabschnittsweise diskret, zeitpunktweise/konstant variabel; Angabe in Stück oder Minuten

c) Wirkstruktur[157]
- Eine Aufgabe
- Parallele Aufgaben: Unabhängige Aufgaben, Parallel gegliederte Jobs, Nebenläufig gegliederte Jobs
- Serielle Aufgaben: Open Shop, Flow Shop, Job Shop
- Montage-/Sortierstruktur

d) Zuordnung Aufgabe – Funktionsträger
- 1 : 1: Identität von Aufgabe und Funktionsträger (Einzweckmaschine)
- m : 1: mehrere Aufgaben/Aufträge, ein Funktionsträger
- 1 : n: eine Aufgabe/Auftrag, mehrere Funktionsträger (bspw. parallele Werkzeuge, Splitten von Aufträgen)
- m : n: mehrere Aufgaben, mehrere Funktionsträger

e) Zuordnung zu Ort
- Aufgabe ortsgebunden
- Funktionsträger ortsgebunden

f) Zielfunktion
Siehe bspw. [PINE02, GLLR79, BLLR83, BRUC81, FLEI94]

g) geschlossenes/offenes System
- geschlossenes System: Das ist entweder die absolut unveränderliche Struktur oder das Perpetuum mobile
- offenes System: Attribute zeitlich variabel, Menge der Elemente/Untersysteme zeitlich variabel, Struktur zeitlich variabel[158]

Wir erhalten für die Klassen, die wir für das Ausführungssystem angeführt haben:

I) Keine Informationsverarbeitung
II) Keine Informationsverarbeitung
III) Informationsverarbeitung: Aggregation des Leistungsbedarfs, Ein-/Ausschalten des Funktionsträgers, Speichern/Handhaben des Leistungsergebnisses, Verwalten des Zu-/Abgangs

[157] Siehe die ein- und mehrstufigen Technikmengen in Bd. 2.
[158] Ein Omnibus verlässt ein Verkehrssystem, ggf. nach einem ständig wiederholten Plan. Dann benötigt der Busfahrer nur den Plan und eine Uhr, andernfalls eine Online-Steuerung (bedarfsgesteuerter Bus).

IV) Informationsverarbeitung: Verwalten des Zu-/Abgangs der Aufträge, Aggregation des Leistungsbedarfs, Reihenfolge der Aufträge, Zuordnen des Leistungsangebots, Ein-/Ausschalten des Funktionsträgers, Speichern/Handhaben des Leistungsergebnisses, Verwalten des Zu-/Abgangs

V) Informationsverarbeitung: Verwalten des Zu-/Abgangs der Aufträge, Aggregation des Leistungsbedarfs, Reihenfolge der Aufträge, Auswahl/Zuordnen des Leistungsangebots eines Funktionsträgers, Ein-/Ausschalten eines Funktionsträgers, Speichern/Handhaben des Leistungsergebnisses, Verwalten des Zu-/Abgangs

VI) Informationsverarbeitung: Ein-/Ausschalten, Zuordnen des Leistungsangebots je Funktionsträger, Schalten der Funktionsträger

VII) Informationsverarbeitung: Ein-/Ausschalten, Zuordnen des Leistungsangebots je Funktionsträger, Schalten/Regeln der Funktionsträger

VIII) Informationsverarbeitung: Ein-/Ausschalten, Verwalten des Zu-/Abgangs der Aufträge, Reihenfolge der Aufträge, Zuordnen des Leistungsangebots je Funktionsträger, Schalten/Regeln der Funktionsträger

IX) Informationsverarbeitung: Ein-/Ausschalten, Verwalten des Zu-/Abgangs der Aufträge, Reihenfolge der Aufträge, Zuordnen des Leistungsangebots je Funktionsträger, Schalten/Regeln der Funktionsträger

X) Informationsverarbeitung: Ein-/Ausschalten, Verwalten des Zu-/Abgangs der Aufträge, Reihenfolge der Aufträge, Verwalten des Zu-/Abgangs der Aufgaben je Funktionsträger, Reihenfolge der Aufgaben, Zuordnen des Leistungsangebots je Funktionsträger, Schalten/Regeln der Funktionsträger

XI) Informationsverarbeitung: Ein-/Ausschalten, Verwalten des Zu-/Abgangs der Aufgaben je Funktionsträger, Reihenfolge der Aufgaben, Schalten der Funktionsträger

XII) Informationsverarbeitung: Ein-/Ausschalten, Verwalten des Zu-/Abgangs der Aufträge, Reihenfolge der Aufträge, Verwalten des Zu-/Abgangs der Aufgaben je Funktionsträger, Reihenfolge der Aufgaben je Funktionsträger, Bestimmen der nächsten Aufgabe/des nächsten Funktionsträgers, Schalten der Funktionsträger

XIII) Informationsverarbeitung: Ein-/Ausschalten, Verwalten des Zu-/Abgangs der Aufträge, Reihenfolge der Aufträge, Verwalten des Zu-/Abgangs der Aufgaben je Funktionsträger, Reihenfolge der Aufgaben je Funktionsträger, Weitergabe zum nächsten Funktionsträger, Schalten der Funktionsträger

XIV) Informationsverarbeitung: Zuordnen der Aufgaben je Auftragsklasse zu Funktionsträgern (minimale Anzahl Funktionsträger oder optimaler Abgleich), dann wie VIII

Beispiel 4.78

Informationssystem

- **Flow Shop mit zwei Gebrauchsfaktoren**
  Gegeben sind zwei Gebrauchsfaktoren und eine Menge von Produkten. Alle Produkte werden in jeweils derselben Reihenfolge auf beiden Gebrauchsfaktoren in

zwei Arbeitsvorgängen mit unterschiedlichen Dauern bearbeitet. Gesucht ist die Reihenfolge der Produkte mit der kürzesten Dauer zwischen dem frühesten Beginn und dem spätesten Ende. Zeitdauern und -punkte können beliebig genau angegeben werden.
Das Verfahren zur Festlegung dieser Reihenfolge (Johnson-Algorithmus; siehe [DANG09]) sortiert die Produkte nach aufsteigender Größe der jeweils kleineren Bearbeitungsdauer. Dann werden zwei Listen gebildet: In die erste Liste werden die Produkte gestellt, bei denen der erste Arbeitsvorgang die kleinere Dauer besitzt. Die zweite Liste mit der kleineren Dauer im zweiten Arbeitsvorgang wird rückwärts aufgebaut; an letzter Stelle steht das Produkt, das als erstes in diese Liste gestellt wurde. Nachdem alle Produkte einer diesen beiden Listen zugeordnet wurden, werden beide Listen zusammengeschoben: Der erste Gebrauchsfaktor beginnt mit der kleinsten Dauer, der zweite Gebrauchsfaktor endet mit der kleinsten Dauer.
Dieses Verfahren ist ereignisorientiert: Der Beginnzeitpunkt des nächsten Produkts auf dem ersten Gebrauchsfaktor ist der Endezeitpunkt des vorhergehenden Produkts auf diesem Gebrauchsfaktor. Es gibt keine unzulässigen Überlappungen zwischen dem ersten und dem zweiten Arbeitsvorgang und keine durch das Verfahren bedingten Belegungslücken.

- **Job Shop mit beliebiger Anzahl von Gebrauchsfaktoren**
  Gegeben sind eine Menge von Gebrauchsfaktoren und eine Menge von Produkten. Jedes Produkt wird auf den Gebrauchsfaktoren in einer produkttypischen Reihenfolge in Arbeitsvorgängen mit unterschiedlichen Dauern bearbeitet. Zeitdauern und -punkte können beliebig genau angegeben werden. Ein Produkt kann einen Gebrauchsfaktor mehrfach, muss aber nicht alle Gebrauchsfaktoren durchlaufen. Gesucht ist eine Reihenfolge der Produkte ohne unzulässige Überlappung der Arbeitsvorgänge mit der kürzesten mittleren Dauer zwischen dem frühesten Beginn und dem spätesten Ende einer Produktbearbeitung.
  Das Verfahren zur Festlegung der verbrauchsfaktorspezifischen Produktreihenfolge (siehe [DANG09], S. 1162) bestimmt zuerst die mittlere Anzahl der Arbeitsvorgänge und die Summe aller Arbeitsvorgangsdauern. Aus der Anzahl n der Gebrauchsfaktoren, der mittleren Anzahl m der Arbeitsvorgänge und der Summe h aller Arbeitsvorgangsdauern wird die Dauer eines Belegungszyklus abgeleitet ($h/(m \cdot n)$). Die Belegungszyklen werden sequentiell abgearbeitet; je Belegungszyklus wird je Gebrauchsfaktor (ggf. alphabetisch) die Warteschlange der bereits freigegebenen, noch nicht eingeplanten Arbeitsvorgänge (alle Vorgängerarbeitsvorgänge in vorherigen Belegungszyklen eingeplant) nach aufsteigender Arbeitsvorgangsdauer sortiert, die Arbeitsvorgänge nach dieser Priorität bis zum Ende des Zyklus eingeplant und die Nachfolgevorgänge für die jeweiligen Gebrauchsfaktoren freigegeben.

- **Wertung**
  Beide Verfahren haben schwerwiegende Nachteile: Nehmen wir beim ersten Verfahren an, dass wirklich nur zwei Gebrauchsfaktoren zu betrachten sind. Dann ist das Ergebnis „optimal“. Aber ein neu hinzukommendes Produkt muss mit seiner Einplanung warten, bis die aktuelle Sequenz auf dem ersten Gebrauchsfaktor vollständig abgearbeitet ist. Gegebenenfalls wird es dann noch an das Ende der neuen Sequenz gerückt. Also ist der tatsächliche Endezeitpunkt trotz „Optimierung“ keinesfalls ideal. Und wenn wir die Reihenfolge mit jedem neu angefragten Produkt neu bilden, dann werden Produkte mit hohen Bearbeitungsdauern nie hergestellt. Das zweite Verfahren stellt mit der zyklenweisen Abarbeitung sicher, dass nur freigegebene Arbeitsvorgänge in eine Warteschlange gestellt werden. Also ist die leicht einzusehende Voraussetzung dieses Verfahrens: Im Zyklus arbeitet jeder Gebrauchsfaktor eine nicht mehr veränderbare Warteschlange ab. Während des Zyklus wird ein Bestand an durchgeführten Arbeitsvorgängen aufgebaut. Es gibt nur physische Warteschlangen. Also sehen wir zu Beginn des Zyklus in der Realität die zu erledigende Arbeit vor jedem Gebrauchsfaktor liegen; während des Zyklus gibt es keine Freigabeaktivitäten, nach dem Zyklus liegt die getane Arbeit hinter dem Gebrauchsfaktor. Aber damit ist die jeweils gewählte Prioritätsregel praktisch wirkungslos: Die Gesamtdauer für ein Produkt ist nicht die Summe der Arbeitsvorgangsdauern, sondern die Dauer des Belegungszyklus multipliziert mit der Anzahl der Arbeitsvorgänge. Und das gilt immer. Kurze Durchlaufzeiten sind völlig unmöglich, die meiste Zeit liegt ein Produkt herum und wartet. ◄

Ein Windrad oder ein Föhn unterliegen keiner Konkurrenz um das Leistungsangebot. Ein Föhn wird eingeschaltet und läuft; es gibt keine Auftragsanmeldung, keine Auftragsverwaltung und keine Auftragspriorisierung. Der Föhn unterscheidet/entscheidet nicht, wer ihn gerade in der Hand hält. Und das Windrad betrachtet alle Kunden gleich – bis zur Leistungsgrenze wird das Kumulativ aller Leistungsbedarfe, dann die Leistungsgrenze bereitgestellt; alle wollen Strom mit derselben Frequenz und derselben Spannung. Das Zusammenfassen und das Verteilen liegen nicht im Verantwortungsbereich/innerhalb der Systemgrenzen des Windrads. In beiden Fällen gibt es nur eine Art von Auftrag; damit sind die für genau diese Auftragsart ausgewählten Komponenten stets „verfügbar“ und starr – auch zeitlich und örtlich – miteinander gekoppelt. Das ist in einem Friseursalon schon anders; hier gibt es sehr wohl eine Auftragsverwaltung und -priorisierung. Bei einem Job Shop kann diese von einzelnen Aufträgen induzierte Konkurrenz um die Funktionsträger vom Menschen aufgelöst werden, dann brauchen wir keinen Computer. Aber ein guter Disponent wird auch nicht willkürlich, sondern systematisch nach Regeln entscheiden. Und dann werden wir als außenstehender Betrachter keinen Unterschied zu einem EDV-unterstützten Informationssystem feststellen.

Beispiel 4.79

Kaffee und Tee

Wir beginnen mit: Der Automat liefert nur kochendes Wasser, Tee und Kaffee müssen aufgebrüht werden. Die nächste Stufe ist: Schwarzer Tee und Kaffee werden vom Automaten mit kochendem Wasser aufgebrüht und an zwei verschiedenen Stellen angeboten. Demnach geht das parallel. Wenn wir nur eine Ausgabestelle haben, muss die Reihenfolge festgelegt werden. Grüner Tee verlangt eine Temperatursteuerung, möglicherweise einen separaten Wassertopf. Und wenn wir überhaupt nicht warten wollen, dann müssen wir den Kaffee ständig auf Temperatur halten. ◄

Jede Konkurrenzsituation, jeder nicht zeitlich/örtlich starr gekoppelte Übergang verursacht Bestände vor einem Funktionsträger (Mensch, Maschine, Verkehrsmittel, Lagerfach); wir können das als „Warteraum“, als „Umsteigen“, als „Auftragspuffer“ oder als „Bereitstellungsfläche“ bezeichnen. Genau diese Bestände nutzt die Informationsverarbeitung als dispositiven Spielraum für eine lokale Optimierung. Natürlich könnte die Gesamt-/Simultanbetrachtung aller Funktionsträger in einem nach Job Shop organisierten Fertigungsbereich zu einem hinsichtlich der übergeordneten Zielsetzung besseren Plan führen. Aber diese „Lösung“ wäre mit einem maximalen Grad an Starrheit verbunden: Jede kleinste Planabweichung, die kleinste Störung könnte den Plan obsolet machen. Wir sehen das täglich an dem nach allen Regeln der Kunst optimierten ICE-Netz; jede planerische Verbesserung führt in der Praxis zu einer Verschlechterung. Eine Steuerung, die auf physisch vorhandene Bestände zugreift (siehe Beispiel 4.78), ist sicher nicht so elegant, aber eben wesentlich robuster und von Störungen weitestgehend abgekoppelt. Wenn die Bahn in Mannheim 15 Minuten für das Umsteigen einplanen würde, wäre der Plan schlechter, die Auslastung des Netzes niedriger, aber das Ergebnis besser, denn dann würde man nach Plan fahren und müsste nicht den eine Stunde späteren Zug nehmen. Allerdings: Zur „Zwischenspeicherung“ der Fahrgäste wären ein paar zusätzliche Sitzbänke sinnvoll.

4.2.6.3 Schnittstellen. Zusammenspiel von Ausführungs- und Informationssystem

Angenommen, wir haben einen Föhn gekauft. Dann ist dieser Föhn für uns eine nichtuntergliederte Black Box. Die „Schnittstelle“, das „Benutzerinterface“ repräsentiert einen Dienst: Wir schalten ein, liefern als Input elektrischen Strom sowie kalte Luft und erhalten als Output einen warmen Luftstrom; das Informationssystem „Schalter“ schaltet das Ausführungssystem „Warmen Luftstrom herstellen“ ein und aus. Wenn wir selber einen Föhn herstellen und dazu für das Ausführungssystem die Komponenten der ersten Gliederungsebene verwenden, das Informationssystem aber selber herstellen, dann müssen wir den Schalter mit dem Antriebsmotor der Turbine und der Heizspirale „verkabeln“. Wollen wir noch diskret unterschiedliche Temperaturen und Windstärken realisieren, muss unser Informationssystem für unterschiedliche Stromstärken für den Antriebsmotor und die Heizspirale sorgen – wir verzweigen den elektrischen Strom über den Schalter auf verschiedene „Kabel“. Und unser Schalter, unser Informationssystem wird hierarchisch strukturiert: Unter dem übergeordneten Schalter „Ein/Aus“ liegen zwei Schalter für die Luft und die Temperatur. Die beiden Schnittstellen „Luft“ und „Temperatur“ koppeln Informations- und Ausführungssystem. Dazwischen liegt noch ein vierter Schalter für das „Notaus“ des Föhns bei einer Überhitzung; demnach reagiert unser Informationssystem auf Zustände im Ausführungssystem (Zustandsparametrisierung, siehe Abschn. 2.2.2).

Bei einem Permutation Flow Shop (Fall VIII) verwalten wir über den Zu-/Abgang der Aufträge den Auftragsbestand, erstellen eine Durchführungsreihenfolge der Aufträge, ordnen den Leistungsbedarf der Aufgaben dem Leistungsangebot der einzelnen Funktionsträger (Bearbeitungsstationen) zu, schalten die Funktionsträger in verschiedene Geschwindigkeitsstufen und letztendlich die gesamte Anlage ein und aus. Der Aufbau des Informationssystems liegt auf der Hand; unter dem übergeordneten Schalter „Ein/Aus“ liegen die drei Schnittstellen „Verwalten des Auftragsbestands“ mit der Reihenfolge der Aufträge, „Geschwindigkeit der Anlage“ mit der Taktung der einzelnen Stationen und „Durchführen der Aufgaben auf den Stationen“ mit den drei Untersystemen Handhaben, Speichern und Bearbeiten.

In einem Job Shop (Fall XIII) wird der betrachtete Fertigungsbereich bspw. über den Schichtkalender ein- und ausgeschaltet. Der Auftragsbestand wird verwaltet und nach Prioritäten geordnet. Die weiteren Aktivitäten sind den Funktionsträgern zugeordnet: Verwalten des Leistungsangebots (Kalender des Funktionsträgers), Verwalten des Zugangs der Aufgaben (Freigabe für die betrachtete Bearbeitungsstufe, Speichern und Handhaben des Auftragsbestands), Reihenfolge der Durchführung/Abgang der Aufgaben, Zuordnen des Leistungsbedarfs der Aufgaben zum Leistungsangebot der Funktionsträger (Bearbeiten, CAM), Weitergabe zum nächsten Funktionsträger (Speichern, Transport). Demnach sind neben den Schnittstellen für den Kalender und den Auftragsbestand weitere fünf Schnittstellen je Funktionsträger einzurichten, die zur Kopplung an das Ausführungssystem weiter detailliert werden (können). Genau diese Aktivitäten/Schnittstellen haben wir in Bd. 2 einem Produktionspunkt zugeordnet.

Fassen wir zusammen: Am Anfang existieren nur die Input- und die Outputschnittstelle, dazwischen ist der Funktor. Wollen wir hier parametrisieren und zeitlich variieren, muss die Input- bzw. die Outputschnittstelle bereits differenzieren. Zergliedern wir diese erste Ebene in Untersysteme, stellen die Schnittstellen dieser ersten Ebene die Informationsverbindung zu den Schnittstellen der zweiten Gliederungsebene her: Die Schnittstellen zerlegen in die Begrifflichkeit der nächstuntergeordneten Ebene (von Ebene 1 „Auto“ zu Ebene 2 „Chassis“, von „Föhn“ zu „Heizung“). Zerlegen wir in parallele Untersysteme, trifft die Schnittstelle auch diese Entscheidung. Damit bilden die Schnittstellen die Ergebnisse der Problemanalyse/Untersystemgliederung in das Informationssystem ab: Die Schnittstelle der untergeordneten Ebene wird definiert durch die jetzt differenzierte übergeordnete Aufgabe/das übergeordnete Untersystem mit aggregierterem Lösungsprinzip (das übergeordnete Wirkprinzip haben wir nicht gefunden bzw. wollen wir nicht verwenden), erhält von da einen Informationsinput und gibt einen Informationsoutput dahin zurück. Demnach übernimmt der Informationsteil der Schnittstelle das, was in Abschn. 2.2.3 fehlt – die interpretierende Verbindung der Systemebenen (siehe Abschn. 2.2.2); das Auto „weiß“ aus der Problemanalyse, aus welchen Komponenten es besteht und welche Komponente abgeschlossen sein muss, damit die Outputschnittstelle „Auto“ feststellen kann: „Auto ist fertig“.

Mit diesem „naiven“ Ansatz, das Informationssystem zu gliedern, entstehen möglicherweise Ebenen von Schnittstellen, deren einzige Funktion die Übersetzung zwischen zwei Ebenen ist. Ein zweiter Ansatz könnte daher sein, jedes Untersystem/jede Schnittstelle jeder beliebigen Ebene mit jedem beliebigen Untersystem/jeder Schnittstelle jeder beliebigen Ebene kommunizieren zu lassen, ohne die Schnittstellen auf den Ebenen dazwischen zu durchlaufen. Diese Verschlankung kann nur retrograd erfolgen; nur dann können wir die Schnittstellenhierarchie überschauen und einzelne Ebenen gezielt eliminieren. Die erste, hierarchische Vorgehensweise führt zu einem Baukasten, in dem alles vorgegeben ist, aber der Austausch und die Wartung problemlos möglich sind (vgl. Abschn. 4.2.7). Der zweite Ansatz führt zu einer kompakten, aber komplexen Konzeption, in der Untersysteme auf unterster Ebene über die eigene Schnittstelle auch direkt mit der Umwelt kommunizieren, ohne dass dies allgemein propagiert würde (Randelemente). Natürlich ergänzen wir das Informationssystem mit jedem Teilsystem des Ausführungssystems; das vollständige Ausführungssystem impliziert das vollständige Informationssystem.

Beispiel 4.80

Stellen-Transitions-Netz. Schnittstellen (siehe Beispiel 4.49)

- **Schnittstellen Stellen** Die Schnittstellen verwalten den Zu- und Abgang der Stelle. Sie melden den noch möglichen Zugang an die liefernde, den aktuellen Bestand an die abziehende Transition (X: x/y; X Stelle, x abziehende Transition, y liefernde Transition).

  A: b/-; B: d, h/b; C: b/c; D: c/g; E: -/c; F: d, e, h/a, g; G: d, k/i; H: a/d, h;
  I: -/a; J: e/j; K: g/e; L: -/f; M: f, h/g, k; N: i, j/a, f; O: j/-; P: i/-

- **Schnittstellen Transitionen** Die Schnittstellen ziehen entsprechend der Kantenbewertung aus den liefernden Stellen ab und erhöhen in den empfangenden Stellen den Bestand entsprechend der Kantenbewertung (in diesem Beispiel generell 1) (x: X/Y; x Transition, X liefernde Stelle, Y empfangende Stelle).

  a: H/F, I, N; b: A, C/B; c: D/C, E; d: B, F, G/H; e: F, J/K; f: M/L, N;
  g: K/D, F, M; h: B, F, M/H; i: N, P/G; j: N, O/J; k: G/M

- **Steuerungsstruktur/Informationssystem** Die Schnittstellen der Transitionen erhalten von den Schnittstellen der mit ihnen verbundenen Stellen jede Bestandsveränderung. Entsprechen die jeweiligen Bestände den jeweils geltenden Vorgaben, schaltet die Transition, was die Bestände entsprechend verändert. Demnach liegt ein vollständig dezentralisiertes Informationssystem vor; die Schnittstellen auf der Ebene des Stellen-Transitions-Netzes verwalten den hier nicht abgebildeten Zu- und Abgang zu bzw. von den am Rande liegenden Stellen.

- **Teilsystem** Kreislauf der Handhabungswerkzeuge

  a: H/N; d: G/H; e: J/K; f: M/N; g: K/M; h: M/H; i: N/G; j:N/J; k: G/M ◀

4.2.6.4 Systemsynthese über Teilsysteme

In Abschn. 2.2.3/4.2.4 haben wir ein Teilsystem vergleichsweise einfach vereinbart: Ein *Teilsystem* $p_a := (a, F_a, P_a, s_a)$ ist bestimmt durch ein strukturbildendes Attribut a und die von a induzierte k-stellige Relation s_a. Wir präzisieren diese Definition für die hier verfolgten Zwecke anhand der Definitionen in Abschn. 2.2.3.

- Es sei A_S die Menge der Attribute/Parameter eines Sachsystems $p_S := (A_S, F_S, P_S, S_S)$ mit $A_S := \{a\}$; $F_S := \{f\}$; $P_S := \{p'\}$; $S_S := \{s\}$. Dabei enthalte die Menge A_S aller Input-/Outputattribute des Sachsystems (externe Attribute) sowie die Attribute/Parameter aller Untersysteme p' der Menge P_S (interne Attribute des Sachsystems).
- Es sei $a \in A_S$ ein Attribut des Untersystems p'. Dann heißt eine echte Teilmenge des kartesischen Produkts zwischen k Attributen von k Untersystemen eine *k-stellige Relation* s: $s \subset a' \times a''; a', a'' \in A_S$ mit je einem Attribut für jedes der k Untersysteme. Die Menge S_S der Relationen heißt die *Struktur* des Systems: $S_S := \{s : s : \subset a' \times a''; a', a'' \in A_S$ mit je einem Attribut für jedes der k Untersysteme $\wedge\ p' \in P_S\}$.
- Es seien y' der Output eines Untersystems p' und x'' der Input eines Untersystems p''. Dann heißt die zweistellige Identitätsrelation zwischen y' und x'' *Kopplung* $s_{p'p''}$: $s_{p'p''} \subset y' \times x'' \wedge \underset{y,x \in A_S}{\forall} \alpha_{y'} = \alpha_{x''}$.
- Die *Struktur eines Sachsystems* besteht aus materiellen, energetischen und informationellen Kopplungen sowie räumlichen und zeitlichen Relationen: $S_S = \{s_{mp'p''}\} \cup \{s_{ep'p''}\} \cup \{s_{ip'p''}\} \cup \{s_R\} \cup \{s_T\}$.
- Die Teilmenge $S_{SR} := \{s_R\} \subset S_S$ heißt *Gebildestruktur*. Die Teilmenge $S_{ST} := \{s_T\} \subset S_S$ heißt *Prozessstruktur*.
- Wir bezeichnen die *Menge der Aufgabenträger* q eines Sachsystems mit Q_S; $Q_S := \{q\}$.
- Wir bezeichnen einen Aufgabenträger $q; q \in Q_S$, der aufgrund seiner Spezifikation einem Untersystem p'; $p' \in p_S$ zugeordnet werden kann, also nach einer Bewertung die Anforderungen dieses Untersystems abdeckt (Abschn. 3.3.2), mit $q_{p'}$.
- Ein Aufgabenträger $q_{p'} \in Q_S$ deckt die Anforderungen mindestens eines Untersystems p' vollständig ab; er kann mehrere Untersysteme p' eines Sachsystems abdecken: $\underset{q \in Q_S}{\forall} \underset{p' \in p_S}{\exists} q \in \{q_{p'}\}$.
- Für ein Untersystem p' können mehrere Aufgabenträger q existieren: $\underset{p' \in p_S}{\forall} \underset{q \in Q_S}{\exists} q \in \{q_{p'}\}$.

Ein *Teilsystem* $p_{\mathrm{ST}} := (A_{\mathrm{ST}}, F_{\mathrm{ST}}, P_{\mathrm{ST}}, S_{\mathrm{ST}})$ eines Input-Output-Systems $p_{\mathrm{S}} := (A_{\mathrm{S}}, F_{\mathrm{S}}, P_{\mathrm{S}}, S_{\mathrm{S}})$ wird durch eine Menge A^*_{ST} von Inputattributen und/oder Parametern bzw. Outputattributen und/oder Parametern des initialen Input-Output-Systems/Sachsystems identifiziert; $A_{\mathrm{ST}} \subset A_{\mathrm{S}}, F_{\mathrm{ST}} \subset F_{\mathrm{S}}, P_{\mathrm{ST}} \subset P_{\mathrm{S}}, S_{\mathrm{ST}} \subset S_{\mathrm{S}}, A^*_{\mathrm{ST}} \subset A_{\mathrm{ST}}$. Die Menge A^*_{ST} kann mehrere Baustrukturen mit $Q^{*\prime}_{\mathrm{ST}} \subset Q_{\mathrm{S}}$ und mit genau einem Aufgabenträger je Untersystem bedingen[159]: $\forall_{p' \in p_{\mathrm{S}}} \; q = q_{p'}$. Zwischen den identifizierenden Attributen/Parametern besteht eine für das Teilsystem charakteristische Input-, Zustands- oder Überführungsfunktion bzw. Output-, Zustands- oder Markierungsfunktion; wir verfolgen die funktionalen Auswirkungen der Menge A^*_{ST} über die Kopplungen und Ergebnisfunktionen der induzierten Wirkstruktur und notieren je Teilsystem die verwendeten/zugeordneten Aufgabenträger. Für eine paarweise Kopplung von zwei Untersystemen gilt: Falls beide Untersysteme demselben Aufgabenträger zugeordnet werden, dann ist die betrachtete Kopplung eine aufgabenträgerinterne Kopplung. Sie wird in der Baustruktur nicht sichtbar. Alle anderen Kopplungen, bei denen ein Wechsel der Aufgabenträger stattfindet, bilden die sichtbare Bau(gruppen)struktur. Falls ein Aufgabenträger das Verhalten eines Untersystems verändert, bspw. die Bereiche vergrößert oder verkleinert, ist diese funktionale Veränderung nachzutragen. Ziel ist: Das Teilsystem p_{ST} verhält sich mit dem Input/Output A^*_{ST} so wie das ursprüngliche Sachsystem. Somit macht das Konstrukt „Teilsystem" für A^*_{ST} die Zerlegung eines Sachsystems mit dem Konstrukt „Untersystem" rückgängig.

Als Mittel der Systemsynthese können wir für Teilsysteme konzeptionelle Einschränkungen formulieren:

Vollständigkeit der Systembetrachtung

Die Vereinigungsmenge der Teilsysteme p_{ST} soll das Sachsystem p_{S} auf der Ebene der Wirkprinzipien, also der Untersysteme, mit allen Attributen und Relationen abbilden; die Vereinigungsmenge der Teilsysteme p_{ST} eines Systems p_{S} ist durch die Struktur des Systems p_{S} beschränkt: $\bigcup p_{\mathrm{ST}} = p_{\mathrm{S}}$.

Beispiel 4.81

Teilsysteme

Wir erhalten Teilsysteme, wenn wir in einem Sachsystem bspw. nur die energetischen Kopplungen betrachten.

In Beispiel 4.67 kann jede Basisvariante als Teilsystem verstanden werden.

Beispiel Nahverkehr: Ausgangspunkt ist das Verkehrsaufkommen je Ort, also je Untersystem. Wir unterteilen nach Aufgabenträgern: zu Fuß, mit dem Bus von Haltestelle zu Haltestelle, mit dem Zug von Bahnhof zu Bahnhof, mit dem Taxi von Haus zu Haus und differenzieren jetzt jeder für sich das gemeinsame System „Personenverkehr". Die Integration zum Gesamtsystem erfolgt durch gemeinsame Knotenpunkte/-orte. ◄

[159] Siehe Einermenge, Abschn. 1.6.5.

„Vollständigkeit" ist zu interpretieren. Natürlich darf die Synthese keine Untersysteme außen vorlassen, nur weil die von uns ausgewählten Teilsysteme diese nicht erfassen[160]. Genauso selbstverständlich ist eine Unterteilung in Entscheidungsschritte notwendig, wenn wir die Komplexität des Systementwurfs reduzieren und nicht bei jeder konzeptionellen Festlegung mit einer Vielzahl möglicherweise gegenläufiger Einzelentscheide konfrontiert sein wollen. Aber auch in der Nutzwertanalyse (Abschn. 3.4.2) gelten diese für die Methode unabdingbaren Voraussetzungen nur bedingt: Wichtige Entscheidungen werden a priori bei der Auswahl der Randbedingungen getroffen und ein Kostenkriterium wird in vielen Fällen einen völligen Neubeginn unmöglich machen. Also müssen wir auch hier eine Priorisierung der Teilsysteme vornehmen: Das wichtigste Teilsystem zuerst. Und die Festlegungen der ersten Teilsysteme setzen den Rahmen für alle weiteren, die dann noch kommen. Selbstverständlich müssen dann Rekursionen oder eine Änderung der Prioritäten möglich sein. Eine ganz wichtige Anmerkung ist aber: Teilsysteme verändern nicht die in der Problemanalyse definierten Aufgaben/Untersysteme. Die dort vorgenommene Aufgabengliederung gibt dem Systementwurf die entscheidende Prägung, sie ist die gemeinsame Basis aller Teilsysteme. So haben wir in Beispiel 4.78 ja auch die zu bedienenden Orte mit ihrem Verkehrsaufkommen festgelegt, bevor wir nach Bus und Bahn partitionieren, und möglicherweise das Gesamtsystem in die kleineren Untersysteme „Landkreise" unterteilt. Und ein Untersystem, das in keinem Teilsystem angesprochen wird, entpuppt sich dann möglicherweise als Truppenübungsplatz.

Eigenschaften eines Teilsystems

Wir betrachten Input- und Outputattribute des ursprünglichen Sachsystems: x, x' oder $y, y' \in A^*_{\mathrm{ST}}$. Wir nennen ein Teilsystem p_{ST}

- *funktional*: $\longleftrightarrow$ Einem Input $x \in A^*_{\mathrm{ST}}$ wird genau ein Output(element) zugeordnet.
- *zerlegend*: $\longleftrightarrow \underset{x,x' \in A^*_{\mathrm{ST}}}{\forall} \; x \neq x' \longrightarrow x p_{\mathrm{ST}} \cap x' p_{\mathrm{ST}} = \emptyset$. Je zwei Mengen an Outputs, die mit je zwei verschiedenen Inputelementen/-mengen x, x' erreicht werden, haben keine gemeinsamen Elemente; x, x' führen zu zwei erreichbaren Outputmengen ohne gemeinsames Element. Natürlich können wir diese Bedingung auch für zwei Teilsysteme aufstellen: $\longleftrightarrow \underset{x \in A^*_{\mathrm{ST}}, x' \in A^*_{\mathrm{ST}}{}'}{\forall} \; A^*_{\mathrm{ST}} \cap A^*_{\mathrm{ST}}{}' = \emptyset \wedge x \neq x' \longrightarrow x p_{\mathrm{ST}} \cap x' p'_{\mathrm{ST}} = \emptyset$.
  Je zwei Mengen an Outputs, die mit je zwei (verschiedenen) Inputelementen x, x' aus zwei Inputmengen ohne gemeinsames Element erreicht werden, haben keine gemeinsamen Elemente; x, x' führen zu zwei erreichbaren Outputmengen ohne gemeinsames Element[161].

---

[160] Wir führen hier als Erstes die Synthese des Gesamtsystems auf der Basis der erarbeiteten Wirkprinzipien durch. Dann folgt die Analyse der Leistungen des so konzipierten/komponierten Gesamtsystems.

[161] Vergleiche die Nutzenunabhängigkeit der Kriterien in der Nutzwertanalyse (Abschn. 3.4.2). Nur so wird die Additivität der Teilnutzen erreicht.

- *alternativ*: $\longleftrightarrow \underset{x \in A^*_{ST}}{\forall} \underset{x' \in A^*_{ST}}{\exists} x \neq x' \longrightarrow xp_{ST} \cap x'p_{ST} \neq \emptyset$. Jedes xp_{ST} muss mit mindestens einem $x'p_{ST}$ mindestens ein y gemeinsam haben. Auch hier können wir diese Bedingung für zwei Teilsysteme aufstellen: $\longleftrightarrow \underset{x \in A^*_{ST}}{\forall} \underset{x' \in A^*_{ST}{}'}{\exists} A^*_{ST} \cap A^*_{ST}{}' = \emptyset \wedge x \neq x' \longrightarrow xp_{ST} \cap x'p'_{ST} \neq \emptyset$.
- *schachtelnd*: $\longleftrightarrow \underset{x,x' \in A^*_{ST}}{\forall} xp_{ST} \subset x'p_{ST} \vee x'p_{ST} \subset xp_{ST}$. Der Output kann so geordnet werden, dass ausgehend von einer minimalen Outputmenge jede Outputmenge Teilmenge der Outputmenge mit der nächstgrößeren Kardinalität ist. Wir können diese Bedingung auch für zwei Teilsysteme aufstellen: $\longleftrightarrow \underset{x \in A^*_{ST}, x' \in A^*_{ST}{}'}{\forall} A^*_{ST} \cap A^*_{ST}{}' = \emptyset \longrightarrow xp_{ST} \subset x'p'_{ST} \vee x'p'_{ST} \subset xp_{ST}$.
- *teilmengenleer*: $\longleftrightarrow \underset{x,x' \in A^*_{ST}}{\forall} xp_{ST} \subset x'p_{ST} \longrightarrow xp_{ST} = x'p_{ST}$. Ein Input, dessen Output eine Teilmenge des Outputs eines anderen Inputs ist, wird wie dieser Input behandelt: Beide Outputs sind identisch. Auch hier können wir diese Bedingung für zwei Teilsysteme aufstellen: $\longleftrightarrow \underset{x \in A^*_{ST}, x' \in A^*_{ST}{}'}{\forall} A^*_{ST} \cap A^*_{ST}{}' = \emptyset \wedge xp_{ST} \subset x'p'_{ST} \longrightarrow xp_{ST} = x'p'_{ST}$.
- *konstant*: $\longleftrightarrow \underset{x,x' \subset A^*_{ST}}{\forall} xp_{ST} = x'p_{ST}$. Jede Art von Input führt zum selben Output.
- *inputfrei*: $\longleftrightarrow card_1 p_{ST} = 1$. Für das Teilsystem gibt es nur einen Input x.
- *outputfrei*: $\longleftrightarrow card_2 p_{ST} = 1$. Für das Teilsystem gibt es nur einen Output y.

Beispiel 4.82

Untersysteme/Teilsysteme

- **Föhn**
  Untersysteme: Erwärmen eines Luftstroms (Erwärmen auf 30 Grad, Erwärmen auf 40 Grad, Erwärmen auf 50 Grad (für jeden wählbaren Luftstrom)), Erzeugen eines Luftstroms (Erzeugen von 20 l Luft/Sekunde, Erzeugen von 30 l Luft/Sekunde), Reinigen der angesaugten Luft, Fokussieren des Luftstroms, Lokalisieren des Luftstroms an eine bestimmte Stelle am Kopf, Integration aller Komponenten in einem tragbaren Gerät, Ermöglichen der Anwendung bis 3 m Abstand von einer Steckdose
  Teilsysteme: Schalten der Zustände, Luftstrom, Energiefluss

- **Windrad**
  Untersysteme: Umsetzen eines Luftstroms in einen Impuls, Stellen des Rotorblatts in geforderte Stellung, Umsetzen des Impulses in ein Drehmoment, Drehmoment-/Drehzahlregelung, Umsetzen der Drehzahl des Rotors über ein Planetengetriebe in die Drehzahl des Generators, Ausrichten der Kanzel in Windrichtung, Strom abführen/anschalten/ausschalten, Strom verteilen, Notabschaltung, Strom erzeugen (stetige Regelung von 5 bis 100 Prozent der Nennleistung), Aufzeichnen der Betriebshistorie
  Teilsysteme: Kraftfluss, Stromfluss, Informationsfluss ◄

Schaltung von Input-Output-Systemen in der Baustruktur

In der Notation von Abschn. 2.2.2 bezeichnen (X_1, Y_1, S_1) und (X_2, Y_2, S_2) zwei gegebene Input-Output-Systeme (eines Teilsystems), realisiert durch jeweils einen Aufgabenträger und eingebunden in eine Baustruktur. Zu deren Aufbau definieren wir zwischen den beiden Input-Output-Systemen folgende *Schaltungen* (siehe [PICH75]):

- Die *Parallelschaltung*/das *kartesische Produkt* $(X_1, Y_1, S_1) \otimes (X_2, Y_2, S_2)$ ist definiert als das Input-Output-System (X, Y, S) mit

$$X := X_1 \times X_2, \quad Y := Y_1 \times Y_2, \quad S := \{((x_1, x_2), (y_1, y_2)) \colon x_1 S_1 y_1 \wedge x_2 S_2 y_2\}.$$

- Der *Inputdurchschnitt* $(X_1, Y_1, S_1) \oplus_1 (X_2, Y_2, S_2)$ ist definiert als das Input-Output-System (X, Y, S) mit

$$X := X_1 \cap X_2; \quad Y := Y_1 \times Y_2; \quad S := \{(x, (y_1, y_2)) \colon x S_1 y_1 \wedge x S_2 y_2\}.$$

- Der *Outputdurchschnitt* $(X_1, Y_1, S_1) \oplus_2 (X_2, Y_2, S_2)$ ist definiert als das Input-Output-System (X, Y, S) mit

$$X := X_1 \times X_2; \quad Y := Y_1 \cap Y_2; \quad S := \{((x_1, x_2), y) \colon x_1 S_1 y \wedge x_2 S_2 y\}.$$

- Der *(Input-Output-)Durchschnitt* $(X_1, Y_1, S_1) \oplus (X_2, Y_2, S_2)$ ist definiert als das Input-Output-System (X, Y, S) mit

$$X := X_1 \cap X_2; \quad Y := Y_1 \cap Y_2; \quad S := S_1 \cap S_2.$$

  Hier stehen bei S_1 und S_2 dieselben Signale an; S_1 und S_2 produzieren denselben Output.
- Die *(Input-Output-)Vereinigung* $(X_1, Y_1, S_1) \circledast (X_2, Y_2, S_2)$ ist definiert als das Input-Output-System (X, Y, S) mit

$$X := X_1 \cup X_2; \quad Y := Y_1 \cup Y_2; \quad S := S_1 \cup S_2.$$

- Die *Rückkopplungsschaltung* $(\underline{X}, \underline{Y}, \underline{S}) \circledcirc (X_R, Y_R, S_R)$ eines Output-Durchschnitts $(\underline{X}, \underline{Y}, \underline{S}) = (X_1, Y_1, S_1) \oplus_2 (X_2, Y_2, S_2)$ mit einem „Regler“ (X_R, Y_R, S_R) ist definiert als das allgemeine System (X, Y, S) mit

$$X := X_1; \quad Y := Y_1 \cap Y_2; \quad S := \{(x, y) \colon x S_1 y \wedge y S_R \bigcirc S_2 y\}.$$

- Es sei (X, Y, S) ein Input-Output-System, dessen Outputmenge Y ein kartesisches Produkt $Y = Y_1 \times Y_2$ ist. Wir erklären dann die *Projektionen* (X, Y_1, S_1) und (X, Y_2, S_2)

durch

$$S_1 := \left\{(x, y_1): x \in X \wedge y_1 \in Y_1 \wedge \underset{y_2 \in Y_2}{\exists} xS(y_1, y_2)\right\} \quad \text{und}$$

$$S_2 := \left\{(x, y_2): x \in X \wedge y_2 \in Y_2 \wedge \underset{y_1 \in Y_1}{\exists} xS(y_1, y_2)\right\}.$$

Demnach gilt für die Projektionen (X, Y_1, S_1) und (X, Y_2, S_2) von (X, Y, S) die Beziehung

$$(X, Y_1, S_1) \oplus_1 (X, Y_2, S_2) = (X, Y, S) \text{ (Inputdurchschnitt)}.$$

Zulässig ist in diesem Fall ein Input x dann, wenn es dazu einen Output y_1 gibt und ein Output y_2 existiert, der in S_2 aus x entsteht, bzw. es dazu einen Output y_2 gibt und ein Output y_1 existiert, der in S_1 aus x entsteht.

- Die *Serienschaltung* $(X_1, Y_1, S_1) \ominus (X_2, Y_2, S_2)$ ist definiert als das Input-Output-System (X, Y, S) mit

$$X := X_1; \quad Y := Y_2, \quad S := S_1 \bigcirc S_2.$$

$S_1 \bigcirc S_2$ bedeutet die Transformation von X_1 nach Y_2; der Output der beiden Systeme S_1 und S_2 wird auf das Gemeinsame der beiden Systeme eingeschränkt (Skalarprodukt).

Beispiel 4.83

Parallelbearbeitung, Inputdurchschnitt

In einer Dreherei stehen qualitätsmäßig unterschiedliche Drehmaschinen. Dementsprechend umfasst das Arbeitsprogramm Aufträge mit unterschiedlichem Anforderungsprofil. Die erste Möglichkeit besteht darin, das Arbeitsprogramm komplett durchzuführen. Dann müssen die Aufträge in einer Parallelschaltung den Drehmaschinen korrekt zugeordnet werden – dazu ist eine Steuerung mit entsprechendem Aufwand erforderlich. Die zweite Möglichkeit bei gegebenem Maschinenpark besteht in einem Auftragszugang nach Inputdurchschnitt: Es werden nur Aufträge angenommen, die von allen Maschinen durchgeführt werden. Jetzt ist keine Steuerung nötig, jeder Werker führt Aufträge nach Gutdünken durch. Gegebenenfalls wird aber nur ein Bruchteil der möglichen Aufträge durchgeführt. ◄

4.2.6.5 Horizontale Synthese. Arbeitszusammenhang

Das Teilsystem *Arbeitszusammenhang* [SCHA87] fokussiert[162] auf die Veränderung, die Transformation der Arbeitsobjekte im Ausführungssystem/auf der Ausführungsebene.

[162] *„Zwischen den durch die Aufgabenverteilung, das Leitungsgefüge und die Zuordnung von Stäben gegliederten Stellen ergibt sich ein weiterer Beziehungszusammenhang, der sich aus der ständigen*

Hauptsächlicher Gegenstand der Betrachtung ist das Zusammenwirken der Funktionsträger bei dieser Transformation in einem arbeitsteiligen Prozess (*Horizontale Synthese*): Welche Funktionsträger (Menschen, Maschinen, Handhabungsgeräte, Transportgeräte, Lagereinrichtungen, ...) sind an welchem Ort, zu welchem Zeitpunkt und in welchem Umfang am Transformationsprozess beteiligt? Wer übergibt wem in welchem Zustand (Handhaben, Speichern)? In welchem Zustand beginnt der Transformationsprozess? Sinnvollerweise haben wir das Ausführungssystem in weitere Teilsysteme gegliedert, bspw. nach Produktfamilien oder nach Produkt-/Herstelltechnologien (Gießen, Spanen, Oberfläche behandeln, Montieren)[163]. All das gilt es, bei der horizontalen Synthese zusammenzuführen. Dabei nehmen wir alle Aufgaben/Untersysteme unabhängig von der Problem-/Aufgabenanalyse und unabhängig von der Gliederungstiefe der Entwurfszyklen als auf einer Ebene befindlich an und fokussieren uns auf wichtige (Aufgaben-Lösungsprinzip-Wirkprinzip-Wirkpaar-Fehlende Technik/Fehlender Aufgabenträger)-Kombinationen. Am Ende steht ein gerichteter Transformationsablauf, der „Materialfluss", der die Vorgänger-Nachfolger-Relationen von Arbeitsobjekt und Arbeitsmittel transparent macht[164] [VDI2411, DANG99]. Wir wollen hier nicht nur auf das „Material", sondern generell auf den Transformationsprozess eingehen: Im Föhn wird Luft, im Windrad Windenergie in elektrische Energie, im Fotoapparat das einfallende Licht über einen chemischen Effekt/Fotoeffekt in ein Bild, im Kaffeeautomaten Wasser und Kaffeebohnen in frisch gebrühten Kaffee transformiert.

Wenn wir davon ausgehen, dass wir für alle Unterfunktionen Wirkprinzipien und eine mögliche Wirkstruktur gefunden haben, also die Effektivität gewährleisten, dann steht bei der horizontalen Synthese die Effizienz im Vordergrund; jegliche Verschwendung ist zu eliminieren bzw. auf ein Minimum zu reduzieren. Also stellen wir mit den Gebrauchsfaktoren ein für die Ausführung „maßgeschneidertes" Leistungsangebot, genau die richtig aufeinander abgestimmten qualitativen und quantitativen Kapazitäten bereit[165]. Für die Verbrauchsfaktoren gelten dieselben Anforderungen: Mit welchen Zuständen und Eigenschaften seitens der Arbeitsobjekte beginnt ein optimaler Ausführungsprozess? Dieses Angebot seitens der Gebrauchs- und Verbrauchsfaktoren wird in der Regel restriktionsimprägniert sein: Vorhandene Arbeitsmittel sind zu nutzen und besser auszulasten, lagerhaltige Materialien wiederzuverwenden. Die Wirk-/Baustruktur führt diese Angebote und Anforderungen zusammen:

Zusammenarbeit bei der Aufgabenerfüllung herleitet. Dieses Beziehungsnetz zwischen den organisatorischen Gliederungseinheiten wird unter dem Begriff des Arbeitszusammenhangs dargestellt. Es handelt sich dabei um ein Kommunikationssystem zwischen den Gliederungseinheiten, das sich in dauernden Verbindungswegen ausdrückt. Die Sonderform unständiger Arbeitsbeziehungen, die durch gelegentliche Sitzungen von Gruppen verschiedener Stelleninhaber entstehen, findet als Kollegienzusammenhang eine gesonderte Behandlung" [KOSI62].

[163] Siehe die Beispiele in Bd. 2, Kap. 8.

[164] Siehe Bd. 2, Beispiel 8-4.

[165] Das Untersystem mit dem kleinsten relativen Leistungsangebot bestimmt den Output, irgendwelche Überdimensionierungen an bereits ausreichend dimensionierten Stellen führen zu keinem Leistungszuwachs.

- Vermeiden unnötiger Handhabungsvorgänge: Beibehalten einer einmal erzeugten Ordnung
- Vermeiden von Puffern und Schleifen, bedingt durch Nacharbeit
- Vermeiden von Schleifen mit unterschiedlichem Transformationsgrad (wärmebehandelt – nicht wärmebehandelt)
- Vermeiden von Puffern durch abgestimmte Losgrößen
- Vermeiden von Puffern, unnötiger Handhabung und komplexer Steuerung durch einheitliche Orts- und Zeitmodelle
- Vermeiden nicht ausgelasteter redundanter Funktoren/Funktionsträger: 21 Schichten-Modelle
- Vermeiden von Überdimensionierungen durch einheitliche Leistungsquerschnitte[166]
- ...

Wir verändern in der Reihenfolge nach abnehmendem Verbesserungspotenzial

- Attribute, die zum Aufgabenobjekt gehören; Zustand des eingesetzten Materials
- Attribute, die zum Aufgabenträger gehören; Werkzeugorganisation
- Attribute, die zum Ausführungsprozess gehören, Haupt- und Nebenfunktionen, Verändern von 0/1-Attributen/Teilfunktionen (Energie mitführen/ständig zuführen)

Gegebenenfalls erproben wir alternative Verbrauchsfaktoren/Arbeitsobjekte, Gebrauchsfaktoren/Arbeitsmittel sowie Wirk- und Baustrukturen.

Beispiel 4.84

Kaffeeautomat (siehe Beispiel 4.79)

Wir betrachten unterschiedliche Konzeptionen eines Kaffeeautomaten:

- (Kaffee mahlen, Wasser erhitzen, Kaffee aufbrühen) für genau eine Tasse
- (Kaffee mahlen auf Vorrat, Wiederauffüllen bei Mindestbestand), (Wasser erhitzen, Kaffee aufbrühen) für genau eine Tasse
- (Kaffee mahlen, Wasser erhitzen auf Vorrat, Wiederauffüllen bei Mindestbestand), Kaffee aufbrühen für genau eine Tasse
- (Kaffee mahlen, Wasser erhitzen, Kaffee aufbrühen auf Vorrat, Wiederauffüllen bei Mindestbestand)

Im ersten Fall ist der Kaffee frisch, aber wir müssen warten; im vierten Fall müssen wir nur in die Tasse einschenken, aber der Kaffee ist nicht frisch. Der hier wichtigere Aspekt ist aber: Im vierten Fall halten wir nach jedem Arbeitsschritt einen Vorrat,

[166] Zentralisieren von Funktionen (siehe Verteilungszusammenhang); Mehrfachnutzung von Funktionsträgern in der Baustruktur.

jeder Arbeitsschritt ist vom nächsten durch einen Arbeitsvorrat entkoppelt. Und das macht zusätzlich eine Steuerung erforderlich: Immer muss gemessen werden, ob der Mindest- oder der Maximalbestand erreicht sind. Das ist im ersten Fall alles viel einfacher: Einmal Knopf drücken und warten, bis der Automat genau eine Tasse gefüllt hat – danach gibt es keine Produkt- und Zwischenbestände, vor allem dann, wenn wir bereits vorportioniert abgepacktes Kaffeepulver verwenden. Der Kaffeeautomat soll zusätzlich kochendes Wasser zum Aufbrühen von Tee liefern. Also verzweigen wir nach dem „Erhitzen". In Frage kommen „Wasser für eine Tasse" und „Wasser auf Vorrat", aber keine zwei unterschiedlichen Fälle für Kaffee und Tee. Das wären zwei separate Geräte. ◄

Wenn wir irgendein Objekt, eine Eigenschaft, einen Funktor in einem Ausführungssystem definieren, dann generieren wir eine bestimmte, wohldefinierte Schnittstelle, ein neues Input-Output-System, und zerlegen von da ab weiter. Also hängt unser Arbeitszusammenhang, das Ergebnis unserer Integration und Verschlankung auch davon ab, wo wir mit seiner Festlegung beginnen und in welche Richtung wir fortschreiten: Jede Schnittstelle, die ursprünglich aus der Vereinigungsmenge der Untersysteme resultiert, jeder Funktionsträger determiniert die Schnittstelle zum nächsten Funktionsträger. Und damit entfernen wir uns möglicherweise immer weiter von den Wirkprinzipien, die wir in Abschn. 4.2.5 festgelegt haben; möglicherweise bleiben dann aus einer Klasse „Magazin" für das geordnete Speichern nur noch wenige Lösungskonzepte oder gar keines mehr übrig (vgl. Beispiel 4.66 und Bd. 2, Beispiel 8-5).

Im Abschnitt „Komplexitätsklassen" haben wir für die Wirkstruktur mehrere Strukturformen wie Linie, Job Shop oder synthetische/analytische Konzeptionen angeführt, in die die Wirkprinzipien eingebunden werden [DYCK06]. Bei einer synthetischen bzw. outputseitig determinierten Struktur (inkl. Verfahrenswahl bei der Produktion, siehe Bd. 2) werden wir beim Output, bei einer analytischen bzw. inputseitig determinierten Struktur (inkl. Verfahrenswahl bei der Nutzung eines Inputs) beim Input mit der Synthese beginnen. Zu Beginn der Synthese werden die von den Umsystemen und vom Sachsystem/technischen System selbst aufgestellten Bedingungen vergleichsweise leicht zu erfüllen sein. Aber dann werden sich immer weitere, zunächst unbekannte und daher nicht antizipierte Randbedingungen aufaddieren; um die Probleme am jeweils anderen Ende einzugrenzen, ist daher – unabhängig von der gewählten Entwurfstaktik – eine anschließende Umkehr in die andere Richtung unabdingbar.

Insbesondere bei einer allgemeinen Netzstruktur oder einer Montagestruktur, bei der um einen Kern herum konstruiert wird, werden von HABERFELLNER zwei weitere Entwurfstaktiken vorgeschlagen [HNBB92]: Die Von-außen-nach-innen-Vorgehensweise und die Von-innen-nach-außen-Vorgehensweise. Beide Ansätze differenzieren nach Binnen- und Randelementen. Die *Von-außen-nach-innen*-Methode startet mit den Input- und Output-Randelementen, und damit mit den an die Umwelt anschließenden Nebenfunktionen. Diese Vorgehensweise beantwortet zuerst die Fragen nach den verlangten Leistungen und den Außenbeziehungen eines Systems. Dann wird untersucht, wie das System und die Wirkprinzipien entworfen werden können. Dieser Ansatz vertraut auf die

Machbarkeit: Wir konstruieren den Motor ausgehend vom Einbauraum, das Computerprogramm ausgehend von der Benutzeroberfläche und den bereitgestellten Daten, zuerst kommt der Transport, dann Puffern und Handhaben, dann die Drehmaschine, dann das Drehen – und wir verlassen uns darauf, dass wir ganz im Innern noch Wirkprinzipien finden: Die Antriebswelle muss noch technisch und wirtschaftlich darstellbar sein. Die Anwendung der *Von-innen-nach-außen*-Taktik startet mit den Binnenelementen; zuerst werden die Komponenten für die Hauptfunktionen entwickelt und dann ihre Adaption an die Umwelt versucht; wir vertrauen auf die Anwendbarkeit und konstruieren den Motor ausgehend von der (bekannten) Kurbelwelle oder einem Zylinder, das Computerprogramm ausgehend von den (vorhandenen) Algorithmen, das Produktionssystem ausgehend von der vorhandenen Drehmaschine: Zuerst kommt das Drehen, dann die Drehmaschine, dann das Portal, dann das Regal und erst dann das Transportieren mit dem FTS. Und der Motor muss am Ende in den Einbauraum passen[167].

Beispiel 4.85

Stellen-Transitions-Netz Beispiel 4.49/4.80. Von außen nach innen, von innen nach außen

Das Stellen-Transitions-Netz hat als Randelemente die Stellen A, E, I, L, O, P. Dabei führen A, O, P auf eine Transition hin, E, I und L von einer Transition weg. Wir können also von A, O und P ausgehend vorwärts, von E, I, L ausgehend das Netz rückwärts durchlaufen und bspw. prüfen, ob weitere Sachverhalte abgebildet und in das Netz aufgenommen werden müssen (bspw. eine Bewertung der Kanten, der Übergang zu einem zeitbehafteten Netz oder das Weiterverfolgen der Werkstückträger). Zentrales Untersystem ist der Roboter H, der von den beiden Transitionen d und h eingesetzt wird. Von hier aus bietet sich an, den Durchlauf der Werkstücke, der Werkstückträger und der Handhabungswerkzeuge zu verfolgen. ◄

Für jeden Synthesedurchlauf durch die Wirkstruktur ist zu entscheiden, ob wir uns an der Aufgabengliederung oder an den Aufgabenträgern (siehe Abschnitt Verteilungszusammenhang) orientieren. Nehmen wir die Funktionsträger als Richtschnur für den Aufbau der Ablaufstruktur, müssen die Aufgaben aus der Problemanalyse ggf. neu geordnet werden. Daher ist es auch hier zweckmäßig, sowohl beide Ansätze als auch alternative Zielsetzungen in einer begrenzten Enumeration zu verfolgen: minimale Anzahl der Funktionsträger, möglichst einfache Funktionsträger, möglichst einheitliche/identische Schnittstellen.

[167] Wir schneiden einen Brotlaib in der „Mitte“ durch und schneiden die eine Hälfte von diesem Laib von da aus in Scheiben. Dann hängt die Lokalisierung dieser Schnitte vom ersten Schnitt ab. Und dann bleibt am Ende keine vernünftige Scheibe übrig – sie ist immer zu dünn oder zu dick. Und wenn wir von außen nach innen marschieren und auf beiden Seiten anfangen, haben wir das Problem innen drinnen.

Konterkariert werden diese Entwurfstaktiken durch die Vorgabe eines Funktionsträgers; er ist der Mittelpunkt, um den kreisförmig herum entworfen und konstruiert wird: Die Richtung ist vorgeschrieben, es wird nichts Neuartiges entstehen. Auf der anderen Seite werden wir uns von irgendwelchen Vorgaben niemals vollständig lösen können: Wir brauchen einen Föhn. Machen wir den Entwurf ausgehend vom Gesamtgerät (Gewicht, Handgriff nicht größer als bei einem Tennisschläger), suchen dann für den fertigen Entwurf irgendwelche schon verwendeten/vorrätigen (teuren) Funktionsträger und konstruieren im Misserfolgsfall alles neu (von außen nach innen) oder suchen wir auf der Teileebene alles zusammen und korrigieren das möglicherweise unglückliche Ergebnis in mehreren Entwurfszyklen (von innen nach außen)?

Beispiel 4.86

Reihenfolge der Elemente der Wirkstruktur

Wir verwenden für die horizontale Synthese Methoden der Layoutplanung (Bd. 2, Beispiel 8-6)

1. Wir betrachten das Wirkprinzip (Untersystem/Funktionsträger/Schnittstelle) mit den meisten Relationen (Materie, Energie, Information) als Erstes (ersatzweise ein vorgegebenes). Ist dieses Wirkprinzip ein Randelement, beginnen wir mit der Von-außen-nach-innen-Taktik, ist es ein Binnenelement, mit der Von-innen-nach-außen-Vorgehensweise.
2. Die Folge der Wirkprinzipien ergibt sich aus den Relationen zu den bereits betrachteten Wirkprinzipien, ggf. ergänzt um eigene Attribute.
3. Platzierung des Wirkprinzips nach Bewertungsfunktion (bspw. minimale Transaktionskosten)
4. Gegebenenfalls Korrektur der Reihenfolge auf der Basis der bisherigen Ergebnisse

a) Föhn
   Ausführungssystem, Reihenfolge der Untersysteme: Integration aller Komponenten in einem tragbaren Gerät, Ermöglichen der Anwendung bis 3 m Abstand von einer Steckdose, Erzeugen des Luftstroms, Reinigen der angesaugten Luft, Erwärmen des Luftstroms, Fokussieren des Luftstroms, Lokalisieren des Luftstroms, Integration aller Komponenten in einem tragbaren Gerät, Ermöglichen der Anwendung bis 3 m Abstand von einer Steckdose
   Informationssystem/Energiefluss, Reihenfolge der Untersysteme: Kabel ein-/ausstecken, Strom ein-/ausschalten, Notaus, Schalten unterschiedlicher Luftmengen, Schalten unterschiedlicher Temperaturen
b) Windrad
   Ausführungssystem, Reihenfolge der Untersysteme: Integration aller Komponenten in einen Turm, Drehmoment-/Drehzahlregelung, Ausrichten der Kanzel in Windrichtung, Stellen des Rotorblatts in geforderte Stellung, Umsetzen eines Luftstroms

in einen Impuls, Umsetzen des Impulses in ein Drehmoment, Umsetzen der Drehzahl des Rotors über ein Planetengetriebe in die Drehzahl des Generators, Strom erzeugen
Informationssystem/Energiefluss, Reihenfolge der Untersysteme: Strom abführen/anschalten/ausschalten, Strom erzeugen (stetige Regelung von 5 bis 100 Prozent der Nennleistung), Strom verteilen, Notabschaltung, Aufzeichnen der Betriebshistorie

c) Verbrennungsmotor
Ausführungssystem, Reihenfolge der Untersysteme: Integration aller Komponenten in ein Gehäuse, Bewirken einer Explosion, Umsetzen der Explosivkräfte in eine Linearbewegung, Umsetzen der Linearbewegung in eine Rotation, Umsetzen der Rotation in eine Linearbewegung, Schmierung/Lagerung
Informationssystem/Energiefluss, Reihenfolge der Untersysteme: Kraftstoffaufnahme, Kraftstoffzufuhr, Luftzufuhr, Steuern einer kontrollierten Explosion, Abführen von Wärme, Abführen der Abluft

d) Montagelinie
Für die Gestaltung einer Montagelinie seien die Vorranggraphen und die anteiligen Leistungsbedarfe gegeben. Heuristiken planen solche Linien mit den beschriebenen Problemen vorwärts oder rückwärts, Optimierungsverfahren erproben mit einem enormen Rechenaufwand alle möglichen Konfigurationen. ◄

4.2.6.6 Vertikale Synthese. Leitungszusammenhang

Allgemein wird unter einer *Von-oben-nach-unten*-Vorgehensweise (top-down) ein Zerlegen von (attributsseitig gegebenen, untersystemseitig) unbekannten Aggregationen in (bekannte) (Lösungsprinzipien/Funktionen/)Untersysteme verstanden [WIKITDBU]. Dieses Zerlegen von „unbekannt in bekannt" (bspw. in die Elemente von VDI2860 Handhabung, in MTM-Elemente, in G-Funktionen der NC-Bearbeitung DIN 66025) ist zu interpretieren: Die Aufgabe auf der betrachteten oberen Ebene ist wohldefiniert, aber es gibt auf der dieser Ebene keinen passenden Aufgabenträger; dieser Aufgabenträger ist erst zu entwerfen, zu realisieren. Daher verwenden wir eine Von-oben-nach-unten-Vorgehensweise in der Regel aus entwurfsökonomischen Gründen; wir wollen auf höchstmöglichem Level geeignete Aufgabenträger finden (bspw. einen „Rumpfmotor", siehe Abschn. 4.2.3 Problemanalyse), nur in dem Fall, dass ein Baukasten gegeben/zwingend zu verwenden ist (siehe Abschn. 4.2.7), könnte eine „Einmal ganz durch"-Zerlegung denkbar sein. Die Regel – vor allem bei einer Neukonstruktion auch des Baukastens – ist vielmehr: Wir zerlegen die Aufgabe und suchen Aufgabenträger. Falls es keinen Aufgabenträger gibt: Wir zerlegen auf die nächste Ebene. Auf „unterster Ebene" – von unten nach oben – mit der „Aufgabensynthese" anzufangen ist auch im Falle eines gegebenen Baukastens ein „Im-Nebel-Stochern" – wir haben keine Zuordnung nach oben, keinen Verweis zur originären Aufgabe. Also beginnen wir sinnvollerweise top-down mit der Aufgabenanalyse: Wir suchen „passende" Aufgabenträger, die ein Teil der Lösung sein könnten und „rütteln" dann die Aufgabengliederung zurecht – und dann gehen wir mit dieser Aufgabengliederung für die noch offenen Untersysteme auf die nächsttiefere Ebene, auf der wir dann wieder Aufgabenträger erproben. Gegebenenfalls ist die aktuelle Struktur noch nicht erprobt, aber die einzelnen Unteraufgaben sind bspw. aus dem Istzustand oder dem (Ist-)Baukasten bekannt, und es handelt sich um eine neue Kombination im Grunde bekannter Aufgaben. Dann orientiert sich die Aufgabengliederung an verfügbaren/möglichen Aufgabenträgern (Welche Komponenten haben wir bereits konstruiert, standardisiert oder auf Lager? Welche Produkte können in einer Fabrik hergestellt werden? Welche Maschinen sind in einer Fabrik verfügbar?) und beherrschten Technologien. Also ist auch die Aufgabenzerlegung, die Problemanalyse vom Kontext abhängig. Und immer gilt: Eine Zerlegung in Untersysteme erschließt sich nicht aus dem Namen des übergeordneten Systems, auch nicht aus der Struktur, auch nicht aus der Funktion. Wir müssen Zerlegungen in Komponenten erproben. Passen die Komponenten zusammen und ergeben sie das übergeordnete System (Teilsysteme)? Hier müssen wir vom Endergebnis ausgehen, nicht vom Input/Start.

Eine Problem-/Aufgabenanalyse anhand der Entwurfstaktik *von unten nach oben* (bottom-up) verwendet elementare Schemata/Untersysteme/Lösungsprinzipien. Hier muss eine Aufgabensynthese/-analyse über mehrere „Verdichtungsebenen" bis zur originären Aufgabenstellung auf immer genau diese ursprüngliche Aufgabenstellung einstufig Bezug nehmen. Jede Gliederungsebene zergliedert daher in abnehmender Detaillierung die Ausgangsproblemstellung immer wieder neu; ein Bezug zwischen den bereits betrachteten Gliederungsebenen, der die Machbarkeit auf Basis der Elementarkomponenten sicherstellt, kann erst in zweiter Linie hergestellt werden. Und dabei bleiben die noch nicht betrachteten, aggregierteren Ebenen immer außen vor. Eine Durchgängigkeit der Hierarchie der Wirkprinzipien wird daher eher die Ausnahme sein. Eine Top-down-Aufgabenanalyse funktioniert dagegen wie eine einstufige Baukastenstückliste – wir haben auf jeder Stufe einen durchgängigen Bezug zur Ausgangsproblemstellung, während die Bottom-up-Vorgehensweise immer nach oben „schielen" muss[168]. Damit hat das Top-down-Vorgehen immer eine feste Ausgangsbasis, ein Bottom-up-Vorgehen dagegen immer die komplette Vielfalt der Elementarkomponenten; deswegen ist der Neuentwurf aufwendig, komplex und ggf. unmöglich. Aber das Ende ist in beiden Fällen offen: Möglicherweise dekomponieren wir top-down über viele Ebenen, um am Ende zwar Lösungsprinzipien, aber keine Aufgabenträger zu finden. Beispielsweise gibt es am Ende doch nicht die gesuchte nachhaltige Batterie mit entsprechender Leistung. Bottom-up konstruieren wir um eine Batterie herum, die sich am Ende als unzureichend erweist. Ist keine elementare Ebene gegeben, wissen wir nicht einmal, auf welcher Ebene wir anfangen müssen.

Wie die Bottom-up-Vorgehensweise enthält die Top-down-Taktik „trial und error"-Anteile; jedes Zerlegen in Untersysteme ist eine Interpretation, an deren Ende kein Gleichheits- oder Definitionszeichen steht. Wir sagen, dass „Haare trocknen" über „Föhnen", „elektrischen Strom erzeugen" über „Windkraft nutzen" erfüllt/gelöst werden kann

[168] Auch ein Teileverwendungsnachweis arbeitet top-down!

und „Windkraft nutzen“ mit „Windrad aufstellen“ und nicht mit „Segel setzen“ weiter geht. Und wir wissen nicht, ob die Aggregation von Rotor, Turm, Gondel, Getriebe usw. genau das Windrad ergibt, das wir gefordert haben (siehe Abschn. 3.1). Das zeigt erst ein Test. Also ist das Ergebnis bei einem Top-down-Vorgehen genauso offen wie bei einem Bottom-up-Vorgehen. Aber im Gegensatz zum Bottom-up-Vorgehen bietet das Top-down-Vorgehen auf jeder Stufe die Korrekturmöglichkeit und wir können auf die unbekannten Sachen reduzieren. Für beide Vorgehensweisen sind daher Suchstrategien notwendige Werkzeuge.

Liegt eine – auf welchem Weg auch immer erzeugte – Wirkstruktur vor, erfolgt die Synthese der (elementaren) Aufgabenträger (Rotor, Getriebe, Generator, ... zum Windrad, also die „Montage“) bottom-up. Auf jeder Aggregationsstufe werden bereits gefundene/synthetisierte Funktionsträger in der Entwurfsphase als Modell oder später als Prototyp getestet: Werden die Vorgaben erfüllt? Erhalten wir eine bessere Architektur der Wirkstruktur, wenn wir Funktionsträger bottom-up/von Grund auf neu synthetisieren oder eine andere Aufgabengliederung verwenden? Bei einer Top-down-Aufgabenanalyse müssen sich die jeweils tieferen Ebenen den Festlegungen der jeweils höheren anpassen; das Bottom-up-Vorgehen kennt diese ebenenübergreifende Beschränkung durch im Istzustand vorhandene Komponenten/Aufgabenträger nicht. Also ist die Top-down-Taktik die Kompromisslinie entlang „Was gibt es schon?“; am Ende wird das letzte noch fehlende Glied möglicherweise teuer. Hier ist das Top-down-Vorgehen mit der Von-außen-nach-innen-Taktik vergleichbar, genauso vergleichbar sind das Bottom-up- und das Von-innen-nach-außen-Vorgehen. Für eine Neukonstruktion ohne Kompromisse und ohne Anpassung an vorhandene Komponenten ist bottom-up und von innen nach außen anhand einer zumindest potenziell vollständigen Aufgaben- und einer vernünftigen Grundstruktur die gegebene Vorgehensweise. Und wenn wir auf irgendeiner Ebene Vorgaben machen, die einer zweckmäßigen Aufgabenanalyse zuwiderlaufen, dann konstruieren wir einen Flickenteppich, der möglicherweise die Vorteile der Wiederverwendung dieser Komponente komplett konterkariert. In jedem Fall

- orientieren wir uns in einem ständig wiederholten Vorgehen an der Aufgabengliederung und an den gefundenen Aufgabenträgern,
- machen wir top-down keine Aufgabengliederung über mehrere Stufen, ohne nach Aufgabenträgern zu suchen,
- machen wir uns bottom-up Gedanken, wie sich die ursprüngliche Aufgabenstellung durch die Komponentenaggregation und mögliche Aufgabenträger auf höheren Ebenen verändern könnte,
- treffen wir stufenweise Entscheidungen, um die Komplexität der Kombinationsvielfalt zu reduzieren,
- entsteht das gesuchte Sachsystem/technische System final in einem durchgängigen Bottom-up-Prozess (Montage, Arbeitsplandurchführung).

Die Problem-/Aufgabenanalyse verfolgt vertikal eine stufenweise Auflösung, keine Hierarchie; wie bei der Stücklistenauflösung bleibt nach der Zerlegung in Untersysteme auf der aufgelösten Ebene kein Element „aufgelöstes Untersystem *y*" zurück; nach der Zerlegung in „Rotor, Getriebe, Generator, ..." existiert auf der Ebene „Windrad" kein „Platzhalter für zerlegtes Windrad". Die Untersuchung des Arbeitszusammenhangs findet nicht simultan über mehrere Ebenen eines Auflösungspfads statt. Das gilt auch für die Information als Arbeitsobjekt, als Medium – de facto sind wir mit der Informationsverarbeitung im Ausführungssystem, beim Arbeitszusammenhang. Der *Leitungszusammenhang* [SCHA87] verfolgt dagegen nicht die Zerlegung eines für die Informationsverarbeitung bestimmten Untersystems; diese Untersysteme/Wirkprinzipien werden aus der Aufgabenanalyse übernommen. Der Leitungszusammenhang[169] untersucht vielmehr die Über-/ Unterordnung bzw. Gleichstellung der informationsverarbeitenden Untersysteme, fragt nach den handelnden Personen, beschreibt die jeweils ausgetauschten, von den Zielen bis zur Arbeitsanweisung an das Ausführungssystem immer präziser gefassten Informationen und kennzeichnet die in den Anweisungen eingeräumten Spielräume.

Beispiel 4.87

Leitungszusammenhang

- **Produktionsplanung und -steuerung**
  Untersysteme: Primärbedarfsplanung, Sekundärbedarfsplanung, Auftragsfreigabe, Reihenfolgeplanung je Aufgabenträger
  Leitungszusammenhang: Primärbedarfsplanung (Unternehmensleitung) ⟶ Sekundärbedarfsplanung (Produktionsleitung) ⟶ Auftragsfreigabe (Bereichsleitung) ⟶ Reihenfolgeplanung je Aufgabenträger (Abteilungsleitung)
  Primärbedarfsplanung: Produktionsprogramm je Produkt, Schichtmodell je Linie/Werkstatt; Sekundärbedarfsplanung: Früheste/späteste Zeitpunkte je Objekt, Stückzahlen, Losgrößen, Aufträge; Auftragsfreigabe: Bereitstellen zur Durchführung; Reihenfolgeplanung: Zeitpunkte je Aufgabenträger/Arbeitsvorgang

[169] *„Während die Synthese der Aufgaben bei der Darstellung der Verteilungsbeziehungen als rein sachlicher Zusammenhang aufgefasst wird, durch den die Aufgabenbeziehungen geordnet und zu Stellenaufgaben zusammengefasst werden, tritt nun ein weiteres Ordnungsmerkmal auf, das zu einer Rangordnung der Aufgaben führt. Es handelt sich nun um die Hervorhebung des bei der Aufgabenanalyse gewonnenen Rangmerkmals, das zu einer Über- bzw. Unterordnung von Aufgaben führt. Die Entscheidungselemente übergeordneter Aufgaben nehmen den Charakter von Leitungsaufgaben an und führen zu einer rangmäßigen Gliederung aller Aufgaben, d. h. auf die Stellen bezogen, zu deren leitungsmäßiger Einordnung. Auf diese Weise bildet sich aus dem Verteilungszusammenhang der Aufgaben die Unternehmenshierarchie als Leitungszusammenhang heraus"* [KOSI62].

- **Föhn**
  Untersysteme: Turbine, Heizung, Schalter, ...
  Leitungszusammenhang: Hauptschalter ⟶ Schalter ⟶ Turbine, Hauptschalter ⟶ Schalter ⟶ Heizung
  Hauptschalter: Einschalten/Ausschalten, Wahl von Turbine/Heizung

- **Windrad**
  Untersysteme: Schalter, Regler, Rotorverstellung, ...
  Leitungszusammenhang: Schalter ⟶ Regler ⟶ Rotorverstellung
  Einschalten/Ausschalten, Regeln von Nutzlast, Regeln von Rotor ◄

Initial ordnet der Leitungszusammenhang von oben nach unten vorgehend auf jeder Gliederungsebene der Problemanalyse jeder Aufgabe/jedem Untersystem und damit jeder horizontalen Schnittstelle ein gespiegeltes Untersystem zur personalen oder maschinellen Informationsverarbeitung und Entscheidungsfindung zu; während die Problemanalyse des Ausführungssystems stufenweise auflösend fortschreitet, wird das informationsverarbeitende Untersystem Teil der Informationsverarbeitungshierarchie, deren prominente Aufgabe es ist, die Vorgaben des Zielsystems in operationale Anweisungen an das Ausführungssystem umzusetzen. Finden wir in einem Auflösungszyklus – ggf. aggregierte – Aufgabenträger, dann gehen wir davon aus, dass damit neben der Ausführung die notwendige Informationsarbeit eingeschlossen ist und geleistet wird. Jedes informationsverarbeitende Untersystem disponiert genau die Untersysteme, die aus seiner Auflösung entstanden sind (Baumstruktur)[170]. Die jeweils übergeordnete Ebene setzt die Schranken, innerhalb derer die betrachtete Ebene mit ihren Einzelentscheiden agieren muss; umgekehrt werden aktuelle Zustandsdaten zurückgegeben, sodass eine Steuerung bzw. Regelung der Zustandsübergänge möglich wird – also wird auch vertikal eine Abstimmung erforderlich[171].

Wenn alle Untersysteme eines Sachsystems mit einheitlichen Nutzungszeiten, mit demselben Betriebszustand zu einem bestimmten Zeitpunkt, mit einem gemeinsamen Zeitpunkt für das Ein- und Ausschalten aller Untersysteme wie bspw. bei einer Transferstraße streng gekoppelt sind, dann gibt es keine dispositive Informationsverarbeitung je Untersystem bzw. Station (Permutation Flow Shop)[172]; hier ist eine einzige Leitungsinstanz für das Sachsystem zuständig, ist das Sachsystem informationsseitig/leitungsseitig als ein monolithisches Element zu betrachten. Wenn aber entschieden werden kann, ob die Heizung eines Föhns an- oder ausgeschaltet ist, ob eine Station einer Fertigungslinie übersprungen

[170] Siehe bspw. den hierarchischen Aufbau der Produktionsplanung und -steuerung in [HACK89, DANG09, WIEN95].

[171] Auf der detailliertesten Gliederungsebene treffen sich Informations- und Ausführungssystem: Die Untersysteme haben horizontale (Arbeitszusammenhang) und vertikale Schnittstellen (Leitungszusammenhang). Wichtige Modellierungswerkzeuge wie bspw. SADT sehen diese Schnittstellen standardmäßig vor.

[172] Natürlich laufen bei einer Transferstraße bei jeder Station andere NC-Programme. Aber diese NC-Programme laufen bis auf die Verschiebung durch die Taktzeit absolut synchron.

wird oder nicht, dann trifft in diesem Handlungssystem diese Entscheidung ein Mensch oder ein Computer, der zu dieser Entscheidung Informationen über den Zustand der Haare oder den Arbeitsplan für das gerade anstehende Produkt (General Flow Shop) verarbeitet. Also machen wir die Entscheidung „Ein/Aus“ in diesem Beispiel abhängig vom Arbeitsobjekt je Untersystem/Komponente und nicht mehr mit dem Hauptschalter für das Sachsystem „Föhn“. Generell ist eine Planungs-, Dispositions- oder Steuerungsnotwendigkeit und damit die Notwendigkeit der Installation einer Leitungsinstanz immer dann gegeben, wenn für zwei im Arbeitszusammenhang aneinander anschließende Sachsysteme (bei technischen Systemen: Produktionsendepunkt = Produktionsbeginnpunkt) die Synchronität der Zustände nicht mehr gegeben ist. Gründe können Unterschiede in den Kalendern, in den Organisationsformen, Zielsetzungen und Arbeitsgeschwindigkeiten oder ein Zusammenführen/Aufteilen von Materialflüssen sein. Wie im Abschnitt Informationssysteme gefordert, ist auf diesen Festlegungen aufsetzend eine Bottom-up-Überarbeitung der Informationshierarchie und damit des Teilsystems Leitungszusammenhang zusammen/im Wechsel mit dem Teilsystem Verteilungszusammenhang und mit dem Input aus dem Teilsystem Arbeitszusammenhang die endgültige Definition von Leitungsebenen und -stellen und die Komposition einer präzisen Anforderungsstruktur für ein aufgabenträgerspezifisches Informationssystem (Arbeitsobjekt, Arbeitsmittel, Produktionssystem) zu leisten[173]. Und am Ende verwenden im Idealfall Leitungszusammenhang und Verteilungszusammenhang dieselbe aufbauorganisatorische Hierarchie.

Zweckmäßig ist die Interpretation des Leitungszusammenhangs als Halbverband [PICH75]: Eine kommutative Halbgruppe $(A, \Box)$ mit einer idempotenten Verknüpfung $\Box$ ist ein *Halbverband*. Auf der Grundmenge A des Halbverbands $(A, \Box)$ definieren wir die Relation $|$ durch $a \mid a^* :\longleftrightarrow \underset{x \in A}{\exists}\ a \Box x = a^*$. Die Relation $|$ auf einem Halbverband ist reflexiv, schwach asymmetrisch und transitiv und somit eine Ordnungsrelation: Jeder Halbverband $(A, \Box)$ induziert die geordnete Menge $(A, |)$[174].

Beispiel 4.88

Halbverband

Der Halbverband $(A, \Box)$ sei durch $A := \{a, b, c, d\}$ und $\Box$ durch die folgende Tabelle gegeben:

	a	b	c	d
a	a	a	a	a
b	a	b	b	b
c	a	b	c	b
d	a	b	b	d

[173] Siehe bspw. [HACK89, DANG09, SMK93, WIEN95, DANG21].

[174] Siehe die detaillierte Herleitung in Bd. 1, Kap. 6, Algebra, S. 665 ff.

Die dazugehörige Ordnungsrelation | (bspw. „$\leq$“) ergibt sich zu $| := \{\langle a|a\rangle, \langle b|b\rangle, \langle c|c\rangle, \langle d|d\rangle, \langle b|a\rangle, \langle c|b\rangle, \langle c|a\rangle, \langle d|b\rangle, \langle d|a\rangle\}$.

Beispielsweise sei A die Menge der Vorgesetzten der Windkraftwerke: $A := (a, b, c, d)$. Wir wollen diese (ungeordnete) Menge ordnen und ausdrücken, dass nicht alle Elemente der Menge A auf derselben Stufe stehen. Dazu führen wir einen Halbverband (die Menge wird in einer Richtung funktional geordnet) ein und stellen fest, dass diese Menge laut Tabelle $\Box$ nach einer Ordnungsrelation | (in diesem Fall „$\leq$“) geordnet wird: Der gemeinsame Vorgesetzte von c und d ist b, der Vorgesetzte von b ist a. Damit wird von unten nach oben funktional transparent, auf welcher Ebene die Abstimmung von zwei Organisationseinheiten stattfindet: Es gibt immer nur einen Vorgesetzten, und c und d haben denselben; der Vorgesetzte b muss zwischen c und d eine widerspruchsfreie Entscheidung treffen. ◄

Beispiel 4.89

Zielvorgaben

Jeder Vorgesetzte der Windkraftwerke definiert für seinen Verantwortungsbereich jährlich eine Zielvorgabe, die sich im Rahmen der Zielvorgabe bewegen muss, die er selbst von seinem Vorgesetzten erhalten hat. Alle Zielvorgaben ab der dritten Ebene ausgehend von der Unternehmensleitung (1) enthalten demnach zusammengesetzte bzw. interpretierte Aussagen.

Der Halbverband $(V, \Box)$ sei durch $V := \{1, 2, 3, 4, 5, 6, 7, 8, 9\}$ und $\Box$ durch die folgende Tabelle gegeben:

	1	2	3	4	5	6	7	8	9
1	1	1	1	1	1	1	1	1	1
2	1	2	2	2	2	2	2	2	2
3	1	1	3	1	1	1	1	1	1
4	1	2	1	4	2	4	4	4	4
5	1	2	1	2	5	2	2	2	2
6	1	2	1	4	2	6	6	6	6
7	1	2	1	4	2	6	7	6	6
8	1	2	1	4	2	6	6	8	6
9	1	2	1	4	2	6	6	6	9

Die dazugehörige Ordnungsrelation | ergibt sich zu $| := \{\langle 1|1\rangle, \langle 2|2\rangle, \langle 3|3\rangle, \langle 4|4\rangle, \langle 5|5\rangle, \langle 6|6\rangle, \langle 7|7\rangle, \langle 8|8\rangle, \langle 9|9\rangle, \langle 2|1\rangle, \langle 3|1\rangle, \langle 4|1\rangle, \langle 5|1\rangle, \langle 6|1\rangle, \langle 7|1\rangle, \langle 8|1\rangle, \langle 9|1\rangle, \langle 4|2\rangle, \langle 5|2\rangle, \langle 6|2\rangle, \langle 7|2\rangle, \langle 8|2\rangle, \langle 9|2\rangle, \langle 6|4\rangle, \langle 7|4\rangle, \langle 8|4\rangle, \langle 9|4\rangle, \langle 7|6\rangle, \langle 8|6\rangle, \langle 9|6\rangle\}$. ◄

4.2.6.7 Aggregation. Verteilungszusammenhang

Ein Sachsystem/technisches System muss den gestellten Anforderungen möglichst effizient genügen[175]; in aller Regel ist die Effizienz bereits eine der wesentlichen Anforderungen[176]. Alle bisherigen Syntheseschritte (Wirkprinzipien, Teilsysteme, Arbeitszusammenhang, Leitungszusammenhang) zielen auf diese Effizienz ab, auf die zweckmäßigste, die wirtschaftlichste Aufgabendurchführung in allen Lebensphasen des Sachsystems. Immer sind dabei die Kosten der Einsatzmittel und die Kosten der Aufgabendurchführung wesentliche Faktoren der Bewertung, indirekt also die Effizienz aller vorgelagerten Handlungssysteme einschließlich des gerade betrachteten: Was kostet der Föhn Ondulex? Was ist die Lebensdauer? Und wie viel Strom benötigt er? Was kostet ein Kilowatt von Windrad Wolkenquirl? Wie ist der Wirkungsgrad? Drehmaschine X ist günstig; ist es auch das Arbeiten mit ihr? Mit genau dieser Problematik befasst sich der *Verteilungszusammenhang*[177]: Wir wollen Elementaraufgaben (inkl. Input) so Aufgabenträger zuordnen, dass bezüglich der Nutzung bestimmte Eigenschaften/Zustände für Aufgabenträger sowie Input- und Outputaufgabenobjekte gelten[178]. Die Problemlösung ist einfach: Wir müssen zum einen die Aufgabenträger 24 Stunden am Tag über 7 Tage in der Woche beschäftigen, und das über alle Schritte des Leistungserstellungsprozesses. Das heißt: keine Dispositionsnotwendigkeit, einheitliche Prozessgeschwindigkeit auf allen Aufgabenträgern. In den Abschnitten Arbeits- und Leitungszusammenhang haben wir daher – abgeleitet aus dem Ziel „Effizienz" – die Intention verfolgt, eine möglichst lineare, schleifenfreie Wirkstruktur mit seriellen Schnittstellen und möglichst wenigen Dispositionspunkten zu generieren, um so Entscheidungsnotwendigkeiten zu minimieren. Mit einer einzelnen Elementaraufgabe ist das nur im Ausnahmefall möglich: Wir stellen das Windrad da hin, wo immer der ideale Wind weht. Ansonsten ordnen wir die Elementaraufgaben einer bestimmten Klasse einem Aufgabenträger zu; dann hat ein Haushalt nur einen Föhn. Gibt es zu viel Streit, wird ein zweiter beschafft. Aber dann ist die unmittelbar zu stellende Frage: Wer darf welchen Föhn nutzen? Auf jeden Fall haben wir für den Aufgabenträger „Föhn" jetzt das Doppelte ausgegeben. Zum zweiten müssen wir im Arbeitszusammenhang alle indirekten, alle Hilfstätigkeiten wie Rüsten, Speichern, Transportieren und Handhaben vermeiden; also müssen die Aufgabenträger über alle Leistungserstellungsstufen hinweg mit einheitlichem Takt und einheitlichen Gebinden so eng wie möglich gekoppelt sein. Es

---

[175] Siehe Abschn. 3.1 und Abschnitt Arbeitszusammenhang.

[176] Siehe Abschn. 3.4.2, und Abschnitt Arbeitszusammenhang.

[177] *„Das Ziel des Verteilungszusammenhangs im Rahmen des organisatorischen Aufbaus ist es, synthetische Aufgaben zu bilden und bestimmten Personen als Stellenaufgaben zu übertragen, um auf diese Weise ihre koordinierte Erfüllung vorzubereiten. Es geht darum, aus den analytischen Teilaufgaben niedrigster Ordnung (Elementaraufgaben) das tatsächlich zu lösende Aufgabengesamt durch Kombination zu gewinnen. Damit verbindet sich deren Verteilung auf die Aufgabenträger in Stellen und Abteilungen"* [KOSI62]. Hier sind generell Aufgabenträger, nicht nur Personen zu betrachten [SCHA87].

[178] Wir diskutieren betriebswirtschaftliche/organisatorische Entscheidungen mit Auswirkungen auf die Effizienz stellvertretend für alle Handlungssysteme beispielhaft an einer Stufe des Leistungserstellungsprozesses.

gilt: derselbe Ort, derselbe Kalender, derselbe übergeordnete Funktor/Input/Output, derselbe Rüstzustand, ... Wechselt zwischen zwei im Arbeitszusammenhang benachbarten Aufgabenträgern der Kalender (bspw. Wechsel von Zweischicht- auf Dreischichtbetrieb), der Ort oder die Menge der Arbeitsgegenstände, dann fallen zwangsläufig indirekte Tätigkeiten an, die keine Wandlung, keine zielgerichtete Transformation leisten und vor allem die Stetigkeit der Transformation unterbrechen; genau so ist eine Stufe des Leistungserstellungsprozesses (Puffer zu Beginn/zum Ende) definiert.

Ein Föhn vereint alle Komponenten an einem gemeinsamen Ort, alle Komponenten arbeiten zu denselben Zeitpunkten an einer gemeinsamen Aufgabe; abgeschlossen wird mit einem definierten, reproduzierbaren Zustand: Der Luftstrom hat die geforderten Eigenschaften, im Föhn wird nichts, keine komprimierte Luft und keine Wärmeenergie zwischengespeichert. Ein Windrad hat das geforderte Drehmoment, die Warmluftheizung in einer Werkstatt liefert den geforderten Volumenstrom mit vorgeschriebener Temperatur und vereinbartem Druck – wir müssen nicht noch einmal denselben Rüstzustand herstellen bzw. durchlaufen. Im Gerät herrscht ein Zwangsablauf, eine Zwangsweitergabe des Arbeitsgegenstands. Folgt jetzt im Leistungserstellungsprozess eine weitere Stufe und damit eine Speicherung, dann muss im Umkehrschluss das erreichte Arbeitsergebnis lager-/speicherfähig (Fertigungs-/Transportlos) sein: Beispielsweise ist ein Rumpfmotor geschlossen, lager- und transportfähig (keine Qualitätsminderung) und für mehrere Endprodukte verwendbar. Eine Leiterplatte ist vollständig bestückt und kann an anderen Orten in mehreren unterschiedlichen Erzeugnissen eingebaut werden; die Mehrfachverwendung, die Verteilung und die gegenseitige Austauschbarkeit gewährleistet eine „genormte" Schnittstelle (Materie, Energie, Information). Ist die Schnittstelle darüber hinaus „intelligent", zeigt sie bspw. an, welche Steuerung sie voraussetzt.

Jedes in der Problemanalyse definierte Input-Output-System, das nicht weiter aufgelöst wurde, weil mindestens ein geeigneter Aufgabenträger gefunden wurde, kann wegen der Voraussetzung, dass ein solcher Aufgabenträger die Funktion des Input-Output-Systems vollständig abdeckt, und wegen der hierarchischen Top-down-Auflösung als Einheit aufgefasst werden, für die kein zweiter Aufgabenträger notwendig bzw. kein solcher in die Black Box einzufügen ist[179]. Also gibt es im Arbeitszusammenhang bei einer Rückwärtsbetrachtung ausgehend von der für das Sachsystem geforderten Leistung für ein Input-Output-System vier Fälle: 1. Input gegeben, Funktion gegeben, 2. Input disponibel, Funktion gegeben, 3. Input gegeben, Funktion disponibel, 4. Input disponibel, Funktion disponibel.

Bei dem Betrieb eines Föhns ist der Input durch die Umwelt gegeben, der Output ist als Anforderung spezifiziert; beim Betreiben eines Windrads ist der Input durch die Natur gegeben, der Output von den Shareholdern vorgegeben; bei einem Technischem System

[179] Für alle dem Input-Output-System zugeordneten Aufgabenträger gilt ein exklusives Oder, sonst lösen wir weiter auf.

(Kaffeemaschine, Fertigungssystem) wird der Input je Teilsystem spezifiziert[180]; demnach die Ergebnisfunktion mit dem Aufgabenträger in einer Wirtschaftlichkeitsrechnung oder Nutzwertanalyse bestimmt. Der günstigste Aufgabenträger wird gewählt; idealerweise ist er genau auf den Bedarf ausgelegt. In diesem Fall ist die Synthese abgeschlossen – wir haben in der Baustruktur die höchstmögliche Entsprechung von Arbeits-, Leitungs- und Verteilungszusammenhang erreicht.

Beispiel 4.90

Schleifenfreie Abläufe ohne Aggregation nach Funktionen/Arbeitsmitteln

- Wir betrachten Beispiel 4.49. Im Stellen-Transitions-Netz ist lediglich ein Roboter vorgesehen (im Ruhezustand Stelle F). Also benötigen wir eine Entscheidungs-/Prioritätsregel, in welcher Reihenfolge welche Stellen zu bedienen sind. Von den ursprünglich geltenden Relationen (A, b, −1), (B, b, +1), (B, d, −1), (B, h, −1), (C, b, −1), (C, c, +1), (D, c, −1), (D, g, +1), (E, c, +1), (F, a, +1), (F, d, −1), (F, e, −1), (F, g, +1), (F, h, −1), (G, d, −1), (G, i, +1), (G, k, −1), (H, a, −1), (H, d, +1), (H, h, +1), (I, a, +1), (J, e, −1), (J, j, +1), (K, e, +1), (K, g, −1), (L, f, +1), (M, f, −1), (M, g, +1), (M, h, −1), (M, k, +1), (N, a, +1), (N, f, +1), (N, i, −1), (N, j, −1), (O, j, −1), (P, i, −1) sind (F, a, +1), (F, d, −1), (F, e, −1), (F, g, +1), (F, h, −1) sind zu verändern: (F1, e, −1), (F1, g, +1) und (F2, a, +1), (F2, d, −1), (F2, h, −1). Wenn es dann noch möglich ist, Stelle G und Stelle M zusammenfassen, dann können wir auch die Transitionen d und h zusammenführen. In diesem Fall benötigt keiner der beiden Roboter eine Entscheidung, keine Informationsverarbeitung, für welche Transition er jetzt tätig wird.
- Wir betrachten Beispiel 4.66: In diesem Beispiel gilt folgender Handhabungsablauf (*Wirkstruktur**): (14.1–4), (4–9), (9–10), (10–11), (11–12), (12–1.1), (1.1–2), (2–1.2), (1.2–14.2), (1.2–7.1), (7.1–1.3), (7.1–1.4), (1.3–3), (1.4–8.1), (3–8.1), (8.1–7.2), (7.2–15), (15–8.2), (8.2–5), (5–1.5), (1.5–6), (6–7.3), (7.3–1.6), (1.6–7.4), (7.4–1.7), (1.7–8.3), (8.3–13) und die folgende Reihenfolge der Aufgabenträger (*Wirkstruktur***): A–Fördern–B–B–(B,C,D)–B–D//(E oder F)–D–G–H–I. Wir setzen anstelle des einen Roboters D zwei identische Roboter D* und D** ein; dem ersten wird der Teilablauf (2, 7.1, 1.3, 1.4, 3, 8.1), dem zweiten (5, 1.5, 6) zugeordnet. Wir erhalten A–Fördern–B–B–(B,C,D*)–B–D*//(E oder F)–D**–G–H–I. Gegebenenfalls ist es sogar möglich, den Roboter D* in ein Handhabungsgerät D*' und einen Roboter D*" aufzuteilen. ◄

In der Regel werden aber die Festlegungen des Inputs mit dem Output und/oder dem Aufgabenträger, der Aufgabenträger mit dem Output und/oder dem Input kollidieren, auch wenn wir den Aufgabenträger/den Input selbst definieren/entwerfen/konstruieren:

[180] Siehe die teilespezifischen Arbeitspläne in Beispiel 4.67, mit denen keine gleichmäßige Auslastung der Werkzeugmaschinen und auch kann linearer Arbeitsablauf erreicht werden kann.

Ein Lösungsprinzip verlangt eine ideale Prozessgeschwindigkeit, die Masse des handzuhabenden Gutes verlangt ein Handhabungsgerät bestimmter Größe, ein Lieferant liefert nur zu bestimmten Zeitpunkten mit bestimmter Quantität und eine Nummer zu groß. Dann ist die Frage, ob der physikalische Effekt, das Wirkprinzip, die Prozessdurchführung oder die Umwelt eine bestimmte ideale Arbeitsgeschwindigkeit vorschreibt: Wir können den Föhn, den Küchenherd, die Kaffeemaschine, die Drehmaschine, das Windrad, den Mähdrescher nicht so auslegen, dass sie mit einer verringerten Leistungsfähigkeit im für uns günstigen Dauerbetrieb rund um die Uhr laufen. Wir können den Föhn, das Auto, den Plattenspieler, den Fotoapparat nicht gleichmäßig mit minimalem Luftstrom, mit der den Dauerbetrieb bewirkenden Geschwindigkeit, mit unendlich langer Belichtungszeit auslasten. Also suchen wir, soweit möglich, die Auslastung über die Leistungswiederholung: Einen Föhn mehrere Menschen nutzen lassen – dieser Ansatz ist sicher begrenzt. Aber da, wo die Leistungswiederholung sinnvoll möglich ist, streben wir auf diesem Weg nach hoher Auslastung, wollen quantitative Überdimensionierung vermeiden. Also fährt der Mähdrescher auch bei Nacht über das Getreidefeld, eine Konservenlinie für Cornichons läuft während der Kampagne 24 Stunden 7 Tage die Woche, wird ein Windrad sowohl auf den Bedarf als auch auf den Wind ausgelegt. Und alle Komponenten eines Föhns werden für eine bestimmte Form des Betriebs gleich ausgelegt; es macht keinen Sinn, wenn die Heizspirale das Zehnfache der verlangten Luftmenge mit einer Temperatur liefern kann, bei der die Haare zu brennen anfangen. Aber vielleicht können wir den Föhn zusätzlich zum „Haare trocknen" auch für das „Hände trocknen" einsetzen? Also fassen wir, wenn wir die Funktionsträger auslasten wollen, objektorientiert Produktfamilien zusammen[181]. Und wenn das nicht in ausreichendem Maße möglich ist, dann ordnen wir verrichtungsorientiert ähnliche oder identische Funktionen unterschiedlichsten Ursprungs einem bestimmten Aufgabenträger zu[182]. Unser Sachsystem/Handlungssystem wird dabei immer komplexer: Jeder Dispositionspunkt kostet Zeit, verursacht Bestände und verlangt steuernde Entscheidungen.

Beispiel 4.91

Abläufe mit Aggregation nach Funktionen/Arbeitsmitteln und mit Schleifen im Materialfluss

- Wir betrachten Beispiel 4.49. Im Stellen-Transitions-Netz ist lediglich ein Roboter vorgesehen (im Ruhezustand Stelle F). Also benötigen wir eine Entscheidungs-/Prioritätsregel, in welcher Reihenfolge welche Stellen zu bedienen sind.
- Wir betrachten Beispiel 4.66: In diesem Beispiel gilt folgender Handhabungsablauf (*Wirkstruktur**): (14.1–4), (4–9), (9–10), (10–11), (11–12), (12–1.1), (1.1–2),

[181] Siehe die Produktfamilien in Bd. 2, Beispiel 8-5, die beim Drehen eine Parallelbearbeitung auf mehreren Maschinen erzwingen.

[182] Siehe die Abtaktung in Bd. 2, Beispiel 8-3, mit der im Gegensatz zu einer Werkstattfertigung ein schleifenfreier Ablauf, allerdings um den Preis einer begrenzten Auslastung, erreicht wird.

(2–1.2), (1.2–14.2), (1.2–7.1), (7.1–1.3), (7.1–1.4), (1.3–3), (1.4–8.1), (3–8.1), (8.1–7.2), (7.2–15), (15–8.2), (8.2–5), (5–1.5), (1.5–6), (6–7.3), (7.3–1.6), (1.6–7.4), (7.4–1.7), (1.7–8.3), (8.3–13) und die folgende Reihenfolge der Aufgabenträger (*Wirkstruktur***): A–Fördern–B–B–(B,C,D)–B–D//(E oder F)–D–G–H–I. Wir setzen anstelle der beiden Roboter D und H einen Roboter DH ein; demnach übernimmt dieser die Teilabläufe (2, 7.1, 1.3, 1.4, 3, 8.1), (5, 1.5, 6) und (7.4, 1.7, 8.3). Wir erhalten A–Fördern–B–B–(B,C,DH)–B–DH//(E oder F)–DH–G–DH–I. Der komplette Ablauf gruppiert sich um den Roboter DH herum, die Struktur des Materialflusses nähert sich immer mehr einer sternförmigen zentralen Arbeitsverteilung an[183]. ◄

Wir systematisieren diese quantitative Abstimmung von Leistungsangebot und -bedarf und unterscheiden in das Verteilen nach Produkten/Arbeitsobjekten (Objekteigenschaften) mit hinsichtlich der Folge der Verrichtungsklassen vergleichbaren Wirkstrukturen/Teilsystemen sowie in das Verteilen nach ähnlichen Verrichtungs-/Funktions-/Arbeitsmittelklassen, also nach Lösungs-/Wirkprinzipien (Funktionseigenschaften).

Verteilungszusammenhang mit Flow-Shop-Eigenschaft

Kann die Auslastung über die Amortisationszeit sichergestellt werden [SCHM76], dann ist ein Flow Shop die optimale Organisationsform: Der Betrieb als Flow Shop minimiert durch die räumlich-organisatorische Konzentration der Funktionsträger („Antriebsblock" Föhn[184]), die Verwendung eines gemeinsamen Kalenders, durch identische Reihenfolgen/Taktzeiten und minimale Handhabungs-, Wege- sowie Liegezeiten die Betriebskosten und die Durchlaufdauer. Den idealen Flow Shop repräsentiert eine in 21 Schichten betriebene Transferstraße mit serieller Schaltung oder ein ständig laufender Warmluft-Handtrockner: Die Maschine wartet nicht, der Auftrag wartet nicht, eine einheitliche Taktzeit ohne Abtaktung wird über identische Produkte erreicht – ein jeder darf genau zwei Minuten Hände trocknen und muss nach genau zwei Minuten an den Nächsten übergeben. Damit hat die Durchlaufdauer, obwohl minimal, wenig Relevanz – kein Kunde muss

[183] *„Unter Zentralisation verstehen wir die Zusammenfassung von gleichartigen oder ähnlichen Aufgaben, Arbeits- oder Verantwortungsbereichen zu einem Mittelpunkt hin. Die Zentralisation verfolgt das Ziel, die Effizienz der beteiligten Prozesse zu steigern und Redundanzen abzubauen. Effizienzmindernd sind längere Entscheidungswege und zusätzlich Hierarchieebenen"* [KOSI62]. Eine dezentral angelegte Konzeption erlaubt ein flexibleres Eingehen auf die lokalen Anforderungen und Bedürfnisse. Allerdings können Belastungsspitzen in dem einem Bereich nicht durch Unterauslastung in einem anderen Bereich ausgeglichen werden. Als Zentralisations-/Dezentralisationskriterien bieten sich die Determinanten eines (Unter-)Systems an (siehe Abschn. 2.2.2): Output/Produkt, Funktion/Lösungsprinzip oder Input/Material (bspw. Grauguss, Stahlguss oder Weich-/Hartbearbeitung).

[184] Das Höchstmaß dieser Aggregation ist bei der Komplettbearbeitung ohne Wechsel des Funktionsträgers gegeben.

auf sein individuelles Produkt warten[185]. Die Durchlaufdauer erhält erst bei individuellem Output eine Bedeutung und ist dann vielmehr eine Lieferdauer: Wird eine bestimmte Sequenz von Produkten durchlaufen, dann müssen wir ggf. bis zum nächsten Auflegezeitpunkt warten.

Mit den genannten Eigenschaften hat ein Flow Shop keine inneren Dispositionspunkte/Zählpunkte; wir können den ganzen Flow Shop/die gesamte Fertigungs-/Montagelinie als einen einzelnen Aufgabenträger ansehen – alle Stationen haben dieselbe Auslastung. Aber dann gilt diese Anforderung nach einheitlichen Vorgangsdauern/Taktzeiten auch für die Teilsysteme aller weiteren Produkte, die wir zur Auslastung einem Flow Shop zusätzlich zuordnen – genau das zeichnet die einem Flow Shop zugeordnete Produkt-/Teilefamilie aus[186].

Die als Flow Shop betrachteten Aufgabenträger sind in unserem Fall nur begrenzt skalierbar (Dimensionierung durch Ergonomie, Größe der Arbeitsgegenstände, Schnittkräfte in der Transferstraße; siehe oben).

- *Zentralisierung*: Das Leistungsangebot des gesamten Flow Shops ist durchgängig und einheitlich im selben Verhältnis zu hoch (Funktionsträger wartet auf Arbeit). Weil eine quantitative Kapazität nicht gespeichert und nicht in die Zukunft übertragen werden kann, streben wir zur Steigerung der Wirtschaftlichkeit nach höherer Auslastung[187]; die Auslastung wird über die Menge der (Output-)Objekte mit denselben Flow-Shop-Eigenschaften im gesamten Betrachtungsbereich angestrebt [ALTE09]. Möglicherweise ist eine temporäre/saisonale Nachfragespitze eines Produkts mit einem Nachfragerückgang eines gekoppelten Produkts verbunden; dann kann die geeignete Produktkombination eine dauerhafte Vollauslastung eines Flow Shops gewährleisten. Andernfalls findet die Zentralisierung in der Maximalkapazität des Flow Shops ihre Begrenzung[188].
- *Dezentralisierung*: Das Leistungsangebot des gesamten Flow Shops ist durchgängig und einheitlich im selben Verhältnis zu niedrig (Arbeit wartet auf Funktionsträger). Weil eine quantitative Kapazität nicht übertragen und nicht aus der Zukunft vorgezogen werden kann, streben wir zur Steigerung der Wirtschaftlichkeit nach einem höheren Kapazitätsangebot bzw. einer angepassten Auslastung; in diesem Fall ist entweder die Installation mehrerer dezentraler Mix Model Flow Shops oder im Gegensatz zum Mix-

[185] Wenn wir einem neu ankommenden Kunden ein bestimmtes Produkt zusagen können, dann spielt die Durchlaufdauer ganz sicher eine Rolle. Aber dann war die Transferstraße nicht vollständig ausgelastet; siehe die detaillierten Betrachtungen zum Flow Shop in [DANG09] und im Abschnitt Komplexitätsklassen von Ausführungssystemen.

[186] Siehe die unterschiedlichen Formen eines Flow Shops im Abschnitt Komplexitätsklassen von Ausführungssystemen.

[187] Und schalten ggf. einen bisher betriebenen zweiten Flow Shop ab.

[188] Wir gehen hier von den Produkten aus und suchen/ordnen die Funktionsträger zu; diese Vorgehensweise ist eine spezielle Von-außen-nach-innen-Vorgehensweise; anschließend ist der Ablauf mit den Funktionsträgern so ausgelegt, dass überall dieselbe Arbeitsgeschwindigkeit (Schaltung) herrscht.

Model-Ansatz die Skalierung auf typenreine Linien [TUFF88, MOLL97] denkbar: Wir zentralisieren ähnliche Produkte mit ähnlichen Arbeitsplänen und Arbeitsmitteln[189]. Hilfreich bei dieser Zerlegung sind die Kriterien, die zur Einrichtung einer „Focused Factory" bzw. einer „Plant within a Plant" von SKINNER aufgestellt wurden: nur eine unerprobte Technologie je Fabrik; einheitliche Marktanforderungen; einheitliche Stückzahlen; einheitliche Qualitätsstandards; einheitliche Zielkriterien [SKIN74].

Verteilungszusammenhang mit Job-Shop-Eigenschaft

Ist die verfügbare Menge verwandter Teilsysteme mit deren Quantitäten nicht für die Zusammenfassung der Arbeitsmittel in Flow Shops hinreichend, dann müssen wir für einen besseren Ausgleich die zu verteilenden Einheiten verkleinern; wir zerlegen die einzelnen Teilsysteme in ihre elementaren Input-Output-Systeme. Gleichzeitig vergrößern wir den Betrachtungsbereich ohne weitere Gruppierung auf alle Teilsysteme. Die jeweils isoliert betrachteten Aufgabenträger entsprechender Funktionalität, aber möglicherweise noch begrenzterer Skalierbarkeit können dann mit dem jeweiligen Lösungs-/Wirkprinzip besser den Elementaraufgaben zugeordnet werden [TOGL94, WAOW80][190].

- *Zentralisierung*: Durch die generell höhere Aggregation des Leistungsbedarfs begründet, bietet eine Organisation nach Job-Shop-/Werkstattfertigung über die funktionsspezifische Parallelschaltung verwandter oder identischer Funktionsträger substantielle Abgleichsmöglichkeiten. Zusätzlich können individuelle Arbeitskalender die Betriebskosten minimieren. Prinzipiell aber wird die höhere Auslastung durch hohe Durchlauf-/ Liege- und Wartezeiten erkauft: Irgendwelche Anforderungen müssen weit im Voraus angemeldet werden (siehe Beispiel 4.78).
- *Dezentralisierung*: Die jeweils isoliert betrachteten Aufgabenträger sind in diesem Fall entweder für unterschiedliche lokale kapazitive/zeitliche Anforderungen ausreichend skalierbar (Rechner, Transportmittel, Druckluftkompressoren, Heizkörper, Speicher(flächen)) oder kostenseitig vernachlässigbar. Möglicherweise ist ein größerer Standard (Maschine, Lager) günstiger als eine maßgeschneiderte Minilösung. Damit hat im Grenzfall jedes Untersystem eine eigene maßgeschneiderte Infrastruktur (Komplettbearbeitung, Baustellenfertigung).

[189] Wir zerlegen die ursprüngliche Menge an Produkten mit einer entsprechend parametrisierten Clusteranalyse [SPÄT75, SHKR91].

[190] Die Dimensionierung der Aufgabenträger ist durch die Ergonomie, die Arbeitsgeschwindigkeit, die Schnittkräfte, … vorgegeben: Ein Pkw ist mit seinem Fahrgastraum auf den Menschen, eine Werkzeugmaschine auf die aufzubringenden Schnittkräfte, ein Gabelstapler auf die zu transportierende Palette usw. ausgelegt.

Beispiel 4.92

Abläufe mit Aggregation nach Funktionen/Arbeitsmitteln und mit Schleifen im Materialfluss

- Wir betrachten Beispiel 4.49. Im Stellen-Transitions-Netz ist lediglich ein Roboter vorgesehen (im Ruhezustand Stelle F). Also benötigen wir eine Entscheidungs-/Prioritätsregel, in welcher Reihenfolge welche Stellen zu bedienen sind.
- Wir betrachten Beispiel 4.66: In diesem Beispiel gilt folgender Handhabungsablauf (*Wirkstruktur**): (14.1–4), (4–9), (9–10), (10–11), (11–12), (12–1.1), (1.1–2), (2–1.2), (1.2–14.2), (1.2–7.1), (7.1–1.3), (7.1–1.4), (1.3–3), (1.4–8.1), (3–8.1), (8.1–7.2), (7.2–15), (15–8.2), (8.2–5), (5–1.5), (1.5–6), (6–7.3), (7.3–1.6), (1.6–7.4), (7.4–1.7), (1.7–8.3), (8.3–13) und die folgende Reihenfolge der Aufgabenträger (*Wirkstruktur***): A–Fördern–B–B–(B,C,D)–B–D//(E oder F)–D–G–H–I. Wir setzen anstelle der beiden Roboter D und H einen Roboter DH ein; demnach übernimmt dieser die Teilabläufe (2, 7.1, 1.3, 1.4, 3, 8.1), (5, 1.5, 6) und (7.4, 1.7, 8.3). Wir erhalten A–Fördern–B–B–(B,C,DH)–B–DH//(E oder F)–DH–G–DH–I. Der komplette Ablauf gruppiert sich um den Roboter DH herum, die Struktur des Materialflusses nähert sich immer mehr einer sternförmigen zentralen Arbeitsverteilung an. ◄

Beispiel 4.93

Wegesteuerung eines FTS (siehe Beispiel 4.50)

- **Zentrale Wegesteuerung**
  Der Leitrechner ordnet die Fahrzeuge nach dem Zeitpunkt der Fertigmeldung in einer Fahrzeugdatei. Die Zuordnung der Transportaufträge erfolgt ggf. nach einer Online-Strategie (siehe Bd. 4). Mit dem Auftrag startet ein Fahrzeug, sobald der vorherige Transportauftrag abgeschlossen ist. Der Leitrechner übernimmt die gesamte Wegesteuerung bis zur vollständigen Abwicklung des Auftrags. Nach jedem Streckenabschnitt/Arbeitsschritt erfolgt eine Rückmeldung an den Leitrechner, der – ggf. in einer Online-Optimierung – den nächsten Streckenabschnitt/Arbeitsschritt nach der aktuellen Situation im Transportnetz festlegt.
  Kursiv: Ausführungssystem Fahrzeug, sonst: Zentraler Leitrechner

	Get	Auftrag, Ziel
		Start Antriebssteuerung
		Motor einschalten
A:	**Get**	Leitdrahtfrequenz
		Leitdraht folgen
	Get	Standortinformation
		If Bodenkodierung gefunden **then** *Standort erkennen* **else goto** A.

If Ziel erreicht **then goto** B **else**
If Weiche schalten **then** (Schaltbefehle für Bodenweiche, Frequenzerkennung umschalten, **goto** A) **else goto** A.

B: Positionierbefehl an Antriebssteuerung
Get Positionierdaten
Positionieren
If Positionieren fertig **then goto** C **else goto** B.
C: Lastübergabebefehl an Lastübergabesteuerung
Get Lastübergabedaten
Lastübergabe
If Lastübergabe fertig **then goto** D **else goto** C
D: *Auftrag erfüllt*
Auftrag erfüllt
Send

- **Dezentrale Wegesteuerung**
  Der übergeordnete Leitrechner übernimmt ausschließlich die Auftragsverwaltung.
  - Holprinzip
    Ein freies Fahrzeug ruft beim Leitrechner mit der Frei-/Fertigmeldung den nächsten Auftrag ab. Mit der Übertragung der Daten wird dieser Auftrag für alle anderen Fahrzeuge gelöscht. Das Fahrzeug übernimmt die gesamte Wegesteuerung selbständig. Nach der Durchführung erfolgt die Fertigmeldung.
  - Bringeprinzip
    Der Leitrechner ordnet die Fahrzeuge nach dem Zeitpunkt der Fertigmeldung in einer Fahrzeugdatei. Die Zuordnung der Transportaufträge erfolgt ggf. nach einer Online-Strategie (siehe Bd. 4). Mit dem Auftrag übernimmt das Fahrzeug alle relevanten aktuellen Daten zur Transportstrecke. Das Fahrzeug übernimmt die gesamte Wegesteuerung selbständig. Nach der Durchführung erfolgt die Fertigmeldung durch das Fahrzeug. ◄

Fortsetzung mit Problemanalyse

Wenn das Leistungsangebot nicht mit dem Leistungsbedarf in Übereinstimmung gebracht werden kann, dann steht der nächste Zyklus der Problemanalyse, die nächste Funktionszerlegung mit anderen Schemata, mit anderen Funktionen, Effekten, Lösungs- und Wirkprinzipien an. Möglicherweise liegt aber der Grund dafür, dass im betrachteten Zyklus kein geeignetes quantitatives Leistungsangebot gefunden werden konnte, gerade darin, dass auf der neu betrachteten Gliederungsebene solche Aufgabenträger, die erforderlichen Wirkpaare eben auch nicht zur Verfügung stehen und auch nicht entworfen/konstruiert werden können. Dann kann die Lösung nur in alternativen, möglicherweise teureren Wirkprinzipien früherer Entwurfszyklen oder in einer Überdimensionierung gefunden werden – der Föhn wird die meiste Zeit nicht genutzt.

Beispiel 4.94

Auslastung/Verteilung

- **Kaffeeautomat (Beispiel 4.79, 4.84)**
  Wie immer bei der Losgrößenbildung sind die Kosten für das Material und die Bearbeitungskosten, also hier das Wasser und das Aufbrühen pro Volumeneinheit, konstant. Der Kompromiss liegt hier zwischen dem wiederholten Erwärmen des Geräts und dem Warmhalten einer bestimmten Quantität bereits aufgebrühten Kaffees.

- **Dampfmaschine/Elektromotor**
  Eine Dampfmaschine braucht sehr lange zum (Wieder-)Anheizen. Einfach nur Dampf auf Vorrat zu erzeugen, ist auch nicht sinnvoll. Deshalb wird man versuchen, sie möglichst kontinuierlich laufen zu lassen. Eine dezentrale Nutzung für den Antrieb einer einzelnen Drehmaschine mit ständig wechselndem Leistungsbedarf ist ineffizient. Demzufolge wurden viele Maschinen über Transmissionsriemen an eine Dampfmaschine angeschlossen und so der Leistungsbedarf nivelliert. Ein Elektromotor braucht keine Anlaufzeit, also kann er ohne Probleme auf die Arbeitszeiten einer Maschine eingestellt werden. Viele dezentrale Elektromotoren steigern darüber hinaus die Ausfallsicherheit. Aber jetzt stehen auch viele dezentrale Elektromotoren ungenutzt in der Werkstatt.

- **Handbohrmaschine**
  Betrachtet wird die Energieversorgung einer Handbohrmaschine. Zuerst musste man mit Hand antreiben. Die elektrische Handbohrmaschine hatte lange Zeit ein Kabel. Ein Verlängerungskabel war unabdingbar. Dann kamen Akkugeräte auf den Markt. Jetzt müssen wir den Akku separat kaufen, können ihn aber für alle Elektrogeräte eines Herstellers nutzen.

- **Werkzeugmaschinen (vgl. Bd. 2, Beispiel 8-5)**
  In einer Hochvakuumpumpenfertigung wird die Anzahl/Auslastung der erforderlichen Drehmaschinen bestimmt. Zugrundegelegt werden eine Organisation nach Werkstattprinzip (alle Drehmaschinen stehen für alle Teileklassen bereit) und eine Einteilung nach Teileklassen (Inselfertigung; jeweils eine Drehmaschine je Teileklasse). Außerdem wird noch nach Maschinen für große, mittlere und kleine Pumpen differenziert. Es wird die Entscheidung getroffen, die Drehmaschinen ohne Differenzierung grundsätzlich für große Pumpen auszulegen. Damit wird die bestmögliche Auslastung erreicht.

- **Kompakte/aufgelockerte Anordnung von Aufgabenträgern**
  Eine kompakte (redundanzfreie/zentralisierte) Anordnung verfolgt als Ziel eine Linienanordnung (Schnittstelle an Schnittstelle): Optimieren eines bestimmten Betriebszustands/Leistungsprofils. Eine aufgelockerte Anordnung liegt bspw. dann vor,

wenn wir einzelne Aufgabenträger über eine standardisierte Schnittstelle an einen zentralen Versorgungs-/Medienstrang anschließen: Optimieren des Übergangs zu einem anderen Zustand/der Veränderung der Struktur. Der Abstand zwischen zwei Aufgabenträgern ist auf den maximal erforderlichen Abstand eingestellt.

- **Lager zur Überbrückung von zeitlichen und räumlichen Differenzen**
  - Verantwortung für die Bestände zwischen zwei Stufen des Leistungserstellungsprozesses
    Bestände entstehen zwischen zwei nicht aufeinander abgestimmten Stufen des Leistungserstellungsprozesses. Welche Stufe muss/soll sich auf die jeweils andere einstellen? Das Bringeprinzip ordnet diese Aufgabe der empfangenden/verbrauchenden Stufe zu (Bestandszugang). Das Holprinzip sieht die Verantwortung auf der liefernden Seite (Bestandsabgang). Umgekehrt gilt: Werden die jeweiligen Vorgaben erfüllt, ist für etwaige überhöhte Bestände im ersten Fall die liefernde, im zweiten Fall die empfangende Seite verantwortlich.
  - Bei Holprinzip ist die empfangende Stufe für Zusammenfassungen und Sicherheiten zuständig (Direktverbindung vom Lieferanten zum Empfänger; Beispiel Kanban). Umgekehrtes gilt bei Bringeprinzip. Eine dritte Möglichkeit ist der verpflichtende Umweg über ein organisatorisch selbständiges Lager (Beispiel: zentrale Arbeitsverteilung); hier gilt für den Zugang Hol-, für den Abgang Bringeprinzip. Bei Bringeprinzip kann ein zyklisches Auffüllen, bei Holprinzip ein bestandsabhängiges Bestellpunktverfahren sinnvoll sein. Allerdings ist ein zyklisches Verfahren hochanfällig gegen Änderungen an der Abgangsseite („Bullwhip-Effekt“, siehe [DANG09]). Bei häufigen Änderungen ist daher Verbrauchsorientierung und Bestellpunkt zwingend notwendig. ◄

Kann eine statische Durchschnittsbetrachtung wegen der Komplexität der Wirkstruktur und/oder der Dynamik eines Sachsystems keine belastbaren Aussagen dazu liefern, ob das projektierte Leistungsangebot in jedem denkbaren Betriebszustand hinreichend ist, ob Effektivität, Effizienz, die Übereinstimmung mit den Anforderungen und die Stabilität stets gewährleistet sind, dann müssen wir in der Realität (Prototyp) oder an einem Modell[191], stufenweise die Komplexität erhöhend, relevante Betriebszustände testen.

4.2.6.8 Konstruktion/Innovation

Die Ingenieurwissenschaften unterscheiden die drei *Konstruktionsarten* Anpassungskonstruktion, Variantenkonstruktion, Neukonstruktion [PABE97, EHME17]:

- Unter *Anpassungskonstruktion* wird die Änderung bereits bestehender Konstruktionen zur Beseitigung von Mängeln, zur Berücksichtigung neuer Sicherheits- und Umweltbestimmungen oder zur Anpassung an neue Randbedingungen verstanden. Bei der

[191] Siehe Abschn. 4.2.4 und bspw. Warteschlangentheorie [RUAV67, DANG99], Simulation [WIKIKATE, DANG99, DANG03, KKRU73], Stabilität [WIKISTAB, HUTA55].

Anpassungskonstruktion wird das Konzept beibehalten und das Produkt an geänderte Anforderungen angepasst (bspw. höhere Leistung eines Föhns, Getriebe eines anderen Herstellers in einem Windrad) [TEPRODE].

- Bei der *Variantenkonstruktion* wird das Lösungskonzept (siehe Lösungsprinzip) einer bestehenden Konstruktion übernommen. Es werden lediglich Maße (ganz oder teilweise) geändert, Details weggelassen oder ergänzt (bspw. zusätzliche Bohrung oder Anbau eines Sortierers an ein Kopiergerät). Durch die Variantenkonstruktion können Teilefamilien aufgebaut werden (siehe Abschn. 4.2.7). Nur durch das Verändern von variablen Werten (Parametern) lassen sich unterschiedliche Bauteile erstellen (Veränderung der Attribute von Input/Output, der Adverbien von Aufgaben in einem gegebenen Ablauf) [TEPRODE].
- Unter *Neukonstruktion* wird die Konstruktion von „neuen" Bauteilen verstanden, ohne dass auf vorhandene Bauteile zurückgegriffen wird [TEPRODE].

Es ist offensichtlich, dass die Konstruktionsart einen ganz entscheidenden Einfluss auf die Art, den Umfang und die Tiefe der Problemanalyse (siehe Abschn. 4.2.3) und die Qualität der verwendeten Schemata (siehe Abschn. 4.1.4 und 4.1.5) hat. Weil hier die Ansicht vertreten wird, dass grundsätzlich in irgendeiner Form auf irgendeiner Gliederungsstufe auf Bekanntes zurückgegriffen wird, werden muss (siehe Abschn. 4.1 und 4.2.3), die Problemanalyse ja gerade erst zu einem Ende kommt, wenn sie auf Bekanntes stößt und bspw. auch bei einer Neukonstruktion nicht durchgängig alles neu „erfunden" wird, bei einer Anpassungskonstruktion durchaus eine Baugruppe „neu konstruiert" werden kann, und somit eine jede „Konstruktion" einen Mix aus diesen Konstruktionsarten darstellt, wollen wir zur Vollständigkeit eine weitere Konstruktionsart, das (teilweise) „Übernehmen ohne jegliches Ändern" einführen.

- Ein *Übernehmen ohne jegliches Ändern* ist stets das Ende der Problemanalyse. Gegebenenfalls ist uns der innere Aufbau dessen, was wir übernehmen, völlig unbekannt; wir entscheiden nur nach den äußeren Merkmalen, nur nach dem Verhalten. Das trifft für jeden Normteilekatalog zu. Computersysteme, Werkzeug- oder Kaffeemaschinen, Kopiergeräte, Windräder oder Föhne werden grundsätzlich so beschafft. Ein Autohersteller hat keinen Einblick in die Motorsteuerung, ein Hersteller von Mähdreschern baut einen fremdbeschafften Dieselmotor als Black Box ein. Bei Kaufteilen interessieren vor allem die äußeren Eigenschaften. Gleichteile- oder Plus-Minus-Stücklisten haben einen unveränderlichen Kern und eine begrenzte Anzahl von Dispositionsebenen.

Variantenkonstruktionen im oben angeführten Verständnis[192] nutzen einen Raum mit grundsätzlich einzuhaltenden Produkteigenschaften und -strukturen, die ihren Ausdruck in einem parametrisierten Arbeitsplan oder in einer offenen Variantenstückliste finden

[192] Siehe bspw. [PaBe97, EhMe17, BeGö21, TEPRODE].

können. In diesem Raum, dessen Definition dann als „Neukonstruktion" zu betrachten ist, bewegen wir uns auch, wenn in einem Baukasten eine grundsätzlich erlaubte Struktur zum ersten Mal instantiiert/realisiert wird[193]; es wird vor allem rekonstruiert. Gegebenenfalls sind bereits aggregierte Komponenten (Gleichteileumfänge, bspw. auch beim Versand in Containern (AKD); nicht vollständig demontierte Werkzeuge; teilgerüstete Werkzeugmaschinen) eine Endstufe der Auflösung. Eine Anpassungskonstruktion „behält das Konzept bei"; die Anpassung erfolgt im Rahmen der vorgegebenen Struktur. Also wird auch hier im Wesentlichen „rekonstruiert". Aber der Übergang zur Neukonstruktion ist fließend. Möglicherweise pflanzt sich ein zunächst begrenzter Änderungsumfang immer weiter in das Innere der Struktur fort, um diese schließlich zu sprengen[194]. Am Ende kann ein grundsätzlicher Neubeginn sinnvoll sein; also wissen wir erst am Ende des Konstruierens, ob es bei einer Anpassung geblieben ist. Eine Neukonstruktion erprobt Effekte, konstituiert Lösungs- und Wirkprinzipien. Damit ist die Wirk-/Erzeugnisstruktur in der ganzen Tiefe bis zu den Elementarsystemen zu erarbeiten – aber die Elementarsysteme werden ohne Änderung übernommen; wir transformieren gegebene Strukturen in eine neue Wirkstruktur.

Wirkprinzipien können sich gegenseitig ausschließen (Fräsen oder Hobeln), alternativ einzusetzende Untersysteme mit unterschiedlichen Wirkprinzipien realisiert sein. Dann nutzen wir nichtfunktionale Anforderungen (siehe Abschn. 3.4) als Auswahlkriterien, richten den Fokus auf die relevanten Alternativen. Möglicherweise können wir dem Input/dem Output der Aufgabe über Ähnlichkeitsschlüsse eine ähnliche Aufgabengliederung aus ähnlichen/geeigneten Aufgabenstellungen zuordnen. Zumindest der Output der Aufgabe muss ja bekannt sein, wir suchen ja keine Lösungsprinzipien für die X-Beliebigkeit. Wenn die Gliederung in Untersysteme bekannt ist, dann machen wir die Zuordnung der Wirkprinzipien top-down – wir orientieren uns solange und soweit wie möglich auf einer möglichst hohen Gliederungsebene am Bekannten. Damit haben wir einen zielgerichteten Prozess, wir betrachten keine unsinnige, nichtmachbare usw. Aufgabengliederung. Selbst wenn wir ohne jegliche Einschränkungen nur von den Input-/Outputattributen ausgehen, dann gilt trotzdem:

- In der Informatik existiert nichts über [CLRS01] hinaus.
- In der Physik existiert nichts über [FEYN07] hinaus.
- In der technischen Mechanik existiert nichts über [SZAB01] hinaus.
- In der Chemie existiert nichts über [PAUL65] hinaus.
- In der Biologie existiert nichts über [CAMP22] hinaus.
- In der Mathematik existiert nichts über [RUWH86] hinaus.
- Im Maschinenbau existiert nichts über [BEGÖ21] hinaus.

193 Auch wenn von einem Pkw-Modell bei weitem nicht alle baubaren Fahrzeuge realisiert werden: Ein „Aus-der-offenen-Variantenstruktur-Hinausspringen" bei der Konfiguration eines Fahrzeugs ist nicht möglich [DANG09].

194 Ein schlagendes Beispiel ist „Senken des Schadstoffausstoßes eines Pkw-Dieselmotors". Am Ende „musste" die Motorsteuerung manipuliert werden.

Die gewählten Werke sind natürlich nur beispielhaft zu verstehen. Genauer müssten wir sagen: Es gibt in der Informatik nichts über das gesicherte Grundlagenwissen der Informatik hinaus – wie immer das auch definiert wird –, auf mehr können wir nicht zurückgreifen. Vergleichbare Aussagen gelten für die anderen Disziplinen, und solange hier kein qualitativer Fortschritt existiert und niemand die Schwerkraft aufheben oder das Prinzip des Aufbaus der Atome ändern kann, gibt es nur eine veränderte Umwelt, eine veränderte Situation und damit ggf. einen quantitativen Fortschritt: Höher, weiter, schneller, billiger – es bleibt der Komparativ. Damit gibt es auf der tiefstmöglichen Ebene der Aufgabengliederung nur bekannte elementare Lösungsprinzipien. Und wenn wir auf [CLRS01, FEYN07, PAUL65, CAMP22] und [vBER49] usw. aufsetzen und bottom-up konstruieren oder erproben, ist alles gültig, was im Prinzip noch einen Beitrag zur Überführung des Inputs in den Output leisten kann. Die Realisierung der kühnsten Ideen scheitert in der Regel nur am Geld und an der Zeit. Also müssen wir die Unterteilung der Attributsveränderung und der Adverbienveränderung sinnvoll beschränken. Wir unterteilen die Input-Output-Matrix, wir suchen nach Teilefamilien, orientieren uns an den verfügbaren Herstellverfahren. Stanislaw Lem (1921–2006) lässt in der Kyberiade (suhrkamp taschenbuch 1181) in der sechsten Reise die Konstrukteure Trurl und Klapaucius einen Dämon zweiter Ordnung erfinden, einen Automaten, der über die Menge der sinnvollen Sätze (siehe Abschn. 1.1.2, der Menge aller Sätze, die entweder wahr oder falsch sind) hinaus die Menge aller grammatikalisch richtigen Sätze generiert. Allerdings hätte in dieser Menge von beliebigem Unsinn der Qualität „Was hätte Fridolin der 86., der Allweise, im Jahre 2077 getan, wenn da das hyperstatisch mutierte Coronavirus aufgetreten wäre?“, „Wie viele Elektronenhüllen hat ein Termionolium-Atom, wenn ein solches Atom möglich wäre?“ oder „Nichts nichtet nichtiger als Nichtnichtig“ als verschwindend geringer Anteil auch die Menge aller vernünftigen Fragen und aller richtigen Antworten gesteckt. Das Problem ist also nicht: Wir wissen nichts. Im Gegenteil: Wir wissen alles, was wir für die Lösung technischer Aufgabenstellungen wissen müssen. Das Problem ist die Kombinatorik, die uns in einem Overkill erschlägt. Es gibt nicht nur eine einzige mögliche Unterteilung in Unteraufgaben, sondern a priori praktisch unendlich viele, und doch können wir oft keine davon finden oder gar heben und nutzen (siehe oben). Im Abschnitt „Horizontale Synthese“ eröffnen wir zwei Möglichkeiten des Vorgehens: Wir beginnen mit den Input- bzw. den Outputattributen und bewegen uns mit sinnvollen Suchstrategien in die jeweils andere Richtung (von außen nach innen) oder wir starten mit Attributen/Zuständen, die wir zwischen den Input- und Outputattributen vermuten und für die wir Lösungsprinzipien kennen oder vermuten (von innen nach außen). Die Nachteile beider Strategien liegen auf der Hand: Das reine Erproben von Attributsänderungen führt beim ersten Vorgehen zu hohen Realisierungskosten – die inneliegenden Lösungsprinzipien werden technisch immer anspruchsvoller. Das zweite Vorgehen führt zu unbegrenzten Entwurfskosten – wir erproben unendlich viele Möglichkeiten, bis wir die Input-/Outputattribute (zufällig) treffen. Daher müssen wir im ersten Fall die Spielräume für die nachfolgenden Entscheidungsschritte unbedingt erhalten, im zweiten Fall die Lösungsvielfalt beschränken.

Mit der Von-außen-nach-innen-Taktik konstruieren wir ausgehend vom Istzustand/vom Endzustand/von den Outputattributen/von den Inputattributen die Aufgabengliederung und halten dabei nach möglichen Aufgabenträgern Ausschau: bis zum örtlichen Bahnhof – bis Bremerhaven – bis Cape Canaveral – bis zur ISS – bis zum Mond – bis zum Mars – ... oder: Wir suchen etwas, was bis zur Kreisbahn, bis zum Mond, bis zum Verlassen des Sonnensystems beschleunigt – und nehmen ein Rohr, halten es gut fest und machen am unteren Ende eine Atomexplosion... Es ist erst vorbei, wenn wir keine Aufgabengliederung mit zulässigen Input-Output-Übergängen finden:

- schneller als die Lichtgeschwindigkeit,
- mehr Energie als im gesamten Weltall vorhanden ist,
- Quadratur des Kreises,
- Perpetuum mobile,

also mathematische, physikalische, biologische, ... Gesetze, gesetzliche Vorgaben und die finanziellen Grenzen der Menschheit verletzen. Aber seit der ersten chinesischen Feuerwerksrakete war es nur noch eine Frage des Willens, der Zeit und des Geldes, bis eine Rakete groß genug war, Menschen zum Mond zu tragen. Diese Taktik benötigt eine sinnvolle Festlegung über

- den Betrag der Veränderung der Attribute,
- die Richtung der Veränderung und vor allem über
- die Folge der Attribute, die im nächsten Schritt verändert werden.

Wir verändern schrittweise ein Attribut und versuchen, bis zu dem veränderten/ab dem veränderten Attribut Effekte, Lösungsprinzipien und über die Wirkprinzipien Aufgabenträger zu finden – möglicherweise führt der Weg zum veränderten Attribut gar nicht direkt zum geforderten Output. Handhabungstätigkeiten bspw. tragen nicht unmittelbar zur Veränderung eines Gegenstands bei. Möglichkeiten sind bspw. geometrische Suchstrategien, abhängig vom jeweils erreichten Stand Online-Optimierungs- oder Entscheidungsbaumverfahren.

Beispiel 4.95

Entscheidungsstufen

- Wir transportieren von Hannover nach Dortmund, ein Streckenabschnitt ist mindestens 40 km, auf dieser Basis suchen wir im Umkreis Autobahnknoten/Raststätten. Dann folgt ein Branch-and-Bound-Verfahren.
- Wir transportieren 20 t auf den Mars; wir differenzieren die Nutzlast 1, 10, 100, 500, 1000 kg und fliegen
  - nur bis zur ISS, wir nehmen die Rakete von Musk oder schießen eine Raumfähre in 10 km Höhe von einem Flugzeug A380 ab;

- nur bis zum Mond und müssen dafür etwas konstruieren;
- von da aus zum Mars und müssen dafür etwas konstruieren.

Was aber bestimmt keinen Sinn macht: eine Zwischenstation zwischen Mond und Mars sowie eine Differenzierung zwischen 0 und 1000 kg in Einerschritten.

- Materialflussstufen: Transport zwischen Betrieben/Unternehmen, zwischen den Abteilungen, innerhalb der Abteilung zwischen den Arbeitsplätzen, am Arbeitsplatz. ◄

Von innen nach außen zerlegen wir in Teilaufgaben, für die Aufgabenträger existieren könnten, um so auf mögliche Aufgabenträger zu stoßen und diese als „Inseln im Meer" zwischen Ausgangs- und Endpunkt verwenden zu können. Auch hier ist der Ansatz, die zu überbrückende Differenz auf möglichen Zwischenzuständen aufzusetzen. Das kann nur heißen: Wir kombinieren mögliche (Teil-)Lösungsprinzipien, „bis es passt". Innen gehen wir von einem bekannten Kern aus, der in Kombination mit den nach außen zu ergänzenden Komponenten die Inputattribute geeignet in die Outputattribute überführen kann.

4.2.7 Modularität, Wiederverwendung, Baukasten. Instandhaltung

Wir müssen hier zwei Aufgabenstellungen unterscheiden: „Wir konstruieren einen Baukasten" und „Wir verwenden einen Baukasten". Natürlich richtet sich unser Fokus hier auf die erste der beiden Aufgabenstellungen. Aber die Güte, die Qualität eines Baukastens misst sich immer an dessen Anwendbarkeit und Anwendungsbreite in der Variantenkonstruktion. Also werden sich diese beiden Fragestellungen nicht vollkommen voneinander isolieren lassen. Die Anwendung wird Top-down- und Bottom-up-Vorgehen mischen; vor allem die Neukonstruktion eines Baukastens aber ist im Schwerpunkt top-down angelegt.

4.2.7.1 Standardisierung/Modularität

Ein *Standard* ist eine vergleichsweise einheitliche oder vereinheitlichte Art und Weise, etwas herzustellen oder durchzuführen [WIKISTAN]. *Standardisierung* von Erzeugnissen, Baugruppen, Teilen und Rohstoffen sowie Prozessen und Vorgehensweisen oder Eigenschaften heißt, dass wir nicht den speziellen Einzelfall im Auge haben und für diesen das Wirkprinzip optimieren, sondern auf eine möglichst universelle Anwendbarkeit bei minimalen Kosten und höchster Sicherheit zielen. So verstandene „Standards" reduzieren die Komplexität[195], stärken Wiederverwendbarkeit und Verfügbarkeit, sorgen für größere Stückzahlen und höhere Produktivität. Jeder Standard schränkt aber die Wahlmöglichkei-

[195] Unter Komplexität wird die Vielfalt der Verhaltensmöglichkeiten der Elemente und die Veränderlichkeit der Wirkungsverläufe verstanden [WIKIKOM, SCHU14]. Die Gesamtheit aller voneinander abhängigen Merkmale und Elemente, die in einem vielfältigen, aber ganzheitlichen Beziehungsgefüge (System) stehen, machen die Komplexität (Def.: Vielschichtigkeit, das Ineinander vieler Merkmale) aus.

ten ein – alle Schubkarren haben dasselbe „Schubkarrenrad". Und das bedeutet in den meisten Fällen eine Überdimensionierung.

Produkte können wir individuell aus Standards zusammensetzen. Sinnvoller ist aber auch hier die Beschränkung auf Produktfamilien und standardisierte Erzeugnisstrukturen, eine mehrstufige Lagerhaltung[196] mit gesichertem Zu- und Abgang ausschließlich für Standards und die Dokumentation der Mehrfachverwendung in Form von Baukastenstücklisten [DANG09] bzw. Gozintographen über „Und"-Verknüpfungen [DANG21]. Selbst bei einer extremen Einzelfertigung ohne jede Wiederverwendung, die wir mit einer Strukturstückliste beschreiben, werden wir zweckmäßigerweise auf standardisierte Grundstoffe zurückgreifen.

Ein *Modul* ist

a) ein austauschbares, komplexes Element, das innerhalb eines Gesamtsystems, eines Geräts oder einer Maschine eine geschlossene Funktionseinheit bildet [WIKIMOD]. Die Austauschbarkeit gilt einerseits für die Elemente ein und derselben Klasse – elementare Voraussetzung für eine effiziente Instandhaltung. Andererseits – und in der Regel – wird mit „Austauschbarkeit" die Menge der Elemente einer Äquivalenzklasse charakterisiert (siehe Bd. 1, Relationen); ein gängiges Beispiel sind die gegeneinander austauschbaren Scheinwerfer unterschiedlicher Lieferanten in der Automobilindustrie. Dieses Beispiel verdeutlicht auch die Forderung nach einer „geschlossenen Funktionseinheit": Alle Scheinwerfer können ohne Änderungen montiert und angeschlossen werden, sie bedienen mit einem identischen „Anschluss", mit einer identischen Funktionalität dieselbe Schnittstelle. Alle Verbindungen sind lösbar. Und alles, was auf beiden Seiten der Schnittstelle – im Fahrzeug und im Scheinwerfer – dahinterliegt, müssen wir nicht wissen.
b) das Muster/Schema, das die Austauschbarkeit gewährleistet [ALEX64]; bspw. das Grundmaß eines Metallbaukastens (Lochabstand 12,7 mm, Lochdurchmesser 4,2 mm, Profilbreite 12,7 mm), das Elementarmaß der Äquivalenzgruppen von Festspeichern ($2 \cdot 8\,\mathrm{KB} = 16\,\mathrm{KB}$), die Norm, die die Europalette festlegt, oder die Regel zur Festlegung von Papierformaten: DIN-A4-Papier: 2 Blatt DIN A4 ergeben an den Längsseiten als Rechteck zusammengelegt 1 Blatt DIN A3.
c) eine Maßangabe zur Normierung und Austauschbarkeit von Zahnrädern, Schrauben, Werkstoffen (Elastizitätsmodul).

Immer gilt: Wir machen etwas vergleichbar, stellen etwas in eine Ordnung, es gilt das „Oder".

Als *Modularität* bezeichnen wir die Aufteilung eines Ganzen in Teile (Untersysteme, Elemente; siehe Abschn. 2.2.3, Sachsysteme) mit bestimmten Eigenschaften. Unterschiedliche Disziplinen sprechen hier von Komponenten, Bauelementen, Baugruppen, Bausteinen usw. [OSTE06, ALEX74], teilweise allgemeiner Systeme ([ALEX79,

[196] Senken der Wiederbeschaffungszeit durch Bestände auf höheren Wertschöpfungsstufen.

CDEM04, SAMA96], Abschn. 2.2.1), teilweise konkreter Produkte [ULRI95]. Bei einem modularisierten Aufbau werden Bauteile geeigneter Form und Funktion entlang definierter, meist standardisiert konfigurierter Grenzen (Schnittstellen, Anschlüsse) zu einer höheren, ggf. interagierenden Funktionalität zusammengesetzt. Den Gegensatz dazu repräsentiert eine monolithische oder integrale Bauweise ohne explizite Schnittstellen. Abhängig von den Lebensphasen eines Systems wird von einer Modularität in Entwicklung, Produktion (mass customization) und Anwendung gesprochen. Alle Definitionen interpretieren aber Modularität dahingehend, dass die *Architektur* den strukturellen Aufbau eines Systems charakterisiert und als ein – oft impliziter – Entwurf anzusehen ist, der die Bestandteile eines Systems, deren Art der Komposition, ihre jeweilige Funktionalität und die Schnittstellen zwischen ihnen bestimmt ([BACL97]; siehe Abschn. 3.3):

- [CDEM04] identifizieren die Architektur als das Schlüsselelement für die Planung, den Betrieb und das Verhalten komplexer Systeme. Die Architektur ist eine abstrakte Beschreibung eines Systems, seiner Elemente und Relationen; sie prägt die Systemfunktionen und -eigenschaften.
- [SAMA96] beschreiben die Architektur komplexer Produkte oder Organisationen als ein Konstrukt aus mehreren miteinander agierenden und so voneinander abhängigen Teilen. Zur Architektur von Produkten, zum Produktdesign vertreten [SAMA96] die Ansicht, dass die produktspezifische Menge von miteinander über Schnittstellen interagierenden Komponenten, die Art ihrer Interaktion ([SEAR82, SEAR71, AUST72]; siehe Abschn. 3.3) und ihre Funktionen das Verhalten eines Produkts und damit die Produktarchitektur ausmachen.
- Nach [ALEX77, GHJV95] ist Architektur das Muster, das Schema, nach dem Funktionen physikalischen Objekten (Wirkprinzipien) zugeordnet werden und miteinander interagieren (siehe Abschn. 4.2.6, Arbeitszusammenhang). Auf dieser Definition aufbauend erklärt [ULRI95] die Architektur eines Produkts zum einen als die Anordnung funktionaler Elemente, die Zuordnung dieser zu physikalischen Komponenten sowie die Festlegung der Schnittstellen zwischen diesen. Zum anderen besteht „Architektur" essenziell aus der Menge der dazu notwendigen Handlungsanleitungen, Festlegungen und Normen. Nach [ULRI95] sind funktionale Elemente einzelne Funktionen, die das Produkt erfüllt bzw. erfüllen muss; ihre Anordnung ist damit eine funktionale Struktur (siehe Abschn. 4.2.6, Verteilungszusammenhang). Dabei werden eine oder mehrere Komponenten einem oder mehreren funktionalen Elementen zugeordnet. Gegenseitig aufeinander einwirkende Komponenten sind mit Schnittstellen verbunden, die die Interaktionen zwischen ihnen koordinieren (siehe Abschn. 4.2.6, Leitungszusammenhang).

Ist ein funktionales Element genau einer Komponente zugeordnet, sprechen wir von einer *modularen Struktur*, wird ein funktionales Element von mehreren Komponenten ausgeübt, von einer *integralen Struktur*. Aus diesem Grund können sich Sachsysteme/technische Systeme, die dieselben Aufgaben erfüllen, in ihrer Architektur grundlegend unterscheiden (alternative Wirkstrukturen; siehe [SAMA96, ULRI95, MRCB06]). Schon wegen der endlichen Tiefe der Aufgaben-/Problemanalyse sind komplett modulare oder integrale Produkte in der Realität nicht anzutreffen. Dennoch lassen sich Systemarchitekturen vom Grad der beiden Zustände differenzieren; sie befinden sich auf einer, in ihren Grenzen nicht klar festgelegten, Skala zwischen diesen beiden Extremfällen und können sich jeweils einem Zustand annähern oder aber auch davon entfernen. Systeme, die wir in ihre Komponenten zerteilen, umgestalten und wieder zusammenfügen können, ohne dass sie dabei einen Verlust an Funktionalität erleiden, kommen einer kompletten Modularität vergleichsweise nahe [BACL06, CACA12, ETLE04, SOER04, HOET06]. Die Voraussetzung dafür ist, dass die Abhängigkeiten zwischen den einzelnen Komponenten niedrig gehalten und ihre Interaktionen miteinander über standardisierte Schnittstellen koordiniert werden. Einzelne bis alle Komponenten des Systems sind dabei durch andere Komponenten austauschbar, ohne die Funktionsfähigkeit des Gesamten zu gefährden [ULRI95, LARO92, SCHI00, SIMO62]. Als Folge eines solchen Systemzustands können die einzelnen Module weitgehend unabhängig voneinander operieren oder bei einem Produkt entwickelt und hergestellt werden [SAMA96, LANG02, TELD02, SAFR02].

Beispiele für eine integrale Struktur sind ein Föhn mit einem integrierten Motor-/Turbinen-/Heizungsblock oder eine kompakte Bebauung im Fabrikbau. Änderungen sind hier nur in kleinstem Umfang möglich, Änderungen an der Struktur ausgeschlossen. Im Mittelfeld liegt eine aufgelockerte Bebauung. Die einzelnen Abteilungen haben hier einen gewissen Abstand zueinander; in diesem Rahmen sind Änderungen möglich. An der Spitze in der Modularität rangiert ein Spine-Konzept (zentrale Erschließungsachse, zentrales Bussystem; siehe [DANG99]), bei dem wir an jeder beliebigen Stelle eine Komponente anschließen können. Die Voraussetzungen dafür liegen klar auf der Hand: Jede Komponente führt selbständig eine Aufgabe ohne horizontale oder vertikale Arbeitsteilung vollständig aus, regelt selbständig die Informations- und Energieversorgung[197]. Ohne Redundanz fällt bei Ausfall einer Komponente eine Funktion aus. Alle Schnittstellen sind identisch, alle umfassen genauso wie der Spine den Maximalumfang (Materie, Energie, Information)[198]. Keine Komponente interagiert direkt mit einer anderen; der Weg führt stets über die Zentralachse. Partielle Überdimensionierungen lassen sich nicht ausschließen; potenzieller Engpass ist immer der Spine.

Standardisierung reduziert die Vielfalt. Modularität ist dem mit der angestrebten Austauschbarkeit entgegengerichtet, sobald dafür Äquivalenzklassen eingeführt werden; jeder

[197] Der Aufgabenvollzug ist hier zweckmäßigerweise objektorientiert gegliedert. Die eine Zelle montiert Föhne, die andere Staubsauger, die dritte Kaffeemaschinen; der eine Automat produziert Tee, der zweite Kaffee, der dritte Kakao, jeder organisiert mit einer standardisierten/modularisierten Informationsverarbeitung den Nachschub selbst. Bei einem Föhn könnten wir uns die zentrale Achse als ein Rohr aus modularen Abschnitten vorstellen, auf/in das wir die einzelnen Unterfunktionen (siehe Beispiel 4.28) sequentiell montieren.

[198] Die dezentrale Fahrzeugsteuerung in Beispiel 4.93 verdeutlicht diesen Ansatz. Das Fahrzeug agiert bis auf die Übernahme und Rückmeldung des Fahrauftrags völlig autonom, sucht den Fahrweg, schaltet Weichen, macht die Positionierung und die Übergabe bzw. Übernahme.

neue Modul hat eine eigene Stückliste, eigene Bestände, eigene Sachnummern. Mit dem Einführen eines Moduls geht daher das Abwägen von wirtschaftlich-organisatorischen und technischen Gesichtspunkten einher: Sprengt ein neues Produkt, eine neue Anforderung irgendeine Klasse, bspw. die Abmaße des Rohmaterials, der Werkzeuge, die Kräfte von Maschinen, die Reichweite von Handhabungsrobotern, die Preisklasse eines Pkw? Und dann ist es eine Auslastungsfrage. Wenn in Beispiel 4.67 eine zusätzliche Maschine durch ein zusätzliches Teil/Getriebe voll ausgelastet und keine der vorhandenen Maschinen überlastet wird, dann werden wir diese Maschine zusätzlich aufstellen. Es bleibt bei einer Teilefamilie. Aber wenn ein neues Getriebe mit den seitherigen Maschinen aus Kapazitätsgründen nicht mehr hergestellt werden kann, die Auslastung mit den/dem neuen Teil/Teilen sichergestellt wird und/oder die Qualität auch noch anders ist, dann führt das zu einer neuen Teilefamilie und einer neuen Fertigungszelle. Vergleichbares gilt bei einer Montage: Entstehen in einem Gozintographen zwei oder drei Cluster mit vergleichsweise wenig Überschneidungen, dann gilt auch für eine Montagelinie nicht mehr, dass an einer Station anhand einer Komplexstückliste vergleichsweise wenige Komponenten in vergleichsweise viele unterschiedliche Aggregate eingebaut werden (und nur wenige Materialkisten am Band stehen).

4.2.7.2 Wiederverwendung/Austauschbarkeit/Baukastentypen

Wiederverwendung und Austauschbarkeit von Lösungsprinzipien, Wirkprinzipien[199], Wirkstrukturen, Teilefamilien, Fertigungs-[200] und Rüstfamilien haben wir im Abschn. 4.2.5, insbesondere in den Beispielen 4.61, 4.63, 4.66 und 4.67 ausführlich diskutiert. Schrittweise wurden dort generische Aussagen konkretisiert, eingeschränkt und in ausführbare, gegeneinander austauschbare Arbeitspläne transformiert.

„Ein *Baukasten* ist ein Spiel, bei dem ein Modell[201] eines Gegenstands durch Zusammensetzen von Stücken mit im Allgemeinen genormten Abmessungen hergestellt wird" [WIKIBAU]. Versuchen wir, diese „Spiele" einzuteilen und zu klassifizieren, dann können wir für unsere Zwecke die folgenden Eigenschaften nutzen:

- Offener/geschlossener Baukasten: Ein geschlossener Baukasten ist bspw. ein physischer Spielzeugbaukasten aus Holz oder Stein in einer Schachtel. Es gibt keinen Zu-

[199] Kraft aufbringen: mechanisch (Hebel, Seil, Stange), hydraulisch, pneumatisch (Hubzylinder), elektrisch (Stellmotor mit Getriebe); siehe Abschn. 2.2.3.

[200]
- Teilefamilie: formähnliche Teile (geometrische Baureihen und Normzahlen), konstruktive Ähnlichkeit, unterschiedliche Maße (Skalierung von Maschinen und Werkzeugen: Arbeitsraum Drehmaschine, Spannfutter), dieselben Werkzeuge, Maschinen, dieselbe Montagelinie (Abtaktung);
- Fertigungsfamilie: Ähnlichkeit der Bearbeitung, organisatorische Zusammenfassung von Teilen, an denen gleiche Arbeitsvorgänge anfallen ohne Umrüsten, ohne Werkzeug- und Vorrichtungswechsel.

[201] Hier ist „Modell" nicht im Sinne von Funktions-, Verhaltens- oder Strukturmodell zu verstehen. Was angestrebt wird, ist eine gewisse äußere Ähnlichkeit.

gang und keinen Abgang von Bausteinen – wenn wir etwas Neues bauen wollen, müssen wir das Alte wieder zerlegen. Ein offener Baukasten ist ein logischer Baukasten. Elementarbausteine stehen unbegrenzt zur Verfügung, bei realem Abgang werden sie wieder ersetzt – Material „fließt" durch den Baukasten.

- Inputdeterminierter/outputdeterminierter Baukasten: In jedem Baukasten ist die Menge der Klassen der Elementarbausteine gegeben. Ein inputdeterminierter Baukasten macht keine Aussagen über mögliche Aggregate (siehe Bd. 2, Kap. 5). In outputdeterminierten Baukästen ist die Menge der erreichbaren Outputs (siehe Abschn. 2.2.2) als Ausgangspunkt definiert. Die Menge der Klassen der Elementarbausteine und deren jeweilige Kardinalität sind exakt auf diesen Output abgestimmt[202].
- Geteilter/ungeteilter Baukasten: Ein ungeteilter Baukasten sieht keine Wiederverwendung, Losgrößenfertigung und Bestandsführung von Aggregaten vor. Wir setzen immer auf den Elementarbausteinen auf (Erzeugnisstruktur). In einem geteilten Baukasten teilen Aggregate den Baukasten in einen synthetischen und einen analytischen Teil (Baukastenstruktur).
- Offene/geschlossene Klassen: Bei einer offenen Klasse können wir die Kardinalität einer Klasse beliebig verändern. Das ist bei einer geschlossenen Klasse nicht möglich.
- Und-/Oder-Relationen: Das Zusammensetzen von Aggregaten erfolgt mit „Und"-Relationen. Das Einführen von modularen Aggregaten erlaubt die Austauschbarkeit nach „Oder"-Relationen (offene Variantenstruktur).

Geschlossen/Inputdeterminiert/Ungeteilt/Geschlossen/Und-Oder; Verwendungsmenge beliebig

Gegeben ist ein geschlossener inputdeterminierter Baukasten sowie eine Und/Oder-Verknüpfung, bspw. mit Stecken, Legen, Schrauben usw., also nur einer oder nur wenigen Grund-/Fügefunktionen. Jeder Baustein/jeder Bausteintyp kann mit jedem anderen Baustein/Bausteintyp und mit sich selbst kombiniert werden. Es gibt kein logisches „Und" und kein logisches „exklusives Oder", sondern nur ein „Und/Oder"; wir können alles aus den kleinsten Bausteinen aufbauen. Sonst verwenden wir gemeinsame Vielfache: drei Vierer oder zwei Sechser. Wenn wir uns an die Vorlagen/Baupläne halten, wird die Verknüpfung zu einem logischen „Und". Weitere Bausteine und/oder Bausteinklassen erweitern die Mächtigkeit des Baukastens („Ergänzungsbaukasten"): Ein „großer" Baukasten hat sowohl mehr Bausteinklassen als auch je Bausteinklasse ggf. eine höhere Bausteinanzahl. Es gibt nur die Aufgabe „Wir bauen irgendeine (gegebene) Struktur aus der Menge der Bausteine und der aufgabenspezifischen Anzahl der Bausteine, wobei zwei kleine Bausteine einen großen ergeben können". Die Aufgabe ist nicht strukturiert. Weil jede Schnittstelle von zwei beliebigen Bausteintypen geteilt werden kann, gibt es im Prinzip keine bzw. eine vollständige Arbeitsteilung – jeder macht alles, ist völlig autark; ggf. organisieren sich die Zellen selbst (siehe „Spine").

---

[202] Das ist der Lego-Baukasten für genau einen bestimmten Hubschrauber – am Ende sind keine Bausteine übrig.

Beispiel 4.96

Geschlossener Baukasten

a) Holz-/Stein-/Klemmbaukasten: geometrische Schnittstelle, ganzzahlige Verhältnisse mit Modul, alles mit allem kombinierbar, keine anzahlmäßige Beschränkung. Wie viele andere Bausteine an einen Baustein anschließen können, hängt von dessen Länge ab.
b) Metallbaukasten: Orientierung an den Komponenten des Stahlbaus (Flacheisen, Winkelprofil, Welle, Schrauben, Räder); alles ist auf denselben Lochabstand, Lochdurchmesser, dieselben Schrauben, das Zusammenschrauben abgestimmt. Die Schraubenlöcher dienen den Wellen zur Drehbewegung. Damit gibt es genau zwei Funktionen: Schrauben und Welle durchstecken.

Und-/Identitätsrelation: Wir brauchen einen Stab der Länge 6 Loch. Dazu haben wir folgende Möglichkeiten: Wir haben einen Stab mit 6 Loch oder wir haben zwei Stäbe mit 5 Loch und schrauben diese geeignet zusammen ($6 = 5 + 5/1$) oder wir haben einen Stab mit 5 Loch und einen mit 4 Loch und schrauben diese geeignet zusammen ($5 + 4/1$) oder $5 + 3/1 = 5 + 2/1 = 4 + 4/2 = 4 + 3/2$ usw. (dasselbe für 5 Loch: $5 = 5 = 4 + 4/1 = 4 + 3/1 = 4 + 2/1 = 3 + 3/2$). ◄

Offen/Inputdeterminiert/Ungeteilt/Offen/Und; Verwendungsmenge beliebig
Gegeben sind ein offener inputdeterminierter Baukasten sowie eine Und-Verknüpfung, bspw. mit Verbinden, Schrauben usw., also nur einer oder nur wenigen Grund-/Fügefunktionen. Jedes Teil eines Teiletyps kann mit einem Teil eines anderen Teiletyps kombiniert werden. Die Anzahl der Bausteine ist prinzipiell unbegrenzt. Es gibt ein logisches „Und" und nur die Aufgabe „Wir bauen irgendeine (gegebene) Struktur aus der Menge der Bausteine und der aufgabenspezifischen Anzahl der Bausteine". Die Aufgabe ist nicht strukturiert.

Beispiel 4.97

Offener, bipartiter Baukasten

Wir betrachten Baukästen mit zwei Elementtypen. Bausteine dürfen nur mit Bausteinen des jeweils anderen Typs verbunden werden.

a) Meerohrkonstruktionen im Gebäudebau: Es gibt nur zwei Klassen: Knoten und Stäbe (Einheitskante, Flächen- und Raumdiagonale). Alle Teile sind auf die stärkste Beanspruchung ausgelegt[203].
b) Netzplantechnik: Wir haben zwei Klassen: Knoten und Kanten. Auf einen Knoten dürfen bei Vorgangsknotentechnik beliebig viele Kanten zielen, von einem Knoten

[203] Deshalb sind diese Konstruktionen erstens schwer und zweitens teuer.

beliebig viele Kanten wegführen. Es werden vier Typen von Relationen unterschieden [DANG09]. ◄

Geschlossen/Outputdeterminiert/Ungeteilt/Geschlossen/Und; Verwendungsmenge gegeben

Der Baukasten ist geschlossen und outputdeterminiert; also können mit ihm genau die generierenden/angegebenen Produkte hergestellt werden. Er ist ungeteilt; demnach existiert eine Mehrfachverwendung nur auf der Ebene der Elementarbausteine, es gibt keine gemeinsamen Baugruppen (Erzeugnisstrukturstückliste für jedes Produkt bzw. Komplexstückliste bei Montagelinien). Weitere Teileklassen leisten keine Erweiterung der Produktfamilie, die Verwendungsmenge wird durch den Output/Baukasten begrenzt.

Beispiel 4.98

Produktbaukasten

a) Metallbaukasten: Die Verknüpfung ist ein logisches „Und", wenn wir uns an die (Produkt-)Vorlagen halten. Die Machbarkeit dieser Vorlagen wird gewährleistet.
b) Vorgabe von Komponenten für bestimmte Produktfamilien: Eine Produktfamilie steht zur Neukonstruktion an. Als Randbedingung wird die Verwendung einer bestimmten Komponente/eines bestimmten Aufgabenträgers verlangt.
Beispiel Automobil: gegebener Motor, Auto mit bestimmter Geschwindigkeit oder bestimmtem CO_2-Ausstoß. Wir konstruieren um den Motor herum, „zementieren" das alte Bauteil im neuen Produkt und haben das Geld ausgegeben, anstatt: Wir machen alles vernünftig[204].
Auch wenn wir uns vom Konfigurationsschema „Pkw" lösen, können wir trotzdem keine drei Motoren einbauen. Die Schnittstellen sind funktional weitaus mehr spezialisiert, haben viel mehr Eigenschaften als lediglich den gemeinsamen Lochdurchmesser. Auch die Fahrertür hat ihre geometrischen, elektrischen und mechanischen Schnittstellen.
c) Lego-Bausatz „Colosseum": Der Baukasten ist durch dieses Motiv begrenzt; es gibt keinen Ergänzungsbaukasten. Der Maximalumfang ist: „Der Baukasten, die Bausteinkiste ist leer" oder „Die Kardinalität der Klassen ist erschöpft". ◄

[204] Häufig ist der Anspruch, dass die einzelnen Versionen einer Produktreihe, also die zeitlich aufeinanderfolgenden „Releases" „aufwärts kompatibel" sind: Etwas, was man vor Jahren gekauft hat, ist auch unter der neuesten Variante noch lauffähig (Betriebssystem, PPS-System, NC-Steuerung, Ersatzteile, alter Sorter mit neuem Kopierer, altes Windrad mit neuem Generator usw.). Also enthält jede neue Version weitere zusätzliche Schnittstellen, um auch noch die älteste Version am Leben zu erhalten. Gravierender aber ist, dass damit eine „Focused Factory", im übertragenen Sinn auch ein „Focused Sachsystem" gar nicht mehr möglich ist. Und damit steigen die Entwicklungskosten von Version zu Version überproportional an. Daher ist man gezwungen, alte Komponenten ohne Weiterentwicklung zu übernehmen, nur um die Kosten zu begrenzen. Und damit potenziert sich das Problem.

Geschlossen/Outputdeterminiert/Geteilt/Geschlossen/Und

Teilungsregel: *Verknüpfungsrelation „Und"; Verwendungsmenge gegeben; Wiederverwendung aller Ebenen außer der Outputebene (Input und/oder Aggregate)*

Die Elementarbausteine und die Produkte des Baukastens sind gegeben. Die auf allen Ebenen vorgesehene Wiederverwendung (siehe Bd. 1, Nachfolgerelation) macht eine Darstellung als Gozintograph oder Baukastenstückliste [DANG09] zweckmäßig. Im Prinzip ist jede Baukastenstückliste im Gegensatz zu einer Strukturstückliste ein geteilter Baukasten. Der Spezialfall ist ein „Gleichteileumfang": Der Baukasten enthält einen Kern, der bei allem, was der Baukasten an Output umfasst, obligatorisch ist. Damit existieren zwei Stücklisten, der Gleichteile- und der Komplettierungsumfang.

Beispiel 4.99

Gleichteileumfang

Wir bauen auf Beispiel 4.47 mit den Getrieben Planeta (E1), Planete (E2) und Planeto (E3) auf:

	A	B	C	D	F	G	1	2	3	4	5	6	7	8	9
E1	1	1	0	0	0	0	0	6	0	0	2	0	0	0	0
E2	0	0	1	0	2	0	2	6	0	0	2	0	0	0	0
E3	1	1	0	0	0	0	1	0	0	0	0	0	0	0	0
A	0	0	1	0	0	0	0	2	0	0	0	0	0	2	0
B	0	0	0	2	0	0	0	0	0	4	0	0	0	0	0
C	0	0	0	1	0	2	0	0	0	0	0	0	0	0	0
D	0	0	0	0	0	0	0	0	0	0	0	6	2	0	0
F	0	0	0	0	0	0	0	0	2	2	0	0	0	0	0
G	0	0	0	0	0	0	0	1	0	0	0	0	0	2	2

Gleichteileumfang

	D	G	2	6	7	8	9
C	1	2	0	0	0	0	0
D	0	0	0	6	2	0	0
G	0	0	1	0	0	2	2

Baugruppe D geht noch in Baugruppe B ein; daher haben wir hier nur einen einzigen Baukasten. Wir ordnen nach Dispositionsebenen.

	A	B	F	1	5	C	3	4	D	G	2	3	4	6	7	8	9
E1	1	1	0	2	0	0	0	0	0	0	6	0	0	0	0	0	0
E2	0	0	0	2	2	1	0	0	2	0	6	0	0	0	0	0	0
E3	1	1	0	1	0	0	0	0	0	0	0	0	0	0	0	0	0
A	0	0	0	0	0	1	0	0	0	0	2	0	0	0	0	2	0
B	0	0	0	0	0	0	0	0	2	0	0	0	4	0	0	0	0
F	0	0	0	0	0	0	2	2	0	0	0	0	0	0	0	0	0
C	0	0	0	0	0	0	0	0	1	2	0	0	0	0	0	0	0
D	0	0	0	0	0	0	0	0	0	0	0	0	0	6	2	0	0
G	0	0	0	0	0	0	0	0	0	0	1	0	0	0	0	2	2 ◄

Betrachten wir die Erzeugnisse E1, E2, E3. Sie werden durch eine einstufige Stückliste definiert – eine Zeile im Gozintographen. Das gilt für jedes weitere Erzeugnis, das auf dem vorliegenden Baukasten und seinem Gleichteileumfang aufbaut; die Vielfalt liegt außerhalb des Gleichteileumfangs. Alternativ zur Stückliste mit Gleichteileumfang können wir eine Plus-Minus-Stückliste verwenden. Dann wird aber ein Produkt als Gleichteil aufgefasst; andere Produkte entstehen durch teilweise Demontage und Neukomplettierung – der Lagerbestand verschiebt sich auf die Produktebene.

Geschlossen/outputdeterminiert/Geteilt/Geschlossen/Verknüpfungsrelation Inter-Klassen: „Und"

Teilungsregel: *Verknüpfungsrelation Intra-Klassen: „exklusives Oder"; Verwendungsmenge gegeben; Wiederverwendung aller Ebenen außer der Outputebene (Input und/oder Aggregate)*

Wir fassen jede Elementarbaustein-/Aggregateklasse als Äquivalenzklasse (Äquivalenz der Aufgabenträger, nicht der Aufgabe) gegeneinander ohne Einschränkung austauschbarer, aber nichtidentischer Module auf. Damit besteht die Verwendungsstruktur aus Äquivalenzklassen; ein bestimmtes Produkt ist erst nach einer stufenweisen Auflösung und der Festlegung aller Module definiert. Alle Produkte, die auf der ersten Auflösungsstufe auf dieselben Äquivalenzklassen zielen, sind trotz aller Unterschiede gegeneinander austauschbar. Aus einer Äquivalenzklasse darf je Verwendung nur ein Element gewählt werden; die Schnittstellen/Anschlüsse aller Module bedienen alle möglichen Verwendungen. Eine derartige Baukastenstruktur wird zweckmäßig in einer offenen Variantenstruktur [DANG09] beschrieben. Wir können dann obligatorische Komponenten (logisches Und; keine Äquivalenzklasse), Muss-Komponenten aus Äquivalenzklassen (logisches exklusives Oder) und fakultative Komponenten (logisches nichtexklusives Oder; fakultative

Äquivalenzklassen hängen möglicherweise noch von einem exklusivem Oder ab) unterscheiden.

Beispiel 4.100

Kopierer

Obligatorisch ist der Gleichteileumfang. Aus der Menge alternativer Papiermagazine muss eines ausgewählt werden. Fakultativ ist ein Sorter, aber aus der Menge der Sorter kann auch nur einer ausgewählt werden. ◄

Einen solchen Baukasten können wir für vielfältige Anwendungen vereinbaren: Wir definieren Äquivalenzklassen von Drehmaschinen, Fräsmaschinen, ..., Förderzeugen usw. und konfigurieren dann Produktionen mit unserer „Corporate Identity" an unterschiedlichen Standorten mit unterschiedlichem Produktionsprogramm und unterschiedlicher Fertigungstiefe. Sinnvollerweise konfigurieren wir dann das Informationssystem des technischen Systems/des Handlungssystems gleich mit.

Die (Teil-)Funktionen sind so auf die Aufgabenträger (Schnittstellen, Austauschbarkeit) zu verteilen, dass die gebräuchlichsten Varianten mit möglichst wenig Modulen abgedeckt werden. Hier sind die Aufgabenträgeralternativen geeignet zu Wirkprinzipien zu kombinieren:

- nur ein Element aus einer Äquivalenzklasse, nur eine Aufgabe: Steuerung von Hersteller A oder Hersteller B
- nur ein Element aus einer Äquivalenzklasse, mehrere Aufgaben: Kopierer mit mehreren Möglichkeiten für Sortieren und Heften
- mehrere Elemente aus einer Äquivalenzklasse, nur eine Aufgabe: Speicher mit 16 KB oder zwei äquivalente Speicher mit je 8 KB
- mehrere Elemente aus einer Äquivalenzklasse, mehrere Aufgaben: Äquivalente Elektromotoren aus dem unternehmensspezifischen Normteilekatalog für den Fensterheber, die Sitzverstellung und den Wischer

Mit einem Gleichteileumfang müssen wir einen lagerfähigen Zustand erreichen, den wir in Losen herstellen können, der nicht mehr variiert und nur noch um Anbauteile ergänzt wird. Möglicherweise schließen sich bestimmte Anbauteile gegenseitig aus. Eigenschaften, die sich über mehrere Baugruppen auswirken (bspw. ein „feuerfester" Bürostuhl), werden über Plus-Minus-Stücklisten realisiert.

Beispiel 4.101

Mehrfachnutzung

a) China-Restaurant: Ein Gericht besteht aus einer Sauce (Muss), einem bestimmten Fleisch (Muss), Reis (obligatorisch), einem Gemüse (Muss). Für Sauce, Fleisch und Gemüse gibt es gegenseitige Ausschlusskriterien. Fakultativ ist der Nachtisch.
b) Die Spezifikation eines Pkw definiert die verbauten Komponenten („M-Nummer"). Die Entscheidung für oder gegen eine Anhängerkupplung hat Einfluss auf andere Komponenten. Also enthält die M-Nummer derartige Restriktionen: eine Anhängerkupplung, keine Trommelbremse und ein dickeres Blech im Boden des Hinterwagens. ◄

Die mit diesen Verknüpfungen erreichbare Vielfalt verhindert eine produktnahe Bevorratung. Die Lieferzeit ist nur im Ausnahmefall gleich null. Der detaillierte Baukasten lässt nur eine Wiederholfertigung mit Stückzahl eins zu; ein generalisierender Baukasten erlaubt dagegen Vorratshaltung, Vielfachverwendung, Losfertigung, aber eben keine maßgeschneiderte Lösung. Die Ergebnisse sind zwangsläufig überdimensioniert. Ein Baukasten mit unterschiedlichen Aggregationen/Aufgabenzerlegungen von Modulen kann diesen Effekt ggf. abmildern.

Beispiel 4.102

Bürostuhl

Eine gängige Strategie ist: wenige, nicht modifizierbare Standardprodukte auf Lager und schnell lieferbar; die angebotene Vielfalt wird mit Beständen auf Baugruppen-/Teileebene realisiert. ◄

Beispiel 4.103

Morphologischer Kasten Transport

Ein morphologischer Kasten fasst die wichtigsten Äquivalenzklassen zu einer Matrix zusammen.

Aufgabe: Transport von Paderborn nach Münster, vier Personen
Ziel: minimale Kosten, minimale Dauer
Art der Fahrzeugführung: gesteuert durch Fahrer/geregelt durch einen Automaten/Zwangsführung
Energie: Schwungrad/elektrisch/fossil/Sonne
Weg: Wasser/Luft/Land/Tunnel
Energiewandler: Elektro-/Verbrenner-/Reibradmotor
Energieversorgung: Zufuhr entlang der Strecke (Stromschiene/Sonne/…), Vorrat an Bord ◄

4.2.7.3 Instandhaltung

Nach [WIKIINST] ist *Instandhaltung die Kombination aller technischen und administrativen Maßnahmen sowie Maßnahmen des Managements während des Lebenszyklus eines Objekts, die dem Erhalt oder der Wiederherstellung seines funktionsfähigen Zustands dient, sodass es die geforderte Funktion erfüllen kann* (DIN 31051, EN 13306). Wir wollen diese Definition in ein operationales und an die Ausführungen zur Modularität und Flexibilität anschlussfähiges Verständnis übersetzen. Dafür betten wir sie in die Zusammenhänge von Abschn. 2.2.3 ein. Dort haben wir die Zustandserhaltung und Zustandsveränderung eines Sachsystems wie folgt definiert:

- Es seien a ein materielles, energetisches oder informationelles Attribut oder Raumkoordinaten und T Zeitmengen. Dann heißt eine Überführungsfunktion *Zustandserhaltung* f_{E}, wenn in $f_{\mathrm{E}}: z \times x \times T_z \longrightarrow z \times T_z$ für beliebige α_x gilt: $\alpha_z = \text{const}$. Ein Sachsystem mit $f_{\mathrm{E}} \in F_{\mathrm{S}}$ heißt *stationär*. Zustandserhaltung besteht darin, mit Hilfe bestimmter Inputs gewisse Zustandsattribute konstant zu halten, deren Ausprägungen sich sonst aufgrund irgendwelcher Faktoren verändern würden. Ein derartiges Verhalten können wir bspw. beobachten, wenn wir die Attributsausprägungen stets nach einer zustandserhaltenden Instandhaltungsmaßnahme messen
- Es seien a ein materielles, energetisches oder informationelles Attribut oder Raumkoordinaten und T Zeitmengen. Dann heißt eine Überführungsfunktion *Zustandsveränderung* $f_{\mathrm{Ä}}$, wenn in $f_{\mathrm{Ä}}: z \times x \times T_z \longrightarrow z \times T_z$ für beliebige α_x gilt: $\alpha_z \neq \text{const}$. Ein Sachsystem mit $f_{\mathrm{Ä}} \in F_{\mathrm{S}}$ heißt *instationär*. Zustandsveränderung verstehen wir so, dass Zustandsattribute infolge bestimmter Inputs ihre Ausprägungen verändern. Ein derartiges Verhalten können wir bspw. beobachten, wenn wir die Attributsausprägungen vor und nach der Instandhaltungsmaßnahme messen.

Analog kann ein Zustand in der Markierungsfunktion über einen Output erhalten oder gezielt verändert werden:

Zustandserhaltung: $f'_{\mathrm{E}}: z \times y \times T_z \longrightarrow z \times T_z; \alpha_z = \text{const.}$; *Zustandsveränderung*: $f'_{\mathrm{Ä}}: z \times y \times T_z \longrightarrow z \times T_z; \alpha_z \neq \text{const.}$

Dabei ist

- z der Zustand eines Sachsystems/-elements einer beliebigen „Hierarchieebene" eines übergeordneten Sachsystems;
- α_z ein beliebiges Potenzial (Energiemenge, Materialbestand, Lebensdauer eines Getriebes, eines Kugellagers, eines Windrads usw.), welches sich mit der Nutzung/der Zeit (nach einer bekannten Funktion) abbaut (siehe Gebrauchsfaktoren Bd. 2);
- x ein Input zum (Wieder-)Auffüllen eines Potenzials/Niveaus z: $x = z - z'$ und $z = \text{const.}$ (Zustandserhaltung) oder $z \neq \text{const.}$ (Zustandsveränderung), bspw. der Austausch von Modul x gegen Modul x^*;

- y ein Output zum (Wieder-)Abbauen eines Potenzials/Niveaus z: $y = z' - z$ und $z =$ const. (Zustandserhaltung) oder $z \neq$ const. (Zustandsveränderung), bspw. das Ablassen von Öl, das Entfernen des alten Luftfilters;
- T eine Zeitmenge, bspw. Zeitpunkt und Zeitdauer der Instandhaltung, die Zeitdauer der Beschaffung der Austauschmittel;
- $f_{\text{ü/m}}: z \times x/y \times T_z \longrightarrow z \times T_z$ die Überführungsfunktion/Markierungsfunktion, bspw. die Menge von Inputs/Outputs (Ausprägung $\alpha_{x/y}$ von Attribut $a_{x/y}$ von Modul $A_{x/y}$), die die Menge von Zustandsänderungen (Ausprägung α_z von Attribut a_z von Modul A_z) bewirkt.

Instandhaltung ohne jegliche organisatorisch-informationsverarbeitende Komponente liegt vor, wenn wir ein Sachsystem zyklisch öffnen/demontieren, das betreffende Sachelement, das instandzuhalten ist, entnehmen, messen, auf den Sollzustand bringen oder austauschen und den ursprünglichen Zustand wiederherstellen – wir erhalten ein Handlungssystem mit einer menschlichen Informationsverarbeitung. Nicht einmal Instandhaltungszeitpunkte müssen wir verwalten, wenn wir einfach warten, bis der Schadensfall eintritt; ein Verhalten, das zwangsläufig ist, wenn wir noch kein Wissen über die Verschleißfunktion besitzen. Dieses ereignisorientierte Vorgehen können wir dann modifizieren, wenn wir eine Verschleißgrenze kennen, ab der eine Instandhaltungsmaßnahme erforderlich wird. Wie immer müssen wir bei einem zyklischen Vorgehen nur zum Instandhaltungszeitpunkt messen. Bestände von Austauschelementen zur Verkürzung von Instandhaltungsdauern können bedarfsorientiert zum Zeitpunkt aufgebaut werden. Allerdings werden wir die Verschleißgrenze in der Regel nicht treffen und so Nutzungspotenziale verschenken. Ereignisorientiertes Vorgehen bedingt dagegen ein ständiges Messen bei exaktem Treffen der Verschleißgrenze und eine permanente, verbrauchsorientierte Bestandsführung.

Wenn wir den Vorteil einer modularen Struktur nutzen, bei der ein funktionales Element genau einer Komponente zugeordnet ist, können wir zyklisch oder ereignisorientiert komplette Module austauschen. Dann ist die Frage, auf welcher hierarchischen Ebene wir die Austauschbarkeit ansiedeln, um ggf. mit Redundanz in Ruhe, außerhalb und ohne Stilllegung des Sachsystems/technischen Systems demontieren und reparieren zu können. Unabhängig von der Größe, dem Funktionsumfang und der strukturellen Vernetzung des instandzuhaltenden Moduls muss das auszutauschende Sachelement/Modul mit seiner Schnittstelle an der Peripherie des Gesamtsystems liegen. Randelement heißt: Wir können von außen direkt zugreifen und müssen das nicht auf dem Umweg über andere Untersysteme und deren Ergebnisfunktionen tun oder diese Untersysteme mit ausbauen und demontieren, um reparieren zu können. Wenn wir diese Austauschbarkeit für alle Module annehmen, dann löst sich auch ein Gleichteileumfang als Binnenelement in periphere Module auf: Die Gleichteilestückliste wird in eine Typenstückliste oder eine offene Variantenstruktur mit einem zentralen Bus, in eine „aufgelockerte“ Stern- oder Spine-Struktur mit standardisierten Schnittstellen transformiert, die eine beliebige Redundanz, eine beliebige Austauschbarkeit mit Plus-Minus-Stücklisten, ein paralleles Rüsten, Anlaufen, Instandhalten in „abgeklemmten“ Zustand zulässt. Und damit haben wir die

Voraussetzungen für eine ständige Systempflege, ein ständiges Anpassen und Auf-dem-Stand-Halten geschaffen.

Intelligente Module mit einer Informationsverarbeitung und einer aktiven Schnittstelle können Informationen über Nutzungszeiten, Reibung, Verluste, Geräusche, Schwingungen usw. unter der Voraussetzung eines modulinternen zyklischen oder ständigen Messens samt Handlungsanweisungen bereitstellen. Mit entsprechender hierarchischer Verdichtung über alle Module kann diese periphere Schnittstelle, dieser „Bildschirm", eine vollständige Zustandslage des Gesamtsystems anzeigen. Gegebenenfalls machen wir dann nicht nur einen Ölwechsel, sondern fassen nach einem Kostenvergleich mehrere Instandhaltungsaktionen zeitlich zusammen; es entstehen komplexe Überführungs- und Markierungsfunktionen. Zweckmäßigerweise wählen wir dann für die Instandhaltung eine Zustandsdarstellung.

Eine *Zustandsdarstellung*[205] eines allgemeinen Zeitsystems $(A, B, X, Y, S, T, \leq, t_0)$ ist eine Liste $(A, B, X, Y, Z_0, Z, f_{\text{ü}}, f_{\text{m}}, T, \leq, t_0)$, wenn gilt:

1. Z_0 und Z sind Mengen und es gilt $Z_0 \subset Z$.
2. $f_{\text{ü}}$ ist eine funktionale Relation von $(T \times Z_0 \times X)$ in Z (Überführungsfunktion) mit den folgenden Eigenschaften:
   2a. $\underset{z_0 \in Z_0}{\forall} \; \underset{x \in X}{\forall} \; (t_0, z_0, x) \in {}_1 f_{\text{ü}} \longrightarrow (t_0, z_0, x) f_{\text{ü}} z_0$
   2b. $\underset{z_0 \in Z_0}{\forall} \; \underset{x \in X}{\forall} \; \underset{t \in T}{\forall} \; (t_0, z_0, x) \in {}_1 f_{\text{ü}} \longrightarrow (t_0, z_0, x) \in {}_1 f_{\text{ü}}$
3. f_{m} ist eine Funktion $f_{\text{m}}: (T \times Z_0 \times A) \longrightarrow B$ (Markierungsfunktion)
4. Die Relation S des allgemeinen Zeitsystems wird mittels $f_{\text{ü}}$ und f_{m} auf folgende Weise erzeugt:

$$S := \left\{ \langle x, y \rangle : x \in X \land y \in Y \land \underset{z_0 \in Z_0}{\exists} \; \underset{t \in T}{\forall} \; \underset{z \in Z}{\exists} \; (t, z_0, x) f_{\text{ü}} z \land y(t) = f_{\text{m}}(t, q, x(t)) \right\}.$$

Damit verbindet S den Input x und den Output y über $f_{\text{m}}(t, z, x(t))$.

Wir setzen voraus:

- Eine Zeitfunktion, die zum Zeitpunkt t_0 akzeptiert wird, bildet zum Zeitpunkt t_0 auf z_0 ab.
- Eine Zeitfunktion, die zum Zeitpunkt t akzeptiert wird, muss auch zum Zeitpunkt t_0 akzeptiert werden; von t_0 bis t lässt sich über x ein Zusammenhang herstellen.
- Jeder Zeitpunkt referenziert auf den Zeitpunkt t_0 mit dem jeweils vorgegebenen Zustand z_0. Ausgehend von t_0, z_0 legt die Inputzeitfunktion x zum Zeitpunkt t über $f_{\text{ü}}$ den Zustand z und den Output $y(t)$ über f_{m} fest.
- Damit ist ein Zustand zum Zeitpunkt t nur von z_0, t und x abhängig, nicht aber vom Zustand, der mit dem Vorereignis erreicht wurde; die Ereignisse sind voneinander unabhängig.

[205] Siehe Bd. 3, Dynamische Konstruktionen, Kap. 4, S. 266.

Die Menge Z ist die Zustandsmenge, die Elemente z sind die Zustände. Die Menge Z_0 bestimmt die Anfangszustände.

Beispiel 4.104

Ölstand

Zum Zeitpunkt t_0 sind im Getriebe eines Windrads 10 Liter Getriebeöl: $z_0 = 10$ (mit $Z_0 = \{10, 15, 20\}$). Die Nutzungszeit x wird ab t_0 kumuliert; mit jedem weiteren Tag der Nutzung verringert sich die Ölmenge z um 1 % der ursprünglichen Füllmenge z_0 (Überführungsfunktion). Als Markierungsfunktion ist vereinbart die Anzeige „Zeitpunkt (t), Ölwechsel“, sobald der Ölstand 5 Liter unterschreitet[206]. ◄

In diesem Beispiel gilt: Abhängig von den drei möglichen Ausgangszuständen erhalten wir über der Zeitmenge der kumulierten Nutzungsdauer unterschiedliche Zustandstrajektorien; es gibt keinen (zeitabschnittsweisen) gemeinsamen Zustandsverlauf, auch wenn es zu einem bestimmten Zeitpunkt einen gemeinsamen Zustand geben sollte. Dagegen gilt im folgenden Beispiel: Ab einem Zeitpunkt mit einem gemeinsamen Zustand verhalten sich alle Trajektorien bei einem identischen Input gleich. Dann reicht es aus, eine gemeinsame Trajektorie für einen bestimmten Inputverlauf zu betrachten.

Beispiel 4.105

Ölstand kausal

Zum Zeitpunkt t_0 sind im Getriebe eines Windrads 10 Liter Getriebeöl: $z_0 = 10$ (mit $Z_0 = \{10, 15, 20\}$). Die Nutzungszeit x wird in Tagen ab t_0 kumuliert; mit jedem weiteren Tag der Nutzung verringert sich die Ölmenge z gegenüber dem Füllstand zu Beginn des Nutzungstags um 1 % (Überführungsfunktion). Wir geben die Nutzungszeit immer zwischen zwei Verbuchungszeitpunkten t an: Ab t_0 bis t, ab t bis t'. Als Markierungsfunktion ist vereinbart die Anzeige „Zeitpunkt (t), Ölwechsel“, sobald der Ölstand 5 Liter unterschreitet. ◄

Eine Zustandsdarstellung $(A, B, X, Y, Z_0, Z, f_{\text{ü}0}, f_{\text{m}}, T, \leq, t_0)$ heißt *kausal*[207], wenn gilt:

$$\underset{(z_0,x),(z'_0,x')\in|Z_0\times X|}{\forall}\ \underset{t,t'\in T}{\forall}\ f_{\text{ü}_0}(t, z_0, x) = f_{\text{ü}_0}(t, z'_0, x') \wedge t \leq t' \wedge x_{t,t'} = x'_{t,t'}$$
$$\longrightarrow f_{\text{ü}_0}(t', z_0, x) = f_{\text{ü}_0}(t', z'_0, x')$$

mit $|Z_0 \times X| := \{(z_0, x)\colon z_0 \in Z_0 \wedge x \in X(z_0)\}$.

[206] Wir kumulieren hier mit x die Ereignisse auf, bis ein bestimmter Zustand z^* erreicht ist. Im zeitorientierten Fall läuft die Kumulation bis zu einem bestimmten Zeitpunkt t^*.
[207] Siehe Bd. 3, Dynamische Konstruktionen, Kap. 4, S. 301.

Wir nutzen die Kausalität eines Zustandsprozesses, um mit einer diskreten Zeitmenge den Zustand eines Sachsystems über die Veränderungen je Zeiteinheit fortzuschreiben; wir formalisieren das ständige Messen über das Messen der Veränderung.

Beispiel 4.106

Ölstand/sequential

Mit jedem Nutzungstag nimmt der Ölstand im Getriebe um 1 Liter ab. Wir schalten das Windrad am Montag, Mittwoch und Samstag an. An den anderen Tagen ist das Windrad abgeschaltet. Heute ist Sonntag, der Ölstand beträgt 5 Liter. Wie hoch ist der Ölstand am Sonntag in einer Woche? ◀

Die Veränderungs-/Transitionsfunktion bezeichnen wir mit f_{d_0}. Es gilt[208]: Für jede Zustandsdarstellung $(A, B, X, Y, Z_0, Z, f_{ü}, f_{m}, T, \leq, t_0)$, die kausal ist, existiert eine Funktion $f_{d_0}\colon |T \times T \times Z \times X| \longrightarrow Z$. $|T \times T \times Z \times X|$ ist eine Teilmenge von $T \times T \times Z \times X$, wobei für alle $(t', t, z, x), (t', t, z, x') \in |T \times T \times Z \times X|$ gilt:

1. $t' = t \longrightarrow f_{d_0}(t', t, z, x) = z$;
2. $t'' \in T_{t,t'} \longrightarrow f_{d_0}(t', t, z, x) = f_{d_0}(t', t'', f_{d_0}(t'', t, z, x), x)$;
3. $x_{t,t'} = x'_{t,t'} \longrightarrow f_{d_0}(t', t, z, x) = f_{d_0}(t', t, z, x')$.

Der Definitionsbereich $|T \times T \times Z \times X|$ von f_{d_0} ist gegeben durch $|T \times T \times Z \times X| = \{(t', t, z, x)\colon t \leq t' \wedge x \in X(t, z)\}$.

Zusätzlich bezeichne $(A, B, X, Y, S, \mathbb{N}_0, \leq, 0)$ ein Zeitsystem mit der diskreten Zeitmenge $(\mathbb{N}_0, \leq, 0)$. $(A, B, X, Y, Z_0, Z, f_{ü}, f_{m}, \mathbb{N}_0, \leq, t_0)$ sei eine zugehörige kausale Zustandsdarstellung mit zugehöriger Transitionsfunktion f_{d_0}. Eine Liste $(A, B, Z(.), f_{üt}(.), f_{mt}(.))$ heißt eine *Sequentialmaschine* des diskreten Zeitsystems $(A, B, X, Y, S, \mathbb{N}_0, \leq, 0)$, wenn sie mit einer kausalen Zustandsdarstellung $(A, B, X, Y, Z_0, Z, f_{ü}, f_{m}, \mathbb{N}_0, \leq, 0)$ in folgendem Zusammenhang steht:

- $Z(.)\colon \mathbb{N}_0 \longrightarrow Z\colon t \longrightarrow Z(t)$;
- $f_{üt}(.)$ ist die zu $(A, B, X, Y, Z_0, Z, f_{ü}, f_{m}, \mathbb{N}_0, \leq, 0)$ gehörige Zustandsüberführungszeitfunktion;
- $f_{mt}(.)$ ist die zu $(A, B, X, Y, Z_0, Z, f_{ü}, f_{m}, \mathbb{N}_0, \leq, 0)$ gehörige Ausgabezeitfunktion.

Wir definieren für $(A, B, X, Y, Z_0, Z, f_{ü}, f_{m}, \mathbb{N}_0, \leq, 0)$ die beiden Funktionen $f_{üt}(.)$ und $f_{mt}(.)$ wie folgt:

- $f_{üt}(.)\colon \mathbb{N}_0 \longrightarrow \wp((Z \times A) \times Z)\colon t \longrightarrow f_{üt}(t)$;
- $f_{mt}(.)\colon \mathbb{N}_0 \longrightarrow \wp((Z \times A) \times B)\colon t \longrightarrow f_{mt}(t)$.

[208] Siehe Bd. 3, Dynamische Konstruktionen, Kap. 4, S. 312.

Dabei sind die Relationen $f_{\text{üt}}(t)$ und $f_{\text{mt}}(t)$ durch

$$f_{\text{üt}}(t) \subset (Z \times A) \times Z\colon (z,a) f_{\text{üt}}(t) z'\colon \longleftrightarrow \underset{x \in X(t,z)}{\exists} x(t) = a \wedge f_{d_0}(t+1,t,z,x) = z' \wedge$$

$$f_{\text{mt}}(t) \subset (Z \times A) \times B\colon (z,a) f_{\text{mt}}(t) b\colon \longleftrightarrow \underset{x \in X(t,z)}{\exists} x(t) = a \wedge f_{\text{m}}(t,z,x) = b$$

gegeben.

„Instandhalten“ haben wir hier vor allem als das Wiederherstellen eines geforderten Zustands interpretiert. Im einfachsten Fall eines Sachsystems ohne jegliche Informationsverarbeitung muss dieses Ereignis von einem externen Beobachter ausgelöst werden. Dagegen kann ein Sachsystem mit entsprechenden Fähigkeiten zur Beobachtung, zur Zeit- und Zustandsmessung und zur Informationsverarbeitung das Instandhaltungsereignis zustands- oder zeitorientiert autonom spezifizieren und auslösen: Wir tauschen ein Modul, wir füllen Getriebeöl bis zum Sollbestand wieder auf, wir beseitigen den Fehler in einem Steuerungsprogramm. Je nach Zweckmäßigkeit messen wir absolute Zustandswerte oder ständig wiederholt Zustandsdifferenzen. Bereits hier haben wir festgestellt: Wenn wir voraussetzen, dass die Schnittstellenfunktionalität gewährleistet ist, dann können wir ein Modul auch durch ein anderes mit einer erweiterten Funktionalität ersetzen. Und dieses andere Modul kann sich aus völlig anderen Untersystemen in einer anderen Struktur und mit anderen Lösungsprinzipien zusammensetzen[209]. Demnach kommt es nur auf die Sichtweise an, ob wir von Instandhaltung, Systempflege oder Systemanpassung reden. Auch hier gilt wieder: Wird diese Systemanpassung in der Umwelt des Sachsystems angestoßen und mit externen Mitteln durchgeführt oder vollzieht sich dieses Geschehen sachsystemintern? Sind die Mittel bereits vorhanden und/oder müssen sie nur anders eingesetzt werden? Und dann ist es nur folgerichtig, einen ständigen, systemintern gesteuerten Anpassungsprozess einzurichten, der das Sachsystem in einem rollierenden Vorgehen bestmöglich von Betriebszustand zu Betriebszustand führt.

4.2.8 Anpassen von Funktion und Struktur

4.2.8.1 Flexibilität

„Flexibilität ist die Anpassungsfähigkeit, mit der ein Wirtschaftssubjekt auf eingetretene Datenänderungen reagiert oder erwartete antizipieren kann“ [SCHN80]; Datenänderungen betreffen interne (bspw. Rationalisierung) und/oder externe Sachverhalte (bspw. Marktentwicklungen). Der Zeitraum zwischen dem Erkennen der Anpassungsnotwendigkeit und die Fähigkeit der Reaktion macht Flexibilität messbar. Wir modifizieren für unsere Zwecke: *Flexibilität* ist die Fähigkeit eines Sachsystems/technischen Systems, eines Aufgabenträgers, mit einem begrenzten zeitlichen und finanziellen Aufwand, mit begrenzten wirkfunktionalen und -strukturalen Änderungen sowie einer begrenzten Einschränkung der zukünftigen Zuverlässigkeit und Anpassungsfähigkeit eine bisher so nicht

[209] Beispielsweise wird eine mechanische Steuerung durch eine elektronische ersetzt.

gestellte, ggf. aber ins Auge gefasste oder als möglich angesehene Aufgabenstellung übernehmen und lösen zu können. Flexibilität ist damit keine ausschließlich zeitliche Fragestellung, nicht ausschließlich Reaktionsgeschwindigkeit. Flexibilität ist kein Selbstzweck, sondern ein Mittel, Ziele zu erreichen. Flexibilität zieht ihren Nutzen daraus, dass sie ermöglicht, Entscheidungen zu revidieren und ggf. zu einem späteren Zeitpunkt bessere Handlungsalternativen wahrzunehmen. Die Kosten entstehen aus den notwendigen Leistungsüberschüssen (Mensch, Maschine, Material); wir sind umso flexibler, je weniger sich die Stückkosten ändern, wenn wir vom optimalen Betriebspunkt abweichen [HALA72]. Das vorhandene Flexibilitätspotenzial sollte deshalb möglichst genau dem Flexibilitätsbedarf entsprechen, weil ungenutzte Flexibilität Kosten erzeugt, denen kein Nutzen entgegensteht, fehlende Flexibilität hingegen die Funktionsfähigkeit des Systems gefährdet.

Genau bei diesem letzten Punkt gibt es unterschiedliche Sichtweisen. Gemeinsam ist der Bezug auf einen bestehenden „optimalen Betriebspunkt". Dieser Betriebspunkt, also der optimale Ressourceneinsatz für ein bestimmtes Aufgabenportfolio/Produktionsprogramm, enthält nach der einen Lesart kostenverursachende Leistungsüberschüsse für erwartete Änderungen; dann ist es nur logisch, dass bei Eintreten dieser Änderungen keine weiteren Kosten eintreten sollen. Tatsächlich sollten wir uns auch nur von einem optimalen Betriebspunkt zu einem anderen optimalen bewegen. Die andere Lesart ist: Der optimale Betriebspunkt hat keinen zusätzlich eingebauten Leistungsüberschuss, die Änderung erfolgt kausal; Flexibilität ist ein Potenzial, das erst bei Bedarf aktiviert und dann auch kostenwirksam wird [CORS96, ZOLL06]. „Flexibilität" ist hier die Möglichkeit, den ursprünglichen Betriebspunkt mit einer Änderung(skonstruktion) wirtschaftlich in einen neuen zu transformieren. Beide Definitionen haben ihre Schwächen. Im ersten Fall realisieren wir Potenziale für eine unendliche Menge möglicher Änderungen mit immer noch niedrigerer Realisierungswahrscheinlichkeit; damit sind alle geforderten Aufgabenstellungen a priori im Sachsystem abgedeckt – sicher die teuerste und in Wirklichkeit unflexibelste Lösung, wenn dann nicht das gesamte oder ein nicht installiertes Potenzial nachgefragt wird. Im zweiten Fall ist die Frage, ob wir vorab alle Möglichkeiten konstruktiv durchdringen wollen – dann unterscheidet sich dieses Konzept vom ersten im Zeitpunkt der Realisierung der Investition. In Wirklichkeit konstruieren wir einen Baukasten, den wir fallweise aktivieren. Wenn wir das nicht tun wollen, dann können wir erst im Nachhinein wissen, ob die Transformation technisch und wirtschaftlich möglich war. Also können wir zuverlässig nur über das aktuelle System, aber nicht über seine „Flexibilität" Aussagen machen.

Wir lassen die Entscheidung für das eine oder das andere Verständnis offen. Wir entziehen uns diesem Dilemma, indem wir die intendierte qualitative und/oder quantitative Flexibilität über Stufen möglicher Änderungen in einem Baukasten sowie die für die Anpassung zur Verfügung stehende Zeit und den gegebenen Kostenrahmen festlegen: Wir können alle Auswirkungen der Änderung im Rahmen des verwendeten Baukastens antizipieren, lokal begrenzen, zeitlich/kostenseitig beherrschen und die Überdimensionierung exakt auf ein Ziel hin ausrichten.

Das Kosten- und Zeitbudget ist im Einzelfall festzulegen, die möglichen Änderungen und deren Kosten können wir leicht vorab festlegen. Die kleinste vornehmbare Änderung ist eine Änderung einer der Komponenten. Die Systemarchitektur bestimmt dabei, welche funktionalen Elemente durch eine Änderung beeinflusst werden und welche weiteren Komponenten davon betroffen sind. Darum steht die Art der Architektur eines Systems, die Menge seiner Komponenten, Schnittstellen und Strukturen in direktem Zusammenhang mit dem Grad seiner Komplexität und der Möglichkeit, Veränderungen in diesem System durchzuführen [ULRI95]. Änderungen innerhalb von Modulen sollen sich nicht auf andere Module auswirken; Fehler in Modulen dürfen andere Module nicht in Mitleidenschaft ziehen. So ist es möglich, die Lebensdauer von Modulen untereinander zu entkoppeln und Innovationen gezielt und störungsfrei in bestehende Systeme einzubringen.

Wir gehen bei den folgenden, nach dem Aufwand geordneten Flexibilitätsklassen von einem Baukasten mit Äquivalenzklassen/Modulen aus.

- Parametrisieren eines Untersystems (siehe Abschn. 2.2.2)
  - Variieren der Antriebsleistung einer Maschine: Kosten für den Motor mit der höchsten Antriebsleistung und die Leistungssteuerung bzw. für eine Baureihe von Motoren unterschiedlicher Leistungsstärke
  - Variieren der Temperatur des Luftstroms eines Föhns: Kosten für die maximale Heizleistung und die Leistungssteuerung
  - Variieren der Anzahl der Arbeits-/Sitzplätze in einem Raum bei variabler Arbeitsplatzanordnung/Bestuhlung: Kosten für die maximale Arbeits-/Sitzplatzanzahl sowie die variable Medienversorgung (Verfügbarkeit von Licht, Strom, Wasser, sonst. Medien an jedem Punkt in der Fläche)
- Zusätzliches Einsetzen/Stilllegen eines Untersystems im Rahmen eines Baukastens
  - Wahlweises Zu- und Abschalten eines Windrads: Kosten für das zusätzliche Windrad/das zusätzliche Bedienungspersonal/die zusätzliche Schnittstelle/den zusätzlichen Flächenbedarf
  - Wahlweises Zu- und Abschalten der Heizung eines Föhns: Kosten für die Heizung und den Schalter/die Schnittstelle
  - Abfangen saisonal bedingter Engpässe durch Personal Leasing: Kosten für die zusätzlich einzurichtenden parallelen Arbeitsplätze
  - Aktivieren/Deaktivieren der Lagerplätze in einem Lager: Kosten für die maximale Anzahl der Lagerplätze (bspw. Zu-/Abschalten einer Lagergasse)
- Austauschen eines Untersystems eines Baukastens ohne Auswirkung auf die Schnittstelle(n) (siehe Abschn. 2.2.3)

  Das Ziel sind minimale Stillstands-/Ausfallzeiten, die Voraussetzungen standardisierte Schnittstellen und redundante Untersysteme: Wir tauschen ein Untersystem, das gewartet werden muss, gegen ein identisches/anderes mit voller Standzeit aus, wir rüsten an speziellen Rüstplätzen und wechseln die Werkzeuge, den aktuellen Systemzustand führen wir über Plus-Minus-Stücklisten. Sinnvollerweise erhalten wir die notwendigen

Informationen über Standardschnittstellen. Dann ist – ggf. im Rahmen eines Expertensystems [WIKIWAR] – festzulegen, ob die Informationen ereignisorientiert gebracht oder zyklisch geholt werden.

- Austauschen des Werkzeugmagazins einer Werkzeugmaschine ohne Änderung der Steuerung: Kosten für die Gesamtheit der Magazine
- Gegenseitiges Ersetzen von Werkern, variables Zusammensetzen von Arbeitsgruppen: Kosten für die Gesamtanzahl der Werker
- Austauschen von Kommissionierplätzen: Kosten für die Gesamtanzahl der Kommissionierplätze

• Austauschen eines Untersystems eines Baukastens mit Auswirkung auf die Schnittstelle(n)

Hier benötigt die neue Komponente zusätzliche/andere Materialien, Energie(formen) und/oder Informationen. Flexibilität heißt hier: Wir legen die Schnittstellen aufwärtskompatibel und den zentralen Bus auf den Maximalfall aus.

- Ersetzen des Akkus eines Föhns durch einen Wechselakku: Schnittstelle für den Wechselakku
- Ersetzen einer (Werkzeug-)Maschine durch eine (Werkzeug-)Maschine mit höherem Leistungsbedarf: Installation einer neuen Stromversorgung zusätzlich zu den Kosten der Maschinen
- Beschäftigen eines zusätzlichen Mitarbeiters mit Auswirkung auf die Arbeitsverteilung: Kosten für das durch die neue Situation notwendige Einweisen und Trainieren der Mitarbeiter

• Austauschen eines Untersystems eines Baukastens mit Auswirkung auf andere Untersysteme

- Ersetzen eines Akkus durch einen Akku mit anderer Spannung: Austauschen des gesamten Innenlebens eines Föhns
- Ersetzen eines Werkzeugmagazins: Austauschen des Handhabungs- und Steuerungssystems einer Werkzeugmaschine
- Ersetzen des Motors: Austauschen des gesamten Antriebsstrangs eines Pkw
- Ersetzen der Transportpalette durch eine Palette mit anderen Abmessungen: Austausch des gesamten Transport- und Lagersystems
- Zusätzliche zentrale Komponente in kompakter Anordnung unter Beibehaltung des Optimierungsziels: Minimierung der Summe der Austauschbeziehungen

• Ändern der Systemdimensionierung

- Verdoppelung des Luftdurchsatzes eines Föhns: Neukonstruktion aller systembestimmenden Bauteile (Veränderung der Strömungsgeschwindigkeit mit linearem Einfluss, Veränderung des Rohrdurchmessers mit quadratischem Einfluss)
- Ändern der Antriebsleistung/des Arbeitsraums einer Werkzeugmaschine: Neudimensionierung/Neukonstruktion aller Bauteile der Werkzeugmaschine, teilweise mit linearen, quadratischen, kubischen, … Zusammenhängen der Veränderungen
- Veränderung der Stützenweite/Stützenhöhe eines Gebäudes mit nichtlinearen Auswirkungen auf die Tragstruktur

- Ändern der Systemstruktur
  - Umstellen von zentralem Antrieb auf dezentral angetriebene Aufgabenträger (Werkzeuge, Fahrzeuge, ...)
  - Umstellen von tragbarem Föhn auf ortsfeste Trockenhaube
  - Umstellen der Stromerzeugung von Windkraft auf Fotovoltaik
  - Umstellen von zentraler, bedarfsorientierter Produktionssteuerung (zentrale Arbeitsverteilung) auf dezentrale, verbrauchsorientierte Produktionsregelung (Kanban)
  - Umstellen eines Produktionsbetriebs von einer objektorientierten in eine funktionsorientierte Gliederung

Diese Stufen – und alle anderen gebräuchlichen Einteilungen (siehe bspw. [ALHE07, HALA72]) – machen deutlich:

1. Flexibilität muss etwas Geplantes, Deterministisches sein, ein Potenzial zur Anpassung, das auf absehbare Zukunft abgerufen, benötigt, ausgeschöpft wird [THIE93, BURM01].
2. Häufig wird eine bedarfsseitig schlecht ausbalancierte Leistungsbereitschaft oder eine partielle Überdimensionierung als Flexibilität interpretiert: „Wir sind hier etwas überdimensioniert, aber dafür sind wir für die Zukunft gerüstet“, das ist Augenwischerei. Dieser Bedarf entsteht nie, dieses „Potenzial“ wird nie abgerufen. Und falls doch, entstehen an anderen Stellen Engpässe. Kosten zu verursachen, die keinen Kostenträger haben, das ist nur ungeschickt.
3. Ein (Flexibilitäts-)Potenzial für einen Bedarf aufzubauen, der irgendwann möglicherweise kommen könnte, sich bisher aber im Vagen befindet, um auf alles vorbereitet zu sein, das ist reine Verschwendung – genauso gut könnten wir uns auf unendlich viele gleich mögliche, gleich wahrscheinliche Szenarien vorbereiten. Muss von vornherein ohne die Möglichkeit des späteren Downsizings/des stufenweisen Ausbaus die Endausbaustufe/die Maximalauslegung gewählt werden, ist das in der Regel nur teuer. Wir dürfen das Geld nicht mit der Gießkanne verschleudern, wir müssen es für den real eintretenden Fall zusammenhalten, um dort möglichst ohne finanzielle Beschränkungen angemessen reagieren zu können. Was gezielt vorgehalten werden muss, ist das Potenzial für eine performante Reaktionsgeschwindigkeit[210].
4. Flexibilität ist endlich; oft führt der Zwang zur Anpassung zu völlig anderen Aufgabenträgern, ist die Anpassung nicht mit einer geeigneten Schnittstelle und dem Austausch von Modulen getan. Hier ist abzuwägen: Mehrere, jeweils zeitnah mit dem Änderungsereignis vollzogene Anpassungen sind möglicherweise auch nicht günstiger, als zwei,

[210] Unabhängig davon, ob es sich um einen Föhn, ein Windrad, eine Werkzeugmaschine oder einen Produktionsbetrieb handelt, entscheidend für die Reagibilität ist die Durchlaufzeit von der Produktdefinition bis zum Markteintritt. Und da ist bspw. sieben Tage die Woche drei Schichten viermal so schnell wie fünf Tage eine Schicht. Siehe auch die Ausführungen von SKINNER zu einer „Focused Factory“ [SKIN74]: Es ist besser, parallel geschaltet eine zweite Factory danebenzustellen, als eine einzelne Factory ständig „up- und downzusizen“.

drei Anpassungsschritte auszulassen und dann direkt zu einem neuen Aufgabenträger, zu einer neuen Technologie zu wechseln [NAGE03, GUTE58]. Nur: Im ersten Fall müssen wir weiterhin mit der alten Grundmaschine zu recht kommen, die möglicherweise demnächst ersetzt werden muss [HOGA85]; alle aktuellen Änderungen, alle Schnittstellen haben wir aber auf diese alte Maschine ausgerichtet.

Es liegt auf der Hand, die in den Schnittstellen verfügbaren Daten auszuwerten, mit einer Schranke, bspw. einer bestimmten Abweichung vom optimalen Betriebspunkt, zu vergleichen und den geeignetsten der genannten Anpassungsschritte mit einer Mehrzieloptimierung auszuwählen: Wie kommen wir so schnell wie möglich, mit den geringsten Kosten und so lang anhaltend wie möglich wieder in einen optimalen Betriebspunkt [DULL00, GBSO04]? Müssen wir dazu das Verhalten, die Struktur oder irgendwelche Funktionen/Funktionsabläufe (Ausführung, Energie, Information) ändern?

4.2.8.2 Anpassungsformen

Wir gehen von den folgenden Annahmen aus:

- Alle Anpassungsmaßnahmen finden im Rahmen eines modular aufgebauten Baukastens statt (siehe oben).
- Die Ergebnisfunktion bedingt zu jedem Zeitpunkt einen bestimmten Zustand des Sachsystems.
- Die Überführungs-/Markierungsfunktion zur Herstellung des geforderten Zustands besteht generell im Austausch von Modulen der aufgeführten Flexibilitätsklassen. Wir differenzieren nicht, ob die Informationsverarbeitung diesen Austausch lediglich als erforderlich anzeigt oder anhand eines physisch vorhandenen Potenzials selbstständig anstößt/ausführt (siehe oben).
- Gegebenenfalls wird die Austauschmaßnahme mit dem geforderten/angestrebten Zustand erst nach einer bestimmten Zeitdauer wirksam.
- Die Überführungs-/Markierungsfunktion kann in Einzelschritten erfolgen, die über mehrere Zeitelemente verteilt sind.
- Grundsätzlich kann der geforderte Zustand über unterschiedliche Lösungsprinzipien und alternative Mengen von Modulbausteinen erreicht werden. In diesem Fall enthält die Überführungs- bzw. Markierungsfunktion eine Entscheidungsfunktion.

Es seien a ein materielles, energetisches oder informationelles Attribut oder Raumkoordinaten und T Zeitmengen. Dann heißt eine Überführungsfunktion *Zustandsveränderung* $f_{\text{Ä}}$, wenn in $f_{\text{Ä}}: z \times x \times T_z \longrightarrow z \times T_z$ für beliebige α_x gilt: $\alpha_z \neq \text{const}$. Analog kann ein Zustand in der Markierungsfunktion über einen Output gezielt verändert werden: $f'_{\text{Ä}}: z \times y \times T_z \longrightarrow z \times T_z; \alpha_z \neq \text{const}$. Ein Sachsystem mit $f_{\text{Ä}} \in F_S$ heißt *instationär*. Erfolgt die Veränderung eines Systemzustands über entsprechende Informationen/Befehle, dann ist das System steuerbar: Ein instationäres Sachsystem, dessen Input Befehlsinformation i_B repräsentiert, $x = i_B$, heißt *steuerbar*.

- Wir stehen am Zeitelement t und wollen zum Zeitelement t' einen bestimmten Zustand z erreichen:
  Ein *Anfangszustand* $z_0 \in Z_0$ einer Zustandsdarstellung $(A, B, X, Y, Z_0, Z, f_{\text{ü}}, f_{\text{m}}, T, \leq, t_0)$ heißt *steuerbar*, wenn dafür gilt:

$$\underset{z \in Z}{\forall} \; \underset{x \in X}{\exists} \; \underset{t \in T \setminus \{t_0\}}{\exists} (t, z_0, x) f_{\text{ü}} z.$$

  Eine *Zustandsdarstellung* $(A, B, X, Y, Z_0, Z, f_{\text{ü}}, f_{\text{m}}, T, \leq, t_0)$ heißt *steuerbar*, wenn alle ihre Anfangszustände steuerbar sind.
- Jetzt interessiert die „Reaktionsfähigkeit“:
  Ein Anfangszustand $z_0 \in Z_0$ einer Zustandsdarstellung $(A, B, X, Y, Z_0, Z, f_{\text{ü}}, f_{\text{m}}, T, \leq, t_0)$ heißt *zeitunabhängig steuerbar*, wenn dafür gilt:

$$\underset{t \in T \setminus \{t_0\}}{\forall} \; \underset{z \in Z}{\forall} \; \underset{x \in X}{\exists} (t, z_0, x) f_{\text{ü}} z.$$

  Eine Zustandsdarstellung $(A, B, X, Y, Z_0, Z, f_{\text{ü}}, f_{\text{m}}, T, \leq, t_0)$ heißt *zeitunabhängig steuerbar*, wenn alle ihre Anfangszustände zeitunabhängig steuerbar sind. Es ist möglich, zu jedem Zeitelement in jeden Zustand $z \in Z(t)$ zu gelangen.

Wir drehen die Sichtweise um:

- Wir stehen am Zeitelement t, mit einem bestimmten Input und einem zugehörigen Output und wollen wissen, mit welchem Anfangszustand und welcher Inputfunktion wir es zu tun haben:
  Ein *Anfangszustand* $z_0 \in Z_0$ einer Zustandsdarstellung $(A, B, X, Y, Z_0, Z, f_{\text{ü}}, f_{\text{m}}, T, \leq, t_0)$ heißt *beobachtbar*, wenn dafür gilt:

$$\underset{\langle x, y \rangle \in S}{\forall} \; \underset{t \in T \setminus \{t_0\}}{\exists} \; z_0 \in Z_0(x, y, t) \longrightarrow Z_0(x, y, t) = \{z_0\}.$$

  Eine *Zustandsdarstellung* $(A, B, X, Y, Z_0, Z, f_{\text{ü}}, f_{\text{m}}, T, \leq, t_0)$ heißt *beobachtbar*, wenn alle ihre Anfangszustände beobachtbar sind.
- Jetzt interessiert die „Reaktionsfähigkeit“:
  Ein *Anfangszustand* $z_0 \in Z_0$ einer Zustandsdarstellung $(A, B, X, Y, Z_0, Z, f_{\text{ü}}, f_{\text{m}}, T, \leq, t_0)$ heißt *zeitunabhängig beobachtbar*, wenn dafür gilt:

$$\underset{\langle x, y \rangle \in S}{\forall} \; \underset{t \in T \setminus \{t_0\}}{\exists} \; z_0 \in Z_0(x, y, t) \longrightarrow Z_0(x, y, t) = \{z_0\}.$$

  Eine *Zustandsdarstellung* $(A, B, X, Y, Z_0, Z, f_{\text{ü}}, f_{\text{m}}, T, \leq, t_0)$ heißt *zeitunabhängig beobachtbar*, wenn alle ihre Anfangszustände zeitunabhängig beobachtbar sind.

Beispiel 4.107

Bearbeitungszentrum

Speicherung eines begrenzten Umfangs von Werkstücken und Werkzeugen direkt an der Werkzeugmaschine
Speicherung eines begrenzten Umfangs von NC-Programmen direkt an der Werkzeugmaschine
Die zu einem bestimmten Werkstück gehörige Ergebnisfunktion ist das NC-Programm (siehe Bd. 1)
Überführungs-/Markierungsfunktion: Zugang/Abgang von Werkzeugen, Werkstücken, Austauschmodulen
Zustandsdarstellung z_0 für die Anfangs-/Initialbelegung
Sequentialmaschine für die Zustandsverwaltung

- Parametrisieren eines Untersystems: Initialisierung des Bearbeitungszentrums, Vorgabe der Größe eines Werkzeugmagazins, Verwalten der Anfangsbelegung eines Werkzeumagazins, Vorgabe des Schichtkalenders, Zu- und Abgang von Werkstücken, Werkzeugen, Maschinenpaletten, ...
- Zusätzliches Einsetzen/Stilllegen eines Untersystems im Rahmen eines Baukastens: Ein-/Abschalten eines Werkzeugmagazins
- Austauschen eines Untersystems eines Baukastens ohne Auswirkung auf die Schnittstelle(n): Ersetzen eines Werkzeugmagazins nach 1000 Betriebsstunden, der Vertikalspindel nach 500 Betriebsstunden, eines Werkzeugs nach Meldung durch die maschineninterne Messung, der NC-Steuerung durch ein neues Release
- Austauschen eines Untersystems eines Baukastens mit Auswirkung auf die Schnittstelle(n): Ersetzen der Steuerung durch die Steuerung eines anderen Herstellers, Ersetzen des Werkzeugmagazins durch das Magazin eines anderen Herstellers, Verändern der Maschinenpalette
- Austauschen eines Untersystems eines Baukastens mit Auswirkung auf andere Untersysteme: Einbau einer zusätzlichen Maschinenachse, Nutzen eines alternativen Arbeitsplans bei Fehlen eines bestimmten Werkzeugs
- Ändern der Systemdimensionierung: Verändern des Arbeitsbereichs durch Austausch der Grundmaschine
- Ändern der Systemstruktur: Ersetzen der Werkzeugmagazine durch ein zentrales Werkzeugdepot, zentrales Verteilen der Werkstücke und Werkzeuge auf parallele Grundmaschinen, keine Pufferung an der Maschine ◄

Eine Ergebnisfunktion kann abhängig von den Gebrauchs- und Verbrauchsfaktoren, von den Zustandsparametern, von der Zeit und von der Intensität abschnittsweise vereinbart werden[211]. Die Effizienz einer Ergebnisfunktion beurteilen wir anhand von Input-Output-Relationen[212]; Effizienz ist damit ein multidimensionales Problem, ein Mehr an einem Faktor kann ggf. durch ein Weniger eines anderen Faktors kompensiert werden. Und effiziente Ergebnisfunktionen, die nichteffiziente natürlicherweise dominieren, können wir sehr einfach anhand einer Kostenbetrachtung oder einer Nutzwertanalyse nach einer Präferenzskala ordnen (siehe Abschn. 3.4). Also gehen wir sowohl bei Sachsystemen, die keine technischen Systeme sind, als auch bei technischen Systemen von vergleichsweise mächtigen Baukästen aus, deren Möglichkeiten in der Realität und vor allem zu einem bestimmten Zeitpunkt nur zu einem geringen Teil ausgeschöpft werden[213], in deren Rahmen wir aber sehr einfach einen „optimalen" Punkt finden können. Eine Folge von jeweils zum aktuellen Zeitpunkt „optimalen" Betriebspunkten mit fortschreitender Zeit in einer Konkatenation von aktuellen Zeitpunkten aneinanderzureihen, wie dies in einigen Ansätzen zur Selbstoptimierung vorgeschlagen wird[214], führt aber nicht zum erhofften optimalen Gesamtergebnis: Möglicherweise wird die Ersparnis durch die Wahl kostenminimaler Betriebspunkte durch die Anpassungs-/Umstellungskosten der Sequenz überkompensiert. Vor allem aber muss ein zu einem bestimmten aktuellen Zeitpunkt „optimaler" Betriebspunkt kein optimaler Ausgangspunkt für eine derzeit noch nicht (vollständig) bekannte Zukunft sein. Und wenn wir erkennen, dass eine in der Vergangenheit begonnene, noch nicht abgeschlossene Umstellungsmaßnahme besser abgebrochen als zu einem ungünstigen und kostentreibenden Ende geführt wird, dann muss dieser Wechsel zu einem anderen Zielzustand möglich sein[215]. Auch der in der Produktionsplanung und -steuerung verwendete „rollierende Horizont"[216] ist hier nicht unbedingt ein geeigneter Ansatz. Zum einen gehen wir bei einer mit einem rollierenden Horizont gekoppelten bedarfsorientierten Vorgehensweise von einer vollständig bekannten Zukunft aus, die um den Preis einer langen

[211] Siehe die Vereinbarung und die Konkatenation von Zeitfunktionen und deren Eigenschaften in Bd. 2, Kap. 1, Ordinale Zeitmengen und Kap. 3, Dynamische Produktionspunkte.

[212] Siehe die Betrachtungen zur Effizienz einer Produktionsfunktion in Bd. 2, Kap. 2, Faktorale Konzeption: Aktivitäten, Input-Output-Effizienz, Intensität und die dort angegebenen Literatur.

[213] Siehe die unzähligen Wahl- und Kombinationsmöglichkeiten bspw. in der Automobilindustrie. Diese Regeln bedeuten: Wir haben einen riesigen parametrisierbaren Baukasten (Stütze von 5–7 m) und Regeln (Constraints, Ausschlusskriterien, sämtliche Möglichkeiten der Prädikatentheorie), alles ist skalierbar und die Möglichkeiten zur Veränderung sind eingebaut: Was kosten veränderliche Stützen, was kostet die Anpassung je Meter und was ist der Ertrag (variable Stützen oder abreißen und neu bauen)?

[214] Siehe die Ausführungen und Definitionen bspw. in [FGKO04, GBSO04, GRKR01, NAGE03, SFB614]: Eine *Selbstoptimierung* geht von einer hierarchisch gegliederten Regelung [MEAL02, FERB01] mit stetigen (siehe Abschn. 2.2.3) oder diskreten Änderungen aus [ABLE98]. Eine solche Selbstoptimierung verzichtet auf jegliches Wissen über die Zukunft (Prognosen, Kalenderfestlegungen) und die Vergangenheit; es wird auf ein Änderungsereignis in einem bekannten Umfeld hin regelnd eingegriffen.

[215] Steuerbare Zustandsdarstellung.

[216] Siehe Bd. 4, Kap. 6, Rollierender Horizont: Ein rollierender Horizont mit einer an den Heute-Zeitpunkt anschließenden eingefrorenen Zone ist notwendig bei einer mehrstufigen Produktion; hier sind Input und Output abhängig von der Anzahl der Produktionsstufen zeitlich voneinander versetzt.

Reaktions-/Lieferzeit[217] bzw. einer „Prognose“ erkauft wird, die eigentlich nur aussagt, dass die Zukunft genauso wie die Vergangenheit aussehen wird[218]. Zum anderen arbeiten wir in diesem Horizont entweder mit einer eingefrorenen Zone, dann ist keine zeitnahe, möglicherweise überhaupt keine Reaktion auf eine veränderte Situation möglich, oder wir ändern auf der Basis hoher Bestände ständig für einen Plan, den wir im nächsten Planungszyklus schon wieder als gegenstandslos erklären – wir verursachen und kumulieren ständig Änderungskosten für Zielzustände, die wir niemals erreichen[219].

Dabei ist die Anforderung vergleichsweise einfach: Wir müssen alle Erfahrungen aus der Vergangenheit nutzen, alles einbringen, was in der Zukunft bereits feststeht (Kalenderinformationen), ein möglichst großes Reaktionspotenzial realisieren und mit ggf. minimaler Reaktionszeit ständig neu vom Zustand des aktuellen Zeitpunkts ausgehen.

Beispiel 4.108

Fahrerassistenz

In diesem Fall wissen wir vieles ganz sicher und genau[220]: Es ist Herbst, der 25. Oktober, 7 Uhr 13. Die Straße ist feucht und es hat vor einer halben Stunde geregnet. Wir fahren mit 150 km/h durch einen Buchenwald. Es liegen Blätter auf der Straße. Das Navigationssystem sagt: In 1 km kommt eine Kurve im Wald mit einem Kurvenradius von 200 m, auf die auch tagsüber keine Sonne fällt. Wir fahren seit 50.000 km mit denselben Reifen. Die Haftreibung auf nassem Laub ist nur noch 1/20 des Fahrzeuggewichts. Und wir müssen darauf hinweisen: Wenn wir erst in 10 Sekunden anfangen zu bremsen, haben wir in der Kurve immer noch 100 km/h. ◄

Wir gehen daher von einer ständig aktualisierten Situationsanalyse aus; wir postulieren einen Umweltbeobachter, der sich bei Änderungen ereignisorientiert und ohne Totzeit meldet. Wir wollen zudem annehmen, dass wir nicht auf zukünftige Ereignisse zugreifen können, dass wir keinen Horizont haben. In diesem Fall ist das *Konzept der effizienten Betriebspunkte* sinnvollerweise um eine eine Vergangenheit konstruierende *Online-Optimierung* zu erweitern (siehe Bd. 4), welche die Durchgängigkeit der Zustandsdarstellung, der Überführungs- und der Markierungsfunktion ab q_0 sowie die Zukunftssicherheit der getroffenen Maßnahmen gewährleistet und in einen gesicherten Rahmen legt: Wir er-

[217] Das gilt insbesondere dann, wenn wir Sequenzen für eine „minimale mittlere Durchlaufzeit“ oder eine „minimale kumulierte Rüstzeit“ bilden: Wir sammeln Aufträge/Anforderungen über einen langen Zeitraum, der das Erreichen des angestrebten „Optimierungsziels“ von vornherein unmöglich macht.

[218] Zur „Aussagekraft“ von Prognosen das folgende Beispiel: Eine vom VDW im Jahr 1973 durchgeführte Szenariostudie „Die Zukunft der Fertigungstechnik und der Werkzeugmaschinen“ prognostizierte für 1980 Wankelmotoren in 20 % aller Pkw. Ein wenig Nachdenken hätte gezeigt: So viele Werkzeugmaschinen können wir gar nicht bauen und auch nicht bezahlen.

[219] Siehe Bd. 4, Kap. 6, Rollierender Horizont und [DANG09].

[220] Faktische, quantifizierte Aussagen, für die wir keine „Prognose“ benötigen.

halten über einen geeigneten Algorithmus eine Handlungsanleitung, die sicherstellt, dass wir

- uns nicht über eine Schranke hinaus vom nur ex posteriori bestimmbaren Optimum entfernen;
- eine Anpassung in einem idealen kausalen Prozess vollziehen (Sequentialmaschine);
- in der Zukunft schlechte Zustände/Konfigurationen/Reihenfolgen vermeiden können;
- mit dem höchst möglichen Anpassungspotenzial in die Zukunft gehen und nicht erst reagieren, wenn „das Kind in den Brunnen gefallen ist";
- zulässige Reaktionspotenziale geeignet umsetzen: Die Störungsreaktion erfolgt direkt auf der ausführenden Ebene ohne Totzeit;
- verwendete Schemata auf ihre Eignung weiter klassifizieren.

Prinzipiell verwenden die Heuristiken für die Online-Optimierung einige wenige, für die jeweilige Fragestellung leicht modifizierbare Grundkonzepte, wie bspw. die laufende Korrektur eines Optimums über der Vergangenheit/einer optimalen Entscheidung in der Vergangenheit, das Generieren von Entscheidungsschritten oder die Definition einer Schranke (bspw. Anzahl Ereignisse, kumulierte Kosten, kumulierte Zeitdauer, kumulierte Wege) für die Korrektur einer Entscheidung (bspw. Tätigen einer Investition, Auslösen von Jobs, Eröffnen eines Clusters, Eröffnen eines Weges/Ortes).

Beispiel 4.109

Online-Optimierung in bekanntem Umfeld mit unbekannter Zukunft

Wir verwenden beispielhaft Online-Algorithmen aus Bd. 4, die selbstverständlich geeignet interpretiert und multidimensional gefüllt werden müssen[221]:

a) Variation der Parameter:
   - Verändern der Kostenstruktur; Tätigen einer Investition; Alg. 1-5: Warten bis: Wenn wir das gewusst hätten, dann hätten wir die Investition sofort getätigt.
   - Verändern der Kostenstruktur; Erwerben eines Rabatts; Alg. 2-16: Warten bis: Wenn wir das gewusst hätten, dann hätten wir die Rabattkarte sofort gekauft.
   - Bestellen/nicht bestellen; Alg. 2-14: Wir bestellen bei erlaubtem Rückstand (Zugriff auf Bestandsreserve) für die Bestellstrategie mit den minimalen Kosten.
   - Produzieren/nicht produzieren; Alg. 3-12, 3-13: Wir lösen bei erlaubter Untätigkeit zum spätesten Zeitpunkt den Job mit dem frühesten Fertigstellungszeitpunkt aus.
   - Produzieren/nicht produzieren; Alg. 3-16: Wir lösen bei erlaubter Untätigkeit zum spätesten Zeitpunkt den Job mit der kürzesten Durchführungsdauer aus.

[221] Siehe auch [GRKR01]; ein bestimmter Betriebspunkt betrifft dann ggf. ein ganzes Distributionsnetz – wir wechseln bspw. von einer Variante des Distributionsnetzes zur nächsten mit mehr oder weniger Einzugsgebieten.

b) Einführen von Untersystemen; Ausrollen eines Potenzials im Netzwerk; Alg. 2-11: Wir kopieren je nach Nachfrage ein Untersystem der Informationsverarbeitung auf eine höhere Auflösungsstufe eines hierarchisch aufgebauten Handlungssystems.
c) Austauschen eines Untersystems ohne Wirkung auf die Schnittstelle; Wahl der besten Alternative; Alg. 2-2: Wir generieren n effiziente Alternativen, erproben n/e Alternativen, vermerken die am besten bewertete und wählen von den $1 - n/e$ Alternativen die erste, die besser als die vermerkte ist.
d) Austauschen eines Untersystems mit Wirkung auf die Schnittstelle; Anpassen von Abläufen; Durchsatzmaximierung; Alg. 3-49: Wir verändern die Kapazität einer Kante eines Netzwerks.
e) Austauschen Untersystem mit Auswirkung auf Untersysteme:
   - Zuordnen von Nachfrage und Angebot; Alg. 2-6: Das Heiratsproblem ordnet einer Menge von freien Mitarbeitern eine Menge von Anfragen zu.
   - Wechsel von Gebrauchsfaktoren; Alg. 3-19: Der Produktionsfunktions-Algorithmus berechnet die optimalen Kosten für den aktuellen Zustand inkl. der aktuellen Anfrage – und dann müssen wir berücksichtigen, dass wir uns vor der nächsten Anfrage ja nicht in diesem optimalen Zustand befinden (müssen). Also nehmen wir ggf. zu diesen optimalen Kosten einschließlich der aktuellen Anfrage noch die Kosten für den Zustandswechsel dazu.
f) Ändern Systemdimensionierung: Zuweisen von Domänen; Alg. 5-9: Wir ordnen unterschiedlichen Artikelklassen geeignet dimensionierte Lagerbereiche zu.
g) Ändern Systemstruktur:
   - Standortwahl; Alg. 2-9: Wir ordnen einen neu hinzukommenden Ort einem Einzugsgebiet zu.
   - Ändern des Sortiments; Alg. 5-7: Ein neuer Artikel ist einzuordnen. Wir entfernen den Artikel mit der am weitesten zurückliegenden Anfrage.
   - Standortfestlegung Fahrzeuge; Alg. 4-8: Zwei Kommissionierfahrzeuge fahren von links und von rechts auf ein gemeinsames Ziel zu. Das zuerst ankommende erhält den Auftrag, das zweite bleibt stehen. ◄

Wir bewegen uns jetzt in ein bisher unbekanntes Umfeld (bspw. Föhn Ondulex: Verzehnfachung der durchgesetzten Luftmenge; Windrad Pustefix: Verdreifachung des Rotordurchmessers; Pkw: Reduktion des Energiebedarfs auf 10 %, Reduktion des Schadstoffausstoßes um 90 %, Steigerung der maximalen Kurvengeschwindigkeit um 300 %), entweder weil wir in einer modularen Konzeption den Gültigkeitsbereich des betrachteten Baukastens oder bei einem integralen Ansatz die Bandbreite der Skalierung des Monolithen verlassen. Natürlich können wir in geeigneten Suchprozessen bestehende Gesetzmäßigkeiten linear, quadratisch, geometrisch, exponentiell usw. fortschreiben. Dann sind in einem geschützten Bereich Tests erforderlich; vollständige Gewissheit werden wir aber niemals haben[222].

Beispiel 4.110

Eindringen in ein unbekanntes Umfeld

Die bisherigen Flugzeuge hatten nicht die Leistung, die Anden zu überfliegen. Die neue Flugzeuggeneration kann jetzt die Anden in mehr als 10.000 m Höhe überfliegen. Es kommt in Richtung Ost nach West zu mehreren Abstürzen bzw. Kollisionen mit Bergen weit unterhalb von 10.000 m.

Parameter: Höhe des Fluges – Höhe der Wolkendecke unten/oben: Flug in/oberhalb/ unterhalb der Wolken – in Wolken: Flug nach Instrumenten (kein Radar)
Mögliche Fehlerursachen: Es gibt Berge, die höher als 10.000 m sind. – Die Motoren erhalten zu wenig Sauerstoff. – Die Motoren vereisen. – Das Flugzeug hat zu wenig Auftrieb. – Die Instrumente zeigen falsch an. – Die Piloten agieren in den Wolken panisch. – Die Steuerung vereist. – Es gibt Turbulenzen. – Es gibt starken Gegenwind.

Die Tests zur Verifizierung müssen alle Risiken/Fehlerursachen mit einer Handlungsstrategie absichern, die Abstürze ausschließt.

Betrachten wir die mögliche Fehlerursache „Gegenwind“ und nehmen zwei Limitationen an:

1) nicht höher als Rotationsgeschwindigkeit der Erde;
2) nicht höher als höchstmögliche Luftgeschwindigkeit.

Damit können wir den minimal zurückgelegten Weg in einer Flugzeit ohne Gegenwind (Standardflugzeit) bestimmen. Und dann fliegen wir nur bei wolkenlosem Himmel. Vielleicht ist der Gegenwind, von dem wir aus den Unfällen wissen, dass er, wenn er denn die Ursache ist, von West nach Ost bläst, aber nur bei bewölktem Himmel besonders stark. Also müssen wir irgendwann auch bei Wolken fliegen. Wenn nach der Standardflugzeit das Flugzeug in den Wolken ist,

- dann ist eine Verdoppelung der Flugzeit keine Strategie – wir würden im Falle der Windstille in den Pazifik stürzen.
- dann reduzieren wir die Flughöhe auf die Höhe des höchsten Berges + x. Wenn wir dann immer noch in den Wolken sind, dann vermindern wir die Flughöhe entlang der Richtung der Täler. Und was ist, wenn wir es tatsächlich in ein Tal geschafft haben?

---

[222] Das gilt nach POPPER [POPP84] aber für alle Gesetzmäßigkeiten, die vom Menschen aufgestellt werden.

Also machen wir Versuche ausschließlich östlich der Anden: Wir wählen drei Flugplätze, die jeweils einhundert Kilometer voneinander entfernt sind und unmittelbar an der neuen Autobahn liegen, die genau von Ost nach West führt. Wir starten auf dem mittleren Flugplatz und fliegen in die Wolken. Nach der Flugzeit für 100 km brechen wir den Flug ab. Wenn wir keinen Flugplatz finden, landen wir auf der Autobahn. Dann können wir immer noch in Nord-Süd-Richtung versetzt sein.

Wir verzichten daher auf das Flugzeug als Testgerät und nehmen einen (windfesten) Fesselballon mit einem Windmesser, um dann festzustellen, dass das Stahlseil unter dem Eigengewicht reißt. Also suchen wir einen neuen Weg...

(siehe [WIKIJET]) ◄

4.2.9 Ordnungsmäßigkeit des Sachsystems

4.2.9.1 Ordnungsmäßigkeit

Die Rahmenbedingungen für die Entwicklung und Einführung von technischen Systemen/Sachsystemen resultieren aus der zwingenden Beachtung von Gesetzen und Vorschriften [ACAT13, BAFR96]. Sie regeln den rechtmäßigen Einsatz einer Technik und schränken ihn, falls erforderlich, auch ein; schon im Entwurfs-/Entwicklungsprozess sind bestimmte Gegebenheiten zu beachten [HOLL95], die nicht nur denjenigen betreffen, der die Technik betreiben will[223]. Die Einbettung dieser Gesetze und Vorschriften in das Kon-

[223] Verhandlungen zwischen den Stakeholdern sind als Element des sozialen Lernens grundlegende Voraussetzung für die Ordnungsmäßigkeit von technischen Systemen/Sachsystemen [HOLL95]. Unbestritten ist dabei die Notwendigkeit, die späteren Nutzer vollwertig und gleichberechtigt am Technikentwurf, an der Technikentwicklung und -einführung zu beteiligen (siehe Abschn. 3.1.1). Insbesondere in den Auswirkungen auf die Umsysteme ist Technik in ihrer Komplexität vom Entwickler schwer zu durchdringen: Der Entwickler konzentriert sich auf das Sachsystem (von innen nach außen), der Anwender sieht das tief in der Umwelt verwurzelte, mit den Umsystemen vermaschte Handlungssystem (von außen nach innen). Selbstverständlich ist der Aufbau einer Beteiligungsstruktur für den Entwurfsprozess kostenträchtig (vgl. Abschn. 3.1). In der Regel aber amortisiert sich der in frühen Entwurfsphasen investierte Aufwand durch erhebliche Kostenvorteile in den späteren Phasen des Lebenszyklus [HOLL95, FRIC93].

Die Umsetzung dieser Anwenderpartizipation kann in mehreren Beteiligungsformen erfolgen:

- Evaluative Beteiligung: In dieser passiven Beteiligungsform bringen die Anwender ihr Wissen in Form von Beurteilungen bzw. Bewertungen der Prototypen und Vorschläge ein (keine Auseinandersetzung mit den Anwendern, keine echte Mitbestimmung); der Anwender beurteilt in der Außensicht Input- und Outputattribute, weniger die Funktionsweise aus der Innensicht (vor allem Ja-/Nein-Urteile).
- Prozessuale Beteiligung: Benutzer arbeiten als aktive Projektmitarbeiter direkt am Entwicklungs- bzw. Einführungsprozess mit (aktive und echte, funktionsorientierte Beteiligung); falls die Entwickler die alleinige Entscheidungsbefugnis behalten, entstehen Konfliktsituationen.
- Institutionelle Beteiligung: Beteiligung der Anwender über die betrieblichen Interessenvertretungen (Mitbestimmungs-, Informations- und andere Beteiligungsrechte); in der Regel werden

strukt der Ordnungsmäßigkeit wird als *Ordnungsmäßigkeit im engeren Sinne* bezeichnet [HOLL95], die in rechtliche Bedingungen und Anforderungen für den Betrieb und die Benutzung der Technik unterteilt:

- anwendungs- und bereichsspezifische rechtliche Vorschriften;
- Arbeitsschutzvorgaben, Bundes- und Landesdatenschutzgesetz (EU-Richtlinien, Unfallverhütungsvorschriften usw.);
- Technikmindestanforderungen und -vorschriften (Normen, physikalische und andere naturgesetzlichen Bedingungen);
- Betriebsverfassungs- und Personalvertretungsgesetze, Tarifverträge, Betriebs- und Dienstvereinbarungen;
- Sicherheitsvorgaben.

Wir führen beispielhaft Bestimmungen für das „Informationssystem“ eines Handlungssystems an [HOLL95].

Arbeitsschutz

Generell sind sieben Punkte zu beachten: Benutzerbeteiligung bei der Umsetzung der Arbeitsschutzanforderungen, neuester Stand der Technik[224], ergonomische Gestaltung des Arbeitsplatzes und der Mensch-Maschine-Schnittstelle, Unterrichtung und Unterweisung der Arbeitnehmer, regelmäßige Arbeitsplatzanalysen, Arbeitsunterbrechung (Pausen, Schichtwechsel, ...), Schutz der Augen, Ohren, ...

Die Orientierung an „gesicherten arbeitswissenschaftlichen Erkenntnissen“ gehört bei der Beurteilung von Arbeitsplätzen zu den wesentlichen Aspekten (§ 91 BetrVG). Hier ist der neueste Stand der Technik zu antizipieren und umzusetzen; physische und negative psychische Belastungen sind zu minimieren. Im Entwurfsprozess müssen deshalb arbeitswissenschaftliche Erkenntnisse Berücksichtigung finden. Dazu sind im Rahmen von Arbeitsplatzanalysen die ergonomische Gestaltung von Arbeitsplatz und Mensch-Maschine-Schnittstelle sowie bereits aufgetretene negative Auswirkungen durch die Arbeit zu untersuchen. Belastungen können allerdings oft erst dann ermittelt werden, wenn

---

hier nichtfunktionale Vorgaben definiert, deren Erfüllung über die Zustimmung bzw. Nichtzustimmung entscheidet.

Unabhängig davon, welche Beteiligungsform wann wozu gewählt wird, werden – wie bei jedem Projektmanagement – für die Ordnungsmäßigkeit zahlreiche Anforderungen und Voraussetzungen aufgelistet (siehe bspw. [HOLL95]):

1. Die Beteiligung muss von Anfang an vorgesehen und prozessorientiert ausgerichtet sein.
2. Eine direkte Beteiligung setzt organisatorische Rahmenbedingungen voraus (bspw. Freistellung).
3. Die Beteiligten müssen fachlich und sozial qualifiziert sein/werden.
4. Die Entscheidungsstrukturen sind demokratisch, zumindest aber transparent und nachvollziehbar auszurichten.
5. Projektstrukturen müssen Interessenvertretungen geöffnet werden.

[224] Zur Definition des neuesten Stands der Technik genügt die Umsetzung in einem europäischen Unternehmen.

die Tätigkeit schon mit der neuen Technik ausgeführt wird. Deshalb sind Analysen schon vor, während und nach der Installation durchzuführen; ggf. sind Nachbesserungen erforderlich[225].

Datenschutz

Das Bundesverfassungsgericht hat dem „Recht auf informelle Selbstbestimmung" Grundrechtscharakter zuerkannt:

- Die informelle Selbstbestimmung kann nur durch ein Gesetz und nur im Fall eines überwiegenden Allgemeininteresses eingeschränkt werden (Erfordernisvorbehalt).
- Die Verarbeitung personenbezogener Daten untersteht der Entscheidung der Betroffenen (Erlaubnisvorbehalt).
- Personenbezogenheit: Die zur Verarbeitung bestimmten Daten müssen genau bezeichnet und begründet werden.
- Strenge Zweckbindung/Schutz gegen Zweckentfremdung
- Transparenz für den Betroffenen

Der Datenschutz wird seiner Bedeutung entsprechend durch ein Bündel verschiedener Gesetze geregelt[226]. § 9 BDSG setzt Mindestanforderungen für die technisch-organisatori-

[225] Die EU-Bildschirmrichtlinie [EURA90] ist als Teil der EU-Arbeitsschutzrahmenrichtlinien [EURA89] zwingend zu beachten [AUER93]:

- Geltungsbereich: Die Richtlinie gilt überall dort, wo Arbeitnehmer einen wesentlichen Teil ihrer Arbeit am Bildschirm verbringen.
- Arbeitsplatzanalyse: Die geplanten und existierenden Arbeitsplätze sind auf ergonomische Gestaltung sowie negative Auswirkungen der Arbeit auf Sehvermögen, körperlichen Zustand und psychische Belastungen des Mitarbeiters zu untersuchen.
- Ergonomische Mindestvorschriften: Die im Anhang der Richtlinie geforderten Mindestanforderungen an die Gestaltung von Bildschirmarbeitsplätzen definieren verbindlich die Gestaltung von technischen Geräten und Mensch-Maschine-Schnittstellen.
- Anhörung, Beteiligung, Unterrichtung, Unterweisung: Arbeitnehmer sind an der Umsetzung der Richtlinie zu beteiligen und müssen umfangreich vor einer Systemeinführung geschult werden.
- Schutz der Augen: Das Sehvermögen der Arbeitnehmer ist vor, während und nach der Bildschirmtätigkeit zu untersuchen. Zudem sind Mindestanforderungen an die ergonomische Oberflächengestaltung (Fontgröße, Auflösung usw.) definiert.
- Arbeitsunterbrechung: Die Richtlinie schreibt regelmäßige Unterbrechungen der Bildschirmarbeit durch abwechslungsreiche Tätigkeiten oder Pausen vor.

[226] Bei der Umsetzung der verschiedenen Gesetze sind die folgenden Hinweise zweckdienlich:

- Einbeziehung des Datenschutzbeauftragten
- Zulässigkeitsprüfung
- Datensicherung
- Verpflichtung auf das Datengeheimnis
- Berücksichtigung der Rechte der Betroffenen
- Dokumentation (Register)
- Die Einwilligung der Mitarbeiter erfolgt in der Regel durch deren Interessenvertretung; sie ist jederzeit widerrufbar.

schen Maßnahmen zur Datenhandhabung; insbesondere beziehen sich die Anforderungen auf Handlungen zur ordnungsgemäßen Sicherung des gesamten Informationssystems Zugangskontrolle, Datenträgerkontrolle, Speicherkontrolle, Benutzerkontrolle, Zugriffskontrolle, Übermittlungskontrolle, Eingabekontrolle, Auftragskontrolle, Transportkontrolle, Organisationskontrolle. § 5 BDSG schreibt vor, dass alle Verarbeiter personenbezogener Daten auf das Datengeheimnis zu verpflichten sind – Verstöße können zivil-, arbeits- und strafrechtliche Konsequenzen nach sich ziehen.

Zur ordnungsmäßigen Entwicklung und Einführung von Informationssystemen müssen Funktionen vorhanden sein, die es ermöglichen, alle gespeicherten Daten über eine Person auszugeben, ganz oder partiell zu löschen, zu ändern oder zu sperren; ein wesentliches Element zur Sicherung der informationellen Selbstbestimmung ist das unabdingbare, nicht durch Rechtsgeschäfte ausschließbare oder beschränkbare Recht der Betroffenen auf Auskunft, Berichtigung, Löschung oder Sperrung der über sie gespeicherten Daten. Der Datenschutzbeauftragte ist von Beginn an in den Entwicklungsprozess eines Informationssystems einzubeziehen; auf Anfrage muss ihm die folgende Übersicht ausgehändigt werden: eingesetzte DV-Anlage, Bezeichnung und Art der Dateien, Art der gespeicherten Daten, Geschäftszweck der Datenhaltung, Empfänger der Daten, zugriffsberechtigte Personen.

Sicherheit

Unter Sicherheit von Informationssystemen ist der grundsätzliche Schutz vor dem Verlust von Vertraulichkeit, Integrität und Verfügbarkeit von Daten und Verfahren sowie der Schutz der Rechte anderer zu verstehen. Die ordnungsgemäße Erstellung und Umsetzung von Sicherheitsanforderungen umfasst neben der Benutzerbeteiligung eine Risikoanalyse, Sicherheits- und organisatorische Maßnahmen, eine kontinuierliche Prüfung sowie Information und Schulung. Speziell die Risikoanalyse legt eine Einteilung in personen- und unternehmensbezogene Daten sowie allgemeine Informationstechnik-Verfahrensklassen nach einzelnen Schutzklassen zugrunde:

Bereich	Schutzklasse			
	A Keine Beeinträchtigung	B Beeinträchtigung von Finanzen; nicht termingebunden	C Beeinträchtigung von Finanzen; termingebunden	D Gefahr für Leib und Leben
Personenbezogene Daten	Adressen	Geschäftsbeziehungen	Amtsgeheimnisse	Zeugendaten
Unternehmensbezogene Daten	Öffentliche Produktdaten	Einkaufspreise	Kostenstrukturen	Rezepturen
Systembezogene Klassen	Textverarbeitung	Buchhaltung	Produktionsplanungssysteme	Beatmungscomputer

Jedes Datum ist anhand einer Checkliste auf mögliche Gefahren zu untersuchen und zu bewerten. Die zu ergreifenden Schutzmaßnahmen richten sich dann nach dem Datum mit der höchsten Sicherheitsanforderung/Schutzklasse[227].

Mindestanforderungen und Vorschriften

Insbesondere im öffentlichen Bereich sind die Mindestanforderungen Bestandteil eines zu schließenden Vertrags. Beispiele derartiger Anforderungen sind:

- Durchführung von Planungen sowie von Vor- und Hauptuntersuchungen zur Entscheidungsvorbereitung in einzelnen Phasen
- Verpflichtung, die Planung, Entwicklung und den Betrieb umfassend zu dokumentieren
- Vorgaben für die Art und Weise der Durchführung des Vorhabens, die Freigabe und die Einführung
- Weiterentwicklung, Wartung, Fehlerbehebung
- Verhinderung von Veränderungen, Vertraulichkeitsverlust, Integritätsverlust, Funktionsstörungen
- Alle Projektschritte sind an einem Qualitätssicherungskonzept auszurichten, das die eingesetzten Methoden, Werkzeuge und Verfahren bzgl. ihrer Vollständigkeit, Richtigkeit, Nachvollziehbarkeit und Kontrollierbarkeit spezifiziert.

Betriebliche Mitbestimmung

Das Betriebsverfassungsgesetz (BetrVG), insbesondere § 87 Abs. 1 Nr. 6 BetrVG, schreibt vor, wie die Mitarbeiter bei der Verwendung von technischen Einrichtungen, die personenbezogene Daten erfassen und aufzeichnen, zu beteiligen sind: korrigierende Mitbestimmung, Unterrichtung, Überwachung, Betriebs-/Dienstvereinbarungen, Tarifverträge, Mitbestimmung. Reichen die durch das BetrVG vorgegebenen Rahmenbedingungen nicht aus, können diese bspw. über eine Interessenvertretung oder eine Partizipation an Entscheidungen ergänzt werden.

---

[227] Beispielhaft seien die Sicherungsmaßnahmen für Einzelplatzsysteme der Stufe B angeführt [SCHL91].

- Datenträgerkontrolle: Datensicherung, Verschlüsselung und Archivierung in Sicherheitsschränken zur Verhinderung eines unberechtigten Zugriffs
- Benutzerkontrolle: Passwortabfrage und -verwaltung, Schließsysteme
- Zugriffskontrolle: benutzerspezifische Rechteverwaltung, Passwortabfrage bei Arbeitspausen
- Eingabekontrolle: Protokollierung aller (gescheiterten) Zugriffe und aller Aktivitäten des Systemverwalters, Protokollauswertung durch dritte Person
- Checkliste mit allen Maßnahmen (was, wer, wann, wie, wo) erstellen
- Verantwortlichkeiten festlegen
- Definition verbindlicher Gebrauchsvorschriften als Arbeitsanweisungen
- Information und Schulung der Nutzer bzgl. des einzuhaltenden Sicherheitskonzepts
- Kontinuierliche Prüfung der Einhaltung der Anweisungen
- Dokumentation des Sicherheitskonzepts.

Das Konzept der Ordnungsmäßigkeit wird sinnvollerweise um eine *Ordnungsmäßigkeit im weiteren Sinne* erweitert [HOLL95]. Eine Qualitätssicherung, die neben dem Produkt auch die Produkterstellung betrachtet und in Form von Verfahrensregeln arbeitet, ist ein wesentlicher Baustein, um den Stand der Technik überprüf- und handhabbar zu machen[228]. Gleichzeitig erfordert dies einen ständigen Innovationsprozess, der mitarbeiterbezogen anzulegen ist. Die Verlagerung der Qualitätsprüfung an den Ort des Entstehens von Mängeln versucht, die Produktqualität und die Mitarbeiterverantwortung/-motivation zu erhöhen – wir erhalten für die Ordnungsmäßigkeit eines umfassenden Qualitätsmanagements die drei Grundaspekte Prozess-, Kunden- und Mitarbeiterorientierung.

4.2.9.2 Produkthaftung

„Produkthaftung" steht für die Pflicht von Unternehmen, für Folgeschäden aus Produktfehlern/-mängeln gegenüber den geschädigten Personen einzustehen [STHE96]. Zu den gemeinten Schäden zählen nicht die fehlerhaften Produkte selbst, sondern die sich aus den Fehlern ergebenden Personen-, Sach- und ggf. Vermögensschäden. Zur Gefahrenabwehr muss der Hersteller denkbare Fehler des Anwenders berücksichtigen, der Anwender selbst eine angenommene Verwendungssorgfalt walten lassen. Der Hersteller hat im Schadensfall sein Nichtverschulden zu beweisen. Ausreißer werden auch bei extremer Herstellersorgfalt als möglich angesehen; dann hat der Nutzer seinen Schaden selbst zu tragen [SCSA85].

Literatur

[ABEL84] ABEL, G.: Nietzsche: Die Dynamik der Willen zur Macht und die ewige Wiederkehr. Berlin: de Gruyter 1984.

[ABEL88] ABEL, G.: Realismus, Pragmatismus, Interpretationismus. Zu neueren Entwicklungen in der analytischen Philosophie. Allgemeine Zeitschrift für Philosophie 13.3 (1988), S. 51–67.

[ABEL89] ABEL, G.: Wahrheit als Interpretation. In: Abel, G.; Salaquarda, J. (Hrsg.): Krisis der Metaphysik. S. 331–363. Berlin: de Gruyter 1989.

[ABEL90] ABEL, G.: Das Prinzip der Nachsichtigkeit im Sprach- und Zeichenverstehen. Allgemeine Zeitschrift für Philosophie 15.2 (1990), S. 1–18.

[ABEL99] ABEL, G.: Sprache, Zeichen, Interpretation. Frankfurt a. M.: Suhrkamp 1999.

[ABEL06] ABEL, G.: Kolloquiumsvorträge des XX. Deutschen Kongresses für Philosophie. TU Berlin. Hamburg: Meiner 2006.

[ABLE98] ABEL, D.; LEMMER, K.: Theorie ereignisdiskreter Systeme. München: Oldenbourg 1998.

[228] Die Normen DIN ISO 900x wurden entwickelt, um alle Elemente eines Qualitätsmanagements in einem international gültigen Regelwerk zu vereinen: DIN ISO 9000 und 9004 enthalten einen Leitfaden für die Anwendung der Norm und den Aufbau eines Qualitätsmanagementsystems, DIN ISO 9001, 9002, 9003 drei Nachweisstufen der Qualitätssicherung und deren Anforderungen.

[ACAT13] ACATECH (Hrsg.): Technikwissenschaften. Erkennen-Gestalten-Verantworten. Acatech – DEUTSCHE AKADEMIE DER TECHNIKWISSENSCHAFTEN. Berlin: Springer 2013.

[AKTA87] AKTAS, A. Z.: Structured Analysis and Design of Information Systems. Englewood Cliffs: Prentice Hall 1987.

[ALEX64] ALEXANDER, CH.: Notes on the Synthesis of Form. New York: Oxford University Press 1964.

[ALEX74] ALEXANDER, CH.; ISHIKAWA, S.; SILVERSTEIN, M.: A Collection of Patterns which generate Multi-Service Centres. In; Kennedy, D.; Kennedy, M. (Hrsg.): The Inner City. Architects Year Book 14. London: Elek 1974.

[ALEX77] ALEXANDER, CH.; ISHIKAWA, S.; SILVERSTEIN, M.; JACOBSON, M.; KING, I.; ANGEL, S.: A Pattern Language. Towns, Buildings, Construction. New York: Oxford University Press 1977.

[ALEX79] ALEXANDER, CH.: The Timeless Way of Building. New York: Oxford University Press 1979.

[ALHE07] ALLEN, TH. J.; HENN, G. W.: The Organization and Architecture of Innovation – Managing the Flow of Technology. Amsterdam: Butterworth – Heinemann 2007.

[ALTE09] ALTEMEIER, S.: Kostenoptimale Kapazitätsabstimmung in einer getakteten Variantenfließlinie unter expliziter Berücksichtigung des Unterstützereinsatzes und unterschiedlichen Planungszeiträumen. Paderborn: Diss. Univ. 2009.

[ANDE13] ANDERSON, J. R.: Kognitive Psychologie. 7. Aufl. Berlin: Springer 2013.

[ANDL29] ANDLER, K.: Rationalisierung der Fabrikation und optimale Losgrösse. München: Diss. Univ. 1929.

[AUER93] AUERNHAMMER, H.: Bundesdatenschutzgesetz – Kommentar. 3. Aufl. Köln: Heymanns 1993.

[AUSB07] AUSBORN, J.: Das Zusammenspiel von zentralem Mustergenerator und sensorischer Rückmeldung. Diss. Uni Ulm. 2007.

[AUST72] AUSTIN, J. L.: Zur Theorie der Sprechakte. Stuttgart: Reclam 1972.

[BACL97] BALDWIN, C. Y.; CLARK, K. B.: Managing in an Age of Modularity. Management Science 43(1997)4, S. 723–734.

[BACL06] BALDWIN, C. Y.; CLARK, K. B.: The architecture of Participation. Management Science 52(2006)7, S. 1116–1127.

[BAFR81] BANNISTER, D.; FRANSELLA, F.: Der Mensch als Forscher. Die Psychologie der persönlichen Konstrukte. Münster: Aschendorff 1981.

[BAFR96] BANSE, G.; FRIEDRICH, K. (Hrsg.): Technik zwischen Erkenntnis und Gestaltung. Philosophische Sichten auf Technikwissenschaften und technisches Handeln. Berlin: Edition sigma 1996.

[BAFR21] BANNISTER, D.; FRANSELLA, F.: Inquiring Man. The Psychology of Personal Constructs. 3. Aufl. London: Routledge 2021.

[BALZ92] BALZERT, H.: Die Entwicklung von Software-Systemen: Prinzipien, Methoden, Sprachen, Werkzeuge. Mannheim: BI Wissenschaftsverlag 1992.

[BÄUM17] BÄUMER, F. S.; GEIERHOS, M.: Guesswork? Resolving Vagueness in User-Generated Software Requirements. In: Christiansen, H.; Jimenez Lopez, M. D.; Loukanova, R.; Moss, L. (Hrsg.): Partiality and Underspecification in Information, Languages, and Knowledge, Kap. 3, S. 65–107. Cambridge: Cambridge Scholars Publishing 2017.

[BEGE21] BENDER, B.; GERICKE, K. (Hrsg.): Pahl/Beitz. Konstruktionslehre. Methoden und Anwendung erfolgreicher Produktentwicklung. 9. Aufl. Berlin: Springer Vieweg 2021.

[BeGö21] Bender, B.; Göhlich, D. (Hrsg.): DUBBEL. 26. Aufl. Berlin: Springer 2021.
[BeGr01] Beitz, W.; Grote, K.-H.: DUBBEL. 20. Aufl. Berlin: Springer 2001.
[BeHS91] Belina, F.; Hogrefe, D.; Sarma, A.: SDL with Applications from Protocol Specification. Hampstead: Prentice Hall 1991.
[BEPS96] Blazewicz, J.; Ecker, K. H.; Pesch, E.; Schmidt, G.; Weglarz, J.: Scheduling Computer and Manufacturing Processes. Berlin: Springer 1996.
[BEPS01] Blazewicz, J.; Ecker, K. H.; Pesch, E.; Schmidt, G.; Weglarz, J.: Scheduling Computer and Manufacturing Processes. Berlin: Springer 2001.
[Berk48] Berkeley, G.: An Essay Towards a New Theory of Vision. In: Luce, A. A.; Jessop, T. E. (Hrsg.): The Works of George Berkeley. London: Thomas Nelson & Sons 1948.
[Berk04] Berkeley, G.: The Treatise concerning the Principles of Human Knowledge. Hrsg. von A. Kulenkampff. Hamburg: Meiner 2004.
[BeTh92] Bevilacqua, R. J.; Thornbill, D. E.: Process Modelling. American Programmer (1992)5, S. 2–9.
[BLLR83] Baker, K. R.; Lawler, E. L.; Lenstra, J. K.; Rinooy Kan, A. H. G.: Preemptive scheduling of a single machine to minimize maximum cost subject to release dates and precedence constraints. Oper. Res. 31(1983), S. 381–386.
[Boer17] Boeree, C. G.: Personality Theories. From Freud to Frankl. Shippensburg University 2017.
[BoNo75] Bobrow, D. G.; Norman, D. A.: Some principles of memory schemata. In: Bobrow, D. G.; Collins, A. M. (Hrsg.): Representation and Understanding: Studies in cognitive science. New York: Elsevier 1975.
[BrHa93] Braek, R.; Hangen, O.: Engineering real Time Systems – an objectoriented methodology using SDL. Englewood Cliffs: Prentice Hall 1993.
[Brid27] Bridgman, P. W.: The Logic of Modern Physics. New York: Mac Millan 1927.
[Bruc81] Brucker, P.: Scheduling. Berlin: Springer 1981.
[Bruc07] Brucker, P.: Scheduling. 5. Aufl. Berlin: Springer 2007.
[Bürg21] Bürger, M.; Dambacher, M.; Hartmann, A.; Heine, B.; Kaufmann, H.; Kümmerer, R.; Rimkus, W.; Schäfer, W.; Schmid, D.; Zang, R.: Konstruktionslehre: Maschinenbau. 6. Aufl. Berlin: Europa-Lehrmittel 2021.
[Burm01] Burmann, Ch.: Strategische Flexibilität und Strategiewechsel in turbulenten Märkten. DBW 61(2001), S. 174 ff.
[CaCa12] Cabigiosu, A.; Camuffo, A.: Beyond the „Mirroring" Hypothesis: Product Modularity and Interorganizatorial Relations in the AirConditioning Industry. Organization Science 23 (2012)3, S. 686–703.
[Camp22] Urry, L. A.; Cain, M. L.; Wasserman, St. A.: Campbell Biologie. 12. Aufl. München: Pearson 2022.
[Carn36] Carnap, R.: Testability and Meaning. Philosophy of Science 3(1936), S. 419–471.
[Carn37] Carnap, R.: Testability and Meaning. Philosophy of Science 4(1937), S. 1–40.
[Carn74] Carnap, R.: Einführung in die Philosophie der Naturwissenschaften. München: Nymphenburger 1974.
[CCIT89] CCITT Z.100 „Specification and Description language SDL" Recommendation Z.100. Geneva: ITU 1989.
[CCIT93] CCITT Z.100 „Specification and Description language SDL" Recommendation Z.100. Geneva: ITU 1993.
[CCIT95] CCITT Z.105 „SDL combined with ASN.1" Recommendation Z.105. Geneva: ITU 1995.

[CCIT96] CCITT Z.106 „Common Interchange Format for SDL" Recommendation Z.106. Geneva: ITU 1996.

[CCIT93B] CCITT Z.100 Annex D. „SDL predefined Data" Recommendation Z.100. Annex D. Geneva: ITU 1993.

[CDEM04] Crawley, W.; De Weck, O.; Eppinger, St.; Magee, Ch.; Moses, J.; Seering, W.; Schindall, J.; Wallace, D.; Whitney, D.: The influence of Architecture in Engineering Systems. In: Engineering Systems Symposium Proceedings 2004.

[ChAA61] Churchman, Ch. W.; Ackoff, R. L.; Arnoff, E. L.: Operations Research. München: Oldenbourg 1961.

[ChRu95] Chauvin, Y.; Rumelhart, D. E. (Hrsg.): Backpropagation. Theory, Architectures and Applications. London: Taylor&Francis 1995.

[Chur86] Churchland, P. S.: Neurophilosophy: Toward a Unified Science of the Mind/Brain. Cambridge: Penguin Random House 1986.

[CLRS01] Cormen, Th.; Leiserson, Ch.; Rivest, R. L.; Stein, C.: Introduction to Algorithms. 2. Aufl. Boston: Mac Graw Hill 2001.

[CMM67] Conway, R. W.; Maxwell, W. L.; Miller, L. W.: Theory of Scheduling. Reading: Addison-Wesley 1967.

[Conr98] Conrad, K.-J.: Grundlagen der Konstruktionslehre. Leipzig: Fachbuchverlag Leipzig 1998.

[Cors96] Corsten, H.: Produktionswirtschaft. München: Oldenbourg 1996

[CORS11] Campbell, J. K.; O'Rourke, M.; Slater, M. H. (Hrsg.): Carving Nature at its Joints: Natural kinds in Metaphysics and Science. Cambridge: MIT Press 2011.

[CVWC11] Caputi, P.; Viney, L. L.; Walker, B. M.; Crittenden, N. (Hrsg.): Personal Construct methodology. Malden: John Wiley&Sons 2011.

[DaHu84] Daenzer, W. F.; Huber, F. (Hrsg.): Systems Engineering: Methoden und Praxis. 6. Aufl. Zürich: Industrielle Organisation 1984.

[Dang99] Dangelmaier, W.: Fertigungsplanung. Berlin: Springer 1999.

[Dang03] Dangelmaier, W.: Produktion und Information. System und Modell. Berlin: Springer 2003.

[Dang09] Dangelmaier, W.: Theorie der Produktionsplanung und -steuerung. Berlin: Springer 2009.

[Dang17] Dangelmaier, W.: Produktionstheorie 2. Statische Konstruktionen. Berlin: Springer 2021.

[Dang21] Dangelmaier, W.: Produktionstheorie 4. Algorithmen. Berlin: Springer 2021.

[DBKZ92] Diaby, M.; Bahl, H. C.; Karwan, M. H.; Zionts, S.: Capacitated lot-sizing and scheduling by lagrangean relaxation. European Journal of Operational Research 59(1992), S. 444–458.

[DDKS15] Domschke, W.; Drexl, A.; Klein, R.; Scholl, A.: Einführung in Operations Research. 9. Aufl. Berlin: Springer 2015.

[DeMa79] DeMarco, T.: Structured Analysis and System Specification. Englewood Cliffs: Prentice Hall 1979.

[Dilt14] Dilthey, W.: Gesammelte Schriften. Stuttgart: Vandenhoeck & Ruprecht 1914.

[Dink64] Dinkelbach, W.: Zum Problem der Produktionsplanung in Ein- und Mehrproduktunternehmen. 2. Aufl. Würzburg: Physica 1964.

[DiRo04] Dinkelbach, W.; Rosenberg, O.: Erfolgs- und umweltorientierte Produktionstheorie. 5. Aufl. Berlin: Springer 2004.

[DöMa93] Döbele-Berger, C.; Martin, P.: Handlungsmöglichkeiten des Betriebsrats bei der Gestaltung von Arbeit und EDV-Techniken. Arbeitskammer des Saarlands (Hrsg.), Saarbrücken: Eigenverlag 1993.

[DöMü73] Dörfler, W.; Mühlbacher, J.: Graphentheorie für Informatiker. Berlin: de Gruyter 1973.

[DrHa95] Drexl, A.; Haase, K.: Proportional lotsizing and scheduling. Int. Jour. of production economics 40(1995), S. 73–87.

[DüBl73] Dück, W.; Bliefernich, M. (Hrsg.): Operationsforschung. Bd. III. Mathematische Grundlagen, Methoden und Modelle. Berlin: Verlag der Wissenschaften 1973.

[Dull00] Dullerud, G. E.: A course in robust control theory. Berlin: Springer 2000.

[Dusc92] Duschl, R.; Hopkins, N. C.: SSADM & GRAPES. Two Complementary Major European Methodologies for Information Systems Engineering. Berlin: Springer 1992.

[Dyck06] Dyckhoff, H.: Produktionstheorie. Berlin: Springer 2006.

[EhKL88] Ehrlenspiel, K.; Kiewert, A.; Lindemann, U.: Kostengünstig entwickeln und Konstruieren. 2. Aufl. Berlin: Springer 1988.

[EhMe17] Ehrlenspiel, K.; Meerkamm, H.: Integrierte Produktentwicklung. Denkabläufe, Methodeneinsatz, Zusammenarbeit. 6. Aufl. München: Hanser 2017.

[Ehrl85] Ehrlenspiel, K.: Integrierte Produktentwicklung. München: Hanser 1985.

[ElKr93] Elgass, P.; Krcmar, H.: Computergestützte Geschäftsprozessplanung. Information Management (1993)1, S. 42–49.

[EpMa87] Eppen, G. D.; Martin, R. K.: Solving multi-item capacitated lot-sizing problems using variable redefinition. OperationsResearch 35(1987)6, S. 832–848.

[EtLe04] Ethiraij, S. K.; Levinthal, D.: Modularity and Innovation in Complex Systems. Management Science 50(2004)2, S. 159–173.

[EuRa89] EUROPÄISCHER RAT: Richtlinie des Rates vom 12. Juni 1989 über die Durchführung von Massnahmen zur Verbesserung der Sicherheit und des Gesundheitsschutzes der Arbeitnehmer bei der Arbeit. (89/392/EWG/). Rahmenrichtlinie.

[EuRa90] EUROPÄISCHER RAT: Richtlinie des Rates vom 29. Mai 1990 über die Mindestvorschriften bezüglich der Sicherheit und des Gesundheitsschutzes bei der Arbeit an Bildschirmen. (90/270/EWG). Fünfte Einzelrichtlinie im Sinne von Artikel 26 der Richtlinie (89/392/EWG).

[Ewer94] Ewert, J.-P.: Ist das Konzept vom Auslösemechanismus noch zeitgemäß? In: Neumann, G.-H.; Scharf, K.-H. (Hrsg.): Verhaltensbiologie in Forschung und Unterricht. Ethologie-Soziobiologie-Verhaltensökologie. Köln: Aulis Verlag Deubner 1994.

[Ferb01] Ferber, J.: Multiagentensysteme. München: Addison-Wesley 2001.

[Ferr01] Ferreiros, J.: The road to modern logic – An Interpretation. In: The Bulletin of Symbolic Logic 7(2001)4, S. 441–484.

[FeSA93] Ferstl, O.; Sinz, E.: Grundlagen der Wirtschaftsinformatik Bd. 1. München: Oldenbourg 1993.

[FeSB93] Ferstl, O.; Sinz, E.: Der Modellierungsansatz des Semantischen Objektmodells (SOM). Bamberger Beiträge zur Wirtschaftsinformatik 18(1993), S. 1–20.

[FeSi90] Ferstl, O.; Sinz, E.: Objektmodellierung betrieblicher Informationssysteme im Semantischen Objektmodell (SOM). Wirtschaftsinformatik 32(1990)6, S. 566–581.

[FESI91] FERSTL, O.; SINZ, E.: Ein Vorgehensmodell zur Objektmodellierung betrieblicher Informationssysteme im Semantischen Objektmodell (SOM). Wirtschaftsinformatik 33(1991)6, S. 477–491.

[FESI93] FERSTL, O.; SINZ, E.: Geschäftsprozessmodellierung. In: Wirtschaftsinformatik 6(1993), S. 159–165.

[FESI94] FERSTL, O.; SINZ, E.: Programmiermodell für objektorientierte, erweiterbare Anwendungssysteme. Informationen zum Exponat, CeBit 94. S. 1–7, 1994.

[FESI08] FERSTL, O.; SINZ, E.: Grundlagen der Wirtschaftsinformatik. 6. Aufl. München: Oldenbourg 2008.

[FETT06] FETTKE, P.: State of the Art of the State of the Art – A Study of the research method „Review" in the Information Systems discipline. Wirtschaftsinformatik 48(2006) 257.

[FEYN07] SANDS, M.; FEYNMAN, R.; LEIGHTON, R. B.: Feynman-Vorlesungen über Physik: Hauptsächlich Mechanik, Strahlung und Wärme. München: Oldenbourg 2007.

[FEYN15] FEYNMAN, R. P.; LEIGHTON, R. B.; SANDS, M.: Feynman-Vorlesungen über Physik. 6. Aufl. Berlin: de Gruyter 2015.

[FGKO04] FRANK, U.; GIESE, H.; KLEIN, F.; OBERSCHELP, O.; SCHMIDT, A.; SCHULZ, B.; VÖCKING, H.; WITTING, K.: Selbstoptimierende Systeme des Maschinenbaus. Definitionen und Konzepte. Sonderforschungsbereich 614. Paderborn: Universität 2004.

[FLEI90] FLEISCHMANN, B.: The Discrete Lotsizing and scheduling Problem. European Journal of OperationsResearch 44(1990), S. 337–348.

[FLEI94] FLEISCHMANN, B.: The Discrete Lotsizing and scheduling Problem with sequence dependent setup costs. European Journal of OperationsResearch 75(1994), S. 395–404.

[FOEL90] FÖLLINGER, O.: Regelungstechnik. 6. Aufl. Heidelberg: Hüthig 1990.

[FRAN79] FRANKE, H.: Zur Theorie des Wirkprinzips als Typ technologischer Gesetze der Stoffbearbeitung. Halle: Diss. Univ. 1979.

[FRIC93] FRICKE, E.: Mitbestimmung – das Allheilmittel? In: Arbeitsrecht im Betrieb, 1(1993), S. 6–19.

[GABR15] GABRIEL, G.: Erkenntnis. Berlin: de Gruyter 2015.

[GASH93] GAINES, B. R.; SHAW, M. L. G.: Knowledge Acquisition Tools based on Personal Construct Psychology. In: The Knowledge Engineering Review 8(1993)1, S. 49–85.

[GBSO04] GIESE, H.; BURMESTER, S.; SCHÄFER, W.; OBERSCHELP, O.: Modular Design and Verification of Component-Based Mechatronic Systems with Online Reconfiguration. In: Proc. 12th ACM SIGSOFT Foundations of Software Engineering 2004. Newport Beach 2004.

[GEBA72] GEBAUER, G.: Kritik der Interpretation: Über die Grenzen der Literaturwissenschaft. In: Schmidt, S. J. (Hrsg.): Zur Grundlegung der Literaturwissenschaft. S. 114–123. München: Hanser 1972.

[GGGP71] GROCHLA, E.; GARBE, H.; GILLNER, R.; POTHS, W.: Grundmodell zur Gestaltung eines integrierten Datenverarbeitungssystems. Kölner Integrationsmodell (KIM). BIFOA Arbeitsbericht 71/6. Köln 1971.

[GHJV95] GAMMA, E.; HELM, R.; JOHNSON, R.; VLISSIDES, J.: Design Patterns: Elements of Reusable Object Oriented Software. Reading: Addison-Wesley 1995.

[GLLR79] GRAHAM, R. L.; LAWLER, E. L.; LENSTRA, J. K.; RINOOY KAN, A. H. G.: Optimization and approximation in deterministic sequencing and scheduling theory: a survey. Ann. Discrete Math. 5, 1979, S. 287–326.

[GÖDE31] GÖDEL, K.: Über formal unentscheidbare Sätze der Principia Mathematica und verwandter Systeme. In: Monatshefte für Mathematik und Physik. Akademische Verlagsgesellschaft Leipzig. 38(1931/32), S. 173–198.

[GOLD02] GOLDSTEIN, E. B.: Wahrnehmungspsychologie. Heidelberg: campus 2002.

[GOLD04] GOLDSTEIN, E. B.: Cognitive Psychology. Connecting Mind, Research and Everyday Experience. Belmont: Thompson Wadsworth 2004.

[GOLE87] GOLEMAN, D.: Lebenslügen und einfache Wahrheiten. Weinheim: Heyne 1987.

[GOLE96] GOLEMAN, D.: Emotionale Intelligenz. München: Hanser 1996.

[GOLE23] Künstliche Intelligenz in Spielen. Die KI ist so intelligent wie ihre Entwickler. In: Golem.de 2023.

[GOOD84] GOODMAN, N.: Weisen der Welterzeugung. Frankfurt a. M.: Suhrkamp 1984.

[GRAH66] GRAHAM, R. L.: Bounds on multiprocessing timing anomalies. Bell System Technical Report (1966)45, S. 1563–1581.

[GRAP89] SIEMENS NIXDORF INFORMATIONSSYSTEME (Hrsg.): GRAPES-SD: Graphisches Entwurfssystem – Systemdesign. Benutzerhandbuch: Softwareprodukt GRAPES-SD. V.1.0. München: Siemens Internationales Dokumentationszentrum 1989.

[GRAP93] SIEMENS NIXDORF INFORMATIONSSYSTEME (Hrsg.): GRAPES -86 V2.0. Sprachelemente. München: Siemens Internationales Dokumentationszentrum 1993.

[GRAR93] SIEMENS NIXDORF INFORMATIONSSYSTEME (Hrsg.): GRAPES -RDDG93. Benutzerhandbuch 1.0. München: Siemens Internationales Dokumentationszentrum 1993.

[GRAS93] SIEMENS NIXDORF INFORMATIONSSYSTEME (Hrsg.): GRAPES -SD93. Benutzerhandbuch 2.0. München: Siemens Internationales Dokumentationszentrum 1993.

[GRKR01] GRÖTSCHEL, M.; KRUMKE, S. O.; RAMBAU, J. (Hrsg.): Online-Optimization of Large Scale Systems. Berlin: Springer 2001.

[GROE86] GROEBEN, N.: Handeln, Tun, Verhalten als Einheiten einer verstehend-erklärenden Psychologie. Tübingen: Francke 1986.

[GROL22] GRÄSSLER, I.; OLEFF, CH.: Systems Engineering. Verstehen und industriell umsetzen. Berlin: Springer 2022.

[GRSC71] GROEBEN, N.; SCHEELE, B.: Argumente für eine Psychologie des reflexiven Subjekts. Darmstadt: Steinkopff 1971.

[GRSS93] SIEMENS NIXDORF INFORMATIONSSYSTEME (Hrsg.): GRAPES - Simulator V. 1.0. Benutzerhandbuch. München: Siemens Internationales Dokumentationszentrum 1993.

[GUTE58] GUTENBERG, E.: Grundlagen der Betriebswirtschaftslehre. Berlin: Springer 1958.

[GWSS88] GROEBEN, N.; WAHL, D.; SCHLEE, Z.; SCHEELE, B. (Hrsg.): Das Forschungsprogramm subjektiver Theorien. Tübingen: Francke 1988.

[HACK89] HACKSTEIN, R.: Produktionsplanung und -steuerung (PPS)- ein Handbuch für die Betriebspraxis. Düsseldorf: VDI 1989.

[HAGE95] HAGEN, K. T.: Abstrakte Modellierung digitaler Schaltungen. VHDL vom abstrakten Modell bis zur Gatterebene. Berlin: Springer 1995.

[HAGG89] HAGGENMÜLLER, R.: Grafische Systemanalyse mit GRAPES. Seminarunterlagen. GI Deutsche Informatik Akademie. München: Siemens Internationales Dokumentationszentrum 1989.

[HALA72] HAX, H.; LAUX, H.: Flexible Planung: Verfahrensregeln und Entscheidungsmodelle für die Planung bei Ungewissheit. In: ZfbF 24(1972), S. 318–340.

[HANS65] HANSEN, F.: Konstruktionssystematik. 2. Aufl. Berlin: Verlag Technik 1965.

[HANS74] HANSEN, F.: Konstruktionswissenschaft – Grundlagen und Methoden. München: Hanser 1974.

[HARR91] HARRINGTON, J.: The return on High Performance to the U.S. Workplace. The Journal of Business Strategy 12(1991)4, S. 23–27.

[HEIN83] HEINEN, E. (Hrsg.): Industriebetriebslehre – Entscheidungen im Industriebetrieb. Wiesbaden: Gabler 1983.

[HELB94] HELBER, S.: Kapazitätsorientierte Losgrössenplanung in PPS-Systemen. Stuttgart: M&P-Verlag für Wissenschaft und Forschung 1994.

[HELD90] HELD, G. (Hrsg.): Sprachbeschreibung GRAPES. München: Siemens Internationales Dokumentationszentrum 1990.

[HELD91] HELD, G. (Hrsg.): Objektorientierte Systementwicklung. München: Siemens Internationales Dokumentationszentrum 1991.

[HELD91A] HELD, G. (Hrsg.): Informations- und Funktionsmodellierung mit GRAPES. München: Siemens Internationales Dokumentationszentrum 1991.

[HELD98] HELD, G. (Hrsg.): Sprachbeschreibung GRAPES. Syntax, Semantik und Grammatik von GRAPES. München: Siemens Internationales Dokumentationszentrum 1998.

[HEMP74] HEMPEL, C. G.: Grundzüge der Begriffsbildung in der empirischen Wissenschaft. Düsseldorf: Bertelsmann-Universitätsverlag 1974.

[HEMÜ20] HEBENSTREIT-MÜLLER, S.: Schemata. https://www.socialnet.de/lexikon/Schemata-Fruehpaedagogik. 2020.

[HENS92] HENSELDER, A.: Datenschutz lässt sich organisieren. In: Wirtschaft und Produktivität. 5. Mai 1992.

[HIND96] HINDI, K. S.: Solving the CLSP by a tabu research heuristic. Journal of the Operational Research Society 47(1996), S. 151–161.

[HNBB92] HABERFELLNER, R.; NAGEL, P.; BECKER, M.; BÜCHEL, A.; VON MASSOW, H.: Systems Engineering: Methodik und Praxis. Hrsg.: Daenzer, W. F.; Huber, F., 8. Aufl. Zürich: Industrielle Organisation 1992.

[HOET06] HOETKER, G.: Do Modular Products Lead to modular Organizations? Strategic Management Journal 27(2006)6, S. 501–518.

[HOFS79] HOFSTADTER, D. G.: Gödel. Escher. Bach – ein endloses geflochtenes Band. Stuttgart: Klett Cotta 1979.

[HOGA85] HOLZ, B. F.; GAEBLER, W.: Flexible Fertigungssysteme. Berlin: Springer 1985.

[HOGR89] HOGREFE, D.: Estelle, Lotos und SDL. Standard-Spezifikationssprachen für verteilte Systeme. Berlin: Springer 1989.

[HOLL95] HOLL, F.: Ordnungsmässigkeit von Informations- und Kommunikationssystemen. Paderborn: Diss. Univ. 1995.

[HORT82] HORTON, R.: Tradition and modernity revisited. In: Hollis, M.; Lukes, St. (Hrsg.): Rationality and Relativism. S. 201–260. Cambridge: Penguin Random House 1982.

[HUED92] HUBKA, V.; EDER, W. E.: Einführung in die Konstruktionswissenschaft. Übersicht, Modell, Anleitungen. Berlin: Springer 1992.

[HUPF08] HUPF, K.: Zeitbewertete Prädikat/Transitions-Netze zur Modellierung, Simulation und Analyse sicherheitskritischer Echtzeitsysteme. Dissertation. Koblenz, Landau: Universität 2008.

[HUTA55] HUTAREW, G.: Kurze Einführung am Beispiel der Drehzahlregelung von Wasserturbinen. Berlin: Springer 1955.

[INNO98] INNOVATOR (Fa.): MID, Produktbeschreibung, 1998.

[JANS04] JANSEN, L.: Dispositionen und ihre Realität. In: Halbig, L.; Suhm, Ch. (Hrsg.): Was ist wirklich? Realismusdebatten in der neueren Philosophie. S. 117–138. Frankfurt a. M.: Ontos 2004.

[KALL98] KALLMEYER, F.: Eine Methode zur Modellierung prinzipieller Lösungen mechatronischer Systeme. Paderborn: Heinz Nixdorf Institut 1998.

[KANT74] KANT, I.: Kritik der reinen Vernunft. Suhrkamp Taschenbuch Wissenschaft. Frankfurt a. M.: Suhrkamp 1974.

[KANT82] KANT, I.: Kritik der reinen Vernunft, Vorrede zur 2. Auflage Werkausgabe, hrsg. von Weischedel, W.; Bd. 3, 4. Aufl. Frankfurt a. M. 1982, S. 23.

[KANT84] KANT, I.: Kritik der praktischen Vernunft. Riga: Johann Friedrich Hartknoch 1788. Nachdruck Erlangen 1984.

[KAUF94] KAUFMANN, M.: Begriffe, Sätze, Dinge. Referenz und Wahrheit bei Wilhelm von Ockham. Leiden: Brill 1994.

[KELL55] KELLY, G. A.: The Psychology of Personal Constructs. New York: Norton 1955.

[KELL70] KELLY, G. A.: A brief Introduction to Personal Construct Theory. In: Bannister, D. (Hrsg.): Perspectives in Personal Construct Theory. New York: Academic Press 1970.

[KELL77] KELLY, G. A.: The Psychology of the Unknown. In: Bannister, D. (Hrsg.): New Perspectives in Personal Construct Theory. New York: Academic Press 1977.

[KHAL13] KHALIDI, M. A.: Natural Categories and Human Kinds. Classification in the Natural and Social Sciences. Cambridge: Cambridge University Press 2013.

[KIKÖ08] KINDT, T.; KÖPPE, T. (Hrsg.): Moderne Interpretationstheorien. Ein Reader. Göttingen: Vandenhoeck&Ruprecht 2008.

[KIMM97] KIMMS, A.: Multi-Level Lot Sizing and Scheduling. Heidelberg: Physica 1997.

[KIRC97] KIRCHHOFF, G.: Vorlesungen über Mathematische Physik. Erster Band: Mechanik. Leipzig: Teubner 1897.

[KKRU73] KRAMPE, H.; KUBAT, J.; RUNGE, W.: Bedienungsmodelle. Ein Leitfaden für die praktische Anwendung. München: Oldenbourg 1973.

[KLBU85] KLAUS, G.; BUHR, M. (Hrsg.): Philosophisches Wörterbuch. Bd. 1 A bis Kybernetik – 13. Aufl. als fotomechan. Nachdr. d. 12. durchges. Aufl. Berlin: Verlag Das Europ. Buch 1985.

[KLUS11] KLUSENDICK, M.: Kognitionspsychologie. In: Naderer, G.; Balzer, E. (Hrsg.): Qualitative Marktforschung in Theorie und Praxis. Wiesbaden: Gabler 2011.

[KOLL94] KOLLER, F.: Konstruktionslehre für den Maschinenbau. Grundlagen zur Neu- und Weiterentwicklung technischer Produkte. 3. Aufl. Berlin: Springer 1994.

[KOSI62] KOSIOL, E.: Organisation der Unternehmung. Der Verteilungszusammenhang der Unternehmung. Wiesbaden: Gabler 1962.

[KOSI69] KOSIOL, E.: Aufbauorganisation. Aufgabenanalyse, Aufgabensynthese. In: Grochla, E. (Hrsg.): Handwörterbuch der Organisation. Stuttgart: Poeschel 1969.

[KUHN76] KUHN, TH. S.: Die Struktur wissenschaftlicher Revolutionen. 2. Aufl. Frankfurt a. M.: Suhrkamp 1976.

[LANG02] LANGLOIS, R. N.: Modularity in technology and organization. Journal of economic Behavior & Organization 49(2002)1, S. 19–37.

[LAPL13] LAPLANTE, P. A.: Requirements Engineering for Software and Systems. Applied Software Engineering Series. 2. Aufl. Boca Raton: Auerbach Publications 2013.

[LARO92] LANGLOIS, R. N.; ROBERTSON, P. L.: Networks and innovation in a modular system: Lessons from the microcomputer and stereo component industries. Research Policy 21(1992)4, S. 297–313.

[LENI47] LENIN, W. I.: Materialismus und Empiriokritizismus. Kritische Bemerkungen über eine reaktionäre Philosophie. Moskau: Verlag für fremdsprachige Literatur 1947.

[LENK75] LENK, H.: Pragmatische Philosophie. Hamburg: Hofmann & Campe 1975.

[LENK83] LENK, H.: Vom kognitiven Subjektivitätskonstrukt zum pragmatischen Handlungszusammenhang. In: Radermacher, H. (Hrsg.): Aktuelle Probleme der Subjektivität. S. 9–38. Bern: Peter Lang 1983.

[LENK91] LENK, H.: Zu einem methodologischen Interpretationskonstruktionismus. Zeitschrift für allgemeine Wissenschaftstheorie 22(1991), S. 283–301.

[LENK93] LENK, H.: Philosophie und Interpretation. Frankfurt a. M.: Suhrkamp 1993.

[LENK01] LENK, H.: Kleine Philosophie des Gehirns. Darmstadt: Primus 2001.

[LENK10] LENK, H.: Das flexible Vielfachwesen. Einführung in die moderne philosophische Anthropologie zwischen Bio-, Techno- und Kulturwissenschaften. Weilerswist: Velbrück 2010.

[LEYE77] LEYER, A.: Maschinenkonstruktionslehre. Heft 1–7. Technica-Reihe. Basel: Birkhäuser 1977.

[LORE41] LORENZ, K.: Kants Lehre vom Apriorischen im Lichte gegenwärtiger Biologie. Blätter für Deutsche Philosophie 15 (1941), S. 94–125.

[LORE43] LORENZ, K.: Die angeborenen Formen möglicher Erfahrung. Zeitschrift für Tierpsychologie 5 (1943), S. 235–409.

[LUMO73] LUEG, H.; MOLL, W.-P.: Fertigungsbeschreibendes Klassifizierungssystem. Stuttgart: Grossmann 1973.

[MAIN03] MAINZER, K.: KI Künstliche Intelligenz. Grundlagen intelligenter Systeme. Darmstadt: Primus 2003.

[MCGL78] MCCLOSKEY, M. E.; GLUCKSBERG, S.: Natural Categories: Well defined or fuzzy Sets? Memory and Cognition 6(1978), S. 462–472.

[MCRB06] MACCORMACK, A.; RUSNACK, J.; BALDWIN, C. Y.: Exploring the Structure of complex Software Designs: An empirical Study of Open Source and Proprietary Code. Management Science 52(2006)7, S. 1015–1030.

[MEAL02] MEYSTEL, A. M.; ALBUS, J. S.: Intelligent Systems – Architecture, Design and Control. New York: Wiley 2002.

[MENG74] MENGES, G.: Grundlagen wirtschaftlicher Entscheidungen. Opladen: Westdeutscher Verlag 1974.

[MESC71] MESCHKOWSKI, H.: Mathematisches Begriffwörterbuch. Mannheim: Bibliographisches Institut 1971.

[MIBR92] MINISTERIUM DES INNERN BRANDENBURG: IT-Handbuch. AZ: II/7.100. Potsdam 1992.

[MILL03] MILLER, G. A.: The cognitive revolution. A historical perspective. In: Trends in cognitive sciences. 7(2003), S. 141–144.

[MINS75] MINSKY, M. J.: A Framework for Representing Knowledge. In: Winston, P. H. (Hrsg.): The Psychology of Computer Vision. New York: McGraw-Hill 1975.

[MOLL97] MOLLEMEIER, A.: Integrierte Steuerung getakteter Variantenfließlinien. Wiesbaden: DUV 1997.

[MRCB06] Moses, J.; Rumelhart, D. E.; Crawley, W.; Bridgman, X. C.: Logic and Architecture. In: Engineering Systems Symposium Proceedings 2006.

[MuMe65] Müller-Merbach, H.: Optimale Losgrösse bei mehrstufiger Fertigung. Mitteilung des AWF 40(1965)3, S. 11–16.

[Naef16] Naefe, P.: Konstruktionsmethodik. Berlin: Springer 2016.

[Nage03] Nagel, M.: Flexibilitätsmanagement- Ein systemdynamischer Ansatz zur quantitativen Bewertung von Produktionsflexibilität. Wiesbaden: DUV 2003.

[NaKo18] Naefe, P.; Kott, M.: Konstruktionslehre für Einsteiger. Berlin: Springer 2018.

[Niet70] Nietzsche, F.: Werke. Kritische Gesamtausgabe. Hrsg: Colli, G.; Montinari, M. Berlin: de Gruyter 1970.

[NoNS73] Nordsieck, F.; Nordsieck-Schroer, H.: Aufgabengliederung. In: Grochla, E. (Hrsg.): Handwörterbuch der Organisation. Stuttgart: Poeschel 1973.

[Orli75] Orlicky, J.: Material Requirements Planning. Boston: McGraw Hill 1975.

[Oste06] Osterloh, M.: Das Management von Strukturen und Prozessen. IOU. Zürich: Universität 2006.

[OTW2] OTW2, Fa. OWiS Software, Produktbeschreibung, 1998.

[PaBe97] Pahl, G.; Beitz, W.: Konstruktionslehre. Methoden und Anwendung erfolgreicher Produktentwicklung. 4. Aufl. Berlin: Springer 1997.

[PaBe21] Bender, B.; Gericke, K. (Hrsg.): Pahl/Beitz Konstruktionslehre. Methoden und Anwendung erfolgreicher Produktentwicklung. 9. Aufl. Berlin: Springer Vieweg 2021.

[Pahl01] Pahl, G.: Grundlagen der Konstruktionstechnik. In: Beitz, W.; Grote, K.-H. (Hrsg.): DUBBEL Taschenbuch für den Maschinenbau. 20. Aufl. S. F1–F38. Berlin: Springer 2001.

[Para00] Grabowski, H.; Paral, Th.: Erfolgreich Produkte entwickeln. Methoden. Prozesse. Wissen. LOGX, 2004. ISBN 3-932298-23-3.

[Paul65] Pauling, L.: Chemie. Eine Einführung. 6. Aufl. Weinheim: Verlag Chemie 1965.

[Pesc15] Peschges, K. J.: Im Team entwickeln und konstruieren. Berlin: Springer 2015.

[PHB91] SIEMENS NIXDORF INFORMATIONSSYSTEME (Hrsg.): Prozesshandbuch für die Erstellung von Anwendersoftware und Realisierung von Projekten. München: Siemens Internationales Dokumentationszentrum 1991.

[Piag79] Piaget, J.: Sprechen und Denken des Kindes. Berlin: Giradet 1979.

[Pich75] Pichler, F.: Mathematische Systemtheorie: dynamische Konstruktionen. Berlin: de Gruyter 1975.

[Pine02] Pinedo, M.: Scheduling theory, algorithms and systems. New York: Prentice Hall 2002.

[PKHG91] Pfeiffer, M.; Kazmeier, J.; Haggenmüller, R.; Günther, R.: Die Engineering-Sprache GRAPES. In: Timm, M. (Hrsg.): Requirements Engineering '91. Structured Analysis und verwandte Ansätze. Proceedings. Informatik-Fachbericht 273. Berlin: Springer 1991.

[Plut23] Pluta, W.: NASA lässt KI-Software Raumfahrtkomponenten entwerfen. In: Golem.de. 16.2.2023. https://www.golem.de/news/design-nasa-laesst-ki-software-raumfahrt-komponenten-entwerfen. 2023.

[Pohl07] Pohl, K.: Requirements Engineering: Grundlagen, Prinzipien, Techniken. Heidelberg: dpunkt 2007.

[Popp84] Popper, K.: Logik der Forschung. 9. Aufl., Tübingen: Mohr Siebeck 1984.

[Popp94] Popper, K.: Die beiden Grundprobleme der Erkenntnistheorie. Hrsg. von T. R. Hansen. 2. Aufl. Tübingen: Mohr Siebeck 1994.

[PoRu15] POHL, K.; RUPP, C.: Basiswissen Requirements Engineering: Aus- und Weiterbildung nach IREB-Standard zum Certified Professional for Requirements Engineering Foundation Level. 4. Aufl. Heidelberg: dpunkt 2015.

[PUTN87] PUTNAM, H.: The many faces of Realism.Open Court. La Salle 1987.

[PUTN91] PUTNAM, H.: Repräsentation und Realität. Frankfurt a. M.: Suhrkamp 1991.

[PUTN95] PUTNAM, H.: Pragmatismus – eine offene Frage. Frankfurt a. M.: Campus 1995.

[QUIN00] QUINTANILLA DE SIMSEK, J.: Ein Verifikationsansatz für eine netzbasierte Modellierungsmethode für Fertigungssteuerungssysteme. Paderborn: Heinz-Nixdorf-Institut 2000.

[QUIN60] QUINE, W. V. O.: Wort und Gegenstand. Stuttgart: Reclam 1960.

[RABE07] RABE, G.: Psychologie der persönlichen Konstrukte. Zur praktischen Anwendung der Theorie George A. Kellys. Fachbereich Psychologie. Oldenburg: Universität 2007.

[RAGU22] Allgemeiner Umdruck Nr. 251. Entwicklungsstandard für IT-Systeme des Bundes. Methodenzuordnung. https://ragutt.de/be_site/webdoks/au251/a2-2kome/grapes.htm. Juni 1997.

[RAMM91] RAMMIG, F.-J.: Mit VHDL ist ein wesentlicher Durchbruch gelungen. ME 5(1991), 5.

[RAWE16] RAMMSAYER, T.; WEBER, H.: Differentielle Psychologie – Persönlichkeitstheorien. 2. Aufl. Göttingen: Hogrefe 2016.

[REFA85] REFA (Hrsg.): Methodenlehre der Planung und Steuerung. München: Hanser 1985.

[REWE18] REY, G. D.; WENDER, K. F.: Neuronale Netze. Eine Einführung in die Grundlagen, Anwendungen und Datenauswertung. 3. Aufl. Bern: Hogrefe 2018.

[RMJB76] ROSCH, E. H.; MERVIS, C. B.; GRAY, W. D.; JOHNSON, D. M.; BOYES-BREM, P.: Basic Objects in Natural Categories. Cognitive Psychology 8(1976), S. 382–439.

[RMSc94] RITTER, H.; MARTINEZ, TH.; SCHULTEN, K.: Neuronale Netze. München: Oldenbourg 1994.

[RODE91] RODENACKER, W. G.: Methodisches Konstruieren. 4. Aufl. Berlin: Springer 1991.

[ROED11] ROEDIGER, E.: Praxis der Schematherapie. Stuttgart: Schattauer 2011.

[ROES11] RÖSLER, F.: Psychophysiologie der Kognition. Heidelberg: Spektrum 2011.

[ROSC77] ROSCH, E. H.: Human Categorization. In: Warren, N. (Hrsg.): Studies in Cross-cultural Psychology. Bd. 1. S. 3–49. London: Academic Press 1977.

[ROSE98] ROSE, Fa. Rational, Produktbeschreibung, 1998.

[ROPO75] ROPOHL, G.: Einführung in die Systemtechnik. In; Systemtechnik – Grundlagen und Anwendung. München: Hanser 1975.

[ROPO79] ROPOHL, G.: Allgemeine Technologie. Karlsruhe: Universitätsverlag Karlsruhe 1979.

[ROSB92] ROSENBERG, O.: Planungssysteme. Skript zur Vorlesung. Universität Paderborn 1992.

[ROSS85] ROSS, D. T.: Applications and Extensions of SADT. IEEE Computer 18(1985) April, S. 25–34.

[ROTH94] ROTH, K.: Konstruieren mit Konstruktionskatalogen. 2. Aufl. Berlin: Springer 1994.

[RUAV67] RUIZ-PALA, E.; AVILA-BELOSO, K.: Wartezeit und Warteschlange. Meisenheim/Glan: Anton Hain 1967.

[RuMC87] RUMELHART, D. E.; MCCLELLAND, J. L.: Parallel distributed Processing. Bradford: MIT Press 1987.

[RuMe77] RUMELHART, D. E.: Introduction to Human Information Processing. Hoboken: Wiley 1977.

[RuMe78] RUMELHART, D. E.: Schemata: the Building Blocks of Cognition. Center for Human Information Processing. Report No.79. Univ. of La Jolla, CA.: 1978.

[RuNo78] RUMELHART, D. E.; NORMAN, D. A.: Das aktive strukturelle Netz. In: Norman, D. A.; Rumelhart, D. E. (Hrsg.): Strukturen des Wissens. Wege der Kognitionsforschung. Stuttgart: Klett Cotta 1978.

[RuOr77] RUMELHART, D. E.; ORTONY, A.: The Representation of Knowledge in Memory. In: Anderson, R. C.; Spiro, R. J.; Montague, W. E. (Hrsg.): Schooling and the Acquisition of Knowledge. Hillsdale, N.J.: Taylor & Francis 1977.

[RuPP07] RUPP, C.: Requirements-Engineering und -Management: Professionelle, iterative Anforderungsanalyse für die Praxis. 4. Aufl. München: Hanser 2007.

[RuWh86] RUSSELL, B.; WHITEHEAD, A. N.: Principia mathematica. Frankfurt a. M.: Suhrkamp 1986.

[SaFR02] SALVADOR, F.; FORZA, C.; RUNGTUSANATHAM, M.: Modularity, product variety, production volume, and component sourcing: theorizing beyond generic prescriptions. Journal of Operations Management 20(2002)5, S. 549–575.

[SaMa96] SANCHEZ, R.; MAHONEY, J. T.: Modularity, flexibility, and knowledge management in product and organization design. Strategic Management Journal 17(1996)2, S. 63–76.

[SaUE23] SAUER, B. (Hrsg.): Konstruktionselemente des Maschinenbaus. 10. Aufl. Berlin: Springer 2023.

[ScAb77] SCHANK, R.; ABELSON, R.: Scripts, Plans, Goals and Understanding. An Inquiry into Human Knowledge Structures. Hillsdale: Taylor&Francis 1977.

[ScHA87] SCHARFENKAMP, N.: Organisatorische Gestaltung und wirtschaftlicher Erfolg. Berlin: de Gruyter 1987.

[ScHE91] SCHEER, A. W.: Architektur integrierter Informationssysteme. Grundlagen der Unternehmensmodellierung. Berlin: Springer 1991.

[ScHE94] SCHEER, A. W.: Wirtschaftsinformatik. 4. Aufl. Berlin: Springer 1994.

[ScHI00] SCHILLING, M. A.: Toward a General Modular Systems Theory and its Application to Interfirm Product Modularity. The Academy of Management Review 25(2000)2, S. 312–334.

[ScHL91] SCHLÄGER, U.: Datenschutzkonzept für PC-Einplatzsysteme, Lokale Netze, PC-Host-Kopplung. Hamburger Datenschutzhefte 1991.

[ScHM76] SCHMENNER, R. W.: Before you build a big factory. Harvard Business Review 1976. July–August 1976, S. 100–104.

[ScHN80] SCHNEIDER, D.: Investition und Finanzierung. Berlin: Springer 1980.

[ScHU14] SCHUH, G.: Produktkomplexität managen: Strategien-Methoden-Tools. München: Hanser 2014.

[ScHW01] SCHWARZ, CH.: Jean Piagets Stufenmodell der geistigen Entwicklung. Freiburg: GRIN 2001.

[ScHW11] SCHWINN, H.: Requirements Engineering: Modellierung von Anwendungssystemen. München: Oldenbourg 2011.

[ScSa85] SCHMIDT-SALZER, J.: Produkthaftung. Heidelberg: Verl.-Ges. Recht und Wirtschaft 1985.

[SeAR71] SEARLE, J. R.: Sprechakte. Ein sprachphilosophischer Essay. Frankfurt a. M.: Suhrkamp 1971.

[SEAR82] SEARLE, J. R.: Ausdruck und Bedeutung. Frankfurt a. M.: Suhrkamp 1982.

[SEWI22] SEWIKI IAI Vorlesung Softwaretechnologie 2021/22.

[SFB614] FRANK, U.; GIESE, H.; KLEIN, F.; OBERSCHELP, O.; SCHMIDT, A.; SCHULZ, B.; VÖCKING, H.; WITTING, K.: Selbstoptimierende Systeme des Maschinenbaus. Definitionen und Konzepte. Paderborn: Universität 2004.

[SHKR91] SHEU, CH.; KRAJEWSKI, L. J.: Strategic Formation of Manufacturing Cells. In: Fandel, G.; Zäpfel, G. (Hrsg.): Modern production concepts: theory and applications. Proceedings International Conference on Modern Production Concept. S. 544–559. Berlin: Springer 1991.

[SIMO62] SIMON, H. A.: The Architecture of Complexity. Proceedings of the American Philosophical Society 106(1962)6, S. 467- 482.

[SINZ87] SINZ, E.: Datenmodellierung betrieblicher Probleme und ihre Unterstützung durch ein wissensbasiertes Entwicklungssystem. Habilitationsschrift. Regensburg 1987.

[SINZ93] SINZ, E.: Datenmodellierung im strukturierten Entity Relationship Modell. In: Müller-Ettrich, G. (Hrsg.): Fachliche Modellierung von Informationssystemen: Methoden, Vorgehen, Werkzeuge. S. 63–126. Bonn: Addison-Wesley 1993.

[SKIN74] SKINNER, W.: The focused factory. Harvard Business Review. May-June 1974, S. 113–121.

[SKKVW91] SALOMON, M.; KROON, L.; KUIK, R.; VAN WASSENHOVE, L. N.: Some Extensions of the Discrete Lotsizing and Scheduling Problem. Management Science 37(1991)7, S. 801–812.

[SMIT56] SMITH, W. E.: Various Optimizers for single-stage Production. Naval Res. Logist. Quart. 3(1956), S. 59–66.

[SMK93] STANEK, W.; MASSBERG, W.; KREIMEIER, D.: Modell- und Algorithmenbank als Kristallisationskern hierarchischer Fertigungsleitsysteme. ZwF 88(1993) 7/7, S. 324–326.

[SOER04] SOSA, M. E.; EPPINGER, S. D.; ROWLES, C. M.: The Mis alignment of Product Architecture and Organizational Structure in complex Product Development. Management Science 50(2004)12, S. 1674–1689.

[SPÄT75] SPÄTH, W.: Cluster-Analyse – Algorithmus zur Objektklassifizierung und Datenreduktion. München: Oldenbourg 1975.

[STAC73] STACHOWIAK, H.: Allgemeine Modelltheorie. Berlin: Springer 1973.

[STAN02] STANG, K.: Projektmanagement, Anforderungsanalyse und externe Qualitätssicherung: IT-Projekte durch umfassendes Anforderungsmanagement erfolgreich gestalten. Zürich: vdf Hochschulverlag 2002.

[STAN23] STANGL, W.: Persoenliche Konstrukte-Kelly.shtml. Online Lexikon für Psychologie & Pädagogik. https://arbeitsblaetter.stangl-taller.at/PSYCHOTHERAPIE/. 2023.

[STAR15] STARZAK, T.: Kognition bei Menschen und Tieren, eine vergleichende philosophische Perspektive. Berlin: de Gruyter 2015.

[STEG70] STEGMÜLLER, W.: Probleme und Resultate der Wissenschaftstheorie und Analytischen Philosophie. Bd. 2, Theorie und Erfahrung. Berlin: Springer 1970.

[STHE96] STANDOP, D.; HEMPELMANN, B.: Produkthaftung. In: Kern, W.; Schröder, H.-H.; Weber, J. (Hrsg.): Handwörterbuch der Produktionswirtschaft. 2 Aufl. Sp. 1451. Stuttgart: Schäffer-Poeschel 1996.

[STOR97] STORR, A.; DRILLER, J.; HUMMEL, M.; UHL, J.; WEINER, M.: Dezentrale, objektorientierte Konzepte in der Fertigungsleittechnik. In: Zukunftsweisende

Steuerungs- und Maschinenkonzepte für die Fertigung. S. 144–155. Düsseldorf: VDI 1997.

[STOR99] STORR, A.; LUTZ, R.; WEINER, M.: Softwaretechnik und CASE-Tools für Steuerungsprogramme. In: Tagungsband zum FTK'99. Stuttgart, 25.–26. Februar 1999.

[STOT92] STOTKO, E.: Planung und Optimierung von Geschäftsprozessen. In: Bürokommunikation für Ingenieure. VDI-Bericht 991.S. 43–63. Düsseldorf: VDI-Verlag 1992.

[SZAB01] SZABO, I.: Höhere Technische Mechanik. 6. Aufl. Berlin: Springer 2001.

[TARS86] TARSKI, A.: Der Wahrheitsbegriff in den formalisierten Sprachen. In: Berka, K.; Kreiser, L.: Logik-Texte. Kommentierte Auswahl zur Geschichte der modernen Logik. Berlin: Akademie-Verlag 1986.

[TELD02] TERWIESCH, CH.; LOCH, CH. H.; DE MEYER, A.: Exchanging Preliminary Information in Concurrent Engineering: Alternative Coordination Strategies. Organization Science 13(2002)4, S. 402–419.

[TEMP06] TEMPELMEIER, H.: Materiallogistik. Modelle und Algorithmen für die Produktionsplanung und-steuerung im Advanced Planning System. Berlin: Springer 2006.

[THIE93] THIELEN, C.: Management der Flexibilität: Anforderungskonzept für eine flexible Gestaltung der Unternehmung. Berlin: Springer 1993.

[TIEM13] TIEMEYER, E.: Handbuch IT-Management: Konzepte, Methoden, Lösungen und Arbeitshilfen für die Praxis. 5. Aufl. München: Hanser 2013.

[TINB51] TINBERGEN, N.: The Study of Instinct. Oxford: Clarendon Press 1951.

[TOGL94] TÖNSHOFF, H. K.; GLÖCKNER, M.: Logische Fertigungsinseln- Ein alternatives Konzept für Einzel- und Kleinserienfertiger. ZwF 89(1994)12, S. 607–609.

[TUFF88] TUFFENTSAMMER, K.: Hilfen durch Gruppentechnologie und Teilefamilienordnung. In: Tuffentsammer, K.; Storr, A.; Lange, K.; Pritschow, G.; Warnecke, H.-J.: Flexibles Fertigungssystem. Beiträge zur Entwicklung des Produktionsprinzips. S. 31–51. Weinheim: VCH 1988.

[ULRI95] ULRICH, K.: The role of product architecture in the manufacturing firm. Research Policy 24(1995)3, S. 419–440.

[VÖLZ18] VÖLZ, H.: Wie wir wissend wurden. Nicht alles ist Information. Aachen: Shaker 2018.

[WAGN05] WAGNER, J.: Lessons learned from DOMINO and GRAPES. Lecture Notes in Computer Science 509. S. 130 ff. Berlin: Springer 2005.

[WAOW80] WARNECKE, H.-J.; OSMAN, M.; WEBER, G.: Gruppentechnologie. Ind. Engineering 29(1980)1, S. 5–12.

[WAWH58] WAGNER, H. M.; WHITIN, TH. M.: Dynamic Version of the Economic Lot Sizing Problem. Management Science 5(Okt. 1958) 1, S. 89–96.

[WIEN95] WIENDAHL, H.-P.: Produktionsplanung und -steuerung im Wandel. ZwF 90(1995)2, S. 82–86.

[WITT84] WITTGENSTEIN, L.: Werkausgabe in 8 Bänden. Frankfurt a. M.: Suhrkamp 1984.

[WOLF97] WOLFGRAMM, H.: Allgemeine Techniklehre. Hildesheim: Franzbecker 1997.

[YDSH95] YAO, F.; DEMERS, A.; SHENKER, S.: A scheduling model for reduced CPU energy. In: Proceedings of the 36th Annual Symposium of Computer Science (FOCS), 374-382. IEEE Computer Society, Washington, DC, 1995.

[YOUR89] YOURDON, E.: Modern Structured Analysis. Englewood Cliffs: Prentice Hall 1989.

[vBER49] VON BERTALANFFY, L.: General Systems Theory. In: Biologia generalis 1(1949), S. 113–129.

[ZAHN96] ZAHN, E.: Kernkompetenzen. In: Kern, W.; Schröder, H.-H.; Weber, J.: (Hrsg.): Handwörterbuch der Produktionswirtschaft. 2. Aufl., Sp. 883. Stuttgart: Schäffer-Poeschel 1996.

[ZANG66] ZANGWILL, W.: A deterministic multiperiod production scheduling model with backlogging. Management science 13 (1966) 1, S. 105–119.

[ZIPP92] ZIPPELIUS, H.-M.: Die vermessene Theorie. Eine kritische Auseinandersetzung mit der Instinkttheorie von Konrad Lorenz und verhaltenskundlicher Forschungspraxis. Braunschweig: Vieweg 1992.

[ZOLL06] ZOLLENKOP, M.: Geschäftsmodellinnovation. Berlin: Springer 2006.

[ZWIC66] ZWICKY, F.: Entdecken, Erfinden, Forschen im morphologischen Weltbild. München: Droemer-Knaur 1966.

[DUDEN] DUDEN.ONLINE Wörterbuch. Berlin: Cornelsen. https://www.duden.de/woerterbuch. 2024.

[EURLEX] Amtsblatt der Europäischen Union. Recht.https://eur-lex.europa.eu/legal-content/DE/TXT?Uri=CELEX:32015R1136. 2024.

[GABLKOGN] Gabler Wirtschaftslexikon. 15.~Aufl. Berlin: Gabler. https://wirtschaftslexikon.gabler.de/definition/kognition-40732. 2000.

[ITEC] Lehrstuhl Betriebssysteme. Karlsruhe: Karlsruher Institut für Technologie (KIT). https://os.itec.kit.edu. 2024.

[MATLAB] MATLAB – Erste Schritte mit MATLAB. MATHWORKS. https://de.mathworks.com/products/matlab/getting-started.html. 2024.

[MSDOCS] Technische Dokumentation/Microsoft Learn. Entwicklerdokumentation C++. https://docs.microsoft.com. 2004.

[PHILD23] philoclopedia: Disposition.

[PHILR23] philoclopedia: Reduktionssatz.

[TEPRODE] Technisches Produktdesign. Grundlagen für die Ausbildung. https://teprode.org/cadkonstruktion.html. 2013.

[TSYST] Digitale Dienste für Unternehmen und Institutionen. Frankfurt a.\,M.: T-Systems. https://t-systems.com. 2024.

[UNIFFM] Entwurfsmethodik: Entwurf heterogener Systeme. Vorlesung Uni Frankfurt. Institut für Informatik. https://www.em.informatik.uni-frankfurt.de/. 2022.

[VDI2221] VDI-Richtlinie 2221: Methodik zum Entwickeln und Konstruieren technischer Systeme und Produkte. Düsseldorf: VDI 2019.

[VDI2222] VDI-Richtlinie 2222: Konzipieren technischer Produkte. Düsseldorf: VDI 1997.

[VDI2223] VDI-Richtlinie 2223: Methodisches Entwerfen technischer Produkte. Düsseldorf: VDI 2004.

[VDI2225] VDI-Richtlinie 2225: Technisch-wirtschaftliches Konstruieren. Düsseldorf: VDI 1997.

[VDI2411] VDI-Richtlinie 2411: Materialfluss.

[WIKIANA] Wikipedia: Analyse.

[WIKIAUF] Wikipedia: Aufgabe.

[WIKIBAU] LEINEWEBER, U.: Baukästen. Technisches Spielzeug vom Biedermeier bis zur Jahrtausendwende. Kassel: Staatliche Museen Kassel. https://de.wikipedia.org/wiki/bau. 1999.

[WIKIDIE] Wikipedia: Dienst.

[WIKIDISP] Wikipedia: Dispositionsbegriffe.

[WIKIDRE] Wikipedia: Drehen.

[WIKIENT] Wikipedia: Entwerfen.

[WIKIENTW] Wikipedia: Entwurf.

[WIKIERKE] Wikipedia: Erkenntnistheorie.
[WIKIFUN] Wikipedia: Funktion.
[WIKIINLO] Wikipedia: Interpretation (Logik).
[WIKIINST] Wikipedia: Instandhaltung.
[WIKIJET] Wikipedia: Jetstream – Geschichte.
[WIKIKATE] Wikipedia: Kategorie: Simulationssoftware.
[WIKIKLA] Wikipedia: Klasse.
[WIKIKOGN] Wikipedia: Kognition.
[WIKIKOM] Wikipedia: Komplexität.
[WIKIKON] Wikipedia: Konstruktionsmethodik,.
[WIKIKOWI] Wikipedia: Kognitionswissenschaft.
[WIKIKÜNS] Wikipedia: Künstliche Intelligenz.
[WIKIMETH] Wikipedia: Methode.
[WIKIMOD] Wikipedia: Modul.
[WIKIPERZ] Wikipedia: Perzeption.
[WIKIPRO] Wikipedia: Problem.
[WIKISCHE] Wikipedia: Schema.
[WIKISIGN] Wikipedia: Signatur.
[WIKISPRA] Wikipedia: Sprache.
[WIKISTAB] Wikipedia: Stabilität.
[WIKISTAN] Wikipedia: Standard.
[WIKISTR] Wikipedia: Strategie.
[WIKISYS] Wikipedia: System.
[WIKITDBU] Wikipedia: Top-down und Bottom-up.
[WIKITEXT] Wikipedia: Textinterpretation.
[WIKITYP] Wikipedia: Typen.
[WIKIVER] Wikipedia: Verrichtung.
[WIKIVHDL] Wikipedia: VHDL.
[WIKIVOR] Wikipedia: Vorgang.
[WIKIUML] Booch, G.; Rumbaugh, J.; Jacobsen, I.: Das UML-Benutzerhandbuch. Addison-Wesley 2005. Balzert, H.: UML 2 in 5 Tagen. W3L, 2005. ISBN 3-937137-61-0. Object Management Group: Unified Modeling Language. https://de.wikipedia.org/wiki/UML.
[WIKIWAHR] Wikipedia: Wahrnehmung.
[WIKIWAR] Wikipedia: Wartung.
[WIKIWIR] Wikipedia: Wirkprinzip.
[WIKIZWEC] Rosenblueth, A.; Wiener, N.: Purposeful and Not-Purposeful Behaviour. In: Philosophy of Science 17(1950), S. 318–326. https://de.wikipedia.org/wiki/Zweck.

Stichwortverzeichnis

W. Dangelmaier, *Produktionstheorie 5*, https://doi.org/10.1007/978-3-662-69038-3

T

U

V

MIX
Papier aus verantwortungsvollen Quellen
Paper from responsible sources
FSC® C105338

If you have any concerns about our products, you can contact us on
ProductSafety@springernature.com

In case Publisher is established outside the EU, the EU authorized representative is:
Springer Nature Customer Service Center GmbH
Europaplatz 3, 69115 Heidelberg, Germany

Printed by Libri Plureos GmbH
in Hamburg, Germany